中 国 国 家 标 准 汇 编

362

GB 21099～21116

（2007 年制定）

中国标准出版社　编

中 国 标 准 出 版 社

北　京

图书在版编目（CIP）数据

中国国家标准汇编：2007 年制定．362：GB 21099～21116/中国标准出版社编．—北京：中国标准出版社，2008

ISBN 978-7-5066-4952-0

Ⅰ．中…　Ⅱ．中…　Ⅲ．国家标准-汇编-中国-2007　Ⅳ．T-652.1

中国版本图书馆 CIP 数据核字（2008）第 099439 号

中国标准出版社出版发行
北京复兴门外三里河北街 16 号
邮政编码：100045
网址 www.spc.net.cn
电话：68523946　68517548
中国标准出版社秦皇岛印刷厂印刷
各地新华书店经销
*
开本 880×1230　1/16　印张 48.75　字数 1 484 千字
2008 年 7 月第一版　2008 年 7 月第一次印刷
*
定价 200.00 元

ISBN 978-7-5066-4952-0

出 版 说 明

1.《中国国家标准汇编》是一部大型综合性国家标准全集。自1983年起，按国家标准顺序号以精装本、平装本两种装帧形式陆续分册汇编出版。本《汇编》在一定程度上反映了我国建国以来标准化事业发展的基本情况和主要成就，是各级标准化管理机构，工矿企事业单位，农林牧副渔系统，科研、设计、教学等部门必不可少的工具书。

2.本《汇编》收入我国正式发布的全部国家标准。各分册中如有顺序号缺号的，除特殊情况注明外，均为作废标准号或空号。

3.由于本《汇编》的出版时间与新国家标准的发布时间已达到基本同步，我社将在每年出版前一年发布的新制定的国家标准，便于读者及时使用。出版的形式不变，分册号继续顺延。标准的属性以本书目录上标明的为准。

4.由于标准不断修订，修订信息不能在本《汇编》中得到充分和及时的反映，根据多年来读者的要求，自1995年起，在本《汇编》汇集出版前一年发布的新制定的国家标准的同时，新增出版前一年发布的被修订的标准的汇编版本，视篇幅分设若干分册。这些修订标准汇编的正书名、版本形式与《中国国家标准汇编》相同，但不占总的分册号，仅在封面和书脊上注明“20××年修订-1，-2，-3，……”字样，作为本《汇编》的补充。读者配套购买则可收齐前一年制定和修订的全部国家标准。

5.由于读者需求的变化，自第201分册起，仅出版精装本。

6.2007年制修订国家标准1 410项，全部收入在《中国国家标准汇编》第352～367分册和2007年修订-1～修订-23分册中。本分册为第362分册，收入国家标准GB 21099～21116的最新版本。

中国标准出版社

2008年6月

目　　录

ICS 25.040.40;35.240.50
N 10

中华人民共和国国家标准

GB/T 21099.1—2007/IEC/CDV 61804-1:2003

过程控制用功能块 第1部分:系统方面的总论

Function blocks for process control—Part 1:Overview of system aspects

(IEC/CDV 61804-1:2003,IDT)

2007-10-11 发布 2007-12-01 实施

中华人民共和国国家质量监督检验检疫总局
中国国家标准化管理委员会 发布

前　　言

GB/T 21099《过程控制用功能块》分为如下几部分：

——第1部分：系统方面的总论；

——第2部分：功能块概念和电子设备描述语言规范；

——第3部分：电子设备描述语言；

——第4部分：EDD互操作指南。

本部分为GB/T 21099的第1部分。

本部分等同采用IEC/CDV 61804-1:2003《过程控制用功能块　第1部分：系统方面的总论》(英文版)。

本部分根据IEC/CDV 61804-1:2003翻译。

为便于使用，对IEC/CDV 61804-1:2003做了下列编辑性修改：

a) “本国际标准”一词改为“本部分”；

b) 删除IEC/CDV 61804-1:2003的前言；

c) 对文中明显错误的编号进行了纠正；

d) IEC/CDV 61804-1:2003的附录E(资料性附录)的内容明显错误，给予了删除；

e) 将IEC/CDV 61804-1:2003的附录F改为了本部分的附录E。

本部分的附录A、附录B、附录C、附录D和附录E均为资料性附录。

本部分由中国机械工业联合会提出。

本部分由全国工业过程测量和控制标准化技术委员会第二分技术委员会归口。

本部分负责起草单位：西南大学。

本部分参加起草单位：机械工业仪器仪表综合技术经济研究所、上海自动化仪表股份有限公司、中国四联仪器仪表集团、浙江大学、北京机械工业自动化研究所、上海工业自动化仪表研究所。

本部分主要起草人：刘枫、赵亦欣、黄伟、张渝、庄夏。

本部分参加起草人：冯晓升、包伟华、刘进、冯冬芹、谢兵兵、陈诗恩。

本部分为首次发布。

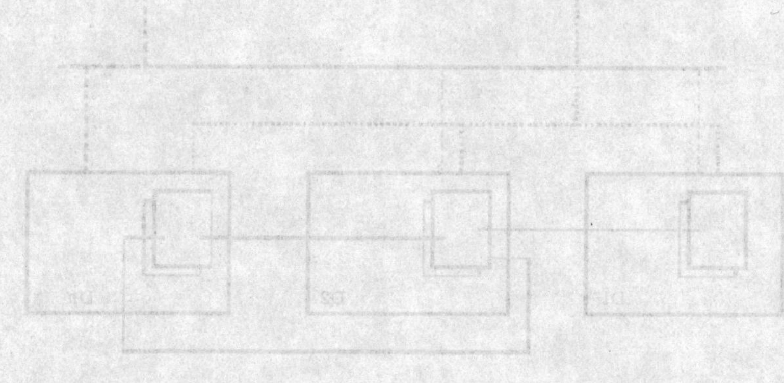

引　言

本部分是一个最终用户驱动的基于功能块(FB)的分布式过程控制系统的需求规范。本部分及其与之相关的功能块标准(GB/T 21099.2)源自电力工业领域。本部分经过了石油和燃气、石油化工、医药和精细化工、造纸、食品和饮料、污水处理厂、冶金和其他领域中的应用的验证。对于其他工业领域，将有其他的一般需求标准和相关规范。

当前和未来的数字过程控制系统需要满足下列需求：

- 增加保密性和安全性；
- 缩短上市时间；
- 被可用的工具支持；
- 降低开发和技术支持的成本；
- 最小化培训费用；
- 支持分布式控制应用的集成；
- 支持实现的集成方法；
- 增加可维护性、可更改性、敏捷性、可升级性、灵活性、有效性、可访问性、可用性、支持工具的兼容性、多厂商设备/应用的兼容性、知识和设计的可重用性、软件组件的可重用性；
- 数字过程控制系统由数字设备组成，这些设备相互间是兼容的、可协作的、可互连的、可互操作的和可互换的。

在过程控制系统的体系结构和在生命周期所有阶段中的操作都需要满足这些需求。设计过程控制系统公认的基本概念是用FB描述所有必要的与实现相关的功能。FB是提供特定功能的数据和算法的封装，它具有自主性。过程控制系统可以包含多个不同FB的多个实例，它们运行在提供公共服务(例如通信)以及到其他应用的接口的环境中。见图1。

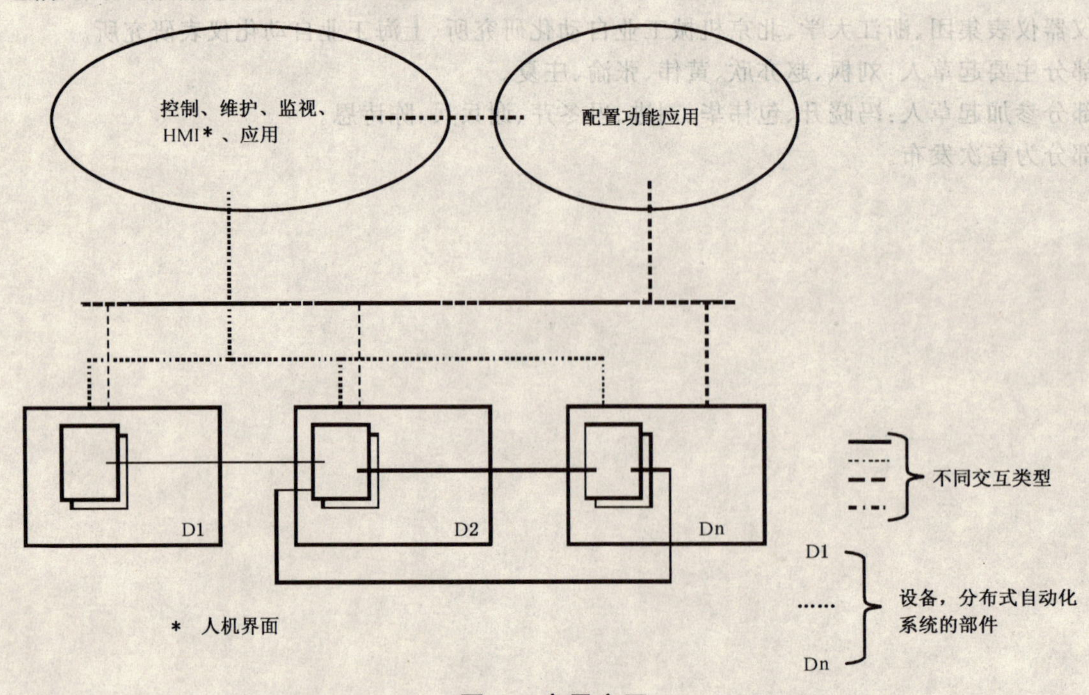

图1　应用交互

过程控制用功能块
第1部分:系统方面的总论

1 范围

GB/T 21099 的本部分以通用指南的方式为供应商提供了一个规范,以满足数字过程控制系统不断发展的需求。通过本规范,用户可以确保他们所选择的设备的兼容性、可协作性、可互连性、可互操作性和可互换性。本部分给出了总的需求。为了更好地理解,本部分在附录中给出了背景信息和示例。

本部分为 FB 定义了需求,以提供控制、方便维护和技术管理的应用,这些应用与测量设备和执行机构进行交互:

- 控制包含使过程达到并保持所期望的特性的必要功能;
- 维护包含采集过程设备的状态信息和自动化设备的状态信息以及对其进行调整的功能,例如校准一个有漂移的传感器;
- 处理过程优化信息的技术管理。

主要关心的是过程和工厂设备的经济性。与安装期间工厂或设备的某项的性能和可靠性的衡量,以及与来自不同提供商,在同一操作环境中执行相同功能的某项的性能和可靠性的比较,有特别的关系。性能的示例有,来自于不同提供商的两个阀,在发生故障之前所达到的循环次数。这样,允许生成详细的、有效的统计分析,以支持决策管理和工厂设备的更改。

设计、实现和运行一个基于 FB 的过程控制系统的一个先决条件是工具、设备及其他组件遵循基于通用规范的同一体系结构。这一体系结构用来定义系统的组件,例如功能块、设备、数据、数据连接,以及这些组件之间的关系。与本部分相关的 GB/T 19769 的通用功能块模型能够提供过程控制用功能块的这些基本组件。GB/T 19769 需要补充的是在设备中实现的 FB 的参数和功能的规范。

必须规定的功能块的体系结构和范围在 7.4 中描述。7.4 含有过程工业所需的最小功能块集。它们出现在两个不同的章节,一个涉及"高级"功能块,它包含像控制回路(例如,比例、积分、微分——PID)的多数过程工业所需的复杂但通用的功能,另一个包含 EFB(Elementary FB)集,如所需的布尔函数,可组成特定的和唯一的功能性。

FB 应用于过程控制系统的整个生命周期,可以从不同方面来观察。这在附录 A 中详细说明。工艺流程设计从管道和仪表图(P&ID)开始,它以纯功能的角度给出了过程控制和仪表的需求。通过 P&ID,过程控制系统期望的特性被抽象为功能需求图(FRD),而没有考虑基本设备的详细行为。FRD 由应用块(AB)组成,AB 表示了设计阶段的数据和算法。在过程工程师和自动控制工程师(最终用户和系统集成者)进行讨论之后,通过使用市面上可用的设备及其互连以及这些设备的配置的若干设计,将 FRD 转换为应用的详细设计。这样,在 P&ID 上所示的 PID 回路将被转换为在特定现场和/或控制室设备中可实现的功能块。应当注意过程工业的许多部分,特别是那些具有许多相似和相关的简单过程的情况(例如水处理工业),并不使用 FRD 的概念或术语,而是直接从 P&ID 转换到可实现的功能块,并且使用不同的名称来描述过程和所产生的设计文档。本部分使用 FRD 的方法是因为它表示了设计阶段最正式的视图并以图解说明了在生命周期最初阶段的功能块使用。第 4 章从生命周期的角度总结了这种需求。

本部分规定了一种系统(基于分布式 FB 应用的工业过程测量和控制系统)。以体系结构、模型和生命周期来描述这种系统。体系结构是命名组件和提出系统结构的"路线图"。模型描述了组件的细节,即,它们在系统中的功能。生命周期使组件在不同的生命阶段的使用期间如何一起工作成为可见的，即，使运行成为可见的。

图 2 以自顶向下和自底向上的角度给出了对于 GB/T 21099 的不同影响、基本规范和技术支持。

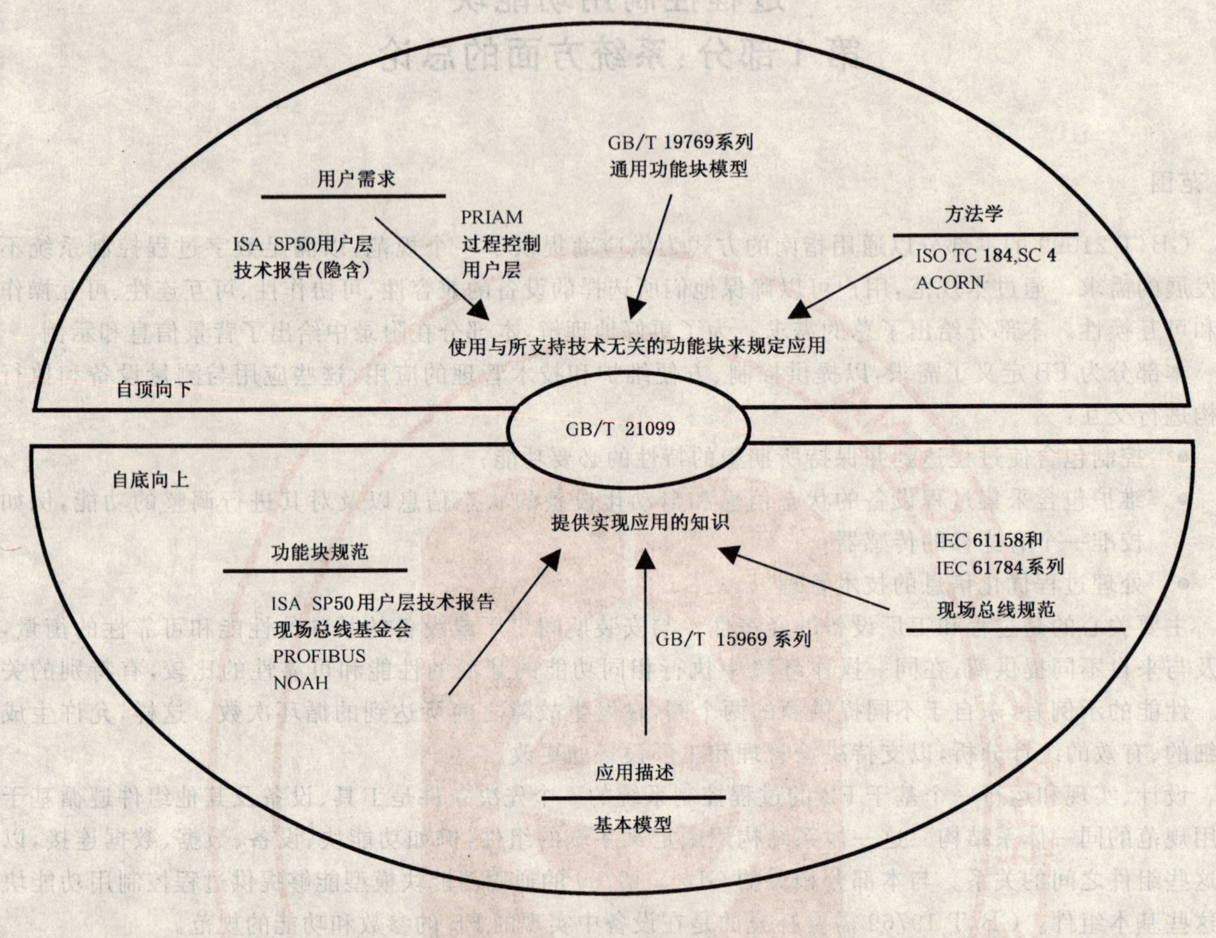

图 2 GB/T 21099 的影响

GB/T 21099 影响到涉及相同领域的国家标准和项目。这些标准或者是与技术无关的，支持自顶向下的方法；或者专注于某一技术，如可编程控制器或现场总线。两者一起构成了 GB/T 21099 所规定的标准的基础。

本部分的主要目的是使最终用户、系统供应商及设备制造商的不同角度、模型和出发点保持一致。它将是引导制定后续规范期间的讨论和指导 GB/T 21099.2 读者的参考文档。

2 规范性引用文件

下列文件中的条款通过 GB/T 21099 的本部分的引用而成为本部分的条款。凡是注日期的引用文件，其随后所有的修改单(不包括勘误的内容)或修订版均不适用于本部分，然而，鼓励根据本部分达成协议的各方研究是否可使用这些文件的最新版本。凡是不注日期的引用文件，其最新版本适用于本部分。

GB/T 2900.56—2002 电工术语 自动控制(IEC 60050-351:1998,IDT)

GB/T 5271.1—2000 信息技术 词汇 第 1 部分:基本术语(eqv ISO/IEC 2382-1:1993)

GB/T 5271.4—2000 信息技术 词汇 第 4 部分:数据的组织(eqv ISO/IEC 2382-4:1987)

GB/T 5271.6—2000 信息技术 词汇 第 6 部分:数据的准备与处理(eqv ISO/IEC 2382-6:1987)

GB/T 5271.8—2001 信息技术 词汇 第 8 部分:安全(idt ISO/IEC 2382-8:1998)

GB/T 5271.9—2001 信息技术 词汇 第 9 部分:数据通信(eqv ISO/IEC 2382-9:1995)

GB/T 5271.11—2000　信息技术　词汇　第11部分:处理器(eqv ISO/IEC 2382-11:1987)

GB/T 5271.12—2000　信息技术　词汇　第12部分:外围设备(eqv ISO/IEC 2382-12:1988)

GB/T 5271.20—1994　信息技术　词汇　第20部分:系统开发(eqv ISO/IEC 2382-20:1990)

GB/T 5271.23—2000　信息技术　词汇　第23部分:文本处理(eqv ISO/IEC 2382-23:1994)

GB/T 5271.24—2000　信息技术　词汇　第24部分:计算机集成制造(eqv ISO/IEC 2382-24:1995)

GB/T 5271.25—2000　信息技术　词汇　第25部分:局域网(eqv ISO/IEC 2382-25:1992)

GB/T 5271.27—2001　信息技术　词汇　第27部分:办公自动化(eqv ISO/IEC 2382-27:1994)

GB/T 5271.28—2001　信息技术　词汇　第28部分:人工智能　基本概念与专家系统(eqv ISO/IEC 2382-28:1995)

GB/T 5271.29—2006　信息技术　词汇　第29部分:人工智能　语音识别与合成(ISO/IEC 2382-29:1999,IDT)

GB/T 5271.34—2006　信息技术　词汇　第34部分:人工智能　神经网络(ISO/IEC 2382-34:1999,IDT)

GB/T 9387.1—1998　信息技术　开放系统互连　基本参考模型　第1部分:基本模型(idt ISO/IEC 7498-1:1994)

GB/T 15969.3—2005　可编程序控制器　第3部分:编程语言(IEC 61131-3:2002,IDT)

GB/T 16682.1　信息技术　国际标准化轮廓的框架和分类方法　第1部分:框架(GB/T 16682.1—1996,eqv ISO/IEC TR 10000-1:1992)

GB/T 19769.1—2005　工业过程测量和控制系统用功能块　第1部分:结构(IEC/CD 61499-1:2003,MOD)

GB/T 19892.1—2005　批量控制　第1部分:模型和术语(IEC 61512-1:1997,IDT)

IEC 61784:2001　测量和控制数字数据通信　工业控制系统用现场总线　连续和离散制造业的规范装置

EN 50170:1995　通用现场总线通信系统

3　术语和定义

下列术语和定义适用于GB/T 21099的本部分。

3.1　基本定义

3.1.1

接口　interface

根据功能特性、信号特性或其他特性作相应定义的两个功能单元之间的共享界面。

[GB/T 2900.56—2002,351.11.19]

3.1.2

系统 system

在限定范围内被看成是一个整体并与周围环境隔离的一组相互关联的元件。

[GB/T 2900.56—2002,351.11.01]

注1:此类元件可以是物体,也可以是概念和概念的产物(如:体系结构、数学方法、编程语言)。

注2:系统被认为由一假想面使之与周围环境及其他外部系统隔开,切断该系统与周围和外部系统之间的联系。

3.1.3

数据类型　data type

值的集合及其允许的操作的集合。

[GB/T 5271系列]

3.1.4

数据连接 data connection

功能单元之间为传递数据建立起来的联系。

[GB/T 19769.1—2005,1.3.2.22]

3.1.5

数据 data

事实、概念或指令按某一格式化方式的一种表示,适用于人或自动装置进行通信、解释或处理。[ISO 修订[1)]]

3.1.6

功能单元 functional unit

能够完成特定任务的硬件或软件或两者的实体。

[GB/T 5271 系列]

3.1.7

硬件 hardware

相对于程序、过程、规则和有关文档编制而言的物理设备。

[ISO/AFNOR 计算机科学词典]

3.1.8

映射 mapping

一种与另一集合中的量或值具有确定对应关系的所有值的集合。

[GB/T 5271 系列]

3.1.9

参数 parameter

一种为专用应用程序而给定一个常数值的变量,而且它可以表示该应用程序。

[GB/T 5271 系列]

3.1.10

算法 algorithm

为在有限操作步数内求解问题而明确定义的规则的有限集合。

[GB/T 19769.1—2005,1.3.2.5]

3.1.11

应用 application

为解决工业过程测量和控制中的问题的特定软件功能单元。

注:一个应用可以分布在多个资源中,并可与其他应用通信。

[GB/T 19769.1—2005,1.3.2.6]

3.1.12

应用块 application block

在一个 FRD 中用于表示一个或多个(高级)功能块的设计模式。

3.1.13

属性 attribute

实体的特性或特征。例如,功能块类型规范的版本标识。

[GB/T 19769.1—2005,1.3.2.7]

注:为了得到可互操作性,应规定属性的形式化描述。GB/T 19769.1—2005 并不规定像 FB Type-Info 那样的某些

1) 凡是后面带有标注[ISO 修订]的定义表示该定义出自“ISO/AFNOR Dictionary of Computer Science”并且已被修订。

属性。GB/T 19769.1—2005 给出了定义属性的一般规则，GB/T 21099.2 则为过程控制规定了像那些可以规定其自身的其他类型的属性。规则要避免出现非唯一的属性名。

3.1.14

配置（系统或设备） configuration（of a system or device）

系统设计中的一步：选择功能单元、指定它们的位置并且定义它们的互连。

[GB/T 19769.1—2005，1.3.2.17]

3.1.15

设备 device

独立的物理实体。具有在特定环境中执行一个和多个规定功能的能力，并由其接口分隔开。

[GB/T 19769.1—2005，1.3.2.26]

3.1.16

设备管理应用 device management application

其基本功能是管理设备内多个资源的应用。

[GB/T 19769.1—2005，1.3.2.27]

3.1.17

基础 FB elementary FB

提供具有异常处理能力的逻辑-数学功能的一种 FB 或功能。

注：FRD 中使用的 EFB 和在运行应用中的 FB 可能有区别。

3.1.18

实体 entity

特定的事物，如：一个人、地点、过程、对象、概念、联系或事件。

[GB/T 19769.1—2005，1.3.2.28]

3.1.19

事件 event

瞬时发生的事情，对算法执行的调度有意义。

[GB/T 19769.1—2005，1.3.2.29]

注：算法的执行可以使用与事件相关的变量。

3.1.20

异常 exception

导致正常执行中止的事件。

[GB/T 19769.1—2005，1.3.2.35]

3.1.21

执行 execution

完成算法规定操作序列的过程。[ISO]

注：被执行的操作序列随功能块实例调用的不同而不同，取决于功能块算法规定的规则和功能块数据结构中变量的当前值。

[GB/T 19769.1—2005，1.3.2.36]

3.1.22

功能 function

实体的特定目的或它的特有活动。

[GB/T 19769.1—2005，1.3.2.42]

3.1.23

功能块（功能块实例） FB（FB instance）

由相应功能块类型规定的数据结构的一个独立的、有名副本和相关操作所组成的软件功能单元。

注：功能块典型的操作包括在相关数据结构中数据值的修改。

[GB/T 19769.1—2005,1.3.2.43]

3.1.24

实现　implementation

使系统的硬件和软件成为可运行的开发阶段。

[ISO 修订]

3.1.25

输入变量　input variable

由数据输入提供其值的一种变量,可在功能块的一个或多个操作中使用。

注:GB/15969.3—2005 中定义的功能块输入参数是输入变量。

[GB/T 19769.1—2005,1.3.2.48]

3.1.26

实例　instance

由带有所定义类型的属性的独立、有名实体组成的功能单元。

[GB/T 19769.1—2005,1.3.2.49]

3.1.27

实例名　instance name

与实例相联系,并标明该实例的标识符。

[GB/T 19769.1—2005,1.3.2.50]

3.1.28

实例化　instantiation

规定类型的实例的创建。

[GB/T 19769.1—2005,1.3.2.51]

3.1.29

内部操作(功能块)　internal operations (of a FB)

与功能块算法相关的操作,带有其执行控制或相关资源的功能性。

[GB/T 19769.1—2005,1.3.2.52]

3.1.30

内部变量　internal variable

值由功能块的一个或多个操作使用或修改,但不由数据输入提供也不提供给数据输出的一种变量。

[GB/T 19769.1—2005,1.3.2.53]

3.1.31

调用　invocation

启动算法所规定的操作序列执行的过程。

[GB/15969.3—2005 修订]

3.1.32

管理功能块　management FB

基本功能是管理资源中的应用的功能块。

[GB/T 19769.1—2005,1.3.2.56]

3.1.33

管理资源　management resource

基本功能是管理其他资源的资源。

[GB/T 19769.1—2005,1.3.2.57]

3.1.34

模型　model

真实世界中过程、设备或概念的表示。

[GB/T 19769.1—2005,1.3.2.60]

3.1.35

操作　operation

一种完全明确的动作,该动作作用于任何已知实体的允许组合时,产生一个新的实体。

[GB/T 2900.56—2002]

3.1.36

输出变量　output variable

其值由功能块的一个或多个操作建立并提供给数据输出的变量。

注:GB/T 15969.3—2005 中定义的功能块的输出参数是输出变量。

[GB/T 19769.1—2005,1.3.2.60]

3.1.37

资源　resource

一种有独立的操作控制的功能单元,为应用提供多种服务,包括算法的调度和执行。

注 1:GB/T 15969.3—2005 中定义的 RESOURCE 是一种编程语言元件,与上述定义的资源相对应。

注 2:一个设备包含一个或多个资源。

[GB/T 19769.1—2005 修订]

3.1.38

资源管理应用　resource management application

主要功能是管理单个资源的应用。

[GB/T 19769.1—2005,1.3.2.66]

3.1.39

调度功能　scheduling function

选择要执行的算法和操作并启动和终止其执行的功能。

[GB/T 19769.1—2005,1.3.2.70]

3.1.40

服务　service

资源可使用的功能性,可以用服务原语序列来模型化。

[GB/T 9387.1—1998 修订]

3.1.41

软件　software

知识产物,包含与系统操作有关的程序、过程、规则以及任何相关的文档。

[ISO 修订]

3.1.42

事务　transaction

将来自请求者的请求或可能的数据传送到响应者并且也可将来自响应者的响应或可能的数据传回到请求者的服务单元。

[GB/T 19769.1—2005,1.3.2.79]

3.1.43

类型　type

规定所有该类型实例所共享的公共属性的软件元件。

［GB/T 19769.1—2005,1.3.2.80］

3.1.44

类型名　type name

与类型相联系,并标明该类型的标识符。

［GB/T 19769.1—2005,1.3.2.81］

3.1.45

变量　variable

在不同时间可具有不同值的软件实体。

注1：变量的值通常限于某种数据类型。

注2：变量可分为输入变量、输出变量和内部变量。

［ISO 修订］

3.2　基于IA/IM-通道的定义

3.2.1

执行(测量)通道　actuation(measurement) channel

按照用户需要完成每一执行(测量)所需的所有各项的总和。其物理组成从过程的附属装置一直延伸到阀门、电机、执行机构(传感器、变送器)、网络、计算机中的补码处理。

注：IA/IM-通道表示对每一需要的执行/测量的所有需求的智能执行/测量的解决方案。智能在这里表示按照用户需要提供所有的功能性。

3.2.2

系统(或通道或设备)状态　system(or channel or device) status

相关项(系统或通道或设备)的实际状况。换句话说,系统划分为几个层次:整个系统、系统的每一IA/IM-通道、构成通道的每个设备。

注：详细说明见6.2。

3.2.3

有效性指数　validity index;VI

附加在信息上的限定词,可以作为质量指数。

注：详细说明见6.3。

3.2.4

测量的不确定度　measurement uncertainty

与实际测量结果相关的一个参数,它表征了值的离差,这种离差可能是由测量引起的。

注1："不确定度"这个词表示"怀疑",因此"测量的不确定度"最明确的含义就是表示对测量结果的正确性和精确性的怀疑程度。

注2：例如,不确定度可以是标准偏差或置信区间的宽度。

注3：不确定度可以用一个可数学处理的数据来表示,如果其组成部分的直接测量的不确定度已知,则间接测量的不确定度可以计算出来。

3.2.5

行规　profile

一个或多个基本标准和/或国际标准行规(ISP)的集合,以及适用范围、所选分类的标识、一致性子集,这些基本标准的选项和参数,或实现特定功能所需的国际标准行规。

［GB/T 16682.1］

注：国际标准行规可以包含除国际标准之外的规范性引用文件。

3.3　缩略语

AB	应用块(Application Block)
AME	应用管理实体(Application Management Entity)

CHD	控制层次图(Control Hierarchy Diagram)
DCS	分布式控制系统(Distributed Control System)
DFBAP	分布式功能块应用进程(Distributed FB Application Process)
EFB	基础 FB(Elementary FB)
FB	功能块(Function Block)
FRD	功能需求图(Functional Requirement Diagram)
HMI	人机界面(Human Machine Interface)
IA/IM-channel	IA/IM-通道(Intelligent Actuation/Intelligent Measurement-channel)
ISP	国际标准行规(International Standard Profile)
MIB	管理信息库(Management Information Base)
MGT	管理(Management)
PFD	工艺流程图(Process Flow Diagram)
PID	比例、积分、微分(Proportional, Integral, Derivative)
PRIAM	智能执行和测量的预规范需求 (Prenormative Requirements for Intelligent Actuation and Measurement)
P&ID	管道和仪表图(Piping & Instrumentation Diagram)
SCADA	监督配置和数据采集(Supervision Configuration And Data Acquisition)
SM	系统管理(System Management)
ST	结构化文本(Structured Text)
VI	有效性指数(Validity Index)

4 工程需求

4.1 概述

本章期望读者具有某些分布式 FB 系统的工程知识。背景信息可参阅附录 A。它通过设计、工程、运行支持和维护从概念上为读者给出了面向控制系统的 FB 的生命周期的概述。这些阶段的每一个都有实际 FB 实体的不同环境和自身特定的需求。

4.2 设计阶段的需求

a) 要识别作为特定功能需求图(FRD)中的一部分或分布式现场设备系统中某些应用块(AB)的一部分的 FB,要求 FB 能够带有特定 FRD 块的标识。

注:要求是一个可被称为 STRATEGY 的参数。基于这一参数的工程系统可以识别分布式的 FB,为了逆向工程的目的,这些功能块在 FRD 中被组合成一个 FB。

b) 为了识别 FB 类型,需要类型名。要求类型名在库中是唯一的,但是可以有多个实例。通过这一信息,工程工具可以导向一个联机帮助文件。

c) 为了识别拥有一个或多个 FB 的设备,需要一个设备类型标识符,以允许设备描述类型到该设备类型的连接。为了在设计阶段支持可交换性,要求设备类型标识符基于行规而不是提供商的特定类型。

d) 要求设备类型的图形表示在设备描述中作为选项被引用。这种图标并不用于 FB 图表或 P&ID 中,而只用于现场设备的拓扑图中。在本部分中对这种表示没有要求。

e) 为了识别控制层次图(CHD)中的元素,这些元素与 IEC 61512-1 批处理过程兼容,要求根据该批处理标准来定义某些参数。

示例:

FB 带有这些参数。FB 内没有必须的算法。EFB 不带这些参数;

1) 处理 ID(BATCH_ID);

2） 单元过程或单元处方号；

3） 操作处方号；

4） 阶段处方号。

f） 要求调度功能支持 FB 的循环时间片调用。

g） 对现场设备以及它们的基于 AB 的 FB 没有要求。

h） 要求 EFB 被定义并集中在一个库中，一个 EFB 是一种重复的数学-逻辑处理，嵌入在 FB 中或者嵌入在 GB/T 15969 系列标准定义的功能中。EFB 是限于过程控制域的处理模块。EFB 不能被拆分。要求所有的 FB(不是功能)都带有库名。FB 名和库名的组合是功能块唯一标识符。这意味着，当在混合了 FB 分支或应用特定库的设备中，实例化 FB 类型的时候，为了识别该 FB 类型，可将其识别为 IEC EFB，这对于版本控制，连接到在线帮助等是必要的。EFB 行为的规范化内部描述要求使用 GB/T 15969.3—2005 规定的语言，如结构化文本语言(ST)、梯形图或指令列表(Instruction List)。ST 中缺少的元素必须用一些语句来编程，并且对于实例的异常处理结果可能引入附加的参数。

i） 有必要通过选择 EFB 的动态参数来组成人机界面。人机界面建立了可视化过程、允许改变参数操作和储存数据的信息基础。对于这种选择，GB/T 15969 系列标准中没有语法定义。对于过程控制的属性，作为 GB/T 15969 的补充在结构化文本语言定义的注释字段中被定义。

j） 对于维护和技术管理工具，有必要规定或预定义 EFB 的参数属性和 FB 属性。对于这种选择，GB/T 15969 系列标准中没有语法定义。对于过程控制的属性，作为 GB/T 15969 的补充在结构化文本语言定义的注释字段中被定义。

5 关于兼容性等级的定义

5.1 概要

在基于 FB 的设备之间存在着某些兼容性等级和协作的一致性等级，这些等级依赖于定义明确的通信和应用特征。见图 3 和表 1。

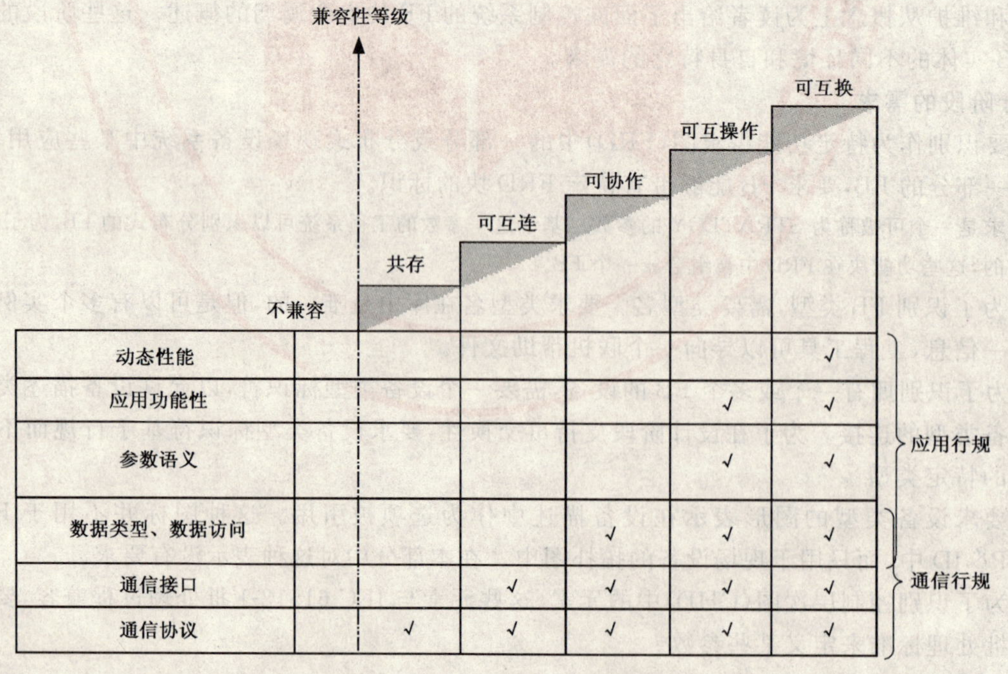

图 3 功能设备兼容性等级

用于兼容性等级定义的主要特征如下：

表 1　功能性特征

特征	描述
通信行规	
通信协议	该特征由 OSI 参考模型的 1～7 层的所有协议来定义,即,从物理媒体访问到应用层协议。
通信接口	该特征由包含了服务和服务参数的应用层通信服务定义来定义。可能需要其他的映射机制。通信系统的动态性能是该特征的一部分。
应用行规	
数据类型	该特征由块的数据输入、数据输出或参数的数据类型来定义。
参数语义	该特征由数据的典型特征来定义,它可以是数据名、数据描述、数据范围、数据的替代值,默认值,失电和恢复电源后的数据保持。
应用功能性	该特征由块内变量间的依从关系和一致性规则来定义,并在数据描述部分或在单独的特性部分中完成。
动态性能	该特征由时间约束来定义,时间约束影响数据或一般的设备特性。例如,过程值的更新速率影响到块的算法

关于这些功能特征,以下的兼容性等级名称用于设备的分类。用于分布式功能块应用的本部分为来自不同制造商的使用功能块的设备提供了(但并不要求)共存性、可互连性、可协作性、可互操作性和可交换性。这就允许用户去选择一个设备作为新系统的一部分或作为替换,并理解这种选择的结果。

5.2　不兼容性

指在同一分布式应用中两个及多个设备无法一起工作。

注:应用的功能性、数据语义、数据类型,通信接口,甚至受影响设备所使用的通信协议的差异可能导致不兼容。如果不兼容设备置于同一分布式应用网络中,可能会干扰或妨碍相互间的正常通信或功能(甚至可能是破坏性的)。

5.3　共存性

指两个或两个以上的设备,不论是否是同一制造商,在同一通信网络中相互独立地运行,或使用相同通信协议的部分或全部一起运行,而不影响网络上其他设备的功能。

注:对于通信服务至今还没有一个共识,为了使共存设备在同一分布式应用中一起工作,通常需要在一方或两方设备中进行应用和系统的特定编程。

5.4　可互连性

指两个或两个以上的设备,不论是否是同一制造商,使用相同的通信协议和通信接口互相一起运行的能力。

注:这些设备允许交换数据类型不一致的数据,数据类型的转换可能需要。为了使可互连的设备在同一分布式应用中共同发挥作用,通常需要在一方或两方设备中进行统一的应用特定的编程。

5.5　可协作性

两个或两个以上的设备,不论是否是同一制造商,在拥有数据输入、数据输出和参数等数据类型的设备间支持设备参数传送的能力。

注:如果一个设备被另一制造商类似的设备所替换,可能需要对应用重新编程。在实现时必须设计分布式应用,以考虑所使用的可协作设备的特有的功能性和动态响应。

5.6　可互操作性

两个或两个以上的设备,不论是否是同一制造商,在一个或多个分布式应用中一起工作的能力。数据输入、数据输出、参数、它们的语义和每一设备相关功能性的应用程序定义之后,如果任一设备被另一制造商类似的设备所替换,除了动态响应可能会有不同之外,包括被替换设备的所有分布式应用仍会如替换前一样继续运行。

注:当现场设备和系统两者都支持同一标准的强制和可选部分的相同组合时,可获得可互操作性,在现场设备或系统中来自不同制造商的特有的扩展会妨碍可互操作性。

5.7 可交换性

两个或两个以上的设备,不论是否是同一制造商,在一个或多个分布式应用中使用相同的通信协议和接口一起工作的能力,每个设备的数据和功能性定义之后,如果任一设备替换,包括被替换设备的所有分布式应用仍会如和替换前一样继续运行,包括同样的分布式应用的动态响应。

6 功能需求

6.1 概要

以下表述的功能需求定义在一个适当的抽象层面上,以便最终用户和提供商都能很好地理解。

这一抽象层面不同于由提供商和系统集成商直接使用的FB抽象层面。

本部分定义的"功能需求"和GB/T 21099.2所定义的FB概念之间不必是一一对应的关系,可以是一对一,一对多或多对一。

在每一功能模块的定义中,对于这里的描述所包含的功能需求部分,需要提供一个清晰的关系。

要完整地理解和使用以下需求需要先阅读附录B。

设备功能需求明确地描述了现场设备(如传感器、变送器等)中的测量通道。要求执行通道的现场部分(如阀门、执行机构、定位器等)具有相似的需求。

6.2 系统(或通道或设备)状态

原则上,状态有三种主要的值(如图4所示),适合的项(item)为:

a) 有效性;

b) 可接受的下降;

c) 退出服务(不可接受的下降)。

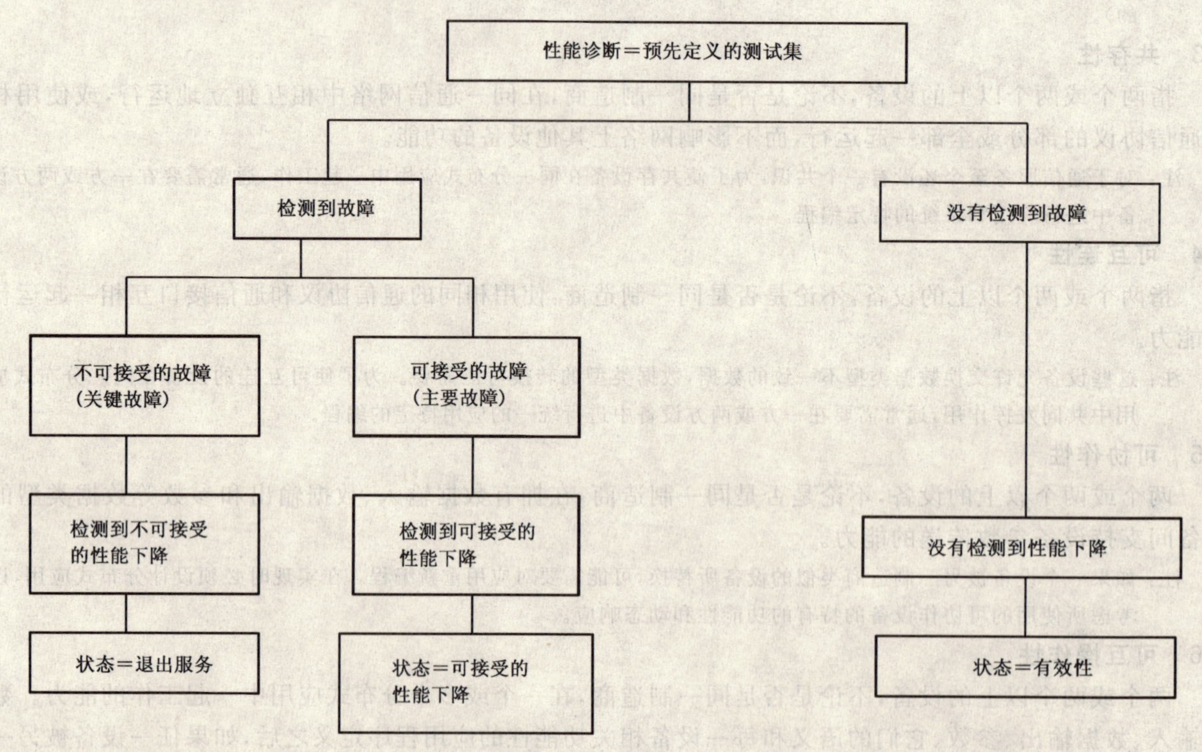

图4 系统(或通道或设备)状态

下降定义为系统(或设备)的用户根据自己特定的需要和支持的诊断,认为是可以接受的(一些)性能降级。

就实际用途来说，用户需要这一状态的两种信息：只有一个的“综合状态”和几个“详细状态”，每一“详细状态”针对不同操作员的每一任务的需要。

a) 综合状态

综合状态表明了装备(设备或系统或通道)执行所需功能的实际能力，这一信息用以支持用户为了系统的控制、维护和技术管理而指定的直接动作。

b) 详细状态

详细状态信息为系统(或设备)维护和技术管理提供所需的明确详细的诊断信息。从用户角度看，至少要包含如下三种所需的信息：

1) 记录每一可替换组件的行为的详细信息，用于指导对该组件的干预；

2) 帮助诊断故障部分的信息并提供正确修复故障部分(这种诊断通常要求更详细的信息被记录)的有用的所有详细信息；

3) 同 b)1)和 2)，但此处是，为了技术管理的目的，正确判断每个组件行为所需的详细信息。

6.3 有效性指数(VI)

质量是相对的质量，是以达到预先定义的要求为基础来评价的，这些要求是为产生信息的通道的属性所定义的。质量标准的基本集被认为是：

a) 精确性和不确定性标准(测量中的不确定性参见 ISO Guide)；

b) 及时标准；

c) 好/差标准；

在实际实施中，必须明确地陈述用来产生 VI 的标准。

VI 的目的是允许合格信息的即时并且正确的使用。

考虑到生产信息的整个通道的实际诊断和验证的结果，VI 要实时产生。因此，当故障被检测到并改正后，VI 使信息的使用者，对不同操作条件，正常和异常，导致的实际情况(决定性 VI)有明确的认识。

6.4 信号处理

产生原始测量和数据的功能，这些测量和数据作为测量信息处理和设备管理的输入。

a) 传感器限定阈值(专用于故障管理支持的诊断)；

b) 传感器量程；

c) A/D 转换器控制；

d) 数据质量的决定(硬件诊断的结果导致的 A/D 转换之后，VI 与原始测量关联)；

e) 影响量的补偿(硬件)；

f) 过程附属装置和传感器诊断(运行时自动测试)；

g) 支持按需的维护测试。

6.5 测量信息处理

6.5.1 概述

它处理由测量信号处理所提供的信息。

信息处理组件的主要目的是提供更高级的测量通道，这种通道带有与测量处理紧密关联的 VI。要求知道由测量设备传递的测量和验证信息的完整语义。(要求知道参与处理的所有功能单元。)

验证是测量处理的一个本质部分，它决定测量处理的每一步所转递的测量的可信度。为了允许测量信息正确地用于其涉及的内容，通过在每一步处理中递增而获得的验证信息，是测量本身的一个基本部分。

另一个重要的方面是，通过 VI 和设备状态的使用，设备可以工作在降级的条件下，由更高级的管理来决定数据的使用。从这种意义上讲，变送器的容错特性包括了故障诊断以及对测量(VI)和设备性能(设备状态)的削弱程度的指示。

测量信息处理必须包含的功能在此后给出。

6.5.2 容错行为处理

故障的识别和限制。有利于相应测量 VI 处理的信息。

6.5.3 VI 处理

a) 测量验证

这个处理是随测量处理的每一阶段一道完成的,不是独立的。这样可以保证数据和 VI 之间的一致性。

可能包括对时间冗余的处理,这种处理是基于在为应用程序定义的采样周期中,连续抽取相同数量的许多连续采样之间的比较之上的。

b) 不确定性处理

参数(不确定性)可能是,例如,标准的偏差(或给定的倍数),或一个确定置信级区间的半个宽度。

一般地说,测量的不确定性包含许多组成部分。其中的一部分可由系列的测量结果的分布统计来评估,并且可由实验标准偏差来表征。其他部分,也可以由标准偏差表征,可以通过基于经验或其他信息的假设概率分布来评估。测量结果是被测值的最佳估计,不确定性的所有组成部分都促成离差的产生,包括那些系统效应引起的部分,如与校正和参考标准相关联的部分。

6.5.4 测量通道处理功能

a) 标度转换;
b) 线性化;
c) 影响量补偿(软件);
d) 滤波;
e) 转储;
f) 工程单位转换;
g) 限制阈值(关于处理警报应用)和所有相关数据的处理;
h) 变送后的测量处理;
i) 测量时间戳;
j) 测量安全值(通常将最后有效值复制给采样);
k) 测量趋势处理。

注:可能存在其他的功能。

6.6 设备诊断和测试支持

6.6.1 概述

以下条款涉及到产生与设备状态相关的信息的功能。

6.6.2 设备诊断

a) 加电自检;
b) 运行自检。

6.6.3 维护相关处理信号和计算所有对执行设备降级分析有用的事件

目的是允许能够预见设备整体降级或部分降级的算法在维护系统中执行。制造商有必要定义重要的参数并在设备中包括必要的 FB。这些 FB 能够识别这些情况,并将它们的发生信息报告给维护系统和技术管理系统。

已发现的这些有用的参数示例包括:

a) 耗费在额定工作条件之外的操作时间(通过如温度限制、压力限制等来定义);
b) 异常事件的数量(如 P、DP 变送器的压力峰值);

c) 已定义特性的电子冲击量。

注：可能还存在其他的参数。

6.6.4 按需测试的支持（远程或本地发起）

由于执行和测量远程或本地测试（如，校准）的需要，这种支持分为以下两类：

- 介入测试：这类测试的执行会干扰设备/通道的正常操作（例如，要求关闭过程的附属装置）；
- 非介入测试：这类测试的执行不会干扰设备/通道的正常操作。

根据请求的测试，需要必要的授权，并且必须将设备/通道置于相应的操作模式。

要求的功能性有：

a) 介入设备测试执行：

1) 对校准过程的支持（支持基本的和变换的测量）

该项功能的目的在于给予负责设备校准的维护操作员最大的帮助。当对许多不同制造商的许多不同设备进行校准时，可通过以下途径获得所需的帮助：

——使用已经可用的标准术语；

——应用可应用的标准过程；

——直接利用电子表格形式的校准报告和结果，以便通过网络或电子支持传送到维护系统。

2) 对照参考输入的测量处理测试；

3) 过程附属装置的介入诊断测试。

b) 非介入设备测试执行

1) 过程附属装置的非介入诊断测试；

2) 对照参考输入的测量处理测试（如果在控制操作员同意的时间段内的运行时是可执行的，如一段时间的冗余部分测试）。

c) 测试结果检索

1) 设备测试结果的检索（相关信息：自诊断，测试结果和维护干扰）；

2) 关于自诊断直接可用的实际信息，测试结果和维护干预采用电子表格形式，以便通过网络或电子支持传送到维护系统。

6.7 本地接口附属装置

通过合适的终端，本地可以获得：

a) 访问权限管理功能（见 6.8.10）；

b) 信息的预定义列表；

c) 预定义命令输入；

d) 所要求的本地访问，以支持现场操作者的干预。

6.8 设备（系统和通道）管理

6.8.1 概述

以下的功能是系统管理员和设备管理功能协作活动的预期结果。当然，设备代理管理员的作用属于设备功能单元。

从这点来看，一个通道就是一个子系统。

6.8.2 设备标识功能

a) 与供应商相关的设备信息检索。设备用户所需的，沿着其生命周期与设备发生交互的信息（如设备组件的零件登记号、材料、软件和硬件版本、工作范围等）。

b) 与用户相关的设备信息检索（通常在试运行期间所撰写的补充信息，如设备标记、安装日期等）。

上述信息是在设备生命周期的相关阶段，由供应商操作员和试运行操作员用以下功能写入设备的：

c) 与供应商相关的设备信息修改。

d) 与用户相关的设备信息修改。

6.8.3 配置功能(和系统配置的帮助)

当变送器可编程时,变送器的处理和采集部分的特定功能的软件,必须从配置系统中下载。例如,如果一个 DP 变送器作为液位或流量传送仪使用时,需要下载特定的软件。当然,这种逻辑动作可能需要几个实际的操作(如 EPROM 替换,预装功能的选择等)。

配置包括支持不同任务所需的所有软件组件。这些任务被赋予变送器,如测量、诊断、测试例程等。特定用户的需求是指按需报告的可用性,允许操作员检查实际的配置(与指定配置相对的一致性检查)。在设备的生命周期中,不同用户可利用以下的功能:

a) 供应商配置修改;

b) 用户配置修改(从可用的功能中选择所需的功能);

c) 配置检索;

d) 读取可用的功能;

e) 读取供应商配置修订;

f) 读取用户配置修订;

g) 读取已选择的(活动的)功能。

6.8.4 参数化功能

为了满足工厂的应用,该功能主要在于设定参数,以完整地定义通用的功能。

处理功能参数化取决于在配置期间选择/下载的功能;要求将这些参数保存为非易失参数,并且要求不断地检查它们的完整性。

设置的参数有,如范围、被测变量的偏移量和工程单位、警告和报警级别、采样频率,滤波时间常量等。特定用户需求是指可用的需求报告,允许操作员检查实际的参数化(与指定参数化的一致性检查)。

设备参数分为以下两类:

- 介入参数:这些参数的修改会干扰设备的正常操作;
- 非介入参数:这些参数的修改不会干扰设备的正常操作。

根据请求的参数修改,需要必要的授权,并且必须将设备/通道置于相应的操作模式。

要求的功能有:

a) 介入设备参数化修改(单个的参数/已定义组的参数);

b) 非介入相关设备参数化修改(单个的参数/已定义组的参数);

c) 设备参数化检索。

6.8.5 测量管理功能

该功能是设备管理的一部分,它与系统管理的关系将在接下来的部分予以阐明。

该功能产生每种测量执行时序所需的适合的执行事件。通过合适的网络机制,系统管理员产生几个设备管理员之间的同步。

测量管理功能根据需要产生以下的服务:

a) 周期异步测量(即,没有同步于系统参考时间)的执行事件。

它是测量所需的执行事件。这种测量的使用是周期性、异步的。在保证特定应用的数据一致性所必需的时间内,对于所有的用户该测量都是周期性可用的。

周期同步测量(即,同步于系统参考时间)的执行事件。

它是测量所需的执行事件。在接收到同步命令后,这种测量的使用是周期性、同步的。在特定应用所需的时间内,对于所有的用户该测量都是可用的。

b) 具有异步启动和停止的周期测量。

它是测量所需的执行事件。这种测量的使用是周期性、异步的。在保证特定应用的数据一致性所需时间内，对于所有用户该测量都是周期性可用的。

测量的获取和分发不是连续的，而是在特定命令后启动，或在某个异步事件后停止。

c) 按需测量的执行事件。

在用户发出一个特定命令后，获取该测量。在测量的用户发出数据请求命令后，该测量是可用的。

d) 检测逻辑值变化的执行事件。

e) 二进制数据值改变的事件通知。

6.8.6 系统时间管理功能

系统时间管理功能是协调每个设备的几个时间管理器的工作。

在一些应用中，例如，要求带有时间戳的测量和/或带有绝对时间信息的事件。要求系统（主）时钟和所有的设备都有一个与主时钟保持同步的内部时钟。通过明确定义的时钟精度和网络同步操作来保证应用要求的精度。

系统时间管理功能协调几个设备的管理员，以共享：

a) 绝对时间，具有被要求的精度（典型为 1 ms）；

b) 相对时间，具有被要求的精度（典型为至少 1 ms）；

c) 时间同步命令，由主时钟以已定义的速率传送，以保证所要求时间的精确性。

6.8.7 及时确认支持

该功能检查通过通信接口传送或接收的数据总是具有指定的时间性。

这个处理有助于数据验证的处理。

6.8.8 设备故障管理

设备故障管理用于支持设备故障的适当管理。

a) 故障检测

它适当考虑设备诊断和测试支持所提供的所有详细诊断信息。使用这些信息来执行故障检测活动，并生成内部活动所需的，由测量通道状态管理功能处理的设备状态（设备详细状态和设备综合状态）。测量通道状态管理功能处理所有的这些信息，将应用要求的信息提供给不同的用户。它是适应最终用户的。

b) 设备判定（容错过程）

在接收到管理高层的请求后，或者在设备内部自动激活后，它执行内部程序来限定检测到的故障（以防局部的故障引起系统的故障）。

它包含处理传感器和过程附属装置可能的冗余的过程。

6.8.9 操作管理功能（访问权限管理的扩展）

它是管理在几种操作模式之间转换的系统管理功能。特别地，它管理不同的人或自动操作员之间的资格转换过程。这样就可以支持现场设备的干预过程，以实现人类组织所认可的干预计划。当然，要实现上述功能，设备管理需要和系统管理协作。

由于设备中嵌入了智能以及设备之间新的通信方式，可以简化以前在工厂中使用纸质文档实现操作管理的过程。

对于每一个操作员和分布式系统之间的交互，要求设备管理使能所需的设备功能，禁止其他的功能。必须建立管理过程，将资格赋给不同的操作员，以访问在需求达成一致的基础上定义的功能或设备。这样可以防止未授权特性和可能的错误（见访问资格 qualification access）。

根据几种需要的交互来定义的、由系统管理支持的典型操作模式有：

a) 远程自动控制（相关操作员：控制设备）；

b) 远程手动控制（相关操作员：远程控制操作员）；

c) 本地（手动）控制（相关操作员：本地控制操作员）；

d) 远程维护(相关操作员:远程维护操作员);

e) 本地维护(相关操作员:本地维护操作员);

f) 远程试运行(相关操作员:远程试运行操作员);

g) 本地试运行(相关操作员:本地试运行操作员);

h) 参数化(相关操作员:参数化操作员);

i) 自身(相关操作员:无;设备与现场总线失去连接)。

注:还可能存在其他的操作模式。

6.8.10 访问权限管理功能

访问权限管理功能检查对正常设备功能的每个访问的资格。

在每一操作模式中,设备自身会授权哪些操作员可以在设备上执行某种预定义的活动。

很明显,例如,当要求测量处理功能为活动(如在控制操作模式中)时,禁止配置、参数化和按需测试对设备的写访问是非常重要的。

这项设备需求是系统级相应需求的补充。

7 功能块应用需求

7.1 系统概述

前面部分是从终端用户的角度来描述的系统需求。本条从体系结构的角度来关注系统。

过程控制系统是控制过程的应用(基于FB的应用)、执行维护的应用、监控、HMI、试运行功能和设备中硬件及应用软件配置功能的应用的结合,也称为系统管理功能,见图5。通过FB应用执行过程控制的设备必须提供允许在FB设备之间进行交互的所有功能和可互操作的的外部应用。因此,必须定义系统和设备的组成部分以及它们的关系。本条只涉及基于FB的设备。设备和系统的体系结构是基于GB/T 19769.1—2005中的定义之上的。

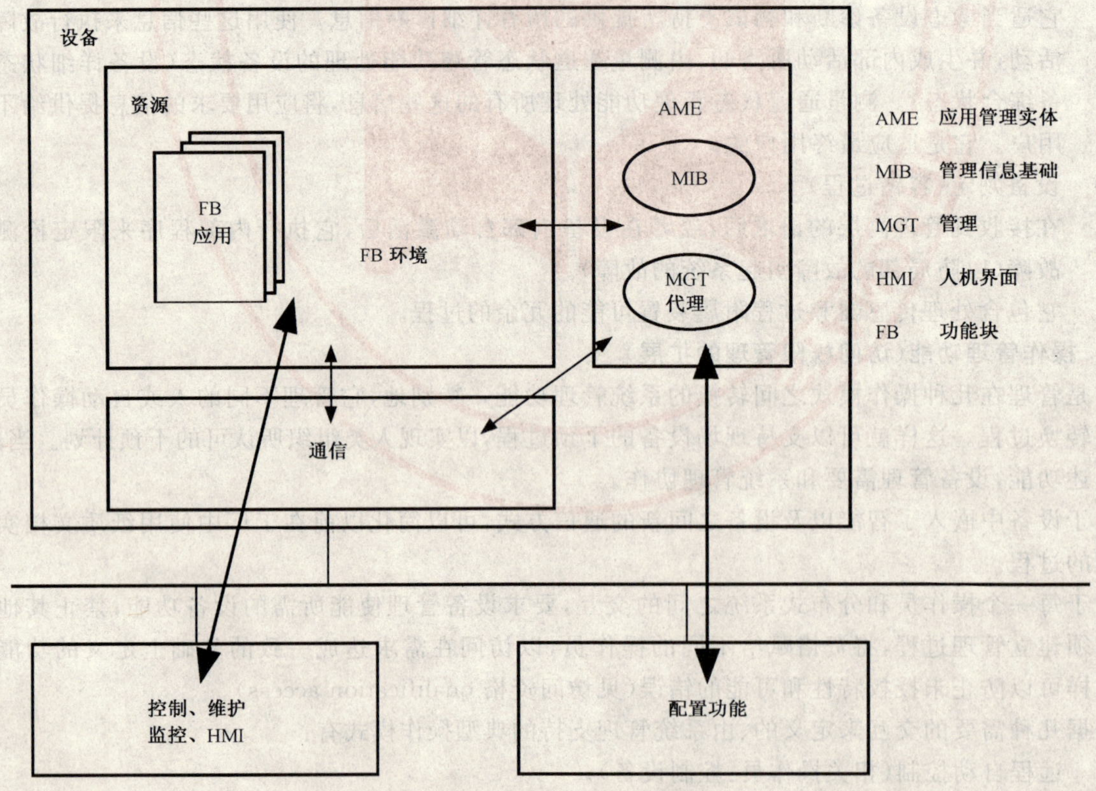

图5 功能块设备的组成

在实际的设备或资源中,仅有数据和功能(程序)代码以及通信、过程和HMI接口。只有通过通信系统，这些数据和程序代码才能被配置工具或设计工具视为功能块、管理代理或数据连接。设备模型的规范是设备实现的外部视图，设备模型详细描述了整个系统的体系结构。

设备模型是实际设备的抽象。

——执行 FB 应用的设备的基本组件是 FB(见图 6)；

——FB 由数据和事件的输入和输出、内部数据、被包含的数据和算法组成，它们具有以下一般性要求。

注：术语 FB 是一般的块(功能、设备和技术块)以及特殊 FB 的同义词。

7.3 中有更多的描述。

a) FB 环境

FB 嵌入在以 FB 环境给出的运行环境中。FB 环境执行特殊的过程控制功能，这些功能是无需程序设计活动即可先前获得的应用部分，如报警。外部应用自主地使用 FB 环境功能，独立于 FB 应用，即与 FB 应用并行(见 7.5)。

注：功能块环境的通用功能和数据也可以封装在功能块中，如趋势。

b) 应用管理实体(AME)

从功能的角度来看，许多过程控制设备需要采用以前使用的硬件配置。例如，必须配置模块化设备中可使用的 FB，或者模型版本带有或不带有测量补偿的一个附加输入。这将导致添加或删除功能块。这些功能将会由 AME 启动，即，设备中的附加功能修改它们的应用软件。IEC 61158 系列的框架中定义了 AME。附录 E 描述了管理的要求。

注：AME 包含了所谓的系统和网络管理功能性。

c) 通信

通信服务和协议必须支持 FB 之间的数据转移，FB/FB 环境与维护之间的交互、HMI 监控以及 FB 环境/AME 与配置功能之间的交互。在 IEC 框架中，通信系统包含在 IEC 61158 系列标准和 IEC 61784 标准的范围内，FB 和 FB 环境的规范是独立于通信系统的。FB 环境和通信系统之间的子层映射将适应于不同的应用和通信。

FB 应用进程、系统和网络管理应用进程(即 AME)中的参数、块、对象和功能都需要有效地映射到基本的通信协议和服务。要求特别设计应用于 FB 应用过程、系统和网络管理应用过程的通信协议和服务，以与分布式应用进程一起使用，并且要求提供这些应用所要求的服务。

要求考虑三种不同类型的通信需求：

- 时间严格通信

  要求 FB 应用进程使用的通信服务和协议支持时间严格通信的统一要求，包括：

  1) 确定性的传输；

  2) 传输的空间一致性；

  3) 传输的时间一致性。

- 要求(Demand)通信

  要求 FB 应用进程使用的通信服务和协议支持可用时间(time-available)通信的统一要求，包括大数据块的分段传输。要求 FB 应用进程使用的通信服务和协议支持“异常报告”通信的统一要求。

- 事件通信

  要求 FB 应用过程使用的通信服务和协议支持事件通信的统一要求，并特别地设计以：

  1) 在静止时段最小化装载；

  2) 在高度活跃时段防止过载。

d) 资源

资源被认为是设备的软件(也许是硬件)结构的逻辑子部分。资源独立控制其自身的操作。

在一个设备内,可以对一个资源定义进行修改,而不影响其他资源。根据使用资源的应用的规定,资源接收和处理来自过程和/或通信接口的数据和/或事件,并返回数据和/或事件到过程和/或通信接口。通过设备资源提供应用的可互操作的网络视图。每个资源指定了一个或多个本地应用(或分布式应用的某些部分)的网络可见部分。

7.2 基本 FB 类型概述

7.2.1 概述

可以被其相关资源访问的基本 FB 类型在以下列出,见图 6,它们是:

- 资源块;
- 技术块;
- 功能块;
- 视图块;
- 趋势块;
- 报警块。

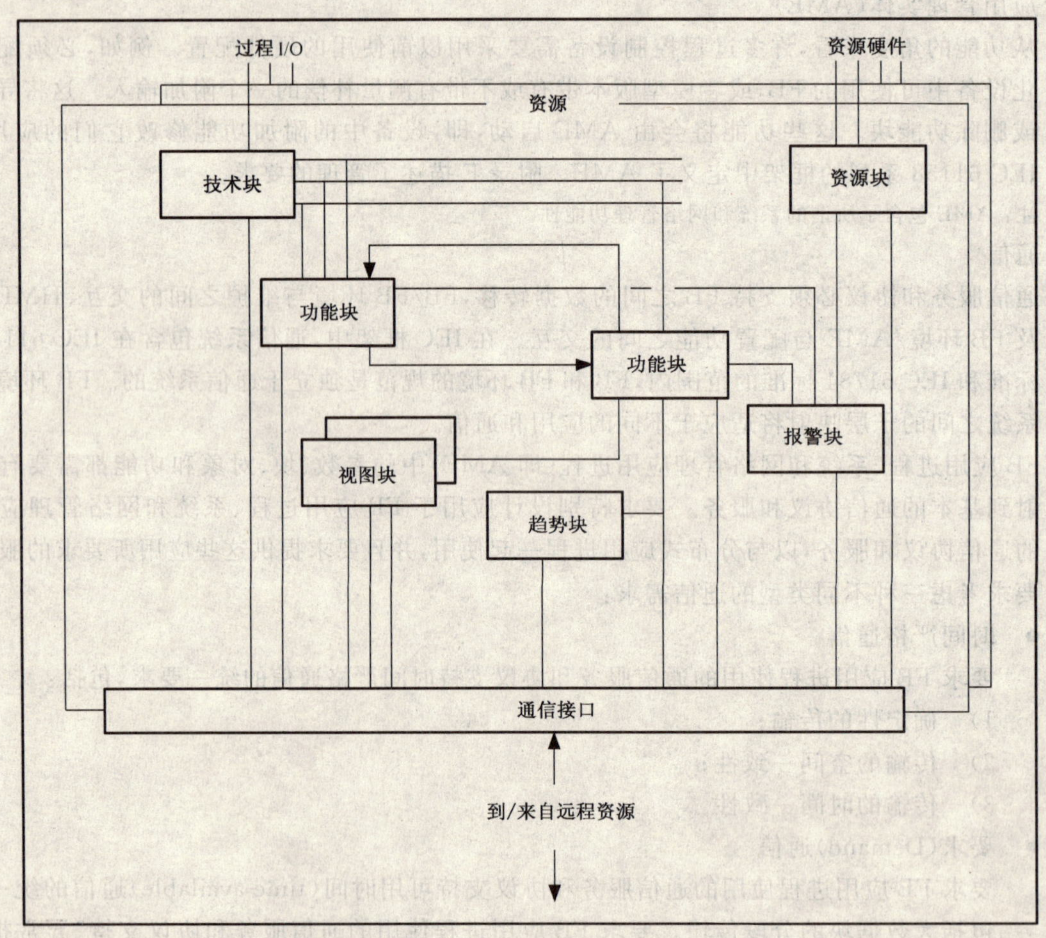

图 6 过程工业用功能块应用的设备结构

7.2.2 资源块

与资源相关的物理子组件的特性可由包含变量的资源块集合来描述。同功能块及技术块一样,资源块也可以包含变量,如设置故障-安全。这些变量在设备块中定义(见 7.4.4)。术语“设备块”和“资源块”是可交换的。

7.2.3 技术块

技术块使 FB 和 I/O 设备(如传感器、执行器和开关)的特性隔开。技术块通过为 FB 使用而定义的独立于设备的接口来控制对I/O设备的访问。技术块也执行处理I/O数据的功能，如校准和线性化，以转换为独立于设备的表示。它们到FB的接口被定义为一个或多个独立于I/O通道的实现。

7.2.4 FB

FB是FB应用中定义监控和控制的主要方法。FB表示由应用所执行的基本自动化功能，该功能尽可能独立于I/O设备和网络的特性。每个FB根据指定的算法和一组内含的变量来处理输入变量和技术块输入。它们产生输出变量并输出到技术块。

基于处理的算法，可能要提供期望的监控、计算或控制功能。FB执行的结果可由包含在操作或诊断信息功能块中的变量来反映。此外，处理结果可由到技术块的输出来反映，或由到一个或多个输出变量的输出来反映(见7.3)。这些输出变量可以连接到其他FB。

7.2.5 视图块

FB环境包括了数据结构定义，以允许成组地访问相关的块参数，称之为视图块。当查看功能块数据时，视图块有助于操作员得到快速的响应。

为每一组以下参数定义了每一种FB类型和视图功能块。

a) 操作动态参数；

b) 操作静态参数；

c) 所有动态参数；

d) 其他静态参数。

7.2.6 趋势块

要求FB包括数据结构的定义，以允许成组地访问单个块参数的带有时间戳的连续采样集，称之为趋势块。趋势块消除了为了形成趋势而对参数高速扫描所需的通信和系统处理开销。要求趋势对象的定义包括标准采样类型及其相关采样功能(如局部采样、综合平均、最大、最小等)的定义。

7.2.7 报警块

报警是对一个块离开某个特定的状态及何时返回该状态的检测。检测到的报警状态的时间作为时间戳包含在报警消息中。同样，要包含优先级，以指示该警报是忠告性的或者是关键性的。

要求FB环境包括数据结构和相关资源的定义以及FB功能，以允许报警和时间信息在系统内受控地转移，称之为报警块。在系统内，报警块预测并有效地将报警和事件路由到选定的目的地。

报警块的定义包括用于初始化、发送和确认报警对象报告的标准交换协议的定义，确认报警、解释标准和自定义原因代码的定义，以及报警功能(如报警关键字、报警优先级、报警自动确认等)配置的定义。

当检测到警报时，资源块、技术块和功能块使用报警来传播通知消息。

7.3 FB需求

7.3.1 FB类型规范

要求过程FB包括：

a) 标准化的数据结构；

b) 标准化的语义；

c) 与标准化数据相关的公共行为；

d) 基本输入、输出和控制功能的标准化定义。

7.3.2 FB正常和异常的操作需求

FB执行正常和异常的操作，见C.2.6。在稳定运行期间(运行点)，在过程和自动化设备的设定条件下，FB执行正常的操作。初始化、热或冷启动以及更高级的操作，如进入安全位置，是过程控制FB的附加功能。这些操作是FB的固定部分，默认连接到相关的事件。这些操作被称为异常操作或异常处理。

7.3.3 FB功能性需求

对离散和连续控制都有效的FB功能性需求是：

a) 功能块实例名被定义为块标签。在一个工厂站的一个系统范围内，标签是无歧义的。标签名在语法规则上可能与控制语言规则不一致(如长度、特殊字符)。

b) 状态是与流经FB应用的主过程信号硬性结合的，即，要求FB输入和输出，不是内含参数，具有状态。

c) 要求在级联的控制结构中使用的FB包括输入和输出的返回计算参数，以运载已定义的标准的级联初始化、输出限制和输入或输出值状态信息。

d) 要求FB功能性规范包括已定义的标准“无扰”控制模式，当检测到错误的输入、输出或转换值时，或当检测到初始化请求或来自返回计算参数的控制限制时，分离(shedding)和恢复动作。

e) 要求FB功能性规范包括已定义的标准的，当检测到错误输入、输出或转换值时的故障-安全动作，或者FB应用进程资源的故障-安全命令。当块执行其故障-安全动作时，要求通过报警块发送报警消息。要求故障-安全报警消息包括可以识别触发了什么故障-安全动作的原因编码。

f) 要求FB功能性规范包括已定义的标准的设定点和输出跟踪特性。要求功能块功能性规范包括已定义的标准的偏差和比率设定点斜坡特性。

g) 要求FB包括参数，当观察实际的输入和/或输出及其状态时，以便模拟输入和/或输出及其状态(“模拟参数”)，并包括可以使能或禁止每一模拟参数的参数。要求功能块功能性规范包括已定义的标准的模拟参数的特性和模拟使能/禁止参数的特性。要求已定义的标准的使能/禁止特性与强制的模拟禁止硬件跳线或开关适应。

h) 要求FB包括过程测量(PV)和偏离报警(DV)的参数和标准化的功能定义。

i) 要求FB具有控制从输入到输出的功能块内部信息流和功能块运算变化的模式。

j) 要求FB包括每个块的初始化和重启的标准化功能定义。要求为以下操作环境定义行为：
   1) 新设备；
   2) 冷重启(长期的电源失效)；
   3) 热重启(短时的电源失效)；
   4) 从设备故障-安全返回。

7.4 从I&C派生的功能块的初始集

7.4.1 从AB(高级FB)派生的功能块的最小集

下例给出了过程自动化FB的最小集，见表2，以确保底层控制的完整性并确保过去10年中，在现场总线标准化工作得到的大部分经验仍然有效。当然，最小化集是可扩展的。

表2 初始FB集

功能块名称	描述	为什么包括在最小列表中
回路控制(PID)	带有以下配置的PID： 偏差比例、测量值变化比例、速率和位置输出比例； 交互和非交互算法； 包括简单设定值的斜坡选项； 包括设定值输入的比率偏差； 包括均方偏差和非线性选项	在相同配置和调整参数的情况下，确保所有的PID以相同的方式操作；这有助于保证将最大回路数调节到最优。 将促进对不同整定工具所需的理解；将促进标准的整定工具和方法
控制输出选择器	多输入高/低选择器，带有初始化和状态传递	允许普通的继承和带有安全初始化和休眠终止预防的限制控制实施

表 2(续)

功能块名称	描述	为什么包括在最小列表中
测量选择器	三路测量选择器的最高、最低、平均和中等	用于不可靠测量(如,分析)的三取二投票及特别的安全
分路器	用于分离量程控制	支持初始化和无扰传输跟踪的返回计算,支持终止预防
模拟输入	扫描线性化质量检查	确保扫描和转换工作保持在最小程度,并都以同一种方式执行。在所有的实施中,允许所有控制模式中的操作以浮点工程单位进行
模拟输出	带有互锁、核对、回读 非线性值的线性化	确保公共术语、故障安全操作、限制控制和输出检查在所有的执行中以同一种标准方式执行
输出扇出	用自动、手动开关扇出控制器输出	确保公共术语、故障安全操作、限制控制和输出检查在所有的执行中以同一种标准方式执行
离散变量/脉冲输入	单一和多状态输入	确保公共术语、故障安全操作、检查、计数在所有的实施中以同一种标准方式执行
离散变量输出	单一和多数字控制输出	确保公共术语、故障安全操作、检查、计数在所有的实施中以同一种标准方式执行
超前滞后	第一顺序滞后和超前功能	允许带有安全初始化的公共前馈和限制控制的实施
空载时间	表驱动的空载时间	允许带有安全初始化的公共预测程序、前馈和限制控制的实施
控制/增量求和	对增量算法的输出求和或合并控制器输出	允许带有安全初始化的公共前馈和限制控制的实施
控制比率	带有初始化的控制器比率输出	允许带有安全初始化的公共前馈和限制控制的实施
输入切换	事件发生时,切换输入	允许带有安全初始化的公共预测、前馈和限制控制的实施
特征化	以内插值替换双向特征化块的 20 个点	允许简单的特征化,如回路耦合和线性化
定时器	通用的定时器,执行时间功能、计时、产生时间延迟脉冲等	允许带有安全初始化的简单的批量/顺序功能的实施
积分器	大量电力流量的积分器,如带有重启和行程功能	允许带有安全初始化的简单的批量功能的实施
连续变量警告/报警	带有故障安全活动、死区、忽略、计数、动态漂移和时间戳过滤的通用报警块“hi”,“hi-hi”,“lo”,“lolo”	确保带有初始化和审计追踪的公共报警功能的安全执行
离散变量警告和报警	带有故障安全活动、死区、忽略、计数、动态漂移和时间戳过滤的通用离散变量报警块	确保带有初始化和审计追踪的公共报警功能的安全执行

表 2(续)

功能块名称	描述	为什么包括在最小列表中
设备控制块	带有启动、停止、打开、关闭、停止、已启动、已打开、已关闭、巡回、故障状态的，控制电机驱动设备、阀、泵等的通用块	确保带有故障安全、初始化和审计追踪的公共电机控制和其他离散输出控制功能的安全执行，并确保标准已测试的功能代码的最大可重用
连续变量手动入口	带有检查和初始化的模拟变量的操作员入口的通用块	确保带有初始化和审计追踪的入口功能的安全执行
离散变量手动入口	带有检查和初始化的离散变量的操作员入口的通用块	确保带有初始化和审计追踪的入口功能的安全执行
设定值斜坡	批量类型循环的通用 16 点斜坡保持块	确保通用代码的最大重用，并强行初始化和审计追踪

附录 D 给出了模型化模拟输入 FB 的实例。

7.4.2 从 EFB 派生的功能块

EFB 为变量的信息处理包含了逻辑-数学算法。在过程控制领域中，由于安全方面的原因，这些算法的实现需要一些附件。其他的算法提供在设备冷启动或热启动之后的默认值、初始化之后的值或某种算法成功的状态(例如被零除的错误)。这些附加成分对于启动使过程处于安全状态的应用部分是必需的。一般地说，功能块应用中的过程相关变量和每一算法必须与一个状态结合，该状态提供算法执行和变量值的可信度。主算法是决定输出计算的等式。附加算法决定状态、默认值及其他。表 3 给出了共同使用的 EFB 的总览。

表 3　EFB 一般列表

分类	描述	建议用名	相似功能块	
			GB/T 15969.3	VDI/VDE 3696
arithm., 1 input	绝对值	ABS	ABS	ABS_
	余弦弧	ACOS	ACOS	ACOS_
	正弦弧	ASIN	ASIN	ASIN_
	正切弧	ATAN	ATAN	ATAN_
	余弦	COS	COS	COS_
	指数函数	EXP	EXP	EXP_
	自然对数	LN	LN	LN_
	以 10 为底的对数	LOG	LOG	LOG_
	正弦	SIN	SIN	SIN_
	平方根	SQRT	SQRT	SQRT_
	正切	TAN	TAN	TAN_
	死区	DEADZ	—	—
	限幅器	LIMIT	LIMIT	LIMIT_
	线性比例	SCAL	—	SCAL
	非线性(支持点)	NL_SUP	—	NONLIN_
	非线性(多项式)	NL_POL	—	—
	分割范围控制器	SPLIT	—	(in OUT_A)

表 3(续)

分类	描述	建议用名	相似功能块	
			GB/T 15969.3	VDI/VDE 3696
arithm.，≥2 inp.	加法	ADD	ADD	ADD_
	除法	DIV	DIV	DIV_
	取幂	EXPT	EXPT	EXPT_
	模运算	MOD	MOD	MOD_
	乘法	MUL	MUL	MUL_
	减法	SUB	SUB	SUB_
	N 个信号平均值	AVER_N	—	—
	经 P,T 校正的流动速率	FCOR	—	Y_FCOR
boolean + edge	逻辑和	AND	AND	AND_
	否(非)	NOT	NOT	NOT_
	逻辑或	OR	OR	OR_
	逻辑异或	XOR	XOR	XOR_
	下限测定	F_TRIG	F_TRIG	FTRIG
	上限测定	R_TRIG	R_TRIG	RTRIG
counter, flip-flops	通用记数	CT	CTUD	CT
	双稳态(重起支配)	RS	RS	RSFF
	双稳态(设置支配)	SR	SR	SRFF
	大于或等于	GE	GE	GE_
	大于	GT	GT	GT_
	不等于	NE	NE	NE_
	小于或等于	LE	LE	LE_
	小于	LT	LT	LT_
	开关(+警告或信息)	SAM	—	SAM
dynamic and control	1 信号的平均运行	AVER_1	—	AVER
	(滤波)微分	DIF	—	DIF
	高/低/带滤波	—	—	(FIO/SEO)
	脉冲宽度调节器	PWM	—	PWM
	速率限制	RLIMIT	—	—
	动态二阶	SEO	—	SEO
selection	把 1/n 字节转换成数字	BIT_N	—	BIT_N
	信号分路器	DEMUX	—	DEMUX_x
timer	逻辑“关闭”延时	TOF	TOF	TOF1
	逻辑“开启”延时	TON	TON	TON1
	逻辑脉冲	TP	TP	TP1
	死区时间	DEADT	—	—
trend storage	记录(存储趋势)	R or TREND	—	R

7.4.3 技术块

a) 技术块是执行将物理信号转换为数字信号，反之亦然，功能的特殊功能块。包括模-数/数-模转换线性化以及其他更多功能。技术块功能的定义伴随有多种参数。技术块代表了执行和测量的类型。所有测量和执行原则指定的功能和参数都封装在技术块中。

图 7 给出了测量相关 FB 的功能性分类。

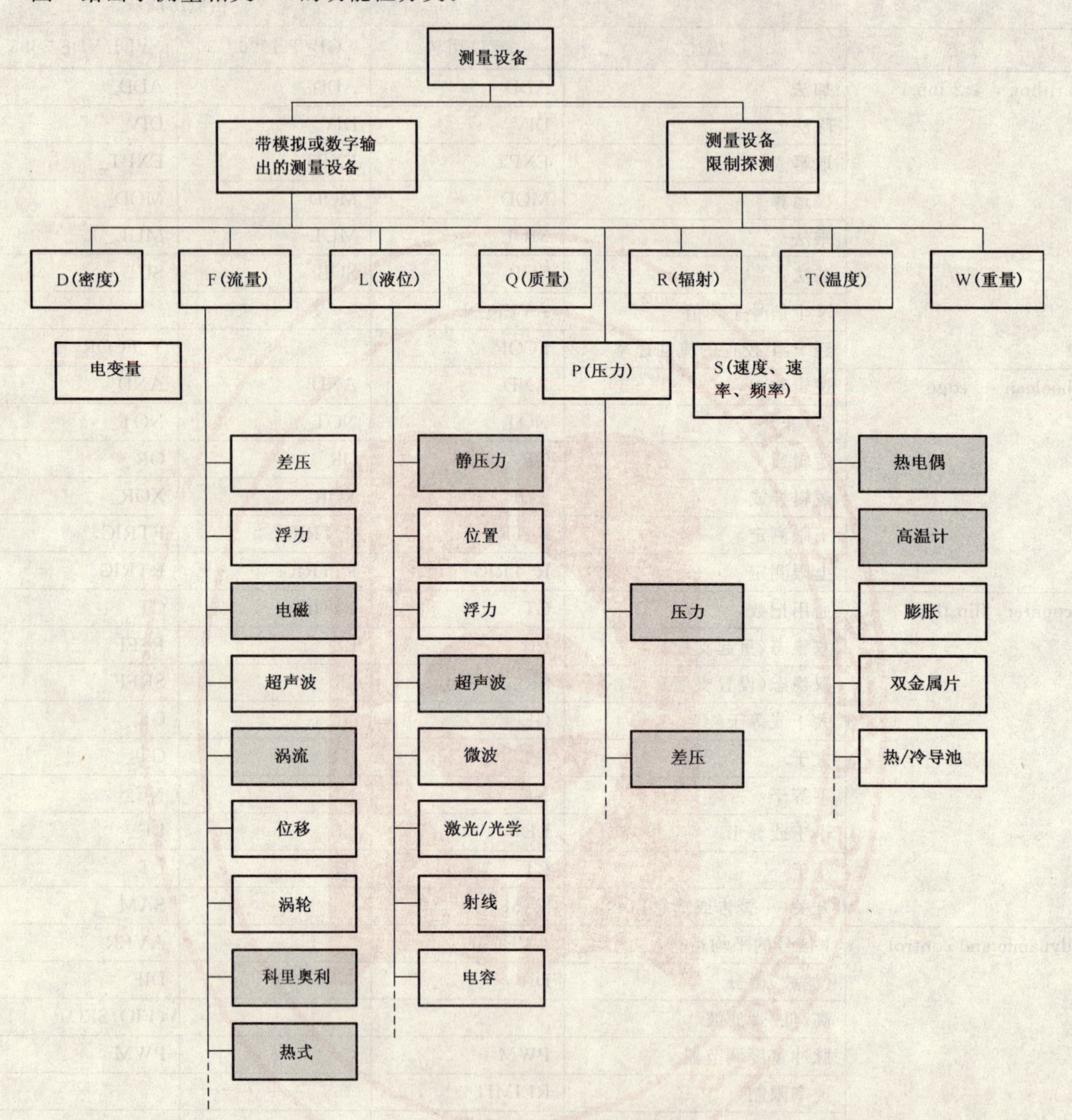

图 7　传感器功能层次:实例

b)　要求指出树的每一路径和层次、特征和要求的属性、参数以及功能。

注:FB 类型的功能性分类的界限有时比较模糊,要求提供允许用户辨别 FB 主要作用的支持。

c)　要求技术块包括一个 CHANNEL 参数,该参数是在资源内将数据连接到其他块所需要的。要求 CHANNEL 参数作为技术块的“标签”,而要求技术块内的其他参数被表示为“CHANNEL. Parameter”。

7.4.4　设备块

a)　为了服务的目的,如日期认证或消息维护的存储空间,设备块是包含识别设备本身(设备盘)所必需的所有参数和功能的特殊 FB。设备块代表了一般的设备硬件和软件。

b)　要求设备块包含含有 FB 应用进程的物理部分的描述,包括资源标签参考、资源设备描述参考和资源对象词典。

c) 要求设备块包含管理功能块应用资源所需的信息，包括资源状态控制、动态存储空间分配和非永久性存储器更新。

d) 要求设备块提供设备和资源所支持的可选择的 FB 应用进程特性的识别，包括串编码(ASCII 或 Unicode)和输入-输出硬件类型。

e) 要求设备块参数和功能规范包括资源故障-安全命令，当设置该命令时，要求引起资源中的所有技术和功能块执行各自定义的故障-安全动作。

f) 要求设备块参数和功能规范包括资源故障-安全的禁止功能，该功能被激活时，要求禁止资源中的所有技术和功能块的故障-安全动作。每当故障-安全禁用功能被激活时，要求设备块通过警告对象发出故障-安全禁用警告(见 7.2.7)，且以用户配置的频率重复地发出。

g) 要求设备块参数和功能规范包括与资源隔离的计时器功能，如果该功能被激活，要求对资源中超出“失效计数限制(stale count limit)”的计数功能块求和。在及时的通讯恢复之前，当这个总数超过了配置的值，要求资源中所有的技术和功能块强行执行已定义的故障-安全动作。该功能允许二级级联，在执行其配置的故障-安全动作前，等待相对长度的时间。

7.5 FB 环境需求

7.5.1 对象词典

要求 FB 环境包括对象词典，它含有对设备中所有块和对象的描述。设备的外部应用通过通信系统，利用对象词典来获取设备中块和对象的描述，并决定参数的内部存储索引。

7.5.2 连接对象

要求 FB 环境包括数据结构定义和相关功能，以将资源和 FB 参数映射到通信关系，称为连接对象。

7.5.3 FB 服务

FB 环境要求某些服务，这些服务执行到和来自于其他资源或设备中其他功能块环境的通信，以提供与制造商无关的系统中所有设备的一致操作。它们也提供功能块和系统管理应用进程之间的协调。

7.5.4 FB 调度

a) 要求 FB 环境指定一个或多个标准的方法来控制 FB 的执行，要求这个或这些指定的方法与以下块执行同步：

  1) 块输入和块输出通信；

  2) 其他块的执行。

b) 控制通信和 FB 执行的调度的参数的计算，可由在功能块环境范围之外的(即“离线”)应用执行。一旦调度建立了，要求功能块环境按照调度所定义的资源参数，控制和维护 FB 的执行。

c) 要求块执行与块输入和输出通信之间的同步适应网络传输的时间。

d) 要求块执行与其他块执行之间的同步适应设备资源的加载。

e) 要求 FB 环境适应非标准或“制造商特有”的方法，以控制设备内 FB 的执行。

f) 要求提供一种方法，以辨识设备内 FB 执行控制的方法(如“标准”或“制造商特有”)。要求这种辨识方法是可扩展的，以允许多个“标准”执行控制方法(如，允许未来对标准的补充)。

7.5.5 修正管理

FB 环境需要为设备内的所有软件和可配置参数的修订控制规定参数、功能和协议。主要参数有：

a) 设备行规；

b) 设备行规修订；

c) 静态数据修订；

d) 写锁定；

e) 访问允许的参数；

7.5.6 维护块

要求 FB 环境包括数据结构定义和相关资源功能，以允许在设备中保持以及在维护信息系统内受控地转换，称为维护块。

维护块的主要参数包括与设备特性和维护事件相关的以下信息：

a) 湿件和物料代码；

b) 制造商-输入的文本字符串；

c) 用户购物-输入的文本字符串；

d) 用户域-输入的字符串；

e) 用户定义的维护活动代码；

f) 制造商定义的交互式校准程序的结果。

7.6 通信需求

a) 要求 FB 环境、系统和网络管理应用进程中的参数、块、对象和功能有效地映射到下层的通信协议和服务。

b) 为了分布式应用进程的使用，要求特别设计 FB 环境、系统和网络管理应用进程使用的通信协议和服务，并要求提供这些应用所要求的服务。

c) 要求 FB 环境使用的通信协议和服务支持时间严格通信的统一需求，包括：

1) 确定性传输；

2) 传输的空间连贯性；

3) 传输的时间连贯性。

d) 要求 FB 环境使用的通信协议和服务支持可用时间(time-available)通信的统一需求，包括大数据块的分段传输。

e) 要求 FB 环境使用的通信协议和服务支持“异常报告”通信的统一需求。

f) 要求 FB 环境使用的通信协议和服务支持通信事件的统一需求，而且被特地设计，以：

1) 最小化静态期间的装载；

2) 防止高度活跃期间的过载。

8 附加需求

8.1 与外部应用协作

一个全面的自动化应用包括非严格时间要求的控制操作(如监控、维护和配置)，这些操作可能没有按照 FB 来说明。这些操作也可能应用于与非 FB 过程控制系统的协作。非 FB 应用需要对 FB 的变量和参数以及其他设备特定信息进行在线数据访问，见图 8。

该条提供了关键要求的概述。

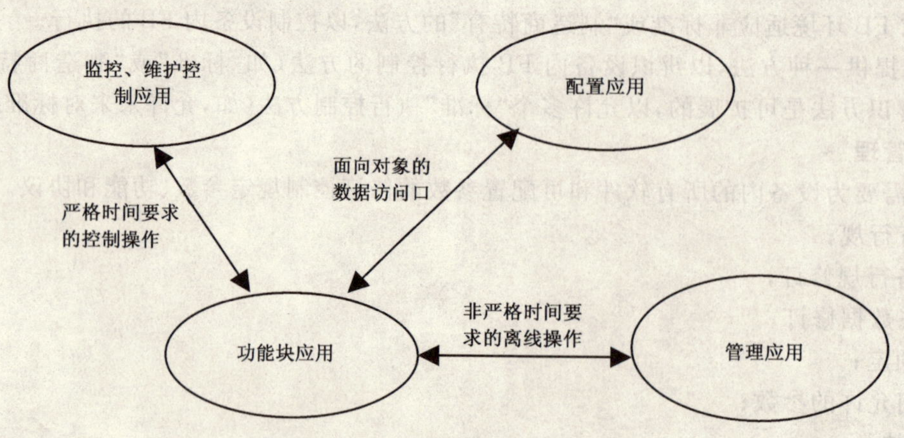

图 8 非功能块应用数据接口

8.1.1 与控制、维护和监控应用协作

8.1.1.1 概述

注：有些需求与在FB应用中出现的需求重复。然而，该规范必须同时考虑这两种观点。

与控制、维护和监控应用的协作需要一组公共的应用功能（数据访问、数据报告、数据记录、控制功能等），这些功能在大多数实时自动化设备中存在，特别是在基于FB的应用中。一组标准化的应用服务的使用允许：

a) 将建模工作从通信细节中隔离出来；

b) 应用高度的可互操作性，不仅在于报文的语法，也在于数据交换的语义；

c) 降低集成的成本，因为，对所有的实时数据有一致的访问和表示机制。

8.1.1.2 终端系统的分布

要求与控制、维护和监控应用的协作支持：

a) 位于工厂内任何地方的终端设备和处理器包含在公司设施中、在控制中心中、单元内以及用户设备中。

b) 与过程控制系统的外部系统的通信，包括公共的通信系统和公共的因特网。

c) 一个总体的系统环境，包括高速通信通道、低速通道、共享通道以及具有统一传输特性的媒介，如无线电、移动无线电、卫星、电力线等。

d) 现在以及未来的网络配置，可能包括子网络层次、子网内的点对点通信以及跨企业的完全点对点通信。

8.1.1.3 设备/处理器能力

与控制、维护和监控应用的协作要求：

a) 特定设备的处理、计算和存储能力的范围可能有功能强大的设备、简单计算设备和内存受限设备。

b) 在同一网络或子网上，可以支持一个到数百个的设备。

8.1.1.4 对话特性

要求与控制、维护和监控应用的协作：

a) 支持不同的通信对话和数据流要求，包括：

   1) 仅单向的；

   2) 双向交替（如层级结构）；

   3) 由网络协议或媒介管理的双向（如现场总线、令牌环、CSMA/CD及基于无线电的“智能”媒介，用以处理未经请求的报告）；

   4) 同时双向（如全双工的WAN）。

b) 支持消息流经多个中间设备、本地子网和WAN连接。

c) 支持同类设备之间的多并发通信。

d) 支持消息的优先级和/或中断长消息的能力。

e) 支持应用级安全。

f) 通过支持有效编码和数据压缩技术来最大化网络吞吐量。

8.1.1.5 设备寻址

要求与控制、维护和监控应用的协作支持：

a) 在同一网络中，数量从几个到数百个的设备的寻址；

b) 在只有短地址合法的本地子网内，当允许通过广域网访问这些地址时，处理短地址的寻址方案；

c) 处理广播和组播要求的寻址方案。

8.1.1.6 网络流通量特性

要求与控制、维护和监控应用的协作支持：

a) 以超低速(10 bit/s 或更低)到超高速(吉比特/s)之间的数据速率来传送信息和潜在的图像和图形；

b) 不同的数据传输速频率，范围从非常低频传输(一或两次/年)到高频传输(ms)，再到超高频传输(特殊情况下每 50 μs 传输一次)；

c) 传输范围从几个字节数据到非常大文件的报文。

8.1.1.7 时序问题

要求与控制、维护和监控应用的协作：

a) 支持设备的时钟同步。

b) 支持至少精确到 1 ms 的时间戳。

c) 最小化时间测量偏移，至少精确到 1 ms。

8.1.1.8 应用服务需求

要求与控制、维护和监控应用的协作支持：

a) 多个用户对系统的并发访问；

b) 调度的和非调度的数据交换；

c) 客户所需的远程数据检索；

d) 未经请求的数据报告，由服务器的事件驱动；

e) 发布者-订阅者数据交换；

f) 数据异常传输报告，仅传输已改变了的数据；

g) 远程设备控制命令(支持控制执行前的限制：立即控制、特殊情况控制，如设定值在限值之间或设定值被限制到特定的配置值，等等)；

h) 要求远程设备控制命令支持多个客户，客户被允许在任意时候连接到服务器；

i) 通过一个时刻只有一个操作者或信号量(semaphore)机制来预防并发控制命令；

j) 远程事件记录和事件日志；

k) 广播和组播数据到设备；

l) 远程程序控制；

m) 设备配置文件的上传和下载；

n) 错误管理和报告。

8.1.1.9 应用数据格式

要求与控制、维护和监控应用的协作支持：

a) 面向对象的数据结构和功能；

b) 与 FB 应用相同的数据类型；

c) 数据的自定义命名约定。

8.1.1.10 操作要求

要求与控制、维护和监控应用的协作支持：

a) 网络管理要求，包括：

1) 网络协议统计记录，如临时和永久连接故障的数目、数据重发数目、连接利用数目；

2) 为网络上的所有适当用户进行监控、检测和通知关键性的网络故障；

3) 动态带宽分配；

4) 远程网络设备的在线重配置；

5) 对网络用户或部门再分配成本的 charge-back 服务；

6) 第三方网络设施使用的计算管理设施；

7) 安全服务和机制的管理,以确保维护总体网络系统的安全。

b) 目录服务,包括:

1) 应用、处理器、设备和数据对象的标识;

2) 与外部目录服务的集成,如公共的电子邮件提供者;

3) 信息限制给授权用户;

4) 搜索和分类能力。

c) 安全机制,以确保:

1) 机密性,防止所传输的数据被非授权用户解密;

2) 完整性,检测所传输的数据的修改、插入、删除或重发;

3) 数据源(data-origin)鉴定,通过说明传输数据的来源是所声明的;

4) 不可拒绝性,防止发送者或接收者拒绝参与通信;

5) 用户鉴别,通过说明用户的身份是所声明的;

6) 访问控制,通过防止对资源的非授权访问,包括试图以不恰当的方式使用资源。

8.1.2 与配置应用协作

在这种上下文关系中,要求配置(系统或设备)被理解为系统或设备设计的带有以下活动的一个步骤:

a) 选择功能单元;

b) 分配存储单元;

c) 定义它们之间的互连。

要求与配置应用的协作执行与以下设备进行协作:

a) 远程创建数据类型、FB 类型和实例以及 FB 实例间的数据连接;

b) 远程删除数据类型、FB 类型和实例以及 FB 实例间的数据连接;

c) 远程启动、停止、取消应用程序和 FB;

d) 远程查询所有的数据类型、FB 类型、FB 实例、数据连接和变量。

注 1:这种上下文关系中,远程意味着:协作需要一种应用协议(与应用层相反,如现场总线)。这种协议定义所有将要交换的信息、它的含义以及信息交换的顺序和序列。另外,该协议还需要一种简洁和完整的、由接收到所交换的信息发起的过程的定义集合。该协议也定义了在协作期间可能出现的任何异常。

注 2:在线配置和在线控制具有重叠部分。例如,设定点时的设置可以使用在线配置或在线控制来实现。

8.2 附加特性需求

8.2.1 概述

本条中的过程控制用户需求阐明了以下考虑:

a) FB 环境;

b) 通信功能;

c) 修正管理。

本条中列出的许多条目表现为技术上的实施细节,而不是用户需求。无论怎样,由于预定系统的多供货商本性,用户需要这些技术细节的标准化实施,以产生可操作的系统。另外,用户需要某种技术细节的特定实施,因为应用进程的分布式本性要求特定的实施,以产生可操作的系统。最后,基本的特定实施细节需求是数十年来不同系统提供商的经验,以及对大多数过程控制应用中什么性能最好的广泛理解。

8.2.2 多供应商系统

过程控制用户应用,称为 FB 环境,要求适应多供应商系统的结构和操作。要求这种应用模型能够使用户容易地确定设备之间的兼容程度。设备兼容性要求用某种方法描述,该方法能清楚地表示设备是互连、协作、互操作或互换的。

要求这种应用模型定义标准的数据结构、特性、FB和通常作为在使设备互交换之前的重要步骤而使用的过程控制功能和设备的规范。也要求该模型包括标准的和自定义的数据结构、特性、FB以及使设备互连、协作和互操作的规范的结合。

8.2.3 可扩展

要求过程控制应用模型可扩展为新的标准的和制造商特定的数据结构、特性、FB及设备规范。要求符合过程控制应用模型的扩展满足多供应商的用户需求。要求过程控制应用模型包括设备描述语言以支持所要求的扩展。

8.2.4 分布式应用

8.2.4.1 概述

该应用模型提供分布在不同设备中的过程控制应用。

8.2.4.2 分布式控制通信

分布式过程控制应用有统一的通信需求，即要求能被嵌入式通信协议满足。包括分布式应用之间安全的通信关系、应用事件和功能的同步功能、时间严格通信规定、数据及事件的时间戳、报警和事件的标准处理、分布式原操作的执行和大数据集合的分段与重组。

8.2.4.3 为现场总线的优化

要求过程控制应用模型与现场通信标准(如 IEC 61158 系列、EN 50170 等)一起使用。要求优化过程控制应用模型，以在低速、本质安全和基于现场总线的系统中，最大化利用可获得的带宽。要求定义在应用模型中的数据结构和通信功能有效地映射到现场总线通信的服务和协议。

8.2.4.4 与 ISO/OSI 模型的一致性

要求过程控制应用模型与各种开放的系统通信网络一起使用，因此要求与数据通信的 ISO/OSI 模型一致。过程控制应用模型提供通用应用在 OSI 模型上下文关系中的使用语义。过程控制应用模型具有统一的通信服务需求。它们包括，但不限于，时间严格通信、系统管理服务以及协议速度和效率。要求指定这些通信服务要求，以使用户能够容易地辨别特定 OSI 一致性协议与一致性过程控制应用的一致性程度。

8.3 一致性要求

8.3.1 机构支持

要求过程控制应用模型得到技术开发者、设备供应商和终端用户的活动机构的支持，该机构负责实际系统的实施和维护。

8.3.2 正在进行的改变和增加

没有过程控制应用可以是完整的和不变的，而继续满足实际应用变化着的需求。要求标准的过程控制应用模型得到有效率和有效果的发起机构的支持，并且能够实施周期性和实时性的添加、删除和改变，以适应过程工业变化的需求。

8.3.3 一致性检查和确认

实际应用中实际系统的有效率和有效果的实施要求无歧义地辨识符合标准过程控制应用模型的设备和系统。要求该模型包括独立测试机构所需的客观的和可测量的标准，以确定设备和系统的一致性。

8.3.4 培训和支持

开发者、供应商和终端用户都需要解释和培训的资料，以支持符合标准过程控制应用模型的实际系统的实施。要求该模型得到有能力提供这种培训的、有效率和有效果的发起机构的支持。

9 设备描述语言

9.1 背景

工厂和过程自动化在过去几年的快速发展中形成了一个无疑的基本概念：工程师和技术员必须得到基于计算机工具的支持。这一点特别适用于分布式控制系统。现场总线在控制器和传感器/执行器之间以及在工程师站和所有设备之间传送数据。在工程过程的所有不同阶段,运行于PC、工作站或终端上的一个或多个工具需要知道它们所连接的设备类型。包括供应商的信息、硬件和固件的版本、交换的数据格式、响应时间以及物理单位等。在多数情况下,位于工程师站的现场总线控制器还需要知道关于响应时间、支持的波特率等通信能力。随着可远程访问的设备的发展,大多数设备特性被集中在设备描述中。设备描述和设备一起被交付。使用了电子设备描述这个术语,因为它不仅是一种语言,而且实际上是一种如何在所有DCS生命周期中集成设备的技术。

9.2 基本要求

为了得出一般的用户需求,首先要定义用户(user)这个术语的含义。可以区别两种类型的用户:

——工厂或机器的操作员或终端用户;

——系统集成商。

尽管它们工作在同一分布式系统中,它们对电子设备描述的要求不同吗?下面的段落将分析这个问题。

对于分布式控制系统的终端用户而言,最重要的是设备描述的透明性。终端用户仅希望看到SCADA-软件中的图形用户界面或其他的人机界面(HMI)。因此,电子设备描述需要按照即插即用的概念来构建。另外,要求在应用中交换设备不会导致巨大的工程任务,而是要求由技术员简单且安全地完成。设备描述必须支持这一点。

和终端用户相比,完成工程、安装和编档的系统集成商需要达到不同的目的。他的目标是减少解决互操作问题的工程时间,同时提高设计最优应用的工程工作,并关心所生产的过程控制系统产品的质量。他的工作,包括工厂/机器生命周期的预生产阶段,效果直接取决于他必须处理的、机器可读的设备描述的定义良好性、标准性和完整性。

这种分析所得的结论是,必须主要从系统集成商的角度去看待用户的需求,因为他必须直接地去处理电子设备描述。因为计算机工具,以过程控制系统闻名,是系统集成商使用的最新型的工具,这些工具的需要将产生电子设备描述的要求,以最好地支持工程过程。

控制过程系统提供了对生产过程的控制和监督。它们连接人(如操作员)和机器。它们由输入/输出设备、数据处理单元、人机界面和通信系统组成。

传统地,从运行时的角度(功能、设备和系统)来看待PCS。由于渐增的复杂性和所牵涉的费用,工程方面变得更加重要。复杂性是由影响工程过程的几个因素导致的,如不同的设备成分(输入/输出、数据处理、HMI、通信)、处理物理过程(机械的、电气的等)、生命周期阶段和设备供应商。现在,这些不同领域的集成一般通过创建硬件和软件接口来实现,并执行昂贵的基于试错法的试运行过程。在所有权原则的真实成本下,这种集成是不可能的。为了避免数据丢失和不一致,要求集成工具来支持整个工程过程。没有公共的传输语法和标准化的数据模型,使用纸质文档不能充分地解决集成问题,即使使用电子方法也不能。

现场总线提出了一些使用电子方式交换数据的方法,包括设备描述语言(DDL)和设备数据库(GSD)(HART、FF和PROFIBUS)。

电子设备描述(EDD)的要求,包括相应的语言,可以概括如下:

a) 要求EDD(以文件的形式)由设备供应商连同设备一起交付。

b) EDD应用于分布式控制系统的工程过程、支持计划、试运行、运行、诊断和维护。

c) EDD在已决定的结构模型的关系内使用,并由带有标准接口的软件工具(编辑器、记号赋予器(tokenizer)和解释器)相应链支持。

d) 要求两种不同的EDD表示:

  1) 源(人可读并且计算机可解释);

  2) b- optional:二进制(由记号赋予器(tokenizer) 创建,由解释器解释)。

e) 要求EDD存储在磁盘上并且要求存储在设备内(通过现场总线传输)。

f) 要求EDD独立于基本的现场总线系统。

g) 要求EDD描述辨识每一项以及定义它们之间的关系(层次型、关系型)的信息。

h) 要求EDD至少描述FB模型。

i) 要求EDD为在HMI内的表示和通信访问提供语言元素。

j) 要求EDD包括面向对象的特性。

k) 要求EDD为时间考虑提供语言元素。

l) 另外,作以下假设:

1) 不考虑EDD集成到设备开发自身;

2) 要求EDD文件代表静态的描述,如设备的说明部分,因此,只需要描述设备的外部接口/特性(对内部的代码没有兴趣)。

9.3 一般要求

如果有一个现场设备的完整的FB模型,只需要从它导出描述语言的需求。下面是和语言性质有关的关键的概念。

a) 为了达到一致,要求非冗余地指定EDD参考模型的层次结构。

一般化/特殊化技术(Gen/Spec):这个概念首先用于面向对象分析和保证某种应用领域的清晰观察。对于未来所选择的层次结构的扩展,这个概念是非常重要的。

b) 为了保证同未来IFD(智能现场设备)-EDD规范的互操作性和版本控制,要求为每个规范定义一致的类。

容器类原理:同上,这个概念自然地由现代面向对象方法支持。

c) 为了达到一定的标准化水平并且同时为提供商或用户提供附加的空间以便引入专有特性(也可以替代下面的服务),服务有3种不同的分类子集:

1) 基本的或强制的服务:要求实施;

2) 可选的服务:完全指定,并不设想需要实施;

3) 供应商服务:未指定,供应商选择实施。

d) 接口技术:像面向对象世界中提出的一样,接口概念允许一组相关的方法或功能的逻辑表示。

注:例如,CORBA或过程控制用OLE(OPC)规范所使用的技术。

e) PRIAM模型在较高的抽象层次定义,所要求的通道通过所使用的现场设备的使用来实施,若必要,带有附加软件。根据PRIAM的推荐,较低层次的抽象可以帮助在FB模型上映射:在这种层次下,设备数据和功能可以组合为所谓的设备功能单元,设备功能单元代表了典型的硬件或软件成分。这就要求用功能分解模型来描述现场设备,在该模型中,数据流同样是可见的。

功能分解技术:通常,这种推荐可能导致使用对象建模的方法来描述应用。这种模型一旦设计好,将要求支持分布式过程控制系统的整个生命周期。这种总的模型超出了本部分的范围。

这种总的概念需要使用一些面向对象技术的概念。要求支持数据库概念。标准化描述工具以避免开发一种全新计算机语言的支出,必须审查已存在的正式标准和工具。

附　录　A
（资料性附录）
系统生命周期

A.1　FB 的由来及实现

A.1.1　得到 FRD 的步骤

A.1.1.1　标题

A.1.1.1.1　控制功能

有不同类型的控制功能：

a)　直接地或间接地传送过程测量的测量控制功能。

b)　控制功能：

- 控制开/关(on/off)执行器的开环控制功能；
- 控制调节执行器的单个或级联的闭环控制功能；
- 协调下层控制功能的顺序控制功能。

A.1.1.1.2　控制层次图(CHD)

过程控制应用的控制功能层次的图形图表和结构化表示。最底层由与变送器和执行器相互作用的控制功能组成。上层由协调下层控制功能的控制功能组成。

通过 CHD，过程工程师可以通过将控制功能分配到 Folio 来定义 FRD 的文档结构。

A.1.1.1.3　Folio

FRD 被结构化为一组 Folio。Folio 是分配到该 Folio 的控制功能需求的详细描述。使用图形化的 FB 语言来将控制功能的特性描述为 EFB 和应用 FB 的网络。

A.1.1.1.4　FB

EFB：它是一种可用于不同类型的过程控制应用(化工、石化、能源等)的简单的逻辑数学操作。EFB 独立于任何提供商的程序设计语言。IEC SC 65C 正在考虑一个标准的 EFB 的库。

AB：它是一种复杂的逻辑数学应用，应用由一个公司或为一个公司定义和确认。AB 取决于过程控制应用(化工、石化、能源等)的类型。AB 独立于任何提供商的程序设计语言。

注：有必要规定 AB 的行为，以实现互操作。这种规范应该定义如何连接 AB、在库中的分组、在资源中使用时的标识、版本控制等。

A.1.1.1.5　功能需求图(FRD)

由过程工程师使用中性的 FB 语言来描述的控制功能的详细需求。该语言由使用标准构造规则建立的标准 EFB 和 AB 组成。

A.1.1.1.6　过程流图(PFD)

它是过程某部分的图表和图形表示。PFD 代表了主要的机械单元、这些单元间的管道、远程变送器和执行器。过程工程师定义过程环路图到过程基本操作的划分。

A.1.1.1.7　扩展的管道和仪表图(P&ID)

常规的 P&ID 中只表示了控制环路。扩展的 P&ID 中表示了所有的控制功能。

A.1.1.1.8　过程基本操作

过程基本操作是 PFD 的一部分，表示物质和能量的一种典型变换。将 PFD 分解为过程基本操作，以强调受控物质和能量的主要变换。

A.1.1.2 从过程到 FRD

A.1.1.2.1 概述

本条的目的是为了说明 FB 的用途。FB 的需求被描述为工程公司规定控制的关键元件。

FRD 是控制过程的控制功能的规范。FRD 可以通过不同的方法获得,这取决于工业领域。

这些研究应该被归纳在以下的生命周期中。由于 FRD 完全取决于控制的过程,必须被控制的过程基本操作必须首先标识在 PFD 中。在 P&ID 中,必须定义过程和过程基本操作的控制功能(要控制的过程基本操作的网络)。在 CHD 中,控制功能的文档是一组 Folio 的结构。在每个 Folio 中,控制功能被详细地描述为 FB 网络,以获得 FRD。这个生命周期被归纳在图 A.1 中。

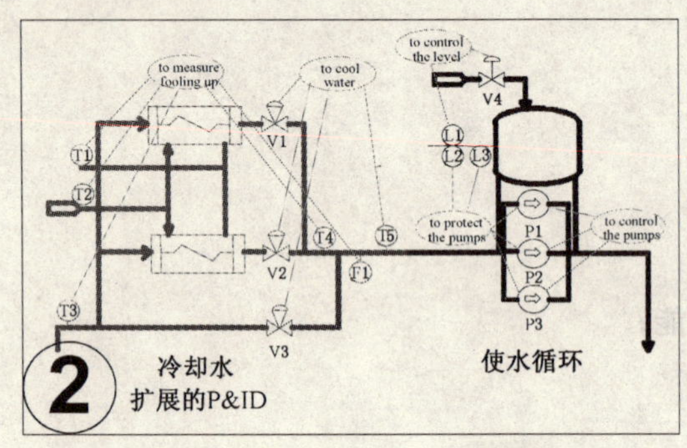

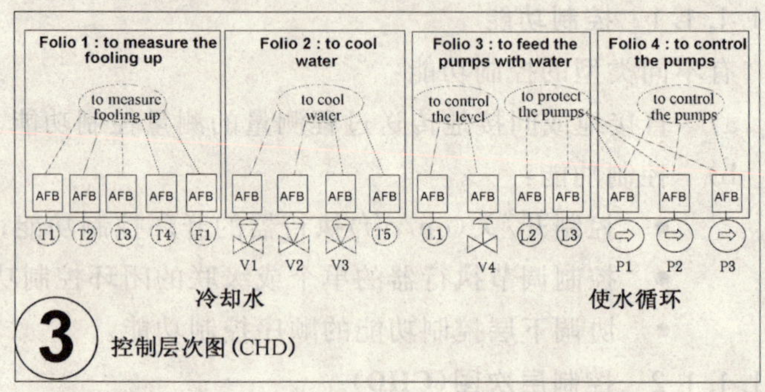

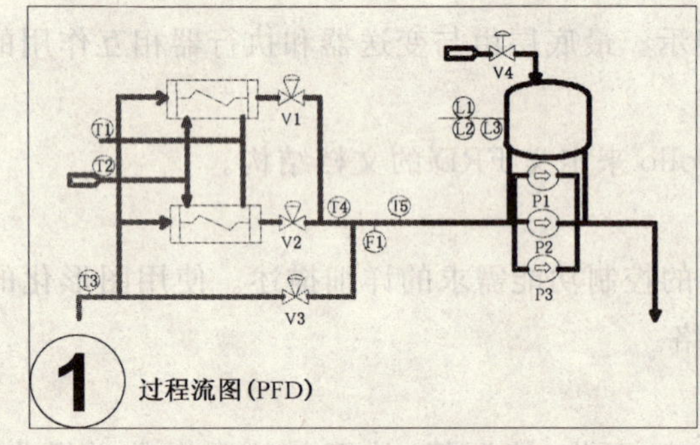

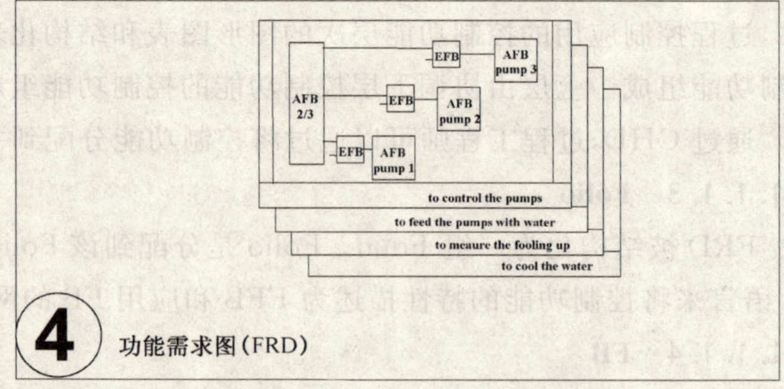

图 A.1 从过程回路到 FRD 的生命周期

A.1.1.2.2 PFD 的使用

PFD 是被控过程的示意性表示。图 A.1 只给出了理解过程操作所必须的过程信息。在 PFD 中,任何过程工程师都可以将过程视为支持主要过程基本操作的装置的网络。

在 PFD 中,图形符号应该与机械符号标准一致。不幸的是,没有统一的标准。在化工和石化工业领域中的符号标准主要来自 ISA。也还有 IEC 图形符号标准和一些重要的公司标准。这些标准是不同类的。

A.1.1.2.2.1 要控制的过程基本操作的标识

由于控制功能完全取决于过程的类型,所以必须标识要控制的过程基本操作。过程装置单元支持基本操作。基本操作对物质和能量进行转换,其目的如:

——冷却水;

——使水循环;

——抽水。

图 A.2 给出了包括两个过程基本操作的 PFD 的例子,两个操作用来冷却水和使水循环。

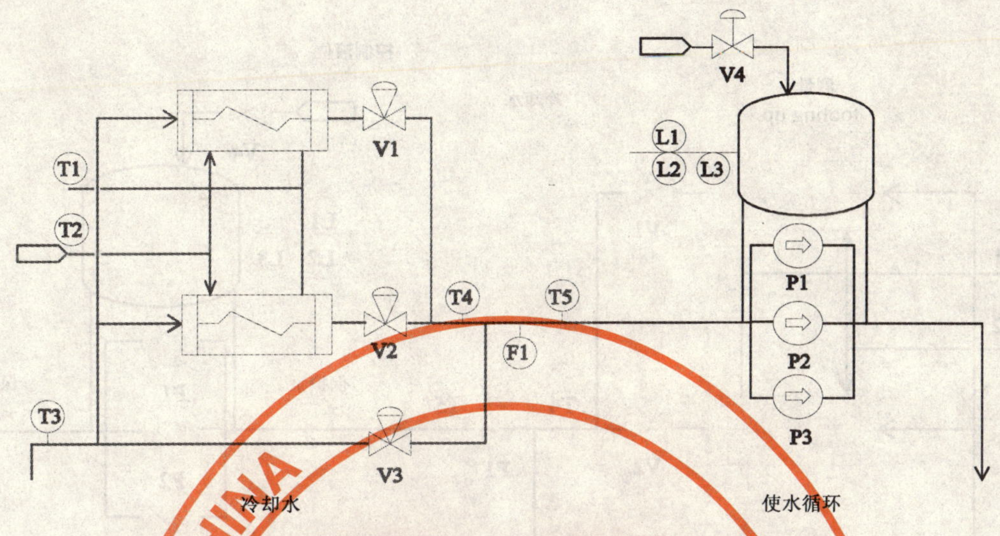

图 A.2 包含两个过程基本操作的 PFD

通过 PFD,任何过程工程师都可以明白这个过程是两个基本过程操作的连接。第二个基本过程操作可以分解为两个子操作,如装载泵和抽水。基本过程操作的定义取决于公司。

通过 PFD,过程工程师定义控制功能来控制这两个过程基本操作以及包含这两个过程基本操作的过程。

A.1.1.2.3 扩展的 P&ID

为了说明控制功能和过程的关系,采用了在化工和石化工业中通常使用的所谓的 P&ID 的扩展。在传统的 P&ID 上,主要表示了远程变送器、远程执行器和控制器。

除远程变送器和执行器之外,扩展的 P&ID 表示了所有的控制功能。过程工程师可区别不同类型的控制功能:

——测量控制功能:对来自于一个或多个变送器的测量的加工;

——开环控制功能:控制关于一个或多个测量的和/或关于来自于操作员或一个序列的命令的开/关(on/off)执行器;

——闭环控制功能:控制关于一个或多个测量和一个设定值的被调执行器;

——顺序控制功能:控制开/关(on/off)执行器、顺序的开环和闭环控制功能以及其他的序列。

除闭环控制功能的控制器外,在过程控制图中,也描述其他类型的控制功能,如测量控制功能、开环控制功能和顺序控制功能等。

扩展的 P&ID 中,在表示输入、控制处理和输出的符号之间,一个控制功能应该被表示为一个图。在内部控制功能的标签内,控制处理是一个单独的图形符号。控制功能的输入应该是来自于其他控制功能的测量和/或数据。它们被表示为控制处理符号和远程变送器符号和/或其他控制功能符号之间的连接。控制功能的输出应该是到受控制的执行器的命令和/或到其他控制功能的数据。它们被表示为控制处理符号和远程执行器符号和/或其他控制功能符号之间的连接。为了说明的方便,通过增加一个符号和标签来标识控制功能。以表示控制功能的处理、用一条线来表示控制功能处理与变送器、执行器以及其他控制功能之间的连接。

图 A.3 是在前面图 A.2 中描述的过程的扩展的 P&ID 的一个例子。

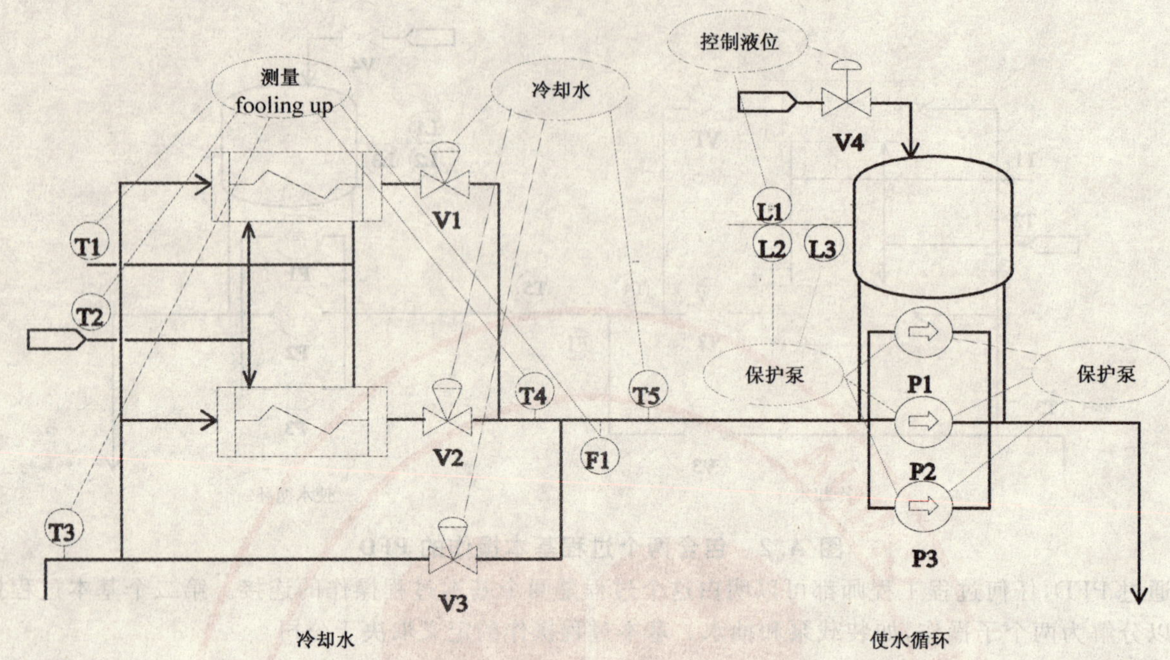

图 A.3 控制功能在扩展 P&ID 上的明确表示

在扩展的 P&ID 中,对于每一个控制功能,观察(来自于变送器和其他控制功能)和命令(到执行器和其他控制功能)之间的因果关系是清晰可见的。

为了控制第一个过程基本操作"冷却水",过程工程师定义了两个控制功能。第一个过程功能是闭环控制功能"冷却水",控制来自远程变送器 T5 的水温并启动调节阀 V1、V2 和 V3。第二个控制功能是测量功能以"测量 fooling up",计算来自远程温度变送器 T1、T2、T3、T4 和远程流量变送器 F1 的交换器的 fooling up。该测量功能控制当前交换器在正常范围内操作,如果出现故障,将发送一个信号给操作员。

为了控制第二个过程基本操作"使水循环",过程工程师定义了三个过程功能。第一个过程功能是闭环控制功能"控制液位",通过控制阀 V4 的值来控制来自于远程液位阀值 L1 的容器的液位,并维持容器的液位。第二个控制功能是开环控制功能"保护泵",控制来自于两个远程阀值 L2 和 L3 的容器的液位,当容器的液位太低时,关闭泵 P1、P2 和 P3。第三个控制功能是开环控制功能"控制泵",允许泵 P1、P2 和 P3 间的两两操作,以确保水的循环。

扩展的 P&ID 适用于过程工程师和 I&C 工程师,并且它有助于两者的通信。一旦控制功能被标识并加以标签,就应该组织描述控制功能的文档框架。

A.1.1.2.4 控制层次图(CHD)

A.1.1.2.4.1 概述

控制层次图(CHD)的目的是结构化控制功能的文档。CHD 首先是从扩展的 P&ID 的控制功能中提取出来的。其次是控制功能的,特别是 AB 的,需求定义。再次是 FRD 的结构化文档。

A.1.1.2.4.2 从扩展的 P&ID 提取的 CHD

CHD 专注于控制,因此不再需要关于过程的数据。如果需要这种数据,则应该使用 PFD 或扩展的 P&ID。CHD 首先通过从扩展的 P&ID 的控制功能的提取而获得。在下面的图 A.4 中,有一个来自图 A.3 中扩展的 P&ID 的控制功能的提取。

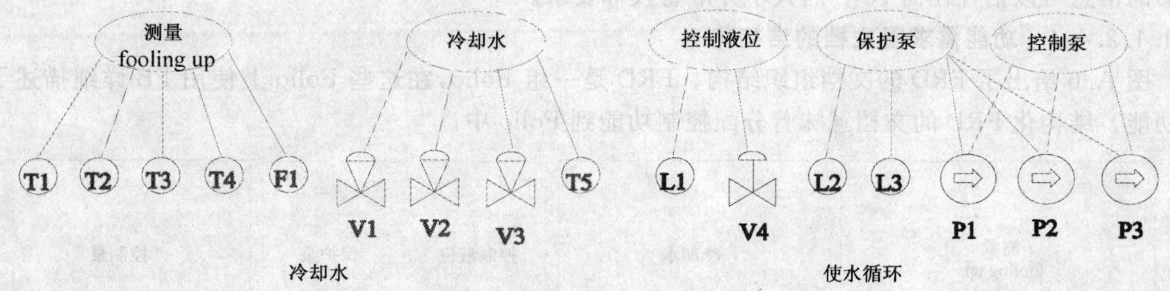

图 A.4 来自扩展 P&ID 的控制功能的提取

在上图的例子中，控制功能的层次是水平的，仅有控制功能的一个层次。因为这个过程容易控制并且这个控制应用的自动化级别低。对于复杂的过程或级别的自动化应用，就要用到高于控制功能第一层的控制功能。

A.1.1.2.4.3 控制功能的需求和标准化 AB 的需求

CHD 是控制功能的层次化表示，明确地描述了控制功能和过程接口、变送器和执行器之间的关系。在 CHD 中，过程工程师将指定控制功能和 AB 的需求。

AB 是私有应用库的标准块。标准块重用的目的是降低成本并提高控制应用的质量。对于每个控制功能，过程工程师选择并指定适合于控制功能和被控过程的 AB 的需求。

例如，对于控制功能"测量 fooling up"，过程工程师从 AB 库中选择适合于不同类型变送器 T1、T2、T3、T4 和 F1 的 AB，并设置每个 AB 关于变送器类型和过程约束的需求。为其他控制功能"冷却水"、"控制液位"、"保护泵"和"控制泵"填充 AB 需求。

图 A.5 是前面图 A.4 的改进。在控制层次图 CHD 中，可以看出为每个控制功能选择的应用功能块。

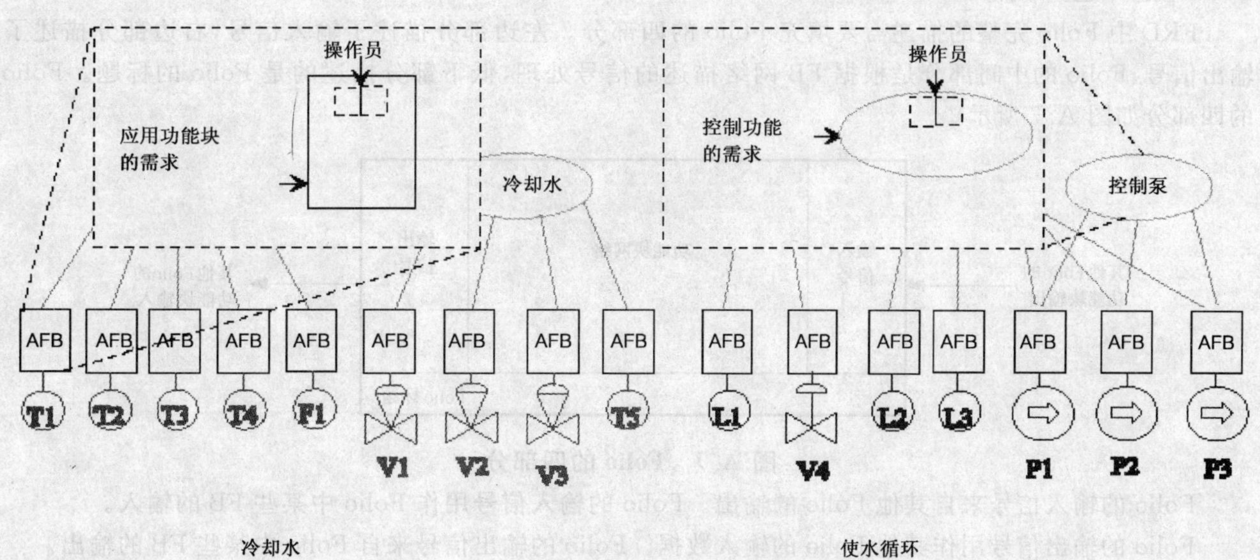

图 A.5 控制功能和 AB 的需求

注：点线表明是 AB 的基本需求，操作员接口从 AB 得到。

控制工程师选择并填充不同类型应用 FB，如测量、执行、切换等的需求。应用 FB 的需求是受限制的，例如精确性、采样时间、处于哪个状态的操作员接口数目、操作员命令和执行器操作之间的响应时间、接口有效性、安全及其他。

也需要完成控制功能的需求，例如控制环的采样时间、报警检测和保护操作之间的响应时间。AB 和控制功能的需求都是功能性的：在这一阶段，并不知道控制功能会在哪一个 I&C 系统中实现，但是有足够的信息可以估计任何 I&C 的大小并准备投标要求。

A.1.1.2.4.4 功能需求图文档的结构化

图 A.6 给出了 FRD 的文档组织结构。FRD 是一组 Folio，在这些 Folio 上使用 FB 详细描述了控制功能。结构化 FRD 的文档意味着分配控制功能到 Folio 中。

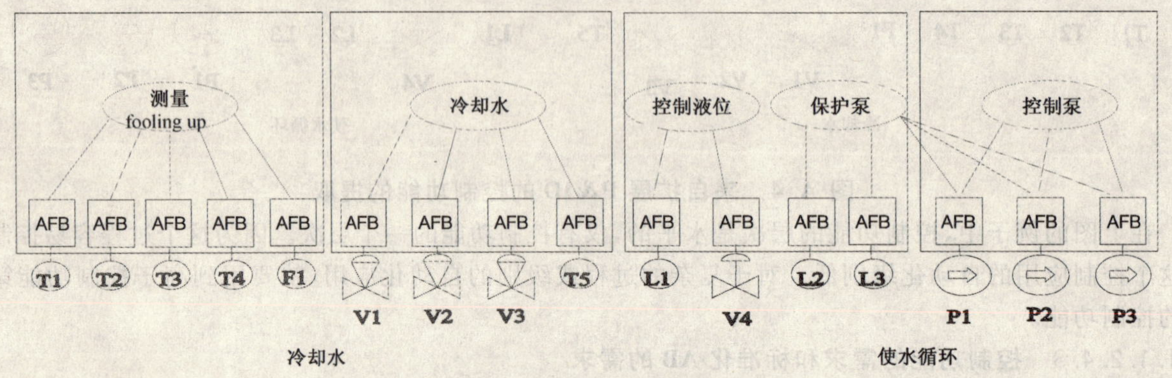

图 A.6 控制功能需求的结构化文档

一个 Folio 可以支持一个或多个控制功能，这由过程工程师来决定。图 A.6 是一个例子，过程工程师指派控制功能“测量 fooling up”到 Folio 1，“冷却水”到 Folio 2，“控制液位”和“保护泵”到 Folio 3，“控制泵”到 Folio 4。一旦完成了控制功能和 AB 的需求，并分配到 Folio 中，就可获得未来控制系统的清晰、明确的需求文档。

A.1.1.2.5 FRD 的使用

A.1.1.2.5.1 Folio：FRD 文档结构的关键

FRD 是控制功能的详细需求。这些详细需求在 Folio 中被描述为 Folio 的 EFB 和 AB 的网络。在 CHD 中选择这些 Folio。

FRD 中 Folio 完整的描述需要填充 Folio 的四部分。左边部分描述了输入信号，右边部分描述了输出信号，Folio 的中间部分是根据 FB 网络描述的信号处理，低下部分描述的是 Folio 的标题。Folio 的四部分如图 A.7 所示。

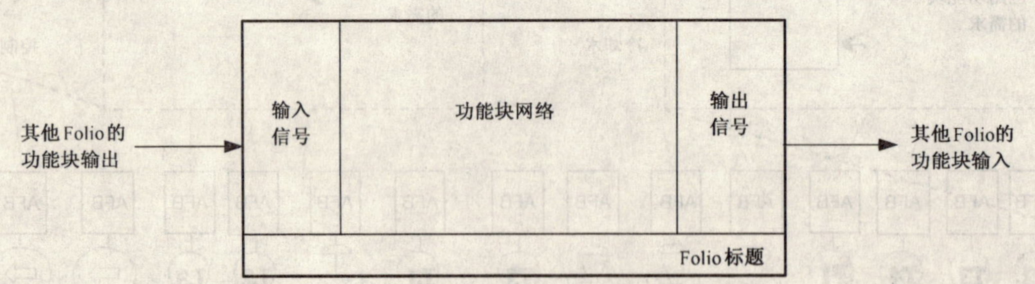

图 A.7 Folio 的四部分

Folio 的输入信号来自其他 Folio 的输出。Folio 的输入信号用作 Folio 中某些 FB 的输入。

Folio 的输出信号用作其他 Folio 的输入数据。Folio 的输出信号来自 Folio 中某些 FB 的输出。

A.1.1.2.5.2 控制功能详细需求的 Folio

在 CHD 中，过程工程师分配控制功能到 Folio 中(一个 Folio 可以支持一个或多个控制功能)，例如，测量和执行选择不同类型的 AB。为了详述控制功能的需求，过程工程师使用 Folio。

考虑 Folio，除了先前在 CHD 中选择的 AB 以外，过程工程师只有一个空的 Folio。详述 Folio 中的控制功能的需求意味着构造 EFB 和 AB 的网络。为了使用 EFB 组成 AB 网络，过程工程师将选择 AB 的输入和输出。下面的图 A.8 简述了考虑 Folio 并选择 AB 的输入输出。

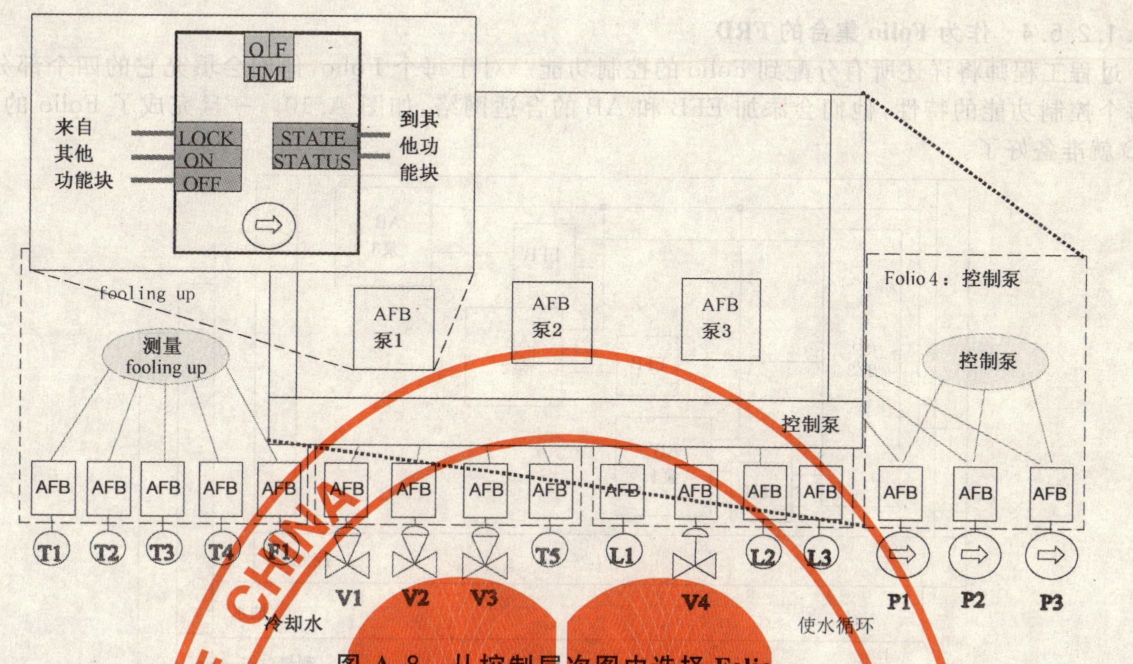

图 A.8 从控制层次图中选择 Folio

A.1.1.2.5.3 完成支持控制功能的 Folio

为了完成 Folio 中控制功能的详细需求，过程工程师需要填充 Folio 的四部分。

Folio 的输入信号必须与来自其他 Folio 的信号一致。Folio 的输出信号必须与其他 Folio 中使用的信号一致。例如，参考图 A.6，在控制功能"保护泵"和控制功能"控制泵"间有一个连接，这是一个保护信号，当容器的液位太低时关闭泵。因为控制功能"保护泵"在 Folio3 中详细描述，控制功能"控制泵"在 Folio4 中详细描述，所以这个连接代表 Folio3 的输出信号和 Folio4 的输入信号。在 Folio4 中，这个信号输入将连接到泵的三个 AB。

为了描述控制功能的特性，过程工程师根据控制功能的需求和目的，将 EFB 和 AB 组成网络。

图 A.9 是控制功能"控制泵"已完成的 Folio 的例子。该图是一个真实的例子，控制功能的特性是 EFB 和 AB 的详细的网络(三个泵执行 AB 和一个三取二切换 AB)。

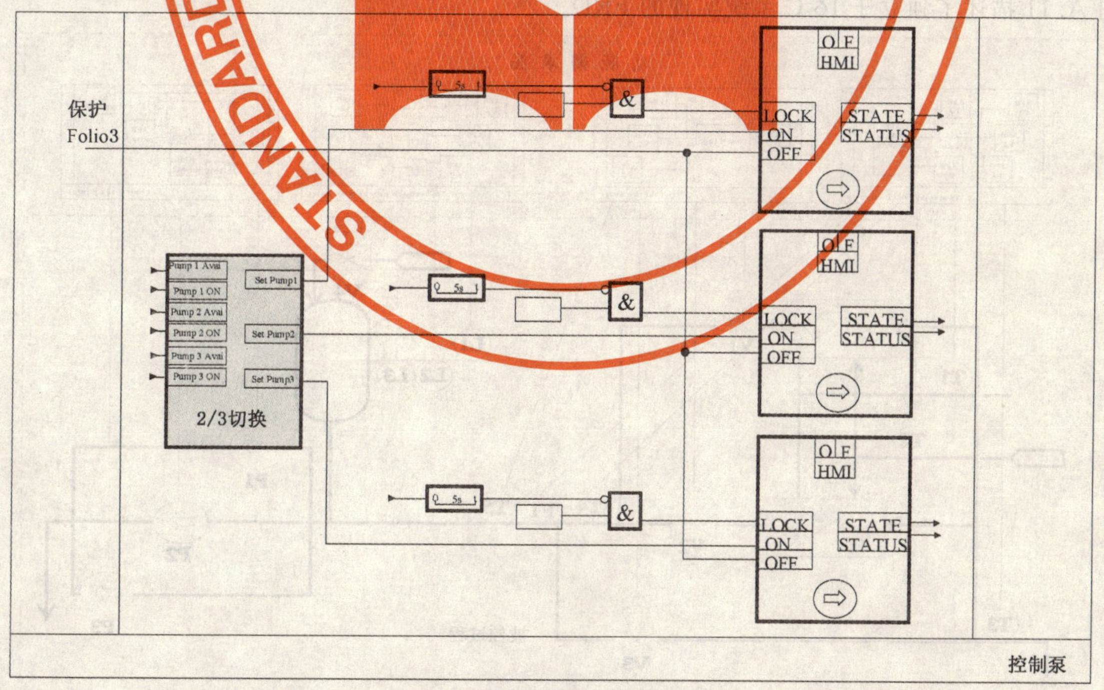

图 A.9 控制功能"控制泵"详细需求的 Folio

A.1.1.2.5.4 作为 Folio 集合的 FRD

过程工程师将详述所有分配到 Folio 的控制功能。对于每个 Folio，他们会填充它的四个部分。对于每个控制功能的特性，他们会添加 EFB 和 AB 的合适网络，如图 A.10。一旦完成了 Folio 的描述，FRD 就准备好了。

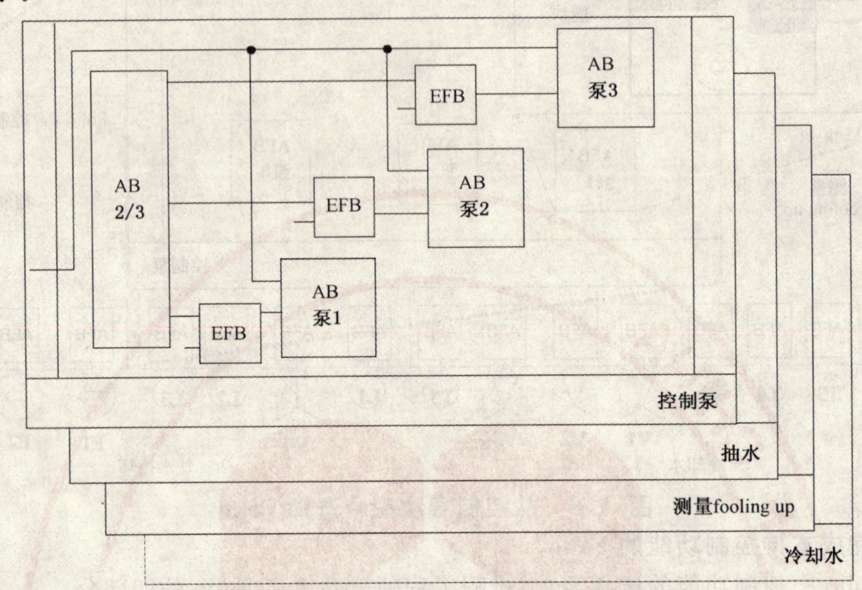

图 A.10 FRD 的示例

图 A.10 中，FRD 的四个 Folio 描述了控制功能的详细需求，这些控制功能是在先前的 CHD 中分配到这些 Folio 中的。控制功能"控制泵"的图形表示是被简化了的。

过程工程师还定义附加到 EFB 和 AB 上的约束，如安全性、可用性和时间约束。(例如，功能块处理顺序、EFB 和 AB 的实现约束；某些 EFB 和 AB 必须在同一 I&C 设备中一起实现，其他某些 EFB 和 AB 不能在同一 I&C 设备一起实现)。

FRD 应该被视为控制过程的控制功能的规范。FRD 不是程序设计方案。FRD 描述了控制功能(EFB 和 AB 的网络)、未来实现 FRD 的 I&C 系统的性能和约束(可用性，安全性)。

图 A.11 描述了独立于 I&C 系统实现的 FRD。

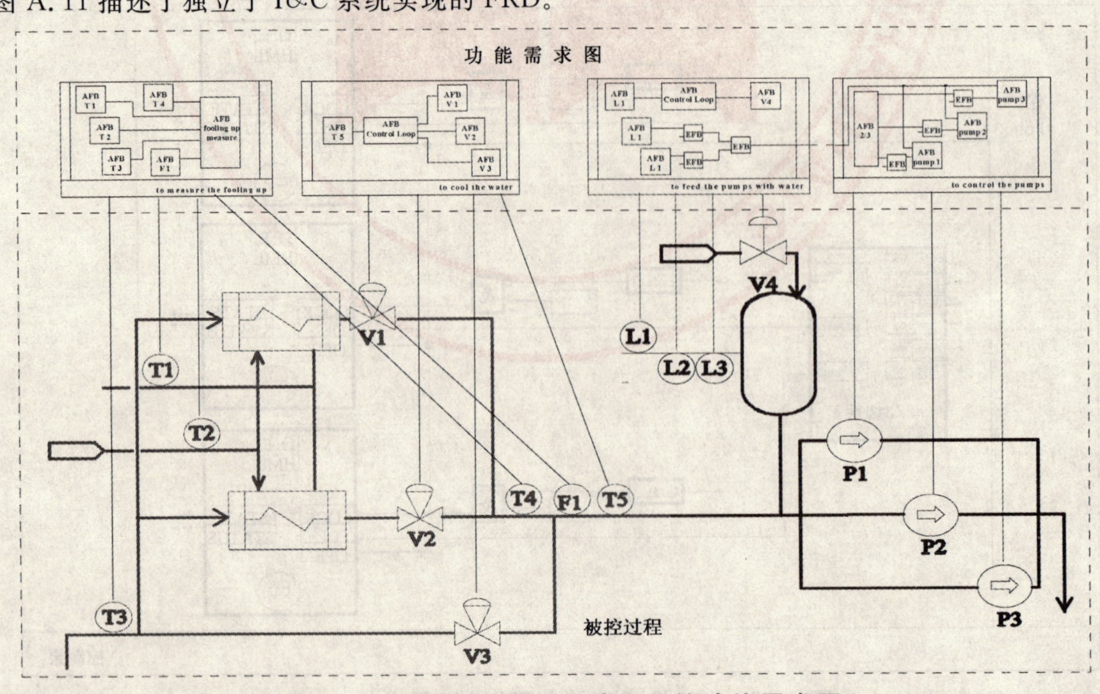

图 A.11 独立于 I&C 系统实现的功能需求图

A. 1. 1. 2. 6 **标准 FB 语言的需求**

A. 1. 1. 2. 6. 1 **概述**

在前面的章节中，已经为每个控制应用建立了功能需求图。工程公司需要工程 FB 语言来描述 FRD。I&C 提供商需要编程 FB 语言以便在 I&C 系统中实现这些 FRD。

工程 FB 语言要与编程 FB 语言兼容，如图 A. 12。这意味着需要标准的 FB 语言作为核心来定义工程 FB 语言或编程 FB 语言。

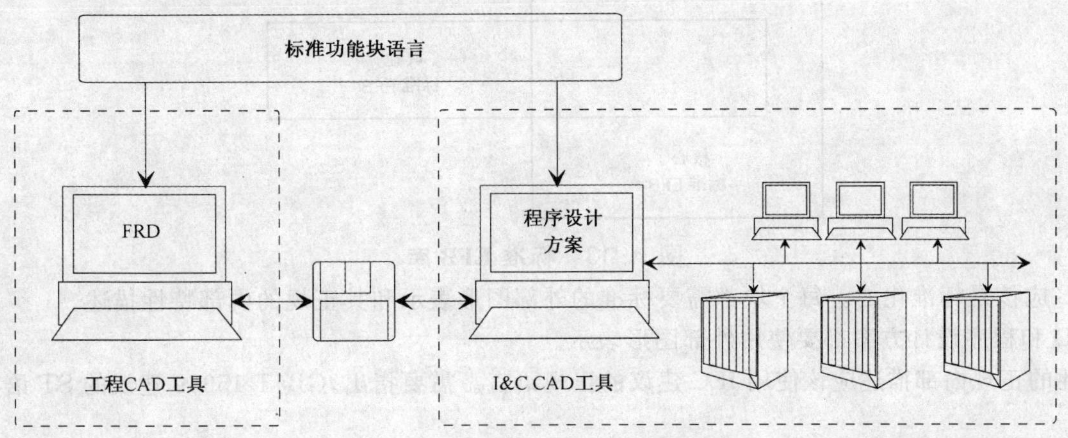

图 A. 12　标准功能块语言的需要

标准 FB 语言的要求是：

- 它应该是创建工程 FB 语言和编程 FB 语言的核心。
- 它应该建立在标准的基础之上，特别是：
  ——它应该建立在标准的 EFB 之上；
  ——它应该建立在标准的构造规则之上，以定义可在 I&C 系统中实现的专用 AB(能源、制造、化工等)。

工程公司应该使用这种标准 FB 语言来定义自己的工程 FB 语言，以允许过程工程师描述控制应用的 FRD。

使用工程 FB 语言来描述 FRD，并不是意味着不考虑市场上可获得的 I&C 设备的性能。而是指定义的可在任何 I&C 系统中实现的 FRD 与这个标准兼容。

这也意味着 FRD 可在当前的可扩展的 I&C 系统和可升级的 I&C 系统中实现，通过 A. 1. 1. 1. 4 FB，可以在将来与这个标准兼容。

为了使用可通过任何编程语言实现的任何工程语言来描述 FRD，IEC 标准 FB 语言要提供：

- 一个 EFB 的库；
- 创建 AB 的规则。

A. 1. 1. 2. 6. 2 **可用于 FRD 的 EFB 的需求**

一个 EFB 是一个重复的数理逻辑处理，它嵌入在一个块中。EFB 是过程控制域内的特定处理模块。EFB 是不能被分割的。

EFB 的库应该是标准的。这个 EFB 的库应该满足不同类型工业(化工、能源、食品等)的需要(见图 A. 13)。这个库应该是一个标准化的 EFB 核心库。这个库对于不同类型的工业和专用于某工业类型(如化工、能源、食品等)的库是通用的。

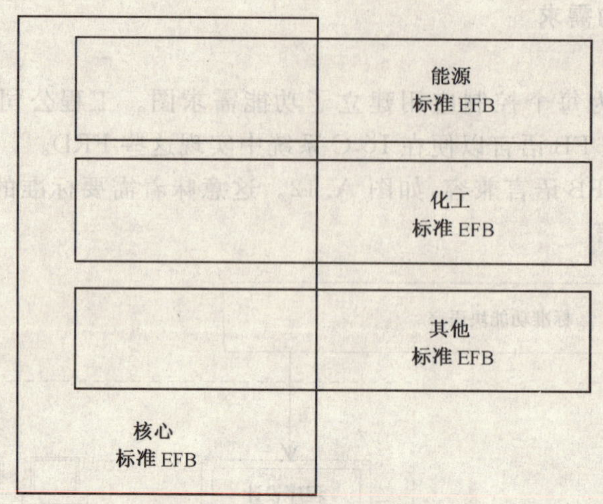

图 A.13 标准 EFB 库

EFB 应该是标准化的。每个块都需要标准的外部图形表示和其正规的内部特性描述。

FRD 和程序设计方案都要使用外部图形表示。

特性的正规内部描述应该使用 IEC 建议的正规语言。需要指出，GB/T 15969 建议的 ST 语言是不完全的。

因为 EFB 将在数字的 I&C 系统中实现，所以内部描述要包括块的正常特性和块的异常特性。需要指出，GB/T 15969 没有标准化块的异常特性。对于过程控制，特别是对于安全限制，在技术支持的一般故障影响某些块特性（如初始化、热启动、冷启动）的情况下，或特别故障影响某些块（如来自变送器的输入信号错误、同输入块冲突的 I&C 输入卡错误、同计算块冲突的上溢和下溢）的情况下，块的异常特性的定义是必须的。

A.1.1.2.6.3 用于 FRD 的 AB 的需求

一个 AB 是依赖于过程控制应用类型的一个可重用控制部分。

对于 EFB，AB 的外部和内部的表示是必要的。

因为 EFB 应该独立地实现，所以在 EFB 中，只使用 AB 的外部图形表示。AB（如测量和执行 AB）的内部特性完全取决于支持测量和执行的技术类型，所以一旦选择了支持 AB 的技术，AB 的内部特性将在程序设计方案中使用程序功能块语言来描述。

A.1.2 从 FRD 到实现

本条的目的是完成控制应用的 FB 的需求。工程公司需要 EFB 和 AB，使用工程 FB 语言来指定 FRD。这些 EFB 和 AB 通过程序设计方案，应该可实现于与本部分兼容的任何 I&C 系统和设备。

一旦定义并确认了 FRD 后，I&C 工程师必须通过 FRD 设计程序设计方案，并将这个程序设计方案实施于 I&C 系统和设备中，如图 A.14。

FRD 是独立于 I&C 系统的，这就意味着 FRD 是任何控制应用的长期规范，FRD 应该可实现于任何新应用的可升级的 I&C 系统和设备中。对于现有的 I&C 系统和设备，它也意味着，为了维护和更新现有 I&C 系统（部分或全部），FRD 应该可实现于升级后的新 I&C 系统和设备中。

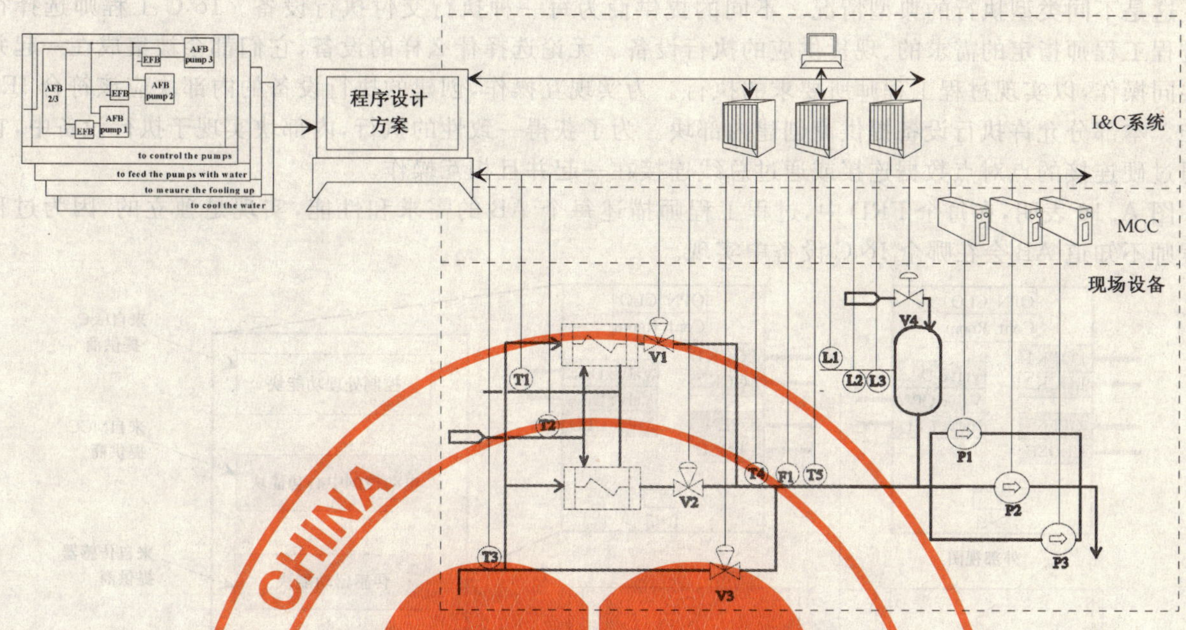

图 A.14 从功能需求图到 I&C 系统和设备

A.1.2.1 AB 的设计

A.1.2.1.1 概述

为了从 FRD 得到程序设计方案，应该设计 AB 的内部特性。

AB 应该由不同供应商交付的不同内部块组成。这些内部块应该被分配并实现于不同的 I&C 设备中。AB 可以分割为不同的内部块。

AB 可以具有过程接口(带有变送器和执行器)和人机界面。AB 可以没有过程接口或 HMI 接口。下面将给出两个例子。

A.1.2.1.2 执行 AB 的详细设计

图 A.15 表示了执行 AB 的一个执行及其内部块。这个例子关注于控制，执行应该典型地由不同提供商交付的不同设备组成。例如，提供商交付的智能执行器、提供商交付的智能电机控制中心(MCC)和实现于提供商交付的 I&C 系统的设备中的处理块。

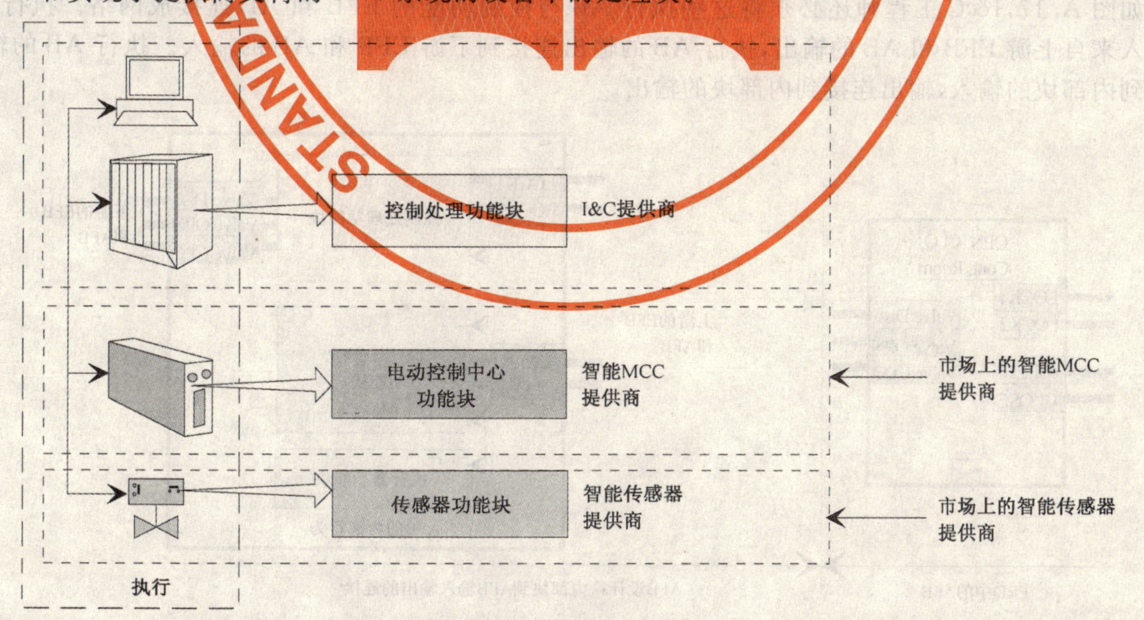

图 A.15 一个执行的设计及其来自现货供应的执行设备的 AB

这是不同类型执行的典型情况。不同的提供商为每一种执行交付执行设备。I&C 工程师选择符合过程工程师指定的需求的、现货供应的执行设备。无论选择什么样的设备,它们都会被集成在一起并且共同操作,以实现过程工程师所要求的执行。为实现互操作作,创建的执行设备的内部块应该符合 IEC 标准。本部分允许执行设备提供商创建内部块。为了获得一致性的执行,内部块实现于执行设备中,它们通过硬连接的点对点数据连接或通过总线连接在一起并且相互操作。

图 A.16 表明,在每个 FRD 中,过程工程师描述每个 AB 的需求和性能,实现是独立的,因为过程工程师不知道 AB 会在哪个 I&C 设备中实现。

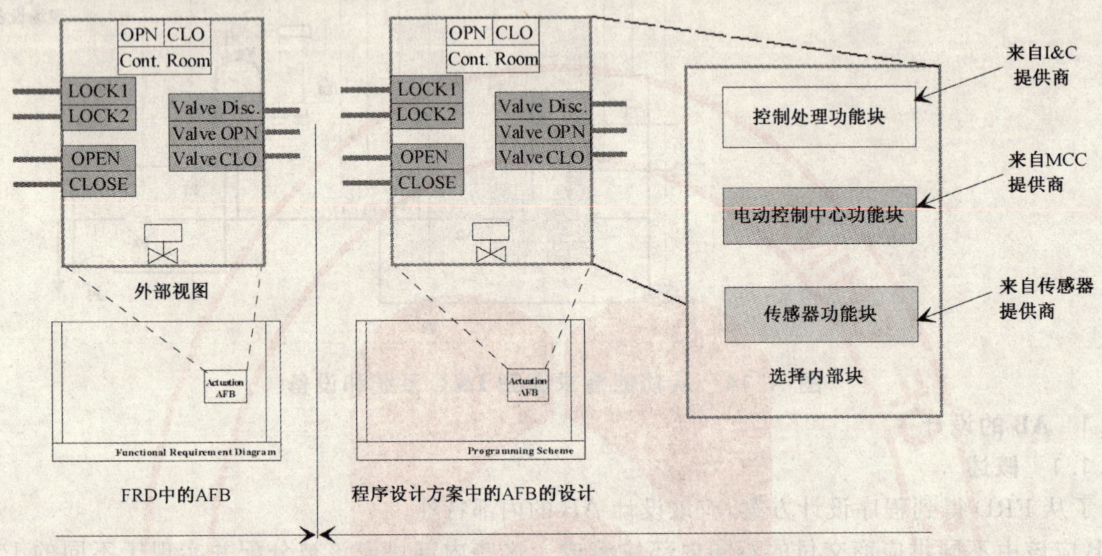

图 A.16 来自现货供应执行设备的执行 AB 的内部特性设计

对于每个执行 AB 的设计,I&C 工程师应该从提供商那里选择符合过程工程师指定需求和性能的,现货供应的执行设备。I&C 工程师选择执行设备和执行 AB 的内部块。

一旦选定内部块后,I&C 工程师必须确保内部块的输入和输出是兼容的,然后将不同的内部块连接在一起并确保这些内部块的互操作与所要求的执行 AB 是一致的。

在某些情况下,现有的内部块可能不能满足需求,I&C 工程师应该增加扩展或创建内部块,例如在 I&C 设备中。

如图 A.17,I&C 工程师还必须将这些执行 AB 与控制功能的 EFB 和 AB 连接成网络。执行 AB 的输入来自上游 EFB 和 AB 的输出,执行 AB 的输出连接到下游 EFB 和 AB 的输入。执行 AB 的输入连接到内部块的输入,输出连接到内部块的输出。

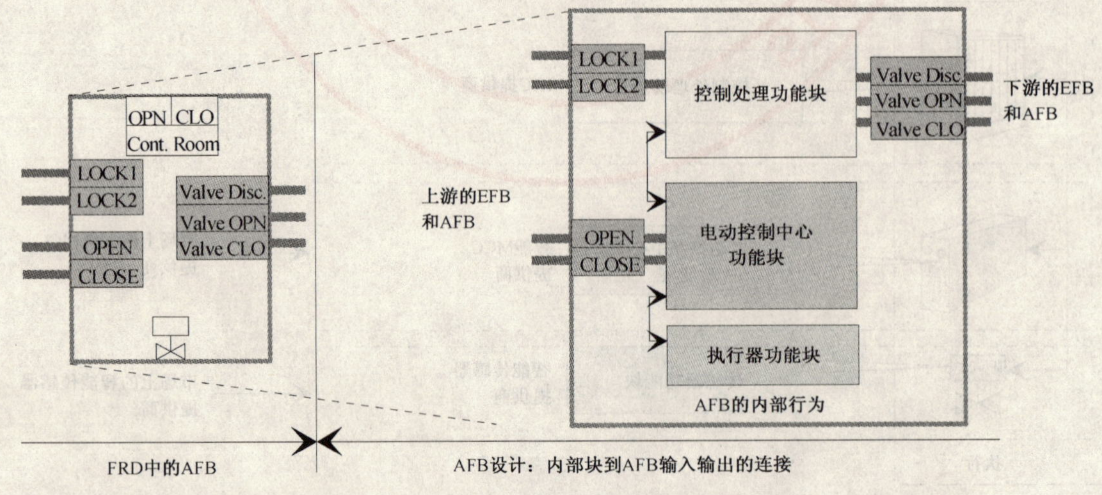

图 A.17 AB 的内部块与控制功能的上游和下游 EFB 和 AB 的网络

在本例中，执行 AB 应该由三个内部块组成。控制处理内部块应该嵌入到 I&C 设备中，这个块应该支持人机界面、不同类型的命令(自动、手动、命令序列)、控制数据(例如执行的状态)和电机控制中心的命令。电机控制中心内部块应该嵌入在电机控制中心中，这个块应该支持命令优先级和控制数据(电机控制中心的状态)。执行内部块应该嵌入在智能执行器中，这个块应该支持控制数据(智能执行器的状态)。

这个执行 AB 有两种类型的接口，一个操作员接口，一个执行器接口，见图 A.18。

在 FRD 和程序设计方案中，操作员接口应该使用标签(一个标签描述操作接口的类型，另一个标签描述来自操作员接口的命令的类型)，在执行 AB 图形符号的上部清晰地描述。

对于执行器接口，现在，在执行 AB 的图形符号上没有清晰描述执行器接口的信息。执行器内部块应该连接到执行器的仪表(扭距和位置)，这种数据连接不应该在 FRD 和程序设计方案内的执行 AB 图标上清晰地描述。

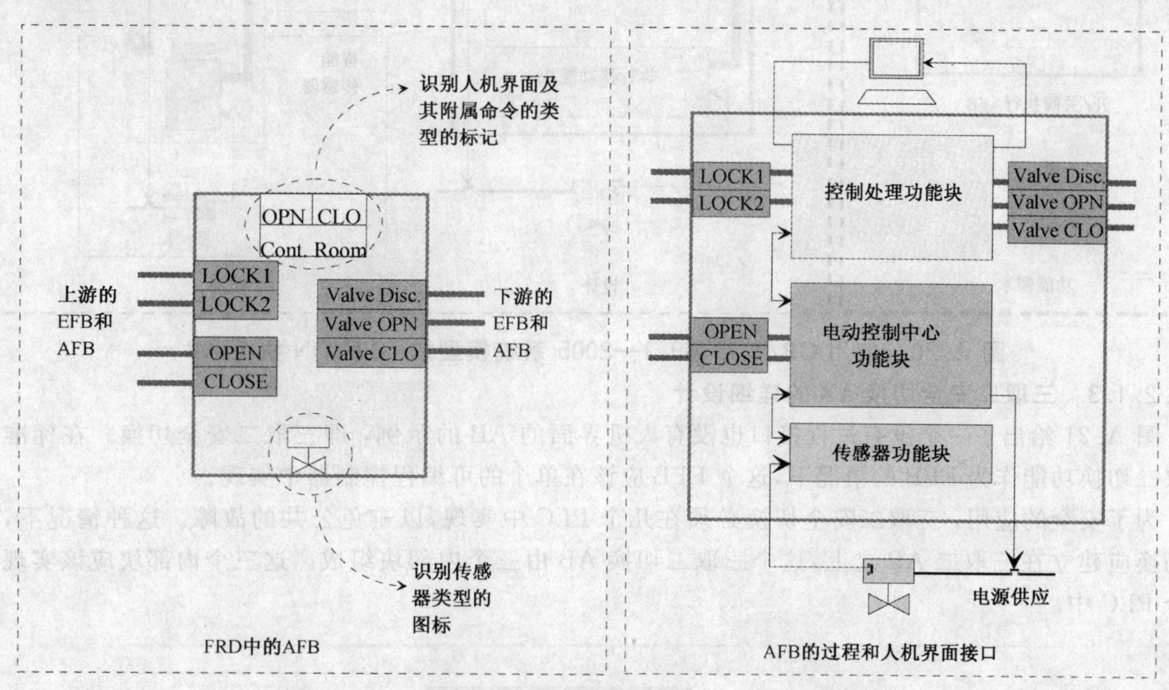

图 A.18 执行 AB 的图形符号和不清晰的内部描述

图 A.19 是使用 GB/T 19769.1—2005 系统模型的内部块分布到 I&C 设备中的执行 AB 的图示。

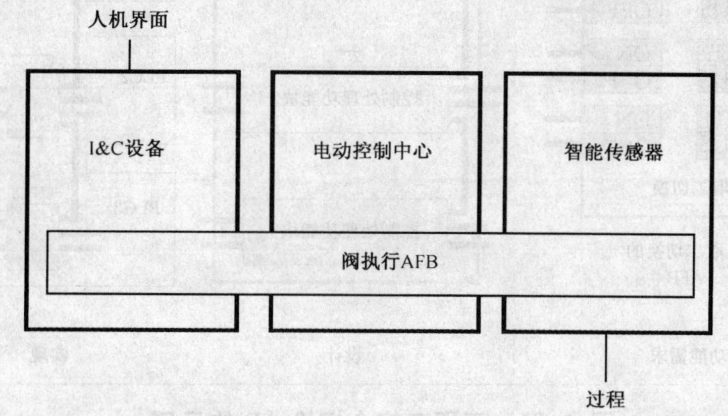

图 A.19 使用 GB/T 19769.1—2005 系统模型的开/关(OFF/ON)阀执行 AB

图 A.20 是使用 GB/T 19769.1—2005 系统模型的执行 AB 内部块的图示。

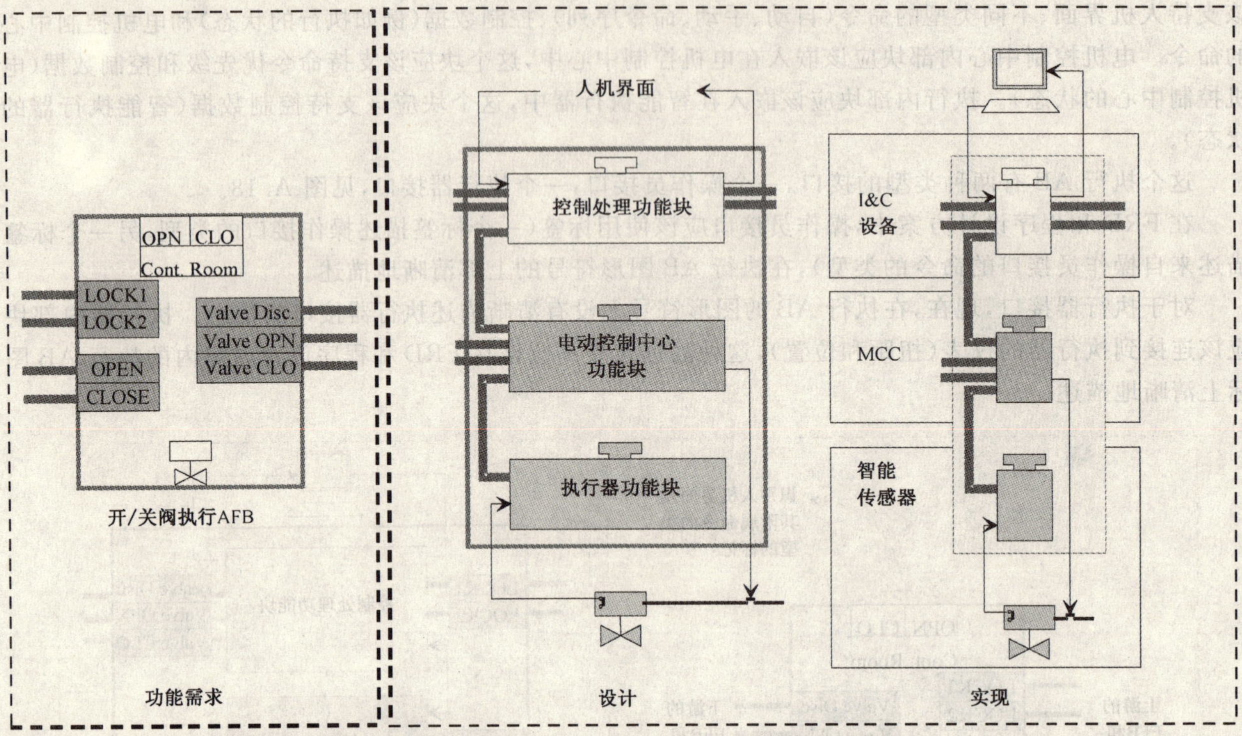

图 A.20 使用 GB/T 19769.1—2005 系统模型的 OFF/ON 执行 AB

A.1.2.1.3 三取二安全切换 AB 的详细设计

图 A.21 给出了一个没有过程接口也没有人机界面的 AB 的示例，即三取二安全切换。在标准的三取二切换功能作为 EFB 的情况下，这个 EFB 应该在单个的可编程控制器中实现。

为了安全的应用，三取二安全切换必须在几个 PLC 中实现，以避免公共的故障。这种情况下，安全切换应建立在三取二 AB 之上，这个三取二切换 AB 由三个内部块组成。这三个内部块应该实现于三个 PLC 中。

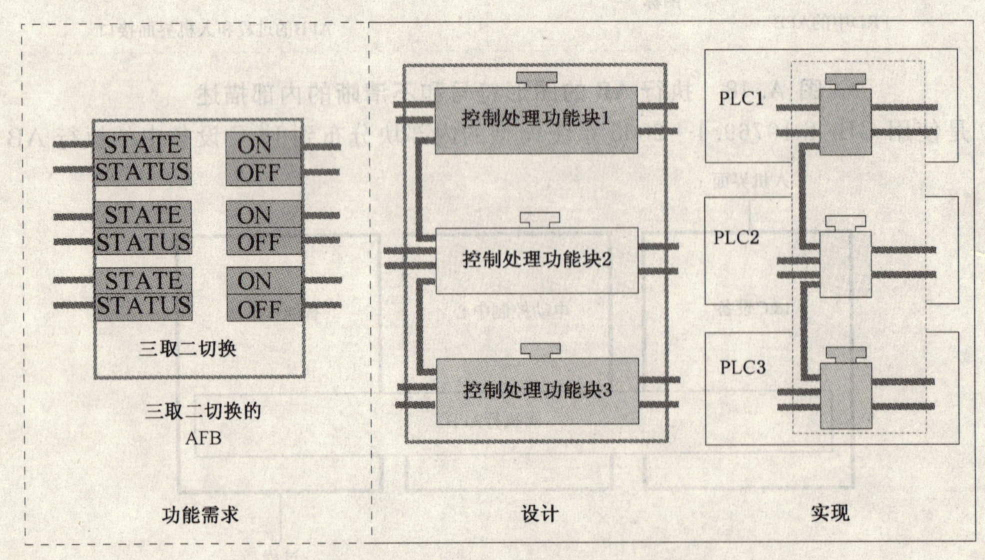

图 A.21 三取二安全切换 AB 的示例

图 A.22 给出了使用 GB/T 19769.1—2005 系统模型的执行 AB 的图示。

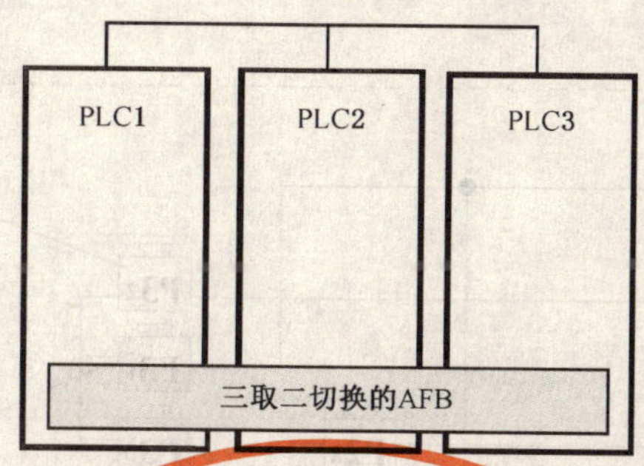

图 A.22 使用 GB/T 19769.1—2005 系统模型的三取二切换 AB

A.1.2.2 控制功能在 I&C 设备中的实现

A.1.2.2.1 概述

I&C 系统的结构是分布到不同层的设备的集合：

——第 2 层：人机界面；

——第 1 层：处理；

——第 0 层：电源接口和现场设备。

随着市场上智能设备的出现，这些 I&C 层也会发展。新兴的技术使当前的控制孤岛易于集成、易于维护和管理（技术上的和经济上）。

第 2 层支持人机界面的控制、维护和管理。第 1 层支持处理的控制、维护和管理。第 0 层支持智能电源接口和现场设备。

下面的条款关注于控制功能，同时维护和管理被看作是同一原则的扩展。

A.1.2.2.2 从 FRD 到完整的控制功能的设计

作为一个例子，Folio 4 专注于单个的控制功能"控制泵"。图 A.23 给出了 FRD。控制功能"控制泵"被描述为 EFB 和 AB 的网络。

AB 的设计应该由 I&C 工程师在选定 I&C 结构和不同类型设备后完成。从 FRD 到程序设计方案，I&C 工程师按照需求和控制系统的结构，使用泵执行器现有的设备和 I&C 系统中三取二安全切换的现有的库来设计 AB。

为了控制功能的完整设计，必须设计四个 AB。泵 AB 的内部块应嵌入到泵执行器的不同设备中。三取二切换 AB 的内部块应该包含在 I&C 提供商的库中。图 A.23 给出了一个控制功能完整设计的示例。

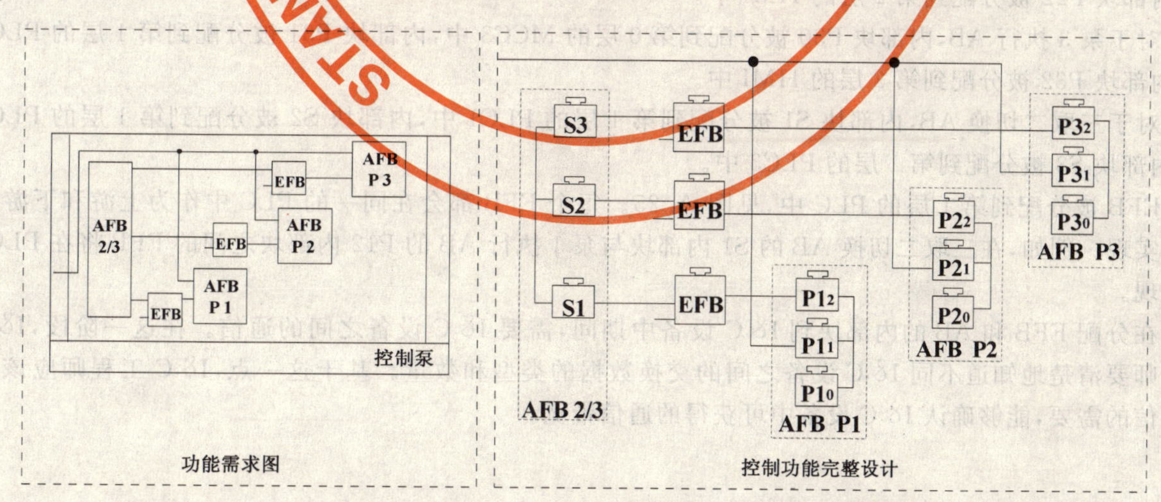

图 A.23 使用 GB/T 19769.1—2005 系统模型的从 FRD 到程序设计方案

对于每个泵执行 AB，三个内部块应该分布到 I&C 系统的三个层中。例如，分配第 0 层到电动控制中心(MCC),分配第 1 层到 PLC,分配第 2 层到人机界面(HMI),见图 A. 24。

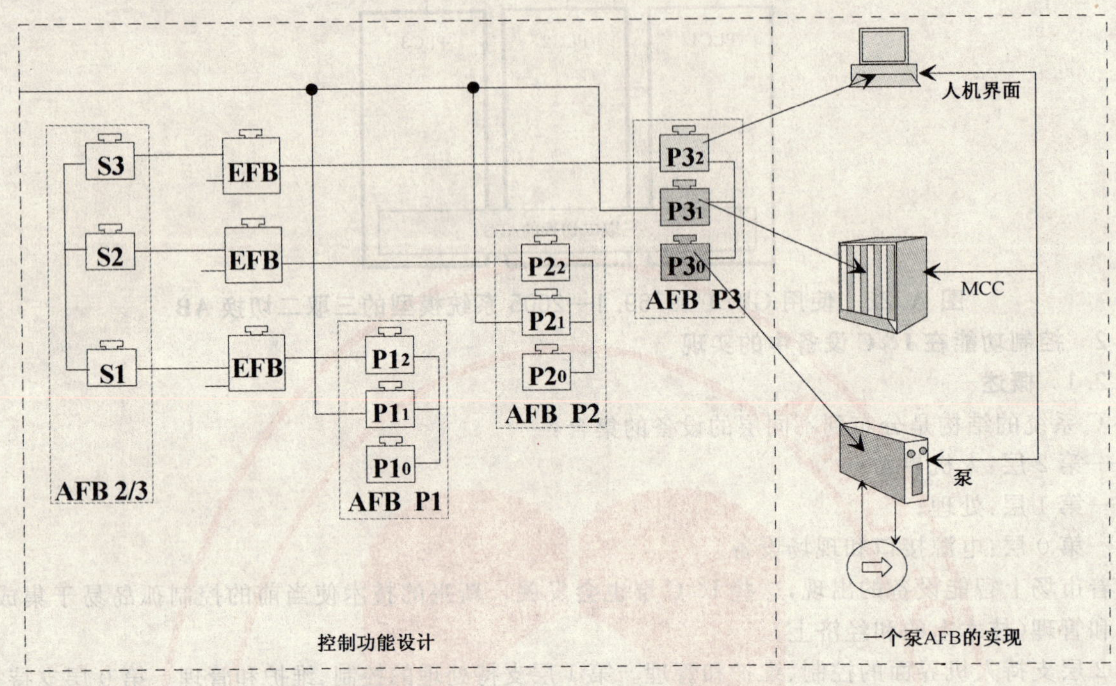

图 A. 24 泵 AB 的内部块分布

A. 1. 2. 2. 3 从完整设计到将控制功能的内部块分布到 I&C 结构

一旦完成了 AB 的设计,EFB 和 AB 中的内部块将被分配到 I&C 系统结构中。

I&C 工程师,考虑 FRD 所要求的安全性、可用性和性能限制,将块分配到 I&C 设备中。

在图 A. 16 中,因为安全性限制,三取二切换 AB 必须分配到三个不同的 PLC 中,并且泵执行 AB 应该实现于单独的设备中,以避免公共的故障。

对于泵 1 执行 AB,内部块 P10 被分配到第 0 层的 MCC1 中,内部块 P11 被分配到第 1 层的 PLC1 中,内部块 P12 被分配到第 2 层的 HMI 中。

对于泵 2 执行 AB,内部块 P20 被分配到第 0 层的 MCC2 中,内部块 P21 被分配到第 1 层的 PLC2 中,内部块 P22 被分配到第 2 层的 HMI 中。

对于泵 3 执行 AB,内部块 P30 被分配到第 0 层的 MCC3 中,内部块 P31 被分配到第 1 层的 PLC3 中,内部块 P32 被分配到第 2 层的 HMI 中。

对于三取二切换 AB,内部块 S1 被分配到第 1 层的 PLC1 中,内部块 S2 被分配到第 1 层的 PLC2 中,内部块 S3 被分配到第 1 层的 PLC3 中。

EFB 被分配到第 1 层的 PLC 中,见图 A. 25。每个 EFB 都会在同一的 PLC 中作为上游和下游内部块实现。例如,在三取二切换 AB 的 S1 内部块与泵 1 执行 AB 的 P12 内部块之间的 EFB 将在 PLC1 中实现。

在分配 EFB 和 AB 的内部块到 I&C 设备中期间,需要 I&C 设备之间的通信。在这一阶段,I&C 工程师要清楚地知道不同 I&C 设备之间的交换数据的类型和数量。基于这一点,I&C 工程师应该按照通信的需要,能够确认 I&C 设备中可获得的通信带宽。

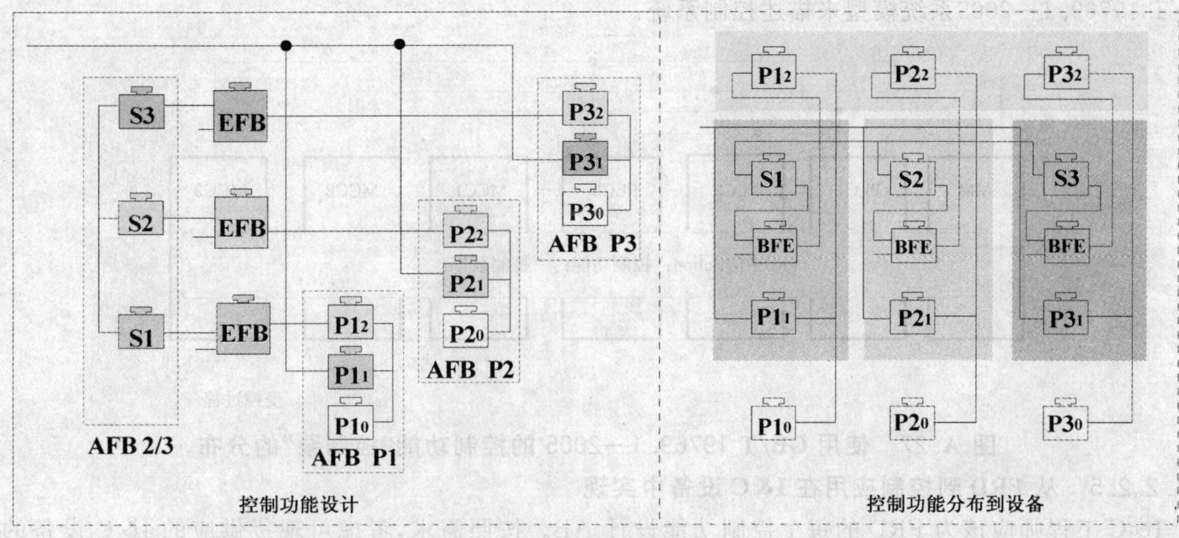

图 A.25 分布 EFB 和控制功能"控制泵"的 AB 到 I&C 结构

A.1.2.2.4 从分配到控制功能在 I&C 设备中的实现

一旦 I&C 工程师完成了 EFB 和 AB 的内部块的分配，控制功能将被分配到 I&C 结构的设备中。控制功能可以在 I&C 系统设备中实现，见图 A.27。

对于第 2 层，有一个专用的设备作为人机界面来多路转换三个泵执行 AB 的三个内部块 P12、P22 和 P32。

对于第 1 层，PLC1 用来多路转换泵 1 执行 AB 的内部块 P11、三取二切换 AB 的内部块 S1 以及这两个块间的 EFB。PLC2 用来多路转换泵 2 执行 AB 的内部块 P21、三取二切换 AB 的内部块 S2 以及这两个块间的 EFB。PLC3 用来多路转换泵 3 执行 AB 的内部块 P31、三取二切换 AB 的内部块 S3 以及这两个块间的 EFB。

对于第 0 层，MCC1 专用于泵 1 执行 AB 的内部块 P10，MCC2 专用于泵 2 执行 AB 的内部块 P20，MCC3 专用于泵 3 执行 AB 的内部块 P30。

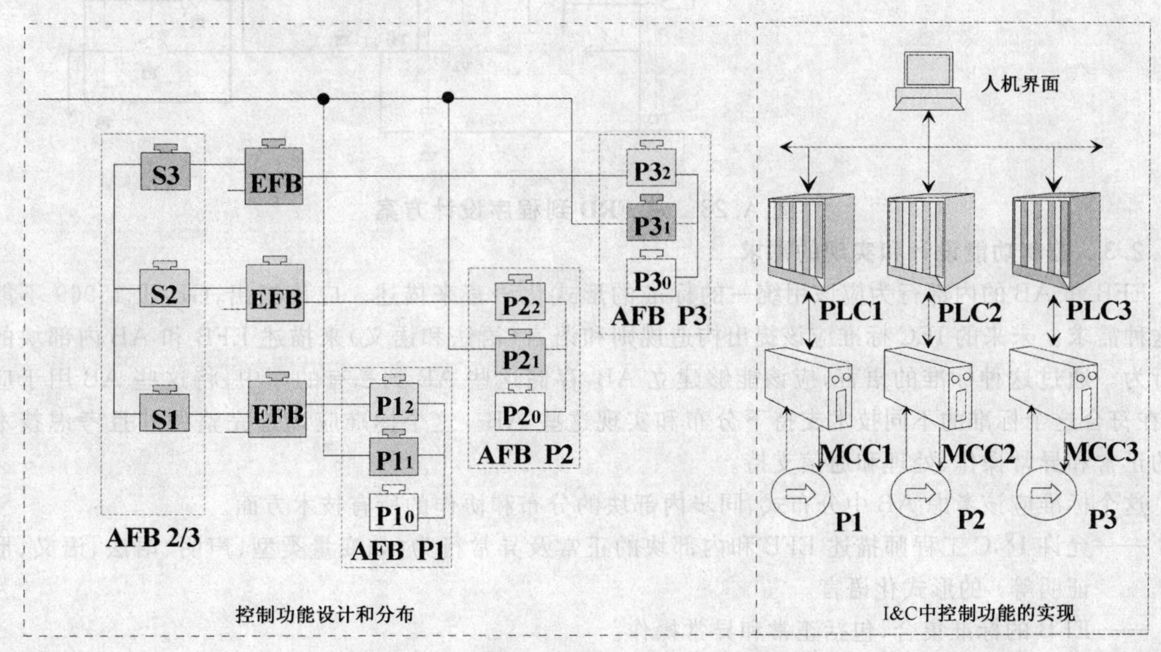

图 A.26 控制功能在 I&C 设备中的实现

图 A. 26 是控制功能"控制泵"在 I&C 系统设备中的实现的示例。图 A. 27 使用了

GB/T 19769.1—2005系统模型来描述控制系统。

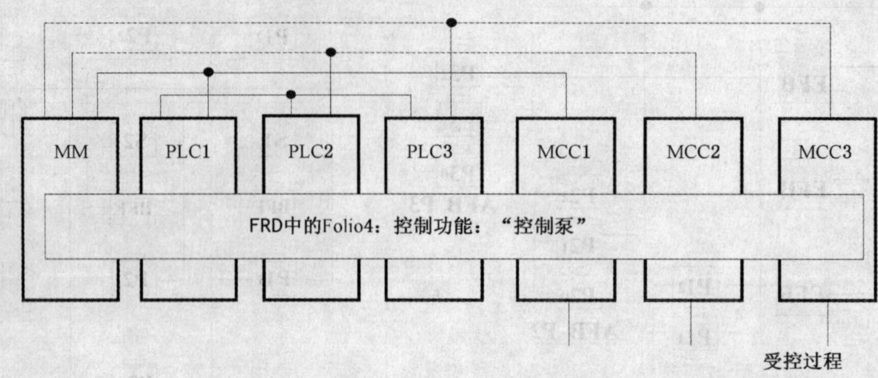

图 A.27　使用 GB/T 19769.1—2005 的控制功能"控制泵"的分布

A.1.2.2.5　从 FRD 到控制应用在 I&C 设备中实现

I&C 工程师应该为 FRD 的每个控制功能设计 AB。按照需求，考虑可现货供应的 I&C 设备的性能，选择 AB 的内部块。I&C 工程师应该为某些 AB 定义内部块。一旦完成了 AB 的设计，就可获得实现于 I&C 设备中的程序设计方案，见图 A.28。

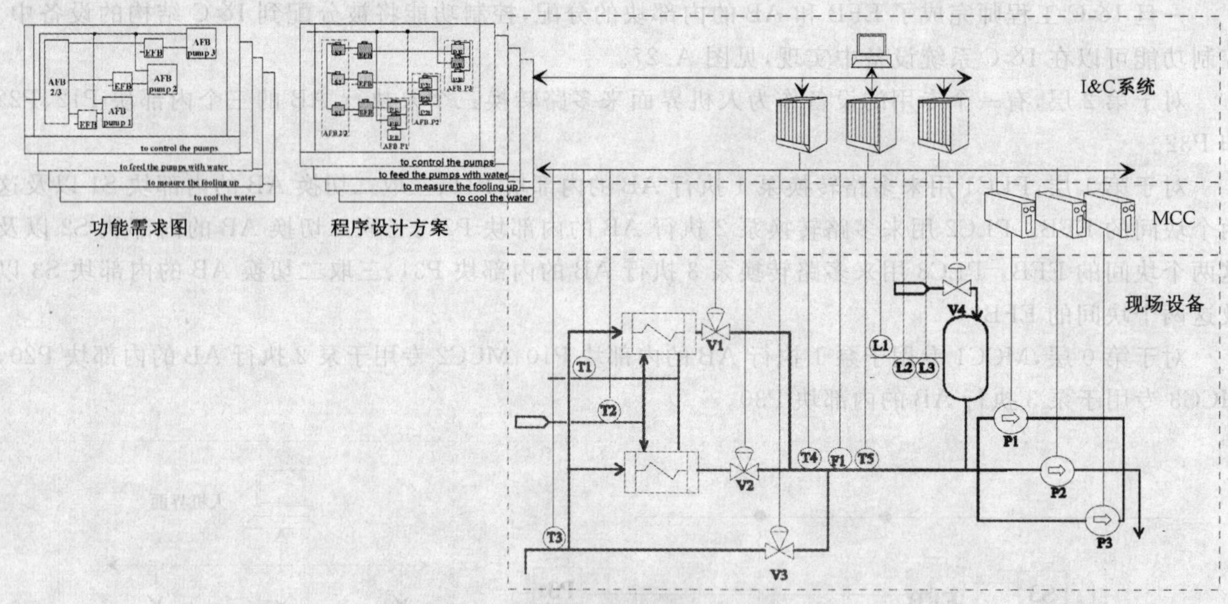

图 A.28　从 FRD 到程序设计方案

A.1.2.3　控制功能设计和实现的需求

EFB 和 AB 的内部行为应该用统一的标准的形式化语言来描述。应该指出，GB/T 15969 不能满足这种需求。未来的 IEC 标准应该提出构造规则和语言（语法和语义）来描述 EFB 和 AB 内部块的内部行为。通过这种标准的语言，应该能够建立 AB，存储这些 AB 到私有的库中，将这些 AB 用于应用中，在符合这个标准的不同技术支持下分布和实现这些 AB。这个标准应该是完整的并且考虑技术支持的正常和异常操作、处理和通信支持。

这个标准应该考虑 AB 中分布式、同步内部块的分布和协作的所有技术方面。

——允许 I&C 工程师描述 EFB 和内部块的正常及异常行为（如变量类型、声明、语法、语义、形式证明等）的形式化语言。

——EFB 的标准集合，包括正常和异常操作。

——创建内部块的正常和异常操作的规则。

——支持这些块的设备的异常操作的 EFB 和内部块的标准行为。如：

- 初始化、热启动、冷启动；
- 输入输出硬件故障、组件故障；
- 计算错误、上溢、下溢(特别注意舍入错误和舍入的传播)。

——在一个设备内和分布在多个设备中的 EFB 和 AB 的同步和排序规则。

——EFB 和 AB 的内部数据的管理规则。

——在 EFB、AB 和 AB 内部块之间的数据共享规则。

——在一个设备内和分布在多个设备中的 EFB 和 AB 之间的数据交换规则。

——在一个设备内和分布在多个设备中的 AB 的内部块的同步和排序规则。

——在一个设备内和分布在多个设备中的 AB 的内部块的数据交换规则。

——与其他 EFB 和 AB 的数据交换规则。

附 录 B
（资料性附录）
FB 功能性需求：用户视图

B.1 概述

模型化系统是一件巨大的任务。单个的模型不能获取描述一个系统所需的所有信息。GB/T 19769.1—2005为工业测量和控制系统（IPMCS）的分布式功能块应用制定了通用的标准。GB/T 19769.1—2005包括以下模型：

- 应用模型；
- 设备模型；
- 资源模型；
- FB 模型；
- 系统模型。

GB/T 21099.2 中采用的识别功能需求的详细方法考虑了描述用户期望的系统用户视图模型。

这种视图提供了系统用法（要求的功能性）的通用描述。这种视图是中心的。系统的最终目的是提供通过这种视图来描述的功能性以及一些非功能性属性。因此，这种视图将影响所有其他方面。

也建议将这种视图用于 FB 规范和用户期望之间的一致性测试（问："用户定义的哪个功能单元被这个功能块规范所覆盖?"以及"这个功能单元被 FB 规范覆盖的程度?"）。

本附录收集了关于系统用户视图模型的所有概念，因为在需求规范中将考虑它们。

B.2 定义

B.2.1 概述

为了该附录使用方便，以下的定义补充了 GB/T 19769.1—2005 给出的定义。

B.2.2 规范术语列表

B.2.2.1

智能执行和测量 Intelligent Actuation and Measurement；IAM

CMM 系统所需的所有执行和测量的所有需求的总和。

注：这里的智能指提供用户所需的所有功能。

B.2.2.2

访问权限管理功能 access right management function

该功能提供了 IAM 不同组成部分和 IAM 用户之间所需的"握手"。作为系统需求的结果，对于每个 IAM 操作模式，一些 IAM 功能是活动的，另一些是非活动的。

IAM 的实际操作模式和其组成成分受到自动化系统管理功能的影响。这个功能也负责协调从实际操作模式到其他模式的转换。

代理和 IAM（或其部分）之间所有的交互都由与操作模式的关系来调节，以允许这些功能的仅被授权的交互起作用，如系统需求的规定，这些功能可以在每一操作模式中是活动的。因此，对于 IAM（或其部分）的每一操作模式：

——一组 IAM 功能被激活；

——只能完成指定的交互，其他的（不允许的）交互无效。

建议标准化一个矩阵，它的行列出潜在的操作模式，列列出与 IAM（或其部分）潜在的交互。基于每个用户的需求来决定（通过标记对应行和列的交叉点）交互的授权（例如，当参数化系统的时候）。

B. 2. 2. 3

代理　agent

使用 IAM 的任何人(如操作员)或任何事物(如设备)。沿着 IAM 生命周期的特定阶段,每一个代理与 IAM 进行交互。

B. 2. 2. 4

校正维护　corrective maintenance

故障发生后执行的维护,目的在于使某项恢复到可以执行所要求功能的某个状态。

B. 2. 2. 5

功能校验　functional validation;F. VAL

- 对于测量

  F. VAL 是校验受检查的测量和来自受控过程的其他测量集合之间的一致性的功能。使用受控过程一个合适的模型来检查这种测量之间的联系。

- 对于执行

  F. VAL 是校验阀的状态和测量(来自过程上游和下游阀)之间的一致性的功能,它定义了阀状态的实际效果。

B. 2. 2. 6

维护　maintenance

所有的技术和相应管理活动的组合,其目的在于使某项保持或恢复到可以执行所要求功能的某个状态。

注 1:更详细的维护的定义参见"预防维护"和"校正维护"。

注 2:所要求的功能可以被定义为一个确定的条件。

注 3:这里的维护关注 IA/IM-通道及其所有部分。

B. 2. 2. 7

操作校验　operational validation;O. VAL

- 对于测量

  O. VAL 是检查一个可信测量和来自多个冗余转换器(或一个转换器的冗余部分)的其他冗余测量(两个或更多)之间的一致性的功能。

注 1:这是一个自底向上的过程。

- 对于执行

  O. VAL 是校验执行器的任何状态或变量与操作员或反射处理设备发出的命令之间的一致性的功能。

  O. VAL 也提供对阀-定位回路的性能是否偏离设计范围的检查。

注:这是一个自顶向下的过程。

B. 2. 2. 8

预防维护　preventive maintenance

根据预定义的标准(知识库)执行的维护,以降低设备故障和服务质量下降的可能性。

- 定期维护(时间或活动驱动):按预定义计划或使用次数(如启动次数)进行的预防维护。
- 基于状态的维护(条件或状态驱动):以设备性能降低的记录(如:自动诊断、磨损测量的结果)为基础执行的预防维护。它基于渐进的、部分的和间歇的故障的可见性。

B. 2. 2. 9

系统(或设备)属性　system (or device) properties

为了方便设备的评估,如图 B. 1,将属性分为了几个组。

注:包含在 IEC 61069-1 和 61069-5 中。

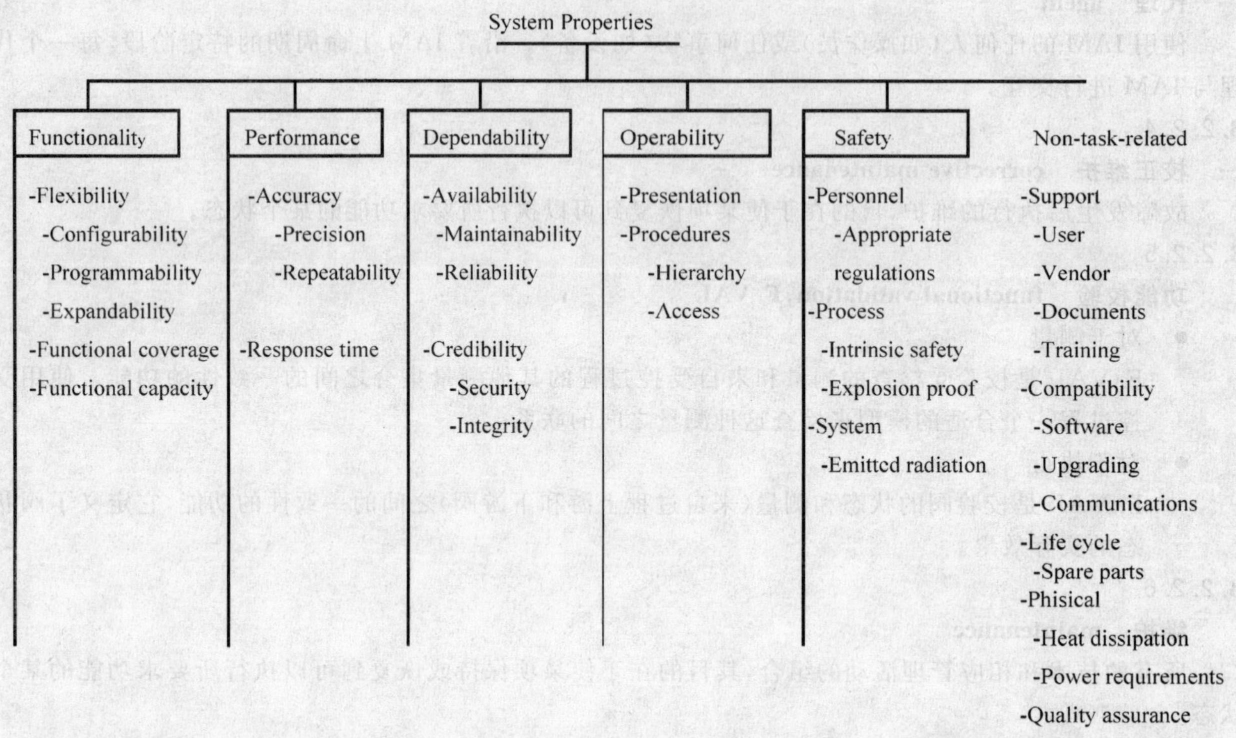

图 B.1 系统属性

注：IAM 系统的属性是为整个自动化系统而定义的。因此，IAM 系统的属性取决于每个 IAM 通道的每个单独部分的属性以及这些部分合作以执行通道功能的方法。当然，对于其每一功能，通道的属性可能不同。

B.2.2.10

技术校验 technological validation;T.VAL

a) 对于测量

——T.VAL 是提供电子、电源以及伴随变送器的感应变量的状态检查的功能，以确保相关参数在正常条件内；

——T.VAL 保证变送器已经产生了测量，该传感器工作在变送器状态报告所记载的检测条件下。

b) 对于执行

——T.VAL 是提供电子、电源和伴随执行器每一部分的感应变量的连续状态检测的功能。执行器包括：

- 处理能力；
- 电源接口；
- 电动机；
- 阀。

——T.VAL 保证执行器在已查明到的条件下操作，通过专用仪表来对状态进行执行和报告。

B.2.2.11

校验 validation

a) IA/IM-通道校验

校验是一种功能，是 IAM 宏功能的一部分(state f.，status f.，等.)。它的目的是检查每一完整测量通道和执行通道的产品质量(状况:数据、活动等)和行为(状态)。检验只是执行器和变送器自身执行的一部分。

行为的一个重要的例子是及时地产生测量(或执行)。这里的及时定义为在同一时刻(在规定的抖动内)产生不同数量的测量(或执行)或者是在一个给定的采样周期下(在规定的抖动内)产生一个测量(或执行)的准时程度。

对于每个 IA/IM 通道,校验产生叫做"通道状态"的信息,见图 B.2。

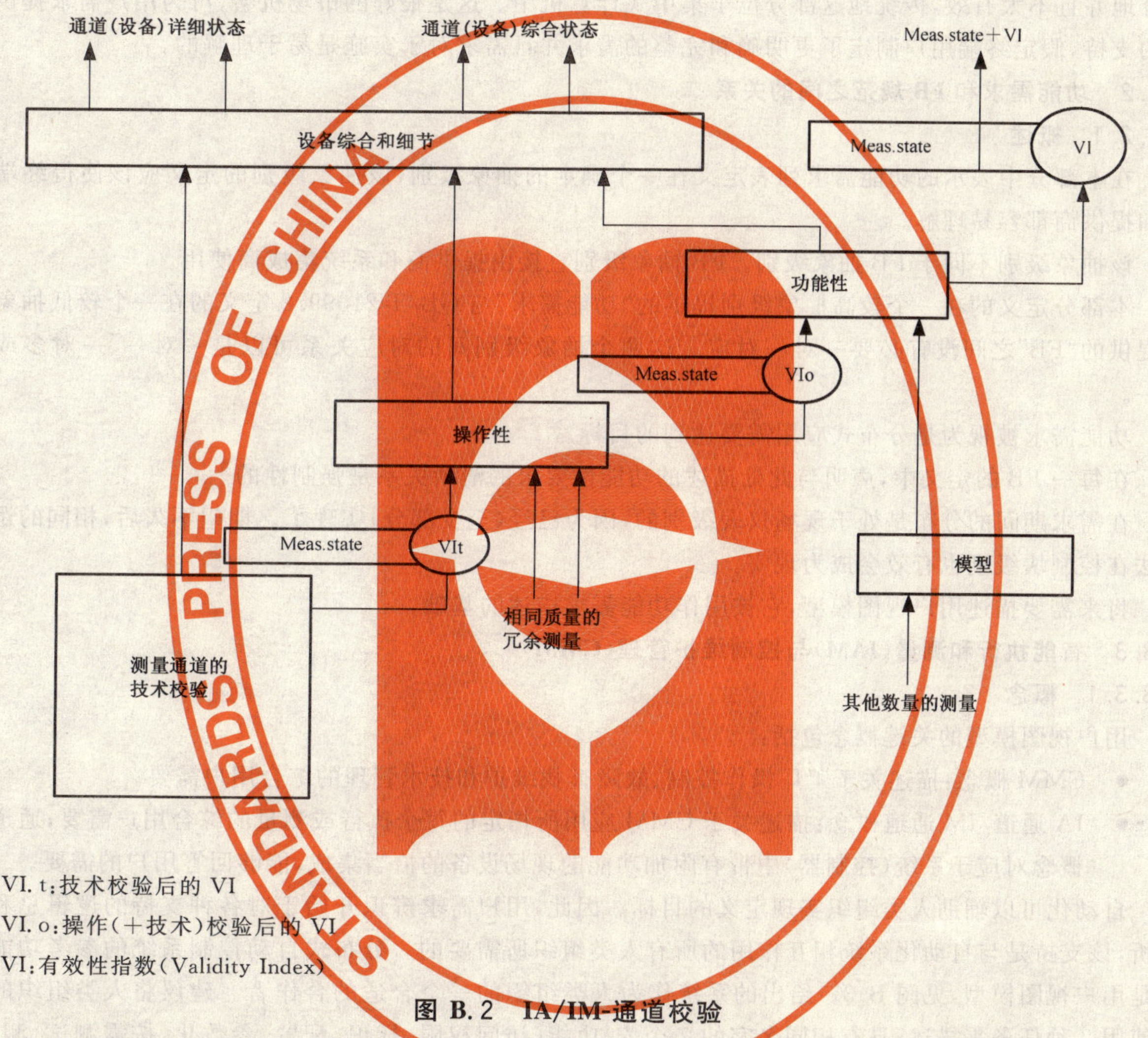

VI.t:技术校验后的 VI

VI.o:操作(+技术)校验后的 VI

VI:有效性指数(Validity Index)

图 B.2 IA/IM-通道校验

对于 IA/IM 通道的结果(执行值、测量值等),校验决定了这些结果的质量,通过它们的 VI 表示(见测量不确定度,VI)。

IA/IM 通道校验可以被视为处于本字典定义的三个层次中,见图 B.2:

- 技术校验;
- 操作校验;
- 功能校验。

注 1:划分是在进化的(如操作校验可以视为技术校验的一部分)。

注 2:在实现层次上,校验分布于现场设备和通道的剩余部分中。

b) 现场设备校验

现场设备校验是 IA/IM 通道复杂功能的一部分,它同时检查它们的特性和结果(数据、活动等）的质量。对于每个现场设备，校验产生叫做“设备状态”的信息。对于现场设备的结果，每一结果都伴随自身部分的 VI。这是现场设备中处理的部分校验的结果。

B.3 过程控制应用的功能视图

B.3.1 概述

数字现场通信（如现场总线）、智能现场设备（如转换器、执行器、开关设备等）、控制器的嵌入式软件等技术正有力地推动自动化的发展。它们实际上可以使制造商能转移部分功能到现场设备中，即使是部分地并且不太有效，传统地这部分位于集中式计算机中。这是很好的市场机会，可为用户需求提供更好的支持，假定终端用户制定了更明确和完整的需求并且需求对于实施是易于理解的。

B.3.2 功能需求和 FB 规范之间的关系

B.3.2.1 概述

在本部分中表示的功能需求列表定义在一个确定的抽象级别，该抽象级别的定义应该使得终端用户和提供商都容易理解。

该抽象级别不同于 FB 抽象级别。FB 抽象级别直接由提供商和系统集成商使用。

本部分定义的在一个较高抽象级别提供的“功能需求”与 GB/T 21099.2 定义的在一个较低抽象级别提供的“FB”之间没有必要一对一对应。这两个抽象级别间的对应关系可以是一对一、一对多或多对一。

功能需求被视为是分布式应用需要达到的目标。

在每一 FB 的定义中，声明与此处描述的功能性要求的清晰关系是强制性的。

在需求期间的分布是处于现场仪表级别的，因为已经（至少部分）实现了。期望不久后，相同的逻辑方法在控制块级别也有效会成为现实。

将来需要描述用户视图模型，它被用作功能需求描述的基础。

B.3.3 智能执行和测量（IAM）与控制维护管理（CMM）

B.3.3.1 概念

用户视图模型的关键概念包括：

- CMM 概念：描述关于工厂操作控制、故障查找维护和技术管理的综合用户需要。
- IA 通道/IM 通道概念：描述关于 CMM 应用所指定的每个执行或测量的综合用户需要；通道的概念对应于系统（控制器）中带有附加功能的现场设备的恰当集成，能够回答用户的需要。

自动化可以辅助人类组织实现定义的目标。因此，用户需求辨识开始于对各种支持的逻辑总和的分析，该支持是与自动化系统相互作用的所有人类组织所需要的。分布式自动控制系统的参考功能结构是用户视图模型，见图 B.3。给出的系统作为人类组织的一个合适的合作者。建议将人类组织的活动使用 7 种任务来描述；具有相同名字的 7 个宏-功能（访问权限、标识、配置、参数化、按需测试、测量/执行、诊断），代表了系统提供的相应功能支持。

这同样适用于执行子系统和测量子系统以及 IA 通道和 IM 通道的所有组成子系统。

一旦通道作为一个整体来描述，所需要的功能支持表明了需要实现的目标，该目标由通过累加系统集成者用于创建通道所使用的所有组成部分的功能来计算。

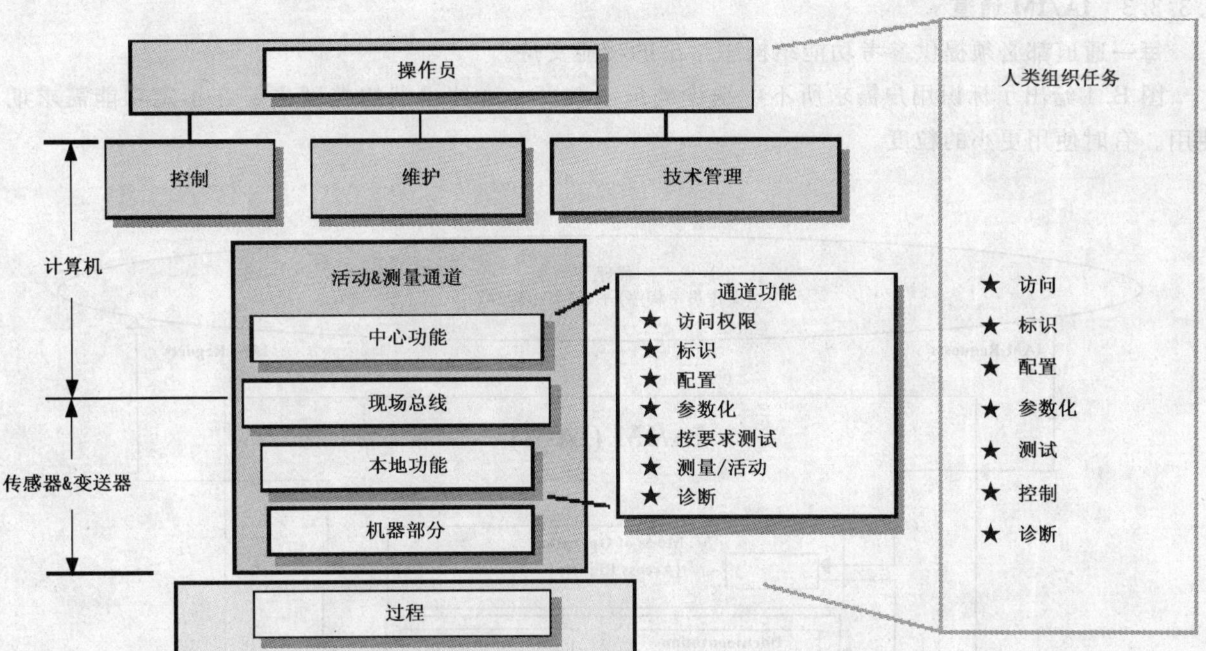

图 B.3　分布式自动控制系统的参考功能结构

参考功能结构是标识可能的功能需求列表的基础。它同样用于指导用户从完整列表中选择一部分，以标识自己的功能需求。

该指导不仅适用于终端用户，也适用于所有"使用"每个沿生命周期集成到相应 IA/IM 通道的设备的其他用户：制造商(厂内测试)、系统集成者、承包者(试运行测试)等。

B.3.3.2　CMM

最重要的 CMM 功能需求将在以下描述。这个需求表示了通过 IA/IM 通道的适当帮助所要达到的最终目标。

a)　控制需求

通过包含现场仪表异常情况的自动处理扩展了控制需求。这个自动处理相当于当前由控制操作员根据维护操作员的调查结果所做的处理。其好处来自于，例如，及时的自动化动作。为了包括系统的现场部分，对传统自动化系统的管理方法和异常处理规则的使用进行了扩展。一般地说，用户可以根据满足应用需求的通道的相应特性，为应用定义通道性能下降的一个或多个级别。

b)　现场仪表的维护

每一通道的每一可替换部分的实际状态的直接并且及时的可见性是有帮助的。对于每一可替换部分，预定义的级别是可以被辨认和记录的。这样，预防维护可以被组织为基于条件的维护。仅实际需要时才计划进行维护干预。附加信息的条文有助于这些干预。另外，有助于加快可替换部分修复的信息可以在用户与修理者之间的维护合同中定义并达成一致。

c)　技术管理

这特别涉及到设备中特定项目的性能和可靠性的评价。例如，来自不同厂商的两个阀在发生故障前所达到的循环次数的比较，以及在相同操作环境下执行相同功能的比较。收集每一通道的每一可替换部分的使用历史和“健康”（条件）历史是基本的需求。目前，这种数据是非常有限的。因此，就很难进行工厂设备更改的管理决策所要求的详细及有效的统计分析。

B.3.3.3 IA/IM 通道

每一通道都必须提供参考功能结构中给出的功能支持。

图 B.4 给出了标识用户需求所不可缺少的最小粒度。这种级别的粒度主要在指定功能需求期间使用。有时使用更小的粒度。

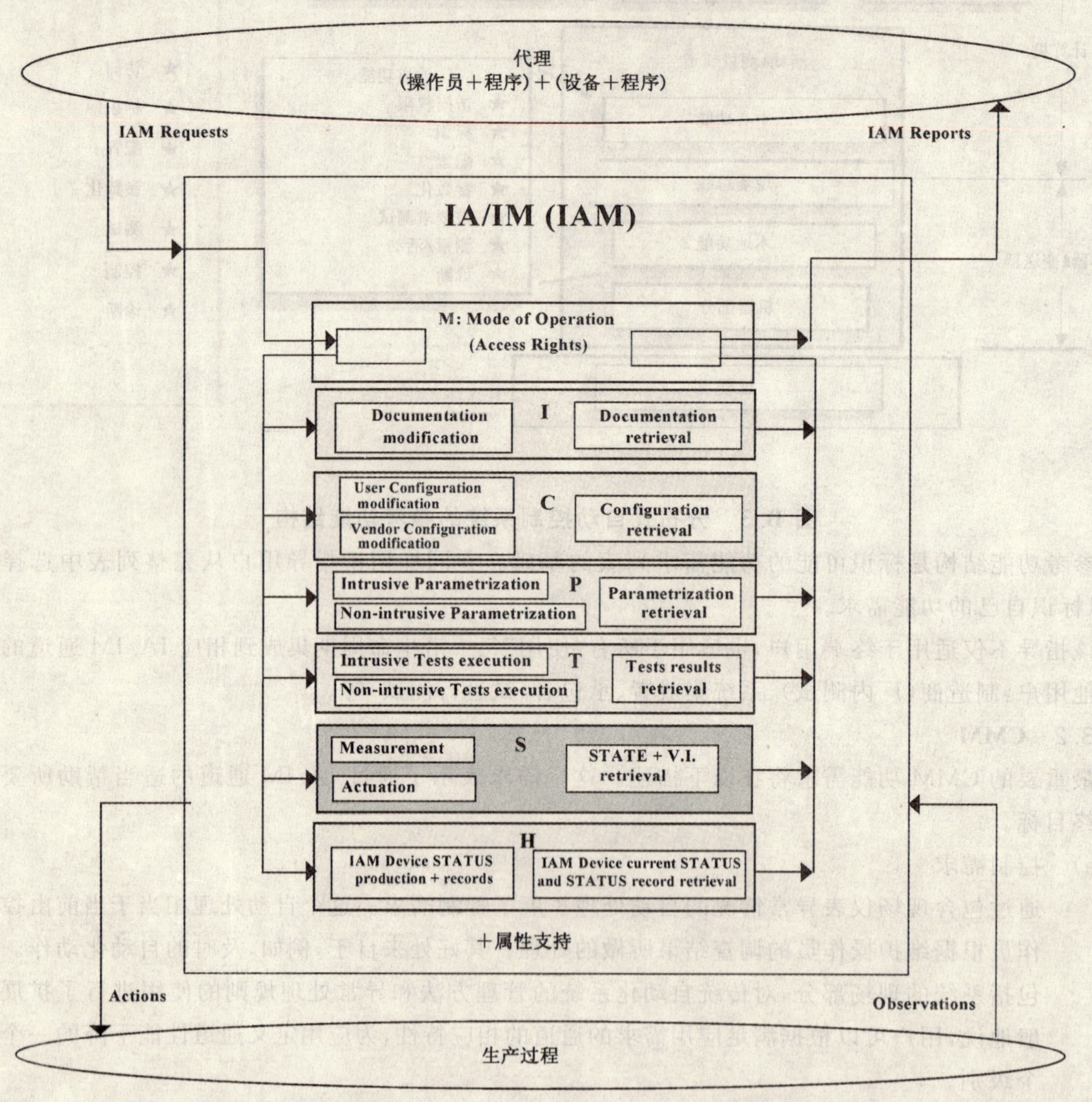

图 B.4 每个 IAM 功能的主要功能成分的用户视图

注：M＝MACRO-FUNCTION 宏-功能操作模式

为了支持 IAM 系统及其在整体系统管理控制下的部分的操作模式的协调管理。基本上，这个功能管理每一代理对以上列出的任何 IAM 功能的预定义访问。作为用户需求的一部分，用户定义这种访问。

I＝MACRO-FUNCTION 宏-功能标识

为了支持描述 IAM 系统的信息的存储和检索。

C=MACRO-FUNCTION 宏-功能配置

为了支持 IAM 系统功能配置的建立、修改或可视化。被视为系统(通道或设备)配置。

P=MACRO-FUNCTION 宏-功能参数化

为了支持 IAM 系统功能参数化的建立、修改或可视化。被视为系统(通道或设备)参数化。

T=MACRO-FUNCTION 宏-功能按需测试

为了支持自动化或半自动化 IAM 测试的执行和报告结果。

S=MACRO-FUNCTION 宏-功能声明

为了支持测量或活动的确认和伴随预定义 VI 的测量或活动的结果报告的完成。

注:这个功能由所有的用于支持指定 VI 和相关质量标准的诊断和校验补充。

H=MACRO-FUNCTION 宏-功能状态的状况和历史

为了产生系统(或设备)状态中定义的记录 IAM 状态的信息。这个功能由所有的用于支持 IAM 特性可视化的诊断和确认补充。

注:这些宏-功能的解释活动,是绑定 IAM 设备详细规范和 IAM 用户需求定义的关键。强制进行密切的合作,以保证在用户期望与 IAM 设备中执行的支持功能和属性之间的关系有清晰的定义。

IAM 的功能被聚类为 7 种宏-功能,它们可以被视为"目的"(或用户期望)和"行动"(制造商解释)。

在图 B.5 中,用一个黑盒子代表一个 IAM 通道,它明确地列出了与 CMM 和操作员相交换的信息。

IA 通道用相似的方法来表示,主要是将"测量+VI"用"执行+VI"来代替。

如前所述,整个通道的功能视图就是提供许多通道成分的合适集成。

图 B.5 IM 通道/CMM 交互:用户视图

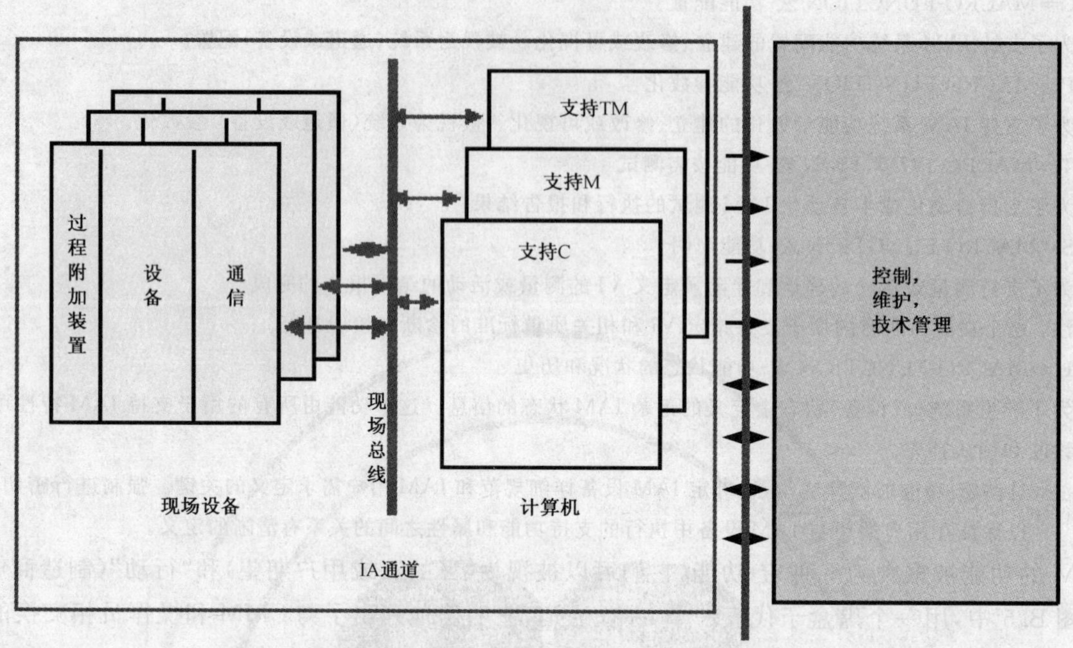

图 B.6　使用现场总线的分布式平台：物理组成

执行 CMM 应用所指定的每一测量所必需的每一 IM 通道的技术成分是(见图 B.6)：

a)　现场部分：

——过程附属装置(管道等)；

——传感器；

——变送器；

——网络(如现场总线)。

b)　补充部分：

——支持控制阀门、电动机和传感器设备的补充处理；

——支持维护的补充处理；

——支持技术管理的补充处理；

——IA 通道具有相似的成分，主要区别在于现场部分，如阀门。

B.3.4　通道和现场设备功能单元

如图 B.4 所示，现场设备用于构造相关的通道。

图 B.5 给出了一个变送器的现场设备功能单元参考模型，执行器模型具有相似的成分，主要区别在于现场部分，如阀、电机和执行器设备。

变送器和执行器中的各种数据和功能被组合到功能单元中。这些功能单元以一个中等的抽象级别表明了特定的硬件或软件成分。这个中等的抽象级别介于图 B.3、图 B.4 所示的用户视图的较高抽象级别与功能块的较低抽象级别之间。

功能需求的描述是映射通道模型到设备参考模型所有功能单元的结果。这有利于功能需求到 FB 规范的映射。

当然，现场设备功能参考模型被视为是覆盖了通道和现场通信计算机部分的相应模型的补充。后面的模型给出了所有通道部分的补充功能单元和管理协作，这种协作是系统级别的协作。

B.3.5　现场设备功能需求列表

直到这里的描述为止，B.3.2 和 B.3.3 中的功能需求都是通过逻辑方法来标识的。它们与现场设备有关。

每一功能单元都使用一个段来描述，仅有“设备管理”功能单元例外。如果补充进本附录给出的背景，这种描述应该可以充分地阐明用户需求的具体含义。

技术的进步可使设备制造商能转移更多的功能到现场设备中，见图 B.7。

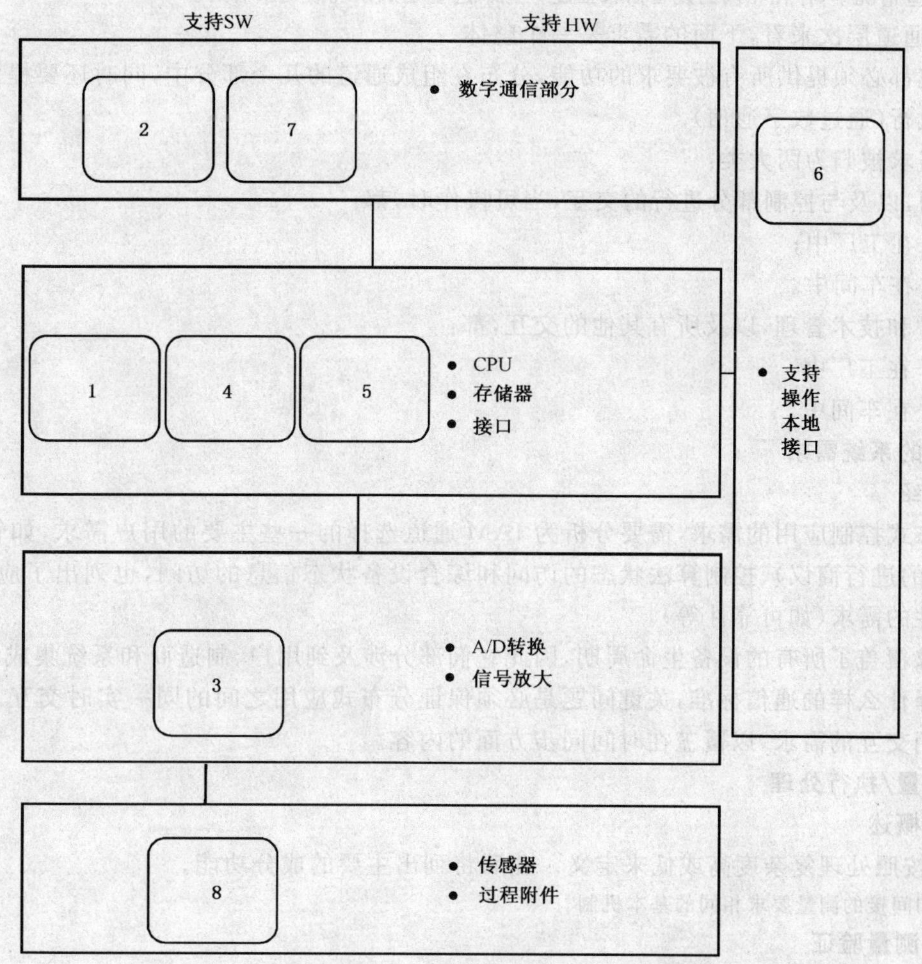

图例：

1——设备管理

2——网络管理

3——信号处理

4——测量信息处理

5——诊断和测试支持

6——本地操作接口附件

7——现场设备通信功能

8——测量转化

图 B.7 智能传感器参考模型

对于“设备管理”功能单元，由于需求的复杂性，需要彻底说明所需的功能分解。定义了以下的几个方面：

- 标识管理；
- 配置管理；
- 参数化管理；
- 测量管理；
- 时间管理；
- 及时控制管理；
- 故障管理；
- 操作模式管理；
- 访问权限管理。

B.3.6 系统级别功能需求列表

注1：技术的进步可使设备制造商能转移更多的功能到现场设备中。为帮助这种进步，参见下面的附加需求。

注2：在某些情况下，存在相同的设备需求描述；当然，这里是从系统级别来看的。

在IAM通道层次来看，下面的需求是一个整体。

每一通道都必须提供所有被要求的功能，分布在组成通道的几个部分中，同时还要提供分布式功能组合的协调执行（通过数字通信）。

所有的需求被归为两大类：

a) 控制，以及与控制部分进行的交互，当可操作时，都：
——在工厂中；
——在车间中。

b) 维护和技术管理，以及所有其他的交互，都：
——在工厂中；
——在车间中。

B.3.7 控制的系统需求

B.3.7.1 介绍

对于分布式控制应用的需求，需要分析为IAM通道选择的一些主要的用户需求，如管理访问权限（与负责控制的进行商议）、控制算法状态的访问和综合设备状态信息的访问，也列出了应用于IAM通道的系统属性的需求（如可靠性等）。

这些需求覆盖了所有的设备生命周期，因此它们部分涉及到用户、制造商和系统集成者。

无论选择什么样的通信标准，关键问题是必须保证分布式应用之间的同一实时交互。需要扩展这种描述了应用交互的需求，以覆盖在时间同步方面的内容。

B.3.7.2 测量/执行处理

B.3.7.2.1 概述

宏-功能按照处理复杂度高或低来定义。此后将列出主要的成分功能。

注：直接和间接的测量要求相同的基本机制。

B.3.7.2.2 测量验证

有三种级别的验证：

- 第一级验证：在设备层使用诊断信息来验证原始测量信息。
- 第二级验证：比较由冗余变送器及时（数据的时间连贯性）产生的同步信息和测量的速度。
- 第三级验证：比较由前一级别验证后的测量和来自过程模型的测量信息。

注：对于每种测量，用户必须指定需要完整模型的那一部分。需要的部分必须记录在通道配置文档中。

B.3.7.2.3 验证过的测量的趋势

数据文件记录已定义的现象（见6.8.6）。

B.3.7.2.4 事件通知（起点）

事件通知是由现象检测算法异步产生的。它可以通过已定义的及时性需求来表征。一般地，它不能丢失。换句话说，必须确认能正确收到。

B.3.7.3 测量管理

B.3.7.3.1 一次发生应用触发

一次发生应用触发用于触发应用功能的执行控制，它开始于触发的收到，然后结束。需要一种机制来保证，在信号产生时间后的预定义时间间隔内，如果应用可以获得一次发生触发信号，则完成时带有肯定的及时（timeliness）信息，反之，完成时带有否定的及时（timeliness）信息。

注：应该根据应用的需求来（由用户/系统集成者）规定时间间隔。

B.3.7.3.2 循环应用触发

该服务可用于以较低频率（例如每周期为5 s）来重新同步一个高频率脉冲序列发生器（例如每周期

为 100、10、1 ms)。该脉冲序列可用于,例如,功能的执行控制,这些功能需要在同步的时间间隔内在不同的设备中执行。一个典型的例子是从不同设备中获取冗余的测量。

B.3.7.3.3 数据的时间连贯性(及时)

在系统级别,要求不同设备产生的数据(在生产、传播和接收中)带有一个及时符号,它可以表明数据的有效时间。例子有测量或命令的接收。

B.3.7.3.4 分布式的"绝对时间"(年、月、日、小时等)

它由两部分组成:

- "绝对时间"参考数据的分布。
- 设备同步的计数由两种机制获得:

——分布式同步时钟的使用(见前面脉冲序列的例子);

——重复以低频率同步设置绝对时间值。

B.3.7.3.5 分布式"相对时间"

与前面的"绝对时间"类似(如系统开始于一个零点时间)。

B.3.7.3.6 应用的分布式调度

系统的需求是,分布式应用执行必须的整个时间由所选择的分布策略决定。

必须确认是否必须考虑一些中间的同步,例如重新启动整个应用。

B.3.7.4 可靠性

B.3.7.4.1 冗余的支持

要求对冗余的支持具有两个级别:

- 功能级别,在应用级别上;
- 在资源级别上的冗余。

B.3.7.5 支持访问权限管理功能

B.3.7.5.1 操作管理功能的模式(为访问权限管理做的扩展)

这是一个系统管理功能,目的是管理几个操作模型间的转换。特别地,它管理在不同的人或自动控制操作员之间的访问权限的转换程序。用于支持现场设备中的干预程序,以实现人类组织之间达成一致的干预计划。因此,为了实现这个目标,设备管理应该与系统管理相互合作。

B.3.7.5.2 访问权限管理功能(对每个设备功能的访问进行资格审查)

在每种操作模式下,设备本身允许操作员在其上执行某些预定义的活动。

很明显,例如,当测量处理功能必须为活动时(如在控制操作模式中),禁止对设备的配置、参数化、按需测试的写权限是非常重要。

B.3.8 维护和技术管理的系统需求

B.3.8.1 概述

对于分布式维护和技术管理应用的需求,需要为 IAM 通道分析主要的用户需求,包括:检查和修改应用参数、管理访问权限、读取设备标识、检查所提供的方案的功能配置、检查/修改应用参数、检查设备状态和支持按需测试。

这些需求覆盖了所有的设备生命周期,因此,它们部分涉及到终端用户、制造商和系统集成者。

B.3.8.2 设备标识

用于支持维护活动的设备标识信息已经在本部分的正文部分描述了。

B.3.8.3 配置

维护操作员或试运行操作员必须检查或修改设备的功能配置。他们还需要确认,特别是在替换了设备后,通道功能配置是一致的。这是一个系统级别的功能,目的是检查组成通道的设备中执行的所有功能都被适当地配置了。例如,如果通道需要滤波功能,该功能要么在现场设备中执行,要么在外部设备中执行,但不是同在两者中,也不是不在两者之一中。

要求下列功能：

- 配置修改

——与用户相关的设备/通道配置修改；

——与制造商相关的设备/通道配置修改。

- 配置检索

——与用户相关的设备/通道配置修改；

——与制造商相关的设备/通道配置修改。

B.3.8.4 参数化

在试运行或维护干预期间，该功能检查/修改应用参数。

在设备参数的每一改变之后，在系统级别上要求获得该功能，以为维护/试运行操作员提供帮助。操作员必须确认功能参数在组成通道的设备之间是一致的（例如，通常较高层次设备所期望的工程单位或低通滤波器频率要真正匹配于现场设备中所使用的）。

设备/通道参数分为以下两类：

- 介入参数：这些参数的修改将干扰干预设备/通道的正常操作；
- 非介入参数：这些参数的修改不干扰干预设备/通道的正常操作。

所要求的功能如下：

- 参数修改

——介入设备/通道参数修改；

——非介入设备/通道参数修改。

- 参数检索

——设备/通道参数检索。

B.3.8.5 监控设备状态

在系统级别上，每个用户根据自己的要求需要具有一个设备的健康视图。

因为"基于条件的维护"的需要，终端用户需要知道必须替换哪一个可替换的部分，而且，他还需要制造商要求用于更快速、适当地修复设备的信息。

维修人员可能还需要更多的详细信息来执行他的干预。

所要求的功能如下：

- 设备/通道详细状态检索

——设备/通道详细状态信息检索。

B.3.8.6 支持按需测试

执行和测量远程或本地测试（如校准）所需的支持被分为两类：

- 介入测试：这些测试的执行将干扰设备/通道的正常操作；
- 非介入测试：这些测试的执行不干扰设备/通道的正常操作。

对于所要求的测试，需要必须的许可，并且设备/通道必须被置为相应的操作模式。

所要求的功能如下：

- 测试执行

——介入设备/通道测试执行；

——非介入相关设备/通道测试执行。

- 测试结果检索

——设备/通道测试结果检索。

B.3.8.7 支持访问权限管理功能

这是一个系统管理功能，参见控制需求的描述。

B.3.9 网络管理

以下的功能必须支持IAM通道的设备和系统管理的协作活动：

- 网络试运行测试(如网络配置/参数化确认等)；
- 网络管理操作支持；
- 通信监控(错误和统计)；
- 通信故障管理(带或不带冗余)；
- 及时(timeliness)控制支持。

B.3.10 功能块功能需求一致测试

必须进行某些类型的一致性测试，以保证哪部分功能需求被功能块规范及其扩展所覆盖。这个测试很重要，因为它的结果使得在功能需求和使用标准功能块的市场方案之间的一致性测试更容易。

附　录　C
（资料性附录）
GB/T 21099 和 GB/T 19769.1—2005 间的关系

C.1　本附录范围

GB/T 19769.1—2005 为工业测量和控制系统(IPMCS)的分布式功能块应用制定了通用标准。下列是 GB/T 19769.1—2005 中的模型：

- 应用模型；
- 设备模型；
- 资源模型；
- FB 模型；
- 系统模型。

GB/T 21099 关于设备和 FB 模型的详细方法在下面的章条中描述。这里简要地概述了共同的规范和差异。本附录通过 GB/T 19769.1—2005 来描述 GB/T 21099 高级 FB 的一个示例作为结束。

本附录收集了所有关于 GB/T 19769.1—2005 与 GB/T 21099 之间的关系，是在需求规范期间获得的。

C.2　与 GB/T 19769.1—2005 功能块模型的关系

C.2.1　概述

本条给出了 GB/T 19769.1—2005 FB 模型的用法或差别。GB/T 19769.1—2005 模型的细节没有描述。关于 GB/T 19769 更详细的介绍见 GB/T 19769.1—2005 和 GB/T 19769.2—2005。

C.2.2　一般特性

GB/T 19769.1—2005 定义了 FB 模型，图 C.1 给出了它的图形表示。它由 FB 头部和 FB 主体组成。FB 主体包含了数据流(数据输入和输出、运算法则、内部数据，附加于 GB/T 19769.1—2005 的所谓的内含数据。内含数据不包含在数据流中，但会调整算法)和事件流的头部(事件输入、事件输出和执行控制图)。

这些成分大体上刻画了 GB/T 21099 功能块的特性。

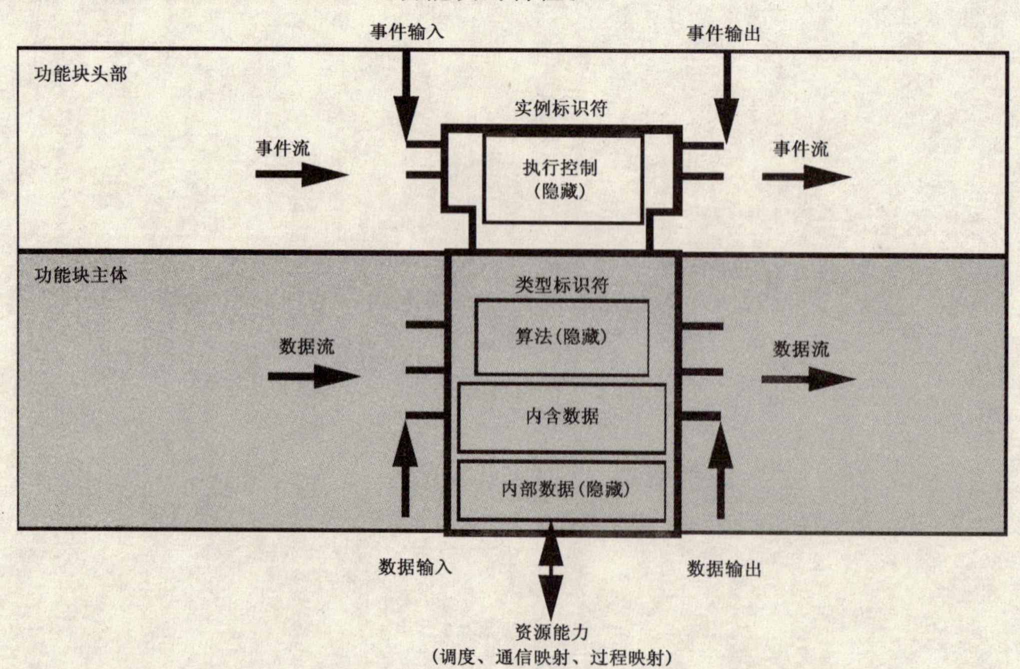

图 C.1　GB/T 19769.1—2005 功能块结构

GB/T 21099 的 FB 类型的特性由定义好的有名事件输入和事件输出、有名数据输入和数据输出、内含数据、执行控制的一个确定集合和细节、算法的一个确定集合和细节来刻画，如图 C.2 所示。类型是 FB 接口的描述，在有名数据(即算法)后带有某些行为。无论怎样，带有一个事件输入和事件输出和一个算法的 FB 仍然在 GB/T 21099 范围内。

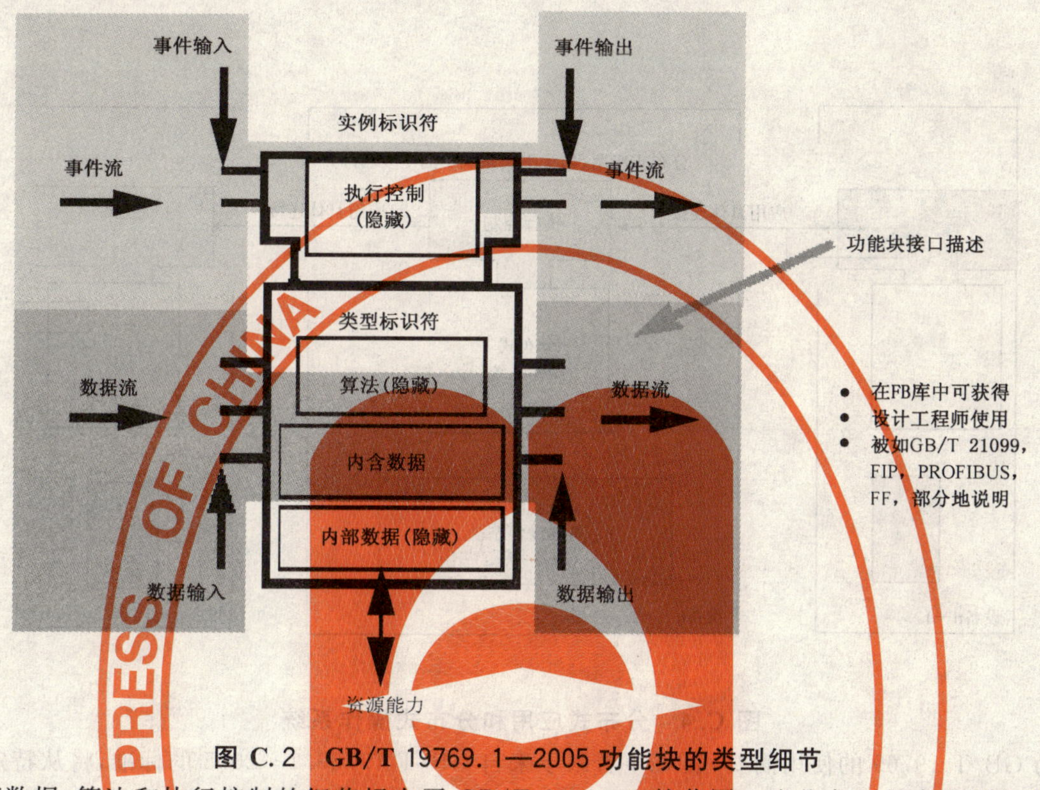

图 C.2 GB/T 19769.1—2005 功能块的类型细节

内部数据、算法和执行控制的细节超出了 GB/T 21099.2 的范围。这些方面是实现的细节，在 FB 的外部视图中被隐藏了(见图 C.3)。

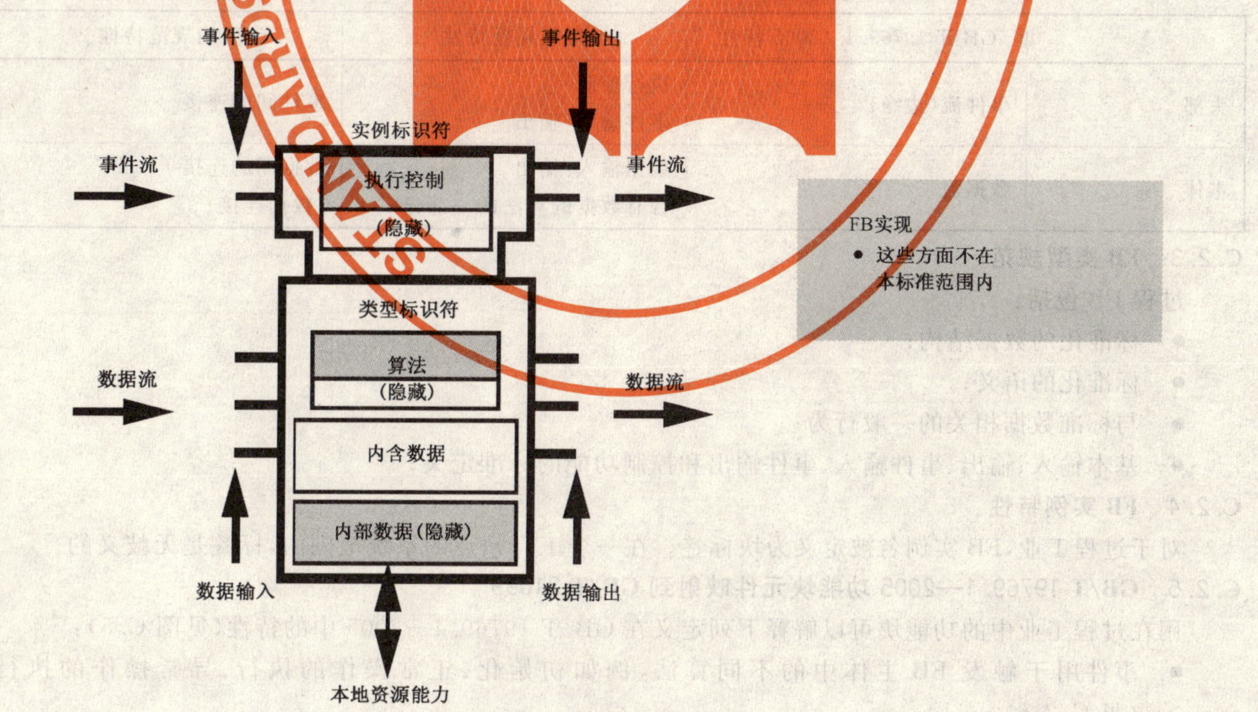

图 C.3 实施细节方面

在集中式程序中，FB的执行顺序由资源文件中调用FB的顺序决定，或由一个资源的任务系统调度（见图C.4）。在GB/T 19769.1—2005的分布式环境中，FB的执行顺序由FB头部的事件流决定。FB执行控制头部和被视为调度功能的本地操作系统之间具有事件连接。FB头部是分布式操作系统的可配置部分。换句话说，分布式操作系统由每个资源的本地操作系统以及FB执行控制头部之间的连接组成。

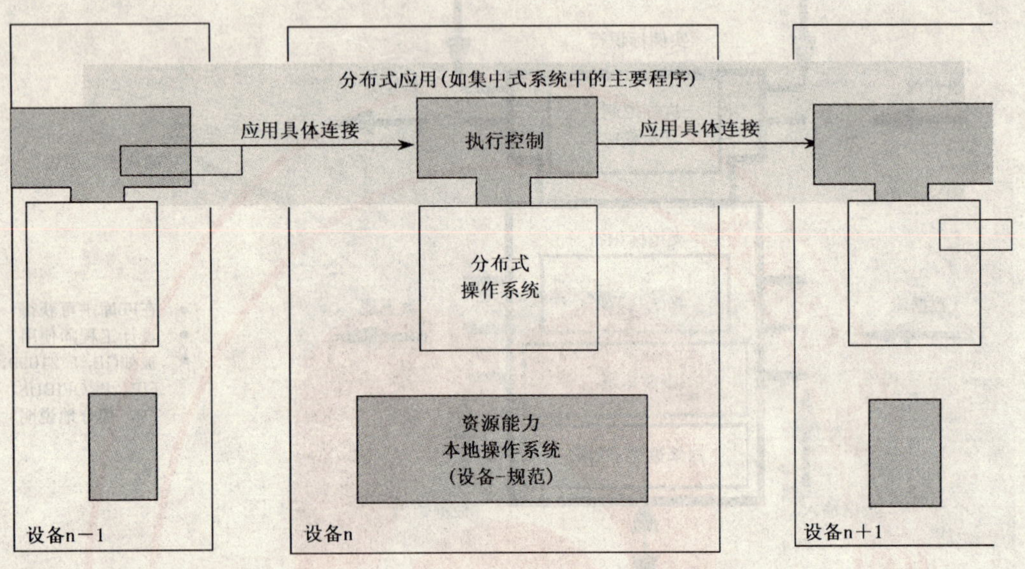

图 C.4 分布式应用和分布式操作系统

作为GB/T 19769的使用摘要，表C.1着眼于来自GB/T 19769.1—2005的标准，将从特定的应用设计来定义类型和应用。

表 C.1 GB/T 19769.1—2005 功能块特征概述

	GB/T 19769.1—2005 特性	类型规范特性	应用规范特性
头部	事件流(边缘)	执行控制 事件输入/输出	事件间的连接
本体	数据流	数据输入/输出 含有数据的算法的一部分	数据间的连接 (数据连接)

C.2.3 FB类型规范

过程FB包括：

- 标准化的数据结构；
- 标准化的语义；
- 与标准数据相关的一般行为；
- 基本输入、输出、事件输入、事件输出和控制功能的标准定义；

C.2.4 FB实例特性

对于过程工业，FB实例名被定义为块标签。在一个工厂站点的系统范围内，标签是无歧义的。

C.2.5 GB/T 19769.1—2005 功能块元件映射到 GB/T 21099

用在过程工业中的功能块可以解释下列定义在GB/T 19769.1—2005中的特性(见图C.5)：

- 事件用于触发FB主体中的不同算法，例如初始化、正常操作的执行、异常操作的执行(见C.2.6)。
- FB之间的数据流由包含变量值及其状态的变量记录执行，即使用数据流中的变量和远程非FB

设备中的变量是不同的。

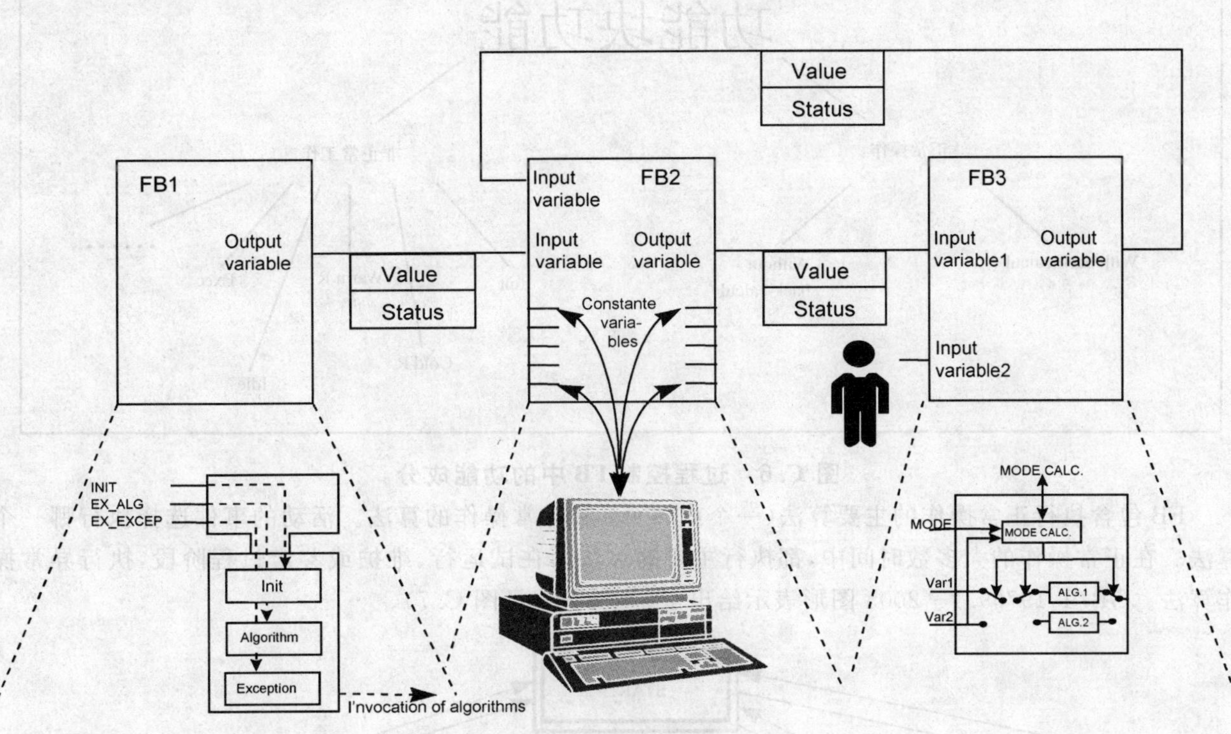

图 C.5　过程控制功能块的基本概念

- 内含数据的一个附加集合,可以被映射到相应的内含变量,以便与维护、HMI、监测和其他应用进行交互。

内含变量是一种变量,它的值由操作员、高级别的设备配置或由计算而得到的。它不能连接到其他FB输入或输出,因此不包含状态。基于块的类,可以支持风格一致的附加变量。

- 每个中都有一个特殊的FB算法,它控制FB其他算法中的信息计算。这个算法就是"操作模式"。
- 在FB中定义了变量的数目、名字、数据类型和顺序。

C.2.6　FB算法

FB由数据输入、数据输出和负责正常操作(即在FRD中可见的操作(见附录A))的算法组成。这些算法有,如,带有相关变量和参数的PID、线性化或数学方程式。FB的正常操作由处于肯定条件的,在稳定操作期间的(操作点)过程和自动化设备执行。初始化、报警或冷启动,以及更多的高级操作,如进入安全模式,是过程控制FB的附加功能。这些操作是FB的固定部分,默认连接到相关事件。这些操作就是异常操作或异常处理。

过程工程师在FRD方案中设计正常的操作,而I&C工程师增加异常操作以完成完整的功能块配置方案(见附录A)。

功能块算法结构见图C.6。

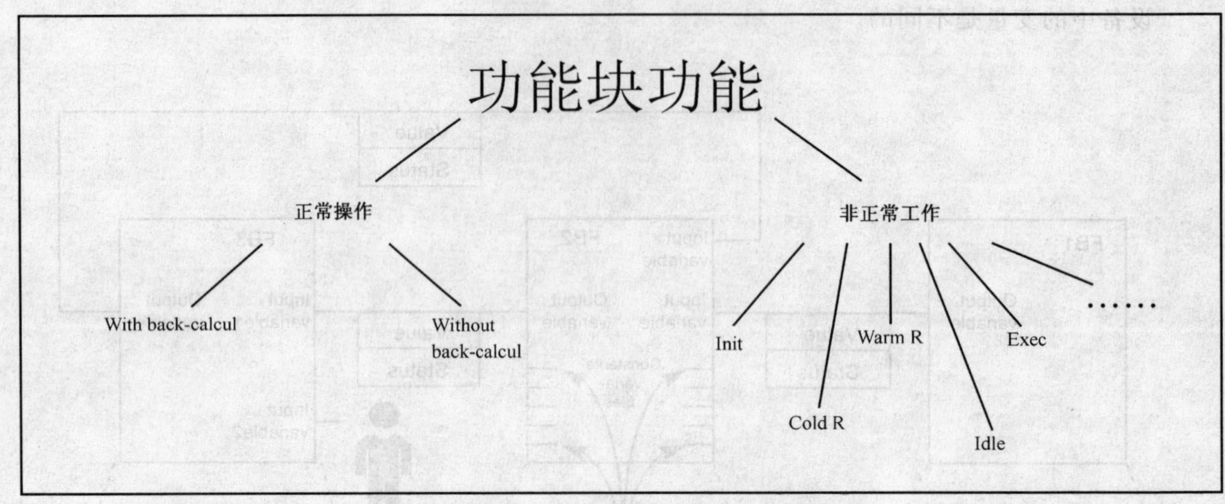

图 C.6　过程控制 FB 中的功能成分

FB包含执行正常操作的主要算法(一个或多个)和异常操作的算法。活动的事件选择执行哪一个算法。在正常操作的大多数时间中,都执行主要的算法。在试运行、维护或鉴定过程阶段,执行异常操作算法。GB/T 19769.1—2005 图形表示给出了一个例子(见图 C.7)。

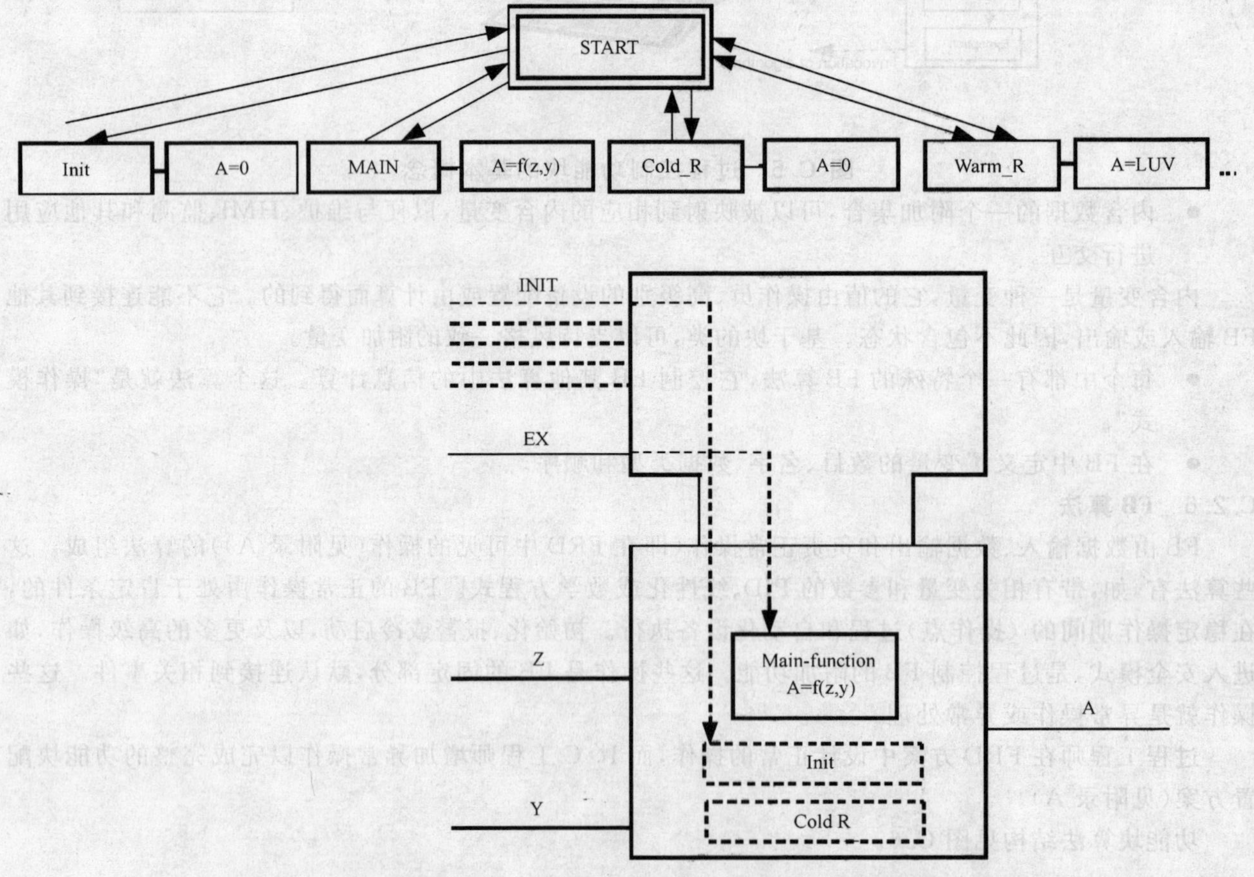

图 C.7　一个过程控制 FB 的 GB/T 19769.1—2005 图形表示

图 C.7 给出了由相关事件触发的正常和异常操作算法。AB 和 EFB 正常与异常操作的结合是合法的。当然,异常操作的实现的程度取决于应用领域。因此,必须定义一致的类。

FB应该包括为每个块的初始化和重启定义的标准功能。应该为下列的操作环境定义行为:

- 新设备;

- 冷启动(扩展电源故障);
- 热启动(短电源故障);
- 从设备故障-安全返回。

图 C.8 给出了 EFB 的完整结构。

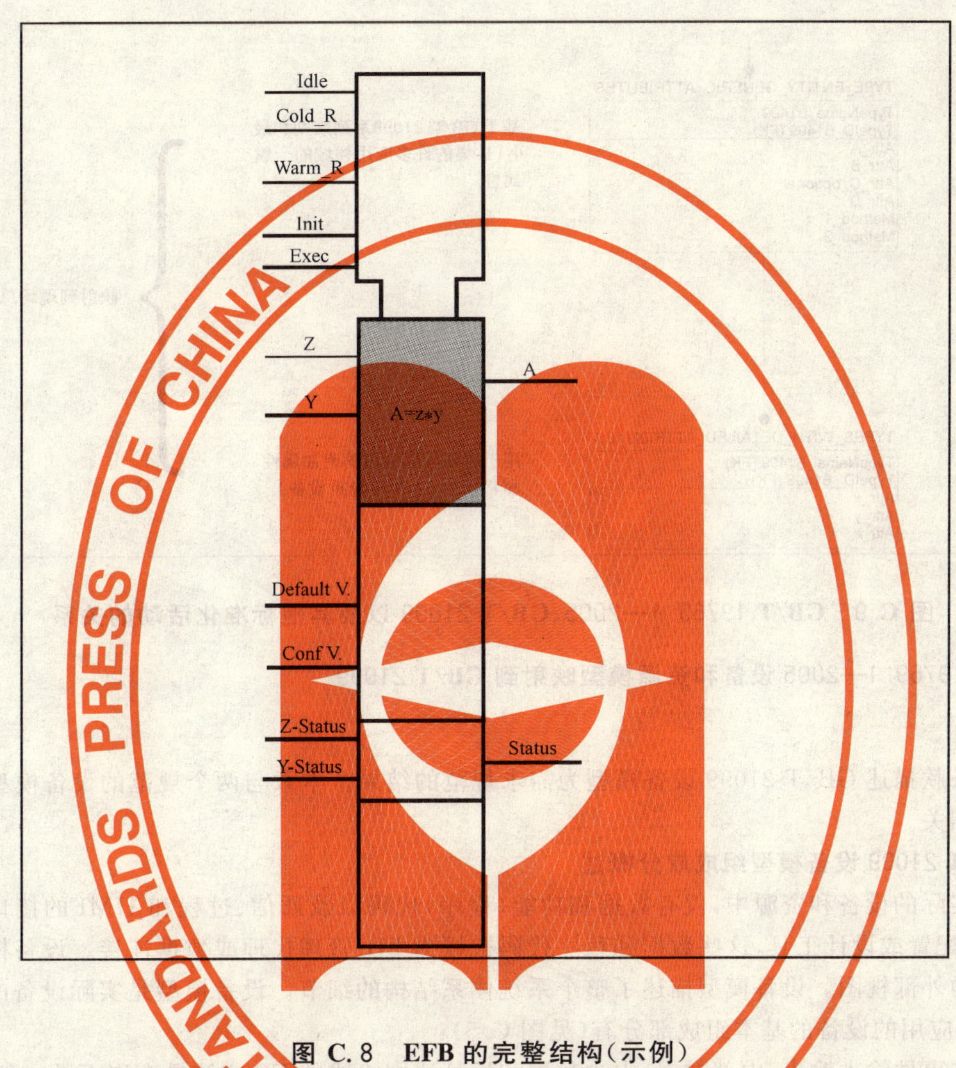

图 C.8 EFB 的完整结构(示例)

C.2.7 GB/T 19769.1—2005、GB/T 21099 以及其他标准活动的关系

FB 的目的因应用而异。FB 分类的目的是结构化为层次结构。在本规范中,应该只沿着一条路径来继承已定义的功能。应该使用面向对象的方法来分类。分类反映了几种观点,如应用外围(通信、过程、操作系统或无)接口的存在、数据流或事件流或两者的操作、过程的功能目的。就规范而言,层次的每个元素是一个实体。根据属性来指定实体的属性。具有一条关于规范的连接关系,从没有特殊变量和属性的 GB/T 19769.1—2005 类型规范和具有某些属性集合的多重目的 FB 到具有专用变量和属性集合的特定专用 FB 的规范(见图 C.9)。

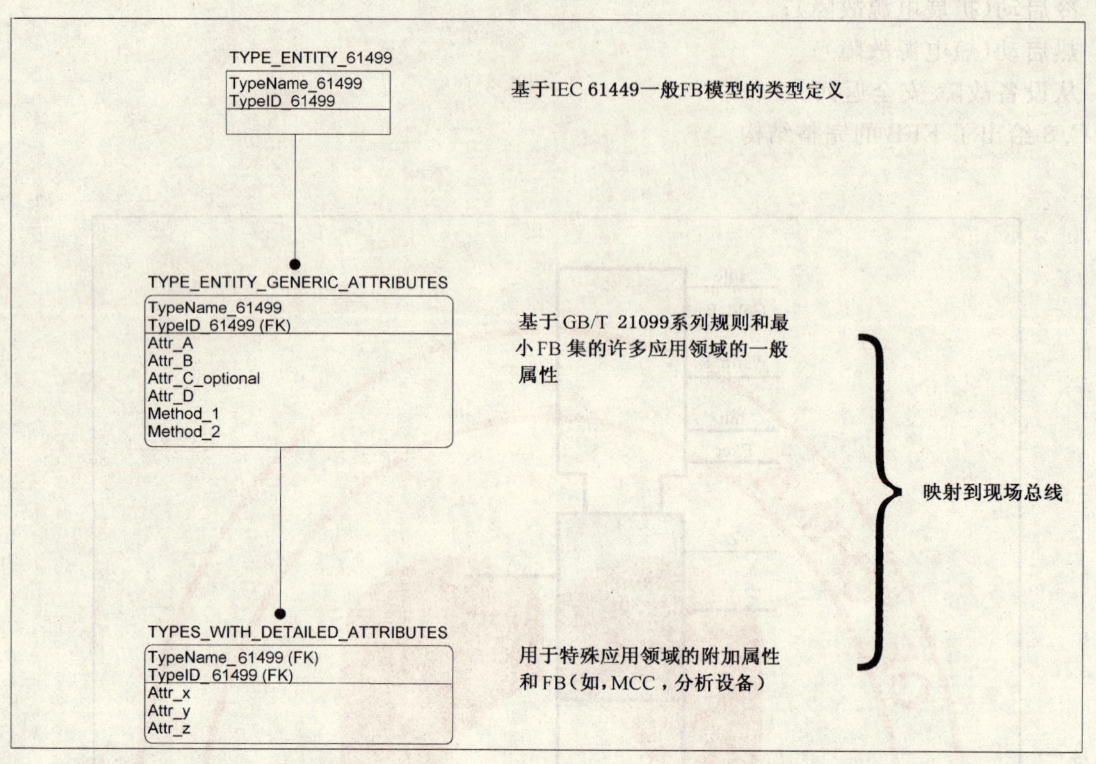

图 C.9 GB/T 19769.1—2005、GB/T 21099 以及其他标准化活动的关系

C.3 GB/T 19769.1—2005 设备和资源模型映射到 GB/T 21099

C.3.1 概述

下面的条款描述 GB/T 21099 设备模型为需求规范的结果。本章与两个规范的设备模型之间的参考概述密切相关。

C.3.2 GB/T 21099 设备模型组成成分概述

在一个实际的设备和资源中,仅有数据和功能(程序)代码以及通信、过程和 HMI 的接口。通过通信系统,通过配置或设计工具,这些数据和程序代码被视为 FB、管理代理或数据连接。设备模型的规范是设备执行的外部视图。设备模型描述了整个系统体系结构的细节。设备模型是实际设备的抽象。

执行 FB 应用的设备的基本组成部分有(见图 C.5):

由数据和事件输入输出、内部数据、内含数据和运算法则组成的 FB 应该具有以下的一般需求:

——FB 环境

FB 嵌入到作为 FB 环境给出的操作环境中。FB 环境执行特殊的过程控制功能,如趋势,这些功能是没有经过任何程序设计活动的即可获得的应用部分。FB 环境功能由独立于 FB 应用的外部应用使用,即并行。

——应用管理实体(AME)

从功能性观点看,许多过程控制设备需要采用已使用的硬件配置。例如,模块化设备中可用的 FB 必须被配置,或者为了测量补偿带有或不带的附加输入的模型版本。这导致增加或删除功能块。这些功能由所谓的 AME 发起,即,设备中的附加功能修改它们的应用软件。本部分没有定义 AME,它在 IEC 61158 框架中定义。

——通信

FB 之间的数据传输、FB/FB 环境和维护间的交互、HMI 监控和 FB 环境/AME 与配置功能间的交互,都需要通信服务和协议的支持。FB 和 FB 环境的规范独立于通信系统。FB 环境和通信系统间的子层映射可以适应应用和通信。

在FB应用进程、系统和网络管理应用进程中的参数、块、对象和功能需要有效地映射到所使用的通信协议和服务。FB应用进程、系统和网络管理应用进程使用的通信协议和服务应该被特别设计,以用于分布式应用进程,并且应该提供这些应用所要求的服务。

有三种不同类型的通信需求:

- 时间严格通信

  FB应用进程使用的通信协议和服务应该支持时间严格通信的统一需求,包括:

  1) 可靠传输;

  2) 空间连贯性传输;

  3) 时间连贯性传输。

- 命令通信

  FB应用进程使用的通信协议和服务应该支持时间-有效通信的统一需求,包括大数据块的分段传输。FB应用进程使用的通信协议和服务还应该支持"异常报告"通信的统一需求。

- 事件通信

  FB应用进程使用的通信协议和服务应该支持通信事件的统一需求,并被特别设计,以:

  1) 最小化静止周期内的装载;

  2) 防止高速活动周期内的过载。

——资源

资源被认为是设备中的软件(可能是硬件)结构的逻辑划分。资源独立地控制自己的操作。可以修改资源的定义,而不影响设备中其他的资源。一个资源接收和处理来自过程和/或通信接口的数据和/或事件,并返回数据和/或事件到过程和/或通信接口,这由使用资源的应用规定。应用的互操作网络视图通过设备资源来提供。每个资源指定一个或多个本地应用(或分布式应用的一部分)的网络可见部分。

C.3.3 FB分类

C.3.3.1 概述

以下描述了FB应用结构的组成部分,它可以通过相关资源来访问(见图C.6)。它们是:

a) 块

——资源块;

——转换块;

——FB。

b) 报警块;

c) 趋势块;

d) 视图块。

C.3.3.2 资源块

与资源相关的物理子成分的特性可由一个包含变量的资源块集合描述。资源块也可以包含与FB和转换块相同的变量,如置故障-安全。这些变量在资源块中定义。

C.3.3.3 转换块

转换块封装特定的I/O设备,如传感器、执行器和开关。转换块通过为FB使用而定义的独立于设备的接口来控制对I/O设备的访问。转换块也执行功能,如I/O数据的校准和线性化,以将其转换为独立于设备的表示。它们到FB的接口被定义为一个或多个独立于I/O通道的执行。

C.3.3.4 FB

FB是在FB应用中定义监测和控制的主要方法。FB代表了由应用执行的基本自动化功能,该应用尽可能独立于具体的I/O设备和网络。每个FB根据特定算法和内含变量的内部集来处理输入变量和转换块输入。它们产生输出变量并向转换块输出。

基于处理的算法,可以提供期望的监测、计算和控制功能。来自 FB 执行的结果可能表现在操作或诊断信息的内含变量中。此外,处理结果还可能表现在对转换块的输出或一个或多个可能与其他 FB 连接的输出变量。

C.3.3.5 视图块

FB 环境包括了定义来允许对相关的块参数进行成组访问的数据结构,称为视图块。在浏览功能块数据时,视图块提供方便快速的显示响应。

对于每个 FB 类型,为下列块参数组定义视图块:

- 操作动态参数;
- 操作静态参数;
- 所有动态参数;
- 其他静态参数。

C.3.3.6 趋势块

FB 应该包括数据结构定义,以允许成组地访问单个块参数的带有时间戳的多个采样,被称为趋势块。趋势块消除了为了形成趋势而快速扫描参数所需的通信和系统处理器开销。

趋势对象定义应该包括标准采样类型及其相关采样功能(如点采样,整体平均,最小值,最大值等)的定义。

C.3.3.7 报警块

FB 环境应该包括数据结构定义和相关资源及 FB 功能,以允许在系统内受控地传输报警和事件信息,被称为报警块。在系统内,报警块将报警和事件预测性地并且有效地路由到选定的目的地。

报警块定义包括:标准交换协议的定义,这些协议用于初始化、发送和确任报警对象报告;确认报警;解释标准的和自定义原因的代码;以及配置报警功能,如报警关键字、报警优先级、报警自动确认等。

当检测到报警时,资源块、转换块和 FB 使用报警来传送通知信息。报警是对一个块离开某个特殊状态以及何时返回该状态的检测。报警状态的检测时间作为一个时间戳包含在报警信息中。同样,也包含优先权,以表示该警报是建议性的还是关键性的。

C.4 GB/T 19769.1—2005 管理功能块的映射

管理属于在 IEC 61158 的范围,本部分不涉及。

C.5 GB/T 19769.1—2005 文本语言

GB/T 19769.1—2005 文本语言用于描述 GB/T 21099FB 的示例,以阐述 FB 的定义。

C.6 GB/T 19769.1—2005 和 GB/T 21099 间的模型构件参考

表 C.2 概述了 GB/T 19769.1—2005 和 GB/T 21099 间的模型构件参考。这个参考不是正式的,它们应该表现两个概念的共同规范和区别。

表 C.2 GB/T 19769.1—2005 和 GB/T 21099 间的模型构件参考

GB/T 19769.1—2005	GB/T 21099	注释
系统模型	系统概述	GB/T 21099 系统概述,见第一部分图 1,有非 FB 应用和 FB 应用的交互。GB/T 19769.1—2005 仅涉及 FB 应用
应用模型	FB 应用	GB/T 21099FB 应用,见第一部分图 1,有非 FB 应用和 FB 应用的交互。GB/T 19769.1—2005 仅知道 FB 应用
设备模型	设备	没有差别
资源模型	资源	没有差别

表 C.2(续)

GB/T 19769.1—2005	GB/T 21099	注释
调度功能(部分)	FB环境	现在可以隐含地得到IPMCS过程控制通用功能,如报警处理、通信系统特定服务质量(QoS)的使用、访问权限管理及其他。在GB/T 21099.2中,需要决定这些功能的哪些是明确的(如变为FB),哪些仍然是隐含的 GB/T 19769.1—2005指定的都是明确的
FB模型	FB	没有差别,作为应用设计的明确部分的事件连接并不是强制的
—	资源块	GB/T 19769.1—2005没有涉及
过程的服务接口FB	转换块	没有差别
为通信服务接口FB提供输入的特殊的FB集合	视图块	GB/T 21099有到通信的隐含映射
为通信服务接口FB提供输入的特殊的FB集合	报警块	GB/T 21099有到通信的隐含映射
为通信服务接口FB提供输入的特殊的FB集合	趋势块	GB/T 21099有到通信的隐含映射
管理FB	—	这是IEC 61158系统管理的一部分

附 录 D
（资料性附录）
模拟输入 FB 到 GB/T 19769 的映射

D.1 概述

作为一个示例，本附录给出了模拟输入块到 GB/T 19769.1—2005 模型的映射。

D.2 介绍

D.2.1 一般

映射使用了部分 GB/T 19769.1—2005 模型来描述由 ISP、PROFIBUS 和 FF 规定的过程控制 FB。特别地，下面的例子是由 PROFIBUS-PA 规定的模拟输入 FB(AI FB)。

GB/T 19769.1—2005 包含了附录 B 中的模型的文本语法，它用于，除了图形表示外的，AI FB 描述。使用 GB/T 19769.1—2005 为出发点的原因如下：

- 应用 GB/T 19769 到过程控制 FB 系统，即获得 GB/T 19769 模型应用的经验；
- 为过程控制验证 GB/T 19769 模型(测试适合性)；
- 找出文本表示的问题；
- 提出本部分需求给 IEC TC65 WG6 或其他用户；
- 调查 GB/T 19769 文本表示是否适合 GB/T 21099 输出的形式化描述；
- 帮助澄清 GB/T 21099 与 IEC TC65 间的误解。

D.2.2 映射版本的修正：1.1

版本 1.1(时间：1999 年 7 月 7 日)列出了下列修正：

a) 修正：更新和添加映射到 GB/T 19769 的版本，使用独立的事件来控制 MODE 算法；

b) 修正：仅使用带有模式事件、修改输入和输出变量及事件的 AI FB 映射；

c) 参数描述的集成。

D.3 模拟输入块

D.3.1 模拟输入块概述

模拟输入块代表变送器，其参数见图 D.1。

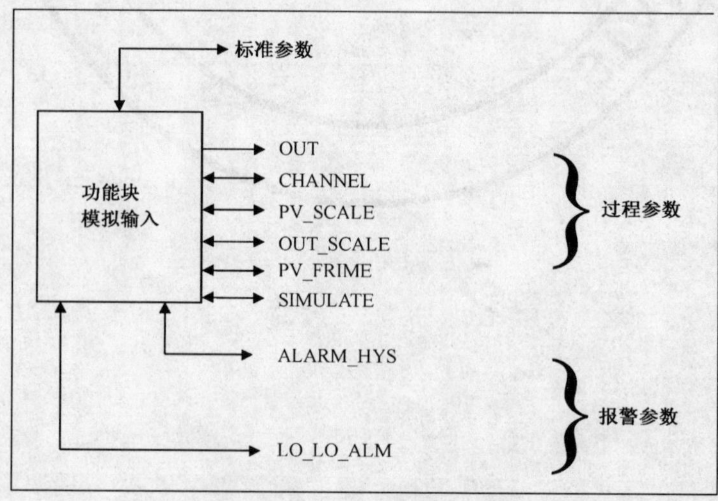

图 D.1 模拟输入块的参数概要

图 D.2 给出了带有仿真、模式和状态的模拟输入的结构。

图 D.3 归纳了模式和状态产生的输入和输出。

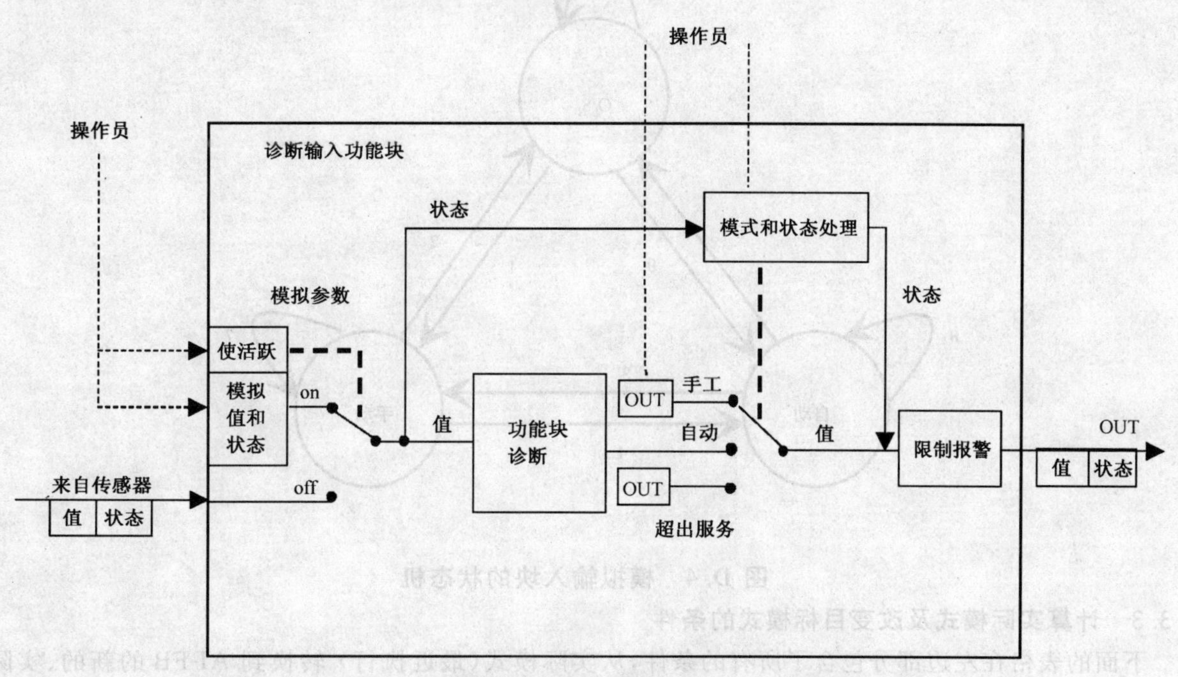

图 D.2 模拟输入块的仿真、模式和状态图

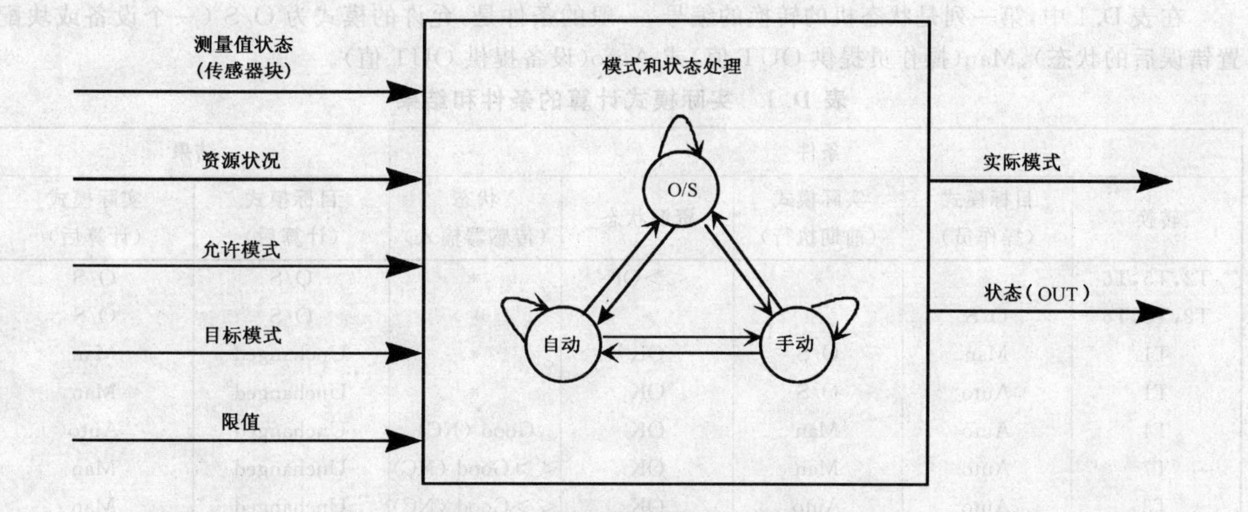

图 D.3 模式和状态产生条件

由转换器块通过通道传给功能块的测量值/状态是模式计算的一个输入。一般地说，描述设备健康状况的资源状态在本规范中没有明确定义，即这是设备细节，并没有作为参数给出，但资源状况至少能够区别好和不好。允许实际的和正常的模式作为 MODE_BLK 的功能块参数。目标模式由操作员设置，允许的模式来自于块设计者。关于输出值的高低限制值(HI_LIM，HI_HI_LIM，LO_LIM，LO_LO_LIM)将影响输出的状态。

实际模式是 MODE_BLK 功能块参数的属性和模式计算的结果。状态(输出)要加上块的输出参数(DS 33)。

D.3.2 AI 状态机

AI 的允许的模式有不可用(O/S)、Man(手动)和 Auto(自动)。

可能的转换见图 D.4。

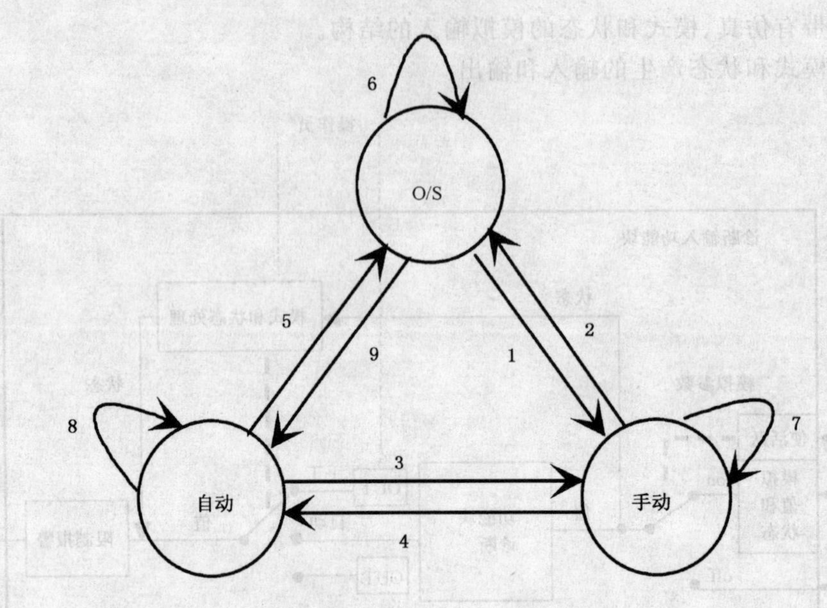

图 D.4 模拟输入块的状态机

D.3.3 计算实际模式及改变目标模式的条件

下面的表格在左边部分包含了所有的条件，从实际模式(最近执行)转换到 AI-FB 的新的、实际的目标模式。计算的结果列在右边部分。

在表 D.1 中，第一列是状态机的转换的编号，一般的条件是，允许的模式为 O/S(一个设备或块配置错误后的状态)、Man(操作员提供 OUT 值)或 Auto(设备提供 OUT 值)。

表 D.1 实际模式计算的条件和结果

条件					结果	
转换	目标模式(操作员)	实际模式(前期执行)	资源状态	状态(传感器输入)	目标模式(计算后)	实际模式(计算后)
T2,T5,T6	*	*	<>OK	*	O/S	O/S
T2,T5,T6	O/S	*	*	*	O/S	O/S
T1	Man	O/S	OK	*	Unchanged	Man
T1	Auto	O/S	OK	*	Unchanged	Man
T4	Auto	Man	OK	Good (NC)	Unchanged	Auto
T7	Auto	Man	OK	<>Good (NC)	Unchanged	Man
T3	Auto	Auto	OK	<>Good (NC)	Unchanged	Man
* 没有影响。						

D.3.4 产生输出状态的条件

表 D.2 给出了哪些条件将影响输出参数的状态。条件列在左边部分，计算结果列在右边部分。

表 D.2 计算输出参数的状态的条件和结果

条件				结果状态(输出)
实际模式	模拟	输出限制	状态(传感器输入)	
O/S	*	*	*	Bad-out of service
Man	*	*	*	Uncertain - ok, high limit, low limit

表 D.2(续)

条件				结果状态（输出）
实际模式	模拟	输出限制	状态(传感器输入)	
Auto	Inactive	*	Good (NC)	Good (NC) - ok
Auto	Inactive	*	High limit	High limit
Auto	Inactive	*	Low limit	Low limit
Auto	Active	*	*	From simulate parameter
*	*	High	*	High limit
*	*	Low	*	Low limit
* 没有影响。				

表 D.3 归纳了模拟输入块所有附加的参数及其属性。

表 D.3 模拟输入块参数属性

	参数名	对象类型	数据类型	存储	大小	访问	参数使用/传输类型	默认值	强制选择(Class A,B)
标准参数									
模拟输入块附加参数									
10	OUT	Record	DS-33	D	5	r	O/cyc	变量、状态的测量	m (A,B)
11	PV_SCALE	Record	DS-36	S	11	r/w	C/a	—	m (A,B)
12	OUT_SCALE	Record	DS-36	S	11	r/w	C/a	—	m (B)
14	CHANNEL	Simple	Unsigned16	S	2	r,w	C/a	—	m (B)
16	PV_FTIME	Simple	Float	N	4	r,w	C/a	0	m (A,B)
19	ALARM_HYS	Simple	Float	S	4	r,w	C/a	0.5% of range	m (A,B)
21	HI_HI_LIM	Simple	Float	S	4	r,w	C/a	Max. value	m (A,B)
23	HI_LIM	Simple	Float	S	4	r,w	C/a	Max. value	m (A,B)
25	LO_LIM	Simple	Float	S	4	r,w	C/a	Min. value	m (A,B)
27	LO_LO_LIM	Simple	Float	S	4	r,w	C/a	Min. value	m (A,B)
30	HI_HI_ALM	Record	DS-39	D	14	r	C/a	0	m (A,B)
31	HI_ALM	Record	DS-39	D	14	r	C/a	0	m (A,B)
32	LO_ALM	Record	DS-39	D	14	r	C/a	0	m (A,B)
33	LO_LO_ALM	Record	DS-39	D	14	r	C/a	0	m (A,B)
34	SIMULATE	Record	DS-39	N	6	r,w	C/a	Disable	m (B)

D.3.5 模拟输入块参数描述

表 D.4 和表 D.5 包含表 D.3 中的参数的非形式化描述。图 D.5 描述了限制检查参数之间的关系。

表 D.4 过程参数描述

参数	描述
CHANNEL	参考给 FB 提供测量值的活动转换块,编号和设备管理目录中的 Composite_Directory_Entry 中的转换块相同
OUT	过程变量 按照提供商特定的或已配置好的工程单位,FB 的参数 OUT 包含当前过程变量的值及其状况
PV_SCALE	过程变量到百分比的转化,使用高和低精确度值、工程单位代码和小数点右边的位数
OUT_SCALE	过程变量的范围 FB 的参数 OUT_SCALE 包含低限制和高限制有效范围的值、过程变量工程单位的代码和小数点右边的位数
PV_FTIME	过程变量滤波时间 FB 的参数 PV_FTIME 包含,从输入跳变开始,FB 输出上升到 63.21% 的上升时间的时间常数。参数的工程单位为秒

表 D.5 报警参数描述

参数	描述
ALARM_HYS	延迟 PROFIBUS-PA 规范的变送器,具有监测限制可调的限制违反(离开限制条件)的功能。 一个过程变量的值可能和一个限值相同,也可能围绕限制上下波动,这将导致产生很多的限制违反,触发很多消息。因此,必须在等待一个可调的延迟之后再触发消息。警报消息触发的灵敏度是可以调整的。延迟的值固定在 ALARM_HYS 中,对于 HI_HI_LIM、HI_LIM, LO_LIM 和 LO_LO_LIM 而言是相同的。延迟是小于限值和大于或等于限值之间的一个区间值,其工程单位为 xx_LIM
HI_ALM	警告上限状况 这个参数包含警告的上限状况和相关时间戳。时间戳表明了被测变量等于或高于警告上限的时间。没有时钟的设备使用 PROFIBUS-PA 的开始时间(1992 年 1 月 1 日)作为时间戳[a]
HI_HI_ALM	报警上限状况 这个参数包含报警的上限状况和相关时间戳。时间戳表明了被测变量等于或高于报警上限的时间。没有时钟的设备使用 PROFIBUS-PA 的开始时间(1992 年 1 月 1 日)作为时间戳[a]
HI_HI_LIM	报警上限值 带工程单位的报警上限值。如果被测变量等于或高于报警上限值,那么,OUT 的状况字节的状况位置 1,FB 的 ALARM_SUM 参数的状况位置 1
HI_LIM	警告上限值 带工程单位的警告上限值。如果被测变量等于或高于警告上限值,那么,OUT 的状况字节的状况位置 1,FB 的 ALARM_SUM 参数的状况位置 1
LO_ALM	警告下限状况 这个参数包含一个警告的下限状况和相关时间戳。时间戳表明了被测变量等于或高于警告下限的时间。没有时钟的设备使用 PROFIBUS-PA 的开始时间(1992 年 1 月 1 日)作为时间戳[a]

表 D.5(续)

参数	描述
LO_LIM	警告下限值 带有工程单位的警告下限值。如果被测变量等于或低于下限值,那么,OUT 的状况字节的状况位置 1,FB 的 ALARM_SUM 参数的状况位置 1
LO_LO_ALM	报警下限状况 这个参数包含一个报警的下限状况和相关时间戳。时间戳表明了被测变量等于或高于报警下限的时间。没有时钟的设备使用 PROFIBUS-PA 的开始时间(1992 年 1 月 1 日)作为时间戳[a]
LO_LO_LIM	报警下限值 带有工程单位的报警下限值。如果被测变量等于或低于下限值,那么,OUT 的状况字节的状况位置 1,FB 的 ALARM_SUM 参数的状况位置 1

[a] 见 ALARM_FLOAT_STRUCTURE。

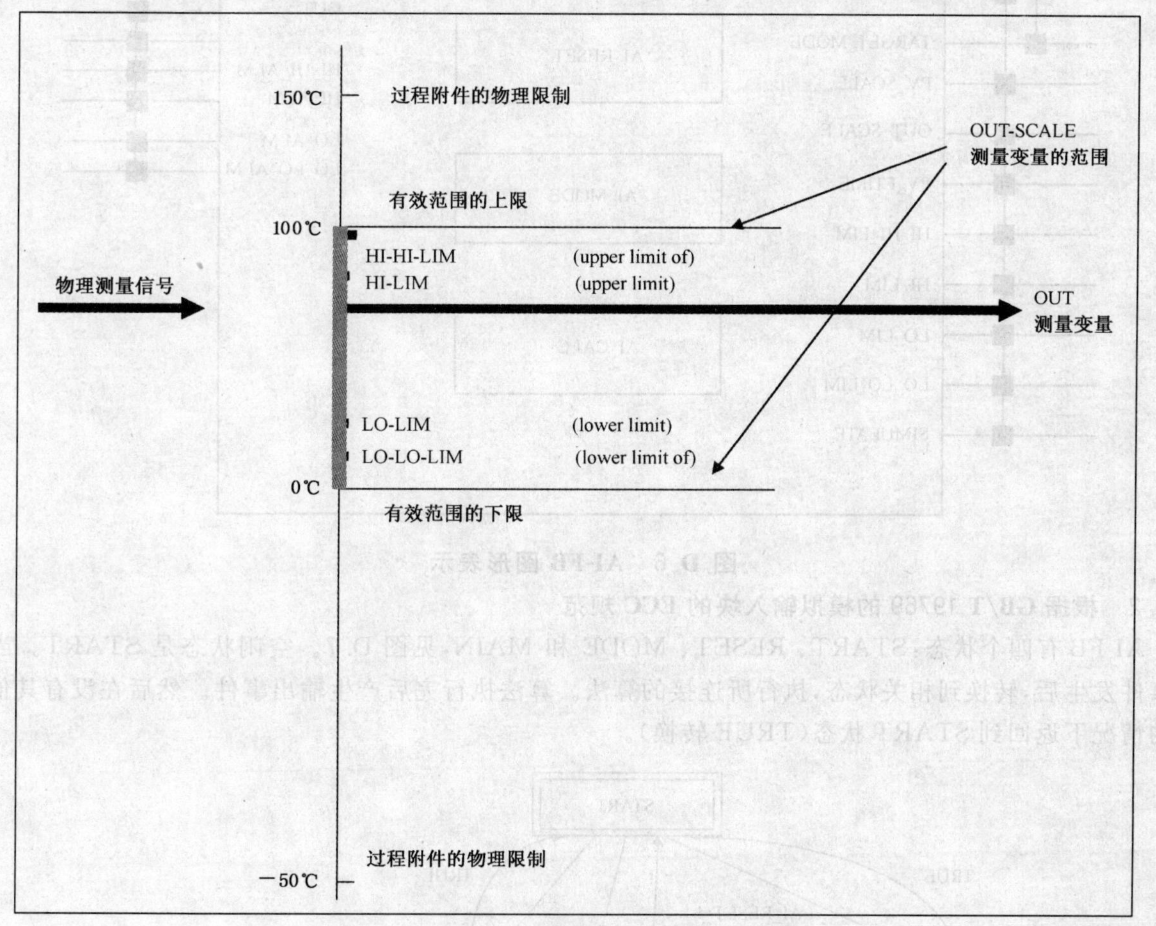

图 D.5 模拟输入块实例

表 D.6 仿真

参数	描述
SIMULATE	为了试运行和测试,可以改变模拟输入块 AI-FB 中来自转换块的输入值,这就意味着断开转换块和 AI-FB

D.4 映射

D.4.1 按照 GB/T 19769 图形表示的带有模式-事件的模拟输入块规范

在图 D.6 的图形表示中，很明显，FB 所谓的内含参数仅作为 INPUT 使用。功能块没有改变任何包含参数，因此，在输出事件产生之前这些参数不会被更新。AI_RESET_I 并没有强制功能块更新来自外部数据连接的 INPUT 变量。AI_RESET 功能是重置到默认值。

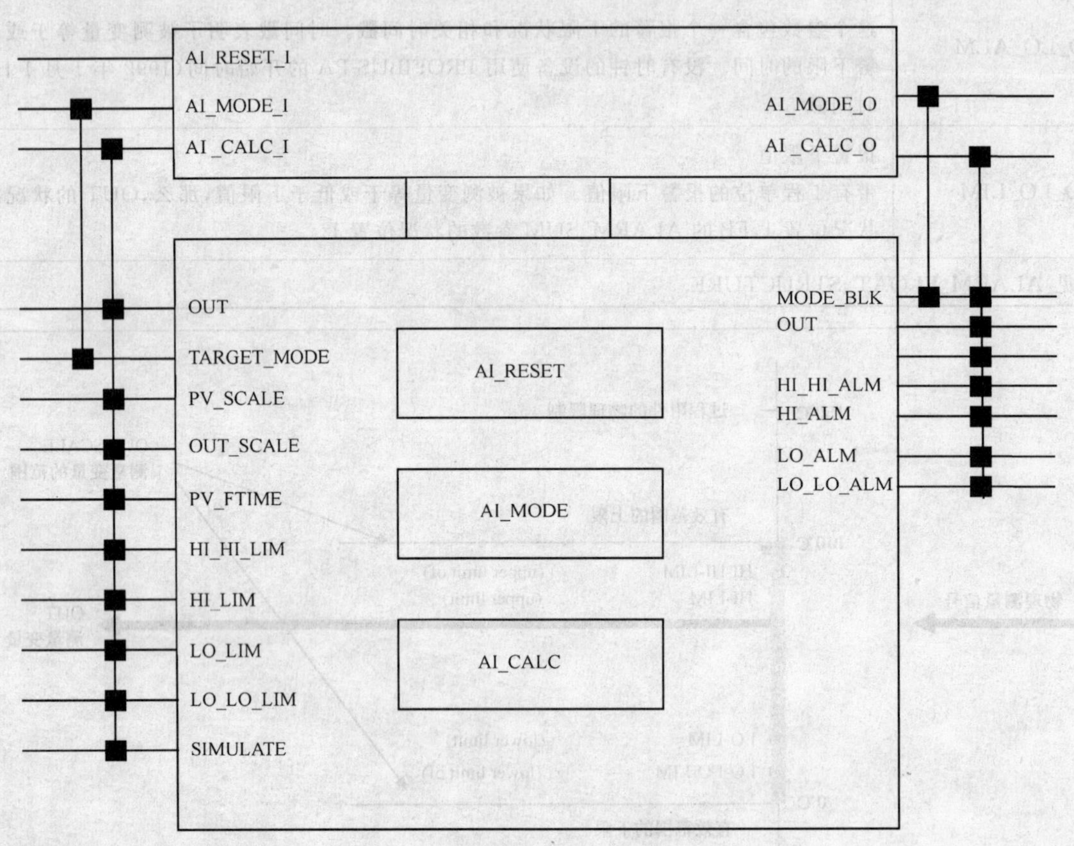

图 D.6 AI-FB 图形表示

D.4.2 根据 GB/T 19769 的模拟输入块的 ECC 规范

AI FB 有四个状态：START、RESET、MODE 和 MAIN，见图 D.7。空闲状态是 START。当一个事件发生后，转换到相关状态，执行所连接的算法。算法执行完后产生输出事件。然后在没有其他事件的情况下返回到 START 状态（TRUE 转换）。

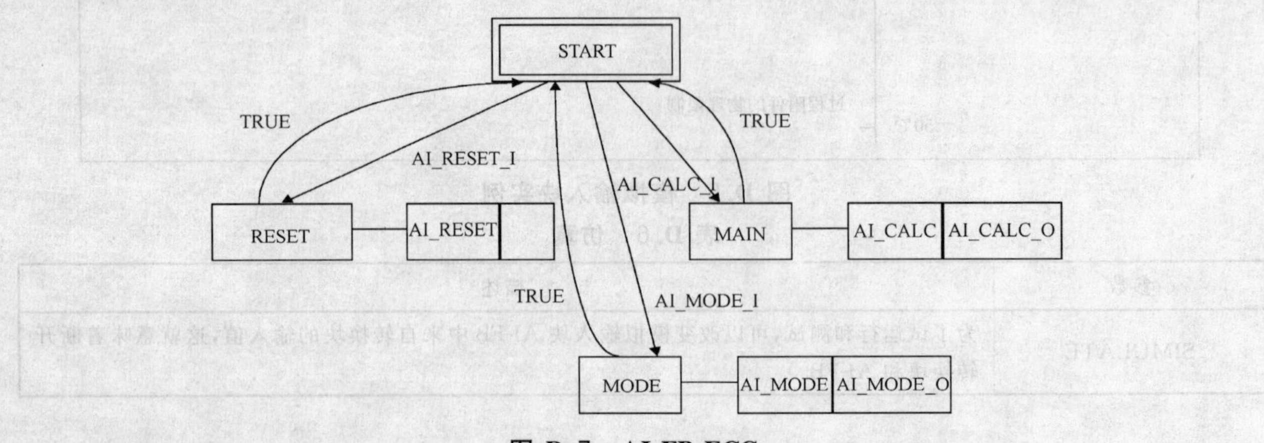

图 D.7 AI-FB ECC

D.4.3 根据 GB/T 19769 文本表示的模拟输入块规范

```
(* #定义 STATUS 常量,例如 BAD_OUT_OF_SERVICE, NC_GOOD, ... *)
(* #定义 MODE 常量,例如 OUT_OF_SERVICE, MAN, AUTO *)
(* 声明数据结构 DS_33, DS_37, .... *)

FUNCTION_BLOCK ANALOGUE_INPUT

EVENT_INPUT
   AI_RESET_I;
   AI_MODE_I WITH TARGET_MODE ;
   AI_CALC_I WITH OUT
            PV_SCALE ,
                  OUT_SCALE ,
                  PV_FTIME ,
                  HI_HI_LIM ,
                  HI_LIM ,
                  LO_LIM ,
                  LO_LO_LIM,
                  SIMULATE;
END_EVENT

EVENT_OUTPUT
   AI_MODE_O WITH MODE_BLK ,
   AI_CALC_O WITH MODE_BLK ,
                  OUT ,
                  HI_HI_ALM ,
                  HI_ALM ,
                  LO_ALM ,
                  LO_LO_ALM ,
END_EVENT

EC_STATES
   START
   RESET :     AI_RESET;
   MODE :      AI_MODE; AI_MODE -> AI_MODE_O;
   MAIN :      AI_MODE, AI_CALC -> AI_CALC_O;
               (* Is it necessary that every ec_action generate an output event? *)
END_STATES

EC_TRANSITION
   START TO RESET      := AI_RESET_I;
   START TO MAIN       := AI_CALC_I;
   START TO MODE       := AI_MODE_I;
```

```
    RESET TO START         := TRUE;
    MODE TO START          := TRUE;
    MAIN TO START          := TRUE;
END_TRANSITION

(*-------------------------------------------------------------------------------------------------------*)

VAR_OUTPUT
    MODE_BLK :             DS_37;
    OUT :                  DS_33;
    HI_HI_ALM :            DS_39;
    HI_ALM :               DS_39;
    LO_ALM :               DS_39;
    LO_LO_ALM :            DS_39;
END_VAR

VAR_IN                                                      (* INPUT variables are read/write *)
    TARGET_MODE            Unsigned8;
    OUT :                  DS_33;                           (* for MANUAL MODE *)
    PV_SCALE :             DS_36;
    OUT_SCALE :            DS_36;
    PV_FTIME :             FLOAT;
    HI_HI_LIM :            FLOAT;
    HI_LIM :               FLOAT;
    LO_LIM :               FLOAT;
    LO_LO_LIM :            FLOAT;
    SIMULATION :           DS_50;
END_VAR

VAR
    TB_MEASURED_VALUE : DS_33;                              (* input value from the transducer FB *)
    PV: DS_33;
    TEMP : FLOAT;
END_VAR

(*-------------------------------------------------------------------------------------------------------*)
(*注：内部算法使用 GB/T 15969.3 的结构化文本语言来描述。*)

ALGORITHM AI_RESET
    OUT :=                 0;
    PV_SCALE.EU0 :=        0;
    PV_SCALE.EU100 :=      100;
    PV_SCALE.EU :=         35;                         (* code for ... *)
```

```
    PV_SCALE.DP :=     2;                       (* valid decimal point *)
    OUT_SCALE.EU0 :=   0;
    OUT_SCALE.EU100 :=100;
    OUT_SCALE.EU :=    35;                      (* code for ... *)
    OUT_SCALE.DP :=    2;                       (* valid decimal point *)
    PV_FTIME :=        1;
    HI_HI_LIM :=       OUT_SCALE.EU100 ;
    HI_LIM :=          OUT_SCALE.EU100 ;
    LO_LIM :=          OUT_SCALE.EU0 ;
    LO_LO_LIM :=       OUT_SCALE.EU0 ;
END_ALGORITHM

(*----------------------------------------------------------------------------------------------------*)

ALGORITHM AI_MODE
(*实际 MODE 值的计算 *)
    IF RESOURCE_STATE 〈〉 OK
        THEN MODE_BLK.ACTUAL = OUT_OF_SERVICE;
    END_IF
    IF TARGET_MODE = OUT_OF_SERVICE
        THEN MODE_BLK.ACTUAL = OUT_OF_SERVICE;
    END_IF
    IF TARGET_MODE = MAN & MODE_BLK.ACTUAL = OUT_OF_SERVICE
                         & RESOURCE_STATE = OK
        THEN MODE_BLK.ACTUAL = MAN;
    END_IF
    IF TARGET_MODE = AUTO & MODE_BLK.ACTUAL = OUT_OF_SERVICE
                          & RESOURCE_STATE = OK
        THEN MODE_BLK.ACTUAL = MAN;
    END_IF
    IF TARGET_MODE = AUTO & MODE_BLK.ACTUAL = MAN
                          & RESOURCE_STATE = OK
                          & TB_MEASURED_VALUE.STATUS = NC_GOOD
        THEN MODE_BLK.ACTUAL = AUTO;
    END_IF
(* TB_MEASURED_VALUE is a call by reference in the PROFIBUS/FF FB model *)
    IF TARGET_MODE = AUTO & MODE_BLK.ACTUAL = MAN
                          & RESOURCE_STATE = OK
                          & TB_MEASURED_VALUE.STATUS 〈〉 NC_GOOD
        THEN MODE_BLK.ACTUAL = MAN;
    END_IF
    IF TARGET_MODE = AUTO & MODE_BLK.ACTUAL = AUTO
                          & RESOURCE_STATE = OK
```

```
                    & TB_MEASURED_VALUE. STATUS <> NC_GOOD
        THEN MODE_BLK. ACTUAL = MAN;
    END_IF
(* calculation of the OUT status *)
    IF MODE_BLK. ACTUAL = OUT_OF_SERVICE
        THEN OUT. STATUS := BAD_ OUT_OF_SERVICE;
    END_IF
    IF MODE_BLK. ACTUAL = MAN
        THEN OUT. STATUS := UNCERTAIN_NON_SPECIFIC;
    END_IF
    IF MODE_BLK. ACTUAL = AUTO
                & TB_MEASURED_VALUE. STATUS = NC_GOOD
                & SIMULATE. ENABLE = FALSE
        THEN OUT. STATUS := NC_GOOD_NON_SPECIFIC;
    END_IF
    IF MODE_BLK. ACTUAL = AUTO
                & TB_MEASURED_VALUE. STATUS = HIGH_LIMIT
                & SIMULATE. ENABLE = FALSE
        THEN OUT. STATUS := HIGH_LIMIT;
    END_IF
    IF MODE_BLK. ACTUAL = AUTO
                & TB_MEASURED_VALUE. STATUS = LO_LIMIT
                & SIMULATE. ENABLE = FALSE
        THEN OUT. STATUS := LO_LIMIT;
    END_IF
END_ALGORITHM

(*------------------------------------------------------------------------------------*)

ALGORITHM AI_CALC
VAR FIELD_VALUE : FLOAT; END_VAR
(* FB simulation *)
    IF SIMULATION. ENABLE = TRUE
        THEN TB_MEASURED_VALUE. STATUS := SIMULATION. STATUS;
            TB_MEASURED_VALUE. VALUE := SIMULATION. VALUE;
        END_IF;
(* calculation of MEAS_VALUE in % *)
        FIELD_VALUE := (TB_MEASURED_VALUE. VALUE - PV_SCALE-EU0) /
                        (PV_SCALE-EU100 - PV_SCALE-EU0)
        PV. VALUE := FIELD_VALUE * (OUT_SCALE-EU100 - OUT_SCALE-EU0)
                                    + OUT_SCALE. EU0
(* calculation of OUT in Engineering Unit *)
    IF MODE_BLK. ACTUAL = AUTO
```

```
    OUT. VALUE := PV. VALUE
    END_IF
(* limit check and Alarm generation *)
    IF OUT. VALUE > HI_LIM THEN              OUT. STATUS := HIGH_LIMIT;
                                             HI_ALM. VALUE := OUT. VALUE;
                                             HI_ALM. ALARM_STATE := 1; (*... *)
                                             HI_ALM. SUBCODE := 1; (*... *)
    END_IF;
    IF OUT. VALUE > HI_HI_LIM THEN           OUT. STATUS := HIGH_LIMIT;
                                             HI_HI_ALM. VALUE := OUT. VALUE;
                                             HI_ALM. ALARM_STATE := 1; (*... *)
                                             HI_ALM. SUBCODE := 1; (*... *)
    END_IF;
    IF OUT. VALUE < LO_LIM THEN              OUT. STATUS := LO_LIMIT;
                                             LO_ALM. VALUE := OUT. VALUE;
                                             HI_ALM. ALARM_STATE := 1; (*... *)
                                             HI_ALM. SUBCODE := 1; (*... *)
    END_IF;
    IF OUT. VALUE < LO_LO_LIM THEN           OUT. STATUS := LO_LO_LIMIT;
                                             LO_LO_ALM. VALUE := OUT. VALUE;
                                             HI_ALM. ALARM_STATE := 1; (*... *)
                                             HI_ALM. SUBCODE := 1; (*... *)
    END_IF;
END_ALGORITHM
    END_FUNCTION_BLOCK
```

附 录 E
（资料性附录）
AME 需求

E.1 概述

系统和网络管理的规范超出了本部分的范围。本部分以下应用的信息不是标准化的。然而，本附录中描述的 AME 需求是本部分和 GB/T 21099.2 中描述的分布式功能块系统的预期的实际实现。

E.2 系统管理需求

E.2.1 标签

一个设备至少需要一个唯一的标识符，可由下面的四个资源参数实现：

a) 制造商名字；

b) 类型或模型编号；

c) 修正号；

d) 序列号。

这些参数由制造商固定在设备中。

- 在正常操作下，一个设备由单个的叫做物理标签的唯一设备参数来命名。物理标记用于在正常设备操作期间同设备的通信。当设备从系统中移去或失电又恢复时，要求物理标签一直保持在设备中（即非易失性）。
- 要求系统和网络管理有能力确定一个设备没有分配物理标签（即为缺省值或空标签）的功能，以便通过制造商/模型号/序列号识别该设备，并给它分配一个物理标签。要求这些功能的操作不妨碍系统中其他设备之间的通信。
- 要求系统和网络管理有能力确定一个标签（物理标签或块标签）在系统中是唯一的（即，在物理标签和块标签中都是唯一的）。只要分配了一个新标签、改变了一个标签或系统中加入了带有预配置标签的新设备时，系统和网络管理都要执行这些功能。要求这些功能的操作不妨碍系统中其他设备之间的通信。
- 在含有单个 FB 和 FB 资源的设备中，要求物理标签、资源块标签和 FB 标签是同一个标签。
- 在含有单个 FB 资源的设备中，要求物理标签和资源块标签是同一个标签。

E.3 网络寻址

a) 要求系统和网络管理具有从系统中增加和移除设备的功能，而不妨碍系统中的其他设备的网络寻址或运行。

b) 要求系统和网络管理支持三种类型设备的寻址：

   1) 临时设备；

   2) 新设备（不带有系统分配的地址）；

   3) 系统设备（带有系统分配的地址）。

c) 要求系统和网络管理支持三种地址分配方法：

   1) 预分配；

   2) 系统固定分配；

   3) 系统动态分配。

d) 通过硬件跳线或开关将预分配节点地址固定到设备中。当设备从系统中移去或失电又恢复时，系统固定分配节点地址一直保持在设备中（即非易失性）。当设备从系统中移去或失电时，系统动态分配节点地址不保持在设备中（即易失性）。

e) 要求系统和网络管理具有允许系统确定设备所支持的节点地址分配方法的功能。

f) 要求支持系统指定节点地址分配的设备同时支持固定的和动态的分配方法。要求无论是固定的还是动态的系统分配节点地址方法都是在设备中通过硬件跳线或开关由用户配置的。

g) 设备的物理标签和节点地址一一对应。在系统分配节点地址给设备前，要求支持系统分配节点地址的设备具有一个已分配的物理标签。在使用预分配节点地址在系统中正常操作前，要求带有预分配节点地址的设备具有一个已分配的物理标签(即带预分配节点地址的但没有物理标签的设备仅允许做系统管理操作)。

h) 要求系统和网络管理具有允许系统来确定那些保持在新设备中的节点地址(预定义的或固定的)在系统中是唯一的功能。新设备加入系统中时，要求系统和网络管理执行该功能。要求该功能的操作不妨碍系统中其他设备的节点寻址和操作。

i) 在系统中一些设备含有预定义的节点地址，而其他设备含有系统分配的节点地址，要求系统和网络管理防止系统中出现节点地址的重复。同样地，在系统中一些设备含有系统分配的固定的节点地址，而其他设备含有系统分配的动态的节点地址，要求系统和网络管理防止系统中出现节点地址的重复。

注：这意味着，要求带有预定义或固定节点地址的设备，支持与带有动态节点地址的设备相同的系统和网络管理节点地址分配协议。

j) 要求系统和网络管理防止某些设备的引入，这些设备含有的标签与系统中已经操作的标签重复。要求阻止这种新设备的运行，如果新设备支持预分配节点地址；并且不要为这种新设备分配节点地址，如果这种新设备支持系统指定节点地址(固定的或动态的)。

E.4 数据对象命名约定

DFBAP 中的参数的寻址/命名具有不同的视图，FB 应用视图、通信配置视图、设备标识视图和其他可能的视图。标识符在系统指定部分的范围内是不同的，即标识符在定义的区域内是唯一的。这要求在标准中明确的定义。

图 E.1 给出了一个可能的方法。

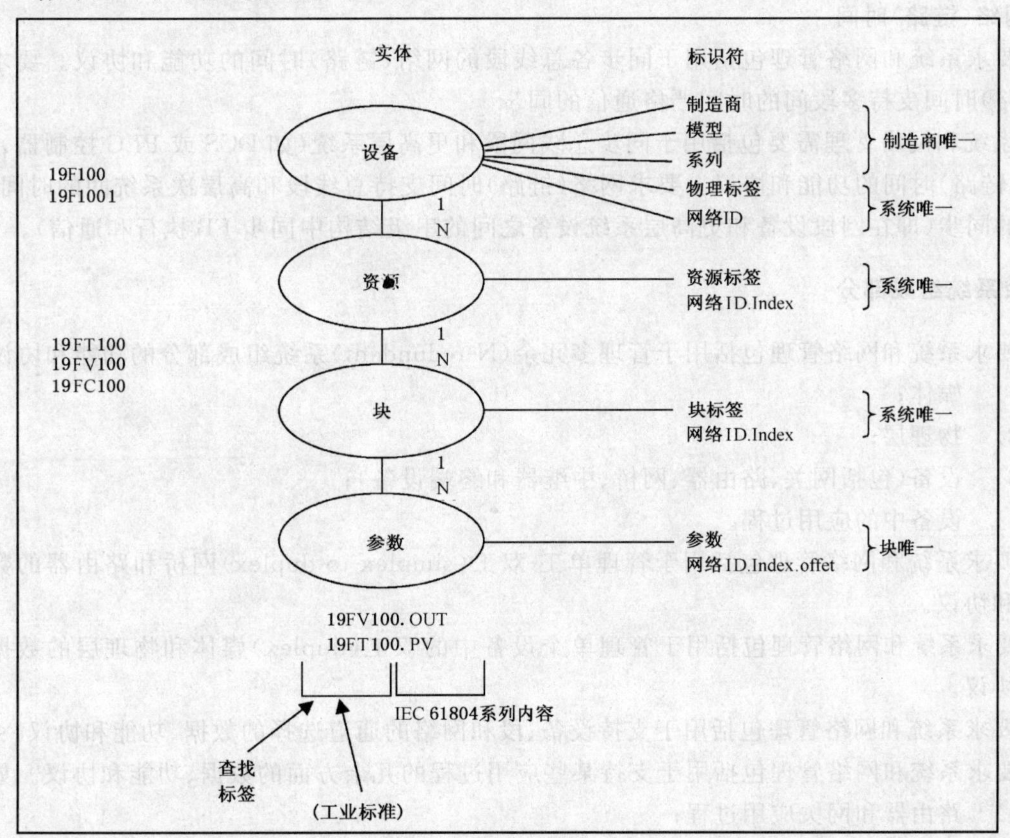

图 E.1 命名和寻址方法

E.5 设备通信关系

a) 要求系统和网络管理具有建立和终止不同设备功能中的块间通信关系的功能。要求这些功能的运行不妨碍现有的通信关系或系统中其他设备和功能的运行。

b) 要求不同设备功能之间的通信关系通过参考"标签参数"确定。要求系统和网络管理具有确定设备中的"节点地址和索引"参考的功能、授予"标签参数"参考,反之亦然,以支持功能块环境中通信关系的配置。

c) 当失电又恢复时,要求保持已确定的不同设备功能之间的通信关系。

E.6 时间同步

E.6.1 时间对象

要求系统和网络管理包括数据结构定义和相关功能,以使 FB 环境时间和数据链路时间相关联,称为时间对象。要求事件对象支持数据通信和 FB 执行之间的协调。

E.6.2 时间发布者

a) 要求系统和网络管理包括数据结构定义功能和协议,以发送应用时间同步到分布式 FB 环境,称为时间发布者。要求时间发布者支持分布式应用中数据时间戳和功能执行之间的协调。

b) 要求系统和网络管理包括支持多余冗余时间发布者(主要的和多个次要的)的功能和协议。

E.6.3 时间订阅者

要求系统和网络管理包括数据结构定义和相关功能,以便分布式 FB 环境接收应用时间同步,称为时间订阅者。要求时间订阅者与时间发布者结合进行操作。

E.6.4 本地时间

要求系统和网络管理时间分配方法支持本地的和世界时间的分配。

E.6.5 网络(链路)时间

a) 要求系统和网络管理包括用于同步各总线段的网络(链路)时间的功能和协议。要求网络(链路)时间支持多段间的时间严格通信的同步。

b) 系统和网络管理需要包括用于同步总线网段和更高层系统(如 DCS 或 PLC 控制器)间的网络(链路)时间的功能和协议。要求网络(链路)时间支持总线段和高层次系统间的时间严格通信的同步(即在网段设备和更高层系统设备之间的串级结构中同步 FB 执行和通信)。

E.7 冗余系统组成部分

a) 要求系统和网络管理包括用于管理多冗余(N-redundant)系统组成部分的功能和协议,包括:
   1) 媒体;
   2) 物理层;
   3) 设备(包括网关、路由器、网桥、中继器和终端设备);
   4) 设备中的应用过程。

b) 要求系统和网络管理包括用于管理单工-双工(simplex-to-duplex)网桥和路由器的数据、功能和协议。

c) 要求系统和网络管理包括用于管理单个设备中的双工(duplex)媒体和物理层的数据、功能和协议。

d) 要求系统和网络管理包括用于支持设备、段和网络的通道选择的数据、功能和协议。

e) 要求系统和网络管理包括用于支持某些应用过程的冗余方面的数据、功能和协议。如:
   1) 路由器和网关应用过程;
   2) 投票应用过程;
   3) 包含冗余应用实体(即,冗余 FB)的应用过程。

E.8 诊断

a) 要求系统和网络管理包括用于管理系统组成部分性能的数据结构、功能和协议，包括：
   1) 执行预防维护；
   2) 诊断中断错误；
   3) 通报和定位错误；
   4) 初发错误和故障的警告；
   5) 从错误和故障中恢复。
b) 要求系统和网络管理用于诊断的数据结构、功能和协议服务于：
   1) 媒体；
   2) 设备；
   3) 应用；
c) 要求系统和网络管理用于诊断的数据结构、功能和协议至少包含下面的诊断计数器：
   1) 到或来自 FB 资源的通信消息的总数；
   2) 到或来自 FB 资源的 CRC 错误的总数；
   3) 到或来自 FB 资源的帧错误的总数；
   4) 到或来自 FB 资源的“参数不支持”错误的总数；
   5) 到 FB 资源的接收缓冲区满错误的总数；
   6) 到 FB 资源的报警缓冲区满错误的总数；
   7) 到或来自 FB 资源的 FB 服务忙错误的总数；
   8) 来自 FB 资源的发送缓冲区非空错误的总数；
   9) 到或来自 FB 资源的其他通信错误(上面未列出的)的总数。
d) 要求这些计数器初始化为零，且要求由系统和网络管理提供服务来重新初始化它们。如果发生了延期，要求系统和网络管理就发出一个 FB 环境延期警告消息。这个消息包含发生延期的时间和计数器的标识。
e) 要求系统和网络管理用于诊断的数据结构、功能和协议包括一个诊断计数器重置参数，这个参数包含(本地)时间。
f) 要求系统和网络管理用于诊断的数据结构、功能和协议包括一个错误率参数，定义为每个通信周期内 CRC 错误数和成帧误差数的总和。
g) 要求系统和网络管理用于诊断的数据结构、功能和协议包括一个可配置的错误率限值参数。如果错误率超过了这个错误率限值，要求系统和网络管理就发出一个 FB 环境错误率限制报警消息。这个消息包含时间和当前错误率。
h) 要求系统和网络管理用于诊断数的据结构、功能和协议为支持环回测试的设备包括控制和执行物理层环回测试的功能。要求系统中一个终端设备的环回测试不妨碍系统中其他终端设备的时间严格通信。

E.9 通信管理

要求系统和网络管理服务包括用于建立和维护所有设备中所有协议层的通信配置(即管理所有设备中所有层管理实体)的数据结构、功能和协议。

E.10 系统和网络管理服务

要求提供下面的系统和网络管理服务：

a) 设置物理标签(带或不带有已分配的节点地址)；

b) 设置地址(仅带物理标签);

c) 清除地址(仅带物理标签);

d) 标识设备(物理标签和节点地址);

e) 查找标签(物理或块);

f) FB启动(带有块标签);

g) 管理信息基本权限(读和写);

h) 发布时间(应用和连接)。

E.11 设备模型的综合管理

设备模型中需要一个明确的管理模型的规范。这是规定AME和FB环境之间的接口的先决条件。

参 考 文 献

[1] GB/T 18272.1—2000 工业过程测量和控制 系统评估中系统特性的评定 第1部分：总则和方法学（IEC 1069-1:1991，IDT）

[2] GB/T 18272.5—2000 工业过程测量和控制 系统评估中系统特性的评定 第5部分：系统可信性评估（IEC 1069-5:1994，IDT）

[3] PRIAM:1995，Prenormative Requirements for Intelligent Actuation and Measurement（Esprit Project，1992-1995）

[4] VDI/VDE 3696:1995，Herstellerneutrale Konfigurierung von Prozeβleitsystemen

[5] EOQ（European Organisation for Quality）：Glossary of terms used in the management of quality Afnor NFX 60-010—Maintenance—Concepts and definitions of Maintenance activities

[6] IEC 60870-6-503:1997，Telecontrol equipment and systems—Part 6：Telecontrol protocols compatible with ISO standards and ITU-T recommendations—Section 503：TASE.2 Services and protocol

[7] IEC 60870-6-702:1998，Telecontrol equipment and systems—Part 6-702：Telecontrol protocols compatible with ISO standards and ITU-T recommendations—Functional profile for providing the TASE.2 application services in end systems

[8] IEC 61158:2001，Digital data communication for measurement and control—Fieldbus for use in industrial control systems3：Part 1 ：Introduction to IEC 61158 series，Part 5 ：Application Layer service definition. Part 6 ：Application Layer protocol specification

[9] ISO 15745-1，Industrial automation systems and integration—Open systems application integration frameworks—Part 1：Generic Reference Description3

[10] ISA-TR50.02，Part 9—2000，Fieldbus Standard for Use in Industrial Control Systems：User Layer Technical Report.

[11] BSI 7986:2001 Specification for Data Quality Metrics for Industrial Measurement and Control Systems.

ICS 25.040.40;35.240.50
N 10

中华人民共和国国家标准

GB/T 21099.2—2007/IEC/CDV 61804-2:2003

过程控制用功能块 第2部分:功能块概念及电子设备描述语言的规范

Function blocks for process control—Part 2:Specification of FB concept and electronic device description language

(IEC/CDV 61804-2:2003,IDT)

2007-10-11 发布　　　　2007-12-01 实施

中华人民共和国国家质量监督检验检疫总局
中国国家标准化管理委员会　发布

前　言

GB/T 21099《过程控制功能块》分为如下几部分：

——第 1 部分：系统方面的总论；

——第 2 部分：功能块概念和电子设备描述语言的规范；

——第 3 部分：电子设备描述语言；

——第 4 部分：EDD 互操作指南。

本部分为 GB/T 21099 的第 2 部分。

本部分等同采用 IEC/CDV 61804-2:2003《过程控制功能块(FB)　第 2 部分：功能块概念和电子设备描述语言(EDDL)的规范》(英文版)。

本部分根据 IEC/CDV 61804-2:2003 翻译。

为便于使用，对 IEC/CDV 61804-2:2003 做了下列编辑性修改：

a)　"本国际标准"一词改为"本部分"；

b)　删除 IEC/CDV 61804-2:2003 的前言；

c)　删除 IEC/CDV 61804-2:2003 中关于描述本标准是多方面因素协调的结果的说明；

d)　为了保持一致，将图中的字母大小写与对应的文中字母大小写形式进行了统一；

e)　删去了 IEC/CDV 61804-2:2003 中描述 GB/T 21099.1 已经发布的脚注内容，脚注编号重新排列。

本部分的附录 A、附录 B、附录 C、附录 D、附录 E 和附录 F 均为规范性附录。

本部分由中国机械工业联合会提出。

本部分由全国工业过程测量和控制标准化技术委员会第二分技术委员会归口。

本部分负责起草单位：西南大学。

本部分参加起草单位：机械工业仪器仪表综合技术经济研究所、上海自动化仪表股份有限公司、中国四联仪器仪表集团、浙江大学、北京机械工业自动化研究所、上海工业自动化仪表研究所。

本部分主要起草人：黄伟、吕静、祝培军、黄仁杰、渝航。

本部分参加起草人：冯晓升、包伟华、刘进、冯冬芹、谢兵兵、陈诗恩。

本部分为首次发布。

引　　言

GB/T 21099 的本部分提供了概念性的功能块规范，该规范可以被工业组织映射用于规范通信系统及其相关定义，也可用于指定电子设备描述语言(EDDL)。

EDDL 及设备相关的电子设备描述(EDD)旨在用于工业自动化应用。这些应用可包括的设备有常规数字量和模拟量输入输出模块、运动控制器、人机界面、传感器、闭环控制器、编码器、液压阀和可编程控制器。

GB/T 21099 的本部分规定了一种通用的语言来描述自动化系统组件的属性。这个规定的语言能够描述：

- 设备参数及其相关性；
- 设备功能，例如仿真模式、校准；
- 图形表示，例如菜单；
- 与控制设备的交互。

该语言被称为“电子设备描述语言(EDDL)”，被用于创建“电子设备描述(EDD)”。这些 EDD 将用适当的工具来生成解释代码，以支持自动化系统组件的参数处理、运行以及监视，例如远程 I/O、控制器、传感器和可编程控制器。工具的实现不在本规范的范围内。

GB/T 21099 的本部分按照独立的语法方式规定了语义和词法结构，具体的语法在附录 C 中定义，这种语义模型也可用于其他不同的语法。

注：其他领域中，电子设备描述语言也可用于产品属性的描述。

过程控制用功能块 第2部分:功能块概念及电子设备描述语言的规范

1 范围

GB/T 21099 的本部分规定了电子设备描述语言(EDDL),适用于过程控制功能块(FB)。

GB/T 21099 的本部分考虑了如下因素来规定功能块(FB)。

a) 设备模型定义了本部分一致的设备组件。

b) 用于测量、执行和处理的 FB 概念性规范。它包括了用于支持控制的本质特征的一般规则,以避免阻碍创新的细节,以及避免不同工业领域专业化的细节。

c) 电子设备描述语言技术,使得采用了工程生命周期工具的现有产品细节能被集成。

本部分仅定义了 GB/T 21099.1 的一个子集,而 GB/T 21099.1 描述了分布式系统的系统方面的总论。

注:一个实际系统满足 GB/T 21099.1 的全部要求。

附录 B 中包含一致性声明的一致性语句仅与本部分有关。GB/T 21099.1 中的要求不包括在这些一致性声明中。

FB 是在抽象层面完成,它允许由多种技术按唯一的方法提供共同特征的定义,也允许某些满足用户需求的补充特征定义和期望未来被实现的补充特征定义。该抽象在此被称为概念性 FB 规范,并由工业组织映射到特定的通信系统和它们的附加定义。本部分也是基于 GB/T 19769.1—2005 抽象定义。

注:该部分可被映射至 ISO 15745-1。

EDDL 准备用来填补概念性 FB 规范和实际产品实现之间的空白。它允许制造商采用相同的描述方法来描述基于不同技术和平台的设备。图 1 表示了这些方面的情况。

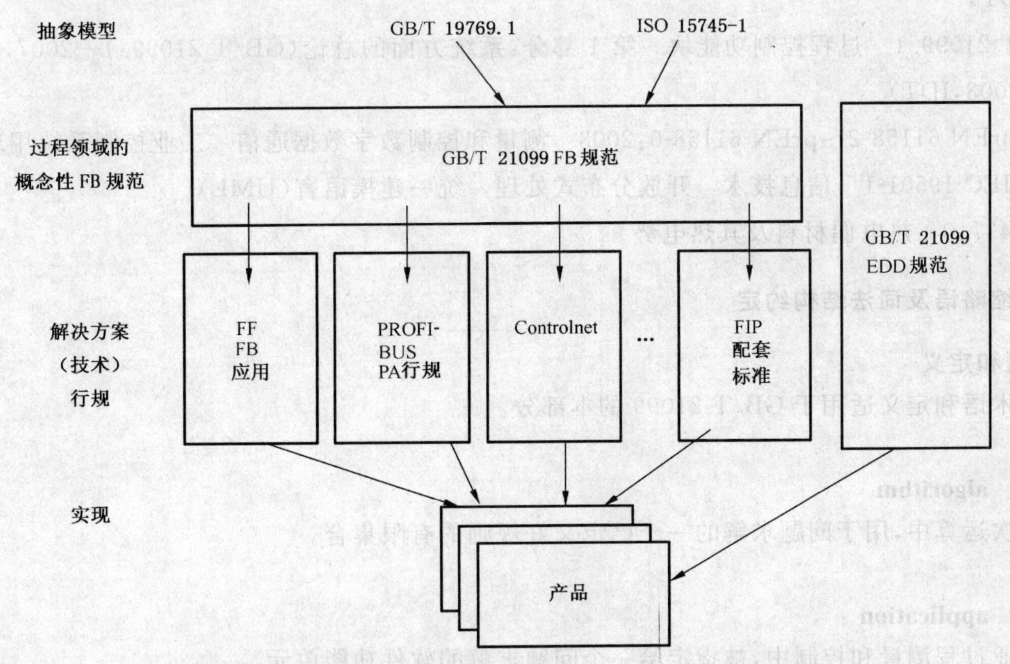

图 1 对于其他标准和产品 GB/T 21099 系列的定位

目前市场上有很多的解决方案，它们满足本部分要求，并且表示了概念性规范如何按一种给出的技术来实现。新的技术需要找出等效的解决方法(见图 4)。

2 规范性引用文件

下列文件中的条款通过 GB/T 21099 的本部分的引用而成为本部分的条款。凡是注日期的引用文件，其随后所有的修改单(不包括勘误的内容)或修订版均不适用于本部分，然而，鼓励根据本部分达成协议的各方研究是否可使用这些文件的最新版本。凡是不注日期的引用文件，其最新版本适用于本部分。

GB/T 2311—2000 信息技术 字符代码结构与扩充技术(idt ISO/IEC 2022:1994)

GB/T 2614—1998 镍铬-镍硅热电偶丝(eqv IEC 60584-1:1995,IEC 60584-2:1989)

GB/T 2900.56—2002 电工术语 自动控制(IEC 60050-351:1998,IDT)

GB/T 9387.1—1998 信息技术 开放系统互连 基本参考模型 第 1 部分:基本模型(idt ISO/IEC 7498-1:1994)

GB/T 11457—2006 信息技术 软件工程术语

GB/T 12054—1989 数据处理 转义序列的登记规程(neq ISO 2375:1985)

GB 13000.1—1993 信息技术 通用多八位编码字符集(UCS) 第一部分:体系结构与基本多文种平面(idt ISO/IEC 10646-1:1993)

GB/T 15272—1994 程序设计 C 语言(idt ISO 9899:1990)

GB/T 15273.1—1994 信息处理 八位单字节编码图形字符集 第一部分:拉丁字母一(idt ISO 8859-1:1987)

GB/T 15969.3—2005 可编程控制器 第 3 部分:编程语言(IEC 61131-3:2002,IDT)

GB/T 17966—2000 微处理器系统的二进制浮点运算(idt IEC 60559:1989)

GB/T 19769.1—2005 工业过程测量和控制系统功能块 第 1 部分:体系结构(IEC/PAS 61499-1:2000,IDT)

GB/T 21099.1 过程控制功能块 第 1 部分:系统方面的总论(GB/T 21099.1—2007,IEC/CDV 61804-1:2003,IDT)

IEC prEN 61158-2～prEN 61158-6:2003 测量和控制数字数据通信 工业控制系统用现场总线

ISO/IEC 19501-1 信息技术 开放分布式处理 统一建模语言(UML)

DIN 43710 热电偶材料及其热电势

3 定义、缩略语及词法结构约定

3.1 术语和定义

下列术语和定义适用于 GB/T 21099 的本部分。

3.1.1

算法 algorithm

有限次运算中，用于问题求解的一个已定义好规则的有限集合。

3.1.2

应用 application

在工业过程测量和控制中，被指定给一个问题求解的软件功能单元。

注：一个应用可被分布在资源中，也可与其他应用通信。

3.1.3

应用功能块　application function block

无输入或输出到过程的 FB。

3.1.4

属性　attribute

实体的特性或特征。例如，功能块类型规范的版本标识。

[GB/T 19769.1—2005]

注：为了得到可互操作性，应规定属性的形式化描述。GB/T 19769.1—2005 并不规定像 FB Type-Info 那样的某些属性。GB/T 19769.1—2005 给出了定义属性的一般规则，本部分则为过程控制规定了像那些可以规定其自身的其他类型的属性。规则要避免出现非唯一的属性名。

3.1.5

内建函数　builtin

一个由 EDD 应用执行用于通信和显示的预定义子程序。

3.1.6

组件功能块　component function block

一个被用在复合 FB 类型算法规范中的 FB 实例。

3.1.7

复合 FB 类型　composite FB type

其算法和执行控制完全按照互连的组件功能块，事件和变量来表示的功能块类型。

[GB/T 19769.1—2005]

3.1.8

配置(一个系统或设备的)　configuration (of a system or device)

选择功能单元、指定它们的位置并且定义它们的互连。

[GB/T 19769.1—2005]

3.1.9

数据　data

事实、概念或指令按某一格式化方式的一种表示，适用于人或自动装置进行通信、解释或处理。

[ISO/AFNOR 计算机科学字典]

3.1.10

数据连接　data connection

为了传递数据，在两个功能块之间的联系。

[GB/T 19769.1—2005]

3.1.11

数据输入　data input

从数据连接接收数据的功能块接口。

[GB/T 19769.1—2005]

3.1.12

数据输出　data output

提供数据给数据连接的功能块接口。

[GB/T 19769.1—2005]

3.1.13

数据类型　data type

值的集合及其允许的操作的集合。

[GB/T 5271]

3.1.14

设备 device

独立的物理实体。具有在特定环境中执行一个和多个规定功能的能力,并由其接口分隔开。

[GB/T 19769.1—2005]

3.1.15

设备块 device block

一个没有输入和输出的 FB。

3.1.16

设备管理应用 device management application

其基本功能是管理设备内多个资源的应用。

[GB/T 19769.1—2005]

3.1.17

EDD 应用 EDD application

采用 EDD 或其任何解释形式的程序,它提供了如通信表示、数据表示和图像表示等功能。

3.1.18

EDDL 处理器 EDDL processor

处理器或程序,它将 EDD 解释成可由 EDD 应用处理的可执行格式。

3.1.19

EDDL 行规 EDDL profile

EDDL 词法结构的支持元素选项,含一些特殊协会的语法定义。

3.1.20

电子设备描述语言 Electronic Device Description Language;EDDL

用于描述自动化系统组件参数的方法。

3.1.21

电子设备描述 Electronic Device Description;EDD

含设备参数、相关性、图形表示和被传送数据集的描述的一种数据集合。

注:用电子设备描述语言(EDDL)来创建电子设备描述。

3.1.22

电子设备描述源 Electronic Device Description Source;EDDS

包含特定设备描述的 ASCII 文件。

3.1.23

电子设备描述技术 Electronic Device Description Technology;EDDT

包含 EDD 开发过程、EDD 用法和相关的工具链。

3.1.24

电子设备描述检验器 electronic device description checker

检查词法结构和部分 EDD 源语义的测试工具,以保证 EDD 源与 EDD 语言一致。

3.1.25

电子设备描述编译器 electronic device description compiler

把 EDD 源转换成 EDD 解释器所用的内部格式。

3.1.26

电子设备描述解释程序 Electronic Device Description Interpreter;EDDI

采用由 EDDL 编译器提供的内部格式或 EDD 源为 EDD 用户提供 EDD 信息。

3.1.27

实体　entity

特定的事物,如:一个人、地点、过程、对象、概念、联系或事件。

[GB/T 19769.1—2005]

3.1.28

事件　event

瞬时发生的事情,对算法执行的调度有意义。

[GB/T 19769.1—2005]

注:算法的执行可以使用与事件相关的变量。

3.1.29

异常　exception

导致正常执行中止的事件。

[GB/T 19769.1—2005]

[GB/T 11457—1995]

3.1.30

功能　function

实体的特定目的或它的特有活动。

[GB/T 19769.1—2005]

3.1.31

功能单元　function unit

能够完成特定任务的硬件实体、软件实体,或由硬件和软件共同组成的实体。

[ISO/AFNOR 计算机科学字典]

3.1.32

功能块(功能块实例)　function block (function block instance)

由功能块类型规定的数据结构的一个独立的、已命名的副本和相关操作所组成的软件功能单元。

[GB/T 19769.1—2005]

注:一个 FB 的典型操作包括了在其关联数据结构中数据值的修改。

3.1.33

功能块图　function block diagram

其节点是功能块或子应用及它们的参数,其分支是数据连接和事件连接的网络。

注:这与 GB/T 15969.3—2005 中定义的功能块图不同。

[GB/T 19769.1—2005]

3.1.34

硬件　hardware

相对于程序、过程、规则和相关文档的物理设备。

[ISO/AFNOR 计算机科学字典]

3.1.35

实现　implementation

使系统的硬件和软件成为可操作的开发阶段。

[GB/T 19769.1—2005]

3.1.36

输入变量　input variable

由数据输入提供其值的一种变量,可在功能块的一个或多个操作中使用。

注:按照 GB/T 15969.3—2005 中的定义,一个功能块输入参数是一个输入变量。

[GB/T 19769.1—2005]

3.1.37

实例　instance

由带有所定义类型的属性的独立、有名实体组成的功能单元。

[GB/T 19769.1—2005]

3.1.38

实例名　instance name

与实例相联系，并标明该实例的标识符。

[GB/T 19769.1—2005]

3.1.39

实例化　instantiation

规定类型的实例的创建。

[GB/T 19769.1—2005]

3.1.40

接口　interface

两个功能单元之间共享的边界，由功能特征、信号特征或其他适当特征来定义。

[GB/T 2900.56—2002]

3.1.41

内部变量　internal variable

值由功能块的一个或多个操作使用或修改，但不由数据输入提供、也不提供给数据输出的一种变量。

[GB/T 19769.1—2005]

3.1.42

调用　invocation

启动算法所规定的操作序列执行的过程。

[GB/T 19769.1—2005]

3.1.43

管理功能块　management function block

基本功能是管理资源中的应用的功能块。

[GB/T 19769.1—2005]

3.1.44

管理资源　management resource

基本功能是管理其他资源的资源。

[GB/T 19769.1—2005]

3.1.45

映射　mapping

已定义的特征或属性的集合，与另一集合的成员相对应。

[ISO/AFNOR 计算机科学字典]

3.1.46

模型　model

真实世界中过程、设备或概念的表示。

[GB/T 19769.1—2005]

3.1.47

操作　operation

一种完全明确的动作，该动作作用于任何已知实体的允许组合时，产生一个新的实体。

[ISO/AFNOR 计算机科学字典]

3.1.48

输出变量　output variable

其值由功能块的一个或多个操作建立并提供给数据输出的变量。

注：GB/T 15969.3—2005 中定义的功能块的输出参数是输出变量。

[GB/T 19769.1—2005]

3.1.49

参数　parameter

一种为专用应用而给定一个常数值的变量，而且它可以表示该应用程序。

[ISO/AFNOR 计算机科学字典]

3.1.50

预处理器　preprocessor

运行环境的一部分，它对 EDD 中所给的信息进行转换。

3.1.51

预处理器指令　preprocessor directives

在编译或解释之前对 EDD 代码进行过滤的条件的描述。

注：例如，一个预处理器指令提供了功能来定义常量名或写入宏来生成易读的代码。

3.1.52

资源　resource

包含在设备中的一个功能单元，它具有独立的运行控制，并为应用程序提供不同的服务，包括算法的调度和执行。

注1：对应于上述定义的资源，GB/T 15969.3—2005 中定义的资源是一种编程语言元素。

注2：一个设备包含一个或多个资源。

3.1.53

资源管理应用　resource management application

主要功能是管理单个资源的应用。

[GB/T 19769.1—2005]

3.1.54

服务　service

资源可使用的功能性，可以用服务原语序列来模型化。

[GB/T 19769.1—2005]

3.1.55

软件　software

知识产物，包含与系统操作有关的程序、过程、规则、配置以及任何相关的文档。

[GB/T 19769.1—2005]

3.1.56

系统　system

在所定义的范围内被视为整体且与其环境相分离的相关元素的集合。

[GB/T 2900.56—2002]

注1：这些元素可以是物质对象和概念及其结果(如组织形式、数学方法和编程语言)。

注2：系统被看作是由一个假设的界面将其与环境和其他外部系统分开的，该界面可以切断该系统和环境及其他外部系统的连接。

3.1.57

技术块 technology block

对于过程至少有一个输入或输出的FB。

3.1.58

文本字典 text dictionary

EDD内部多语言或其他文本的集合。

注：EDD内部的引用是用来选择适当的文本词典。

3.1.59

类型 type

规定所有该类型实例所共享的公共属性的软件元素。

[GB/T 19769.1—2005]

3.1.60

类型名 type name

与类型相联系，并标明该类型的标识符。

[GB/T 19769.1—2005]

3.1.61

变量 variable

在不同时间可具有不同值的软件实体。

注1：变量的值通常限于某种数据类型。

注2：变量可分为输入变量、输出变量和内部变量。

[GB/T 19769.1—2005]

3.2 缩略语和缩写词

部分采用GB/T 2900.56—2002中的缩略语，下列缩略语适用于GB/T 21099的本部分。

模拟数字单元 ADU

应用功能块 AFB

美国国家标准协会 ANSI

程序设计C语言(见GB/T 15272-1994) ANSI C

应用进程 AP

用于信息交换的标准代码(参见GB 13000.1—1993) ASCII

抽象词法结构符号1 ASN.1

巴克斯-诺尔式 BNF

组件功能块 CFB

数字模拟单元 DAU

设备描述 DD

数据类型定义 DTD

电子设备描述 EDD

电子设备描述解释器 EDDI

电子设备描述语言 EDDL

扩展单元代码(参见GB/T 2311—2000) EUC

功能块 FB

功能块图　FBD

现场总线报文规范　FMS

人机界面　HMI

超文本标记语言　HTML

输入/输出　I/O

智能执行和测量　IAM

标识符　ID

毫安　mA

面向网络的应用协调　NOAH

开放系统互连　OSI

管道和仪表图　P&ID

协议数据单元　PDU

系统管理　SM

技术块　TB

统一建模语言　UML

一次写入　wao

3.3　词法结构约定

EDDL 通常采用词法结构来描述，词法结构中规定了元素和存在的字段。词法结构的通用格式如下所示：

ABC 字段 1，字段 2

ABC 是一个词法元素。该元素将按具体的语法进行编码。它并不要求以"ABC"的名称对元素进行编码，也可以用标签号来对该元素编码。

字段 1 和字段 2 是词法元素 ABC 的字段，每个字段都是必备性的并具有多个属性。如果字段具有属性，则属性的存在是在表中指定。逗号用来分隔字段 1 和字段 2，逗号也是一个词法元素，但不用明确编码。

若一个字段有附加属性，该属性在表中定义。表格的编排和可能的用法限定词如表 1 所示。

表 1　字段属性描述

用法	属性	描述
m	yyy	该属性的存在是必备的
o	xxx	该属性的存在是可选的
s	z1	该属性的存在是用其他属性选择的，这些其他属性在用法栏中也用"s"来标记，只能有一个可选择属性(z1 或 z2)中的存在
s	z2	该属性的存在是用其他属性选择的，这些其他属性在用法栏中也用"s"来标记，只能有两个可选择属性(z1，z2)中的一个存在
c	uuu	该属性的存在是有条件的，当且仅当条件为真时才存在

用法栏中的字符有如下含义：

m：该属性是必备的且存在；

o：该属性是可选的且不是必需存在；

s：该属性是一个选项，一个且只有一个字段用 s (z1 或 z2)标记，该属性才存在；

c：该属性是有条件的，条件在描述栏中描述。

如果属性栏中有多个属性存在，并具有相同的用法时：属性按字母顺序分类。

ABC field1＋

field1 后的加号(+)表示 field1 至少被使用一次,它也可以被多次使用。

ABC field2 *

字段 2 后的星号(*)用来表示 field2 是可选的且不是必须被使用的,如果它被使用则可被多次使用。

ABC [field1, field2]+

方括号[ ]中的元素 field1 和 field2 是未分类的列表,跟在结束括号后的加号表示 field1 和 field2 成组的形式至少被使用一次,并可多次被使用。

ABC field1, (field2, field3)<exp>

<exp>表示 field2 和 field3 与条件表达式结合使用(条件结构在 9.23 中指定)。条件表达式<exp>仅与前面圆括弧中的 field 相关,条件表达式的用法是可选的。

4 通用功能块(FB)定义和 EDD 模型

4.1 设备结构(设备模型)

4.1.1 设备模型描述

FB 是变量及其处理算法的封装,变量和算法是过程及其控制系统设计所要求的。

注:FB 可由图 2 得到。

通过连接这些 FB 的数据输入和数据输出来执行应用(测量、执行、控制和监视)。

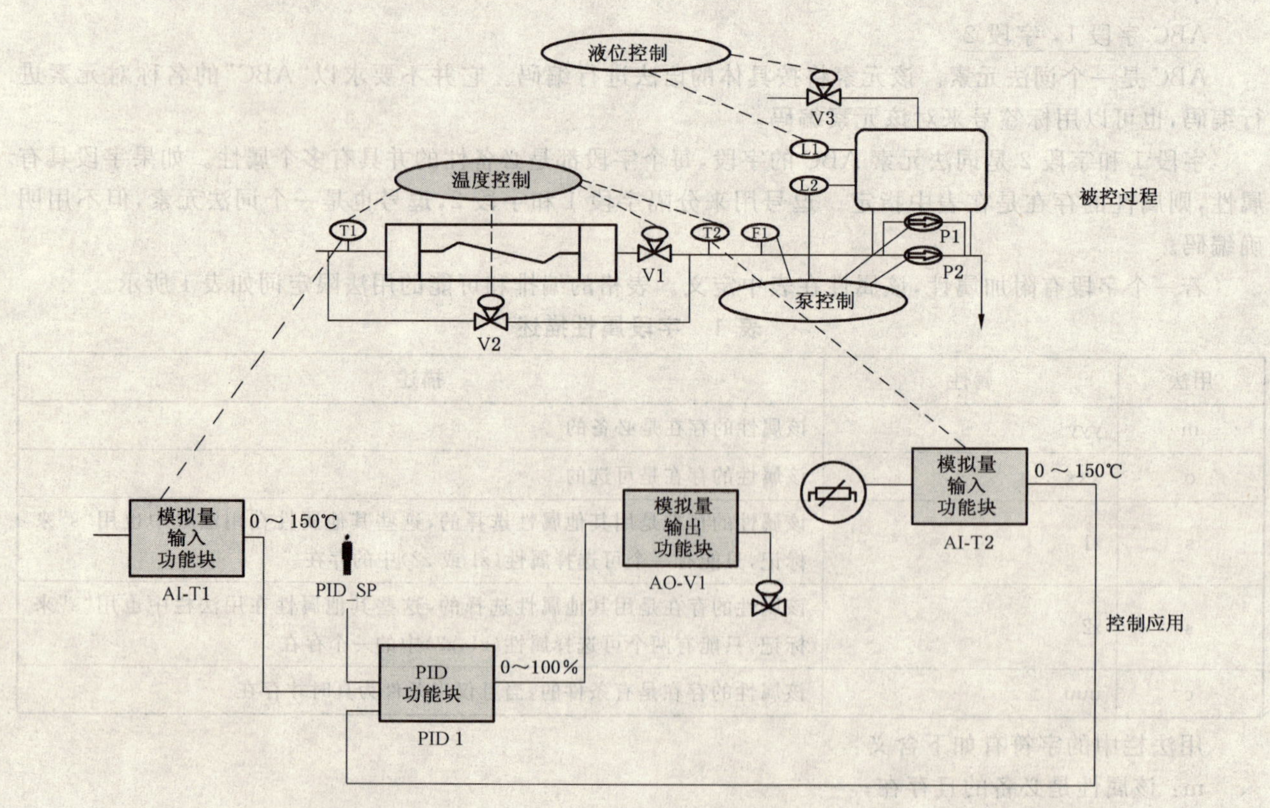

图 2 由过程(P&ID 图)推导出的 FB 结构

设备通过一个通信网络或分层的多个通信网络来连接。

注:应用可以分布在多个设备中,参见示例图 3。

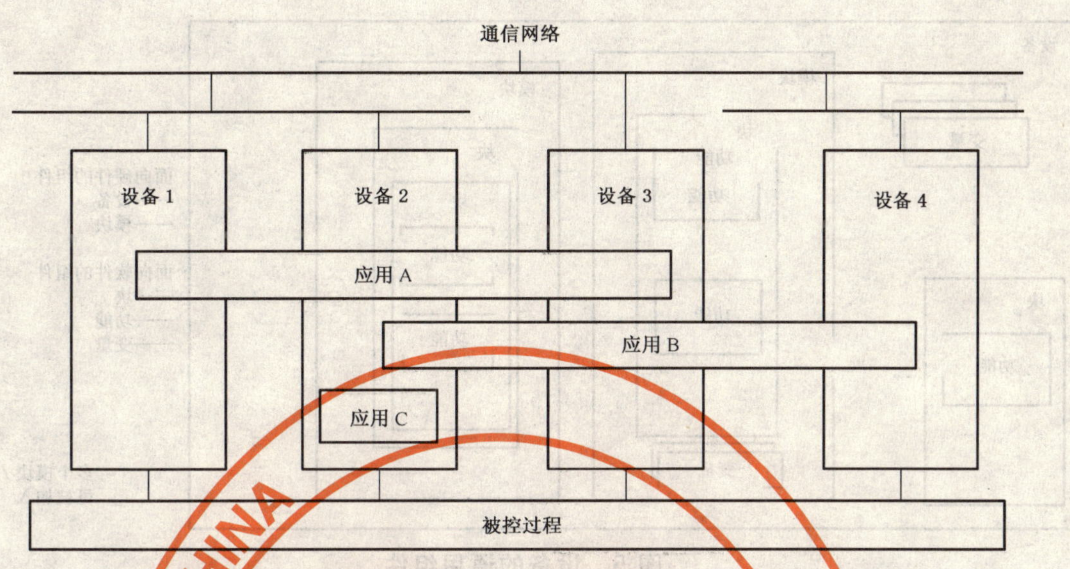

图 3 可分布于设备之间的 FB 结构(根据 GB/T 19769.1—2005)

由控制系统设计得到的 FB 是抽象的表示。

注 1：在不同的设备类型中功能块可以按不同的方式实现，参见图 4。FB 可在如现场设备、可编程逻辑控制器、可视化站点及设备描述中实现。

另外，其他应用，如系统工程和监控系统，必须对 FB 进行处理或交互。

注 2：在概念模型中为 FB 定义的算法不必一一映射到设备，算法可映射到设备，如果当前技术不能在设备中解决就映射到代理或监控站。

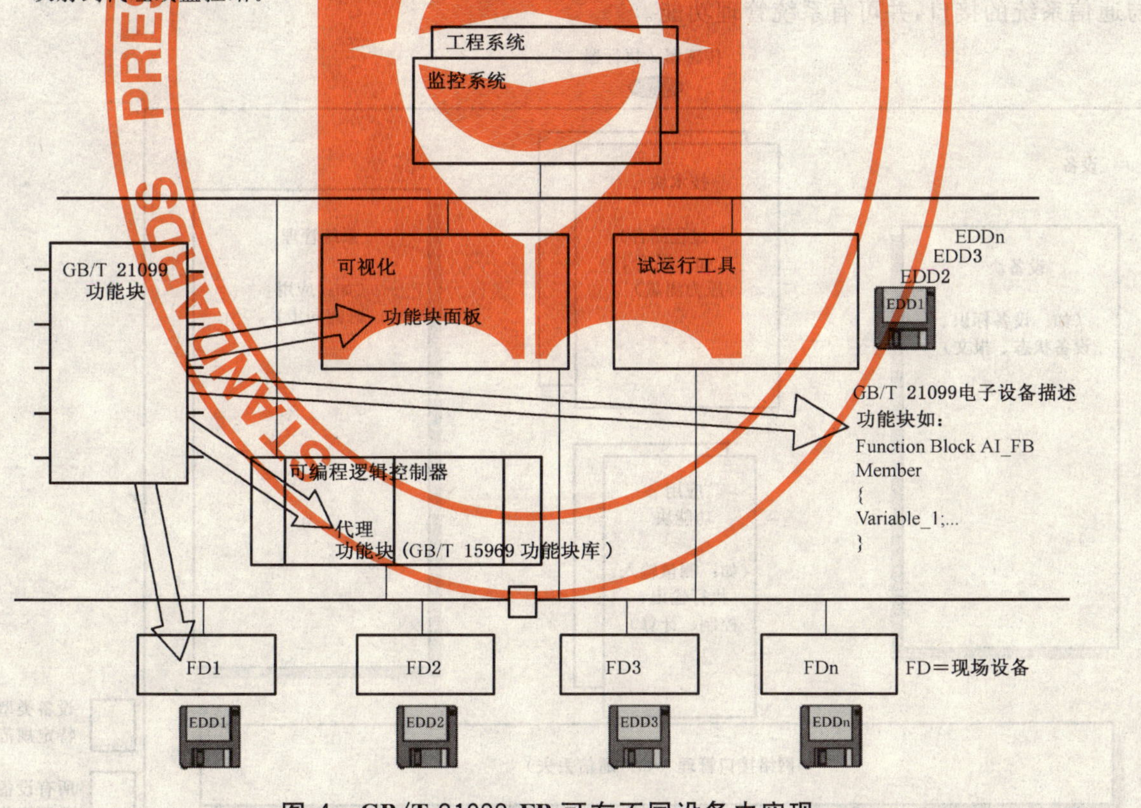

图 4 GB/T 21099 FB 可在不同设备中实现

鉴于 GB/T 21099 的本部分的使用，设备以 FB 的形式实现了被控过程设计得到的算法。设备是硬件和软件模块，参见示例图 5。设备的组件包括模块、块、变量和算法。组件之间已定义的关系是按照后面的 UML 类图来指定，参见图 8。

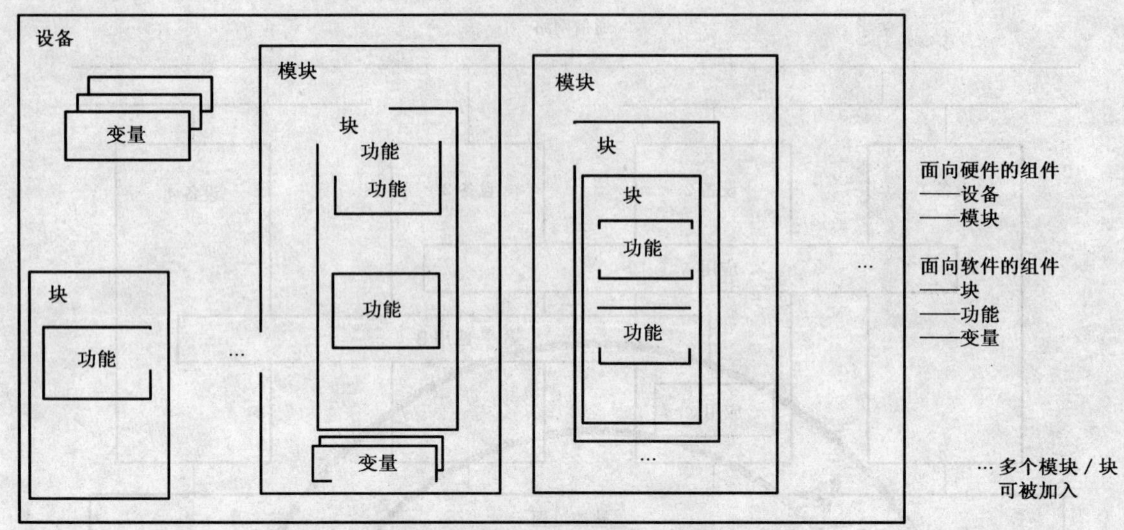

图5　设备的通用组件

鉴于GB/T 21099的本部分的目的，有不同的块类型，每个都封装了执行自动化应用的设备的特定功能(参见图6)。技术块表示设备的过程附件，它包含设备的测量和执行原理。技术块由采样、输出和转换部分组成。应用FB(此后称为FB)包含了与应用相关的信号处理，如量程转换、报警检测或控制、以及计算。组件FB可以执行带有附加的异常处理过程的数学和逻辑处理，例如可以处理非法参数值。组件FB可被封装在复合FB中。

设备块表示设备的资源，它包含关于设备自身的信息和功能、设备的操作系统及设备硬件。设备应有与通信系统的接口，并可有系统管理功能。

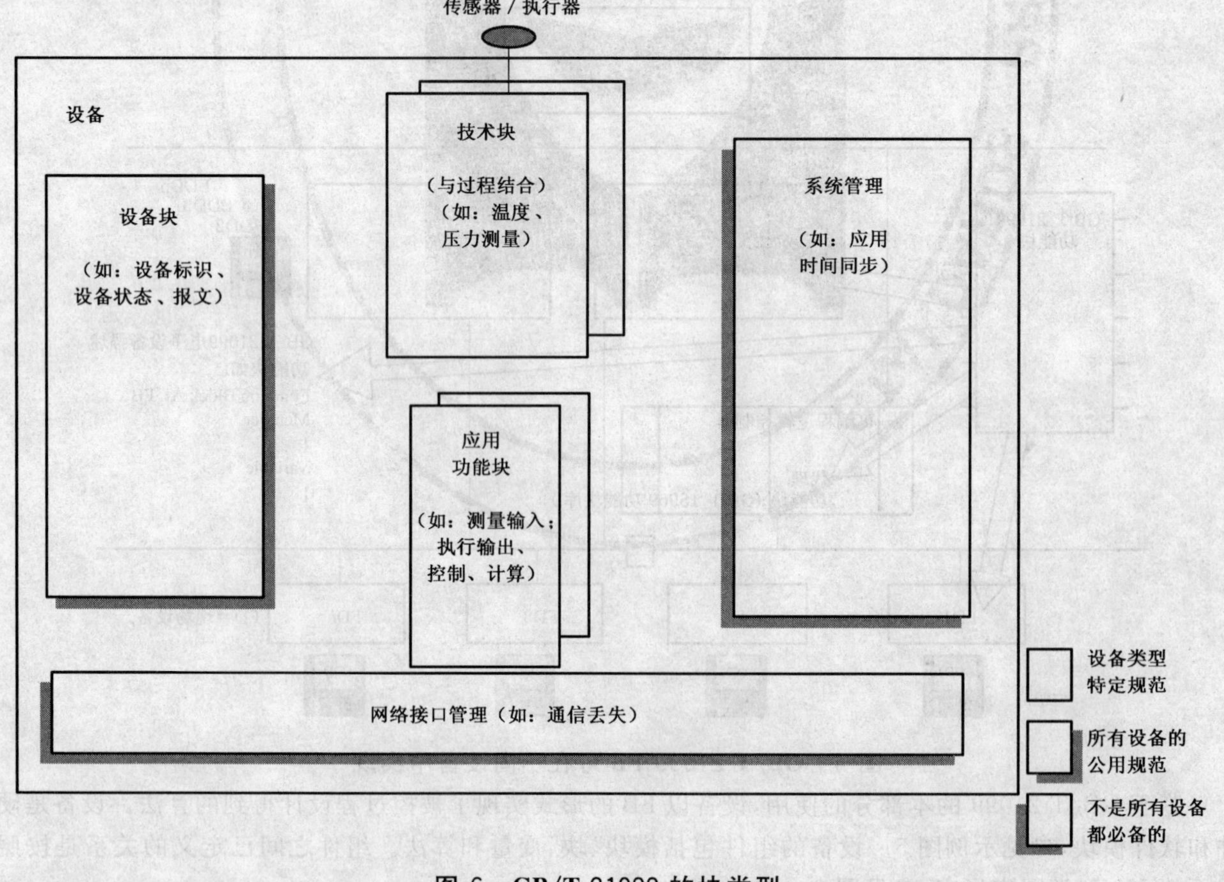

图6　GB/T 21099的块类型

GB/T 21099的本部分范围内的所有设备都具有相同的逻辑设备结构,参见图6。设备中可实例化的块数量和类型由设备和制造商规定。至少它有一个设备块、一个应用FB和一个网络接口管理。

来自信号检测端的数据流链路通过技术块和FB,反之亦然。链路各部分间的信号在块内是内含的,块之间连接可见。技术和FB的逻辑链路称为通道,其概念在4.2.1和4.2.2中阐述。

4.1.2 FB类型

FB是封装了变量和算法的软件功能单元。一个FB类型是由它的行为来定义的。一个FB包含了一个或多个算法。一个FB的描述是算法的列表,它与相关的数据输入、数据输出和参数一起被封装在FB内。有与过程信号流相关的算法,也有与其他块指定算法有关的其他算法。这些其他的算法被称为管理算法。参数与过程信号流及管理都有关。

图形化表示不是规范性的,参见图7。换句话说,数据输入和数据输出表示了过程信号流(概念性定义的)的流向,而未指定具有相应值的数据。

参数表指定了FB所有需要可访问的数据输入、数据输出和参数。

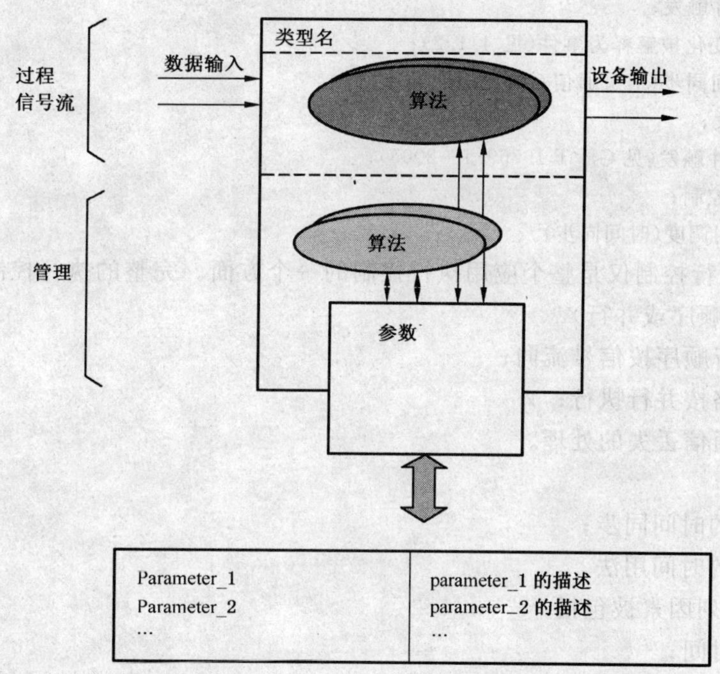

图7 GB/T 21099块总貌(非规范性的图形表示)

FB是由下列组件构成:

a) 支持状态[2]并仅与过程信号流有关的数据输入[1];

b) 支持状态[2]并仅与过程信号流有关的数据输出[1];

c) 与过程信号流及管理相关的参数[2];

d) 改变功能的保留值;

e) 通知并产生可见的内部行为;

f) 信号流中功能的选择;

g) 用于支持如初始化的存储器内部变量;

h) 数学/逻辑算法。

---

1) 描述FB的数据是数据输入、数据输出或参数依赖于指定的实现。

2) 基于一致性原因,数据输入/数据输出和状态都在同一个结构中,因此相互隶属。

FB行为的改变只能通过数据输入和参数。数据输入和参数按下列方法使用：

a) 数据，用作功能的输入或输出(如，量程转换功能的设定值)；

b) 数据，用作功能的参数(如，报警和警告的限定值)；

c) 参数数据的改变被解释为事件，该事件自动地切换状态转换(如，启动、停止、恢复设备的运行方式)；

d) 参数数据的改变可解释为事件，该事件启动算法的顺序处理(如，量程转换程序的开始)。

必须检查数据名及其描述，以知道数据的用途。

4.1.3 FB执行

设备内有不同的执行控制方法。FB算法的执行控制是每个设备的特征。在设备内部和分布式系统中可以有不同的执行规则。

注：例如，下列执行控制方法的组合是可行的，其他的方法还可以增加：

a) 自由运行；

b) 设备内部时间调度(时间同步)；

c) 设备内部事件触发；

d) 参数数据的变化被解释为事件(见4.1.2)；

e) 全系统的时间同步(通过通信系统的时间同步)；

f) 通信服务触发；

g) 全系统的事件触发(见GB/T 19769.1—2005)；

h) 分布式执行控制；

i) 设备内部时间调度(时间同步)。

设备内部的FB执行控制仅是整个应用执行控制的一个方面。完整的执行控制确定如下：

a) 顺序的先后(顺序或并行)

  1) 块的执行顺序按信号流向；

  2) 数据通路按并行执行；

  3) 设备间通信丢失的处理。

b) 同步

  1) 设备间的时间同步；

  2) 调度中的时间用法。

c) 时间限定，下列因素被包括：

  1) 块执行时间；

  2) 通信时间延迟；

  3) 测量的扫描速率；

  4) 执行时间；

  5) 块算法的选择；

  6) 通信行为导致的时间延迟。

d) 块执行时间

  1) 通信时间延迟；

  2) 测量的扫描速率；

  3) 执行时间；

  4) 块算法的选择。

e) 异常处理的影响：

  1) 时钟错误；

  2) 设备错误；

  3) 通信错误。

技术满足要求的结论必须是在详细检查的基础上得出，至少包括了以上这些方面。执行控制方法的选择也依赖于用于建立设备的技术等级，因此 FB 执行控制的方法也受到系统所采用的现场总线的约束。

4.1.4 GB/T 19769 和 GB/T 21099 模型之间的引用

与 GB/T 19769.1—2005 的关系在表 2 中给出。

表 2 GB/T 21099 和 GB/T 19769 模型元素间的引用

GB/T 21099 模型元素	GB/T 19769 模型元素
块类型引用	
应用 FB	应用 FB
技术块	技术块
设备(资源)块	设备(资源)块
功能块元素引用	
组件块	组件块
类型名	类型名
数据输入[a]	数据输入[a]
数据输出[a]	数据输出[a]
算法	算法
参数	参数
内部变量	内部变量
电子设备描述语言元素和 GB/T 19769 转换语法元素之间的原则关系[b]	
BLOCK_A, BLOCK_B	FUNCTION BLOCK
VARIABLE and CLASS INPUT	VAR_INPUT, END_VAR
VARIABLE and CLASS OUTPUT	VAR_OUTPUT, END_VAR
-[c]	ALGORITHM
VARIABLE and CLASS CONTAINED	—
VARIABLE	VAR, END_VAR

[a] 数据输入和数据输出表示了过程信号流(概念性定义)的资源点和汇集点，而不是具有相应的数据的特定变量。

[b] 编者注：这不是严格的语法参考，只希望表示通用的关系。

[c] EDDL 不是为了描述算法。

GB/T 21099 FB 是一个不带执行控制的 GB/T 19769.1—2005 功能块，因此，没有事件输入和事件输出，GB/T 21099 FB 算法的执行控制是隐含的，参见 4.1.3。

4.1.5 设备模型的 UML 规范

在 4.1.1、图 5 和图 6 中的设备模型定义是通用的。为了避免混淆，模型按照 UML 分类图来描述，参见 IEC/ISO 19501-1。图 8 中，组件被转换成 UML 语言元素。

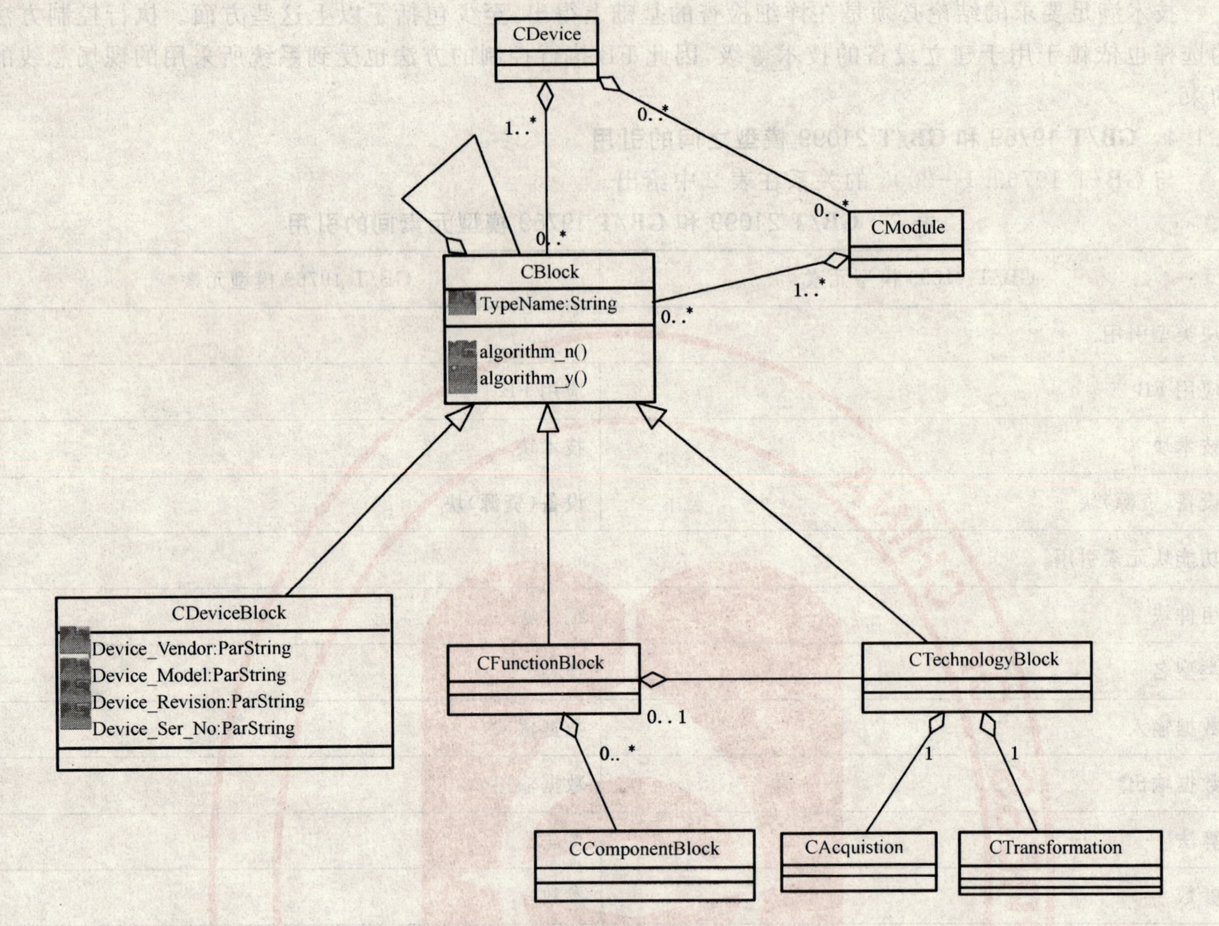

图 8 设备模型的 UML 分类图

下列主要步骤用于将设备模型转换成 UML 分类图：

a) 设备转换成类 CDevice；

b) 模块转换类 CModule；

c) 设备块、FB、组件 FB 和技术块被转换成 CDeviceBlock、CFunctionBlock、CComponentFunctionBlock 和 CTechnologyBlock；

d) 类型块的块类型被转换成 CBlock；

e) 一个设备至少包含一个块；

f) 设备可以包含模块；

g) 一个模块至少包含一个块；

h) 块可以由其他块构成，如，可以是复合 FB 类型；

i) 一个块至少包含零或多个参数；

j) 块应有算法，该算法可以仅是内部的，也可以是外部可见的(如：private 或 public)；

k) 一个设备块包含了作为参数的属性 Device_Vendor、Device_Model、Device_Revision 和 Device_Ser_No；

l) FB、组件 FB 和技术块包含属性 TypeName。

注：CBlock 类可被引用成 GB/T 19769.1—2005 的基本 FB 类型声明(见图 C.5)。GB/T 21099 块类型没有到 ECCDeclaration 类的聚合。

4.1.6 算法分类

下列清单提供了用于应用 FB、转换块和设备块的公用算法。

a） 过程信号算法

1） 测量采样

——传感器连接；

——传感器量程/量程转换；

——A/D转换；

——状态评估。

2） 测量转换

——线性化；

——滤波；

——补偿；

——量程转换。

3） 测量应用

——限位；

——单位；

——量程转换；

——线性化；

——仿真。

4） 执行的提供

——放大；

——转换；

——状态评估。

5） 执行的采样

参见对执行输出测量采样。

6） 执行的转换

——量程转换；

——补偿；

——转换或动作限制。

7） 执行应用

——限位；

——单位；

——量程转换；

——线性化；

——仿真。

b） 管理

1） 设备状态的评估；

2） 测试；

3） 诊断；

4） 操作模式。

4.1.7 算法描述

对于每个算法，算法描述是按照适当的语言单独完成。例如，用浅显易懂的英语、扩展状态图或GB/T 15969.3—2005的一种语言（如FBD(FB图)或GB/T 15969 ST(结构化文本)）。

行规描述的目的是为了定义一个允许设备标识符的通用规则集，以及设备所支持算法的分类和规范。

4.1.8 输入输出变量及参数定义

表3可被用于对于块参数的描述。该表为描述到块的接口提供了一个模板。该表类似于一个数据字典或一个数据库。

表3 变量和参数描述模板

参数名	描述	数据类型	用户访问 读/写	类别 m/o/c
块类别				

参数名：

在FB内部被访问的变量/参数的标识符。该名称在本规范中有效，但不对市场上的产品构成规范。数据是输入、输出还是参数的决定依赖于应用。

描述：

资料性文本，描述变量/参数的用途。

数据类型：

下列数据类型是概念性的，例如，它们标识了信号类型而不是可实现的数据类型。它们将通过技术行规映射到支持的以下各类数据。

a) 数值（例如，浮点数、实数、长实数和整数）；

b) 列举；

c) 二进制；

d) 字符串(例如，可见字符串、字节字符串)；

e) 数组；

f) 结构。

用户访问读/写：

它规定了变量/参数是否可通过远程设备来改变。

类别 m/o/c：

它规定了变量/参数在块内是否被支持，其状态是：必备m)、可选（o)或有条件的(c)。

当GB/T 21099块映射到其他FB规范时，应被指定的附加参数属性有：

a) 电源故障后被恢复的类应有值N或D，含义如下：

N 表示一个非易失性参数，在通过一次断电再上电的过程后应被记住，但它不属于静态更新代码。

D 表示一个由过程、块计算得到的或由其他块读来的动态参数。

b) 缺省值

表示在对未配置的块初始化过程中被赋给参数的值。

4.1.9 变量和参数选择

包括在块中的块变量、参数和算法应是对算法和设备有意义的。至少，FB应包含在P&ID中已定义的变量和参数。参数名和变量名不是规范性的。

4.1.10 模式、状态和诊断

这些参数管理和表示了通道的性能。它们都可以被报告，但报告机制依赖于技术，所报告的值也包括附加项，如，时间标志、优先权、可能的原因指示等。

模式描述了通道或FB的运行状态，并影响通道内的信号流。如，模式是：手动、自动、本地最优、超出服务。

状态是通道特征的一个方面，它附加有通道内部传送的信息，如，FB 数据输入和数据输出。

设备状态描述了设备的运行状态，并与设备的技术块和应用块交互。它由设备块保持在设备中。

诊断是一个可从算法得到的报告，它评价了通道和设备的内部性能。这些内部评价结果可用于构建通用的测量、控制和执行状态信息。

4.2 块复合

4.2.1 测量通道

技术和应用 FB 沿着过程信号流提供了一个功能链路，并组成一个测量通道，参见图 9。

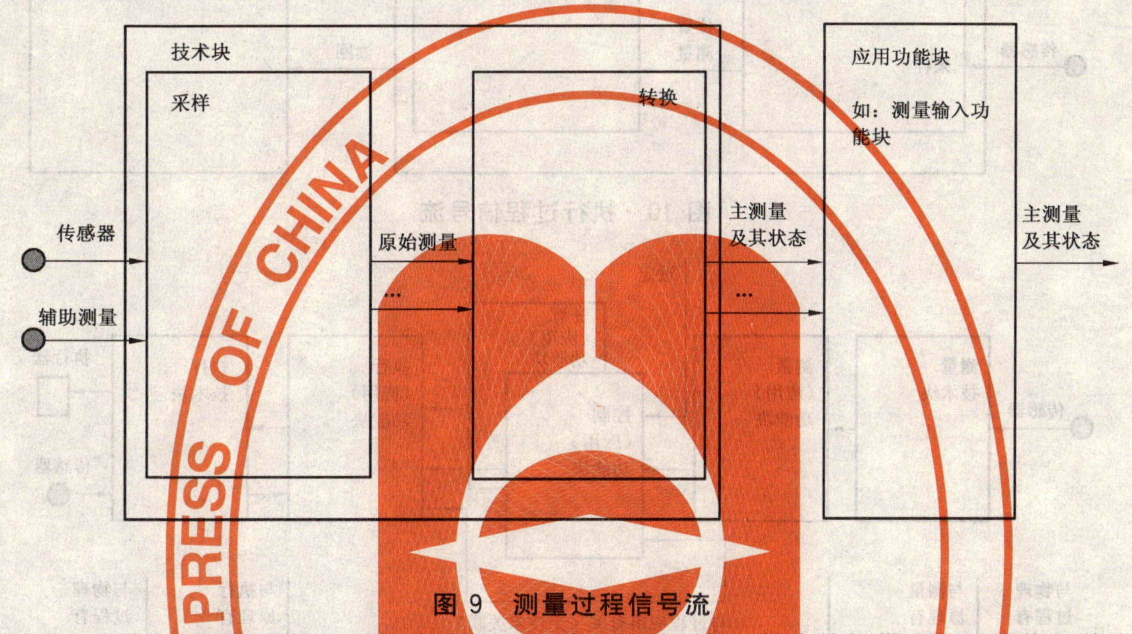

图 9 测量过程信号流

测量也可带有可选择的辅助测量，例如用于补偿的辅助测量。技术块提供了主测量值及其附加状态。另外，技术块也可提供其他输出，如诊断或确认信息。

注：附加的传感器输入也可被技术块采用或转换。

应用 FB 采用了技术块的数据输出和其他内部数据，生成主测量及其附加状态。其附加状态是有从传感器开始的，直到应用 FB 中最后一个功能的信号流中的每个功能来实现的。来自一个技术块的信息被提供给不止一个应用 FB。一个测量通道至少包含一个应用功能块，通道有可能不含技术块。

4.2.2 执行通道

执行通道是完成执行信号流的输出功能，以及为了测量执行器当前位置的附加测量功能（见图 10）。如果没有测量位置的传感器，那么执行器需要的反馈值将使用在转变中确定的值。作为选择，状态值可以是信号流的方向和所涉及实体的信息这两部分。如果主设定值不好，那么主设定值附加状态所携带的信息送到技术块，该执行器就有机会进入故障安全位置。调节值是好是坏，通过反馈值附加状态所携带的信息可了解。一个执行通道至少包含一个应用功能块，通道有可能不含技术块。

4.2.3 应用

一个完整的应用是由测量通道和执行通道一起和控制 FB、计算 FB 组合在一起所支撑，参见图 11。技术块存在技术关联，而其他 FB 无技术关联。一个应用可以有许多不同的实现方法，这些实现方法依赖设备所采用的技术，应用可以仅仅通过测量和执行设备来完成（如，能够完成测量、控制和执行的复合设备），或者由测量和执行设备加上控制器设备以及其他的系统组件来构建。

注：控制器可作一个实例集成到应用中作为一个计算 FB，或者执行设备可以从控制器设备获得在计算 FB 方面的可编程功能。

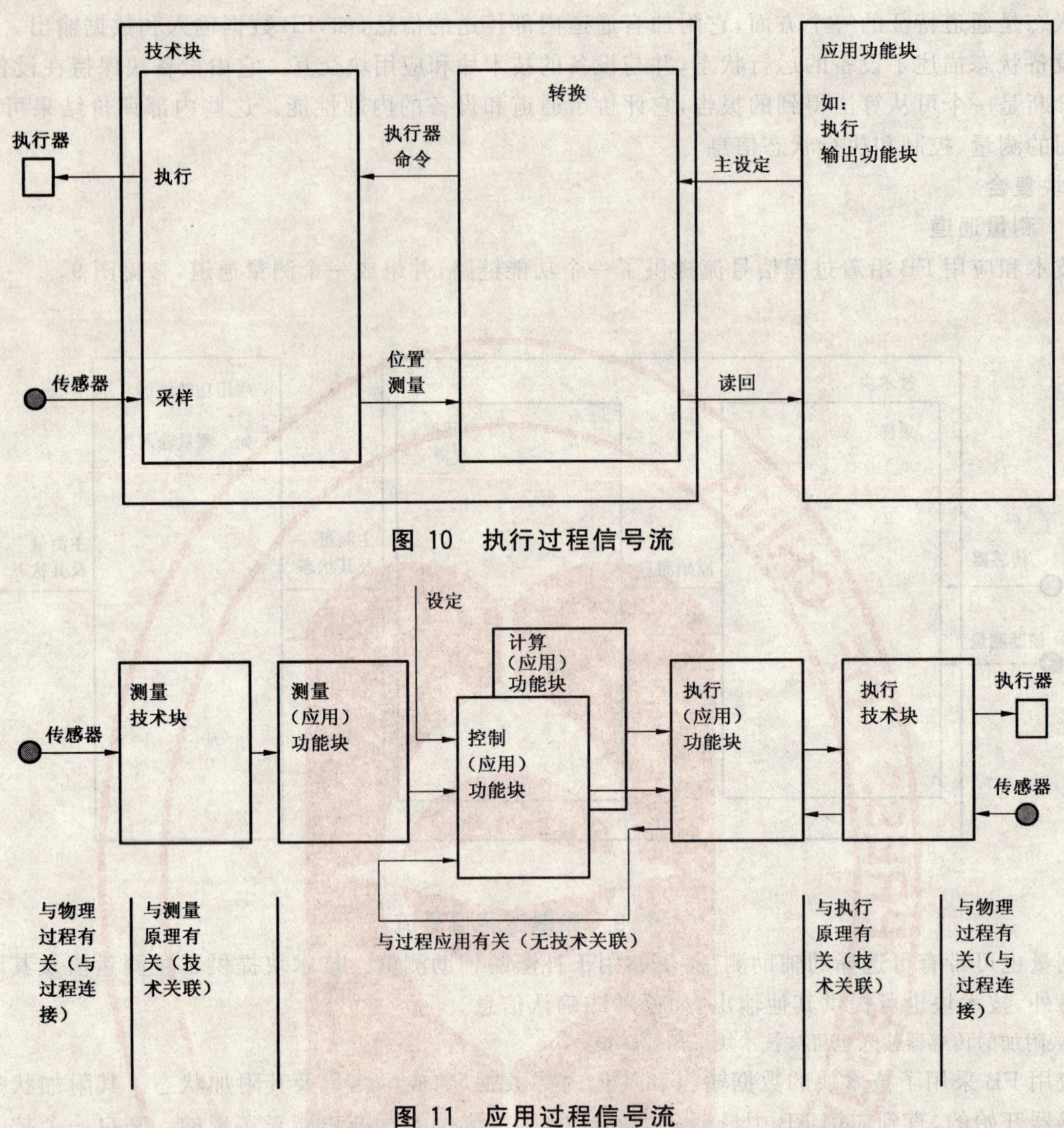

图 10 执行过程信号流

图 11 应用过程信号流

4.3 EDD 和 EDDL 模型

4.3.1 EDD 和 EDDL 总貌

电子设备描述(EDD)包含了自动化系统组件的所有设备参数。用于描述 EDD 的技术称为电子设备描述语言(EDDL),EDDL 提供一套可升级的基本语言元素来处理简单的、复杂的和模块化的设备。EDDL 是一种基于 ASCII 格式的描述语言,在数据和程序之间有清晰的界限。

注:文本域中标记国家代码的数据,如日本,可采用多字节代码。

4.3.2 EDD 体系结构

按 ISO/OSI 模型(GB/T 9387.1—1998)的观点,EDD 在第 7 层之上。然而,EDD 应用会用到通信系统来传递它的信息。EDD 包含了支持映射到所支持通信系统的结构。

设备制造商对该对象的定义,是在 EDD 应用中由该对象的逻辑表示来表现。因为 EDDL 是映射 EDD 数据到通信系统数据表示的语言元素,所以 EDD 用户不需要知道设备对象的物理位置(地址)。

EDD 描述了显示给用户的管理信息。可视具体表示不由 EDD 或 EDDL 定义。

4.3.3 EDD 概念

设备制造商或自动控制系统组件制造商通过使用 EDDL 描述设备的属性。生成的 EDD 包含以下信息:

- 设备参数的描述；
- 参数相关性的描述；
- 设备参数的逻辑分组；
- 所支持设备功能的选择和执行；
- 被传送数据集的描述。

根据所要求的用法，EDD 可以物理定位于：

- 设备
- 外部数据存储介质，例如压缩磁盘、软盘或服务器；
- 分别分布在设备和外部存储介质中。

EDD 支持多种语言（英语、德语、法语等）的文本字符串（公共术语、短语等）。文本字符串可以存储在分离的字典里。一个 EDD 可以拥有多个字典。

关于目标设备的 EDD 包含了该设备充足的信息，如制造商、设备类型、版本等。一个特定的设备匹配一个特定的 EDD。

4.3.4 EDD 开发过程的原则

4.3.4.1 概要

EDD 的创建有 3 个阶段性过程，分别是 EDD 源生成、EDD 预处理和 EDD 编译。

4.3.4.2 EDD 源生成

EDD 源生成见图 12。

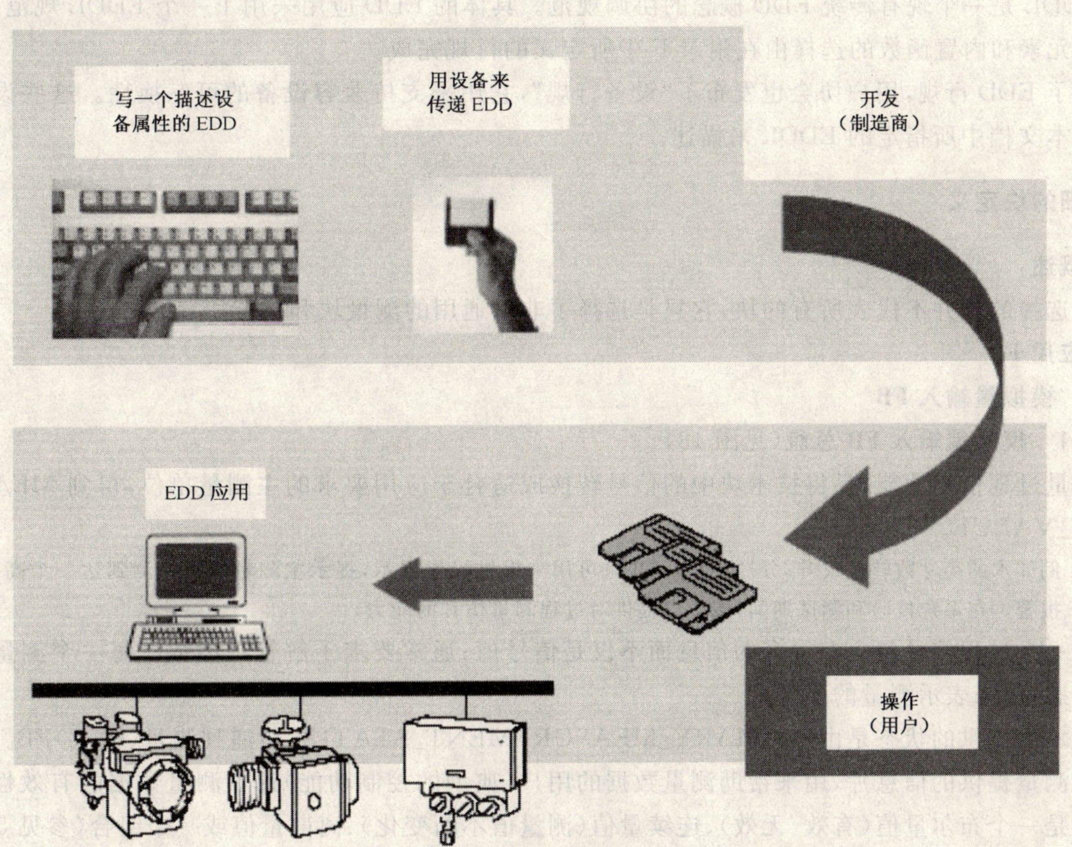

图 12 EDD 生成过程

设备制造商为其设备编写合适的 EDD 并一起提供（EDD 和设备）。如果自动化系统支持 EDD 方法，系统集成可由用户完成。

设备 EDD 应被嵌入到设备存储器中，或者采用分离的存储介质提供，或者可从相应的网络服务器中下载。EDD 由 EDD 的应用来“解释”或“浏览”。EDD 通常被存为源文件或预处理文件。

4.3.4.3 EDD 预处理

在预处理阶段，EDD 预处理程序生成一个适合于最终编译的一致性 EDD 表示。

预处理支持样本、定义的置换和外部文本的包含。预处理程序的输出是一个不带任何预处理指令的完整 EDD。

4.3.4.4 EDD 编译

EDD 编译阶段由预处理 EDD 产生一个 EDD 应用的内部表现，用于 EDD 应用中。

4.3.5 词法结构和形式定义之间的相互关系

EDDL 的词法结构和它的元素在第 9 章中描述。每一个 EDDL 元素的形式定义和语法在 C.6 中给出。词法结构和它的形式描述使用相同的名字。

注：代替 C.6 中所指定的形式定义和语法的其他规范可被发展成附加选项。

4.3.6 内置函数

内置函数是预先定义在 EDD 应用中被执行的子程序。

例如：一个手持终端是一个具有少量显示功能和有限光标功能的简单设备。对于这种设备类型，内置函数可被指定用来提供仅用到了上/下、左/右光标动作的显示条目。

内置函数库的定义详见附录 D。

4.3.7 行规

EDDL 是一个现有传统 EDD 概念的协调规范。具体的 EDD 应用采用了一个 EDDL 规范的子集。EDDL 元素和内置函数的选择由在附录 F 中所定义的行规完成。

除了 EDD 行规，用户协会也发布了“设备行规”，它用来支持兼容设备的可互换性。这些设备行规也采用本文档中所指定的 EDDL 来描述。

5 详细的块定义

5.1 概述

所选择的块并不代表所有的块，它只是选择了非常通用的测量块和执行块。

5.2 应用 FB

5.2.1 模拟量输入 FB

5.2.1.1 模拟量输入 FB 总貌（见图 13）

测量过程信号功能，是将技术块中的信号转换成适合于应用要求的主测量单位，得到 MEASUREMENT_VALUE。

注：例如水的英寸数转换成升/分。并且，该块也可用来提供操作提示，提示主测量值被检测到达一个高报警或低报警。在系统校验和测试期间，该块可提供对过程测量仿真的能力。

每一个过程信号包含有很多的信息而不仅是信号值；通常要求了解管理参数。每一个测量值都有一个状态，用来表示测量的质量。

技术块提供的状态是由 PRIMARY_MEASUREMENT_STATUS 传递到测量（输入）FB。状态是由每个测量提供的信息片，用来帮助测量数据的用户（典型的控制功能）评估测量数据的有效性。例如它可以是一个布尔量值（有效/无效）、连续量值（测量值不断变化）、离散量值或一个组合（参见 5.6.1）。

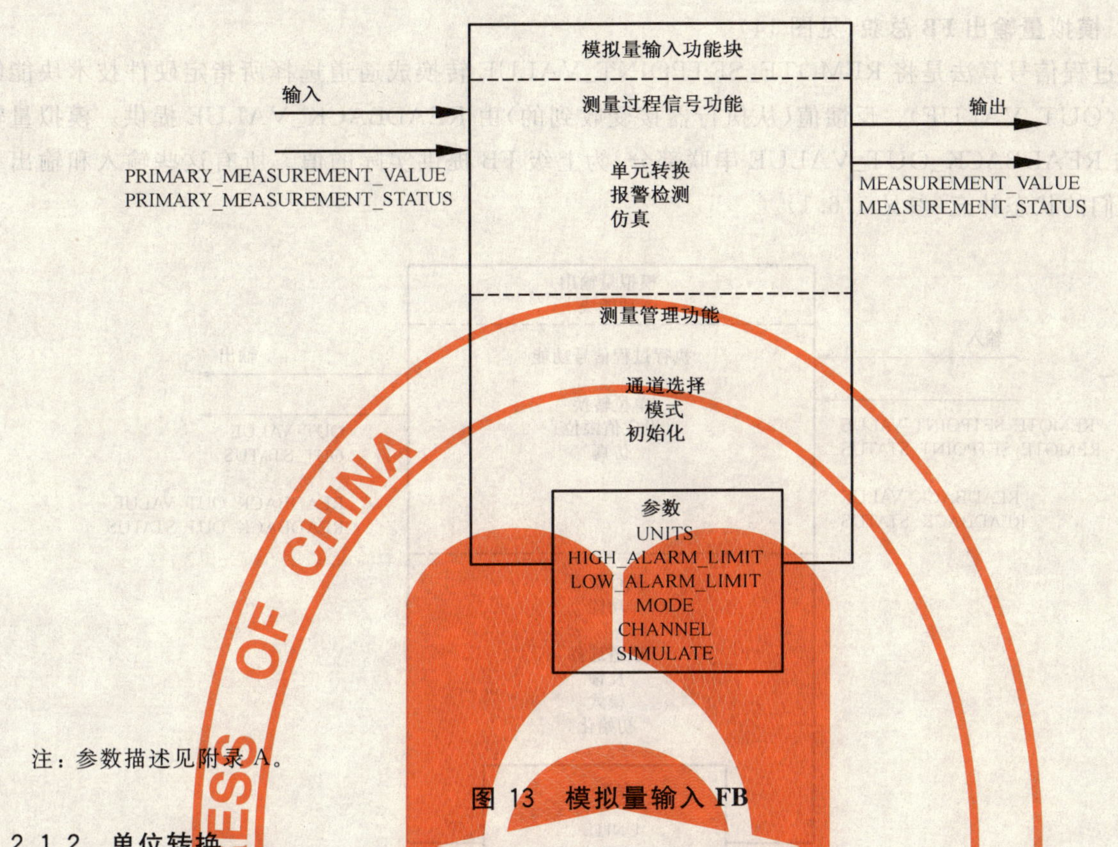

注：参数描述见附录A。

图 13 模拟量输入 FB

5.2.1.2 单位转换

该算法将技术块的信号转换成可理解的值，该值可被操作人员直接使用。

用户使用 UNITS 来选择工程量单位，其中 MEASUREMENT_VALUE 被显示，例如巴或毫巴。

注：该算法也可提供通道和设备运行状态的信息，以帮助诊断的管理动作。

5.2.1.3 报警检测

FB 内部将提供可选的报警检测。

如低报警、高报警、偏差报警、修改报警。

在实现时，LOW_ALARM_LIMIT 和 HIGH_ALARM_LIMIT 的值将与 FB 中的 MEASUREMENT_VALUE 比较，产生一个高和低的报警提示给操作人员。

注：检测报警的报告方法与技术有关，因此没有在本规范中进行描述，也没有在相应的图中表示。

5.2.1.4 仿真

本算法利用 SIMULATE 参数将指定的仿真值代替 MEASUREMENT_VALUE 值。本操作通常用于试运行阶段，调试阶段，或用于测试，并且允许运行中的应用从过程中临时性地分离。

5.2.1.5 通道选择

技术块将用于最终元素的数据。当采用多个技术块时，通道号(CHANNEL)将被定义给测量设备。

5.2.1.6 模式

对于基于 MODE 参数值的测量输入 FB，模式算法确定其输出源。在自动模式，测量算法决定输出。当模式被设为手动，FB 的输出将由其他源设置，例如可由操作人员设置。

5.2.1.7 初始化

初始化算法被用于本块，并在 5.6.3 中描述。

5.2.2 模拟量输出 FB

5.2.2.1 模拟量输出 FB 总貌(见图 14)

执行过程信号算法是将 REMOTE_SETPOINT_VALUE 转换成通道选择所指定硬件技术块能够接受的值(OUT_VALUE)。反馈值(从执行器接受收到的)由 READBACK_VALUE 提供。模拟量输出(FB)与 READBACK_OUT_VALUE 串联部分,为上级 FB 提供实际的值。所有这些输入和输出参数都由它们的状态补充(参见 5.6.1)。

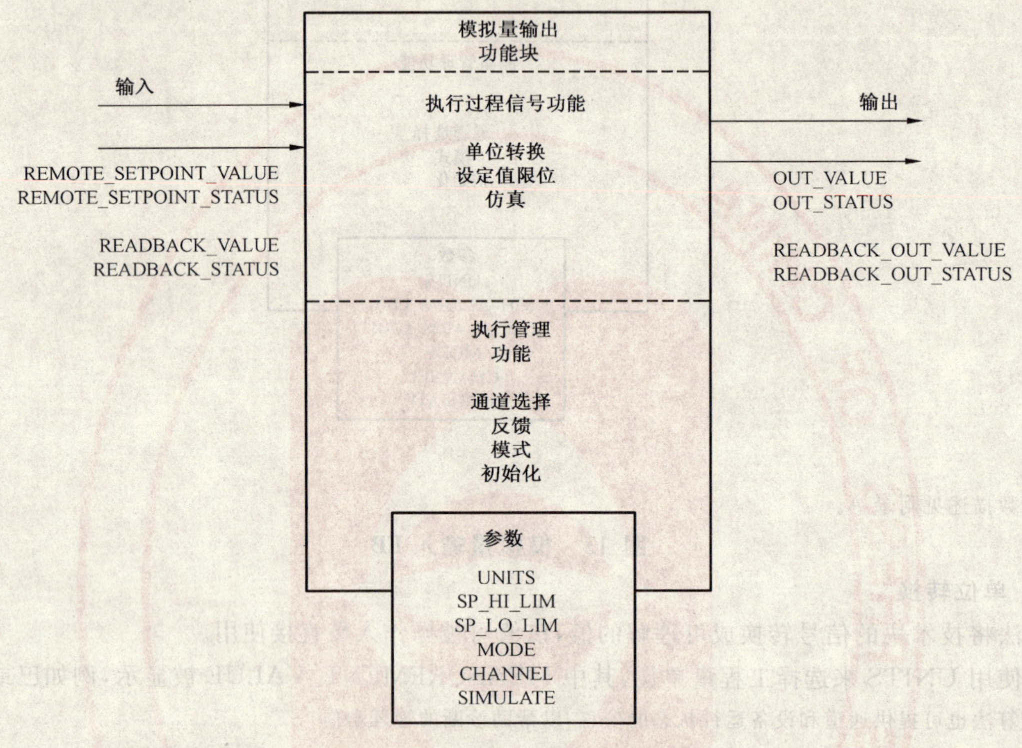

注:参数描述参见附录 A。

图 14 模拟量输出 FB

5.2.2.2 单位转换

本算法将 REMOTE_SETPOINT_VALUE 转换成可以被执行器使用的值。REMOTE_SETPOINT_VALUE 主设定值的 UNITS 定义了设定值的单位。READBACK_VALUE(如实际达到的值或最终要求的值)的单位也在设定值单位中提供。

5.2.2.3 设定值限位

提供给 FB 的 REMOTE_SETPOINT_VALUES,将受限于设定值的低限(SP_LOW_LIM)和高限(SP_HI_LIM)范围限制。

5.2.2.4 仿真

本算法利用 SIMULATE 参数,强制给 READBACK_VALUE 和 READBACK_STATUS 赋值。该仿真可用于对技术块故障等现象仿真。在仿真模式,技术块忽略模拟量执行 FB 输出值并保持上一次的值。本操作通常用于试运行阶段、调试阶段或测试,并且允许运行中的应用从过程中临时性地分离。

5.2.2.5 通道选择

技术块将用于最终元素的数据。当使用多个技术块时,通道号(CHANNEL)将被定义给可调执行器。

5.2.2.6 反馈

本算法给出了在过程中执行器实际值的信息。READBACK_STATUS 信息反映了执行动作值的状态。它可以是一个布尔量值(有效/无效)、连续量值(测量值不断变化)、离散量值或复合值。

5.2.2.7 故障安全

故障安全算法在5.6.4中描述。

5.2.2.8 模式

对于基于 MODE 参数值的调节执行 FB,模式算法确定其输出源。在自动模式,调节执行算法决定输出。当模式被设为手动,FB 的输出将由其他源设置,例如可由操作人员设置。

5.2.2.9 初始化

初始化算法被用于本块,并在5.6.3中描述。

5.2.3 离散量输入 FB

5.2.3.1 离散量输入总貌(见图15)

离散量用来表示,诸如感应式接近开关、光学接近开关、电容式接近开关、超声波接近开关等。当数字量输入状态变化了,离散量输出状态也会变化。

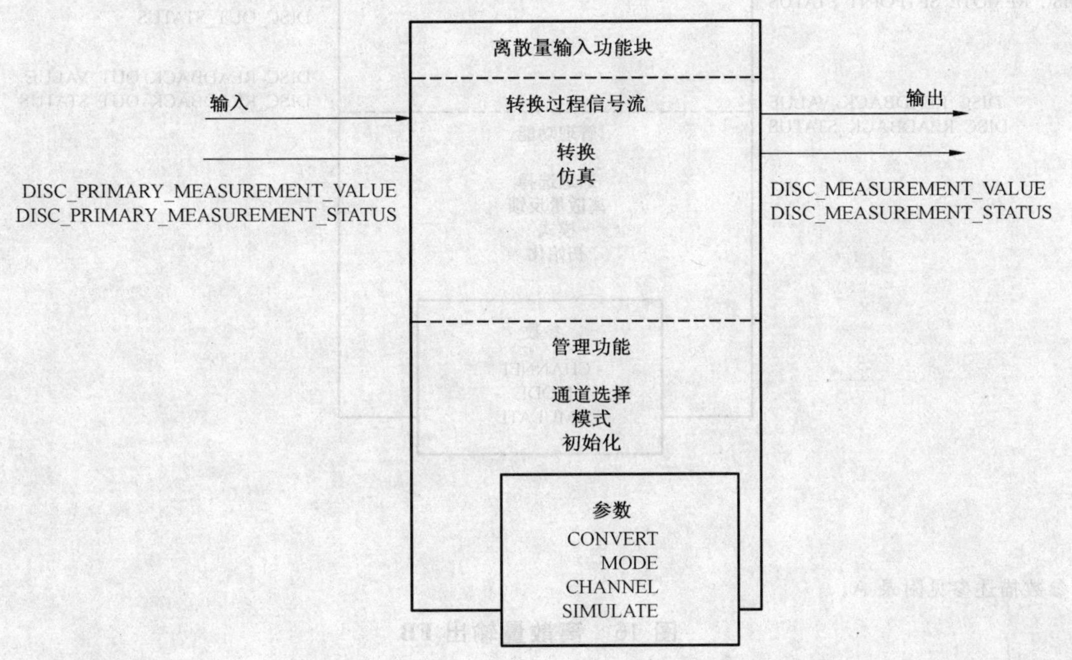

注:参数描述见附录A。

图15 离散量输入 FB

5.2.3.2 转换

本算法将离散量或布尔量测量信号转换成逻辑信号。产生附加有 DISC_MEASUREMEN_STATUS 的 DISC_MEASUREMEN_VALUE。

5.2.3.3 通道选择

技术块将用于最终元素的数据。采用多个技术块时,通道号(CHANNEL)将被定义给离散量检测。

5.2.3.4 仿真

本算法利用 SIMULATE 参数,强制给主离散量赋值。本操作通常用于试运行阶段、调试阶段或测试,并且允许运行中的应用从过程中临时性地分离。

5.2.3.5 初始化

初始化算法被用于本块，并在 5.6.3 中描述。

5.2.4 开/关执行(输出)FB 和离散量输出 FB

5.2.4.1 开/关执行(输出)FB 和离散量输出 FB 总貌(见图 16)

执行过程信号算法是将 DISC_REMOTE_SETPOINT_VALUE 转换成通道选择所指定硬件技术块能够接受的值(DISC_OUT_VALUE)。DISC_READBACK_VALUE 表示了最终元素的目标值。离散量输出 FB 与 DISC_READBACK_OUT_VALUE 串联部分，为上级 FB 提供实际的值。所有这些输入和输出参数都由它们的状态补充(参见 5.6.1)。

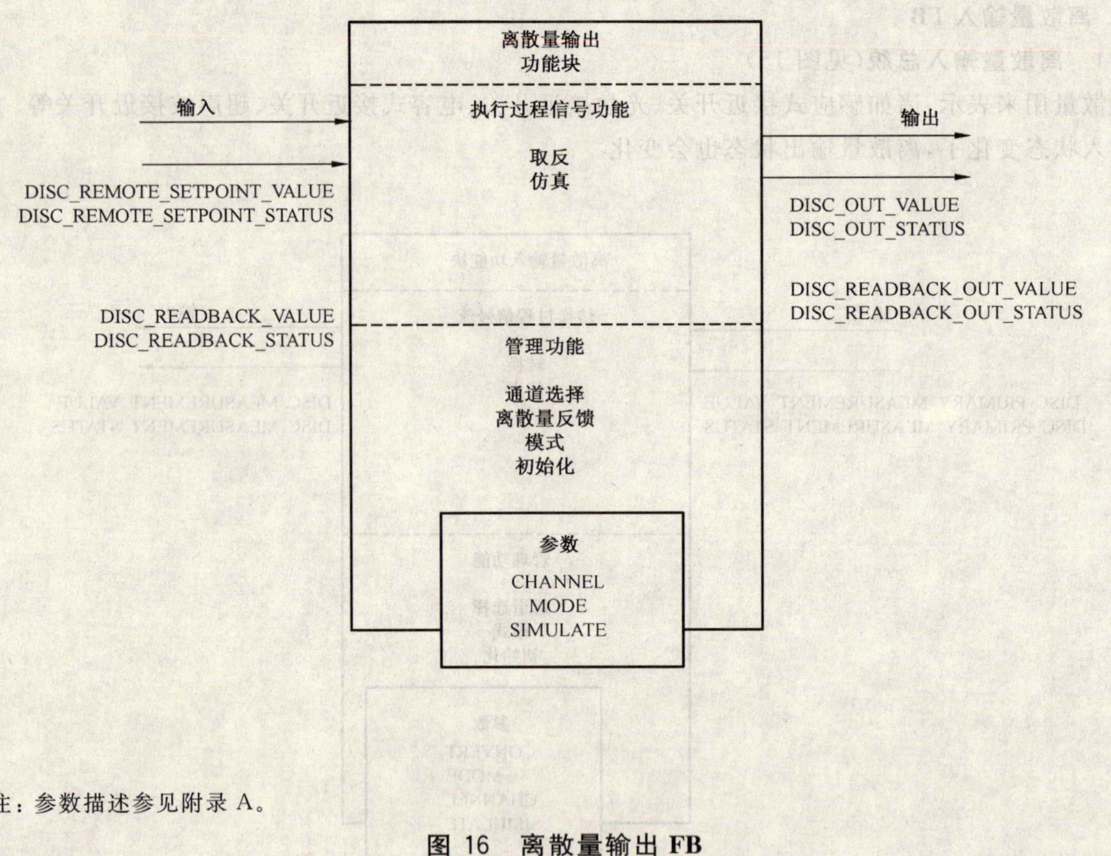

注：参数描述参见附录 A。

图 16 离散量输出 FB

5.2.4.2 取反

有时在转发 DISC_REMOTE_SETPOINT_VALUE 给离散执行命令之前，必须对它取反，这在本算法中完成。

5.2.4.3 仿真

本算法利用 SIMULATE 参数，强制给 DISC_READBACK_VALUE 和 DISC_READBACK_STATUS 赋值。本仿真能用于技术块故障的仿真。在仿真模式，技术块将忽略 DISC_OUT_VALUE 值并保持上一次的值。本操作通常用于试运行阶段、调试阶段或测试，并且允许运行中的应用从过程中临时性地分离。

5.2.4.4 通道选择

技术块将用于最终元素的数据。使用多个技术块时，通道号(CHANNEL)将被定义给可调执行设备。

5.2.4.5 **故障安全**

故障安全算法在5.6.4中描述。

5.2.4.6 **模式**

对于基于MODE参数值的通/断执行FB,模式算法确定其输出源。在自动模式,通/断执行算法决定输出。当模式被设为手动,FB的输出将由其他源设置,例如可由操作人员设置。

5.2.4.7 **初始化**

初始化算法被用于本块,并在5.6.3中描述。

5.2.5 **计算FB**

5.2.5.1 **计算FB总貌**(见图17)

计算FB是作用在输入信号(IN_VALUE_x)上,为其他FB提供应用值(OUT_VALUE_x)。计算FB与READBACK_OUT_VALUE串联部分,为上级FB提供实际的值,同时由下级FB提供READBACK_VALUE。所有这些输入和输出参数都由它们的状态补充(参见5.6.1)。

注:参数的描述见附录A。

图17 计算FB

5.2.5.2 **计算**

本算法基于预先定义好的算法和该FB的输入确定其输出信号。例如对滤波、延迟和输入选择的计算功能。

5.2.5.3 **跟踪**

当FOLLOW参数被激活时(参数为非零值时),跟踪算法允许FB的输出设为输入值,例如该算法可用来初始化一个块或强制计算结果成一个特定的值。

它不是对所有块都适用。

5.2.5.4 **初始化**

初始化算法被用于本块,并在5.6.3中描述。

5.2.6 **控制FB**

5.2.6.1 **控制FB总貌**(见图18)

控制FB是通过一个或多个过程执行输出的调节,使得过程输入(IN_VALUE)达到设定值(SET-

POINT)。过程输入测量值是由一个相应的 FB 通过主输入连接提供。控制 FB 的主输出通过相应的执行 FB 实现调节过程。SETPOINT 定义了在“自动”模式下过程测量值的目标值。下级执行块提供的反馈值和状态可用于初始化和输出受到下级条件限制时去更改控制动作。

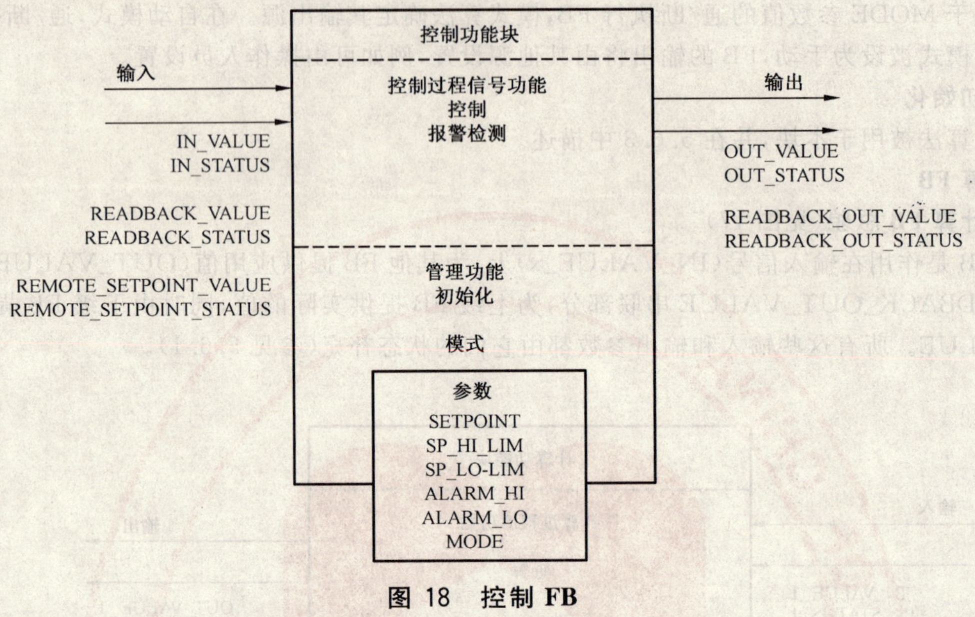

图 18　控制 FB

5.2.6.2　控制

本算法确定了该 FB 的输出值，该输出值要使主输入值达到由 SETPOINT 参数所指定的目标值。SERPOINT 值的变化被限制在高限 SP_HI 和低限 SP_LO 的范围内。当由下级模块提供的反馈输入显示了下级条件限制了该模块输出的调节时，将修正动作。

5.2.6.3　报警检测

报警检测可选。该检测是通过 LOW_ALARM_LIMIT 和 HIGH_ALARM_LIMIT 与该块的主控测量值进行比较来实现的。其产生的结果被用于给操作员高低报警的提示。

注：被检测到报警的传送方法是与技术有关的。因此它不在本规范中描述，也未在相应的图中表示。

5.2.6.4　模式

对于基于 MODE 参数值的控制 FB，模式算法确定其输出源。在自动模式，控制算法决定输出。当模式被设为手动，FB 的输出将由其他源设置，例如可由操作人员设置。

在远程模式时，输出值是由控制算法确定；设定值是由另一个 FB 的 REMOTE_SETPOINT 值输入确定。

5.2.6.5　初始化

当反馈状态显示出过程输入路径不畅通时，FB 的输出将基于反馈值而设定，为下级模式改成远程而提供无扰切换。

5.3　组件 FB

过程控制应用是由上述已定义的应用 FB 来建立的。另外，过程控制应用还包括了按特定应用方式组合的组件 FB，以及用前面章节所描述的复合 FB 类型 FB 封装的组件 FB。异常处理和状态处理是技术所规定的，并是组件 FB 定义的一部分。

5.4　技术块

5.4.1　温度技术块

5.4.1.1　温度技术块总貌

温度技术块算法概括如下：

a）传感器连接；

b) 通道范围/量程；

c) AD 转换；

d) 测试；

e) 诊断；

f) 冷端补偿；

g) 线性化；

h) 滤波；

i) 初始化。

该算法被封装在技术块的采样部分和转换部分中(参见图 19)

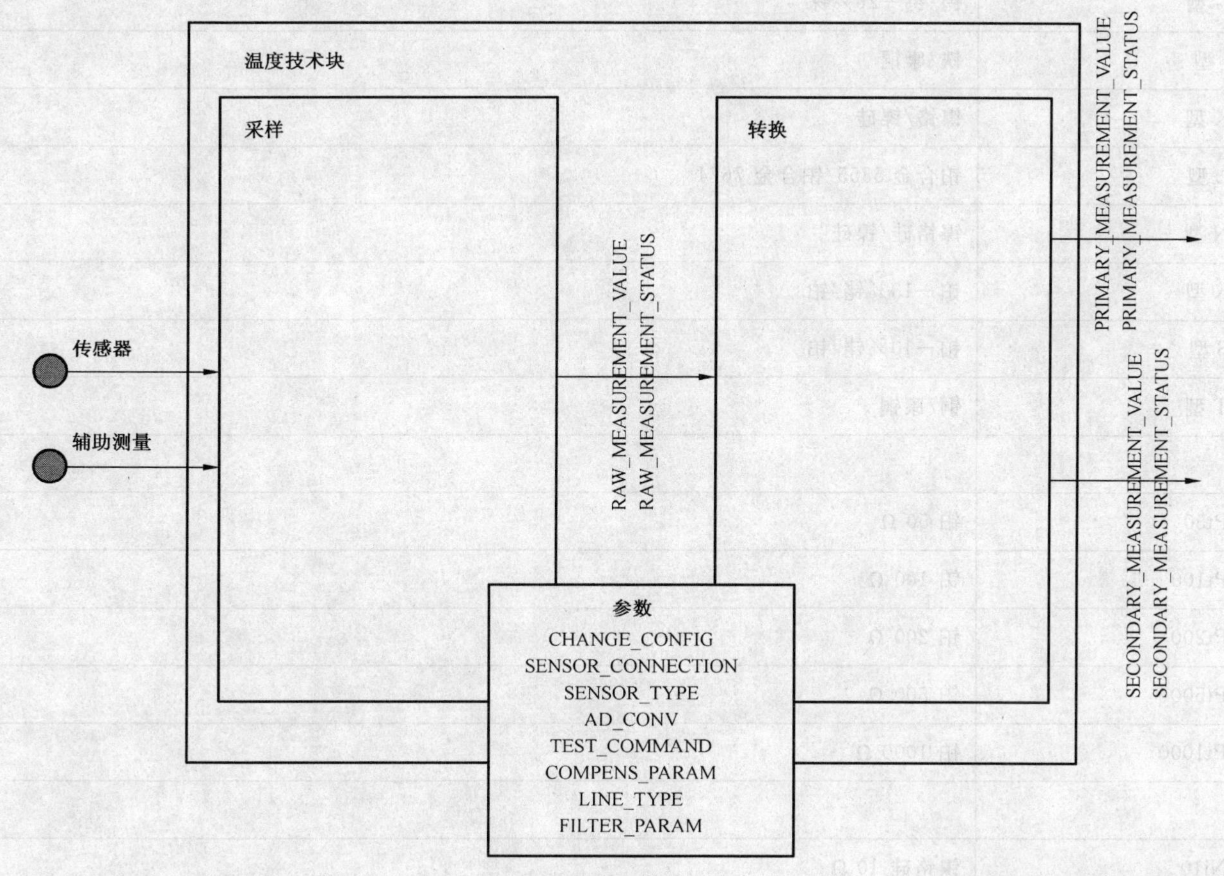

图 19 温度技术块

5.4.1.2 温度采样功能

5.4.1.2.1 传感器连接

过程信号直接连接到该接口模块。

有可能用 2、3、4 根线连接热电阻，补偿是由 SENSOR_CONNECTION 参数来选择。

如果有短路或断路，本算法将检查传感器的连接和信号故障。接线检查功能是通过 CHAN_CONFIG 组态来使能/失效。

5.4.1.2.2 通道范围

本算法选择被连接设备上的传感器类型。按照对 SENSOR_TYPE 的组态，必须要区分：

——电气范围(±10 V,0…10 V,0…5 V,1…5 V,0…20 mA 或 4…20 mA)；

——热电偶；

——温度探头。

表 4 给出了几种传感器类型的例子。

表 4 Sensor_Type 的温度传感器示例

符号	描述
B 型	铂－30%铑/铂－6%铑
C 型	钨－5%铼/钨－26%铼
D 型	钨－3%铼/钨－25%铼
E 型	镍铬/康铜
G 型	钨/钨－26%铼
J 型	铁/康铜
K 型	镍铬/镍硅
L 型	铂合金 5355/铂合金 7674
N 型	镍铬硅/镍硅
R 型	铂－13%铑/铂
S 型	铂－10%铑/铂
T 型	铜/康铜
Pt50	铂 50 Ω
Pt100	铂 100 Ω
Pt200	铂 200 Ω
Pt500	铂 500 Ω
Pt1000	铂 1000 Ω
Ni10	镍铬硅 10 Ω
Ni50	镍铬硅 50 Ω
Ni100	镍铬硅 100 Ω
Ni120	镍铬硅 120 Ω
Cu10	铜 10 Ω
Cu25	铜 25 Ω
Cu100	铜 100 Ω

注：温度范围可以是被选择热电偶或温度探头的缺省范围，该缺省范围是按被选择热电偶或温度探头整个范围的 10%来定义。(例如，－600℃～＋11 000℃是镍铬硅 1000 探头总范围的十分之一。)

5.4.1.2.3 **A/D 转换**

按照组态时的参数设置，将输入测量值模拟信号数字化(ADCONV)。

5.4.1.2.4 **测试**

为了评估正确的操作，多数测试策略都是可行的，如，切换传感器输入到参考信号输入，并检查技术块的输出与期望值的差异。

测试结果要提交给状态信息处理。

测试期间，建议连接的应用块输出保持以前的值或真实电流值的“最佳估计值”。

该算法由 TEST_COMMAND 参数启动，它是可选择的，并且该算法的实现方法由制造商特定。

5.4.1.2.5 **诊断**

本算法是设备专用于评估相关通道的内部性能的。内部评定结果用来构成通用的测量状态信息。技术规定的报告机制为维护计划的制定提供了依据性的状态信息。

5.4.1.3 **初始化**

初始化算法被用于本块，并在 5.6.3 中描述。

5.4.1.4 **温度转化功能**

5.4.1.4.1 **冷端补偿**

热电偶产生的电压需要参考端的值进行补偿。COMPENS_PAMAR 定义了补偿类型。冷端补偿的类型可以是内部的，也可以是外部的(内部：设备自身通过一个内部装好的传感器来测量参考端温度)。

5.4.1.4.2 **线性化**

热电偶和 RTD 的值是不规则的，要在内部校正。线性化的完成是根据 GB/T 2614—1998 和关于热电偶曲线的引用标准 DIN 43710。作为选择，制造商应提供额外的用户定义线性化。LINE_TYPE 定义了线性化曲线的系数。

5.4.1.4.3 **滤波**

滤波是在测量不平滑并需要补偿时被执行。

为了滤波的效果，采用 FILTER_PARAM，滤波的效果可以被选择。例如：1s、2s、5s 等。

5.4.1.4.4 **初始化**

初始化算法被用于本块，并在 5.6.3 中描述。

5.4.2 **压力技术块**

5.4.2.1 **压力技术块总貌**

压力技术块算法概括如下：

a) 传感器连接；
b) 通道测量范围/定标；
c) 传感器校准；
d) 测试；
e) 诊断；
f) 线性化；
g) 滤波；
h) 温度补偿；
i) 初始化。

算法被封装在技术块的采样和转换部分(参见图 20)。

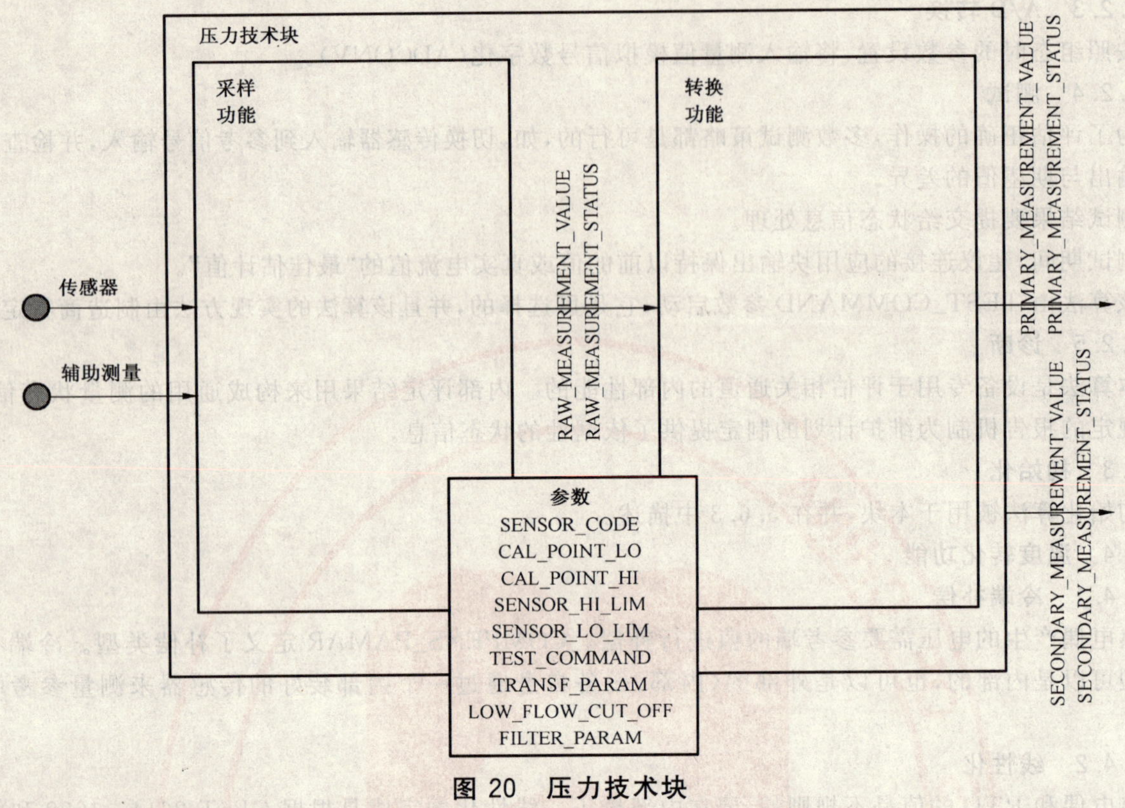

图 20 压力技术块

5.4.2.2 压力采样功能

5.4.2.2.1 传感器连接

有可能连接不同的压力或差压传感器到变送器上。补偿是由参数 SENSOR_CODE 根据测量原理来选择。

5.4.2.2.2 通道范围定标

本算法选择了测量值被提供给用户的显示格式。SENSOR_HIGH_LIM 和 SENSOR_LO_LIM 参数定义了传感器能被指示的最大值和最小值。

5.4.2.2.3 传感器校准

刻度过程是用来结合所采用的输入来匹配通道值。传感器自身的校准是不变的,因为那是工厂的工序。4 个参数被定义来组态该过程:CAL_POINT_HI、CAL-POINT_LO、SENSOR_HI_LIM、SENSOR_LO_LIM。CAL_ * 为传感器定义了最高和最低的校准值。

5.4.2.2.4 测试

为了评估正确的操作,很多测试策略都是可能的,如,切换传感器输入到参考信号并对应期望值检查技术块的输出。

测试提供给状态信息处理。

测试期间,推荐连接 AB 的输出值保持以前的值,或保持另外的实际电流值“最佳预估”。

该算法由 TEST_COMMAND 参数启动,它是可选择的,并且它的实现由制造商指定。

5.4.2.2.5 诊断

本算法是设备指定来评估相关通道的内部性能。内部评定结果用来构建通用的测量值状态信息。技术指定的报告机制提供了依据状态信息给维护计划。

5.4.2.2.6 初始化

初始化算法被用于本块,并在 5.6.3 中描述。

5.4.2.3 压力转换功能块

5.4.2.3.1 线性化

压力传感器的值是不规则的,并在内部补偿。通常,线性化是在工厂实现以满足初始精度。如果压力变送器被用于流量和液位，额外的线性化是采用 TRANSF_PAMAR 参数来实现。平方根函数以及用户定义线性化表可被选用。LOW_FLOW_CUT_OFF 参数为流量测量的最低层度确定了起始点。

5.4.2.3.2 **滤波**

根据 FILTER_PAMAR 选择滤波值(无滤波、小信号滤波、平均值滤波、大信号滤波)。滤波是在测量值线性化和补偿中完成。

5.4.2.3.3 **温度补偿**

通常液体或气体的压力依赖于它们的温度。被测的压力值是用相应的温度值并采用本算法来补偿。

5.4.2.3.4 **初始化**

初始化算法被用于本块，并在 5.6.3 中描述。

5.4.3 **可调执行技术块**

5.4.3.1 **可调执行技术块总貌**

可调执行的基本算法和参数概括如下。由于该功能不包含详细的技术细节，所以阀门和电机驱动都被代表：

a) 放大；

b) 反馈值测量；

c) 输出限位；

d) 故障安全；

e) 诊断；

f) 测试；

g) 线性化。

带有输入(左)、输出(右)、参数(底部)的图形表示被采用。

注：输入和输出是逻辑连接，从自动化应用(过程控制)或过程自身来看，它们并不总是表示信号的流向。

算法被封装在技术块的采样和转换部分内(参见图 21)。

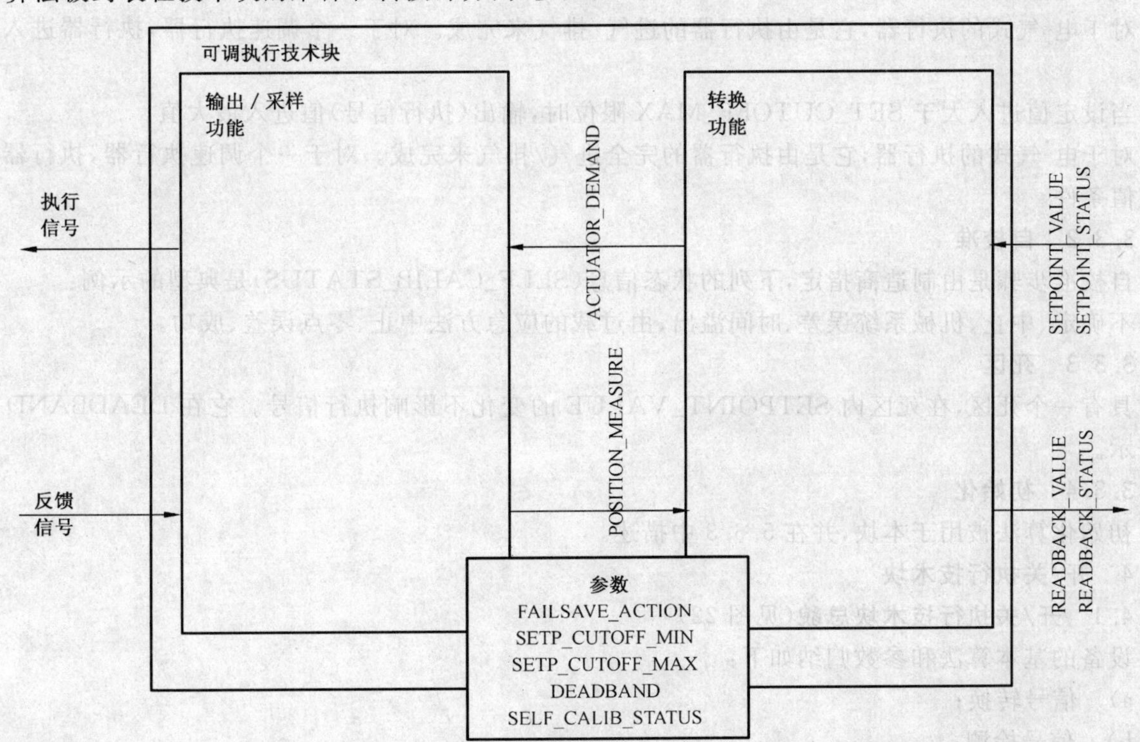

图 21 可调执行技术块

5.4.3.2 提供和采样功能

5.4.3.2.1 放大

该块为最终的元素(例如阀或电机)提供了一个来自于 ACTUATOR_DEMAND 信号作为输出(执行信号)。在响应了这个从 AB 发送到技术块(SETPOINT_VALUE)的执行命令输出后,最终元素就改正了过程。

5.4.3.2.2 反馈测量值

该块从最终元素测量实际的反馈信号,并转换它到技术块的转换部分(POSITION_MEASURE)。

5.4.3.2.3 故障安全

故障安全算法在 5.6.4 中描述。

5.4.3.2.4 测试

为了评估正确的操作,很多测试策略都是可能的,如,在一个已定义的范围内驱动执行器并检查所测量到的值。

测试提供给状态信息处理。

测试期间反映实际动作的输出被推荐。

该算法由 TEST_COMMAND 参数启动,它是可选择的,并且它的实现由制造商指定。

5.4.3.2.5 诊断

本算法是设备指定来评估相关通道的内部性能。内部评定结果用来构建通用的测量值状态信息。技术指定的报告机制提供了附加状态信息给维护计划。

5.4.3.2.6 初始化

初始化算法被用于本块,并在 5.6.3 中描述。

5.4.3.3 转换功能

5.4.3.3.1 输出限位

当设定值进入低于所定义的 SET_CUTOFF_MIN 限位时,输出(执行信号)值进入最小值。

对于电-气式的执行器,它是由执行器的进气/排气来完成。对于一个调速执行器,执行器进入停止条件。

当设定值进入大于 SET_CUTOFF_MAX 限位时,输出(执行信号)值进入最大值。

对于电-气式的执行器,它是由执行器的完全进气/排气来完成。对于一个调速执行器,执行器进入全速值条件。

5.4.3.3.2 自校准

自校准步骤是由制造商指定,下列的状态信息(SELF_CALIB_STATUS)是典型的示例:

不确定、中止、机械系统误差、时间溢出、由过载的应急方法中止、零点误差、成功。

5.4.3.3.3 死区

具有一个死区,在死区内 SETPOINT_VALUE 的变化不影响执行信号。它在 DEADBAND 参数中表示。

5.4.3.3.4 初始化

初始化算法被用于本块,并在 5.6.3 中描述。

5.4.4 开/关执行技术块

5.4.4.1 开/关执行技术块总貌(见图 22)

设备的基本算法和参数归纳如下:

a) 信号转换;

b) 信号检测;

c) 自校准;

d) 计数限制;

e) 故障安全；

f) 测试；

g) 诊断；

h) 初始化。

含输入(左)、输出(右)、参数(底部)的图形表示被采用。

注：简单或复杂的实现是采用了不同的技术。

5.4.4.2 技术/提供和采样功能

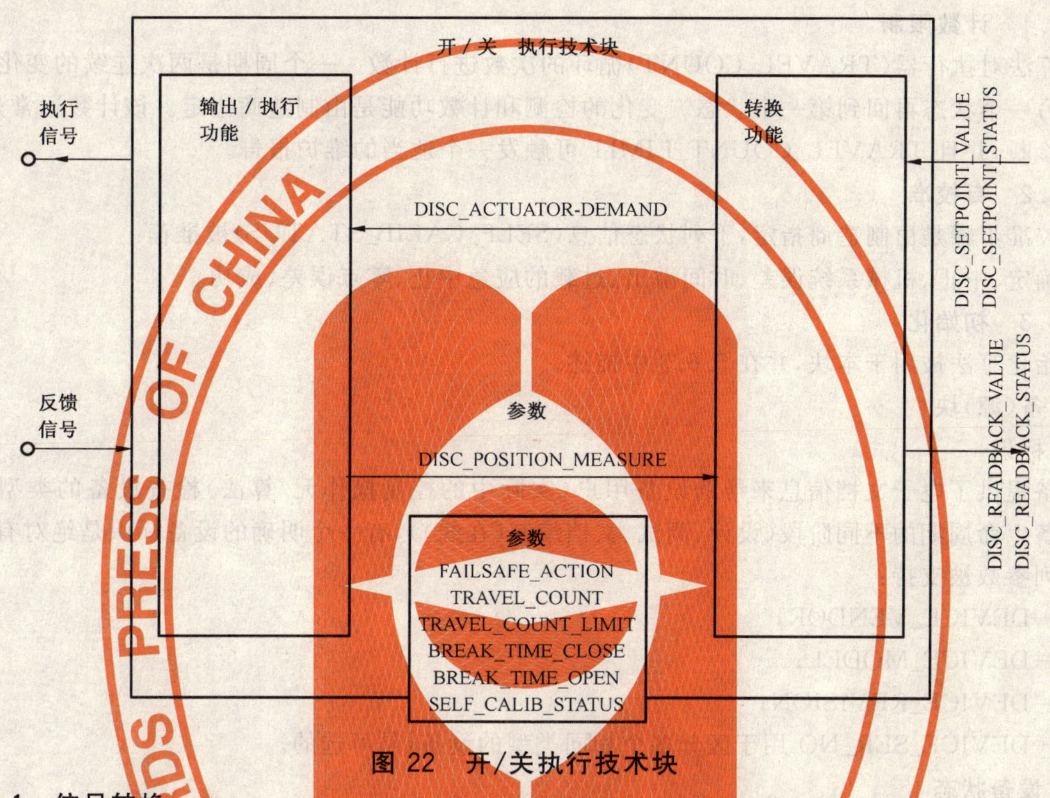

图 22 开/关执行技术块

5.4.4.2.1 信号转换

这个块将一个两种状态的信号(离散执行信号)作为输出，从 DISC_ACTUATOR_DEMAND 提供给最终的元素(如继电器或阀)。在响应了从应用块发送到技术块(DISC_SETPOINT_VALUE)的离散执行命令后，最终元素就改正了过程。

5.4.4.2.2 信号检测

该块从最终的元素接收实际的命令状态(例如，离散的位置状态)，并转换它到技术块(DISC_POSITION_MEASURE)的转换部分。

5.4.4.2.3 中断时间

执行器需要一个确定的时间周期来切换。技术块的中断时间功能通过参数 BREAK_TIME_CLOSE 和 BREAK_TIME_OPEN，在一个新的 DISC_SETPOINT_VALUE 和 DISC_ACTUATOR_DEMAND 的改变之间，提供了一个可调死区时间。

5.4.4.2.4 故障安全

故障安全算法在 5.6.4 中描述。

5.4.4.2.5 测试

为了评估正确的操作，很多测试策略都是可能的，如，切换执行器开、关并检查实际所达到的位置。测试提供给状态信息处理。

测试期间反映实际动作的输出被推荐。

该算法由 TEST_COMMAND 参数启动，它是可选择的，并且它的实现由制造商指定。

5.4.4.2.6 诊断

本算法是设备指定来评定相关通道的内部性能。内部评定结果用来构建通用的测量值状态信息。技术指定的报告机制为维护计划提供了可依据的状态信息。

5.4.4.2.7 初始化

初始化算法被用于本块，并在 5.6.3 中描述。

5.4.4.3 转换功能

5.4.4.3.1 计数限制

该算法对执行器(TRAVEL_COUNT)循环的次数进行计数。一个周期是两次连续的变化，从一个状态到另一个状态再回到第一个状态。变化的检测和计数功能是由制造商指定。该计数通常是内部用来辅助诊断，并且 TRAVEL_COUNT_LIMIT 可触发一个适当的维护报告。

5.4.4.3.2 自校准

自校准步骤是由制造商指定，下列状态信息(SELF_CALIB_STATUS)被推荐：

不确定、中止、机械系统误差、时间溢出、过载的应急中止、零点误差、成功。

5.4.4.3.3 初始化

初始化算法被用于本块，并在 5.6.3 中描述。

5.5 设备(源)块

5.5.1 标识

设备提供了电子文档信息来帮助设备用户(实际中的控制操作元/算法)检查设备的类型和版本。对于设备生命周期的不同阶段(设计、调试、文档编制(在线))，有一个明确的设备标识是绝对有必要的。因此下列参数被支持：

——DEVICE_VENDOR；

——DEVICE_MODEL；

——DEVICE_REVISION；

——DEVICE_SER_NO 用于区分多个相同类型的设备，是可选的。

5.5.2 设备状态

设备的综合状态被用来帮助设备用户评估设备的剩余容量和采取相应的策略。

该状态称为 DEVICE_STATUS。

作为一个示例，下列状态模型被提供来帮助理解相应的设备行为。行为是采用状态表(见表 5)、Harel 状态模型(见图 23)和转换表(见表 6)来描述。

表 5 设备状态的状态表

状态	描述
网络执行	设备的初始状态。对于正常操作，设备能够响应网络命令，处理器处于运行中
网络故障	设备的正常操作不可用，因为设备的功能不能通过网络访问
应用执行	应用的初始状态。设备可用于操作(正常、测试和故障检测)
正常	设备可用于正常操作，包括诊断检测和过程报警的报告
自动	设备按照所有的算法(定标、滤波、限位检查、工程量单位转换)处理来自变送器的值
手动	该状态用于强制主测量值成一个已指定的值
学习	设备在执行一些参数的自调整(例如，功能阈值)。该状态是可选项，它依赖于设备
故障	设备不能用于正常操作。在该状态内，将会报告故障状态的附加子类，例如：诊断、事件时间标记、维护优先级
测试	设备在执行测试。该状态是可选的，它依赖于设备

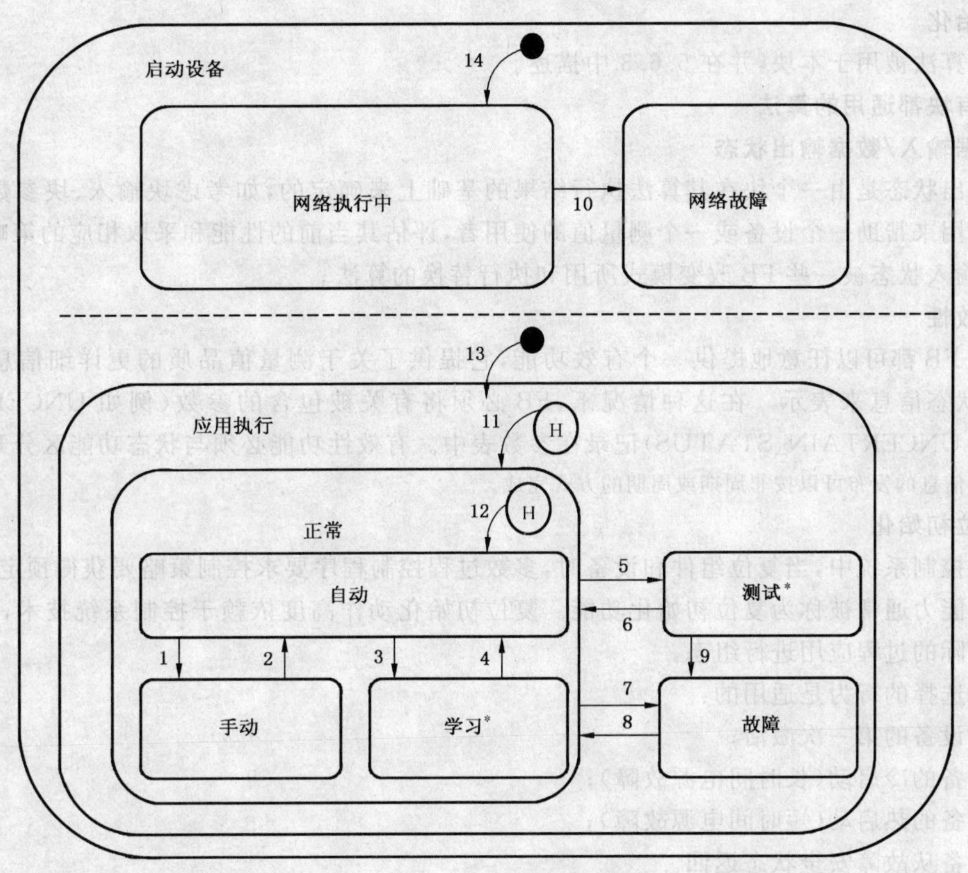

* 可选择的。

图 23 Harel 状态图

表 6 设备状态转换表

转换	开始状态	结果状态	描述
1	自动	手动	带操作模式“Manual”的控制命令被设备接收
2	手动	自动	带操作模式“Automatic”的控制命令被设备接收
3	自动	学习	不是对所有设备都是强制性的
4	学习	自动	不是对所有设备都是强制性的
5	正常	测试	不是对所有设备都是强制性的
6	测试	正常	不是对所有设备都是强制性的
7	正常	故障	一个故障被检测到
8	故障	正常	故障复位
9	测试	故障	不是对所有设备都是强制性的
10	网络执行	网络故障	通讯口故障,处理器故障
11	应用执行	正常或启动前的状态	应用初始化以提供诊断和报警信息
12	正常	自动或启动前的状态	应用当前运行在自动、或者学习、或者手动状态,并恢复对应设备数据的状态
13	电源关	应用执行	设备应用初始化
14	电源关	网络执行	通信初始化

5.5.3 报文

在设备的生命期限内,设备提供存储空间来贮存出现的用户信息。用户如服务人员或维护人员,在该参数内写入文本信息。如,它可被用于文档化的用途。

5.5.4 初始化

初始化算法被用于本块,并在5.6.3中描述。

5.6 对所有块都通用的算法

5.6.1 数据输入/数据输出状态

综合输出状态是由一个块在其算法执行结果的基础上来确定的,如考虑块输入、块参数、诊断和设备状态。它用来帮助一个设备或一个测量值的使用者,评估其当前的性能和采取相应的策略。

例如,输入状态被一些FB改变模式所用和执行替换的算法。

5.6.2 有效性

每一个FB都可以任意地提供一个有效功能,它提供了关于测量值品质的更详细信息,然后用输入/输出的状态信息来表示。在这种情况下,FB必须将有关被包含的参数(例如UNCERTAINTY_VALUE和UNCERTAIN_STATUS)记录在参数表中。有效性功能必须与状态功能区分开。

注:有效信息的发布可以按非周期或周期的方式完成。

5.6.3 复位初始化

在过程控制系统中,当复位组件和设备时,多数过程控制程序要求控制策略要获得预定义的初始化动作。这种能力通常被称为复位初始化功能。复位初始化动作高度依赖于控制系统技术,并且通常被单独针对实际的过程应用进行组态。

下列可选择的行为是适用的:

——新设备的第一次激活;

——设备的冷启动(长时间电源故障);

——设备的热启动(短时间电源故障);

——设备从故障安全状态返回。

注1:它可作为设备管理、FB管理、模式和应用的一部分来实现。如,当技术块输入(通道)没有被组态时(如,技术块输入(通道)没有被连接到FB的输出),输出技术块包括对输入(通道)参数和关联块功能已定义好的缺省值,以驱动输出硬件到未通电的状态。

注2:物理设备由设备块来表示,设备初始化为物理设备的可视性初始化。

5.6.4 故障安全

多数过程控制应用中,对于控制策略和设备在过程控制系统策略、组件或设备故障的事件中,所采取的安全预定义动作是临界的。这种能力通常被称为故障安全功能。下列可选的行为是适用的:

——当源故障安全命令被置位时,将导致源中的相应技术和FB执行它们已定义的故障安全功能;

——同样,当源的故障安全失效命令被置位时,将失效该源中的所有故障安全动作;

——系统中的与其他设备或源通信失败的检测,将启动故障安全命令。

实际所采取的预定义动作主要依赖于过程应用,故障安全功能执行的精确实现主要依赖于控制系统技术。

例如,一些技术和应用的技术块包含了能为设备硬件和与源相关块提供故障安全动作的参数和功能。在行规示例中,故障安全失效是用硬件跳线来激活的,当故障安全失效被激活,该源发送故障安全被失效的提示给系统中其他相应的源。

例如,一些技术和应用的技术块包含了能为与该块相关的设备硬件提供故障安全动作的参数和功能。如,一个行规中的技术块将在检测到坏的通道或硬件值时,执行预定义的故障安全动作,该技术块也将在接收到一个源块故障安全命令时,执行预定义的故障安全动作。

例如,一些技术和应用中的控制、计算和输出FB,包含有提供块内控制功能故障安全动作的参数和功能。如,技术行规中的FB在检测到坏的输入、输出和转换值时,将执行预定义的故障安全功能。当接收到源的故障安全命令时,该FB也将执行预定义的故障安全功能。当故障安全被激活,这些FB通过它们自己的源给系统中相应的源发送故障安全提示。

5.6.5 远程串联初始化

一个控制块的输出值可连接到一个输出或控制块的远程设定值。当块的模式参数被设置成远程串联时，下游块将设置它的设定值成远程设定值输入值。为了防止块的设定值在模式从自动或手动转换到远程串联时发生变化，提供远程设定值的块的输出值必须与该设定值匹配。为了允许该协调，下游块的反馈输出值和状态值被连接到上游块的反馈值和状态值。反馈输出值必须反映块的设定值或IN_VALUE值。反馈输出状态反映了模式和初始化状态。同样，控制块输出状态应反映块基于反馈输入值的动作。

当控制块反馈状态表明下游块不在串联模式时，那么它的输出值将设成反馈值。当下游块转换到串联模式时，那么它的反馈状态表明了初始化被要求。只有当控制块已经完成了初始化要求的动作后，它的输出状态才表明初始化已经完成。一旦远程输入状态表明初始化已经完成，那么块就必须将设定值设成远程设定值，并在它的反馈输出状态中提供一个表明正常操作的状态。

6 FB 环境

FB环境是由附加对象和4.1.4中所定义类型以外的附加块类型来构成，这些对象和块是：

——链接块；

——报警块；

——趋势块。

注：FB环境非常依赖于平台和技术。

7 对系统管理的映射

对系统管理的映射是有关IEC 61158的公开出版物，因此它不在本规范中完成。

注：现场总线的特殊解决方案可定义它们自己的映射，无需改变本部分中的定义。

8 对通信的映射

为了提供通信网络系统的映射，必须用到ISO OSI参考模型，图24所示关于应用表现的模型被采用。

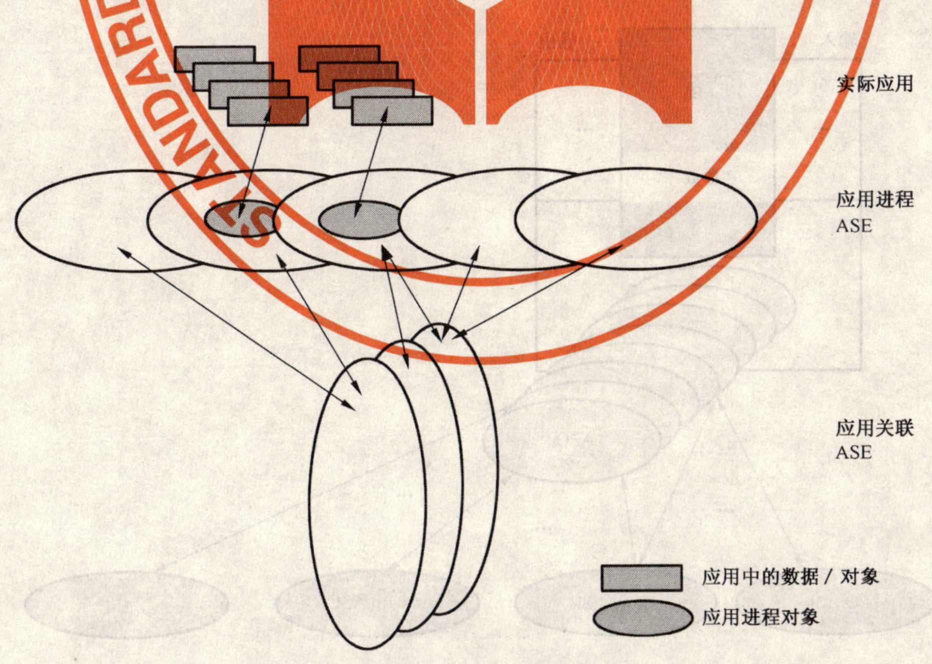

图24 ISO OSI参考模型的应用结构

实际的应用数据输入、数据输出、参数和对象是通过被称为应用进程对象(APO)的对象来表示，APO是由被称为应用进程的应用服务实体(AP ASE)来管理(参见OSI参考模型)。这些AP ASE是通过被称为应用关联ASE来通信。

例如，客户机/服务器关系被建模成如图25所示。

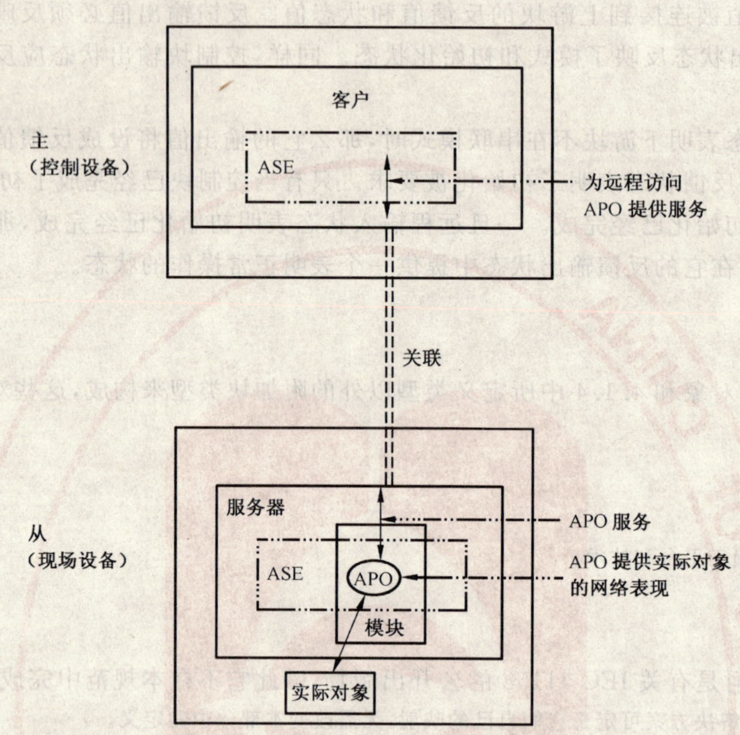

图25 参照OSI参考模型的客户机/服务器关系

IEC 61158完全采用该模型。因此映射也必须使用相同的该模型。

提倡的映射规则如下(参见图26)：

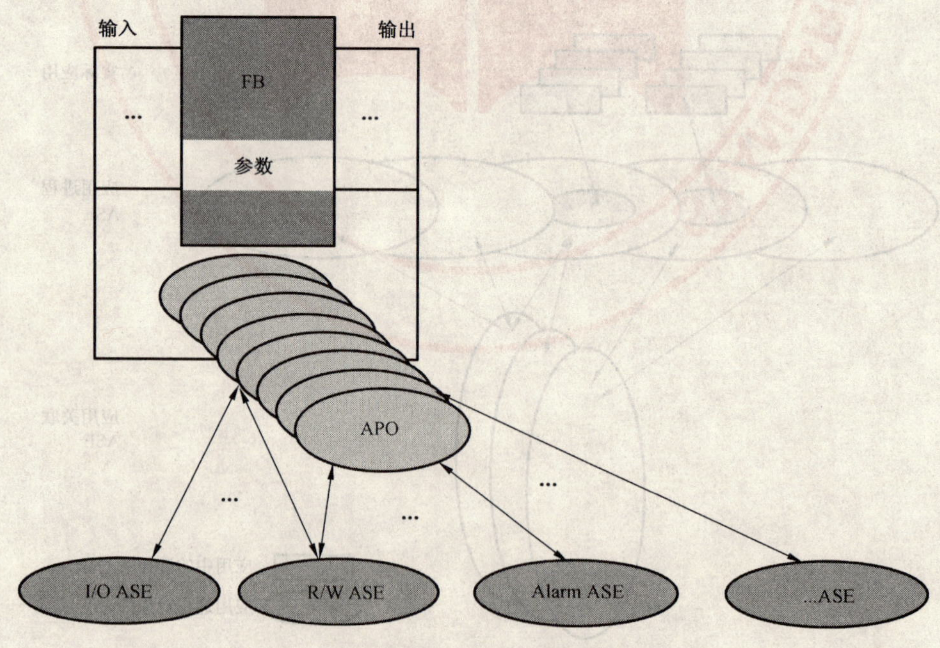

图26 GB/T 21099 FB到APOs的映射

- 输入、输出、参数和块自身应能映射到相应的APO；
- 对于每一个APO所允许的ASE必须已被定义。每一个APO有多个ASE是可能的。

对IEC 61158的一种现场总线或某种通信系统的映射，需要由更合适的通信系统专家组来处理。

9 电子设备描述语言

9.1 总貌

9.1.1 EDDL特征

EDDL是一种用于描述设备属性的结构化和解释性的语言。设备和EDD运行环境之间的交互也被融合在EDDL内。EDDL为此提供了一套语言元素。

对于一个特定的EDD实现，不必使用该语言所提供的所有元素。

EDDL的兼容子集是允许的，并用行规来指定(如结构的选择、递归的次数、选项的选择)。由一些工业协会支持的行规在附录F中指定。要求EDD的开发者在设备中要详细标识被采用的行规。

9.1.2 语法表示

标准的这一部分EDDL语言规范采用了一种抽象的语法。本部分中的抽象语法结构通过元素名，转换成在附录C中指定的特殊语法(例如，词法结构中VARIABLE等同于附录中的关键词“VARIABLE”)。

9.1.3 EDD语言元素

语言按下列语言元素结构化：

- 标识元素；
- 基本的构建元素；
- 特殊元素。

常用的文本字符串如帮助文本和标号的多语言表，应在“文本字典”中分开(参见9.27)。

在每一个EDD文件中标识信息应是第一项，并且只出现一次。标识信息唯一地标识了所使用的EDDL版本，特定的设备类型、模型代码和EDD文件所覆盖的版本细节。

9.1.4 基本的构建元素

指定的这些基本结构及它们的属性和功能，用来支持在工业控制应用中所使用设备的描述。

一些结构具有相似的名字和功能，区别在于它们的详细规范。包含了附加的差异性来确保与现存的各种描述语言兼容。由行规给出正确的映射交叉引用。

每个基本结构都有一组相关的属性。属性也可以有子属性，它提炼了属性的定义，并因此可定义结构本身。

属性的定义可以是静态或动态的，静态属性定义是不变的，而动态属性定义将随相应的参数值变化而变化。

一些基本的结构涉及到其他基本结构，以下列出了基本结构以及基本结构之间的关系：

- BLOCK_A是CHARACTERITICS、PARAMETERS、PARAMETER_LIST和ITEM_LIST的一个逻辑分组，参见图27。要访问BLOCK_A的一项，块的实例将被采用(参见9.3.1和图27)。

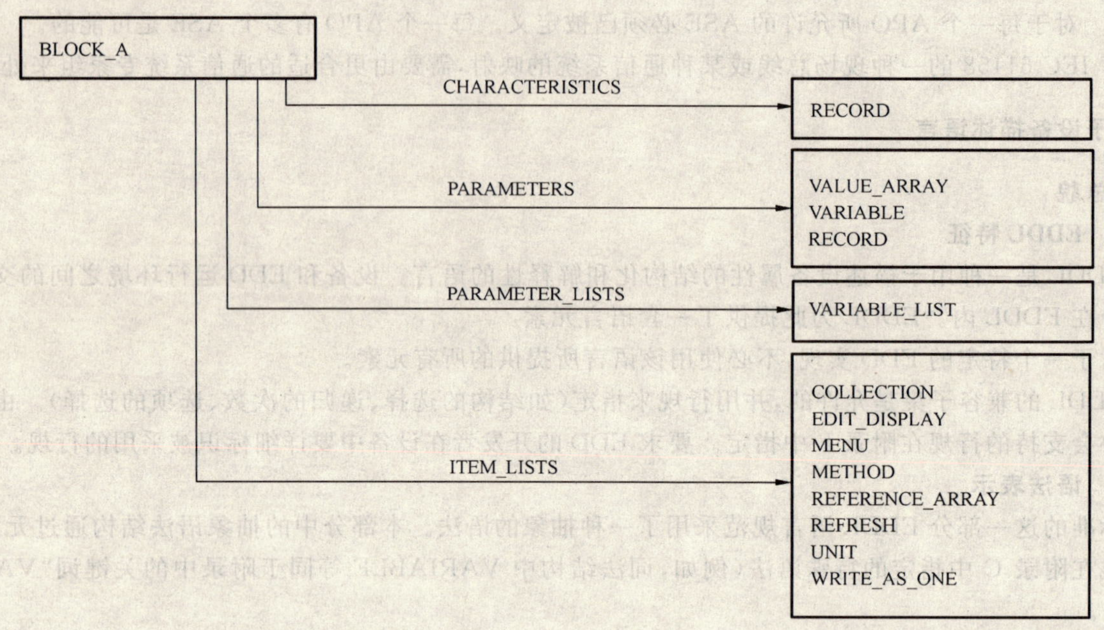

图 27 BLOCK_A

- BLOCK_B 用来按逻辑块类型的要求结构化变量，为了访问 BLOCK_B 结构中的一个 VARIABLE，基本结构 COMMAND 被用来提供相对寻址(参见 9.3.2)。
- COLLECTION 描述了数据的逻辑分组(参见 9.4 和图 28)。

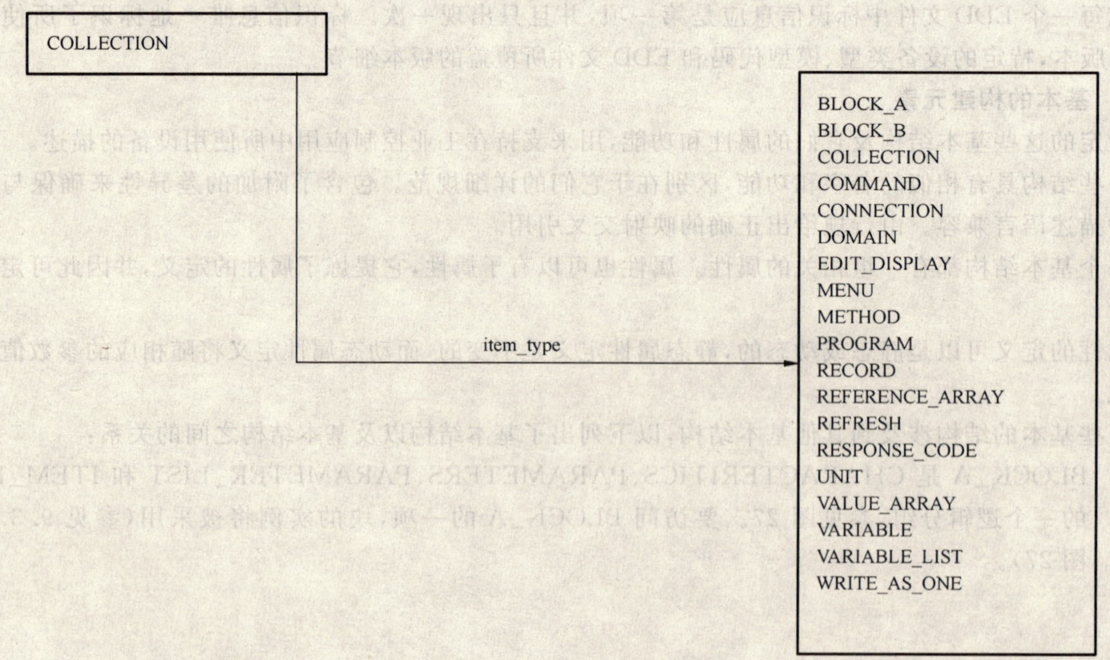

图 28 COLLECTION

- COMMAND 描述了设备中变量的结构和寻址(参见 9.5 和图 29)

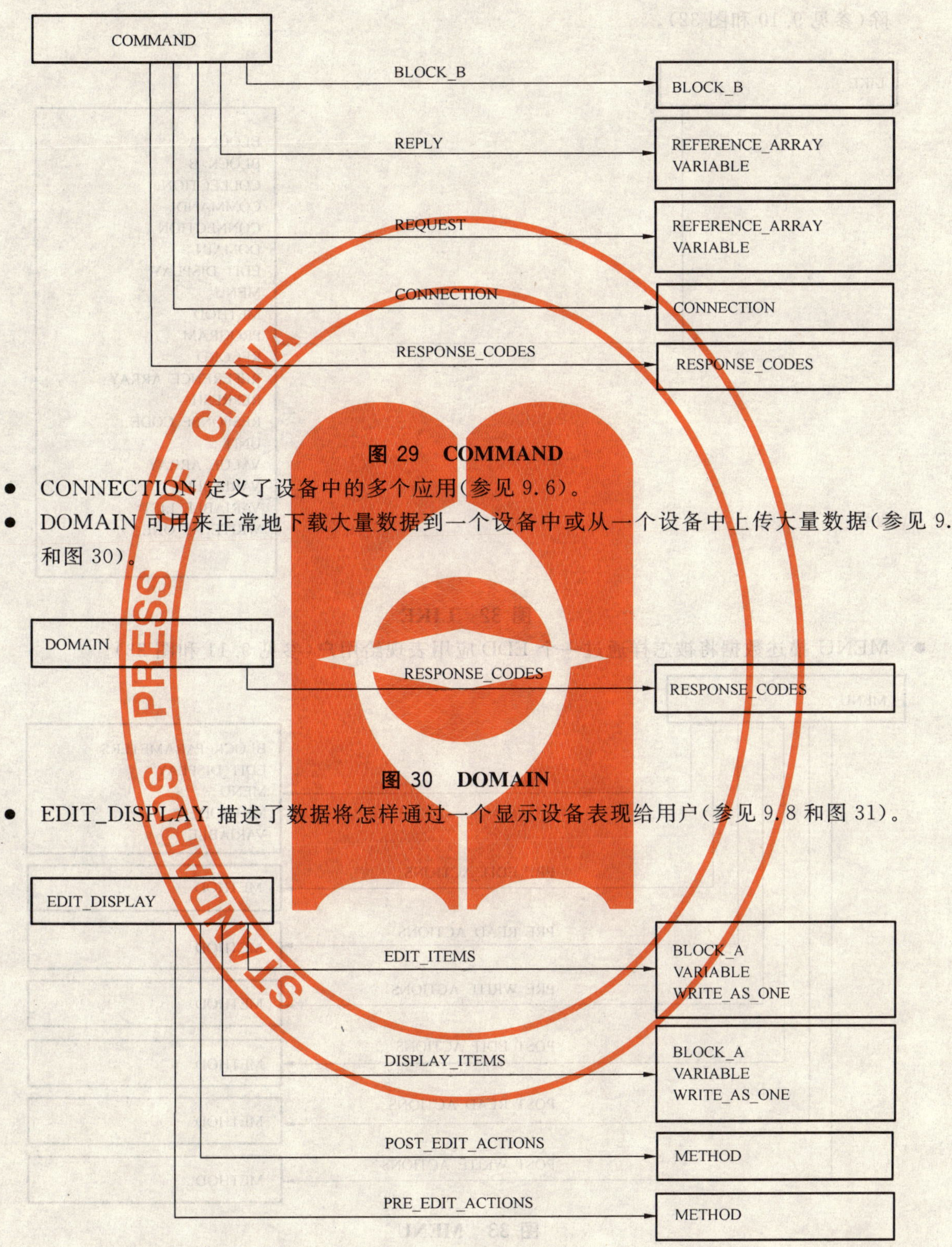

图 29 COMMAND

- CONNECTION 定义了设备中的多个应用(参见 9.6)。
- DOMAIN 可用来正常地下载大量数据到一个设备中或从一个设备中上传大量数据(参见 9.7 和图 30)。

图 30 DOMAIN

- EDIT_DISPLAY 描述了数据将怎样通过一个显示设备表现给用户(参见 9.8 和图 31)。

图 31 EDIT_DISPLAY

- IMPORT 用于导入一个 EDD 和修改其已存在的定义(参见 9.9)。
- LIKE 为一个基本结构已存在实例创建一个新的实例。新实例的属性可被重新定义、增加或删除(参见 9.10 和图 32)。

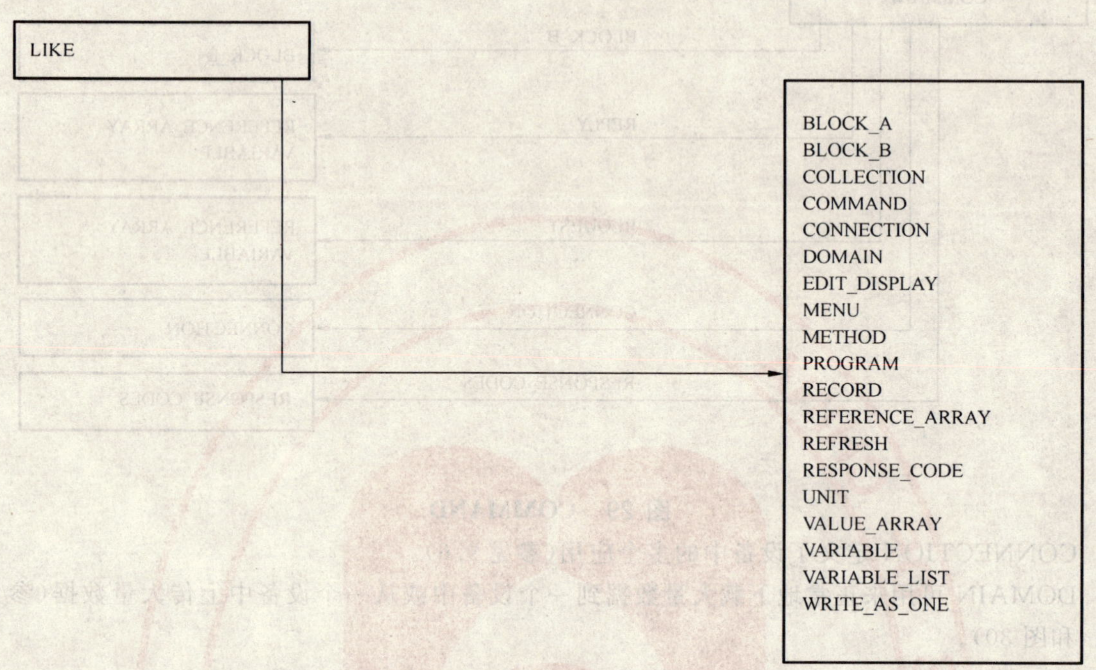

图 32　LIKE

- MENU 描述数据将被怎样通过一个 EDD 应用表现给用户(参见 9.11 和图 33)。

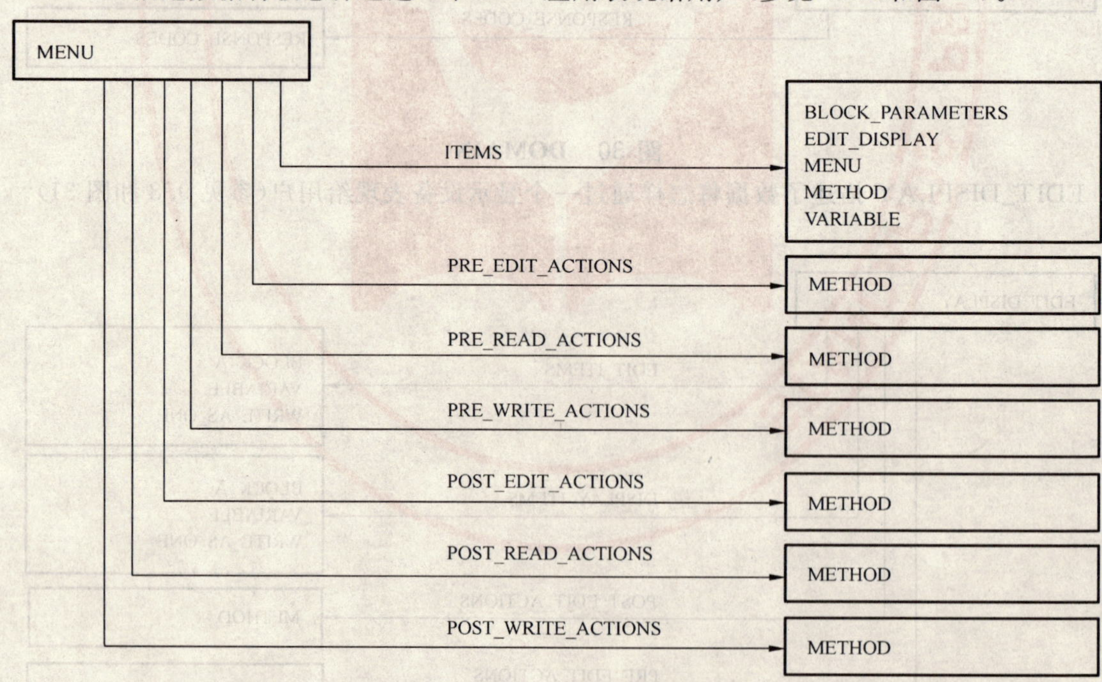

图 33　MENU

- METHOD 描述事件交互复杂顺序的执行过程,交互必须在系统设备之间发生,例如显示单元、组态设备和现场设备之间(参见 9.12)。
- PROGRAM 指定了设备可执行代码怎样通过一个适当的代理来启动(参见 9.13 和图 34)。

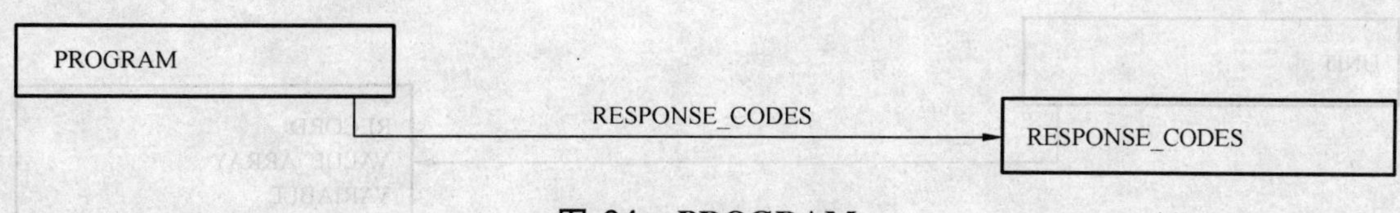

图 34 **PROGRAM**

- RECORD 描述了包含在设备中的数据(参见 9.14 和图 35)。

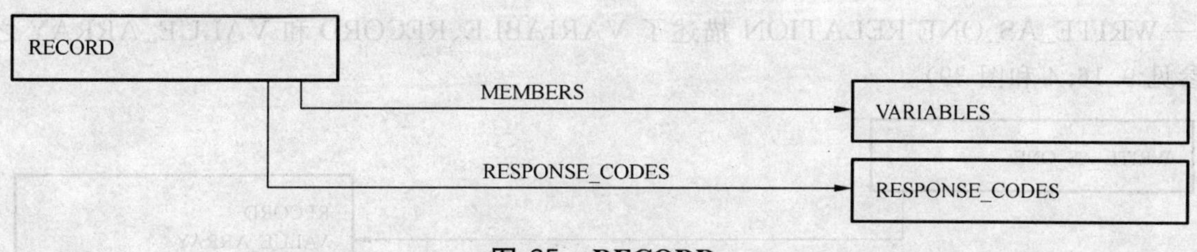

图 35 **RECORD**

- REFERENCE_ARRAY 是一组相同 EDDL 项类型的 EDD 项(如,VARIABLE 和 MENU)。一个项可以通过与该项有关的 REFERENCE_ARRAY 名和索引,在 EDD 中引用(参见 9.15 和图 36)。

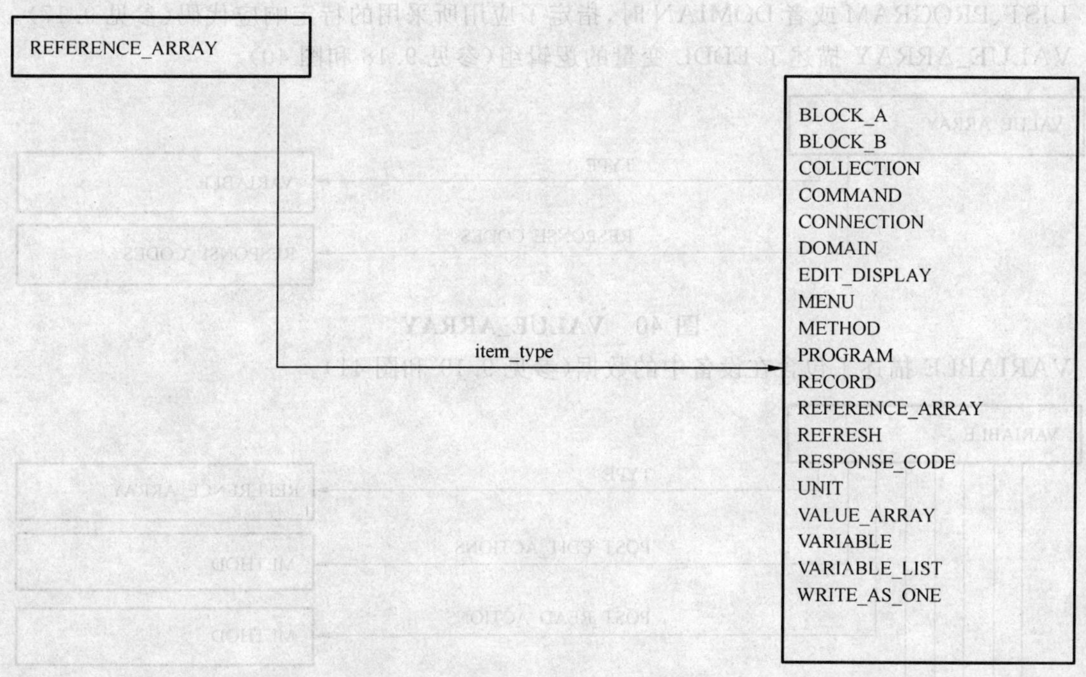

图 36 **REFERENCE_ARRAY**

- Relation 关系的三种类型被指定

——REFRESH 描述了 VARIABLE、RECORD 和 VALUE_ARRAY 之间的关系(参见 9.16.2 和图 37)。

图 37 **REFRESH**

——UNIT 描述了 VARIABLE、RECORD 和 VALUE_ARRAY 之间的关系(参见 9.16.3 和图 38)。

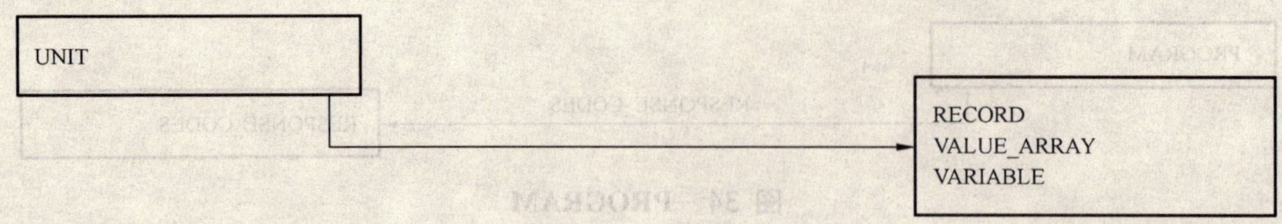

图 38　UNIT

——WRITE_AS_ONE RELATION 描述了 VARIABLE、RECORD 和 VALUE_ARRAY 之间的关系(参见 9.16.4 和图 39)。

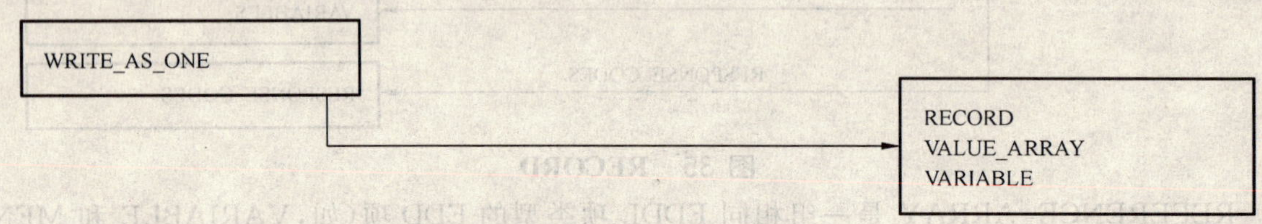

图 39　WRITE_AS_ONE

- RESPONSE_CODES 当在管理 VARIABLE、RECORD、VALUE_ARRAY、VARIABLE_LIST、PROGRAM 或者 DOMIAN 时,指定了应用所采用的特定响应代码(参见 9.17)。
- VALUE_ARRAY 描述了 EDDL 变量的逻辑组(参见 9.18 和图 40)。

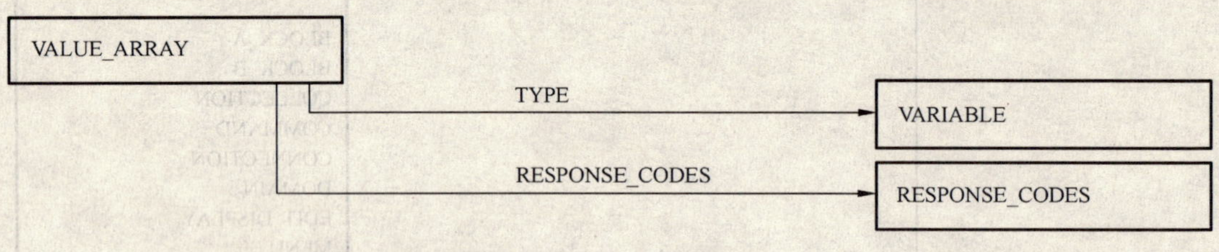

图 40　VALUE_ARRAY

- VARIABLE 描述了包含在设备中的数据(参见 9.19 和图 41)。

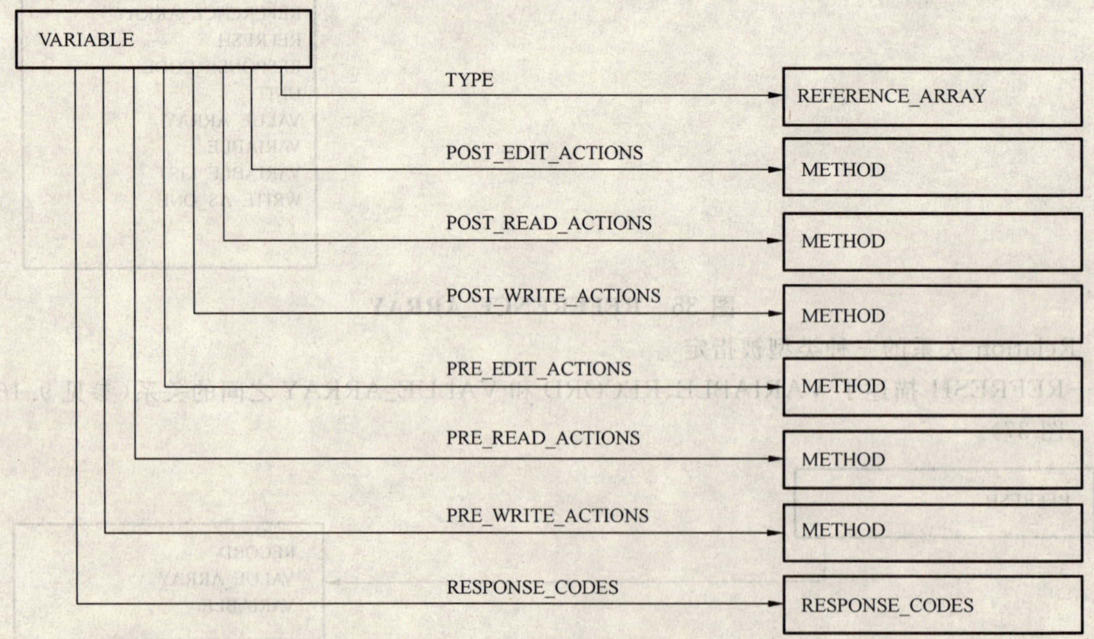

图 41　VARIABLE

- VARIABLE_LIST 描述了包含在设备中数据的逻辑分组,它将作为一个表通信(参见 9.20 和图 42)。

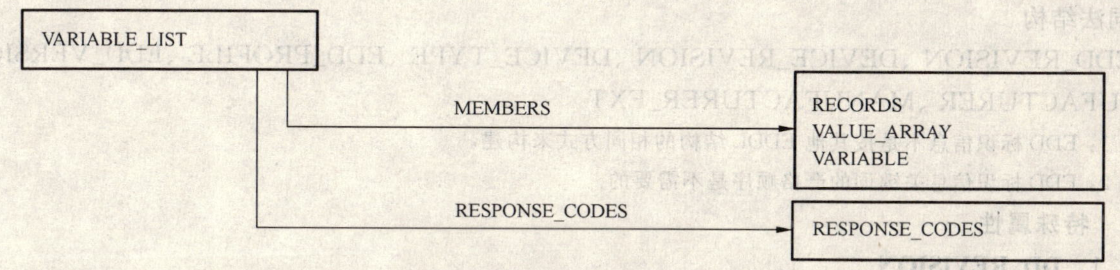

图 42 VARIABLE_LIST

9.1.5 公共属性

下列公共属性被用在多数基本结构中：

- DEFINITION；
- MEMBERS；
- LABLE；
- HELP；
- RESPONSE_CODES。

9.1.6 特殊元素

该特殊元素是用来支持文件处理、多种实例和 EDDL 基本元素的修改的附加 EDDL 机制，如：

- 输出重新定向

——OPEN 是用来为一个 EDD 创建一个分离的输出文件；

——CLOSE 是用来为一个 EDD 关闭一个已打开的输出文件。

- 条件表达式 指定属性值，该属性值依赖于运行中变量的值。
- 引用 是用来通过一个设备描述去引用在相同 EDDL 内的其他项。
- 表达式 是一个为了改变运行中基本结构属性值的变量值逻辑或算数运算。

9.1.7 实例规则

基本结构的每个实例都要用类型字符串标识符进行标识。整个 EDD 内，标识符应是唯一的。全部 EDD 结构表示了设备信息的实际实例。如果一个设备包含具有相同结构的两个或多个信息片段，相应的结构应在 EDD 中采用不同的标识符来重复标识。作为选择，LIKE 结构可被用来用不同的标识符创建一个结构的副本。词法定义部分中的标识符不用在每一个结构中反复描述。

9.1.8 VARIABLE 表规则

VARIABLE 表包含了 VARIABLE、构成类型的元素或构成的类型。构成的类型有：

- BLOCK_A PARAMETERS；
- COLLECTIONS；
- RECORD；
- REFERENCE_ARRAY；
- VALUE_ARRAY；
- VARIABLE_LISTS。

一个索引可用来索引一个类型实例而不是一个复合类型的单个变量的索引。

9.2 EDD 识别信息

9.2.1 通用结构

用途

EDD 标识信息唯一地标识了来自于设备制造商指定设备类型的设备描述。它也指定了被采用的 EDDL 版本和 EDDL 行规。

每个 EDD 中该标识信息应是第 1 个入口，并只出现一次。

词法结构

EDD_REVISION 、DEVICE_REVISION 、DEVICE_TYPE 、EDD_PROFILE 、EDD_VERSION 、MANUFACTURER 、MANUFACTURER_EXT

注 1：EDD 标识信息不是按其他 EDDL 结构的相同方式来构建。

注 2：EDD 标识信息关键词的严格顺序是不需要的。

9.2.2 特殊属性

9.2.2.1 DD_REVISION

用途

本属性按照制造商所定义的代码，为设备的 EDD 版本指定了唯一的代码。

注 1：制造商每次为一个设备发布新的设备描述时应更新版本号。

注 2：一个特定的设备可能由于个别部分修订而存在多个 EDD，这种情况下由 DD_REVISION 来区分它们。

词法结构

DD_REVISION integer

DD_REVISION 的属性在表 7 中指定。

表 7 DD_REVISION 属性

用法	属性	描述
m	integer	是一个 2 个字节无符号整型数，包含用于特定 EDD 文件版本的代码

9.2.2.2 DEVICE_REVISION

用途

该属性按照制造商所定义的代码，为现场设备的设备版本指定了唯一的代码。

词法结构

DEVICE_REVISION integer

DEVICE_REVISION 的属性在表 8 中指定。

表 8 DEVICE_REVISION 属性

用法	属性	描述
m	integer	是一个 2 个字节无符号整型数，包含用于特定设备版本的代码

9.2.2.3 DEVICE_TYPE

用途

本属性按照设备制造商所定义的代码，为设备类型指定一个标识符。标识符对于每种类型应是唯一的。

词法结构

DEVICE_TYPE integer

DEVICE_TYPE 的属性在表 9 中指定。

表 9 DEVICE_TYPE 属性

用法	属性	描述
m	integer	是一个 2 字节无符号整型数，包含用于特定设备类型或设备类型组的代码

9.2.2.4 EDD_PROFILE

用途

该属性按照本文挡附录 F 中的定义指定了 EDDL 的行规。

词法结构

EDD_PROFILE integer

EDD_PROFILE 的属性在表 10 中指定。

表 10 EDD_PROFILE 属性

用法	属性	描述
o	integer	是一个 2 字节无符号整型数，包含用于从本部分选择的特定行规的代码（参见附录 F） 下列代码通常被定义： 0x01　HART 通信基金会行规（参见 F.4） 0x02　现场总线基金会行规（参见 F.3） 0x03　PROFIBUS 行规（参见 F.2）

9.2.2.5 **EDD_REVISION**

用途

该关键词为 EDD 版本指定了唯一的代码，它已被制造商用于构建 EDD。与本部分一致的所有设备描述应包含这个属性。

词法结构

EDD_REVISION integer

EDD_REVISION 的属性在表 11 中指定。

表 11 EDD_REVISION 属性

用法	属性	描述
o	integer	是一个 2 字节无符号整型数，包含了对应本部分第一版的数字 1

9.2.2.6 **MANUFACTURER**

用途

该属性标识制造商。代码的分配应由负责不同 EDDL 行规的特殊组织来管理。EDD_PROFILE 和 MANUFACTURER 的组合应是唯一的。

词法结构

MANUFACTURER long integer

MANUFACTURER 的属性在表 12 中指定。

表 12 MANUFACTURER 属性

用法	属性	描述
m	Long integer	是一个无符号长整型数，包含用于特定制造商的代码 如果该值中的所有位被置为 1，词法结构 MANUFACTURER_EXT 将表示和标识制造商

9.2.2.7 **MANUFACTURER_EXT**

用途

该属性是保留给未来使用。它是一个用来为 MANUFACTURER 提供全球标识字符串的占位符。

注：当这个属性的描述在国际范围存在时，它将被包含。

词法结构

MANUFACTURER_EXT string

MANUFACTURER_EXT 的属性在表 13 中指定。

表 13 MANUFACTURER_EXT 属性

用法	属性	描述
c	string	是一个字符串，包含唯一的全世界制造商标识信息

9.3 BLOCK

9.3.1 BLOCK_A

9.3.1.1 通用结构

用途

设备将被组织到逻辑块中。每一个 BLOCK_A 都是 PARAMETERS 和 BLOCK_A 应用附加信息的逻辑分组。块类型由 CHARACTERISTICS 属性描述，来自相同类型的多个 BLOCK_A 可被实例化。

注：BLOCK_A 的方法是对访问效率的优化。

词法结构

BLOCK_A identifier [CHARACTERISTICS, LABEL, PARAMETERS, COLLECTION_ITEMS, EDIT_DISPLAY_ITEMS, HELP, MENU_ITEMS, METHOD_ITEMS, PARAMETER_LISTS, REFERENCE_ARRAY_ITEMS, REFRESH_ITEMS, UNIT_ITEMS, WRITE_AS_ONE_ITEMS]

BLOCK_A 的属性在表 14 中指定。

表 14 BLOCK_A 属性

用法	属性	描述
m	CHARACTERISTICS	词法元素(见 9.3.1.2.1)
m	LABEL	词法元素(见 9.21.3)
m	PARAMETERS	词法元素(见 9.3.1.2.2)
o	COLLECTION_ITEMS	词法元素(见 9.3.1.2.3)
o	EDIT_DISPLAY_ITEMS	词法元素(见 9.3.1.2.4)
o	HELP	词法元素(见 9.21.2)
o	MENU_ITEMS	词法元素(见 9.3.1.2.5)
o	METHOD_ITEMS	词法元素(见 9.3.1.2.6)
o	PARAMETER_LISTS	词法元素(见 9.3.1.2.7)
o	REFERENCE_ARRAY_ITEMS	词法元素(见 9.3.1.2.8)
o	REFRESH_ITEMS	词法元素(见 9.3.1.2.9)
o	UNIT_ITEMS	词法元素(见 9.3.1.2.10)
o	WRITE_AS_ONE_ITEMS	词法元素(见 9.3.1.2.11)

9.3.1.2 特殊属性

9.3.1.2.1 CHARACTERISTICS

用途

CHARACTERISTICS 的属性对 BLOCK_A 指定了外部特性。CHARACTERISTICS 可包含类别、功能类型、块类型和执行时间。BLOCK_A 的外部特性包含在 RECORD 中。

注：通常 BLOCK_A CHARACTERISTICS 确定了 BLOCK_A 的类型。

词法结构

CHARACTERISTICS reference

CHARACTERISTICS 的属性在表 15 中指定。

表 15 **CHARACTERISTICS 属性**

用法	属性	描述
m	reference	是对 RECORD 实例的引用

9.3.1.2.2 **PARAMETERS**

用途

PARAMETERS 的属性包含了对 VARIABLE、VALUE_ARRAY 或 RECORD 实例引用的列表。每个引用都有一个标识符并可能有一个描述和(或)一个帮助文本。

注：BLOCK_A 中的 PARAMETERS 对应于单独的通信对象，并被列入设备对象字典中。PARAMETERS 元素引用了这些对象的通信定义，对象字典映射设备中的数据到指定位置。

词法结构

PARAMETERS [identifier, reference, description, help]+

PARAMETERS 的属性在表 16 中指定。

表 16 **PARAMETERS 属性**

用法	属性	描述
m	identifier	VARIABLE、VALUE_ARRAY 或 RECORD 的标识符。PARAMETERS 列表的每个元素都有一个标识符，用于 EDD 引用它
m	reference	是一个对 VARIABLE、VALUE_ARRAY 或 RECORD 实例的引用
o	description	是对引用的简短描述
o	help	为引用指定帮助文本

9.3.1.2.3 **COLLECTION_ITEMS**

用途

COLLECTION_ITEMS 列表指定了与 BLOCK_A 有关的 COLLECTION。

词法结构

COLLECTION_ITEMS reference

COLLECTION_ITEMS 的属性在表 17 中指定。

表 17 **COLLECTION_ITEMS 属性**

用法	属性	描述
m	reference	是对 COLLECTION 实例的引用

9.3.1.2.4 **EDIT_DISPLAY_ITEMS**

用途

EDIT_DISPLAY_ITEMS 列表指定了与 BLOCK_A 有关的 EDIT_DISPLAY。

词法结构

EDIT_DISPLAY_ITEMS reference

EDIT_DISPLAY_ITEMS 的属性在表 18 中指定。

表 18 **EDIT_DISPLAY_ITEMS 属性**

用法	属性	描述
m	reference	是对 EDIT_DISPLAY 实例的引用

9.3.1.2.5 **MENU_ITEMS**

用途

MENU_ITEMS 列表指定了与 BLOCK_A 有关的 MENU。

词法结构

MENU_ITEMS　reference

MENU_ITEMS 的属性在表 19 中指定。

表 19　MENU_ITEMS 属性

用法	属性	描述
m	reference	是对 MENU 实例的引用

9.3.1.2.6　**METHOD_ITEMS**

用途

METHOD_ITEMS 列表指定了与 BLOCK_A 有关的 METHOD。

词法结构

METHOD_ITEMS　reference

METHOD_ITEMS 的属性在表 20 中指定。

表 20　METHOD_ITEMS 属性

用法	属性	描述
m	reference	是对 METHOD 实例的引用

9.3.1.2.7　**PARAMETER_LISTS**

用途

PARAMETER_LISTS 指定了与 BLOCK_A 有关的 VARIABLE_LISTS，并指定了每个 VARIABLE_LISTS 可选择的描述和帮助。每个 BLOCK_A 可包含多个 PARAMETER_LISTS。

词法结构

PARAMETER_LISTS [identifier，reference，description，help]+

PARAMETER_LISTS 的属性在表 21 中指定。

表 21　PARAMETER_LISTS 的属性

用法	属性	描述
m	identifier	VARIABLE_LISTS 的标识符。每个 PARAMETERS 列表的元素都有一个标识符，用于 EDD 对它引用
m	reference	是对 VARIABLE_LIST 实例的引用
o	description	是对该项的简短描述
o	help	为该项指定帮助文本

9.3.1.2.8　**REFERENCE_ARRAY_ITEMS**

用途

REFERENCE_ARRAY_ITEMS 列表指定了与 BLOCK_A 有关的 REFERENCE_ARRAY。

词法结构

REFERENCE_ARRAY_ITEMS　reference

REFERENCE_ARRAY_ITEMS 的属性在表 22 中指定。

表 22　REFERENCE_ARRAY_ITEMS 属性

用法	属性	描述
m	reference	是对 REFERENCE_ARRAY 实例的引用

9.3.1.2.9　**REFRESH_ITEMS**

用途

REFRESH_ITEMS 列表指定了与 BLOCK_A 有关的 REFRESH 关系。

词法结构

REFRESH_ITEMS　reference

REFRESH_ITEMS 的属性在表 23 中指定。

表 23　**REFRESH_ITEMS 属性**

用法	属性	描述
m	reference	是对 REFRESH 实例的引用

9.3.1.2.10　UNIT_ITEMS

用途

UNIT _ITEMS 列表指定了与 BLOCK_A 有关的 UNIT 关系。

词法结构

UNIT_ITEMS　reference

UNIT_ITEMS 的属性在表 24 中指定。

表 24　**UNIT_ITEMS 属性**

用法	属性	描述
m	reference	是对 UNIT 实例的引用

9.3.1.2.11　WRITE_AS_ONE_ITEMS

用途

WRITE_AS_ONE_ITEMS 列表指定了与 BLOCK_A 有关的 WRITE_AS_ONE 关系。

词法结构

WRITE_AS_ONE_ITEMS　reference

WRITE_AS_ONE_ITEMS 的属性在表 25 中指定。

表 25　**WRITE_AS_ONE_ITEMS 属性**

用法	属性	描述
m	reference	是对 WRITE_AS_ONE 实例的引用

9.3.2　BLOCK_B

9.3.2.1　通用结构

用途

一个设备或模块的变量分别在与设备组件和功能部分相对应的功能块中结构化。功能块可以定义为三种类型：PHYSICAL，TRANSDUCER 和 FUNCTION。来自相同 TYPE 的多个 BLOCK_B 可被实例化。为了有效地访问，每个实例都有它自己的 NUMBER。对于每个块类型，有不同的 NUMBER 顺序线程，从 1 开始。

当访问设备中的一个 VARIABLE 时，BLOCK_B 结构用于与 COMMAND 连接，以提供相对寻址。

注 1：BLOCK_B 的方法是用于存储器效率的优化。

注 2：设备中变量的存储是由制造商指定，并通过设备目录来表示。设备目录包含了设备中可用 BLOCK_B 入口的汇总。此外，设备目录还包含了每个 BLOCK_B 一个指向其物理地址的指针。EDD 应用通过给 BLOCK_B 物理地址加上偏移量，来找到单一的对象。

注 3：BLOCK_B 实例中，相对索引被采用。相对索引在设备行规中定义。

词法结构

BLOCK_B identifier [NUMBER，TYPE]

BLOCK_B 的属性在表 26 中指定。

表 26　**BLOCK_B 属性**

用法	属性	描述
m	NUMBER	词法元素(见表 27)
m	TYPE	词法元素(见表 28)

9.3.2.2　特殊属性

9.3.2.2.1　**NUMBER**

用途

一个设备可包含多个 BLOCK_B 实例，它用 NUMBER 属性来标识。NUMBER 的属性列举了设备中相同 TYPE 的每一个 BLOCK_B。

词法结构

NUMBER　integer

NUMBER 的属性在表 27 中指定。

表 27　**NUMBER 属性**

用法	属性	描述
m	integer	是相同 TYPE 的 BLOCK_B 实例的号数

9.3.2.2.2　**TYPE**

用途

TYPE 的属性用来指定 3 种块类型中的一个。

词法结构

TYPE　[PHYSICAL，TRANSDUCER，FUNCTION]

TYPE 的属性在表 28 中指定。

表 28　**TYPE 属性**

用法	属性	描述
s	FUNCTION	一个已命名的块由一个或多个输入、输出组成，并包含参数。功能块表示了被 EDD 应用执行的基本自动功能，它是不依赖于特定设备和网络的。每个功能块根据指定的运算和包含参数的内集来处理输入的参数。它们生成可用在相同功能块 EDD 应用中使用，或由其他功能块应用使用的输出参数
s	PHYSICAL	通过该物理块，现场设备的硬件/源的特定特征被变得可见。与转换块类似，它们通过包含一组不依赖于硬件/源参数的实现，来隔离功能块和物理硬件
s	TRANSDUCER	转换器块隔离功能块和特定的 I/O 设备，如：传感器，执行器或切换开关。转换器块通过一个为了功能块使用而定义的设备单独接口，控制对 I/O 设备的访问。转换器块对 I/O 数据执行如校准、线性化的功能，以转换它给设备单独表示

9.4　**COLLECTION**

9.4.1　通用结构

用途

一个 COLLECTION 是某些项的逻辑组合，如 VARIABLE、MENU 等。标识符被指派给每个项。通过使用 COLLECTION 标识符和项的名在设备描述中引用那些项。

注 1：COLLECTION 往往由一个工具来使用，例如，标识将被一起处理的参数。

注 2：推荐支持的嵌套级数为 2 级(例如：COLLECTION of COLLECTION)。

词法结构

COLLECTION identifier，item-type，[MEMBERS，HELP，LABEL]

COLLECTION 的属性在表 29 中指定。

表 29 COLLECTION 属性

用法	属性	描述
m	item-type	词法元素(见表 30)
m	MEMBERS	词法元素(见 9.21.4)
o	HELP	词法元素(见 9.21.2)
o	LABEL	词法元素(见 9.21.3)

9.4.2 特殊属性 item-type

用途

item-type 指定了集合中成员的类型。所有集合中的成员应是被指定的类型。

词法结构

item-type

被允许的 item-type 如表 30 所示。

表 30 item-type

用法	item-type	描述
s	BLOCK_A	基本结构的选择
s	BLOCK_B	基本结构的选择
s	COLLECTION	基本结构的选择
s	COMMAND	基本结构的选择
s	CONNECTION	基本结构的选择
s	DOMAIN	基本结构的选择
s	EDIT_DISPLAY	基本结构的选择
s	MENU	基本结构的选择
s	METHOD	基本结构的选择
s	PROGRAM	基本结构的选择
s	RECORD	基本结构的选择
s	REFERENCE_ARRAY	基本结构的选择
s	REFRESH	基本结构的选择
s	RESPONSE_CODES	基本结构的选择
s	UNIT	基本结构的选择
s	VALUE_ARRAY	基本结构的选择
s	VARIABLE	基本结构的选择
s	VARIABLE_LIST	基本结构的选择
s	WRITE_AS_ONE	基本结构的选择

9.5 COMMAND

9.5.1 通用结构

用途

COMMAND 是一个支持 EDD 通信元素向被选择的通信系统映射的结构。它指定了建立通信帧所要求的不同元素。如果该结构被一个 EDDL 行规采用,需要被传输的每一个数据项应被引用到 COMMAND 内,以及上传/下载到 MENU 内(参见 9.11.2.10)。

注 1：通信帧的地址域是采用可选结构 BLOCK/SLOT/NUMBER,并附加适当的 INDEX 及 MODULE 来指定的。如果多个 EDD 应用过程实例或一个需要直接引用的 EDD 应用过程实例存在于设备中,它们将由附加结构 CONNECTION 指定。通信帧的类型或它的控制域是由 OPERATION 结构来说明。通信帧的数据内容是由 TRANSACTION 结构来指定。

注 2：BLOCK/SLOT/NUMBER 的范围被限定在一个已给的 EDD 应用过程实例内,例如:相同的 BLOCK/SLOT/NUMBER 值将被用于与不同的 CONNECTION 值连接,以在不同的 EDD 应用过程实例中标识不同的数据项。

词法结构

COMMAND identifier，[OPERATION，TRANSACTION+，INDEX，BLOCK_B，NUMBER，SLOT，CONNECTION，HEADER，MODULE，RESPONSE_CODES]

COMMAND 属性在表 31 中指定。

表 31 COMMAND 属性

用法	属性	描述
m	OPERATION	词法元素(见 9.5.2.1)
m	TRANSACTION	词法元素(见 9.5.2.2)
c	INDEX	词法元素(见 9.5.2.3)
s	BLOCK_B	词法元素(见 9.5.2.4)
s	NUMBER	词法元素(见 9.5.2.5)
s	SLOT	词法元素(见 9.5.2.6)
o	CONNECTION	词法元素(见 9.5.2.7)
o	HEADER	词法元素(见 9.5.2.8)
o	MODULE	词法元素(见 9.5.2.9)
o	RESPONSE_CODES	词法元素(见 9.21.5)

注 1：一个事务处理中出现的响应代码仅适用于该事务处理。

注 2：在任何事务处理外出现的响应代码适用于所有的事务处理。

注 3：如果同一个响应代码在事务处理的内部和外部都被指定,在事务处理内部指定的响应代码享有优先权,但仅对于该事务处理。

9.5.2 特殊属性

9.5.2.1 OPERATION

用途

OPERATION 属性指定了现场设备在从通信系统接收到服务请求时,所要采取的动作。

词法结构

OPERATION [(COMMAND，DATA_EXCHAGE，READ，string，WRITE)，<exp>]

OPERATION 属性在表 32 中指定。

表 32 OPERATION 属性

用法	属性	描述
s	COMMAND	指定了设备执行预定义的动作集合(例如,自检、主站复位)。要执行的动作是由设备指定的,并由 NUMBER 属性标识
s	DATA_EXCHANGE	指定了一个双向事物处理。输入数据在 TRANSACTION 的 REPLY 属性中被指定,而输出数据在 TRANSACTION 的 REQUEST 属性中被指定
s	READ	指定了一个读的事务处理。现场设备返回指定变量的当前值。VARIABLE 将被定义到 TRANSACTION 的 REPLY 部分
s	string	指定了关于事务处理的制造商特殊服务。被执行的事务处理将在相应的规范中被解释
s	WRITE	指定了一个写的事物处理。现场设备接收到指定变量的当前值。VARIABLE 将被定义到 TRANSACTION 的 REQUEST 部分

9.5.2.2 **TRANSACTION**

9.5.2.2.1 **通用结构**

用途

事务处理指定了命令请求和应答报文的数据域。可以定义多个事务处理。语法应支持 TRANSACTION 的唯一标识。每个 TRANSACTION 将包含一组用于实际事务处理的响应代码。

例如:块命令,如 HART 通用命令版本 4 及其后版本的命令 4 和 5,都是多事务处理命令的例子。

词法结构

TRANSACTION [REPLY, REQUEST, integer, RESPONSE_CODES]

TRANSACTION 属性在表 33 中指定。

表 33 TRANSACTION 属性

用法	属性	描述
m	REPLY	词法元素(见 9.5.2.2.2.1)
m	REQUEST	词法元素(见 9.5.2.2.2.2)
o	integer	指定 TRANSACTION 的个数(如果多个 TRASACTION 被采用)
o	RESPONSE_CODES	词法元素(见 9.17)

9.5.2.2.2 **特殊属性**

9.5.2.2.2.1 **REPLY**

用途

REPLY 属性包含一个接收自设备的数据项列表(常量或参考变量)。列表的顺序将在通信 PDU 的相应数据域中被保持。

当一个 VARIABLE 没有按字节为单位开始和结束时,一个掩码将用来指定变量怎样被打包进数据域。

掩码的每一位都有语义内涵。另外,如果一项掩码中的最低有效位被置位,则下一个数据项(如果任意)就被包含在 PDU 的后续字节中。如果最低有效位被清零(不被置位),则下一个数据项(任意)将被包含在 PDU 的同一个字节中。

注 1:即使最低有效位没有被用于实际数据,如果后面跟有数据项,它也应在一个项的掩码中被置位(关系到"伪"数据项)。

注 2:示例参见附录 E。

词法结构

REPLY [reference, item-mask, INFO, INDEX]+

REPLY 属性在表 34 中指定。

表 34　REPLY 属性

用法	属性	描述
m	reference	是对 VARIABLE 实例的引用
o	item-mask	为从数据域中提取出的 VARIABLE 指定位的结构
o	INFO	指定了 VARIABLE 不是实际存储在设备中。它提供了附加信息来确保正确处理
o	INDEX	指定了 VARIABLE 是用于 REQUEST 和 REPLY 中作为一个到 REFERENCE_ARRAY 的索引

注 3：一个变量可能具有 INDEX 和 INFO 两种限制，在这种情况下，它被称为本地索引变量。除了索引变量没有被存在设备中，具有本地索引行为的命令完全与具有带 INDEX 限制变量的命令相同。

注 4：INFO 被用来发送或读取带单位的 VARIABLE，与它们用在设备中不同。

9.5.2.2.2.2　**REQUEST**

用途

REQUEST 属性包含一个要发送给设备的数据项列表(常量或参考变量)。列表顺序将被保存在通信 PDU 的相应数据域里。

当一个 VARIABLE 不是按 PDU 的字节约束开始和结束时，一个项掩码将被用来说明变量是如何被打包装进数据域。项掩码是多字节的整形数，它将和被通信的 PDU 通过逻辑“与”来提取想得到的数据项。

如果没有数据项掩码被指定，一个隐含的掩码被采用，对应于数据项的长度，它的各个字节的所有位都被置位。

掩码中的每一位都有语义内涵。另外，如果某一项掩码中的最低有效位被置位，下一个数据项(如果任意)将被包含在 PDU 的后续字节中。如果最低有效位被清零(不被置位)，则下一个数据项(任意)将被包含在 PDU 的同一个字节中。

注 1：即使最低有效位没有在实际数据中被采用，如果后面跟有数据项，它也应在一个项的掩码中被置位(关系到“伪”数据项)。

注 2：示例参见附录 E。

词法结构

REQUEST integer, [reference, item-mask, INFO, INDEX]+

REQUEST 属性在表 34 中指定。

9.5.2.3　**INDEX**

用途

如果 SLOT 或 BLOCK_B 被采用，INDEX 的属性将被显示。INDEX 指定了在 SLOT 或 BLOCK_B 中的数据项地址。

词法结构

INDEX (integer, reference)<exp>

INDEX 属性在表 35 中指定。

表 35　INDEX 属性

用法	属性	描述
s	integer	是索引的编号
s	reference	是对包含索引的 VARIABLE 实例的引用

9.5.2.4 **BLOCK_B**

用途

BLOCK_B 属性提供了对设备中单个块的引用。

词法结构

BLOCK_B (reference)＜exp＞

BLOCK_B 属性在表 36 中指定。

表 36 BLOCK_B 属性

用法	属性	描述
m	reference	是对 BLOCK_B 实例的引用

9.5.2.5 **NUMBER**

用途

NUMBER 属性用来列举 COMMAND。

词法结构

NUMBER (integer,reference)＜exp＞

NUMBER 属性在表 37 中指定。

表 37 NUMBER 属性

用法	属性	描述
s	integer	是 COMMAND 的号码
s	reference	是对包含 COMMAND 数量的 VARIABLE 实例的引用

9.5.2.6 **SLOT**

用途

设备的数据项可被分配到逻辑槽。槽内的每个数据项是采用索引来分配地址。SLOT 属性指定了槽号。

词法结构

SLOT (integer,reference)＜exp＞

SLOT 属性在表 38 中指定。

表 38 SLOT 属性

用法	属性	描述
s	integer	槽号
s	reference	是对包含有槽号的 VARIABLE 实例的引用

9.5.2.7 **CONNECTION**

用途

CONNECTION 属性为含有 EDD 应用实例数的基本结构 CONNECTION 提供了引用。

词法结构

CONNECTION (reference)＜exp＞

CONNECTION 属性在表 39 中指定。

表 39 CONNECTION 属性

用法	属性	描述
m	reference	对指定 EDD 应用的 CONNECTION 实例的引用

9.5.2.8 **HEADER**

用途

HEADER 属性提供了特定的通信协议。

注：它可被用于设备中的数据寻址，或用于一个复位操作。

词法结构

HEADER (string)<exp>

HEADER 属性在表 40 中指定。

表 40 HEADER 属性

用法	属性	描述
m	string	指定了用于带特定通信协议通信的字符串

9.5.2.9 MODULE

用途

MODULE 属性提供了一种外部引用。该属性的用法超出了本部分的范围。

注：由于对使用了其他描述文件的现存设备兼容的原因，该 MODULE 也被包括。

词法结构

MODULE (reference)<exp>

MODULE 属性在表 41 中指定。

表 41 MODULE 属性

用法	属性	描述
m	reference	是对外部描述文件中 MODULE 实例的引用

9.6 CONNECTION

9.6.1 通用结构

用途

一个设备可包含多个 EDD 应用。每个 EDD 应用都被表示成一个 EDD 应用过程实例。基本结构 CONNECTION 为设备中单独的 EDD 应用过程实例提供了引用。

关于 CONNECTION 的名字可被用在 COMMAND 属性 CONNECTION 中。

词法结构

CONNECTION identifier APPINSTANCE

CONNECTION 属性在表 42 中指定。

表 42 CONNECTION 属性

用法	属性	描述
m	APPINSTANCE	词法元素(见 9.6.2)

9.6.2 特殊属性 APPINSTANCE

用途

可以在一个设备中定义多个 EDD 应用。每个 EDD 应用表示一个 EDD 应用过程实例。EDD 应用过程实例允许不同的访问等级。

词法结构

APPINSTANCE (integer, reference)<exp>

APPINSTANCE 属性在表 43 中指定。

表 43 APPINSTANCE 属性

用法	属性	描述
s	integer	是 EDD 应用过程实例的编号
s	reference	是对含有 EDD 应用过程实例编号的 VARIABLE 实例的引用

9.7 DOMAIN

9.7.1 通用结构

用途

DOMAIN 表示设备中的存储空间。它可以包括程序和数据。标识符指定了设备中相应的 DOMAIN。数据、程序(被分配在 DOMAIN 中)、大小、存取等,都在 EDD 外部指定。

注 1:DOMAIN 可以用来传送大量的数据到设备上,也可以从设备上传大量的数据。

注 2:为了允许 DOMAIN 上传或下载,设备需要支持 DOMAIN 这一特定服务。

词法结构

DOMAIN identifier [HANDING, RESPONSE_CODE]

DOMAIN 属性在表 44 中指定。

表 44 DOMAIN 属性

用法	属性	描述
o	HANDING	词法元素(见 9.7.2)
o	RESPONSE_CODE	词法元素(见 9.21.5)

9.7.2 特殊属性 HANDLING

用途

HANDLING 属性指定了能在 DOMAIN 中执行的操作。作为缺省,不带 HANDLING 属性的 DOMAIN 也能被读写。

词法结构

HANDLING [READ,READ_WRITE,WRITE],<exp>

HANDLING 属性在表 45 中指定。

表 45 HANDLING 属性

用法	属性	描述
s	READ	表示 DOMAIN 存储内容只能从设备中读取
s	READ_WRITE	表示 DOMAIN 存储内容既可以从设备中读取,也可以写到设备中
s	WRITE	表示 DOMAIN 存储内容只能写到设备中

9.8 EDIT_DISPLAY

9.8.1 通用结构

用途

EDIT_DISPLAY 定义了数据将怎样被管理来用于显示和编辑。它被用于一组项目的编辑。

注:为了与以前兼容,本结构被包括。为了将来的实现,更多的通用基本结构 MENU 被推荐。

词法结构

EDITT_DISPLAY identifier [EDIT_ITEMS, LABEL,DISPLAY_ITEMS, PRE_EDIT_ACTIONS,POST_EDIT_ACTIONS]

EDIT_DISPLAY 属性在表 46 中指定。

表 46 EDIT_DISPLAY 属性

用法	属性	描述
m	EDIT_ITEMS	词法结构(见 9.8.2.1)
m	LABEL	词法结构(见 9.21.3)
o	DISPLAY_ITEMS	词法结构(见 9.8.2.2)
o	PRE_EDIT_ACTIONS	词法结构(见 9.8.2.4)
o	POST_EDIT_ACTIONS	词法结构(见 9.8.2.3)

9.8.2 特殊属性

9.8.2.1 EDIT_ITEMS

用途

EDIT_ITEMS 定义了数据项的集合，它可被表现给用户，并将被用户编辑，有：VARIABLES、WRITE_AS_ONE 关系、BLOCK_A PARAMETERS 和 BLOCK_A PARAMETERS 元素（如：RECORD、VALUE_ARRAY 类型 BLOCK_A PARAMETERS 的域或元素）。

注 1：用于数据项表现和编辑的特别详细内容（如：缺省值、定标因子、范围）在每个被引用单独项的定义中定义。

注 2：如果 WRITE_AS_ONE 关系作为 EDIT_ITEM 出现，用户应检查 WRITE_AS_ONE 关系中的每个变量。用户不需要改变所有的值，但至少应确认当前值是可接受的。

词法结构

EDIT_ITEMS[（reference）＜exp＞]＋

EDIT_ITEMS 属性在表 47 中指定。

表 47 EDIT_ITEMS 属性

用法	属性	描述
m	reference	是对 VARIABLE 实例、WRITE_AS_ONE 实例、BLOCK_A PARAMETER 实例或 BLOCK_A PARAMETER 元素的引用。被允许的引用是由行规来指定

9.8.2.2 DISPLAY_ITEMS

用途

DISPLAY_ITEMS 定义了出于信息用途，可被表现给用户的数据项集，如，它们不能被编辑：VARIABLES、BLOCK_A PARAMETERS 以及 BLOCK_A PARAMETERS 的元素（如：RECORD 或 VALUE_ARRAY 类型的 BLOCK_A PARAMETERS 的域或元素）。

注：用于数据项表现的特别详细内容（如：缺省值、定标因子、范围）在每个被引用单独项的定义中定义。

词法结构

DISPLAY_ITEMS [（reference）＜exp＞]＋

DISPLAY_ITEMS 属性在表 48 中指定。

表 48 DISPLAY_ITEMS 属性

用法	属性	描述
m	reference	是一个对 VARIABLE 实例、WRITE_AS_ONE 实例、BLOCK_A PARAMETER 实例或 BLOCK_A PARAMETER 元素的引用。被允许的引用是由行规来指定

9.8.2.3 POST_EDIT_ACTIONS

用途

POST_EDIT_ACTIONS 属性指定了用户完成处理 EDIT_DISPLAY 之后，将被执行的 METHOD。如果 EDIT_DISPLAY 被中止，POST_EDIT_ACTIONS 就不被执行。指定的 METHOD 将按照它们出现的顺序执行。如果一个 METHOD 存在异常，后续的 METHOD 就不被执行。

任何 EDIT_ITEMS 中被引用实体的 POST_EDIT_ACTIONS，在新值被输入后就被执行。EDIT_DISPLAY 的 POST_EDIT_ACTIONS 只有在所有的这些独立 POST_EDIT_ACTIONS 已完成后，才会被执行。

词法结构

POST_EDIT_ACTIONS [（reference）＜exp＞]＋，DEFINITION

POST_EDIT_ACTIONS 属性在表 49 中指定。

9.8.2.4 **PRE_EDIT_ACTIONS**

用途

PRE_EDIT_ACTIONS 属性指定了 METHOD，当 EDIT_DISPLAY 被激活时，它将被立即执行。指定的 METHOD 将按照它们出现的顺序执行。如果一个 METHOD 存在异常，后续的 METHOD 就不被执行，并且 EDIT_DISPLAY 激活被取消。

EDIT_DISPLAY 的 PRE_EDIT_ACTIONS 将在任何引用实体已定义的 PRE_EDIT_ACTIONS 之前被执行。

词法结构

PRE_EDIT_ACTIONS [(reference)＜exp＞]+，DEFINITION

PRE_EDIT_ACTIONS 属性在表 49 中指定。

表 49 **PRE_EDIT_ACTIONS 属性**

用法	属性	描述
M	reference	是对 METHOD 实例的引用
O	DEFINITION	词法结构(见 9.21.1)

9.9 IMPORT

9.9.1 通用结构

用途

本条款中，预先指定的 EDDL 结构足以描述任何单个设备。然而，附加的机制被要求用来描述单个设备的多个版本，或描述通用设备的一部分。为了提供这种机制，一个 EDD 就可以导入另一个 EDD，被导入的 EDD 自身也可以导入别的 EDD。

注：采用这些机制，一个新的设备修订可以通过简单地导入旧的设备修订和详细地描述某些项的改变来指定。这种 EDD 类型被称为 delta 描述，因为整个 EDD 是按照对一个现存 EDD 的修改而被指定。

3 种导入类型被支持：

a) 导入全部项，外部 EDD 的全部项被导入。

b) 导入指定类型的项，只有被指定类型的项被导入。如果一个指定类型被导入，就不允许相同类型的指定项被导入。

c) 导入一个指定项。

一个导入 EDD 元素的标识符不应被改变。图 43 显示了 EDDL 导入机制。

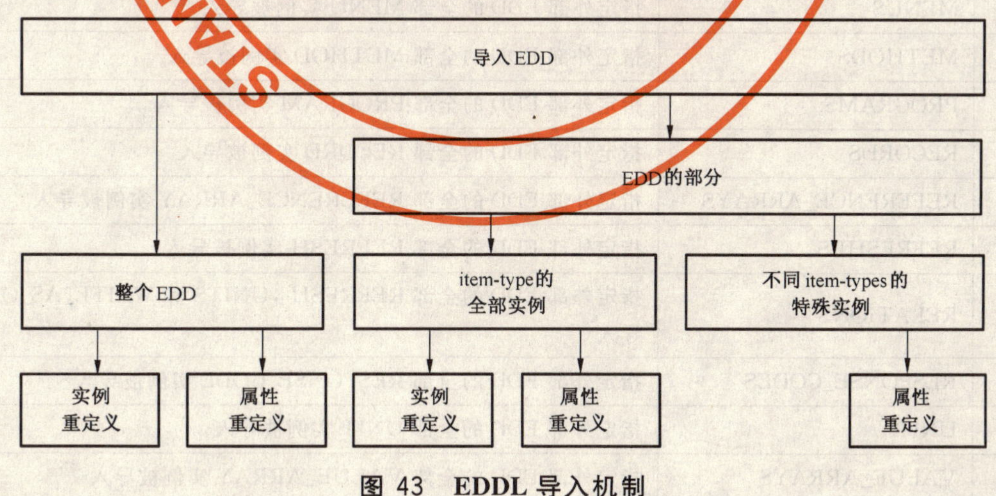

图 43 **EDDL 导入机制**

词法结构

IMPORT DD_REVISION，DEVICE_REVISION，DEVICE_TYPE，EDD_PROFILE，EDD_VERSION，

MANUFACTURER, MANUFACTURER_EXT, EVERYTHING, BLOCKS_A, BLOCKS_B, COLLECTIONS, COMMANDS, CONNECTIONS, DOMAINS, EDIT_DISPLAYS, MENUS, METHODS, PROGRAMS, RECORDS, REFERENCE_ARRAYS, REFRESHS, RELATIONS, RESPONSE_CODES, UNITS, VALUE_ARRAYS, VARIABLES, VARIABLE_LISTS, WRITE_AS_ONES, reference *, [DELETE identifier] *, [REDEFINE identifier] *

attribute-redefinition *

属性在表 50 中指定。

表 50 导入设备描述

用法	属性	描述
m	DD_REVISION	(参见 9.2.2.1)
m	DEVICE_REVISION	(参见 9.2.2.2)
m	DEVICE_TYPE	(参见 9.2.2.3)
o	EDD_PROFILE	(参见 9.2.2.4)
o	EDD_VERSION	(参见 9.2.2.5)
m	MANUFACTURER	(参见 9.2.2.6)
c	MANUFACTURER_EXT	(参见 9.2.2.7)
o	EVERYTHING	指定外部 EDD 的所有项都被导入。如果该形式被采用,就没有项类型并且没有单个实例被选择。属性 DELETE、REDEFINE 和 attribute-redefinition 应被采用
o	BLOCKS_A	指定外部 EDD 的全部 BLOCKS_A 实例被导入
o	BLOCKS_B	指定外部 EDD 的全部 BLOCKS_B 实例被导入
o	COLLECTIONS	指定外部 EDD 的全部 COLLECTIONS 实例被导入
o	COMMANDS	指定 EDD 的全部 COMMAND 实例被导入
o	CONNECTIONS	指定外部 EDD 的全部 CONNECTION 实例被导入
o	DOMAINS	指定外部 EDD 的全部 DOMAIN 实例被导入
o	EDIT_DISPLAYS	指定外部 EDD 的全部 EDIT_DISPLAY 实例被导入
o	MENUS	指定外部 EDD 的全部 MENU 实例被导入
o	METHODS	指定外部 EDD 的全部 METHOD 实例被导入
o	PROGRAMS	指定外部 EDD 的全部 PROGRAM 实例被导入
o	RECORDS	指定外部 EDD 的全部 RECORD 实例被导入
o	REFERENCE_ARRAYS	指定外部 EDD 的全部 REFERENCE_ARRAY 实例被导入
o	REFRESHES	指定外部 EDD 的全部 REFRESH 实例被导入
o	RELATIONS	指定外部 EDD 的全部 REFRESH ,UNITS 和 WRITE_AS_ONE 实例被导入
o	RESPONSE_CODES	指定外部 EDD 的全部 RESPONSE_CODE 实例被导入
o	UNITS	指定外部 EDD 的全部 UNIT 实例被导入
o	VALUE_ARRAYS	指定外部 EDD 的全部 VALUE_ARRAY 实例被导入
o	VARIABLES	指定外部 EDD 的全部 VARIABLE 实例被导入

表 50(续)

用法	属性	描述
o	VARIABLE_LISTS	指定外部 EDD 的全部 ARIABLE_LIST 实例被导入
o	WRITE_AS_ONES	指定外部 EDD 的全部 WRITE_AS_ONE 实例被导入
o	reference	指定单个实例被导入。如果单个实例已经包含在项类型导入中,它就不能被导入
o	DELETE	指定一个将被删除的导入实例
o	REDEFINE	指定被导入实例的所有属性将被重新定义
o	attribute-redefinition	(参见 9.9.2)

9.9.2 特殊属性 attribute-redefinition

用途

被导入实例的属性可以被增加、删除和重定义。增加、删除和重定义不会影响 EDD 基本结构元素的所有属性。

词法结构

BLOCK identifier,[[ADD, DELETE, REDEFINE],[CHARACTERISTICS, LABEL, PARAMETERS, parameters-list-element, COLLECTION_ITEMS, EDIT_DISP_ITEMS, HELP, MENU_ITEMS, METHOD_ITEMS, PARAMETER_LISTS, parameters-lists-listelement, REFERENCE_ARRAY_ITEMS, REFRESH_ITEMS, UNIT_ITEMS, WRITE_AS_ONE_ITEMS]]+

属性在表 51 和表 52 中指定。

表 51 重定义属性

用法	属性	描述
s	ADD	增加后续指定的属性。"A"指示 ADD 可被用于重定义规则表中的属性(参见表 52 和表 67)
s	DELETE	删除后续指定的属性。"D"指示 DELETE 可被用于重定义规则表中的属性(参见表 52 和表 67)
s	REDIFINE	重定义后续指定的属性。"R"指示 REDIFINE 可被用于重定义规则表中的属性。(参见表 52 和表 67)

BLOCK_A 的重定义规则在表 52 中指定。

表 52 **BLOCK_A 属性的重定义规则**

A	D	R	属性	描述
		●	CHARACTERISTICS	词法结构(参见 9.3.1.2.1)
		●	LABEL	词法结构(参见 9.21.3)
		●	PARAMETERS	词法结构(参见 9.3.1.2.2)
●	●	●	Parameters-list-element	可以更改 PARAMETERS 的单个列表元素
	●	●	COLLECTION_ITEMS	词法结构(参见 9.3.1.2.3)
	●	●	EDIT_DISP_ITEMS	词法结构(参见 9.3.1.2.4)

表 52(续)

A	D	R	属性	描述
	●	●	HELP	词法结构(参见 9.21.2)
	●	●	MENU_ITEMS	词法结构(参见 9.3.1.2.5)
	●	●	METHOD_ITEMS	词法结构(参见 9.3.1.2.6)
		●	PARAMETERS_LISTS	词法结构(参见 9.3.1.2.7)
●	●	●	Parameters-list-list-element	可以更改 PARAMETERS_LISTS 的单个列表元素
	●	●	REFERENCE_ARRAY_ITEMS	词法结构(参见 9.3.1.2.8)
	●	●	REFRESH_ITEMS	词法结构(参见 9.3.1.2.9)
	●	●	UNIT_ITEMS	词法结构(参见 9.3.1.2.10)
	●	●	WRITE_AS_ONE_ITEMS	词法结构(参见 9.3.1.2.11)

词法结构——BLOCK_B

BLOCK identifier，[REDEFINE，[NUMBER，TYPE]]

BLOCK_B 的重定义规则在表 53 和表 51 中指定。

表 53　BLOCK_B 属性的重定义规则

A	D	R	属性	描述
		●	NUMBER	词法结构(见 9.3.2.2.1)
		●	TYPE	词法结构(见 9.3.2.2.2)

词法结构——COLLECTION

COLLECTION identifier，[[ADD，DELETE，REDEFINE]，[MEMBERS，members-listelement，HELP，LABEL]]+

COLLECTION 的重定义规则在表 54 和表 51 中指定。

表 54　COLLECTION 属性的重定义规则

A	D	R	属性	描述
		●	MEMBERS	词法结构(参见 9.21.4)
●	●	●	members-list-element	可以更改 MEMBERS 的单个列表元素
	●	●	HELP	词法结构(参见 9.21.2)
	●	●	LABEL	词法结构(参见 9.21.3)

词法结构——COMMAND

COMMAND identifier，[[ADD，DELETE，REDEFINE]，[OPERATION，TRANSACTION，INDEX，BLOCK_B，NUMBER，SLOT，CONNECTION，HEADER，MODULE，RESPONSE_CODES，response-codes-list-element]]+

COMMAND 的重定义规则在表 55 和表 51 中指定。

表 55 COMMAND 属性的重定义规则

A	D	R	属性	描述
		●	OPERATION	词法结构(参见 9.5.2.1)
		●	TRANSACTION	词法结构(参见 9.5.2.2)
		●	INDEX	词法结构(参见 9.5.2.3)
		●	BLOCK_B	词法结构(参见 9.5.2.4)
		●	NUMBER	词法结构(参见 9.5.2.5)
		●	SLOT	词法结构(参见 9.5.2.6)
	●	●	CONNECTION	词法结构(参见 9.5.2.7)
	●	●	HEADER	词法结构(参见 9.5.2.8)
	●	●	MODULE	词法结构(参见 9.5.2.9)
	●	●	RESPONSE_CODES	词法结构(参见 9.21.5)
●	●	●	response_codes_list_element	可以更改 RESPONSE_CODES 的单个列表元素

词法结构——CONNECTION

CONNECTION identifier,[REDEFINE,[APPINSTANCE]]+

CONNECTION 的重定义规则在表 56 和表 51 中指定。

表 56 CONNECTION 属性的重定义规则

A	D	R	属性	描述
		●	APPINSTANCE	词法结构(参见 9.6.2)

词法结构——DOMAIN

DOMAIN identifier,[DELETE,REDEFINE],[HANDLING,RESPONSE_CODES]+

DOMAIN 的重定义规则在表 57 和表 51 中指定。

表 57 DOMAIN 属性的重定义规则

A	D	R	属性	描述
	●	●	HANDLING	词法结构(参见 9.7.2)
	●	●	RESPONSE_CODES	词法结构(参见 9.21.5)

词法结构——EDIT_DISPLAY

EDIT_DISPLAY identifier,[[DELETE,REDEFINE],[EDIT_ITEMS,LABEL,DISPLAY_ITEMS,POST_EDIT_ACTIONS,PRE_EDIT_ACTIONS]]+

EDIT_DISPLAY 的重定义规则在表 58 和表 51 中指定。

表 58 EDIT_DISPLAY 属性的重定义规则

A	D	R	属性	描述
		●	EDIT_ITEMS	词法结构(参见 9.8.2.1)
		●	LABEL	词法结构(参见 9.21.3)
	●	●	DISPLAY_ITEMS	词法结构(参见 9.8.2.2)
	●	●	POST_EDIT_ACTIONS	词法结构(参见 9.8.2.3)
	●	●	PRE_EDIT_ACTIONS	词法结构(参见 9.8.2.4)

词法结构——MENU

MENU identifier，[[ADD，DELETE，REDEFINE]，[ITEMS，items-list-element，LABEL，ACCESS，ENTRY，HELP，POST_EDIT_ACTIONS，POST_READ_ACTIONS，POST_WRITE_ACTIONS，PRE_EDIT_ACTIONS，PRE_READ_ACTIONS，PRE_WRITE_ACTIONS，PURPOSE，ROLE，STYLE，VALIDITY]]+

MENU 的重定义规则在表 59 和表 51 中指定。

表 59　MENU 属性的重定义规则

A	D	R	属性	描述
		●	ITEMS	词法结构(参见 9.11.2.1)
●	●	●	tems-list-element	可以更改 ITEMS 的单个列表元素
		●	LABEL	词法结构(参见 9.21.3)
	●	●	ACCESS	词法结构(参见 9.11.2.2)
	●	●	ENTRY	词法结构(参见 9.11.2.3)
	●	●	HELP	词法结构(参见 9.21.2)
	●	●	POST_EDIT_ACTIONS	词法结构(参见 9.11.2.4)
	●	●	POST_READ_ACTIONS	词法结构(参见 9.11.2.5)
	●	●	POST_WRITE_ACTIONS	词法结构(参见 9.11.2.6)
	●	●	PRE_EDIT_ACTIONS	词法结构(参见 9.11.2.7)
	●	●	PRE_READ_ACTIONS	词法结构(参见 9.11.2.8)
	●	●	PRE_WRITE_ACTIONS	词法结构(参见 9.11.2.9)
	●	●	PURPOSE	词法结构(参见 9.11.2.10)
	●	●	ROLE	词法结构(参见 9.11.2.11)
	●	●	STYLE	词法结构(参见 9.11.2.12)
	●	●	VALIDITY	词法结构(参见 9.11.2.13)

词法结构——METHOD

METHOD identifier，[[DELETE，REDEFINE]，[ACCESS，CLASS，DEFINITION，LABEL，HELP，VALIDITY]]+

METHOD 的重定义规则在表 60 和表 51 中指定。

表 60　METHOD 属性的重定义规则

A	D	R	属性	描述
	●	●	ACCESS	词法结构(参见 9.12.2.1)
		●	CLASS	词法结构(参见 9.12.2.2)
		●	DEFINITION	词法结构(参见 9.21.1)
		●	LABEL	词法结构(参见 9.21.3)
	●	●	HELP	词法结构(参见 9.21.2)
	●	●	VALIDITY	词法结构(参见 9.12.2.3)

词法结构——PROGRAM

PROGRAM identifier，[[DELETE，REDEFINE]，[ARGUMENT，argument-listelement，RESPONSE_CODES]]+

PROGRAM 的重定义规则在表 61 和表 51 中指定。

表 61　PROGRAM 属性的重定义规则

A	D	R	属性	描述
		●	ARGUMENT	词法结构(参见 9.13.2)
	●	●	argument-list-element	单个 ARGUMENT 的列表元素将被更改
	●	●	RESPONSE_CODES	词法结构(参见 9.21.5)

词法结构——RECORD

RECORD identifier，[[ADD，DELETE，REDEFINE]，[MEMBERS，members-listelement，LABEL，HELP，RESPONSE_CODES]]+

RECORD 的重定义规则在表 62 和表 51 中指定。

表 62　RECORD 属性的重定义规则

A	D	R	属性	描述
		●	MEMBERS	词法结构(参见 9.21.4)
●	●	●	member-list-element	单个 MEMBER 的列表元素将被更改
	●	●	LABEL	词法结构(参见 9.21.3)
	●	●	HELP	词法结构(参见 9.21.2)
	●	●	RESPONSE_CODES	词法结构(参见 9.21.5)

词法结构——REFERENCE_ARRAY

REFERENCE_ARRAY identifier，[[ADD，DELETE，REDEFINE]，[ELEMENTS，elements-list-element，HELP，LABEL]]+

REFERENCE_ARRAY 的重定义规则在表 63 和表 51 中指定。

表 63　REFERENCE_ARRAY 属性的重定义规则

A	D	R	属性	描述
		●	ELEMENTS	词法结构(参见 9.15.2)
●	●	●	elements-list-elemen	单个 ELEMENT 的列表元素将被更改
	●	●	LABEL	词法结构(参见 9.21.3)
	●	●	HELP	词法结构(参见 9.21.2)

词法结构——RESPONSE_CODES

RESPONSE_CODES identifier，[[ADD，DELETE，REDEFINE]，response-code-listelement]+

RESPONSE_CODES 的重定义规则在表 64 和表 51 中指定。

表 64　RESPONSE_CODES 属性的重定义规则

A	D	R	属性	描述
●	●	●	response-code-list-elemen	单个 RESPONSE_CODE 的列表元素将被更改

词法结构——VALUE_ARRAY

VALUE_ ARRAY identifier，[[DELETE，REDEFINE]，[LABEL，NUMBER _ OF _ ELEMENTS，TYPE，HELP，RESPONSE_CODES]]+

VALUE_ARRAY 的重定义规则在表 65 和表 51 中指定。

表 65 **VALUE_ARRAY** 属性的重定义规则

A	D	R	属性	描述
		●	LABEL	词法结构(参见 9.21.3)
		●	NUMBER_OF_ELEMENTS	词法结构(参见 9.18.2.1)
		●	TYPE	词法结构(参见 9.18.2.2)
	●	●	HELP	词法结构(参见 9.21.2)
	●	●	RESPONSE_CODES	词法结构(参见 9.21.5)

词法结构——VARIABLE

VARIABLE identifier, [[ADD, DELETE, REDEFINE], [CLASS, LABEL, TYPE, DEFAULT_VALUE, DISPLAY_FORMAT, EDIT_FORMAT, INITIAL_VALUE, MAX_VALUE, MIN_VALUE, SCALING_FACTOR, type-list-element, CONSTANT_UNIT, HANDLING, HELP, POST_EDIT_ACTIONS, POST_READ_ACTIONS, POST_WRITE_ACTIONS, PRE_EDIT_ACTION, PRE_READ_ACTIONS, PRE_WRITE_ACTIONS, READ_TIMEOUT, RESPONSE_CODES, STYLE, VALIDITY, WRITE_TIMEOUT]]+

VARIABLE 的重定义规则在表 66 和表 51 中指定。

表 66 **VARIABLE** 属性的重定义规则

A	D	R	属性	描述
		●	CLASS	词法结构(参见 9.19.2.1)
		●	LABEL	词法结构(参见 9.21.3)
			TYPE	词法结构(参见 9.19.2.2)
	●	●	DEFAULT_VALUE	词法结构(参见 9.19.2.2)
	●	●	DISPLAY_FORMAT	词法结构(参见 9.19.2.2)
	●	●	EDIT_FORMAT	词法结构(参见 9.19.2.2)
	●	●	INITIAL_VALUE	词法结构(参见 9.19.2.2)
	●	●	MAX_VALUE	词法结构(参见 9.19.2.2)
	●	●	MIN_VALUE	词法结构(参见 9.19.2.2)
	●	●	SCALING_FACTOR	词法结构(参见 9.19.2.2)
●	●	●	type-list-element	单个 RESPONSE_CODE 的列表元素将被更改
	●	●	CONSTANT_UNIT	词法结构(参见 9.19.2.3)
	●	●	HANDLING	词法结构(参见 9.19.2.4)
	●	●	HELP	词法结构(参见 9.21.2)
	●	●	POST_EDIT_ACTIONS	词法结构(参见 9.19.2.5)
	●	●	POST_READ_ACTIONS	词法结构(参见 9.19.2.6)
	●	●	POST_WRITE_ACTIONS	词法结构(参见 9.19.2.7)
	●	●	PRE_EDIT_ACTION	词法结构(参见 9.19.2.8)

表 66(续)

A	D	R	属性	描述
	●	●	PRE_READ_ACTIONS	词法结构(参见 9.19.2.9)
	●	●	PRE_WRITE_ACTIONS	词法结构(参见 9.19.2.10)
	●	●	READ_TIMEOUT	词法结构(参见 9.19.2.11)
	●	●	RESPONSE_CODES	词法结构(参见 9.21.5)
	●	●	STYLE	词法结构(参见 9.19.2.12)
	●	●	VALIDITY	词法结构(参见 9.19.2.13)
	●	●	WRITE_TIMEOUT	词法结构(参见 9.19.2.11)

词法结构——VARIABLE_LIST

VARIABLE_LIST identifier，[[ADD，DELETE，REDEFINE]，[MEMBERS，memberslist-element，HELP，LABEL，RESPONSE_CODES]]+

VARIABLE_LIST 的重定义规则在表 67 和表 51 中指定。

表 67 VARIABLE_LIST 属性的重定义规则

A	D	R	属性	描述
		●	MEMBERS	词法结构(参见 9.21.4)
●	●	●	members-list-element	单个 MEMBER 的列表元素将被更改
	●	●	HELP	词法结构(参见 9.21.2)
	●	●	LABEL	词法结构(参见 9.21.3)
	●	●	RESPONSE_CODES	语法结构(参见 9.21.5)

9.10 LIKE

用途

LIKE 是用来在现存项的基础上创建一个新的 EDD 实例。LIKE 生成带全部属性的现存项类型的副本。

词法结构

LIKE identifier，reference，attribute-redefinition+，item-type

LIKE 属性在表 68 中指定。

表 68 LIKE 属性

用法	属性	描述
m	identifier	新 EDD 实例的名称
m	reference	是一个对将被复制的 EDD 实例的引用
o	attribute-redefinition	指定属性是否被增加、删除、重定义(参见 9.9.2)。只有现存属性才可以被删除和重定义
o	item-type	可以是表 30 所列元素中的一个。即使 item-type 被表示成它未被解释

9.11 MENU

9.11.1 通用结构

用途

MENU 把变量、方法和在 EDDL 中指定的其他项组织成一个分层结构。用户应用可用 MENU ITEMS 按照已组织的和一致的形式来显示和输入信息。

词法结构

MENU identifier [ITEM, LABEL, ACCESS, POST_EDIT_ACTIONS, POST_READ_ACTIONS, POST_WRITE_ACTIONS, PRE_EDIT_ACTIONS, PRE_READ_ACTIONS, PRE_WRITE_ACTIONS, STYLE, VALIDITY]

MENU 属性在表 69 中指定。

表 69 MENU 属性

用法	属性	描述
m	ITEMS	词法结构(参见 9.11.2.1)
m	LABEL	词法结构(参见 9.21.3)
o	ACCESS	词法结构(参见 9.11.2.2)
o	ENTRY	词法结构(参见 9.11.2.3)
o	HELP	词法结构(参见 9.21.2)
o	POST_EDIT_ACTIONS	词法结构(参见 9.11.2.4)
o	POST_READ_ACTIONS	词法结构(参见 9.11.2.5)
o	POST_WRITE_ACTIONS	词法结构(参见 9.11.2.6)
o	PRE_EDIT_ACTIONS	词法结构(参见 9.11.2.7)
o	PRE_READ_ACTIONS	词法结构(参见 9.11.2.8)
o	PRE_WRITE_ACTIONS	词法结构(参见 9.11.2.9)
c	PURPOSE	词法结构(参见 9.11.2.10)。如果 ENTRY 属性被使用, PURPOSE 将被指定
o	ROLE	词法结构(参见 9.11.2.11)
o	STYLE	词法结构(参见 9.11.2.12)
o	VALIDITY	语法结构(参见 9.11.2.13)

9.11.2 特殊属性

9.11.2.1 ITEM

用途

ITEM 属性指定了 EDD 的被选择显示给用户的元素(VARIABLE, BLOCK_A PARAMETERS, BLOCK_A PARAMETERS 的元素, EDIT_DISPLAY, METHOD 和其他 MENU)及每个元素可选的限定语。这些限定语(DISPLAY_VALUE, HIDDEN, READ_ONLY, REVIEW)是用于对控制项的处理。

注 1: MENU 项按照它们出现的顺序被显示给用户。

注 2: 对于垂直菜单,第一项被显示在顶部,最后一项被显示在底部。对于水平菜单,第一项被显示在左边,最后一项被显示在右边。

词法结构

ITEMS [(reference, DISPLAY_VALUE, HIDDEN, READ_ONLY, REVIEW)<exp>]+

ITEMS 属性在表 70 中指定。

表 70 **ITEMS 属性**

用法	属性	描述
m	reference	是对 VARIABLE、BLOCK _ A PARAMETERS、BLOCK _ A PARAMETERS 的元素、EDIT_DISPLAY、METHOD 或 MENUS 实例的引用
c/o	DISPLAY_VALUE	c 仅用于 VARIABLE;o 指定相应 VARIABLE 除它的 LABEL 之外的被显示的值用于所有其他情况
o	HIDDEN	指定该项不显示
o	READ_ONLY	c 仅用于 VARIABLE;o 用于所有其他情况。指定了将被显示的值,但它不能被修改(不管它的 HANDLING 属性)
o	REVIEW	c 仅用于 MENU;o 用于所有其他情况。用于显示大量的数据等,用于回顾用

注 3:REVIEW 限定词用于命令 EDD 应用用更小的字体结构化显示。

9.11.2.2 ACCESS

用途

ACCESS 属性指定了 MENU 中被显示或被采用的项是读自设备(ONLINE)还是本地(OFFLINE)。如果没有定义 ACCESS 属性,ONLINE 是缺省的。

语法结构

ACCESS [(OFFLINE,ONLINE)＜exp＞]

ACCESS 属性在表 71 中指定。

表 71 **ACCESS 属性**

用法	属性	描述
s	OFFLINE	指定了在菜单中被显示项的值是从本地读取
s	ONLINE	指定了在菜单中被显示项的值应是从设备中读取,并且按适当的周期刷新

注:该实现负责决定什么时候将发生向设备传送被修改的值。(典型的是在对一个 ONLINE ACCESS 属性的单独进入或者 MENU 完成之后,或通过一个分离的菜单来更新设备。)

9.11.2.3 ENTRY

用途

ENTRY 属性指定了一个 MENU 是否将其入口点设成分级结构。如果一个 MENU 被定义成入口点,该 MENU 也包含 PURPOSE 属性。

语法结构

ENTRY (ROOT)＜exp＞

ENTRY 属性在表 72 中指定。

表 72 **ENTRY 属性**

用法	属性	描述
m	ROOT	指定了 MENU 将被作为一个入口点使用

9.11.2.4 POST_EDIT_ACTIONS

用途

POST_EDIT_ACTIONS 属性指定了在用户完成了对 MENU 的处理之后将被执行的 METHOD。如果 MENU 被中止,POST_EDIT_ACTIONS 就不被执行。指定的 POST_EDIT_ACTIONS 将按照它们出现的顺序被执行。如果一个 METHOD 由于意外原因退出,后续的 METHOD 将不被执行。

一旦一个新值被输入给实体,任何一个与 ITEM 中被引用实体有关的 POST_EDIT_ACTIONS 将被执行。只有在所有实体指定的 POST_EDIT_ACTIONS 都执行结束后，MENU 的 POST_EDIT_ACTIONS 才被执行。

词法结构

POST_EDIT_ACTIONS［(reference)＜exp＞］＋，DEFINITION

POST_EDIT_ACTIONS 属性在表 73 中指定。

表 73　POST_EDIT_ACTIONS 属性

用法	属性	描述
o	Reference	是对 METHOD 实例的引用
o	DEFINITION	词法结构(参见 9.21.1)

9.11.2.5　POST_READ_ACTIONS

用途

POST_READ_ACTIONS 属性指定了 METHOD，在 ITEMS 属性中的全部被引用实体都已被读取和处理之后，它才被执行。指定的 POST_READ_ACTIONS 将按照它们出现的顺序被执行。如果一个 METHOD 由于意外原因而出现，后续的 METHOD 将不被执行。

任何一个与 ITEM 中被引用实体有关的 POST_READ_ACTIONS，只要一个新值被输入给实体，它就将被执行。只有在所有实体指定的 POST_READ_ACTIONS 都执行结束后，MENU 的 POST_READ_ACTIONS 才被执行。

语法结构

POST_READ_ACTIONS［(reference)＜exp＞］＋，DEFINITION

POST_READ_ACTIONS 属性在表 73 中指定。

9.11.2.6　POST_WRITE_ACTIONS

用途

POST_WRITE_ACTIONS 属性指定了 METHOD，在 ITEMS 属性中的全部被引用实体都已被读取和处理之后，它才被执行。指定的 POST_WRITE_ACTIONS 将按照它们出现的顺序被执行。如果一个 METHOD 由于意外原因退出，后续的 METHOD 将不被执行。

只要一个新值被输入给实体，任何一个与 ITEM 中被引用实体有关的 POST_WRITE_ACTIONS 就将被执行。只有在所有实体指定的 POST_WRITE_ACTIONS 都执行结束后，MENU 的 POST_WRITE_ACTIONS 才被执行。

词法结构

POST_WRITE_ACTIONS［(reference)＜exp＞］＋，DEFINITION

POST_WRITE_ACTIONS 属性在表 73 中指定。

9.11.2.7　PRE_EDIT_ACTIONS

用途

PRE_EDIT_ACTIONS 属性指定了在 MENU 被激活之后将立即执行的 METHOD。指定的 PRE_EDIT_ACTIONS 将按照它们出现的顺序被执行。如果一个 METHOD 由于意外原因退出，后续的 METHOD 将不被执行且菜单激活被取消。

MENU PRE_EDIT_ACTIONS 将在任何引用实体已定义 PRE_EDIT_ACTIONS 之前执行。在 MENU 的 PRE_EDIT_ACTIONS 被完成之后，引用实体的任何 PRE_EDIT_ACTIONS 将被执行。

词法结构

PRE_EDIT_ACTIONS［(reference)＜exp＞］＋，DEFINITION

PRE_EDIT_ACTIONS 属性在表 73 中指定。

9.11.2.8　PRE_READ_ACTIONS

用途

PRE_READ_ACTIONS 属性指定了 METHOD,在 ITEMS 属性中的任何被引用实体被读取或处理之前,它要被执行。指定的 PRE_READ_ACTIONS 将按照它们出现的顺序执行。如果一个 METHOD 由于意外原因退出,后续的 METHOD 将不被执行,并且 MENU 的激活将被取消。MENU PRE_READ_ACTIONS 完成后,引用实体的任何 PRE_READ_ACTIONS 将被执行。

词法结构

PRE_READ_ACTIONS [(reference)<exp>]+, DEFINITION

PRE_READ_ACTIONS 属性在表 73 中指定。

9.11.2.9 PRE_WRITE_ACTIONS

用途

PRE_WRITE_ACTIONS 属性指定了 METHOD,在 ITEMS 属性中的任何被引用实体都已被读取和处理之前,它就被执行。指定的 PRE_WRITE_ACTIONS 将按照它们出现的顺序执行。如果一个 METHOD 由于意外原因退出,后续的 METHOD 就不执行,并且 MENU 的激活将被取消。MENU PRE_WRITE_ACTIONS 被完成后,引用实体的任何 PRE_WRITE_ACTIONS 将被执行。

词法结构

PRE_WRITE_ACTIONS [(reference)<exp>]+, DEFINITION

PRE_WRITE_ACTIONS 属性在表 73 中指定。

9.11.2.10 PURPOSE

用途

PURPOSE 属性的定义了 MENU 的应用用途。它指示 MENU 将被怎样使用,如:用于工具条显示,诊断动作,上传/下载列表。

词法结构

PURPOSE [(DIAGNOSE, LOAD_TO_APPLICATION, LOAD_TO_DEVICE, MENU, string, TABLE)<exp>]+

PURPOSE 属性在表 74 中指定。

表 74 PURPOSE 属性

用法	属性	描述
s	DIAGNOSE	指定 MENU 用于诊断动作
s	LOAD_TO_APPLICATION	指定 MENU 用于列出 VARIABLE,变量的值是从设备发送到应用中
s	LOAD_TO_DEVICE	指定 MENU 用于列出 VARIABLE,变量的值被发送到设备中
s	MENU	指定一个包含其他 MENU 项或控制项的 MENU,通常采用水平行的形式出现
s	string	为 MENU 指定一个被 PURPOSE 定义的用户
s	TABLE	指定一个包含其他 MENU 项或 VARIABLE 的 MENU,通常以垂直列的形式出现

注:PURPOSE 属性 MENU 将被用于水平排列的数据和功能表现(例如:功能键,应用菜单)。TABLE 将被用于垂直排列的数据和功能表现(例如:表格)。

9.11.2.11 ROLE

用途

ROLE 属性指定了在哪种任务环境中 MENU 被采用。如果一个 MENU 包含了子菜单,只有具有同样权限的子菜单才会被显示。如果一个 MENU 没有 ROLE 属性,只要 MENU 被引用的地方它就会被显示。

词法结构

ROLE [(string)<exp>]+

ROLE 属性在表 75 中指定。

表 75 **ROLE 属性**

用法	属性	描述
m	string	指定一个用于表示 MENU 的 ROLE 的字符串

注：一个 EDD 可以包含一个或多个下列 ROLE、MAINTENANCE，SPECIALIST，DIAGNOSE，HANDHELD，SERVICE，MANUFACTURER，OBSERVER。

9.11.2.12 **STYLE**

用途

STYLE 属性指定了 MENU 怎样被显示。

如果一个或多个 MENU 被激活，并且 DIALOG MENU 也被激活，那么 DIALOG MENU 享有优先权，并在其他 MENU 可被使用之前应被关闭。如果没有定义 STYLE 属性，则 DIALOG 是缺省的。

例如：一个菜单可包含一个条形图或 XY 图，以显示被测数据。

词法结构

STYLE [(DIALOG, WINDOW, string)<exp>]

STYLE 属性在表 76 中指定。

表 76 **STYLE 属性**

用法	属性	描述
s	DIALOG	指定了当该菜单被激活时，没有其他的 MENU 被激活。在可与其他 MENU 交互之前，该 MENU 应被关闭
s	WINDOW	指定了当该菜单被激活时，其他的 MENU 也可以被激活。可与具有 WINDOW STYLE 属性的激活 MENU 交互
s	string	指派了一个指定 MENU 样式的工具。如果一个工具不能解释字符串，该 STYLE 属性将被忽略

9.11.2.13 **VALIDITY**

用途

VALIDITY 属性指定了一个 MENU 是否被显示。如果 VALIDITY 的属性没有被定义，缺省值为 TRUE。

注：VALIDITY 通常采用条件表达式表示(参见 9.23)。

词法结构

VALIDITY [(FALSE, TRUE)<exp>]

VALIDITY 属性在表 77 中指定。

表 77 **VALIDITY 属性**

用法	属性	描述
s	FALSE	指定 MENU 不被显示
s	TRUE	指定 MENU 被显示

9.11.3 **动作的顺序图**

图 44～图 50 表示了关于 MENU 和它们所包含的 VARIABLE、METHOD 的动作顺序图。动作是按照图中的从上到下的顺序被执行并完成。如果由于意外原因，任何一个动作失败或中止，余下的动作就不被执行，且 MENU 被取消。

当 MENU 具有 ACCESS OFFLINE 功能(数据来自本地数据库)，对于 VARIABLE 的预先/事后读/写动作就不被执行。

当 MENU 具有 ACCESS ONLINE 时(数据从设备读取或写到设备中),VARIABLE 的预先/事后读/写动作将按照显示的顺序执行。

预先/事后的编辑动作通常在 ACCESS OFFLINE 和 ONLINE 中执行。

在在线访问情况中,VARIABLE 值将被修改并立即写入,除非它们是处于 WRITE_AS_ONE 关系。任何 WRITE_AS_ONE 实体都是一起写入。WRITE_AS_ONE VARIABLE 被写入后,POST_WRITE_ACTION 才被执行。

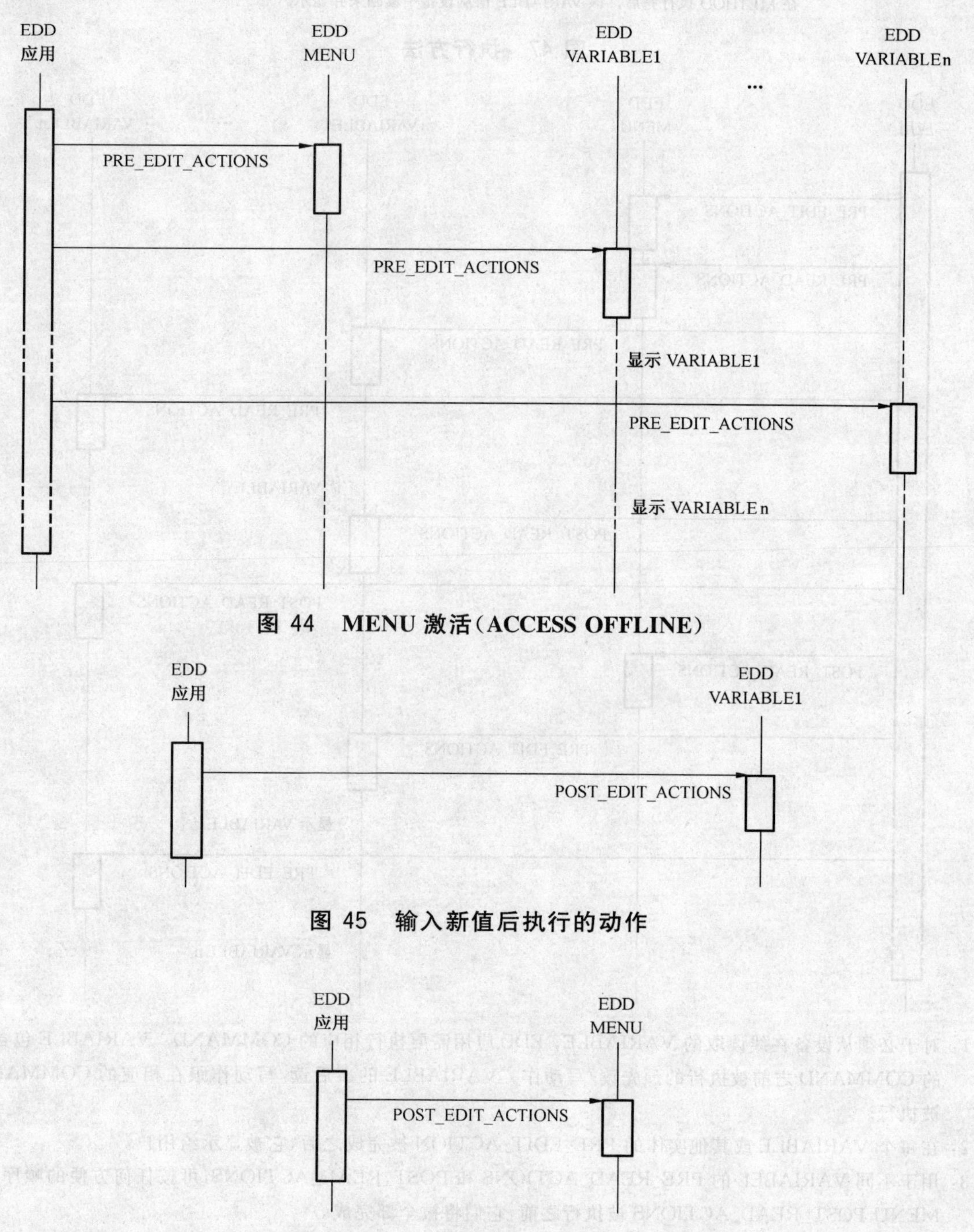

图 44 MENU 激活(ACCESS OFFLINE)

图 45 输入新值后执行的动作

图 46 在 MENU 的所有 VARIABLE 输入被接受后执行的 ACTION(ACCESS OFFLINE)

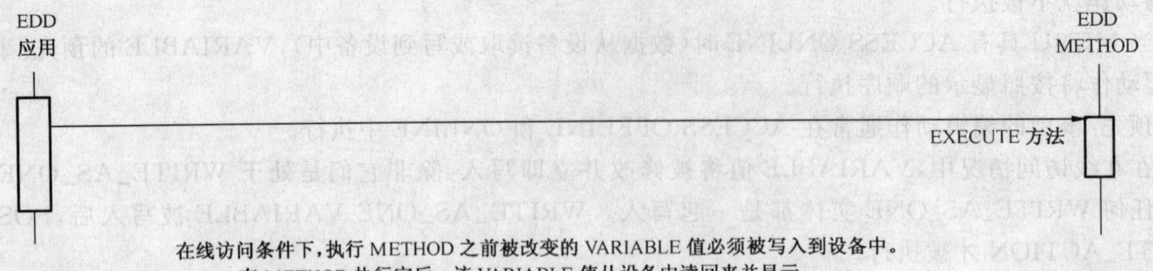

图 47　执行方法

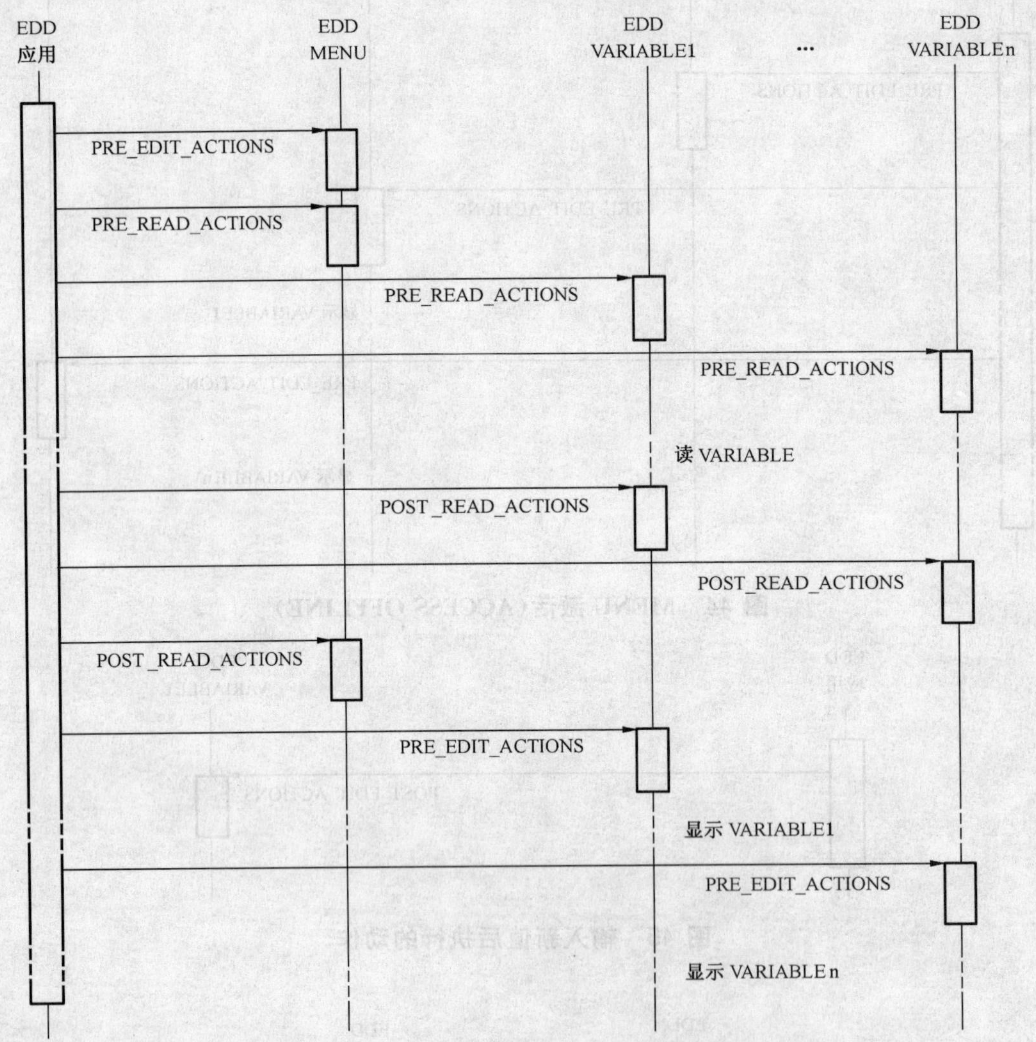

注 1：对于必须从设备在线读取的 VARIABLE，EDD 应用需要执行相应的 COMMAND。VARIABLE 包含在合适的 COMMAND 之前被执行的预先读/写动作。VARIABLE 的事后读/写动作跟在相应的 COMMAND 之后被执行。

注 2：在每个 VARIABLE 或其他实体的 PRE_EDIT_ACTION 被完成之后，它被显示给用户。

注 3：用于不同 VARIABEL 的 PRE_READ_ACTIONS 和 POST_READ_ACTIONS，可按任何方便的顺序排列，在 MENU POST_READ_ACTIONS 被执行之前，它们将被全部完成。

图 48　MENU 激活(ACCESS ONLINE)

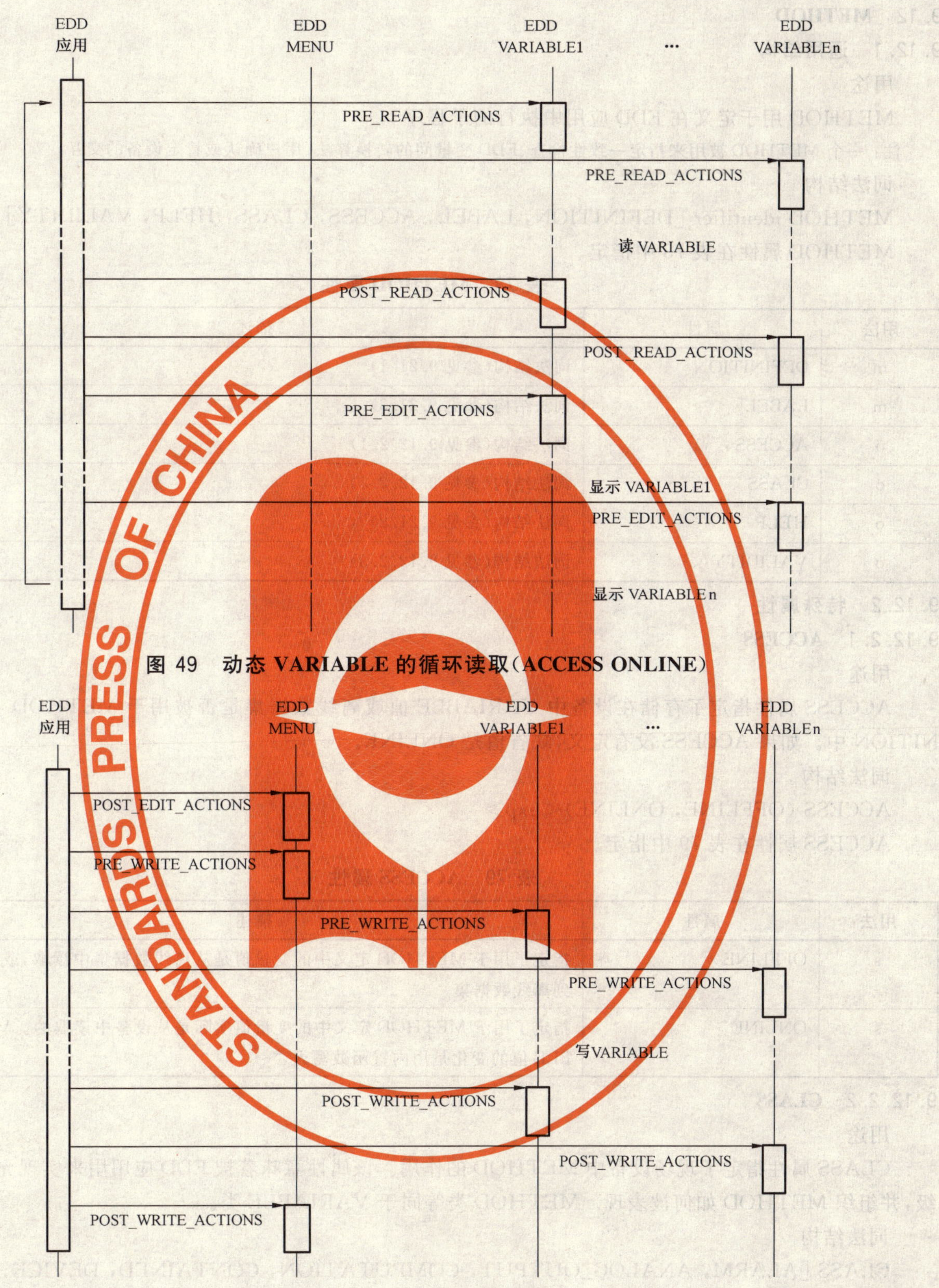

图 49　动态 VARIABLE 的循环读取(ACCESS ONLINE)

注：在全部 VARIABLE 被接受后，METHODS 才被执行。只有改变的 VARIABLE 值写入设备。变化的值被写入后，为了一致，VARIABLE 将会被读取。

图 50　MENU 的所有 VARIABLE 输入被接受后执行的 ACTION(ACCESS ONLINE)

9.12 METHOD

9.12.1 通用结构

用途

METHOD 用于定义在 EDD 应用中执行的子程序。

注：一个 METHOD 被用来指定一致性检查、EDD 变量间的转换算法、用户确认或特定设备的交互。

词法结构

METHOD identifier [DEFINITION，LABEL，ACCESS，CLASS，HELP，VALIDITY]

METHOD 属性在表 78 中指定。

表 78　METHOD 属性

用法	属性	描述
m	DEFINITION	词法结构(参见 9.21.1)
m	LABEL	词法结构(参见 9.21.3)
o	ACCESS	词法结构(参见 9.12.2.1)
o	CLASS	词法结构(参见 9.12.2.2)
o	HELP	词法结构(参见 9.21.2)
o	VALIDITY	词法结构(参见 9.12.2.3)

9.12.2 特殊属性

9.12.2.1 ACCESS

用途

ACCESS 属性指定了存储在设备中 VARIABLE 值或离线数据集是否被用于 METHOD DEFINITION 中。如果 ACCESS 没有定义，缺省值是 ONLINE。

词法结构

ACCESS (OFFLINE，ONLINE)<exp>

ACCESS 属性在表 79 中指定。

表 79　ACCESS 属性

用法	属性	描述
s	OFFLINE	指定了用于 METHOD 定义中的变量值是从离线数据集中读取，或是写入到离线数据集
s	ONLINE	指定了用于 METHOD 定义中的变量值实际是从设备中读取的。VARIABLE 值的变化是用内置函数写入

9.12.2.2 CLASS

用途

CLASS 属性指定了现场设备中 METHOD 的作用。该属性意味着被 EDD 应用用来实现允许的分级，并组织 METHOD 如何被表现。METHOD 类等同于 VARIABLE 类。

词法结构

CLASS [ALARM，ANALOG_OUTPUT，COMPUTATION，CONTAINED，DEVICE，DIAGNOSTIC，DISCRETE，DYNAMIC，FREQUENCY，HART，INPUT，LOCAL，LOCAL_DISPLAY，OUTPUT，OPERATE，SENSOR_CORRECTION，TUNE，SERVICE]+

CLASS 属性在表 94 中指定。

9.12.2.3 VALIDITY

用途

VALIDITY 属性指定了 METHOD 是否被执行。不带 VALIDITY 属性的 METHOD 通常是有效的。

注：VALIDITY 通常是用条件表达式表示(参见 9.23)。

词法结构

VALIDITY [(FALSE, TRUE)<exp>]

VALIDITY 属性在表 80 中指定。

表 80 VALIDITY 属性

用法	属性	描述
s	FALSE	指定了 METHOD 将不被执行
s	TRUE	指定了 METHOD 将被执行

9.13 PROGRAM

9.13.1 通用结构

用途

PROGRAM 允许对一个程序的执行进行远程控制。

例如：一个设备可以使用一个下载服务来下载 PROGRAM 到另一个设备的域中，然后通过发布一个服务请求来远程操作该 PROGRAM。PROGRAM 可被创建、删除、开始、停止等。

词法结构

PROGRAM identifier [ARGUMENT, RESPONSE_CODES]

PROGRAM 属性在表 81 中指定。

表 81 PROGRAM 属性

用法	属性	描述
o	ARGUMENT	词法结构(参见 9.13.2)
o	RESPONSE_CODES	词法结构(参见 9.21.5)

9.13.2 特殊属性 ARGUMENT

用途

在启动和恢复操作期间，ARGUMENT 可发送到程序中。PROGRAM 的变元是用 ARGUMENT 属性来描述。当一个含有全部变元值的字节字符串被 EDD 应用启动或恢复时，它将被传送给程序调用对象。

词法结构

ARGUMENT [(data-item)<exp>]+

ARGUMENT 属性在表 82 中指定。

表 82 ARGUMENT 属性

用法	属性	描述
m	data-item	既可以是一个无符号整形常数，也可以是一个 VARIABLE。如果一个数据项是一个无符号整型常数，常数值将在数据域中的位置出现。常数数据项占用数据域的两个字节，因此将在 0～65535 范围内。如果一个数据项是一个 VARIABLE，VARIABLE 的值将在数据域中的位置出现。如果 PROGRAM 服务的数据域是空的，变元就可被省略

9.14 RECORD

用途

RECORD 是 VARIABLE 的逻辑组合。RECORD 中的每一项都是对 VARIABLE 的引用,并有不同的数据类型。

注:RECORD 可作为一个通信对象来传送。

词法结构

RECORD identifier [MEMBERS, LABEL, HELP, RESPONSE_CODES]

RECORD 属性在表 83 中指定。

表 83 RECORD 属性

用法	属性	描述
m	MEMBERS	词法结构(参见 9.21.4)
m	LABEL	词法结构(参见 9.21.3)
o	HELP	词法结构(参见 9.21.2)
o	RESPONSE_CODES	词法结构(参见 9.21.5)

9.15 REFERENCE_ARRAY

9.15.1 通用结构

用途

REFERENCE_ARRAY 是一组已指定项类型的项(如 VARIABLE 和 MENU)。

注:REFERENCE_ARRAY 与通信数组无关(项类型"VALUE_ARRAY")。通信数组是值的数组。

词法结构

REFERENCE_ARRAY identifier [item-type, ELEMENTS, HELP, LABEL]

REFERENCE_ARRAY 属性在表 84 中指定。

表 84 REFERENCE_ARRAY 属性

用法	属性	描述
m	item-type	指定了被列入 ELEMENT 属性的项类型。它可以是列在表 30 中基本元素之一
m	ELEMENTS	词法结构(参见 9.15.2)
o	HELP	词法结构(参见 9.21.2)
o	LABEL	词法结构(参见 9.21.3)

9.15.2 特殊属性 ELEMENTS

用途

ELEMENT 属性指定了项的列表。它为每个项定义了项的引用、它的相关索引、选择性描述及帮助。描述和帮助属性在使用的时候,优先于 EDD 项自身的相应规范。

词法结构

ELEMENTS [integer, reference, description, help]<exp>]+

ELEMENTS 属性在表 85 中指定。

表 85 ELEMENTS 属性

用法	属性	描述
m	integer	指定了项可被引用的数。在 REFERENCE_ARRAY 结构中,每个数应被唯一定义
m	reference	是对数据项实例的引用
o	description	对项提供一个简短的描述
o	help	为该项指定了帮助文本

9.16 Relations

9.16.1 通用结构

用途

Relations 指定 VARIABLE 之间的关系，关系的以下类型被定义：

- REFRESH(参见 9.16.2)；
- UNIT(参见 9.16.3)；
- WRITE_AS_ONE(参见 9.16.4)。

9.16.2 REFRESH

用途

REFRESH 关系是在线访问时使用，并且指定了一组 VARIABLE，一旦指定变量集中的一个 VARIABLE 发生改变，就需要刷新(从设备读回来)。

注：VARIABLE 自身具有刷新关系，意味着 VARIABLE 在被写入后应又被读取。

词法结构

REFRESH identifier，[(cause-parameter)＜exp＞]+，[(effected- parameter)＜exp＞]+

REFRESH 属性在表 86 中指定。

表 86　REFRESH 属性

用法	属性	描述
m	cause-parameter	指定了 VARIABLE 实例列表
m	effected-parameter	如果目标参数中的一个被修改，指定应被读取的 VARIABLE 实例列表，受影响参数列表的 VARIABLE 也存在于另一个 REFRESH 关系的目标参数列表中

9.16.3 UNIT

用途

UNIT 关系指定了对一个具有一个单位代码和依赖关系的变量列表的 VARIABLE 的引用，当 VARIABLE 具有的单位代码被修改时，采用了该单位代码的受影响 VARIABLE 列表将被刷新，当受影响的 VARIABLE 被显示，它的单位代码值也将被显示。

词法结构

UNIT identifier，[cause-parameter)＜exp＞]，[(effected-parameter)＜exp＞]+

UNIT 的属性在表 87 中指定。

表 87　UNIT 属性

用法	属性	描述
m	cause-parameter	是对 VARIABLE 实例的引用，它包含有单位代码
m	effected-parameter	指定采用了该单位代码的 VARIABLE 实例列表

9.16.4 WRITE_AS_ONE

用途

WRITE_AS_ONE 关系指定了一个 VARIABLE 列表，它将由 EDD 应用按组修改，为了正确操作，当一个设备要求特定的一些 VARIABLE 同时被检查和修改时，该关系被采用。

注：该关系并不意味着这些 VARIABLE 必须被同时写到设备，并不是同时发送给设备的多个 VARIABLE 必须是 WRITE_AS_ONE 关系的部分，它上传给 EDD 应用，以确定这些关系参数的更新应怎样被传送到设备。

词法结构

WRITE_AS_ONE identifier，[(reference)＜exp＞]+

WRITE_AS_ONE 的属性在表 88 中指定。

表 88 WRITE_AS_ONE 属性

用法	属性	描述
m	reference	指定 VARIABLE、VALUE_ARRAY 和 RECORD 实例列表，它们将由 WRITE_AS_ONE 关系的其他成员按组的方式去修改它们

9.17 RESPONSE_CODES

用途

RESPONSE_CODES 指定了设备作为错误信息返回的值，每一个 VARIABLE、RECORD、VALUE_ARRAY、VARIABLE_LIST、PROGRAM、COMMAND 或 DOMAIN 都有它们自己的 RESPONSE_CODES 集。

词法结构

RESPONSE_CODES identifier，[(description，integer，[DATA_ENTRY_ERROR，DATA_ENTRY_WARNING，MISC_ERROR，MISC_WARNING，MODE_ERROR，PROCESS_ERROR，SUCCESS]，help)<exp>]＋

RESPONSE_CODES 的属性在表 89 中指定。

表 89 RESPONSE_CODES 属性

用法	属性	描述
m	description	指定了当 RESPONSE_CODE 被设备返回时将显示的字符串
m	integer	指定设备的返回值以标识 RESPONSE_CODE
s	DATA ENTRY ERROR	由于数据发送无效，应用层服务被拒绝
s	DATA ENTRY WARNING	对于数据发送稍微改动的版本，应用层服务被接受和处理
s	MISC ERROR	应用层服务被拒绝
s	MISC WARNING	应用层服务按指定的被接受并处理，并有用户感兴趣的、与应用层服务无关的附加信息
s	MODE ERROR	由于现场设备处于应用层服务不能被执行的模式，应用层服务被拒绝
s	PROCESS ERROR	由于提供给现场设备的进程是无效的，应用层服务被拒绝
s	SUCCESS	应用层服务按所指定的被接受并处理
o	help	对该项指定帮助文本

9.18 VALUE_ARRAY

9.18.1 通用结构

用途

VALUE_ARRAY 是值的逻辑组，VALUE_ARRAY 的每一个元素应具有相同的数据类型，并对应于 EDDL 的一个结构，通过 VALUE_ARRAY 标识符和元素索引，元素可在 EDD 中的任何地方被引用。

注：按照通信的观点，VALUE_ARRAY 的单个元素并不作为单独的变量对待，而只作为成组的值对待。

词法结构

VALUE_ARRAY identifier [LABEL，NUMBER_OF_ELEMENTS，TYPE，HELP，RESPONSE_CODES]

VALUE_ARRAY 的属性在表 90 中指定。

表 90 VALUE_ARRAY 属性

用法	属性	描述
m	LABEL	词法元素(参见 9.21.3)
m	NUMBER_OF_ELEMENTS	词法元素(参见 9.18.2.1)
m	TYPE	词法元素(参见 9.18.2.2)
o	HELP	词法元素(参见 9.21.2)
o	RESPONSE_CODES	词法元素(参见 9.21.5)

9.18.2 特殊属性

9.18.2.1 NUMBER_OF_ELEMENTS

用途

NUMBER_OF_ELEMENTS 属性按大于零的整数形式，指定了在 VALUE_ARRAY 中元素的个数。

词法结构

NUMBER_OF_ELEMENTS integer

NUMBER_OF_ELEMENTS 的属性在表 91 中指定。

表 91 NUMBER_OF_ELEMENTS 属性

用法	属性	描述
m	integer	指定 VALUE_ARRAY 的元素个数

9.18.2.2 TYPE

用途

TYPE 属性是对 EDDL 结构实例的引用(如 VARIABLE、COLLECTION)，EDDL 结构的所有属性适用于 VALUE_ARRAY 中的每一个元素。

词法结构

TYPE reference

TYPE 的属性在表 92 中指定。

表 92 TYPE 属性

用法	属性	描述
m	reference	是对 EDD 基本结构实例的引用

9.19 VARIABLE

9.19.1 通用结构

用途

VARIABLE 描述了包含在设备或 EDD 应用中的参数

词法结构

VARIABLE identifier，[CLASS，LABEL，TYPE，HELP，CONSTANT_UNIT，PRE_EDIT_ACTIONS，POST_EDIT_ACTIONS，PRE_READ_ACTIONS，POST_READ_ACTIONS，PRE_WRITE_ACTIONS，POST_WRITE_ACTIONS，READ_TIMEOUT，WRITE_TIMEOUT，RESPONSE_CODE，HANDLING，VALIDITY]

VARIABLE 的属性在表 93 中指定。

表 93 VARIABLE 属性

用法	属性	描述
m	CLASS	词法元素(参见 9.19.2.1)
m	LABEL	词法元素(参见 9.21.2)
m	TYPE	词法元素(参见 9.19.2.2)
o	CONSTANT_UNIT	词法元素(参见 9.19.2.3)
o	HANDLING	词法元素(参见 9.19.2.4)
o	HELP	词法元素(参见 9.21.2)
o	POST_EDIT_ACTIONS	词法元素(参见 9.19.2.5)
o	POST_READ_ACTIONS	词法元素(参见 9.19.2.6)
o	POST_WRITE_ACTIONS	词法元素(参见 9.19.2.7)
o	PRE_EDIT_ACTIONS	词法元素(参见 9.19.2.8)
o	PRE_READ_ACTIONS	词法元素(参见 9.19.2.9)
o	PRE_WRITE_ACTIONS	词法元素(参见 9.19.2.10)
o	READ_TIMEOUT	词法元素(参见 9.19.2.11)
o	RESPONSE_CODE	词法元素(参见 9.21.5)
o	STYLE	词法元素(参见 9.19.2.12)
o	VALIDITY	词法元素(参见 9.19.2.13)
o	WRITE_TIMEOUT	词法元素(参见 9.19.2.11)

9.19.2 特殊属性

9.19.2.1 CLASS

用途

CLASS 属性指定了 VARIABLE 怎样被设备和 EDD 应用于组织用途和显示。

不是所有的类组合都被允许，约束在行规表中定义(参见附录 F)。

注：CLASS 是基于一个设备模型定义的，在这个设备模型中一个设备被分解为多个不同的功能模块，每个功能块都有一个输入并生成一个输出，功能块可按不同的方法组合，以生成不同的功能。

词法结构

CLASS [ALARM, ANALOG_INPUT, ANALOG_OUTPUT, COMPUTATION, CONTAINED, CORRECTION, DEVICE, DIAGNOSTIC, DIGITAL_INPUT, DIGITAL_OUTPUT, DISCRETE_INPUT, DISCRETE_OUTPUT, DYNAMIC, FREQUENCY_INPUT, FREQUENCY_OUTPUT, HART, INPUT, LOCAL, LOCAL_DISPLAY, OPERATE, OUTPUT, SERVICE, TUNE]+

CLASS 的属性在表 94 中指定。

表 94 CLASS 属性

用法	属性	描述
s	ALARM	指定 VARIABLE 包含报警限位
s	ANALOG_INPUT	指定 VARIABLE 是模拟量输入块的一部分
s	ANALOG_OUTPUT	指定 VARIABLE 是模拟量输出块的一部分
s	COMPUTATION	指定 VARIABLE 是计算块的一部分

表 94(续)

用法	属性	描述
s	CONTAINED	指定 VARIABLE 代表了设备的物理特点
s	CORRECTION	指定 VARIABLE 是修正块的一部分
s	DEVICE	指定 VARIABLE 代表设备的物理特点
s	DIAGNOSTIC	指定 VARIABLE 表示设备的状态
s	DIGITAL_INPUT	指定 VARIABLE 是数字量输入块的一部分
s	DIGITAL_OUTPUT	指定 VARIABLE 是数字量输出块的一部分
s	DISCRETE_INPUT	指定 VARIABLE 是离散量输入块的一部分
s	DISCRETE_OUTPUT	指定 VARIABLE 是离散量输出块的一部分
s	DYNAMIC	指定 VARIABLE 由设备修改而不需要从网络激励
s	FREQUENCY_INPUT	指定 VARIABLE 是频率输入块的一部分
s	FREQUENCY_OUTPUT	指定 VARIABLE 是频率输出块的一部分
s	HART	指定 VARIABLE 为 HART 块的一部分,它表征了 HART 的接口,只有一个 HART 块
s	INPUT	指定 VARIABLE 是输入块的一部分,输入块是一个特殊类型的计算块,它完成单位转换、定标、阻尼调整,输入块参数的参数值可由其他块的输出确定
s	LOCAL	指定 VARIABLE 是由 EDD 应用本地使用,本地 VARIABLE 不存储在设备中,但它们可发送给设备
s	LOCAL_DISPLAY	指定 VARIABLE 是本地显示块的一部分,本地显示块包含与设备本地接口(keyword、display 等)相关的 VARIABLE
s	OPERATE	指定 VARIABLE 用于控制块的操作
s	OUTPUT	指定 VARIABLE 为输出块的一部分,输出 VARIABLE 的值可由其他块输入访问
s	SERVICE	指定 VARIABLE 在执行子程序维护时被采用
s	TUNE	指定 VARIABLE 用于调整块的算法

9.19.2.2 **TYPE**

9.19.2.2.1 **通用结构**

用途

TYPE 属性描述了 VARIABLE 值的格式,如果 TYPE 未用 DEFAULT_VALUE 和 INITIAL_VALUE 来指定,表 95 中的“Initial value”栏表示初始值。

词法结构

TYPE [DOUBLE, FLOAT, INTEGER, UNSIGNED_INTEGER, DATE, DATE_AND_TIME, DURATION, TIME, TIME_VALUE, BIT_ENUMERATED, ENUMERATED, INDEX, OBJECT_REFERENCE, ASCII, BITSTRING, EUC, OCTET, PACKED_ASCII, PASSWORD, VISIBLE]

TYPE 的属性在表 95 中指定。

表 95 TYPE 属性

用法	属性	描述	初始值
s	DOUBLE	算法类型(参见 9.19.2.2.2.1)	1
s	FLOAT	算法类型(参见 9.19.2.2.2.1)	1
s	INTEGER	算法类型(参见 9.19.2.2.2.1)	1
s	UNSIGNED_INTEGER	算法类型(参见 9.19.2.2.2.1)	1
s	DATE	日期/时间类型(参见 9.19.2.2.3)	
s	DATE_AND_TIME	日期/时间类型(参见 9.19.2.2.3)	
s	DURATION	日期/时间类型(参见 9.19.2.2.3)	
s	TIME	日期/时间类型(参见 9.19.2.2.3)	00:00:00
s	TIME_VALUE	日期/时间类型(参见 9.19.2.2.3)	
s	BIT_ENUMERATED	列举类型(参见 9.19.2.2.3.1)	0
s	ENUMERATED	列举类型(参见 9.19.2.2.3.2)	第一个值
s	INDEX	索引类型(参见 9.19.2.2.3.3)	
s	OBJECT_REFERENCE	对象引用(参见 9.19.2.2.4)	
s	ASCII	字符串类型(参见 9.19.2.2.5)	
s	BITSTRING	字符串类型(参见 9.19.2.2.5)	
s	EUC	字符串类型(参见 9.19.2.2.5)	
s	OCTET	字符串类型(参见 9.19.2.2.5)	
s	PACKED_ASCII	字符串类型(参见 9.19.2.2.5)	
s	PASSWORD	字符串类型(参见 9.19.2.2.5)	
s	VISIBLE	字符串类型(参见 9.19.2.2.5)	

9.19.2.2.2 特殊属性

9.19.2.2.2.1 **DOUBLE, FLOAT, INTEGER, UNSIGNED_INTEGER**

用途

TYPE FLOAT 和 DOUBLE 的 VARIABLE 分别是按照 IEEE 754 所定义的单精度基本格式浮点数和双精度基本格式浮点数字，TYPE INTEGER 和 UNSIGNED_INTEGER 分别是有符号整型数和无符号整型数。

词法结构——DOUBLE

DOUBLE [DEFAULT_VALUE, DISPLAY_FORMAT, EDIT_FORMAT, INITIAL_VALUE, [MAX_VALUE, m]*, [MIN_VALUE, n]*, SCALING_FACTOR], [(description, help, value) <exp>]*

词法结构——FLOAT

FLOAT [DEFAULT_VALUE, DISPLAY_FORMAT, EDIT_FORMAT, INITIAL_VALUE, [MAX_VALUE, m]*, [MIN_VALUE, n]*, SCALING_FACTOR], [(description, help, value) <exp>]*

词法结构——INTEGER

INTEGER [DEFAULT_VALUE, DISPLAY_FORMAT, EDIT_FORMAT, INITIAL_VALUE, [MAX_VALUE, m]*, [MIN_VALUE, n]*, SCALING_FACTOR, size], [description, help，value]*

词法结构——UNSIGNED_INTEGER

UNSIGNED_INTEGER [DEFAULT_VALUE，DISPLAY_FORMAT，EDIT_FORMAT，INITIAL_VALUE，[MAX_VALUE，m]*，[MIN_VALUE，n]*，SCALING_FACTOR，size]，[(description，help，value)<exp>]*

该算法类型的属性在表 96 中指定。

表 96 DOUBLE，FLOAT，INTEGER，UNSIGNED_INTEGER 属性

用法	属性	描述
o	DEFAULT_VALUE	用途 DEFAULT_VALUE 对 VARIABLE 指定了缺省设置，DEFAULT_VALUE 可用于全部的 EDDL 类型，如果没有 INITIAL_VALUE 被定义，DEFAULT_VALUE 就作为 INITIAL_VALUE 用 词法结构 DEFAULT_VALUE (double)<exp> DEFAULT_VALUE (float)<exp> DEFAULT_VALUE (integer)<exp> DEFAULT_VALUE (unsigned_integer)<exp>
o	description	是对该项的简短描述
o	DISPLAY_FORMAT	用途 DISPLAY_FORMAT 指定了 VARIABLE 的值怎样显示，DISPLAY_FORMAT 字符串分别是 ANSI C(参见 ISO 9899:1990)函数 printf 和 sacnf 的转换区分符 词法结构 DISPLAY_FORMAT (string)<exp>
o	EDIT_FORMAT	用途 EDIT_FORMAT 指定了用于编辑的格式，EDIT_FORMAT 字符串分别是 ANSI C(参见 ISO 9899:1990)函数 printf 和 scanf 的转换区分符 词法结构 EDIT_FORMAT (string)<exp>
o	help	对该元素指定帮助文本
o	INITIAL_VALUE	用途 当设备被第一次实例化，VARIABLE 的 INITIAL_VALUE 就显示，通常 DEFAULT_VALUE 是有条件的，并依赖于其他参数设置，这种情况下 INITIAL_VALUE 被用于重构缺省设置，INITIAL_VALUE 对所有的类型有用，并且是无条件的。 词法结构 INITIAL_VALUE (double) INITIAL _VALUE (float) INITIAL _VALUE (integer) INITIAL _VALUE (unsigned_integer)

表 96(续)

用法	属性	描述
o	MAX_VALUE	用途 MAX_VALUE 指定了 VARIABLE 将被设定的上限,如果 VARIABLE 是 CLASS DYNAMIC,设备将设定 VARIABLE 值在最大值和最小值所指定的范围内 VARIABLE 可有多个最大值,例如,指定多个范围有效。当有多个最大值时,一个附加的整型数用以对每个 MAX_VALUE 编号,每个 MAX_VALUE 应有一个对等的 MIN_VALUE,用一对 MIN_VALUE 和 MAX_VALUE 所指定的范围不能与另一个指定的范围重叠,如果 MIN_VALUE/MAX_VALUE 没有对等的 MAX_VALUE/MIN_VALUE,上/下限是不受限制的,并且不必指定 词法结构 MAX_VALUE (double, integer))<exp>MAX_VALUE (float, integer)<exp>MAX_VALUE (integer, integer)<exp> MAX_VALUE (unsigned_integer, integer)<exp>
c	m	是一个从 1 开始渐增的整数,如果出现大于 1 就表示 MAX_VALUE
o	MIN_VALUE	用途 MIN_VALUE 指定了 VARIABLE 将被设定的下限值,如果 VARIABLE 是 CLASS DYNAMIC,设备将设定 VARIABLE 值在其最小和最大值所指定范围内 VARIABLE 可有多个最小值,例如,指定多个范围有效。当有多个最小值时,一个附加的整数用以对每个 MIN_VALUE 编号,每个 MIN_VALUE 有一个对等的 MAX_VALUE,一对 MIN_VALUE 和 MAX_VALUE 所指定的范围不能与另一个指定的范围重叠,如果 MIN_VALUE/MAX_VALUE 没有对等的 MIN_VALUE/MAX_VALUE,上/下限是不受限制的,并且不必指定 词法结构 MIN_VALUE (double, integer)<exp> MIN_VALUE (float, integer)<exp> MIN_VALUE (integer, integer)<exp> MIN_VALUE (unsigned_integer, integer)<exp>
c	n	是一个从一开始渐增的整数,如果当前的值大于 1 就表示 MIN_VALUE
o	SCALING_FACTOR	用途 SCALING_FACTOR 表示 VARIABLE 的显示值不是设备的返回值,该显示值是一个设备乘以因子后的返回值,因此,在该值被显示之前(或在它按其他方法被采用之前),EDDL 处理器将用它的 SCALING_FACTOR 乘以设备返回的 VARIABLE 值,SCALING_FACTOR 不等于零 词法结构 SCALING_FACTOR (double)<exp>
o	size	按字节指定数据类型的长度,长度是大于零的整型数,并且无上限,该值是可选的,缺省值为 1
o	value	是一个指定值的常数,依赖于数据类型的类型是用 TYPE 属性所指定的,它是可选的,但如果定义了描述属性,它就被要求,不允许相同的值

9.19.2.2.3 **DATE, DATE_AND_TIME, DURATION, TIME, TIME_VALUE**

用途

数据类型 DATE、DATE_AND_TIME、DURATION、TIME、TIME_VALUE 的 VARIABLE 用于指定日期。

- 数据类型 DATE 由日历的日期组成；
- 数据类型 DATE_AND_TIME 由日历的日期和时间组成；
- 数据类型 DURATION 是一个时间差，它由毫秒级的时间和可选择的天数组成；
- 数据类型 TIME 由时间和可选择的天数组成；
- 数据类型 TIME_VALUE 用于应用时钟同步中按所要求精度表示日期和时间。

词法结构——DATE

DATE 指定 VARIABLE 是一个 3 字节整型数，整型数的编码在表 F.12 中指定。

DATE DEFAULT_VALUE, INITIAL_VALUE

词法结构——DATE_AND_TIME

DATE_AND_TIME 指定 VARIABLE 是一个 7 字节整型数，整型数的编码在表 F.13 中指定。

DATE_AND_TIME DEFAULT_VALUE, INITIAL_VALUE

词法结构——DURATION

DURATION 指定 VARIABLE 是一个 4～6 字节整型数，高四位为零，0～27 位表示毫秒单位的时间，可选择的天数是 16 位二进制值，字节的编码在表 F.14 中指定。

DURATION DEFAULT_VALUE, INITIAL_VALUE

词法结构——TIME

TIME 指定 VARIABLE 是一个 6 字节整型数，时间被表示成从午夜开始的毫秒单位，午夜的计数从零开始。

日期是按相对于 1984 年 1 月 1 日的天数表示，在 1984 年 1 月 1 日，天数从零开始，字节编码在表 F.15 中指定。

TIME DEFAULT_VALUE, INITIAL_VALUE

词法结构——TIME_VALUE

TIME_VALUE 指定了 VARIABLE 是一个 8 字节整型数，它是一个定点数，它是与 1/32 ms 成倍数的时间，字节编码在表 F.16 中指定。

TIME_VALUE DEFAULT_VALUE, INITIAL_VALUE

DATE, DATE_AND_TIME, DURATION, TIME, TIME_VALUE 类型的属性在表 96 中指定。

9.19.2.2.3.1 **BIT_ENUMERATED**

用途

数据类型 BIT_ENUMERATED 的变量是无符号整型常数，它用它的位置表示 VARIABLE 值的一个位。

词法结构

BIT_ENUMERATED [(description, value, actions, function, help, status-class *)＜exp＞]+, [DEFAULT_VALUE, INITIAL_VALUE, size]

BIT_ENUMERATED 类型的属性在表 97 中指定。

表 97 BIT_ENUMERATED 属性

用法	属性	描述
m	description	参见表 96
m	value	是一个指定一位的位置的无符号整型数，如果 VARIABLE 的值在所指定位的位置提供了逻辑 1 时，相应的描述就被显示，不允许相同的值
o	actions	指定在位被置位后将被执行的动作
o	function	指定该位的功能类别，位的功能类别与 VARIABLE 的 CLASS 相同，如果没有功能被指定，功能类别的缺省值为变量的类别，因此，如果全部的位具有相同的功能，只需要指定 VARIABLE 的 CLASS
o	help	参见表 96
o	size	参见表 96
o	status-class	指定位的含义，一个状态位属于多个 status-class(参见表 98)。如果 VARIABLE 不是状态字节，各个位就没有状态类别
o	DEFAULT_VALUE	参见表 96
o	INITIAL_VALUE	参见表 96

表 98 表示了类型 BIT_ENUMERATED 的 VARIABLE 的状态类别。

表 98　状态类别属性

用法	属性	描述
m	DATA	表示无效的数据组态
m	HARDWARE	表示硬件故障
m	MISC	表示其他条件
m	MODE	表示设备在特殊的模式
m	PROCESS	表示过程连接到现场设备的问题
m	SOFTWARE	表示软件故障
m	CORRECTABLE	表示某位可以通过 EDD 应用或连接过程去清除
m	SELF_CORRECTING	表示某位不需要进一步的干涉就会复位
m	UNCORRECTABLE	表示某位既不能自纠正也不能被纠正
m	EVENT	表示一次性的事件
m	STATE	表示设备处于特殊的状态
m	COMM_ERROR	表示其他设备中的通信故障
o	IGNORE_IN_HANDHELD	表示在手持通信器中某位可以被忽略
o	IGNORE_IN_TEMPORARY_MASTER	表示在临时性的主设备中某位可以被忽略
m	MORE	表示有一个来自于设备的附加状态信息存在
o	ALL	表示对所有的输出产生影响(参见表 99)
o	AO	表示对模拟量输出中的一个产生影响(参见表 99)

表 98(续)

用法	属性	描述
m	BAD	表示输出不可靠,不能用于控制(参见表 99)
o	DV	表示对动态变量中的一个产生影响(参见表 99)
o	TV	表示对变送器变量中的一个产生影响(参见表 99)
m	DETAIL	表示某一位按分类汇总的一个位在各处被汇总
m	SUMMARY	表示某一位是分类明细的其他位的逻辑组合

状态类别 ALL、AO、DV 和 TV 提供了关于设备输出的多个状态信息。

词法结构——ALL

ALL [AUTO_BAD, AUTO_GOOD, MANUAL_BAD, MANUAL_GOOD]

词法结构——AO

AO [AUTO_BAD, AUTO_GOOD, integer, MANUAL_BAD, MANUAL_GOOD]

词法结构——DV

DV [AUTO_BAD, AUTO_GOOD, integer, MANUAL_BAD, MANUAL_GOOD]

词法结构——TV

TV [AUTO_BAD, AUTO_GOOD, integer, MANUAL_BAD, MANUAL_GOOD]

属性在表 99 中指定。

表 99 ALL、AO、DV、TV 属性

用法	属性	描述
s	AUTO_BAD	指定来源于应用进程并有效的值
s	AUTO_GOOD	指定来源于应用进程并有效的值
m	integer	指定来源于设备的 VARIABLE 值
s	MANUAL_BAD	值不是来源于应用进程但有效
s	MANUAL_GOOD	值不是来源于应用进程但有效

9.19.2.2.3.2 ENUMERATED

用途

数据类型 ENUMERATED 的 VARIABLE 是无符号整型数,三个元(整型数、描述、帮助)的相关列表指定了 VARIABLE 的可能值、加上描述和选择性帮助。

词法结构

ENUMERATED [(description, value, help) <exp>]+, [DEFAULT_VALUE, INITIAL_VALUE, size]

ENUMERATED 类型的属性在表 100 中指定。

表 100 ENUMERATED 类型属性

用法	属性	描述
m	description	参见表 96
m	value	是一个指定 VARIABLE 值的常数,类型是无符号整型数,列表值是可选择的,但如果定义了一个值和描述,就要被要求,不允许相同的值
o	DEFAULT_VALUE	参见表 96

表 100(续)

用法	属性	描述
o	help	参见表 96
o	INITIAL_VALUE	参见表 96
o	size	参见表 96

9.19.2.2.3.3 **INDEX**

用途

类型 INDEX 的 VARIABLE 是一个无符号整型数,用于引用 REFERENCE_ARRAY 的元素(参见 9.15),ELEMENTS 的整型数属性(参见 9.15)指定了 VARIABLE 的允许值。

注：当 INDEX VARIABLE 被提交给用户,将显示与数组索引相关的文本,而不是 VARIABLE 的数字值。

词法结构

INDEX (reference, size)＜exp＞

INDEX 类型的属性在表 101 中指定。

表 101 **INDEX 类型属性**

用法	属性	描述
o	size	按字节指定 VARIABLE 的长度,该值是一个大于零且无上限的整型数,缺省值为 1,REFERENCE_ARRAY 应只包含 1 个元素,它不能超过变量的索引值
m	reference	是对 REFERENCE_ARRAY 实例的引用

9.19.2.2.4 **object reference**

用途

类型 OBJECT_REFERENCE 的 VARIABLE 允许访问其他设备的值。

词法结构

OBJECT_REFERENCE DEFAULT_REFERENCE

OBJECT_REFERENCE 类型的属性在表 102 中指定。

表 102 **object reference 类型属性**

用法	属性	描述
o	DEFAULT_REFERENCE	指定 VARIABLE 用于访问其他设备的值,如果没有 DEFAULT_REFERENCE 被定义,VARIABLE 就用 SELF 初始化(参见表 103)

DEFAULT-REFERENCE 的属性在表 103 中指定。

表 103 **DEFAULT_REFERENCE 属性**

用法	属性	描述
s	CHILD	定位一个向下的分层结构
s	FIRST	按分层结构定位第 1 个对象
s	LAST	按分层结构定位最后一个对象
s	NEXT	按分层结构定位下一个对象
s	PARENT	从底到顶定位分层结构
s	PREV	定位相同分层结构中的前一个对象
s	reference	对网络中已规划好的设备的引用
s	SELF	定位返回到它们自己所属的分层结构中

9.19.2.2.5 **ASCII、BIT_STRING、EUC、PACKED_ASCII、OCTET、PASSWORD、VISIBLE**

用途

字符串变量类型包含如下：

- ASCII——是按照 ISO Latin-1 字符集指定的一组字符；
- BITSTRING——数据类型 BIT_ENUMERATED 的变量是字符串常数，通过它们的位置表示 VARIABLE 值的字符位置；
- EUC(扩展单位代码)——是对特殊字符的内部代码(如，中国：EUC-CN，台湾：EUC-TW)，EUC 用于处理东亚语言(ISO 10646)；
- EDDL 处理机必须支持字符用字节变量数编码的编码方案，典型地确定字符启始的字节信号以及有多少附加字节被用于对该字符编码，大量元素的字符集通常采用打包方案来存储；
- PACKED_ASCII——是一个通过删除每个 ASCII 字符的两个最高有效位所生成的 ASCII 子集(参见 F.5.7)；
- PASSWORD——是一个字符串类型，并意味着指定口令字符串。除了该变量对用户的表现不同外，口令和 ASCII 字符串类型都是相同的；
- VISIBLE——该字符串是来源于 ISO 10646 和 ISO 2375 字符集的字符型规则序列；
- OCTET——用于指定一个未规格化二进制数据序列，该序列的定义是由设备的实现来确定。

词法结构——EUC

EUC [(string, description, help)<exp>]+, [size, DEFAULT_VALUE, INITIAL_VALUE]

词法结构——ASCII

ASCII [(string, description, help)<exp>]+, [size, DEFAULT_VALUE, INITIAL_VALUE]

词法结构——PACKED_ASCII

PACKED_ASCII [(string, description, help)<exp>]+, [size, DEFAULT_VALUE, INITIAL_VALUE]

词法结构——PASSWORD

PASSWORD [(string, description, help)<exp>]+, [size, DEFAULT_VALUE, INITIAL_VALUE]

词法结构——BITSTRING

BITSTRING [(string, description, help)<exp>]+, [size, DEFAULT_VALUE, INITIAL_VALUE]

词法结构——VISIBLE

VISIBLE [(string, description, help)<exp>]+, [size, DEFAULT_VALUE, INITIAL_VALUE]

词法结构——OCTET

OCTET [(string, description, help)<exp>]+, [size, DEFAULT_VALUE, INITIAL_VALUE]

字符串类型的属性在表 104 中指定。

表 104 String 类型属性

用法	属性	描述
o	size	参见表 96
o	DEFAULT_VALUE	参见表 96

表 104(续)

用法	属性	描述
o	INITIAL_VALUE	参见表 96
o	string	是一个字符串常数,列表是可选择的,但如果定义了一个字符串和描述,它就被要求,不允许相同字符串
o	description	参见表 96
o	help	参见表 96

9.19.2.3 **CONSTANT_UNIT**

用途

如果 VARIABLE 具有一个不变的单位代码,CONSTANT_UNIT 属性就被采用。CONSTANT_UNITS 是按字符串指定,并附加着值一起显示。不带固定单位的 VARIABLE,要么没有单位与它关联,要么单位不是固定的。

词法结构

CONSTANT_UNIT (string)<exp>

CONSTANT_UNIT 的属性在表 105 中指定。

表 105 **CONSTANT_UNIT 属性**

用法	属性	描述
m	string	指定被显示的单位代码字符串

9.19.2.4 **HANDLING**

用途

HANDLING 属性指定了可被执行在 VARIABLE 上的操作,作为缺省,不具有 HANDLING 属性的 VARIABLE 可被读和写。

词法结构

HANDLING (READ, READ_WRITE, WRITE)<exp>

HANDLING 的属性在表 106 中指定。

表 106 **HANDLING 属性**

用法	属性	描述
s	READ	指定 VARIABLE 值可被读取
s	READ_WRITE	指定 VARIABLE 值可被读和写
s	WRITE	指定 VARIABLE 值可被写

9.19.2.5 **POST_EDIT_ACTIONS**

用途

POST_EDIT_ACTIONS 属性指定了在用户完成对 VARIABLE 编辑后将被执行的 METHOD,所指定的 METHOD 将按它们出现的顺序被执行,如果一个 METHOD 由于意外原因退出,后续 METHOD 就不执行。

词法结构

POST_EDIT_ACTIONS [(reference)<exp>]+, DEFINITION

POST_EDIT_ACTIONS 的属性在表 107 中指定。

表 107 POST_EDIT_ACTIONS、PRE_EDIT_ACTIONS、POST_READ_ACTIONS、PRE_READ_ACTIONS、POST_WRITE_ACTIONS、PRE_WRITE_ACTIONS 属性

用法	属性	描述
o	reference	对 METHOD 实例的引用
o	DEFINITION	词法元素(参见 9.21.1)

9.19.2.6 **POST_READ_ACTIONS**

用途

POST_READ_ACTIONS 属性指定了在 VARIABLE 从设备读取后将被执行的 METHOD,所指定的 METHOD 将按它们出现的顺序被执行,如果一个 METHOD 由于意外原因退出,后续 METHOD 就不执行。

词法结构

POST_READ_ACTIONS [(reference)<exp>]+, DEFINITION

POST_READ_ACTIONS 的属性在表 107 中指定。

9.19.2.7 **POST_WRITE_ACTIONS**

用途

POST_WRITE_ACTIONS 属性指定了在 VARIABLE 写到设备后将被执行的 METHOD,所指定的 METHOD 将按它们出现的顺序被执行,如果一个 METHOD 由于意外原因退出,后续 METHOD 就不执行。

词法结构

POST_WRITE_ACTIONS [(reference)<exp>]+, DEFINITION

POST_WRITE_ACTIONS 的属性在表 107 中指定。

9.19.2.8 **PRE_EDIT_ACTIONS**

用途

PRE_EDIT_ACTIONS 属性指定了当 VARIABLE 要显示时立即被执行的 METHOD,所指定的 METHOD 将按它们出现的顺序被执行,如果一个 METHOD 由于意外原因退出,后续 METHOD 就不执行。

词法结构

PRE_EDIT_ACTIONS [(reference)<exp>]+, DEFINITION

PRE_EDIT_ACTIONS 的属性在表 107 中指定。

9.19.2.9 **PRE_READ_ACTIONS**

用途

PRE_READ_ACTIONS 属性指定了在 VARIABLE 被读取前将被执行的 METHOD,所指定的 METHOD 将按它们出现的顺序被执行,如果一个 METHOD 由于意外原因退出,后续 METHOD 就不执行。

词法结构

PRE_READ_ACTIONS [(reference)<exp>]+, DEFINITION

PRE_READ_ACTIONS 的属性在表 107 中指定。

9.19.2.10 **PRE_WRITE_ACTIONS**

用途

PRE_WRITE_ACTIONS 属性指定了在 VARIABLE 被写到设备前将被执行的 METHOD,所指定的 METHOD 将按它们出现的顺序被执行,如果一个 METHOD 由于意外原因退出,后续 METHOD 就不执行。

词法结构

PRE_WRITE_ACTIONS [(reference)<exp>]+, DEFINITION

PRE_WRITE_ACTIONS 的属性在表 107 中指定。

9.19.2.11 **READ_TIMEOUT，WRITE_TIMEOUT**

用途

READ_ TIMEOUT 按毫秒指定了 EDD 应用等待返回 VARIABLE 的时间长度，同样，WRITE_TIMEOUT 按毫秒指定了 EDD 应用等待用于证实是否 VARIABLE 被成功写到设备的时间长度。

例如，如果一个存储一个变量的值，WRITE_TIMEOUT 将指示它所需要的时间长度。

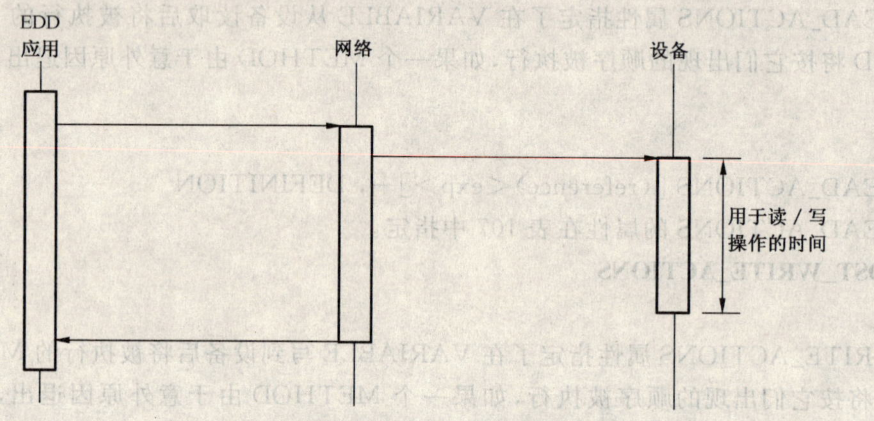

图 51 读写操作时间

词法结构

READ_TIMEOUT (integer)<exp>

WRITE_TIMEOUT (integer)<exp>

READ_TIMEOUT 和 WRITE_TIMEOUT 的属性在表 108 中指定。

表 108 READ/WRITE_TIMEOUT 属性

用法	属性	描述
m	integer	按毫秒指定 EDD 应用等待一个设备完成其请求更新的时间周期

9.19.2.12 **STYLE**

用途

STYLE 属性指定了 VARIABLE 被显示的方法，它是一个由 EDDL 应用单独解释的附加信息。

词法结构

STYLE (string)<exp>

STYLE 属性在表 109 中指定。

表 109 STYLE 属性

用法	属性	描述
m	string	指定用于显示用途的字符串

9.19.2.13 **VALIDITY**

用途

VALIDITY 指定了 VARIABLE 有效还是无效，VARIABLE 只有在 VARIABLE 不存在时是无效的，如果只是值不好，它还是有效的，不带 VALIDITY 的 VARIABLE 总是有效的。

注 1：VALIDITY 将用一个条件来表示(IF，IF-ELSE，SELECT)。

注 2：如果 VARIABLE 是无效的，它就不被显示。

词法结构

VALIDITY [(FALSE, TRUE)<exp>]

VALIDITY 的属性在表 110 中指定。

表 110 VALIDITY 属性

用法	属性	描述
s	FALSE	指定 VARIABLE 实例是无效的
s	TRUE	指定 VARIABLE 实例是有效的

9.20 VARIABLE_LIST

用途

VARIABLE_LIST 是一组 EDD 通信对象(VARIABLE、VALUE_ARRAY 或者 RECORDS),VARIABLE_LISTS 是为了应用的方便而用于组对象的。

注:VARIABLE_LIST 作为一个通信对象被传送。

语法结构

VARIABLE_LIST identifier,[MEMBERS,HELP,LABEL,RESPONSE_CODES]

属性在表 111 中指定。

表 111 VARIABLE_LIST 属性

用法	属性	描述
m	MEMBERS	词法元素(参见 9.21.4)
o	HELP	词法元素(参见 9.21.2)
o	LABEL	词法元素(参见 9.21.3)
o	RESPONSE_CODES	词法元素(参见 9.21.5)

9.21 共同属性

9.21.1 DEFINITION

用途

DEFINITION 指定了被执行的动作,并且是基于程序编程语言(如 ANSI C),在 DEFINTION 中 METHOD 和内置函数将被调用(参见附录 D),在 DEFINITION 内,EDD 基本元素可被采用。

支持下列项:

- 基本数据类型(参见 F.5.1);
- 数组(参见 F.5.1);
- 算术运算符(参见 F.5.1);
- 语句(参见 F.5.1);
- METHOD 和内置函数的调用;
- 带变元的 METHOD(由值调用、由引用调用)。

由值调用是用于传送一个数据的副本给 METHOD,在 METHOD 中副本的变化不会改变原始数据。

由引用调用是用于直接访问数据,改变会影响原始数据。

词法结构

DEFINITION compound-statement

DEFINITION 的属性在表 112 中指定。

表 112 DEFINITION 属性

用法	属性	描述
o	compound-statement	为所支持的程序编程语言指定一个指令块

9.21.2 HELP

用途

HELP 指定了提供结构描述的文本。

注：该文本意味着被 EDD 应用用于用户信息。

词法结构

HELP (string)<exp>

HELP 的属性在表 113 中指定。

表 113 HELP 属性

用法	属性	描述
m	string	指定用户可读的文本

9.21.3 LABEL

用途

LABEL 指定了元素被显示的名称。

词法结构

LABEL (string)<exp>

LABEL 的属性在表 114 中指定。

表 114 LABEL 属性

用法	属性	描述
m	string	指定用户可读的文本

9.21.4 MEMBERS

用途

MEMBERS 属性定义了基本结构的成员，每一个成员指定了组内的一项，并由一组的四种属性(identifier，reference，description，help)定义。

词法结构

MEMBERS [(identifier，reference，description，help)<exp>]+

MEMBERS 的属性在表 115 中指定。

表 115 MEMBERS 属性

用法	属性	描述
m	identifier	指定用户可读的文本
m	reference	是对 EDD 项的引用，引用的类型依赖于基本结构 如果 MEMBERS 是 COLLECTION 属性，引用是一个 BLOCK_A、BLOCK_B、COLLECTION、COMMAND、CONNECTION、DOMAIN、EDIT_DISPLAY、MENU、METHOD、PROGRAM、RECORD、REFERENCE_ARRAY、REFRESH、RESPONSE_CODES、UNIT、VALUE_ARRAY、VARIABLE、VARIABLE_LIST、WRITE_AS_ONE 实例的引用 如果 MEMBERS 是一个 RECORDS 属性，引用就是一个对 VARIABLE 实例的引用 如果 MEMBERS 是一个 VARIABLE_LISTS 属性，引用就是一个对 RECORDS、VALUE_ARRAY 或 VARIABLE 实例的引用
o	description	提供该项的简短描述
o	help	为该项提供帮助文档

9.21.5 RESPONSE_CODES

用途

RESPONSE_CODES 指定一个设备返回的作为错误信息值,每一个 VARIABLE、RECORD、VALUE_ARRAY、VARIABLE_LIST、PROGRAM、COMMAND 或 DOMAIN 可以有它们自己的 RESPONSE_CODES 集。

为 RESPONSE_CODES 属性提供了两种语法结构:

- 引用的 RESPONSE_CODES 包含了对 RESPONSE_CODES 实例的引用;
- 嵌入的 RESPONSE_CODES 允许在变量实例中直接指定 RESPONSE_CODES 元素。

引用 RESPONSE_CODES 的语法结构

RESPONSE_CODES (reference)<exp>

所引用 RESPONSE_CODES 的属性在表 116 中指定。

表 116 RESPONSE_CODES 属性

用法	属性	描述
m	reference	是对 RESPONSE_CODES 实例的引用

嵌入 RESPONSE_CODES 的语法结构

RESONSE_ CODES [(description, integer, [DATA_ ENTRY_ ERROR, DATA_ ENTRY_ WARNING, MISC_ ERROR, MISC_ WARNING, MODE_ ERROR, PROCESS_ ERROR, SUCCESS], help)<exp>]+

嵌入的 RESPONSE_CODES 属性在表 89 中指定。

9.22 输出转移(OPEN 和 CLOSE)

用途

EDDL 处理机的输出可以被写到输出文件中,OPEN 关键词指示 EDDL 处理机为 EDD 结构创建分离的输出文件,CLOSE 关键词关闭该文件。试图打开一个已经打开过的输出文件,将导致一个错误。在一个 EDD 中多次打开和关闭相同的输出文件,会导致处理机在文件每次被打开时其内容被完全重写。

- OPEN 关键词以重写方式打开一个输出文件,每次一个 OPEN 关键词被处理,一个输出文件被打开,并且如必要,一个输出文件将被创建,除非该文件已经被打开,这种情况下会产生一个错误。全部生成的对象将被写到所有打开的文件中。
- CLOSE 关键词阻止对打开文件的进一步输出,如果一个文件在关闭后又被打开,那么随后的对象将重写入该文件。

词法结构

OPEN filename, [(construct)<exp>]+

CLOSE filename

属性在表 117 中指定。

表 117 打开和关闭属性

用法	属性	描述
m	filename	是一个字母或数字字符串,它提供了文件系统名字
m	construct	被写到分离的输出文件中的结构表

9.23 带条件的表达式

用途

条件表达式用于申明替换值或计算一个基本元素的属性值，表达式的值在执行时间期间求值，IF或 SELECT 条件可被用于激活或失效 MENU 的 ITEM 属性表引用实例。

三种条件表达式存在：

- IF 条件用于指定具有两个可选择定义的属性，IF 条件中指定的表达式被求值，如果结果是非零，属性就由 then 条件指定；否则，属性就由 else 条件指定。
- SELECT 条件用于指定具有多个选择定义的属性，select 表达式被求值并与 CASE 的每个整数 n 比较，如果找到匹配的值，相应的 select 条件就有效，如果没有匹配的整数 n 被找到，就采用随后的 DEFAULT 缺省条件。
- 基本的、一元的、二元表达式（参见 9.26），这类条件表达式只能被用于数值型值（如：DEFAULT_VALUE、MIN_VALUE、SLOT、INDEX）。

如，用 IF 或 SELECT 条件可以对 DEFAULT_VALUE、MIN_VALUE 定义超过多个值。

IF 条件的词法结构

IF (if-expression)，(then-clause)＋ ELSE (else-clause)＋

属性在表 118 中指定。

SELECT 条件的词法结构

SELECT select-expression，(CASE integer_n，select-clause)＋，(DEFAULT，default-clause)

属性在表 118 中指定。

表 118 IF、SELECT 条件

用法	属性	描述
m	if-expression	被求值，以确定是 then 子句还是 else 子句被用于定义属性，如果 if 表达式包含对 VARIABLE 实例的引用，被引用的 VARIABLE 值被采用
m	then-clause	是对如果条件值非零时属性的定义，子句结构依赖于已被定义的属性，它也可采取其他条件形式
o	else-clause	是对如果条件值为零时属性的定义，子句结构依赖于已被定义的属性，它也可采取其他条件形式
m	select-expression	被求值，以确定哪个 select 子句被用于定义属性，如果 select 表达式包含一个对 VARIABLE 实例的引用，被引用的 VARIABLE 值被采用
m	integer_n	指定一个按照 CASE 标识的数字，如果整数与整数 n 匹配，随之的 select 子句被采用
m	select-clause	是对每个 CASE 属性的定义和 DEFAULT 定义，每个子句的结构依赖于已被定义的属性，不考虑属性时，每个子句也可采用其他条件形式
m	default-clause	是对 DEFAULT 定义的定义，default 子句的结构依赖于已被定义的属性，不考虑属性时，每个子句也可采用其他条件形式

9.24 引用

9.24.1 引用一个 EDD 实例

用途

引用被用于 EDD 中对其他 EDD 项的引用。

如 VARIABLE 的 PRE_EDIT_ACTION 可以和在 EDD 中任何地方定义的 METHOD 实例相关联。

词法结构

属性在表 119 中指定。

表 119　引用一个 EDD 实例

用法	属性	描述
m	identifier	是一个 EDD 实例的标识符

9.24.2　引用一个 RECORD 的项

用途

本引用用于访问 RECORD 实例的元素。

词法结构

identifier，member-identifier

属性在表 120 中指定。

表 120　引用 RECORD 的元素

用法	属性	描述
m	identifier	是一个 RECORD 实例的标识符
m	member-identifier	是 MEMBERS 项的标识符

9.24.3　引用一个 VALUE_ARRAY 的元素

用途

本引用被用于访问 VALUE_ARRAY 实例的元素。

词法结构

identifier，expression

属性在表 121 中指定。

表 121　引用 VALUE_ARRAY 的元素

用法	属性	描述
m	identifier	是一个 VALUE_ARRAY 实例的标识符
m	expression	是一个表达式，将对在 VALUE_ARRAY 索引范围内的非负整型数求值(表达式的描述参见 9.26)

9.24.4　引用一个 COLLECTION 的项

用途

本引用用于访问 COLLECTION 实例的元素。

词法结构

identifier，member-identifier

如果元素是一个 RECORD 时的词法结构

identifier，record-member，member-identifier

如果元素是一个 VALUE_ARRAY 时的词法结构

identifier，value-array-member，expression

属性在表 122 中指定。

表 122　引用 COLLECTION 的元素

用法	属性	描述
m	identifier	是一个 COLLECTION 实例或 COLLECTION 引用的标识符
m	member-identifier	是 MEMBERS 项的标识符
m	record-member	是 MEMBERS 项的标识符，该项引用了一个 RECORD 实例
m	value-array-member	是 MEMBERS 项的标识符，该项引用了一个 VALUE_ARRAY 实例
m	expression	是一个表达式，将对在 VALUE_ARRAY 索引范围内的非负整型数求值(表达式的描述参见 9.26)

9.24.5 引用一个 REFERENCE_ARRAY 的元素

用途

本引用用于访问 REFERENCE_ARRAY 实例的元素。

词法结构

identifier，expression1

如果元素是一个 RECORD 时的词法结构

identifier，expression1，member-identifier

如果元素是一个 VALUE_ARRAY 时的词法结构

identifier，expression1，expression2

属性在表 123 中指定。

表 123 引用 REFERENCE_ARRAY 的元素

用法	属性	描述
m	identifier	是 REFERENCE_ARRAY 实例或 REFERENCE_ARRAY 引用的标识符
m	expression1	是一个表达式，将对在 REFERENCE_ARRAY 索引范围内的非负整型数求值(表达式的描述参见 9.26)
m	member-identifier	是 MEMBERS 项的标识符
m	expression2	是一个表达式，将对在 VALUE_ARRAY 索引范围内的非负整型数求值(表达式的描述参见 9.26)

9.24.6 引用一个 VARIABLE_LISTS 的项

用途

本引用用于访问 VARIABLE_LISTS 实例的元素。

词法结构

identifier，member-identifier

如果元素是一个 RECORD 时的词法结构

identifier，record-member，member-identifier

如果元素是一个 VALUE_ARRAY 时的词法结构

identifier，value-array-member，expression

属性在表 124 中指定。

表 124 引用 VALUE_ARRAY 的元素

用法	属性	描述
m	identifier	是一个 VALUE_ARRAY 实例或 VALUE_ARRAY 引用的标识符
m	member-identifier	是 MEMBERS 项的标识符
m	record-member	是 MEMBERS 项的标识符，该项引用了一个 RECORD 实例
m	value-array-member	是 MEMBERS 项的标识符，该项引用了一个 VALUE_ARRAY 实例
m	expression	是一个表达式，将对在 VALUE_ARRAY 索引范围内的非负整型数求值(表达式的描述参见 9.26)

9.24.7 BLOCK_A PARAMETERS 的引用元素

用途

本引用用于访问 BLOCK_A 实例 PARAMETERS 属性的元素。

词法结构

PARAM，member-identifier

如果元素是一个 RECORD 时的词法结构

PARAM，record-member，member-identifier

如果元素是一个 VALUE_ARRAY 时的词法结构

PARAM，value-array-member，expression

属性在表 125 中指定。

表 125 引用 BLOCK_A PARAMETERS 的元素

用法	属性	描述
m	member-identifier	是 MEMBERS 项的标识符
m	record-member	是 MEMBERS 项的标识符，该项引用了一个 RECORD 实例
m	value-array-member	是 MEMBERS 项的标识符，该项引用了一个 VALUE_ARRAY 实例
m	expression	是一个表达式，将对在 VALUE_ARRAY 索引范围内的非负整型数求值（表达式的描述参见 9.26）

9.24.8 BLOCK_A PARAMETER_LISTS 的引用元素

用途

本引用用于访问 BLOCK_A 实例 PARAMETER_LISTS 属性的元素。

词法结构

PARAM_LIST，member-identifier

如果元素是一个 RECORD 时的词法结构

PARAM_LISTS，record-member，member-identifier

如果元素是一个 VALUE_ARRAY 时的词法结构

PARAM_LISTS，value-array-member，expression

属性在表 126 中指定。

表 126 引用 BLOCK_A PARAMETER_LISTS 的元素

用法	属性	描述
m	member-identifier	是 MEMBERS 项的标识符
m	record-member	是 MEMBERS 项的标识符，该项引用了一个 RECORD 实例
m	value-array-member	是 MEMBERS 项的标识符，该项引用了一个 VALUE_ARRAY 实例
m	expression	是一个表达式，将对在 VALUE_ARRAY 索引范围内的非负整型数求值（表达式的描述参见 9.26）

9.24.9 引用 BLOCK_A CHARACTERISTICS

用途

本引用用于访问 BLOCK_A 实例的 CHARACTERISTICS。

词法结构

BLOCK，characteristics-identifier

属性在表 127 中指定。

表 127 引用 BLOCK_A CHARACTERISTICS

用法	属性	描述
m	characteristics-identifier	是 CHARACTERISTIC 引用的标识符

9.25 字符串

9.25.1 指定一字符串为字符串文字

用途

文本字符串可以按照字符串字面上的意思来指定(参加 C.2.3)。

词法结构

String

属性在表 128 中指定。

表 128　字符串作为一个字符串文字

用法	属性	描述
m	String	指定一个字符串文字

9.25.2　指定一字符串为字符串变量

用途

被指定为字符串变量的文本字符串是一个字符串变量的值。

语法结构

reference

属性在表 129 中指定。

表 129　字符串作为字符串变量

用法	属性	描述
m	reference	是一个对 VARIABLE 实例的引用

9.25.3　指定一字符串为枚举值

用途

枚举值字符串是一个与枚举变量值有关的字符串。

语法结构

reference，value

属性在表 130 中指定。

表 130　字符串为一个列举值

用法	属性	描述
m	reference	是对 TYPE ENUMERATION 的 VARIABLE 实例的引用
m	value	是在列举表中描述文本的相应值

例：以下列举值字符串指定了与变量的值 4 有关的字符串

units_code：units_code (4)

9.25.4　指定一字符串为字典引用

用途

字典定位一些点到文本字典中的字符串。

词法结构

reference

属性在表 131 中指定。

表 131　字符串作为一个字典引用

用法	属性	描述
m	reference	是对在字典中指定的一个或多个字符串的引用(参见 9.27)

9.25.5　引用 EDD 实例的 HELP 和 LABLE 属性

用途

得到 EDD 实例的当前 LABEL 和 HELP 字符串，该实例和 LABEL 或 HELP 属性都将被引用。

词法结构

reference,[HELP, LABEL]

属性在表 132 中指定。

表 132 引用 EDD 实例的 HELP 和 LABEL 属性

用法	属性	描述
m	reference	是对包含 LABEL 和/或 HELP 属性的 EDD 实例的引用
s	HELP	提供实例的 HELP 字符串
s	LABEL	提供实例的 LABEL 字符串

9.25.6 字符串操作

用途

字符串文字、字符串变量、字符串枚举值、字典引用和 HELP、LABEL 引用可以相互链接,它可用于一个字符串被请求的地方。

词法结构

(string)<exp>,[(concatenation-operator, string)<exp>]+

属性在表 133 中指定。

表 133 字符串操作

用法	属性	描述
m	string	可以是一个字符串文字、字符串变量、字符串列举值、字典引用或 HELP、LABEL 引用
o	concatenation-operator	指定字符串将被连接

9.26 表达式

9.26.1 通用结构

用途

有三种表达式类型:

- 基本表达式包括常数、圆括号表达式、VARIABLE 引用、索引元素访问或者对 VARIABLE 实例状态的访问,这些操作都是向左关联的,如,它们是从左到右求值。
- 一元表达式包括对单个操作数求值的全部操作符,这些操作都是向右关联的,如,它们是从右到左求值。
- 二元表达式包括对两个操作数求值的全部操作符,这些操作都是向左关联的,如,它们是从左到右求值。

9.26.2 基本表达式

表 134 汇总了 EDDL 中的基本表达式,VARIABLE 的属性值如表 135 所示。

表 134 基本表达式

基本表达式	描 述
常数	是一个表达式,其值表示常数值
带括号的表达式	是一个表达式,其值表示带括号的表达式
变量引用	是一个表达式,其值是引用的 VARIABLE
ARRAY_INDEX	是一个表达式,其值是取自引用 VALUE_ARRAY 的索引号
VARIABLE 的属性值	是一个由 VARIABLE 实例标识符和属性组成的引用,该引用支持属性的参照值

表 135 VARIABLE 的属性值

属　性	数据类型	描　　述
MIN_VALUE	VARIABLE 实例类型	返回符合 VARIABLE 实例的 MIN_VALUE 值,如果多个 MIN_VALUE 被定义,MIN_VALUE 加范围标识符将被引用
MAX_VALUE	VARIABLE 实例类型	返回符合 VARIABLE 实例的 MAX_VALUE 值,如果多个 MAX_VALUE 被定义,MAX_VALUE 加范围标识符将被引用
SCALING_FACTOR	双精度型	返回符合 VARIABLE 实例的 SCALING_FACTOR 值
DEFAULT_VALUE	VARIABLE 实例类型	返回符合 VARIABLE 实例的 DEFAULT_VALUE 值
INITIAL_VALUE	VARIABLE 实例类型	返回符合 VARIABLE 实例的 INITIAL_VALUE 值
VARIABLE_STATUS		返回表示了 VARIABLE 状态的值 下列状态被定义: VARIABLE_STATUS_NONE——指定该值有效且无其他状态 VARIABLE_STATUS_INVALID——指定该值超出了范围 VARIABLE_STATUS_NOT_ACCEPTED——指定不能传送该值 VARIABLE_STATUS_NOT_SUPPORTED——指定不支持该值 VARIABLE_STATUS_CHANGED——指定该值已被用户或程序改变 VARIABLE_STATUS_LOADED——指定该值已被成功调用 VARIABLE_STATUS_INITIAL——指定该值未被修改 VARIABLE_STATUS_NOT_CONVERTED——指定该值未被转换,如:因为单位之间不一致

9.26.3 一元表达式

一元表达式由操作数、表达式组成,之前有一个一元操作符,表 136 指定了在 EDDL 中的一元表达式。

表 136 一元表达式

操作符	描　　述
++	通过对操作数的值加 1 来递增操作数,递增操作符既可作前缀操作符,也可作后缀操作符,前缀和后缀符号都会引起操作数的递增,区别是前缀表达式在使用操作数的值之前改变了该操作数,而后缀表达式在使用操作数的值之后改变该操作数,因此,它们表达式的结果依据程序的内容有不同的含义
--	通过对操作数的值减 1 来递减操作数,递减操作符既可以作为前缀操作符,也可以作为后缀操作符,前缀和后缀符号都会引起操作数的递减,区别是前缀表达式在使用操作数的值之前改变了该操作数,而后缀表达式在使用操作数的值之后改变该操作数,因此,它们表达式的结果依据程序的内容有不同的含义
-	操作数的算术非
~	操作数按位非,就是说,结果的每一位就是操作数相应位取反,~操作符的操作数应取整型值
!	操作数逻辑非

9.26.4 二元表达式

9.26.4.1 通用结构

一个二进制表达式由两个操作数或表达式组成，由一个二进制操作符分隔。如果任一操作数具有浮点值，另一操作数就被转换成浮点值(推荐)。本条款指定了下列二进制表达式的类型：

- 乘法；
- 加法；
- 移位；
- 关系；
- 等式；
- 按位 AND(&)；
- 按位 XOR(∧)；
- 按位 OR(|)；
- 逻辑 AND(&&)；
- 逻辑 OR(||)；
- 条件赋值；
- 分配。

9.26.4.2 乘法操作符

乘法操作符指定了操作数的乘法和除法，表 137 指定了乘法操作符。

表 137 乘法操作符

操作符	描 述
*	指定为操作数之间的乘法
/	指定为第 1 个操作数被第 2 个操作数除，/ 操作符的结果是除法的商
%	指定为第 1 个操作数被第 2 个操作数除，%操作符的结果是余

9.26.4.3 加法操作符

加法操作符指定了操作数的加法和减法，如果该操作符用于数值型操作数，那么结果是两个操作数之和，并且操作是可交换的。如果 ＋ 操作符用于字符串操作数，那么结果是第二个字符串添加到第 1 个字符串所生成的字符串值，并且该操作是不可交换的。

负号操作符表示减法，该操作的结果是操作数之间的差，第 1 个操作数减去第 2 个操作数。表 138 指定了加法操作符。

表 138 加法操作符

操作符	描 述
＋	指定操作数之间的加法
－	指定第 1 个操作数减去第 2 个操作数

9.26.4.4 移位操作符

≪和≫操作符指定了第 1 个操作数按第 2 个操作数所指定的位数进行移位，≪和≫操作符的操作数应是整型值。表 139 指定了移位操作符。

表 139 移位操作符

操作符	描 述
≪	左移第 1 个操作数，移出的位被舍弃，空出的位补零
≫	右移第 1 个操作数，移出的位被舍弃，如果第 1 个操作数小于 0，则空位补 1，否则空位补 0

9.26.4.5 关系操作符

关系操作符(＜,＜= ,＞,＞=)指定了操作数之间的比较,如果被测试的关系为真,本类型表达式的结果为1,否则结果为0。表140指定了关系操作符。

表 140 关系操作符

操作符	描　述
〉	对关系"小于"的测试
〈=	对关系"小于等于"的测试
〉	对关系"大于"的测试
〈=	对关系"大于等于"的测试

9.26.4.6 等式操作符

等于操作符有==和!=,如果被测试的关系为真,本类型表达式的结果为1,否则结果为0。表141指定了等式操作符。

表 141 等式操作符

操作符	描　述
==	对关系"等于"的测试
!=	对关系"不等于"的测试

9.26.4.7 按位 AND 操作符(&)

& 操作符指定了操作数按位 AND,就是说,如果操作数的每一位是置位状态,按位 AND 的结果中的每一位也就被置位。& 操作符的操作数应为整型值。

9.26.4.8 按位 XOR 操作符(∧)

∧ 操作符指定了操作数按位互斥性 OR,就是说,如果只要一个操作数的相应位被置位,结果中的一位也被置位。∧操作符的操作数应为整型值。

9.26.4.9 按位 OP 操作符(|)

| 操作符指定了操作数按位相容性的 OR,就是说,如果两个操作数的对应位都被置位,结果中的一位才被置位。| 操作符的操作数应为整型值。

9.26.4.10 逻辑 AND 操作符(&&)

&& 操作符指定了操作数之间的布尔型 AND 运算,如果两个操作数都不为0,该表达式的运算结果为1,否则结果为0。如果第1个操作数为0,第2个操作数就不参与运算。

9.26.4.11 逻辑 OR 操作符(||)

|| 操作符指定了操作数之间的布尔型 OR 运算,如果任意一个操作数都不为0,该表达式的运算结果为1,否则结果为0。如果第1个操作数不为0,第2个操作数就不参与运算。

9.26.4.12 条件运算

操作符 ? 和 :用于条件运算。

例1

result = logexpr ? trueexpr : falseexpr;

logexpr is evaluated and if it is nonzero, the result is the value of the trueexpr. Otherwise the falseexpr is executed.

例2 下列 if-else 结构是对例1的逻辑标示。

if (logexpr)

result = trueexpr ;

else

result = falseexpr ;

9.26.4.13 分配

程序编程语言提供了一系列分配操作符，它们都是向右关联的，所有分配操作符都要求一个一元表达式作为它们的左边操作数，右边的操作数可再次作为分配表达式，分配表达式的类型与其左边的操作数相对应。一个分配操作的值在分配发生后，被存储在左边操作数中。

二进制 = 操作符表示了一个简单的分配，二进制操作符 *=，/=，%=，+=，-=，>>=，<<=，&=，^=，和 |= 表示组合分配表达式。

组合分配的通用格式是按照

expr1 <operator>= expr2

等同于表达式

expr1 = expr1 <operator> (expr2)

分配的语法含义在 9.26.2、9.26.3 和 9.26.4 中指定。

9.26.4.14 表达式列表

每一个表达式可由一个用逗号分隔的二进制表达式列表组成，用逗号分隔开的两个表达式是从左向右计算，并且左边的表达式被舍弃。结果的类型和值是右边操作数的类型和值。

例 1：c -= (a=5, b=3-a, c=b+a, a *=b+=4+2*a);

值 60、12、和-57 分别存到变量 a、b、c。

例 2：fct (x, (y=8, y*25.4), z)

有三个变元，第二个的值为 203.2，环境中已对逗号给出了特定的意思，如，在一个实际的功能参数列表中和初始化列表中，逗号操作符只能在括号内出现，如功能调用。

9.27 文本字典

通用结构

字典是一个可用于 EDD 中的文本字符串集合，字典的文本在 EDD 中被引用，字典可从任何 EDD 去访问，以确保文本字符串的一致性(如：用于 LABEL 和 HELP 属性)。

通常一个公用的文本字典用于一组设备类型，另外，用户特定的字典可以被指定，文本字典支持多语言文本。

词法结构

identifier (country-code, string)+

属性在表 142 中指定。

表 142 文本字典属性

用法	属性	描述
m	标识符	用于在 EDD 中引用文本字符串
m	国家代码	指定所用的语言和 ASCII 或者一个字符串的多种代码表示
m	字符串	在相关语言中指定文本字符串

例

write_protected

"Write Protected"

"|de|Schreibgeschützt"

"|fr|Protégé en écriture"

"|it|Protetto in scrittura"

"|es|Protegido contra escritura"

标识符"write_protected"是在 EDD 中被引用的标识符，限定词|de|、|fr|、|it|、|es|指定了文本的

语言为德语、法语、意大利语、西班牙语，支持多种语言，限定词可被替换，如采用电话号码中的国家代码或者基于 ISO 639。

10 一致性陈述

兼容设备应实现本部分的全部强制性要求(由“应……”申明识别)。设备制造商应申明对于本部分的设备兼容性，为了表示可选的特征，一致性申明可使用附录 B 中所给出的模板约定。

设备制造商应申明所用 EDDL 行规的一致性，参见附录 F。如果一个制造商或一组制造商计划开发一个新的选项列表(行规)或改变已有选项列表，新的行规应增加到本部分的附录中，如果一个新的语法被指定并被用于与 EDDL 语法连接，也必须增加到本部分中。

附 录 A
(规范性附录)
参数描述

附录A描述了不同FB的参数,参见表A.1。

注:缩写字母的意思:M=强制的,O=可选择的,C=有条件的,R=读,R/W=读/写。

表A.1 参数描述

参数名	描述	数据类型	用户访问读/写	类别M/O/C
模拟量输入FB				
MEASUREMENT_VALUE	主测量值作为测量FB的结果	数值型	R	M
MEASUREMENT_STATUS	MEASUREMENT_VALUE的状态	布尔量序列	R	M
PRIMARY_MEASUREMENT_VALUE	主测量值作为测量技术块的结果	数值型	R	M
PRIMARY_MEASUREMENT_STATUS	PRIMARY_MEASUREMENT_VALUE参数的状态	布尔量序列	R	M
UNITS	主测量值的单位	数值型	R/W	O
HIGH_ALARM_LIMIT	报警上限值	数值型	R/W	O
LOW_ALARM_LIMIT	报警下限值	数值型	R/W	O
MODE	块的运行模式(如:手动、自动、远程串级)	列举	R/W	O
CHANNEL	技术块测量的逻辑引用	列举	R/W	O
SIMULATE	用于完成内部测试	列举	R/W	O
模拟量输出FB				
REMOTE_SETPOINT_VALUE	源于上游应用块的远程设定值	数值型	R/W	M
REMOTE_SETPOINT_STATUS	REMOTE_SETPOINT_VALUE参数的状态	布尔量序列	R/W	M
OUT_VALUE	模拟量动作输出功能的主输出值	数值型	R/W	M
OUT_STATUS	OUT_VALUE参数的状态	布尔量序列	R/W	M
READBACK_VALUE	下游技术块反馈读回的输出值	数值型	R/W	M
READBACK_STATUS	READBACK_VALUE参数的状态	布尔量序列	R	M
READBACK_OUT_VALUE	反馈到上游应用块的反馈值	数值型	R/W	M
READBACK_OUT_STATUS	READBACK_OUT_VALUE参数的状态	布尔量序列	R/W	M
UNITS	单位选项	列举	R/W	O
SP_HI_LIM	设定值上限	数值型	R/W	O

表 A.1（续）

参数名	描 述	数据类型	用户访问读/写	类别 M/O/C
模拟量输出 FB				
SP_LO_LIM	设定值下限	数值型	R/W	O
MODE	块的运行模式(如:手动、自动、远程串级)	列举	R/W	O
CHANNEL	对技术块执行器的引用	列举	R/W	O
SIMULATE	用于完成内部测试	列举	R/W	O
离散量输入 FB				
DISC_MEASURMENT_VALUE	离散量输入测量值	布尔量	R	M
DISC_MEASURMENT_STATUS	DISC_MEASURMENT_VALUE 参数的状态	布尔量序列	R	M
DISC_PRIMARY _MEASUREMNET_VALUE	主离散量测量值作为离散量输入技术块的结果	布尔量	R	M
DISC_PRIMARY _MEASUREMNET_STATUS	DISC_PRIMARY _MEASUREMNET_VALUE 参数的状态	布尔量序列	R	M
CONVERT	主离散量值或传感器值的布尔量转换	布尔量	R/W	O
MODE	块的运行模式(如:手动、自动、远程串级)	列举	R/W	O
CHANNEL	对技术块输入的引用	列举	R/W	O
SIMULATE	用于完成内部测试	列举	R/W	O
离散量输出 FB				
DISC_REMOTE_SETPOINT _VALUE	源于上游应用块输出的离散量远程设定值	布尔量	R/W	M
DISC_REMOTE_SETPOINT _STATUS	DISC_REMOTE_SETPOINT _VALUE 参数的状态	布尔量序列	R/W	M
DISC_OUT_VALUE	开/关执行输出功能的主输出值	数值型	R/W	M
DISC_OUT_STATUS	DISC_OUT_VALUE 参数的状态	布尔量序列	R	M
DISC_READBACK_VALUE	从下游技术块反馈的离散量反馈输出值	布尔量	R/W	M
DISC_READBACK_STATUS	DISC_READBACK_VALUE 参数的状态	布尔量序列	R/W	M
DISC_READBACK_OUT _VALUE	反馈回上游应用块的离散量反馈值	数值型	R/W	M
DISC_READBACK_OUT _STATUS	DISC_READBACK_OUT_VALUE 参数的状态	布尔量序列	R/W	M
MODE	块的运行模式(如:手动、自动、远程串级)	数值型	R/W	O
CHANNEL	对执行器技术块的引用	数值型	R/W	O
SIMULATE	用于完成执行器的内部测试	数值型	R/W	O

表 A.1（续）

参数名	描　述	数据类型	用户访问读/写	类别 M/O/C
计算 FB				
FOLLOW	强制输出值去跟踪块输入	数值型	R/W	O
IN_VALUE	到计算的主输入值	数值型	R	M
IN_STATUS	主输入值的状态	布尔量序列	R	M
OUT_VALUE	计算的主输出值	数值型	R/W	M
OUT_STATUS	主输出值的状态	布尔量序列	R	M
READBACK_VALUE	下游块反馈读回的输出值	数值型	R/W	M
READBACK_STATUS	反馈值的状态	布尔量序列	R/W	M
READBACK_OUT_VALUE	反馈到上游块的反馈值	数值型	R/W	M
READBACK_OUT_STATUS	反馈输出值的状态	布尔量序列	R/W	M
控制 FB				
IN_VALUE	主输入测量	数值型	R	M
IN_STATUS	主输入测量的状态	布尔量序列	R	M
OUT_VALUE	控制功能的主输出值	数值型	R/W	M
OUT_STATUS	OUT_VALUE 参数的状态	布尔量序列	R	M
READBACK_VALUE	下游块反馈读回的输出值	数值型	R/W	M
READBACK_STATUS	READBACK_VALUE 参数的状态	数值型	R/W	M
READBACK_OUT_VALUE	反馈到上游块的反馈值	数值型	R/W	M
READBACK_OUT_STATUS	READBACK_OUT_VALUE 参数的状态	数值型	R/W	M
READBACK_SETPOINT_VALUE	源于上游应用块过程输出测量的远程标签值	数值型	R/W	M
READBACK_SETPOINT_STATUS	READBACK_SETPOINT_VALUE 参数的状态	布尔量序列	R	M
SETPOINT	过程输出测量的本地标签	数值型	R/W	M
SP_HI_LIM	设定值的上限	数值型	R/W	O
SP_LO_LIM	设定值的下限	数值型	R/W	O
ALARM_HI	主输入值的上限报警值	数值型	R/W	O
ALARM_LO	主输入值的下限报警值	数值型	R/W	O
MODE	块的运行模式(如:手动、自动、远程串级)	列举	R/W	O
温度技术块				
RAW_MEASUREMENT_VALUE	原始测量值作为测量值采样的结果	数值型	R	M
RAW_MEASUREMENT_STATUS	RAW_MEASUREMENT_VALUE 参数的状态	布尔量序列	R	M

表 A.1（续）

参数名	描　述	数据类型	用户访问读/写	类别 M/O/C
PRIMARY_MEASUREMENT_VALUE	主测量值作为转换功能的结果	数值型	R	M
PRIMARY_MEASUREMENT_STATUS	PRIMARY_MEASUREMENT_VALUE参数的状态	布尔量序列	R	M
SECONDARY_MEASUREMENT_VALUE	第2个测量值作为转换功能的结果	数值型	R	O
SECONDARY_MEASUREMENT_STATUS	对应 SECONDARY_MEASUREMENT_VALUE 的状态	布尔量序列	R	O
CHANGE_CONFIG	接线检查	列举	R	O
SENSOR_CONNECTION	2、3、4线制 RTD 测量	列举	R/W	O
SENSOR_TYPE	热电偶、热电阻(RTD)，低电压，如±25 mV 范围内或±100 mV	列举	R/W	M
AD_CONV	A/D 转换参数	数值型	R/W	O
TEST_COMMAND	启动测试程序来检查传感器	列举	R/W	O
COMPENS_PARAM	冷端补偿参数	数值型	R/W	O
LINE_TYPE	曲线线性化系数，补偿测量参数	列举	R/W	O
FILTER_PARAM	滤波参数(如：抗干扰滤波)	列举	R/W	O
压力技术块				
RAW_MEASUREMENT_VALUE	原始测量值作为测量采样的结果	数值型	R	M
RAW_MEASUREMENT_STATUS	RAW_MEASUREMENT_VALUE 参数的状态	布尔量序列	R	M
PRIMARY_MEASUREMENT_VALUE	主测量值作为转换功能的结果	数值型	R	M
PRIMARY_MEASUREMENT_STATUS	PRIMARY_MEASUREMENT_VALUE参数的状态	布尔量序列	R	M
SECONDARY_MEASUREMENT_VALUE	第二个测量值作为转换功能的结果	数值型	R	O
SECONDARY_MEASUREMENT_STATUS(es)	SECONDARY_MEASUREMENT_VALUE 参数的状态	布尔量序列	R	O
SENSOR_CODE	传感器类型(它标示了所用的转换曲线)	列举	R/W	O
CAL_POINT_LO	本参数包含最低的标度值，它被赋予传感器并传送该点作为 LOW 给变送器	数值型	R/W	O
CAL_POINT_HI	本参数包含最高的标度值，它被赋予传感器并传送该点作为 HIGH 给变送器	数值型	R/W	O
SENSOR_HI_LIM	传感器的物理上限	数值型	R/W	O

表 A.1（续）

参数名	描　述	数据类型	用户访问读/写	类别 M/O/C
SENSOR_LO_LIM	传感器的物理下限	数值型	R/W	O
TEST_COMMAND	启动测试程序来检查传感器	列举	R/W	O
TRANSF_PARAM	曲线线性化系数和补偿测量参数	数值型	R/W	O
LOW_FLOW_CUT_OFF	最低流量值被确定为最小值	数值型	R/W	O
FILTER_PARAM	滤波参数(如:抗干扰滤波)	列举	R/W	O
可调执行器技术块				
SETPOINT_VALUE	源于上游应用块的过程输出设定值	数值型	R/W	M
SETPOINT_STATUS	SETPOINT_VALUE 参数的状态	布尔量序列	R/W	M
READBACK_VALUE	反馈到上游 AB 的反馈值	数值型	R	M
READBACK_STATUS	READBACK_VALUE 参数的状态	布尔量序列	R	M
ACTUATOR_DEMAND	由转换功能产生的对执行机构的要求	列举	R	O
POSITION_MEASURE	由执行/采样产生的反馈值	数值型	R	O
FAILSAFE_ACTION	执行机构失电时相应于阀的故障安全位置	列举	R/W	O
TEST_COMMAND	启动测试程序来检查执行机构	列举	R/W	O
SETP_CUTOFF_MIN	当设定值(OUT_VALUE)比定义的量程百分比低时,执行机构信号进入下限值	数值型	R/W	O
SETP_CUTOFF_MAX	当设定值(OUT_VALUE)比定义的量程百分比高时,执行机构信号进入上限	数值型	R/W	O
DEADBAND	执行器死区	数值型	R/W	O
SELF_CALIB_STATUS	校准程序的结果	布尔量序列	R	O
开/关执行技术块				
DISC_SETPOINT_VALUE	离散执行输出的本地标签值	布尔量	R/W	M
DISC_SETPOINT_STATUS	离散设定值的状态	布尔量序列	R/W	M
DISC_READBACK_VALUE	反馈到上游应用的反馈值	布尔量	R	M
DISC_READBACK_STATUS	离散反馈输出值的状态	布尔量序列	R	M
DISC_ACTUATOR_DEMAND	转换功能产生的对执行器的要求	布尔量	R	O
DISC_POSITION_MEASURE	由执行/采样功能产生的反馈	布尔量	R	O
FAILSAFE_ACTION	执行机构失电时对应阀的故障安全位置	列举	R/W	O
TRAVEL_COUNT	从开到关和从关到开的循环次数	数值型	R	O
TRAVEL_COUNT_LIMIT	TRAVEL_COUNT 的限位	数值型	R/W	O
BREAK_TIME_CLOSE	从 CLOSE 到状态(DISC_SETPOINT_VALUE)改变之间的死区时间,它表示执行器开始动作	数值型	R/W	O

表 A.1(续)

参数名	描　述	数据类型	用户访问读/写	类别 M/O/C
BREAK_TIME_OPEN	从 OPEN 到状态(DISC_SETPOINT_VALUE)改变之间的死区时间,它表示执行器开始动作	数值型	R/W	O
SELF_CALIB_STATUS	校准程序的结果(不确定的,退出的,成功的)	布尔量序列	R	O
设备块				
DEVICE_VENDOR	制造商公司名	字符串	R	M
DEVICE_MODLE	设备型号名	字符串	R	M
DEVICE_REVISION	设备版本号	字符串	R	M
DEVICE_SER_NO	设备系列号	字符串	R	O
DEVICE_STATUS	设备状态	布尔量序列	R	M

附　录　B
（规范性附录）
GB/T 21099 一致性申明

约定

下列约定作为准则和模板，并公用于所有的一致性申明。

一致性被描述如下，（子）条款选项在表 B.1 和表 B.2 中定义，被选择的选项由（子）条款和关键词来表示，选择是在最高层（子）条款中完成。

表 B.1　一致性（子）条款选择表

条款 ＃	关键词	存在性	约束

表 B.2　（子）条款选择表内容

列	Text	含义
条款＃	＜＃＞	基本规范的（子）条款数
关键词	＜text＞	基本规范的（子）条款标题
存在性	NO	该（子）条款未包含在行规中
	YES	该（子）条款完全（100%）包含在行规中 在该条件下，没有给出更详细的内容
	—	表现是在后续的子条款中定义
	部分	该（子）条款的一部分被包含在行规中
约束	see＜＃＞	约束/说明定义在本一致性文档所给出的子条款、表或图中
	—	除了在引用文档（子）条款中已给出的约束外，没有其他约束或没有适用的约束
	＜text＞	该文本直接定义了约束，更多的文本表脚标或表注应被采用

附 录 C
(规范性附录)
EDDL 形式定义

C.1 EDDL 预处理机

C.1.1 通用结构

用途

预处理机在编译前生成一个 EDD,预处理机替换 EDD 的文本部分,插入其他文件内容,或者通过部分删除来取消对 EDD 该部分的处理。

结构

所有预处理机指令都以一个无用的符号 ＃ 作为一行的第一个字符来开始。为了正确地编排,空格(SPACE 或 TAB 字符)可出现在初始 ＃ 的后面。

C.1.2 指令

C.1.2.1 ＃define

用途

＃define 指令对 EDD 中的常量给出了有意义的命名。

结构

＃define identifier token-string

该＃define 指令形式告知预处理机用 token-string 置换所有后续发生的 EDD 文件标志符。

注:如果标识符在注释、字符串或作为长标识符的一部分中出现时,是不被替换的。

＃define identifier

该＃define 指令形式告知预处理机从 EDD 文件中删除所有产生的标识符,该标识符保持已被定义,并可用＃if define 和＃ifdef 指令来测试。

＃define identifier (argument, ... ,argument) token-string

该＃define 指令形式告知预处理机创建一个类似于宏的功能。该形式接受一组在括号中出现并用逗号分隔的变元表。

当一个宏已在本语法形式中定义,跟随有一个变元表的后续文本实例就构成一个宏调用。在源文件中,跟随了标识符实例的实际变元与宏定义中相应的形式参数相匹配。token-string 中每一个形式参数被相应的实际变元替换。在指令代替形式参数之前,任何实际变元中的宏都是可扩展的。

注 1:表中的每个变元应是唯一的。

注 2:在标识符和开始的圆括号之间没有空格分隔。

注 3:对于多源命令行的长指令,在 NEWLINE 字符前采用反斜杠(\)。

注 4:名字和“(”之间没有空格。

C.1.2.2 ＃include

用途

＃include 指令告诉预处理机处理一个指定文件的内容,就像在该指令出现的地点,所指定的文件内容也出现在源程序中一样。

结构

＃include “filename”

＃include ＜filename＞

读按 filename 命名的文件内容。预处理机处理这些数据就像它是当前文件的一部分。

两种语法形式都导致用include文件指定的全部内容替换那条指令。两种形式的不同之处在于当路径被完整指定后，预处理机搜寻include文件的顺序不同。

注：在最后的"或>之后，不允许指令行再有附加标记。

C.1.2.3 #line

用途

#line指令导致预处理机改变编辑器的内部存储行数和文件名成为所给出的行数和文件名。EDD处理机用这个行数和文件名来查阅在处理过程中发现的错误。行号通常指的是当前输入行，文件名指的是当前输入文件。每一行处理后，行号递增。

结构

#line integer-constant "filename"

整型数和文件名使得预处理机替换存储在EDD处理程序内部的行数成一个指定的行数和文件名。整型数被解释为下一行的行号，并且在一行处理完后递增。

C.1.2.4 #if、#elif、#else和#endif

用途

#if指令带有#elif、#else和#endif指令，控制对一个EDD文件的处理部分。

#if constant-expression

只有常量表达式产生一个非零值时，直到#else、#elif或者 #endif指令的后续行才出现在输出中。二元运算符"&&"和"||"在常量表达式中是合法的，以及二元运算符"?:"、一元运算符"-"、"!"和"～"也是合法的操作。

附加定义的一元运算符可用于特殊的常量表达式中。语法结构如下所示：

defined(identifier)

defined identifier

如果标识符当前已被定义，常变量表达式的值被认为真(非零)；否则该条件为假。一个被定义为空文本的标识符也被认为已定义，这个已被定义的指令可在指令#if 和 #elif中使用，但别的地方不能使用。

#elif constant-expression

一些#elif指令可出现在#if、#ifdef或#ifndef与匹配的#else或 #endif指令之间。只要下列所有条件都具备，#elif指令后续的命令行才出现在输出中。

- 前面#if指令中常量表达式求值为零，前面#ifdef指令中名字没有定义，或前面#ifndef指令中的名字已被定义；
- 在所有转向#elif指令中的常量表达式求值为零；
- 当前变量表达式求值为非零。

如果常量表达式求值为非零，就忽略后面#elif和#else指令直到匹配的#endif。任何在#if指令中所允许的常量表达式，在#elif指令中也被允许。

#else

如果常量表达式的所有结果为假，或#elif指令没有出现，预处理机就选择#else子句后面的文本块。如果#else从句被省略，并且在#if块中的常量表达式的所有实例为假，就没有文本块被选择。

#endif

结束由一条条件指令#if、#ifdef或#ifndef开始的命令行区域。每条指令都应有一匹配的#endif。

注1：预处理机认可在#define指令主体中宏的形式参数，即使它们出现外部字符常量和加引号的字符串。常规扫描期间，宏的名字不能在字符常量或引用字符串中被认可。因此#define aaa bbb不能扩展在LABEL"aaa"中的aaa。

注 2：当处理一个＃define 或 ＃undef 时，宏不能被展开。因此：

```
#define aaa bbb
#define ccc aaa
#undef aaa
ccc
```

生成 aaa。

注 3：在对另一个宏调用确定实际参数的扫描过程中，宏不能被展开。因此：

```
#define turn(aaa,bbb) bbb aaa
#define ccc ddd
turn(ccc, #define ccc eee)
```

生成 ＃define ddd eee ddd

C.1.2.5 ＃ifdef、＃ifndef 和＃undef

用途

＃ifdef 和＃ifndef 指令控制对一个 EDD 文件的处理部分。当＃ifdef 和＃ifndef 指令被用于已定义(identifier)时，执行与＃if 指令相同的任务。

＃ifdef identifier

只有当标识符已被定义，后续行直到匹配的＃else、＃elif 或＃endif 才出现在输出中。标识符既可以采用一条＃define 指令来指定，也可以采用在 EDD 之外原来没有的情况下插入＃undef 指令来指定。指令行的名字后面不允许有附加的记号。

＃ifndef identifier

只有当名字没有被定义或用一条指令＃undef 删除了它的定义时，后续行直到匹配的＃else，＃elif 或＃endif 才出现在输出中。指令行的名字后面不允许有附加的记号。

＃undef identifier

＃undef 指令使得一个标识符的预处理机定义被删除。指令行名字后面不允许有附加的记号。

C.1.3 预定义宏指令

C.1.3.1 通用结构

预处理机将接受已指定的预定义宏指令集，这些宏可在 EDD 中的任何地方使用，并用于信息化用途。

这些宏指令不带变元也不能被重定义。

C.1.3.2 预定义宏列表

C.1.3.2.1 _FILE_

用途

_FILE_包含当前 EDD 文件的名字。

结构

FILE

_FILE_扩展一个在双引号标志内的字符串。

C.1.3.2.2 _LINE_

用途

_LINE_包含当前 EDD 文件的行数。

结构

LINE

_LINE_是一个十进制整型数，可用＃line 指令改变。

C.1.4 NEWLINE(换行)字符

NEWLINE(换行)字符终止了一个字符常量或一个加引号的字符串，在＃define 语句文体中，跟在

NEWLINE(换行)之后的反斜杠(\)被采用来延续定义到下一行。

C.1.5 注释

注释是由前斜杠和星号(/ *)组合符号开始,并以星号和斜杠(* /)组合符号结束的一系列字符串。注释可包含任何源于可表示字符集的字符组合,包括 NEWLINE 字符。

并且,支持以两个前斜杠(//)引导的单行注释,以两个前斜杠开始的注释用下一个 NEWLINE(换行)字符结束,该换行字符不能以换码字符引导。

C.2 约定

C.2.1 整型常量

一个整型常量可被指定成二进制,八进制,十进制,十六进制表示法。表 C.1 指定了对每种类型表示法的约定。

表 C.1 对于整型数的约定

整型数类型	约　　定
二进制	由 0b 或 0B 引导的一组非零二进制数字 0 和 1
八进制	由 0 开始的非零数字 0～7
十进制	不从 0 开始的非零的十进制数字 0～9
十六进制	由 0x 或 0X 引导的非零十六进制数字,十六进制的数字有 0～9,字母 a～f(或 A～F)分别表示 10～15。

C.2.2 浮点常量

词法结构

一个浮点常量包含 4 个部分:

- 整数部分,一组十进制数字;
- 小数点(.);
- 尾数部分,一组十进制数字;
- 阶数部分,以字母 e 或 E 引导的可能还带有符号的十进制数字。

规则

下列规则适用于使用浮点数的时候:

- 要么整数部分要么尾数部分可以被省略,但不能同时都被省略;
- 要么小数点要么阶数部分可以被省略,但不能同时都被省略。

例如:下面是浮点型变量的例子:

59.

.87

48.93

4.8e12

代数表达式的计算要用更精确的数据类型。

C.2.3 字符串文字

字符串文字可以是一个在双引号(")中的空字符序列。除了下列字符外,在双引号中的字符可以是 ISO Latin-1 (GB/T 15273.1)中的任何字符:

- 双引号(");
- 反斜杠 (\);
- 换行。

在字符串文字中使用 Escape Sequences 时,字符串常量可以包含用 ISO Latin-1 字符表示的换码序列。表 C.2 给出了换码序列及其效果。

表 C.2 在字符串文字中使用换码序列

换码代码	结果
′	单引号
″	双引号
|	竖条杠
?	问号
\	反斜杠
\a	报警
\f	换页
\n	换行
\r	回车
\t	水平制表
\v	垂直制表

C.2.4 在字符串常量中使用语言代码

字符串文字可以封装对给定短语的全部解释，语言代码是指定采用 GB/T 15273.1。如果字符串文字不包含对所有语言的解释，对于未指定的语言，缺省的语言将被使用。表 C.3 给出了语言代码的例子。

表 C.3 字符串文字中使用的语言代码

语言代码	语言
未分配的代码	缺省语言，如果被请求的语言是没有定义的，就使用它
|cn|	中文
|de|	德语
|en|	英语
|es|	西班牙语
|fr|	法语
|it|	意大利语
|jp|	日语
|kr|	朝鲜语

注：不带语言代码的缺省文本将存在，并且推荐为英语。

例如：下列字符串文字按英语和德语指定了英语短语“Invalid Selection”：

"Invalid Selection"

"|de|Unzulässige Auswahl"

C.3 运算符

表 C.4 包含 EDDL 的运算符。

表 C.4 EDDL 运算符

!	!=	%	%=
&	&&	&=	(
)	*	*=	+
++	+=	,	-
--	-=	.	/
/=	:	;	<
<<	<<=	<=	=
==	>	>=	>>
>>=	?	[	]
^	^=	{	|
|=	||	}	~
->			

C.4 关键字

表 C.5 中包含 EDDL 关键字。

表 C.5 EDDL 关键字

EDDL 关键字	EDDL 关键字	EDDL 关键字	EDDL 关键字
!	COMM	HART	PROGRAMS
%	COMMAND	HEADER	PURPOSE
&	COMMANDS	HELP	READ
(	COMPUTATION	HIDDEN	READ_ONLY
)	CONNECTION	IF	READ_TIMEOUT
*	CONNECTIONS	if	RECORD
+	CONSTANT_UNIT	IGNORE_IN_TEMPORARY_MASTER	RECORDS
,	CONTAINED	IMPORT	REDEFINE
-	continue	INDEX	REDEFINE DOMAIN
.	CORRECTABLE	INFO	REDEFINITIONS
/	CORRECTION	INITIAL_VALUE	REFRESH
:	DATA	INPUT	REFRESH_ITEMS
;	DATA_ENTRY_ERROR	int	REFRESHS
<	DATA_ENTRY_WARNING	INTEGER	RELATIONS
=	DATA_EXCHANGE	ITEM_ARRAY	REPLY
>	DATE	ITEM_ARRAY_ITEMS	REQUEST
?	DATE_AND_TIME	ITEM_ARRAYS	RESPONSE_CODES
[	DD_REVISION	ITEMS	Return

表 C.5（续）

EDDL 关键字	EDDL 关键字	EDDL 关键字	EDDL 关键字
]	DEFAULT	LABEL	REVIEW
^	default	LAST	ROLE
{	DEFAULT_VALUE	LIKE	ROOT
|	DEFINITION	LOAD_TO_APPLICATION	SCALING_FACTOR
}	DELETE	LOAD_TO_DEVICE	SELECT
~	DELETE DOMAIN	LOCAL	SELF
!=	DETAIL	LOCAL_DISPLAY	SELF_CORRECTING
%=	DEVICE	long	SERVICE
&&	DEVICE_REVISION	MANUFACTURER	Short
&=	DEVICE_TYPE	MANUFACTURER_EXT	Signed
*=	DIAGNOSE	MAX_VALUE	SLOT
++	DIAGNOSTIC	MEMBERS	SOFTWARE
+=	DIALOG	MENU	STATE
--	DIGITAL_INPUT	MENU_ITEMS	STYLE
-=	DIGITAL_OUTPUT	MENUS	SUCCESS
->	DISCRETE_INPUT	METHOD	SUMMARY
/=	DISCRETE_OUTPUT	METHOD_ITEMS	Switch
<<	DISPLAY_FORMAT	METHODS	TABLE
<=	DISPLAY_ITEMS	MIN_VALUE	TIME
==	DISPLAY_VALUE	MISC	TIME_VALUE
>=	do	MISC_ERROR	TRANSACTION
>>	DOMAIN	MISC_WARNING	TRANSDUCER
\0	DOMAINS	MODE	TRUE
^=	DOUBLE	MODE_ERROR	TUNE
|=	double	MODULE	TYPE
||	DURATION	MORE	UNCORRECTABLE
<<=	DYNAMIC	NEXT	UNIT
>>=	EDD_PROFILE	NUMBER	UNIT_ITEMS
ACCESS	EDD_REVISION	NUMBER_OF_ELEMENTS	UNITS
ADD	EDD_VERSION	OBJECT_REFERENCE	Unsigned
ALARM	EDIT_DISPLAY	OCTET	UNSIGNED_INTEGER
ANALOG_INPUT	EDIT_DISPLAY_ITEMS	OF	VALIDITY
ANALOG_OUTPUT	EDIT_DISPLAYS	OFFLINE	VARIABLE
APPINSTANCE	EDIT_FORMAT	ONLINE	VARIABLE_LIST

表 C.5（续）

EDDL 关键字	EDDL 关键字	EDDL 关键字	EDDL 关键字
ARGUMENTS	EDIT_ITEMS	OPERATE	VARIABLE_LISTS
ARRAY	ELEMENTS	OPERATION	VARIABLES
ARRAYS	ELSE	OUTPUT	VARIABLE_STATUS
ASCII	else	PACKED_ASCII	VARIABLE _ STATUS _NONE
BAD	ENTRY	PARAMETER_LISTS	VARIABLE_STATUS_IN-VALID
BIT_ENUMERATED	ENUMERATED	PARAMETERS	VARIABLE _ STATUS _ NOT_ACCEPTED
BITSTRING	EUC	PARENT	VARIABLE _ STATUS _ NOT_SUPPORTED
BLOCK	EVENT	PASSWORD	VARIABLE _ STATUS _CHANGED
BLOCKS	EVERYTHING	PHYSICAL	VARIABLE _ STATUS _LOADED
break	FALSE	POST_EDIT_ACTIONS	VARIABLE_STATUS_IN-ITIAL
CASE	FIRST	POST_READ_ACTIONS	VARIABLE _ STATUS _ NOT_CONVERTED
case	FLOAT	POST_WRITE_ACTIONS	VISIBLE
char	float	PRE_EDIT_ACTIONS	While
CHARACTERISTICS	for	PRE_READ_ACTIONS	WINDOW
CHILD	FREQUENCY_INPUT	PREV	WRITE
CLASS	FREQUENCY_OUTPUT	PRE_WRITE_ACTIONS	WRITE_AS_ONE
COLLECTION	FUNCTION	PROCESS	WRITE_AS_ONE_ITEMS
COLLECTION_ITEMS	HANDLING	PROCESS_ERROR	WRITE_AS_ONES
COLLECTIONS	HARDWARE	PROGRAM	WRITE_TIMEOUT

C.5 终结符

下面的文本包含了被允许的 EDDL 语法结构终结符。

DEFINE digit = { 0—9 } .

bin_digit = { 0 1 } .

non_zero_digit = { 1—9′—′ } .

oct_digit = { 0—7 }

hex_digit = { 0—9abcdefABCDEF } .

letter = { a—zA—Z } .

escapes = { ′"? afnrtv′\′ } .

ISOLatin1char = — { " } .

```
/* Integer */
(0b|0B) bin_digit + /* binary */
non_zero_digit digit * /* decimal */
"0" oct_digit * /* octal */
(0x|0X) hex_digit + /* hexadecimal */

/* real */
digit*"."digit+((E|e){+\-}? digit+)?

/* string */
\" ISOLatin1char * \"

/* character */
\' ISOLatin1char \'

/* Identifier */
letter (letter|digit|_) *
```

C.6 形式化 EDDL 语法

C.6.1 概要

本附录包含采用了 Backus Naur Form 的形式化 EDDL 语法。

如果有可选择的元素，如果这个元素是强制执行的，那么应该标志为/* M */，如果元素是可选择的，那么应标志为/* O */。

C.6.2 EDD 标识信息

```
device_description
      = identification definition_list

identification
      = manufacturer ',' device_type ',' device_revision ','
        DD_revision
      = manufacturer ',' device_type ',' device_revision ','
        DD_revision ',' edd_version
      = manufacturer ',' device_type ',' device_revision ','
        DD_revision ',' edd_profile
      = manufacturer ',' device_type ',' device_revision ','
        DD_revision ',' manufacturer_ext
      = manufacturer ',' device_type ',' device_revision ','
        DD_revision ',' edd_version ',' edd_profile
      = manufacturer ',' device_type ',' device_revision ','
        DD_revision ',' edd_version ',' manufacturer_ext
      = manufacturer ',' device_type ',' device_revision ','
        DD_revision ',' edd_profile ',' manufacturer_ext
      = manufacturer ',' device_type ',' device_revision ','
```

DD_revision ',' edd_version ',' edd_profile ','manufacturer_ext

manufacturer
= 'MANUFACTURER' Integer

device_type
= 'DEVICE_TYPE' Integer

device_revision
= 'DEVICE_REVISION' Integer

DD_revision
= 'DD_REVISION' Integer
= 'EDD_REVISION' Integer

edd_version
= 'EDD_VERSION' Integer

edd_profile
= 'EDD_PROFILE' Integer

manufacturer_ext
= 'MANUFACTURER_EXT' Integer
String

definition_list
= definition_listR

definition_listR
= definition
= definition_listR definition

definition
= item
= imported_description
= like

item
= array
= block
= collection
= command
= connection

= domain
= edit_display
= item_array
= menu
= method
= program
= record
= refresh_relation
= response_codes_definition
= unit_relation
= variable
= variable_list
= wao_relation

C.6.3 BLOCK_A and BLOCK_B

block
= 'BLOCK' Identifier '{' block_attribute_list '}'

block_attribute_list
= block_attribute_listR

block_attribute_listR
= block_attribute
= block_attribute_listR block_attribute

block_attribute
= block_a_characteristics /*M*/
= block_a_collection_items /*O*/
= block_a_edit_display_items /*O*/
= block_a_help /*O*/
= block_a_item_array_items /*O*/
= block_a_label /*M*/
= block_a_menu_items /*O*/
= block_a_method_items /*O*/
= block_a_parameters /*M*/
= block_a_parameter_lists /*O*/
= block_a_refresh_items /*O*/
= block_a_unit_items /*O*/
= block_a_wao_items /*O*/
= block_b_number /*M*/
= block_b_type /*M*/

block_a_help
= help

block_a_label
= label

block_a_characteristics
= 'CHARACTERISTICS' record_reference ';'

block_a_parameters
= 'PARAMETERS' '{' member_list '}'

member_list
= member_listR

member_listR
= member
= member_listR member

block_a_parameter_lists
= 'PARAMETER_LISTS' '{' member_list '}'

block_a_menu_items
= 'MENU_ITEMS' '{' block_a_menu_items_specifier_list '}'

block_a_menu_items_specifier_list
= block_a_menu_items_specifier_listR

block_a_menu_items_specifier_listR
= block_a_menu_items_specifier
= block_a_menu_items_specifier_listR ','
block_a_menu_items_specifier

block_a_menu_items_specifier
= menu_reference

block_a_collection_items
= 'COLLECTION_ITEMS' '{' collection_items_specifier_list '}'

collection_items_specifier_list
= collection_items_specifier_listR

collection_items_specifier_listR
= collection_items_specifier
= collection_items_specifier_listR ','

collection_items_specifier
= collection_reference

block_a_item_array_items
= 'ITEM_ARRAY_ITEMS' '{' item_array_items_specifier_list '}'

item_array_items_specifier_list
= item_array_items_specifier_listR

item_array_items_specifier_listR
= item_array_items_specifier
= item_array_items_specifier_listR ','

item_array_items_specifier
= item_array_reference

block_a_method_items
= 'METHOD_ITEMS' '{' method_items_specifier_list '}'

method_items_specifier_list
= method_items_specifier_listR

method_items_specifier_listR
= method_items_specifier
= method_items_specifier_listR ',' method_items_specifier

method_items_specifier
= method_reference

block_a_edit_display_items
= 'EDIT_DISPLAY_ITEMS' '{' edit_display_items_specifier_list'}'

edit_display_items_specifier_list
= edit_display_items_specifier_listR

edit_display_items_specifier_listR
= edit_display_items_specifier
= edit_display_items_specifier_listR ','
edit_display_items_specifier

edit_display_items_specifier
= edit_display_reference

block_a_refresh_items
= 'REFRESH_ITEMS' '{' refresh_items_specifier_list '}'

refresh_items_specifier_list
= refresh_items_specifier_listR

refresh_items_specifier_listR
= refresh_items_specifier
= refresh_items_specifier_listR ',' refresh_items_specifier

refresh_items_specifier
= refresh_reference

block_a_unit_items
= 'UNIT_ITEMS' '{' unit_items_specifier_list '}'

unit_items_specifier_list
= unit_items_specifier_listR

unit_items_specifier_listR
= unit_items_specifier
= unit_items_specifier_listR ',' unit_items_specifier

unit_items_specifier
= unit_reference

block_a_wao_items
= 'WRITE_AS_ONE_ITEMS' '{' wao_items_specifier_list '}'

wao_items_specifier_list
= wao_items_specifier_listR

wao_items_specifier_listR
= wao_items_specifier
= wao_items_specifier_listR ',' wao_items_specifier

wao_items_specifier
= wao_reference

block_b_number
= 'NUMBER' expr ';'

```
block_b_type
        = 'TYPE' 'PHYSICAL' ';'
        = 'TYPE' 'TRANSDUCER' ';'
        = 'TYPE' 'FUNCTION' ';'
```

C.6.4 COLLECTION

```
collection
        = 'COLLECTION' 'OF' collection_item_type Identifier '{'
          collection_attribute_list '}'

collection_item_type
        = item_type

item_type
        = 'ARRAY'
        = 'BLOCK'
        = 'COLLECTION' 'OF' item_type
        = 'COMMAND'
        = 'CONNECTION'
        = 'DOMAIN'
        = 'EDIT_DISPLAY'
        = 'ITEM_ARRAY' 'OF' item_type
        = 'MENU'
        = 'METHOD'
        = 'PROGRAM'
        = 'RECORD'
        = 'REFRESH'
        = 'RESPONSE_CODES'
        = 'UNIT'
        = 'VARIABLE'
        = 'VARIABLE_LIST'
        = 'WRITE_AS_ONE'

collection_attribute_list
        = collection_attribute_listR

collection_attribute_listR
        = collection_attribute
        = collection_attribute_listR collection_attribute

collection_attribute
        = help /* O */
        = label /* O */
        = members /* M */
```

C.6.5 COMMAND

```
command
        = 'COMMAND' Identifier '{' command_attribute_list '}'
        = 'COMMAND' Identifier '{' '}'

command_attribute_list
        = command_attribute_listR

command_attribute_listR
        = command_attribute
        = command_attribute_listR command_attribute

command_attribute
        = command_header                                    /*O*/
        = command_slot                                      /*O*/
        = command_index                                     /*O*/
        = command_block                                     /*O*/
        = command_number                                    /*O*/
        = command_operation                                 /*M*/
        = command_transaction                               /*M*/
        = command_connection                                /*O*/
        = command_module                                    /*O*/
        = command_response_codes                            /*O*/

command_header
        = 'HEADER' header_spezifier

header_specifier:
        = string ';'
        = 'IF' '(' expr ')' '{' header_specifier '}'
        = 'IF' '(' expr ')' '{' header_specifier '}'
          'ELSE' '{' header_specifier '}'
        = 'SELECT' '(' expr ')' '{' header_selection_list '}'

header_selection_list
        = header_selection_listR

header_selection_listR
        = header_selection
        = header_selection_listR header_selection

header_selection
        = 'CASE' expr ':' header_specifier
```

= 'DEFAULT' ':' header_specifier

command_slot:
= 'SLOT' slot_specifier

slot_specifier:
= slot_items ';'
= 'IF' '(' expr ')' '{' slot_specifier '}'
= 'IF' '(' expr ')' '{' slot_specifier '}'
'ELSE' '{' slot_specifier '}'
= 'SELECT' '(' expr ')' '{' slot_selection_list '}'

slot_items:
= Integer
= variable_reference

slot_selection_list
= slot_selection_listR

slot_selection_listR
= slot_selection
= slot_selection_listR slot_selection

slot_selection
= 'CASE' expr ':' slot_specifier
= 'DEFAULT' ':' slot_specifier

command_index:
= 'INDEX' index_specifier

index_specifier:
= index_items ';'
= 'IF' '(' expr ')' '{' index_specifier '}'
= 'IF' '(' expr ')' '{' index_specifier '}'
'ELSE' '{' index_specifier '}'
= 'SELECT' '(' expr ')' '{' index_selection_list '}'

index_items:
= Integer
= variable_reference

index_selection_list
= index_selection_listR

```
index_selection_listR
        = index_selection
        = index_selection_listR index_selection

index_selection
        = 'CASE' expr ':' index_specifier
        = 'DEFAULT' ':' index_specifier

command_block
        = 'BLOCK' block_specifier

block_specifier:
        = block_reference ';'
        = 'IF' '(' expr ')' '{' block_specifier '}'
        = 'IF' '(' expr ')' '{' block_specifier '}'
          'ELSE' '{' block_specifier '}'
        = 'SELECT' '(' expr ')' '{' block_selection_list '}'

block_selection_list
        = block_selection_listR

block_selection_listR
        = block_selection
        = block_selection_listR block_selection

block_selection
        = 'CASE' expr ':' block_specifier
        = 'DEFAULT' ':' block_specifier

command_number
        = 'NUMBER' number_specifier

number_specifier:
        = number_items ';'
        = 'IF' '(' expr ')' '{' number_specifier '}'
        = 'IF' '(' expr ')' '{' number_specifier '}'
          'ELSE' '{' number_specifier '}'
        = 'SELECT' '(' expr ')' '{' number_selection_list '}'

number_items:
        = Integer
        = variable_reference
```

```
number_selection_list
        = block_selection_listR

number_selection_listR
        = number_selection
        = number_selection_listR number_selection

number_selection
        = 'CASE' expr ':' number_specifier
        = 'DEFAULT' ':' number_specifier

command_operation
        = 'OPERATION' operation_specifier

operation_specifier
        = operation ';'
        = 'IF' '(' expr ')' '{' operation_specifier '}'
        = 'IF' '(' expr ')' '{' operation_specifier '}'
          'ELSE' '{' operation_specifier
        = 'SELECT' '(' expr ')' '{' operation_selection_list '}'

operation_selection_list
        = operation_selection_listR

operation_selection_listR
        = operation_selection
        = operation_selection_listR operation_selection

operation_selection
        = 'CASE' expr ':' operation_specifier
        = 'DEFAULT' ':' operation_specifier

operation
        = 'READ'
        = 'WRITE'
        = 'COMMAND'
        = 'DATA_EXCHANGE'
        = string

command_transaction
        = 'TRANSACTION' '{' transaction_attribute_list '}'
        = 'TRANSACTION' Integer '{' transaction_attribute_list '}'
```

```
transaction_attribute_list
        = transaction_attribute_listR

transaction_attribute_listR
        = transaction_attribute
        = transaction_attribute_listR transaction_attribute

transaction_attribute
        = request
/* M */
        = reply
/* M */
        = 'RESPONSE_CODES' '(' response_code_reference ')'
/* O */

request
        = 'REQUEST' '{' data_items_specifier_list '}'
        = 'REQUEST' '{' '}'

reply
        = 'REPLY' '{' data_items_specifier_list '}'
        = 'REPLY' '{' '}'

data_items_specifier_list
        = data_items_specifier_listR

data_items_specifier_listR
        = data_items_specifier
        = data_items_specifier_listR data_items_specifier

data_items_specifier
        = data_items_listR

data_items_listR
        = data_items
        = data_items_listR ',' data_items

data_items
        = Integer
        = variable_reference
        = variable_reference '<' Integer '>'
        = variable_reference '(' data_items_qualifiers ')'
```

```
        = variable_reference '<' Integer '>' '(' data_items_qualifiers')'

data_items_qualifiers
        = data_items_qualifiers_wrap

data_items_qualifiers_wrap
        = data_items_qualifier
        = data_items_qualifiers_wrap ',' data_items_qualifier

data_items_qualifier
        = 'INDEX'
        = 'INFO'

command_connection
        = 'CONNECTION' connection_specifier

connection_specifier
        = connection_reference ';'
        = 'IF' '(' expr ')' '{' connection_specifier '}'
        = 'IF' '(' expr ')' '{' connection_specifier '}'
          'ELSE' '{' connection_specifier '}'
        = 'SELECT' '(' expr ')' '{' connection_selection_list '}'

connection_selection_list
        = connection_selection_listR

connection_selection_listR
        = connection_selection
        = connection_selection_listR connection_selection

connection_selection
        = 'CASE' expr ':' connection_specifier
        = 'DEFAULT' ':' connection_specifier

command_module
        = 'MODULE' module_specifier

module_specifier
        = Identifier ';'
        = 'IF' '(' expr ')' '{' module_specifier '}'
        = 'IF' '(' expr ')' '{' module_specifier '}'
          'ELSE' '{' module_specifier '}'
        = 'SELECT' '(' expr ')' '{' module_selection_list '}'
```

module_selection_list
    = module_selection_listR

module_selection_listR
    = module_selection
    = module_selection_listR module_selection

module_selection
    = 'CASE' expr ':' module_specifier
    = 'DEFAULT' ':' module_specifier

command_response_codes
    = response_codes

C.6.6 CONNECTION

connection
    = 'CONNECTION' Identifier '{' connection_attribute_list '}'

connection_attribute_list
    = connection_attribute_listR

connection_attribute_listR
    = connection_attribute
    = connection_attribute_listR connection_attribute

connection_attribute
    = appinstance /* M */

appinstance
    = 'APPINSTANCE' Integer ';'

C.6.7 DOMAIN

domain
    = 'DOMAIN' Identifier '{' domain_attribute_list '}'
    = 'DOMAIN' Identifier '{''}'

domain_attribute_list
    = domain_attribute_listR

domain_attribute_listR
    = domain_attribute
    = domain_attribute_listR domain_attribute

domain_attribute

= handling /* O */
= response_codes /* O */

C.6.8 **EDIT_DISPLAY**

edit_display
= 'EDIT_DISPLAY' Identifier '{' edit_display_attribute_list'}'

edit_display_attribute_list
= edit_display_attribute_listR

edit_display_attribute_listR
= edit_display_attribute
= edit_display_attribute_listR edit_display_attribute

edit_display_attribute
= display_items /* O */
= edit_items /* M */
= label /* M */
= post_edit_actions /* O */
= pre_edit_actions /* O */

edit_items
= 'EDIT_ITEMS' '{' edit_items_specifier_list '}'

edit_items_specifier_list
= edit_items_specifier_listR

edit_items_specifier_listR
= edit_items_specifier
= edit_items_specifier_listR edit_items_specifier

edit_items_specifier
= edit_item_listR
= 'IF' '(' expr ')' '{' edit_items_specifier_list '}'
= 'IF' '(' expr ')' '{' stmt1: edit_items_specifier_list '}'
'ELSE' '{' stmt2: edit_items_specifier_list '}'
= 'SELECT' '(' expr ')' '{' edit_items_selection_list '}'

edit_items_selection_list
= edit_items_selection
= edit_items_selection_list edit_items_selection

edit_items_selection
= 'CASE' expr ':' edit_items_specifier_list

= 'DEFAULT' ':' edit_items_specifier_list

edit_item_listR
= edit_item
= edit_item_listR ',' edit_item

edit_item
= reference

display_items
= 'DISPLAY_ITEMS' '{' display_items_specifier_list '}'

display_items_specifier_list
= display_items_specifier_listR

display_items_specifier_listR
= display_items_specifier
= display_items_specifier_listR display_items_specifier

display_items_specifier
= display_item_listR
= 'IF' '(' expr ')' '{' display_items_specifier_list '}'
= 'IF' '(' expr ')' '{' if: display_items_specifier_list '}'
'ELSE' '{' else: display_items_specifier_list '}'
= 'SELECT' '(' expr ')' '{' display_items_selection_list '}'

display_items_selection_list
= display_items_selection
= display_items_selection_list display_items_selection

display_items_selection
= 'CASE' expr ':' display_items_specifier_list
= 'DEFAULT' ':' display_items_specifier_list

display_item_listR
= display_item
= display_item_listR ',' display_item

display_item
= variable_reference

C.6.9 IMPORT

imported_description
= 'IMPORT' identification '{' imports '}'

= 'IMPORT' identification '{' imports redefinitions '}'

imports
= 'EVERYTHING' ';'
= item_import_list

item_import_list
= item_import_listR

item_import_listR
= item_import
= item_import_listR item_import

item_import
= item_import_by_name ';'
= item_import_by_type ';'

item_import_by_name
= item_type Identifier
= Identifier

item_import_by_type
= import_item_type
= item_import_by_type '&' import_item_type

import_item_type
= 'ARRAYS'
= 'BLOCKS'
= 'COLLECTIONS'
= 'COMMANDS'
= 'CONNECTIONS'
= 'DOMAINS'
= 'EDIT_DISPLAYS'
= 'ITEM_ARRAYS'
= 'MENUS'
= 'METHODS'
= 'PROGRAMS'
= 'RECORDS'
= 'REFRESHS'
= 'RELATIONS'
= 'RESPONSE_CODES'
= 'UNITS'
= 'VARIABLES'

= 'VARIABLE_LISTS'
= 'WRITE_AS_ONES'

redefinitions
= 'REDEFINITIONS' '{' redefinition_list '}'

redefinition_list
= redefinition_listR

redefinition_listR
= redefinition
= redefinition_listR redefinition

redefinition
= array_redefinition
= block_redefinition
= collection_redefinition
= command_redefinition
= connection_redefinition
= domain_redefinition
= edit_display_redefinition
= 'CONNECTIONS'
= 'DOMAINS'
= 'EDIT_DISPLAYS'
= 'ITEM_ARRAYS'
= 'MENUS'
= 'METHODS'
= 'PROGRAMS'
= 'RECORDS'
= 'REFRESHS'
= 'RELATIONS'
= 'RESPONSE_CODES'
= 'UNITS'
= 'VARIABLES'
= 'VARIABLE_LISTS'
= 'WRITE_AS_ONES'

redefinitions
= 'REDEFINITIONS' '{' redefinition_list '}'

redefinition_list
= redefinition_listR

redefinition_listR
= redefinition
= redefinition_listR redefinition

redefinition
= array_redefinition
= block_redefinition
= collection_redefinition
= command_redefinition
= connection_redefinition
= domain_redefinition
= edit_display_redefinition

C.6.10 LIKE

like
= Id1: Identifier 'LIKE' Id2: Identifier
'{' attribute_redefinition_list '}'
= Id1: Identifier 'LIKE' 'ARRAY' Id2: Identifier
'{' array_attribute_redefinition_list '}'
= Id1: Identifier 'LIKE' 'BLOCK' Id2: Identifier
'{' block_attribute_redefinition_list '}'
= Id1: Identifier 'LIKE' 'COLLECTION' 'OF' item_type Id2: Identifier
'{' collection_attribute_redefinition_list '}'
= Id1: Identifier 'LIKE' 'COMMAND' Id2: Identifier
'{' command_attribute_redefinition_list '}'
= Id1: Identifier 'LIKE' 'CONNECTION' Id2: Identifier
'{' connection_attribute_redefinition_list '}'
= Id1: Identifier 'LIKE' 'DOMAIN' Id2: Identifier
'{' domain_attribute_redefinition_list '}'
= Id1: Identifier 'LIKE' 'EDIT_DISPLAY' Id2: Identifier
'{' edit_display_attribute_redefinition_list '}'
= Id1: Identifier 'LIKE' 'ITEM_ARRAY' 'OF' item_type Id2: Identifier
'{' item_array_attribute_redefinition_list '}'
= Id1: Identifier 'LIKE' 'MENU' Id2: Identifier
'{' menu_attribute_redefinition_list '}'
= Id1: Identifier 'LIKE' 'METHOD' Id2: Identifier
'{' method_attribute_redefinition_list '}'
= Id1: Identifier 'LIKE' 'PROGRAM' Id2: Identifier
'{' program_attribute_redefinition_list '}'
= Id1: Identifier 'LIKE' 'RECORD' Id2: Identifier
'{' record_attribute_redefinition_list '}'
= Id1: Identifier 'LIKE' 'REFRESH' Id2: Identifier
'{' '}'
= Id1: Identifier 'LIKE' 'RESPONSE_CODES' Id2: Identifier

'{' response_code_redefinition_list '}'
= Id1: Identifier 'LIKE' 'UNIT' Id2: Identifier
'{' '}'
= Id1: Identifier 'LIKE' 'VARIABLE' Id2: Identifier
'{' variable_attribute_redefinition_list '}'
= Id1: Identifier 'LIKE' 'VARIABLE_LIST' Id2: Identifier
'{' variable_list_attribute_redefinition_list '}'
= Id1: Identifier 'LIKE' 'WRITE_AS_ONE' Id2: Identifier
'{' '}'

attribute_redefinition_list
= attribute_redefinition_listR

attribute_redefinition_listR
= attribute_redefinition
= attribute_redefinition_listR attribute_redefinition

attribute_redefinition
= appinstance_redefinition
= arguments_redefinition
= array_type_redefinition
= block_a_characteristics_redefinition
= block_a_collection_item_redefinition
= block_a_edit_disp_item_redefinition
= block_a_item_array_item_redefinition
= block_a_menu_item_redefinition
= block_a_method_item_redefinition
= block_a_parameters_redefinition
= block_a_parameter_lists_redefinition
= block_a_refresh_item_redefinition
= block_a_unit_item_redefinition
= block_a_wao_item_redefinition
= block_b_number_redefinition
= block_b_type_redefinition
= command_slot_redefinition
= command_index_redefinition
= command_block_redefinition
= command_operation_redefinition
= command_transaction_redefinition
= command_connection_redefinition
= command_module_redefinition
= display_items_redefinition
= edit_items_redefinition

```
        = elements_redefinition
        = handling_redefinition
        = help_redefinition
        = members_redefinition
        = menu_access_redefinition
        = menu_items_redefinition
        = menu_style_redefinition
        = method_definition_redefinition
        = number_of_elements_redefinition
        = optional_label_redefinition
        = post_edit_actions_redefinition
        = post_read_actions_redefinition
        = post_write_actions_redefinition
        = pre_edit_actions_redefinition
        = pre_read_actions_redefinition
        = pre_write_actions_redefinition
        = read_timeout_redefinition
        = response_code_redefinition
        = response_codes_reference_redefinition
        = type_redefinition
        = validity_redefinition
        = variable_class_redefinition
        = write_timeout_redefinition
```

C.6.11 MENU

```
    menu
        = 'MENU' Identifier '{' menu_attribute_list '}'

    menu_attribute_list
        = menu_attribute_listR

    menu_attribute_listR
        = menu_attribute
        = menu_attribute_listR menu_attribute

    menu_attribute
        = help                                              /* O */
        = label                                             /* M */
        = menu_access                                       /* O */
        = menu_entry                                        /* O */
        = menu_items                                        /* M */
        = menu_purpose                                      /* O */
        = menu_role                                         /* O */
        = menu_style                                        /* O */
```

```
        = validity                                          /* O */
        = pre_edit_actions                                  /* O */
        = pre_read_actions                                  /* O */
        = pre_write_actions                                 /* O */
        = post_edit_actions                                 /* O */
        = post_read_actions                                 /* O */
        = post_write_actions                                /* O */

menu_access
        = 'ACCESS' 'ONLINE' ';'
        = 'ACCESS' 'OFFLINE' ';'

menu_entry
        = 'ENTRY' menu_entry_specifier

menu_entry_specifier
        = menu_entry_item ';'
        = 'IF' '(' expr ')' '{' menu_entry_specifier '}'
        = 'IF' '(' expr ')' '{' stmt1: menu_entry_specifier '}'
          'ELSE' '{' stmt2: menu_entry_specifier '}'
        = 'SELECT' '(' expr ')' '{' menu_entry_selection_list '}'

menu_entry_selection_list
        = menu_entry_selection_listR

menu_entry_selection_listR
        = menu_entry_selection
        = menu_entry_selection_listR menu_entry_selection

menu_entry_selection
        = 'CASE' expr ':' menu_entry_specifier
        = 'DEFAULT' ':' menu_entry_specifier

menu_entry_item
        = 'ROOT'

menu_items
        = 'ITEMS' '{' '}'
        = 'ITEMS' '{' menu_item_specifier_list '}'

menu_item_specifier_list
        = menu_item_specifier_listR
```

```
menu_item_specifier_listR
        = menu_item_specifier
        = menu_item_specifier_listR menu_item_specifier

menu_item_specifier
        = menu_item_listR
        = 'IF' '(' expr ')' '{' menu_item_specifier_list '}'
        = 'IF' '(' expr ')' '{' stmt1: menu_item_specifier_list '}'
          'ELSE' '{' stmt2: menu_item_specifier_list '}'
        = 'SELECT' '(' expr ')' '{' menu_item_selection_list '}'

menu_item_selection_list
        = menu_item_selection_listR

menu_item_selection_listR
        = menu_item_selection
        = menu_item_selection_list menu_item_selection

menu_item_selection
        = 'CASE' expr ':' menu_item_specifier_list
        = 'DEFAULT' ':' menu_item_specifier_list

menu_item_listR
        = menu_item
        = menu_item_listR ',' menu_item

menu_item
        = reference_without_call
        = reference_without_call menu_item_args

menu_item_args
        = '(' argument_list ')'
        = '(' 'REVIEW' ')'
        = '(' variable_qualifier_list ')'

variable_qualifier_list
        = variable_qualifier
        = variable_qualifier_list ',' variable_qualifier

variable_qualifier
        = 'DISPLAY_VALUE'
        = 'READ_ONLY'
        = 'HIDDEN'
```

menu_purpose
    = 'PURPOSE' menu_purpose_specifier

menu_purpose_specifier
    = menu_purpose_list ';'
    = 'IF' '(' expr ')' '{' menu_purpose_specifier '}'
    = 'IF' '(' expr ')' '{' stmt1: menu_purpose_specifier '}'
    'ELSE' '{' stmt2: menu_purpose_specifier '}'
    = 'SELECT' '(' expr ')' '{' menu_purpose_selection_list '}'

menu_purpose_selection_list
    = menu_purpose_selection_listR

menu_purpose_selection_listR
    = menu_purpose_selection
    = menu_purpose_selection_listR menu_purpose_selection

menu_purpose_selection
    = 'CASE' expr ':' menu_purpose_specifier
    = 'DEFAULT' ':' menu_purpose_specifier

menu_purpose_list
    = menu_purpose_listR

menu_purpose_listR
    = menu_purpose_item
    = menu_purpose_listR '&' menu_purpose_item

menu_purpose_item
    = 'DIAGNOSE'
    = 'LOAD_TO_APPLICATION'
    = 'LOAD_TO_DEVICE'
    = 'MENU'
    = 'TABLE'
    = string

menu_role
    = 'ROLE' menu_role_specifier

menu_role_specifier
    = menu_role_list ';'
    = 'IF' '(' expr ')' '{' menu_role_specifier '}'

= 'IF' '(' expr ')' '{' stmt1: menu_role_specifier '}'
'ELSE' '{' stmt2: menu_role_specifier '}'
= 'SELECT' '(' expr ')' '{' menu_role_selection_list '}'

menu_role_selection_list
= menu_role_selection_listR

menu_role_selection_listR
= menu_role_selection
= menu_role_selection_listR menu_role_selection

menu_role_selection
= 'CASE' expr ':' menu_role_specifier
= 'DEFAULT' ':' menu_role_specifier

menu_role_list
= menu_role_listR

menu_role_listR
= menu_role_item
= menu_role_listR '&' menu_role_item

menu_role_item
= string

menu_style
= 'STYLE' menu_style_specifier

menu_style_specifier
= menu_style_item ';'
= 'IF' '(' expr ')' '{' menu_style_specifier '}'
= 'IF' '(' expr ')' '{' stmt1: menu_style_specifier '}'
'ELSE' '{' stmt2: menu_style_specifier '}'
= 'SELECT' '(' expr ')' '{' menu_style_selection_list '}'

menu_style_selection_list
= menu_style_selection_listR

menu_style_selection_listR
= menu_style_selection
= menu_style_selection_listR menu_style_selection

menu_style_selection

= 'CASE' expr ':' menu_style_specifier
= 'DEFAULT' ':' menu_style_specifier

menu_style_item
= 'WINDOW'
= 'DIALOG'
= string

C.6.12 METHOD

method
= 'METHOD' Identifier '{' method_attribute_list '}'
= 'METHOD' Identifier method_parameters '{'method_attribute_list '}'

method_parameters
= '(' method_parameter_list ')'

method_parameter_list
= method_parameter_listR

method_parameter_listR
= method_parameter
= method_parameter_listR ',' method_parameter

method_parameter
= method_parameter_type Identifier
= method_parameter_type '&' Identifier

method_parameter_type
= 'int'
= 'long'
= 'float'

method_attribute_list
= method_attribute_listR

method_attribute_listR
= method_attribute
= method_attribute_listR method_attribute

method_attribute
= help /* O */
= label /* M */
= method_access /* O */
= method_definition /* M */

= validity /* O */
= variable_class /* M */

method_access
= 'ACCESS' 'OFFLINE' ';'
= 'ACCESS' 'ONLINE' ';'

method_definition
= 'DEFINITION' c_compound_statement

C.6.13 PROGRAM

program
= 'PROGRAM' Identifier '{' program_attribute_list '}'
= 'PROGRAM' Identifier '{' '}'

program_attribute_list
= program_attribute_listR

program_attribute_listR
= program_attribute
= program_attribute_listR program_attribute

program_attribute
= arguments /* O */
= response_codes /* O */

arguments
= 'ARGUMENTS' '{' '}'
= 'ARGUMENTS' '{' arguments_specifier_list '}'

arguments_specifier_list
= arguments_specifier_listR

arguments_specifier_listR
= arguments_specifier
= arguments_specifier_listR arguments_specifier

arguments_specifier
= argument_listR
= 'IF' '(' expr ')' '{' arguments_specifier_list '}'
= 'IF' '(' expr ')' '{' stmt1: arguments_specifier_list '}'
'ELSE' '{' stmt2: arguments_specifier_list '}'
= 'SELECT' '(' expr ')' '{' arguments_selection_list '}'

arguments_selection_list

= arguments_selection_listR

arguments_selection_listR
= arguments_selection
= arguments_selection_listR arguments_selection

arguments_selection
= 'CASE' expr ':' arguments_specifier_list
= 'DEFAULT' ':' arguments_specifier_list

argument_list
= argument_listR

argument_listR
= argument
= argument_listR ',' argument

argument
= Integer
= variable_reference

C.6.14 RECORD

record
= 'RECORD' Identifier '{' record_attribute_list '}'

record_attribute_list
= record_attribute_listR

record_attribute_listR
= record_attribute
= record_attribute_listR record_attribute

record_attribute
= help /* O */
= label /* M */
= members /* M */
= response_codes /* O */

C.6.15 REFERENCE_ARRAY

Reference_Array 有两个可用的关键字,“ITEM_ARRAY”(第一选项)和“ARRAY”(第二选项)可由行规所选择。如果已经采用了 value_array 就不能选择关键字 ARRAY。

注:如果一个 EDD 应用支持多个行规,那么将采用关键字 ARRAY 来代替 ITEM_ARRAY,这种情况下,由属性来作语意选择。

item_array
= 'ITEM_ARRAY' 'OF' item_array_attribute_type Identifier '{'

```
item_array_attribute_list '}'
        = 'ARRAY' 'OF' item_array_attribute_type Identifier '{'
item_array_attribute_list '}'

item_array_attribute_type
        = item_array_type

item_array_type
        = 'ARRAY'
        = 'BLOCK'
        = 'COLLECTION' 'OF' item_array_type
        = 'COMMAND'
        = 'CONNECTION'
        = 'DOMAIN'
        = 'ITEM_ARRAY' 'OF' item_array_type
        = 'MENU'
        = 'METHOD'
        = 'PROGRAM'
        = 'RECORD'
        = 'REFRESH'
        = 'RESPONSE_CODES'
        = 'UNIT'
        = 'VARIABLE'
        = 'VARIABLE_LIST'
        = 'WRITE_AS_ONE'

item_array_attribute_list
        = item_array_attribute_listR

item_array_attribute_listR
        = item_array_attribute
        = item_array_attribute_listR item_array_attribute

item_array_attribute
        = elements                                          /* M */
        = help                                              /* O */
        = label                                             /* O */

elements
        = 'ELEMENTS' '{' elements_specifier_list '}'

elements_specifier_list
        = elements_specifier_listR
```

elements_specifier_listR
    = elements_specifier
    = elements_specifier_listR elements_specifier

elements_specifier
    = element
    = 'IF' '(' expr ')' '{' elements_specifier_list '}'
    = 'IF' '(' expr ')' '{' elements_specifier_list '}'
    'ELSE' '{' elements_specifier_list '}'
    = 'SELECT' '(' expr ')' '{' elements_selection_list '}'

elements_selection_list
    = elements_selection_listR

elements_selection_listR
    = elements_selection
    = elements_selection_listR elements_selection

elements_selection
    = 'CASE' expr ':' elements_specifier_list
    = 'DEFAULT' ':' elements_specifier_list

element
    = Integer ',' reference ';'
    = Integer ',' reference ',' description_string ';'
    = Integer ',' reference ',' description_string ',' help_string ';'

C.6.16 关系

refresh_relation
    = 'REFRESH' Identifier
    '{' refresh_relation_left ':' refresh_relation_right '}'

refresh_relation_left
    = variable_reference_specifier_list
refresh_relation_right
    = variable_reference_specifier_list

unit_relation
    = 'UNIT' Identifier
    '{' unit_relation_left ':' unit_relation_right '}'

unit_relation_left
    = variable_reference_specifier

unit_relation_right
	= variable_reference_specifier_list

wao_relation
	= 'WRITE_AS_ONE' Identifier '{' wao_specifier '}'

wao_specifier
	= variable_reference_specifier_list

variable_reference_specifier_list
	= variable_reference_specifier_listR

variable_reference_specifier_listR
	= variable_reference_specifier
	= variable_reference_specifier_listR variable_reference_specifier
	= variable_reference_specifier_listR ','
variable_reference_specifier

variable_reference_specifier
	= variable_reference
	= 'IF' '(' expr ')' '{' variable_reference_specifier '}'
	= 'IF' '(' expr ')' '{' stmt1: variable_reference_specifier '}'
	'ELSE' '{' stmt2: variable_reference_specifier '}'
	= 'SELECT' '(' expr ')' '{' variable_reference_selection_list '}'

variable_reference_selection_list
	= variable_reference_selection_listR

variable_reference_selection_listR
	= variable_reference_selection
	= variable_reference_selection_listR variable_reference_selection

variable_reference_selection
	= 'CASE' expr ':' variable_reference_specifier
	= 'DEFAULT' ':' variable_reference_specifier

C.6.17 RESPONSE_CODES

response_codes_definition
	= 'RESPONSE_CODES' Identifier '{' response_codes_attribute_list '}'

response_codes_attribute_list
	= response_codes_specifier_list

response_codes_specifier_list

= response_codes_specifier_listR

response_codes_specifier_listR

= response_codes_specifier

= response_codes_specifier_listR response_codes_specifier

response_codes_specifier

= response_code

= 'IF' '(' expr ')' '{' response_codes_specifier_list '}'

= 'IF' '(' expr ')' '{' stmt1: response_codes_specifier_list '}'
'ELSE' '{' stmt2: response_codes_specifier_list '}'

= 'SELECT' '(' expr ')' '{' response_codes_selection_list '}'

response_codes_selection_list

= response_codes_selection_listR

response_codes_selection_listR

= response_codes_selection

= response_codes_selection_listR response_codes_selection

response_codes_selection

= 'CASE' expr ':' response_codes_specifier_list

= 'DEFAULT' ':' response_codes_specifier_list

response_code

= Integer ',' response_code_type ',' description_string ';'

= Integer ',' response_code_type ',' description_string ',' help_string ';'

response_code_type

= 'SUCCESS'

= 'MISC_WARNING'

= 'DATA_ENTRY_WARNING'

= 'DATA_ENTRY_ERROR'

= 'MODE_ERROR'

= 'PROCESS_ERROR'

= 'MISC_ERROR'

C.6.18 VALUE_ARRAY

array

= 'ARRAY' Identifier '{' array_attribute_list '}'

array_attribute_list

= array_attribute_listR

```
array_attribute_listR
        = array_attribute
        = array_attribute_listR array_attribute

array_attribute
        = array_type                                    /* M */
        = array_size                                    /* M */
        = help                                          /* O */
        = label                                         /* M */
        = response_codes                                /* O */

array_type
        = 'TYPE' Identifier ';'

array_size
        = 'NUMBER_OF_ELEMENTS' Integer ';'
```

C.6.19 VARIABLE

```
array
        = 'ARRAY' Identifier '{' array_attribute_list '}'

variable
        = 'VARIABLE' Identifier '{' variable_attribute_list '}'

variable_attribute_list
        = variable_attribute_listR

variable_attribute_listR
        = variable_attribute
        = variable_attribute_listR variable_attribute

variable_attribute
        = constant_unit                                 /* O */
        = handling                                      /* O */
        = help                                          /* O */
        = label                                         /* M */
        = post_edit_actions                             /* O */
        = post_read_actions                             /* O */
        = post_write_actions                            /* O */
        = pre_edit_actions                              /* O */
        = pre_read_actions                              /* O */
        = pre_write_actions                             /* O */
        = read_timeout                                  /* O */
```

```
        = response_codes                                          /* O */
        = type                                                    /* M */
        = validity                                                /* O */
        = variable_class                                          /* M */
        = variable_style                                          /* O */
        = write_timeout                                           /* O */
variable_class
        = 'CLASS' variable_class_definition ';'

variable_class_definition
        = variable_class_keyword
        = variable_class_definition '&' variable_class_keyword

variable_class_keyword
        = 'ALARM'
        = 'ANALOG_INPUT'
        = 'ANALOG_OUTPUT'
        = 'COMPUTATION'
        = 'CONTAINED'
        = 'CORRECTION'
        = 'DEVICE'
        = 'DIAGNOSTIC'
        = 'DIGITAL_INPUT'
        = 'DIGITAL_OUTPUT'
        = 'DISCRETE_INPUT'
        = 'DISCRETE_OUTPUT'
        = 'DYNAMIC'
        = 'FREQUENCY_INPUT'
        = 'FREQUENCY_OUTPUT'
        = 'HART'
        = 'INPUT'
        = 'LOCAL'
        = 'LOCAL_DISPLAY'
        = 'OPERATE'
        = 'OUTPUT'
        = 'SERVICE'
        = 'TUNE'

variable_style
        = 'STYLE' string ';'

constant_unit
        = 'CONSTANT_UNIT' string_specifier
```

```
handling
        = 'HANDLING' handling_specifier

handling_specifier
        = handling_definition ';'
        = 'IF' '(' expr ')' '{' handling_specifier '}'
        = 'IF' '(' expr ')' '{' stmt1: handling_specifier '}'
          'ELSE' '{' stmt2: handling_specifier '}'
        = 'SELECT' '(' expr ')' '{' handling_selection_list '}'

handling_selection_list
        = handling_selection_listR

handling_selection_listR
        = handling_selection
        = handling_selection_listR handling_selection

handling_selection
        = 'CASE' expr ':' handling_specifier
        = 'DEFAULT' ':' handling_specifier

handling_definition
        = handling_definition_

handling_definition_
        = handling_keyword
        = handling_definition_ '&' handling_keyword

handling_keyword
        = 'READ'
        = 'WRITE'

pre_edit_actions
        = 'PRE_EDIT_ACTIONS' '{' actions_specifier_list '}'

post_edit_actions
        = 'POST_EDIT_ACTIONS' '{' actions_specifier_list '}'

pre_read_actions
        = 'PRE_READ_ACTIONS' '{' actions_specifier_list '}'

post_read_actions
```

= 'POST_READ_ACTIONS' '{' actions_specifier_list '}'

pre_write_actions

= 'PRE_WRITE_ACTIONS' '{' actions_specifier_list '}'

post_write_actions

= 'POST_WRITE_ACTIONS' '{' actions_specifier_list '}'

actions_specifier_list

= actions_specifier_listR

actions_specifier_listR

= actions_specifier

= actions_specifier_listR actions_specifier

actions_specifier

= method_listR

= 'IF' '(' expr ')' '{' actions_specifier_list '}'

= 'IF' '(' expr ')' '{' stmt1: actions_specifier_list '}'
'ELSE' '{' stmt2: actions_specifier_list '}'

= 'SELECT' '(' expr ')' '{' actions_selection_list '}'

actions_selection_list

= actions_selection_listR

actions_selection_listR

= actions_selection

= actions_selection_listR actions_selection

actions_selection

= 'CASE' expr ':' actions_specifier_list

= 'DEFAULT' ':' actions_specifier_list

method_listR

= method_specification

= method_listR ',' method_specification

method_specification

= method_reference

= method_definition

read_timeout

= 'READ_TIMEOUT' expr_specifier

write_timeout
 = 'WRITE_TIMEOUT' expr_specifier

expr_specifier
 = expr ';'
 = 'IF' '(' expr ')' '{' expr_specifier '}'
 = 'IF' '(' expr ')' '{' stmt1: expr_specifier '}'
 'ELSE' '{' stmt2: expr_specifier '}'
 = 'SELECT' '(' expr ')' '{' expr_selection_list '}'

expr_selection_list
 = expr_selection_listR

expr_selection_listR
 = expr_selection
 = expr_selection_listR expr_selection

expr_selection
 = 'CASE' expr ':' expr_specifier
 = 'DEFAULT' ':' expr_specifier

type
 = 'TYPE' type_specifier

type_specifier
 = arithmetic_type
 = enumerated_type
 = index_type
 = string_type
 = date_time_type
 = object_reference

arithmetic_type
 = 'INTEGER' arithmetic_option_size arithmetic_options
 = 'UNSIGNED_INTEGER' arithmetic_option_size arithmetic_options
 = 'DOUBLE' arithmetic_options
 = 'FLOAT' arithmetic_options

arithmetic_option_size
 =
 = '(' Integer ')'

arithmetic_options
    = ';'
    = '{' arithmetic_option_list '}'

arithmetic_option_list
    = arithmetic_option_listR

arithmetic_option_listR
    = arithmetic_option
    = arithmetic_option_listR arithmetic_option

arithmetic_option
    = arithmetic_default_value
    = arithmetic_initial_value
    = display_format
    = edit_format
    = enumerator_list
    = maximum_value
    = maximum_value_n
    = minimum_value
    = minimum_value_n
    = scaling_factor

arithmetic_default_value
    = 'DEFAULT_VALUE' expr_specifier

arithmetic_initial_value
    = 'INITIAL_VALUE' expr_specifier

display_format
    = 'DISPLAY_FORMAT' string_specifier

edit_format
    = 'EDIT_FORMAT' string_specifier

scaling_factor
    = 'SCALING_FACTOR' expr_specifier

maximum_value
    = 'MAX_VALUE' expr_specifier

maximum_value_n
    = MAX_VALUE_n expr_specifier

minimum_value
    = 'MIN_VALUE' expr_specifier

minimum_value_n
    = MIN_VALUE_n expr_specifier

enumerated_type
    = 'ENUMERATED' enumerated_option_size '{'enumerated_option_list '}'
    = 'BIT_ENUMERATED' enumerated_option_size '{' bit_enumerated_option_list '}'

enumerated_option_size
    =
    = '(' Integer ')'

enumerated_option_list
    = enumerated_option_listR

enumerated_option_listR
    = enumerated_option
    = enumerated_option_listR enumerated_option

enumerated_option
    = arithmetic_default_value
    = arithmetic_initial_value
    = enumerators_specifier

enumerators_specifier_list
    = enumerators_specifier_listR

enumerators_specifier_listR
    = enumerators_specifier
    = enumerators_specifier_listR enumerators_specifier

enumerators_specifier
    = enumerator_listR
    = 'IF' '(' expr ')' '{' enumerators_specifier_list '}'
    = 'IF' '(' expr ')' '{' stmt1：enumerators_specifier_list '}' 'ELSE' '{' stmt2：enumerators_specifier_list '}'
    = 'SELECT' '(' expr ')' '{' enumerators_selection_list '}'

enumerators_selection_list
    = enumerators_selection_listR

enumerators_selection_listR
    = enumerators_selection
    = enumerators_selection_listR enumerators_selection

enumerators_selection
    = 'CASE' expr ':' enumerators_specifier_list
    = 'DEFAULT' ':' enumerators_specifier_list

enumerator_list
    = enumerator_listR

enumerator_listR
    = enumerator
    = enumerator_listR ',' enumerator

enumerator
    = '{' enumerator_value ',' description_string '}'
    = '{' enumerator_value ',' description_string ',' help_string '}'

enumerator_value
    = Integer
    = Real
    = string

description_string
    = string

help_string
    = string

bit_enumerated_option_list
    = bit_enumerated_option_listR

bit_enumerated_option_listR
    = bit_enumerated_option
    = bit_enumerated_option_listR bit_enumerated_option

bit_enumerated_option
    = arithmetic_default_value
    = arithmetic_initial_value

```
        = bit_enumerators_specifier

bit_enumerators_specifier_list
        = bit_enumerators_specifier_listR

bit_enumerators_specifier_listR
        = bit_enumerators_specifier
        = bit_enumerators_specifier_listR bit_enumerators_specifier
bit_enumerators_specifier
        = bit_enumerator_listR
        = 'IF' '(' expr ')' '{' bit_enumerators_specifier_list '}'
        = 'IF' '(' expr ')' '{' stmt1: bit_enumerators_specifier_list '}'
          'ELSE' '{' stmt2: bit_enumerators_specifier_list '}'
        = 'SELECT' '(' expr ')' '{' bit_enumerators_selection_list '}'

bit_enumerators_selection_list
        = bit_enumerators_selection_listR

bit_enumerators_selection_listR
        = bit_enumerators_selection
        = bit_enumerators_selection_listR bit_enumerators_selection

bit_enumerators_selection
        = 'CASE' expr ':' bit_enumerators_specifier_list
        = 'DEFAULT' ':' bit_enumerators_specifier_list

bit_enumerator_listR
        = bit_enumerator
        = bit_enumerator_listR ',' bit_enumerator

bit_enumerator
        = '{' Integer ',' description_string '}'
        = '{' Integer ',' description_string ','
             help_string '}'
        = '{' Integer ',' description_string ','
            variable_class_definition_wrap '}'
        = '{' Integer ',' description_string ','
            status_class '}'
        = '{' Integer ',' description_string ','
            help_string ',' variable_class_definition_wrap '}'
        = '{' Integer ',' description_string ','
            help_string ',' status_class '}'
        = '{' Integer ',' description_string ','
```

```
        help_string ',' method_reference '}'
    = '{' Integer ',' description_string ','
        variable_class_definition_wrap ',' status_class '}'
    = '{' Integer ',' description_string ','
        variable_class_definition_wrap ',' method_reference '}'
    = '{' Integer ',' description_string ','
        status_class ',' method_reference '}'
    = '{' Integer ',' description_string ','
        help_string ',' variable_class_definition_wrap ',' status_class '}'
    = '{' Integer ',' description_string ','
        help_string ',' variable_class_definition_wrap ',' method_reference '}'
    = '{' Integer ',' description_string ','
        help_string ',' status_class ',' method_reference '}'
    = '{' Integer ',' description_string ','
        variable_class_definition_wrap ',' status_class ',' method_reference '}'
    = '{' Integer ',' description_string ','
        help_string ',' variable_class_definition_wrap ','
        status_class ',' method_reference '}'

variable_class_definition_wrap
    = variable_class_definition

status_class
    = status_class_definition

status_class_definition
    = status_class_keyword
    = status_class_definition '&' status_class_keyword

status_class_keyword
    = 'HARDWARE'
    = 'SOFTWARE'
    = 'PROCESS'
    = 'MODE'
    = 'DATA'
    = 'MISC'
    = 'EVENT'
    = 'STATE'
    = 'SELF_CORRECTING'
    = 'CORRECTABLE'
    = 'UNCORRECTABLE'
    = 'SUMMARY'
    = 'DETAIL'
```

= 'MORE'
= 'COMM'
= 'IGNORE_IN_TEMPORARY_MASTER'
= 'BAD'

index_type
= 'INDEX' item_array_reference ';'
= 'INDEX' '(' Integer ')' item_array_reference ';'

string_type
= string_option_type string_option_size ';'
= string_option_type string_option_size '{' '}'
= string_option_type string_option_size '{' string_option_list '}'

string_option_type
= string_keyword

string_keyword
= 'ASCII'
= 'BITSTRING'
= 'EUC'
= 'PACKED_ASCII'
= 'PASSWORD'
= 'VISIBLE'
= 'OCTET'

string_option_size
= '(' Integer ')'

string_option_list
= string_option_listR

string_option_listR
= string_option
= string_option_listR string_option

string_option
= string_default_value
= string_initial_value
= enumerator_list

string_default_value
= 'DEFAULT_VALUE' string ';'

string_initial_value

= 'INITIAL_VALUE' string ';'

date_time_type

= 'DATE' ';'

= 'DATE' '{' '}'

= 'DATE' '{' string_option_list '}'

= 'DATE_AND_TIME' ';'

= 'DATE_AND_TIME' '{' '}'

= 'DATE_AND_TIME' '{' string_option_list '}'

= 'DURATION' ';'

= 'DURATION' '{' '}'

= 'DURATION' '{' string_option_list '}'

= 'TIME' ';'

= 'TIME' '{' '}'

= 'TIME' '{' string_option_list '}'

= 'TIME' '(' Integer ')' ';'

= 'TIME' '(' Integer ')' '{' '}'

= 'TIME' '(' Integer ')' '{' string_option_list '}'

= 'TIME_VALUE' ';'

= 'TIME_VALUE' '{' '}'

= 'TIME_VALUE' '{' string_option_list '}'

object_reference

= 'OBJECT_REFERENCE' object_reference_value ';'

object_reference_value

= 'ROOT'

= 'PARENT'

= 'CHILD'

= 'SELF'

= 'NEXT'

= 'PREV'

= 'FIRST'

array

= 'ARRAY' Identifier '{' array_attribute_list '}'

variable

= 'VARIABLE' Identifier '{' variable_attribute_list '}'

variable_attribute_list

```
        = variable_attribute_listR

variable_attribute_listR
        = variable_attribute
        = variable_attribute_listR variable_attribute

variable_attribute
        = constant_unit                                   /* O */
        = handling                                        /* O */
        = help                                            /* O */
        = label                                           /* M */
        = post_edit_actions                               /* O */
        = post_read_actions                               /* O */
        = post_write_actions                              /* O */
        = pre_edit_actions                                /* O */
        = pre_read_actions                                /* O */
        = pre_write_actions                               /* O */
        = read_timeout                                    /* O */
        = response_codes                                  /* O */
        = type                                            /* M */
        = validity                                        /* O */
        = variable_class                                  /* M */
        = variable_style                                  /* O */
        = write_timeout                                   /* O */

variable_class
        = 'CLASS' variable_class_definition ';'

variable_class_definition
        = variable_class_keyword
        = variable_class_definition '&' variable_class_keyword

variable_class_keyword
        = 'ALARM'
        = 'ANALOG_INPUT'
        = 'ANALOG_OUTPUT'
        = 'COMPUTATION'
        = 'CONTAINED'
        = 'CORRECTION'
        = 'DEVICE'
        = 'DIAGNOSTIC'
        = 'DIGITAL_INPUT'
        = 'DIGITAL_OUTPUT'
```

```
        = 'DISCRETE_INPUT'
        = 'DISCRETE_OUTPUT'
        = 'DYNAMIC'
        = 'FREQUENCY_INPUT'
        = 'FREQUENCY_OUTPUT'
        = 'HART'
        = 'INPUT'
        = 'LOCAL'
        = 'LOCAL_DISPLAY'
        = 'OPERATE'
        = 'OUTPUT'
        = 'SERVICE'
        = 'TUNE'

variable_style
        = 'STYLE' string ';'

constant_unit
        = 'CONSTANT_UNIT' string_specifier

handling
        = 'HANDLING' handling_specifier

handling_specifier
        = handling_definition ';'
        = 'IF' '(' expr ')' '{' handling_specifier '}'
        = 'IF' '(' expr ')' '{' stmt1: handling_specifier '}'
          'ELSE' '{' stmt2: handling_specifier '}'
        = 'SELECT' '(' expr ')' '{' handling_selection_list '}'

handling_selection_list
        = handling_selection_listR

handling_selection_listR
        = handling_selection
        = handling_selection_listR handling_selection

handling_selection
        = 'CASE' expr ':' handling_specifier
        = 'DEFAULT' ':' handling_specifier

handling_definition
        = handling_definition_
```

handling_definition_
  = handling_keyword
  = handling_definition_ '&' handling_keyword

handling_keyword
  = 'READ'
  = 'WRITE'

pre_edit_actions
  = 'PRE_EDIT_ACTIONS' '{' actions_specifier_list '}'

post_edit_actions
  = 'POST_EDIT_ACTIONS' '{' actions_specifier_list '}'

pre_read_actions
  = 'PRE_READ_ACTIONS' '{' actions_specifier_list '}'

post_read_actions
  = 'POST_READ_ACTIONS' '{' actions_specifier_list '}'

pre_write_actions
  = 'PRE_WRITE_ACTIONS' '{' actions_specifier_list '}'

post_write_actions
  = 'POST_WRITE_ACTIONS' '{' actions_specifier_list '}'

actions_specifier_list
  = actions_specifier_listR

actions_specifier_listR
  = actions_specifier
  = actions_specifier_listR actions_specifier

actions_specifier
  = method_listR
  = 'IF' '(' expr ')' '{' actions_specifier_list '}'
  = 'IF' '(' expr ')' '{' stmt1: actions_specifier_list '}'
   'ELSE' '{' stmt2: actions_specifier_list '}'
  = 'SELECT' '(' expr ')' '{' actions_selection_list '}'

actions_selection_list
  = actions_selection_listR

actions_selection_listR
 = actions_selection
 = actions_selection_listR actions_selection

actions_selection
 = ′CASE′ expr ′:′ actions_specifier_list
 = ′DEFAULT′ ′:′ actions_specifier_list

method_listR
 = method_specification
 = method_listR ′,′ method_specification

method_specification
 = method_reference
 = method_definition

read_timeout
 = ′READ_TIMEOUT′ expr_specifier

write_timeout
 = ′WRITE_TIMEOUT′ expr_specifier

expr_specifier
 = expr ′;′
 = ′IF′ ′(′ expr ′)′ ′{′ expr_specifier ′}′
 = ′IF′ ′(′ expr ′)′ ′{′ stmt1; expr_specifier ′}′
 ′ELSE′ ′{′ stmt2; expr_specifier ′}′
 = ′SELECT′ ′(′ expr ′)′ ′{′ expr_selection_list ′}′

expr_selection_list
 = expr_selection_listR

expr_selection_listR
 = expr_selection
 = expr_selection_listR expr_selection

expr_selection
 = ′CASE′ expr ′:′ expr_specifier
 = ′DEFAULT′ ′:′ expr_specifier

type
 = ′TYPE′ type_specifier

type_specifier
= arithmetic_type
= enumerated_type
= index_type
= string_type
= date_time_type
= object_reference

arithmetic_type
= 'INTEGER' arithmetic_option_size arithmetic_options
= 'UNSIGNED_INTEGER' arithmetic_option_size arithmetic_options
= 'DOUBLE' arithmetic_options
= 'FLOAT' arithmetic_options

arithmetic_option_size
=
= '(' Integer ')'

arithmetic_options
= ';'
= '{' arithmetic_option_list '}'

arithmetic_option_list
= arithmetic_option_listR

arithmetic_option_listR
= arithmetic_option
= arithmetic_option_listR arithmetic_option

arithmetic_option
= arithmetic_default_value
= arithmetic_initial_value
= display_format
= edit_format
= enumerator_list
= maximum_value
= maximum_value_n
= minimum_value
= minimum_value_n
= scaling_factor

arithmetic_default_value

= 'DEFAULT_VALUE' expr_specifier

arithmetic_initial_value
= 'INITIAL_VALUE' expr_specifier

display_format
= 'DISPLAY_FORMAT' string_specifier

edit_format
= 'EDIT_FORMAT' string_specifier

scaling_factor
= 'SCALING_FACTOR' expr_specifier

maximum_value
= 'MAX_VALUE' expr_specifier

maximum_value_n
= MAX_VALUE_n expr_specifier

minimum_value
= 'MIN_VALUE' expr_specifier

minimum_value_n
= MIN_VALUE_n expr_specifier

enumerated_type
= 'ENUMERATED' enumerated_option_size '{'enumerated_option_list '}'
= 'BIT_ENUMERATED' enumerated_option_size '{'
bit_enumerated_option_list '}'

enumerated_option_size
=
= '(' Integer ')'

enumerated_option_list
= enumerated_option_listR

enumerated_option_listR
= enumerated_option
= enumerated_option_listR enumerated_option

enumerated_option

= arithmetic_default_value
= arithmetic_initial_value
= enumerators_specifier

enumerators_specifier_list
= enumerators_specifier_listR

enumerators_specifier_listR
= enumerators_specifier
= enumerators_specifier_listR enumerators_specifier

enumerators_specifier
= enumerator_listR
= 'IF' '(' expr ')' '{' enumerators_specifier_list '}'
= 'IF' '(' expr ')' '{' stmt1: enumerators_specifier_list '}'
'ELSE' '{' stmt2: enumerators_specifier_list '}'
= 'SELECT' '(' expr ')' '{' enumerators_selection_list '}'

enumerators_selection_list
= enumerators_selection_listR

enumerators_selection_listR
= enumerators_selection
= enumerators_selection_listR enumerators_selection

enumerators_selection
= 'CASE' expr ':' enumerators_specifier_list
= 'DEFAULT' ':' enumerators_specifier_list

enumerator_list
= enumerator_listR

enumerator_listR
= enumerator
= enumerator_listR ',' enumerator

enumerator
= '{' enumerator_value ',' description_string '}'
= '{' enumerator_value ',' description_string ',' help_string '}'

enumerator_value
= Integer
= Real

= string

description_string

= string

help_string

= string

bit_enumerated_option_list

= bit_enumerated_option_listR

bit_enumerated_option_listR

= bit_enumerated_option

= bit_enumerated_option_listR bit_enumerated_option

bit_enumerated_option

= arithmetic_default_value

= arithmetic_initial_value

= bit_enumerators_specifier

bit_enumerators_specifier_list

= bit_enumerators_specifier_listR

bit_enumerators_specifier_listR

= bit_enumerators_specifier

= bit_enumerators_specifier_listR bit_enumerators_specifier

bit_enumerators_specifier

= bit_enumerator_listR

= 'IF' '(' expr ')' '{' bit_enumerators_specifier_list '}'

= 'IF' '(' expr ')' '{' stmt1: bit_enumerators_specifier_list '}'
'ELSE' '{' stmt2: bit_enumerators_specifier_list '}'

= 'SELECT' '(' expr ')' '{' bit_enumerators_selection_list '}'

bit_enumerators_selection_list

= bit_enumerators_selection_listR

bit_enumerators_selection_listR

= bit_enumerators_selection

= bit_enumerators_selection_listR bit_enumerators_selection

bit_enumerators_selection

= 'CASE' expr ':' bit_enumerators_specifier_list

```
        = 'DEFAULT' ':' bit_enumerators_specifier_list

bit_enumerator_listR
        = bit_enumerator
        = bit_enumerator_listR ',' bit_enumerator

bit_enumerator
        = '{' Integer ',' description_string '}'
        = '{' Integer ',' description_string ','
          help_string'}'
        = '{' Integer ',' description_string ','
          variable_class_definition_wrap '}'
        = '{' Integer ',' description_string ','
          status_class'}'
        = '{' Integer ',' description_string ','
          help_string ',' variable_class_definition_wrap'}'
        = '{' Integer ',' description_string ','
          help_string ',' status_class '}'
        = '{' Integer ',' description_string ','
          help_string ',' method_reference'}'
        = '{' Integer ',' description_string ','
          variable_class_definition_wrap ',' status_class'}'
        = '{' Integer ',' description_string ','
          variable_class_definition_wrap ',' method_reference'}'
        = '{' Integer ',' description_string ','
          status_class ',' method_reference '}'
        = '{' Integer ',' description_string ','
          help_string ',' variable_class_definition_wrap ',' status_class '}'
        = '{' Integer ',' description_string ','
          help_string ',' variable_class_definition_wrap ',' method_reference '}'
        = '{' Integer ',' description_string ','
          help_string ',' status_class ',' method_reference '}'
        = '{' Integer ',' description_string ','
          variable_class_definition_wrap ',' status_class ',' method_reference '}'
        = '{' Integer ',' description_string ','
          help_string ',' variable_class_definition_wrap ','
          status_class ',' method_reference '}'

variable_class_definition_wrap
        = variable_class_definition

status_class
        = status_class_definition
```

status_class_definition
 = status_class_keyword
 = status_class_definition '&' status_class_keyword

status_class_keyword
 = 'HARDWARE'
 = 'SOFTWARE'
 = 'PROCESS'
 = 'MODE'
 = 'DATA'
 = 'MISC'
 = 'EVENT'
 = 'STATE'
 = 'SELF_CORRECTING'
 = 'CORRECTABLE'
 = 'UNCORRECTABLE'
 = 'SUMMARY'
 = 'DETAIL'
 = 'MORE'
 = 'COMM'
 = 'IGNORE_IN_TEMPORARY_MASTER'
 = 'BAD'

index_type
 = 'INDEX' item_array_reference ';'
 = 'INDEX' '(' Integer ')' item_array_reference ';'

string_type
 = string_option_type string_option_size ';'
 = string_option_type string_option_size '{' '}'
 = string_option_type string_option_size '{' string_option_list '}'

string_option_type
 = string_keyword

string_keyword
 = 'ASCII'
 = 'BITSTRING'
 = 'EUC'
 = 'PACKED_ASCII'
 = 'PASSWORD'
 = 'VISIBLE'

= 'OCTET'

string_option_size
= '(' Integer ')'

string_option_list
= string_option_listR

string_option_listR
= string_option
= string_option_listR string_option

string_option
= string_default_value
= string_initial_value
= enumerator_list

string_default_value
= 'DEFAULT_VALUE' string ';'

string_initial_value
= 'INITIAL_VALUE' string ';'

date_time_type
= 'DATE' ';'
= 'DATE' '{' '}'
= 'DATE' '{' string_option_list '}'
= 'DATE_AND_TIME' ';'
= 'DATE_AND_TIME' '{' '}'
= 'DATE_AND_TIME' '{' string_option_list '}'
= 'DURATION' ';'
= 'DURATION' '{' '}'
= 'DURATION' '{' string_option_list '}'
= 'TIME' ';'
= 'TIME' '{' '}'
= 'TIME' '{' string_option_list '}'
= 'TIME' '(' Integer ')' ';'
= 'TIME' '(' Integer ')' '{' '}'
= 'TIME' '(' Integer ')' '{' string_option_list '}'
= 'TIME_VALUE' ';'
= 'TIME_VALUE' '{' '}'
= 'TIME_VALUE' '{' string_option_list '}'

object_reference
    = 'OBJECT_REFERENCE' object_reference_value ';'

object_reference_value
    = 'ROOT'
    = 'PARENT'
    = 'CHILD'
    = 'SELF'
    = 'NEXT'
    = 'PREV'
    = 'FIRST'
    = 'LAST'

C.6.20 VARIABLE_LIST

variable_list
    = 'VARIABLE_LIST' Identifier '{' variable_list_attribute_list '}'

variable_list_attribute_list
    = variable_list_attribute_listR

variable_list_attribute_listR
    = variable_list_attribute
    = variable_list_attribute_listR variable_list_attribute

variable_list_attribute
    = help /* O */
    = label /* O */
    = members /* M */
    = response_codes /* O */

C.6.21 共同特征

help
    = 'HELP' string_specifier

label
    = 'LABEL' string_specifier

members
    = 'MEMBERS' '{' members_specifier_list '}'

response_codes
    = 'RESPONSE_CODES' '{' response_codes_specifier_list '}'
    = 'RESPONSE_CODES' response_code_reference_specifier

validity

```
        = 'VALIDITY' boolean_specifier

string_specifier
        = string ';'
        = 'IF' '(' expr ')' '{' string_specifier '}'
        = 'IF' '(' expr ')' '{' stmt1: string_specifier '}'
          'ELSE' '{' stmt2: string_specifier '}'
        = 'SELECT' '(' expr ')' '{' string_selection_list '}'

string_selection_list
        = string_selection_listR

string_selection_listR
        = string_selection
        = string_selection_listR string_selection

string_selection
        = 'CASE' expr ':' string_specifier
        = 'DEFAULT' ':' string_specifier

string
        = string_list

string_list
        = string_listR

string_listR
        = string_terminal
        = string_listR '+' string_terminal

string_terminal
        = string_literal
        = variable_reference
        = variable_reference '(' Integer ')'
        = dictionary_reference

string_literal
        = string_literalR

string_literalR
        = String
        = string_literalR String
```

```
members_specifier_list
        = members_specifier_listR

members_specifier_listR
        = members_specifier
        = members_specifier_listR members_specifier

members_specifier
        = member
        = 'IF' '(' expr ')' '{' members_specifier_list '}'
        = 'IF' '(' expr ')' '{' stmt1: members_specifier_list '}'
          'ELSE' '{' stmt2: members_specifier_list '}'
        = 'SELECT' '(' expr ')' '{' members_selection_list '}'

members_selection_list
        = members_selection
        = members_selection_list members_selection

members_selection
        = 'CASE' expr ':' members_specifier_list
        = 'DEFAULT' ':' members_specifier_list

member
        = Identifier ',' reference ';'
        = Identifier ',' reference ',' description_string ';'
        = Identifier ',' reference ',' description_string ',' help_string ';'

response_code_reference_specifier
        = response_code_reference
        = 'IF' '(' expr ')' '{' response_code_reference_specifier '}'
        = 'IF' '(' expr ')' '{' stmt1:response_code_reference_specifier '}'
          'ELSE' '{' stmt2: response_code_reference_specifier '}'
        = 'SELECT' '(' expr ')' '{' response_code_reference_selection_list '}'

response_code_reference_selection_list
        = response_code_reference_selection
        = response_code_reference_selection_list
response_code_reference_selection

response_code_reference_selection
        = 'CASE' expr ':' response_code_reference_specifier
        = 'DEFAULT' ':' response_code_reference_specifier
```

```
boolean_specifier
        = boolean ';'
        = 'IF' '(' expr ')' '{' boolean_specifier '}'
        = 'IF' '(' expr ')' '{' stmt1: boolean_specifier '}'
          'ELSE' '{' stmt2: boolean_specifier '}'
        = 'SELECT' '(' expr ')' '{' boolean_selection_list '}'

boolean_selection_list
        = boolean_selection_listR

boolean_selection_listR
        = boolean_selection
        = boolean_selection_listR boolean_selection

boolean_selection
        = 'CASE' expr ':' boolean_specifier
        = 'DEFAULT' ':' boolean_specifier

boolean
        = 'FALSE'
        = 'TRUE'
```

C.6.22 OPEN、CLOSE

```
open
        = 'OPEN' filename

close
        = 'CLOSE' filename

filename
        = Identifier
```

C.6.23 表达式

```
primary_expr
        = reference
        = ExprInteger
        = ExprReal
        = String
        = '(' expr ')'

postfix_expr
        = primary_expr
        = postfix_expr '++'
        = postfix_expr '--'
```

```
unary_expr
        = postfix_expr
        = '++' unary_expr
        = '--' unary_expr
        = unary_operator unary_expr

unary_operator
        = '+'
        = '-'
        = '~'
        = '!'

multiplicative_expr
        = unary_expr
        = multiplicative_expr '*' unary_expr
        = multiplicative_expr '/' unary_expr
        = multiplicative_expr '%' unary_expr

additive_expr
        = multiplicative_expr
        = additive_expr '+' multiplicative_expr
        = additive_expr '-' multiplicative_expr

shift_expr
        = additive_expr
        = shift_expr '<<' additive_expr
        = shift_expr '>>' additive_expr

relational_expr
        = shift_expr
        = relational_expr '<' shift_expr
        = relational_expr '>' shift_expr
        = relational_expr '<=' shift_expr
        = relational_expr '>=' shift_expr

equality_expr
        = relational_expr
        = equality_expr '==' relational_expr
        = equality_expr '!=' relational_expr

and_expr
        = equality_expr
        = and_expr '&' equality_expr
```

exclusive_or_expr
    = and_expr
    = exclusive_or_expr '^' and_expr

inclusive_or_expr
    = exclusive_or_expr
    = inclusive_or_expr '|' exclusive_or_expr

logical_and_expr
    = inclusive_or_expr
    = logical_and_expr '&&' inclusive_or_expr

logical_or_expr
    = logical_and_expr
    = logical_or_expr '||' logical_and_expr

conditional_expr
    = logical_or_expr
    = logical_or_expr '?' expr ':' conditional_expr

assignment_expr
    = conditional_expr
    = unary_expr assignment_operator assignment_expr

assignment_operator
    = '='
    = '*='
    = '/='
    = '%='
    = '+='
    = '-='
    = '>>='
    = '<<='
    = '&='
    = '^='
    = '|='

expr
    = assignment_expr
    = expr ',' assignment_expr

C.6.24 C-Grammer

c_primary_expr

= c_char
= c_dictionary
= c_identifier
= c_integer
= c_real
= c_string
= '(' c_expr ')'

c_char
= Character

c_dictionary
= '[' Identifier ']'

c_identifier
= Identifier

c_integer
= ExprInteger

c_real
= ExprReal

c_string
= c_string_literal

c_string_literal
= string_literal

c_postfix_expr
= c_primary_expr
= c_postfix_expr '[' c_expr ']'
= Identifier '(' ')'
= Identifier '(' c_argument_expr_list ')'
= c_postfix_expr '.' Identifier
= c_postfix_expr '.' selector
= c_postfix_expr '++'
= c_postfix_expr '--'

c_argument_expr_list
= c_argument_expr_listR

c_argument_expr_listR

```
        = c_assignment_expr
        = c_argument_expr_listR ',' c_assignment_expr

    c_unary_expr
        = c_postfix_expr
        = '++' c_unary_expr
        = '--' c_unary_expr
        = c_unary_operator c_postfix_expr

    c_unary_operator
        = '+'
        = '-'
        = '~'
        = '!'

    c_multiplicative_expr
        = c_unary_expr
        = c_multiplicative_expr '*' c_unary_expr
        = c_multiplicative_expr '/' c_unary_expr
        = c_multiplicative_expr '%' c_unary_expr

    c_additive_expr
        = c_multiplicative_expr
        = c_additive_expr '+' c_multiplicative_expr
        = c_additive_expr '-' c_multiplicative_expr

    c_shift_expr
        = c_additive_expr
        = c_shift_expr '<<' c_additive_expr
        = c_shift_expr '>>' c_additive_expr

    c_relational_expr
        = c_shift_expr
        = c_relational_expr '<' c_shift_expr
        = c_relational_expr '>' c_shift_expr
        = c_relational_expr '<=' c_shift_expr
        = c_relational_expr '>=' c_shift_expr

    c_equality_expr
        = c_relational_expr
        = c_equality_expr '==' c_relational_expr
        = c_equality_expr '! =' c_relational_expr
    c_and_expr
```

```
        = c_equality_expr
        = c_and_expr '&' c_equality_expr

c_exclusive_or_expr
        = c_and_expr
        = c_exclusive_or_expr '^' c_and_expr

c_inclusive_or_expr
        = c_exclusive_or_expr
        = c_inclusive_or_expr '|' c_exclusive_or_expr

c_logical_and_expr
        = c_inclusive_or_expr
        = c_logical_and_expr '&&' c_inclusive_or_expr

c_logical_or_expr
        = c_logical_and_expr
        = c_logical_or_expr '||' c_logical_and_expr

c_conditional_expr
        = c_logical_or_expr
        = c_logical_or_expr '?' c_logical_or_expr ':' c_conditional_expr

c_assignment_expr
        = c_conditional_expr
        = c_unary_expr c_assignment_operator c_assignment_expr

c_assignment_operator
        = '='
        = '*='
        = '/='
        = '%='
        = '+='
        = '-='
        = '>>='
        = '<<='
        = '&='
        = '^='
        = '|='

c_expr
        = c_assignment_expr
        = c_expr ',' c_assignment_expr
```

c_constant_expr
    = c_conditional_expr

c_declaration
    = c_declaration_specifiers c_declarator_list ';'

c_declaration_specifiers
    = c_declaration_specifiersR

c_declaration_specifiersR
    = c_type_specifier
    = c_type_specifier c_declaration_specifiersR

c_type_specifier
    = 'char'
    = 'short'
    = 'int'
    = 'long'
    = 'signed'
    = 'unsigned'
    = 'float'
    = 'double'

c_declarator_list
    = c_declarator_listR

c_declarator_listR
    = c_declarator
    = c_declarator_listR ',' c_declarator

c_declarator
    = Identifier
    = Identifier c_declarator_array_specifier_list

c_declarator_array_specifier_list
    = c_declarator_array_specifier_listR

c_declarator_array_specifier_listR
    = c_declarator_array_specifier
    = c_declarator_array_specifier c_declarator_array_specifier_listR

c_declarator_array_specifier

= '[' ']'
= '[' c_constant_expr ']'

c_statement
= c_labeled_statement
= c_compound_statement
= c_expr_statement
= c_selection_statement
= c_iteration_statement
= c_jump_statement

c_labeled_statement
= 'case' c_constant_expr ':' c_statement
= 'default' ':' c_statement

c_compound_statement
= '{' '}'
= '{' c_statement_list '}'
= '{' c_declaration_list '}'
= '{' c_declaration_list c_statement_list '}'

c_declaration_list
= c_declaration_listR

c_declaration_listR
= c_declaration
= c_declaration_listR c_declaration

c_statement_list
= c_statement_listR

c_statement_listR
= c_statement
= c_statement_listR c_statement

c_expr_statement
= ';'
= c_expr ';'

c_selection_statement
= 'if' '(' c_expr ')' if_stmt: c_statement
= 'if' '(' c_expr ')' if_stmt: c_statement 'else' else_stmt:

```
c_statement
        = 'switch' '(' c_expr ')' c_statement

c_iteration_statement
        = 'do' c_statement 'while' '(' c_expr ')' ';'
        = 'while' '(' c_expr ')' c_statement
        = 'for' '(' ';' ';' ')'
          c_statement
        = 'for' '(' ';' ';' expr: c_expr ')'
          c_statement
        = 'for' '(' ';' while: c_expr ';' ')'
          c_statement
        = 'for' '(' ';' while: c_expr ';' expr: c_expr ')'
          c_statement
        = 'for' '(' start: c_expr ';' ';' ')'
          c_statement
        = 'for' '(' start: c_expr ';' ';' expr: c_expr ')'
          c_statement
        = 'for' '(' start: c_expr ';' while: c_expr ';' ')'
          c_statement
        = 'for' '(' start: c_expr ';' while: c_expr ';' expr: c_expr ')'
          c_statement

c_jump_statement
        = 'continue' ';'
        = 'break' ';'
        = 'return' ';'
        = 'return' c_expr ';'
```

C.6.25 重新定义

```
array_redefinition
        = 'DELETE' 'ARRAY' Identifier ';'
        = 'REDEFINE' 'ARRAY' Identifier '{' array_attribute_list '}'
        = 'ARRAY' Identifier '{' array_attribute_redefinition_list '}'

array_attribute_redefinition_list
        = array_attribute_redefinition
        = array_attribute_redefinition_list array_attribute_redefinition

array_attribute_redefinition
        = array_type_redefinition
        = array_size_redefinition
        = help_redefinition
        = required_label_redefinition
```

```
        = response_codes_reference_redefinition

array_type_redefinition
        = 'REDEFINE' array_type

array_size_redefinition
        = 'REDEFINE' array_size

block_redefinition
        = 'DELETE' 'BLOCK' Identifier ';'
        = 'REDEFINE' 'BLOCK' Identifier '{' '}'
        = 'REDEFINE' 'BLOCK' Identifier '{' block_attribute_list '}'
        = 'BLOCK' Identifier '{' block_attribute_redefinition_list '}'

block_attribute_redefinition_list
        = block_attribute_redefinition
        = block_attribute_redefinition_list block_attribute_redefinition

block_attribute_redefinition
        = block_a_characteristics_redefinition
        = block_a_collection_items_redefinition
        = block_a_edit_display_items_redefinition
        = block_a_help_redefinition
        = block_a_item_array_items_redefinition
        = block_a_label_redefinition
        = block_a_menu_items_redefinition
        = block_a_method_items_redefinition
        = block_a_parameters_redefinition
        = block_a_parameter_lists_redefinition
        = block_a_refresh_items_redefinition
        = block_a_unit_items_redefinition
        = block_a_wao_items_redefinition
        = block_b_number_redefinition
        = block_b_type_redefinition

block_a_characteristics_redefinition
        = 'REDEFINE' block_a_characteristics

block_a_collection_items_redefinition
        = 'DELETE' 'COLLECTION_ITEMS' ';'
        = 'REDEFINE' block_a_collection_items

block_a_edit_display_items_redefinition
```

= 'DELETE' 'EDIT_DISPLAY_ITEMS' ';'
= 'REDEFINE' block_a_edit_display_items

block_a_help_redefinition
= help_redefinition

block_a_item_array_items_redefinition
= 'DELETE' 'ITEM_ARRAY_ITEMS' ';'
= 'REDEFINE' block_a_item_array_items

block_a_label_redefinition
= required_label_redefinition

block_a_menu_items_redefinition
= 'DELETE' 'MENU_ITEMS' ';'
= 'REDEFINE' block_a_menu_items

block_a_method_items_redefinition
= 'DELETE' 'METHOD_ITEMS' ';'
= 'REDEFINE' block_a_method_items

block_a_parameters_redefinition
= 'PARAMETERS' '{' parameter_redefinition_list '}'

parameter_redefinition_list
= parameter_redefinition
= parameter_redefinition_list parameter_redefinition

parameter_redefinition
= 'REDEFINE' member
= 'ADD' member

block_a_parameter_lists_redefinition
= 'PARAMETER_LISTS' '{' parameter_redefinition_list '}'

block_a_refresh_items_redefinition
= 'DELETE' 'REFRESH_ITEMS' ';'
= 'REDEFINE' block_a_refresh_items

block_a_unit_items_redefinition
= 'DELETE' 'UNIT_ITEMS' ';'
= 'REDEFINE' block_a_unit_items

block_a_wao_items_redefinition
    = 'DELETE' 'WRITE_AS_ONE_ITEMS' ';'
    = 'REDEFINE' block_a_wao_items

block_b_type_redefinition
    = 'REDEFINE' block_b_type

block_b_number_redefinition
    = 'REDEFINE' block_b_number

collection_redefinition
    = 'DELETE' 'COLLECTION' Identifier ';'
    = 'REDEFINE' 'COLLECTION' 'OF' item_type Identifier '{' '}'
    = 'REDEFINE' 'COLLECTION' 'OF' item_type Identifier '{'

collection_attribute_list '}'
    = 'COLLECTION' 'OF' item_type Identifier '{'
collection_attribute_redefinition_list '}'

collection_attribute_redefinition_list
    = collection_attribute_redefinition
    = collection_attribute_redefinition_list
collection_attribute_redefinition

collection_attribute_redefinition
    = help_redefinition
    = optional_label_redefinition
    = members_redefinition

command_redefinition
    = 'DELETE' 'COMMAND' Identifier ';'
    = 'REDEFINE' 'COMMAND' Identifier '{' '}'
    = 'REDEFINE' 'COMMAND' Identifier '{' command_attribute_list '}'
    = 'COMMAND' Identifier '{' command_attribute_redefinition_list '}'

command_attribute_redefinition_list
    = command_attribute_redefinition
    = command_attribute_redefinition_list
command_attribute_redefinition

command_attribute_redefinition
    = command_header_redefinition
    = command_slot_redefinition

= command_index_redefinition
= command_block_redefinition
= command_number_redefinition
= command_operation_redefinition
= command_transaction_redefinition
= command_connection_redefinition
= command_module_redefinition
= command_response_codes_redefinition

command_header_redefinition
= 'DELETE' 'HEADER' ';'
= 'REDEFINE' command_header

command_slot_redefinition
= 'DELETE' 'SLOT' ';'
= 'REDEFINE' command_slot

command_index_redefinition
= 'DELETE' 'INDEX' ';'
= 'REDEFINE' command_index

command_block_redefinition
= 'DELETE' 'BLOCK' ';'
= 'REDEFINE' command_block

command_number_redefinition
= 'DELETE' 'NUMBER' ';'
= 'REDEFINE' command_number

command_operation_redefinition
= 'REDEFINE' command_operation

command_transaction_redefinition
= 'REDEFINE' command_transaction

command_connection_redefinition
= 'DELETE' 'CONNECTION' ';'
= 'REDEFINE' command_connection

command_module_redefinition
= 'DELETE' 'MODULE' ';'
= 'REDEFINE' command_module

command_response_codes_redefinition

= response_codes_reference_redefinition

connection_redefinition

= 'DELETE' 'CONNECTION' Identifier ';'

= 'REDEFINE' 'CONNECTION' Identifier '{' '}'

= 'REDEFINE' 'CONNECTION' Identifier '{'

connection_attribute_list '}'

= 'CONNECTION' Identifier '{'

connection_attribute_redefinition_list '}'

connection_attribute_redefinition_list

= connection_attribute_redefinition

= connection_attribute_redefinition_list

connection_attribute_redefinition

connection_attribute_redefinition

= appinstance_redefinition

appinstance_redefinition

= 'REDEFINE' appinstance

domain_redefinition

= 'DELETE DOMAIN' Identifier ';'

= 'REDEFINE DOMAIN' Identifier '{' domain_attribute_list '}'

= 'DOMAIN' Identifier '{' domain_attribute_redefinition_list '}'

domain_attribute_redefinition_list

= domain_attribute_redefinition

= domain_attribute_redefinition_list

domain_attribute_redefinition

domain_attribute_redefinition

= handling_redefinition

= response_codes_reference_redefinition

edit_display_redefinition

= 'DELETE' 'EDIT_DISPLAY' Identifier ';'

= 'REDEFINE' 'EDIT_DISPLAY' Identifier '{' '}'

= 'REDEFINE' 'EDIT_DISPLAY' Identifier '{'

edit_display_attribute_list '}'

= 'EDIT_DISPLAY' Identifier '{'

edit_display_attribute_redefinition_list '}'

edit_display_attribute_redefinition_list
= edit_display_attribute_redefinition
= edit_display_attribute_redefinition_list
edit_display_attribute_redefinition

edit_display_attribute_redefinition
= display_items_redefinition
= edit_items_redefinition
= required_label_redefinition
= post_edit_actions_redefinition
= pre_edit_actions_redefinition

display_items_redefinition
= 'DELETE' 'DISPLAY_ITEMS' ';'
= 'REDEFINE' display_items

edit_items_redefinition
= 'REDEFINE' edit_items

item_array_redefinition
= 'DELETE' 'ITEM_ARRAY' Identifier ';'
= 'REDEFINE' 'ITEM_ARRAY' 'OF' item_type Identifier '{' '}'
= 'REDEFINE' 'ITEM_ARRAY' 'OF' item_type Identifier '{'
item_array_attribute_list '}'
= 'ITEM_ARRAY' 'OF' item_type Identifier '{'
item_array_attribute_redefinition_list '}'

item_array_attribute_redefinition_list
= item_array_attribute_redefinition
= item_array_attribute_redefinition_list
item_array_attribute_redefinition

item_array_attribute_redefinition
= elements_redefinition
= help_redefinition
= optional_label_redefinition

elements_redefinition
= 'ELEMENTS' '{' element_redefinition_list '}'
= 'REDEFINE' elements

element_redefinition_list

```
        = element_redefinition
        = element_redefinition_list element_redefinition

element_redefinition
        = 'DELETE' Integer ';'
        = 'REDEFINE' element
        = 'ADD' element

menu_redefinition
        = 'DELETE' 'MENU' Identifier ';'
        = 'REDEFINE' 'MENU' Identifier '{' '}'
        = 'REDEFINE' 'MENU' Identifier '{' menu_attribute_list '}'
        = 'MENU' Identifier '{' menu_attribute_redefinition_list '}'

menu_attribute_redefinition_list
        = menu_attribute_redefinition
        = menu_attribute_redefinition_list menu_attribute_redefinition

menu_attribute_redefinition
        = help_redefinition
        = required_label_redefinition
        = menu_access_redefinition
        = menu_entry_redefinition
        = menu_items_redefinition
        = menu_purpose_redefinition
        = menu_role_redefinition
        = menu_style_redefinition
        = validity_redefinition
        = pre_edit_actions_redefinition
        = pre_read_actions_redefinition
        = pre_write_actions_redefinition
        = post_edit_actions_redefinition
        = post_read_actions_redefinition
        = post_write_actions_redefinition

menu_access_redefinition
        = 'DELETE' 'ACCESS' ';'
        = 'REDEFINE' menu_access

menu_entry_redefinition
        = 'DELETE' 'ENTRY' ';'
        = 'REDEFINE' menu_entry
```

menu_items_redefinition
= 'REDEFINE' menu_items

menu_purpose_redefinition
= 'DELETE' 'PURPOSE' ';'
= 'REDEFINE' menu_purpose

menu_role_redefinition
= 'DELETE' 'ROLE' ';'
= 'REDEFINE' menu_role

menu_style_redefinition
= 'DELETE' 'STYLE' ';'
= 'REDEFINE' menu_style

method_redefinition
= 'DELETE' 'METHOD' Identifier ';'
= 'REDEFINE' 'METHOD' Identifier '{' '}'
= 'REDEFINE' 'METHOD' Identifier '{' method_attribute_list '}'
= 'METHOD' Identifier '{' method_attribute_redefinition_list '}'

method_attribute_redefinition_list
= method_attribute_redefinition
= method_attribute_redefinition_list
method_attribute_redefinition

method_attribute_redefinition
= help_redefinition
= required_label_redefinition
= method_access_redefinition
= method_definition_redefinition
= validity_redefinition
= variable_class_redefinition

method_access_redefinition
= 'REDEFINE' method_access

method_definition_redefinition
= 'REDEFINE' method_definition

program_redefinition
= 'DELETE' 'PROGRAM' Identifier ';'
= 'REDEFINE' 'PROGRAM' Identifier '{' '}'

```
        = 'REDEFINE' 'PROGRAM' Identifier '{' program_attribute_list '}'
        = 'PROGRAM' Identifier '{' program_attribute_redefinition_list '}'

program_attribute_redefinition_list
        = program_attribute_redefinition
        = program_attribute_redefinition_list
program_attribute_redefinition

program_attribute_redefinition
        = arguments_redefinition
        = response_codes_reference_redefinition

arguments_redefinition
        = 'DELETE' 'ARGUMENTS' ';'
        = 'REDEFINE' arguments

record_redefinition
        = 'DELETE' 'RECORD' Identifier ';'
        = 'REDEFINE' 'RECORD' Identifier '{' record_attribute_list '}'
        = 'RECORD' Identifier '{' record_attribute_redefinition_list '}'

record_attribute_redefinition_list
        = record_attribute_redefinition
        = record_attribute_redefinition_list
record_attribute_redefinition

record_attribute_redefinition
        = help_redefinition
        = required_label_redefinition
        = members_redefinition
        = response_codes_reference_redefinition

refresh_relation_redefinition
        = 'DELETE' 'REFRESH' Identifier ';'
        = 'REDEFINE' 'REFRESH' Identifier
          '{' '}'
        = 'REDEFINE' 'REFRESH' Identifier
          '{' refresh_relation_left ':' refresh_relation_right '}'

unit_relation_redefinition
        = 'DELETE' 'UNIT' Identifier ';'
        = 'REDEFINE' 'UNIT' Identifier
          '{' '}'
```

```
        = 'REDEFINE' 'UNIT' Identifier
          '{' unit_relation_left ':' unit_relation_right '}'

wao_relation_redefinition
        = 'DELETE' 'WRITE_AS_ONE' Identifier ';'
        = 'REDEFINE' 'WRITE_AS_ONE' Identifier
          '{' '}'
        = 'REDEFINE' 'WRITE_AS_ONE' Identifier
          '{' wao_specifier '}'

response_codes_definition_redefinition
        = 'DELETE' 'RESPONSE_CODES' Identifier ';'
        = 'REDEFINE' 'RESPONSE_CODES' Identifier '{' '}'
        = 'REDEFINE' 'RESPONSE_CODES' Identifier '{'
          response_codes_specifier_list '}'
        = 'RESPONSE_CODES' Identifier '{' response_code_redefinition_list
          '}'

response_code_redefinition_list
        = response_code_redefinition
        = response_code_redefinition_list response_code_redefinition

response_code_redefinition
        = 'DELETE' Integer ';'
        = 'REDEFINE' response_code
        = 'ADD' response_code

help_redefinition
        = 'DELETE' 'HELP' ';'
        = 'REDEFINE' help

required_label_redefinition
        = 'REDEFINE' label

optional_label_redefinition
        = 'DELETE' 'LABEL' ';'
        = 'REDEFINE' label

response_codes_reference_redefinition
        = 'DELETE' 'RESPONSE_CODES' ';'
        = 'REDEFINE' response_codes

validity_redefinition
```

= 'DELETE' 'VALIDITY' ';'
= 'REDEFINE' validity

members_redefinition
= 'MEMBERS' '{' member_redefinition_list '}'
= 'REDEFINE' members

member_redefinition_list
= member_redefinition
= member_redefinition_list member_redefinition

member_redefinition
= 'DELETE' Identifier ';'
= 'REDEFINE' member
= 'ADD' member

variable_redefinition
= 'DELETE' 'VARIABLE' Identifier ';'
= 'REDEFINE' 'VARIABLE' Identifier '{' variable_attribute_list '}'
= 'VARIABLE' Identifier '{' variable_attribute_redefinition_list '}'

variable_attribute_redefinition_list
=
= variable_attribute_redefinition_list
variable_attribute_redefinition

variable_attribute_redefinition
= constant_unit_redefinition
= handling_redefinition
= help_redefinition
= required_label_redefinition
= post_edit_actions_redefinition
= post_read_actions_redefinition
= post_write_actions_redefinition
= pre_edit_actions_redefinition
= pre_read_actions_redefinition
= pre_write_actions_redefinition
= read_timeout_redefinition
= response_codes_reference_redefinition
= type_redefinition
= validity_redefinition

```
        = variable_class_redefinition
        = variable_style_redefinition
        = write_timeout_redefinition

variable_class_redefinition
        = 'REDEFINE' variable_class

variable_style_redefinition
        = 'DELETE' 'STYLE' ';'
        = 'REDEFINE' variable_style

constant_unit_redefinition
        = 'DELETE' 'CONSTANT_UNIT' ';'
        = 'REDEFINE' constant_unit

handling_redefinition
        = 'DELETE' 'HANDLING' ';'
        = 'REDEFINE' handling

pre_edit_actions_redefinition
        = 'DELETE' 'PRE_EDIT_ACTIONS' ';'
        = 'REDEFINE' pre_edit_actions

post_edit_actions_redefinition
        = 'DELETE' 'POST_EDIT_ACTIONS' ';'
        = 'REDEFINE' post_edit_actions

pre_read_actions_redefinition
        = 'DELETE' 'PRE_READ_ACTIONS' ';'
        = 'REDEFINE' pre_read_actions

post_read_actions_redefinition
        = 'DELETE' 'POST_READ_ACTIONS' ';'
        = 'REDEFINE' post_read_actions

pre_write_actions_redefinition
        = 'DELETE' 'PRE_WRITE_ACTIONS' ';'
        = 'REDEFINE' pre_write_actions

post_write_actions_redefinition
        = 'DELETE' 'POST_WRITE_ACTIONS' ';'
        = 'REDEFINE' post_write_actions
```

read_timeout_redefinition
= 'DELETE' 'READ_TIMEOUT' ';'
= 'REDEFINE' read_timeout

write_timeout_redefinition
= 'DELETE' 'WRITE_TIMEOUT' ';'
= 'REDEFINE' write_timeout

type_redefinition
= 'REDEFINE' 'TYPE' arithmetic_type
= 'TYPE' arithmetic_type_redefinition
= 'REDEFINE' 'TYPE' enumerated_type
= 'TYPE' enumerated_type_redefinition
= 'REDEFINE' 'TYPE' string_type
= 'TYPE' string_type_redefinition

arithmetic_type_redefinition
= 'INTEGER' arithmetic_option_size_redefinition '{' arithmetic_option_redefinition_list '}'
= 'UNSIGNED_INTEGER' arithmetic_option_size_redefinition '{' arithmetic_option_redefinition_list '}'
= 'FLOAT' '{' arithmetic_option_redefinition_list '}'
= 'DOUBLE' '{' arithmetic_option_redefinition_list '}'

arithmetic_option_size_redefinition
= arithmetic_option_size_redefinition1

arithmetic_option_size_redefinition1
=
= '(' Integer ')'

arithmetic_option_redefinition_list
= arithmetic_option_redefinition
= arithmetic_option_redefinition_list
arithmetic_option_redefinition

arithmetic_option_redefinition
= arithmetic_default_value_redefinition
= arithmetic_initial_value_redefinition
= display_format_redefinition
= edit_format_redefinition
= enumerator_list_redefinition
= maximum_value_redefinition

= maximum_value_n_redefinition
= minimum_value_redefinition
= minimum_value_n_redefinition
= scaling_factor_redefinition

arithmetic_default_value_redefinition
= 'DELETE' 'DEFAULT_VALUE' ';'
= 'REDEFINE' arithmetic_default_value

arithmetic_initial_value_redefinition
= 'DELETE' 'INITIAL_VALUE' ';'
= 'REDEFINE' arithmetic_initial_value

display_format_redefinition
= 'DELETE' 'DISPLAY_FORMAT' ';'
= 'REDEFINE' display_format

edit_format_redefinition
= 'DELETE' 'EDIT_FORMAT' ';'
= 'REDEFINE' edit_format

enumerator_list_redefinition
= 'DELETE' Integer ';'
= 'REDEFINE' enumerator
= 'ADD' enumerator

maximum_value_redefinition
= 'DELETE' 'MAX_VALUE' ';'
= 'REDEFINE' maximum_value

maximum_value_n_redefinition
= 'DELETE' MAX_VALUE_n ';'
= 'REDEFINE' maximum_value_n

minimum_value_redefinition
= 'DELETE' 'MIN_VALUE' ';'
= 'REDEFINE' minimum_value

minimum_value_n_redefinition
= 'DELETE' MIN_VALUE_n ';'
= 'REDEFINE' minimum_value_n

scaling_factor_redefinition

= 'DELETE' 'SCALING_FACTOR' ';'
= 'REDEFINE' scaling_factor

enumerated_type_redefinition
= 'ENUMERATED' enumerated_option_size_redefinition '{'
enumerated_option_redefinition_list '}'
= 'BIT_ENUMERATED' enumerated_option_size_redefinition '{'
bit_enumerated_option_redefinition_list '}'

enumerated_option_size_redefinition
= enumerated_option_size_redefinition1

enumerated_option_size_redefinition1
=
= '(' Integer ')'

enumerated_option_redefinition_list
= enumerated_option_redefinition
= enumerated_option_redefinition_list
enumerated_option_redefinition

enumerated_option_redefinition
= arithmetic_default_value_redefinition
= arithmetic_initial_value_redefinition
= enumerators_redefinition

enumerators_redefinition
= 'DELETE' Integer ';'
= 'REDEFINE' enumerator
= 'ADD' enumerator

bit_enumerated_option_redefinition_list
= bit_enumerated_option_redefinition
= bit_enumerated_option_redefinition_list
bit_enumerated_option_redefinition

bit_enumerated_option_redefinition
= arithmetic_default_value_redefinition
= arithmetic_initial_value_redefinition
= bit_enumerators_redefinition

bit_enumerators_redefinition
= 'DELETE' Integer ';'

= 'REDEFINE' bit_enumerator
= 'ADD' bit_enumerator

string_type_redefinition
= string_option_type '{' string_option_redefinition_list '}'
= string_option_type string_option_size_redefinition '{'
string_option_redefinition_list '}'

string_option_size_redefinition
= string_option_size_redefinition1

string_option_size_redefinition1
= '(' Integer ')'

string_option_redefinition_list
= string_option_redefinition
= string_option_redefinition_list string_option_redefinition

string_option_redefinition
= string_default_value_redefinition
= string_initial_value_redefinition
= string_enumerator_list_redefinition

string_default_value_redefinition
= 'DELETE' 'DEFAULT_VALUE' ';'
= 'REDEFINE' string_default_value

string_initial_value_redefinition
= 'DELETE' 'INITIAL_VALUE' ';'
= 'REDEFINE' string_initial_value

string_enumerator_list_redefinition
= 'DELETE' string ';'
= 'REDEFINE' enumerator
= 'ADD' enumerator

variable_list_redefinition
= 'DELETE' 'VARIABLE_LIST' Identifier ';'
= 'REDEFINE' 'VARIABLE_LIST' Identifier '{' '}'
= 'REDEFINE' 'VARIABLE_LIST' Identifier '{'
variable_list_attribute_list '}'
= 'VARIABLE_LIST' Identifier '{'
variable_list_attribute_redefinition_list '}'

variable_list_attribute_redefinition_list
= variable_list_attribute_redefinition
= variable_list_attribute_redefinition_list
variable_list_attribute_redefinition

variable_list_attribute_redefinition
= help_redefinition
= optional_label_redefinition
= members_redefinition
= response_codes_reference_redefinition

C.6.26 References

reference
= reference_without_call
= reference_without_call '(' argument_list ')'

reference_without_call
= Identifier
= reference_without_call '[' expr ']'
= reference_without_call '.' Identifier
= reference_without_call '.' selector
= reference_without_call '->' Identifier
= 'BLOCK' '.' Identifier

selector
= 'CONSTANT_UNIT'
= 'DEFAULT_VALUE'
= 'HELP'
= 'INITIAL_VALUE'
= 'LABEL'
= 'MAX_VALUE'
= MAX_VALUE_n
= 'MIN_VALUE'
= MIN_VALUE_n
= 'SCALING_FACTOR'
= 'VARIABLE_STATUS'

dictionary_reference
= '[' Identifier ']'

block_reference
= reference_without_call

collection_reference
        = reference_without_call

connection_reference
        = reference_without_call

edit_display_reference
        = reference_without_call

item_array_reference
        = reference_without_call

menu_reference
        = reference_without_call

method_reference
        = reference_without_call

record_reference
        = reference_without_call

refresh_reference
        = reference_without_call

response_code_reference
        = reference_without_call

unit_reference
        = reference_without_call

variable_reference
        = reference_without_call

wao_reference
        = reference_without_call

附　录　D
（规范性附录）
EDDL 内置函数库

D.1　概要

本附录描述了可在 EDD 中使用的内置函数子程序，这些内置支持用户或设备的交互，例如典型的用户交互是 VARIABLE 值的用户输入或确认，典型的设备交互是向设备传送命令、解释响应代码和状态位。本附录包含内置函数库。

作为对本附录指定内置函数的补充，用户特定的内置函数也可被采用，这些内置函数都将被集成到 EDD 应用中。

注：内置函数按阿拉伯字母顺序列出。

D.2　内置函数描述的约定

下列约定适用于内置函数定义：

- 表 D.1 定义了内置函数词法元素表的格式；
- 表 D.2 定义了表 D.1 各项的内容。

表 D.1　内置函数词法元表素的格式

参数名	类型	指向	用法	描述

表 D.2　词法元表素的内容

各项	文本	含义
参数名	＜name＞	是形式参数的名称
	“＜return＞”	表示内置函数的返回值
类型	数据类型	形式参数的抽象数据类型（基本的或衍生的）
指向	I	指定一个输入参数
	O	指定一个输出参数
	I/O	指定一个输入输出参数
	—	在没有返回值时使用（VOID）
用法	m	形式参数是强制的
	o	形式参数是可选择的
	c	形式参数是有条件的
	—	在没有返回值时使用（VOID）
描述	＜text＞	对于参数的描述文本
	—	在没有返回值时使用（VOID）

D.3　内置函数 abort

用途

内置函数 abort 将显示一个用于表示程序已终止并等待来自于用户确认的信息，一旦确认完成，系统将执行终止程序列表中的某一个终止程序，然后退出该程序。

词法结构

abort(VOID)

内置函数 abort 的词法元素如表 D.3 所示。

表 D.3 内置函数 abort

参数名	类型	指向	用法	描述
<return>	VOID	—	—	—

D.4 内置函数 abort_on_all_comm_errors

用途

内置函数 abort_on_all_comm_errors 设置了一旦接收到通信错误就终止的程序。

当一个程序启动后，它并不是在通信错误时就终止，而是在 abort_on_comm_errors 被调用时才终止该程序，如果接收到通信错误，内置函数 abort_on_all_comm_errors 将终止一个必须处理某通信错误代码的程序来释放该程序。

调用 abort_on_comm_errors 之后，任何一个产生通信请求并返回错误的内置函数调用，都将会导致程序终止，0 通信错误不被认为是一个通信错误。

通信错误码由协会定义，它们的相关字符串在文本字典中定义。

词法结构

abort_on_comm_errors (VOID)

内置函数 abort_on_comm_errors 的词法元素如表 D.4 所示。

表 D.4 内置函数 abort_on_comm_errors

参数名	类型	指向	用法	描述
<return>	VOID	—	—	—

D.5 内置函数 ABORT_ON_ALL_COMM_STATUS

用途

内置函数 ABORT_ON_ALL_COMM_STATUS 将设置在通信状态终止掩码中的所有位，如果设备返回任一状态值，将会导致系统终止当前程序，当通信事务中第一个数据字节中的第七位被置位，该字节就定义为通信状态。

在每个程序开始的时候，重试和终止掩码被复位成它们的缺省值，所以新的掩码值只在当前程序中是有效的，可用掩码列表和它们的缺省值参见内置函数 ABORT_ON_RESPONSE_CODES。

本功能所影响的掩码也用于内置函数 send、send_trans、send_command、send_command_trans、ext_send_commandext_send_command_trans、get_more_status 和 display。

词法结构

ABORT_ON_ALL_COMM_STATUS(VOID)

内置函数 ABORT_ON_ALL_COMM_STATUS 的词法元素如表 D.5 所示。

表 D.5 内置函数 ABORT_ON_ALL_COMM_STATUS

参数名	类型	指向	用法	描述
<return>	VOID	—	—	—

D.6 内置函数 ABORT_ON_ALL_DEVICE_STATUS

用途

内置函数 ABORT_ON_ALL_DEVICE_STATUS 将对在设备状态终止掩码中的所有位置位，如果设备返回任何设备状态值，将导致系统终止当前程序，设备状态码定义为在一个事务中返回的第二个数据字节。

在每次程序开始时，重试和终止掩码被复位成缺省值，所以新的掩码值将只在当前的程序中有效，有效掩码列表和它们的缺省值函数参见 ABORT_ON_RESPONSE_CODE。

本功能所影响的掩码也用于内置函数 send、send_trans、send_command、send_command_trans、ext_send_command、ext_send_command_trans、get_more_status、和 display。

词法结构

ABORT_ON_ALL_DEVICE_STATUS(VOID)

内置函数 ABORT_ON_ALL_DEVICE_STATUS 的词法元素如表 D.6 所示。

表 D.6 内置函数 ABORT_ON_ALL_DEVICE_STATUS

参数名	类型	指向	用法	描述
<return>	VOID	—	—	—

D.7 内置函数 ABORT_ON_ALL_RESPONSE_CODES

用途

内置函数 ABORT_ON_ALL_RESPONSE_CODES 将对响应代码终止掩码的所有位置位，如果设备返回任何响应代码的值，都将导致系统中断当前程序。

当事务处理中返回的第一个数据字节的第七位为 0 时，该字节被定义为响应代码。

在每次程序开始时，重试和终止掩码被复位为它们的缺省值，所以新的掩码值只在当前程序中有效，有效掩码列表和它们的缺省值函数参见 ABORT_ON_ALL_RESPONSE_CODES。

本功能所影响的掩码也用于内置函数 send，send_trans、send_command、send_command_trans、ext_send_command、ext_send_command_trans、get_more_status 和 display。

词法结构

ABORT_ON_ALL_RESPONSE_CODES(VOID)

内置函数的 ABORT_ON_ALL_RESPONSE_CODES 的词法元素如表 D.7 所示。

表 D.7 内置函数 ABORT_ON_ALL_RESPONSE_CODES

参数名	类型	指向	用法	描述
<return>	VOID	—	—	—

D.8 内置函数 abort_on_all_response_codes

用途

如果在调用内置函数并向设备发出一个请求后，程序接受到任何非零响应代码，内置函数 abort_on_all_response_codes 都会导致这个程序终止。该内置函数释放必须处理任何错误响应代码的程序。当一个程序启动后，只有该内置函数被调用后才会在任何响应代码情况下终止程序，响应代码是一个表示应用特定错误条件的值，0 响应代码不被认为是错误的响应代码，每个响应代码和响应代码类型都在 EDDL 中都有定义。

词法结构

abort_on_all_response_codes(VOID)

内置函数 abort_on_all_response_codes 的词法元素如表 D.8 所示。

表 D.8 内置函数 abort_on_all_response_codes

参 数 名	类 型	指 向	用 法	描 述
<return>	VOID	—	—	—

D.9 内置函数 abort_on_comm_error

用途

一旦接受到特定的通信错误就导致程序终止。

如果收到一个特定的通信错误，内置函数 abort_on_comm_error 就导致程序终止。

当一个程序被启动后，只有内置函数 abort_on_comm_error 被调用后，才会由指定的通信错误终止该程序。

注：0 通信错误不被认为是通信错误。

该内置函数允许编程者选择哪种通信错误将被程序处理，并释放必须处理特定通信错误代码的程序。

通信错误代码是由协会定义的，它们的相关字符串可在文本字典中定义。

词法结构

abort_on_comm_error(error)

内置函数 abort_on_comm_error 的词法元素如表 D.9 所示。

表 D.9 内置函数 abort_on_comm_error

参 数 名	类 型	指 向	用 法	描 述
error	无符号长整型	I	m	指定错误代码
<return>	长整型	O	m	—

D.10 内置函数 ABORT_ON_COMM_ERROR

用途

内置函数 ABORT_ON_COMM_ERROR 将对无通信错误的掩码置位，这样，如果当发送命令时通信错误被发现，程序将被终止。

在每次程序开始时，重试和终止将被复位成它们的缺省值，所以新的掩码值只在当前程序中有效，参见关于该掩码实现的 send-command 函数，有效掩码列表和它们的缺省值内置函数参见内置函数 ABORT_ON_COMM_ERROR。

本功能所影响的掩码也用于内置函数 send、send_trans、send_command、send_command_trans、ext_send_command、ext_send_command_trans、get_more_status 和 display。

词法结构

ABORT_ON_COMM_ERROR(void)

内置函数 ABORT_ON_COMM_ERROR 的词法元素如表 D.10 所示。

表 D.10 内置函数 ABORT_ON_COMM_ERROR

参 数 名	类 型	指 向	用 法	描 述
<return>	VOID	—	—	—

D.11 内置函数 ABORT_ON_COMM_STATUS

用途

内置函数 ABORT_ON_COMM_STATUS 将在通信状态终止掩码中设置校正位，这样，所指定的 comm_status_value 将导致程序终止，当事务中返回的的第一个数据字节第七位为 1，该字节就被定义为通信状态。

在每次程序开始时，重试和终止掩码被复位为它们的缺省值，所以新的掩码值只在当前程序中有效。对于掩码的实现参见发送命令函数。有效掩码列表和它们的缺省值参见 ABORT_ON_RESPONSE。

本功能所影响的掩码也用于内置函数 send、send_trans、send_command、send_command_trans、ext_send_command、ext_send_command_trans、get_more_status 和 display 等。

词法结构

ABORT_ON_COMM_STATUS(comm_status)

内置函数 ABORT_ON_COMM_STATUS 的词法元素如表 D.11 所示。

表 D.11 内置函数 ABORT_ON_COMM_STATUS

参数名	类型	指向	用法	描述
comm_status	无符号字符	I	m	指定通信状态位代码
<return>	VOID	—		

D.12 内置函数 ABORT_ON_DEVICE_STATUS

用途

内置函数 ABORT_ON_DEVICE_STATUS 在设备状态终止掩码中设置校正位，这样，指定的设备状态值将导致程序终止，事务中返回的数据的第二个字节被定义为设备状态。

在每次程序开始，重试和终止掩码被设置为它们缺省值，所以新掩码的值只在当前的程序中有效。其掩码的实现参见发送命令函数。有效掩码列表和他们的缺省值参见 ABORT_ON_RESPONSE_CODE。

本功能所影响的掩码也用于内置函数 send、send_trans、send_command、send_command_trans、ext_send_command、ext_send_command_trans、get_more_status 和 display。

词法结构

ABORT_ON_DEVICE_STATUS (device_status)

内置函数 ABORT_ON_DEVICE_STATUS 的词法元素如表 D.12 所示。

表 D.12 内置函数 ABORT_ON_DEVICE_STATUS

参数名	类型	指向	用法	描述
device_status	无符号字符	I	m	指定设备状态位代码
<return>	VOID	—	—	

D.13 内置函数 ABORT_ON_NO_DEVICE

用途

内置函数 ABORT_ON_NO_DEVICE 将设置无设备掩码，这样，在发送命令时如果没有设备被找到，程序将被终止。

在每次程序开始时，重试和终止掩码被设置为它们缺省值，所以新的掩码只在当前程序中有效，掩码的实现参见发送命令功能。有效掩码列表和他们的缺省值参见 ABORT_ON_RESPONSE_CODE。

本功能所影响的掩码也用于内置函数 send、send_trans、send_command、send_command_trans、ext _send_command、ext_send_command_trans、get_more_status 和 display。

词法结构

ABORT_ON_NO_DEVICE(VOID)

内置函数 ABORT_ON_NO_DEVICE 的词法元素如表 D.13 所示。

表 D.13 内置函数 ABORT_ON_NO_DEVICE

参数名	类型	指向	用法	描述
<return>	VOID	—	—	—

D.14 内置函数 ABORT_ON_RESPONSE_CODE

用途

内置函数 ABORT_ON_RESPONSE_CODE 将在响应代码终止掩码中设置校正位,这样,所指定的响应代码值将导致程序终止,当事务中返回的数据的第一个字节的第七位为 0,则这个字节被定义为响应代码。

重试和终止掩码在程序开始时被复位为默认值,所以新掩码值只在当前程序中有效。

以下是全部可用的掩码列表,掩码的缺省值如下:

- response_code_abort_mask=ACCESS_RESTRICTED|CMD_NOT_IMPLEMENRED;
- response_code_retry_mask=NO BITS SET;
- cmd_48_response_code_abort_mask=ACCESS_RESTRICTED|CMD_NOT_IMPLEMENTED;
- cmd_48_response_code_retry_mask=NO BITS SET;
- device_status_abort_mask=DEVICE_MALFUNCTION;
- device_status_retry_mask=NO BITS SET;
- cmd_48_device_status_abort_mask=DEVICE_MALFUNCTION;
- cmd_48_device_status_retry_mask=NO BITS SET;
- comm_status_abort_mask=NO BITS SET;
- comm_status_retry_mask=ALL BITS SET;
- cmd_48_comm_status_abort_mask=NO BITS SET;
- cmd_48_comm_status_retry_mask=ALL BITS SET;
- no_device_abort_mask=ALL BITS SET;
- comm_error_abort_mask=ALL BITS SET;
- comm_error_retry_mask=NO BITS SET;
- cmd_48_no_device_abort_mask=ALL BITS SET;
- cmd_48_comm_error_abort_mask=ALL BITS SET;
- cmd_48_comm_error_retry_mask=NO BITS SET;
- cmd_48_data_abort_mask=NO BITS SET;
- cmd_48_data_retry_mask=NO BITS SET。

本功能所影响的掩码也用于内置函数 send、send_trans、send_command、send_command_trans、ext_send_command、ext_send_command_trans、get_more_status 和 display。

词法结构

void ABORT_ON_RESPONSE_CODE(response_code)

内置函数 ABORT_ON_RESPONSE_CODE 的词法元素如表 D.14 所示。

表 D.14 内置函数 ABORT_ON_RESPONSE_CODE

参数名	类型	指向	用法	描述
response_code	整型数	I	m	为响应代码指定位掩码
<return>	VOID	—	—	—

D.15 内置函数 abort_on_response_code

用途

一旦接受到指定的响应代码，abort_on_response_code 就导致程序终止。

如果程序接受到指定的响应代码，内置函数就导致程序终止。内置函数释放必须处理指定响应代码的程序。

一个程序运行后，只有内置函数被调用后，才能按指定的响应代码去终止程序，响应代码是一个表示应用指定错误条件的值。

注：值为 0 的响应代码不是错误的响应代码，每个响应代码类型在 EDD 中都有定义。

词法结构

abort_on_response_code (code)

内置函数 abort_on_response_code 的词法元素如表 D.15 所示。

表 D.15 内置函数 abort_on_response_code

参数名	类型	指向	用法	描述
code	无符号长整型	I	m	为响应代码指定位掩码
<return>	长整型	O	m	指定内置函数的返回值

D.16 内置函数 ACKNOWLEDGE

用途

内置函数 ACKNOWLEDGE 将显示一个提示并等待回车键按下，和内置函数 ACKNOWLEDGE 不同，提示不包含嵌入设备的 VARIABLE。

词法结构

ACKNOWLEDGE(ptompt)

ACKNOWLEDGE 的词法元素如表 D.16 所示。

表 D.16 内置函数 ACKNOWLEDGE

参数名	类型	指向	用法	描述
prompt	字符[]	I	m	指定被显示的信息
<return>	整型	O	m	指定内置函数的返回值

D.17 内置函数 acknowledge

用途

内置函数 acknowledge 将显示提示信息并等待用户确认，提示信息可包括本地变量值或设备变量值。

词法结构

acknowledge (prompt,global_var_ids)

内置函数 acknowledge 的词法元素如表 D.17 所示。

表 D.17 内置函数 acknowledge

参数名	类型	指向	用法	描述
prompt	字符[]	I	m	指定被显示的信息
global_var_ids	整型 数组	I	m	指定包含唯一 VARIABLE 实例标识符的数组
<return>	整型	O	m	指定内置函数的返回值

D.18 内置函数 add_abort_method(version A)

用途

内置函数 add_abort_method 将增加一个程序到终止程序列表中,如当前程序被终止,该程序列表中的一个程序将被执行。终止程序列表一次能容纳 20 个程序,程序按照加到表中的顺序运行,并且同一程序可多次加到表中,每个 non_abort 程序执行后列表被清空。

add_abort_method 只在程序被终止时执行,而在正常条件下的程序退出时不执行该程序,当发送了一个命令或内置终止程序被调用时,由于满足了终止任务的条件,程序可以被终止。

词法结构

add_abort_method(abort_method_id)

内置函数 add_abort_method 的词法元素如表 D.18 所示。

表 D.18 内置函数 add_abort_method(version A)

参数名	类型	指向	用法	描述
abort_method_id	引用	I	m	指定 METHOD 实例的名字
<return>	整型	O	m	指定程序被成功加入列表中还是该列表已满

D.19 内置函数 add_abort_method(version B)

用途

内置函数 add_abort_method 增加一个终止程序到所调用程序的终止程序列表中,终止程序列表是一旦程序终止就将被执行的程序列表。终止程序列表仅适用于当前执行的程序。

当响应代码或通信错误发生时,程序终止,它通过其他内置函数调用来设置触发终止程序。如 abort_on_all_comm_error和 abort_on_all_reponse_codes,程序也可以通过对内置函数 method _abort 的直接调用,或当一个错误产生时,被明确地终止,程序执行的正常结束不被认为是终止。

程序开始执行时,中断列表开始为空表,终止程序加在列表的后面,并按照它们出现的顺序从列表的前面开始被删除和运行,例如,先进先出。在列表中,终止程序可以出现多次。

终止程序可以在程序间共享,也就是说,两个程序在它们各自的列表中可以有相同的终止程序。

method_id 参数是由编程人员采用 Builtin ITEM_ID 和程序名来指定,内置函数终止程序不能调用 add_abort_method。

词法结构

long add_abort_method(method_id)

内置函数 add_abort_method 的词法元素如表 D.19 所示。

表 D.19 内置函数 add_abort_method(version B)

参数名	类型	指向	用法	描述
method_id	无符号长整型	I	m	指定程序的 ID
<return>	长整型	O	m	指定内置函数的返回值

D.20 内置函数 assign

用途

内置函数 assign 设置一个 VARIABLE 的值为另一个 VARIABLE 的值，设置目标 VARIABLE 的值等于源 VARIABLE 的值。

注：该内置函数是一种简写，表示在 ABN_GET_TYPE_VALUE 后面跟着 put_type_value。

参数 dst_id，src_id、dst_member_id 和 src_member_id 是采用内置函数 ITEM_ID、MEMBER_ID 和 VARIABLE 引用来指定，源 VARIABLE 和目标 VARIABLE 都具有相同的类型。

词法结构

long assign(dst_id，dst_member_id，src_id，src_member_id)

内置函数 assign 的词法元素如表 D.20 所示。

表 D.20　内置函数 assign

参数名	类型	指向	用法	描述
dst_id	无符号长整型	I	m	指定目标变量的 ID 项
dst_member_id	无符号长整型	I	m	指定目标变量的 ID 号
src_id	无符号长整型	I	m	指定源变量的 ID 项
src_member_id	无符号长整型	I	m	指定源变量的 ID 号
<return>	长整型	O	m	指定内置函数的返回值

D.21 内置函数 assign_double

用途

内置函数 assign_double 用来给一个 VARIABLE 赋值。

词法结构

assign_double(device_var，new_value)

内置函数 assign_double 的词法元素如表 D.21 所示。

表 D.21　内置函数 assign_double

参数名	类型	指向	用法	描述
device_var	引用	I	m	指定变量名
new_value	双精度	I	m	指定引用变量的新值
<return>	整型	O	m	指定内置函数的返回值

D.22 内置函数 assign_float

用途

内置函数 assign_float 为 VARIABLE 赋值。

词法结构

Assign_float(device_var，new_value)

内置函数 assign_float 的词法元素如表 D.22 所示。

表 D.22　内置函数 assign_float

参数名	类型	指向	用法	描述
device_var	引用	I	m	指定变量名
new_value	双精度	I	m	指定引用变量的新值
<return>	整型	O	m	指定内置函数的返回值

D.23　内置函数 assign_int

用途

内置函数 assign_int 为 VARIABLE 赋值。

词法结构

assign_int(device_var,new_value)

内置函数 assign_int 的词法元素如表 D.23 所示。

表 D.23　内置函数 assign_int

参数名	类型	指向	用法	描述
device_var	引用	I	m	指定变量名
new_value	整型	I	m	指定引用变量的新值
<return>	整型	O	m	指定内置函数的返回值

D.24　内置函数 assign_var

用途

内置函数 assign_var 把源 VARIABLE 的值赋给目标 VARIABLE。两个变量具有相同的类型。

词法结构

assign_var(destination_var,source_var)

内置函数的 assign_var 的词法元素如表 D.24 所示。

表 D.24　内置函数 assign_ var

参数名	类型	指向	用法	描述
destination_var	引用	I	m	指定目标变量名
source_var	引用	I	m	指定源变量名
<return>	整型	O	m	指定内置函数的返回值

D.25　内置函数 atof

用途

该内置函数把文本型转换成浮点值。

词法结构

atof(str)

内置函数 atof 的词法元素如表 D.25 所示。

表 D.25　内置函数 atof

参数名	类型	指向	用法	描述
str	字符[]	I	m	指定被转换的文本
<return>	浮点	O	m	指定内置函数的返回值

D.26　内置函数 atoi

用途

该内置函数把一个文本型转换成整型值。

词法结构

atoi(str)

内置函数 atoi 的词法结构如表 D.26 所示。

表 D.26 内置函数 atoi

参数名	类型	指向	用法	描述
str	字符[]	I	m	指定被转换的文本
<return>	整型	O	m	指定内置函数的返回值

D.27 内置函数 dassign

用途

内置函数 dassign 给 VARIABLE 赋值。

词法结构

dassign(device_var,new_value)

内置函数 dassign 的词法元素如表 D.27 所示。

表 D.27 内置函数 dassign

参数名	类型	指向	用法	描述
device_var	引用	I	m	指定变量的名字
new_value	双精度	I	m	指定被引用变量的新值
<return>	整型	O	m	指定内置函数的返回值

D.28 内置函数 DELAY

用途

内置函数 DELAY 用来显示提示信息并按指定的秒数暂停一会儿，提示信息包括本地变量值(参见内置函数 Put_message 的词法结构)，提示信息不包含设备的变量值。延迟时间应是一个正数。

注 1：以前显示的信息不能保证继续保留在屏幕上。

注 2：在每次对该功能调用后，一些 EDD 应用会清除显示。

词法结构

DELAY(delay_time,prompt)

内置函数 DELAY 的词法元素如表 D.28 所示。

表 D.28 内置函数 DELAY

参数名	类型	指向	用法	描述
delay_time	无符号整型数	I	m	按秒数指定延迟
prompt	字符[]	I	m	指定被显示的信息
<return>	VOID	—	—	—

D.29 内置函数 delay

用途

内置函数 delay 用来显示提示信息并按指定的秒数暂停一会儿，提示信息包含本地和/或设备变量值(参见 put_message 的词法结构)，延迟时间应是一个正数。

注 1：以前显示的信息不能保证继续保留在屏幕上。

注 2：在每次对该功能调用后，一些 EDD 应用会清除显示。

词法结构

delay(delay_time,prompt,global_var_ids)

内置函数 delay 的词法元素如表 D.29 所示。

表 D.29 内置函数 delay

参数名	类型	指向	用法	描述
delay_time	无符号整型数	I	m	按秒数指定延迟
prompt	字符[]	I	m	指定被显示的信息
global_var_ids	整型数组	I	m	指定包含 VARIABLE 实例的唯一标识符的数组
<return>	VOID	—	—	—

D.30 内置函数 DELAY_TIME

用途

内置函数 DELAY_TIME 可以使程序按指定的秒数暂停,延迟时间应是一个正数。

词法结构

DELAY_TIME(delay_time)

内置函数 DELAY_TIME 的词法元素如表 D.30 所示。

表 D.30 内置函数 DELAY_TIME

参数名	类型	指向	用法	描述
delay_time	无符号整型数	I	m	按秒数指定延迟
<return>	VOID	—	—	—

D.31 内置函数 delayfor

用途

内置函数 delayfor 在应用显示上输出一字符串并按分配的时间数等待后终止。VARIABLE 值以形式化的信息嵌入到信息字符串中。

词法结构

delayfor(duration,prompt,ids,indices,id_count)

内置函数 delayfor 的词法元素如表 D.31 所示。

表 D.31 内置函数 delayfor

参数名	类型	指向	用法	描述
duration	长整型	I	m	按秒数指定延迟
prompt	字符[]	I	m	指定被显示的信息
ids	无符号长整型数组	I	m	指定用于提示信息中 VARIABLE 实例的 ID 项
indices	无符号长整型数组	I	m	指定用于提示信息中 VARIABLE 的 ID 项或数组目录,如果没有 ID 项或数组目录该值设为零
id_count	长整型	I	m	为数组标识符和目录指定数组元素的号数,如果数组标识符和目录为 NULL,该值设为零
<return>	长整型	O	m	指定内置函数的返回值

D.32 内置函数 DICT_ID

用途

内置函数 DICT_ID 可用来为获得 stddict_string 的调用指定一个文本字典 ID,它将一个文本字典名字转换成一个文本字典 ID,该内置函数由 EDD 工具处理,为所提供的字典名字生成字典 ID,EDD 工具对 DICT_ID(名字)替换的值是一个无符号长整型数。

一个文本字典的输入包括三个部分:一个独立的 ID,一个名字和一个多语言描述。这个功能采用文本字典名检索唯一的 ID。

词法结构

DICT_ID(name)

内置函数 DICT_ID 的词法元素如表 D.32 所示。

表 D.32 内置函数 DICT_ID

参数名	类型	指向	用法	描述
name	字符[]	I	m	指定字典的名字
＜return＞	长整型	O	m	指定内置函数的返回值

D.33 内置函数 discard_on_exit

用途

对存储在高速缓存 EDD 应用 VARIABLE 表中的 VARIABLE 值,内置函数 discard_on_exit 设置结束动作来放弃任何由程序产生的修改,该修改还未被送到设备。它导致程序结束时放弃对变量表中变量值的修改。

当程序修改了在高速缓存 EDD 应用中的 VARIABLE 值时,它也修改了该值的驻留备份,该修改只在这个程序的生命周期内有效。要修改设备中的该值,程序应把该值送到设备中或调用 send_on_exit。要只在变量表中保存该值(而不是发送它们到设备中),应调用内置函数 save_on_exit。

程序终止后,变量表中被修改的值返回给设备,替换在被程序修改前已存在的值。

所有已修改但没有发送给设备的值,都是在程序终止时对这些值作处理,要么放弃它们,要么发送它们给设备,要么按某种方法保存这种修改,使它们在程序结束后也有效(但不影响设备的值)。

本内置函数在非高速缓存 EDD 应用中不产生任何动作,因为所有的参数值都被直接写到设备中。

如果一个过程在退出之前未调用 discard_on_exit、save_on_exit 或 send_on_exit,任何内置函数修改的值将被放弃,就像内置函数 discad_on_exit 被调用了一样。

词法结构

discard_on_exit(VOID)

内置函数 discard_on_exit 的词法元素如表 D.33 所示。

表 D.33 内置函数 discard_on_exit

参数名	类型	指向	用法	描述
＜return＞	VOID	—	—	—

D.34 内置函数 display

用途

内置函数 display 在屏幕上显示指定的信息,并不断地更新字符串中的动态 VARIABLE 值(参考 put_message 的语法结构)。在操作员确认之前 VARIABLE 将一直被更新。

注 1：以前显示的信息不能被保证继续保留在屏幕上。

注 2：在每次对该功能调用后，一些 EDD 应用会清除显示。

词法结构

display (prompt,global_var_ids)

内置函数 display 的词法元素如表 D.34 所示。

表 D.34 内置函数 display

参数名	类型	指向	用法	描述
prompt	字符[]	I	m	指定被显示的信息
global_var_ids	整型数组	I	m	指定包含 VARIABLE 实例的唯一标识符的数组
<return>	VOID	—	—	—

D.35 内置函数 display_builtin_error

用途

内置函数 display_builtin_error 在应用显示设备上显示一个关于指定内置函数错误的文本，在用户确认这个信息之前，该内置函数显示不向程序返回控制。

注 1：本内置函数对内置子函数调用提供了一个调试的方法，它将返回一个错误。因为内置函数返回的错误类型不能被已完全调试好的程序所接受，所以它不能用在最终版的程序中。

注 2：内置函数错误代码应定义在一个文件中。

词法结构

display_builtin_error (error)

内置函数 display_builtin_error 的词法元素如表 D.35 所示。

表 D.35 内置函数 display_builtin_error

参数名	类型	指向	用法	描述
error	长整型	I	m	指定内置函数错误代码
<return>	长整型	O	m	指定内置函数的返回值

D.36 内置函数 display_comm_error

用途

内置函数 display_comm_error 在应用显示设备上显示关于通信错误的文本字符串。

注 1：0 通讯错误不被认为是一个通讯错误。

注 2：只有用户确认信息之后，内置函数才返回控制给程序。

在内部，本内置函数调用内置函数 get_comm_error_string 以得到相关文本串，调用内置函数 get_ackowledgement 以显示相关文本串并等待用户确认。

通信错误代码由协会定义，它们相关的文本串在文本字典中定义。

词法结构

display_comm_error(error)

内置函数 display_comm_error 的词法元素如表 D.36 所示。

表 D.36 内置函数 display_comm_error

参数名	类型	指向	用法	描述
error	无符号长整型	I	m	指定通信错误代码
<return>	长整型	O	m	指定内置函数的返回值

D.37 内置函数 display_comm_status

用途

内置函数 display_comm_status 显示与 comm_status_value 字节值相关的字符串。该消息会保留在屏幕上直到操作员做出确认。

注 1：以前显示的信息不能被保证继续保留在屏幕上。

注 2：在每次对该功能调用后，一些 EDD 应用会清除显示。

词法结构

display_comm_status(comm_status_value)

内置函数 displaly_comm_status 的词法元素如表 D.37 所示。

表 D.37 内置函数 display_comm_status

参数名	类型	指向	用法	描述
comm_status_value	整型	I	m	指定通信错误代码
<return>	VOID	—	—	—

D.38 内置函数 display_device_status

用途

内置函数 display_device_status 将显示与指定 device_status 字节相关的字符串，该显示的字符串将保留，直到操作者做出确认。

注 1：以前显示的信息不能被保证继续保留在屏幕上。

注 2：在每次对该功能调用后，一些 EDD 应用会清除显示。

词法结构

display_device_status(device_status_value)

内置函数 display_device_status 的词法元素如表 D.38 所示。

表 D.38 内置函数 display_device_status

参数名	类型	指向	用法	描述
device_status_value	整型	I	m	指定设备状态代码
<return>	VOID	—	—	—

D.39 内置函数 display_dynamics

用途

内置函数 display_dynamics 在应用输出设备上连续显示一个信息，内置函数持续更新指定的值，直到被用户中断，在用户中断前控制不返回给程序。（应用代码扫描确认信息，内置函数等待应用代码接受用户的干涉、检查，并返回控制给程序。）

VARIABLE 值可作形式化信息嵌入到文本串中，该调用可被用于设备 VARIABLE 或本地程序 VARLABLE，该调用的主要目的是显示用户每隔一个周期时间想要观察的设备值信息。

词法结构

display_dynamics(prompt,ids,indices,id_count)

内置函数 display_dynamics 的词法元素如表 D.39 所示。

表 D.39 内置函数 display_dynamics

参数名	类型	指向	用法	描述
prompt	字符[]	I	m	指定被显示的信息
ids	无符号长整型数组	I	m	指定用于提示信息的 VARIABLE 的 ID 项
indices	无符号长整型数组	I	m	指定用于提示信息中的 VARIABLE 的 ID 项和目录，如果没有 ID 项和目录，该值设为零
id_count	长整型	I	m	为数组标识符和目录指定数组元素的号数，如果数组标识符和目录为 NULL，该值设为零
<return>	长整型	O	m	指定内置函数的返回值

D.40 内置函数 display_message

用途

内置函数 display_message 在应用输出设备上显示一个信息，它不要求用户确认就返回控制给程序。

设备、本地程序变量值和设备 VARIABLE 的标签可作形式化信息嵌入到提示字符串中，该调用用于告诉系统用户不需任何动作的状态变化。

词法结构

display_message(prompt, ids, indices, id_count)

内置函数 display_message 的词法元素如表 D.40 所示。

表 D.40 内置函数 display_ message

参数名	类型	指向	用法	描述
prompt	字符[]	I	m	指定被显示的信息
ids	无符号长整型数组	I	m	指定用于提示信息的 VARIABLE 的 ID 项
indices	无符号长整型数组	I	m	指定用于提示信息中的 VARIABLE 的 ID 项和目录，如果没有 ID 项和目录，该值设为零
id_count	长整型	I	m	为数组标识符和目录指定数组元素的编号，如果数组标识符和目录为 NULL，该值设为零
<return>	长整型	O	m	指定内置函数的返回值

D.41 内置函数 display_response_code

用途

内置函数 display_response_code 对某一项显示了响应代码的描述，在用户确认该信息之前，该显示内置函数不返回控制给程序。

在内部，本内置函数调用内置函数 get_response_code_string 以得到相关的文本串，调用内置函数 get_aknowledgement 以显示相关的文本字符串，并等待用户的确认。

响应代码是一个表示应用特定错误条件的值，0 响应代码值不被认为是错误响应代码. 每一个响应代码和响应代码类型都在 EDD 中定义。

参数标识和 member_id 都与一个参数有关，在它被最后一次读或写后，应有与它相关的响应代码。参数 id 和 memebr_id 是采用内置函数 ITEM_ID 和 MEMBER_ID 以及请求中 VARIABLE 的名字或引用来指定的。

词法结构

display_response_code(id,member_id,code)

内置函数 display_response_code 的词法元素如表 D.41 所示。

表 D.41 内置函数 display_response_code

参数名	类型	指向	用法	描述
id	无符号长整型	I	m	指定生成响应代码各项的 ID 项
member_id	无符号长整型	I	m	指定生成响应代码各项的 ID 成员
code	无符号长整型	I	m	按照从内置函数 get_response_code 所接受到值指定响应代码
<return>	长整型	O	m	指定内置函数的返回值

D.42 内置函数 display_response_status

用途

内置函数 display_response_status 将显示与 response_code 字节相关的字符串。显示的字符串一直保留在屏幕上,直到操作员作出确认。

注 1:以前显示的信息不能被保证继续保留在屏幕上。

注 2:在每次对该功能调用后,一些 EDD 应用会清除显示。

词法结构

display_response_status(response_code_value)

内置函数 display_response_status 的词法元素如表 D.42 所示。

表 D.42 内置函数 display_response_status

参数名	类型	指向	用法	描述
response_code	整型	I	m	指定在提示中显示的响应代码
<return>	VOID	—	—	—

D.43 内置函数 display_xmtr_status

用途

内置函数 display_xmtr_status 显示与指定变送器 VARIABLE 的特定值相关的字符串,所显示的字符串一直保留在屏幕上,直到操作员作出确认。

注 1:以前显示的信息不能被保证继续保留在屏幕上。

注 2:在每次对该功能调用后,一些 EDD 应用会清除显示。

词法结构

display_xmtr_status(xmtr_variable,response_code_value)

内置函数 display_xmtr_status 的词法元素如表 D.43 所示。

表 D.43 内置函数 display_ xmtr_status

参数名	类型	指向	用法	描述
xmtr_variable	整型	I	m	指定对一个 VARIABLE 实例的引用
response_code_value	整型	I	m	指定在提示中显示的响应代码
<return>	VOID	—	—	—

D.44 内置函数 edit_device_value

用途

内置函数 edit_device_value 对由 param_id 和 param_member_id 所指定的设备值显示提示，用户可编辑该显示值。

注：设备值可驻留在高速缓存 EDD 应用的 VARIABLE 表中，在程序终止前或该值通过程序明确地被发送给设备之前，该值不能被写到设备。

VARIABLE 值可作形式化信息嵌入到信息字符串中，应用编辑和修改该值输入给设备值，该编辑是基于在原始 EDD 中对每一个 VARIABLE 所定义的 VARIABLE 算法类型，与 VARIABLE 相关的 EDDL 属性包括：

- HANDLING；
- DISPLAY_FORMAT；
- EDIT_FORMAT；
- MIN_VALUE；
- MAX_VALUE。

词法结构

edit_device_value(prompt,ids,indices,id_count,param_id,param_member_id)

内置函数 edit_device_value 的词法元素如表 D.44 所示。

表 D.44 内置函数 edit_device_value

参数名	类型	指向	用法	描述
prompt	字符[]	I	m	指定被显示的信息
ids	无符号长整型数组	I	m	指定用于提示信息的 VARIABLE 的 ID 项
indices	无符号长整型数组	I	m	指定用于提示信息中的 VARIABLE 的 ID 成员和目录，如果没有 ID 项和目录，该值设为零
id_count	长整型	I	m	为数组标识符和目录指定数组元素的号数，如果数组标识符和目录为 NULL，该值设为零
param_id	无符号长整型	I	m	指定被修改 VARIABLE 的 ID 项
param_member_id	无符号长整型	I	m	指定被修改 VARIABLE 的 ID 成员
<return>	长整型	O	m	指定内置函数的返回值

D.45 内置函数 edit_local_value

用途

内置函数 edit_local_value 用由参数 local_var 指定的本地程序 VARIABLE 名字显示一个提示，local_var 参数是一个无终止符的 C 字符串字符，用户可编辑本地程序 VARIABLE 的显示值。

VARIABLE 值可作形式化信息嵌入到信息字符串中，EDD 应用可靠地防止了只执行基于 VARIABLE 类型检查所返回的无效值，程序将对返回值执行范围检查。

词法结构

edit_local_value(prompt,ids,indices,id_count,local_var)

内置函数 edit_local_value 的词法元素如表 D.45 所示。

表 D.45 内置函数 edit_local_value

参数名	类型	指向	用法	描述
prompt	字符[]	I	m	指定被显示的信息
ids	无符号长整型数组	I	m	指定用于提示信息的 VARIABLE 的 ID 项
indices	无符号长整型数组	I	m	指定用于提示信息中的 VARIABLE 的 ID 成员和目录,如果没有 ID 项和目录,该值设为零
id_count	长整型	I	m	为数组标识符和目录指定数组元素的号数,如果数组标识符和目录为 NULL,该值设为零
local_var	字符[]	I	m	指定将被修改本地 VARIABLE 的名字
<return>	长整型	O	m	指定内置函数的返回值

D.46 内置函数 ext_send_command

用途

内置函数 ext_send_command 与 send_command 函数具有相同功能,除了用命令 48 从设备返回的命令状态和数据字节不同。

该调用功能可靠地为返回的数据分配数组,cmd_status 和 more_data_status VARIABLE 是 3 字节数组的指针,并且 more_data_info VARIABLE 是一个大小等于按命令 48 由设备返回的数据字节数的数组指针(最大值 25)。如果状态位表明有多个数据存在返回(状态类别更多),命令 48 被自动执行,如果命令 48 没有发布,more_data_status 和 more_data_info 字节被置为 0。

词法结构

ext_send_command (cmd_number, cmd_status, more_data_status, more_data_info)

内置函数 ext_send_command 的词法元素如表 D.46 所示。

表 D.46 内置函数 ext_send_command

参数名	类型	指向	用法	描述
cmd_number	整型	I	m	指定 COMMAND 数
cmd_status	字符[]	I	m	指定 COMMAND 状态
more_data_status	字符[]	I	m	指定是否更多的状态数据可用
more_data_info	字符[]	I	m	指定是否更多的信息可用
<return>	整型	O	m	指定内置函数的返回值

D.47 内置函数 ext_send_command_trans

用途

内置函数 ext_send_command_trans 用所指定的事务处理来传送命令给设备,该功能用于发送已被多事务处理定义的命令。

内置函数 ext_send_command_trans 与 send_command 函数具有相同功能,除了用命令 48 从设备返回的命令状态和数据字节不同。

该调用功能可靠地为返回的数据分配数组,cmd_status 和 more_data_status VARIABLE 是 3 字节数组的指针,并且更多的数据信息 VARIABLE 是一个数组指针,其大小等于按命令 48 由设备返回的数据字节数（最大值 25）。如果命令 48 为发布，more_data_status 和 more_data_info 字节被置为 0。

词法结构

ext_send_command_trans(cmd_number,transaction,cmd_status, more_data_status,more_data_info)

内置函数 ext_send_command_trans 的词法元素如表 D.47 所示。

表 D.47 内置函数 ext_send_command_trans

参数名	类型	指向	用法	描述
cmd_number	整型	I	m	指定 COMMAND 数
transaction	整型	I	m	指定 TRANSACTION 的数
cmd_status	字符[]	I	m	指定 COMMAND 状态
more_data_status	字符[]	I	m	指定是否更多的状态数据可用
more_data_info	字符[]	I	m	指定是否更多的信息可用
<return>	整型	O	m	指定内置函数的返回值

D.48 内置函数 fail_on_all_comm_errors

用途

当任何通信错误被接收到时，内置函数 fail_on_all_comm_errors 表示内置函数向程序发送一个返回代码，替代终止程序或重试通信请求。

当任何通信错误发生时，内置函数 fail_on_all_comm_errors 预设内置函数发送一个通信错误代码给程序，替代终止程序或试图重试失败的通信请求程序。

当通信错误产生时，内置函数在返回错误 BLTIN_FAIL_COMM_ERROR 时执行一次通信请求。如果合适，程序可调用 get_comm_error 和随后的 get_comm_error_string 去获得关于错误的附加信息，然后显示该错误字符串。

词法结构

fail_on_all_comm_errors(VOID)

内置函数 fail_on_all_comm_errors 的词法元素如表 D.48 所示。

表 D.48 内置函数 fail_on_all_comm_errors

参数名	类型	指向	用法	描述
<return>	VOID	—	—	—

D.49 内置函数 fail_on_all_response_codes

用途

当任何响应代码被接收到时，内置函数 fail_on_all_response_codes 表示内置函数返回一内置函数错误代码给程序，代替终止程序或重试。

当任何响应代码被接收时，内置函数 fail_on_all_response_codes 预设内置函数发送返回代码给程序，代替终止程序或试图重试失败的通信请求程序。

当响应代码错误发生时，在返回错误 BLTIN_FAIL_RESPONSE_CODE 时任何内置函数执行一请求。如果合适，程序可调用 get_comm_error 和随后的 get_comm_error_string 以获得关于错误的附加信息。

响应代码是一个表示应用特定错误条件的值。

注：0 响应代码值不被认为是错误响应代码，每一个响应代码和响应代码类型都在 EDD 中定义。

词法结构

fail_on_all_response_code(VOID)

内置函数 fail_on_all_response_codes 的词法元素如表 D.49 所示。

表 D.49 内置函数 fail_on_all_response_errors

参数名	类型	指向	用法	描述
<return>	VOID	—	—	—

D.50 内置函数 fail_on_comm_error

用途

当通信错误被收到时,内置函数 fail_on_comm_error 表示内置函数返回一返回代码给程序以代替终止程序或重试。

当通信错误产生时,内置函数 fail_on_comm_error 预设内置函数返回一内置函数错误代码给程序,代替终止程序或试图重试一失败的通信请求。

当指定的通信错误产生时,在返回错误内置函数 fail_on_comm_error 时任何内置函数执行一请求,如果合适,程序可调用 get_comm_error 和随后的 get_comm_error_string 以获得关于错误的附加信息,随后显示它。

通信错误代码由协会定义,它们的相关字符串在文本字典中定义,0 通信错误不被认为是通信错误。

词法结构

fail_on_comm_error(error)

内置函数 fail_on_comm_error 的词法结构如表 D.50 所示。

表 D.50 内置函数 fail_on_comm_error

参数名	类型	指向	用法	描述
error	无符号长整型	I	m	指定通信错误代码
<return>	长整型	O	m	指定内置函数的返回值

D.51 内置函数 fail_on_response_code

用途

当一个指定的错误响应代码被接收到时,内置函数 fail_on_response_code 设置内置函数向程序返回一个内置函数错误代码,代替终止程序或重试。

当响应代码错误产生时,内置函数 fail_on_response_code 预设内置函数返回一内置函数错误代码给程序,代替终止程序或重试一失败请求。

当响应代码错误产生时,在返回错误 BLTIN_FAIL_RESPONSE_CODE 时任何内置函数执行一请求,如果合适,程序可调用 get_comm_error 和随后的 get_comm_error_string 以获得关于错误的附加信息,然后显示它。

响应代码是一个表示应用特定错误代码的值。

注:0 响应代码值不被认为是一个错误响应代码,每一个响应代码和响应代码类型都在 EDD 中定义。

词法结构

fail_on_response_code(code)

内置函数 fail_on_response_code 的词法元素如表 D.51 所示。

表 D.51 内置函数 fail_on_ response_code

参数名	类型	指向	用法	描述
code	无符号长整型	I	m	指定响应代码
<return>	长整型	O	m	指定内置函数的返回值

D.52 内置函数 fassign

用途

内置函数 fassign 给 VARIABLE 赋值。

词法结构

fassign(device_var,new_value)

内置函数 fassign 的词法元素如表 D.52 所示。

表 D.52 内置函数 fassign

参数名	类型	指向	用法	描述
device_var	引用	I	m	指定 VARIABLE 名
new_value	双精度	I	m	指定引用 VARIABLE 的新值
<return>	整型	O	m	指定内置函数的返回值

D.53 内置函数 fgetval

用途

内置函数 fgetval 是特别计划用于预读写和读写后的程序，该功能将返回设备 VARIABLE 的值，就像它接收自所连接的设备。VARIABLE 值存入 EDD 应用之前，定标操作将被执行。

词法结构

fgetval(VOID)

内置函数 fgetval 的词法元素如表 D.53 所示。

表 D.53 内置函数 fgetval

参数名	类型	指向	用法	描述
<return>	双精度	O	m	—

D.54 内置函数 float_value

用途

内置函数 float_value 返回指定 VARIABLE 的值。

词法结构

float_value(source_var_name)

内置函数 float_value 的词法元素如表 D.54 所示。

表 D.54 内置函数 float_value

参数名	类型	指向	用法	描述
source_var_name	引用	I	m	指定 VARIABLE 引用的名字
<return>	双精度	O	m	指定内置函数的返回值

D.55 内置函数 fsetval

用途

内置函数 festval 设置了浮点类型 VARIABLE 的值，为此，预先/事后动作已被指派给所指定的值。

Fsetval 功能特别计划用于预读写和事后读写的程序，该功能将设置设备 VARIABLE 值为指定的值。

词法结构

fsetval(value)

内置函数 fsetval 的词法元素如表 D.55 所示。

表 D.55 内置函数 fsetval

参数名	类型	指向	用法	描述
value	双精度	I	m	指定 VARIABLE 的新值
<return>	双精度	O	m	指定内置函数的返回值

D.56 内置函数 ftoa

用途

本内置函数把一个浮点值转换成一个文本字符串。

词法结构

ftoa(f)

内置函数 ftoa 的词法元素如表 D.56 所示。

表 D.56 内置函数 ftoa

参数名	类型	指向	用法	描述
f	浮点	I	m	指定浮点值转换成文本值
<return>	字符[]	O	m	指定返回的文本

D.57 内置函数 fvar_value

用途

内置函数 fvar_value 返回指定的 VARIABLE 值。

词法结构

fvar_value(source_var)

内置函数 fvar_value 的词法元素如表 D.57 所示。

表 D.57 内置函数 fvar_value

参数名	类型	指向	用法	描述
source_var	引用	I	m	指定 VARIABLE 引用的名字
<return>	双精度	O	m	指定内置函数的返回值

D.58 内置函数 get_acknowledgement

用途

内置函数 get_acknowlegement 用来在应用显示设备上显示已提供的提示，并在用户确认信息后返回给程序，VARIABLE 值以形式化信息嵌入到信息字符串中。

词法结构

get_acknowledgement(prompt,ids,indices,id_count)

内置函数 get_acknowledgement 的词法元素如表 D.58 所示。

表 D.58 内置函数 get_acknowledgement

参数名	类型	指向	用法	描述
prompt	字符[]	I	m	指定被显示的信息
ids	无符号长整型数组	I	m	指定用于提示信息的 VARIABLE 的 ID 项
indices	无符号长整型数组	I	m	指定用于提示信息中的 VARIABLE 的 ID 成员和目录，如果没有 ID 项和目录，该值设为零
id_count	长整型	I	m	为数组标识符和目录指定数组元素的号数，如果数组标识符和目录为 NULL，该值设为零
<return>	长整型	O	m	指定内置函数的返回值

D.59 内置函数 get_comm_error

用途

在内置函数返回 BLTIN_FAIL_COMM_ERROR 代码的事件中，内置函数 get_comm_error 返回接受自应用的通信错误代码。

该内置函数主要用于调试用途，通过显示通信错误给程序编程人员看，以确定发生了什么样的通信故障。

在少数情况下，该程序可响应特殊的通信错误，但是，程序应按下列方法指定通信错误的交替处理。

- fail_on_all_comm_errors;
- fail_on_comm_error;
- abort_on_all_comm_errors;
- ABORT_ON_COMM_ERROR。

该交替处理可能导致在通信错误存在的基础上，程序终止或立即处理错误。

通信错误代码由协会定义，它们的相关字符串可在文本字典中定义。0 通信错误不被认为是通信错误，该内置函数获得上一次通信请求返回的通信错误代码。

词法结构

get_comm_error(VOID)

内置函数 get_comm_error 的词法元素如表 D.59 所示。

表 D.59 内置函数 get_comm_error

参数名	类型	指向	用法	描述
<return>	无符号长整型	O	m	指定通信错误代码

D.60 内置函数 get_comm_error_string

用途

内置函数 get_comm_error_string 在所提供的错误代码基础上，格式化了描述通信错误的描述字符串。如果可能，通信错误的描述被采用；如果描述不存在，带错误编号的缺省通信错误信息被采用。

词法结构

get_comm_error_string(error,string,maxlen)

内置函数 get_comm_error_string 的词法元素如表 D.60 所示。

表 D.60 内置函数 get_comm_error_string

参数名	类型	指向	用法	描述
error	无符号长整型	I	m	指定通信错误代码
string	字符[]	I	m	指定通信错误描述
maxlen	长整型	I	m	指定字符串的最大长度
<return>	长整型	O	m	指定通信错误代码

D.61 内置函数 get_date

用途

内置函数 get_date 重试正被操作的当前未定标 VARIABLE 日期值，该内置函数仅由与 pre_edit，post-edit，post_read 或 pre_write 动作有关的程序调用。

当 pre_edit，post-edit，post_read 或 pre_write 动作中的一个被定义成属性的 VARIABLE 被应用、用户程序或编辑程序读或写时，与这些动作有关的程序就被运行。

词法结构

get_date(date,size)

内置函数 get_date 的词法元素如表 D.61 所示。

表 D.61 内置函数 get_date

参数名	类型	指向	用法	描述
data	字符[]	I	m	指定 VARIABLE 的返回值，本字节缓冲器的结构在本规范中定义，本输出参数将指出有效的存储介质
size	长整型	I	m	指定 VARIABLE 的返回长度，本输出参数将指出有效的存储介质
<return>	长整型	O	m	指定内置函数的返回值

D.62 内置函数 get_date_value

用途

内置函数 get_date_value 重试来自 VARIABLE 表(高速缓存 EDD 应用)或设备所指定 VARIABLE 的当前未定标值，并返回这个值。

该值是一个包含最多八个字符的字节缓冲器，并包含设备类型的日期和时间、时间或持续时间 VARIABLE。

词法结构

get_date_value(id,member_id,date,size)

内置函数 get_date_value 的词法元素如表 D.62 所示。

表 D.62 内置函数 get_date_value

参数名	类型	指向	用法	描述
id	无符号长整型	I	m	指定 VARIABLE 引用的 ID
member_id	无符号长整型	I	m	指定 BLOCK_A、PARAMETER_LIST、RECORD、VALUE_ARRAY、COLLECTION 或 REFERENCE_ARRAY 的成员 ID
data	字符[]	I	m	为内置函数的结果指定最大 8 个字节缓冲器
size	长整型	I	m	指定用户缓冲器的大小
<return>	长整型	O	m	指定内置函数的返回值

D.63 内置函数 get_dds_error

用途

内置函数 get_dds_error 提供一种对返回错误的内置子函数的调试调用方法，它不能被用在最终版的程序中，因为用 get_dds_error 返回的错误类型不能被完全调试好的程序所接受。

在错误返回 BLTIN_DDS_ERRO 被接受到之后，程序将确定实际接受到的 EDD 错误，作为选择，按长度分配的字符指针应被传递以从错误获得其文本。

返回的 EDD 错误和选择性描述都是针对最新的 EDD 错误。

返回由上次调用所生成的 EDD 错误，并选择性地返回描述该错误的文本字符串。

词法结构

get_dds_error(string,maxlen)

内置函数 get_dds_error 的词法元素如表 D.63 所示。

表 D.63 内置函数 get_dds_error

参数名	类型	指向	用法	描述
string	字符[]	I	m	对错误的文本描述指定一个指针
maxlen	长整型	I	m	按字节指定选择输出缓冲器(字符串)的最大长度，本参数只有当参数字符串被分配给错误信息时才是有意义的
<return>	长整型	O	m	指定由以前内置函数调用生成的错误代码

D.64 内置函数 GET_DEV_VAR_VALUE

用途

内置函数 GET_DEV_VAR_VALUE 将显示指定的提示信息，并允许用户编辑设备 VARIABLE 的值。当输入新的值时，设备 VARIABLE 值的副本将被更新，但不发送给设备。用一个发送命令功能可明确地完成本内置函数。

提示不包含嵌入的本地和/或设备 VARIABLE 的值。

注 1：以前显示的信息不能被保证继续保留在屏幕上。

注 2：在每次对该功能调用后，一些 EDD 应用会清除显示。

词法结构

GET_DEV_VAR_VALUE(prompt,device_var_name)

内置函数 GET_DEV_VAR_VALUE 的词法元素如表 D.64 所示。

表 D.64　内置函数 GET_DEV_VAR_VALUE

参　数　名	类　　型	指　　向	用　　法	描　　述
prompt	字符[]	I	m	指定被显示的信息
device_var_name	引用	I	m	指定 VARIABLE 的引用名，它可以被编辑
<return>	整型	O	m	指定内置函数的返回值

D.65　内置函数 get_dev_var_value

用途

内置函数 get_dev_var_value 将显示指定的提示信息，并允许用户编辑设备 VARIABLE 的值。当输入新的值时，更新设备 VARIABLE 值的副本，但不发送给设备。用一个发送命令功能可明确地完成本内置函数。

提示不包含嵌入的本地和/或设备 VARIABLE 的值(参见内置函数 PUT_MESSAGE)。

注 1：以前显示的信息不能被保证继续保留在屏幕上。

注 2：在每次对该功能调用后，一些 EDD 应用会清除显示。

词法结构

get_dev_var_value(prompt，global_var_ids，device_var_name)

内置函数 get_dev_var_value 的词法元素如表 D.65 所示。

表 D.65　内置函数 get_dev_var_value

参　数　名	类　　型	指　　向	用　　法	描　　述
prompt	字符[]	I	m	指定被显示的信息
global_var_ids	整型数组	I	m	指定包含 VARIABLE 实例的唯一标识符的数组
device_vae_name	引用	I	m	指定 VARIABLE 的引用名，它可以被编辑
<return>	整型	O	m	指定如果 VARIABLE 被成功修改或者如果输入新值或访问指定的 VARIABLE 时错误被产生时的状态

D.66　内置函数 get_dictionary_string

用途

内置函数 get_dictionary_string 将按当前语言用给出的名字检索文本字典字符串，如果在当前语言中该字符串不存在，英语字符串将被检索。如果该字符串在所有语言中都没有被定义，就产生一错误条件，并且功能将返回 FALSE。如果该字符串长度超过 max_str_len，该字符串将被截断。当参数 dict_string_name 出现在文本字典中时是字符串的名字。

词法结构

get_dictionary_string(dict_string_name，string，max_str_len)

内置函数 get_dictionary_string 的词法元素如表 D.66 所示。

表 D.66　内置函数 get_dictionary_string

参　数　名	类　　型	指　　向	用　　法	描　　述
dict_string_name	引用	I	m	指定字典记录的名字
string	字符[]	I	m	指定结果字符串的缓冲器
max_str_len	整型	I	m	指定缓冲器的最大长度
<return>	整型	O	m	指定如果成功的状态

D.67 内置函数 get_double

用途

内置函数 get_double 检索正在被操作 VARIABLE 的当前未定标双精度值。

得到当前双精度 VARIABLE 值就像直接从设备中读出一样。

只有程序相关的 pre_edit,post-edit,post_read 或 pre_write 动作,才调用内置函数 get_double。

当 VARIABLE 的 pre_edit、post-edit、post_read 或 pre_write 动作之一已被定义为一种属性时,与之有关的程序才在被应用或其他程序读取时运行。

词法结构

get_double(value)

内置函数 get_double 的词法元素如表 D.67 所示。

表 D.67 内置函数 get_double

参 数 名	类 型	指 向	用 法	描 述
value	双精度	O	m	指定返回的 VARIABLE 值
<return>	整型	O	m	指定返回的内置函数值

D.68 内置函数 get_double_value

用途

内置函数 get_double_value 从变量表(高速缓存 EDD 应用)或设备中检索当前指定 VARIABLE 的未定标值,并返回该值。

参数标识和成员标识用内置函数 ITEM_ID 和 MEMBER_ID 以及变量的名字或引用指定。

VARIABLE 是一个双精度数据类型,并且在 VARIABLE 表或设备中是一个有效的变量。

词法结构

get_double_value(id,member_id,value)

内置函数 get_double_value 的词法元素如表 D.68 所示。

表 D.68 内置函数 get_double_value

参 数 名	类 型	指 向	用 法	描 述
id	无符号整型数	I	m	指定访问的 VARIABLE 的 ID 项
member_id	无符号整型数	I	m	指定访问的 VARIABLE 的成员 ID
value	双精度	O	m	指定 VARIABLE 的返回值
<return>	长整型	O	m	指定返回的内置函数值

D.69 内置函数 get_float

用途

内置函数 get_float 检索当前正在被操作 VARIABLE 的未被定标浮点值。

得到当前未定标浮点 VARIABLE 的值,就像它被直接从设备中读出一样。

只有程序相关的 pre_edit,post-edit,post_read 或 pre_write 动作,才调用内置函数 get_double。

当 VARIABLE 的 pre_edit、post-edit、post_read 或 pre_write 动作之一已被定义为一种属性,与之

有关的程序才在被应用或其他程序读取时运行。

词法结构

get_float(value)

内置函数 get_float 的词法元素如表 D.69 所示。

表 D.69　内置函数 get_float

参数名	类型	指向	用法	描述
value	浮点	O	m	指定 VARIABLE 的返回值
＜return＞	长整型	O	m	指定返回的内置函数值

D.70　内置函数 get_float_value

用途

内置函数 get_ float _value 从 VARIABLE 表(高速缓存 EDD 应用)或设备中检索指定 VARIABLE 的当前未定标值,并返回该值。

参数标识和成员标识被用内置函数 ITEM_ID 和 MEMBER_ID 以及 VARIABLE 的名字或引用指定。

词法结构

get_ float _value(id,member_id,value)

内置函数 get_ float _value 的词法元素如表 D.70 所示。

表 D.70　内置函数 get_float_value

参数名	类型	指向	用法	描述
id	无符号长整型	I	m	指定访问的 VARIABLE 的 ID 项
member_id	无符号长整型	I	m	指定访问的 VARIABLE 的成员 ID
value	浮点	O	m	指定 VARIABLE 的返回值
＜return＞	长整型	O	m	指定返回的内置函数值

D.71　内置函数 GET_LOCAL_VAR_VALUE

用途

内置函数 GET_LOCAL_VAR_VALUE 显示指定的提示信息,并允许用户编辑本地 VARIABLE 的值。

该提示不包含嵌入的本地和/或设备 VARIABLE 值。

注 1:以前显示的信息不能被保证继续保留在屏幕上。

注 2:在每次对该功能调用后,一些 EDD 应用会清除显示。

词法结构

GET_LOCAL_VAR_VALUE(prompt,local_var_name)

内置函数 GET_LOCAL_VAR_VALUE 的词法元素如表 D.71 所示。

表 D.71 内置函数 GET_LOCAL_VAR_VALUE

参 数 名	类 型	指 向	用 法	描 述
prompt	字符[]	I	m	指定被显示的信息
local_var_name	引用	I	m	指定编辑的本地 VARIABLE 名字
<return>	整型	O	m	指定如果 VARIABLE 被成功修改或者输入新值或者访问指定 VARIABLE 时产生错误的状态

D.72 内置函数 get_local_var_value

用途

内置函数 get_local_var_value 显示指定的提示信息，并允许用户编辑本地变量的值。

提示不包含嵌入的本地和/或设备 VARIABLE 值。

注 1：以前显示的信息不能被保证继续保留在屏幕上。

注 2：在每次对该功能调用后，一些 EDD 应用会清除显示。

词法结构

get_local_var_value (prompt,global_var_ids,local_var_name)

内置函数 get_local_var_value 的词法元素如表 D.72 所示。

表 D.72 内置函数 get_local_var_value

参 数 名	类 型	指 向	用 法	描 述
prompt	字符[]	I	m	指定被显示的信息
global_var_ids	整型数组	I	m	指定包含 VARIABLE 实例唯一标识符的数组
local_var_name	引用	I	m	指定编辑的本地 VARIABLE 名字
<return>	整型	O	m	指定如果 VARIABLE 被成功修改或者输入新值或者访问指定的 VARIABLE 时产生错误的状态

D.73 内置函数 get_more_status

用途

内置函数 get_more_status 向设备发送命令 48，并返回响应代码、通讯状态及在状态数组中提供的命令状态字节，它也返回在 more_data_info 中返回的任何数据字节。该功能将按与发送命令相同的方式处理状态/数据字节。

调用的功能可靠地对返回的数据分配数组，参数 more_data_status 是一个 3 字节数组，more_data_status是一个大小等于由设备按命令 48 返回的数据字节数的数组(最大值)。

词法结构

get_more_status(more_data_status,more_data_info)

内置函数 get_more_status 的词法元素如表 D.73 所示。

表 D.73 内置函数 get_more_status

参 数 名	类 型	指 向	用 法	描 述
more_data_status	字符[]	I	m	指定如果更多的信息可用
more_data_info	字符[]	I	m	指定如果更多的信息可用
<return>	整型	O	m	指定如果命令成功、错误产生或设备未找到的状态

D.74 内置函数 get_resolve_status

用途

内置函数 get_resolve_status 返回最近的内置函数"get_resolve_"的错误编号，这些以"get_resolve_"开始的引用拆分内置函数，拆分了 BLOCK_A、PARAMETER、PARAMETER_LIST、VALUE_ARRAY、REFERENCE_ARRAY、COLLECTION 或 RECORD 的一个元素的可能动态 ID。如果这些拆分引用程序遇到错误，它就给 ID 返回一个 0。

如果调用的程序希望知道是什么错误，它就调用内置函数 get_resolve_status 来得到这个错误代码。该内置函数用于在创建程序时调试用。

返回由内置函数 resolve_array_ref、resolve_block_ref、resolve_parm_ref、resolve_param_list_ref 或 resolve_record_ref 生成的错误代码。

词法结构

get_resolve_status(VOID)

内置函数 get_resolve_status 的词法元素如表 D.74 所示。

表 D.74 内置函数 get_resolve_status

参数名	类型	指向	用法	描述
<return>	无符号长整型	O	m	指定错误号数

D.75 内置函数 get_response_code

用途

在内置函数通信调用返回错误内置函数 fail_on_response_code 的事件中，内置函数 get_response_code 返回由设备获得的响应代码，它也返回与原始请求相关的引用值(err_id，err_member_id)信息，原始请求是上一次促成通信的内置函数调用。

响应代码是一个表示特定应用错误条件的值。

注：0 响应代码值不被认为是一个错误响应代码，每个响应代码和响应代码类型在 EDD 中定义。

当响应代码被返回，就获得上次通信请求中返回的被访问值的响应代码、ID 项和 ID 成员。

词法结构

get_response_code(resp_code，err_id，err_member_id)

内置函数 get_response_code 的词法元素如表 D.75 所示。

表 D.75 内置函数 get_response_code

参数名	类型	指向	用法	描述
resp_code	无符号长整型	I	m	指定返回响应代码的号数
err_id	无符号长整型	O	m	指定返回某项生成响应代码的 ID 项
err_member_id	无符号长整型	O	m	指定返回某项导致响应代码的 ID 成员
<return>	长整型	O	m	指定错误的号数

D.76 内置函数 get_response_code_string

用途

内置函数 get_response_code_string 搜索指定 VARIABLE 的响应代码，并返回指定响应代码的描述。如果响应代码未找到,并且该项是RECORD的一个成员或是REFERENCE_ARRAY的一个元素时,那么对指定的代码检查RECORD或REFERENCE_ARRAY。

如果响应代码的描述是未知的并且要被显示,程序开发人员就调用该内置函数。否则,如果响应代码已知,程序就可确定在确定性错误出现时应做什么。不标准的错误描述也可由应用代替标准错误代码来显示。

在调用该内置函数之前,对于具有响应代码的项,程序将采用内置函数get_response_code来得到item_ID和该项的member_ID。参数标示符和member_id是采用内置函数ITEM_ID和MEMBER_ID以及VARIABLE的名字或引用来指定。

词法结构

get_response_code_string(id,member_id,code,string,maxlen)

内置函数get_response_code_string的词法元素如表D.76所示。

表 D.76 内置函数 get_response_code_string

参数名	类型	指向	用法	描述
id	无符号长整型	I	m	指定查找项的ID项
member_id	无符号长整型	I	m	指定查找项的ID成员
code	无符号长整型	I	m	对被找到的描述字符串指定响应代码
string	字符*	O	m	对返回响应代码描述指定缓冲器
maxlen	长整型	I	m	指定缓冲器的最大长度
<return>	长整型	O	m	指定错误的号数

D.77 内置函数 get_signed

用途

内置函数get_signed检索正在被操作VARIABLE的当前未定标带符号值。

得到带符号VARIABLE的当前值,就像直接从设备中读出一样。

内置函数get_signed只有通过与pre-edit、post-edit、post-read或pre-write动作相关的程序才能被调用。当VARIABLE的pre_edit、post-edit、post_read或pre_write动作之一被定义为属性时,与之有关的程序才在被应用或其他程序读取时运行。

词法结构

get_signed(value)

内置函数get_signed的词法元素如表D.77所示。

表 D.77 内置函数 get_signed

参数名	类型	指向	用法	描述
value	长整型	I	m	指定带符号VARIABLE的返回值
<return>	长整型	O	m	指定错误的号数

D.78 内置函数 get_signed_value

用途

内置函数get_signed_value从VARIABLE表(高速缓存EDD应用)或设备中,检索指定VARIABLE的当前未定标值,并返回它。

参数标识和成员标识被采用内置函数 ITEM_ID 和 MEMBER_ID 以及 VARIABLE 的名字和引用来指定。VARIABLE 具有带符号整型数的数据类型，并且是 VARIABLE 表或设备中有效的 VARIABLE。

词法结构

get_signed_value(id,member_ed,value)

内置函数 get_signed_value 的词法结构如表 D.78 所示。

表 D.78 内置函数 get_signed_value

参数名	类型	指向	用法	描述
id	无符号长整型	I	m	指定访问 VARIABLE 的 ID 项
member_id	无符号长整型	I	m	指定访问 VARIABLE 的 ID 成员
value	长整型	O	m	指定带符号 VARIABLE 的返回值
<return>	长整型	O	m	指定错误的号数

D.79 内置函数 get_status_code_string

用途

内置函数 get_status_code_string 将对所指定的设备 VARIABLE 和状态代码值返回状态代码字符串。如果字符串长度长于 status_string_length 定义的最大长度，字符串要被截断。状态代码对于指定的设备 VARIABLE 是有效的。

词法结构

get_status_code_string(variable_name,status_code,status_string,status_string_length)

内置函数 get_status_code_string 的词法元素如表 D.79 所示。

表 D.79 内置函数 get_status_code_string

参数名	类型	指向	用法	描述
variable_name	字符[]	I	m	指定访问 VARIABLE 的名字
status_code	整型数	I	m	指定感兴趣的状态代码的值
status_string	字符 *	I	m	指定带符号 VARIABLE 返回值的缓冲器
status_string_length	整型	I	m	指定缓冲器的最大空间
<return>	VOID	—	—	—

D.80 内置函数 get_status_string

用途

内置函数 get_status_string 搜索被引用 ENUMERATED 或 BIT_ENUMERATED VARIABLE 成员，并返回与所给缓冲器中状态相匹配的成员描述。

该内置函数得到一个与～、ENUMERATED 或 BITE NUMERATED 值相关的字符串。ENUMERATED 和 BIT_ENUMERATED VARIABLE 最常用的用法，是用来得到与按设备中实际状态定义的状态位有关的字符串。与 ENUMERATED 和 BIT_ENUMERATED VARIABLE 相关的字符串在 EDDL 中定义。

参数标识和成员标识是采用内置函数 ITEM_ID 和 MEMBER_ID 以及请求中 VARIABLE 的名字或引用来指定的。

获得指定设备中指定状态的描述。

词法结构

get_status_string(id,member_id,status,string,maxlen)

内置函数 get_status_string 的词法结构如表 D.80 所示。

表 D.80 内置函数 get_status_string

参数名	类型	指向	用法	描述
id	无符号长整型	I	m	指定访问 VARIABLE 的 ID 项
member_id	无符号长整型	I	m	指定访问 VARIABLE 的 ID 成员
status	无符号长整型	I	m	指定搜索的值
string	字符 *	O	m	指定对于返回字符串的缓冲器
maxlen	长整型	I	m	指定缓冲器的最大空间
<return>	长整型	O	m	指定内置函数的返回值

D.81 内置函数 get_stddict_string

用途

内置函数 get_stddict_string 获得一文本字典标识并在提供的字符缓存区中返回相应的文本字符串。返回字符串是关于应用的正确语言。

文本字典的输入包括三个部分:唯一的标识、名字、多语言描述。该内置函数返回输入的多语言描述部分。内置函数字符串在 standard.dct 文件中定义。

词法结构

get_stddict_string(id,string,maxlen)

内置函数 get_stddict_string 的词法元素如表 D.81 所示。

表 D.81 内置函数 get_stddict_string

参数名	类型	指向	用法	描述
id	无符号长整型	I	m	指定文本字典标识符
string	字符 *	O	m	为字符串指定返回缓冲器
maxlen	长整型	I	m	指定缓冲器的最大空间
<return>	长整型	O	m	指定内置函数的返回值

D.82 内置函数 get_string

用途

内置函数 get_string 检索正被操作 VARIABLE 的当前值、未定标值和字符串值。

得到字符串 VARIABLE 的当前值,就像是直接从设备中读出一样。VARIABLE 应是一有效参数。VARIABLE 具有字符数据类型并是一个字节缓冲器,它包含了各种非 ANSI 数据类型,如:

- ASCII;
- PASSWORD;
- EUC(Extended Unit Code);

- BITSTRING。

这些数据类型的设备 VARIABLE 将由程序处理，因为它们不支持 ANSI-C。内置函数 get_string 只有通过与 pre-edit、post-edit、post-read 或 pre-write 动作相关的程序才能被调用。当 VARIABLE 的 pre_edit、post-edit、post_read 或 pre_write 动作之一被定义为属性，与之有关的程序才在被应用、用户程序或编辑程序读取时运行。

词法结构

get_string(string,len)

内置函数 get_string 的词法元素如表 D.82 所示。

表 D.82　内置函数 get_string

参 数 名	类　型	指　向	用　法	描　述
string	字符 *	O	m	为返回字符串指定缓冲器
len	长整型	I	m	指定字符串的最大空间，字符串的返回长度
<return>	整型	O	m	指定内置函数的返回值

D.83　内置函数 get_string_value

用途

内置函数 get_string_value 从 VARIABLE 表(高速缓存 EDD 应用)或设备中检索指定 VARIABLEd 当前未定标值，并返回它。

参数标识和成员标识采用在内置函数 ITEM_ID 和 MEMBER_ID 以及请求中的 VARIABLE 名字或引用来指定。

词法结构

get_string_value(id,member_id,string,len)

内置函数 get_string_value 的词法结构如表 D.83 所示。

表 D.83　内置函数 get_string _ value

参 数 名	类　型	指　向	用　法	描　述
id	无符号长整型	I	m	指定 VARIABLE 引用的 ID
member_id	无符号长整型	I	m	指定 BLOCK _ A、PARAMETER _ LIST、RECORD、VALUE _ ARRAY、COLLECTION、或 REFERENCE_ARRAY 的 ID 成员
string	字符 *	O	m	指定结果字符串缓冲器
len	长整型	I	m	指定结果字符串的空间
<return>	整型	O	m	指定内置函数的返回值

D.84　内置函数 GET_TICK_COUNT

用途

内置函数 GET_TICK_COUNT 按毫秒返回自从上次系统引导以来时间。它可用于时间标志。

词法结构

GET_TICK_COUNT(VOID)

内置函数 GET_TICK_COUNT 的词法元素如表 D.84 所示。

表 D.84 内置函数 GET_TICK_COUNT

参 数 名	类 型	指 向	用 法	描 述
<return>	长整型	O	m	按毫秒指定从上次系统引导起的时间

D.85 内置函数 get_unsigned

用途

内置函数 get_unsigned 检索正在被操作 VARIABLE 的当前未定标无符号值。

内置函数 get_unsigned 只有通过与 pre-edit、post-edit、post-read 或 pre-write 动作相关的程序才能被调用。当 VARIABLE 的 pre_edit、post-edit、post_read 或 pre_write 动作之一被定义为属性，与之有关的程序才在被应用、用户程序或编辑程序读取时运行。

获得无符号变量的当前值，就像直接从设备中读取一样。

词法结构

get_unsigned(value)

内置函数 get_unsigned 的词法元素如表 D.85 所示。

表 D.85 内置函数 get_unsigned

参 数 名	类 型	指 向	用 法	描 述
value	无符号 长整型	O	m	指定返回值
<return>	长整型	O	m	指定内置函数的返回值

D.86 内置函数 get_unsigned_value

用途

内置函数 get_unsigned_value 从 VARIABLE 表(高速缓存 EDD 应用)或设备中检索指定 VARIABLE 的当前已定标值，并返回它。

参数标识和成员标识采用内置函数 ITEM_ID 和 MEMBER_ID 以及请求中的 VARIABLE 的名字和引用来指定。变量具有无符号的数据类型。无符号值包括下列数据类型的设备变量：

- UNSIGNED;
- ENUMERATED;
- BIT_ENUMERATED;
- INDEX。

具有列举、位列举和索引数据类型的设备变量将由程序来处理，因为它们不被 ANSI-C 所支持。变量应是有效参数。

词法结构

get_unsigned_value(id,member_id,value)

内置函数 get_unsigned_value 的词法元素如表 D.86 所示。

表 D.86 内置函数 get_unsigned_value

参 数 名	类 型	指 向	用 法	描 述
id	无符号 长整型	I	m	指定访问变量的 ID 项
member_id	无符号 长整型	I	m	指定访问变量的 ID 成员

表 D.86（续）

参 数 名	类 型	指 向	用 法	描 述
value	无符号 长整型	O	m	指定变量的返回值
＜return＞	长整型	O	m	指定内置函数的返回值

D.87 内置函数 iassign

用途

内置函数 iassign 给设备变量赋一个指定的值。变量应是有效的，并引用整型变量。

词法结构

iassign(device_var,new_value)

内置函数 iassign 的词法元素如表 D.87 所示。

表 D.87 内置函数 iassign

参 数 名	类 型	指 向	用 法	描 述
device_var	参考	I	m	指定访问变量的名字
new_value	型	I	m	指定 VARIABLE 的新值
＜return＞	整型	O	m	指定内置函数的返回值

D.88 内置函数 igetval

用途

内置函数 igetval 是特别计划用于 pre-read/write 和 post-read/write 程序中。本功能将返回设备变量的值，就像接收自所连接的设备一样。在变量值被存到 EDD 应用之前，对于它的定标操作就已被执行。

词法结构

igetval(VOID)

内置函数 igetval 的词法结构如表 D.88 所示。

表 D.88 内置函数 igetval

参 数 名	类 型	指 向	用 法	描 述
＜return＞	整型	O	m	指定内置函数的返回值

D.89 内置函数 IGNORE_ALL_COMM_STATUS

用途

内置函数 IGNORE_ALL_COMM_STATUS 将清除通信重试和终止掩码中的所有位。它将导致系统忽略在通信状态值中的所有位。当事务处理中返回的第一个数据字节的第七位置为 1 时，该字节被定义为通信状态。

每次程序开始时，重试和终止掩码被复位为它们的默认值，所以新的掩码值只在当前程序中才有效。掩码的实现参见内置函数 send_command。可用的掩码表和它们的缺省值参见 ABORT_ON_RESPONSE_CODE。

本函数影响的掩码也用于内置函数 send、send_trans、send_command、send_command_trans、ext_send_command、ext_send_command_trans、get_more_status 和 display。

词法结构

IGNORE_ALL_COMM_STATUS(VOID)

内置函数 IGNORE_ALL_COMM_STATUS 的词法元素如表 D.89 所示。

表 D.89 内置函数 IGNORE_ALL_COMM_STATUS

参数名	类型	指向	用法	描述
<return>	VOID	—	—	—

D.90 内置函数 IGNORE_ALL_DEVICE_STATUS

用途

内置函数 IGNORE_ALL_DEVICE_STATUS 将清除设备状态重试和终止掩码中的所有位，这将导致系统忽略设备状态字节中的所有位。设备状态字节被定义为在事物处理中返回的第 2 个数据字节。

每次程序开始时，重试和终止掩码被复位为它们的默认值，所以新的掩码值只在当前程序中有效。对于掩码的实现参见内置函数 send_command。可用的掩码表和它们的缺省值参见 ABORT_ON_RESPONSE_CODE。ABORT_ON_RESPONSE 查看当前任务列表和它们的默认值。

本函数影响的掩码也用于内置函数 send、send_trans、send_command、send_command_trans、ext_send_command、ext_send_command_trans、get_more_status 和 display。

词法结构

IGNORE_ALL_DEVICE_STATUS(VOID)

内置函数 IGNORE_ALL_ DEVICE _STATUS 的词法元素如表 D.90 所示。

表 D.90 内置函数 IGNORE_ALL_DEVICE_STATUS

参数名	类型	指向	用法	描述
<return>	VOID	—	—	—

D.91 内置函数 IGNORE_ALL_RESPONSE_CODES

用途

内置函数 IGNORE_ALL_ RESPONSE _STATUS 将清除重试响应代码和终止掩码中的所有位，它将导致系统忽略从设备返回的所有响应代码值。

当事务处理中返回的第一个数据字节的第七位为 0，该字节被定义为响应代码。

每次程序开始时，重试和终止掩码被复位为它们的默认值，所以，新掩码值只在当前程序中有效。掩码的实现参见内置函数 send_command。可用的掩码表和它们的缺省值参见 ABORT_ON_RESPONSE_CODE。

本函数影响的掩码也用于内置函数 send、send_trans、send_command、send_command_trans、ext_send_command、ext_send_command_trans、get_more_status 和 display。

词法结构

IGNORE_ALL_ RESPONSE _CODES(VOID)

内置函数 IGNORE_ALL_ RESPONSE _CODES 的词法元素如表 D.91 所示。

表 D.91 内置函数 IGNORE_ALL_RESPONSE_CODES

参数名	类型	指向	用法	描述
<return>	VOID	—	—	—

D.92 内置函数 IGNORE_COMM_ERROR

用途

内置函数 IGNORE_COMM_ERROR 将设置通信错误掩码，以便在传送命令时，通信错误条件将被忽略。

每次程序开始时，重试和终止掩码被复位为它们的默认值，所以，新掩码值只在当前程序中有效。掩码的实现参见内置函数 send_command。可用的掩码表和它们的缺省值参见 ABORT_ON_RESPONSE_CODE。

本函数影响的掩码也用于内置函数 send、send_trans、send_command、send_command_trans、ext_send_command、ext_send_command_trans、get_more_status 和 display。

词法结构

IGNORE_COMM_ERROR (VOID)

内置函数 IGNORE_COMM_ERROR 的词法元素如表 D.92 所示。

表 D.92　内置函数 IGNORE_COMM_ERROR

参 数 名	类 型	指 向	用 法	描 述
<return>	VOID	—	—	—

D.93　内置函数 IGNORE_COMM_STATUS

用途

内置函数 IGNORE_ COMM_STATUS 将清除在通信状态终止和重试掩码中的校验位，以便在 comm_status 中的指定位将被忽略。当事务处理中返回的第一个数据字节的第七位为 1，该字节被定义为 comm_status。

每次程序开始时，重试和终止掩码被复位为它们的默认值，所以，新掩码值只有在当前程序中有效。掩码的实现参见内置函数 send_command。可用的掩码表和它们的缺省值参见 ABORT_ON_RESPONSE_CODE。

本函数影响的掩码也用于内置函数 send、send_trans、send_command、send_command_trans、ext_send_command、ext_send_command_trans、get_more_status 和 display。

词法结构

IGNORE_ COMM_STATUS(comm_status)

内置函数 IGNORE_ COMM_STATUS 的词法元素如表 D.93 所示。

表 D.93　内置函数 IGNORE_COMM_STATUS

参 数 名	类 型	指 向	用 法	描 述
comm_status	整型	I	m	为忽略指定新的重试和终止掩码
<return>	VOID	—	—	—

D.94　内置函数 IGNORE_DEVICE_STATUS

用途

内置函数 IGNORE_ DEVICE_STATUS 清除设备状态重试和终止掩码中的校验位，以便设备状态字节中的指定位被忽略。在事务处理中返回的第二个数据字节被定义为设备状态。

每次程序开始时，重试和终止掩码被复位为它们的默认值，所以，新掩码值只有在当前程序中有效。掩码的实现参见内置函数 send_command。可用的掩码表和它们的缺省值参见 ABORT_ON_RESPONSE_CODE。

本函数影响的掩码也用于内置函数 send、send_trans、send_command、send_command_trans、ext_send_command、ext_send_command_trans、get_more_status 和 display。

词法结构

IGNORE_DEVICE_STATUS(device_status)

内置函数 IGNORE_ DEVICE _STATUS 的词法元素如表 D.94 所示。

表 D.94 内置函数 IGNORE_DEVICE_STATUS

参 数 名	类 型	指 向	用 法	描 述
device_status	整型	I	m	为忽略指定新的重试和终止掩码
<return>	VOID	—	—	—

D.95 内置函数 IGNORE_NO_DEVICE

用途

内置函数 IGNORE_NO_DEVICE 将设置无设备掩码,以表示在传送命令时无设备的条件将被忽略。

每次程序开始时,重试和终止掩码被复位为它们的默认值,所以,新掩码值只在当前程序中有效。掩码的实现参见内置函数 send_command。可用的掩码表和它们的缺省值参见 ABORT_ON_RESPONSE_CODE。

本函数影响的掩码也用于内置函数 send、send_trans、send_command、send_command_trans、ext_send_command、ext_send_command_trans、get_more_status 和 display。

词法结构

IGNORE_NO_DEVICE(VOID)

内置函数 IGNORE_NO_DEVICE 的词法结构如表 D.95 所示。

表 D.95 内置函数 IGNORE_NO_DEVICE

参 数 名	类 型	指 向	用 法	描 述
<return>	VOID	—	—	—

D.96 内置函数 IGNORE_RESPONSE_CODE

用途

内置函数 IGNORE_ RESPONSE _STATUS 清除响应代码掩码中的校验位,以便指定的响应代码值将被忽略。当事务中返回的第一个数据字节的第七位为 0 时,该字节被定义为响应代码。

每次程序开始时,重试和终止掩码被复位为它们的默认值,所以,新掩码值只在当前程序中有效。掩码的实现参见内置函数 send_command。可用的掩码表和它们的缺省值参见 ABORT_ON_RESPONSE_CODE。

本函数影响的掩码也用于内置函数 send、send_trans、send_command、send_command_trans、ext_send_command、ext_send_command_trans、get_more_status 和 display。

词法结构

IGNORE_ RESPONSE _CODE(response_code)

内置函数 IGNORE_ RESPONSE _CODE 的词法元素如表 D.96 所示。

表 D.96 内置函数 IGNORE_RESPONSE_CODE

参 数 名	类 型	指 向	用 法	描 述
response_code	整型	I	m	为忽略指定新的重试和终止掩码
<return>	VOID	—	—	—

D.97　内置函数 int_value

用途

内置函数 int_value 将返回指定设备变量的值。变量标示符应是有效的并是整数类型。

词法结构

int_value(source_var_name)

内置函数 int_value 的词法元素如表 D.97 所示。

表 D.97　内置函数 int_value

参 数 名	类 型	指 向	用 法	描 述
source_var_name	字符[]	I	m	指定 VARIABLE 的名字
<return>	整型	O	m	指定内置函数的返回值

D.98　内置函数 is_NaN

用途

内置函数 is_NaN 检查一个双精度浮点值是否不是一个数字。不是一个数字是指的按 IEEE754 规范指定的无效双精度值，对于双精度值 NaN 的值为：0x1FF8000000000000。

词法结构

is_NaN(dvalue)

内置函数 is_NaN 的词法元素如表 D.98 所示。

表 D.98　内置函数 is_NaN

参 数 名	类 型	指 向	用 法	描 述
dvalue	双精度	I	m	指定变量名
<return>	长整型	O	m	指定 VARIABLE 的 ID 项

D.99　内置函数 isetval

用途

内置函数 isetval 将为已被指派给指定值的 pre\post 动作设置浮点型的设备变量值。isetval 是特别计划用于 pre-read/write 和 post-read/write 程序。这个功能将设置设备变量的值为指定的值。

词法结构

isetval(value)

内置函数 isetval 的词法元素如表 D.99 所示。

表 D.99　内置函数 isetval

参 数 名	类 型	指 向	用 法	描 述
value	整型	I	m	指定变量的新值
<return>	整型	O	m	指定内置函数的返回值

D.100　内置函数 ITEM_ID

用途

内置函数 ITEM_ID 可用于程序中指定用于调用其他功能的变量的 ID 项。

词法结构

ITEM_ID(name)

内置函数 ITEM_ID 的词法元素如表 D.100 所示。

表 D.100 内置函数 ITEM_ID

参数名	类型	指向	用法	描述
name	引用	I	m	指定变量名
＜return＞	无符号长整型	O	m	指定 VARIABLE 的 ID 项

D.101 内置函数 itoa

用途

本内置函数转换一个浮点型的值为一个文本字符串。

词法结构

itoa(i)

内置函数 itoa 的词法元素如表 D.101 所示。

表 D.101 内置函数 itoa

参数名	类型	指向	用法	描述
i	整型	I	m	指定整数值转换成文本
＜return＞	字符[]	O	m	指定返回的文本

D.102 内置函数 ivar_value

用途

内置函数 ivar_value 将返回指定变量的值。变量 source_var_name 应是有效的并是整数类型。

词法结构

ivar_value(source_var_name)

内置函数 ivar_value 的词法元素如表 D.102 所示。

表 D.102 内置函数 ivar_value

参数名	类型	指向	用法	描述
source_var_name	引用	I	m	指定变量名
＜return＞	整型	O	m	指定 VARIABLE 值

D.103 内置函数 lassign

用途

内置函数 lassign 将给设备变量赋一个指定的值。变量应是有效的,并应引用长整型类型变量。

词法结构

lassign(var_name,new_value)

内置函数 lassign 的词法元素如表 D.103 所示。

表 D.103 内置函数 lassign

参数名	类型	指向	用法	描述
var_name	引用	I	m	指定变量名
new_value	整型	I	m	指定变量的新值
＜return＞	整型	O	m	指定 VARIABLE 值

D.104 内置函数 lgetval

用途

内置函数 lgetval 是特别计划用于 pre-read/write 和 post-read/write 程序中。该功能返回一个 VARIABLE 的值，就像接收自所连接的设备一样。在变量值存储到 EDD 应用之前，定标操作将被立即执行。

词法结构

lgetval(VIOD)

内置函数 lgetval 的词法元素如表 D.104 所示。

表 D.104 内置函数 lgetval

参数名	类型	指向	用法	描述
<return>	整型	O	m	指定 VARIABLE 值

D.105 内置函数 LOG_MESSAGE

用途

内置函数 LOG_MESSAGE 用来在登录协议中插入一个信息。

词法结构

LOG_MESSAGE(priority,message)

内置函数 LOG_MESSAGE 的词法元素如表 D.105 所示。

表 D.105 内置函数 LOG_MESSAGE

参数名	类型	指向	用法	描述
priority	整型	I	m	指定信息的优先权，0：错误，1：警告，2：低优先权信息
message	字符[]	I	m	指定插入到登录协议中的信息字符串
<return>	VOID	O	m	—

D.106 内置函数 long_value

用途

内置函数 long_value 将返回指定设备变量的值。变量标示符应是有效的，并是长整型类型。

词法结构

long_value(source_var_name)

内置函数 long_value 的词法元素如表 D.106 所示。

表 D.106 内置函数 long_value

参数名	类型	指向	用法	描述
source_var_name	引用	I	m	指定变量名
<return>	整型	O	m	指定 VARIABLE 的值

D.107 内置函数 lsetval

用途

内置函数 lsetval 将为已指派给指定值的 pre/post 动作设置长整型类型设备变量值。它是特别计划用于 pre-read/write 和 post-read/write 程序。本函数设置一个设备变量值为一指定值。

词法结构

lsetval(value)

内置函数 lsetval 的语法元素如表 D.107 所示。

表 D.107 内置函数 lsetval

参数名	类型	指向	用法	描述
value	整型	I	m	指定 VARIABLE 的新值
<return>	整型	O	m	指定 VARIABLE 的值

D.108 内置函数 lvar_value

用途

内置函数 lvar_value 将返回指定设备变量的值。变量标示符应是有效的，并是长整型类型。

词法结构

lvar_value(source_var_name)

内置函数 lvar_value_name 的词法元素如表 D.108 所示。

表 D.108 内置函数 lvar_value

参数名	类型	指向	用法	描述
source_var_name	引用	I	m	指定变量名
<return>	整型	O	m	为所指定的 VARIABLE 指定值

D.109 内置函数 MEMBER_ID

用途

内置函数 MEMBER_ID 可用于程序中为调用其他内置函数的变量指定 ID 成员，它返回 BLOCK、PARAMETER_LIST、RECORD、REFERNCE_ARRAY、COLLECTION 或 VALUE_ARRAY 的 ID 成员。

词法结构

MEMBER_ID(name)

内置函数 MEMBER_ID 的词法元素如表 D.109 所示。

表 D.109 内置函数 MEMBER_ID

参数名	类型	指向	用法	描述
name	引用	I	m	指定项目成员的名
<return>	整型	O	m	指定引用的 ID 成员

D.110 内置函数 method_abort

用途

内置函数 method_abort 显示一个信息表示程序正在终止并等待用户的确认。

确认后，在终止程序表中的终止程序将从该表的最前面(指加入到表中的第 1 个终止程序)到表的最后一个接一个地执行。终止程序列表被保留仅用于对单个程序的调用执行。

终止程序被执行后，该程序被终止并返回控制权给应用。

如果终止程序调用了 method_abort，终止程序列表处理被立即结束。

词法结构

method_abort(prompt)

内置函数 method_abort 的词法元素如表 D.110 所示。

表 D.110 内置函数 method_abort

参数名	类型	指向	用法	描述
prompt	字符[]	I	m	指定显示的信息
<return>	VOID	O	m	—

D.111 内置函数 process_abort

用途

内置函数 process_abort 将终止当前程序，运行一个在终止程序列表中的终止程序。与内置函数abort不同，当该功能被执行时，不显示任何信息。该内置函数功能不能从一个终止程序内部来运行。

词法结构

process_abort(VOID)

内置函数 process_abort 的词法元素如表 D.111 所示。

表 D.111 内置函数 process_abort

参数名	类型	指向	用法	描述
<return>	VOID	—	—	—

D.112 内置函数 put_date

用途

内置函数 put_date 存储被处理变量的新未定标日期值。

该内置函数 put_date 只能通过与 pre-edit、post-edit、post-read 或 pre-write 动作相关的程序才能调用。当变量的 pre_edit、post-edit、post_read 或 pre_write 动作之一被定义为属性，由应用、用户程序或编辑程序写入的时候，与之有关的程序才运行。

词法结构

put_date(data,size)

内置函数 put_date 的词法元素如表 D.112 所示。

表 D.112 内置函数 put_date

参数名	类型	指向	用法	描述
data	字符[]	I	m	指定 VARIABLE 的新值
size	长整型	I	m	指定新值的长度
<return>	长整型	O	m	指定内置函数的返回值

D.113 内置函数 put_date_value

用途

内置函数 put_date_value 存储特定定标变量的已提供值到变量表(高速缓存 EDD 应用)或设备中。

参数标识和成员标识采用内置函数 ITEM_ID 和 MEMBER_ID 或请求中的变量名和引用来指定。

它将 date_and_time、time 或连续变量的值送到变量表或设备中。

变量应是一字符型数据类型。字符串最多可包含 8 个字符，并包含下列数据类型的变量：

- DATA_AND_TIME；
- TIME；
- DURATION。

变量在变量表和设备中变量应是有效的。

词法结构

put_date_value(id,member_id,data,size)

内置函数 put_date_value 的词法元素如表 D.113 所示。

表 D.113 内置函数 put_date_value

参数名	类型	指向	用法	描述
id	无符号长整型	I	o	指定访问 VARIABLE 的 ID 项
member_id	无符号长整型	I	o	指定访问 VARIABLE 的 ID 成员
data	字符[]	I	m	指定 VARIABLE 的新值
size	长整型	I	m	指定新值的长度
<return>	长整型	O	m	指定内置函数的返回值

D.114 内置函数 put_double

用途

该内置函数 put_double 只能通过与 pre-edit、post-edit、post-read 或 pre-write 动作相关的程序才能调用。

当变量的 pre_edit、post-edit、post_read 或 pre_write 动作之一被定义为属性,被应用、用户程序或编辑程序写的时候,与之有关的程序才运行。

存储双精度变量的新值就像驻留在设备中一样(未定标)。内置函数 put_double 存储正在被处理变量新的未定标双精度值。

词法结构

put_double(value)

内置函数 put_double 的词法元素如表 D.114 所示。

表 D.114 内置函数 put_double

参数名	类型	指向	用法	描述
value	双精度	I	m	指定 VARIABLE 的新值
<return>	长整型	O	m	指定内置函数的返回值

D.115 内置函数 put_double_value

用途

内置函数 put_double_value 存储特定已定标变量的已提供值到变量表(高速缓存 EDD 应用)或设备中。

参数标识和成员标识采用内置函数 ITEM_ID 和 MEMBER_ID 以及请求中的变量名和引用来指定。

将双精度变量的指定值存到变量表或设备中。变量应是双精度数据类型,并且在变量表和设备中是有效的。

词法结构

put_double_value(id,member_id,value)

内置函数 put_double_value 的词法元素如表 D.115 所示。

表 D.115 内置函数 put_double_value

参数名	类型	指向	用法	描述
id	无符号长整型	I	o	指定访问 VARIABLE 的 ID 项
member_id	无符号长整型	I	o	指定访问 VARIABLE 的 ID 成员
value	双精度	I	m	指定 VARIABLE 的新值
<return>	长整型	O	m	指定内置函数的返回值

D.116 内置函数 put_float

用途

内置函数 put_float 存储正被操作变量新的未定标浮点值。

该内置函数 put_float 只能通过与 pre-edit、post-edit、post-read 或 pre-write 动作相关的程序才能调用。当变量的 pre_edit、post_edit、post_read 或 pre_write 动作之一被定义为属性，被应用、用户程序或编辑程序写的时候，与之有关的程序才运行。

词法结构

put_float(value)

内置函数 put_float 的词法元素如表 D.116 所示。

表 D.116 内置函数 put_float

参数名	类型	指向	用法	描述
value	双精度	I	m	指定 VARIABLE 的新值
<return>	长整型	O	m	指定内置函数的返回值

D.117 内置函数 put_float_value

用途

内置函数 put_float_value 存储特定定标变量的已提供值到变量表(高速缓存 EDD 应用)或设备中。

该值的类型是适合于自动扩展的双精度类型，当两个浮点值相乘，自动扩展就会产生。

参数标识和成员标识采用内置函数 ITEM_ID 和 MEMBER_ID 以及请求中的变量名和引用来指定。变量应是浮点数据类型，并且在变量表和设备中应是有效的。

词法结构

put_float_value(id，member_id，value)

内置函数 put_float_value 的词法元素如表 D.117 所示。

表 D.117 内置函数 put_float_value

参数名	类型	指向	用法	描述
id	无符号长整型	I	o	指定访问 VARIABLE 的 ID 项
member_id	无符号长整型	I	o	指定访问 VARIABLE 的 ID 成员
value	双精度	I	m	指定 VARIABLE 的新值
<return>	长整型	O	m	指定内置函数的返回值

D.118 内置函数 PUT_MESSAGE

用途

内置函数 PUT_MESSAGE 在屏幕上显示指定的信息。任何嵌入的本地变量引用将被扩展给变量的值(参见内置函数 put_message 的语法结构)。

在本函数中,不支持嵌入式设备变量。

注 1:以前显示的信息不能被保证继续保留在屏幕上。

注 2:在每次对该功能调用后,一些 EDD 应用会清除显示。

词法结构

PUT_MESSAGE(message)

内置函数 PUT_MESSAGE 的词法元素如表 D.118 所示

表 D.118 内置函数 PUT_MESSAGE

参数名	类型	指向	用法	描述
message	字符[]	I	m	指定被显示的信息
＜return＞	VOID	—	—	—

D.119 内置函数 put_message

用途

内置函数 put_message 将在屏幕上显示指定的信息。任何嵌入式变量引用将被扩展到当前的变量值。

任何标示符数字将被字符串访问,但被访问的数组入口应包含有效的变量标示符,本地和设备变量将混合在显示信息中。

在 put_message 字符串中也支持多语言。这是靠不同的国家代码标示符区分不同的语言字符串来完成,国家代码标识是一竖直的条型字符"|",后面紧跟着国家的三位数字电话代码,如果电话代码长度少于三位,在左面补 0。例如,下列字符串是为英国和德国定义的:

注 1:以前显示的信息不能被保证继续保留在屏幕上。

注 2:在每次对该功能调用后,一些 EDD 应用会清除显示。

词法结构

put_message(message,global_var_ids)

内置函数 put_message 的词法元素如表 D.119 所示。

表 D.119 内置函数 put_message

参数名	类型	指向	用法	描述
message	字符[]	I	m	指定被显示的信息
global_var_ids	整型数组	I	m	指定包含 VARIABLE 实例的唯一标示符的数组
＜return＞	VOID	—	—	—

D.120 内置函数 put_signed

用途

内置函数 put_signed 存储正在被操作变量新的未校准变量值。

该内置函数 put_signed 只能通过与 pre-edit、post-edit、post-read 或 pre-write 动作相关的程序才能调用。当变量的 pre_edit、post-edit、post_read 或 pre_write 动作之一被定义为属性,被应用、用户程序

或编辑程序写入的时候，与之有关的程序才运行。

词法结构

put_signed(value)

内置函数 put_signed 的词法元素如表 D.120 所示。

表 D.120 内置函数 put_signed

参数名	类型	指向	用法	描述
value	长整型	I	m	指定 VARIABLE 的新值
<return>	长整型	O	m	指定内置函数的返回值

D.121 内置函数 put_signed_value

用途

内置函数 put_signed_value 把指定定标变量的新值存储到变量表(高速缓存 EDD 应用)或设备中。

参数标识和成员标识采用内置函数 ITEM_ID 和 MEMBER_ID 以及未定标的变量名引用来指定。把指定的有符号整型变量值存储到变量表和设备中。

被写的变量应是长整型数据类型，并且在变量表和设备中应是有效的。

词法结构

put_signed_value(id，member_id，value)

内置函数 put_signed_value 的词法结构如表 D.121 所示。

表 D.121 内置函数 put_signed_value

参数名	类型	指向	用法	描述
id	无符号长整型	I	o	指定访问 VARIABLE 的 ID 项
member_id	无符号长整型	I	o	指定访问 VARIABLE 的 ID 成员
value	长整型	I	m	指定 VARIABLE 的新值
<return>	长整型	O	m	指定内置函数的返回值

D.122 内置函数 put_string

用途

内置函数 put_string 存储正在被操作变量新的未定标字符串值。

变量应在变量表或设备中是有效的。

变量应该是一字符型数据类型，一个字符型字符串包含下列数据类型的设备变量：

- ASCII；
- PASSWORD；
- EUC(Extend Unit Code)；
- BITSTRING。

带列举、位列举和索引数据类型的设备变量不能被程序处理，因为它们不能被 ANSI-C 支持。该内置函数 put_string 只能通过与 pre-edit、post-edit、post-read 或 pre-write 动作相关的程序才能调用。只有和事件 pre-edit，post-edit，post-read 或 pre-write 相关的程序才能调用内置函数 put_string。当变量的 pre_edit、post-edit、post_read 或 pre_write 动作之一被定义为属性，被应用程序、用户程序或编辑程序写入的时候，与之有关的程序才运行。

词法结构

put_string(string,len)

内置函数 put_string 的词法元素如表 D.122 所示。

表 D.122 内置函数 put_string

参数名	类型	指向	用法	描述
string	字符[]	I	m	指定 VARIABLE 的新值
len	长整型	I	m	指定新值的长度
<return>	长整型	O	m	指定内置函数的返回值

D.123 内置函数 put_string_value

用途

内置函数 put_string_value 存储指定定标变量的已提供值到变量表(高速缓存 EDD 应用程序)或设备中。

参数标识和成员标识采用在内置函数 ITEM_ID 和 MEMBER_ID 以及请求中的变量名和引用来指定。

变量在变量表或设备中应是有效的。变量应是一字符串数据类型;该字符串应包含下列数据类型的设备变量:

- ASCII;
- PASSWORD;
- EUC(Extend Unit Code);
- BITSTRING。

带列举、位列举和索引数据类型的设备变量应被程序处理,因为它们不能被 ANSI_C 支持。

词法结构

put_strnig_value(id,member_id,string,len)

内置函数 put_string_value 的词法元素如表 D.123 所示。

表 D.123 内置函数 put_string_value

参数名	类型	指向	用法	描述
id	无符号长整型	I	O	指定访问 VARIABLE 的 ID 项
member_id	无符号长整型	I	O	指定访问 VARIABLE 的 ID 成员
string	字符[]	I	m	指定 VARIABLE 的新值
len	长整型	I	m	指定新值的长度
<return>	长整型	O	m	指定内置函数的返回值

D.124 内置函数 put_unsigned

用途

内置函数 put_unsigned 存储正在被操作变量新的未定标无符号值。该变量应是无符号数据类型,并在变量表或设备中是有效变量。一个无符号值包含下列数据类型的设备变量:

- UNSIGNED;
- ENUMERATED;

- BIT_ENUMERATED;
- INDEX。

这些数据类型的设备变量应由程序处理,因为它们不能被ANSI_C支持。该内置函数put_unsigned只能通过与pre-edit、post-edit、post-read或pre-write动作相关的程序才能调用。只有和事件pre-edit,post-edit,post-read或pre-write相关的程序才能调用内置函数put_unsigned。当变量的pre_edit、post-edit、post_read或pre_write动作之一被定义为属性,被应用程序、用户程序或编辑程序写入的时候,与之有关的程序才运行。

词法结构

put_unsigned(value)

内置函数put_unsigned的词法元素如表D.124所示。

表D.124 内置函数put_unsigned

参数名	类型	指向	用法	描述
value	无符号长整型	I	m	指定VARIABLE的新值
<return>	长整型	O	m	指定内置函数的返回值

D.125 内置函数put_unsigned_value

用途

内置函数put_unsigned_value存储正在被操作变量的新的未定标无符号值。

参数标识和成员标识采用内置函数ITEM_ID和MEMBER_ID以及请求中的变量名或引用来指定。

变量应是无符号数据类型,并且在变量表或设备中是有效的变量。一个无符号值包含下列数据类型的设备变量:

- UNSIGNED;
- ENUMERATED;
- BIT_ENUMERATED;
- INDEX。

这些数据类型的设备变量应由程序处理,因为它们不能被ANSI_C支持。该变量在变量表或设备中应是有效的。

词法结构

put_unsiged_value(id,member_id,value)

内置函数put_unsigned_value的词法元素如表D.125所示。

表D.125 内置函数put_unsigned_value

参数名	类型	指向	用法	描述
id	无符号长整型	I	o	指定访问VARIABLE的ID项
member_id	无符号长整型	I	o	指定访问VARIABLE的ID成员
value	无符号长整型	I	m	指定VARIABLE的新值
<return>	长整型	O	m	指定内置函数的返回值

D.126 内置函数 READ_COMMAND

用途

内置函数 READ_COMMAND 允许用给出的命令读取变量。

词法结构

READ_COMMAND(command_identifier)

内置函数 READ_COMMAND 的词法元素如表 D.126 所示。

表 D.126 内置函数 READ_COMMAND

参数名	类型	指向	用法	描述
command_identifier	引用	I	m	指定执行命令的标示符
＜return＞	VOID	—	—	—

D.127 内置函数 read_value

用途

内置函数 read_value 导致从设备读取参数值。

内置函数 read_value 在非高速缓存 EDD 应用中不做任何事，因为非高速缓存应用不具有变量表来更新。

内置函数 read_value 受制于与应用读写一个值相同的读写超时。参数标识和成员标识采用内置函数 ITEM_ID 和 MEMBER_ID 以及请求中的变量名和引用来指定。

词法结构

read_value(id,member_id)

内置函数 read_value 的词法元素如表 D.127 所示。

表 D.127 内置函数 read_value

参数名	类型	指向	用法	描述
id	无符号长整型	I	o	指定访问 VARIABLE 的 ID 项
member_id	无符号长整型	I	o	指定访问 VARIABLE 的 ID 成员
＜return＞	长整型	O	m	指定内置函数的返回值

D.128 内置函数 remove_abort_method(version A)

用途

如果当前程序被终止，内置函数 remove_abort_method 将从终止程序表中删除一个程序，这个终止程序表就是被执行的程序列表。该内置函数程序将删除程序表中指定程序的第 1 次出现，启动加入的第一个程序。如果一个指定程序有多次出现，只删除第一次。在一个终止程序被执行中，终止程序不能被删除。

词法结构

remove_abort_method(abort_method_name)

内置函数 remove_abort_method 的词法元素如表 D.128 所示。

表 D.128　内置函数 remove_abort_method(version A)

参数名	类型	指向	用法	描述
abort_method_name	引用	I	o	指定程序的标识符
＜return＞	整型	O	m	指定内置函数的返回值

D.129　内置函数 remove_abort_method(version B)

用途

内置函数 remove_abort_method 将从终止程序表中删除一个程序，如果主程序终止，终止程序列表包含被执行的程序。

本内置函数程序删除在表中找到的程序的第 1 次出现，从最前面开始直到最后面。表的最前面有最先加入的终止程序(FIFO)，如果程序在表中出现多次，后续出现的次数不被删除。

member_id 的参数是由编程人员采用内置函数 ITEM_ID 和程序名来指定，终止程序不能调用 remove_abort_method。

词法结构

remove_abort_method(method_id)

内置函数 remove_abort_method 的词法元素如表 D.129 所示。

表 D.129　内置函数 remove_abort_method(version B)

参数名	类型	指向	用法	描述
method_id	无符号长整型	I	o	指定程序的标识符
＜return＞	长整型	O	m	指定内置函数的返回值

D.130　内置函数 remove_all_abort_methods

用途

内置函数 remove_all_abort_methods 从终止程序列表中删除所有程序。该内置函数除了删除所有的终止程序外，其他与 remove_abort_method(version A)或 remove_abort_method(version B)相似。终止程序不能调用 remove_all_abort_methods。

词法结构

remove_all_abort_methods(VOID)

内置函数 remove_all_abort_methods 的词法元素如表 D.130 所示。

表 D.130　内置函数 remove_all_abort_methods

参数名	类型	指向	用法	描述
＜return＞	VOID	—	—	—

D.131　内置函数 resolve_array_ref

用途

内置函数 resolve_array_ref 是程序开发人员在分析如 item_array_name 事情时使用。内置函数 item_array_name获得 REFERENCE_ARRAY 的项目 ID 和索引，并把它们拆分到成 REFERENCE_ARRAY 元素引用的项目 ID 中。本内置函数可用来填充传给显示内置函数的数组。

参数标识和成员标识采用内置函数 ITEM_Id 和 MEMBER_ID 以及请求中的变量名或引用来指定。

如果 REFERENCE_ARRAY 的成员具有条件从属性(也就是说,一个元素的定义依赖于另一个值),在拆分时这种依赖性也要考虑进去。

词法结构

resolve_array_ref(id,member_id)

内置函数 resolve_array_ref 的词法元素如表 D.131 所示。

表 D.131 内置函数 resolve_array_ref

参数名	类型	指向	用法	描述
id	无符号长整型	I	o	指定 REFERENCE_ARRAY 的 ID 项
member_id	无符号长整型	I	o	指定被请求 REFERENCE_ARRAY 元素的索引
<return>	无符号长整型	O	m	指定被拆分引用的 ID 项,或对于错误为 0。在错误条件下,内置函数 get_resolve_status 将被用于访问实际的错误代码

D.132 内置函数 resolve_block_ref

用途

内置函数 resolve_block_ref 是为程序开发人员分析如 BLOCK_A 事件时使用。内置函数 resolve_block_ref 获取一个功能块特性记录的成员的 ID 成员并返回 ID 项给被拆分的元素。

参数 member_id 采用 MEMBER_ID 内置函数和请求中的变量名和引用来指定的。如果特性记录的成员有条件从属性(也就是说,一个元素的定义依赖于另一个值),在拆分的过程中,依赖性应被考虑进去。

拆分 member_id 引用会生成 BLOCK_A 元素到项目 ID 中,它随后被用于内置函数调用。

词法结构

resolve_block_ref(member_id)

内置函数 resolve_block_ref 的词法元素如表 D.132 所示。

表 D.132 内置函数 resolve_block_ref

参数名	类型	指向	用法	描述
member_id	无符号长整型	I	m	指定 BLOCK_A 的 ID 项
<return>	无符号长整型	O	m	指定被拆分引用的 ID 项,或对于错误为 0。在错误条件下,内置函数 get_resolve_status 将被用于访问实际的错误代码

D.133 内置函数 resolve_param_list_ref

用途

内置函数 resolve_param_list_ref 是为程序开发人员分析如 PARAM_LIST 命名时使用。它获得 PARAMETER_LIST 的成员 ID,并返回完全被拆分元素的 ID 项。

参数 member_id 采用内置函数 MEMBER_ID 和请求中的变量名和引用来指定。如果参数列表的成员有条件从属性——一个元素的定义依赖于另外的值——在拆分时应将该依赖性考虑进去。

内置函数 resolve_param_list_ref 拆分 member_id 引用会生成 PARAMETER_LIST 元素到 ID

项，随后被用于内置函数调用。

词法结构

resolve_param_list_ref(member_id)

内置函数 resolve_param_list_ref 的词法元素如表 D.133 所示。

表 D.133 内置函数 resolve_param_list_ref

参数名	类型	指向	用法	描述
member_id	无符号长整型	I	m	指定参数表的 ID 项
<return>	无符号长整型	O	m	指定被拆分引用的 ID 项，或对于错误为 0。在错误条件下，内置函数 get_resolve_status 将被用于访问实际的错误代码

D.134 内置函数 resolve_param_ref

用途

内置函数 resolve_param_ref 是为程序开发人员分析如 PARAM. name 时使用。它获得 PARAMETER 元素的 ID 成员，并返回完全被拆分元素的 ID 项。

参数 member_id 采用 MEMBER_ID 内置函数以及请求中的变量名和引用来指定。拆分 member_id 引用会生成 PARAMETER 元素到项目 ID 中，随后被用于内置函数的调用。

词法结构

resolve_param_ref(member_id)

内置函数 resolve_param_ref 的词法元素如表 D.134 所示。

表 D.134 内置函数 resolve_param_ref

参数名	类型	指向	用法	描述
member_id	无符号长整型	I	m	指定参数的 ID 项
<return>	无符号长整型	O	m	指定被拆分引用的 ID 项，或对于错误为 0。在错误条件下，内置函数 get_resolve_status 将被用于访问实际的错误代码

D.135 内置函数 resolve_record_ref

用途

内置函数 resolve_record_ref 是为程序开发人员分析如 record_name、member_name 时使用。它获得记录的 ID 项和记录元素或成员的 ID 成员，并返回完全被拆分元素的 ID 项。

如果一个记录的成员有条件依赖性(也就是说，一个元素的定义依赖于另一个值)，在分解过程中，这种依赖性应被考虑进去。

参数标识和成员标识采用内置函数 ITEM_ID 和 MEMBER_ID 以及请求中的变量名和引用来指定。

拆分 member_id 引用会生成 RECORD 元素到项目 ID 中，随后被用于内置函数的调用。

词法结构

resolve_record_ref(id,member_id)

内置函数 resolve_record_ref 的词法元素如表 D.135 所示。

表 D.135 内置函数 resolve_record_ref

参数名	类型	指向	用法	描述
id	无符号长整型	I	m	指定被拆分 RECORD 的 ID 项
member_id	无符号长整型	I	m	指定记录成员的 ID 成员
<return>	无符号长整型	O	m	指定被拆分引用的 ID 项，或对于错误为 0。在错误条件下，内置函数 get_resolve_status 将被用于访问实际的错误代码

D.136 内置函数 retry_on_all_comm_errors

用途

在出现通信错误之后，内置函数 retry_on_all_comm_error 导致由程序产生的上一次请求被重试。在失败和错误返回被返回之前，该请求将重试三次。

本内置函数在任何通信错误后，从必须明确重试该请求中释放出程序。

通信错误代码在标准行规中定义，并且它们的相关字符串在文本字典中定义。

注：0 通讯错误不被认为是一个通讯错误。

词法结构

retry_on_all_comm_error(VOID)

内置函数 retry_on_all_comm_error 的词法元素如表 D.136 所示。

表 D.136 内置函数 retry_on_all_comm_errors

参数名	类型	指向	用法	描述
<return>	VOID	—	—	—

D.137 内置函数 RETRY_ON_ALL_COMM_STATUS

用途

内置函数 RETRY_ON_ALL_COMM_STATUS 将在通信状态重试掩码中设置所有位，如果设备返回任何通讯状态值，将导致系统重试当前命令。当事务处理中返回的第一个数据字节的第七位被置位时，该字节被定义为通信状态。

每次程序开始时，重试和终止掩码被复位为它们的默认值，所以新掩码值只在当前程序中有效。掩码的实现参见内置函数 send_command。可用的掩码表和它们的缺省值参见 ABORT_ON_RESPONSE_CODE。

本功能影响的掩码也用于内置函数 send、send_trans、send_command、send_command_trans、ext_send_command、ext_send_command_trans、get_more_status 和 display。

词法结构

RETRY_ON_ALL_COMM_STATUS(VOID)

内置函数 RETRY_ON_ALL_COMM_STATUS 的词法元素如表 D.137 所示。

表 D.137 内置函数 RETRY_ON_ALL_COMM_STATUS

参数名	类型	指向	用法	描述
<return>	VOID	—	—	—

D.138 内置函数 RETRY_ON_ALL_DEVICE_STATUS

用途

内置函数 RETRY_ON_ALL_DEVICE_STATUS 将在设备状态重试掩码中设置所有位。如果设备返回任意设备状态值时系统将重试当前命令。设备状态被定义为事务处理中返回的第二个数据字节。

在每次程序开始时,重试和终止掩码被复位为它们的默认值,所以新的掩码值只在当前程序中有效。

本功能影响的掩码也用于内置函数 send、send_trans、send_command、send_command_trans、ext_send_command、ext_send_command_trans、get_more_status 和 display。

词法结构

RETRY_ON_ALL_DEVICE_STATUS(VOID)

内置函数 RETRY_ON_ALL_DEVICE_STATUS 的词法元素如表 D.138 所示。

表 D.138 内置函数 RETRY_ON_ALL_DEVICE_STATUS

参数名	类型	指向	用法	描述
<return>	VOID	—	—	—

D.139 内置函数 RETRY_ON_ALL_RESPONSE_CODES

用途

内置函数 RETRY_ON_ALL_RESPONSE_CODES 将在响应代码重试掩码中设置所有位。如果设备返回任何代码值,这将导致系统将重试当前命令。

当事务处理中返回的第一个数据字节的第七位为 0 时,该字节被定义为响应代码。

在每次程序开始时,重试和终止掩码被复位为它们的默认值,所以新的掩码值只在当前程序中有效。

掩码的实现参见 send_cmmand 函数。可用的掩码表和它们的缺省值参见内置函数 ABORT_ON_RESPONSE_CODE。

本功能影响的掩码也用于内置函数 send、send_trans、send_command、send_command_trans、ext_send_command、ext_send_command_trans、get_more_status 和 display。

词法结构

RETRY_ON_ALL_RESPONSE_CODES(VOID)

内置函数 RETRY_ON_ALL_RESPONSE_CODES 的词法元素如表 D.139 所示。

表 D.139 内置函数 RETRY_ON_ALL_RESPONSE_CODES

参数名	类型	指向	用法	描述
<return>	VOID	—	—	—

D.140 内置函数 retry_on_all_response_codes

用途

内置函数 retry_on_all_response_codes 导致在任何响应代码之后程序所产生的的最后一次请求被重试。在请求失败和错误返回被返回之前,请求将重试三次。当一个程序开始时,这是内置函数的一个缺省动作。

该内置函数功能在任何响应代码后从必须明确重试的一个请求中释放出。

响应代码是一个表示应用特定错误条件的整数值。

注:0 响应代码不被认为是一个错误响应代码。每个响应代码和响应代码类型在 EDD 中定义。

词法结构

retry_on_all_response_codes(VOID)

内置函数 retry_on_all_response_codes 的词法元素如表 D.140 所示。

表 D.140 内置函数 retry_on_all_response_codes

参数名	类型	指向	用法	描述
<return>	VOID	—	—	—

D.141 内置函数 RETRY_ON_COMM_ERROR

用途

内置函数 RETRY_ON_COMM_ERROR 设置无通讯错误掩码,以便在发送命令时,如果发现一个通信错误,当前命令将被重试。

在每次程序开始时,重试和终止掩码被复位为它们的默认值,所以,新的掩码只在当前过程中有效。掩码的实现参见 send_command。可用的掩码表和它们的缺省值参见内置函数 ABORT_ON_RESPONSE_CODE。

本功能影响的掩码也用于内置函数 send、send_trans、send_command、send_command_trans、ext_send_command、ext_send_command_trans、get_more_status 和 display。

词法结构

RETRY_ON_COMM_ERROR(VOID)

内置函数 RETRY_ON_COMM_ERROR 的词法元素如表 D.141 所示。

表 D.141 内置函数 RETRY_ON_COMM_ERROR

参数名	类型	指向	用法	描述
<return>	VOID	—	—	—

D.142 内置函数 retry_on_comm_error

用途

内置函数 retry_on_comm_error 导致由程序产生的上一次请求在出现指定的通信错误后被重试,在请求失败并且错误返回被返回之前,该请求将被重试三次。

在收到所给的通信错误后,本内置函数从必须明确重试的一个请求中释放出程序。

通信错误代码由协会定义,它们的相关字符串在文本字典中定义。0 通信错误不被认为是通信错误。

词法结构

retry_on_comm_error(error)

内置函数 retry_on_comm_error 的词法元素如表 D.142 所示。

表 D.142 内置函数 retry_on_comm_error

参数名	类型	指向	用法	描述
error	无符号长整型	I	m	指定通信错误
<return>	长整型	O	m	指定内置函数返回值

D.143 内置函数 RETRY_ON_COMM_STATUS

用途

内置函数 RETRY_ON_COMM_STATUS 将在通讯状态重试掩码中设置校验位,以便这个指定的通讯状态值将导致当前命令被重试。当事务处理中返回的第一个数据字节的第七位为1时，该字节被定义为通信状态。

在每次程序开始时，重试和终止掩码被复位为它们的默认值，所以新的掩码值只在当前程序中有效。掩码的实现参见 send_cmmand 函数。可用的掩码表和它们的缺省值参见内置函数 ABORT_ON_RESPONSE_CODE。

本功能影响的掩码也用于内置函数 send、send_trans、send_command、send_command_trans、ext_send_command、ext_send_command_trans、get_more_status 和 display。

词法结构

RETRY_ON_COMM_STATUS(comm_status)

内置函数 RETRY_ON_COMM_STATUS 的词法元素如表 D.143 所示。

表 D.143　内置函数 RETRY_ON_COMM_STATUS

参数名	类型	指向	用法	描述
comm_status	整型	I	m	指定新的通信状态重试掩码
<return>	VOID	—	—	—

D.144　内置函数 RETRY_ON_DEVICE_STATUS

用途

内置函数 RETRY_ON_DEVICE_STATUS 将在设备状态重试掩码中设置校验位，以便所指定的设备状态值导致当前命令被重试。设备状态值被定义为事务处理中返回的第二个数据字节。

在每次程序开始时，重试和终止掩码被复位为它们的默认值，所以新的掩码值只在当前程序中有效。掩码的实现参见 send_cmmand 函数。可用的掩码表和它们的缺省值参见内置函数 ABORT_ON_RESPONSE_CODE。

本函数影响的掩码也用于内置函数 send、send_trans、send_command、send_command_trans、ext_send_command、ext_send_command_trans、get_more_status 和 display。

词法结构

RETRY_ON_DEVICE_STATUS(device_status)

内置函数 RETRY_ON_DEVICE_STATUS 的词法元素如表 D.144 所示。

表 D.144　内置函数 RETRY_ON_DEVICE_STATUS

参数名	类型	指向	用法	描述
device_status	整型	I	m	用来指定重试掩码的新的通讯状态值
<return>	VOID	—	—	—

D.145　内置函数 RETRY_ON_NO_DEVICE

用途

内置函数 RETRY_ON_NO_DEVICE 将设置无设备掩码，以便在发送命令时，如果没有设备被发现，当前命令将被重试。

在每次程序开始时，重试和终止掩码被复位为它们的默认值，所以新的掩码值只在当前程序中有效。掩码的实现参见 send_cmmand 函数。可用的掩码表和它们的缺省值参见内置函数 ABORT_ON_RESPONSE_CODE。

本功能影响的掩码也用于内置函数 send、send_trans、send_command、send_command_trans、ext_send_command、ext_send_command_trans、get_more_status 和 display。

词法结构

RETRY_ON_NO_DEVICE (VOID)

内置函数 RETRY_ON_NO_DEVICE 的词法元素如表 D.145 所示。

表 D.145 内置函数 RETRY_ON_NO_DEVICE

参数名	类型	指向	用法	描述
<return>	VOID	—	—	—

D.146 内置函数 RETRY_ON_RESPONSE_CODE

用途

内置函数 RETRY_ON_RESPONSE_CODE 将在响应代码重试掩码中设置校验位,以便所指定的响应代码值将导致当前命令被重试。当事务中返回的第一个数据字节的第七位是 0 时,该字节被定义为响应代码。

在每次程序开始时,重试和终止掩码被复位为它们的默认值,所以新的掩码值只在当前程序中有效。掩码的实现参见 send_cmmand 函数。可用的掩码表和它们的缺省值参见内置函数 ABORT_ON_RESPONSE_CODE。

本功能影响的掩码也用于内置函数 send、send_trans、send_command、send_command_trans、ext_send_command、ext_send_command_trans、get_more_status 和 display。

词法结构

RETRY_ON_RESPONSE_CODE (response_code)

内置函数 RETRY_ON_RESPONSE_CODE 的词法元素如表 D.146 所示。

表 D.146 内置函数 RETRY_ON_RESPONSE_CODE

参数名	类型	指向	用法	描述
response_code	整型	I	m	指定新的状态重试掩码
<return>	VOID	—	—	—

D.147 内置函数 retry_on_response_code

用途

内置函数 retry_on_response_code 导致在指定的响应代码被接收到后,由程序产生的上一次请求被重试三次。

本内置函数在所给出的响应代码被接收到后,从必须明确重试的请求中释放出程序。

响应代码是一个表示应用指定错误条件的值。

注:0 响应代码值不被认为是一个错误响应代码。每一个响应代码及其类型在 EDD 中定义。

重试程序的上一次请求,直到收到指定的响应代码。

词法结构

retry_on_response_code(code)

内置函数 retry_on_response_code 的词法元素如表 D.147 所示。

表 D.147 内置函数 retry_on_response_code

参数名	类型	指向	用法	描述
code	无符号长整型	I	M	指定被拆分的响应代码
<return>	长整型	O	M	指定内置函数返回的值

D.148 内置函数 rspcode_string

用途

内置函数 rspcode_string 将对所指定的命令和响应代码返回响应代码字符串。如果字符串的长度比在 response_string_length 中定义的最大长度长，该字符串将被截断。所指定的响应代码对于指示命令应是有效的。

词法结构

rspcode_string(cmd_nember，response_code，response_string，response_string_length)

内置函数 rspcode_string 的词法元素如表 D.148 所示

表 D.148 内置函数 rspcode_string

参数名	类型	指向	用法	描述
cmd_number	整型	I	M	指定命令号
response_code	整型	I	M	指定响应代码
response_string	字符[]	O	M	指定响应代码缓冲器
response_string_ length	整型	I		指定字符串缓冲器的最大长度
<return>	长整型	—		

D.149 内置函数 save_on_exit

用途

内置函数 save_on_exit 设置终止动作，以保存在变量表中还未发送给设备的程序改变了的变量。在设备中的该值不受影响。只要应用未改变该值，该值将按被应用写入的那样被保存。

当一个程序改变了一个变量的值时，事实上只改变 EDD 应用中该值的副本。这个改变只在程序的生命周期中有效。为了使这个值永久地存在变量表中，程序在退出之前应保存该值。

所有已改变的但未发送到设备中去的值，都是在程序的结尾，要么通过发送它们给设备，要么通过放弃它们，要么通过按存在于程序最后的方法保存它们(但不影响设备)来处理。保存的值可被其他程序使用。

如果程序未调用内置函数 discard_on_exit、save_on_exit 或 send_on_exit，任何内置函数中的值将被放弃，如同 discard_on_exit 调用一样。

如果程序中止，那么内置函数 discard_on_exit 选项就被强制，即使在程序终止之前内置函数 save_on_exit 被调用。

词法结构

save_on_exit(VOID)

内置函数 save_on_exit 的词法元素如表 D.149 所示。

表 D.149 内置函数 save_on_exit

参数名	类型	指向	用法	描述
<return>	长整型	—	—	—

D.150 内置函数 save_values

用途

内置函数 save_values 导致在程序会话期间所有被修改设备变量的值，在程序已经退出后被永久保留。

如果本功能未被调用，被修改但未发送给设备的设备变量将被恢复成它们以前的值。

词法结构

save_values(VIOD)

内置函数 save_values 的词法元素如表 D.150 所示。

表 D.150 内置函数 save_values

参数名	类型	指向	用法	描述
<return>	长整型	—	—	—

D.151 内置函数 SELECT_FROM_LIST

用途

除了设备变量不能被允许在提示字符串中之外,内置函数 SELECT_FROM_LIST 和 select_from_list 具有相同的功能。在选择列表中至少应有两个选项。

注 1:以前显示的信息不能被保证继续保留在屏幕上。

注 2:在每次对该功能调用后,一些 EDD 应用会清除显示。

词法结构

SELECT_FROM_LIST(prompt,option_list)

内置函数 SELECT_FROM_LIST 词法元素如表 D.151 所示。

表 D.151 内置函数 SELECT_FROM_LIST

参数名	类型	指向	用法	描述
prompt	字符[]	I	m	指定被显示的信息
option_list	字符[]	I	m	指定定义菜单项的选择信息,包含分隔的文本
<return>	整型	O	m	按位置指定选项的结果(基于 0 的)

D.152 内置函数 select_from_list

用途

内置函数 select_from_list 将显示一个提示,并为用户提供一个选项表去选择。一旦选择作出,在选项表中选项的位置将被返回。选项表中的位置是从 0 开始的。例如,如果所提供的选项表包含两项,当选择第一项时本函数将返回 0,选择第二项时 1 被返回。

提示和/或选项列表可以包含嵌入的本地和/或设备变量值(语法结构参看 put_message)。

选项就像两个选项之间用分号隔开的单个字符串一样被传给本功能,选项表中至少应有两个选项。

注 1:以前显示的信息不能被保证继续保留在屏幕上。

注 2:在每次对该功能调用后,一些 EDD 应用会清除显示。

词法结构

select_from_list(prompt,global_var_ids,option_list)

内置函数 select_from_list 的词法元素如表 D.152 所示。

表 D.152 内置函数 select_from_list

参数名	类型	指向	用法	描述
prompt	字符[]	I	m	指定被显示的信息
global_var_ids	整形数组	I	m	指定包含 VARIABLE 实例唯一标识符的数组
option_list	字符[]	I	m	指定定义了菜单项的选项字符串,包含分隔的文本
<return>	长整型	O	m	按位置指定选项的结果(从 0 开始)

D.153　内置函数 select_from_menu

用途

内置函数 select_from_menu 显示一选项表或菜单项供用户选择，并重新获得所选择的编号。当用户完成了一个选择后，它就返回给调用程序，选择项从 1 开始直到参数选项所指定选项数的范围。变量值可按形式化信息嵌入到提示信息字符串中。选项字符串根据用户选择的菜单来定义，是一个包含选项的字符串；每个选项和其他选项之间用冒号来分隔。每个选项可有国家代码嵌入在里面。

- 应用应该按照后续原则显示字符串。
- 屏幕上显示的菜单项应与字符串中的顺序相同。
- 显示在屏幕上提示字符串应出现在菜单的上端。
- 提示字符串是不可选的。
- 菜单从上到下表示。

词法结构

select_from_menu(prompt,ids,indices,id_count,options,selection)

内置函数 select_from_menu 的词法元素如表 D.153 所示。

表 D.153　内置函数 select_from_menu

参数名	类型	指向	用法	描述
prompt	字符[]	I	m	指定显示的信息
ids	无符号长整型数组	I	m	指定用在提示信息中 VARIABLE 的 ID 项
indices	无符号长整型数组	I	m	指定用在提示信息中 VARIABLE 的 ID 成员或索引
id_count	长整型	I	m	在 REFERENCE_ARRAY 中为标识符和指示指定的 REFERENCE_ARRAY 元素的号。如果 REFERENCE_ARRAY 的标识符和指示为 0 这个值也设置为 0
options	字符[]	I	m	指定定义菜单项的选项字符串，包括分隔的文本
selection	长整型	O	m	按位置指定选项结果(基于 0 的)
<return>	长整型	O	m	指定内置函数的返回值

D.154　内置函数 send

用途

内置函数 send 将发送指定的命令并在 cmd_status 数组中分别返回响应代码、通讯状态以及命令状态。

在 cmd_status 数组中的字节和相应终止掩码进行逻辑 AND，以决定程序是否应该终止。如果有一个匹配，程序就终止并运行终止程序(如果有任意个中止程序被指派)。如果没有与终止掩码相匹配的，一样的数据就与相应的重试掩码相 AND，如果有一个相匹配，该命令将被重试。这将持续到要么命令成功，要么终止产生，要么重试的最大次数已达到。

命令的状态字节是一个 cmd_ststus 参数返回的三字节数组指针，它分配在程序中产生调用。

词法结构

send(cmd_number,cmd_status)

内置函数 send 的词法元素如表 D.154 所示。

表 D.154　内置函数 send

参　数　名	类　　型	指　　向	用　　法	描　　　述
cmd_number	整型	I	m	指定要发送的命令号
cmd_status	字符[]	I	m	指定发送命令的状态字节
<return>	整型	O	m	指定内置函数的返回值

D.155　内置函数 send_all_values

用途

内置函数 send_all_values 发送在变量表中已被程序改变但还未传给设备的全部值。该动作改变设备的值来匹配程序修改的值。

因为该内置函数没有变量表，它不针对非高速缓存 EDD 应用做任何事。采用变量表中已被程序修改的全部值来更新设备。

词法结构

send_all_values(VOID)

内置函数 send_all_values 的词法结构如表 D.155 所示。

表 D.155　内置函数 send_all_values

参　数　名	类　　型	指　　向	用　　法	描　　　述
<return>	长整型	O	m	指定内置函数返回值

D.156　内置函数 send_command

用途

内置函数 send_command 将发送指定的命令。如果表示更多的数据存在的状态位被返回(状态类别 MOR)，命令 48 将被自动发布。来自于原始命令和命令 48 的状态/数据字节立即与相应的终止掩码逻辑 AND，以确定是否程序应该终止。如果有一个匹配，程序就终止并运行终止程序(如果任意个中止程序被指派)。如果没有与终止掩码相匹配，一样的数据就与相应的重试掩码相 AND，如果有一个匹配，该命令将被重试。这将持续到要么命令成功，要么终止产生，要么重试的最大次数已达到。对于本函数没有状态或数据字节被返回。

词法结构

send_command(cmd_number)

内置函数 send_command 的词法结构如表 D.156 所示。

表 D.156　内置函数 send_command

参　数　名	类　　型	指　　向	用　　法	描　　　述
cmd_number	整型	I	m	指定要发送的命令的号
<return>	长整型	O	m	指定内置函数的返回值

D.157　内置函数 send_command_trans

用途

内置函数 send_command_trans 用指定的事务处理向设备发送命令。本功能用于发送被用多个事务处理所定义的命令。

内置函数 send_command 将发送指定的命令。如果表示有更多数据可用的状态位被返回(状态类别 MORE),命令 48 将自动发布。来自于原始命令和命令 48 的状态/数据字节立即与相应的终止掩码逻辑 AND,以确定是否程序应该终止。如果有一个匹配,程序就终止并运行终止程序(如果有任意一个已分配的中止程序)。如果没有与终止掩码相匹配的,一样的数据就与相应的重试掩码相 AND。如果有一个匹配,该命令将被重试。这将持续到要么命令成功,要么终止产生,要么重试的最大次数已达到。对于本命令不返回状态或数据字节。

词法结构

send_command_trans(cmd_number,transaction)

内置函数 send_command_trans 的词法元素如表 D.157 所示。

表 D.157 内置函数 send_command_trans

参数名	类型	指向	用法	描述
cmd_number	整型	I	m	指定要发送的命令的号码
transaction	整型	I	m	指定 TRANSACTION 的号
<return>	长整型	O	m	指定内置函数的返回值

D.158 内置函数 send_on_exit

用途

内置函数 send_on_exit 设置结束动作,以发送任何由程序产生的变化给存储在 EDD 应用变量表中的变量,该变化还没有发送给设备。本内置函数在非高速缓存 EDD 应用中不做任何事,因为非高速缓存不具有变量表。

当程序修改一个变量值时,它改变了该值的副本。这个改变只对这个程序的生命周期有效。为了在设备中形成这个变化,程序将发送该值给设备,或在程序退出之前调用本内置函数。

所有被改变但还未被发送给设备的值都在程序结束的时候被处理,要么发送它们给设备,要么放弃它们,要么在现行程序的最后保存这个值的改变。程序结束后变量表中已被改变的变量被发送。

如果程序未调用内置函数 discard_on_exit 或 send_on_exit 的周期超出,任何由内置函数改变的值都被放弃,就像内置函数 discard_on_exit 被调用了一样。如果程序终止,即使在程序被终止之前调用了内置函数 save_on_exit 或 send_on_exit,内置函数 discard_on_exit 选项也要被强制。

词法结构

send_on_exit(VOID)

内置函数 send_on_exit 的词法元素如表 D.158 所示。

表 D.158 内置函数 send_on_exit

参数名	类型	指向	用法	描述
<return>	VOID	—	—	—

D.159 内置函数 send_trans

用途

内置函数 send_trans 发送带指定事务处理的命令给设备。本函数用于发送被用多个事务处理所定义的命令。

内置函数 send_trans 将发送指定的命令并在 cmd_status 数组中分别返回响应代码,通讯状态和命令状态。这些字节和相应的终止掩码逻辑 AND,以确定程序是否终止。如果匹配,程序将被终止并运行终止程序(如果任意一个终止程序已被指派)。如果不匹配,命令将被重试,一直持续到要么程序成功,要么一个终止发生,或者重试的最大次数已经达到。

命令的状态字节在 cmd_status 参数中返回，它是一个 3 字节数组，在程序生成的调用中指派。

词法结构

send _trans(cmd_number, transaction, cmd_status)

内置函数 send_ trans 的词法元素如表 D.159 所示。

表 D.159 内置函数 send_ trans

参数名	类型	指向	用法	描述
cmd_number	整型	I	m	指定要发送的命令的号
transaction	整型	I	m	指定 TRANSACTION 的号
cmd_status	字符[]	O	m	指定发送命令的状态字节
<return>	长整型	O	m	指定内置函数的返回值

D.160 内置函数 send_value

用途

内置函数 send_value 导致在变量列表中有变化的变量值被发送到设备中，并因而更新设备值。本内置函数在非高速缓存 EDD 应用中不做任何事，因为非高速缓存 EDD 应用没有变量表。设备中一些值是 READ_ONLY 而不能被写入，试图写入会导致一个内置函数错误被返回。

参数标识和成员标识采用内置函数 ITEM_ID 和 MEMBER_ID 以及请求中的变量名和引用来指定。

词法结构

send_value(id, member_id)

内置函数 send_value 的词法元素如表 D.160 所示。

表 D.160 内置函数 send_value

参数名	类型	指向	用法	描述
id	无符号长整型	I	m	指定读取变量的 ID 项
member_id	无符号长整型	I	m	指定将读取变量的 ID 成员
<return>	长整型	O	m	指定内置函数的返回值

D.161 内置函数 SET_NUMBER_OF_RETRIES

用途

内置函数 SET_NUMBER_OF_RETRIES 设置由于相应的重试掩码命令将被多次重试的次数，在每个程序开始的时候该值的缺省值为 0。

词法结构

SET_NUMBER_OF_RETRIES(n)

内置函数 SET_NUMBER_OF_RETRIES 的词法元素如表 D.161 所示。

表 D.161 内置函数 SET_NUMBER_OF_RETRIES

参数名	类型	指向	用法	描述
n	整型	I	m	指定一个命令重试的次数
<return>	整型	O	m	指定内置函数的返回值

D.162　内置函数 VARID

用途

内置函数 VARID 将返回指定变量的数字标识，一个有效的变量名将被提供。设备描述中的每个变量被分配一个唯一的数字标识。当一个变量的标识要么需要存储到临时缓冲器中，要么作为参数被发送给其他内置函数的时候，本功能将被用到。

词法结构

VARID(variable_name)

内置函数 VARID 的词法元素如表 D.162 所示。

表 D.162　内置函数 VARID

参数名	类型	指向	用法	描述
variable_name	字符[]	I	m	指定 VARIABLE 的标识符
<return>	整型	O	m	指定内置函数返回值

D.163　内置函数 vassign

用途

内置函数 vassign 将把原变量的值赋给目标变量，两个变量都应是有效的，并应具有相同的类型。

语法结构

vassign(dest_var,source_var)

内置函数 vassign 的语法元素如表 D.163 所示。

表 D.163　内置函数 vassign

参数名	类型	指向	用法	描述
dest_var	字符[]	I	m	说明目标 VARIABLE 的标识符
source_var	字符[]	I	m	说明源 VARIABLE 的标识符
<return>	整型	O	m	指定内置函数返回值

D.164　内置函数 WRITE_COMMAND

用途

内置函数 WRITE_COMMAND 用所给的命令去写一个变量。

词法结构

WRITE_COMMAND(command_identifier)

内置函数 WRITE_COMMAND 的词法元素如表 D.164 所示。

表 D.164　内置函数 WRITE_COMMAND

参数名	类型	指向	用法	描述
command_identifer	字符[]	I	m	指定执行 COMMAND 的标识符
<return>	长整型	O	m	指定内置函数返回值

D.165　内置函数 XMTR_ABORT_ON_ALL_COMM_STATUS

用途

内置函数 XMTR_ABORT_ON_ALL_COMM_STATUS 将设置命令 48 通信状态中断掩码的所有

位。如果设备返回任何命令 48 的通信状态值,该内置函数将导致系统终止当前程序。当事务处理中返回的第一个数据字节的第七位被置位,该字节被定义为通信状态。

在每个程序开始时,重试和终止掩码被复位为它们的缺省值,所以新的掩码值只在当前程序中有效。掩码的实现参见 send_command 函数。可用的掩码表和它们的缺省值参见内置函数 ABORT_ON_RESPONSE_CODE。

本功能影响的掩码也用于内置函数 send、send_trans、send_command、send_command_trans、ext_send_command、ext_send_command_trans、get_more_status 和 display。

词法结构

XMTR_ABORT_ON_ALL_COMM_STATUS(VOID)

内置函数 XMTR_ABORT_ON_ALL_COMM_STATUS 的词法元素如表 D.165 所示。

表 D.165 内置函数 XMTR_ABORT_ON_ALL_COMM_STATUS

参数名	类型	指向	用法	描述
<return>	VOID	—	—	—

D.166 内置函数 XMTR_ABORT_ON_ALL_DEVICE_STATUS

用途

内置函数 XMTR_ABORT_ON_ALL_DEVICE_STATUS 将设置命令 48 设备状态终止掩码的所有位。如果设备返回任何命令 48 设备状态值,本内置函数将导致系统终止当前程序。设备状态被定义为事务处理中返回的第二个数据字节。

在每个程序开始时,重试和终止掩码被复位为它们的缺省值,所以新的掩码值只在当前程序中有效。掩码的实现参见 send_command 函数。可用的掩码表和它们的缺省值参见内置函数 ABORT_ON_RESPONSE_CODE。

本功能影响的掩码也用于内置函数 send、send_trans、send_command、send_command_trans、ext_send_command、ext_send_command_trans、get_more_status 和 display。

词法结构

XMTR_ABORT_ON_ALL_DEVICE_STATUS(VOID)

内置函数 XMTR_ABORT_ON_ALL_DEVICE_STATUS 的词法元素如表 D.166 所示。

表 D.166 内置函数 XMTR_ABORT_ON_ALL_DEVICE_STATUS

参数名	类型	指向	用法	描述
<return>	VOID	—	—	—

D.167 内置函数 XMTR_ABORT_ON_ALL_RESPONSE_CODES

用途

内置函数 XMTR_ABORT_ON_ALL_RESPONSE_CODES 将设置命令 48 响应代码中止掩码的所有位。如果设备返回任何命令 48 响应代码值,本内置函数将导致系统终止当前程序。

在每个程序开始时,重试和终止掩码被复位为它们的缺省值,所以新的掩码值只在当前程序中有效。掩码的实现参见 send_command 函数。可用的掩码表和它们的缺省值参见内置函数 ABORT_ON_RESPONSE_CODE。

本功能影响的掩码也用于内置函数 send、send_trans、send_command、send_command_trans、ext_send_command、ext_send_command_trans、get_more_status 和 display。

词法结构

XMTR_ABORT_ON_ALL_RESPONSE_CODES(VOID)

内置函数 XMTR_ABORT_ON_ALL_RESPONSE_CODES 的词法元素如表 D.167 所示。

表 D.167　内置函数 XMTR_ABORT_ON_ALL_RESPONSE_CODES

参数名	类型	指向	用法	描述
<return>	VOID	—	—	—

D.168　内置函数 XMTR_ABORT_ON_COMM_ERROR

用途

内置函数 XMTR_ABORT_ON_COMM_ERROR 将设置命令 48 无通信错误掩码，以便如果在发送命令 48 时发现一个通信错误就将终止程序。

在每个程序开始时，重试和终止掩码被复位为它们的缺省值，所以新的掩码值只在当前程序中有效。掩码的实现参见 send_command 函数。可用的掩码表和它们的缺省值参见内置函数 ABORT_ON_RESPONSE_CODE。

本功能影响的掩码也用于内置函数 send、send_trans、send_command、send_command_trans、ext_send_command、ext_send_command_trans、get_more_status 和 display。

词法结构

XMTR_ABORT_ON_COMM_ERROR(VOID)

内置函数 XMTR_ABORT_ON_COMM_ERROR 的词法元素如表 D.168 所示。

表 D.168　内置函数 XMTR_ABORT_ON_COMM_ERROR

参数名	类型	指向	用法	描述
<return>	VOID	—	—	—

D.169　内置函数 XMTR_ABORT_ON_COMM_STATUS

用途

内置函数 XMTR_ABORT_ON_COMM_STATUS 将在命令 48 通信状态终止掩码中设置校验位，以便所指定的命令 48 通信状态值将导致程序终止。当事务处理中返回的第一个数据字节的第七位是 1，该字节就被定义为通信状态。该 comm_status_value 可被设置为 0～127 之间的值，每一位与收到的通信错误相对应。

在每个程序开始时，重试和终止掩码被复位为它们的缺省值，所以新的掩码值只在当前程序中有效。掩码的实现参见 send_command 函数。可用的掩码表和它们的缺省值参见内置函数 ABORT_ON_RESPONSE_CODE。

本功能影响的掩码也用于内置函数 send、send_trans、send_command、send_command_trans、ext_send_command、ext_send_command_trans、get_more_status 和 display。

词法结构

XMTR_ABORT_ON_COMM_STATUS(comm_status)

内置函数 XMTR_ABORT_ON_COMM_STATUS 的词法元素如表 D.169 所示。

表 D.169　内置函数 XMTR_ABORT_ON_COMM_STATUS

参数名	类型	指向	用法	描述
comm_status	整型	I	m	指定新的通信状态终止掩码
<return>	VOID	—	—	—

D.170 内置函数 XMTR_ABORT_ON_DATA

用途

内置函数 XMTR_ABORT_ON_DATA 将在终止数据掩码位中设置校验位，以便如果在数据区中由命令 48 返回的指定位被置位，程序就将被终止。

在每个程序开始时，重试和终止掩码被复位为它们的缺省值，所以新的掩码值只在当前程序中有效。掩码的实现参见 send_command 函数。可用的掩码表和它们的缺省值参见内置函数 ABORT_ON_RESPONSE_CODE。

本功能影响的掩码也用于内置函数 send、send_trans、send_command、send_command_trans、ext_send_command、ext_send_command_trans、get_more_status 和 display。

词法结构

XMTR_ABORT_ON_DATA(data)

内置函数 XMTR_ABORT_ON_DATA 的词法元素如表 D.170 所示。

表 D.170 内置函数 XMTR_ABORT_ON_DATA

参数名	类型	指向	用法	描述
data	整型	I	m	指定新的数据终止掩码
<return>	VOID	—	—	—

D.171 内置函数 XMTR_ABORT_ON_DEVICE_STATUS

用途

内置函数 XMTR_ABORT_ON_DEVICE_STATUS 将设置命令 48 设备状态终止掩码中校验位，以便所指定的命令 48 设备状态值将导致程序终止。设备状态值被定义为事务处理中返回的第二个数据字节。该设备状态值可被设置为 0～127 的值，每一位与从设备返回的设备状态相对应。

在每个程序开始时，重试和终止掩码被复位为它们的缺省值，所以新的掩码值只在当前程序中有效。掩码的实现参见 send_command 函数。可用的掩码表和它们的缺省值参见内置函数 ABORT_ON_RESPONSE_CODE。

词法结构

XMTR_ABORT_ON_DEVICE_STATUS(device_status)

内置函数 XMTR_ABORT_ON_DEVICE_STATUS 的词法元素如表 D.171 所示。

表 D.171 内置函数 XMTR_ABORT_ON_DEVICE_STATUS

参数名	类型	指向	用法	描述
device_status	整型	I	m	指定新的设备状态终止掩码
<return>	VOID	—	—	—

D.172 内置函数 XMTR_ABORT_ON_NO_DEVICE

用途

内置函数 XMTR_ABORT_ON_NO_DEVICE 将设置命令 48 无设备掩码，以便在发送命令 48 时，如果没有找到设备，程序将被终止。

在每个程序开始时，重试和终止掩码被复位为它们的缺省值，所以新的掩码值只在当前程序中有效。掩码的实现参见 send_command 函数。可用的掩码表和它们的缺省值参见内置函数 ABORT_ON_RESPONSE_CODE。

本功能影响的掩码也用于内置函数 send、send_trans、send_command、send_command_trans、ext_send_command、ext_send_command_trans、get_more_status 和 display。

词法结构

XMTR_ABORT_ON_NO_DEVICE(VOID)

内置函数 XMTR_ABORT_ON_NO_DEVICE 的词法元素如表 D.172 所示。

表 D.172 内置函数 XMTR_ABORT_ON_NO_DEVICE

参数名	类型	指向	用法	描述
<return>	VOID	—	—	—

D.173 内置函数 XMTR_ABORT_ON_RESPONSE_CODE

用途

内置函数 XMTR_ABORT_ON_RESPONSE_CODE 将设置在响应代码终止掩码中的校验位 以便所指定的命令 48 中响应代码值将导致程序终止。当事务处理中返回的第一个数据字节的第七位是 0，该字节被定义为响应代码。

在每个程序开始时，重试和终止掩码被复位为它们的缺省值，所以新的掩码值只在当前程序中有效。掩码的实现参见 send_command 函数。可用的掩码表和它们的缺省值参见内置函数 ABORT_ON_RESPONSE_CODE。

本功能影响的掩码也用于内置函数 send、send_trans、send_command、send_command_trans、ext_send_command、ext_send_command_trans、get_more_status 和 display。

词法结构

XMTR_ABORT_ON_RESPONSE_CODE(response_code)

内置函数 XMTR_ABORT_ON_RESPONSE_CODE 的词法元素如表 D.173 所示。

表 D.173 内置函数 XMTR_ABORT_ON_RESPONSE_CODE

参数名	类型	指向	用法	描述
response_code	整型	I	m	指定新的响应代码中指掩码
<return>	VOID	—	—	—

D.174 内置函数 XMTR_IGNORE_ALL_COMM_STATUS

用途

内置函数 XMTR_IGNORE_ALL_COMM_STATUS 将清除命令 48 通信状态重试和中止掩码中的所有位。这将导致系统忽略通信状态值中的所有位。当事务处理中返回的第一个数据字节的第七位被置位，该字节就被定义为通信状态。

在每个程序开始时，重试和终止掩码被复位为它们的缺省值，所以新的掩码值只在当前程序中有效。掩码的实现参见 send_command 函数。可用的掩码表和它们的缺省值参见内置函数 ABORT_ON_RESPONSE_CODE。

本功能影响的掩码也用于内置函数 send、send_trans、send_command、send_command_trans、ext_send_command、ext_send_command_trans、get_more_status 和 display。

词法结构

XMTR_IGNORE_ALL_COMM_STATUS(VOID)

内置函数 XMTR_IGNORE_ALL_COMM_STATUS 的词法元素如表 D.174 所示。

表 D.174 内置函数 XMTR_IGNORE_ALL_COMM_STATUS

参数名	类型	指向	用法	描述
<return>	VOID	—	—	—

D.175 内置函数 XMTR_IGNORE_ALL_DEVICE_STATUS

用途

内置函数 XMTR_IGNORE_ALL_DEVICE_STATUS 将清除命令 48 中设备状态重试和中止掩码中的所有位。这将导致系统忽略在命令 48 设备状态值中所有位，设备状态字节被定位为事务处理中返回的第二个字节。

在每个程序开始时，重试和终止掩码被复位为它们的缺省值，所以新的掩码值只在当前程序中有效。掩码的实现参见 send_command 函数。可用的掩码表和它们的缺省值参见内置函数 ABORT_ON_RESPONSE_CODE。

本功能影响的掩码也用于内置函数 send、send_trans、send_command、send_command_trans、ext_send_command、ext_send_command_trans、get_more_status 和 display。

词法结构

XMTR_IGNORE_ALL_DEVICE_STATUS (VOID)

内置函数 XMTR_IGNORE_ALL_DEVICE_STATUS 词法元素如表 D.175 所示。

表 D.175 内置函数 XMTR_IGNORE_ALL_DEVICE_STATUS

参数名	类型	指向	用法	描述
<return>	VOID	—	—	—

D.176 内置函数 XMTR_IGNORE_ALL_RESPONSE_CODES

用途

内置函数 XMTR_IGNORE_ALL_RESPONSE_CODES 将清除命令 48 响应代码重试和终止掩码中的所有位。这将导致系统忽略从设备返回的所有响应代码值。

在每个程序开始时，重试和终止掩码被复位为它们的缺省值，所以新的掩码值只在当前程序中有效。掩码的实现参见 send_command 函数。可用的掩码表和它们的缺省值参见内置函数 ABORT_ON_RESPONSE_CODE。

本功能影响的掩码也用于内置函数 send、send_trans、send_command、send_command_trans、ext_send_command、ext_send_command_trans、get_more_status 和 display。

词法结构

XMTR_IGNORE_ALL_RESPONSE_CODES (VOID)

内置函数 XMTR_IGNORE_ALL_RESPONSE_CODES 词法元素如表 D.176 所示。

表 D.176 内置函数 XMTR_IGNORE_ALL_RESPONSE_CODES

参数名	类型	指向	用法	描述
<return>	VOID	—	—	—

D.177 内置函数 XMTR_IGNORE_COMM_ERROR

用途

内置函数 XMTR_IGNORE_COMM_ERROR 将设置命令 48 通信错误掩码，以便在发送命令 48 时，通信错误条件将被忽略。

在每个程序开始时，重试和终止掩码被复位为它们的缺省值，所以新的掩码值只在当前程序中有效。掩码的实现参见 send_command 函数。可用的掩码表和它们的缺省值参见内置函数 ABORT_ON_RESPONSE_CODE。

本功能影响的掩码也用于内置函数 send、send_trans、send_command、send_command_trans、ext_send_command、ext_send_command_trans、get_more_status 和 display。

词法结构

XMTR_IGNORE_COMM_ERROR (VOID)

内置函数 XMTR_IGNORE_COMM_ERROR 词法元素如表 D.177 所示。

表 D.177 内置函数 XMTR_IGNORE_COMM_ERROR

参数名	类型	指向	用法	描述
<return>	VOID	—	—	—

D.178 内置函数 XMTR_IGNORE_COMM_STATUS

用途

内置函数 XMTR_IGNORE_COMM_STATUS 将清除命令 48 通信状态终止和重试掩码中的校验位，以便在命令 48 通信状态值中的指定位将被忽略。当事务处理中返回的第一个数据字节的第七位为 1，该字节被定义为通信状态。

在每个程序开始时，重试和终止掩码被复位为它们的缺省值，所以新的掩码值只在当前程序中有效。掩码的实现参见 send_command 函数。可用的掩码表和它们的缺省值参见内置函数 ABORT_ON_RESPONSE_CODE。

本功能影响的掩码也用于内置函数 send、send_trans、send_command、send_command_trans、ext_send_command、ext_send_command_trans、get_more_status 和 display。

词法结构

XMTR_IGNORE_COMM_STATUS(comm_status)

内置函数 XMTR_IGNORE_COMM_STATUS 词法元素如表 D.178 所示。

表 D.178 内置函数 XMTR_IGNORE_COMM_STATUS

参数名	类型	指向	用法	描述
comm_status	整型	I	m	指定新的通信状态终止和重试掩码
<return>	VOID	—	—	—

D.179 内置函数 XMTR_IGNORE_DEVICE_STATUS

用途

内置函数 XMTR_IGNORE_DEVICE_STATUS 将清除命令 48 设备状态终止和重试掩码中的校验位，以便在命令 48 设备状态字节中的指定位被忽略。设备状态被定义为事务处理中返回的第二个数据字节。

在每个程序开始时，重试和终止掩码被复位为它们的缺省值，所以新的掩码值只在当前程序中有效。掩码的实现参见 send_command 函数。可用的掩码表和它们的缺省值参见内置函数 ABORT_ON_RESPONSE_CODE。

本功能影响的掩码也用于内置函数 send、send_trans、send_command、send_command_trans、ext_send_command、ext_send_command_trans、get_more_status 和 display。

词法结构

XMTR_IGNORE_DEVICE_STATUS (device_status)

内置函数 XMTR_IGNORE_DEVICE_STATUS 词法元素如表 D.179 所示。

表 D.179 内置函数 XMTR_IGNORE_DEVICE_STATUS

参数名	类型	指向	用法	描述
device_status	整型	I	m	指定新的设备状态终止和重试掩码
<return>	VOID	—	—	—

D.180 内置函数 XMTR_IGNORE_NO_DEVICE

用途

内置函数 XMTR_IGNORE_NO_DEVICE 将设置命令 48 无设备掩码，以表示当发送命令 48 时应该无设备条件将被忽略。

在每个程序开始时，重试和终止掩码被复位为它们的缺省值，所以新的掩码值只在当前程序中有效。掩码的实现参见 send_command 函数。可用的掩码表和它们的缺省值参见内置函数 ABORT_ON_RESPONSE_CODE。

本功能影响的掩码也用于内置函数 send、send_trans、send_command、send_command_trans、ext_send_command、ext_send_command_trans、get_more_status 和 display。

词法结构

XMTR_IGNORE_NO_DEVICE (VOID)

内置函数 XMTR_IGNORE_NO_DEVICE 词法元素如表 D.180 所示。

表 D.180 内置函数 XMTR_IGNORE_NO_DEVICE

参数名	类型	指向	用法	描述
<return>	VOID	—	—	—

D.181 内置函数 XMTR_IGNORE_RESPONSE_CODE

用途

内置函数 XMTR_IGNORE_RESPONSE_CODE 清空命令 48 响应代码掩码中的所有位，以便所指定的命令 48 响应代码值被忽略。当事务处理中返回的第一个数据字节的第七位为 0 时，该字节被定义为响应代码。

在每个程序开始时，重试和终止掩码被复位为它们的缺省值，所以新的掩码值只在当前程序中有效。掩码的实现参见 send_command 函数。可用的掩码表和它们的缺省值参见内置函数 ABORT_ON_RESPONSE_CODE。

本功能影响的掩码也用于内置函数 send、send_trans、send_command、send_command_trans、ext_send_command、ext_send_command_trans、get_more_status 和 display。

词法结构

XMTR_IGNORE_RESPONSE_CODE (response_code)

内置函数函数 XMTR_IGNORE_RESPONSE_CODE 词法元素如表 D.181 所示。

表 D.181 内置函数 XMTR_IGNORE_RESPONSE_CODE

参数名	类型	指向	用法	描述
response_code	整型	I	m	指定新的响应代码掩码
<return>	VOID	—	—	—

D.182 内置函数 XMTR_RETRY_ON_ALL_DEVICE_STATUS

用途

内置函数 XMTR_RETRY_ON_ALL_DEVICE_STATUS 将设置在命令 48 设备状态重试掩码中的所有位。这将导致如果设备返回任何命令 48 设备状态值，系统将重试命令 48。设备状态被定义为事务处理中返回的第二个数据字节。

在每个程序开始时，重试和终止掩码被复位为它们的缺省值，所以新的掩码值只在当前程序中有效。掩码的实现参见 send_command 函数。可用的掩码表和它们的缺省值参见内置函数 ABORT_ON_RESPONSE_CODE。

本功能影响的掩码也用于内置函数 send、send_trans、send_command、send_command_trans、ext_send_command、ext_send_command_trans、get_more_status 和 display。

词法结构

XMTR_RETRY_ON_ALL_DEVICE_STATUS (VOID)

内置函数 XMTR_RETRY_ON_ALL_DEVICE_STATUS 词法元素如表 D.182 所示。

表 D.182 内置函数 XMTR_RETRY_ON_ALL_DEVICE_STATUS

参数名	类型	指向	用法	描述
<return>	VOID	—	—	—

D.183 内置函数 XMTR_RETRY_ON_ALL_RESPONSE_CODE

用途

内置函数 XMTR_RETRY_ON_ALL_RESPONSE_CODE 将设置命令 48 通信状态重试掩码中的所有位。这将导致如果设备返回任何命令 48 通信态值，系统将重试命令 48。当事务处理中返回的第一个数据字节第七位被置位，该字节被定义为通信状态。

在每个程序开始时，重试和终止掩码被复位为它们的缺省值，所以新的掩码值只在当前程序中有效。掩码的实现参见 send_command 函数。可用的掩码表和它们的缺省值参见内置函数 ABORT_ON_RESPONSE_CODE。

本功能影响的掩码也用于内置函数 send、send_trans、send_command、send_command_trans、ext_send_command、ext_send_command_trans、get_more_status 和 display。

词法结构

XMTR_RETRY_ON_ALL_RESPONSE_CODE (VOID)

内置函数 XMTR_RETRY_ON_ALL_RESPONSE_CODE 词法元素如表 D.183 所示。

表 D.183 内置函数 XMTR_RETRY_ON_ALL_RESPONSE_CODE

参数名	类型	指向	用法	描述
<return>	VOID	—	—	—

D.184 内置函数 XMTR_RETRY_ON_ALL_RESPONSE_CODES

用途

内置函数 XMTR_RETRY_ON_ALL_RESPONSE_CODES 将设置命令 48 响应代码重试掩码中的全部位。这将导致如果设备返回任何命令 48 响应代码，系统将重试命令 48。

在每个程序开始时，重试和终止掩码被复位为它们的缺省值，所以新的掩码值只在当前程序中有效。掩码的实现参见 send_command 函数。可用的掩码表和它们的缺省值参见内置函数 ABORT_ON_RESPONSE_CODE。

本功能影响的掩码也用于内置函数 send、send_trans、send_command、send_command_trans、ext_send_command、ext_send_command_trans、get_more_status 和 display。

词法结构

XMTR_RETRY_ON_ALL_RESPONSE_CODES (VOID)

内置函数 XMTR_RETRY_ON_ALL_RESPONSE_CODES 词法元素如表 D.184 所示。

表 D.184 内置函数 XMTR_RETRY_ON_ALL_RESPONSE_CODES

参数名	类型	指向	用法	描述
<return>	VOID	—	—	—

D.185 内置函数 XMTR_RETRY_ON_COMM_ERROR

用途

内置函数 XMTR_RETRY_ON_COMM_ERROR 设置命令 48 无通信错误掩码，以便当发送命令 48 时，如果通信错误未被发现，命令 48 将被重试。

在每个程序开始时，重试和终止掩码被复位为它们的缺省值，所以新的掩码值只在当前程序中有效。掩码的实现参见 send_command 函数。可用的掩码表和它们的缺省值参见内置函数 ABORT_ON_RESPONSE_CODE。

本功能影响的掩码也用于内置函数 send、send_trans、send_command、send_command_trans、ext_send_command、ext_send_command_trans、get_more_status 和 display。

词法结构

XMTR_RETRY_ON_COMM_ERROR (VOID)

内置函数 XMTR_RETRY_ON_COMM_ERROR 词法元素如表 D.185 所示。

表 D.185 内置函数 XMTR_RETRY_ON_COMM_ERROR

参数名	类型	指向	用法	描述
<return>	VOID	—	—	—

D.186 内置函数 XMTR_RETRY_ON_COMM_STATUS

用途

内置函数 XMTR_RETRY_ON_COMM_STATUS 将设置在命令 48 通信状态重试掩码中的校验位，以便所指定的命令 48 通信状态值将导致命令 48 被重试。当事务处理中返回的第一个数据字节的第七位为 1，该字节被定义为通信状态。

在每个程序开始时，重试和终止掩码被复位为它们的缺省值，所以新的掩码值只在当前程序中有效。掩码的实现参见 send_command 函数。可用的掩码表和它们的缺省值参见内置函数 ABORT_ON_RESPONSE_CODE。

本功能影响的掩码也用于内置函数 send、send_trans、send_command、send_command_trans、ext_send_command、ext_send_command_trans、get_more_status 和 display。

词法结构

XMTR_RETRY_ON_COMM_STATUS (comm_status)

内置函数 XMTR_RETRY_ON_COMM_STATUS 词法元素如表 D.186 所示。

表 D.186 内置函数 XMTR_RETRY_ON_COMM_STATUS

参数名	类型	指向	用法	描述
comm_status	整型	I	m	指定新的通信状态重试掩码
<return>	VOID	—	—	—

D.187 内置函数 XMTR_RETRY_ON_DATA

用途

内置函数 XMTR_RETRY_ON_DATA 将设置重试数据掩码中的校验位，以便如果在命令 48 返回的数据区中所指定的位被置位，命令 48 将被重试。

在每个程序开始时，重试和终止掩码被复位为它们的缺省值，所以新的掩码值只在当前程序中有效。掩码的实现参见 send_command 函数。可用的掩码表和它们的缺省值参见内置函数 ABORT_ON_RESPONSE_CODE。

本功能影响的掩码也用于内置函数 send、send_trans、send_command、send_command_trans、ext_send_command、ext_send_command_trans、get_more_status 和 display。

词法结构

XMTR_RETRY_ON_DATA (data)

内置函数 XMTR_RETRY_ON_DATA 词法元素如表 D.187 所示。

表 D.187 内置函数 XMTR_RETRY_ON_DATA

参数名	类型	指向	用法	描述
data	int	I	m	指定新的数据重试掩码
<return>	VOID	—	—	—

D.188 内置函数 XMTR_RETRY_ON_DEVICE_STATUS

用途

内置函数 XMTR_RETRY_ON_DEVICE_STATUS 将设置在命令 48 设备状态重试掩码中的校验位，以便所指定的命令 48 设备状态值将导致命令 48 被重试。设备状态被定义为事务处理中返回的第二个数据字节。

在每个程序开始时，重试和终止掩码被复位为它们的缺省值，所以新的掩码值只在当前程序中有效。掩码的实现参见 send_command 函数。可用的掩码表和它们的缺省值参见内置函数 ABORT_ON_RESPONSE_CODE。

本功能影响的掩码也用于内置函数 send、send_trans、send_command、send_command_trans、ext_send_command、ext_send_command_trans、get_more_status 和 display。

词法结构

XMTR_RETRY_ON_DEVICE_STATUS (device_status)

内置函数 XMTR_RETRY_ON_DEVICE_STATUS 词法元素如表 D.188 所示。

表 D.188 内置函数 XMTR_RETRY_ON_DEVICE_STATUS

参数名	类型	指向	用法	描述
device_status	整型 4	I	m	指定新的设备状态重试掩码
<return>	VOID	—	—	—

D.189 内置函数 XMTR_RETRY_ON_NO_DEVICE

用途

内置函数 XMTR_RETRY_ON_NO_DEVICE 将设置命令 48 无设备掩码，以便当发送命令 48 时，如果无设备被找到，命令 48 将被重试。

在每个程序开始时，重试和终止掩码被复位为它们的缺省值，所以新的掩码值只在当前程序中有效。掩码的实现参见 send_command 函数。可用的掩码表和它们的缺省值参见内置函数 ABORT_ON_RESPONSE_CODE。

本功能影响的掩码也用于内置函数 send、send_trans、send_command、send_command_trans、ext_send_command、ext_send_command_trans、get_more_status 和 display。

词法结构

XMTR_RETRY_ON_NO_DEVICE (VOID)

内置函数 XMTR_RETRY_ON_NO_DEVICE 词法元素如表 D.189 所示。

表 D.189 内置函数 XMTR_RETRY_ON_NO_DEVICE

参数名	类型	指向	用法	描述
<return>	VOID	—	—	—

D.190 内置函数 XMTR_RETRY_ON_RESPONSE_CODE

用途

内置函数 XMTR_RETRY_ON_RESPONSE_CODE 将设置在响应代码重试掩码中的校验位，以便所指定的命令 48 响应代码值将导致命令 48 被重试。当事务处理中返回的第一个数据字节第七位为 0，该字节被定义为响应代码。

在每个程序开始时，重试和终止掩码被复位为它们的缺省值，所以新的掩码值只在当前程序中有效。掩码的实现参见 send_command 函数。可用的掩码表和它们的缺省值参见内置函数 ABORT_ON_RESPONSE_CODE。

本功能影响的掩码也用于内置函数 send、send_trans、send_command、send_command_trans、ext_send_command、ext_send_command_trans、get_more_status 和 display。

词法结构

XMTR_RETRY_ON_RESPONSE_CODE (response_code)

内置函数 XMTR_RETRY_ON_RESPONSE_CODE 词法元素如表 D.190 所示。

表 D.190 内置函数 XMTR_RETRY_ON_RESPONSE_CODE

参数名	类型	指向	用法	描述
<return>	void	—	—	—

附　录　E
（规范性附录）
EDD 例子

下列 EDD 实例描述了一个温度变送器，它由一个设备功能块、一个模拟量输入功能块和一个温度技术功能块组成。EDD 文件的通用结构如下：

a) 由 EDD 标识符开始，带有符合 9.2 的关键词；

b) 对于一个温度技术功能块、一个模拟量输入功能块和一个设备功能块有通用的部分，每一部分都是块描述开始（block_b 类型），后面跟着参数；

c) 每一个参数都是通过它的变量属性以及描述通信事物处理的命令来描述；

d) 描述的菜单部分描述了操作界面的结构，画面的设计是由工具指定。

图 E.1 给出了温度变送器怎样在操作员画面上可见的例子，左侧有一个菜单结构（Main_MENU、Menu_Operator、Menu_Specialist）。Menu_Operator 引用了测量值以及它的单位和状态。Menu_Specialist 有 Analog_Input_Function_Block、Temperature_Technology_Block 和 Device_Block 子菜单。在右侧有一个与菜单详细内容显示有关的表，如，在相应菜单定义中所涉及到的参数。

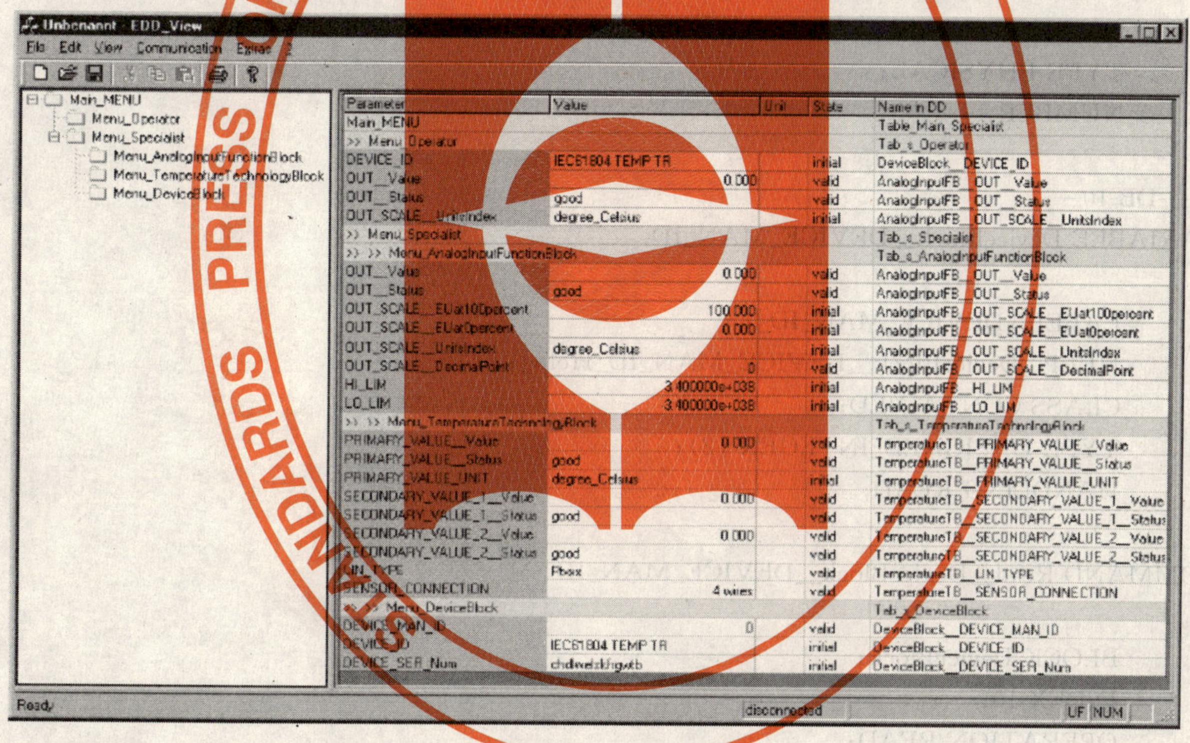

图 E.1 使用 EDD 操作员画面的例子

```
/* ------------------------------------------------------------
 * Copyright (C) IEC 61804
 * Product: EDD
 * Device: IEC 61804  Temperature Transmitter
 * Description: Electronic Device Description (EDD)
 * Dictionary:
 * $Revision: Kelbel
 * $Date: 2002-09-11
```

```
* --------------------------------------------------------- */
MANUFACTURER 0,
DEVICE_TYPE 0,
DEVICE_REVISION 1,
DD_REVISION 1
/* ---------------------------------------------------------
* DEFINE
* --------------------------------------------------------- */
#define DEF_STATUS \
                { 0x00 ,[bad] },\
                { 0x40 ,[uncertain] },\
                { 0x80 ,[good] }
/* ---------------------------------------------------------
* Device Block
* --------------------------------------------------------- */
BLOCK DeviceBlock
{
     TYPE PHYSICAL;
     NUMBER 1;
}
//----DB-10----
VARIABLE DeviceBlock__DEVICE_MAN_ID
{
     LABEL [DEVICE_MAN_ID];
     HELP [DeviceBlock__DEVICE_MAN_ID_Help];
     CLASS CONTAINED;
     TYPE UNSIGNED_INTEGER (2);
     HANDLING READ;
}
COMMAND Read__DeviceBlock__DEVICE_MAN_ID
{
     BLOCK DeviceBlock;
     INDEX 10;
     OPERATION READ;
     TRANSACTION
     {
          REQUEST
          {
          }
          REPLY
          {
               DeviceBlock__DEVICE_MAN_ID
          }
```

```
        }
}
//----DB-11----
VARIABLE DeviceBlock__DEVICE_ID
{
        LABEL [DEVICE_ID];
        HELP [DeviceBlock__DEVICE_ID_Help];
        CLASS CONTAINED;
        TYPE ASCII (16)
        {
                DEFAULT_VALUE "IEC 61804   TEMP TR";
        }
        HANDLING READ;
}
COMMAND Read__DeviceBlock__DEVICE_ID
{
        BLOCK DeviceBlock;
        INDEX 11;
        OPERATION READ;
        TRANSACTION
        {
                REQUEST
                {
                }
                REPLY
                {
                        DeviceBlock__DEVICE_ID
                }
        }
}

//----DB-12----
VARIABLE DeviceBlock__DEVICE_SER_Num
{
        LABEL [DEVICE_SER_Num];
        HELP [DeviceBlock__DEVICE_SER_Num_Help];
        CLASS CONTAINED;
        TYPE ASCII (16)
        {
                DEFAULT_VALUE "chdelskfrgwlwtb";
        }
        HANDLING READ;
COMMAND Read__DeviceBlock__DEVICE_SER_Num
```

```
{
        BLOCK DeviceBlock;
        INDEX 12;
        OPERATION READ;
        TRANSACTION
        {
                REQUEST
                {
                }
                REPLY
                {
                        DeviceBlock__DEVICE_SER_Num
                }
        }
}
/* -----------------------------------------------------------
 * Analog Input Function Block
 * ----------------------------------------------------------- */
BLOCK AnalogInputFB
{
        TYPE FUNCTION;
        NUMBER 1;
}
//----AIFB-10----
VARIABLE AnalogInputFB__OUT__Value
{
        LABEL [OUT__Value];
        HELP [AnalogInputFB__OUT__Help];
        CLASS CONTAINED;
        TYPE FLOAT;
        HANDLING READ;
}
VARIABLE AnalogInputFB__OUT__Status
{

        LABEL [OUT__Status];
        HELP [AnalogInputFB__OUT__Help];
        CLASS CONTAINED;
        TYPE ENUMERATED (1)
        {
                DEF_STATUS
        }
```

```
        HANDLING READ;
}
COMMAND Read__AnalogInputFB__OUT
{
        BLOCK AnalogInputFB;
        INDEX 10;
        OPERATION READ;
        TRANSACTION
        {
                REQUEST
                {
                }
                REPLY
                {
                        AnalogInputFB__OUT__Value,
                        AnalogInputFB__OUT__Status
                }
        }
}
//----AIFB-12----
VARIABLE AnalogInputFB__OUT_SCALE__EUat100percent
{
        LABEL [OUT_SCALE__EUat100percent];
        HELP [AnalogInputFB__OUT_SCALE__EUat100percent__Help];
        CLASS CONTAINED;
        TYPE FLOAT
        {
                DEFAULT_VALUE 100;
        }
        HANDLING READ & WRITE;
}
VARIABLE AnalogInputFB__OUT_SCALE__EUat0percent
{
        LABEL [OUT_SCALE__EUat0percent];
        HELP [AnalogInputFB__OUT_SCALE__EUat0percent__Help];
        CLASS CONTAINED;
        TYPE FLOAT
        {
                DEFAULT_VALUE 0;
        }

        HANDLING READ & WRITE;
}
```

```
VARIABLE AnalogInputFB__OUT_SCALE__UnitsIndex
{
        LABEL [OUT_SCALE__UnitsIndex];
        HELP [AnalogInputFB__OUT_SCALE__UnitsIndex__Help];
        CLASS CONTAINED;
        TYPE ENUMERATED (2)
        {
                DEFAULT_VALUE 1001;
                { 1000 ,[Kelvin], [Kelvin_help] },
                { 1001 ,[degree_Celsius], [degree_Celsius_help] },
                { 1002 ,[degree_Fahrenheit], [degree_Fahrenheit_help] },
                { 1003 ,[degree_Rankine], [degree_Rankine_help] },
                { 1243 ,[millivolt], [millivolt_help] },
                { 1281 ,[Ohm], [Ohm_help] }
        }
        HANDLING READ & WRITE;
}
VARIABLE AnalogInputFB__OUT_SCALE__DecimalPoint
{
        LABEL [OUT_SCALE__DecimalPoint];
        HELP [AnalogInputFB__OUT_SCALE__DecimalPoint__Help];
        CLASS CONTAINED;
        TYPE INTEGER (1);
        HANDLING READ & WRITE;
}
COMMAND Read__AnalogInputFB__OUT_SCALE
{
        BLOCK AnalogInputFB;
        INDEX 12;
        OPERATION READ;
        TRANSACTION
        {
                REQUEST
                {
                }
                REPLY
                {
                        AnalogInputFB__OUT_SCALE__EUat100percent,
                        AnalogInputFB__OUT_SCALE__EUat0percent,
                        AnalogInputFB__OUT_SCALE__UnitsIndex,
                        AnalogInputFB__OUT_SCALE__DecimalPoint
                }
        }
```

```
}
COMMAND Write__AnalogInputFB__OUT_SCALE
{
        BLOCK AnalogInputFB;
        INDEX 12;
        OPERATION WRITE;
        TRANSACTION
        {
                REQUEST
                {
                AnalogInputFB__OUT_SCALE__EUat100percent,
                AnalogInputFB__OUT_SCALE__EUat0percent,
                AnalogInputFB__OUT_SCALE__UnitsIndex,
                AnalogInputFB__OUT_SCALE__DecimalPoint
                }
                REPLY
                {
                }
        }
}
//----AIFB-23----
VARIABLE AnalogInputFB__HI_LIM
{
        LABEL [HI_LIM];
        HELP [AnalogInputFB__HI_LIM__Help];
        CLASS CONTAINED;
        TYPE FLOAT
        {
                DEFAULT_VALUE 3.4E+38;
        }
        HANDLING READ & WRITE;
}
COMMAND Read__AnalogInputFB__HI_LIM
{
            BLOCK AnalogInputFB;
            INDEX 23;
            OPERATION READ;
            TRANSACTION
            {
                    REQUEST
                    {
                    }
                    REPLY
```

```
                {
                        AnalogInputFB__HI_LIM
                }
        }
}
COMMAND Write__AnalogInputFB__HI_LIM
{
        BLOCK AnalogInputFB;
        INDEX 23;
        OPERATION WRITE;
        TRANSACTION
        {
                REQUEST
                {
                        AnalogInputFB__HI_LIM
                }
                REPLY
                {
                }
        }
}
//----AIFB-25----
VARIABLE AnalogInputFB__LO_LIM
{
        LABEL [LO_LIM];
        HELP [AnalogInputFB__LO_LIM__Help];
        CLASS CONTAINED;
        TYPE FLOAT
        {
                DEFAULT_VALUE -3.4E+38;
        }
        HANDLING READ & WRITE;
}
COMMAND Read__AnalogInputFB__LO_LIM
{
        BLOCK AnalogInputFB;
        INDEX 25;
        OPERATION READ;
        TRANSACTION
        {
                REQUEST
                {
                }
```

```
            REPLY
            {
                    AnalogInputFB__LO_LIM
            }
        }
}
COMMAND Write__AnalogInputFB__LO_LIM
{
        BLOCK AnalogInputFB;
        INDEX 25;
        OPERATION WRITE;
        TRANSACTION
        {
            REQUEST
            {
                    AnalogInputFB__LO_LIM
            }
            REPLY
            {
            }
        }
}
/* ------------------------------------------------------------
 * Temperature Technology Block
 * ------------------------------------------------------------ */
BLOCK TemperatureTB
{
        TYPE TRANSDUCER;
        NUMBER 1;
}
//----TTB-8----
VARIABLE TemperatureTB__PRIMARY_VALUE__Value
{
        LABEL [PRIMARY_VALUE__Value];
        HELP [TemperatureTB__PRIMARY_VALUE__Help];
        CLASS CONTAINED;
        TYPE FLOAT;
        HANDLING READ;
}
VARIABLE TemperatureTB__PRIMARY_VALUE__Status
{
        LABEL [PRIMARY_VALUE__Status];
        HELP [TemperatureTB__PRIMARY_VALUE__Help];
```

```
        CLASS CONTAINED;
        TYPE ENUMERATED (1)
        {
                DEF_STATUS
        }
        HANDLING READ;
}
COMMAND Read__TemperatureTB__PRIMARY_VALUE
{
        BLOCK TemperatureTB;
        INDEX 8;
        OPERATION READ;
        TRANSACTION
        {
                REQUEST
                {
                }
                REPLY
                {
                        TemperatureTB__PRIMARY_VALUE__Value,
                        TemperatureTB__PRIMARY_VALUE__Status
                }
        }
}
//----TTB-9----
VARIABLE TemperatureTB__PRIMARY_VALUE_UNIT
{
        LABEL [PRIMARY_VALUE_UNIT];
        HELP [TemperatureTB__PRIMARY_VALUE_UNIT__Help];
        CLASS CONTAINED;
        TYPE ENUMERATED (2)
        {
                DEFAULT_VALUE 1001;
                { 1000 ,[Kelvin], [Kelvin_help] },
                { 1001 ,[degree_Celsius], [degree_Celsius_help] },
                { 1002 ,[degree_Fahrenheit], [degree_Fahrenheit_help] },
                { 1003 ,[degree_Rankine], [degree_Rankine_help] },
                { 1243 ,[millivolt], [millivolt_help] },
                { 1281 ,[Ohm], [Ohm_help] }
        }
        HANDLING READ & WRITE;
}
```

```
COMMAND Read__TemperatureTB__PRIMARY_VALUE_UNIT
{
    BLOCK TemperatureTB;
    INDEX 9;
    OPERATION READ;
    TRANSACTION
    {
        REQUEST
        {
        }
        REPLY
        {
            TemperatureTB__PRIMARY_VALUE_UNIT
        }
    }
}
COMMAND Write__TemperatureTB__PRIMARY_VALUE_UNIT
{
    BLOCK TemperatureTB;
    INDEX 9;
    OPERATION WRITE;
    TRANSACTION
    {
        REQUEST
        {
            TemperatureTB__PRIMARY_VALUE_UNIT
        }
        REPLY
        {
        }
    }
}
//----TTB-10----
VARIABLE TemperatureTB__SECONDARY_VALUE_1__Value
{
    LABEL [SECONDARY_VALUE_1__Value];
    HELP [TemperatureTB__SECONDARY_VALUE_1__Help];
    CLASS CONTAINED;
    TYPE FLOAT;
    HANDLING READ;
}
VARIABLE TemperatureTB__SECONDARY_VALUE_1__Status
```

```
{
        LABEL [SECONDARY_VALUE_1__Status];
        HELP [TemperatureTB__SECONDARY_VALUE_1__Help];
        CLASS CONTAINED;
        TYPE ENUMERATED (1)
        {
                DEF_STATUS
        }
        HANDLING READ;
}
COMMAND Read__TemperatureTB__SECONDARY_VALUE_1
{
        BLOCK TemperatureTB;
        INDEX 10;
        OPERATION READ;
        TRANSACTION
        {
                REQUEST
                {
                }
                REPLY
                {
                        TemperatureTB__SECONDARY_VALUE_1__Value,
                        TemperatureTB__SECONDARY_VALUE_1__Status
                }
        }
}
//----TTB-11----
VARIABLE TemperatureTB__SECONDARY_VALUE_2__Value
{
        LABEL [SECONDARY_VALUE_2__Value];
        HELP [TemperatureTB__SECONDARY_VALUE_2__Help];
        CLASS CONTAINED;
        TYPE FLOAT;
        HANDLING READ;
}
VARIABLE TemperatureTB__SECONDARY_VALUE_2__Status
{
        LABEL [SECONDARY_VALUE_2__Status];
        HELP [TemperatureTB__SECONDARY_VALUE_2__Help];
        CLASS CONTAINED;
        TYPE ENUMERATED (1)
        {
```

```
        DEF_STATUS
    }
    HANDLING READ;
}
COMMAND Read__TemperatureTB__SECONDARY_VALUE_2
{
    BLOCK TemperatureTB;
    INDEX 11;
    OPERATION READ;
    TRANSACTION
    {
        REQUEST
        {
        }
        REPLY
        {
            TemperatureTB__SECONDARY_VALUE_2__Value,
            TemperatureTB__SECONDARY_VALUE_2__Status
        }
    }
}
//----TTB-14----
VARIABLE TemperatureTB__LIN_TYPE
{
    LABEL [LIN_TYPE];
    HELP [TemperatureTB__LIN_TYPE__Help];
    CLASS CONTAINED;
    TYPE ENUMERATED (1)
    {
        { 0 ,[No_linearisation]},
        { 102 ,"RTD Pt100 a=0.003850 (IEC 751, DIN 43760, JIS C1604-97, BS1904)"},
        { 105 ,"RTD Pt1000 a=0.003850 (IEC 751, DIN 43760, JIS C1604-97, BS1904)"},
        { 123 ,"RTD Ni100 a=0.006180 (DIN 43760)"},
        { 128 ,"TC Type B, Pt30Rh-Pt6Rh (IEC 584, NIST MN 175, DIN 43710, BS 4937,
ANSI MC96.1, JIS C1602, NF C42-321)"},
        { 129 ,"TC Type C (W5), W5-W26Rh (ASTM E 988)"},
        { 130 ,"TC Type D (W3), W3-W25Rh (ASTM E 988)"},
        { 131 ,"TC Type E, Ni10Cr-Cu45Ni (IEC584, NIST MN 175, DIN 43710, BS 4937,
ANSI MC96.1, JIS C1602, NF C42-321)"},
        { 133 ,"TC Type J, Fe-Cu45Ni (IEC 584, NIST MN 175, DIN 43710, BS 4937, ANSI
MC96.1, JIS C1602, NF C42-321)"},
        { 134 ,"TC Type K, Ni10Cr-Ni5 (IEC 584, NIST MN 175, DIN 43710, BS 4937,
ANSI MC96.1, JIS C1602, NF C42-321)"},
```

```
            { 135 ,"TC Type N, Ni14CrSi-NiSi (IEC 584, NIST MN 175, DIN 43710, BS
4937, ANSI MC96.1, JIS C1602, NF C42-321)"},
            { 136 ,"TC Type R, Pt13Rh-Pt (IEC 584, NIST MN 175, DIN 43710, BS 4937, ANSI
MC96.1, JIS C1602, NF C42-321)"},
            { 137 ,"TC Type S, Pt10Rh-Pt (IEC 584, NIST MN 175, DIN 43710, BS 4937, ANSI
MC96.1, JIS C1602, NF C42-321)"},
            { 138 ,"TC Type T, Cu-Cu45Ni (IEC 584, NIST MN 175, DIN 43710, BS 4937,
ANSI MC96.1, JIS C1602, NF C42-321)"},
            { 139 ,"TC Type L, Fe-CuNi (DIN 43710)"},
            { 140 ,"TC Type U, Cu-CuNi (DIN 43710)"},
            { 253 ,[Ptxxx]}
        }
    HANDLING READ & WRITE;
}
COMMAND Read__TemperatureTB__LIN_TYPE
{
    BLOCK TemperatureTB;
    INDEX 14;
    OPERATION READ;
    TRANSACTION
    {
        REQUEST
        {
        }
        REPLY
        {
            TemperatureTB__LIN_TYPE
        }
    }
}
COMMAND Write__TemperatureTB__LIN_TYPE
{
    BLOCK TemperatureTB;
    INDEX 14;
    OPERATION WRITE;
    TRANSACTION
    {
        REQUEST
        {
            TemperatureTB__LIN_TYPE
        }
        REPLY
        {
```

```
        }
    }
}

//----TTB-36----
VARIABLE TemperatureTB__SENSOR_CONNECTION
{
    LABEL [SENSOR_CONNECTION];
    HELP [TemperatureTB__SENSOR_CONNECTION__Help];
    CLASS CONTAINED;
    TYPE ENUMERATED (1)
    {
        { 0 ,"2 wires" },
        { 1 ,"3 wires" },
        { 2 ,"4 wires" }
    }
    HANDLING READ & WRITE;
}
COMMAND Read__TemperatureTB__SENSOR_CONNECTION
{
    BLOCK TemperatureTB;
    INDEX 36;
    OPERATION READ;
    TRANSACTION
    {
        REQUEST
        {
        }
        REPLY
        {
            TemperatureTB__SENSOR_CONNECTION
        }
    }
}
COMMAND Write__TemperatureTB__SENSOR_CONNECTION
{
    BLOCK TemperatureTB;
    INDEX 36;
    OPERATION WRITE;
    TRANSACTION
    {
        REQUEST
```

```
                {
                        TemperatureTB__SENSOR_CONNECTION
                }
                REPLY
                {
                }
        }
}
/* ------------------------------------------------------------
* MENU
* ------------------------------------------------------------ */
MENU Table_Main_Specialist
{
        LABEL [Main_MENU];
        ITEMS
        {
                Tab_s_Operator,
                Tab_s_Specialist
        }
}
MENU Tab_s_Operator
{
        LABEL [Menu_Operator];
        ITEMS
        {
                DeviceBlock__DEVICE_ID,
                AnalogInputFB__OUT__Value,
                AnalogInputFB__OUT__Status,
                AnalogInputFB__OUT_SCALE__UnitsIndex
        }
}
MENU Tab_s_Specialist
{
        LABEL [Menu_Specialist];
        ITEMS
        {
                Tab_s_AnalogInputFunctionBlock,
                Tab_s_TemperatureTechnologyBlock,
                Tab_s_DeviceBlock
        }
}
MENU Tab_s_AnalogInputFunctionBlock
{
```

```
    LABEL [Menu_AnalogInputFunctionBlock];
    ITEMS
    {
        AnalogInputFB__OUT__Value,
        AnalogInputFB__OUT__Status,
        AnalogInputFB__OUT_SCALE__EUat100percent,
        AnalogInputFB__OUT_SCALE__EUat0percent,
        AnalogInputFB__OUT_SCALE__UnitsIndex,
        AnalogInputFB__OUT_SCALE__DecimalPoint,
        AnalogInputFB__HI_LIM,
        AnalogInputFB__LO_LIM
    }
}
MENU Tab_s_TemperatureTechnologyBlock
{
    LABEL [Menu_TemperatureTechnologyBlock];
    ITEMS
    {
        TemperatureTB__PRIMARY_VALUE__Value,
        TemperatureTB__PRIMARY_VALUE__Status,
        TemperatureTB__PRIMARY_VALUE_UNIT,
        TemperatureTB__SECONDARY_VALUE_1__Value,
        TemperatureTB__SECONDARY_VALUE_1__Status,
        TemperatureTB__SECONDARY_VALUE_2__Value,
        TemperatureTB__SECONDARY_VALUE_2__Status,
        TemperatureTB__LIN_TYPE,
        TemperatureTB__SENSOR_CONNECTION
    }
}
MENU Tab_s_DeviceBlock
{
    LABEL [Menu_DeviceBlock];
    ITEMS
    {
        DeviceBlock__DEVICE_MAN_ID,
        DeviceBlock__DEVICE_ID,
        DeviceBlock__DEVICE_SER_Num
    }
}
```

附　录　F
（规范性附录）
EDDL 和内置函数程序的行规

F.1　EDDL 和内置函数程序的行规

本规性附录包含了选项表，该选项表定义了哪一个 EDDL 结构和算法被采用，以及哪一个内置函数程序被不同的协会所选择。

在表 F.1 中、表 F.2、表 F.3 中的约定是针对本行规提供。

表 F.1　行规选择表

语法结构	属　性	存　在	限　制

表 F.2　EDDL 形式定义行规表

引　用	标　题	存　在	限　制

表 F.3　选项表的内容

栏	文　本	含　义
语法结构		是 EDDL 的语法结构元素
属性	＜text＞	是语法结构元素的一个属性
存在	NO	该(子)条款未包括在本行规中
	YES	该(子)条款 100%包括在本行规中，在这种条件下，没有未来更详细的内容需要给出
限制	—	除了在引用文档(子)条款中已给出的限制外，没有其他限制或者不适用
	＜text＞	直接定义限制的文本，脚注或表格注释可用于较长的文本表格
引用	＜＃＞	条款或附录号
标题	＜text＞	开头的标题

F.2　关于 PROFIBUS[3)] 的行规

F.2.1　EDDL 行规

表 F.4 是来自于第 9 章所指定的词法结构构成并被 PROFIBUS 国际协会所采用的元素选择。

表 F.4　PROFIBUS 的 EDDL 元素选项

基本构成	属　性	存　在	限　制
DD_REVISION		是	—
DEVICE_REVISION		是	—

3)　PROFIBUS 标志是 PROFIBUS 国际性组织(PI)的注册商标，PI 是一个支持 PROFIBUS 现场总线的非商业赢利组织，本信息是为本标准的用户提供方便，不构成欧洲电工技术委员会对商标或任何它的产品的认可，与本行规兼容不要求使用商品名 PROFIBUS，商品名 PROFIBUS 的使用需要到该商品拥有者的许可。

表 F.4（续）

基本构成	属　性	存　在	限　　　制
DEVICE_TYPE		是	—
EDD_PROFILE		是	—
EDD_VERSION		是	—
MANUFACTURER		是	—
MANUFACTURER_EXT		是	—
BLOCK_A		不	—
BLOCK_B		是	—
	NUMBER	是	—
	TYPE	是	—
COLLECTION		是	—
	item_type	是	除了：BLOCK_A，VARIABLE_LIST，PROGRAM，DOMAIN
	MEMBERS	是	—
	HELP	是	—
	LABEL	是	—
COMMAND		是	—
	OPERATION	是	—
	TRANSACTION	是	—
	INDEX	是	—
	BLOCK_B	是	—
	NUMBER	不	—
	SLOT	是	—
	CONNECTION	是	—
	HEADER	是	—
	MODULE	是	—
	RESPONSE_CODES	是	—
CONNECTION		是	—
	APPINSTANCE	是	—
DOMAIN		不	—
EDIT_DISPLAY		是	—
	EDIT_ITEMS	是	除了：BLOCK_A parameters，elements of BLOCK_A parameters
	LABEL	是	—
	DISPLAY_ITEMS	是	除了：BLOCK_A parameters，elements of BLOCK_A parameters
	POST_EDIT_ACTIONS	是	—

表 F.4（续）

基本构成	属性	存在	限制
	PRE_EDIT_ACTIONS	是	—
IMPORT		是	—
LIKE		是	—
MENU		是	—
	ITEMS	是	除了：BLOCK_A parameters，elements of BLOCK_A parameters，qualifier DISPLAY_VALUE
	LABEL	是	—
	ACCESS	是	—
	ENTRY	是	—
	HELP	是	—
	POST_EDIT_ACTIONS	是	—
	POST_READ_ACTIONS	是	—
	POST_WRITE_ACTIONS	是	—
	PRE_EDIT_ACTIONS	是	—
	PRE_READ_ACTIONS	是	—
	PRE_WRITE_ACTIONS	是	—
	PURPOSE	是	—
	ROLE	是	—
	STYLE	是	—
	VALIDITY	是	—
METHOD		是	
	ACCESS	是	
	CLASS	是	除了:HART
	DEFINITION	是	
	LABEL	是	
	HELP	是	
	VALIDITY	是	
PROGRAM		不	—
RECORD		是	—
	MEMBERS	是	—
	LABEL	是	—
	HELP	是	—
	RESPONSE_CODES	是	—
REFERENCE_ARRAY		是	—
	item-type	是	除了：BLOCK_A，VARIABLE_LIST，PROGRAM，DOMAIN

表 F.4（续）

基本构成	属性	存在	限制
	ELEMENTS	是	—
	HELP	是	—
	LABEL	是	—
REFRESH		是	—
UNIT		是	—
WRITE_AS_ONE		是	—
RESPONSE_CODES		是	—
VALUE_ARRAY		是	—
	LABEL	是	—
	NUMBER_OF_ELEMENTS	是	—
	TYPE	是	—
	HELP	是	—
	RESPONSE_CODES	是	—
VARIABLE		是	除了：HART
	CLASS	是	—
	LABEL	是	—
	TYPE	是	—
	CONSTANT_UNIT	是	—
	HANDLING	是	—
	HELP	是	—
	POST_EDIT_ACTIONS	是	—
	POST_READ_ACTIONS	是	—
	POST_WRITE_ACTIONS	是	—
	PRE_EDIT_ACTIONS	是	—
	PRE_READ_ACTIONS	是	—
	PRE_WRITE_ACTIONS	是	—
	READ_TIMEOUT	是	—
	RESPONSE_CODE	是	—
	STYLE	是	—
	VALIDITY	是	—
	WRITE_TIMEOUT	是	—
VARIABLE_LIST		不	—
OPEN		不	—
CLOSE		不	—
Conditional expressions		是	—

表 F.4（续）

基本构成	属性	存在	限制
Reference		是	—
Strings		是	—
Expressions		是	—
Preprocessor		是	—
注：文本只能是 ISO Latin-1。			

F.2.2 内置函数程序行规

表 F.5 是附录 D 中所指定的内置函数的选择，并被国际性组织 PROFIBUS 协会所采用。

内置函数按字母顺序列出。

表 F.5 关于 PROFIBUS 的内置函数行规

内置函数名	存在	限制
abort	是	—
abort_on_all_comm_errors	不	—
ABORT_ON_ALL_COMM_STATUS	不	—
ABORT_ON_ALL_DEVICE_STATUS	不	—
ABORT_ON_ALL_RESPONSE_CODES	不	—
abort_on_all_response_codes	不	—
abort_on_comm_error	不	—
ABORT_ON_COMM_ERROR	不	—
ABORT_ON_COMM_STATUS	不	—
ABORT_ON_DEVICE_STATUS	不	—
ABORT_ON_NO_DEVICE	不	—
ABORT_ON_RESPONSE_CODE	不	—
abort_on_response_code	不	—
ACKNOWLEDGE	是	—
acknowledge	是	—
add_abort_method (version A)	是	—
add_abort_method (version B)	是	—
assign	是	—
assign_double	是	—
assign_float	是	—
assign_int	是	—
assign_var	是	—
atof	是	—
atoi	是	—
dassign	是	—

表 F.5（续）

内置函数名	存 在	限 制
DELAY	是	—
delay	是	—
DELAY_TIME	是	—
delayfor	是	—
DICT_ID	是	—
discard_on_exit	是	—
display	是	—
display_builtin_error	不	—
display_comm_error	不	—
display_comm_status	不	—
display_device_status	不	—
display_dynamics	是	—
display_message	是	—
display_response_code	不	—
display_response_status	是	—
display_xmtr_status	不	—
edit_device_value	是	—
edit_local_value	是	—
ext_send_command	是	—
ext_send_command_trans	是	—
fail_on_all_comm_errors	不	—
fail_on_all_response_codes	不	—
fail_on_comm_error	不	—
fail_on_response_code	不	—
fassign	是	—
fgetval	是	—
float_value	是	—
fsetval	是	—
ftoa	是	—
fvar_value	是	—
get_acknowlegement	是	—
get_comm_error	不	—
get_comm_error_string	不	—
get_date	是	—
get_date_value	是	—

表 F.5（续）

内置函数名	存 在	限 制
get_dds_error	不	—
GET_DEV_VAR_VALUE	是	—
get_dev_var_value	是	—
get_dictionary_string	是	—
get_double	是	—
get_double_value	是	—
get_float	是	—
get_float_value	是	—
GET_LOCAL_VAR_VALUE	是	—
get_local_var_value	是	—
get_more_status	是	—
get_resolve_status	不	—
get_response_code	不	—
get_response_code_string	不	—
get_signed	是	—
get_signed_value	是	—
get_status_code_string	不	—
get_status_string	不	—
get_stddict_string	是	—
get_string	是	—
get_string_value	是	—
GET_TICK_COUNT	不	—
get_unsigned	是	—
get_unsigned_value	是	—
iassign	是	—
igetval	是	—
IGNORE_ALL_COMM_STATUS	不	—
IGNORE_ALL_DEVICE_STATUS	不	—
IGNORE_ALL_RESPONSE_CODES	不	—
IGNORE_COMM_ERROR	不	—
IGNORE_COMM_STATUS	不	—
IGNORE_DEVICE_STATUS	不	—
IGNORE_NO_DEVICE	不	—
IGNORE_RESPONSE_CODE	不	—
int_value	是	—

表 F.5（续）

内置函数名	存在	限制
is_NaN	是	
isetval	是	—
ITEM_ID	不	—
itoa	不	—
ivar_value	是	—
lassign	是	—
lgetval	是	—
LOG_MESSAGE	不	—
long_value	是	—
lsetval	是	—
lvar_value	是	—
MEMBER_ID	不	—
method_abort	是	—
process_abort	是	—
put_date	不	—
put_date_value	不	—
put_double	不	—
put_double_value	不	—
put_float	不	—
put_float_value	不	—
PUT_MESSAGE	是	—
put_message	是	—
put_signed	不	—
put_signed_value	不	—
put_string	不	—
put_string_value	不	—
put_unsigned	不	—
put_unsigned_value	不	—
READ_COMMAND	是	—
read_value	是	—
remove_abort_method (version A)	是	—
remove_abort_method (version B)	是	—
remove_all_abort_methods	是	—
resolve_array_ref	不	—
resolve_block_ref	不	

表 F.5（续）

内置函数名	存 在	限 制
resolve_param_list_ref	不	—
resolve_param_ref	不	—
resolve_record_ref	不	—
retry_on_all_comm_errors	不	—
RETRY_ON_ALL_COMM_STATUS	不	—
RETRY_ON_ALL_DEVICE_STATUS	不	—
RETRY_ON_ALL_RESPONSE_CODES	不	—
retry_on_all_response_codes	不	—
RETRY_ON_COMM_ERROR	不	—
retry_on_comm_error	不	—
RETRY_ON_COMM_STATUS	不	—
RETRY_ON_DEVICE_STATUS	不	—
RETRY_ON_NO_DEVICE	不	—
RETRY_ON_RESPONSE_CODE	不	—
retry_on_response_code	不	—
rspcode_string	不	—
save_on_exit	是	—
save_values	是	—
SELECT_FROM_LIST	是	—
select_from_list	是	—
select_from_menu	是	—
send	是	—
send_all_values	是	—
send_command	是	—
send_command_trans	是	—
send_on_exit	是	—
send_trans	是	—
send_value	是	—
SET_NUMBER_OF_RETRIES	是	—
VARID	是	—
vassign	是	—
WRITE_COMMAND	不	—
XMTR_ABORT_ON_ALL_COMM_STATUS	不	—
XMTR_ABORT_ON_ALL_DEVICE_STATUS	不	—
XMTR_ABORT_ON_ALL_RESPONSE_CODES	不	—
XMTR_ABORT_ON_COMM_ERROR	不	—

表 F.5（续）

内置函数名	存 在	限 制
XMTR_ABORT_ON_COMM_STATUS	不	—
XMTR_ABORT_ON_DATA	不	—
XMTR_ABORT_ON_DEVICE_STATUS	不	—
XMTR_ABORT_ON_NO_DEVICE	不	—
XMTR_ABORT_ON_RESPONSE_CODE	不	—
XMTR_IGNORE_ALL_COMM_STATUS	不	—
XMTR_IGNORE_ALL_DEVICE_STATUS	不	—
XMTR_IGNORE_ALL_RESPONSE_CODES	不	—
XMTR_IGNORE_COMM_ERROR	不	—
XMTR_IGNORE_COMM_STATUS	不	—
XMTR_IGNORE_DEVICE_STATUS	不	—
XMTR_IGNORE_NO_DEVICE	不	—
XMTR_IGNORE_RESPONSE_CODE	不	—
XMTR_RETRY_ON_ALL_DEVICE_STATUS	不	—
XMTR_RETRY_ON_ALL_RESPONSE_CODE	不	—
XMTR_RETRY_ON_ALL_RESPONSE_CODES	不	—
XMTR_RETRY_ON_COMM_ERROR	不	—
XMTR_RETRY_ON_COMM_STATUS	不	—
XMTR_RETRY_ON_DATA	不	—
XMTR_RETRY_ON_DEVICE_STATUS	不	—
XMTR_RETRY_ON_NO_DEVICE	不	—
XMTR_RETRY_ON_RESPONSE_CODE	不	—

F.2.3 EDDL 形式定义行规

引 用	标 题	存 在	限 制
C.1	EDDL 预处理器	是	—
C.2	约定	是	—
C.3	操作符	是	—
C.4	关键词	是	—
C.5	结束符	是	—
C.6	形式 EDDL 语法	是	—

F.3 关于基金会现场总线[4]的行规

F.3.1 EDDL 行规

表 F.6 来自于条款 9 中所指定的词法结构构成并被基金会现场总线协会所采用的元素选择。

4) Foundation Fieldbus 是现场总线基金会协会(非赢利性组织)的商业名字，本信息是为本部分的用户提供方便，不构成欧洲电工技术委员会对商标或任何它的产品的认可，如果类似产品可导致相同的结构被表示，它们都可被采用。

表 F.6 关于基金会现场总线 EDDL 元素选择

基本结构	属性	存在	限制条件
	DD_REVISION	是	—
	DEVICE_REVISION	是	—
	DEVICE_TYPE	是	—
	EDD_PROFILE	不	—
	EDD_VERSION	不	—
	MANUFACTURER	是	—
	MANUFACTURER_EXT	不	—
BLOCK_A		是	—
	CHARACTERISTICS	是	—
	LABEL	是	—
	PARAMETERS	是	—
	COLLECTION_ITEMS	是	—
	EDIT_DISPLAY_ITEMS	是	—
	HELP	是	—
	MENU_ITEMS	是	—
	METHOD_ITEMS	是	—
	PARAMETER_LISTS	是	—
	REFERENCE_ARRAY_ITEMS	是	—
	REFRESH_ITEMS	是	—
	UNIT_ITEMS	是	—
	WRITE_AS_ONE_ITEMS	是	—
BLOCK_B		不	—
COLLECTION		是	—
	item-type	是	只有：COLLECTION，DOMAIN，EDIT_DISPLAY，MENU，METHOD，PROGRAM，RECORD，REFERENCE_ARRAY，REFRESH，RESPONSE_CODES，UNIT，VALUE_ARRAY，VARIABLE，VARIABLE_LIST，WRITE_AS_ONE
	MEMBERS	是	—
	HELP	是	—
	LABEL	是	—
COMMAND		不	—
	RESPONSE_CODES	不	只有：referenced RESPONSE_CODES
CONNECTION		不	—
DOMAIN		是	—

表 F.6（续）

基本结构	属　性	存在	限制条件
	HANDLING	是	—
	RESPONSE_CODES	是	只有：referenced RESPONSE_CODES
EDIT_DISPLAY		是	—
	EDIT_ITEMS	是	—
	LABEL	是	—
	DISPLAY_ITEMS	是	—
	POST_EDIT_ACTIONS	是	只有：DEFINITION
	PRE_EDIT_ACTIONS	是	只有：DEFINITION
IMPORT		是	—
LIKE		是	可选 item-type 应该可以被用
MENU		是	—
	ITEMS	是	—
	LABEL	是	—
	ACCESS	不	—
	ENTRY	不	—
	HELP	不	—
	POST_EDIT_ACTIONS	不	除了：DEFINITION
	POST_READ_ACTIONS	不	除了：DEFINITION
	POST_WRITE_ACTIONS	不	除了：DEFINITION
	PRE_EDIT_ACTIONS	不	除了：DEFINITION
	PRE_READ_ACTIONS	不	除了：DEFINITION
	PRE_WRITE_ACTIONS	不	除了：DEFINITION
	PURPOSE	不	—
	ROLE	不	—
	STYLE	不	—
	VALIDITY	不	—
METHOD		是	—
	ACCESS	不	—
	CLASS	是	—
	DEFINITION	是	—
	LABEL	是	—
	HELP	是	—
	VALIDITY	是	—
PROGRAM		是	—
	ARGUMENT	是	—

表 F.6（续）

基本结构	属　　性	存　在	限　制　条　件
	RESPONSE_CODES	是	只有：referenced RESPONSE_CODES
RECORD		是	—
	MEMBERS	是	—
	LABEL	是	—
	HELP	是	—
DOMAIN		是	—
	HANDLING	是	—
	RESPONSE_CODES	是	只有：referenced RESPONSE_CODES
EDIT_DISPLAY		是	—
	EDIT_ITEMS	是	—
	LABEL	是	—
	DISPLAY_ITEMS	是	—
	POST_EDIT_ACTIONS	是	只有：DEFINITION
	PRE_EDIT_ACTIONS	是	只有：DEFINITION
IMPORT		是	—
LIKE		是	可选 item-type 应该可以被用
MENU		是	—
	ITEMS	是	—
	LABEL	是	—
	ACCESS	不	—
	ENTRY	不	—
	HELP	不	—
	POST_EDIT_ACTIONS	不	除了：DEFINITION
	POST_READ_ACTIONS	不	除了：DEFINITION
	POST_WRITE_ACTIONS	不	除了：DEFINITION
	PRE_EDIT_ACTIONS	不	除了：DEFINITION
	PRE_READ_ACTIONS	不	除了：DEFINITION
	PRE_WRITE_ACTIONS	不	除了：DEFINITION
	PURPOSE	不	—
	ROLE	不	—
	STYLE	不	—
	VALIDITY	不	—
METHOD		是	—
	ACCESS	不	—
	CLASS	是	—

表 F.6（续）

基本结构	属　性	存在	限制条件
	DEFINITION	是	—
	LABEL	是	—
	HELP	是	—
	VALIDITY	是	—
PROGRAM		是	—
	ARGUMENT	是	—
	RESPONSE_CODES	是	只有：referenced RESPONSE_CODES
RECORD		是	—
	MEMBERS	是	—
	LABEL	是	—
	HELP	是	—
	RESPONSE_CODES	是	只有：referenced RESPONSE_CODES
REFERENCE_ARRAY		是	—
	item-type	是	只有：COLLECTION，DOMAIN，EDIT_DISPLAY，MENU，METHOD，PROGRAM，RECORD，REFERENCE_ARRAY，REFRESH，RESPONSE_CODES，UNIT，VALUE_ARRAY，VARIABLE，VARIABLE_LIST，WRITE_AS_ONE
	ELEMENTS	是	—
	HELP	是	—
	LABEL	是	—
REFRESH		是	—
UNIT		是	—
WRITE_AS_ONE		是	—
RESPONSE_CODES		是	—
VALUE_ARRAY		是	—
	LABEL	是	—
	NUMBER_OF_ELEMENTS	是	—
	TYPE	是	—
	HELP	是	—
	RESPONSE_CODES	是	只有：referenced RESPONSE_CODES
VARIABLE		是	—
	CLASS	是	每个变量应该有下面的一个类：CONTAINED，INPUT，OUTPUT 可选的附加类是：ALARM，DIAGNOSTIC，DYNAMIC，LOCAL，OPERATE，SERVICE，TUNE

表 F.6(续)

基本结构	属　　性	存　在	限　制　条　件
	LABEL	是	—
	TYPE	是	除　了：DATE，OBJECT REFERENCE，PACKED_ASCII
	CONSTANT_UNIT	是	—
	HANDLING	是	—
	HELP	是	—
	POST_EDIT_ACTIONS	是	除了：DEFINITION
	POST_READ_ACTIONS	是	除了：DEFINITION
	POST_WRITE_ACTIONS	是	除了：DEFINITION
	PRE_EDIT_ACTIONS	是	除了：DEFINITION
	PRE_READ_ACTIONS	是	除了：DEFINITION
	PRE_WRITE_ACTIONS	是	除了：DEFINITION
	READ_TIMEOUT	是	—
	RESPONSE_CODE	是	只有：referenced RESPONSE_CODES
	STYLE	不	—
	VALIDITY	是	—
	WRITE_TIMEOUT	是	—
VARIABLE_LIST		是	—
	MEMBERS	是	—
	HELP	是	—
	LABEL	是	—
	RESPONSE_CODES	是	只有：referenced RESPONSE_CODES
OPEN		是	—
CLOSE		是	—
Conditional expressions		是	—
Reference		是	除了：查询 HELP and LABEL EDDL 实例的属性(see 9.25.5)
Strings		是	不能查字符串操作(see 9.25.6)
Expressions		是	除了：ARRAY_INDEX(see Table 134)和变量 VARIABLEs 的属性：SCALING_FACTOR，DEFAULT_VALUE，INITIAL_VALUE，VARIABLE_STATUS(see Table 135)不能
Preprozessor		是	—
注：文本只能是 ISO Latin-1。			

F.3.2　内置函数行规

表 F.7 是在附录 D 中所指定并被现场总线基金会协会所采用的内置函数的选择，内置函数按字母顺序排列。

表 F.7 关于现场总线基金会的内置函数行规

内置函数名	存　在	限　制
abort	不	—
abort_on_all_comm_errors	是	—
ABORT_ON_ALL_COMM_STATUS	不	—
ABORT_ON_ALL_DEVICE_STATUS	不	—
ABORT_ON_ALL_RESPONSE_CODES	不	—
abort_on_all_response_codes	是	—
abort_on_comm_error	是	—
ABORT_ON_COMM_ERROR	不	—
ABORT_ON_COMM_STATUS	不	—
ABORT_ON_DEVICE_STATUS	不	—
ABORT_ON_NO_DEVICE	不	—
ABORT_ON_RESPONSE_CODE	不	—
abort_on_response_code	是	—
ACKNOWLEDGE	不	—
acknowledge	不	—
add_abort_method (version A)	不	—
add_abort_method (version B)	是	—
assign	是	—
assign_double	不	—
assign_float	不	—
assign_int	不	—
assign_var	不	—
atof	不	—
atoi	不	—
dassign	不	—
DELAY	不	—
delay	不	—
DELAY_TIME	不	—
delayfor	是	—
DICT_ID	是	—
discard_on_exit	是	—
display	不	—
display_builtin_error	是	—
display_comm_error	是	—
display_comm_status	不	—

表 F.7（续）

内置函数名	存在	限制
display_device_status	不	—
display_dynamics	是	—
display_message	是	—
display_response_code	是	—
display_response_status	不	—
display_xmtr_status	不	—
edit_device_value	是	—
edit_local_value	是	—
ext_send_command	不	—
ext_send_command_trans	不	—
fail_on_all_comm_errors	是	—
fail_on_all_response_codes	是	—
fail_on_comm_error	是	—
fail_on_response_code	是	—
fassign	不	—
fgetval	不	—
float_value	不	—
fsetval	不	—
ftoa	不	—
fvar_value	不	—
get_acknowlegement	是	—
get_comm_error	是	—
get_comm_error_string	是	—
get_date	是	—
get_date_value	是	—
get_dds_error	是	—
GET_DEV_VAR_VALUE	不	—
get_dev_var_value	不	—
get_dictionary_string	不	—
get_double	是	—
get_double_value	是	—

表 F.7（续）

内置函数名	存 在	限 制
get_float	是	—
get_float_value	是	—
GET_LOCAL_VAR_VALUE	不	—
get_local_var_value	不	—
get_more_status	不	—
get_resolve_status	是	—
get_response_code	是	—
get_response_code_string	是	—
get_signed	是	—
get_signed_value	是	—
get_status_code_string	不	—
get_status_string	是	—
get_stddict_string	是	—
get_string	是	—
get_string_value	是	—
GET_TICK_COUNT	不	—
get_unsigned	是	—
get_unsigned_value	是	—
iassign	不	—
Igetval	不	—
IGNORE_ALL_COMM_STATUS	不	—
IGNORE_ALL_DEVICE_STATUS	不	—
IGNORE_ALL_RESPONSE_CODES	不	—
IGNORE_COMM_ERROR	不	—
IGNORE_COMM_STATUS	不	—
IGNORE_DEVICE_STATUS	不	—
IGNORE_NO_DEVICE	不	—
IGNORE_RESPONSE_CODE	不	—
int_value	不	—
is_NaN	是	—
isetval	不	—

表 F.7（续）

内置函数名	存 在	限 制
ITEM_ID	是	—
itoa	不	—
ivar_value	不	—
lassign	不	—
lgetval	不	—
LOG_MESSAGE	不	—
long_value	不	—
Lsetval	不	—
lvar_value	不	—
MEMBER_ID	是	—
method_abort	是	—
process_abort	不	—
put_date	是	—
put_date_value	是	—
put_double	是	—
put_double_value	是	—
put_float	是	—
put_float_value	是	—
PUT_MESSAGE	不	—
put_message	不	—
put_signed	是	—
put_signed_value	是	—
put_string	是	—
put_string_value	是	—
put_unsigned	是	—
put_unsigned_value	是	—
READ_COMMAND	不	—
read_value	是	—
remove_abort_method (version A)	不	—
remove_abort_method (version B)	是	—
remove_all_abort_methods	是	—
resolve_array_ref	是	—
resolve_block_ref	是	—

表 F.7(续)

内置函数名	存 在	限 制
resolve_param_list_ref	是	—
resolve_param_ref	是	—
resolve_record_ref	是	—
retry_on_all_comm_errors	是	—
RETRY_ON_ALL_COMM_STATUS	不	—
RETRY_ON_ALL_DEVICE_STATUS	不	—
RETRY_ON_ALL_RESPONSE_CODES	不	—
retry_on_all_response_codes	是	—
RETRY_ON_COMM_ERROR	不	—
retry_on_comm_error	是	—
RETRY_ON_COMM_STATUS	不	—
RETRY_ON_DEVICE_STATUS	不	—
RETRY_ON_NO_DEVICE	不	—
RETRY_ON_RESPONSE_CODE	不	—
retry_on_response_code	是	—
rspcode_string	不	—
save_on_exit	是	—
save_values	不	—
SELECT_FROM_LIST	不	—
select_from_list	不	—
select_from_menu	是	—
send	不	—
send_all_values	是	—
send_command	不	—
send_command_trans	不	—
send_on_exit	是	—
send_trans	不	—
send_value	是	—
SET_NUMBER_OF_RETRIES	不	—
VARID	不	—
vassign	不	—
WRITE_COMMAND	不	—
XMTR_ABORT_ON_ALL_COMM_STATUS	不	—

表 F.7（续）

内置函数名	存在	限制
XMTR_ABORT_ON_ALL_DEVICE_STATUS	不	—
XMTR_ABORT_ON_ALL_RESPONSE_CODES	不	—
XMTR_ABORT_ON_COMM_ERROR	不	—
XMTR_ABORT_ON_COMM_STATUS	不	—
XMTR_ABORT_ON_DATA	不	—
XMTR_ABORT_ON_DEVICE_STATUS	不	—
XMTR_ABORT_ON_NO_DEVICE	不	—
XMTR_ABORT_ON_RESPONSE_CODE	不	—
XMTR_IGNORE_ALL_COMM_STATUS	不	—
XMTR_IGNORE_ALL_DEVICE_STATUS	不	—
XMTR_IGNORE_ALL_RESPONSE_CODES	不	—
XMTR_IGNORE_COMM_ERROR	不	—
XMTR_IGNORE_COMM_STATUS	不	—
XMTR_IGNORE_DEVICE_STATUS	不	—
XMTR_IGNORE_NO_DEVICE	不	—
XMTR_IGNORE_RESPONSE_CODE	不	—
XMTR_RETRY_ON_ALL_DEVICE_STATUS	不	—
XMTR_RETRY_ON_ALL_RESPONSE_CODE	不	—
XMTR_RETRY_ON_ALL_RESPONSE_CODES	不	—
XMTR_RETRY_ON_COMM_ERROR	不	—
XMTR_RETRY_ON_COMM_STATUS	不	—
XMTR_RETRY_ON_DATA	不	—
XMTR_RETRY_ON_DEVICE_STATUS	不	—
XMTR_RETRY_ON_NO_DEVICE	不	—
XMTR_RETRY_ON_RESPONSE_CODE	不	—

F.3.3 EDDL 形式定义行规

引用	标题	存在	限制
C.1	EDDL 预处理器	是	
C.2	约定	是	
C.3	操作符	是	
C.4	关键词	是	
C.5	结束符	是	
C.6	形式 EDDL 语法	是	

F.4 关于 HART®通信基金会的行规(HCF)[5)]

F.4.1 EDDL 行规

表 F.8 是关于条款 9 中所指定的词法结构构成和由 HART®通信基金会协会所采用的元素选择。

表 F.8 EDDL 中 HCF 元素选项

基本构成	属性	存在	限制
	DD_REVISION	是	单字节
	DEVICE_REVISION	是	单字节
	DEVICE_TYPE	不	单字节
	EDD_PROFILE	不	—
	EDD_VERSION	是	—
	MANUFACTURER	不	单字节
	MANUFACTURER_EXT	不	—
BLOCK_A		不	—
BLOCK_B		是	—
COLLECTION	item-type	是	—
			只有：COLLECTION，COMMANDS，EDIT_DISPLAY，MENU，METHOD，REFERENCE_ARRAY，REFRESH，RESPONSE_CODES，UNIT，VARIABLE，WRITE_AS_ONE
	MEMBERS	是	—
	HELP	是	—
	LABEL	是	—
COMMAND		是	
	OPERATION	是	只有：READ，WRITE，COMMAND，无条件
	TRANSACTION	是	无条件
	INDEX	不	—
	BLOCK_B	不	—
	NUMBER	是	无条件
	SLOT	不	
	CONNECTION	不	—
	HEADER	不	—
	MODULE	不	—
	RESPONSE_CODES	是	只有：embedded RESPONSE_CODES；无条件

5) HART®是一个 HART 通信基金会协会(HCF)(非赢利性组织)的注册商标，本信息是为本部分的用户提供方便，不构成欧洲电工技术委员会对商标或任何它的产品的认可，如果类似产品可导致相同的结构被表示，它们都可被采用。

表 F.8（续）

基本构成	属　　性	存　在	限　　　　制
CONNECTION		不	—
DOMAIN		不	—
EDIT_DISPLAY		是	—
	EDIT_ITEMS	是	只有：VARIABLE，WRITE_AS_ONE
	LABEL	是	—
	DISPLAY_ITEMS	是	只有：VARIABLE
	POST_EDIT_ACTIONS	是	除了：DEFINITION
	PRE_EDIT_ACTIONS	是	除了：DEFINITION
IMPORT		是	只有为 HART 定义的构成
LIKE		不	—
MENU		是	—
	ITEMS	是	除了：BLOCK_A 参数，BLOCK_A 参数的元素；无 HIDDEN 限定语
	LABEL	是	—
	ACCESS	不	—
	ENTRY	不	—
	HELP	不	—
	POST_EDIT_ACTIONS	不	—
	POST_READ_ACTIONS	不	—
	POST_WRITE_ACTIONS	不	—
	PRE_EDIT_ACTIONS	不	—
	PRE_READ_ACTIONS	不	—
	PRE_WRITE_ACTIONS	不	—
	PURPOSE	不	—
	ROLE	不	—
	STYLE	不	—
	VALIDITY	不	—
METHOD		是	—
	ACCESS	不	—
	CLASS	是	除了：ALARM，CONTAINED，DYNAMIC，LOCAL，OPERATE，OUTPUT，TUNE
	DEFINITION	是	—
	LABEL	是	—
	HELP	是	—
	VALIDITY	是	—

表 F.8(续)

基本构成	属性	存在	限制
PROGRAM		不	—
RECORD		不	—
REFERENCE_ARRAY		是	具体的语法：ARRAY
	item-type	是	—
	ELEMENTS	是	—
	HELP	是	—
	LABEL	是	—
REFRESH		是	—
UNIT		是	—
WRITE_AS_ONE		是	—
	LABEL	是	—
	DISPLAY_ITEMS	是	只有：VARIABLE
	POST_EDIT_ACTIONS	是	除了：DEFINITION
	PRE_EDIT_ACTIONS	是	除了：DEFINITION
IMPORT		是	只有为 HART 定义的构成
LIKE		不	—
MENU		是	—
	ITEMS	是	除了：BLOCK_A 参数，BLOCK_A 参数的元素；无 HIDDEN 限定语
	LABEL	是	—
	ACCESS	不	—
	ENTRY	不	—
	HELP	不	—
	POST_EDIT_ACTIONS	不	—
	POST_READ_ACTIONS	不	—
	POST_WRITE_ACTIONS	不	—
	PRE_EDIT_ACTIONS	不	—
	PRE_READ_ACTIONS	不	—
	PRE_WRITE_ACTIONS	不	—
	PURPOSE	不	—
	ROLE	不	—
	STYLE	不	—
	VALIDITY	不	—
METHOD		是	—
	ACCESS	不	—

表 F.8（续）

基本构成	属性	存在	限制
	CLASS	是	除了：ALARM，CONTAINED，DYNAMIC，LOCAL，OPERATE，OUTPUT，TUNE
	DEFINITION	是	—
	LABEL	是	—
	HELP	是	—
	VALIDITY	是	—
PROGRAM		不	—
RECORD		不	—
REFERENCE_ARRAY		是	具体的语法：ARRAY
	item-type	是	—
	ELEMENTS	是	—
	HELP	是	—
	LABEL	是	—
REFRESH		是	—
UNIT		是	—
WRITE_AS_ONE		是	—
RESPONSE_CODES		不	—
VALUE_ARRAY		不	—
VARIABLE		是	—
	CLASS	是	每一个 VARIABLE 应有一个且只有一个下列类型： ANALOG_OUTPUT，COMPUTATION，DEVICE，SENSOR_CORRECTION，DISCRETE，FREQUENCY，HART，INPUT，LOCAL_DISPLAY 可选的附加类型： DIAGNOSTIC，DYNAMIC，LOCAL，SERVICE
	LABEL	是	可选的
	TYPE	是	只有：ASCII，BITSTRING，BIT，DATE，ENUMERATED，DATE_AND_TIME，DURATION，DOUBLE，ENUMERATED，FLOAT，INTEGER，INDEX，PASSWORD，PACKED_ASCII，TIME，UNSIGNED_INTEGER 无条件类型：No INITIAL_VALUE 或 DEFAULT_VALUE
	CONSTANT_UNIT	是	—
	HANDLING	是	—

表 F.8(续)

基本构成	属 性	存 在	限 制
	HELP	是	—
	POST_EDIT_ACTIONS	是	除了:DEFINITION
	POST_READ_ACTIONS	是	除了:DEFINITION
	POST_WRITE_ACTIONS	是	除了:DEFINITION
	PRE_EDIT_ACTIONS	是	除了:DEFINITION
	PRE_READ_ACTIONS	是	除了:DEFINITION
	PRE_WRITE_ACTIONS	是	除了:DEFINITION
	READ_TIMEOUT	是	—
	RESPONSE_CODE	不	—
	STYLE	不	—
	VALIDITY	是	—
	WRITE_TIMEOUT	是	—
VARIABLE_LIST		不	—
OPEN		不	—
CLOSE		不	—
Conditional expressions		是	—
Reference		是	除了:引用 EDD 实例的 HELP and LABEL 属性(参见 9.25.5)
Strings		是	字符串操作不可以(参见 9.25.6)
Expressions		是	除了:ARRAY_INDEX(参见表 134)和 VARIABLE 的属性:SCALING_FACTOR,DEFAULT_VALUE,INITIAL_VALUE,VARIABLE_STATUS(参见表 135)是不可以的
Preprozessor		是	—

注:文本只能是除了日文(|kt|)外的 ISO Latin-1,语言按罗马字输入并且是一串英文字符,每个日文符号占 2-3 个字符。

F.4.2 内置函数行规

表 F.9 是在附录 D 中所指定和被 HART®通信基金会(HCF)所采用的内置函数程序的选择。内置函数按字母顺序列出。

表 F.9 关于 HCF 的内置函数行规

内置函数名	存 在	限 制 条 件
abort	是	
abort_on_all_comm_errors	不	—
ABORT_ON_ALL_COMM_STATUS	是	—
ABORT_ON_ALL_DEVICE_STATUS	是	—
ABORT_ON_ALL_RESPONSE_CODES	是	—

表 F.9（续）

内置函数名	存在	限制条件
abort_on_all_response_codes	不	—
abort_on_comm_error	不	—
ABORT_ON_COMM_ERROR	是	—
ABORT_ON_COMM_STATUS	是	—
ABORT_ON_DEVICE_STATUS	是	—
ABORT_ON_NO_DEVICE	是	—
ABORT_ON_RESPONSE_CODE	是	—
abort_on_response_code	不	—
ACKNOWLEDGE	是	—
acknowledge	是	—
add_abort_method (version A)	是	—
add_abort_method (version B)	不	—
assign	不	—
assign_double	是	—
assign_float	是	—
assign_int	是	—
assign_var	是	—
atof	不	—
atoi	不	—
dassign	是	—
DELAY	是	—
delay	是	—
DELAY_TIME	是	—
delayfor	不	—
DICT_ID	不	—
discard_on_exit	不	—
display	是	—
display_builtin_error	不	—
display_comm_error	不	—
display_comm_status	是	—
display_device_status	是	—
display_dynamics	不	—

表 F.9（续）

内置函数名	存在	限制条件
display_message	不	—
display_response_code	不	—
display_response_status	是	—
display_xmtr_status	是	—
edit_device_value	不	—
edit_local_value	不	—
ext_send_command	是	—
ext_send_command_trans	是	利用 HART 通用的 Rev. 4 命令 4 and 5
fail_on_all_comm_errors	不	—
fail_on_all_response_codes	不	—
fail_on_comm_error	是	—
fail_on_response_code	是	—
fassign	是	—
fgetval	是	—
ftoa	不	—
fvar_value	是	—
get_acknowlegement	不	—
get_comm_error	不	—
get_comm_error_string	不	—
get_date	不	—
get_date_value	不	—
get_dds_error	不	—
GET_DEV_VAR_VALUE	是	—
get_dev_var_value	是	—
get_dictionary_string	是	—
get_double	不	—
get_double_value	不	—
get_float	不	—
get_float_value	不	—
GET_LOCAL_VAR_VALUE	是	—
get_local_var_value	是	—
get_more_status	是	—

表 F.9（续）

内置函数名	存　在	限　制　条　件
get_resolve_status	不	—
get_response_code	不	—
get_response_code_string	不	—
get_signed	不	—
get_signed_value	不	—
get_status_code_string	是	—
get_status_string	不	—
get_stddict_string	不	—
get_string	不	—
get_string_value	不	—
GET_TICK_COUNT	不	—
get_unsigned	不	—
get_unsigned_value	不	—
Iassign	是	—
igetval	是	—
IGNORE_ALL_COMM_STATUS	是	—
IGNORE_ALL_DEVICE_STATUS	是	—
IGNORE_ALL_RESPONSE_CODES	是	—
IGNORE_COMM_ERROR	是	—
IGNORE_COMM_STATUS	是	—
IGNORE_DEVICE_STATUS	是	—
IGNORE_NO_DEVICE	是	—
IGNORE_RESPONSE_CODE	是	—
int_value	是	—
is_NaN	不	—
isetval	是	—
ITEM_ID	不	—
itoa	不	—
ivar_value	是	—
lassign	是	—
lgetval	是	—
LOG_MESSAGE	不	—

表 F.9（续）

内置函数名	存 在	限 制 条 件
long_value	是	
lsetval	是	
lvar_value	是	
MEMBER_ID	不	
method_abort	不	
process_abort	是	
put_date	不	
put_date_value	不	
put_double	不	
put_double_value	不	
put_float	不	
put_float_value	不	
PUT_MESSAGE	是	
put_message	是	
put_signed	不	
put_signed_value	不	
put_string	不	
put_string_value	不	
put_unsigned	不	
put_unsigned_value	不	
READ_COMMAND	不	
read_value	不	
remove_abort_method (version A)	是	
remove_abort_method (version B)	不	
remove_all_abort_methods	是	
resolve_array_ref	不	
resolve_block_ref	不	
resolve_param_list_ref	不	
resolve_param_ref	不	
resolve_record_ref	不	
retry_on_all_comm_errors	不	
RETRY_ON_ALL_COMM_STATUS	是	

表 F.9(续)

内置函数名	存在	限制条件
RETRY_ON_ALL_DEVICE_STATUS	是	—
RETRY_ON_ALL_RESPONSE_CODES	是	—
retry_on_all_response_codes	不	—
RETRY_ON_COMM_ERROR	是	—
retry_on_comm_error	不	—
RETRY_ON_COMM_STATUS	是	—
RETRY_ON_DEVICE_STATUS	是	—
RETRY_ON_NO_DEVICE	是	—
RETRY_ON_RESPONSE_CODE	是	—
retry_on_response_code	不	—
rspcode_string	是	—
save_on_exit	不	—
save_values	是	—
SELECT_FROM_LIST	是	—
select_from_list	是	—
select_from_menu	不	—
send	是	—
send_all_values	不	—
send_command	是	—
send_command_trans	是	用 HART 通用 Rev. 4 c 命令 4 and 5
send_on_exit	不	—
send_trans	是	—
send_value	是	—
SET_NUMBER_OF_RETRIES	是	—
VARID	是	—
vassign	是	—
WRITE_COMMAND	是	—
XMTR_ABORT_ON_ALL_COMM_STATUS	是	—
XMTR_ABORT_ON_ALL_DEVICE_STATUS	是	—
XMTR_ABORT_ON_ALL_RESPONSE_CODES	是	—
XMTR_ABORT_ON_COMM_ERROR	是	—
XMTR_ABORT_ON_COMM_STATUS	是	—

表 F.9（续）

内置函数名	存在	限制条件
XMTR_ABORT_ON_DATA	是	—
XMTR_ABORT_ON_DEVICE_STATUS	是	—
XMTR_ABORT_ON_NO_DEVICE	是	—
XMTR_ABORT_ON_RESPONSE_CODE	是	—
XMTR_IGNORE_ALL_COMM_STATUS	是	—
XMTR_IGNORE_ALL_DEVICE_STATUS	是	—
XMTR_IGNORE_ALL_RESPONSE_CODES	是	—
XMTR_IGNORE_COMM_ERROR	是	—
XMTR_IGNORE_COMM_STATUS	是	—
XMTR_IGNORE_DEVICE_STATUS	是	—
XMTR_IGNORE_NO_DEVICE	是	—
XMTR_IGNORE_RESPONSE_CODE	是	—
XMTR_RETRY_ON_ALL_DEVICE_STATUS	是	—
XMTR_RETRY_ON_ALL_RESPONSE_CODE	是	—
XMTR_RETRY_ON_ALL_RESPONSE_CODES	是	—
XMTR_RETRY_ON_COMM_ERROR	是	—
XMTR_RETRY_ON_COMM_STATUS	是	—
XMTR_RETRY_ON_DATA	是	—
XMTR_RETRY_ON_DEVICE_STATUS	是	—
XMTR_RETRY_ON_NO_DEVICE	是	—
XMTR_RETRY_ON_RESPONSE_CODE	是	—

F.4.3 EDDL 形式定义行规

引用	标题	存在	限制
C.1	EDDL 预处理器	是	
C.2	约定	是	
C.3	操作符	是	
C.4	关键词	是	
C.5	结束符	是	
C.6	形式 EDDL 语法	是	

F.5 数据类型

F.5.1 程序定义数据类型(见表 F.10、表 F.11)

在 VARIABLR TYPE 的括号中指定的长度要保证上溢出或下溢出都不能发生。

表 F.10 程序定义数据类型

数据类型	最 小 值	最 大 值	备 注
字符	－128	＋127	—
字符[长度]	对每个字符可为－128	对每个字符可为＋127	—
字符[]	对每个字符可为－128	对每个字符可为＋127	未指定一个字符串的长度
短/整型	－32768	＋32767	—
长整型	－2147483648	＋2147483647	—
无符号字符	0	＋255	—
无符号短/无符号整型	0	＋65535	—
无符号长整型	0	＋4294967295	—
浮点	－3.402823466e ＋ 38	＋3.402823466e ＋ 38	—
双精度	－1.7976931348623157e ＋ 308	＋1.7976931348623157e ＋ 308	—

表 F.11 变量类型

变量类型	最 小 值	最 大 值
双精度	－1.7976931348623157e ＋ 308	＋1.7976931348623157e ＋ 308
浮点	－3.402823466e ＋ 38	＋3.402823466e ＋ 38
整型数(1)	－128	＋127
整型数(2)	－32768	＋32767
整型数(3)	－8388608	＋8388607
整型数(4)	－2147483648	＋2147483647
无符号整型数(1)	0	＋255
无符号整型数(2)	0	＋65535
无符号整型数 (3)	0	＋16777215
无符号整型数(4)	0	＋4294967295
日期	参见表 F.12	参见表 F.12
日期和时间	参见表 F.13	参见表 F.13
持续时间	参见表 F.14	参见表 F.14
时间	参见表 F.15	参见表 F.15
时间值	参见表 F.16	参见表 F.16
位枚举(1)	0	＋255
位枚举(2)	0	＋65535
位枚举(3)	0	＋16777215
位枚举(4)	0	＋4294967295
枚举(1)	0	＋255
枚举(2)	0	＋65535
枚举(3)	0	＋16777215

表 F.11（续）

变量类型	最 小 值	最 大 值
枚举(4)	0	+4294967295
索引(1)	0	+255
索引(2)	0	+65535
索引(3)	0	+16777215
索引(4)	0	+4294967295
对象引用	参见 9.19.2.2.4	参见 9.19.2.2.4
ASCII(长度)	0	对每个字符可为+255
位字符串(长度)	0	对每个字符可为+255
EUC(长度)	0	对每个字符可为+255
字节(长度)	0	对每个字符可为+255
压缩 ASCII 码	参见表 F.17	参见表 F.17
口令(长度)	0	对每个字符可为+255
变量(长度)	0	对每个字符可为+255

F.5.2 DATE 的数据编码(见表 F.12)

表 F.12 DATE 编码

字 节	位								描 述
	8	7	6	5	4	3	2	1	
1	2^{7}	2^{6}	2^{5}	2^{4}	2^{3}	2^{2}	2^{1}	2^{0}	每月的 1…31 天
2	2^{7}	2^{6}	2^{5}	2^{4}	2^{3}	2^{2}	2^{1}	2^{0}	1…12 月
3	2^{7}	2^{6}	2^{5}	2^{4}	2^{3}	2^{2}	2^{1}	2^{0}	1…255 年(实际年份减 1900)

F.5.3 DATE_AND_TIME 的数据编码(见表 F.13)

表 F.13 DATE_AND_TIME 编码

字 节	位								描 述
	8	7	6	5	4	3	2	1	
1	2^{15}	2^{14}	2^{13}	2^{12}	2^{11}	2^{10}	2^{9}	2^{8}	0…59999 ms
2	2^{7}	2^{6}	2^{5}	2^{4}	2^{3}	2^{2}	2^{1}	2^{0}	
3	R		2^{5}	2^{4}	2^{3}	2^{2}	2^{1}	2^{0}	0…59 min
4	S	R		2^{4}	2^{3}	2^{2}	2^{1}	2^{0}	0…23 h
5	2^{2}	2^{1}	2^{0}	2^{4}	2^{3}	2^{2}	2^{1}	2^{0}	位 6～8：每星期中的 1…7 天(1=星期一，7=星期日) 位 1～5：每月的 1…31 天
6	R		2^{5}	2^{4}	2^{3}	2^{2}	2^{1}	2^{0}	1…12 月
7	R	2^{6}	2^{5}	2^{4}	2^{3}	2^{2}	2^{1}	2^{0}	1…255 年(实际年份减 1900)

注 1：R 保留。

注 2：S 标准时间=0,夏时制时间=1。

F.5.4 DURATION 的数据编码(见表 F.14)

表 F.14 DURATION 编码

字节	位								描述
	8	7	6	5	4	3	2	1	
1	0	0	0	0	2^{27}	2^{26}	2^{25}	2^{24}	从午夜开始的微秒数
2	2^{23}	2^{22}	2^{21}	2^{20}	2^{19}	2^{18}	2^{17}	2^{16}	
3	2^{15}	2^{14}	2^{13}	2^{12}	2^{11}	2^{10}	2^{9}	2^{8}	
4	2^{7}	2^{6}	2^{5}	2^{4}	2^{3}	2^{2}	2^{1}	2^{0}	
5	2^{15}	2^{14}	2^{13}	2^{12}	2^{11}	2^{10}	2^{9}	2^{8}	天数(可选的)
6	2^{7}	2^{6}	2^{5}	2^{4}	2^{3}	2^{2}	2^{1}	2^{0}	

F.5.5 TIME 的数据编码(见表 F.15)

表 F.15 TIME 编码

字节	位								描述
	8	7	6	5	4	3	2	1	
1	0	0	0	0	2^{27}	2^{26}	2^{25}	2^{24}	从午夜开始的微秒数
2	2^{23}	2^{22}	2^{21}	2^{20}	2^{19}	2^{18}	2^{17}	2^{16}	
3	2^{15}	2^{14}	2^{13}	2^{12}	2^{11}	2^{10}	2^{9}	2^{8}	
4	2^{7}	2^{6}	2^{5}	2^{4}	2^{3}	2^{2}	2^{1}	2^{0}	
5	2^{15}	2^{14}	2^{13}	2^{12}	2^{11}	2^{10}	2^{9}	2^{8}	从 1984.01.01 开始的天数(可选的)
6	2^{7}	2^{6}	2^{5}	2^{4}	2^{3}	2^{2}	2^{1}	2^{0}	

F.5.6 TIME_VALUE 的数据编码(见表 F.16)

表 F.16 TIME_VALUE 编码

字节	位								描述
	8	7	6	5	4	3	2	1	
1	SN	2^{62}	2^{61}	2^{60}	2^{59}	2^{58}	2^{57}	2^{56}	1/32 ms 的数
2	2^{55}	2^{54}	2^{53}	2^{52}	2^{51}	2^{50}	2^{49}	2^{48}	
3	2^{47}	2^{46}	2^{45}	2^{44}	2^{43}	2^{42}	2^{41}	2^{40}	
4	2^{39}	2^{38}	2^{37}	2^{36}	2^{35}	2^{34}	2^{33}	2^{32}	
5	2^{31}	2^{30}	2^{29}	2^{28}	2^{27}	2^{26}	2^{25}	2^{24}	
6	2^{23}	2^{22}	2^{21}	2^{20}	2^{19}	2^{18}	2^{17}	2^{16}	
7	2^{15}	2^{14}	2^{13}	2^{12}	2^{11}	2^{10}	2^{9}	2^{8}	
8	2^{7}	2^{6}	2^{5}	2^{4}	2^{3}	2^{2}	2^{1}	2^{0}	
注:SN:0=数据是正的,1=数据是负,并且是以 2 的补码表示。									

F.5.7 PACKED_ASCII(6 位 ASCII)数据格式的编码

一些由协议传递的字母数字数据是按 PACKED_ASCII 传输到或来自设备的。PACKED_ASCII 是一个由删除每个 ASCII 字符的两个最重要的位所产生的 ASCII 子集。它允许 4 个 ASCII 字符放在 3 个 ASCII 字符的空间中,典型的是 4 个 ASCII 字符通过 PACKED_ASCII 字符串被按照三个字节的偶数倍定义。

PACKED_ASCII 字符的结构：

- 截去每个 ASCII 字符的第 6 位和第 7 位；
- 压缩 4 个 6 位 ASCII 字符进 3 字节。

重构的 ASCII 字符：

- 未压缩的 4 个 6 位 ASCII 字符；
- 把每个未压缩 6 位 ASCII 字符的 #5 位的补码放入 #6 位；
- 设置每个未压缩 ASCII 字符的 #7 位为 0。

表 F.17　表示了 PACKED_ASCII 字符的编码。

表 F.17　PACKED_ASCII 编码

字符	代码	字符	代码	字符	代码	字符	代码
@	00	P	10	Space	20	0	30
A	01	Q	11	!	21	1	31
B	02	R	12	"	22	2	32
C	03	S	13	#	23	3	33
D	04	T	14	$	24	4	34
E	05	U	15	%	25	5	35
F	06	V	16	&	26	6	36
G	07	W	17	'	27	7	37
H	08	X	18	(	28	8	38
I	09	Y	19	)	29	9	39
J	0A	Z	1A	*	2A	:	3A
K	0B	[	1B	+	2B	;	3B
L	0C	\	1C	,	2C	<	3C
M	0D	]	1D	-	2D	=	3D
N	0E	^	1E	.	2E	>	3E
O	0F	_	1F	/	2F	?	3F

ICS 65.120
B 46

中华人民共和国国家标准

GB/T 21100—2007

动物源性饲料中骆驼源性成分定性检测方法　PCR方法

Identification of Camelidae derived materials in animal-originated feedstuffs—PCR method

2007-10-24 发布　　2008-04-01 实施

中华人民共和国国家质量监督检验检疫总局
中国国家标准化管理委员会　发布

前　言

本标准的附录 A 为资料性附录。

本标准由中华人民共和国国家质量监督检验检疫总局提出。

本标准由全国饲料工业标准化技术委员会归口。

本标准起草单位：中国检验检疫科学研究院、中华人民共和国辽宁出入境检验检疫局、中华人民共和国山东出入境检验检疫局、中华人民共和国深圳出入境检验检疫局。

本标准主要起草人：陈颖、吴亚君、徐宝梁、王晶、曹际娟、高宏伟、宗卉、黄文胜、袁飞、赵贵明。

本标准首次发布。

动物源性饲料中骆驼源性成分定性检测方法 PCR方法

1 范围

本标准规定了动物源性饲料中骆驼(Camelidae)源性成分检测的PCR方法,该检测方法的检出限为0.1%(质量分数)。

本标准适用于动物源性饲料中骆驼源性成分的定性检测。

2 规范性引用文件

下列文件中的条款通过本标准的引用而成为本标准的条款。凡是注日期的引用文件,其随后所有的修改单(不包括勘误的内容)或修订版均不适用于本标准,然而,鼓励根据本标准达成协议的各方研究是否可使用这些文件的最新版本。凡是不注日期的引用文件,其最新版本适用于本标准。

GB 6682 分析实验室用水规格和试验方法

GB/T 14699.1 饲料 采样(GB/T 14699.1—2005,ISO 6497:2002,IDT)

SN/T 1193 基因检验实验室技术要求

3 术语和定义

下列术语和定义适用于本标准。

3.1

聚合酶链式反应 polymerase chain reaction;PCR

用于扩增位于两段已知序列之间的DNA(deoxyribonucleosidea acid,脱氧核糖核酸)的方法。模板DNA经过高温变性成单链,在DNA聚合酶和适宜的温度下,两条互不互补的寡核苷酸片段即引物分别与模板DNA两条链上的一段互补序列发生退火,接着在DNA聚合酶的催化下以4种dNTP(deoxyribonucleoside triphosphate,脱氧核苷酸三磷酸)为底物,使退火引物得以延伸,如此反复变性、退火和DNA合成这一循环,使位于两段已知序列之间的DNA片段呈几何倍数扩增,经25个~30个扩增循环,扩增倍数达到约10^6。

4 原理

利用裂解液破碎细胞,三氯甲烷抽提蛋白质,无水乙醇沉淀得到DNA;以提取的DNA为模板进行PCR扩增,琼脂糖凝胶电泳检测PCR扩增产物;PCR阳性产物应用限制性内切酶酶切反应进行确证。

5 试剂和材料

除另有规定外,试剂为分析纯或生化试剂。实验用水符合GB 6682的要求。

5.1 骆驼源性成分检测用引物(对)序列为:

F:5'-AGCCTTCTCTTCAGTCGCACAC-3'

R:5'-GCCCATGAAAGCTGTTGCT-3'

5.2 *Taq*DNA聚合酶(*Taq*,*Thermus aquaticu*,水生栖热菌)。

5.3 限制性内切酶:*Taq* I酶。

5.4 dNTPs:dATP(deoxyadenosine triphosphate,脱氧腺苷三磷酸)、dTTP(deoxythymidine triphos-

phate,脱氧胸苷三磷酸)、dCTP(deoxycytidine triphosphate,脱氧胞苷三磷酸)、dGTP(deoxyguanosine triphosphate,脱氧鸟苷三磷酸)。

5.5 琼脂糖:电泳纯。

5.6 溴化乙锭。

5.7 三氯甲烷。

5.8 无水乙醇。

5.9 70%乙醇。

5.10 DNA 分子量标准品(100 bp ~600 bp)(bp:base pair,碱基对)。

5.11 裂解液:1% CTAB(cetyltrithylammonium bromide,十六烷基三甲基溴化铵),0.05 mol/L Tris-HCl(pH 8.0)[Tris-:tris (hydroxymethyl) aminomethane,三(羟甲基)氨基甲烷],0.7 mol/L NaCl,0.01 mol/L EDTA (pH8.0)(ethylene diaminetetraacetic acid,乙二胺四乙酸)。

5.12 TE 缓冲液(Tris-HCl、EDTA 缓冲液):10 mmol/L Tris-HCl (pH8.0),1 mmol/L EDTA (pH 8.0)。

5.13 10×PCR 缓冲液:100 mmol/L KCl,160 mmol/L $(NH_4)_2SO_4$,20 mmol/L $MgSO_4$,200 mmol/L Tris-HCl (pH8.8),1% Triton X-100(t-octylphenoxypolyethoxyethanol,辛基苯氧基聚乙氧乙醇),1 mg/mL BSA(bovine serum albumin,牛血清蛋白)。

5.14 电泳缓冲液:Tris 54 g,硼酸 27.5 g ,0.5 mol/L TE 缓冲液(pH8.0)20 mL,加蒸馏水至 1 000 mL;使用时 10 倍稀释。

5.15 溴化乙锭贮存液:用水配制成 10 mg/mL。

5.16 加样缓冲液:0.25%溴酚蓝,40%(质量浓度)蔗糖水溶液。

5.17 酶切缓冲液:10 mmol/L Tris-HCl (pH7.5),10 mmol/L $MgCl_2$,50 mmol/L NaCl,0.1 mg/mL BSA。

6 仪器设备

6.1 DNA 热循环仪。

6.2 核酸蛋白分析仪或紫外分光光度计。

6.3 恒温水浴锅。

6.4 离心机:离心力 12 000 *g*。

6.5 微量移液器(0.5 μL~10 μL,10 μL~100 μL,10 μL~200 μL,100 μL~1 000 μL)。

6.6 电泳仪。

6.7 紫外检测仪。

6.8 pH 计。

6.9 天平:感量 0.01 g。

7 试样选取与制备

按照 GB/T 14699.1 采样,将实验室样品粉碎,充分混合均匀后待用。

8 检验步骤

8.1 样品的总 DNA 提取

样品粒度 100 目时最少称取 50 mg;60 目时最少称取 100 mg;20 目时最少称取 200 mg。

称取样品于微量离心管中,加入 600 μL~800 μL 裂解液,65℃ 3 h,期间不时振荡混匀;12 000 *g* 离心 5 min,转移上清于洁净离心管中,加等体积酚,混匀;12 000 *g* 离心 5 min,转移上清于洁净离心管中,加等体积三氯甲烷+异戊醇(24+1),混匀;12 000 *g* 离心 5 min,取上清液;加 2 倍体积冰预冷的无水乙醇,-20℃沉淀 1 h;12 000 *g* 离心 5 min,弃上清液;70%乙醇洗涤一次,晾干;加入 50 μL TE,溶解沉淀。

也可用等效 DNA 提取试剂盒提取模板 DNA。

8.2 DNA 浓度和纯度的测定

取 5 μL DNA 溶液加双蒸水稀释至 1 mL,使用核酸蛋白分析仪或紫外分光光度计分别检测 260 nm和 280 nm 处的吸光值 A_{260} 和 A_{280}。DNA 的浓度按式(1)计算:

$$c = A \times N \times 50/1\,000 \qquad (1)$$

式中:

c——DNA 浓度,单位为微克每微升(μg/μL);

A——260 nm 处的吸光值;

N——核酸稀释倍数。

当 A_{260}/A_{280} 比值在 1.7～1.9 之间时,适宜于 PCR 扩增。

8.3 PCR 扩增

50 μL 反应体系:10×PCR 缓冲液 5 μL、dNTP (5 mmol/L) 1 μL、引物对(各 5 μmol/L) 2 μL、*Taq* DNA 聚合酶 2 U、模板 DNA 100 ng±50 ng。

一般反应程序:94℃ 预变性 5 min,94℃ 变性 30 s,63℃退火 30 s,72℃ 延伸 30 s,30 个循环。72℃ 延伸 5 min。4℃保存。

检测过程中分别设阳性对照、阴性对照和空白对照。用已知含骆驼源性成分的样品作阳性对照,用已知不含骆驼源性成分的样品作阴性对照,用等体积的双蒸水代替模板 DNA 作空白对照。

8.4 PCR 扩增产物电泳检测

取 2 g 琼脂糖,于 100 mL 电泳缓冲液中加热,充分熔化,加入溴化乙锭贮存液至终浓度为 0.5 μg/mL,制胶。在电泳槽中加入电泳缓冲液,使液面刚刚没过凝胶。将 5 μL～8 μL PCR 扩增产物分别和适量加样缓冲液混合,点样。9 V/cm 恒压电泳,直至溴酚蓝指示剂迁移至凝胶中部。紫外检测仪下观察电泳结果并记录。

8.5 限制性内切酶酶切及产物电泳检测

如果 PCR 扩增产物电泳检测结果阳性,进行限制性内切酶酶切反应。

反应体系(20 μL):*Taq* I 酶 2 U,酶切缓冲液 2 μL,加入 PCR 扩增产物至总体积 20 μL。

酶切在 65℃或 37℃下进行,30 min。酶切完成后电泳,方法见 8.4。

9 结果判断与表述

9.1 PCR 扩增产物电泳检测结果

阳性样品扩增产物为 208 bp(序列参考附录 A)。

9.2 限制性内切酶酶切电泳检测结果

扩增产物酶切片段大小为 153 bp 和 55 bp。

9.3 结果表述

PCR 产物为阳性,同时酶切结果正确者判为含有骆驼源性成分,表述为检出骆驼源性成分;

PCR 产物为阴性者判为不含有骆驼源性成分,表述为未检出骆驼源性成分。

10 检测过程中防止交叉污染的措施

按照 SN/T 1193 执行。

11 废弃物处理

检测过程中的废弃物,收集后在焚烧炉中焚烧处理。

附　录　A
（资料性附录）
PCR产物测序结果

AGCCTTCTCTTCAGTCGCACACATCTGCCGAGATGTTAACTACGGCTGAATCATTCGA
TATTTACATGCTAACGGAGCTTCCATATTCTTCATTTGCTTATATATTCACGTGGGTCGC
GGGCTTTATTACGGCTCGTATACCTTTTCAGAAACCTGAAACGTTGGAATKGTTTTATTG
TTCACAGTAATAGCAACAGCTTTCATGGGC

ICS 65.120
B 46

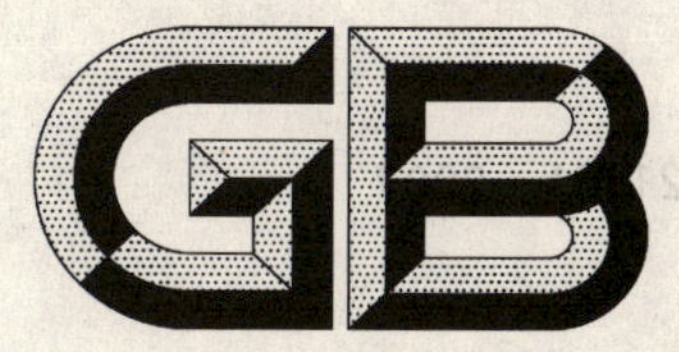

中华人民共和国国家标准

GB/T 21101—2007

动物源性饲料中猪源性成分定性检测方法 PCR方法

Identification of porcine derived materials in animal-originated feedstuffs—PCR method

2007-10-24 发布　　2008-04-01 实施

中华人民共和国国家质量监督检验检疫总局
中国国家标准化管理委员会　发布

前　言

本标准的附录 A 为资料性附录。

本标准由中华人民共和国国家质量监督检验检疫总局提出。

本标准由全国饲料工业标准化技术委员会归口。

本标准起草单位：中华人民共和国山东出入境检验检疫局、中国检验检疫科学研究院、中华人民共和国辽宁出入境检验检疫局、中华人民共和国深圳出入境检验检疫局。

本标准主要起草人：高宏伟、梁成珠、王岩、于立新、徐宝梁、陈颖、吴亚君、宗卉、温燕辉、曹际娟。

本标准首次发布。

动物源性饲料中猪源性成分定性检测方法　PCR 方法

1　范围

本标准规定了动物源性饲料中猪(Suidae)源性成分检测的 PCR 方法,该检测方法的检出限为 0.1%。

本标准适用于动物源性饲料中猪源性成分的定性检测。

2　规范性引用文件

下列文件中的条款通过本标准的引用而成为本标准的条款。凡是注日期的引用文件,其随后所有的修改单(不包括勘误的内容)或修订版均不适用于本标准,然而,鼓励根据本标准达成协议的各方研究是否可使用这些文件的最新版本。凡是不注日期的引用文件,其最新版本适用于本标准。

GB 6682　分析实验室用水规格和试验方法

GB/T 14699.1　饲料　采样(GB/T 14699.1—2005,ISO 6497:2002,IDT)

SN/T 1193　基因检验实验室技术要求

3　术语和定义

下列术语和定义适用于本标准。

3.1

聚合酶链式反应　polymerase chain reaction;PCR

用于扩增位于两段已知序列之间 DNA(deoxyribonucleosidea acid,脱氧核糖核酸)的方法。模板 DNA 经过高温变性成单链,在 DNA 聚合酶和适宜的温度下,两条互不互补的寡核苷酸片段即引物分别与模板 DNA 两条链上的一段互补序列发生退火,接着在 DNA 聚合酶的催化下以 4 种 dNTP(deoxyribonucleoside triphosphate,脱氧核苷酸三磷酸)为底物,使退火引物得以延伸,如此反复变性、退火和 DNA 合成这一循环,使位于两段已知序列之间的 DNA 片段呈几何倍数扩增,经 25 个～30 个扩增循环,扩增倍数达到约 10^6。

4　原理

利用裂解液破碎细胞,三氯甲烷抽提蛋白质,异丙醇沉淀得到 DNA;以提取的 DNA 为模板进行 PCR 扩增,琼脂糖凝胶电泳检测 PCR 扩增产物;PCR 阳性产物应用限制性内切酶酶切反应进行确证。

5　试剂和材料

除另有规定外,试剂为分析纯或生化试剂,实验用水符合 GB 6682 的要求。

5.1　猪源性成分检测用引物(对)序列为:

por F:5’-GCC TAA ATC TCC CCT CAA TGC TA-3’

por R:5’-ATG AAA GAG GCA AAT AGA TTT TCG-3’

5.2　*Taq* DNA 聚合酶(*Taq*,*Thermus aquaticu*,水生栖热菌)。

5.3　限制性内切酶:*Mnl* Ⅰ酶。

5.4　dNTPs:dATP(deoxyadenosine triphosphate,脱氧腺苷三磷酸)、dTTP(deoxythymidine triphos-

phate,脱氧胸苷三磷酸)、dCTP(deoxycytidine triphosphate,脱氧胞苷三磷酸)、dGTP(deoxyguanosine triphosphate,脱氧鸟苷三磷酸)。

5.5 琼脂糖:电泳纯。

5.6 溴化乙锭。

5.7 三氯甲烷。

5.8 异丙醇。

5.9 70%乙醇。

5.10 分子量标准品(100 bp ~2000 bp)(bp:base pair,碱基对)。

5.11 裂解液:1% CTAB(cetyltrithylammonium bromide,十六烷基三甲基溴化铵),0.05 mol/L Tris-HCl(pH8.0)[Tris -:tris (hydroxymethyl) aminomethane,三(羟甲基)氨基甲烷],0.7 mol/L NaCl,0.01 mol/L EDTA (pH8.0)(ethylene diaminetetraacetic acid,乙二胺四乙酸)。

5.12 TE缓冲液(Tris-HCl、EDTA缓冲液):10 mmol/L Tris-HCl (pH8.0),1 mmol/L EDTA (pH8.0)。

5.13 10×PCR缓冲液:100 mmol/L KCl,160 mmol/L $(NH_4)_2SO_4$,20 mmol/L $MgSO_4$,200 mmol/L Tris-HCl (pH8.8),1% Triton X-100(t-octylphenoxypolyethoxyethanol,辛基苯氧基聚乙氧乙醇),1 mg/mL BSA(bovine serum albumin,牛血清蛋白)。

5.14 电泳缓冲液:Tris 54 g,硼酸 27.5 g,0.5 mol/L TE缓冲液(pH8.0)20 mL,加蒸馏水至1 000 mL;使用时10倍稀释。

5.15 溴化乙锭贮存液:用水配制成10 mg/mL。

5.16 加样缓冲液:0.25%溴酚蓝,质量浓度为40%的蔗糖水溶液。

5.17 酶切缓冲液:10 mmol/L Tris-HCl (pH7.5),10 mmol/L $MgCl_2$,50 mmol/L NaCl,0.1 mg/mL BSA。

6 仪器设备

6.1 DNA热循环仪。

6.2 核酸蛋白分析仪或紫外分光光度计。

6.3 恒温水浴锅。

6.4 离心机:离心力12 000 *g*。

6.5 微量移液器。

6.6 电泳仪。

6.7 紫外检测仪。

6.8 pH计。

6.9 天平:感量0.01 g。

7 试样选取与制备

按照GB/T 14699.1采样,将实验室样品粉碎,充分混合均匀后待用。

8 检验步骤

8.1 样品的总DNA提取

称取适量饲料(饲料粒度为100目称取50 mg;60目称取100 mg;20目称取200 mg)于1.5 mL离心管中,加入600 μL~800μL裂解液,65℃ 30 min,期间不时振荡混匀;12 000 *g* 离心5 min;转移上清于洁净离心管中,加400 μL三氯甲烷+异戊醇(24+1),混匀;12 000 *g* 离心5 min,取上清液;加0.8倍体积异丙醇,沉淀;12 000 *g* 离心5 min,弃上清液;70%乙醇洗涤一次,晾干;加入50 μL TE,溶解沉淀。

也可用等效DNA提取试剂盒提取模板DNA。

8.2 DNA浓度和纯度的测定

取5 μL DNA溶液加双蒸水稀释至1 mL，使用核酸蛋白分析仪或紫外分光光度计分别检测260 nm和280 nm处的吸光值A_{260}和A_{280}。DNA的浓度按式(1)计算：

$$c = A \times N \times 50/1\,000 \qquad (1)$$

式中：

c——DNA浓度，单位为微克每微升(μg/μL)；

A——260 nm处的吸光值；

N——核酸稀释倍数。

当A_{260}/A_{280}比值在1.7～1.9之间时，适宜于PCR扩增。

8.3 PCR扩增

25 μL的反应体系，在0.2 mL的PCR反应管中，引物por F和por R各200 nmol/L，10×PCR反应缓冲液，2 mmol/L $MgCl_2$，200 nmol/L dNTPs，1.5 U *Taq* DNA聚合酶，1.0 μL DNA模板(100 ng±50 ng DNA)。

PCR反应条件随仪器不同略有改变，一般的反应程序为：94℃预变性3 min。94℃变性45 s，56℃退火45 s，72℃延伸45 s，35个循环。72℃延伸5 min。4℃保存。

检测过程中分别设阳性对照、阴性对照和空白对照。用已知含猪源性成分的样品作阳性对照，用已知不含猪源性成分的样品作阴性对照，用等体积的双蒸水代替模板DNA作空白对照。

8.4 PCR扩增产物电泳检测

取2 g琼脂糖，于100 mL电泳缓冲液中加热，充分熔化，加入溴化乙锭贮存液至终浓度为0.5 μg/mL，制胶。在电泳槽中加入电泳缓冲液，使液面刚刚没过凝胶。将5 μL～8 μL PCR扩增产物分别和适量加样缓冲液混合，点样。9 V/cm恒压电泳，直至溴酚蓝指示剂迁移至凝胶中部。紫外检测仪下观察电泳结果并记录。

8.5 限制性内切酶酶切及产物电泳检测

如果PCR扩增产物电泳检测结果阳性，进行限制性内切酶酶切反应。

反应体系(20 μL)：*Mnl* Ⅰ酶2U，酶切缓冲液2 μL，加入PCR扩增产物至总体积20 μL。

酶切在37℃下进行，20 min。酶切完成后电泳，方法见8.4。

9 结果判断与表述

9.1 PCR扩增产物电泳检测结果

阳性样品的PCR扩增产物大小为212 bp(序列参考附录A)。

9.2 限制性内切酶酶切结果

阳性样品PCR产物采用内切酶*Mnl* Ⅰ酶切后，酶切片段大小为196 bp和16 bp。

9.3 结果表述

PCR产物和酶切产物都为阳性者判为含有猪源性成分，表述为检出猪源性成分；

PCR产物为阴性者判为不含有猪源性成分，表述为未检出猪源性成分。

10 检测过程中防止交叉污染的措施

按照SN/T 1193要求执行。

11 废弃物处理

检测过程中的废弃物，收集后在焚烧炉中焚烧处理。

附 录 A
（资料性附录）
PCR 产物测序结果

GCCTAAATCT CCCCTCAATG GTATGCCACA ACTAGATACA TCTACATGAT TCATTACAAT
TACATCAATA ATTATAACAT TATTTATTTT ATTCCAACTA AAAATCTCAA ACTACTCATA
CCCAGCAAGC CCAGAATCAA CCGAACTCAA AACTCAAAAA CATAGCACCC CTTGAGAAAT
AAAATGAACG AAAATCTATT TGCCTCTTTC AT

ICS 65.120
B 46

中华人民共和国国家标准

GB/T 21102—2007

动物源性饲料中兔源性成分定性检测方法　实时荧光 PCR 方法

Identification of rabbit derived materials in animal-originated feedstuffs—Real time PCR method

2007-10-24 发布　　2008-04-01 实施

中华人民共和国国家质量监督检验检疫总局
中国国家标准化管理委员会　发布

前　言

本标准由中华人民共和国国家质量监督检验检疫总局提出。

本标准由全国饲料工业标准化技术委员会归口。

本标准主要起草单位：中华人民共和国辽宁出入境检验检疫局、宝生物工程（大连）有限公司、中国检验检疫科学研究院、中华人民共和国山东出入境检验检疫局、中华人民共和国深圳出入境检验检疫局、中华人民共和国上海出入境检验检疫局。

本标准主要起草人：郑秋月、李晶泉、王玉萍、徐昊、曹际娟、于爱丽、张舒亚、陈颖、徐宝梁、高宏伟、宗卉、金东权。

本标准首次发布。

动物源性饲料中兔源性成分定性检测方法　实时荧光 PCR 方法

1　范围

本标准规定了动物源性饲料中兔源性成分实时荧光 PCR 检测方法，该检测方法的检出限为 0.1%。

本标准适用于动物源性饲料中兔源性成分的定性检测。

2　规范性引用文件

下列文件中的条款通过本标准的引用而成为本标准的条款。凡是注日期的引用文件，其随后所有的修改单(不包括勘误的内容)或修订版均不适用于本标准，然而，鼓励根据本标准达成协议的各方研究是否可使用这些文件的最新版本。凡是不注日期的引用文件，其最新版本适用于本标准。

GB 6682　分析实验室用水规格和试验方法

GB/T 14699.1　饲料　采样(GB/T 14699.1—2005，ISO 6497:2002，IDT)

SN/T 1193　基因检验实验室技术要求

3　术语和定义

下列术语和定义适用于本标准。

3.1

实时荧光 PCR　real time PCR

实时荧光聚合酶链式反应。

3.2

Ct 值　cycle time

每个反应管内的荧光信号达到设定的阈值时所经历的循环数。

4　原理

采用 TaqMan 实时荧光 PCR 技术，根据线粒体 DNA 的细胞色素 C 氧化酶亚单位 I (cytochrome C oxidase subunit I，COX I)基因上动物种间多态性的差异而进行兔源性成分鉴定。利用裂解液破碎细胞，三氯甲烷抽提蛋白质，异丙醇沉淀得到 DNA；以提取的 DNA 为模板进行实时荧光 PCR 扩增。本标准应用多色荧光检测技术，采用多重 PCR 方法，将所用试剂配制成预混合形式，组建成实时荧光 PCR 兔 DNA 检测试剂盒。对反应液中含有的两种不同荧光染料进行双通道同步检测，在同一反应管内对兔的 COX I 基因及内参照基因同时进行扩增，并通过标记两种不同荧光物质 6-羧基荧光素(6-carboxyfluorescein，FAM)、5-六氯荧光素(5-hexachloro-fluorescein，HEX)的探针进行特异性杂交，两色荧光同步检测。其中，对内参照反应的检测，可以监控反应是否正常进行，防止假阴性结果。观察实时荧光 PCR 的增幅曲线，从而对饲料中兔源性成分进行快速检测。

5　试剂与材料

除另有规定外，试剂为分析纯或生化试剂，实验用水符合 GB 6682 的要求。

5.1　DNA 提取用试剂

5.1.1　三氯甲烷。

5.1.2 异戊醇。

5.1.3 异丙醇。

5.1.4 70%乙醇。

5.1.5 裂解液：1% CTAB(cetyltrithylammonium bromide，十六烷基三甲基溴化铵)，0.05 mol/L Tris-HCl(pH 8.0)[Tris -：tris (hydroxymethyl) aminomethane，三(羟甲基)氨基甲烷]，0.7 mol/L NaCl，0.01 mol/L EDTA (pH8.0)(ethylene diaminetetraacetic acid，乙二胺四乙酸)。

5.1.6 TE缓冲液(Tris-HCl、EDTA缓冲液)：10 mmol/L Tris-HCl (pH8.0)，1 mmol/L EDTA (pH8.0)。

5.2 实时荧光PCR兔DNA检测试剂盒

5.2.1 2×兔源性检测预混合液：含有Ex *Taq* HS(终浓度1.25 U/25 μL)、dNTPs(终浓度各0.4 mmol/L)、Mg^{2+}(终浓度3 mmol/L)。

5.2.2 兔源性检测引物混合液：含有扩增兔基因组DNA及内参照的引物(序列详见表1)、内参照(λ DNA)。各引物终浓度0.1 μmol/L～1.0 μmol/L。

表1 兔及内参照引物序列

名称	序列
兔5′-引物	5′-TAATCGTCACCGCACATGCC-3′
兔3′-引物	5′-CTATGTCAGGAGCCCCAATTATCA-3′
内参照5′-引物	5′-GGCTGATTGACCGGCAGATTA-3′
内参照3′-引物	5′-GCGGGTATAGGTTTTATTGATGGC-3′

5.2.3 兔源性检测探针混合液：检测兔基因组DNA的探针及检测内参照的探针(序列详见表2)。探针浓度与使用的实时荧光PCR扩增仪、荧光标记物质种类有关，实际使用时请参照仪器说明书，或各荧光探针的具体使用要求进行。

表2 兔及内参照探针序列

名称	序列
兔探针	5′(FAM)-ACAAGCCAGTTCCCGAAGCCTCCA -3′(Eclipse)
内参照探针	5′(HEX)-CCGCCACGACGATGAACAGACGCT -3′(Eclipse)

5.2.4 阳性对照：用已知含哺乳动物源性成分的样品作阳性对照。

5.2.5 双蒸水。

6 仪器设备

6.1 实时荧光PCR检测系统。

6.2 核酸蛋白分析仪或紫外分光光度计。

6.3 电子天平：感量0.01 g。

6.4 离心机：离心力12 000 *g*。

6.5 微量移液器：0.5 μL～10 μL，10 μL～100 μL，10 μL～200 μL，100 μL～1 000 μL。

6.6 实时荧光PCR反应管。

6.7 恒温水浴箱。

7 试样选取与制备

按照GB/T 14699.1采样，将实验室样品粉碎，充分混合均匀后待用。

8 检验步骤

8.1 样品的总 DNA 提取

称取适量饲料(饲料粒度为 100 目称取 50 mg;60 目称取 100 mg;20 目称取 200 mg)于 1.5 mL 离心管中,加入 600 μL~800 μL 裂解液,65℃ 30 min,每隔 10 min 振荡混匀;12 000 r/min 离心 5 min,吸取上清液至一新离心管中,加 400 μL 三氯甲烷+异戊醇(24+1),充分混匀;12 000 r/min 离心 5 min,吸取上清液至一新离心管中,加 0.8 倍体积异丙醇,室温下沉淀 1 h~2 h;12 000 r/min 离心 10 min,弃上清液;70%乙醇洗涤一次,晾干;加入 50 μL TE,溶解沉淀。

也可用等效的 DNA 提取试剂盒提取模板 DNA。

8.2 DNA 浓度和纯度的测定

取 5 μL DNA 溶液加双蒸水稀释至 1 mL,使用核酸蛋白分析仪或紫外分光光度计测 260 nm 和 280 nm 处的吸光值 A_{260} 和 A_{280}。DNA 的浓度按式(1)计算:

$$c = A \times N \times 50/1\,000 \qquad \cdots\cdots(1)$$

式中:

c——DNA 浓度,单位为微克每微升(μg/μL);

A——260 nm 处的吸光值;

N——核酸稀释倍数。

当 A_{260}/A_{280} 比值在 1.7~1.9 之间时,适宜于 PCR 扩增。

8.3 实时荧光 PCR 检测

8.3.1 反应体系的体积为 25 μL,2×兔源性检测预混合液加 12.5 μL,兔源性检测引物混合液和兔源性检测探针混合液各加 1 μL,样品 DNA(1 ng/μL~100 ng/μL)1μL,加双蒸水至 25 μL。

8.3.2 在各实时荧光 PCR 反应管中加入上述试剂后,盖紧管,离心 5s~10s。

8.3.3 将离心后的实时荧光 PCR 反应管放入实时荧光 PCR 检测系统内,记录样本摆放顺序。

8.3.4 实时荧光 PCR 反应参数可根据基因扩增仪型号的不同进行适当的调整。一般的反应程序为:95℃ 10s,1 个循环;95℃ 5s,60℃ 30s,40 个循环,在每次循环的退火时收集荧光。

8.3.5 检测结束后,根据扩增曲线和 Ct 值判定结果。

8.3.6 检测过程中分别设阳性对照、阴性对照和空白对照。用已知含兔源性成分的样品作阳性对照,用已知不含兔源性成分的样品作阴性对照,用等体积的双蒸水代替模板 DNA 作空白对照。

注:也可用等效的兔源性成分实时荧光 PCR 检测试剂盒进行实时荧光 PCR 检测。

9 结果判断与表述

9.1 结果分析条件设定

直接读取检测结果。阈值设定原则根据仪器噪声情况进行调整。

9.2 结果判定

9.2.1 对照结果

空白对照:无 FAM 荧光信号检出。有 HEX 荧光信号检出,Ct 值应<35.0。

阴性对照:无 FAM 荧光信号检出。有 HEX 荧光信号检出,Ct 值应<35.0。

阳性对照:有 FAM 和 HEX 荧光信号检出。且 FAM 通道出现典型的扩增曲线,Ct 值<28.0。

否则,实验视为无效。

9.2.2 检测结果的判定

Ct 值≤35 为有效值,Ct 值>35 为无效值(详见表 3)。

表 3 结果的判定情况

FAM 荧光	HEX 荧光	结果判定情况
+	+	同时进行的阴性、阳性、空白对照实验结果正常，检测实际样品时，如果有 FAM 荧光和 HEX 荧光检出，且 Ct 值≤35，判定为含有兔源性成分；如果 Ct 值＞35，可视为不含有兔源性成分。
+	—	同时进行的阴性、阳性、空白对照实验结果正常，检测实际样品时，HEX 荧光信号未检出，Ct 值＞35（如果检测样品浓度高会抑制内参照 DNA 的扩增）；如果有 FAM 荧光检出，且 Ct 值≤35，判定为含有兔源性成分；如果 FAM 荧光 Ct 值＞35，可视为不含有兔源性成分。
—	+	同时进行的阴性、阳性、空白对照实验结果正常，检测实际样品时有 HEX 荧光检出，无 FAM 荧光检出，判定为不含有兔源性成分。
—	—	PCR 反应失败。注意以下几个方面后再次进行反应。 ① 如果同时进行的阳性对照实验结果正常，则可能是样品 DNA 制备有问题，如样品中可能存在 PCR 反应的抑制物等。 ② 如果同时进行的阳性对照实验结果不正常，则可能是实验操作失败或试剂失活。

9.3 结果表述

检出兔源性成分。

未检出兔源性成分。

10 检测过程中防止交叉污染的措施

按照 SN/T 1193 执行。

11 废弃物处理

检测过程中的废弃物，收集后在焚烧炉中焚烧处理。

ICS 65.120
B 46

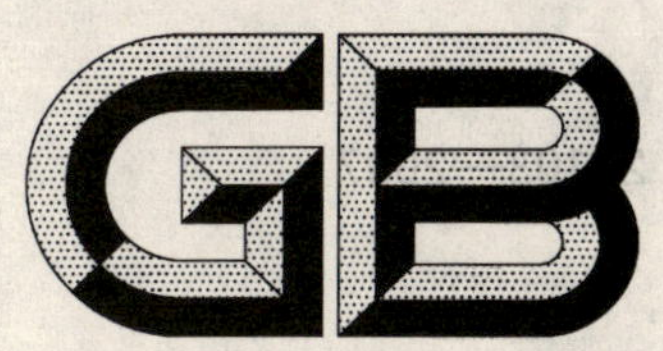

中华人民共和国国家标准

GB/T 21103—2007

动物源性饲料中哺乳动物源性成分定性检测方法 实时荧光PCR方法

Identification of mammal derived materials in animal-originated feedstuffs—Real time PCR method

2007-10-24 发布 2008-04-01 实施

中华人民共和国国家质量监督检验检疫总局
中国国家标准化管理委员会 发布

前　言

本标准由中华人民共和国国家质量监督检验检疫总局提出。

本标准由全国饲料工业标准化技术委员会归口。

本标准主要起草单位：中华人民共和国辽宁出入境检验检疫局、宝生物工程（大连）有限公司、中国检验检疫科学研究院、中华人民共和国山东出入境检验检疫局、中华人民共和国深圳出入境检验检疫局、中华人民共和国上海出入境检验检疫局。

本标准主要起草人：曹际娟、李晶泉、郑秋月、徐昊、张舒亚、于爱丽、王玉萍、陈颖、徐宝梁、高宏伟、宗卉、金东权。

本标准首次发布。

动物源性饲料中哺乳动物源性成分定性检测方法　实时荧光PCR方法

1　范围

本标准规定了动物源性饲料中哺乳动物源性成分(包括牛、绵羊、山羊、猪、兔、鹿、马、驴、狗、猫等)实时荧光PCR检测方法,该检测方法的检出限为0.1%。

本标准适用于动物源性饲料中哺乳动物源性成分的定性检测。

2　规范性引用文件

下列文件中的条款通过本标准的引用而成为本标准的条款。凡是注日期的引用文件,其随后所有的修改单(不包括勘误的内容)或修订版均不适用于本标准,然而,鼓励根据本标准达成协议的各方研究是否可使用这些文件的最新版本。凡是不注日期的引用文件,其最新版本适用于本标准。

GB 6682　分析实验室用水规格和试验方法

GB/T 14699.1　饲料　采样(GB/T 14699.1—2005,ISO 6497:2002,IDT)

SN/T 1193　基因检验实验室技术要求

3　术语和定义

下列术语和定义适用于本标准。

3.1

实时荧光PCR　real time PCR

实时荧光聚合酶链式反应。

3.2

Ct值　cycle time

每个反应管内的荧光信号达到设定的阈值时所经历的循环数。

4　原理

采用TaqMan实时荧光PCR技术,根据线粒体DNA的12S核糖体RNA(12S ribosomal RNA,12S rRNA)基因上哺乳动物与非哺乳动物种间序列差异而进行哺乳动物源性成分鉴定。利用裂解液破碎细胞,三氯甲烷抽提蛋白质,异丙醇沉淀得到DNA;以提取的DNA为模板进行实时荧光PCR扩增。以实时荧光检测技术,采用多重PCR方法,将所用试剂配制成预混合形式,组建成实时荧光PCR哺乳动物DNA检测试剂盒。在同一反应管内对哺乳动物的12S rRNA基因及内参照基因同时进行扩增,并通过标记两种不同荧光物质6-羧基荧光素(6-carboxyfluorescein,FAM)、5-六氯荧光素(5-hexachloro-fluorescein,HEX)的探针进行特异性杂交,两色荧光同步检测。其中,对内参照反应的检测,可以监控反应是否正常进行,防止假阴性结果。观察实时荧光PCR的增幅曲线,从而对动物源性饲料中哺乳动物源性成分进行快速检测。

5　试剂与材料

除另有规定外,试剂为分析纯或生化试剂,实验用水符合GB 6682的要求。

5.1 **DNA 提取用试剂**

5.1.1 三氯甲烷。

5.1.2 异戊醇。

5.1.3 异丙醇。

5.1.4 70%乙醇。

5.1.5 裂解液：1% CTAB（cetyltrithylammonium bromide，十六烷基三甲基溴化铵），0.05 mol/L Tris-HCl（pH 8.0）[Tris -：tris（hydroxymethyl） aminomethane，三（羟甲基）氨基甲烷]，0.7 mol/L NaCl，0.01 mol/L EDTA（pH8.0）（ethylene diaminetetraacetic acid，乙二胺四乙酸）。

5.1.6 TE 缓冲液（Tris-HCl、EDTA 缓冲液）：10 mmol/L Tris-HCl（pH8.0），1 mmol/L EDTA（pH8.0）。

5.2 **实时荧光 PCR 哺乳动物 DNA 检测试剂盒**

5.2.1 2×哺乳动物源性检测预混合液

含有 Ex *Taq* HS（终浓度 1.25 U/25 μL）、dNTPs（终浓度各 0.4 mmol/L）、Mg^{2+}（终浓度 3 mmol/L）。

5.2.2 哺乳动物源性检测引物混合液

含有扩增哺乳动物基因组 DNA 及内参照的引物（序列详见表 1）、内参照（λ DNA）。各引物终浓度 0.1 μmol/L～1.0 μmol/L。

表 1 哺乳动物及内参照引物序列

名 称	序 列
哺乳动物 5′-引物-1	5′-AGTGCTTAGTTGAATTAGGCCATG-3′
哺乳动物 5′-引物-2	5′-AGTGCTTAATTGAACAAGGCCATG-3′
哺乳动物 5′-引物-3	5′-AGTGCTTGATTGAATAAGGCCATG-3′
哺乳动物 5′-引物-4	5′-AGAGCTTAATTGAATCAGGCCATG-3′
哺乳动物 5′-引物-5	5′-AGAGCTTAATTGAATAGGGCCATG-3′
哺乳动物 5′-引物-6	5′-AGAGCTCAATTGAATCGGGCCATG-3′
哺乳动物 3′-引物-1	5′-TCCAGTATGCTTACCTTGTTACGA-3′
哺乳动物 3′-引物-2	5′-TTACCTTGTTACGACTTGTCTCCT-3′
内参照 5′-引物	5′-GGCTGATTGACCGGCAGATTA-3′
内参照 3′-引物	5′-GCGGGTATAGGTTTTATTGATGGC-3′

5.2.3 哺乳动物源性检测探针混合液

含有检测哺乳动物基因组 DNA 的探针及检测内参照的探针（序列详见表 2）。探针浓度与使用的实时荧光 PCR 扩增仪、荧光标记物质种类有关，实际使用时请参照仪器说明书，或各荧光探针的具体使用要求进行。

表 2 哺乳动物及内参照探针序列

名 称	序 列
哺乳动物探针	5′（FAM）-CGCACACACCGCCCGTCACCC -3′（Eclipse）
内参照探针	5′（HEX）-CCGCCACGACGATGAACAGACGCT -3′（Eclipse）

5.2.4 阳性对照

用已知含哺乳动物源性成分的样品作阳性对照。

5.2.5 双蒸水。

6 仪器与设备

6.1 实时荧光 PCR 检测系统。

6.2 核酸蛋白分析仪或紫外分光光度计。

6.3 电子天平:感量 0.01 g。

6.4 离心机:离心力 12 000 *g*。

6.5 微量移液器:0.5 μL~10 μL,10 μL~100 μL,10 μL~200 μL,100 μL~1 000 μL。

6.6 实时荧光 PCR 反应管。

6.7 恒温水浴箱。

7 试样的选取与制备

按照 GB/T 14699.1 采样,将实验室样品粉碎,充分混合均匀后待用。

8 检验步骤

8.1 DNA 提取

称取适量饲料(饲料粒度为 100 目称取 50 mg;60 目称取 100 mg;20 目称取 200 mg)于 1.5 mL 离心管中,加入 600 μL~800 μL 裂解液,65℃ 30 min,期间每隔 10 min 振荡混匀;12 000 r/min 离心 5 min,吸取上清液至一新离心管中,加 400 μL 三氯甲烷+异戊醇(24+1),充分混匀;12 000 r/min 离心 5 min,吸取上清液至一新离心管中,加 0.8 倍体积异丙醇,室温下沉淀 1 h~2 h;12 000 r/min 离心 10 min,弃上清液;70% 乙醇洗涤一次,晾干;加入 50 μL TE,溶解沉淀。

也可用等效的 DNA 提取试剂盒提取模板 DNA。

8.2 DNA 浓度和纯度的测定

取 5 μL DNA 溶液加双蒸水稀释至 1 mL,使用核酸蛋白分析仪或紫外分光光度计测 260 nm 和 280 nm 处的吸光值 A_{260} 和 A_{280}。DNA 的浓度按式(1)计算:

$$c = A \times N \times 50/1\ 000 \quad \cdots\cdots(1)$$

式中:

c—— DNA 浓度,单位为微克每微升(μg/μL);

A——260 nm 处的吸光值;

N——核酸稀释倍数。

当 A_{260}/A_{280} 比值在 1.7~1.9 之间时,适宜于 PCR 扩增。

8.3 实时荧光 PCR 检测

8.3.1 反应体系的体积为 25 μL,2×哺乳动物源性检测预混合液加 12.5 μL,哺乳动物源性检测引物混合液和哺乳动物源性检测探针混合液各加 1 μL,样品 DNA(1 ng/μL~100 ng/μL)1 μL,加双蒸水至 25 μL。

8.3.2 在各实时荧光 PCR 反应管中加入上述试剂后,盖紧管,离心 5 s~10 s。

8.3.3 将离心后的实时荧光 PCR 反应管放入实时荧光 PCR 检测系统内,记录样本摆放顺序。

8.3.4 实时荧光 PCR 反应条件随不同仪器略有改变,一般的反应程序为:95℃ 10 s,1 个循环;95℃ 5 s,60℃ 30 s,40 个循环,在每次循环的退火时收集荧光。

8.3.5 检测结束后，根据扩增曲线和 Ct 值判定结果。

8.3.6 检测过程中分别设阳性对照、阴性对照和空白对照。用已知含哺乳动物源性成分的样品作阳性对照。用已知不含哺乳动物源性成分的样品作阴性对照，用等体积的双蒸水代替模板 DNA 作空白对照。

注：也可用等效的哺乳动物源性成分实时荧光 PCR 检测试剂盒进行实时荧光 PCR 检测。

9 结果判断与表述

9.1 结果分析条件设定

直接读取检测结果。阈值设定原则根据仪器噪声情况进行调整。

9.2 结果判定

9.2.1 对照结果

空白对照：无 FAM 荧光信号检出。有 HEX 荧光信号检出，Ct 值应＜35.0。

阴性对照：无 FAM 荧光信号检出。有 HEX 荧光信号检出，Ct 值应＜35.0。

阳性对照：有 FAM 和 HEX 荧光信号检出。且 FAM 通道出现典型的扩增曲线，Ct 值＜28.0。

否则，实验视为无效。

9.2.2 检测结果的判定

Ct 值≤35 为有效值，Ct 值＞35 为无效值(详见表 3)。

表 3 结果的判定情况

FAM 荧光	HEX 荧光	结果判定情况
+	+	同时进行的阴性、阳性、空白对照实验结果正常，检测实际样品时，如果有 FAM 荧光和 HEX 荧光检出，且 Ct 值≤35，判定为含有哺乳动物源性成分；如果 Ct 值＞35，可视为不含有哺乳动物源性成分。
+	−	同时进行的阴性、阳性、空白对照实验结果正常，检测实际样品时，HEX 荧光信号未检出，Ct 值＞35(如果检测样品浓度高会抑制内参照 DNA 的扩增)；如果有 FAM 荧光检出，且 Ct 值≤35，判定为含有哺乳动物源性成分；如果 FAM 荧光 Ct 值＞35，可视为不含有哺乳动物源性成分。
−	+	同时进行的阴性、阳性、空白对照实验结果正常，检测实际样品时有 HEX 荧光检出，无 FAM 荧光检出，判定为不含有哺乳动物源性成分。
−	−	PCR 反应失败。注意以下几个方面后再次进行反应。 ① 如果同时进行的阳性对照实验结果正常，则可能是样品 DNA 制备有问题，如样品中可能存在 PCR 反应的抑制物等。 ② 如果同时进行的阳性对照实验结果不正常，则可能是实验操作失败或试剂失活。

9.3 结果表述

检出哺乳动物源性成分。

未检出哺乳动物源性成分。

10 检测过程中防止交叉污染的措施

按照 SN/T 1193 执行。

11 废弃物处理

检测过程中的废弃物,收集后在焚烧炉中焚烧处理。

ICS 65.120
B 46

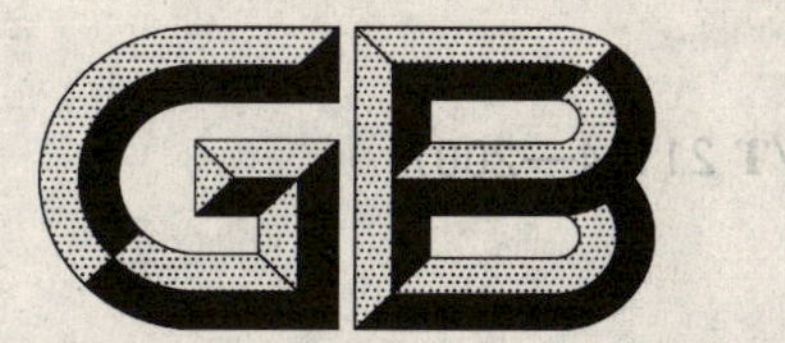

中华人民共和国国家标准

GB/T 21104—2007

动物源性饲料中反刍动物源性成分（牛、羊、鹿）定性检测方法 PCR方法

Identification of Ruminantia derived materials (Bovidae、Caprinae、Cervus) in animal-originated feedstuffs—PCR method

2007-10-24 发布　　2008-04-01 实施

中华人民共和国国家质量监督检验检疫总局
中国国家标准化管理委员会　发布

前　言

本标准的附录 A 为资料性附录。

本标准由中华人民共和国国家质量监督检验检疫总局提出。

本标准由全国饲料工业标准化技术委员会归口。

本标准起草单位：中国检验检疫科学研究院、中华人民共和国山东出入境检验检疫局、中华人民共和国深圳出入境检验检疫局、中华人民共和国辽宁出入境检验检疫局。

本标准主要起草人：吴亚君、陈颖、徐宝梁、王晶、高宏伟、宗卉、曹际娟、黄文胜、袁飞、赵贵明。

本标准首次发布。

动物源性饲料中反刍动物源性成分（牛、羊、鹿）定性检测方法 PCR方法

1 范围

本标准规定了动物源性饲料中反刍动物(Ruminantia)源性成分(牛、羊、鹿)检测的PCR方法，该检测方法的检出限为0.1%（质量分数)。

本标准适用于动物源性饲料中反刍动物源性成分(牛、羊、鹿)的定性检测。

2 规范性引用文件

下列文件中的条款通过本标准的引用而成为本标准的条款。凡是注日期的引用文件，其随后所有的修改单(不包括勘误的内容)或修订版均不适用于本标准，然而，鼓励根据本标准达成协议的各方研究是否可使用这些文件的最新版本。凡是不注日期的引用文件，其最新版本适用于本标准。

GB 6682 分析实验室用水规格和试验方法

GB/T 14699.1 饲料 采样(GB/T 14699.1—2005,ISO 6497:2002,IDT)

SN/T 1193 基因检验实验室技术要求

3 术语和定义

下列术语和定义适用于本标准。

3.1

聚合酶链式反应 polymerase chain reaction;PCR

用于扩增位于两段已知序列之间DNA(deoxyribonucleosidea acid,脱氧核糖核酸)的方法。模板DNA经过高温变性成单链，在DNA聚合酶和适宜的温度下，两条互不互补的寡核苷酸片段即引物分别与模板DNA两条链上的一段互补序列发生退火，接着在DNA聚合酶的催化下以4种dNTP(deoxyribonucleoside triphosphate,脱氧核苷酸三磷酸)为底物，使退火引物得以延伸，如此反复变性、退火和DNA合成这一循环，使位于两段已知序列之间的DNA片段呈几何倍数扩增，经25个～30个扩增循环，扩增倍数达到约10^6。

4 原理

利用裂解液破碎细胞，三氯甲烷抽提蛋白质，无水乙醇沉淀得到DNA;以提取的DNA为模板进行PCR扩增，琼脂糖凝胶电泳检测PCR扩增产物;PCR阳性产物应用限制性内切酶酶切反应进行确证。

5 试剂和材料

除另有规定外，试剂为分析纯或生化试剂。实验用水符合GB 6682的要求。

5.1 反刍动物源性成分检测用引物(对)序列为:

F:5'-TTTGGTCCCAGCCTTCCTGTT-3'

R:5'-CTTAGTCAAACTTTCGTTT-3'

5.2 *Taq*DNA聚合酶(*Taq*,*Thermus aquaticu*,水生栖热菌)。

5.3 限制性内切酶:*Alu*I酶。

5.4 dNTPs:dATP(deoxyadenosine triphosphate,脱氧腺苷三磷酸)、dTTP(deoxythymidine triphosphate,脱氧胸苷三磷酸)、dCTP(deoxycytidine triphosphate,脱氧胞苷三磷酸)、dGTP(deoxyguanosine triphosphate,脱氧鸟苷三磷酸)。

5.5 琼脂糖:电泳纯。

5.6 溴化乙锭。

5.7 三氯甲烷。

5.8 无水乙醇。

5.9 70%乙醇。

5.10 DNA 分子量标准品(100 bp ~600 bp)(bp:base pair,碱基对)。

5.11 裂解液:1% CTAB(cetyltrithylammonium bromide,十六烷基三甲基溴化铵),0.05 mol/L Tris-HCl(pH8.0)[Tris -:tris (hydroxymethyl) aminomethane,三(羟甲基)氨基甲烷],0.7 mol/L NaCl,0.01 mol/L EDTA (pH8.0)(ethylene diaminetetraacetic acid,乙二胺四乙酸)。

5.12 TE 缓冲液(Tris-HCl、EDTA 缓冲液):10 mmol/L Tris-HCl (pH8.0),1 mmol/L EDTA (pH8.0)。

5.13 10×PCR 缓冲液:100 mmol/L KCl,160 mmol/L $(NH_4)_2SO_4$,20 mmol/L $MgSO_4$,200 mmol/L Tris-HCl (pH8.8),1% Triton X-100(t-octylphenoxypolyethoxyethanol,辛基苯氧基聚乙氧乙醇),1 mg/mL BSA(bovine serum albumin,牛血清蛋白)。

5.14 电泳缓冲液:Tris 54 g,硼酸 27.5 g,0.5 mol/L TE 缓冲液(pH8.0)20 mL,加蒸馏水至 1 000 mL;使用时 10 倍稀释。

5.15 溴化乙锭贮存液:用水配制成 10 mg/mL。

5.16 加样缓冲液:0.25%溴酚蓝,40%(质量浓度)蔗糖水溶液。

5.17 酶切缓冲液:10 mmol/L Tris-HCl (pH7.5),10 mmol/L $MgCl_2$,50 mmol/L NaCl,0.1 mg/mL BSA。

6 仪器设备

6.1 DNA 热循环仪。

6.2 核酸蛋白分析仪或紫外分光光度计。

6.3 恒温水浴锅。

6.4 离心机:离心力 12 000 *g*。

6.5 微量移液器(0.5 μL~10 μL,10 μL~100 μL,10 μL~200 μL,100 μL~1 000 μL)。

6.6 电泳仪。

6.7 紫外检测仪。

6.8 pH 计。

6.9 天平:感量 0.01 g。

7 试样选取与制备

按照 GB/T 14699.1 采样,将实验室样品粉碎,充分混合均匀后待用。

8 检验步骤

8.1 样品的总 DNA 提取

样品粒度 100 目时最少称取 50 mg;60 目最少称取 100 mg;20 目最少称取 200 mg。

称取样品于微量离心管中,加入 600 μL~800 μL 裂解液,65℃ 3 h,期间不时振荡混匀;12 000 *g* 离心 5 min;转移上清于洁净离心管中,加等体积酚,混匀;12 000 *g* 离心 5 min,取上清液,加等体积三氯甲烷+异戊醇(24+1),混匀;12 000 *g* 离心 5 min,取上清液;加 2 倍体积冰预冷的无水乙醇,−20℃沉淀 1 h;12 000 *g* 离心 5 min,小心弃上清液;70%乙醇洗涤一次,晾干;加入 50 μL TE,溶解沉淀。

也可用等效 DNA 提取试剂盒提取模板 DNA。

8.2 DNA 浓度和纯度的测定

取 5 μL DNA 溶液加双蒸水稀释至 1 mL,使用核酸蛋白分析仪或紫外分光光度计分别检测 260 nm和 280 nm 处的吸光值 A_{260} 和 A_{280}。DNA 的浓度按式(1)计算:

$$c = A \times N \times 50/1\ 000 \qquad (1)$$

式中:

c——DNA 浓度,单位为微克每微升(μg/μL);

A——260 nm 处的吸光值;

N——核酸稀释倍数。

当 A_{260}/A_{280} 比值在 1.7~1.9 之间时,适宜于 PCR 扩增。

8.3 PCR 扩增

50 μL 反应体系:10×PCR 缓冲液 5 μL、dNTP (5 mmol/L) 1 μL、引物对(各 5 μmol/L) 2 μL、*Taq* DNA 聚合酶 3 U、模板 DNA 100 ng±50 ng。

一般反应程序:94℃预变性 5 min,94℃变性 30 s,55℃退火 30 s,72℃延伸 30 s,30 个循环。72℃延伸 5 min。4℃保存。

检测过程中分别设阳性对照、阴性对照和空白对照。用已知含反刍动物源性成分的样品作阳性对照,用已知不含反刍动物源性成分的样品作阴性对照,用等体积的双蒸水代替模板 DNA 作空白对照。

8.4 PCR 扩增产物电泳检测

取 2 g 琼脂糖,于 100 mL 电泳缓冲液中加热,充分熔化,加入溴化乙锭贮存液至终浓度为 0.5 μg/mL,制胶。在电泳槽中加入电泳缓冲液,使液面刚刚没过凝胶。将 5 μL~8 μL PCR 扩增产物分别和适量加样缓冲液混合,点样。9 V/cm 恒压电泳,直至溴酚蓝指示剂迁移至凝胶中部。紫外检测仪下观察电泳结果并记录。

8.5 限制性内切酶酶切及产物电泳检测

如果 PCR 扩增产物电泳检测结果阳性,进行限制性内切酶酶切反应。

反应体系(20 μL):*Alu*I 酶 2 U,酶切缓冲液 2 μL,加入 PCR 扩增产物至总体积 20 μL。

酶切在 37℃下进行,2 h。酶切完成后电泳,方法见 8.4。

9 结果判断与表述

9.1 PCR 扩增产物电泳检测结果

牛、鹿 PCR 扩增产物为 202 bp(序列参考附件 A);

羊 PCR 扩增产物为 206 bp(序列参考附件 A)。

9.2 限制性内切酶酶切电泳检测结果

牛 PCR 产物采用内切酶 *Alu*I 酶切后,酶切片段大小为 97 bp,80 bp 和 25 bp;

羊 PCR 产物采用内切酶 *Alu*I 酶切后,酶切片段大小为 125 bp 和 81 bp;

鹿 PCR 产物采用内切酶 *Alu*I 酶切后,酶切片段大小为 97 bp,81 bp 和 24 bp;

牛、羊、鹿 PCR 产物混合物采用内切酶 *Alu*I 酶切后,酶切片段大小为 125 bp,97 bp,81(80) bp,25(24) bp。

9.3 结果表述

PCR 产物为阳性,同时酶切结果符合 9.2 中任何一种酶切模式者判为含有反刍动物源性成分,表述为检出反刍动物源性成分；

PCR 产物为阴性者判为不含有反刍动物源性成分，表述为未检出反刍动物源性成分。

10 检测过程中防止交叉污染的措施

按照 SN/T 1193 执行。

11 废弃物处理

检测过程中的废弃物，收集后在焚烧炉中焚烧处理。

附 录 A
（资料性附录）
PCR 产物测序结果

牛 TTTGGTCCCAGCCTTCCTGTTAACTCTTAATAAACTTACACATGCAAGCATCTACACCCC
鹿 TTTGGTCCCAGCCTTCCTATTGACCTTTAATAGACTTACACATGCAAGCATCCACACTCC
羊 TTTGGTCCCAGCCTTCCTGTTAACTTTCAATAGACTTATACATGCAAGCATCCACGCCCC

牛 AGTGAG-AATGCCCTCTAGGTTA -TTAAAACTAAGAGGAGCTGGCATCAAGCACACACCC
鹿 AGTGAA-AATGCCCTCCAAGTTA -ATAAAACCAAGAGGAGCTGGTATCAAGCACACATCC
羊 GGTGAGTAACGCCCTTCGAATCACACAGGACTAAAAGGAGCAGGTATCAAGCACACACTC

牛 T-GTAGCTCACGACGCCTTGCTTAACCACACCCC -ACGGGAAACAGCAGTGACAAAAATT
鹿 --GTAGCTCACGACACCTTGCTCAGCCACACCCCCACGGGAGACAGCAGTGATAAAAATT
羊 TTGTAGCTCACAACGCCTTGCTTAACCACACCCCCACGGGAGACAGCAGTAACAAAAATT

牛 AAGCCATAAACGAAAGTTTGACTAAG 202
鹿 AAGCCATAAACGAAAGTTTGACTAAG 202
羊 AAGCCATAAACGAAAGTTTGACTAAG 206

ICS 65.120
B 46

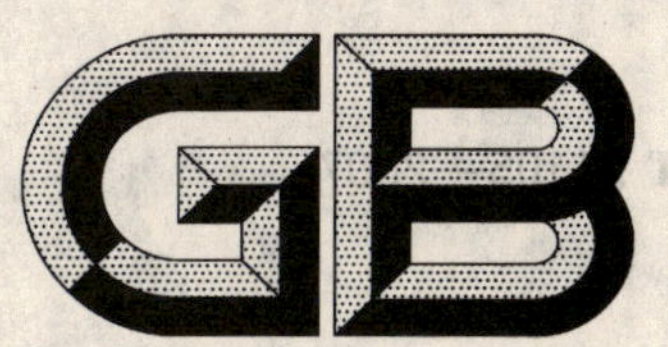

中华人民共和国国家标准

GB/T 21105—2007

动物源性饲料中狗源性成分定性检测方法 PCR方法

Identification of Canis derived materials in animal-originated feedstuffs—PCR method

2007-10-24 发布　　2008-04-01 实施

中华人民共和国国家质量监督检验检疫总局
中国国家标准化管理委员会　发布

前　言

本标准的附录 A 为资料性附录。

本标准由中华人民共和国国家质量监督检验检疫总局提出。

本标准由全国饲料工业标准化技术委员会归口。

本标准起草单位：中华人民共和国山东出入境检验检疫局、中国检验检疫科学研究院、中华人民共和国辽宁出入境检验检疫局、中华人民共和国深圳出入境检验检疫局。

本标准主要起草人：高宏伟、梁成珠、王岩、于立新、徐宝梁、陈颖、吴亚君、宗卉、温燕辉、曹际娟。

本标准首次发布。

动物源性饲料中狗源性成分定性检测方法 PCR 方法

1 范围

本标准规定了动物源性饲料中狗(Canis)源性成分检测的 PCR 方法,该检测方法的检出限为0.1%。

本标准适用于动物源性饲料中狗源性成分的定性检测。

2 规范性引用文件

下列文件中的条款通过本标准的引用而成为本标准的条款。凡是注日期的引用文件,其随后所有的修改单(不包括勘误的内容)或修订版均不适用于本标准,然而,鼓励根据本标准达成协议的各方研究是否可使用这些文件的最新版本。凡是不注日期的引用文件,其最新版本适用于本标准。

GB 6682 分析实验室用水规格和试验方法

GB/T 14699.1 饲料 采样(GB/T 14699.1—2005,ISO 6497:2002,IDT)

SN/T 1193 基因检验实验室技术要求

3 术语和定义

下列术语和定义适用于本标准。

3.1

聚合酶链式反应 polymerase chain reaction;PCR

用于扩增位于两段已知序列之间 DNA(deoxyribonucleosidea acid,脱氧核糖核酸)的方法。模板DNA 经过高温变性成单链,在 DNA 聚合酶和适宜的温度下,两条互不互补的寡核苷酸片段即引物分别与模板 DNA 两条链上的一段互补序列发生退火,接着在 DNA 聚合酶的催化下以 4 种 dNTP(deoxyribonucleoside triphosphate,脱氧核苷酸三磷酸)为底物,使退火引物得以延伸,如此反复变性、退火和 DNA 合成这一循环,使位于两段已知序列之间的 DNA 片段呈几何倍数扩增,经 25 个~30 个扩增循环,扩增倍数达到约 10^6。

4 原理

利用裂解液破碎细胞,三氯甲烷抽提蛋白质,异丙醇沉淀得到 DNA;以提取的 DNA 为模板进行PCR 扩增,琼脂糖凝胶电泳检测 PCR 扩增产物;PCR 阳性产物应用限制性内切酶酶切反应进行确证。

5 试剂和材料

除另有规定外,试剂为分析纯或生化试剂,实验用水符合 GB 6682 的要求。

5.1 狗源性成分检测用引物(对)序列为:

canis F:5’-TCCAGGTAAACCCTTCTT-3’

canis R:5’-TACGAGCAAGGGTTGATGG-3’

5.2 *Taq*DNA 聚合酶(*Taq*,*Thermus aquaticu*,水生栖热菌)。

5.3 限制性内切酶:*Hph* Ⅰ酶。

5.4 dNTPs:dATP(deoxyadenosine triphosphate,脱氧腺苷三磷酸)、dTTP(deoxythymidine triphos-

phate,脱氧胸苷三磷酸)、dCTP(deoxycytidine triphosphate,脱氧胞苷三磷酸)、dGTP(deoxyguanosine triphosphate,脱氧鸟苷三磷酸)。

5.5 琼脂糖:电泳纯。

5.6 溴化乙锭。

5.7 三氯甲烷。

5.8 异丙醇。

5.9 70%乙醇。

5.10 分子量标准品(100 bp ~2000 bp)(bp:base pair,碱基对)。

5.11 裂解液:1% CTAB(cetyltrithylammonium bromide,十六烷基三甲基溴化铵),0.05 mol/L Tris-HCl(pH 8.0)[Tris -:tris (hydroxymethyl) aminomethane,三(羟甲基)氨基甲烷],0.7 mol/L NaCl,0.01 mol/L EDTA (pH8.0)(ethylene diaminetetraacetic acid,乙二胺四乙酸)。

5.12 TE 缓冲液(Tris-HCl、EDTA 缓冲液):10 mmol/L Tris-HCl (pH8.0),1 mmol/L EDTA (pH8.0)。

5.13 10×PCR 缓冲液:100 mmol/L KCl,160 mmol/L $(NH_4)_2SO_4$,20 mmol/L $MgSO_4$,200 mmol/L Tris-HCl (pH8.8),1% Triton X-100(t-octylphenoxypolyethoxyethanol,辛基苯氧基聚乙氧乙醇),1 mg/mL BSA(bovine serum albumin,牛血清蛋白)。

5.14 电泳缓冲液:Tris 54 g,硼酸 27.5 g ,0.5 mol/L TE 缓冲液(pH8.0) 20 mL,加蒸馏水至 1 000 mL;使用时 10 倍稀释。

5.15 溴化乙锭贮存液:用水配制成 10 mg/mL。

5.16 加样缓冲液:0.25%溴酚蓝,40%(质量浓度)蔗糖水溶液。

5.17 酶切缓冲液:10 mmol/L Tris-HCl (pH7.5),10 mmol/L $MgCl_2$,50 mmol/L NaCl,0.1 mg/mL BSA。

6 仪器设备

6.1 DNA 热循环仪。

6.2 核酸蛋白分析仪或紫外分光光度计。

6.3 恒温水浴锅。

6.4 离心机:离心力 12 000 g。

6.5 微量移液器。

6.6 电泳仪。

6.7 紫外检测仪。

6.8 pH 计。

6.9 天平:感量 0.01 g。

7 试样选取与制备

按照 GB/T 14699.1 采样,将实验室样品粉碎,充分混合均匀后待用。

8 检验步骤

8.1 样品的总 DNA 提取

称取适量饲料(饲料粒度为 100 目称取 50 mg;60 目称取 100 mg;20 目称取 200 mg)于 1.5 mL 离心管中,加入 600 μL~800 μL 裂解液,65℃ 30 min,期间不时振荡混匀;12 000 *g* 离心 5 min;转移上清于洁净离心管中,加 400 μL 三氯甲烷+异戊醇(24+1),混匀;12 000 *g* 离心 5 min,取上清液;加 0.8 倍体积异丙醇,沉淀;12 000 *g* 离心 5 min,弃上清液;70%乙醇洗涤一次,晾干;加入 50 μL TE,溶解沉淀。

也可用等效 DNA 提取试剂盒提取模板 DNA。

8.2 DNA 浓度和纯度的测定

取 5 μL DNA 溶液加双蒸水稀释至 1 mL，使用核酸蛋白分析仪或紫外分光光度计分别检测 260 nm和 280 nm 处的吸光值 A_{260} 和 A_{280}。DNA 的浓度按式(1)计算：

$$c = A \times N \times 50/1\,000 \qquad \cdots\cdots(1)$$

式中：

c——DNA 浓度，单位为微克每微升(μg/μL)；

A——260 nm 处的吸光值；

N——核酸稀释倍数。

当 A_{260}/A_{280} 比值在 1.7～1.9 之间时，适宜于 PCR 扩增。

8.3 PCR 扩增

25 μL 的反应体系，在 0.2 mL 的 PCR 反应管中，引物 canis F 和 canis R 各 200 nmol/L，10×PCR 反应缓冲液，2 mmol/L $MgCl_2$，200 nmol/L dNTPs，1.5 U *Taq* DNA 聚合酶，1.0 μL DNA 模板(100 ng±50 ng DNA)。设立阳性对照、阴性对照、空白对照组。

PCR 反应条件随仪器不同略有改变，一般的反应程序为：94℃预变性 3 min。94℃变性 45 s，56℃退火 45 s，72℃延伸 45 s，35 个循环。72℃延伸 5 min。4℃保存。

检测过程中分别设阳性对照、阴性对照和空白对照。用已知含狗源性成分的样品作阳性对照，用已知不含狗源性成分的样品作阴性对照，用等体积的双蒸水代替模板 DNA 作空白对照。

8.4 PCR 扩增产物电泳检测

取 2 g 琼脂糖，于 100 mL 电泳缓冲液中加热，充分熔化，加入溴化乙锭贮存液至终浓度为 0.5 μg/mL，制胶。在电泳槽中加入电泳缓冲液，使液面刚刚没过凝胶。将 5 μL～8 μL PCR 扩增产物分别和适量加样缓冲液混合，点样。9 V/cm 恒压电泳，直至溴酚蓝指示剂迁移至凝胶中部。紫外检测仪下观察电泳结果并记录。

8.5 限制性内切酶酶切及产物电泳检测

如果 PCR 扩增产物电泳检测结果阳性，进行限制性内切酶酶切反应。

反应体系(20 μL)：*Hph* Ⅰ 酶 2U，酶切缓冲液 2 μL，加入 PCR 扩增产物至总体积 20 μL。

酶切在 37℃下进行，20 min。酶切完成后电泳，方法见 8.4。

9 结果判断与表述

9.1 PCR 扩增产物电泳检测结果

阳性样品的 PCR 扩增产物大小为 213 bp(序列参考附录 A)。

9.2 限制性内切酶酶切结果

阳性样品 PCR 产物采用内切酶 *Hph* Ⅰ 酶切后，酶切片段大小为 179 bp 和 34 bp。

9.3 结果表述

PCR 产物和酶切产物都为阳性者判为含有狗源性成分，表述为检出狗源性成分；

PCR 产物为阴性者判为不含有狗源性成分，表述为未检出狗源性成分。

10 检测过程中防止交叉污染的措施

按照 SN/T 1193 执行。

11 废弃物处理

检测过程中的废弃物，收集后在焚烧炉中焚烧处理。

附 录 A
（资料性附录）
PCR 产物测序结果

TCCAGGTAAA CCCTTCTTCC CTCCCCTATG TACGTCGTGC ATTAATGGTT TGCCCCATGC ATATAAGCAT GTACATAATA TTATATCCTT ACATAGGACA TATTAACTCA ATCTCATAGT TCACTGATCT GTCAACAGTA ATCGAATGCA TATCACTTAG TCCAATAAGG GCTTAATCAC CATGCCTCGA GAAACCATCA ACCCTTGCTC GTA

ICS 65.120
B 46

中华人民共和国国家标准

GB/T 21106—2007

动物源性饲料中鹿源性成分定性检测方法 PCR方法

Identification of Cervus derived materials in animal-originated feedstuffs—PCR method

2007-10-24 发布　　2008-04-01 实施

中华人民共和国国家质量监督检验检疫总局
中国国家标准化管理委员会　发布

前言

本标准的附录A为资料性附录。

本标准由中华人民共和国国家质量监督检验检疫总局提出。

本标准由全国饲料工业标准化技术委员会归口。

本标准起草单位：中国检验检疫科学研究院、中华人民共和国深圳出入境检验检疫局、中华人民共和国辽宁出入境检验检疫局、中华人民共和国山东出入境检验检疫局。

本标准主要起草人：陈颖、吴亚君、徐宝梁、王晶、钱增敏、宗卉、曹际娟、高宏伟、黄文胜、袁飞、赵贵明。

本标准首次发布。

动物源性饲料中鹿源性成分定性检测方法 PCR 方法

1 范围

本标准规定了动物源性饲料中鹿(Cervus)源性成分检测的 PCR 方法,该检测方法的检出限为 0.1%(质量分数)。

本标准适用于动物源性饲料中鹿源性成分的定性检测。

2 规范性引用文件

下列文件中的条款通过本标准的引用而成为本标准的条款。凡是注日期的引用文件,其随后所有的修改单(不包括勘误的内容)或修订版均不适用于本标准,然而,鼓励根据本标准达成协议的各方研究是否可使用这些文件的最新版本。凡是不注日期的引用文件,其最新版本适用于本标准。

GB 6682 分析实验室用水规格和试验方法

GB/T 14699.1 饲料 采样(GB/T 14699.1—2005,ISO 6497:2002,IDT)

SN/T 1193 基因检验实验室技术要求

3 术语和定义

下列术语和定义适用于本标准。

3.1

聚合酶链式反应 polymerase chain reaction;PCR

用于扩增位于两段已知序列之间 DNA(deoxyribonucleosidea acid,脱氧核糖核酸)的方法。模板 DNA 经过高温变性成单链,在 DNA 聚合酶和适宜的温度下,两条互不互补的寡核苷酸片段即引物分别与模板 DNA 两条链上的一段互补序列发生退火,接着在 DNA 聚合酶的催化下以 4 种 dNTP(deoxyribonucleoside triphosphate,脱氧核苷酸三磷酸)为底物,使退火引物得以延伸,如此反复变性、退火和 DNA 合成这一循环,使位于两段已知序列之间的 DNA 片段呈几何倍数扩增,经 25 个～30 个扩增循环,扩增倍数达到约 10^6。

4 原理

利用裂解液破碎细胞,三氯甲烷抽提蛋白质,无水乙醇沉淀得到 DNA;以提取的 DNA 为模板进行 PCR 扩增,琼脂糖凝胶电泳检测 PCR 扩增产物;PCR 阳性产物应用限制性内切酶酶切反应进行确证。

5 试剂和材料

除另有规定外,试剂为分析纯或生化试剂。实验用水符合 GB 6682 的要求。

5.1 鹿源性成分检测用引物(对)序列为:

F:5'-TCATCGCAGCACTCGCTATAGTACACT-3'

R:5'-ATCTCCAAGCAGGTCTGGTGCGAATAA-3'

5.2 *Taq*DNA 聚合酶(*Taq*,*Thermus aquaticu*,水生栖热菌)。

5.3 限制性内切酶:*Alu* I 酶。

5.4 dNTPs:dATP(deoxyadenosine triphosphate,脱氧腺苷三磷酸)、dTTP(deoxythymidine triphos-

phate,脱氧胸苷三磷酸)、dCTP(deoxycytidine triphosphate,脱氧胞苷三磷酸)、dGTP(deoxyguanosine triphosphate,脱氧鸟苷三磷酸)。

5.5 琼脂糖:电泳纯。

5.6 溴化乙锭。

5.7 三氯甲烷。

5.8 无水乙醇。

5.9 70%乙醇。

5.10 DNA 分子量标准品(100 bp ~600 bp)(bp:base pair,碱基对)。

5.11 裂解液:1% CTAB(cetyltrithylammonium bromide,十六烷基三甲基溴化铵),0.05 mol/L Tris-HCl(pH8.0)[Tris -:tris (hydroxymethyl) aminomethane,三(羟甲基)氨基甲烷],0.7 mol/L NaCl,0.01 mol/L EDTA (pH8.0)(ethylene diaminetetraacetic acid,乙二胺四乙酸)。

5.12 TE 缓冲液(Tris-HCl、EDTA 缓冲液):10 mmol/L Tris-HCl (pH8.0),1 mmol/L EDTA (pH8.0)。

5.13 10×PCR 缓冲液:100 mmol/L KCl,160 mmol/L $(NH_4)_2SO_4$,20 mmol/L $MgSO_4$,200 mmol/L Tris-HCl (pH8.8),1% Triton X-100(t-octylphenoxypolyethoxyethanol,辛基苯氧基聚乙氧乙醇),1 mg/mL BSA(bovine serum albumin,牛血清蛋白)。

5.14 电泳缓冲液:Tris 54 g,硼酸 27.5 g,0.5 mol/L TE 缓冲液(pH8.0)20 mL,加蒸馏水至 1 000 mL;使用时 10 倍稀释。

5.15 溴化乙锭贮存液:用水配制成 10 mg/mL。

5.16 加样缓冲液:0.25%溴酚蓝,40%(质量浓度)蔗糖水溶液。

5.17 酶切缓冲液:10 mmol/L Tris-HCl (pH7.5),10 mmol/L $MgCl_2$,50 mmol/L NaCl,0.1 mg/mL BSA。

6 仪器设备

6.1 DNA 热循环仪。

6.2 核酸蛋白分析仪或紫外分光光度计。

6.3 恒温水浴锅。

6.4 离心机:离心力 12 000 *g*。

6.5 微量移液器(0.5 μL~10 μL,10 μL~100 μL,10 μL~200 μL,100 μL~1 000 μL)。

6.6 电泳仪。

6.7 紫外检测仪。

6.8 pH 计。

6.9 天平:感量 0.01 g。

7 试样选取与制备

按照 GB/T 14699.1 采样,将实验室样品粉碎,充分混合均匀后待用。

8 检验步骤

8.1 样品的总 DNA 提取

样品粒度 100 目时最少称取 50 mg;60 目最少称取 100 mg;20 目最少称取 200 mg。

称取样品于微量离心管中,加入 600 μL~800 μL 裂解液,65℃ 3 h,期间不时振荡混匀;12 000 *g* 离心 5 min;转移上清于洁净离心管中,加等体积酚,混匀;12 000 *g* 离心 5 min,取上清液,加等体积三氯甲烷+异戊醇(24+1),混匀;12 000 *g* 离心 5 min,取上清液;加 2 倍体积冰预冷的无水乙醇,−20℃沉淀 1 h;12 000 *g* 离心 5 min,弃上清液;70%乙醇洗涤一次,晾干;加入 50 μL TE,溶解沉淀。

也可用等效 DNA 提取试剂盒提取模板 DNA。

8.2 DNA 浓度和纯度的测定

取 5 μL DNA 溶液加双蒸水稀释至 1 mL，使用核酸蛋白分析仪或紫外分光光度计分别检测 260 nm和 280 nm 处的吸光值 A_{260} 和 A_{280}。DNA 的浓度按式(1)计算：

$$c = A \times N \times 50/1\ 000 \qquad \cdots\cdots(1)$$

式中：

c——DNA 浓度，单位为微克每微升(μg/μL)；

A——260 nm 处的吸光值；

N——核酸稀释倍数。

当 A_{260}/A_{280} 比值在 1.7～1.9 之间时，适宜于 PCR 扩增。

8.3 PCR 扩增

50 μL 反应体系：10×PCR 缓冲液 5 μL、dNTP (5 mmol/L) 1 μL、引物对(各 5 μmol/L) 2 μL、*Taq* DNA 聚合酶 2 U、模板 DNA 100 ng±50 ng。

一般反应程序：94℃预变性 5 min，94℃变性 30 s，63℃退火 30 s，72℃延伸 30 s，30 个循环。72℃延伸 5 min。4℃保存。

检测过程中分别设阳性对照、阴性对照和空白对照。用已知含鹿源性成分的样品作阳性对照，用已知不含鹿源性成分的样品作阴性对照，用等体积的双蒸水代替模板 DNA 作空白对照。

8.4 PCR 扩增产物电泳检测

取 2 g 琼脂糖，于 100 mL 电泳缓冲液中加热，充分熔化，加入溴化乙锭贮存液至终浓度为 0.5 μg/mL，制胶。在电泳槽中加入电泳缓冲液，使液面刚刚没过凝胶。将 5 μL～8 μL PCR 扩增产物分别和适量加样缓冲液混合，点样。9 V/cm 恒压电泳，直至溴酚蓝指示剂迁移至凝胶中部。紫外检测仪下观察电泳结果并记录。

8.5 限制性内切酶酶切及产物电泳检测

如果 PCR 扩增产物电泳检测结果阳性，进行限制性内切酶酶切反应。

反应体系(20 μL)：*Alu* I 酶 2U，酶切缓冲液 2 μL，加入 PCR 扩增产物至总体积 20 μL。

酶切在 37℃下进行，30 min。酶切完成后电泳，方法见 8.4。

9 结果判断与表述

9.1 PCR 扩增产物电泳检测结果

阳性样品扩增产物为 194 bp(序列参考附录 A)。

9.2 限制性内切酶酶切电泳检测结果

扩增产物酶切片段大小为 145 bp 和 49 bp。

9.3 结果表述

PCR 产物为阳性，同时酶切结果正确者判为含有鹿源性成分，表述为检出鹿源性成分；

PCR 产物为阴性者判为不含有鹿源性成分，表述为未检出鹿源性成分。

10 检测过程中防止交叉污染的措施

按照 SN/T 1193 执行。

11 废弃物处理

检测过程中的废弃物，收集后在焚烧炉中焚烧处理。

附 录 A
（资料性附录）
PCR 产物测序结果

C. elaphus（马鹿）　TCATCGCAGCACTCGCTATAGTACACTTACTCTTCCTT
C. nippon（梅花鹿）　TCATCGCAGCACTTGCTATAGTACACTTACTCTTCCTT
C. eldi（坡鹿）　TCATCGCAGCACTTGCTATAGTACACTTACTTTTCCTT
C. unicolor（水鹿）　TCATCGCGGCACTCGCTATAGTACATTTACTCTTCCTT
C. albirostris（白唇鹿）　TCATCGCAGCACTTGCCATAGTACACTTACTCTTCCTT

C. elaphus　CACGAGACAGGATCTAATAACCCAACAGGAATCCCATCAGACGCAGACAAAATCCCCTTC
C. nippon　CACGAGACAGGATCCAACAACCCAACAGGAATCCCATCGGACGCAGACAAAATCCCCTTC
C. eldi　CACGAGACAGGATCCAATAACCCAACAGGAATCCCATCAGACGCAGATAAAATTCCCTTC
C. unicolor　CACGAGACAGGATCCAATAACCCAACAGGAATCCCATCAGACGCAGATAAAATTCCTTTC
C. albirostris　CACGAGACAGGATCCAATAACCCAACAGGAATCCCATCAAACGCAGACAAAATCCCCTTC

C. elaphus　CACCCTTACTATACGATTAAAGATATCTTAGGTATCTTACTTCTAATACTCTTCCTAATA
C. nippon　CATCCTTACTACACCATTAAAGATATCTTAGGCATCTTACTTCTAGTACTCTTCCTAATA
C. eldi　CATCCTTACTATACTATTAAAGATATTTTAGGTATCCTACTCCTAATCCTCTTCTTAATA
C. unicolor　CATCCTTACTATACCATTAAAGATATCTTAGGCATCTTACTTATAGTACTCTTCTTAATA
C. albirostris　CATCCTTACTACACCATTAAAGATATCTTAGGCATCCTACTTCTGGTACTCTTCCTAATA

C. elaphus　TTACTAGTATTATTCGCACCAGATCTGCTTGGAGAC
C. nippon　TTACTAGTATTATTCGCACCAGACCTGCTTGGAGAT
C. eldi　CTACTAGTACTATTCGCACCAGACCTGCTTGGAGAC
C. unicolor　TTACTAGTATTATTCGCACCGGACCTGCTTGGAGAC
C. albirostris　TTACTAGTATTATTCGCACCAGACCTACTTGGAGAT

ICS 65.120
B 46

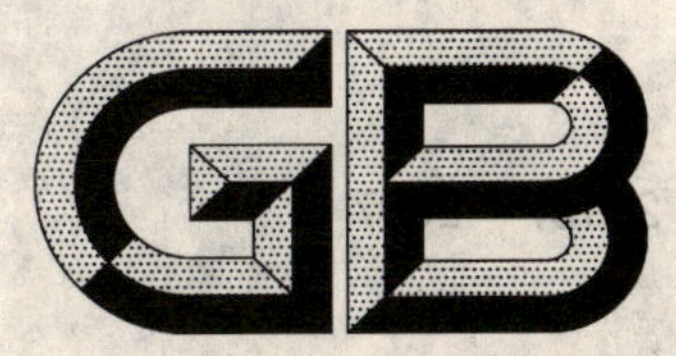

中华人民共和国国家标准

GB/T 21107—2007

动物源性饲料中马、驴源性成分定性检测方法 PCR 方法

Identification of horse and donkey derived materials in animal-originated feedstuffs—PCR method

2007-10-24 发布 2008-04-01 实施

中华人民共和国国家质量监督检验检疫总局
中国国家标准化管理委员会 发布

前　言

本标准的附录 A 为资料性附录。

本标准由中华人民共和国国家质量监督检验检疫总局提出。

本标准由全国饲料工业标准化技术委员会归口。

本标准起草单位：中华人民共和国深圳出入境检验检疫局、中国检验检疫科学研究院、中华人民共和国辽宁出入境检验检疫局、中华人民共和国青岛出入境检验检疫局。

本标准主要起草人：宗卉、曾少灵、温燕辉、徐宝梁、高宏伟、陈颖、吴亚君、郑秋月、曹际娟。

本标准首次发布。

动物源性饲料中马、驴源性成分定性检测方法 PCR方法

1 范围

本标准规定了动物源性饲料中马、驴(Equoidea)源性成分检测的PCR方法,该检测方法的检出限为0.1%(质量分数)。

本标准适用于动物源性饲料中马、驴源性成分的定性检测。

2 规范性引用文件

下列文件中的条款通过本标准的引用而成为本标准的条款。凡是注日期的引用文件,其随后所有的修改单(不包括勘误的内容)或修订版均不适用于本标准,然而,鼓励根据本标准达成协议的各方研究是否可使用这些文件的最新版本。凡是不注日期的引用文件,其最新版本适用于本标准。

GB 6682 分析实验室用水规格和试验方法

GB/T 14699.1 饲料 采样(GB/T 14699.1—2005,ISO 6497:2002,IDT)

SN/T 1193 基因检验实验室技术要求

3 术语和定义

下列术语和定义适用于本标准。

3.1

聚合酶链式反应 polymerase chain reaction;PCR

用于扩增位于两段已知序列之间DNA(deoxyribonucleosidea acid,脱氧核糖核酸)的方法。模板DNA经过高温变性成单链,在DNA聚合酶和适宜的温度下,两条互不互补的寡核苷酸片段即引物分别与模板DNA两条链上的一段互补序列发生退火,接着在DNA聚合酶的催化下以4种dNTP(deoxyribonucleoside triphosphate,脱氧核苷酸三磷酸)为底物,使退火引物得以延伸,如此反复变性、退火和DNA合成这一循环,使位于两段已知序列之间的DNA片段呈几何倍数扩增,经25个~30个扩增循环,扩增倍数达到约10^6。

4 原理

利用裂解液破碎细胞,三氯甲烷抽提蛋白质,异丙醇沉淀得到DNA;以提取的DNA为模板进行PCR扩增,琼脂糖凝胶电泳检测PCR扩增产物;应用限制性内切酶酶切反应进行确证。

5 试剂和材料

除另有规定外,试剂为分析纯或生化试剂,实验用水符合GB 6682的要求。

5.1 马、驴源性成分检测用引物(对)序列为:

5′tgccacagttggatacatcaac 3′

5′attgagattaggcgattgtt 3′

5.2 *Taq* DNA聚合酶(*Thermus aquaticu*,水生栖热菌)。

5.3 限制性内切酶:*Sau*3A酶,*Alu* Ⅰ酶。

5.4 dNTPs:dATP(deoxyadenosine triphosphate,脱氧腺苷三磷酸)、dTTP(deoxythymidine triphos-

phate，脱氧胸苷三磷酸）、dCTP(deoxycytidine triphosphate，脱氧胞苷三磷酸）、dGTP(deoxyguanosine triphosphate，脱氧鸟苷三磷酸）。

5.5 琼脂糖：电泳纯。

5.6 溴化乙锭。

5.7 三氯甲烷。

5.8 异丙醇。

5.9 70%乙醇。

5.10 分子量标准品(100 bp～2 000 bp)(bp：base pair，碱基对)。

5.11 裂解液：1% CTAB(cetyltrithylammonium bromide，十六烷基三甲基溴化铵），0.05 mol/L Tris-HCl(pH8.0)[Tris-：tris (hydroxymethyl) aminomethane，三(羟甲基)氨基甲烷]，0.7 mol/L NaCl，0.01 mol/L EDTA (pH8.0)(ethylene diaminetetraacetic acid，乙二胺四乙酸）。

5.12 TE 缓冲液(Tris-HCl、EDTA 缓冲液)：10 mmol/L Tris-HCl (pH8.0)，1 mmol/L EDTA (pH8.0)。

5.13 10×PCR 缓冲液：100 mmol/L KCl，160 mmol/L $(NH_4)_2SO_4$，20 mmol/L $MgSO_4$，200 mmol/L Tris-HCl (pH8.8)，1% Triton X-100(t-octylphenoxypolyethoxyethanol，辛基苯氧基聚乙氧乙醇)，1 mg/mL BSA (bovine serum albumin，牛血清蛋白)。

5.14 电泳缓冲液：Tris 54 g，硼酸 27.5 g，0.5 mol/L TE 缓冲液(pH8.0)20 mL，加蒸馏水至 1 000 mL；使用时 10 倍稀释。

5.15 溴化乙锭贮存液：10 mg/mL 水溶液。

5.16 加样缓冲液：0.25%溴酚蓝，40%(质量浓度)蔗糖。

5.17 酶切缓冲液：10 mmol/L Tris-HCl (pH7.5)，10 mmol/L $MgCl_2$，50 mmol/L NaCl，0.1 mg/mL BSA。

6 仪器设备

6.1 DNA 热循环仪。

6.2 离心机(离心力 12 000*g*)。

6.3 核酸蛋白分析仪或紫外分光光度计。

6.4 微量移液器(0.1 μL～2 μL，0.5 μL～10 μL，2 μL～20 μL，10 μL～100 μL，20 μL～200 μL，200 μL～1 000 μL)。

6.5 电泳仪。

6.6 紫外检测仪。

6.7 pH 计。

6.8 恒温水浴锅。

6.9 天平(感量 0.01 g)。

7 试样选取与制备

按照 GB/T 14699.1 采样，将实验室样品粉碎，充分混合均匀后待用。

8 检验步骤

8.1 样品的总 DNA 提取

称取适量饲料(饲料粒度为 20 目称取 200 mg，60 目称取 100 mg，100 目称取 50 mg)于 1.5 mL 离心管中，加入 600 μL～800 μL 裂解液，65℃30 min，期间不时振荡混匀；12 000*g* 离心 5 min；转移上清于洁净离心管中，加 400 μL 三氯甲烷＋异戊醇(24＋1)，混匀；12 000*g* 离心 5 min，取上清液；加 0.8 倍体积异丙醇，沉淀；12 000*g* 离心 5 min，弃上清液；70%乙醇洗涤一次，晾干；加入 50 μL TE，溶解沉淀。

也可用等效 DNA 提取试剂盒提取模板 DNA。

8.2 **DNA 浓度和纯度的测定**

取 5 μL DNA 溶液，用 ddH_2O(double distilled water，双蒸水)稀释至 1 mL，使用核酸蛋白分析仪或紫外分光光度计检测 260 nm 和 280 nm 处的吸光值 A_{260} 和 A_{280}。DNA 的浓度按式(1)计算：

$$c = A \times N \times 50/1\,000 \quad \cdots\cdots (1)$$

式中：

c——DNA 浓度，单位为微克每微升(μg/μL)；

A——260 nm 处的吸光值；

N——核酸稀释倍数。

当 A_{260}/A_{280} 比值为 1.7～1.9 之间时，适宜于 PCR 扩增。

8.3 **PCR 扩增**

50 μL 反应体系：10×PCR 缓冲液 5 μL、dNTPs(5 mmol/L) 1 μL、引物对(5 μmol/L)各 2 μL、*Taq* DNA 聚合酶(5 U/μL)0.5 μL、模板 DNA(100 ng±50 ng DNA)10 μL、ddH_2O 31.5 μL。

反应条件：PCR 反应条件随仪器不同略有改变。94℃预变性 1 min～3 min。94℃变性 30 s～60 s，57℃退火 30 s～60 s，72℃延伸 30 s～60 s，30 个循环。72℃延伸 5 min。4℃保存。

检测过程中分别设阳性对照、阴性对照和空白对照。用已知含马或驴源性成分的样品作阳性对照，用已知不含马和驴源性成分的样品作阴性对照，用等体积的 ddH_2O 代替模板 DNA 作空白对照。

8.4 **PCR 扩增产物电泳检测**

取 2.0 g 琼脂糖，于 100 mL 电泳缓冲液中加热，充分熔化，加入溴化乙锭贮存液至终浓度为 0.5 μg/mL，制胶。在电泳槽中加入电泳缓冲液，使液面刚刚没过凝胶。将 5 μL～8 μL PCR 扩增产物分别和适量加样缓冲液混合，点样。9 V/cm 恒压电泳，至溴酚蓝指示剂迁移至凝胶中部。紫外检测仪下观察电泳结果并记录。

8.5 **限制性内切酶酶切及产物电泳检测**

PCR 扩增产物电泳检测结果阳性，进行限制性内切酶酶切反应。

反应体系(50 μL)：*Sau*3A 酶 1 μL(10 U/μL)，酶切缓冲液 5 μL，PCR 扩增产物 20 μL，ddH_2O 24 μL。充分混匀反应液，37℃水浴 1 h，65℃水浴 5 min 终止酶切反应。酶切完成后电泳，方法见 8.4。

9 结果判断与表述

9.1 **PCR 扩增产物电泳检测结果**

马和驴源性成分的 PCR 扩增产物大小均为 294 bp(序列参考附录 A)。

9.2 **限制性内切酶酶切电泳检测结果**

马源性成分的 PCR 扩增产物经 *Sau*3A 限制性内切酶酶切后，片段大小为 226 bp 和 68 bp。

驴源性成分的 PCR 扩增产物经 *Alu* Ⅰ 限制性内切酶酶切后，片段大小为 113 bp 和 181 bp。

9.3 **结果表述**

PCR 扩增产物电泳检测结果阴性者判为不含有马、驴源性成分，表述为未检出马、驴源性成分。

PCR 扩增产物电泳检测结果阳性，限制性内切酶酶切产物片段大小正确，判为含有马或驴源性成分，表述为检出马或驴源性成分。

10 检测过程中防止交叉污染的措施

按照 SN/T 1193 执行。

11 废弃物处理

检测过程中的废弃物，收集后在焚烧炉中焚烧处理。

附 录 A
（资料性附录）
PCR 产物测序结果

马：TGCCACAGTT GGATACATCA ACATGATTTA TTAATATCGT CTCAATAATC
CTAACTCTAT TTATTGTATT TCAACTAAAA ATCTCAAAGC ACTCCTATCC
GACACACCCA GAACTAAAGA CAACCAAAAT AACAAAACAC TATGCCCCTT
GAGAATCAAA ATGAACGAAA ATCTATTCGA ATCTTTCGCT ACCCCAACAA
TAGTAGGCCT CCCTATTGTA ATTCTGATCA TCATATTTCC CAGCATCCTA
TTCCCCTCAC CCAACCGACT AATCAACAAT CGCCTAATCT CAAT

驴：TGCCACAGTT GGATACATCA ACATGATTTA TTAATATCGT CTCAATAATC
CTAACTCTAT TTATTGTATT CCAACTAAAA ATTTCAAAGC ACTCTTATCC
AATACACCCA GAAGCTAAAA CAACTAAAAT AGCTAAACGC CTTACCCCTT
GAGAATCAAA ATGAACGAAA ATCTATTCGC CTCTTTCGCT ACCCCAACAA
TAATAGGCCT CCCTATTGTA ATCCTAATCA TTATATTCCC CAGCATCCTA
TTTCCCTCAT CCAACCGACT AATTAACAAT CGCCTAATCT CAAT

ICS 65.120
B 46

中华人民共和国国家标准

GB/T 21108—2007

饲料中氯霉素的测定 高效液相色谱串联质谱法

Determination of choramphenicol in feeds—High performance liquid chromatography tandem mass spectometry

2007-10-24 发布 2008-04-01 实施

中华人民共和国国家质量监督检验检疫总局
中国国家标准化管理委员会 发布

前　言

本标准的附录A、附录B为资料性附录。

本标准由中华人民共和国农业部提出。

本标准由全国饲料工业标准化技术委员会归口。

本标准起草单位:中国农业科学院农业质量标准与检测技术研究所、国家饲料质量监督检验中心(北京)。

本标准主要起草人:赵根龙、高生、宋荣、张发旺。

本标准首次发布。

饲料中氯霉素的测定
高效液相色谱串联质谱法

1 范围

本标准规定了测定饲料中氯霉素的高效液相色谱串联质谱法(LC/MS/MS)。

本标准适用于配合饲料和预混合饲料中氯霉素的测定,其最低定量限为 10 μg/kg,最低检测浓度为5 μg/kg。

2 规范性引用文件

下列文件中的条款通过本标准的引用而成为本标准的条款。凡是注日期的引用文件,其随后所有的修改单(不包括勘误的内容)或修订版均不适用于本标准,然而,鼓励根据本标准达成协议的各方研究是否可使用这些文件的最新版本。凡是不注日期的引用文件,其最新版本适用于本标准。

GB/T 6682 分析实验室用水规格和试验方法

GB/T 14699.1 饲料 采样(GB/T 14699.1—2005,ISO 6497:2002,IDT)

3 原理

饲料中的氯霉素用乙酸乙酯提取,取部分提取液用氮气吹干。残渣溶于甲醇氯化钠溶液,用正己烷萃取除去脂溶性杂质。再将氯霉素回提至乙酸乙酯,吹干。用乙腈水溶液溶解,过 C_{18} 小柱净化。最后用 LC/MS/MS 法分离、检测和定量。

4 试剂与材料

除非另有规定,仅使用分析纯试剂。水为蒸馏水,色谱用水符合 GB/T 6682 的一级用水的规定。

4.1 乙腈:色谱纯。

4.2 甲醇:色谱纯。

4.3 乙酸乙酯。

4.4 正己烷。

4.5 三氯甲烷。

4.6 乙腈溶液

4.6.1 乙腈溶液Ⅰ:取 5.0 mL 乙腈加水 95 mL。

4.6.2 乙腈溶液Ⅱ:吸取乙腈 50 mL 加水 50 mL。

4.7 氯化钠。

4.8 氯化钠溶液:浓度为 40 g/L,称取 40.0 g 氯化钠(4.7)加水溶解定容到1 000 mL。

4.9 氯化钠甲醇溶液:取 200 mL 甲醇(4.2)加氯化钠溶液(4.8)800 mL。

4.10 氯霉素标准品:纯度大于 98%。

4.11 氯霉素标准液

4.11.1 标准贮备液:准确称取 100 mg±0.1 mg 氯霉素标准品(4.10)用乙腈溶解,定容到 100 mL,该溶液氯霉素浓度为 1 mg/mL,密封贮于冰箱内,有效期为一年。

4.11.2 标准中间液Ⅰ:吸取标准贮备液(4.11.1)5.00 mL,于 50 mL 容量瓶内,用乙腈溶液Ⅱ(4.6.2)定容至 50 mL,该溶液氯霉素浓度为 100 μg/mL,密封贮于冰箱内,有效期 3 个月。

4.11.3 标准中间液Ⅱ:吸取标准中间液Ⅰ(4.11.2)1.00 mL 于 100 mL 容量瓶内,用乙腈溶液Ⅱ(4.6.2)定容至 100 mL,该溶液氯霉素浓度为 1.0 μg/mL,密封贮于冰箱内,有效期为 3 个月。

4.11.4 标准中间液Ⅲ:吸取标准中间液Ⅱ(4.11.3)10.00 mL 于 100 mL 容量瓶内,用乙腈溶液Ⅱ(4.6.2)定容至 100 mL。该溶液氯霉素浓度为 100 ng/mL,密封贮于冰箱内,有效期为 7 天。

4.11.5 标准工作溶液:用移液管分别吸取标准中间液Ⅲ(4.11.4)1、5、10、50 mL 于 4 个100 mL容量瓶内,用乙腈溶液Ⅱ(4.6.2)定容至刻度。该溶液氯霉素浓度为 1.0、5.0、10、50 ng/mL。

4.12 C_{18}固相萃取(SPE)小柱:载体 200 mg、承载液体体积 3 mL。

5 仪器

5.1 离心机:转速为 4 000 r/min 以上。

5.2 超声波提取器。

5.3 涡旋混合器。

5.4 密封盖塑料离心管:50 mL。

5.5 液相色谱串联质谱仪:配备电喷雾离子源(ESI)的液相色谱串联质谱仪。

6 试样的制备

按 GB/T 14699.1 选取有代表性的实验室样品,用四分法缩分至约 200 g,粉碎过 0.45 mm 孔径筛,混合均匀,装入磨口瓶中备用。

7 分析步骤

7.1 提取

称取一定量的试样(配合饲料 5 g,预混合饲料 1 g,精确至 0.001 g),置于 50 mL 塑料离心管内(5.4)加 40.0 mL 乙酸乙酯(4.3)盖好密封盖于涡旋混合器上混合 2 min。放入超声波提取器中提取 20 min,其间用手摇动两次。将离心管取出,置离心机上(5.1)4 000 r/min 离心分离 4 min。用移液管取上清液 20 mL,于 50℃加热器上用氮气吹至近干,待净化。

7.2 净化

7.2.1 液-液分配净化

用氯化钠甲醇溶液(4.9)2、1、1 mL 分三次溶解残渣(7.1),均转移到同一个 10 mL 具塞试管内。加 4 mL 正己烷,涡旋混合 2 min,放入离心机于 4 000 r/min 离心 4 min,弃去上层正己烷,重复上述操作一次。水相加乙酸乙酯(4.3)3 mL,涡旋混合 2 min,放入离心机 4 000 r/min 离心 4 min。吸取上层乙酸乙酯,水相置另一个 5 mL 具塞试管内,加乙酸乙酯(4.3)2 mL 重复上述操作一次。吸取上层乙酸乙酯,置于上述同一个水相具塞试管内,置加热器上 50℃下,用氮气吹干。用 3 mL 乙腈溶液Ⅰ(4.6.1)溶解,待 SPE 小柱净化。

7.2.2 SPE 柱净化

每一试样各准备一支 C_{18}小柱(4.12),顺序用 5 mL 甲醇,5 mL 三氯甲烷,5 mL 甲醇和 10 mL 水预清洗 C_{18}柱。将样液(7.2.1)过此小柱(流速<1 mL/min),用 5 mL 乙腈溶液Ⅰ(4.6.1)淋洗,最后用 3 mL乙腈溶液Ⅱ(4.6.2)洗脱,收集洗脱液于 10 mL 具塞试管内。洗脱液加 5 mL 乙酸乙酯涡旋混合 1 min,2 000 r/min离心,下层水相用乙酸乙酯重复萃取一次,合并乙酸乙酯提取液于 5 mL 具塞试管内。在加热器上(50℃)用氮气吹干,用 2 mL 乙腈溶液Ⅱ(4.6.2)溶解,调节试样溶液浓度,使上机浓度不高于 100 ng/mL。

7.3 测定

7.3.1 液相色谱条件

色谱柱:C_{18}柱,柱长 150 mm,柱内径 2.1 mm,粒度 3.5 μm 或性能类似的分析柱。

柱温:室温。

流动相组成:乙腈+水=30+70(V_1+V_2)。

流动相流速:250 μL/min。

进样量:10 μL。

7.3.2 质谱条件

电喷雾离子源(ESI)负离子方式检测。

喷雾电压:3 500 V。

壳气流速:0.68 L/min。

辅助气流速:3.6 L/min。

毛细管温度:300℃。

母离子 321,二级子离子为 257、152、121。碰撞电压如表 1:

表 1 氯霉素的子离子及其碰撞电压

母离子	子离子	碰撞压力/eV
321	257	23
321	152	18
321	121	12

7.3.3 试样的测定

在上述仪器条件下,分别注入标准工作液(4.11.5)和试样溶液(7.2.2)10 μL,以保留时间和二级子离子(m/z)257、152、121 进行定性,其相对丰度比见表 2。以 152 作为定量子离子,并用氯霉素标准工作液做单点或多点校准,以峰面积比较进行定量计算。

表 2 氯霉素的子离子及相对丰度比

子离子(m/z)	257	152	121
相对丰度/%	100	90±18	8±4

8 结果计算与表述

8.1 结果计算

试样中氯霉素的含量 X,以质量分数微克每千克(μg/kg)表示,单点校准时可用式(1)计算:

$$X=\frac{P_2\times V_1\times c\times V_2\times n}{P_1\times m\times V_3} \qquad \cdots\cdots(1)$$

式中:

P_2——试样溶液对应的色谱峰面积响应值;

V_1——加入定容液的体积,单位为毫升(mL);

c——氯霉素标准溶液的浓度,单位为纳克每毫升(ng/mL);

V_2——氯霉素标准溶液的进样体积,单位为微升(μL);

n——稀释倍数;

P_1——氯霉素标准溶液对应的色谱峰面积响应值;

m——试样质量,单位为克(g);

V_3——试样溶液的进样体积,单位为微升(μL)。

多点校准时可用式(2)计算:

$$X=\frac{V_1\times c_x\times V_2\times n}{m\times V_3} \qquad \cdots\cdots(2)$$

式中：

V_1——加入定容液的体积，单位为毫升(mL)；

c_x——标准曲线上查得的试样中氯霉素的浓度，单位为纳克每毫升(ng/mL)；

V_2——氯霉素标准溶液的进样体积，单位为微升(μL)；

n——稀释倍数；

m——试样质量，单位为克(g)；

V_3——试样溶液的进样体积，单位为微升(μL)。

8.2 结果表示

结果以平行测定结果的算术平均值表示，保留三位有效数字。

9 重复性

在同一实验室由同一操作人员使用同一仪器完成的两个平行测定的相对偏差不大于10%。

附 录 A
（资料性附录）
氯霉素一级质谱图

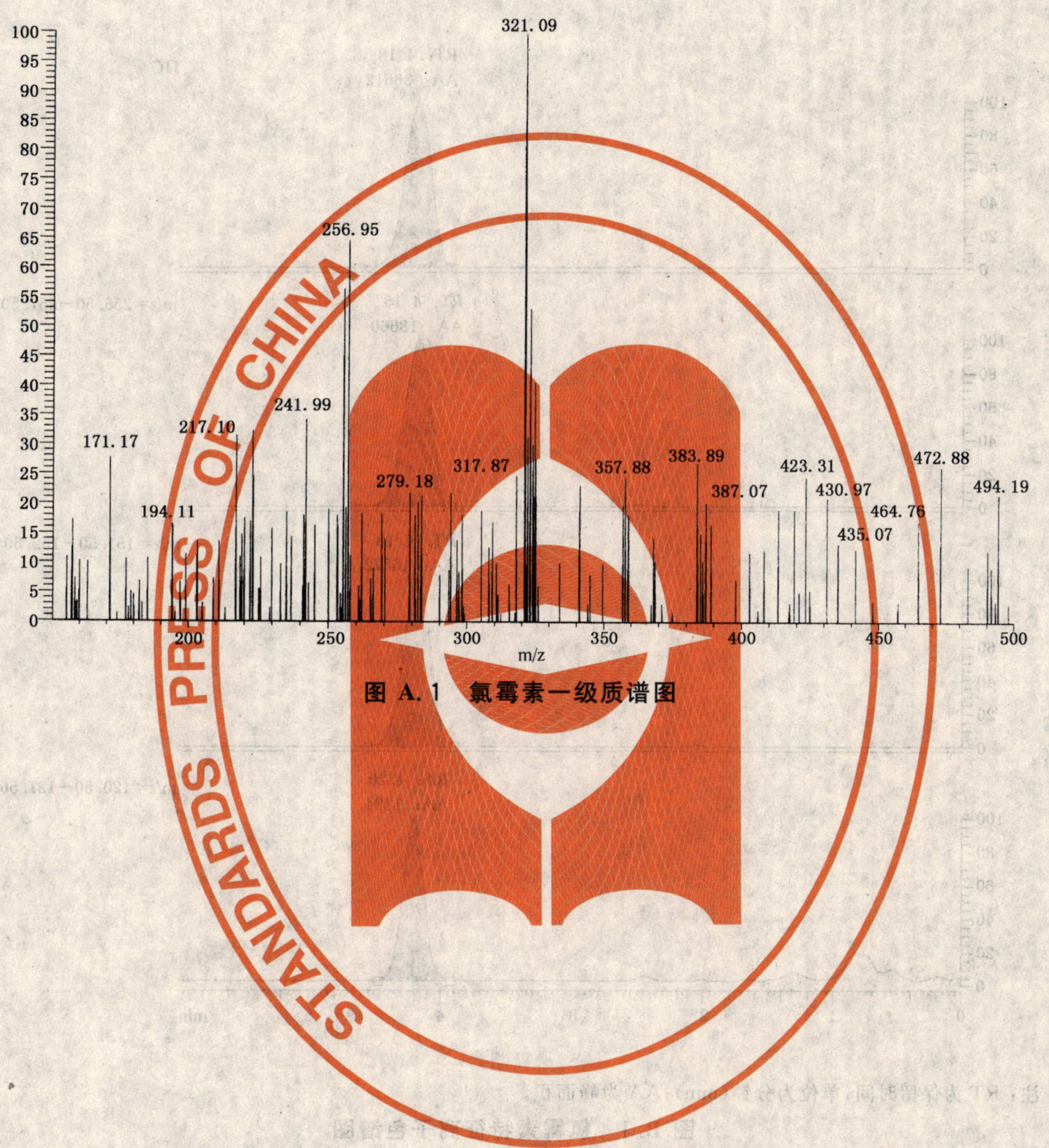

图 A.1 氯霉素一级质谱图

附 录 B
（资料性附录）
氯霉素特征离子色谱图

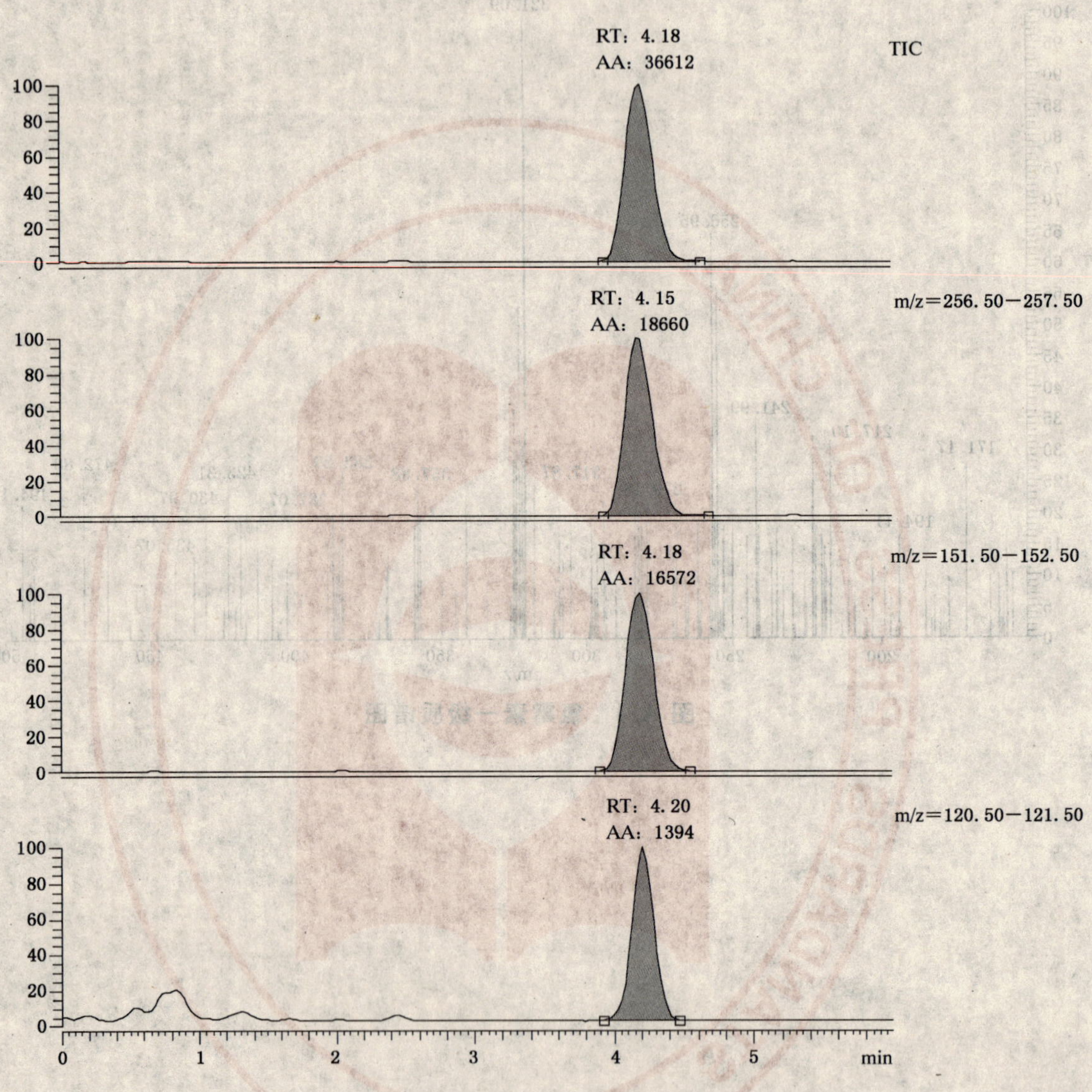

注：RT 为保留时间，单位为分钟(min)；AA 为峰面积。

图 B.1 氯霉素特征离子色谱图

ICS 25.040
N 10

中华人民共和国国家标准

GB/T 21109.1—2007/IEC 61511-1:2003

过程工业领域安全仪表系统的功能安全 第1部分：框架、定义、系统、硬件和软件要求

Functional safety—Safety instrumented systems for the process industry sector—Part 1: Framework, definitions, system, hardware and software requirements

(IEC 61511-1:2003, IDT)

2007-10-11 发布　　2007-12-01 实施

中华人民共和国国家质量监督检验检疫总局
中国国家标准化管理委员会　发布

前　言

GB/T 21109《过程工业领域安全仪表系统的功能安全》分为三个部分：

——第 1 部分：框架、定义、系统、硬件和软件要求；

——第 2 部分：GB/T 21109.1 的应用指南；

——第 3 部分：确定要求的安全完整性等级的指南。

本部分为 GB/T 21109 的第 1 部分，等同采用 IEC 61511-1:2003《过程工业领域安全仪表系统的功能安全　第 1 部分：框架、定义、系统、硬件和软件要求》(英文版)。为便于使用，对 IEC 61511-1:2003 做了下列编辑性修改：

——删除国际标准的前言，按 GB/T 1.1—2000 重新编写了本部分的前言；

——凡是出现"IEC 61511"之处均改为"GB/T 21109"，"IEC 61511-1"均改为"GB/T 21109.1"，"IEC 61511-2"均改为"GB/T 21109.2"，"IEC 61511-3"均改为"GB/T 21109.3"；

——凡是出现"本国际标准"之处均改为"GB/T 21109"；

——用小数点"."代替作小数点的逗号"，"；

——根据 GB/T 1.1—2000 进行编辑性修改。

本部分的附录 A 为资料性附录。

本部分由中国机械工业联合会提出。

本部分由全国工业过程测量和控制标准化技术委员会归口。

本部分主要起草单位：机械工业仪器仪表综合技术经济研究所、上海自动化仪表股份有限公司技术中心、北京华控技术有限责任公司、中科院沈阳自动化研究所、浙江中控技术有限公司、上海工业自动化仪表研究所、国营 759 厂。

本部分主要起草人：王春喜、梅恪、包伟华、王麟琨、刘丹、陈小枫、魏剑嵬、史学玲、谭平、李佳嘉、欧阳劲松、蔡廷安、马光武。

本部分为首次制定。

引　言

在过程工业(process industry sector)中,用来执行仪表安全功能的安全仪表系统已使用了多年。如要使仪表能有效地用于仪表安全功能,最重要的是该仪表应达到某些最低标准和性能水平。

GB/T 21109 阐述了过程工业安全仪表系统的应用。GB/T 21109 还要求执行一次过程危险和风险评估,使之能导出安全仪表系统的规范。当考虑安全仪表系统的性能要求时,才考虑其他安全系统,从而把其他安全系统的贡献计算在内。安全仪表系统包括从传感器到最终元件之内的所有部件和子系统,它们都是执行仪表安全功能所必要的。

GB/T 21109 包含了作为应用基础的两个概念:安全生命周期和安全完整性等级。

GB/T 21109 针对基于使用电气(E)/电子(E)/可编程电子(PE)技术的安全仪表系统。在逻辑解算器使用其他技术的情况下,须应用 GB/T 21109 的基本原则。GB/T 21109 还涉及安全仪表系统的传感器和最终元件,而不管它们所使用的技术。GB/T 21109 在 GB/T 20438—2006 的框架范围内专用于过程领域(见附录 A)。

GB/T 21109 提出了达到这些最低标准的安全生命周期活动的方法。为了使用合理和一致的技术策略,已采纳了此方法。

在大多数情况下,固有(inherently)安全过程设计就能很好地实现安全性。必要时,还可结合一个或一些保护系统,以便处理任何已发现的残余风险。保护系统可依靠不同的技术(化学的、机械的、液压的、气动的、电气的、电子的、可编程电子的)。为促成该方法,GB/T 21109 要求:

——执行一次危险和风险评估以便确定整体安全要求;

——给安全仪表系统分配安全要求;

——应在一个适用于所有用仪表实现功能安全的方法的框架内进行工作;

——详述了适用于实现功能安全的所有方法的某些活动(如安全管理)的使用。

关于过程工业的安全仪表系统的 GB/T 21109:

——涉及从初始概念、设计、实现、运行和维护直到停用的所有安全生命周期阶段;

——能使现有的或新的国家专用的过程工业标准同本标准协调一致。

GB/T 21109 致力于在过程工业领域内导致高度一致(如基本原则、术语、信息等)。这将带来安全和经济两方面的好处。

在权限方面,在管理当局(如国家的、省的、自治区的等)已建立过程安全设计、过程安全管理或其他要求的情况下,这些要求应比本标准中定义的要求优先考虑。

GB/T 21109 的整体框架见图 1。

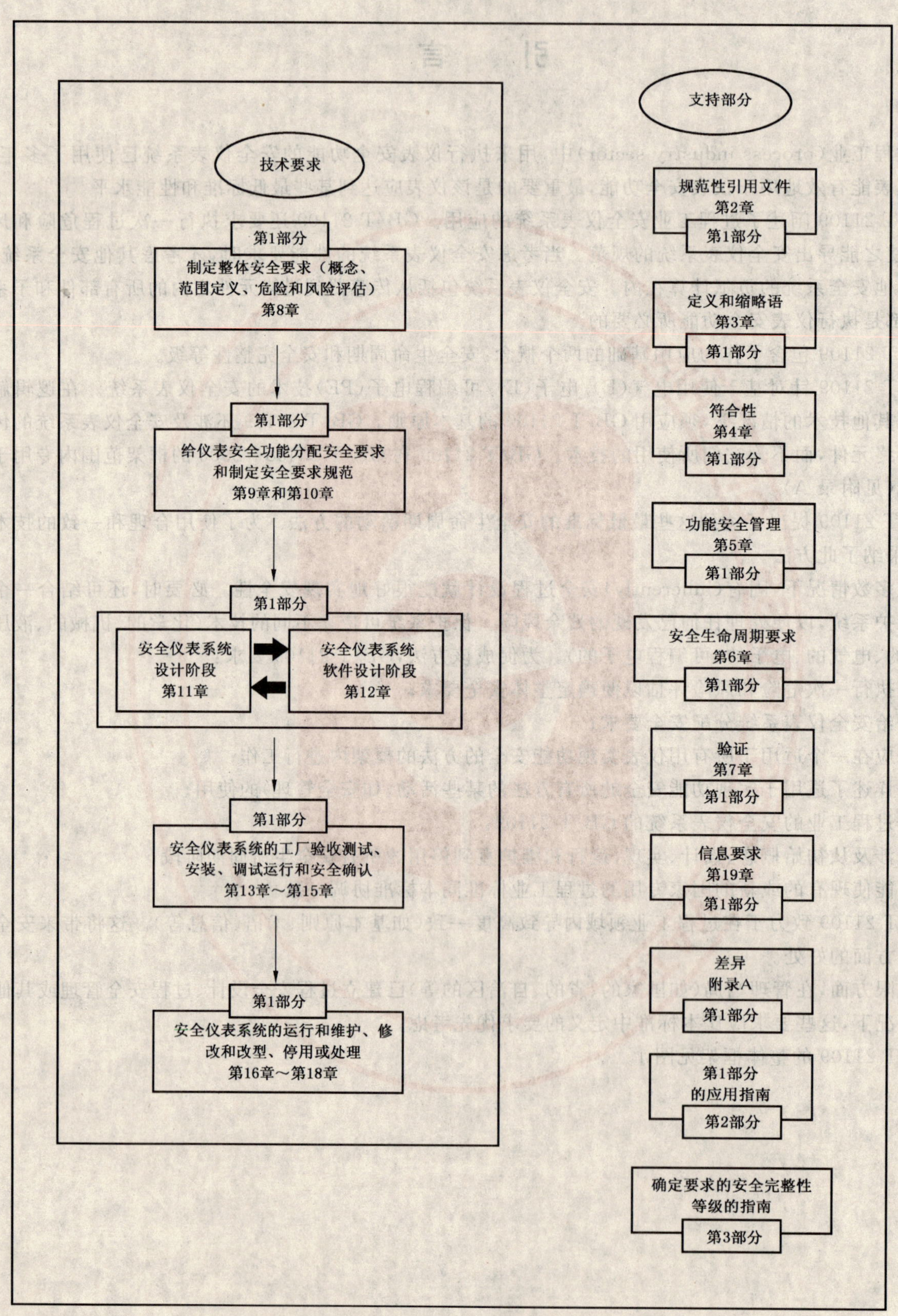

图 1　GB/T 21109 的整体框架

过程工业领域安全仪表系统的功能安全 第1部分：框架、定义、系统、硬件和软件要求

1 范围

GB/T 21109的本部分给出了安全仪表系统的规范、设计、安装、运行和维护要求，这确保该系统能把过程置于或保持在某个安全状态。GB/T 21109已作为GB/T 20438—2006在过程领域的实现而制定。

尤其是，本部分：

a) 规定了实现功能安全的要求但未规定谁负责实现这些要求(如设计师、供应商、所有权公司/运营公司、承包商)；根据安全计划编制和国家法规的情况，责任可能指派到不同的责任方。

b) 适用于把满足GB/T 20438—2006或本部分中11.5要求的设备集成到可用于过程领域应用的整体系统中，但并不适用于希望申明装置适用于过程领域的安全仪表系统的制造商(见GB/T 20438.2—2006和GB/T 20438.3—2006)。

c) 定义了GB/T 21109和GB/T 20438—2006之间的关系(图2和图3)。

d) 适用于开发使用有限可变语言或固定程序语言的系统的应用软件，而不适用于开发嵌入式软件(系统软件)或使用全可变语言的制造商、安全仪表系统设计师、集成商和用户(见GB/T 20438.3—2006)。

e) 适用于包括化学、炼油、油气生产、纸浆和造纸、非核电生产在内的过程领域的广泛工业领域。

注：在某些过程领域应用中(如海上)，可能还需满足一些附加要求。

f) 绘制了仪表安全功能和其他功能之间的关系(图4)。

g) 在考虑到其他方法所达到的风险降低的情况下，辨识仪表安全功能的功能要求和安全完整性要求。

h) 规定了系统结构、硬件配置、应用软件和系统集成的要求。

i) 规定了安全仪表系统用户和集成商的应用软件要求(第12章)，特别规定了对以下内容的要求：

——在应用软件设计和开发过程中将使用的各个安全生命周期阶段和活动(软件安全生命周期模型)。这些要求包括措施和技术的应用，它们致力于避免软件中的故障，并控制可能发生的失效。

——被传递给执行SIS集成的组织的与软件安全确认相关的信息。

——用于SIS运行和维护的用户所需软件有关的信息和规程的准备。

——执行修改安全软件的组织应满足的规程和规范。

j) 可在为了人员保护、公众保护或环境保护而使用一个或多个仪表安全功能来实现功能安全时使用。

k) 也适用于非安全应用(如资产保护)。

l) 确定了实现仪表安全功能的要求，这些要求被用作实现功能安全的整体安排的一部分。

m) 使用了安全生命周期(图8)，并定义了确定安全仪表系统功能要求和安全完整性要求所必需的活动清单。

n) 要求执行危险和风险评估，来确定每个仪表安全功能的安全功能要求和安全完整性等级。

注：风险降低方法的总览见图9。

o) 为安全完整性等级确立了在要求时的平均失效概率和每小时的危险失效频率的数值目标。

p) 规定了硬件故障裕度的最低要求。

q) 规定了实现要求的完整性等级所要求的技术/措施。

r) 确定了根据 GB/T 21109 实现的仪表安全功能所能达到的最高性能水平(SIL 4)。

s) 确定了低于此水平时 GB/T 21109 就不适用的最低性能水平(SIL 1)。

t) 提供了用来确定安全完整性等级的一个框架,但并不规定特定应用要求的安全完整性等级(它应根据特定应用的知识来确定)。

u) 规定了安全仪表系统各部分(从传感器到最终元件)的要求。

v) 定义了安全生命周期内所需的信息。

w) 要求仪表安全功能的设计应考虑人为因素。

x) 不对个别操作员或维护人员提任何直接的要求。

本部分的系统、硬件和软件的关系见图 5。

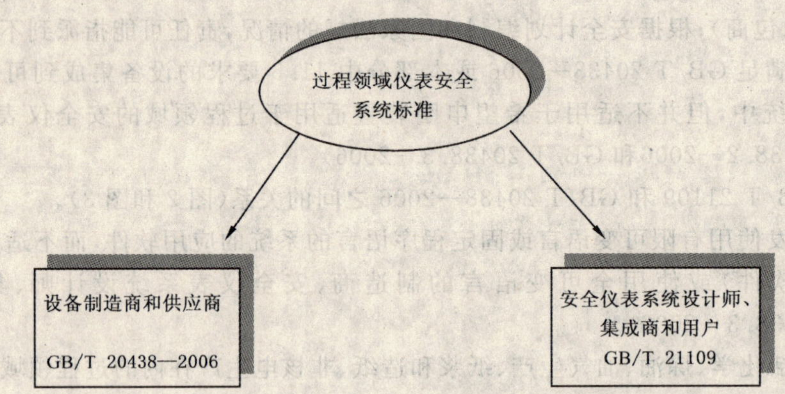

图 2 GB/T 21109 与 GB/T 20438—2006 的关系

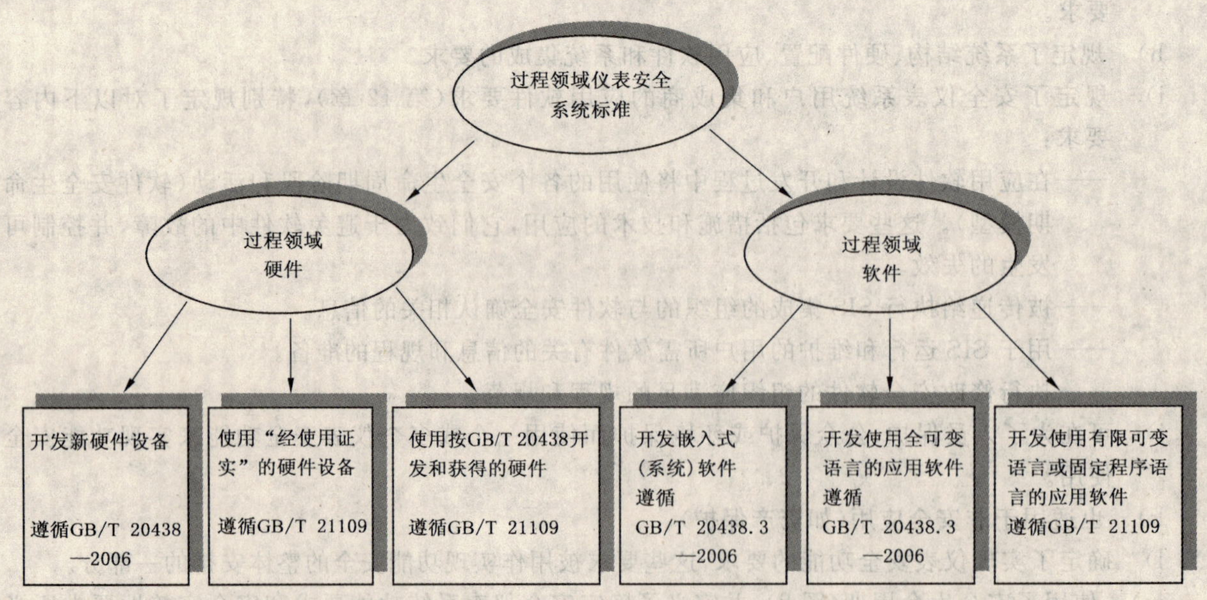

图 3 GB/T 21109 与 GB/T 20438—2006 的关系(见第 1 章)

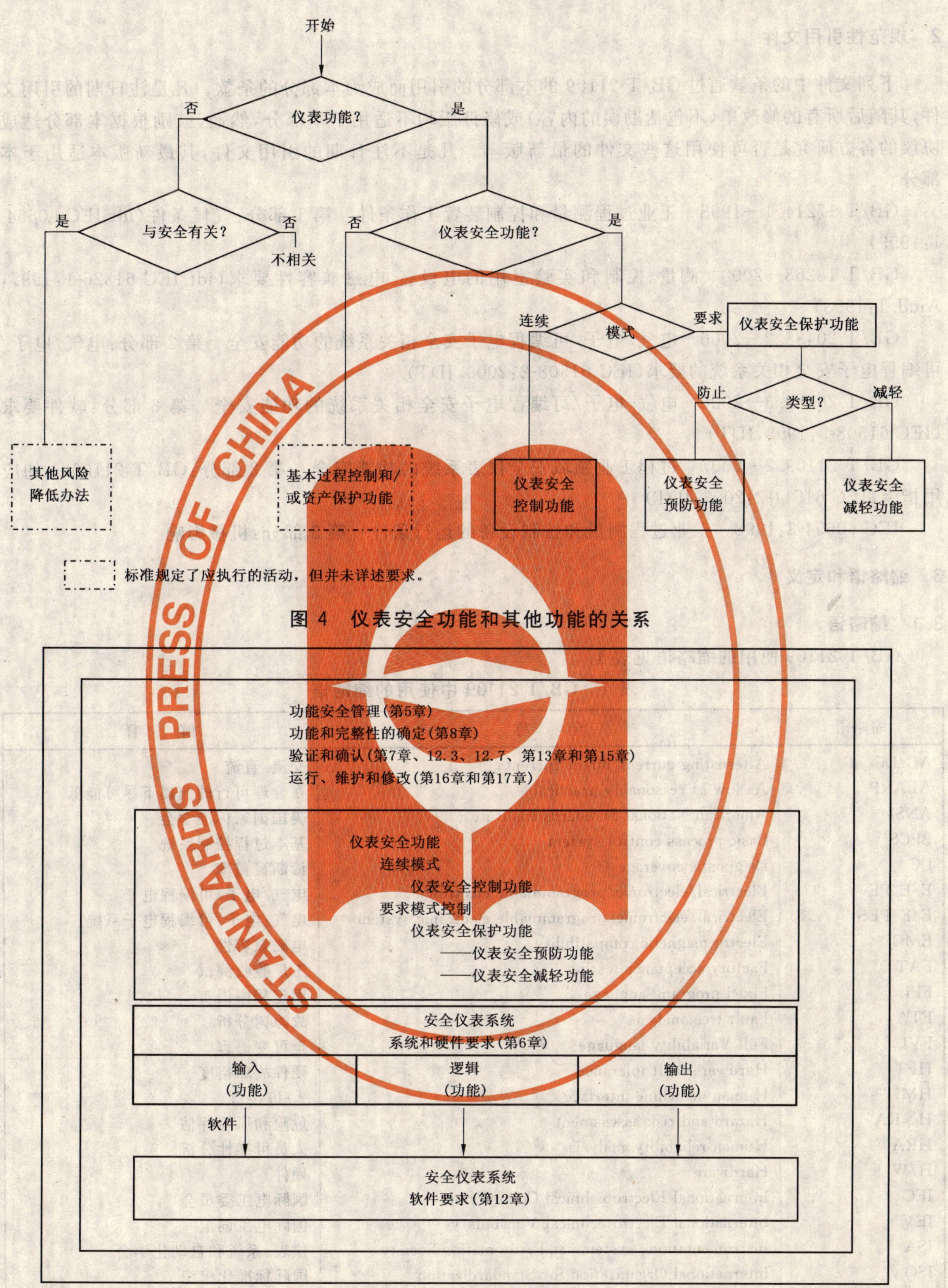

图 4 仪表安全功能和其他功能的关系

图 5 本部分的系统、硬件和软件的关系

2 规范性引用文件

下列文件中的条款通过GB/T 21109的本部分的引用而成为本部分的条款。凡是注日期的引用文件,其随后所有的修改单(不包括勘误的内容)或修订版均不适用于本部分,然而,鼓励根据本部分达成协议的各方研究是否可使用这些文件的最新版本。凡是不注日期的引用文件,其最新版本适用于本部分。

GB/T 17214.1—1998 工业过程测量和控制装置工作条件 第1部分:气候条件(idt IEC 60654-1:1993)

GB/T 18268—2000 测量、控制和实验室用的电设备 电磁兼容性要求(idt IEC 61326-1:1997,Amd.1:1998)

GB/T 20438.2—2006 电气/电子/可编程电子安全相关系统的功能安全 第2部分:电气/电子/可编程电子安全相关系统的要求(IEC 61508-2:2000,IDT)

GB/T 20438.3—2006 电气/电子/可编程电子安全相关系统的功能安全 第3部分:软件要求(IEC 61508-3:1998,IDT)

GB/T 21109.2—2007 过程工业领域安全仪表系统的功能安全 第2部分:GB/T 21109.1的应用指南(IEC 61511-2:2003,IDT)

IEC 60654-3:1998 工业过程测量和控制设备的运行条件 第3部分:机械影响

3 缩略语和定义

3.1 缩略语

GB/T 21109使用的缩略语见表1。

表1 GB/T 21109中使用的缩略语

缩略语	全 称	解 释
AC/DC	Alternating current/direct current	交流/直流
ALARP	As low as reasonably practicable	在合理可行的前提下尽可能低
ANSI	American National Standards Institute	美国国家标准学会
BPCS	Basic process control system	基本过程控制系统
DC	Diagnostic coverage	诊断覆盖率
E/E/PE	Electrical/electronic/programmable electronic	电气/电子/可编程电子
E/E/PES	Electrical/electronic/programmable electronic system	电气/电子/可编程电子系统
EMC	Electro-magnetic compatibility	电磁兼容性
FAT	Factory acceptance testing	工厂验收测试
FPL	Fixed program language	固定程序语言
FTA	Fault tree analysis	故障树分析
FVL	Full Variability language	全可变语言
HFT	Hardware fault tolerance	硬件故障裕度
HMI	Human manchine interface	人-机接口
H&RA	Hazard and risk assessment	危险和风险评估
HRA	Human reliability analysis	人员可靠性分析
H/W	Hardware	硬件
IEC	International Electrotechnical Commission	国际电工委员会
IEV	International Electrotechnical Vocabulary	国际电工词汇
ISA	Instrumentation, systems and Automation Society	仪表、系统和自动化学会
ISO	International Organization for Standardization	国际标准化组织
LVL	Limited variability language	有限可变语言
MooN	"M"out of "N"(see 3.2.45)	从"N"中取"M"(见3.2.45)
NP	Non-programmable	非可编程

表 1(续)

缩略语	全　称	解　释
PE	Programmable electronics	可编程电子
PES	Programmable electronic system	可编程电子系统
PFD	Probability of failure on demand	要求时的失效概率
PFD_{avg}	Average probability of failure on demand	要求时的平均失效概率
PLC	Programmable logic controller	可编程逻辑控制器
SAT	Site acceptance test	现场验收测试
SFF	Safe failure fraction	安全失效分数
SIF	Safety instrumented function	仪表安全功能
SIL	Safety integrity level	安全完整性等级
SIS	Safety instrumented system	安全仪表系统
SRS	Safety requirement specification	安全要求规范
S/W	Software	软件

3.2 术语和定义

下列术语和定义适用于本部分。

3.2.1

结构　architecture

系统中硬件和/或软件元素的安排,如:

a) 安全仪表系统(SIS)子系统的安排;

b) SIS 子系统的内部结构;

c) 软件程序的安排。

注:本术语的定义同 GB/T 20438.4—2006 中的定义有差别,从而反映出过程领域术语中的差异。

3.2.2

资产保护　asset protection

为防止资产损失分配给系统设计的功能。

3.2.3

基本过程控制系统　basic process control system;BPCS

对来自过程的、系统相关设备的、其他可编程系统的和/或某个操作员的输入信号进行响应,并产生使过程和系统相关设备按要求方式运行的系统,但它并不执行任何具有被声明的 SIL≥1 的仪表安全功能。

注:见 A.2。

3.2.4

通道　channel

独立执行一个功能的一个或一组元素。

注 1:一个通道中的元素可能包括输入/输出(I/O)模块、逻辑系统(见 3.2.40)、传感器、最终元件。

注 2:一个双通道配置是指一个具有两个能独立执行相同功能的通道配置。

注 3:本术语可用来描述整个系统或者系统的一部分(如传感器或者最终元件)。

3.2.5

编码　coding

见 3.2.57。

3.2.6 共同失效

3.2.6.1

共同原因失效 common cause failure

由一个或多个事件引起一个多通道系统中的两个或多个分离通道失效，从而导致系统失效的一种失效。

3.2.6.2

共同模式失效 common mode failure

两个或多个通道以同样的方式引起相同的误差结果的失效。

3.2.7

部件 component

执行某一特定功能的系统、子系统或装置的一个组成部分。

3.2.8

配置 configuration

见 3.2.1。

3.2.9

配置管理 configuration management

为了在生命周期全过程中控制组件的变化(硬件和软件)和保持连续性和可追溯性，对进化系统(硬件和软件)中组件的识别规则。

3.2.10

控制系统 control system

对来自过程和/或操作员的输入信号进行响应，并产生使过程按要求方式运行的输出信号的系统。

注：控制系统包括输入装置和最终元件，它可以是一个 BPCS，也可以是一个 SIS，或者二者的组合。

3.2.11

危险失效 dangerous failure

可能使安全仪表系统潜在地处于某种危险或功能丧失状态的失效。

注：这种可能性是否变为现实可能取决于系统的通道结构，在用来提高安全性的多通道系统中，一个危险硬件失效很少能导致整体危险或功能丧失状态。

3.2.12

相关失效 dependent failure

其概率不能表示为引起失效的独立事件的无条件概率的简单乘积的失效。

注 1：仅当 P(A 和 B)＞P(A)×P(B)时，两个事件 A 和 B 才是相关的。P(Z)是事件 Z 的概率。

注 2：考虑保护层当中相关失效的例子见 9.5。

注 3：相关失效包括共同原因失效(见 3.2.6)。

3.2.13

检测到的 detected

揭露的 revealed

明显的 overt

在与硬件失效和软件故障有关时，通过诊断测试或正常操作发现的。

3.2.14

装置 device

能实现某个规定目的的硬件或软件或者二者结合的功能单元(如现场装置，同 SIS I/O 端的现场侧面连接的设备，这些设备包括现场接线、传感器、最终元件、逻辑解算器和硬接线到 SIS I/O 端的操作员接口装置)。

3.2.15

诊断覆盖率　diagnostic coverage;DC

诊断测试检测到的部件或子系统的失效率与总失效率之比。诊断覆盖率不包含由检验测试检测到的任何故障。

注1：诊断覆盖率用于从总失效率($\lambda_{总失效率}$)计算检测到的失效率($\lambda_{检测到的}$)和未检测到的失效率($\lambda_{未检测到的}$)：$\lambda_{检测到的}=DC\times\lambda_{总失效率}$ 和 $\lambda_{未检测到的}=(1-DC)\times\lambda_{总失效率}$。

注2：诊断覆盖率适用于安全仪表系统的部件或子系统。如：典型地对于传感器、最终元件或逻辑解算器需确定其诊断覆盖率。

注3：对安全应用，典型的诊断覆盖率可适用于一个部件或子系统的安全失效和危险失效。如：一个部件或子系统的危险失效的诊断覆盖率为 $DC=\lambda_{DD}/\lambda_{DT}$，式中 λ_{DD} 是检测到的危险失效率，λ_{DT} 是总的危险失效率。

3.2.16

多样性　diversity

执行一个要求功能存在不同方法。

注：可用不同的物理方法或不同的设计途径来实现多样性。

3.2.17

电气/电子/可编程电子　electrical/eleclronic/programmable electronic;E/E/PE

基于电气(E)和/或电子(E)和/或可编程电子(PE)技术。

注：打算用本术语来覆盖以电原理工作的任一和所有装置或系统，它包括：

——机电装置(电气)；

——固态非可编程电子装置(电子)；

——基于计算机技术的电子装置(可编程电子)(见3.2.55)。

3.2.18

误差　error

计算出的、观测到的和测量到的值或条件，和真实的、规定的或理论上正确的值或条件之间的差异。

注：采用 IEV 191-05-24 中的定义但不包括注。

3.2.19

外部风险降低设施　external risk reduction facilities

与 SIS 分离且性质不同的降低或减少风险的措施。

注1：如排放系统、防火墙、堤(坝)。

注2：本术语的定义同 GB/T 20438.4—2006 中的定义有差别，从而反映出过程领域术语中的差异。

3.2.20

失效　failure

功能单元执行一个要求功能的能力的终止。

注1：本定义(除注外)同 ISO/IEC 2382-14-01-09:1997 相符。

注2：另外的信息见 GB/T 20438.4—2006。

注3：要求的功能特性必需排除某些行为，并根据应避免的行为来规定某些功能。这些行为的出现就是失效。

注4：失效或是随机的或是系统的(见3.2.62和3.2.85)。

3.2.21

故障　fault

可能引起功能单元执行要求功能的能力降低或丧失的异常状况。

注：IEV 191-05-01 定义"故障"是一种无能力执行要求功能的状态，不包括预防性维护、或其他计划行动的期间的无能力，或外部资源缺少产生的无能力[ISO/IEC 2382-14-01-09]。

3.2.22

故障避免　fault avoidance

在安全仪表系统安全生命周期的任何阶段中为避免引入故障而使用的技术和程序。

3.2.23

故障裕度 fault tolerance

在出现故障或误差的情况下,功能单元继续执行要求功能的能力。

注:IEV 191-15-05 中的定义仅指子项目故障。见 3.2.21 的注[ISO/IEC 2382-14-04-06]。

3.2.24

最终元件 final element

执行实现某种安全状态所必需的实际动作的安全仪表系统的组成部分。

注:例如阀门、开关装置、电机及其附属元件,如仪表安全功能中的电磁阀和执行机构。

3.2.25

功能安全 functional safety

与过程和 BPCS 有关的整体安全的组成部分,它取决于 SIS 和其他保护层的正确功能执行。

注:本术语的定义同 GB/T 20438.4—2006 中的定义有差别,从而反映出过程领域术语中的差异。

3.2.26

功能安全评估 functional safety assessment

基于证据的调查,以判定由一个或多个保护层所实现的功能安全。

注:本术语的定义同 GB/T 20438.4—2006 中的定义有差别,从而反映出过程领域术语中的差异。

3.2.27

功能安全审核 functional safety audit

对于按计划安排的功能安全要求专用的规范是否有效地执行并满意地达到规定目的进行系统地、独立的检查。

注:功能安全审核可以作为功能安全评估的一部分。

3.2.28

功能单元 functional unit

能够完成规定目的的软件、硬件或两者相结合的实体。

注 1:在 IEV 191-01-01 中,常用"项目(item)"一词代替功能单元,一个项目有时可能包括人员在内。

注 2:本定义是在 ISO/IEC 2382-14-01-01 中给出的定义。

3.2.29

硬件安全完整性 hardware safety integrity

在危险失效模式中,与硬件随机失效有关的仪表安全功能的安全完整性的一部分。

注 1:此术语与危险模式中的失效有关,即有损于安全完整性的仪表安全功能的那些失效。与本术语中有关的两个参数是总危险失效率和要求时操作失效率。

注 2:见 3.2.86。

注 3:本术语的定义同 GB/T 20438.4—2006 中的定义有差别,从而反映出过程领域术语中的差异。

3.2.30

伤害 harm

由财产或环境的破坏而直接或间接导致的人身伤害或人体健康的损害。

注:此定义同 ISO/IEC 指南 51 相符。

3.2.31

危险 hazard

伤害的潜在根源。

注 1:此定义同 ISO/IEC 指南 51 的 3.4 相符。

注 2:本术语包括短时内发生的对人员的威胁(如着火或爆炸),以及对人体健康长时间有影响的那些威胁(如有毒物质的释放)。

3.2.32

人为误差　human error

失误　mistake

引发非期望结果的人的动作或不动作。

注：本定义是以 ISO/IEC 2382-14-02-03 为基础，并与 IEV 191-05-25 给出的不同，它增加了"或不动作"。

3.2.33

影响分析　impact analysis

确定一个系统中的一个功能或部件的改变，对该系统和其他系统中其他功能或部件影响的活动。

3.2.34

独立部门　independent department

在进行安全评估或确认的安全生命周期的特定阶段中，同负责所发生活动的部门分开且不同的部门。

3.2.35

独立组织　independent organization

在进行安全评估或确认的安全生命周期的特定阶段中，通过管理和其他资源同负责所发生活动的组织分开且不同的组织。

3.2.36

独立人员　independent person

在进行安全评估或确认的安全生命周期的特定阶段中，同所发生活动分开且不同的人员，这些人员并不直接负责那些活动。

3.2.37

输入功能　input function

为了给逻辑解算器提供输入信息，监视过程及其相关设备的功能。

注：输入功能可以是手动功能。

3.2.38

仪表　instrument

在执行某个动作中使用的仪器(典型的可见仪表系统)。

注：过程领域中，仪表系统典型地由传感器(如压力、流量、温度变送器)、逻辑解算器或控制系统(如可编程控制器、分散型控制系统)和最终元件(如控制阀)组成。在特殊情况下，仪表系统可能是安全仪表系统(见 3.2.72)。

3.2.39

逻辑功能　logic function

在输入信息(由一个或几个输入功能提供)和输出信息(由一个或几个输出功能使用)之间执行变换的功能；逻辑功能提供从一个或几个输入功能到一个或几个输出功能的转换。

注：另见 GB/T 15969.3 和 IEC 60617-12。

3.2.40

逻辑解算器　logic solver

既可以是一个 BPCS 的一部分，也可以是 SIS 的一部分，它执行一个或几个逻辑功能。

注 1：在 GB/T 21109 中，逻辑系统使用了以下术语：

——机电技术的电气逻辑系统；

——电子技术的电子逻辑系统；

——可编程电子系统的可编程逻辑系统。

注 2：例如：电气系统、电子系统、可编程电子系统、气动系统、液压系统。传感器和最终元件不是逻辑解算器的组成部分。

3.2.40.1

安全配置的逻辑解算器 safety configured logic solver

根据11.5为在安全应用中使用专门配置的工业级通用型PE逻辑解算器。

3.2.41

维护/工程接口 maintenance/engineering interface

为能正确维护或修改SIS所提供的硬件和软件。包括:在软件中可能含有的指令和诊断程序、具有适当通信协议的编程终端、诊断工具、指示器、旁路装置、试验装置和校正装置。

3.2.42

减轻 mitigation

减小危险事件后果的动作。

注:例如,根据已证实的着火或气体泄漏的检测所采取的紧急减压。

3.2.43

操作模式 mode of operation

仪表安全功能运行方式。

3.2.43.1

要求模式下的仪表安全功能 demand mode safety instrumented function

响应过程条件或其他要求而采取一个规定动作(如关闭一个阀门)的场合。在仪表安全功能的危险失效事件中,仅当发生过程或BPCS的失效事件时,才发生潜在危险。

3.2.43.2

连续模式下的仪表安全功能 continuous mode safety instrumented function

在仪表安全功能的危险失效事件中,如果不采取预防动作,即使没有进一步的失效,潜在危险也会发生。

注1:连续模式涵盖了实现连续控制以保持功能安全的那些仪表安全功能。

注2:要求模式应用中,在要求率的频率大于每年1次的情况下,危险率不高于仪表安全功能的危险失效率。在这种情况下,通常适宜使用连续模式准则。

注3:表3和表4定义了运行在要求模式和连续模式下的仪表安全功能的目标失效量。

注4:本术语的定义同GB/T 20438.4—2006中的定义有差别,从而反映出过程领域术语中的差异。

3.2.44

模块 module

执行某个特定硬件功能的硬件部件的自含式组件(即数字输入模块、模拟输出模块),或支持某一特定功能的可重用应用程序(可能是一个或一组内固程序)。如执行特定功能的计算机程序的一部分。

注1:在GB/T 15969.3中,软件模块是一个功能或功能块。

注2:本术语的定义同GB/T 20438.4—2006中的定义有差别,从而反映出过程领域术语中的差异。

3.2.45

从N中取M MooN

"N"个独立通道构成的安全仪表系统或其部分,它被连接成其中"M"个通道足以执行仪表安全功能。

3.2.46

必要的风险降低 necessary risk reduction

为保证把风险降低到允许水平所需的风险降低。

3.2.47

非可编程(NP)系统 non-programmable (NP) system

基于非计算机技术的系统(即不基于可编程电子[PE]或软件的系统)。

注:例如,硬接线电气或电子系统,机械、液压或气动系统。

3.2.48

操作员接口　operator interface

在操作人员和SIS之间进行信息交换的手段(如阴极射线管CRT、指示灯、按钮、操纵杆、报警器);操作员接口有时又叫人机接口(HMI)。

3.2.49

其他技术安全相关系统　other technology safety related system

不基于电气、电子或可编程电子技术的安全相关系统。

注:安全阀就是"另一种技术的安全相关系统"。"其他技术安全相关系统"可以包括液压和气动系统。

3.2.50

输出功能　output function

根据来自逻辑功能的终端执行机构的信息,控制过程及其相关设备的功能。

3.2.51

阶段　phase

发生GB/T 21109中描述活动的安全生命周期中的某个时段。

3.2.52

预防　prevention

降低危险事件发生频率的动作。

3.2.53

以往使用　prior use

见3.2.60。

3.2.54

过程风险　process risk

因异常事件(包括BPCS功能失常)引起过程条件产生的风险。

注1:本文中的风险与使用SIS提供必要的风险降低的特定危险事件有关(即与功能安全相关的风险)。

注2:GB/T 21109.3中描述了过程风险分析。确定过程风险的主要目的是给未考虑保护层的风险确立一个参考点。

注3:过程风险的评估应包括相关人为因素问题。

注4:本术语相当于GB/T 20438.4—2006中的"受控设备(EUC)风险"。

3.2.55

可编程电子　programmable electronics;PE

基于计算机技术构成PES一部分的电子部件或装置。本术语包括硬件和软件及输入和输出单元。

注1:本术语覆盖基于一个或几个中央处理单元(CPU)及相关的存储器的微电子设备。过程领域可编程电子的例子包括:

——智能传感器和最终元件。

——可编程电子逻辑解算器,包括:

- 可编程控制器;
- 可编程逻辑控制器;
- 回路控制器。

注2:本术语的定义同GB/T 20438.4—2006中的定义有差别,从而反映出过程领域术语中的差异。

3.2.56

可编程电子系统　programmable electronic system;PES

基于一个或多个可编程电子装置的,用于控制、防护或监视的系统,包括系统中所有的元素,如电源、传感器和其他输入装置、数据高速公路和其他通信途径以及执行器和其他输出装置(见图6)。

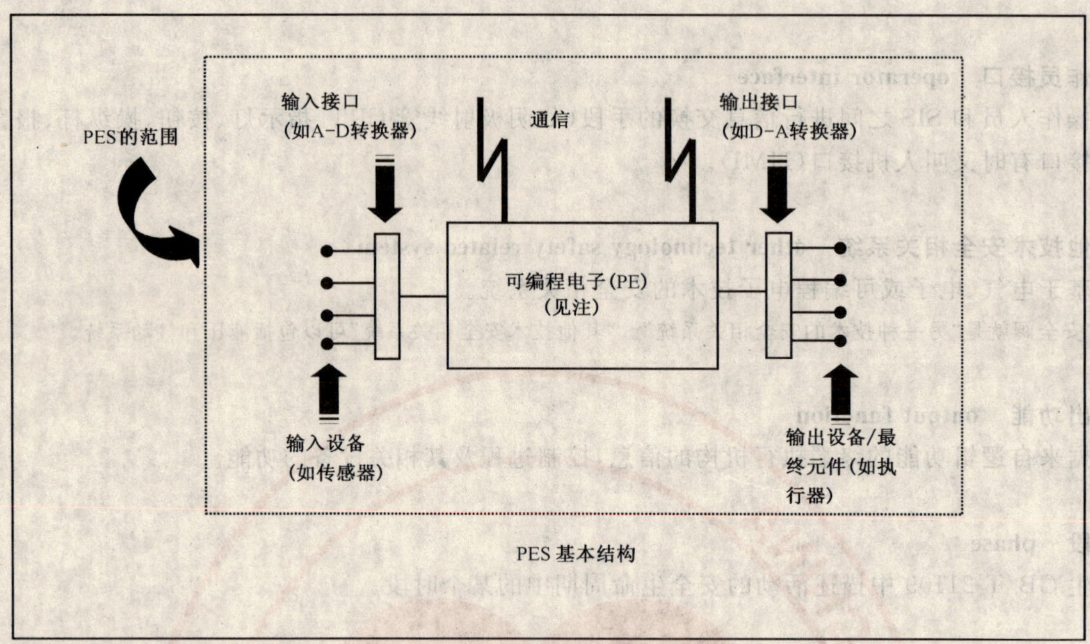

注：可编程电子位于图中心位置，但在PES中可位于几个不同的位置。

图6　可编程电子系统(PES)：结构和术语

3.2.57

编程　programming

为解决问题或处理数据而设计、编写和测试一组指令的过程。

注：GB/T 21109中，编程典型地同可编程电子(PE)相关。

3.2.58

检验测试　proof test

为揭露安全仪表系统中未检测到的故障而执行的测试，以便在必要时把系统修复到所设计的功能。

3.2.59

保护层　protection layer

借助控制、预防或减轻以降低风险的任何独立机制。

注：它可能是装危险化学物品的压力容器的容量这样的一个过程工程机制，也可能是一个安全阀这样的机械工程机制，或者一个安全仪表系统，或者是应对紧急危险的一个应急计划这样的管理规程。可以自动启动或手动启动这些响应机制(见图9)。

3.2.60

经使用验证的　proven-in-use

当文档化的评估显示有适当证据表明：基于部件以往使用的情况，该部件适用于安全仪表系统时(见11.5中的“以往使用”)。

注：本术语的定义同GB/T 20438有差别，从而反映出过程领域技术的差异。

3.2.61

质量　quality

一个实体满足指明的和隐含需要的性能总和。

注：更多的情况见ISO 9000。

3.2.62

硬件随机失效　random hardware failure

在硬件中，由各种退化机制引起，以随机时间发生的失效。

注1：在不同部件中存在以不同速率发生的许多退化机制。因为在工作不同的时间之后，由于这些机制，制造公差

会引起部件故障;所以包含许多部件的整个设备的失效将以可预见的速率发生,而发生的时间却是不可预见的(即是随机的)。

注2:硬件随机失效和系统失效(见3.2.85)特征之间的主要差别在于硬件随机失效引起的系统失效率(或其他相应的量)能被预测,而由固有特性产生的系统失效则不可预测。即硬件随机失效引起的系统失效率可被量化,而由系统失效引起的系统失效率则因导致系统失效的事件不易被预测而不能进行统计量化。

3.2.63

冗余 redundancy

使用多个元素或系统来执行同一种功能;冗余可以使用同种元素实现(同型冗余),或使用不同元素实现(异型冗余)。

注1:例如,使用重复功能部件和附加奇偶校验位。

注2:冗余主要用来提高可靠性或可用性。

注3:IEV 191-15-01 中的定义不太完全[ISO/IEC 2382-14-01-11]。

注4:本术语的定义同GB/T 20438.4—2006中的定义有差别,从而反映出过程领域术语中的差异。

3.2.64

风险 risk

出现伤害的概率及该伤害严重性的组合。

注:有关本概念的其他讨论见第8章。

3.2.65

安全失效 safe failure

不会使安全仪表系统处于潜在的危险状态或功能故障状态的失效。

注1:潜在是否成为现实可能取决于系统通道结构。

注2:安全失效又称为扰乱性失效(nuisance failure)、假错误失效(spurious trip failure)、伪错误失效(false trip failure)或者故障安全失效(fail-to-safe failure)。

3.2.65.1

安全失效分数 safe failure fraction

导致安全失效或者可检测出的危险失效的装置总硬件随机失效率分数。

3.2.66

安全状态 safe state

达到安全时的过程状态。

注1:从某个潜在的危险工况达到最终的安全状态,过程可能不得不经过几个中间安全状态。在有些情况下,仅当过程处于连续控制时才存在安全状态。这样的连续控制可能是短时间的或是不确定的时段。

注2:本术语的定义同GB/T 20438.4—2006中的定义有差别,从而反映出过程领域术语中的差异。

3.2.67

安全 safety

不存在不可接受的风险。

注:本定义依据是ISO/IEC指南51。

3.2.68

安全功能 safety function

针对特定的危险事件,为达到或保持过程的安全状态,由SIS、其他技术安全相关系统或外部风险降低设施实现的功能。

注:本术语的定义同GB/T 20438.4—2006中的定义有差别,从而反映出过程领域术语中的差异。

3.2.69

仪表安全控制功能 safety instrumented control function

具有某个规定的SIL并运行在连续模式下,以防止发生危险工况和/或减轻其后果所必需的仪表安全功能。

3.2.70

仪表安全控制系统　safety instrumented control system

用来实现一个或几个仪表安全控制功能的仪表系统。

注：在过程工业中，仪表安全控制系统是少见的。在对待这种系统时，应把它们当成一种特殊情况处理，进行个案设计。应使用 GB/T 21109 中的要求，但需要更详细的分析以证明系统能够达到安全要求。

3.2.71

仪表安全功能　safety instrumented function;SIF

具有某个特定 SIL 的，用以达到功能安全的安全功能，它既可以是一个仪表安全保护功能，也可以是一个仪表安全控制功能。

3.2.72

安全仪表系统　safety instrumented system;SIS

用来实现一个或几个仪表安全功能的仪表系统。SIS 可以由传感器、逻辑解算器和最终元件的任何组合组成(示例见图 7)。

注 1：它可包含仪表安全控制功能，也可包含仪表安全保护功能，或包含这两者。

注 2：SIS 装置制造商和供应商应参见第 1 章 a)～d)。

注 3：SIS 可以包括或不包括软件。

注 4：见 A.2。

注 5：当人的动作是 SIS 的一部分时，操作员动作的可用性和可靠性在 SRS 中规定，并且包含在 SIS 性能计算中。在 SIL 计算中如何包含操作员动作的可用性和可靠性的指南见 GB/T 21109.2。

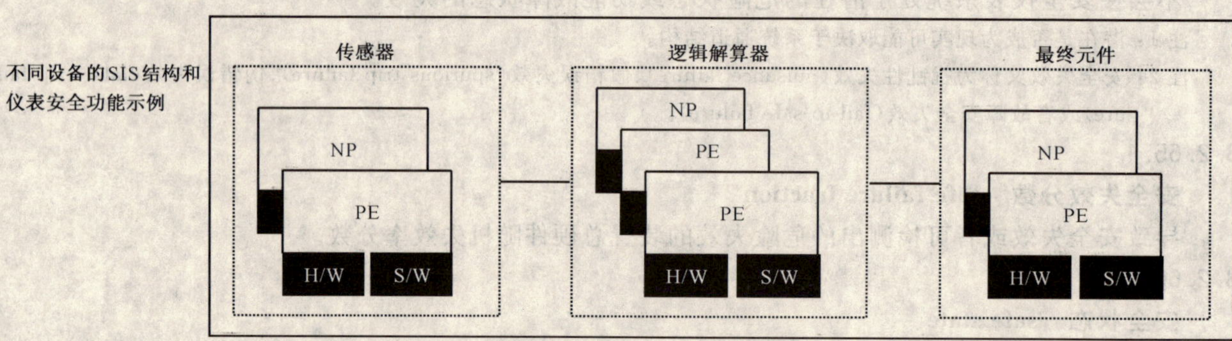

图 7　SIS 结构示例

3.2.73

安全完整性　safety integrity

安全仪表系统在规定时段内、在所有规定条件下满足执行要求的仪表安全功能的平均概率。

注 1：安全完整性等级越高，应执行所要求的仪表安全功能的概率也越高。

注 2：仪表安全功能的安全完整性等级分成 4 个等级。

注 3：在确定安全完整性时，应包括导致非安全状态的所有失效因素(硬件随机失效和系统失效)，如：硬件失效、软件导致的失效和电气干扰引起的失效。这些类型中的某些失效，特别是硬件随机失效，可以使用危险失效模式中的失效率或者要求时的仪表安全功能失效概率这样的量来量化。但 SIF 的安全完整性还取决于许多因素，它们不能精确量化，只能定性考虑。

注 4：安全完整性由硬件安全完整性和系统安全完整性组成。

3.2.74

安全完整性等级　safety integrity level;SIL

用来规定分配给安全仪表系统的仪表安全功能的安全完整性要求的离散等级(4 个等级中的一个)。SIL 4 是安全完整性的最高等级，SIL 1 为最低等级。

注 1：安全完整性等级的目标失效量见表 3 和表 4。

注 2：有可能使用几个安全完整性等级较低的系统来满足一个较高安全完整性等级功能的需要(例如：使用一个

SIL 2 和一个 SIL 1 的系统共同来满足一个 SIL 3 功能的需要)。

注 3:本术语的定义同 GB/T 20438.4—2006 中的定义有差别,从而反映出过程领域术语中的差异。

3.2.75

安全完整性要求规范　safety integrity requirements specification

包含了安全仪表系统应执行的仪表安全功能的安全完整性要求的规范。

注 1:本规范是安全要求规范的一部分(安全完整性部分)(见 3.2.78)。

注 2:本术语的定义同 GB/T 20438.4—2006 中的定义有差别,从而反映出过程领域术语的差异。

3.2.76

安全生命周期　safety life cycle

从项目概念阶段开始到所有的仪表安全功能不再适用时为止所发生的、包含在仪表安全功能实现中的必要活动。

注 1:严格地讲,术语"功能安全生命周期"更为准确,但从 GB/T 21109 上下文来看可不必考虑形容词"功能(的)"。

注 2:GB/T 21109 中使用的安全生命周期模型见图 8。

3.2.77

安全手册　safety manual

定义如何安全使用装置、子系统或系统的手册。

注:安全手册可以是一份独立文档、一份说明书、一份编程手册、一份标准文档,或包含在定义应用限制的用户文档中。

3.2.78

安全要求规范　safety requirements specification

包含安全仪表系统应执行的仪表安全功能的所有要求的规范。

3.2.79

安全软件　safety software

在安全仪表系统中具有应用软件功能性、嵌入式软件功能性或工具软件功能性的软件。

3.2.80

传感器　sensor

测量过程条件的装置或装置组合(如:变送器、传感器、过程开关和定位开关)。

3.2.81

软件　software

包括程序、进程、数据、规则和关于数据处理系统操作的相关文档的智能创作。

注 1:软件与记录它的媒体无关。

注 2:没有注 1 的本定义与 ISO 2382-1 不同,整个定义与 ISO 9000-3 的不同之处在于增加了词"数据"。

3.2.81.1　SIS 子系统中的软件语言

3.2.81.1.1

固定程序语言　fixed program language;FPL

限定用户只能调整几个参数(如压力变送器的量程、报警等级和网络地址)的语言类型。

注:使用 FPL 的装置的典型例子是:智能传感器(如压力变送器)、智能阀、事件时序控制器、专用智能报警盒和小型数据录入系统。

3.2.81.1.2

有限可变语言　limited variability language;LVL

被设计成过程领域用户容易理解并可为实现安全要求规范提供组合预定的、应用专用的库功能能力的一种语言类型。LVL 可提供一种与达到应用所要求的功能几乎一致的功能。

注 1:GB/T 15969.3 中给出了 LVL 的典型示例。它们包括梯形图、功能块图和顺序功能图。

注 2:使用 LVL 系统的典型示例:标准 PLC(如熔炉管理用的可编程逻辑控制器)。

3.2.81.1.3

全可变语言　full variability language;FVL

设计成计算机编程者易于理解,并可提供实现各种各样功能和应用的能力的一种语言。

注1:使用FVL的系统的典型例子是通用型计算机。

注2:在过程领域中,嵌入式软件常用FVL,而应用软件则很少使用FVL。

注3:FVL的例子包括:Ada、C、Pascal、指令表、汇编程序语言、C++、Java和SQL。

3.2.81.2　**软件程序类型**

3.2.81.2.1

应用软件　application software

用户应用专用软件。通常,它包含控制正确输入、输出、计算和决策的逻辑时序、允许值、极值和表达式,用以满足仪表安全功能所必须的要求。参见固定程序语言和有限可变语言。

3.2.81.2.2

嵌入式软件　embedded software

作为系统组成部分由制造商提供的软件,最终用户不能对其进行修改。嵌入式软件又叫固件或系统软件。见3.2.81.1.3。

3.2.81.2.3

工具软件　utility software

用来创建、修改和编写应用程序的软件工具。操作SIS并不需要这些软件工具。

3.2.82

软件生命周期　software life cycle

从开始构思软件到永久性停用软件期间发生的活动。

注1:一个典型的软件生命周期包括需求、开发、测试、集成、安装和修改等阶段。

注2:软件不能被维护,但可以被修改。

3.2.83

子系统　subsystem

见3.2.84。

3.2.84

系统　system

根据设计相互联系的一组元素;系统的一个元素可以是称为子系统的另一系统,该子系统可以是一个主控系统,也可以是一个受控系统,它可能包含硬件、软件和人的交互作用。

注1:人可以是系统的一部分。

注2:本定义不同于IEV 351-01-01。

注3:系统包括传感器、逻辑解算器、最终元件、通信和附属于SIS的辅助设备(如:电缆、管道系统和电源)。

3.2.85

系统失效　systematic failure

与某种起因以确定性方式有关的失效,只有对设计或制造过程、操作规程、文档或其他相关因素进行修改才能消除这种失效。

注1:仅凭借正确维护而不作修改通常不能消除失效起因。

注2:通过模拟失效起因能引发系统失效。

注3:本定义(注2以上)与IEV 191-04-19一致。

注4:系统失效起因的例子包括以下各项中的人为误差:

——安全要求规范;

——硬件的设计、制造、安装和操作;

——软件的设计和/或实现。

3.2.86

系统安全完整性　systematic safety integrity

在失效的危险模式中与系统失效(见3.2.73的注3)有关的仪表安全功能的安全完整性部分。

注1：系统安全完整性通常不能被量化(不同于硬件安全完整性)。

注2：另见3.2.29。

3.2.87

目标失效量　target failure measure

就安全完整性要求而言,应达到的预计危险模式失效概率,既可规定为要求时执行设计功能的平均失效概率(要求操作模式时),也可规定为每小时执行SIF的危险失效频率(连续操作模式时)。

注：表3和表4给出了目标失效量的数值。

3.2.88

模板　template

软件模板　software template

保持原有结构的同时,易于改变以支持特定功能的结构化非专用应用软件段,例如:交互界面模板控制应用界面的过程流,但并非专用于正呈现的数据。程序员可以采用通用模板,并做特定功能修改,从而为用户生成一个新界面。

注：有时也使用相关术语"软件模板"。典型地,它指编程用于执行要求的一个或一组功能的一种算法或者算法集,并且它被构建成可在多个不同的事例中使用。在GB/T 15969.3中,它是可被选择用于多个应用的一个程序。

3.2.89

允许风险　tolerable risk

根据当今社会的水准,在给定范围内能够接受的风险。

注：见GB/T 21109.3。

[ISO/IEC 指南 51]。

3.2.90

未检测到的　undetected

未揭露出的　unrevealed

不明显的　covert

与硬件和软件有关,未被诊断测试发现的或者在正常操作中未被发现的。

注：本术语的定义同GB/T 20438.4—2006中的定义有差别,从而反映出过程领域术语中的差异。

3.2.91

确认　validation

用以证明被考虑的仪表安全功能和安全仪表系统在安装之后,在各方面都能满足安全要求规范的活动。

3.2.92

验证　verification

在相关安全生命周期的每个阶段,通过分析和/或测试,证明对于特定的输入,输出应在各方面都能满足为该特定阶段所设置的目标和要求的活动。

注：验证活动的例子包括：

——为确保符合某阶段的目标和要求,考虑该阶段的特定输入,对其输出(来自安全生命周期所有阶段的文档)进行复审；

——设计复审；

——对设计的产品进行复审,以确保它们按规范工作；

——在系统各个部分分步组装到一起后进行集成测试,并进行环境性能试验以确保所有部分能按规定方式一起工作。

3.2.93

看门狗　watchdog

用来监视可编程电子(PE)装置正确运行，并能在检测到不正确运行时采取动作的诊断装置和输出装置(典型如开关)的组合。

注1：通过由软件控制的输出装置对外部装置(如硬件电子看门狗定时器)定期复位，看门狗可证实软件系统正确运行。

注2：当检测到危险失效时，为使过程进入某个安全状态，看门狗可用于断掉一组安全输出的电源。看门狗用于提高PE逻辑解算器的在线诊断覆盖率(见3.2.15和3.2.40)。

4　与GB/T 21109的符合性

为了符合GB/T 21109，应表明根据已规定的准则满足了第5章～第19章中列出的每项要求，因而也达到了各章的目的。

5　功能安全管理

5.1　目的

本章要求的目的是确定为确保满足功能安全目的所必需的管理活动。

注：本章的目的在于达到和保持安全仪表系统的功能安全，并且不同于为达到工作场所安全所需的通用健康和安全措施。

5.2　要求

5.2.1　概述

5.2.1.1　应确定实现安全的政策和策略连同评价达到它的方法，并在组织范围内进行交流。

5.2.1.2　安全管理系统应适当，以确保在使用安全仪表系统的场合下，它们能够把过程置于和/或保持在安全状态下。

5.2.2　组织和资源

5.2.2.1　应确定负责执行和复审每个安全生命周期阶段的人员、部门、组织或其他单位，并告知它们各自应负责的职责(包括相关的、发证的管理当局或安全法规团体)。

5.2.2.2　涉及安全生命周期活动的人员、部门或组织应能胜任执行它们所负责的活动。

注：当考虑安全生命周期活动中涉及的人员、部门、组织或其他单位的胜任能力时，至少应涉及以下各项：

a)　适合过程应用的工程知识、培训和经验；

b)　适合所使用应用技术的工程知识、培训和经验(如电气、电子或可编程电子)；

c)　适合所使用传感器和最终元件的工程知识、培训和经验；

d)　安全工程知识(如过程安全分析)；

e)　法律和安全法规要求的知识；

f)　适合其在安全生命周期中担当的角色的足够管理和领导技能；

g)　对事件潜在后果的理解；

h)　仪表安全功能的安全完整性等级；

i)　应用和技术的新颖性和复杂性。

5.2.3　风险评价和风险管理

应确定危险、评价风险和确定必要的风险降低，见第8章。

注：从经济角度来看，它可能也有助于考虑潜在的资金损失。

5.2.4　计划编制

应编制安全计划以确定要求执行的活动以及负责执行这些活动的人员、部门、组织或其他单位。在整个安全生命周期当中，必要时应重新编制安全计划(见第6章)。

注：安全计划编制可集成在：

——质量计划中名为“安全计划”的段；或

——名为“安全计划”的单独文档；或

——包含公司规程或作业指导书的几个文档。

5.2.5 **执行和监视**

5.2.5.1 应执行规程以确保即时跟踪和有关安全仪表系统的建议满意解决，这些建议来源于：

a) 危险分析和风险评估；

b) 评估和审核活动；

c) 验证活动；

d) 确认活动；

e) 事件后的和事故后的活动。

5.2.5.2 任何给全权负责安全生命周期一个或几个阶段的组织提供产品或服务的供应商，应按该组织的规定提供产品或服务，并应有质量管理系统。为了建立恰当的质量管理系统，这些规程应设置到位。

5.2.5.3 为了根据安全要求来评价安全仪表系统的性能，应执行下列方面的规程：

——确定和预防可能危及安全的系统失效；

——评估安全仪表系统的危险失效率是否符合设计中的假定值；

注1：通过检验测试、诊断或要求时操作失效可以揭示危险失效。

注2：应考虑规程来确定当失效率大于设计中的假定值时应采取的必要校正动作。

——在实际操作中，评估对仪表安全功能的要求率，以验证在确定完整性等级要求时进行风险评估所做的假设。

5.2.6 **评估、审核和修改**

5.2.6.1 **功能安全评估**

5.2.6.1.1 通过对安全仪表系统实现的功能安全和安全完整性做出判断，来定义和执行功能安全评估的规程。规程应要求指定包括特定安装所需的技术人员、应用和操作专家在内的评估小组。

5.2.6.1.2 评估组的成员至少应包括一位非工程项目设计组成员的高级资质人员。

注1：当评估组很大时，应考虑在组内包含多个与项目组无关的高级资质人员。

注2：在编制功能安全评估计划时，应考虑：

——功能安全评估的范围；

——参加功能安全评估的人员；

——功能安全评估组的技能、职责和权限；

——作为功能安全评估活动的结果所产生的信息；

——评估所涉及的任何其他安全团体的身份；

——为完成功能安全评估活动所要求的资源；

——评估组的独立水平；

——修改后重新确认功能安全评估的方法。

5.2.6.1.3 在安全计划编制过程中，应确定执行功能安全评估活动的安全生命周期阶段。

注1：当确定新的危险时，进行修改后和在操作间歇时，可能需要进行附加的功能安全评估活动。

注2：在以下阶段，应考虑执行功能安全评估活动(见图8)：

——阶段1：在已执行危险和风险评估、已确定要求的保护层和已制定安全要求规范之后；

——阶段2：在设计好安全仪表系统之后；

——阶段3：在完成安全仪表系统安装、预调试和最终确认，以及制定好操作和维护规程之后；

——阶段4：在取得操作和维护经验之后；

——阶段5：在对安全仪表系统进行修改之后和停用之前。

注3：功能安全评估活动的次数、规模和范围依赖于特定的情况。其决策因素大约包括：

——项目规模；

——复杂程度；

——安全完整性等级；

——项目持续时间；

——失效事件的后果；

——设计特征的标准化程度；

——安全规章制度的要求；

——相似设计的以往经验。

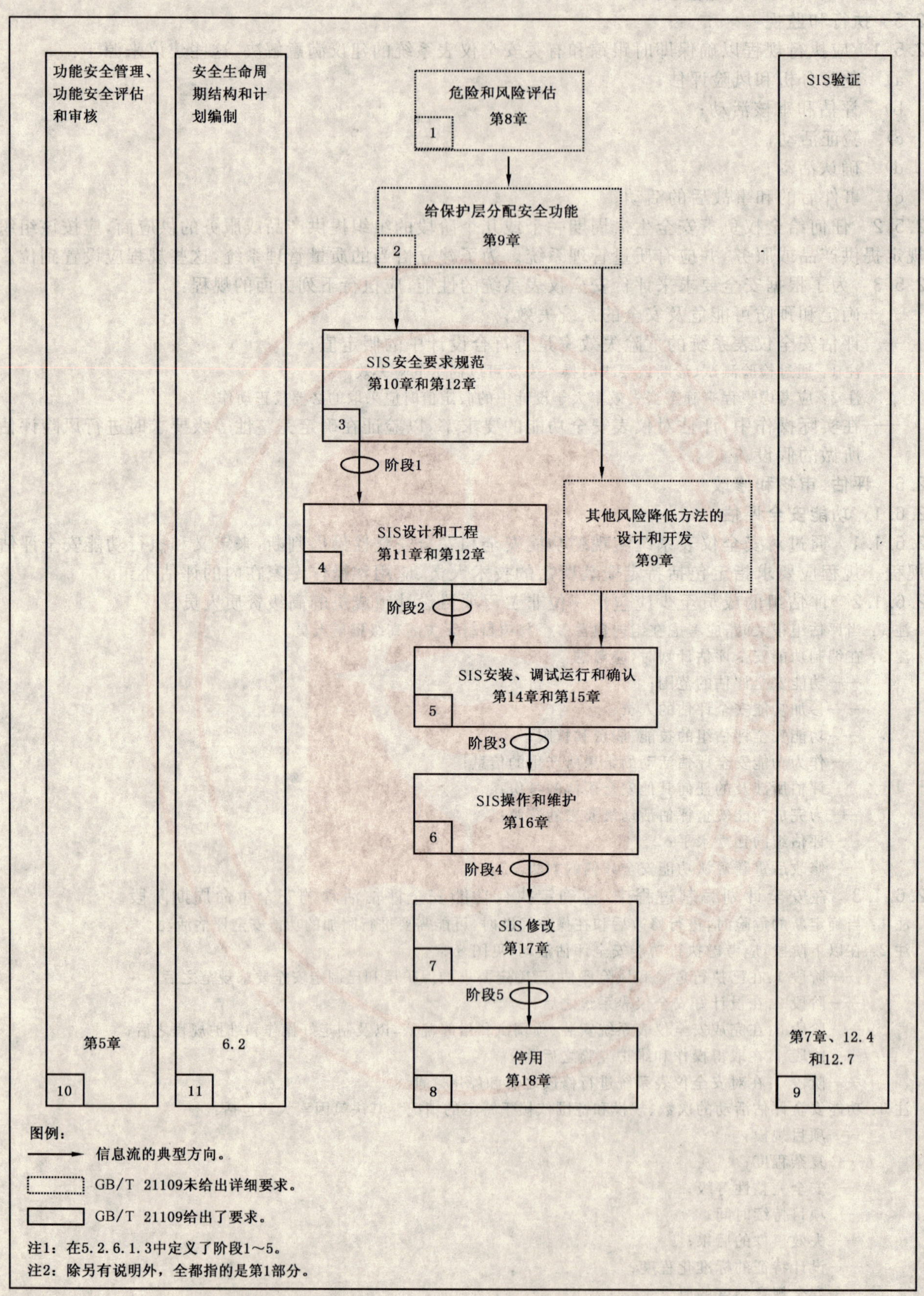

图 8　SIS 安全生命周期阶段和功能安全评估阶段

5.2.6.1.4 至少应执行一次功能安全评估。执行功能安全评估以确保能正确控制过程及其相关设备引起的危险。最低限度应在已被发现的危险成为现行之前(即阶段3)执行一次评估。在已被发现的危险成为现行之前,评估组应证实:

——已执行危险和风险评估(见8.1);

——已实现和解决由危险和风险评估提出的适用于安全仪表系统的建议;

——已到位并已正确执行项目设计更改规程;

——已解决由先前的功能安全评估提出的建议;

——根据安全要求规范设计、构造和安装安全仪表系统,已确认和解决任何差异;

——与安全仪表系统有关的安全、操作、维护和紧急规程都已到位;

——安全仪表系统确认计划编制是合适的并已完成确认活动;

——人员培训已完成,有关安全仪表系统的相应信息已提供给维护和操作人员;

——实现进一步功能安全评估的计划或策略已经就位。

5.2.6.1.5 当开发和生产工具被用于任何安全生命周期活动时,这些工具本身应进行功能安全评估。

注1:对这些工具的评估程度,取决于它们对所应达到的安全的影响。

注2:开发和生产工具包括例如:仿真和建模工具、测量设备、测试设备、维护活动中使用的设备和配置管理工具。

注3:工具的功能安全评估包括(但不限于):校准标准、操作历史和缺陷列表的可追溯性。

5.2.6.1.6 应提供功能安全评估的结果以及通过该评估提出的建议。

5.2.6.1.7 在必要时,所有相关信息都应能提供给功能安全评估组。

5.2.6.2 审核和修订

5.2.6.2.1 应按下列要求确定和执行审核规程:

——审核活动的频率;

——执行操作活动的人员、部门、组织或其他单位和执行审核活动的人员、部门、组织或其他单位之间的独立程度;

——记录和跟踪活动。

5.2.6.2.2 除非进行类型上的替换(即同类型替换),否则为启动、文档化、复审、实现和批准安全仪表系统的更改所需的修改规程的管理应到位。

5.2.7 SIS配置管理

5.2.7.1 要求

5.2.7.1.1 在SIS和软件安全生命周期阶段,应提供SIS配置管理规程;尤其是应规定:

——实现正式配置控制的阶段;

——用于惟一地标识一个项(硬件和软件)的所有组成部分的规程;

——防止未授权项进入服务的规程。

6 安全生命周期要求

6.1 目的

本章的目的是:

——定义和确定安全生命周期活动的各个阶段及要求;

——组织安全生命周期内的技术活动;

——确保有(或拟订有)适当的计划,以确保安全仪表系统能满足安全要求。

注:图8、图10和图11示出了GB/T 21109的整体方案。此方案只是用来说明并指出从初始构思一直到停用的典型安全生命周期活动。

6.2 要求

6.2.1 在编制安全计划过程中,应定义一个结合了GB/T 21109要求的安全生命周期。

6.2.2 应根据它的输入、输出和验证活动来定义安全生命周期的每个阶段(见表2)。

表2 SIS安全生命周期一览表

安全生命周期阶段或活动		目的	要求所在章或条	输入	输出
图8方框号	标题				
1	危险和风险评估	确定过程及相关设备的危险和危险事件、导致危险事件后果、与危险事件相关的过程风险、风险降低和要达到必要的风险降低所需要的安全功能要求	8	过程设计、布局、人员配备安排、安全目标	危险、要求的安全功能和相关风险降低的描述
2	给保护层分配安全功能	给保护层分配安全功能并为每个仪表安全功能分配相关的安全完整性等级	9	要求的仪表安全功能和相关安全完整性要求的描述	安全要求分配的描述(见第9章)
3	SIS安全要求规范	为了达到要求的安全功能,根据要求的仪表安全功能及其相关的安全完整性规定每个SIS的要求	10	安全要求分配的描述(见第9章)	SIS安全要求;软件安全要求
4	SIS设计和工程	设计SIS以满足仪表安全功能和安全完整性要求	11和12.4	SIS安全要求;软件安全要求	符合SIS安全要求的SIS设计;SIS集成测试的计划编制
5	SIS安装、调试运行和确认	集成和测试SIS;根据要求的仪表安全功能和要求的安全完整性,确认SIS在各方面都满足安全要求	12.3、14、15	SIS设计;SIS集成测试计划;SIS安全要求;SIS安全确认计划	完全能起作用并符合SIS设计的SIS;SIS集成测试的结果;安装、调试运行和确认活动的结果
6	SIS操作和维护	保证在操作和维护期间保持SIS的功能安全	16	SIS要求;SIS设计;SIS操作和维护计划	操作和维护活动的结果
7	SIS修改	对SIS进行校正、增强或自适应以保证达到和保持要求的安全完整性等级	17	修正过的SIS安全要求	SIS修改结果
8	停用	保证正确复审、部门组织确保SIF(继续恰当保留)	18	同建立的安全要求和过程信息一样	使SIF停止服务
9	SIS验证	测试和评估给定阶段的输出,确保其对于该阶段关于产品和标准输入的正确性和一致性	7、12.7	每个阶段SIS的验证计划	每个阶段SIS验证的结果
10	SIS功能安全评估	对SIS所达到的功能安全进行调查并作出判断	5	SIS功能安全评估计划编制、SIS安全要求	SIS功能安全评估结果

6.2.3 应编制安全生命周期所有阶段的安全计划，定义准则、技术、措施和程序，以：

——保证过程的所有相关模式都能达到 SIS 安全要求；这包括功能和安全完整性两个方面的要求；

——保证安全仪表系统正确安装和调试运行；

——保证安装后仪表安全功能的安全完整性；

——在操作(如检验测试、失效分析)过程中保持安全完整性；

——在安全仪表系统的维护活动期间管理过程危险。

7 验证

7.1 目的

本章的目的是通过复审、分析和/或测试，来证明要求的输出能满足在验证计划编制确定的安全生命周期的适当阶段(图 8)定义的要求。

7.1.1 要求

验证计划编制应定义安全生命周期的适当阶段(图 8)要求的所有活动。为了符合本部分，验证计划应提供以下各项：

——验证活动；

——验证所使用的程序、措施和技术，包括生成执行和解决方案建议；

——何时进行这些活动；

——负责这些活动的人员、部门和组织，包括它们的独立水平；

——确定要验证的项目；

——确定验证依据的信息；

——如何处理不一致性；

——工具和支持分析。

7.1.1.1 应根据验证计划进行验证。

7.1.1.2 验证过程的结果应可用。

注 1：验证过程中所使用的技术、措施及独立水平的选择依赖于一系列因素，包括复杂程度、设计的新颖性、技术的新颖性和要求的安全完整性等级等。

注 2：验证活动的例子包括设计复审、使用的工具和技术(包括软件验证工具和 CAD 工具)。

8 过程危险和风险评估

8.1 目的

本章的目的是：

——确定过程及其相关设备的危险和危险事件；

——确定导致危险事件的事件序列；

——确定与危险事件相关联的过程风险；

——确定风险降低的任何要求；

——确定达到必要的风险降低所要求的安全功能；

——确定每个安全功能是否是仪表安全功能(见第 9 章)。

注 1：本部分第 8 章的对象是过程工程师、危险和风险专家、安全管理人员及仪表工程师。该章的目的是认识多学科方法确定仪表安全功能的典型要求。

注 2：在合理可执行的情况下，应把过程设计成固有安全的。如果做不到，设计中就需要增加如机械保护系统和安全仪表系统这样的风险降低方法。这些系统可单独工作，也可相互组合。

注 3：图 9 示出了过程工厂中典型的风险降低方法(没有层次分别)。

8.2 要求

8.2.1 对过程及其相关设备(如BPCS)应进行一次危险和风险评估。其结果应是:

——已识别的每个危险事件及其起因(包括人为误差)的描述;

——事件的后果和可能性描述;

——工况考虑,如正常运行、起动、停机、维护、过程扰乱(upset)、紧急停机;

——为达到要求的安全性需增加的风险降低要求的确定;

——关于为降低或消除危险和风险所采取的措施的信息的描述或者引用;

——在风险分析中对可能的要求率和设备失效率等所作的假设,以及对操作约束或人为干预的可信度的详细描述;

——在考虑到安全层之间、安全层和BPCS之间由共同原因失效引起有效保护潜在降低的情况下(见注1),分配给各保护层的安全功能(见第9章);

——用作仪表安全功能的安全功能的确定(见第9章)。

注1:在确定安全完整性要求时,需考虑产生要求的系统和被设计用来响应这些要求的保护系统之间共同原因的影响。例如,控制系统失效提出了(保护)要求,保护系统中使用的设备同控制系统中使用的设备类似或相同。在这种情况下,当一个共同原因使保护系统中的类似设备变得无效时,控制系统中设备的一次失效产生的(保护)要求可能就得不到有效地响应。因为在最初确定危险和分析风险的过程中,保护系统的设计未必就已完成,在这样早的一个阶段中还不可能辨别出共同原因问题。在这种情况下,只要完成了安全仪表系统和其他保护层的设计,就有必要重新考虑安全完整性要求和仪表安全功能要求。在确定过程和保护层整体设计是否满足要求时,需要考虑共同原因失效。

注2:在GB/T 21109.3中示出了用于确立安全仪表系统所要求的SIL的例子。

8.2.2 对保护层提出要求的BPCS的危险失效率(不遵循GB/T 21109)不应被假设小于10^{-5}/h。

8.2.3 应记录危险和风险评估,使以上各项之间的关系清楚和可追溯。

注1:上述要求并不强制风险和风险降低目标一定要赋数值。也可以使用绘图法(见GB/T 21109.3)。

注2:必要的风险降低的程度根据应用与国家法规要求的不同而有所不同。一个为多个国家所接受的原则是:采取额外的风险降低措施,直到花费的成本同取得的风险降低变得不成比例为止。

9 给保护层分配安全功能

9.1 目的

本章的目的是:

——给保护层分配安全功能;

——确定要求的仪表安全功能;

——确定每个仪表安全功能相关联的安全完整性等级。

注:在分配过程中应考虑其他工业标准或规程。

9.2 分配过程要求

9.2.1 分配过程应导出以下结果:

——给专用来预防、控制或减轻来自过程及其相关设备危险的保护层分配安全功能;

——给仪表安全功能分配风险降低目标。

注:法规要求或其他工业法规可确定分配过程中的优先权。

9.2.2 通过考虑仪表安全功能提供的风险降低要求,可推导出该功能要求的安全完整性等级。

注:相关指南见GB/T 21109.3。

9.2.3 在要求模式下操作的每个仪表安全功能所需要的SIL,应根据表3或表4来规定。当使用表4时,既不能用检验测试间隔也不能用要求率来确定安全完整性等级。

9.2.4 在连续操作模式下操作的每个仪表安全功能所需要的SIL,应根据表4来规定。

表 3　安全完整性等级:要求时的失效概率

要求操作模式		
安全完整性等级(SIL)	要求时的目标平均失效概率	目标风险降低
4	$\geqslant 10^{-5} \sim < 10^{-4}$	$>$10 000$\sim\leqslant$100 000
3	$\geqslant 10^{-4} \sim < 10^{-3}$	$>$1 000$\sim\leqslant$10 000
2	$\geqslant 10^{-3} \sim < 10^{-2}$	$>$100$\sim\leqslant$1 000
1	$\geqslant 10^{-2} \sim < 10^{-1}$	$>$10$\sim\leqslant$100

表 4　安全完整性等级:SIF 的危险失效频率

连续操作模式	
安全完整性等级(SIL)	执行仪表安全功能的目标危险失效频率(每小时)
4	$\geqslant 10^{-9} \sim < 10^{-8}$
3	$\geqslant 10^{-8} \sim < 10^{-7}$
2	$\geqslant 10^{-7} < 10^{-6}$
1	$\geqslant 10^{-6} \sim < 10^{-5}$

注 1:另外的说明见 3.2.43。

注 2:安全完整性等级用数值定义以便为替代设计和解决方案的比较提供一个客观目标。然而应该认识到,在当前的知识状况条件下,许多失效的系统原因还只能进行定性评估。

注 3:对于连续模式下的一个仪表安全功能所要求的每小时的危险失效频率,是通过把在连续模式下操作的仪表安全功能失效所产生的风险(用危险失效率表示),连同在考虑到其他保护层的贡献时导致同一风险的其他设备的失效率一并考虑来确定的。

注 4:能用几个较低安全完整性等级的系统来满足一个较高等级功能的需要(如使用一个 SIL 2 和一个 SIL 1 的系统共同满足一个 SIL 3 功能的需要)。

9.3　安全完整性等级 4 的附加要求

9.3.1　分配给安全仪表系统仪表安全功能的安全完整性等级不能高于 4。在过程工业中要求某一个仪表安全功能的安全完整性等级为 4 的应用是罕见的。因为在合理的情况下,要在整个安全生命周期中达到和保持这样高的性能等级是困难的,所以应避免这种应用。在规定这种系统的情况下,要求在整个安全生命周期的所有方面都具备高等级的能力。

如果分析结果是指派给一个仪表安全功能的安全完整性等级为 4,则应考虑改变过程设计使过程变得更固有安全或者增加附加保护层。这些增强措施也许能降低仪表安全功能的安全完整性等级要求。

9.3.2　只有在满足下面的准则 a)或者 b)+c)时才允许仪表安全功能的安全完整性等级为 4:

a)　已由适当的分析方法和测试明显表明满足目标安全完整性失效量;

b)　已具有对被用作仪表安全功能组成部分的部件的广泛的操作经验;

注:这种经验应是在相似的环境中取得的,并且至少那些部件已用于相当复杂等级的系统中。

c)　安全仪表功能组成部分所包含部件的硬件失效数据已经足够多,从而可为要声明的硬件安全完整性目标失效量提供足够的置信度。

注:数据应是在相应的环境、应用和复杂程度下取得的。

9.4　对作为一个保护层的基本过程控制系统的要求

9.4.1　图 9 表示了作为一个保护层的基本过程控制系统。

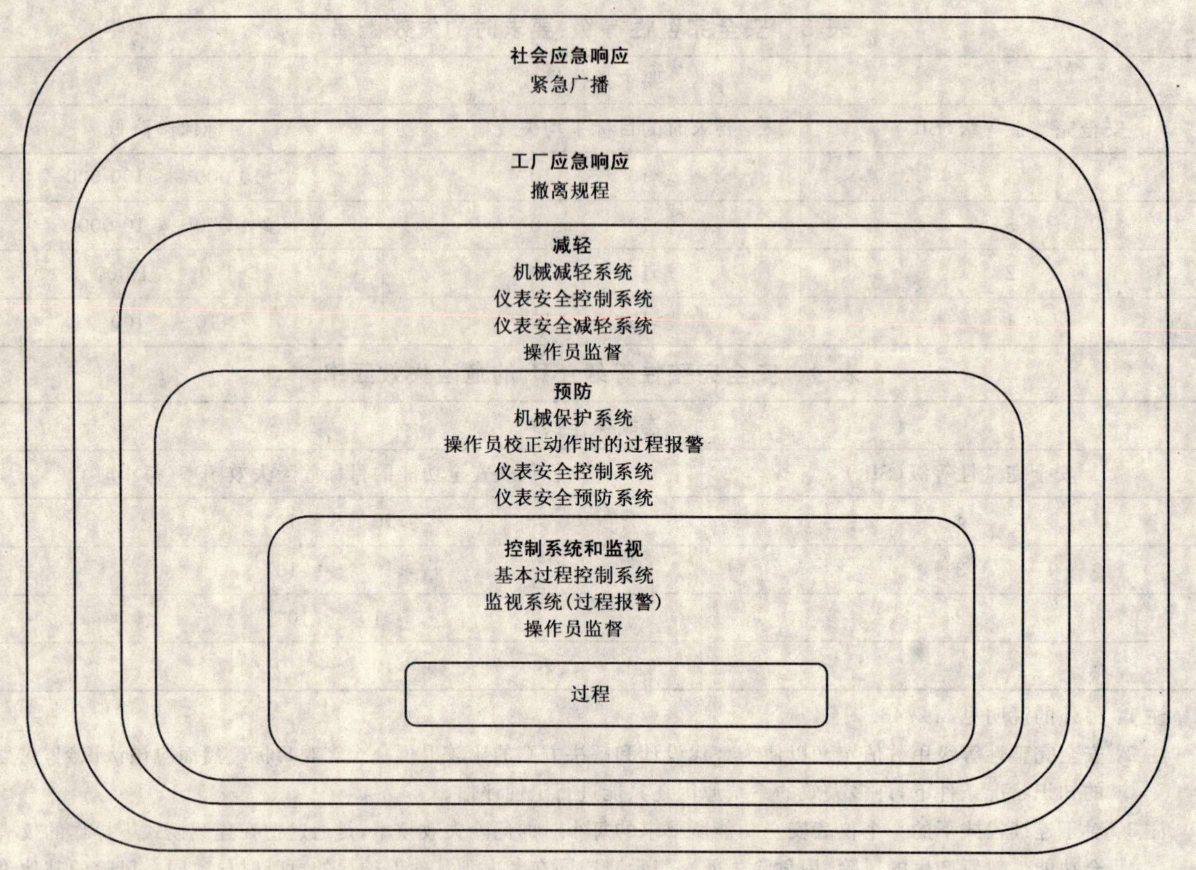

图 9 过程工厂中常见的典型风险降低方法

9.4.2 一个用作保护层的 BPCS 的风险降低因子(它并不符合 GB/T 21109 或者 GB/T 20438—2006)应小于 10。

注：当考虑一个 BPCS 降低风险的信任度有多大时，应考虑到这样一个事实，即 BPCS 的一部分也可以是一个事件的起源。

9.4.3 如果要求 BPCS 的风险降低因子大于 10，则应按 GB/T 21109 中的要求进行设计。

9.5 防止共同原因失效、共同模式失效和相关失效的要求

9.5.1 应对保护层的设计进行评估，以确保保护层之间、保护层同 BPCS 之间共同原因失效、共同模式失效和相关失效的可能性，同保护层的整体安全完整性要求相比足够低。这种评估可以是定性的也可以是定量的。

注：相关失效的定义见 3.2.12。

9.5.2 评估应考虑下列因素：

——保护层之间的独立性；

——保护层之间的多样性；

——不同保护层之间的物理分离；

——保护层之间、保护层同 BPCS 之间的共同原因失效(例如，在 SIS 中安全阀堵塞可能会产生与传感器堵塞相同的问题)。

10 SIS 安全要求规范

10.1 目的

本章的目的是规定仪表安全功能的要求。

10.2 一般要求

10.2.1 安全要求应从仪表安全功能分配和在安全计划编制过程中确定的那些要求中推导出来。

注：SIS要求应以下述方法表达和构建：

——清楚、精确、可验证、可维护和可行；

——易于被在生命周期任何阶段有可能使用这些信息的人理解。

10.3 SIS安全要求

10.3.1 这些要求对设计SIS而言应是足够的，它们应包括：

——达到要求的功能安全所必需的所有仪表安全功能的描述；

——识别和考虑共同原因失效的要求；

——对每个所确定的仪表安全功能的过程安全状态的定义；

——任何单个的过程安全状态的定义，当这些状态同时发生时就会产生一个单独的危险（如应急储存的过载、燃烧系统的多次泄压）；

——仪表安全功能要求和要求率的假定来源；

——检验测试间隔要求；

——SIS使过程进入某个安全状态的响应时间要求；

——每个仪表安全功能的安全完整性等级和操作模式（要求/连续）；

——SIS过程测量和它们的脱扣点（trip point）的描述；

——SIS过程输出动作和成功操作准则的描述，例如密封截止阀的要求；

——过程输入和输出之间的功能关系，包括逻辑功能、数学功能和任何要求的许可；

——人工停机要求；

——与加电或断电脱扣（trip）有关的要求；

——在停机后复位SIS的要求；

——最大允许虚假脱扣率；

——失效模式和要求的SIS响应（如报警、自动停机）；

——与起动和重新起动SIS程序有关的任何特殊要求；

——SIS和任何其他系统（包括BPCS和操作员）之间的所有接口；

——工厂操作模式的描述，以及每种操作模式下仪表安全功能要求的识别；

——如12.2.2中列出的应用软件安全要求；

——超驰/禁止/旁路要求，包括怎样清除它们；

——在检测到SIS中的故障事件时，达到和保持某个安全状态所必需的任何动作的规范，任何这样的动作都应考虑相关人员的因素；

——在考虑到运输时间、定位、备件安装、服务合同、环境约束时，SIS切实可行的平均修复时间；

——需要避免的SIS输出状态的危险组合的识别；

——应识别SIS可能遇到的所有极端环境条件，需考虑的有：温度、湿度、污染、接地、电磁干扰/射频干扰（EMI/RFI），冲击/振动、静电放电、用电区等级、水淹、雷电和其他有关因素；

——不论装置作为一个整体（如装置起动）或单个装置操作规程（如设备维护、传感器校准和/或修理），确定其正常和异常模式，需要附加一些仪表安全功能以支持这些操作模式；

——任何能经受一次重大意外事故的仪表安全功能要求的定义，例如在一次火灾事故中阀门保持可操作性的时间要求。

注：SIS能执行非仪表安全功能以保证有序地停机或较快地起动。这些功能应同仪表安全功能分开。

10.3.2 软件安全要求规范应从安全要求规范和所选定的SIS结构推导出来。

11 SIS设计和工程

11.1 目的

本章的目的是设计一个或多个SIS，以提供仪表安全功能，并满足规定的安全完整性等级。

11.2 一般要求

11.2.1 应根据 SIS 安全要求规范,并考虑本章的所有要求来设计 SIS。

11.2.2 在要求 SIS 同时实现仪表安全功能和非安全功能时,在正常和故障状况下,对任何 SIF 有负面影响的所有硬件和软件应被当成 SIS 的组成部分,并符合对最高 SIL 的要求。

注 1:只要可行,就应把仪表安全功能同仪表非安全功能分开。

注 2:充分的独立性意味着任何非安全功能的失效或者利用仪表非安全软件功能编程都不能引起仪表安全功能失效。

11.2.3 在 SIS 实现不同安全完整性等级的仪表安全功能时,除非能表明较低安全完整性等级的仪表安全功能对较高安全完整性等级的仪表安全功能没有负面影响,否则共享或共用硬件和软件应符合最高安全完整性等级。

11.2.4 如果不打算让基本过程控制系统符合 GB/T 21109,基本过程控制系统应设计成单独的和独立的,从而不危及安全仪表系统的功能完整性。

注 1:可交换操作信息但不能危及 SIS 的功能安全。

注 2:当能表明基本过程控制系统的一次失效不会危害安全仪表系统的仪表安全功能时,SIS 的装置也可用于基本过程控制系统的功能。

11.2.5 为了有助于实现设计中的人为因素要求,在设计 SIS 的过程中,应涉及可操作性、可维修性和可测试性要求(如旁路设施使得在旁路时可进行在线测试和报警)。

注:应设计维护和测试设施,以便把因使用它们而引起的危险失效的可能性减少到切实可行的程度。

11.2.6 设计 SIS 应考虑人的能力和限制。并应适合于分派给操作员和维护人员的任务。所有的人—机接口设计应遵循良好的人员操作惯例,并应适合操作员可接受的培训或认知水平。

11.2.7 SIS 应设计成只要它把过程置于某个安全状态,它就会保持在安全状态直到启动一次复位为止,安全要求规范另有规定的情况除外。

11.2.8 与逻辑解算器无关的手动机制(如应急停机按钮)应用来启动 SIS 最终元件,安全要求规范另有规定的情况除外。

11.2.9 SIS 设计应全面考虑 SIS 和 BPCS 之间,以及 SIS 和其他保护层之间的独立性和相关性的所有方面。

11.2.10 一个装置作为执行仪表安全功能的一部分时,不应该(同时)用于基本过程控制目的,因为这个装置失效导致的基本过程控制功能失效,会引起对仪表安全功能的要求。除非分析后可以确认整体风险是可接受的。

注:当 SIS 的一部分用于控制并且公用设备的一次危险失效可能引起对 SIS 所执行的功能提出一次要求时,则会引入新的风险。附加的风险与共享部件的危险失效率有关,这是因为当共享部件发生故障时,立即就会产生一个要求,而 SIS 对此要求无力作出响应。因此在这些情况下需要进行额外的分析以保证共享部件的危险失效率足够低。以传感器和阀门为例,经常要考虑与 BPCS 共享设备的情况。

11.2.11 对掉电而并不丧失安全状态的子系统而言,应满足下列所有要求并按 11.3 采取动作:

——应检测电路完整性的丧失(如线路终端监视);

——使用辅助电源(如备用电池,不间断电源)保证电源完整性;

——应检测子系统的掉电。

11.3 检测故障时的系统行为要求

11.3.1 在能允许单独一个硬件故障的任何子系统中,检测到危险故障时(利用诊断测试、检验测试或任何其他办法)应导致:

a) 用以达到或保持某种安全状态的一个规定动作(见注);或者

b) 在修复故障部分的同时继续过程的安全运行。如果故障部分的修复不能在计算硬件随机失效概率中假定的平均恢复时间(MTTR)内完成,则会产生一个规定的动作以达到或保持某个安全状态(见注)。

注：在安全要求（见10.3）中，应规定为达到或保持某个安全状态所需的规定动作（故障反应）。例如，它可以由过程或过程的某个部分的安全停机组成，该部分的风险降低依赖故障子系统或其他规定的减轻计划编制。

在上述动作有赖于操作员为响应一次报警而采取的特定动作（如打开或关闭一个阀门）的情况下，则应把报警当成安全仪表系统的一部分（即BPCS的独立性）。

在上述动作有赖于操作员为响应诊断报警而通知维护以便修复一个故障系统的情况下，该诊断报警可以是BPCS的一部分，但应经受适当的检验测试，并随SIS的其余部分一起进行变更管理。

11.3.2 当在子系统中检测到危险故障时（利用诊断测试、检验测试或任何其他办法），如果该子系统是无冗余的、仪表安全功能完全依赖于该子系统（见注1），且子系统仅按要求模式实现仪表安全功能的情况下，则应导致：

a) 用以达到或保持某个安全状态的一个规定动作；或者

b) 在计算硬件随机失效概率中假定的平均恢复时间（MTTR）时段内修复故障子系统。在这段时期应由附加的措施和约束保证过程持续安全。这些措施和约束提供的风险降低，至少应等于无任何故障时的安全仪表系统所提供的风险降低。在SIS操作和维护程序中应规定这些附加措施和约束。如果不能保证在规定的平均恢复时间（MTTR）内完成修复，则应执行一个规定动作以达到或保持某个安全状态（见注2）。

在上述动作有赖于操作员为响应一次报警而采取的特定动作（如打开或关闭一个阀门）的情况下，则应把报警当成安全仪表系统的一部分（即BPCS的独立性）。

在上述动作有赖于操作员为响应诊断报警而通知维护以便修复一个故障系统的情况下，该诊断报警可以是BPCS的一部分，但应经受适当的检验测试，并随SIS的其余部分一起进行变更管理。

注1：如果该子系统的一次失效导致了所考虑的安全仪表系统中的仪表安全功能的一次失效，并且该安全功能还未被分配另一保护层，则可认为该仪表安全功能同该子系统完全相关（见第9章）。

注2：在安全要求（见10.3）中，应规定为达到或保持某个安全状态所需的规定动作（故障反应）。例如，它可以由过程或过程的某个部分的安全停机组成，该部分的风险降低依赖故障子系统或其他规定的减轻计划编制。

11.3.3 当在子系统中检测到危险故障时（利用诊断测试、检验测试或任何其他办法），如果该子系统是无冗余的、仪表安全功能完全依赖于该子系统（见注1），且子系统仅按连续操作模式实现所有仪表安全功能的情况下（见注2），则应导致一个规定动作，以达到或保持某种安全状态。

在安全要求规范中应规定为达到或保持某种安全状态所需的规定动作（故障反应）。例如，它可以由过程或过程的某个部分的安全停机组成，该部分的风险降低依赖故障子系统或其他规定的减轻计划编制。检测故障及执行动作的总时间应少于发生危险事件的时间。

在上述动作有赖于操作员为响应一次报警而采取的特定动作（如打开或关闭一个阀门）的情况下，则应把报警当成安全仪表系统的一部分（即BPCS的独立性）。

在上述动作有赖于操作员为响应诊断报警而通知维护以便修复一个故障系统的情况下，该诊断报警可以是BPCS的一部分，但应经受适当的检验测试，并随SIS的其余部分一起进行变更管理。

注1：如果该子系统的一次失效导致了所考虑的安全仪表系统中的仪表安全功能的一次失效，并且该安全功能还未被分配另一保护层，则可认为该仪表安全功能同该子系统完全相关。

注2：当一个子系统的输出状态的一些组合有可能直接引起一个危险事件时，需要把子系统中的危险故障检测看作在连续模式下操作的一个仪表安全功能。

11.4 硬件故障裕度要求

11.4.1 对仪表安全功能而言，传感器、逻辑解算器和最终元件应具有最低的硬件故障裕度。

注1：硬件故障裕度是一个部件或子系统在有一个或几个硬件危险故障的情况下，仍能继续承担所要求的仪表安全功能的能力。例如，硬件故障裕度为1意味着有两台装置，且其结构会使得两个部件或子系统的任何一个的危险失效都不能阻止安全动作发生。

注2：为减轻SIF设计中的潜在缺陷，定义了最低的硬件故障裕度。这些潜在缺陷可能是由于SIF设计中所作假设的数目，以及在各种过程应用中使用的部件或子系统故障率的不确定性所导致的。

注3：值得注意的是，硬件故障裕度要求表示了最低的部件或子系统冗余。根据不同的应用，可能要求不同的部件失效率、检验测试间隔及附加冗余以满足11.9中对SIF的SIL的要求。

11.4.2 表5给出了对PE逻辑解算器的硬件故障裕度要求。

表5 PE逻辑解算器的最低硬件故障裕度

SIL	最低硬件故障裕度 SFF		
	<60%	60%～90%	>90%
1	1	0	0
2	2	1	0
3	3	2	1
4	应用特殊要求(见GB/T 20438—2006)		

11.4.3 假如主导(dominant)失效模式是达到安全状态，或者已检测出危险失效(见11.3)，那么除PE逻辑解算器外的所有子系统(如传感器、最终元件和非PE逻辑解算器)的最低硬件故障裕度见表6，否则故障裕度应增加1。

注：要确定优势失效模式是不是达到安全状态，需要考虑以下各项：

——装置的过程连接；

——用以确认过程信号的装置诊断信息的使用；

——装置固有的故障安全行为的使用(如非零最小输出(live zero)信号，断电导致安全状态)。

11.4.4 当使用的装置符合所有下列各项时，表6中规定的除PE逻辑解算器外所有子系统(如传感器、最终元件和非PE逻辑解算器)的最低硬件故障裕度可减少1：

——根据以往使用的情况选择装置硬件(见11.5.3)；

——装置只允许调整过程参数，如测量范围、上限或下限失效指示；

——装置过程参数的调整受保护，如跳线、密码；

——功能有小于4的SIL要求。

表6 传感器、最终元件和非PE逻辑解算器的最低硬件故障裕度

SIL	最低硬件故障裕度(见11.4.3和11.4.4)
1	0
2	1
3	2
4	应用特殊要求(见GB/T 20438—2006)

11.4.5 若根据GB/T 20438.2—2006的表2和表3进行了一次评估，则可使用替代的故障裕度要求。

11.5 选择部件和子系统的要求

11.5.1 目的

11.5.1.1 本条的首要目的是规定安全仪表系统的部件或子系统的选择要求。

11.5.1.2 本条的第二个目的是规定把部件或子系统集成到SIS结构中的要求。

11.5.1.3 本条的第三个目的是根据相关的仪表安全功能和安全完整性，规定部件和子系统的验收准则。

11.5.2 一般要求

11.5.2.1 对于SIL 1～SIL 3的应用而言，安全仪表系统部件和子系统适合的条件，应符合GB/T 20438.2—2006和GB/T 20438.3—2006的要求，或者符合本部分的11.4和11.5.3～11.5.6的要求。

11.5.2.2 对于SIL 4的应用而言，安全仪表系统部件和子系统适合的条件，应符合GB/T 20438.2—

2006 和 GB/T 20438.3—2006 的要求。

11.5.2.3 应通过以下考虑来证明所选部件和子系统的适合性：

——制造商硬件和嵌入式软件文档；

——如适用，合适的应用语言和工具选择(见 12.4.4)。

11.5.2.4 部件和子系统应符合 SIS 安全要求规范。

注：在选择部件和子系统时，本部分所有其他能适用的方面仍可使用，包括结构约束、硬件完整性、检测到故障时的行为和应用软件。

11.5.3 根据以往使用的情况选择部件和子系统的要求

11.5.3.1 应提供部件和子系统适用于该安全仪表系统的适当证据。

注 1：对于现场元件而言，在安全应用和非安全应用方面可能有广泛的操作经验。它们可作为基本证据。

注 2：证据的详细程度应依照所考虑的部件或子系统的复杂程度，和达到仪表安全功能的安全完整性等级所必需的失效概率。

11.5.3.2 适合性证据应包括：

——制造商的质量、管理和配置管理系统的考虑；

——部件或子系统满足要求的标识和规范；

——在类似操作行规和实际环境中部件或子系统性能的证明；

注：在现场装置(例如传感器和最终元件)满足某一给定功能的情况下，此功能在安全应用和非安全应用中通常是一样的，这意味着在两类应用中，装置将以同样的方式执行该功能。因此，考虑这种装置在非安全应用中的性能也可认为是满足此要求。

——大量的操作经验。

注：对于现场装置而言，与操作经验有关的信息主要记录在许可用于用户设施的用户设备清单中，该清单的形成是基于设备在安全和非安全应用中成功运行时的大量历史记录以及剔除不能成功执行功能的设备。倘若下列条件成立，现场装置清单则可用来支持操作经验的声明：

- 清单被定期更新和监视；
- 只有在获得足够的操作经验时，现场装置才可以加入该清单；
- 当现场装置的操作历史记录显示出它们不能完美地执行功能时，从该清单中删除它们；
- 清单中包含相关的过程应用。

11.5.4 根据以往使用的情况选择 FPL 可编程部件和子系统(如现场装置)的要求

11.5.4.1 使用 11.5.2 和 11.5.3 的要求。

11.5.4.2 在适合性证据中应标明部件和子系统未使用的特征，并且应确立它们不可能危害所要求的仪表安全功能。

11.5.4.3 针对硬件和软件的特定配置和操作行规的适合性证据应考虑：

——输入和输出信号的特点；

——使用的模式；

——使用的功能和配置；

——以前在类似应用和实际环境中使用的情况。

11.5.4.4 对于 SIL 3 应用，应对 FPL 装置进行一次正式评估(根据 5.2.6.1)以表明：

——FPL 装置能够执行要求的功能，并且以往使用表明当把该装置用作安全仪表系统的组成部分时，由于它的损坏(既可能是硬件随机失效，也可能是硬件或软件中的系统故障)可能导致一次危险事件的概率是足够低的；

——已经使用了针对硬件和软件的适当标准；

——在预定的操作行规的配置典型中已使用或者测试过 FPL 装置。

11.5.4.5 对于 SIL 3 应用，应提供一本可涵盖 FPL 装置的典型配置及预定的操作行规，并且包括操作、维护和故障检测约束的安全手册。

11.5.5 根据以往使用情况选择 LVL 可编程部件和子系统(如逻辑解算器)的要求

11.5.5.1 下面的要求仅适用于实现 SIL 1 或 SIL 2 仪表安全功能的安全仪表系统中使用的 PE 逻辑解算器。

11.5.5.2 应用 11.5.4 的要求。

11.5.5.3 在部件或子系统以往所经历过的操作行规和实际环境同它们在安全仪表系统中使用时的操作行规和实际环境存在任何差异时,应标明这些差异,并且如合适的话,应根据分析和测试作一次评估,以表明当用于安全仪表系统中时,系统故障的可能性是足够低的。

11.5.5.4 确定为证明适合性所需考虑的操作经验应包括:

——仪表安全功能的 SIL;

——部件或子系统功能的复杂程度。

注:另外的指南见 GB/T 21109.2。

11.5.5.5 倘若满足下列所有附加条款,则可在 SIL 1 或 SIL 2 应用中使用安全配置的一个 PE 逻辑解算器:

——理解非安全失效模式;

——使用用来论述所标明的失效模式的安全配置技术;

——嵌入式软件在安全应用中具有优良的使用历史;

——可保护未经授权的或非预定的修改。

注:安全配置的 PE 逻辑解算器是专门为安全应用而配置的一个通用工业级 PE 逻辑解算器。

11.5.5.6 应对在 SIL 2 应用中使用的任何 PE 逻辑解算器进行一次正式评估(根据 5.2.6.1)以表明:

——PE 逻辑解算器能执行要求的功能并且以往使用表明当把该装置用作安全仪表系统的组成部分时,由于它的损坏(既可能是硬件随机失效,也可能是硬件或软件中的系统故障)可能导致一次危险事件的概率是足够低的。

——在程序执行和启动相应的反应期间,已采取了检测故障的措施,这些措施应包括以下所有内容:

- 程序顺序监视;
- 防止修改或者通过在线监视检测失效的代码保护;
- 失效断言或多样化编程;
- 变量的范围检验,或者值的真实性检验;
- 模块化方法;
- 嵌入式软件和工具软件已使用合适的编码标准;
- 已在典型的配置中,通过预定操作行规的典型测试用例进行了测试;
- 使用值得信赖的,经验证过的软件模块和部件;
- 系统已经过动态分析和测试;
- 系统不使用人工智能,也不使用动态配置;
- 已执行文档化的故障插入测试。

11.5.5.7 对于 SIL 2 应用,应提供一本可涵盖 PE 逻辑解算器的典型配置及预定操作行规,并且包含操作、维护及故障检测约束的安全手册。

11.5.6 选择 FVL 可编程部件和子系统(如逻辑解算器)的要求

11.5.6.1 当使用一种 FVL 对应用程序进行编程时,PE 逻辑解算器应符合 GB/T 20438.2—2006 和 GB/T 20438.3—2006 的要求。

11.6 现场装置

11.6.1 选择和安装现场装置应最小化可能因过程条件和环境条件导致信息不准确的失效。应考虑的条件包括:腐蚀、管道中材料的冷却、悬浮固体、聚合、蒸煮、温度和压力极限,在干式冲击冷凝器气压管中冷凝,在湿式冲击冷凝器气压管中不充分冷凝。

11.6.2 用于离散型脱扣输入/输出电路的加电,应采用一种方法以保证电路和电源的完整性。

注:此方法的例子是使用一个线路终端监视器,在这种情况上可连续监视一个辅助电流(pilot current)从而确保电路的连续性,而辅助电流的幅度不会影响 I/O 的正常工作。

11.6.3 除下列情况外,每个单独的现场装置都应具有连接到系统输入/输出的专线:

——多个离散的传感器串联到单独一个输入并且这些传感器全都监视同一过程条件(如电机过载)。

——多个最终元件连接到同一个输出。

注:当两个阀门连接到同一输出时,对使用两个阀门的所有仪表安全功能都要求这两个阀门同时改变状态。

——一条数字总线可同它所服务的,满足 SIF 完整性要求的整体安全性能通信。

11.6.4 除非适当的安全复审允许使用读/写,应对智能传感器进行写保护以防止来自远处的无意修改。复审应考虑例如不遵循规程这样的人为因素。

11.7 接口

与 SIS 的接口包括人机接口和通信接口,但不限于:

——操作员接口;

——维护/工程接口;

——通信接口。

11.7.1 操作员接口要求

11.7.1.1 在 SIS 操作员接口是借助于 BPCS 操作员接口的情况下,应考虑在 BPCS 操作员接口中可能发生的可信失效。

11.7.1.2 SIS 的设计应尽量减少需要操作员进行选择的选项,以及在单元(系统)运行时旁路系统的需要。如果设计不要求使用操作员动作,则设计应包含防止操作员错误的设施。

注:如果操作员不得不选择某个特殊选项,则应有一个重复的证实步骤。

11.7.1.3 为防止未经许可的使用,旁路开关应加键锁或口令保护。

11.7.1.4 应作为操作员接口的一部分提供 SIS 状况信息,这种信息对保持 SIL 是关键性的。此信息包括:

——过程按它的顺序进行的情况;

——已发生 SIS 保护动作的指示;

——旁路一个保护功能的指示;

——如已发生表决和/或故障处理退化时,自动动作的指示;

——传感器和最终元件的状况;

——影响安全的断电;

——诊断结果;

——支持 SIS 所需的环境改善设备的失效。

11.7.1.5 SIS 操作员接口的设计应能防止改变 SIS 应用软件。在需要把安全信息从 BPCS 传送给 SIS 的情况下,应使用能选择性地允许从 BPCS 写给 SIS 专用变量的系统。设备或程序应能用于证实 SIS 发送和接收到的正确选择,并且不会危害 SIS 的安全功能性。

注 1:如果在 BPCS 中选择选项或者旁路并下载给 SIS,则 BPCS 的失效可能会干扰在要求时 SIS 进行操作的能力。如果出现这种情况,则 BPCS 将变得与安全有关。

注 2:在批处理过程中,根据正在使用的处方(recipe)可使用一个 SIS 来选择不同的设定值或逻辑功能。在这些情况下,可使用操作员接口进行所要求的选择。

注 3:从 BPCS 到 SIS 的不正确信息预防措施不应危害安全性。

11.7.2 维护/工程接口要求

11.7.2.1 PE SIS 维护/工程接口的设计,应保证此接口的任何失效都不会对 SIS 使过程进入某个安全状态的能力产生不利的影响。这也许要求在 SIS 正常运行过程中断开维护/工程接口,如编程面板。

11.7.2.2 维护/工程接口应为下列功能提供访问保密保护:

——SIS 操作模式、程序、数据、停用报警通信的方法、测试、旁路和维护;

——SIS 诊断、表决和故障处理服务;

——增加、删除或者修改应用软件;

——排除 SIS 故障所需的数据;

——在要求旁路的情况下,接口安装应使得报警和手动关机设施不会失效。

注:软件版本仅适用于使用 PE 技术的 SIS。

11.7.2.3 维护/工程接口不应用作操作员接口。

11.7.2.4 只能由一个使用具有适当文档和保密措施的维护/工程接口的配置过程或编程过程来执行允许和禁止读-写访问。

11.7.3 通信接口要求

11.7.3.1 SIS 通信接口的设计应保证通信接口的任何失效不会对 SIS 使过程进入某个安全状态的能力产生不利的影响。

11.7.3.2 SIS 应能在不影响 SIF 的情况下与 BPCS 和外设进行通信。

11.7.3.3 通信接口应足够健壮以便能承受包括电源浪涌在内的电磁干扰而不会引起 SIF 的危险失效。

11.7.3.4 通信接口应适宜不同参考地电位的装置间的通信。

注:也许需要一种替代媒体(如光纤)。

11.8 维护或测试设计要求

11.8.1 设计应允许以端—端或分几部分对 SIS 进行测试。在预定的过程停机时间之间的间隔大于检验测试间隔的情况下,需要在线测试设施。

注:术语端-端意味着从传感器端的过程流体到执行器端的过程流体。

11.8.2 当要求在线检验测试时,测试设施应是用来测试未检测到的失效的 SIS 设计的那一整个部分。

11.8.3 当 SIS 包括测试和/或旁路设施时,它们应符合:

——应按安全要求规范所定义的维护和测试要求设计 SIS;

——应通过报警和/或操作规程警告操作员 SIS 任何部分的旁路。

11.8.4 应强制 PE SIS 的输入和输出不得用作以下各项的组成部分:

——应用软件;

——操作规程;

——维护,以下所说的除外。

SIS 不停机就不允许强制输入和输出,除非增补规程和访问保密机制。如合适,任何这种强制都应通告或关断一个报警。

11.9 SIF 的失效概率

11.9.1 每个仪表安全功能在要求时的失效概率应等于或小于安全要求规范中所规定的目标失效量。通过计算可对此进行验证。

注 1:在要求操作模式下运行的仪表安全功能,应使用在要求时执行其设计功能的平均失效概率来表示目标失效量,如仪表安全功能的安全完整性等级所确定的那样(见表 3)。

注 2:在连续操作模式下运行的仪表安全功能,应使用每小时的危险失效频率来表示目标失效量,如仪表安全功能的安全完整性等级所确定的那样(见表 4)。

注 3:因为使用了不同的部件失效模式并且 SIS 的结构(用冗余表示)也可能有变化,所以对每个仪表安全功能的失效概率单独定量是必要的。

注 4:目标失效量可以是要求时的平均失效概率的某个规定值,或者是根据定量分析得出的危险失效率的某个规定值,或者是由定性方法确定的与 SIL 相关的一个规定范围。

11.9.2 由硬件失效算出的每个仪表安全功能的失效概率应考虑：

a) SIS的结构，这是由于它同所考虑的每个仪表安全功能有关；

b) 估计的每个子系统的失效率，它是由任何模式下的随机硬件故障产生的，这种故障可引起SIS的一次危险失效且已被诊断测试检测到；

c) 估计的每个子系统的失效率，它是由任何模式下的随机硬件故障产生的，这种故障可引起SIS的一次危险失效且未被诊断测试检测到；

注：使用来自一个已认知的工业源的数据或者为了以往应用预先在同样的环境下使用子系统的经验得到的部件或子系统失效数据，对设计进行一次定量失效模式分析，可确定一个子系统估计的失效率，并且这种使用经验足以证明所声明的平均失效时间的单边置信度下限按统计不低于70%。

d) SIS对共同原因失效的敏感度；

e) 任何定期的诊断测试的诊断覆盖率(按GB/T 21109.2确定的)，相关的诊断测试间隔和诊断设施的可靠性；

f) 进行检验测试的时间间隔；

g) 已检测到的失效的修复时间；

h) 在任何模式下可能引起SIS一次危险失效的任何通信过程的估计危险失效率(包括诊断测试检测到的和未检测到的两种情况)；

i) 在任何模式下可能引起SIS一次危险失效的任何人为响应的估计危险失效率(包括诊断测试检测到的和未检测到的两种情况)；

j) 对电磁兼容性(EMC)干扰的敏感度(例如符合GB/T 18268)；

k) 对气候和机械条件的敏感度(例如符合GB/T 17214.1—1998和IEC 60654-3:1998)。

注1：应提供建模方法，选择最合适的方法是分析人员的责任并同具体情况有关。适用的方法包括(见GB/T 20438.6—2006附录B)：

——仿真；

——因果分析；

——故障树分析；

——马尔可夫(Markov)模型；

——可靠性方框图。

注2：诊断测试间隔时间加上修理持续时间构成了平均恢复时间(见IEV 191-13-08)，在可靠性模型中应考虑它。

12 应用软件要求，包括工具软件的选择准则

本章讨论：

——三类软件：

- 应用软件；
- 工具软件，即开发和验证应用软件所使用的软件工具；
- 嵌入式软件，即用作PE组成部分所提供的软件。

——三种软件的编写语言：

- 固定程序语言(FPL)；
- 有限可变语言(LVL)；
- 全可变语言(FVL)。

本部分仅限于使用FPL或者LVL编写的应用软件。下列要求适合于最高到SIL 3的应用软件的开发和修改。因此本部分对SIL 1、SIL 2和SIL 3不加以区别。

应按本部分使用FPL或LVL对最高到SIL 3的应用软件进行开发和修改。SIL 4的应用软件的开发和修改则应遵循GB/T 20438—2006。使用FVL编写和修改应用软件也应遵循GB/T 20438—2006。

应按12.4.4的要求选择和使用工具软件(连同定义如何安全使用PE系统的制造商安全手册)。选择嵌入式软件应按11.5进行选择。

12.1 应用软件安全生命周期要求

12.1.1 目的

12.1.1.1 本章的目的是:

——定义每个SIS编程子系统应用软件开发中所要求的活动;

——定义怎样来选择、控制和使用用来开发应用软件的工具软件;

——保证有足够的计划使之能满足分配给应用软件的功能安全目的。

注:图10说明了在应用程序安全生命周期内第12章的范围。

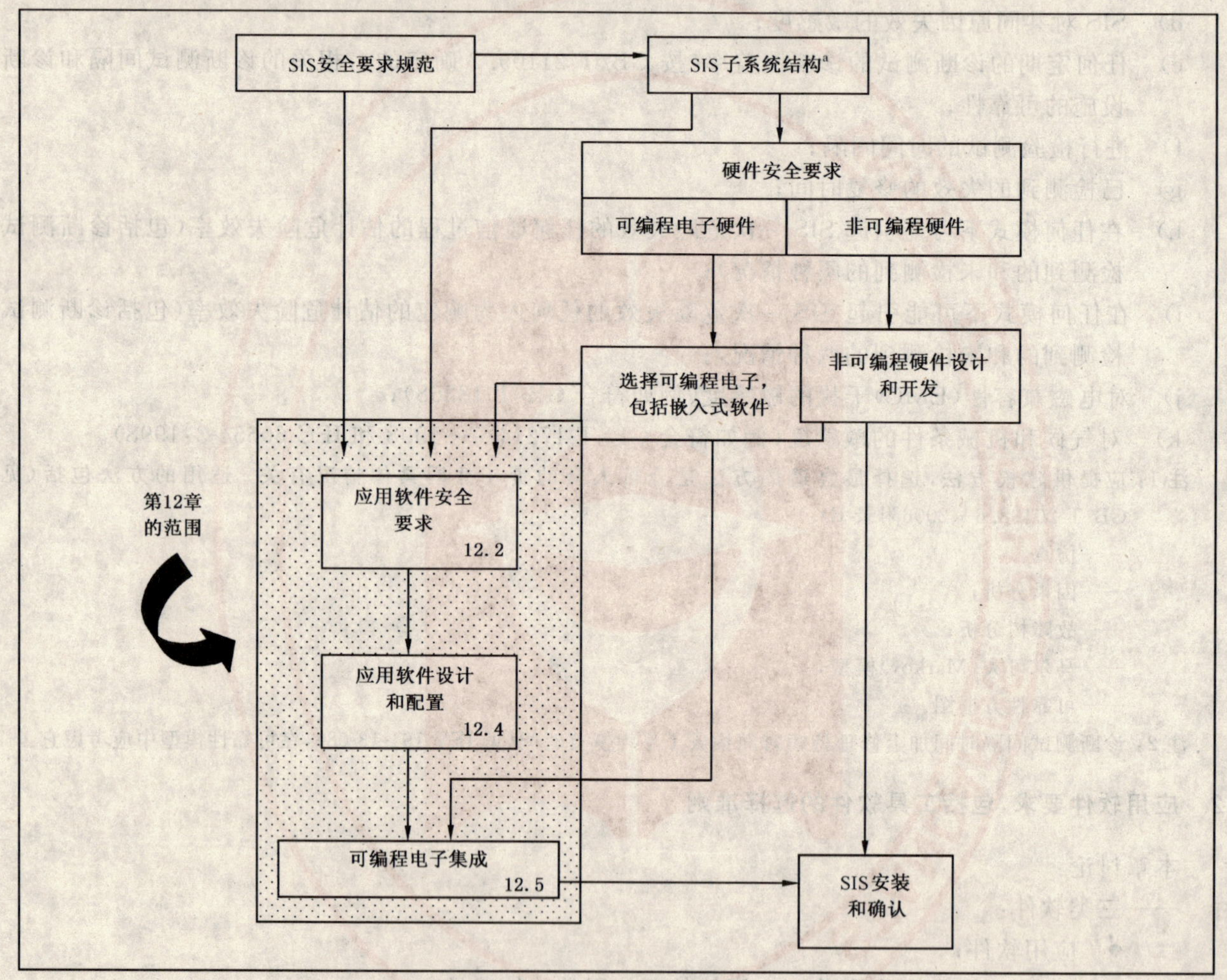

a 例如传感器、逻辑解算器和最终元件。

图10 应用软件安全生命周期及其与SIS安全生命周期的关系

12.1.2 要求

12.1.2.1 开发能满足本条要求的应用软件的安全生命周期应在编制安全计划期间确定,此周期应同SIS安全生命周期整合在一起。

12.1.2.2 应根据应用软件安全生命周期每个阶段的基本活动、目的、要求的输入信息和输出结果、验证要求(见12.7)以及职责来定义这些阶段(见表7和图11)。

注1:如果应用软件安全生命周期满足表7的要求,裁减V模型(见图12)阶段的深度、数量及规模以适合安全完整性和工程项目复杂程度考虑的要求是可以接受的。

注2:用于应用程序功能的软件语言类型(FPL、LVL或者FVL)以及语言的严密性可能影响V模型阶段的范围。

注3:应用软件安全要求规范可作为SIS安全要求规范的一部分。

注 4：应用软件确认计划也可作为整个 SIS 或 SIS 子系统确认计划的一部分。

12.1.2.3　实现应用软件的 PE 装置应适合它为之服务的每个 SIF 所要求的安全完整性。

12.1.2.4　应针对每个生命周期阶段选择和使用各种方法、技术和工具，从而：

——尽量减少把故障引入应用软件中的风险；

——揭露并消除软件中已存在的故障；

——确保残留在软件中的故障不会导致不可接受的后果；

——确保该软件在整个 SIS 生存期内可维护；

——证明该软件的质量符合要求。

注：方法和技术的选择与特定的具体情况有关。其决策因素有：

——软件的总量；

——复杂程度；

——SIS 的安全完整性等级；

——失效事件的后果；

——设计元素的标准化程度。

12.1.2.5　应对应用软件安全生命周期每个阶段进行验证(见 12.7)并提供结果(见第 19 章)。

12.1.2.6　如果需要在与生命周期的某个前一阶段有关的任何时间段作某种更改，则应对安全生命周期的前一阶段及后面的所有阶段进行重新检查，在此过程中，如还有更改，则应重复以上过程并重新验证。

12.1.2.7　应用软件、SIS 硬件、嵌入式软件和工具软件(工具)应服从配置管理(见 5.2.7)。

12.1.2.8　应执行测试计划，并涉及下列问题：

——软件和硬件集成的策略；

——测试用例和测试数据；

——要执行的测试类型；

——测试环境(包括工具、支持软件和配置)描述；

——判断测试完成的测试准则；

——物理位置(例如工厂或现场)；

——与外部功能性的相关性；

——恰当的人员；

——不一致性。

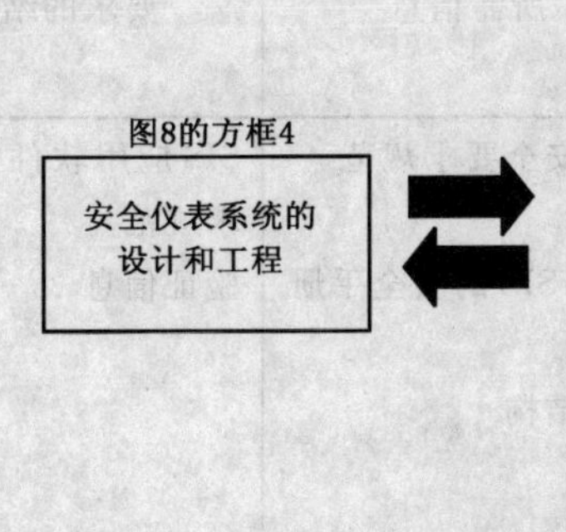

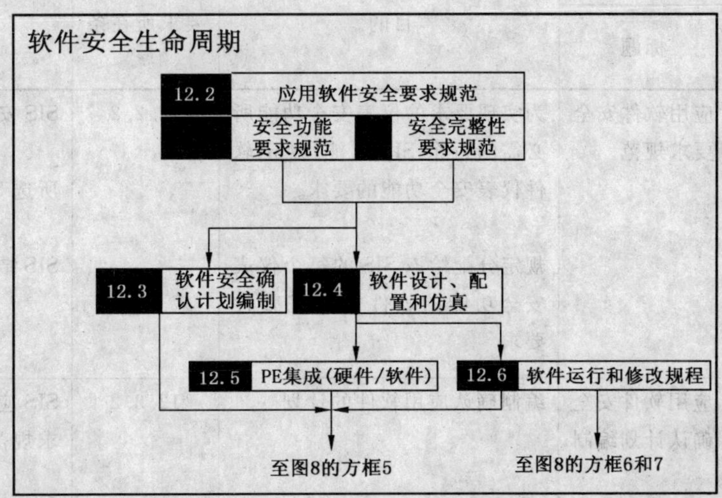

图 11　应用软件安全生命周期(在实现阶段)

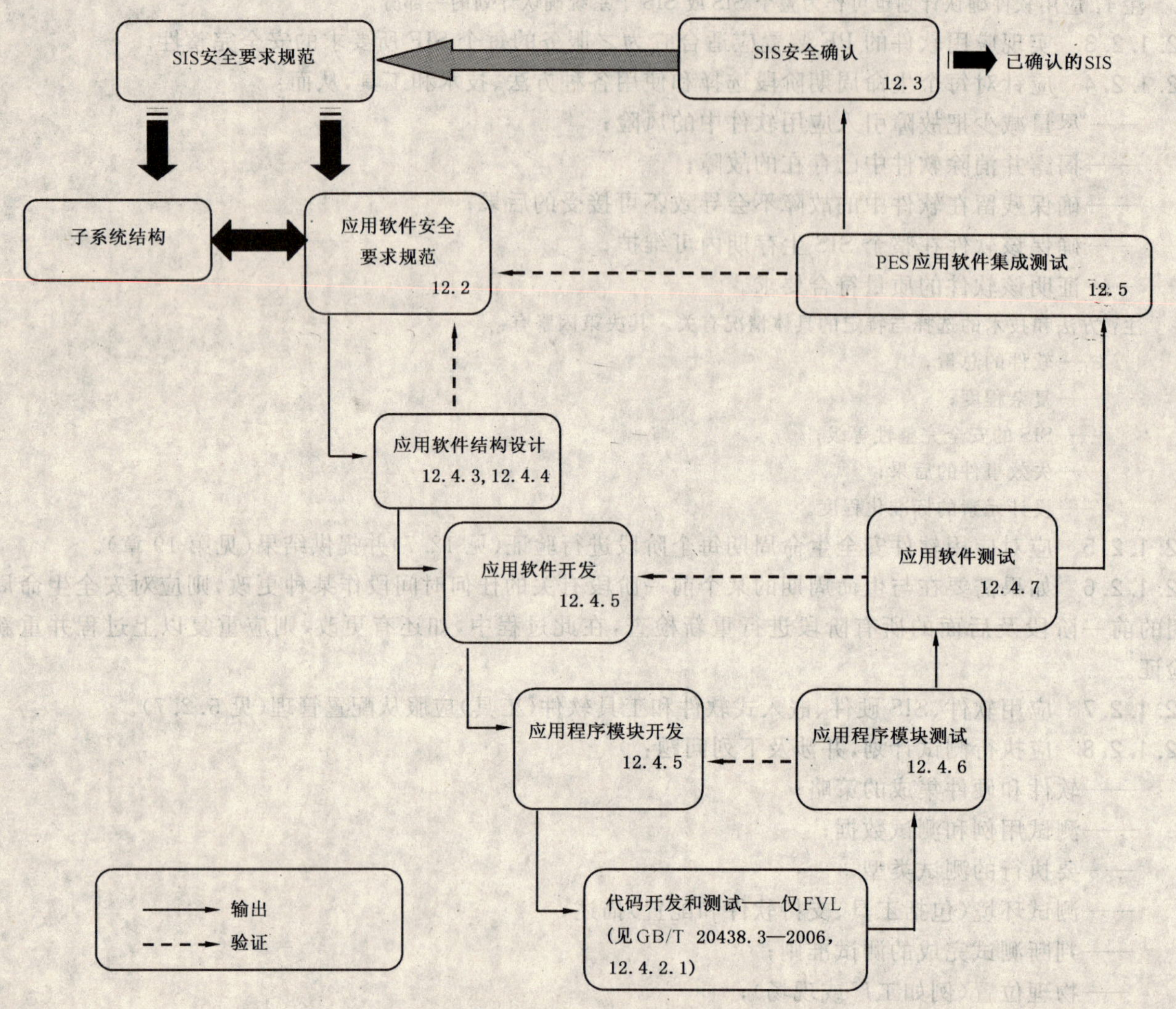

图 12 软件开发生命周期(V 模型)

表 7 应用软件安全生命周期一览表

安全生命周期阶段		目的	要求所在条	所需信息	要求的结果
图 11 方框号	标题				
12.2	应用软件安全要求规范	为实现要求的仪表安全功能所必需的每个 SIS 功能,规定软件仪表安全功能的要求 规定分配给该 SIS 的每个仪表安全功能的软件安全完整性要求	12.2.2	SIS 安全要求规范 所选 SIS 的安全手册 SIS 结构	SIS 应用软件安全要求规范 验证信息
12.3	应用软件安全确认计划编制	编制确认应用软件的计划	12.3.2	SIS 应用软件安全要求规范	SIS 应用软件安全确认计划 验证信息

表 7(续)

安全生命周期阶段		目的	要求所在条	所需信息	要求的结果
图 11 方框号	标题				
12.4	应用软件设计和开发	结构 创建能满足规定的软件安全要求的软件结构 复审和评价 SIS 硬件结构对软件的要求	12.4.3	SIS 应用软件安全要求规范； SIS 硬件结构设计手册	结构设计描述，例如将应用软件分离为相关的过程子系统和 SIL，例如辨别像泵或阀序列这类共用软件模块 应用软件结构和子系统集成测试规范 验证信息
	应用软件设计和开发	支持工具和编程语言 确定整个软件(工具软件)安全生命周期内适用的一组配置、库、管理以及仿真和测试工具 规定开发应用软件的规程	12.4.4	SIS 应用软件安全要求规范 结构设计描述 SIS 手册 所选的 SIS 逻辑解算器安全手册	使用工具软件的规程列表 验证信息
	应用软件设计和开发	应用软件开发和应用程序模块开发 实现能满足规定的应用软件安全要求的应用软件	12.4.5	结构设计描述 为使用工具软件所选 PES 的手册和规程列表	1)应用软件程序(例如功能块图、梯形逻辑) 2)应用程序仿真和集成测试 3)专用应用软件安全要求规范 4)验证信息
12.4	使用全可变语言编写应用程序	程序编写和测试——仅对 FVL 实现能满足规定的软件安全要求的全可变语言	12.4.6 和 12.4.7	专用应用软件安全要求规范	见 GB/T 20438.3—2006

表 7(续)

安全生命周期阶段		目的	要求所在条	所需信息	要求的结果
图 11 方框号	标题				
12.4	应用软件设计和开发	应用软件测试： 1) 验证已达到软件安全要求 2) 显示所有的应用程序子系统和系统可正确地相互作用，从而执行它们的预定功能而不执行非预定的功能 如有满意的测试覆盖率，则可同下一阶段合并(12.5)	12.4.6， 12.4.7， 12.7	应用程序仿真和集成测试规范(基于结构的测试) 软件结构集成测试规范	1)软件测试结果 2)经验证和测试过的软件系统 3)验证信息
12.5	可编程电子集成(硬件和软件)	把软件集成到目标可编程电子硬件上	12.5.2	软件和硬件集成测试规范	软件和硬件集成测试结果 经验证过的软件和硬件
12.3	SIS 安全确认	确认包括安全应用软件的 SIS 能满足安全要求	12.3	软件和 SIS 安全确认计划	软件和 SIS 确认结果

12.2 应用软件安全要求规范

注：本阶段是图 11 的方框 12.2。

12.2.1 目的

12.2.1.1 本条的目的是给符合 SIS 结构的，用来实现要求的仪表安全功能所必需的每个可编程 SIS 子系统的应用软件安全要求规范提供要求。

注：硬件和软件结构关系见图 13。

可编程 SIS 子系统结构		
硬件结构	软件结构(软件结构由嵌入式软件和应用软件组成)	
在硬件中的通用和应用专用特征。 示例包括： ——诊断测试； ——冗余处理器； ——双 I/O 卡。	嵌入式软件 示例包括： ——通信驱动程序； ——故障处理； ——可执行软件。	应用软件 示例包括： ——输入/输出功能； ——派生功能(例如当不提供与嵌入式软件相同服务时的传感器检验)。

图 13 SIS 硬件和软件结构之间的关系

12.2.2 要求

12.2.2.1 应编制一份应用软件安全要求规范。

注 1：一个 SIS 通常由 3 个结构化子系统组成：传感器、逻辑解算器和最终元件。此外，子系统可能具有冗余装置以便达到要求的安全完整性等级。

注 2：一种具有冗余传感器的 SIS 硬件结构，也许会对 SIS 逻辑解算器提出额外的要求(例如实现 1oo2 逻辑)。

注 3：在 SIS 的要求中已经规定有 SIS 子系统软件安全要求(见第 10 章)，此处不需重复。

注4：需要一个软件安全要求规范以便确定PE软件功能性的最低能力，同时也是为了约束选择可能导致不安全状况的任何功能性。

12.2.2.2 给每个SIS子系统的软件安全要求规范的输入应包括：

a) 规定的SIF的安全要求；

b) 由SIS结构得出的要求；以及

c) 安全计划编制的任何要求(见第5章)。

注1：应向应用软件开发者提供此信息。

注2：此要求并不意味着SIS结构开发者、负责装置配置的组织以及应用软件开发者之间不存在重迭。当应用软件安全要求和可能的应用软件结构(见12.4.3)变得更精确时，也许会对SIS硬件结构有影响，为此，SIS结构开发者、SIS子系统供货商和应用软件开发者之间的紧密合作就显得非常重要(见图5)。

12.2.2.3 应用软件安全要求规范应足够详细，以使设计和实现能达到要求的安全完整性，并且使之能执行功能安全评估。应考虑：

——应用软件所支持的功能；

——能力和响应时间性能；

——设备和操作员接口及其可操作性；

——在SIS安全要求规范中所规定的所有有关的过程操作模式；

——对如超出范围的传感器值，检测到的开路和短路这种不良过程变量采取的动作；

——外部装置(如传感器和最终元件)的检验测试和诊断测试；

——软件自监视(例如包括应用程序驱动的看门狗和数据范围确认)；

——SIS中的其他装置(如传感器和最终元件)的监视；

——在过程运转时启动仪表安全功能的定期测试；

——引用一些输入文档(如SIF规范、SIS配置和结构、SIS硬件安全完整性要求)。

12.2.2.4 应用软件开发者应复审规范中的信息以保证要求无歧义、一致和可理解。应为SIS子系统开发者标明规定的安全要求中的任何不足之处。

12.2.2.5 表达和构建规定的软件安全要求的形式，应使：

——那些在SIS安全生命周期任何阶段使用文档的人员便于理解；这包括工厂操作人员和维护人员，以及应用程序编程人员在使用术语和描述时不会有歧义和能理解；

——它们应可验证、可测试和可修改；

——它们可以追溯到SIS安全要求规范。

12.2.2.6 应用软件安全要求规范提供的信息应使之能选择正确的设备。应考虑：

——使过程能达到或保持某个安全状态的功能；

——与检测、通报和管理SIS所有子系统故障有关的功能；

——与仪表安全功能进行定期在线测试有关的功能；

——与仪表安全功能进行定期离线测试有关的功能；

——允许SIS能被安全地修改的功能；

——与非安全相关功能的接口；

——能力和响应时间性能；

——上述每个功能的安全完整性等级。

注1：这些功能中的一些功能可能是系统软件的一部分，这取决于所选SIS子系统的属性。

注2：接口包括离线和在线修改设施。

12.3 应用软件安全确认计划编制

注：此阶段是图11的方框12.3。

12.3.1 目的

12.3.1.1 本条的目的是保证能编制出合适的应用软件确认计划。

12.3.2 要求

12.3.2.1 应根据第 15 章编制应用软件确认计划。

12.4 应用软件设计和开发

注：此阶段是图 11 的方框图 12.4。

12.4.1 目的

12.4.1.1 本条的首要目的是创建一个与硬件结构一致，并且满足规定的软件安全要求（见 12.2）的应用软件结构。

12.4.1.2 本条的第二个目的是复审和评价 SIS 的硬件和嵌入式软件结构对软件的要求。这些要求包括 SIS 硬件/软件行为的副作用、SIS 硬件应用的专门配置、SIS 的固有故障裕度以及 SIS 硬件和嵌入式软件结构与安全应用软件的相互作用。

12.4.1.3 本条的第三个目的是选择一套合适的工具（包括工具软件）以便开发应用软件。

12.4.1.4 本条的第四个目的是设计和实现或选择能满足规定的软件安全要求（见 12.2）的应用软件，这些要求是可分析、可验证和可被安全修改的。

12.4.1.5 本条的第五个目的是验证是否已经达到软件安全要求（指要求的软件仪表安全功能）。

12.4.2 一般要求

12.4.2.1 全可变语言应用程序的编写、测试、验证和确认应符合 GB/T 20438.3—2006。

12.4.2.2 设计方法应同所使用的 SIS 子系统已知的开发工具和约束条件一致。

注：应在设备安全手册中定义对保证符合 GB/T 21109 所需的 SIS 子系统应用程序的约束条件。

12.4.2.3 所选设计方法和应用程序语言（LVL 或 FPL）的特征应具有：

a） 抽象、模块化和控制复杂性的其他特征；只要有可能，软件应使用具有良好检验性的软件模块为基础，这些模块可以包括用户库功能和良好的链接软件模块的规则。

b） 表达：

——功能性，最理想的是表示成一个逻辑描述或一些算法功能；

——应用功能的模块元素之间的信息流；

——顺序要求；

——保证仪表安全功能总是在规定的时间约束内运转；

——避免不确定的行为；

——保证不会错误地复制内部数据项，定义所使用的所有数据类型以及当数据超过范围或者不恰当时则发生适当的动作；

——设计假设及其相关性。

c） 理解，需要理解设计的开发人员和其他人员应了解应用功能和认识技术约束条件。

d） 验证和确认，包括应用软件代码的覆盖率，集成应用程序的功能覆盖率，与 SIS 的接口及其应用的专用硬件配置。

e） 应用软件的修改，包括模块化、可追溯性和文档化。

12.4.2.4 完成的设计应：

a） 包括数据集成检验和合理性检验；

注：例如通信链路中的端到端检验，传感器输入的边界检验，数据参数的边界检验及应用功能的多样化执行。

b） 可追溯到要求；

c） 可测试；

d） 具有安全修改的能力；

e） 能使 SIF 应用软件的复杂性的规模最小。

12.4.2.5 在应用软件需实现不同安全完整性等级的仪表安全功能或者非安全功能的情况下，除非设计能显示出不同安全完整性等级的仪表安全功能之间是独立的，否则应把所有软件当成属于最高安全完整性等级对待。独立性的合理性证明应被文档化，不论声明或者不声明独立性都应标明每个 SIF 预定的 SIL。

注1：GB/T 21109.2 提供了要在 SIS 中实现仪表安全功能和非安全功能时，怎样设计和开发应用软件的指南。

注2：GB/T 21109.2 提供了要在 SIS 中实现不同 SIL 的 SIF 时，怎样设计和开发应用软件的指南。

12.4.2.6 如果要把以往开发的应用软件库用作设计的一部分，则应证明它们适合应用软件安全要求规范(见 12.2)的正确性。适合性的根据是：

——当使用 FVL 时，应符合 GB/T 20438.3—2006；或者

——当使用 FPL 或 LVL 时，应符合 GB/T 21109；或者

——在类似应用中能满意运行的证据，已证明这些应用具有同样的功能性或者服从对任何新开发软件所期望的相同验证和确认规程(见 11.5.4 和 11.5.5)。

注：在编写安全计划过程中，就可制定合理性证明(见第6章)。

12.4.2.7 在应用程序文档集或相关文档集中至少应包含如下信息：

a) 法人实体(如公司，作者)；

b) 描述；

c) 对应用功能要求的可追溯性；

d) 使用的逻辑协定；

e) 使用的标准库功能；

f) 输入和输出；

g) 包含有变更历史的配置管理。

12.4.3 应用软件结构要求

12.4.3.1 应用软件结构的设计应在 SIS 系统结构的约束范围内、根据要求的 SIS 安全规范进行。该设计的要求应与所选用的子系统、设计它的成套工具和安全手册相一致。

注1：软件结构定义了系统和应用软件的主要部件和子系统以及怎样把它们互连起来、怎样达到所要求的属性和尤其是安全完整性。系统软件模块的例子包括操作系统、数据库和通信子系统。应用软件模块的例子包括整个工厂都要复制的应用功能。

注2：应用软件结构还应由供货商提供的 SIS 子系统的基础结构确定。

12.4.3.2 应用软件结构设计的描述应：

a) 提供内部构造和 SIS 子系统及其部件的全面描述；

b) 包括所有被确定的部件的规范以及那些部件(硬件和软件)之间的连接和相互作用的描述；

c) 标出在 SIS 子系统中包含的但并不用于 SIF 中的那些软件模块；

d) 描述对于输入/输出子系统的数据逻辑处理的次序以及逻辑解算器的功能性，包括由扫描时间强加的任何限制；

e) 标明所有的非 SIF，并保证它们不会影响任何 SIF 的正常运行。

注：特别重要的是，对 SIS 子系统而言，结构文档集应是最新的和完整的。

12.4.3.3 应标明开发应用软件所使用的一套方法和技术，并证明选择它们的基本理由是正确的。

注：选择这些方法和技术的目的是保证：

——SIS 子系统行为的可预见性；

——故障裕度(与硬件相符)和故障避免，包括冗余和多样化。

12.4.3.4 在设计应用软件中使用的方法和技术，应同 SIS 子系统安全手册中规定的任何约束相符。

12.4.3.5 应描述用于保持所有数据安全完整性的特征并证明其合理性。这些数据可包括工厂输入/输出数据、通信数据、操作数据、维护数据和内部数据库数据。

注：硬件结构和软件结构之间存在相互影响(见图 11)，因此需同硬件开发者讨论诸如可编程电子硬件和软件集成测试规范(见 12.5)这种问题。

12.4.4 支持工具、用户手册和应用程序语言的要求

12.4.4.1 应选择一组合适的工具，包括：应用程序编程语言子集、配置管理、仿真、测试全套（harness）工具和当适用时使用的自动测试覆盖率的测量工具。

12.4.4.2 应考虑提供合适的工具（指在开发系统初期不一定使用的那些工具）以便在SIS的整个生存期内支持有关的服务。

注：应根据应用软件开发活动、嵌入式软件和软件结构来选择开发工具（见12.4.3）。

12.4.4.3 应考虑安全手册约束、可能把故障引入应用软件的已知缺点以及对前一次验证和确认的覆盖率的限制，确定一套合适的使用工具的规程。

12.4.4.4 选择的应用程序语言应：

——使用经评估过的一个翻译器/编译器来实现；

——被完整地和无歧义地定义或者被限定为所定义的特征是无歧义的；

——同应用的特点相匹配；

——包含有助于检测编程失误的特征；

——支持同设计方法相匹配的特征。

12.4.4.5 在应用软件结构设计描述（见12.4.3）过程中，当不能满足12.4.4.4时，应对所使用的语言的合理性证明文档化。合理性证明应详述对语言目的的适合性，和涉及已识别的任何语言缺陷的任何附加措施。

12.4.4.6 使用应用程序语言的规程应规定良好的编程习惯，禁止不安全的一般软件特征（如未定义的语言特征、非结构化设计），确定检测配置中故障的检验以及规定应用程序文档的规程。

12.4.4.7 适当的话，安全手册应涉及下列各项：

a) 为执行安全功能使用的诊断；

b) 认证/验证安全库的清单；

c) 强制测试和系统停机逻辑；

d) 看门狗的使用；

e) 对工具和编程语言的要求和限制；

f) 装置或系统适合的安全完整性等级。

12.4.4.8 应验证工具的适合性。

12.4.5 应用软件的开发要求

12.4.5.1 在开始详细设计应用软件之前应提供以下信息：

a) 软件安全要求规范（见12.2）；

b) 应用软件结构设计描述（见12.4.3），包括应用程序逻辑和故障裕度功能性的识别、输入和输出数据表、所使用的一般软件模块和支持工具以及应用软件编程规程。

12.4.5.2 应按某种结构化方式生产应用软件以便达到：

——功能性的模块化；

——功能性（包括故障裕度特征）和内部结构的可测试性；

——安全修改能力；

——应用功能和相关约束的可追溯性和说明。

注：尽可能地使用经验证的软件模块。

12.4.5.3 每个应用程序模块的设计应涉及其健壮性，包括：

——每个输入变量（包括用来提供输入数据的任何全局变量）的真实性检验；

——所有输入和输出接口的定义；

——系统配置检验，包括期望的硬件和软件模块的存在及可访问。

12.4.5.4 应规定每个应用软件模块的设计和适用于每个应用软件模块的结构化测试。

12.4.5.5 应用软件应：

——可读、可理解和可测试；

——满足相关设计原则；

——满足在安全计划编制过程中规定的相关要求(见 5.2.4)。

12.4.5.6 应对应用软件进行复审以保证符合规定的设计、设计原理和安全确认计划编制要求。

注：应用软件复审技术包括软件检查、走查和正式分析。复审应结合仿真和测试以保证应用软件满足与它相关的规范。

12.4.6 应用软件模块测试要求

注：测试应用软件模块是否能正确满足其规范的活动是一个验证活动(另见 12.7)。它是复审和结构化测试的组合，从而为应用软件模块满足其相关规范即验证提供了保证。

12.4.6.1 应通过复审、仿真和测试技术，来检验每个输入点经过处理逻辑到输出点的配置，从而证实 I/O 数据能够映射到正确的应用逻辑上。

12.4.6.2 应通过复审、仿真和测试技术，来检验每个应用软件模块，以确定预定的功能可被正确执行以及不执行非预定的功能。

测试应适用于被测试的专用模块并应考虑：

——考验应用程序模型的所有部分；

——考验数据边界；

——执行顺序产生的时间(timing)影响；

——正确时序的实现。

12.4.6.3 应提供应用软件模块测试的结果。

12.4.7 应用软件集成测试要求

注：软件被正确集成的测试活动是一个验证活动(另见 12.7)。

12.4.7.1 应用软件测试应显示所有的应用软件模块、部件/子系统相互之间以及它们同基础的嵌入式软件之间能正确地相互作用，从而执行它们的预定功能。

注：还应执行另外的一些测试，以证实软件不执行可能危及其安全要求的非预定功能。

12.4.7.2 应提供应用软件集成测试的结果并应说明：

a) 测试结果；

b) 是否满足测试规范的目的和准则。

如失败，则应报告失败的原因。

12.4.7.3 在集成应用软件的过程中，对软件的任何修改需经安全影响分析以确定：

a) 受影响的所有软件模块；

b) 必要的重新设计和重新验证活动(见 12.6)。

12.5 应用软件与 SIS 子系统的集成

注：此阶段是图 11 的方框 12.5。

12.5.1 目的

12.5.1.1 本条的目的是要证明 SIS 子系统中使用的硬件和嵌入式软件运转时，应用软件能满足软件安全要求规范。

注：根据应用的特性，这些活动可和 12.4.7 相结合。

12.5.2 要求

12.5.2.1 为了保证应用软件同硬件和嵌入式软件平台兼容，从而满足功能和性能安全要求，应在软件安全生命周期内尽早规定集成测试。

注 1：根据以往经验可减小测试的范围。

注 2：应涉及：

——应用软件划分成可管理的集成集；

——测试用例和测试数据；

——被执行的测试类型；

——测试环境、工具、配置和程序；

——测试准则，依据这些准则可判断测试完成；

——测试过程中出现失败时，改正动作的规程。

12.5.2.2 在测试过程中，任何修改或更改都应经过安全影响分析以确定：

a) 所有受影响的软件模块；

b) 必要的重新验证活动（见 12.7）。

12.5.2.3 应提供如下测试信息：

a) 被测试的配置项；

b) 支持测试的配置项（工具和外部功能性）；

c) 涉及的人员；

d) 测试用例和测试脚本；

e) 测试结果；

f) 是否满足测试目的和准则；

g) 如果不成功，失败的原因、失败和改正记录（包括重新测试和重新验证）的分析（见 12.5.2.2）。

12.6 FPL 和 LVL 软件修改规程

注：修改主要适用于软件运行阶段中发生的更改。

12.6.1 目的

12.6.1.1 本条的目的是保证在修改之后软件能继续满足软件安全要求规范。

12.6.2 修改要求

12.6.2.1 应根据 5.2.6.2.2、5.2.7 和第 17 章以及下列附加要求执行修改：

a) 修改前应分析，做出的修改对过程安全和软件设计状态的影响并用以指导修改；

b) 应提供修改和重新验证的安全计划编制；

c) 应按计划编制执行修改和重新验证；

d) 应考虑编制修改和测试过程中要求的条件的计划；

e) 应更新受修改影响的所有文档；

f) 应提供所有 SIS 修改活动的细节（如日志）。

12.7 应用软件验证

12.7.1 目的

12.7.1.1 本条的首要目的是要证明信息是令人满意的。

12.7.1.2 本条的第二个目的是证明输出结果满足应用软件安全生命周期每一阶段所定义的要求。

12.7.2 要求

12.7.2.1 应按第 7 章执行应用软件安全生命周期每个阶段的验证计划编制。

12.7.2.2 应在以下方面验证每阶段的结果：

a) 对照某个特定的生命周期阶段的要求，验证该阶段输出的符合性；

b) 复审、检查和/或测试的输出覆盖面的符合性；

c) 不同生命周期阶段产生的输出之间的兼容性；

d) 数据的正确性。

12.7.2.3 验证还应涉及：

a) 可测试性；

b) 可读性；

c) 可追溯性。

注 1：应在下列方面对应用程序数据格式进行验证：

——完整性；

——自相一致性；

——对未经授权的替换的保护；

——与功能要求的一致性。

注 2：应在以下方面对应用程序数据进行验证：

——与数据结构的一致性；

——完整性；

——与基础系统软件的兼容性(如执行顺序、运行时间)；

——数据值的正确性；

——在已知的安全边界内运行。

注 3：应对可修改的参数进行验证，以防止下列方面：

——无效的未定义的初始值；

——误差值；

——未经授权的更改；

——数据讹误。

注 4：应在以下方面对通信接口、过程接口和相关软件进行验证：

——失效检测；

——防止报文讹误；

——数据确认。

12.7.2.4 应在下列方面对和安全信号和安全功能集成在一起的非安全功能和过程接口进行验证：

——不干扰安全功能；

——在非安全功能出现故障的情况下可防止干扰安全功能。

13 工厂验收测试(FAT)

注：本章为资料性部分。

13.1 目的

13.1.1 工厂验收测试(FAT)的目的是一起测试逻辑解算器及其相关的软件，以保证它能满足安全要求规范中所定义的要求。通过安装在工厂之前测试逻辑解算器及其相关软件，能够较容易地识别和纠正误差。

注：工厂验收测试有时又称为集成测试，并且可以是确认的一部分。

13.2 建议

13.2.1 在工程项目设计阶段就应规定需要进行一次工厂验收测试(FAT)。

注 1：为了编写集成测试，可能需要逻辑解算器供货商和设计承包商之间紧密协作。

注 2：这些活动应紧随设计和开发阶段之后并在安装和调试运行之前进行。

注 3：这些活动适用于装有或未装可编程电子的 SIS 子系统。

注 4：FAT 通常是在安装在车间和调试之前在工厂环境下进行。

13.2.2 编制 FAT 计划应规定：

——要执行的测试类型，包括黑盒系统功能性测试(即把系统视为一个“黑盒”的测试设计方法，从而无需使用系统内部结构知识，通常黑盒测试设计主要测试功能要求，黑盒测试的同义词包括：行为测试、功能性测试、不透明盒测试，以及密封盒测试)、性能测试(定时、可靠性和可用性、完整性、安全目标和约束)、环境测试(包括 EMC、寿命和应力测试)、接口测试、在各种降级和/或故障模式下进行的测试、异常状态下的测试、SIS 维护和操作手册的应用。

——测试用例、测试描述和测试数据。

注：落实谁负责制定测试用例、谁负责执行测试和见证测试是非常重要的。

——与其他系统接口的依赖性。

——测试环境和工具。

——逻辑解算器配置。

——判断测试完成的测试准则。

——测试失败时采取的改正动作的规程。

——测试人员的胜任资格。

——实际的场地。

注：对于实际上不能演示的测试，通常应提供一个正式的论据，来说明为什么 SIS 达到了要求、目标或约束。

13.2.3 应在逻辑解算器的一个已定义版本上进行 FAT。

13.2.4 应按照 FAT 计划编制进行 FAT。这些测试应显示能正确执行所有的逻辑。

13.2.5 为了执行每项测试应涉及：

——所使用的测试计划编制的版本；

——所测试的仪表安全功能和性能的特性；

——详细的测试规程和测试描述；

——按日期编排的测试活动的记录；

——使用的工具、设备和接口。

13.2.6 FAT 的结果应被文档化，文档中应说明：

a) 测试用例；

b) 测试结果；

c) 是否满足测试准则的目的和准则。

如果测试过程中出现失败，则应把失败原因编入文档，并应进行分析，采取相应的改正动作。

13.2.7 在 FAT 过程中，任何修改或变更都应经过安全分析以确定：

a) 对每个仪表安全功能的影响程度；

b) 应被定义和实现的重新测试的范围。

注：根据 FAT 的结果，在采取改正动作的同时可进行调试运行。

14 SIS 安装和调试运行

14.1 目的

14.1.1 本章的目的是：

——根据规范和图纸安装安全仪表系统；

——调试安全仪表系统以便为最终的系统确认做好准备。

14.2 要求

14.2.1 安装和调试运行计划编制应定义安装和调试运行所需的所有活动。计划编制应提供：

——安装和调试运行活动；

——安装和调试运行所使用的规程、措施和技术；

——何时进行这些活动；

——负责这些活动的人员、部门和组织。

在合适的情况下，可把安装和调试运行计划编制整合到整个工程项目计划编制中。

14.2.2 应按设计和安装计划正确安装安全仪表系统的所有部件（见 14.2.1）。

14.2.3 应根据计划编制调试运行安全仪表系统，以用于最终的系统确认。调试运行活动应包括（但不限于）证实：

——已正确接地；

——已正确接通电源并可供电；

——已停止搬运并已拆除包装材料；

——无物理损伤；

——已正确校准好所有的仪表；

——所有现场装置都可供使用；

——逻辑解算器和输入/输出可供使用；

——到其他系统和外设的接口可供使用。

14.2.4 应产生SIS调试运行的相应记录，说明测试结果以及在设计阶段所确定的目的和准则是否得以满足，如果调试运行中出现失败，则应记录失败的原因。

14.2.5 对实际上并不依据设计信息进行安装的情况，应由有资格的人员对其差异进行评价，并确定可能对安全产生的影响。如已确定这种差异对安全没有影响，则应把设计信息更新为“竣工(as-built)”状况，如果这种差异对安全有负面影响，则应修改安装来满足设计要求。

15 SIS安全确认

15.1 目的

15.1.1 本章的目的是通过审查和测试来确认安装和调试好的安全仪表系统及相关的仪表安全功能达到了安全要求规范中所声明的那些要求。

注：有时也把这称为一种现场验收测试(SAT)。

15.2 要求

15.2.1 编制SIS确认计划应定义确认所需的所有活动。活动项目应包括：

——在安全要求规范方面对安全仪表系统进行确认在内的确认活动，这包括由此产生的建议的实现和决定。

——过程及其相关设备的所有有关的操作模式的确认，包括：

- 为使用所作的准备工作，包括设置和调整；
- 启动、自动、手动、半自动、稳定运行状态；
- 重置、停机、维护；
- 合理可预见的异常工况，例如通过风险分析阶段识别出的那些异常工况。

——确认所使用的规程、措施和技术。

——何时进行这些活动。

——负责这些活动的人员、部门和组织，以及确认活动的独立性水平。

——执行确认活动所依据的引用信息(如因果图)。

注：确认活动的例子包括回路测试、校准规程和应用软件仿真。

15.2.2 编制安全应用软件附加确认计划应包括：

a) 在开始调试运行之前需在每种过程操作模式下进行确认的安全软件的标识。

b) 有关确认的技术策略的信息，包括：

——手动和自动技术；

——静态和动态技术；

——分析和统计技术。

c) 根据b)，为证实每个仪表安全功能符合规定的软件仪表安全功能(见12.2)要求和规定的软件安全完整性要求(见12.2)，应使用的措施(技术)和规程。

d) 进行确认活动所要求的环境(例如，为了测试，要求包括校正工具和设备)。

e) 为完成软件确认所需的通过/失败准则，包括：

——要求的过程和操作员输入信号以及它们的顺序和值；

——预期的输出信号以及它们的顺序和值；

——其他验收准则，如存储器用法、定时和值的容差。

f) 评价确认结果(特别是失败)的策略和规程。

注:这些要求基于12.2的一般要求。

15.2.3 在要求把测量精度作为确认的一部分时,应对照一个可追溯到某个标准的规范,把用于此功能的仪表校准到适合该应用的某个不确定度范围内。如果这种校准不可行,则应使用一种替代方法并文档化。

15.2.4 应根据安全仪表系统确认计划编制对安全仪表系统及其相关的仪表安全功能进行确认。确认活动应包括(但不限于):

——如安全要求规范中标明的那样,在正常和异常操作模式(如启动和停机)下安全仪表系统都能履行其职能;

——证实基本过程控制系统和连接的其他系统的相互作用,不会对安全仪表系统的正确运行产生不利的影响;

——安全仪表系统能同基本过程控制系统或任何其他系统或网络正确地通信;

——传感器、逻辑解算器和最终元件,包括所有冗余通道,按安全要求规范运行;

注:如果已按第13章对逻辑解算器进行过工厂验收测试(FAT),也可以把FAT认作是对逻辑解算器的确认。

——安全仪表系统文档应与被安装的系统相符;

——证实能按照规定对无效过程变量值(如超出范围)执行仪表安全功能;

——建立正确的停机顺序;

——安全仪表系统提供正确的通告和运行显示;

——安全仪表系统中包含的计算是准确的;

——按安全要求规范中定义的那样执行安全仪表系统的复位功能;

——旁路功能正确运转;

——启动超驰正确操作;

——手动停机系统正确运转;

——在维护规程中已编入检验测试间隔;

——按要求的那样执行诊断报警功能;

——证实在中断共用设施供应(如电、空气和液压)时,能按要求的那样运转安全仪表系统,并证实当恢复供应时,安全仪表系统可返回到所期望的状态;

——证实已达到安全要求规范中所规定的EMC抗扰性。

15.2.5 软件确认应显示出所有规定的软件安全要求(见12.2)都能被正确执行,并且在SIS的故障工况下及降级操作模式下,或者在执行规范中未定义的软件功能性期间,软件都不会危害安全要求。应提供确认活动的信息。

15.2.6 应产生SIS确认结果的相应信息,它们包括:

——所使用的SIS确认计划编制的版本;

——被测试(或分析)的仪表安全功能,及其在SIS确认计划编制过程中被标识要求的特定引用;

——使用的工具和设备,及其校准数据;

——每次测试的结果;

——使用的测试规范的版本;

——集成测试的验收准则;

——被测试SIS硬件和软件的版本;

——预期的和实际的结果之间的任何差异;

——在出现差异的情况下,对差异所作的分析,以及对是否继续进行测试或是发布一个变更请求而作出的决定。

15.2.7 当预期的和实际的结果之间出现差异时，应把所作的分析和对是否继续进行测试或是发布一个变更请求并返回到开发生命周期的较早部分所作的决定当作安全确认的部分结果提供出来。

15.2.8 在安全仪表系统确认之后以及所存在的风险被识别出来之前，应进行下列活动：

——应返回所有旁路功能(如：对 PE 逻辑解算器和 PE 传感器的强制、禁止报警)的正常位置；

——应按过程起动要求和规程设置所有的过程隔离阀；

——应移除所有的测试材料(如流体)；

——应移除所有的强制，如适用还应消除所有强制使能。

16 SIS 操作和维护

16.1 目的

16.1.1 本章的目的是：

——保证在操作和维护过程中能保持所要求的每个仪表安全功能的 SIL；

——操作和维护 SIS 使之能保持设计的功能安全。

16.2 要求

16.2.1 应编制安全仪表系统的操作和维护计划。此计划应提供：

——例行的和异常的操作活动；

——检验测试活动、预防性维护和故障维修活动；

——操作和维护使用的规程、措施和技术；

——遵从操作和维护规程的验证；

——何时进行这些活动；

——负责这些活动的人员、部门和组织。

16.2.2 应根据相关的安全计划编制制定操作和维护规程，此规程应提供：

——为保持“同设计一样的”SIS 的功能安全所需执行的例行动作，例如遵从由 SIL 确定所定义的检验测试间隔；

——在维护或操作期间，为防止一个危险事件的不安全状态和/或减小事件后果需要采取的动作和约束(例如，为了测试或维护一个系统，何时需对它进行旁路，以及需实现何种附加缓解步骤)；

——需保留的系统失效以及对 SIS 的要求率的信息；

——显示对 SIS 进行审核和测试的结果需保持的信息；

——当 SIS 发生故障或失效时应遵从的维护规程，它包括：

- 故障诊断和修理规程；
- 重新确认规程；
- 维护报告要求；
- 跟踪维护性能的规程。

注：应考虑：

- 报告失效的规程；
- 分析系统失效的规程。

——保证在正常维护活动期间使用的测试设备已被正确校准和维护。

16.2.3 应根据相关规程进行操作和维护。

16.2.4 应就操作员所在领域内的 SIS 功能和操作对它们进行培训。这样的培训应保证它们能了解：

——SIS 怎样工作(脱扣点及 SIS 因此所采取的动作)；

——SIS 能预防的危险；

——所有旁路开关的操作以及在什么样的情况下才应使用这些旁路；

——任何手动停机开关的操作和手动起动活动以及何时才应启动这些手动开关；

注：也许还应包括“系统复位”和“系统重新起动”。

——对任何诊断报警的启动的预期行为(例如当启动任何 SIS 报警,从而指示 SIS 存在某种问题时,应采取什么样的动作)。

16.2.5 应按要求培训维护人员,使得 SIS(硬件和软件)的功能特性能维持它的目标完整性。

16.2.6 应分析预计的和实际的 SIS 行为之间的差异,必要时应作修改以保持要求的安全,这包括监视:

——紧随对系统提出要求后所采取的动作;

——在例行测试或者实际要求过程中作为 SIS 组成部分的设备所产生的失效;

——提出要求的原因;

——伪脱扣的原因。

注:分析预期行为和实际行为之间的所有差异是十分重要的。它不应同在正常运行中所遇到的监视要求相混淆。

16.2.7 操作和维护规程可能需要修订,有必要时应在修订后进行:

——功能安全审核;

——SIS 测试。

16.2.8 应编写每个 SIF 的书面检验测试规程,以便揭露诊断未检测到的危险失效。这些书面的测试规程应描述需要执行的每个步骤并应包括:

——每个传感器和最终元件的正确操作;

——正确的逻辑动作;

——正确的报警和指示。

注:下面的方法可用来确定需被测试的未检测到的失效:

- 故障树检查;
- 失效模式和影响分析;
- 以可靠性为核心的维护。

16.3 检验测试和检查

16.3.1 检验测试

16.3.1.1 应使用一个书面的规程(见 16.2.8)进行定期的检验测试以便揭露未检测到的故障,这种故障会阻碍 SIS 按安全要求规范操作。

16.3.1.2 应测试包括传感器、逻辑解算器和最终元件(如停机阀和电机)在内的整个 SIS。

16.3.1.3 检验测试频率应同使用 PFD_{avg} 计算所决定的一样。

注:SIS 的不同部分可能要求不同的测试间隔,例如,逻辑解算器的测试间隔可能与传感器或最终元件的不同。

16.3.1.4 应以一种安全和及时的方式修复检验测试过程中发现的任何缺陷。

16.3.1.5 应以某些定期的间隔(由用户确定),根据各种因素,包括:历史测试数据、工厂经验、硬件降级和软件可靠性等,重新评价测试频率。

16.3.1.6 应用逻辑的任何改变都需要进行全面检验测试。只有在进行过适当的复审,以及对改变的部分进行测试以保证能正确地实现改变时才允许有例外。

16.3.2 检查

应对每个 SIS 进行定期目视检查,以保证不存在未经授权的修改和可观察到的缺损(如缺螺栓或仪表罩、固定架生锈、线断开、管道破裂、加热保温层破损、绝缘缺失)。

16.3.3 检验测试和检查的文档

用户应保存可证实检验测试和检查已按要求完成的记录,这些记录至少应包括以下信息:

a) 执行的测试和检查的说明;

b) 测试和检查的日期;

c) 执行测试和检查的人员姓名;

d) 被测系统的序列号或者别的惟一标识符(如回路号、工位号、设备号和 SIF 号);

e) 测试和检查的结果(如"发现 as-found"和"听任 as-left"状况)。

17 SIS 修改

17.1 目的

17.1.1 本章的目的是:

——在对任何安全仪表系统进行修改之前应正确编制修改计划并对修改进行复审和批准;

——保证不管 SIS 作何改变都能保持所要求的 SIS 安全完整性。

注:应对 BPCS、其他设备、过程和操作条件的修改进行复审,以确定它们的这种修改是否会对 SIS 的要求特性和频率造成影响。应进一步考虑有不利影响的那些修改,以确定风险降低水平是否依然足够。

17.2 要求

17.2.1 在对安全仪表系统进行修改之前,授权和控制更改的规程应到位。

17.2.2 规程应包括确定和请求要作的工作的简明方法,以及可能会受到影响的危险。

17.2.3 应进行一次分析,以确定所建议的修改结果对功能安全的影响。当分析显示所建议的修改将影响安全时,则应返回安全生命周期的第一个受修改影响的阶段。

17.2.4 未经正式授权不得开始修改活动。

17.2.5 对 SIS 的所有更改都应保留相应的信息。这些信息包括:

——修改或更改的描述;

——更改的理由;

——可能会受影响的已确定的危险;

——修改活动对 SIS 的影响的分析;

——更改要求的所有批准;

——验证所有更改已正确实现,以及 SIS 按要求执行所使用的测试;

——相应的配置历史;

——验证所有更改不会对未修改的 SIS 组成部分产生不利影响所使用的测试。

17.2.6 应由经过适当培训的合格人员来执行修改。包括所有受影响的和适当的人员被通知变更,并应就更改对它们进行培训。

18 SIS 停用

18.1 目的

18.1.1 本章的目的是:

——保证任何安全仪表系统在停用之前要对它进行一次正确的复审,并应得到必要的授权;

——保证在停用活动过程中保持要求的仪表安全功能继续运行。

18.2 要求

18.2.1 在执行一个安全仪表系统的任何停用之前,授权和控制更改的规程应到位。

18.2.2 规程应包括确定和请求要作的工作的简明方法,以及可能会受到影响的危险。

18.2.3 应分析由于所建议的停用活动结果对功能安全的影响。评估应包括危险和风险评估的更新,该更新应足以确定其后应重新执行的安全生命周期各阶段的深度和广度。评估还应考虑:

——在执行停用活动过程中的功能安全;

——停用某个安全仪表系统对相邻的操作单元和设施服务的影响。

18.2.4 在编制安全计划来重新启用 GB/T 21109.1 的相关要求(包括重新验证和重新确认)的过程中,应使用影响分析的结果。

18.2.5 未经正式授权不得开始停用活动。

19 信息和文档要求

19.1 目的

19.1.1 本章的目的是：

——保证能提供必要的信息并把这些信息文档化，以便能有效地执行安全生命周期的所有阶段；

——保证能提供必要的信息并把这些信息文档化，以便能有效地执行验证、确认和功能安全评估活动。

注1：文档结构的例子参见 GB/T 20438.1—2006 附录 A，更详细的信息参见 IEC 61506。

注2：文档可采用不同的形式（如书面、胶片或者显现在屏幕或显示器上的任何数据媒体）。

19.2 要求

19.2.1 应提供本部分要求的文档。

19.2.2 文档应：

——描述安装、系统或设备及其使用；

——准确；

——容易理解；

——适合它所预定的目的；

——以一种可访问和可维护的形式提供。

19.2.3 文档应有惟一的标记从而有可能引用不同的部分。

19.2.4 文档应有名称以表示信息类型。

19.2.5 文档应可追溯到本部分的要求。

19.2.6 文档应有一个版本索引（版本号）使之能够辨认不同的版本信息。

19.2.7 文档结构应使之能搜索有关信息。应能标识一个文档的最新修订（版本）。

注：文档实际结构随一系列因素（如系统大小、复杂程度和组织要求）而变。

19.2.8 所有相关文档都应被修订、补充、复审和批准，并处于一个合适的信息控制模式的控制之下。

19.2.9 应维护与以下有关的当前文档：

a) 危险和风险评估的结果及相关假设；

b) 用于仪表安全功能的设备连同对它的安全要求；

c) 负责保持功能安全的组织；

d) 为达到和保持 SIS 功能安全所必需的规程；

e) 17.2.5 中定义的修改信息；

f) 设计、实现、测试和确认。

注：在第 14 章和第 15 章中包含有对信息的更详细的要求。

附 录 A
（资料性附录）
差 异

本附录说明了 GB/T 21109 和 GB/T 20438—2006 之间的关键差异。

GB/T 21109 同 GB/T 20438—2006 有一些不同。在 A.1 和 A.2 中讨论了这些差异，这些差异是根据对比这两个标准的当前版本得出的，见表 A.1 和表 A.2。

A.1 组织上的差异

表 A.1 组织上的差异

GB/T 20438—2006	GB/T 21109	注释
第 1 部分	第 1 部分	GB/T 20438—2006 第 1～4 部分已结合进本部分
第 2 部分	第 1 部分	包含在本部分中
第 3 部分	第 1 部分	包含在本部分中
第 4 部分	第 1 部分	包含在本部分中
第 5 部分	第 3 部分	包含在 GB/T 21109.3 中
第 6 部分	第 2 部分	本部分的指南
第 7 部分	所有部分	每个部分作为附录被包含在资料性引用文件中（需要时）

A.2 术语

表 A.2 术语上的差异

GB/T 20438.4—2006	GB/T 21109 的本部分	注释
E/E/PE 安全相关系统	SIS	GB/T 20438—2006 称为 E/E/PE 安全相关系统，而 GB/T 21109则称为安全仪表系统
PES	SIS	GB/T 20438—2006 中“PES”包含传感器和最终控制元件，而 GB/T 21109 则使用术语 SIS
过程控制系统	基本过程控制系统	对于过程领域而言，基本过程控制系统是一个全局性的术语
EUC	过程	GB/T 20438—2006 称为 EUC（受控设备），而 GB/T 21109 则称为过程
安全功能	仪表安全功能（SIF）	GB/T 20438—2006 中由 E/E/PES、其他技术的安全相关系统、或者外部风险降低设施实现安全功能。GB/T 21109 中，单独由 SIS 实现 SIF

参 考 文 献

[1] IEC 60050-191:1990　国际电工词汇　第191章:可靠性和服务质量

[2] IEC 60050-351:1998　国际电工词汇　第351部分:自动控制

[3] IEC 60617-12:1997　简图用图形符号　第12部分:二进制逻辑元件

[4] IEC 61131-3:1993　可编程控制器　第3部分:编程语言

[5] IEC 61506:1997　工业过程测量和控制　应用软件的文件编制

[6] IEC 61508-1:1998　电气/电子/可编程电子安全相关系统的功能安全　第1部分:一般要求

[7] IEC 61508-4:1998　电气/电子/可编程电子安全相关系统的功能安全　第4部分:定义和缩略语

[8] IEC 61508-6:2000　电气/电子/可编程电子安全相关系统的功能安全　第6部分:IEC 61508-2和IEC 61508-3的应用指南

[9] GB/T 21109.3—2007　过程工业领域安全仪表系统的功能安全　第3部分:确定要求的安全完整性等级的指南

[10] ISO/IEC 2382(所有部分)　信息技术　词汇

[11] ISO/IEC 2382-1:1993　信息技术　词汇　第1部分:基本术语

[12] ISO/IEC 指南51:1999　安全方面　在标准中引入安全条款的指南

[13] ISO 9000:2000　质量管理系统　基础和词汇

[14] ISO 9000-3:1997　质量管理和质量保证标准　第3部分:ISO 9001:1994应用于计算机软件开发、供应、安装和维护的指南

ICS 25.040
N 10

中华人民共和国国家标准

GB/T 21109.2—2007/IEC 61511-2:2003

过程工业领域安全仪表系统的功能安全 第2部分:GB/T 21109.1的应用指南

Functional safety—Safety instrumented systems for the process industry sector—Part 2:Guidelines for the application of GB/T 21109.1

(IEC 61511-2:2003,IDT)

2007-10-11 发布　　2007-12-01 实施

中华人民共和国国家质量监督检验检疫总局
中国国家标准化管理委员会　发布

前言

GB/T 21109《过程工业领域安全仪表系统的功能安全》分为三个部分：

——第1部分：框架、定义、系统、硬件和软件要求；

——第2部分：GB/T 21109.1的应用指南；

——第3部分：确定要求的安全完整性等级的指南。

本部分为GB/T 21109的第2部分，等同采用IEC 61511-2:2003《过程工业领域安全仪表系统的功能安全　第2部分：IEC 61511-1的应用指南》(英文版)。为便于使用，对IEC 61511-2:2003做了下列编辑性修改：

——删除国际标准的前言，按GB/T 1.1—2000重新编写了本部分的前言；

——凡是出现“IEC 61511”之处均改为“GB/T 21109”，“IEC 61511-1”均改为“GB/T 21109.1”，“IEC 61511-2”均改为“GB/T 21109.2”，“IEC 61511-3”均改为“GB/T 21109.3”；

——凡是出现“本国际标准”之处均改为“GB/T 21109”；

——用小数点“.”代替作小数点的逗号“,”；

——根据GB/T 1.1—2000进行编辑性修改。

本部分的附录A、附录B、附录C、附录D、附录E为资料性附录。

本部分由中国机械工业联合会提出。

本部分由全国工业过程测量和控制标准化技术委员会归口。

本部分主要起草单位：机械工业仪器仪表综合技术经济研究所、上海自动化仪表股份有限公司技术中心、北京华控技术有限责任公司、中科院沈阳自动化研究所、浙江中控技术有限公司、上海工业自动化仪表研究所、国营759厂。

本部分主要起草人：王春喜、梅恪、包伟华、王麟琨、刘丹、陈小枫、魏剑嵬、史学玲、谭平、李佳嘉、欧阳劲松、蔡廷安、马光武。

本部分为首次制定。

引　言

在过程工业(process industry sector)中,用来执行仪表安全功能的安全仪表系统已使用了多年。如要使仪表能有效地用于仪表安全功能,最重要的是该仪表应达到某些最低标准和性能水平。

GB/T 21109 阐述了过程工业安全仪表系统的应用。GB/T 21109 还要求执行一次过程危险和风险评估,来处理安全仪表系统和其他安全系统间的接口。安全仪表系统包括传感器、逻辑解算器和最终元件。

GB/T 21109 包含了作为应用基础的两个概念:安全生命周期和安全完整性等级。安全生命周期形成了核心框架,从而将本部分的大多数概念连接在一起。

安全仪表系统逻辑解算器包括电气(E)/电子(E)/可编程电子(PE)技术。在逻辑解算器使用其他技术的情况下,须应用 GB/T 21109 的基本原则。GB/T 21109 还涉及安全仪表系统的传感器和最终元件,而不管它们所使用的技术。GB/T 21109 在GB/T 20438—2006的框架范围内专用于过程领域(见 GB/T 21109.1—2007附录 A)。

GB/T 21109 提出了达到这些最低标准的安全生命周期活动的方法。为了使用合理和一致的技术策略,已采纳了此方法。本部分的目的是提供如何符合本部分的指南。

为了方便 GB/T 21109 的使用,提供的章、条号与GB/T 21109.1(附录除外)中对应的规范性内容相一致。

在大多数情况下,固有(inherently)安全过程设计就能很好地实现安全性。必要时,还可结合一个或一些保护系统,以便处理任何已发现的残余风险。保护系统可依靠不同的技术(化学的、机械的、液压的、气动的、电气的、电子的、热力学的(如灭火器)、可编程电子的)。任何安全策略都需要将每个单独的安全仪表系统放在其他保护系统环境下进行考虑。为促成该方法,GB/T 21109 要求:

——执行一次危险和风险评估以便确定整体安全要求;

——给安全功能和相关安全系统(如安全仪表系统)分配安全要求;

——应在一个适用于所有用仪表实现功能安全的方法的框架内进行工作;

——详述了适用于实现功能安全的所有方法的某些活动(如安全管理)的使用。

关于过程工业的安全仪表系统的 GB/T 21109:

——涉及从初始概念、设计、实现、运行和维护直到停用的所有安全生命周期阶段;

——能使现有的或新的国家专用的过程工业标准同本标准协调一致。

GB/T 21109 致力于在过程工业领域内导致高度一致(如基本原则、术语、信息等)。这将带来安全和经济两方面的好处。

GB/T 21109 的整体框架见图 1。

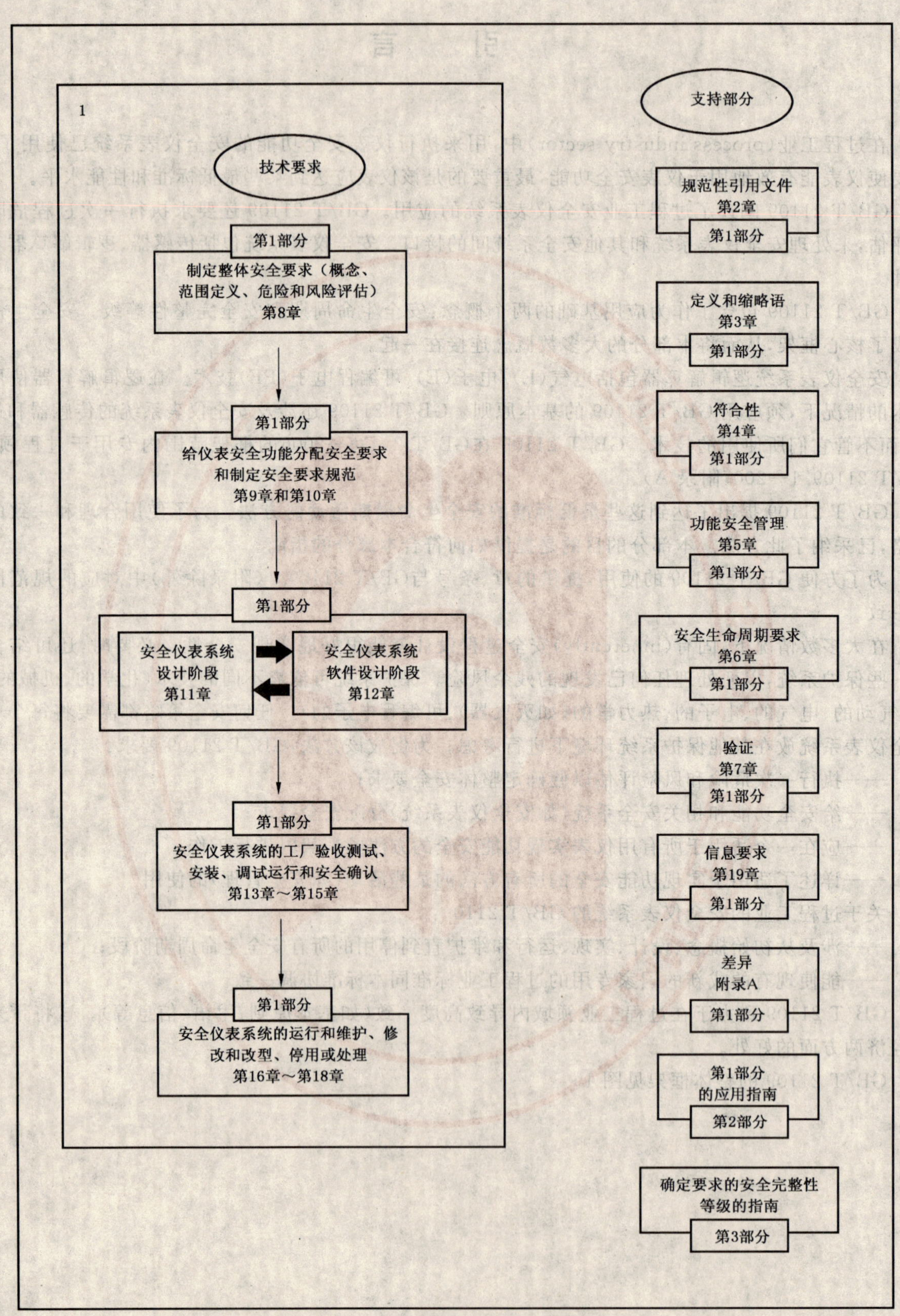

图 1　GB/T 21109 的整体框架

过程工业领域安全仪表系统的功能安全
第2部分:GB/T 21109.1的应用指南

1 范围

本部分提供了按GB/T 21109.1中定义的仪表安全功能及其相关的安全仪表系统的规范、设计、安装、操作和维护的应用指南。为了方便GB/T 21109的使用,提供的章、条号与GB/T 21109.1(附录除外)中对应的规范性内容相一致。

2 规范性引用文件

见GB/T 21109.1。

3 术语、定义和缩略语

术语、定义和缩略语见GB/T 21109.1。GB/T 21109.1—2007中以下两条术语在本部分中做了补充说明。

3.2.68

安全功能 safety function

一个安全功能应能防止一个特定的危险事件。例如"防止压力容器#ABC456中压力超过100 bar"。可以通过下列办法达到这个安全功能:

a) 单独一个安全仪表系统(SIS);或者

b) 一个或几个安全仪表系统和/或其他的保护层。

在情况b)中,每个安全仪表系统或其他的保护层应有达到安全功能的能力并且组合整体一定要达到要求的风险降低(过程安全目标)。

3.2.71

仪表安全功能 safety instrumented function

仪表安全功能源于安全功能,仪表安全功能具有一个相关联的安全完整性等级(SIL)并由一个特定的安全仪表系统来执行它。例如"当压力容器#ABC456中的压力达到100 bar时,在5 s内关闭阀门#XY123"。多个仪表安全功能有可能使用同一个安全仪表系统的部件。

4 与GB/T 21109的符合性

见GB/T 21109.1。

5 功能安全管理

5.1 目的

GB/T 21109.1—2007第5章的目的是为保证满足功能安全目标必需实现的管理活动提供要求。

5.2 要求

5.2.1 概述

5.2.1.1 见GB/T 21109.1。

5.2.1.2 当一个组织负责执行功能安全所必需的一项或几项活动,并且该组织按照质量保证规程进行工作时,则出于质量的目的,本章中描述的许多活动将要被执行。在这种情况下,对功能安全来说,没有必要重复这些活动。但应对质量保证规程进行复审，以确定它们对达到功能安全目标是合适的。

5.2.2 组织和资源

5.2.2.1 应定义一个公司/现场/工厂/工程项目范围内与安全仪表系统有关联的组织结构，并应清楚地了解和互通每个组成部分的作用和职责。应确定结构内的各个角色，包括它们的描述和目的。应清楚地标明每个角色的责任；并判明各自的特殊职责。此外，还应标明各个报告提交给谁和委派谁来写报告。目的是保证组织中的每一个人都要了解它们对安全仪表系统而言所扮演的角色以及它们的职责。

5.2.2.2 应确定为实现与安全仪表系统有关的安全生命周期的任何活动所需的技能和知识；并应确定每种技能所要求的能力水平。应根据可胜任的每种技能以及每种技能所需的人数对资源进行评估。当查明有差异时，应制定一个开发计划使之能及时地达到要求的胜任能力水平。当出现技术力量短缺时，可招收或签约合格的有经验人员。

5.2.3 风险评价和风险管理

GB/T 21109.1—2007的5.2.3中规定的要求是确定危险、评价风险并确定必要的风险降低。公认的进行这些评价的适用方法有很多种。GB/T 21109.1并未认同任何一种特殊的方法。换句话说，在GB/T 21109.3中鼓励读者就这一问题对这些方法进行复审。

5.2.4 计划编制

本条的目的是要保证在整个项目范围内，实施适当的安全计划编制以便论述生命周期每个阶段所要求的活动（例如工程设计、工厂运行）。本部分未要求任何特殊结构用于这些计划编制活动，但它强调要求定期更新或复审这些活动。

5.2.5 实现和监视

5.2.5.1 本条的目的是要确保有效的管理规程能到位从而：

——保证危险分析、风险评估、其他评估和审核活动、验证和确认活动产生的建议得以圆满解决。

——确定 SIS 在它的整个工作寿命期内都能按安全要求规范运行。

5.2.5.2 在本部分中，供货商可能还包括设计承包商和维护承包商以及部件供货商。

5.2.5.3 应定期对 SIS 的性能进行复审，以保证在开发安全要求规范（SRS）过程中仍然遵守原来的设想。例如，应对 SIS 中的各个部件假设的失效率进行定期的复审，以保证它保持同初始定义相同。如果失效率比初始预计的更差，则有必要修改设计。同样还应对 SIS 的要求率进行复审。如果对 SIS 的要求率大于最初假定值，则可能需要对 SIL 进行调整。

5.2.6 评估、审核和修订

评估和审核是以误差检测和消除为目标的手段。后续段落阐明了这些活动之间的差别。

功能安全评估的目的是评价在所评估的各生命周期阶段中为实现安全所做的准备是否充分。评估者应对负责实现功能安全人员所作的决定作出判断。例如：在调试运行之前应对维护规程是否充分作一次评估。

功能安全审核人员应通过工程项目记录或者工厂记录来确定是否是具有必要资格的人员以规定的频率使用必要的规程。不要求审核者对它们考虑的工作的充分性作出判断。然而，如果它们发觉更改有益，则应在报告中包括对此的一个说明。

在许多情况下，评估者和审核者的工作之间有可能重迭。例如，一个审核者可能不仅需要确定一个操作员是否已得到必要的培训，而且还要对培训是否使操作员达到了要求的胜任能力作出判断。

5.2.6.1 功能安全评估

5.2.6.1.1 功能安全评估（FSA）的使用是证明一个安全仪表系统（SIS）满足仪表安全功能和安全完整性等级（SIL）要求的基础。这种评估的基本目的是通过系统开发过程的独立评估来证明符合一致同意的标准和惯例。在各个生命周期阶段，可能都需要对 SIS 进行一次评估。为了进行一次有效的评估，应拟定一个定义该评估范围的规程以及评估组组成的指南。

良好的功能安全评估（FSA）惯例应考虑以下属性：

——对每个功能安全评估(FSA)都应拟制一个计划,这个计划应根据评估范围、评估人员、评估人员的能力以及评估将产生的信息来编排。

——FSA应考虑到公司外部或者内部的标准、指南、规程或编程习惯(codes of practice)范围内所包含的标准和作法。FSA计划应定义对于特定的评估/系统/应用领域应评估些什么。

——在不同的系统开发过程,功能安全评估的频次可能改变,但至少在系统面临潜在危险之前应进行一次FSA。有些公司也可能在构建/安装阶段之前进行一次评估,以防止在生命周期的较后阶段出现高成本的返工。

——在定义FSA频次和严密性时应考虑以下系统属性:

- 复杂程度;
- 安全重要性;
- 类似系统以往的经验;
- 设计特征的标准化。

——在评估之前应提供足够的设计、安装、验证和确认活动的证据。足够证据的可用性本身可能是一个评估准则。证据应代表系统设计或安装的当前/认可状态。

——评估者的独立性一定要合适。

——评估者应具有适合于所评估系统的技术和应用领域的经验和知识。

——在整个生命周期和对所有系统而言,实现FSA的方案都应保持系统性和一致性。FSA是一种主观的活动,为了尽可能多地消除主观性,可以使用检查列表来定义一个组织可接受活动的详细指南。

FSA产生的记录应是完整的,并且在生命周期下一阶段开始之前,评估结论应同负责SIS功能安全管理人员的意见一致。

5.2.6.1.2 为了增强评估的客观性,需要独立于项目组的评估人员。需要高级(例如经验、等级、职位)评估人员,以保证它们所关心的问题能被适时的关注和涉及。进一步建议,对于某些大型项目组或评估组,可能有必要拥有多个独立于初始项目组的高级人员。

根据公司组织结构和公司内部的专家意见,也许不得不通过外部组织来满足对独立评估人员的要求。相反地,对于熟练进行风险评估及安全仪表系统应用的内部组织的公司可使用它们本身的资源来满足独立组织的要求,当然这样的内部组织应独立于负责项目的那些组织并在管理和其他资源方面是同负责项目的那些组织分开的。

5.2.6.1.3 评估量与工程项目的规模和复杂程度有关。在同一时间可以对不同阶段的结果进行评估。在正在运行的工厂中改变不大的情况下尤其可能。

5.2.6.1.4 在某些地区,在阶段3进行的功能安全评估常被称为起动前的安全复审(Pre-Startup-Safety-Review(PSSR))。

5.2.6.1.5 见GB/T 21109.1。

5.2.6.1.6 见GB/T 21109.1。

5.2.6.1.7 评估组应能得到它们执行评估所需要的任何信息。这包括从设计阶段一直到安装、调试运行和确认阶段所作的危险和风险评估得到的信息。

5.2.6.2 审核和修订

5.2.6.2.1 本条给出有关审核的指南,并通过一个例子来说明相关活动。

a) 审核类别

安全仪表系统的审核可给工厂管理、仪表维修工程师和仪表设计工程师提供有用的信息。这使管理具有前瞻性,以及使之能了解它们的安全仪表系统的实现程度和有效性。存在有许多种能执行的审核类型。任何特殊活动审核的实际类型、范围和频率应反映该活动对安全完整性的潜在影响。

审核类型包括：

1） 审核，包括独立审核和自审核；

2） 检查；

3） 安全巡视（例如工厂走查和事故（incident）复审）；

4） 安全仪表系统调查（通过调查表）。

需要在"监督和检查"以及审核活动之间进行区别。监督和检查的重点在于评价特定生命周期活动的性能（例如在部件恢复工作之前，监督员检查维修活动的完成）。相反，审核活动更广泛，并且主要集中在与安全生命周期有关的整个安全仪表系统的实现上。一次审核包括确定是否执行了监督和检查程序。

审核和检查可由公司/现场/工厂/项目的人员来执行（如自审核），或由独立人员来执行（如公司的审核员、质量保证部门、调节员（regulator）、客户或者第三方）。

各级管理应使用相关类型的审核，以获取它们的安全仪表系统的实现有效性信息。来自审核的信息可用来确定可指导改进实现，但还未真正使用过的规程。

b） 审核策略

现场/工厂/项目实现审核的程序可以考虑滚动程序、独立程序或者自审核和检查程序。

应定期更新滚动程序，以便反映以往安全仪表系统的性能和审核结果，以及当前关心的问题和重点。这些包含了在一个适当的时段内和适当深度上，现场/工厂/项目有关的所有活动和安全仪表系统的所有方面。

进行审核的主要原因以及它所产生的附加价值在于对它们提供的信息及时采取动作。这些动作的目的是增强安全仪表系统的有效性。例如，有助于降低雇员或成员公众受伤害或致命的风险、有助于提高安全文明、有助于防止任何应避免释放的物质进入环境。

总之，审核策略可以拥有各种审核类型的组合，它是由管理（客户）产生的、并为了把相关的信息反馈给管理链以便及时动作。

c） 审核过程和协议

总的目的是使审核的效能达到最大。仅当各方（包括审核者、联络员、工厂经理和部门负责人等）了解每个审核的需要并能影响每个审核时，才能达到最大效能。以下审核过程和协议也许有助于确保达到这些目的的方案的某种一致性。它们涉及审核过程的下列5个关键阶段：

1） 审核策略和程序

应清楚地定义每个审核的目的以及确定审核组以及每个组的任务和职责。

应有一个审核策略。

应有一个审核程序。

应对审核过程、程序和策略的实现进行复审。

2） 审核准备和预编制

开始进行某个审核之前，应为现场/工厂/项目的高级经理和/或适当的审核协调员确定一位联络员。

在早期阶段审核人员和联络员应对以下问题进行讨论、理解并达成一致：

——审核的范围；

——审核的时间安排；

——需要参加的人员；

——审核的依据或者审核标准；

——为了增加审核的成功机率在准备阶段要作的额外工作和涉及到的工厂人员。

以下各项可用作每个阶段所需时间的指南：

——审核准备：30%；

——进行审核：40%；

——审核结果报告：20%；

——审核跟踪：10%。

审核员应为审核收集信息、规程/指令等，以及在适当的时候准备数据和编制检查列表。

如果发现严重的观察结果/缺陷，审核员应强调和解释在审核过程中审核范围发生改变的可能性。

3） 实施审核

审核员应在对现场/工厂/项目人员可能造成的干扰具有足够的认识后，在设定的审核时段内的几组连续工作日中实施审核。

对在审核过程中已确定的审查结果，应定期向联络员通报，以免在审核结束时感到意外。

在审核过程中，审核员应设法接近工厂人员，以便将知识和理解（过程和审查结果的）通告给物主(achieve ownership)。

审核员的风格对审核的成功是决定性的——他应努力作到有耐心、态度积极、有礼貌、精力集中和客观。

至少审核员应力图作到在改变商定好的范围和时间表时需经协商。

4） 审查结果报告

在审核结束时或稍后，但应在发布最终报告之前，审核员应举行一个结束会议。

应给相关的管理部门提供对草案报告和审查结果提意见的机会，如有要求可在正式的结束会议上进行讨论。

通常的作法是请求现场/工厂/项目的一份行动计划，以便提交报告的审查结果。

5） 审核跟踪

通常审核报告要求用一份行动计划的形式作出回应。只要合适，审核员可在预定日期或者下次审核时，验证行动完成的满意程度。

现场/工厂/项目跟踪系统可用来检验行动计划的实现。

应考虑每个审核组的审核结果的定期复审/总结，并就其结果进行广泛沟通。

审核结果/输出可用于复审审核的频次，并可用于安全仪表系统的管理复审的输入。

5.2.6.2.2 本条增强了变更管理在审核过程中所起的作用。

5.2.7 SIS配置管理

5.2.7.1 要求

5.2.7.1.1 为了在整个生命周期内管理和保持装置的可追溯性，可以建立一种用于标记、控制和追踪每个装置的型号/版本的机制。

在安全生命周期最早可能的阶段，应给每台装置标上一个独特的工厂标识。在某些情况下，也可保留和控制仍在使用中的较早型号版本。这只是配置管理程序中的第一步，配置管理程序还应包括以下考虑。

配置管理系统可以包括：

a） 在生命周期的所有阶段，准备所有装置的标识规程。

b） 每台装置包括软件的型号/版本以及建造状况的独特标识，包括供货商、日期和应用地方、最初规定的型号/版本的变更情况。

c) 故障观察和审核产生的所有动作和改变的标识和跟踪。

d) 发布一个交付使用的版本的控制措施、标记相关装置的状况及型号/版本。

e) 已建立的安全防护措施,以确保在运行中的 SIS 不会遭受未经授权的变更/修改。

f) 每个软件项的版本标识,这些版本一起构成了一台完整装置的一个特定版本。

g) 提供在一个或多个工厂中多套 SIS 更新的协调。

h) 交付使用的书面授权。

i) 批准装置交付使用的一份签字批准的列表。

j) 阶段(stage/phase)装置被纳入配置控制之下。

k) 可交付使用的相关文档的控制。

l) 一台装置的每个型号/版本的标识:

——功能规范;

——技术规范。

m) SIS 的管理和维护涉及的所有部门/组织的确定、职责分配及其理解。

6 安全生命周期要求

6.1 目的

任何过程设施中所达到的功能安全,都有赖于一系列活动的圆满执行。针对一个安全仪表系统采用一种系统的安全生命周期方法的目的,是确保能执行达到功能安全所必要的全部活动,以及保证能向其他人证明已按适当次序执行了这些活动。在GB/T 21109.1—2007的图 8 和表 2 中提出了一个典型的生命周期。在GB/T 21109.1—2007的第 8 章～第 16 章中给出了每个生命周期阶段的要求。

GB/T 21109 考虑了如果遵守所有的要求,那么可以用不同的方法构建规定的活动。如果允许把安全活动较好地集成到常规的项目规程中,这种重新构建可能是有益的。GB/T 21109.1—2007的第 6 章的目的是当使用不同的安全生命周期时,确保已定义了生命周期每个阶段的输入和输出,及所有最基本的要求。

6.2 要求

6.2.1 考虑的关键是在事先定义将被使用的 SIS 安全生命周期。经验表明,除非事前对这个活动作了很好的计划并且所有人员、部门和组织对承担的职责达成了一致意见,否则有可能发生问题。出现问题时,最好的情况是某些工作被延误或不得不重做;最糟糕的情况是可能损害了安全。

6.2.2 虽然并没要求把建议的 SIS 安全生命周期(包括适用于项目的GB/T 21109.1—2007图 8 中的那些方框)映射到过程的项目生命周期上,但在某个早期阶段,这样做是有好处的。当作这件事时,应考虑开始某个安全生命周期活动所需的信息以及谁能提供这些信息。在某些情况下,直到设计阶段的后期,都不可能精确确定某个特殊问题的相关信息。在这种情况下,有必要根据以往经验进行估计,然后在稍后的某个时候再证实这些数据。如果存在这种情况,那么在安全生命周期中注意这点是很重要的。

6.2.3 安全生命周期计划编制的另一重要部分是确定在每个阶段将使用的技术。确定这些技术是重要的,因为通常需要使用某个专门的技术,这种技术要求人员或部门要具有独特的技能和经验。例如,在某个特定应用中的后果可能与失效事件后形成的最大压力有关;能够确定这种关系的惟一方法就是建立过程的动态模型。因此,动态建模的信息要求对设计过程将有重大影响。

7 验证

7.1 目的

验证的目的是要保证验证计划编制所确定的每个安全生命周期阶段的活动实际上已得到执行,并保证阶段的输出(无论是文档形式,还是硬件和软件形式)已被产生且适合它们的用途。

7.1.1 要求

7.1.1.1 GB/T 21109.1已考虑各个组织将有它们自己的验证规程，并且并不总是要求以同样的方式执行这些规程。换句话说，本条的目的是在事先就计划好所有的验证活动，连同任何会被使用的规程、措施和技术。

7.1.1.2 见GB/T 21109.1。

7.1.1.3 提供验证结果是重要的，这样可以证明在安全生命周期的各个阶段都已进行了有效的验证。

8 过程危险和风险评估

8.1 目的

本章的总体目标是确定用以保证过程安全所需的安全功能（如保护层），及其相关性能水平（风险降低）。在过程领域中，使用多个安全层是常见的，这样在某一层失效时才不会导致或者允许产生有害的后果。在GB/T 21109.1—2007的图9中表示了典型的安全层。

8.2 要求

8.2.1 只能根据任务的结果来规定危险和风险评估的要求。这意味着组织可以使用它认为有效的任何技术，只要该项技术能得到安全功能及其相关性能水平的清楚描述。

危险和风险评估应确定和涉及在所有合理的可预见的情况下（包括故障工况和合理的可预见的误用）发生的危险和危险事件。

就过程领域的一个典型工程项目而言，需要在基本过程设计的初期就执行预先的危险和风险评估。在此阶段假设通过固有安全原理以及好的工程实践的应用，已把危险消除掉了或者已把危险降低到了合理可行的程度（在GB/T 21109的范围内不包含这种降低危险的活动）。对SIS而言，这种预先的危险和风险评估是很重要的，因为确立、设计和实现一个SIS是复杂的任务，需要占用相当长的时间。及早了解这个工作的另一理由是在完成过程和仪表图之前需要系统结构方面的信息。

一般只要完成了过程流程图和提供了所有的原始过程数据，启动预先危险和风险评估的信息就足够了。应该认识到当进行详细设计时，可能引入附加危险。因此，一旦完成了过程和仪表图，还有必要进行一次最终的危险和风险评估。一般这个最终的分析使用一个正式的和全文档化的规程，如危险和可操作性研究（HAZOP）。应证实所设计的安全层足以保证工厂的安全。在该最终分析期间，需考虑安全系统的失效是否会导致任何新的危险或者请求。如果在此阶段确定有任何新的危险，则有必要定义新的安全功能。另一较可能产生的结果是查明了可导致在初始阶段已识别危险的附加事件。于是需考虑是否需要对初始分析所确定的安全功能及其性能要求进行修订。

用来确定危险的方法取决于正在考虑的应用，对有些简单的过程来说，在对一种标准设计（如海上钻井平台）具有广泛操作经验的情况下，使用工业上编制的检查列表（例如ISO 10418和API RP 14C中的安全分析检查表）可能是足够的。在考虑更复杂的设计或是新的过程设计的情况下，有必要采用一种更结构化的方法（例如IEC 60300-3-9:1995）。

注：ISO 17776中给出了有关选择合适技术的其他信息。

当考虑特定失效事件的后果时，应分析所有可能的结果，及对结果产生影响的失效事件的频率。在风险分析中应忽略或去除不可靠的结果。使管道或压力容器承受超过设计的压力不一定会产生灾难性的污染损失。在许多情况下，设备都经过超过设计的压力试验，惟一可能导致火灾的后果是可燃物质的泄漏。在评价后果时，需咨询负责工厂机械完整性的人员。它们不但需要考虑原始试验压力还要考虑包括腐蚀允许量在内的原始设计以及腐蚀管理程序是否到位。在后果是基于这些假设的情况下，清楚地讲明这个问题是很重要的，这样就能把相关的规程结合到安全管理系统中。当考虑后果时，另外一个问题是许多人可能会受到某种特殊危险的影响。许多情况下，操作和维护人员只是偶尔在危险区域出现，在预测后果时应考虑到这一点。在使用这种统计方法时应注意并非对所有的情况它都有效，比如只是在起动期间才发生危险以及人员经常出现在危险区的情况。还应考虑到由于在事件的发生过程中要对征兆进行调查,所以在危险事件附近出现的人数还可能增加。

当对 SIS 的潜在要求源进行评估时,评估应包括以下情况:起动、连续操作、停机、维修错误、手动干预(如手动控制器)、供应的中断(如空气、冷却水、氮、动力、蒸汽、加热保温层等)。

当考虑要求频率时,在某些复杂情况下,可能有必要进行一次故障树分析。仅在因多个事件的同时失效而产生严重后果的情况下(例如,未为所有泄压的最坏情况设计减压收集器),这经常是必要的。应对什么时候应把操作员错误包含在可能引起的危险事件,以及这种事件发生的频率的事件清单中做出判断。如果操作员动作需经允许规程或者开锁设施(为防止偶然动作而配备的)才能执行,那么通常就可排除操作员错误。还需注意的情况是在什么场合,由于操作员动作降低要求频率是可信任的。这种信任会受到人为因素(比如需要多快地采取动作)和涉及任务的复杂程度的限制。在操作员对报警采取动作以及所声明的风险降低因子大于 10 的情况下,则需要根据GB/T 21109.1设计整个系统。承担安全功能的系统包括检测危险工况的传感器、报警显示、人工响应以及操作员用来消除任何危险的设备。声明的风险降低因子不大于 10 的情况无需遵从 GB/T 21109,这时应仔细考虑人为因素问题。由于报警而降低风险的任何声明必须得到三个方面的支持:对该报警必要响应的文档化描述,足以供操作员采取正确动作的时间,保证操作员采取预防动作的培训。

倘若下列条件成立,降低对 SIS 的要求率就能把一个报警系统用作一种风险降低的方法:

——当失控将导致对 SIF 的一次要求时,用于报警系统的传感器不用作控制目的;

——用于报警系统的传感器不用作 SIS 的组成部分;

——已经考虑到关于风险降低的限制,这种风险降低可被声明用于 BPCS 和共同原因问题。

GB/T 21109.3给出了可用来确定安全仪表系统的 SIL 的技术示例,还包含在选择用于某个特定应用的方法时需考虑哪些问题的指南。

当确定是否需要风险降低时,需要具有一些过程安全和环境目标。它们专用于特定的现场或操作公司,并且可同未使用附加安全功能的风险水平进行比较。在确定需要风险降低之后,有必要考虑需要执行什么样的功能以使过程返回到某个安全状态。理论上,可以用通用术语描述这些功能而无需涉及某个特殊技术。例如在过压保护的情况中,可把功能描述成防止压力上升超过某个规定值。无论是一个安全阀或是一个安全仪表系统都能执行此功能。当如上描述功能时,则可在生命周期的下一阶段(给保护层分配仪表安全功能)来决定所使用的技术类型的选择。实际上,根据所选的系统类型,功能要求是不相同的;在某些情况下,此阶段和下一阶段可结合起来。

总之,危险和风险分析应考虑:

——每个已确定的危险事件和导致该危险事件的事件序列;

——与每个危险事件相关联的事件序列的后果和可能性,可定量或定性表示它们;

——每个危险事件的必要的风险降低;

——为降低或消除危险和风险而采取的措施;

——在分析风险过程中所作的假定,包括估计的要求率和设备的失效率,应详细说明操作约束或人为干预取得的任何信任;

——在每个 SIS 生命周期阶段(如验证和确认活动)对与安全相关系统有关的关键信息的引用。

构成危险和风险分析组成成分的信息和结果都应文档化。

当已经做出了决定并且可用的信息变得更精确时,可能有必要在整个 SIS 安全生命周期的各个阶段反复进行危险和风险评估。

8.2.2 在过程工业中,在许多应用中需考虑要求的一个重要理由是 BPCS 失效。传感器、阀或控制系统都可能引起 BPCS 失效。

在过程工业中使用的控制系统有时具有冗余处理器,传感器和阀一般没有冗余。当给 BPCS 分配一个失效率时,需要知道失效率有一个重要限制。GB/T 21109.1对与某个特殊危险有关的危险失效率作了限制,即除非系统的实现符合该标准的要求,能声明的危险失效率只能到每小时 10^{-5}。这种限制的理由是如果声明的危险失效率较低，它应是在GB/T 21109.1—2007表4的失效率范围之内。此限制保证了不满足GB/T 21109.1要求的系统不会有高的置信度水平。

8.2.3 见GB/T 21109.1。

9 给保护层分配安全功能

9.1 目的

为了确定所需的SIS和相关的SIL，考虑现有一些(或需要有些)什么样的其他保护层以及它们所提供的保护功能有多大是很重要的。在考虑了其他保护层之后，应对SIS保护层的需要作出判定。如果需要一个SIS保护层，则应确定该SIS的仪表安全功能的SIL。

9.2 分配过程的要求

9.2.1 本条的要求是商定将使用的安全层和分配仪表安全功能的性能目标。实际上，在许多情况下，只有在使用固有的安全设计或其他技术系统存在问题的场合，才将安全功能分配给安全仪表系统。

这类问题的例子包括对燃烧容量的限制或者针对放热反应的保护。使用基于仪表的系统而不是像安全阀这类更传统方案的任何决定，都需要有坚实的理由来支持，而这种理由要经受得住制定规章制度的权威机构的质询。

如上所述，危险和风险评估与分配可能同时进行；在某些情况下，分配可以在危险和风险评估前进行。决定给安全层分配安全功能通常应根据用户组织发现是切实可行的依据做出。还应考虑已确定的良好的行业惯例。然后在假定其他安全层是可信任的情况下，对安全仪表系统做出判定。例如，在已安装安全阀，并且它们是根据工业法规设计和安装的情况下，判定它们本身是否达到足够的风险降低。在安全阀的大小和性能还不完全满足应用，或者禁止将气体释放到大气中的情况下，安全仪表系统仅用于限制压力。

9.2.2 见GB/T 21109.1。

9.2.3 在把一个安全功能分配给一个仪表安全功能时，需考虑应用是以要求模式还是以连续模式操作。过程领域中的大多数应用在要求不是很频繁的情况下都使用要求操作模式。在这类情况中，GB/T 21109.1—2007的表3是常用的合适量值。有些应用要求很频繁(例如要求率每年大于1)，这类应用更适合当作连续模式，因为危险失效概率主要是由SIS的失效率决定的。在这些情况下，宜使用GB/T 21109.1—2007表4中的适当量值。失效导致即时危险，在连续模式中是很少见的。如果对于控制系统的所有失效模式而言，保护系统不能满足要求，燃烧器或汽轮机速度控制就可采用连续模式应用。

GB/T 21109.1—2007的表3中SIL是通过PFD_{avg}来定义的。而目标PFD_{avg}是通过要求的风险降低来确定的。要求的风险降低能通过对没有SIS时的过程风险同允许风险进行比较来确定的。它能够通过GB/T 21109.3中的技术按照定量或定性的原则来确定。

GB/T 21109.1—2007的表4用执行SIF的危险失效目标频率来定义SIL。可通过SIS的允许失效率并考虑特定应用中失效的后果来确定SIL。当使用GB/T 21109.1—2007的表4来确定要求的SIL时，目标会基于安全仪表系统的危险失效频率。在使用GB/T 21109.1—2007的表4时，使用检验测试间隔或要求率把危险失效频率转换成要求时的危险失效概率是不正确的。尽管单位看起来是一样的，但这会导致GB/T 21109.1—2007的表4的不恰当转换，并可能导致安全功能的SIL要求的不规范。

要求时的平均失效概率目标或者每小时的危险失效频率目标适用于仪表安全功能，并不适用于单个部件或子系统。一个部件或子系统(如传感器、逻辑解算器和最终元件)除了它被用于某个特定SIF之外，不能给它指派一个SIL。但它具有独立的最大SIL能力的申明。

危险和风险评估和分配过程的输出，应该是安全系统所执行功能的一个清晰的描述，包括潜在的安全仪表系统及其所有仪表安全功能的安全完整性等级要求(连同操作模式——连续或要求)。它构成了SIS安全要求规范的基础。应清楚地描述确保能维持安全所需要执行的功能。

在此实现阶段，不必规定传感器和阀门的架构的细节。决定采用什么样的架构比较复杂，特定系统是否要求 2oo3 传感器和 1oo2 阀取决于许多因素。

9.2.4 需要完全了解GB/T 21109.1—2007中表 3 和表 4 的含意。特别是，单个仪表安全功能可以声明的 PFD_{avg} 限制到 10^{-5}，这相当于 10^5 的风险降低（SIL 4）。可靠性分析指出由于硬件随机失效的 PFD_{avg} 小于 10^{-5} 是可以达到的，但GB/T 21109.1认为系统失效和共同模式失效会限制实际可能达到的性能。强烈推荐在风险分析显示出需要高的风险降低的情况下，应注意到过程领域中要达到 SIL 4 的仪表安全功能是困难的。解决办法是使用几个较低完整性的独立 SIS。

根据GB/T 21109.1—2007的 9.2.4 的注 4：

为了达到较高的风险降低水平（如大于 10^3），可以使用多个 SIS。当使用多个 SIS 来达到较高的风险降低时，重要的是每个 SIS 应能独立地执行安全功能，并且各 SIS 之间应有足够的独立性。例如，把一个 SIL 2 的压力检测回路同一个 SIL 1 的液位检测回路组合起来，以达到具有 10^3 风险降低要求的过压安全功能也许并不可取；因为液位传感器检测到一个高液位之前，压力容器就可能已经超过了它的压力限值。

另外，在使用多个 SIS 时，还应考虑共同原因失效。此外，还要满足GB/T 21109.1中定义的所有其他要求，包括表 5 中定义的最低故障裕度要求。

为了说明怎样组合所使用的多个 SIS 来达到较高的风险降低水平，考虑下例：

一个由 2oo3 变送器组、一个 2oo3 逻辑解算器和一个 1oo2 最终元件组构成的一个具有 PFD_{avg} 为 3.05×10^{-4} 的 SIS。该 SIS 达到的风险降低大约为 3.3×10^3。

假定使用两个这样的系统来产生一个 10×10^6（$3.3\times10^3\times3.3\times10^3$）的风险降低是不正确的。共同原因因素（如使用相同的技术、根据同样的功能规范设计两个系统）、人为因素（如编程、安装、维护）和外部因素（如腐蚀、堵塞、空气管道的冻结、闪电）都将限制系统提高。还有必要考虑两个系统间任何共享的部件。

一种较可行的解决办法是使用尽可能多样性的部件（为了最小化潜在的共同原因问题）的一个非冗余第二系统。

例如，考虑包含仅一个开关、继电器逻辑和仅一个最终元件的系统，该系统具有一个 7.7×10^{-3} 的 PFD_{avg}。此系统达到的风险降低大约为 1.3×10^2。

把基于软件的 SIS 和单纯继电器型 SIS 组合起来，可得到的总体理论风险降低为 4.3×10^5（$3.3\times10^3\times1.3\times10^2$）。如上所述，尽管在理论上性能的组合似乎是可能的（因为无论哪个 SIS 都能使过程单元停机），但同样不得不考虑共同原因因素，并且由于这些因素使之可达到的风险降低要稍微低一点。

9.3 安全完整性等级 4 的附加要求

9.3.1 见GB/T 21109.1。

9.3.2 见GB/T 21109.1。

9.4 作为一个保护层的基本过程控制系统的要求

9.4.1 基本过程控制系统也可视为是一个遵从某些条件的保护层。如果在 BPCS 中，以降低过程风险为目的的功能得到实现，针对预定要降低的确定的风险，也可给 BPCS 分配一个风险降低。

9.4.2 不需遵从GB/T 21109.1，仪表型系统就可声明低于 10 的风险降低。这使得 BPCS 可用于某些风险降低，而无需按GB/T 21109.1的要求实现该系统。应通过考虑 BPCS 的完整性（由可靠性分析或者性能数据确定）和用于配置、修改、操作和维护的规程表证明所作的任何声明都是合理的。当在 BPCS 中给功能分配风险降低时，保证提供访问保密和更改管理是重要的。能声明的一个 BPCS 功能的风险降低也可由 BPCS 功能和诱发原因之间的独立程度来确定。图 2 说明了 BPCS 功能和诱发原因之间的独立性。

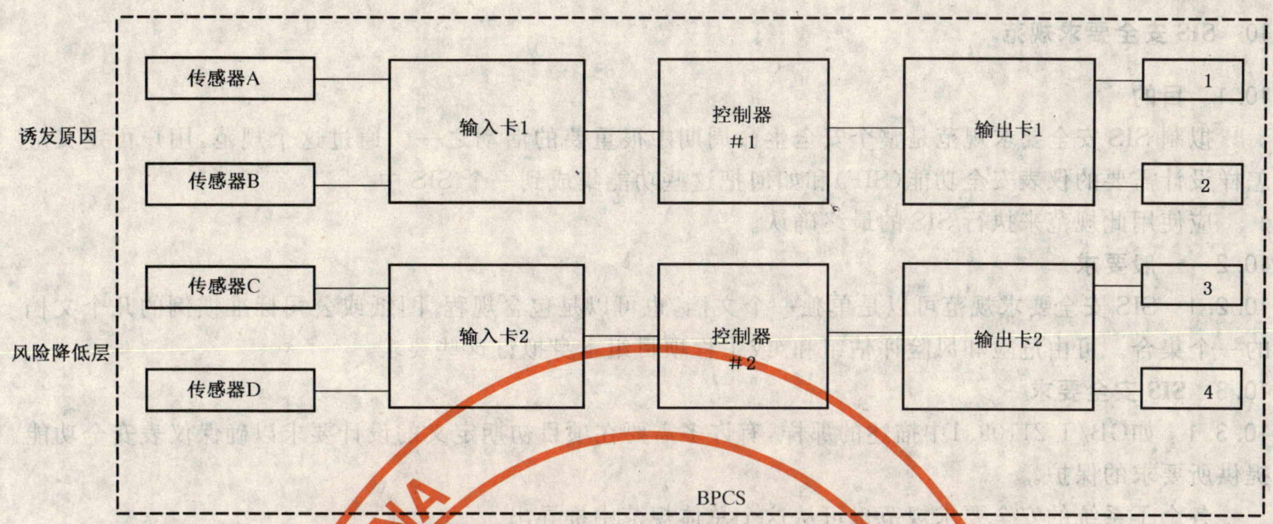

图 2 BPCS 功能和诱发原因的独立性说明

例如，考虑一个流量控制回路是诱发原因的情况。此诱发原因包括一个流量变送器、一个控制器和一个控制阀。为了给 BPCS 中的一个压力控制回路分配风险降低，压力变送器应连接到一个独立的控制器，调节一个独立的最终元件（例如到燃烧系统的排气阀）。

9.4.3 见GB/T 21109.1。

9.5 防止共同原因失效、共同模式失效和相关失效的要求

9.5.1 在早期阶段应考虑的一个重要问题是在每层中的各冗余部分之间（例如同一压力容器上的 2 个安全阀之间）、各安全层之间或者各安全层和 BPCS 之间是否存在任何共同原因失效。一个基本过程控制系统测量的失效可能引起对安全仪表系统提出一次要求，以及在安全仪表系统中使用一个具有同样特点的设备的情况就是它的一个例子。在这种情况下，有必要确定是否存在使两台设备同时失效的可信的失效模式。在判明是一个共同原因失效的情况下，则可采取以下动作：

a) 可通过改变安全仪表系统或者基本过程控制系统的设计来减少共同原因。降低共同原因失效的可能性的两种有效方法是设计的多样化和物理分离。这是通常优先选用的方法。

b) 当确定总的风险降低是否足够时应考虑共同原因事件的可能性。这要求对由要求原因以及保护系统失效构成的故障树进行一次分析。在这种故障树上可以表示出共同原因失效并通过适当的建模方法量化对整个风险的影响。

BPCS 和 SIS 共享的任何传感器或者执行机构都很可能引入共同原因失效，而解决装置的这种共享的方法应如本条中所述。

9.5.2 当对共同原因失效、共同模式失效和相关失效的可能性执行一次评估时，应使用下面所列的考虑。评估的范围、形式和深度取决于预期功能的安全完整性等级。对安全完整性水平为 3 或者更高的情况而言，共同原因、共同模式和相关失效的影响也许是决定性的。应考虑：

——各保护层之间的独立性：应进行一次失效模式影响分析，以便确立单一事件是否能引起不止一个保护层失效或者 BPCS 和一个保护层同时失效。分析的深度和严密性取决于风险。

——各保护层之间的多样性：目标应是各保护层和 BPCS 之间的多样性，但并不一定总是能作到。例如过压保护，在这种情况中，BPCS 压力控制回路的一次失效将导致一次要求。BPCS 和 SIS 都需要测量压力，并对提供的合适设备有一个限制。使用从不同生产厂购买的设备也许能达到某些多样性，但如果使用同类型的连接方式把 SIS 和 BPCS 传感器连接到过程，则多样性也许很有限。

——不同保护层之间物理分离：物理分离可以降低由物理原因引起的共同原因失效的影响。根据比如精确性和响应时间这样的功能需要，BPCS 和 SIS 的测量连接位置应有最大物理间隔。

10 SIS 安全要求规范

10.1 目的

拟制 SIS 安全要求规范是整个安全生命周期中很重要的活动之一。通过这个规范,用户可定义应怎样设计需要的仪表安全功能(SIF)和如何把这些功能集成到一个 SIS 中。

应使用此规范来执行 SIS 的最终确认。

10.2 一般要求

10.2.1 SIS 安全要求规范可以是单独一个文档,也可以是包含规程、图纸或公司标准惯例的几个文档的一个集合。可由危险和风险评估组和/或工程项目组本身拟订这些要求。

10.3 SIS 安全要求

10.3.1 如GB/T 21109.1中描述的那样,有许多需要在项目初期定义的设计要求以确保仪表安全功能提供所要求的保护。

各个子系统的安全要求规范也可从这个总体规范中推导出。

有关安全要求规范的一些考虑如下:

a) 需定义的首要条款是仪表安全功能及其安全完整性等级(SIL)。一个仪表安全功能的例子是"通过截断处于高压状态下的进口阀以防止反应釜超压"。典型的功能描述包含:
   ——检测危险工况征兆需采取的测量。一个简单的例子可能是检测压力上升超过某个规定值。当压力处于某参数值时应采取动作,该参数值需超过正常操作范围且低于导致危险工况的某个值。需要为系统响应和测量精确度确定一个允许范围。因此,在设置极值时,需要同负责设计和实现安全仪表系统的人员进行讨论。
   ——防止危险工况需要采取的动作。一个简单的例子可能是在规定的时间内减少流到重沸器(reboiler)的蒸汽流量。应注意的是,一般仅说明应切断流到重沸器的蒸汽流还是不够充分的。设计师需要知道什么对于成功运行是必要的。例如,根据热负荷,在一分钟之内把流量降低到 10%以下就足够了。在其他例子中,可能需要在几秒钟内牢牢地关断蒸汽流。
   ——不是为了防止危险工况的需要而是可能有利于操作采取的动作。动作可能包括报警、上游或下游单元的关断,以减少对其他保护系统提出要求,或者减少一旦消除了危险的起因则使能快速起动的动作。值得注意的是,应把这些动作同为防止危险工况的必要动作分开,以便最小化成本和把安全仪表系统的边界限定到必要范围内。边界设定越宽,在要求时的整体失效概率满足与规定的完整性等级相关的要求就显得越困难。
   ——避免任何已识别出的可导致危险情况的过程状态或者 SIS 操作顺序。
   ——任何由于会导致危险情况而需要被防止的已识别出的过程状态或者 SIS 操作序列。

b) 根据应起动或停止哪个流程、应打开或关闭哪个过程阀门以及任何旋转设备(泵、压缩机和搅拌器)的操作状态,本规范应定义每个已识别出的功能的过程安全状态。如果将一个过程导向安全状态涉及顺序要求,则也应确定该顺序。

   注:在定义最终元件时,应考虑多样性的好处,例如,关断产品流和关断蒸汽流以降低高压。

c) 在开始设计 SIS 时,就应定义所需检验测试间隔的要求,以便在设计中能把它考虑在内。例如,如果要在计划的停机期间(如每三年)执行检验测试,则设计可能要求比检验测试间隔为一年时更高的冗余程度。

d) 应定义能手动使过程进入安全状态的要求。例如,如果要求操作员能够从控制室或现场手动关闭一台设备,则需对此进行规定。也需规定 SIS 逻辑解算器的手动停机开关的任何独立性要求。

e) 需规定在一次停机之后重新起动过程的所有要求。例如,某些用户在主控面板上或在现场有电子复位开关,而另有一些用户则可能使用带锁定手柄的螺线管。如果存在类似于这种复位动作的特殊要求,它应是安全要求规范的组成部分。

f) 如果存在一个伪脱扣的目标频率,也应把它作为安全要求规范的一部分进行规定,它将是 SIS 设计中的一个因素。

g) 需充分描述 SIS 和操作员之间的接口,包括报警(预停机报警、停机报警、旁路报警和诊断报警),图形和事件顺序记录。

h) 也可能存在旁路需要以便能在过程运行的同时测试或维护 SIS。如果存在旁路诸如键锁或口令这类装置的特殊要求,也需要把这些作为安全要求规范的一部分规定下来。

i) 应定义 SIS 的失效模式和对已检测到的故障的响应。例如,可以把一个变送器设计成失效就面临一次脱扣状态或者失效就解除脱扣状态。如果把它设计成失效就解除脱扣状态,重要的是操作员能得到变送器失效的一个报警以及培训操作员采取必要的纠正动作,以使变送器尽快地得到修复。关于已检测出的故障的要求,见GB/T 21109.1—2007的 11.3。

10.3.2 见GB/T 21109.1。

11 SIS 设计和工程

11.1 目的

本章的目的是提供 SIS 的设计指南。每个 SIF 都有它自己的一个 SIL。SIS 的一个部件,如一个逻辑解算器可以被不同 SIL 的若干个 SIF 使用。

11.2 一般要求

11.2.1 见GB/T 21109.1。

11.2.2 见GB/T 21109.1。

11.2.3 见GB/T 21109.1。

11.2.4 GB/T 21109.1—2007的第 11 章有许多 SIS 的设计要求。其中一项是 SIS 和 BPCS 之间的独立性。

通常因以下原因,SIS 是同 BPCS 分开的:

a) 为了降低 BPCS 对 SIS 的影响,特别是当它们共享共用设备时。例如,当 BPCS 和 SIS 共享一个用于停机和控制的共用阀门时,在该阀门的一次危险失效事件中,它并不能用来执行一个 SIS 停机功能。

b) 为了保持与 BPCS 有关的更改、维护、测试和文档的灵活性。

注 1:通常 SIS 比 BPCS 有更为健壮的要求,而且不会要求 BPCS 具有和 SIS 一样的健壮要求。但应注意,不受控制的 BPCS 修改可能造成对 SIS 提出更多的要求。

c) 为了有助于 SIS 的确认和功能安全评估。

d) 如果 BPCS 与 SIS 组合在一起,为满足修改管理的计划安排,需要限制对 BPCS 的编程和配置功能的访问。

在共用设备的一次失效可引起向 SIS 提出一次要求的情况下,应进行一次分析以保证总危险率满足预期值。总的危险率是共用元件的危险失效率和其他要求源的危险率(包括 SIS 独立部分的危险失效)的总和。

SIS 和 BPCS 之间的分离可使用同种分离或异种分离。同种分离意味着 BPCS 和 SIS 使用相同的技术,而异种分离则意味着使用同一制造商或不同制造商的不同技术。

与有助于降低随机失效的同种分离相比,异种分离有利于降低系统失效概率和减小共同原因失效。

在 SIS 和 BPCS 之间的同种分离在设计和维护时有一些优势,因为它降低了维护错误的可能性,特别是选择在用户组织范围内此前还未使用过的各种部件。

虽然要考虑共同原因失效的源头和影响,并且要降低它们的可能性,但对 SIL 1、SIL 2 和 SIL 3 而

言,SIS和BPCS之间的同种分离是可接受的。共同原因失效的一些例子是:

a) 仪表连接器的插拔和导线上的脉冲群;

b) 侵蚀和腐蚀;

c) 由于环境引起的硬件故障;

d) 软件误差;

e) 动力源和供电;

f) 人为误差。

异种分离有助于降低系统失效概率(在SIL 3和SIL 4应用中此降低因子特别重要)和减小共同原因失效。

一般可供SIS和BPCS进行分离的区域有4个:

1) 现场传感器;

2) 最终元件;

3) 逻辑解算器;

4) 配线。

BPCS和SIS之间也不一定需要物理分离,其条件是它们之间应保持独立性,并且设备安排方式和所使用的规程可以保证SIS不受下列因素的危险影响:

——BPCS的失效;

——在BPCS上进行的作业,如维护、操作或修改。

SIS设计师需规定可保证SIS不受危险影响应使用的规程。

a) 现场传感器

BPCS和SIS共用一个传感器时要求进一步地复审和分析。因为此单一传感器的失效可能产生一种危险情况,故有必要进行额外的复审和分析。例如:当BPCS和SIS使用同一个液位传感器,传感器低位失效时,高液位脱扣会产生一次要求。传感器低位失效导致控制器将驱动阀门开启,由于SIS也使用该传感器,而它并不会检测到作为结果而产生的高液位工况。

在一个BPCS和SIS功能使用单一传感器的情况下,一般只有在传感器诊断可把危险失效率降到足够低且SIS能在要求的时间内把过程置于某个安全状态时,才能满足GB/T 21109.1的要求。

实际上,即使是在SIL 1应用的情况,也难以达到这一点。对一个SIL 2、SIL 3或SIL 4的仪表安全功能来说,通常需用具有同型或异型冗余的单独SIS传感器来满足要求的安全完整性。

注2:当使用一个单独SIS传感器时,通过适当的隔离器把信号转发给BPCS是有好处的。通过对BPCS和SIS传感器之间的信号进行比较,这种安排可能提高诊断覆盖率。

当使用冗余SIS传感器时,通过适当的隔离器也可把这些传感器连接到BPCS上。BPCS中的适当算法,通过降低对SIS的要求率,如"取中间值(middle of three)",可提高安全性。

b) 最终元件

BPCS和SIS共用一个阀门的情况大致同共用一个传感器的情况一样,也需要进一步地复审和分析。如果阀门失效将向SIS提出一次要求,通常不推荐SIS和BPCS共用一个阀门。

在BPCS和SIS只使用一个阀门的情况下,一般仅当阀门诊断可把危险失效率降到足够低,且SIS能在要求的时间内把过程置于某个安全状态时,才能满足GB/T 21109.1的要求。

实际上,即使对SIL 1应用而言,要达到上述要求也是困难的。对一个SIL 2、SIL 3或SIL 4仪表安全功能而言,要满足安全完整性通常需要SIS具有同型或异型冗余的单独阀门。

在BPCS和SIS功能使用单一阀门的情况下,设计应保证SIS动作超驰(overrides)BPCS动作。一般可通过把SIS直接连接到一个电磁阀上来达到这个要求,该电磁阀可直接断开执行器的动力源，例如在阀门定位器和执行器之间。

当使用冗余 SIS 阀门时，这些阀门可同时连接到 SIS 和 BPCS 上。

注 3：即使使用冗余阀门，考虑 BPCS 阀门和 SIS 阀门之间的共同原因失效也是重要的。

确定阀门要求的附加考虑有：

——截断要求；

——类似过程应用中阀门可靠性的经验；

——阀门的非安全失效模式；

——降低阀门作用的操作规程（例如开启旁路阀门）；

——检验测试要求。

c) 配线

有关给脱扣系统供电的问题，通常 BPCS 和有关现场装置的配线是同 SIS 和它的现场装置的配线分开的，这是因为安全功能可能意外失效而不通知脱扣系统。有关这类系统的典型指南包括了安装 SIS 和 BPCS 专用的多芯电缆和接线盒。在配线未分开的情况下，为了减少维护中可能产生的误差所导致的 SIS 失效，建议使用良好的标号和维护规程。

注：给脱扣系统供电涉及到 SIF 电路，在正常工作状态下，该电路的输出和装置处于断电状态下。施加动力（如电、气体）就产生一次脱扣动作。

加电脱扣系统和断电脱扣系统的电缆支持系统（如电缆支架、管道），除另有原因（如电磁干扰）要求分开外，可以共用。关于给脱扣系统供电的问题，可附加对火灾风险区电缆支架防火的考虑。

11.2.5 见GB/T 21109.1。

11.2.6 有关的指南和GB/T 21109.1—2007的 11.2.5 的注应遵循的指南见本部分的 11.8。

在安全工厂运转中，操作员、维护人员、调查员和经理都有自己的任务。不过正如仪表和设备可能出现功能失常或失效一样，人也可能犯错误或者不能执行某个任务。

因此，人的效能也是系统设计的一个元素。在把 SIS 的状况通知给操作和维护人员的过程中，人机接口（HMI）尤为重要。

人的可靠性分析（HRA）应标明引起人犯错误的条件，并根据以前的统计和行为研究提供估计的误差率。作为化工过程风险组成部分的人为误差的例子包括：

——设计中未检测到的误差；

——操作中的误差（如误差的设定值）；

——维护不当（例如用一个失效动作不正确的阀门来替换另一个阀门）；

——校准、测试或解释控制系统输出时的误差；

——不能正确响应一次紧急事件。

注：附加指南见以下参考：

CCPS/AIChE Guideline for Improved Human Performance in Process Safety, New York: American Institute of Chemical Engineers (1994)。

CCPS/AIChE Guideline for Chemical Process Quantitative Risk Analysis (second edition), New York: American Institute of Chemical Engineers (2000)。

HSE Reducing error and influencing behaviour, HSG48, Health and Safety Executive, London (1999), ISBN 07176 2452 8。

11.2.7 本条论述了如果在纠正脱扣工况后，SIS 立即自动重新起动该过程时可能产生的潜在危险。应分析每个 SIF，以便确定一旦纠正了脱扣工况应怎样复原该 SIF。一般应只有在操作员的手动动作之后，才可能重新起动。

11.2.8 手动意味着 SIS 逻辑解算器和 BPCS 控制系统二者是独立的，配备它们是为了在发生一次紧急事件时操作员能够启动停机。在 SRS 中通常定义有手动停机的要求。

倘若必要并且危险和风险评估组认为合适，就可把紧急停机连接到 SIS PE 逻辑解算器(例如当要求按顺序停机时)。

11.2.9 本条指出需要分析 SIS 和其他保护层之间，而不仅仅是 SIS 和 BPCS 之间的独立性(见GB/T 21109.1—2007的图 9)。

在有些情况下，BPCS 和 SIS 之间不完全分离是可以接受的，尤其是在共用设备的一次失效不会引起对 SIS 提出一次要求的情况，在这种情况下必须按照GB/T 21109.1实现共用或共享设备。

在共用设备的失效可引起向 SIS 提出一次要求的情况下，应进行一次分析以保证总危险率满足预期值。总危险率是所有共用元素的危险失效率和其他要求源的危险率(包括 SIS 的各个独立部分的危险失效)的总和。为了确定与共用设备的危险失效相关的危险，应考虑以下情况：

a) 冗余配置的一个元素被用作一个 BPCS 的情况。考虑仪表故障引起的 SIS 性能降低时共用设备的危险失效产生的危险。

b) 共享仪表非冗余的情况。考虑假定 SIS 不会响应时共用设备的危险失效导致的危险。

11.2.10 提供 BPCS 和 SIS 二者所使用的一个共用元素的注意指南。注中的“足够低”意味着由其他独立层(不是 SIF)的 PFD 组合成的共享设备的危险失效率仍满足你的共同风险准则。

11.2.11 在失去动力源的最终元件失效后不能进入安全状态(例如给脱扣系统供电)的情况下，应考虑包含本地手动方式达到安全状态的条款。

11.3 检测故障时的系统行为要求

11.3.1 见GB/T 21109.1。

11.3.2 见GB/T 21109.1。

11.3.3 见GB/T 21109.1。

11.4 硬件故障裕度要求

11.4.1 安全系统的传统设计方法是保证任何单一故障不会造成预定功能丧失。具有故障裕度为 1 的系统结构，如 1oo2 或 2oo3，即使存在一个危险故障，在要求时它们仍能起作用。这些系统过去用作安全系统的一种标准方案，可保证它们足够健壮能承受硬件随机失效。故障裕度结构还为宽范围的系统故障(主要是硬件中的系统故障)提供保护，因为这类故障不一定在同一时刻出现。

本部分认识到过程工业中安全系统的性能不只需要一级，因此本部分已采用了安全完整性等级的概念，此概念包含了系统性能的提高与所涉及的特殊应用所需的风险降低有关。因为有不同的性能级，因此各个性能级不再适合预期所有的安全完整性等级都是故障允许的。但在选择适用于某个特殊完整性等级的结构时，重要的是要保证这种结构对于硬件随机失效和系统失效都足够健壮。为了保证对随机硬件故障的健壮性，本部分要求执行一次可靠性分析。

本部分的要求瞄准的目标是保证结构具有随机硬件故障和某些系统故障所需的故障裕度。在决定所需的故障裕度值时，应考虑以下一系列因数：

——在子系统中使用的装置的复杂程度。如果已很好定义了故障模式并能确定故障工况下的行为以及有足够的来自现场经验的失效数据，则一台装置不大可能发生系统故障。

——故障能导致某个安全工况或能被诊断所检测，从而能采取某个规定动作的量值，这种能力被称为装置的安全失效分数。

——应用所涉及的安全完整性等级要求。

制定GB/T 20438—2006的工作组考虑到了上述因素以及在GB/T 20438.2—2006中要求规定的故障裕度值。在拟制过程部门的该部门专用标准时，应考虑到现场装置和非 PE 逻辑解算器的故障裕度要求可被简化，并且GB/T 21109.1可作为替代标准。应注意，为了满足可用性要求，子系统设计可能要求比GB/T 21109.1—2007的表 5 和表 6 中所讲的部件冗余更大。

硬件故障裕度要求可适用于执行某个 SIF 所需的各个部件或者子系统。例如，在包含有若干个冗余传感器的一个传感器子系统的情况中，故障裕度要求适用于整个传感器子系统，而不适用于各个传感器。

11.4.2 GB/T 21109.1—2007的表5定义了PE逻辑解算器的最低故障裕度。故障裕度要求依赖于SIS所要求的SIL以及子系统安全失效分数。通常可从PE逻辑解算器供货商处得到逻辑解算器安全失效分数的有关信息。如果未按照计算安全失效分数时所作的假设来使用PE逻辑解算器,则应仔细考虑对安全失效分数所作的声明。特别是应检查所作的假设,以保证在计算SFF时所假定的边界和环境对现实应用是有效的。这是因为SFF同许多问题有关,比如子系统是加电脱扣还是断电脱扣。在计算SFF过程中所使用的数据源和所做的假设都应文档化。SFF只同硬件随机失效有关。在确定SFF时,以下假设是可以接受的,即应用所选择的子系统是恰当的,并且子系统的安装、调试、运行和维护都准确无误以至可以在评估中忽略掉早期失效和老化失效。在确定SFF时无需考虑人为因素。

11.4.3 GB/T 21109.1—2007的表6定义了具有第1列中所要求的SIL声明限值的传感器、最终元件和非PE逻辑解算器的基本故障裕度水平。表6中的要求是以GB/T 20438.2—2006中对具有SFF在60%～90%之间的PE装置的要求为依据的。这些要求所依据的假设是主导失效模式将进入某个安全状态或者危险失效已被检测出。

11.4.4 本条允许除PE逻辑解算器外的所有子系统的硬件故障裕度在某些条件下可减少1。这些条件适用于包括阀门或者智能变送器等装置,并可降低系统失效的可能性,从而使对非PE装置的要求同GB/T 20438.2—2006的要求相一致。

11.4.5 在某些情况下按照GB/T 20438.2—2006的故障裕度要求有可能降低故障裕度。它可以通过引入附加诊断(如信号比较或定期进行的部分行程测试)来实现,从而使子系统的SFF高于90%。

11.5 选择部件和子系统的要求

11.5.1 目的

见GB/T 21109.1。

11.5.2 一般要求

11.5.2.1 选择SIS中使用的部件和子系统时有一些考虑。首选是按GB/T 20438.2—2006和GB/T 20438.3—2006设计的部件。第二选择是使用在类似服务和类似环境中经广泛使用已知是可靠的部件和子系统。

无论选择那个选项,都应论证部件或子系统:

a) 充分可靠足以达到总的目标PFD或者仪表安全功能的目标危险失效率;

b) 满足结构化约束要求;

c) 系统故障的可能性足够低。

只要符合GB/T 20438.2—2006和GB/T 20438.3—2006或者本部分的11.5中以往使用的要求就能满足c)的要求。

11.5.2.2 见GB/T 21109.1。

11.5.2.3 见GB/T 21109.1。

11.5.2.4 见GB/T 21109.1。

11.5.3 根据以往使用选择部件和子系统的要求。

11.5.3.1 只有少数现场装置(传感器和阀门)是按照GB/T 20438.2—2006和GB/T 20438.3—2006进行设计的。因此,用户和设计人员不得不更依赖于使用"经使用验证的"现场装置。

许多用户都有一份被认可和被推荐可在它们的设施中使用的仪表的清单。这些清单是根据它们的BPCS的广泛成功操作经验而创建的。那些执行情况不理想的传感器和阀门被剔除在清单之外。

按照GB/T 21109.1的要求对SIS进行评估时,通常BPCS的认可或推荐清单上所列的传感器和阀门也可认为是经使用验证的。此仪表清单应包含装置的版本,并得到从用户和制造商反馈的现场监视的文档的支持。此外,制造商应有一个修改过程,以评价已报告的失效和修改的影响。

如果没有这样一份清单,用户和设计人员就需要对传感器和阀门进行一次评估,以保证它们能确信仪表将按要求执行。可能需要同其他用户或设计人员进行讨论，以便了解在类似应用中它们正在使用何种产品。

11.5.3.2 应注意到对一些比较复杂的装置而言，要表明在某个应用中取得的经验是相关的将变得比较困难。例如，就 PLC 而言，在使用简单梯形逻辑的某个应用中获得的经验，与使用复杂计算和顺序的应用可能并不相关。

一般，现场装置操作行规的相关特征与逻辑解算器操作行规的相关特征是不同的。

对现场装置而言，以下几点应成为操作行规的组成部分：

——功能性(如测量、动作)；

——操作范围；

——过程属性(如化学属性、温度、压力)；

——过程连接。

对逻辑解算器而言，以下几点应成为操作行规组成部分：

——硬件版本和结构；

——系统软件版本和组态；

——应用软件；

——I/O 组态；

——响应时间；

——过程要求率。

对所有装置而言，以下两点应成为操作行规的组成部分：

——EMC；

——环境条件。

11.5.4 根据以往使用选择 FPL 可编程部件和子系统(如现场装置)的要求。

11.5.4.1 见GB/T 21109.1。

11.5.4.2 见GB/T 21109.1。

11.5.4.3 见GB/T 21109.1。

11.5.4.4 本条说明鉴定一个 FPL 可编程装置是否具备 SIL 3 能力时的附加要求。

11.5.4.5 本条强制要求一个具有 SIL 3 能力的 FPL 可编程装置必须具备一本安全手册。

11.5.5 根据以往使用选择 LVL 可编程部件和子系统(如逻辑解算器)的要求。

11.5.5.1 本条列出了对具有 SIL 1 或 SIL 2 能力的 LVL PE 逻辑解算器的附加要求。具有 SIL 3 或 SIL 4 能力的 LVL PE 逻辑解算器应符合GB/T 20438.2—2006和GB/T 20438.3—2006。

11.5.5.2 见GB/T 21109.1。

11.5.5.3 见GB/T 21109.1。

11.5.5.4 见GB/T 21109.1。

11.5.5.5 本条列出了一个安全配置的 PE 逻辑解算器要达到 SIL 1 和 SIL 2 能力的附加要求。有关附加考虑可参见附录 D。

11.5.5.6 本条列出了一个安全配置的 PE 逻辑解算器要达到 SIL 2 能力的附加要求。

11.5.5.7 本条强制要求一个具有 SIL 2 能力的 LVL 可编程装置必须具备一本安全手册。

11.5.6 选择 FVL 可编程部件和子系统(如逻辑解算器)的要求。

11.5.6.1 见GB/T 21109.1。

11.6 现场装置

11.6.1 见GB/T 21109.1。

11.6.2 见GB/T 21109.1。

11.6.3 见GB/T 21109.1。

11.6.4 见GB/T 21109.1。

11.7 接口

到一个 SIS 的用户接口是操作员接口和维护/工程接口。SIS 和操作员显示器之间交流的信息或数据既可能同 SIS 有关，也可能是资料性的。

如果操作员的某个动作是仪表安全功能的组成部分，则应把执行该动作所需的任何事情都看作是 SIF 的一部分。例如一个报警指示操作员必须停止过程，在此例中，停机开关（实现停机动作的方式）应被认为是 SIF 的一部分。

如果能表明并不包含仪表安全功能（如 BPCS 中的只读访问），则可在 BPCS 中显示非 SIF 组成部分的数据通信（例如，实现 SIF 中的脱扣功能时，可显示一个 SIF 传感器的实际值）。

11.7.1 操作员接口要求

在操作员和 SIS 之间用于交流信息的操作员接口可包括：

——视频显示器；

——包含灯、按钮和开关的面板；

——声光报警器（可视和可听）；

——打印机（不应是通信的惟一方法）；

——上述的任何组合。

a) 视频显示器

如果 BPCS 视频显示器显示的只是信息数据，则它可共享 SIS 和 BPCS 的功能。通过 SIS 可附加显示安全准则信息（例如，如果操作员也是安全功能的组成部分）。

当在紧急工况中需要操作员动作时，应按照安全要求规范来实现操作员显示器的更新和刷新率。

与 SIS 有关的视频显示应能清晰地识别，使之在紧急情况下能避免可能引起操作员误判的不明确性或潜在可能性。

BPCS 操作员接口可用来提供仪表安全功能和 BPCS 报警功能的自动事件记录。

应记录的工况可包含：

——SIS 事件（比如脱扣和并发预脱扣）；

——每当改变程序而访问 SIS 时；

——诊断（如差异等）。

值得注意的是借助报警和/或操作规程可警示操作员 SIS 任何部分处于旁路状态。例如，旁路阀上的限位开关检测到 SIS 最终元件旁路，则触发控制面板上的一个报警。或者通过操作规程管理在旁路阀上安装密封件或机械锁，也可检测 SIS 中最终元件（例如截止阀）的旁路。通常建议这些旁路报警器保持同 BPCS 分离。

b) 面板

面板应安放在操作员容易达到的地方。

面板上的布置应保证按钮、灯、规格和其他信息的布置不会使操作员发生混淆。各个过程单元或设备的停机开关外观类似并分在一组，会导致在紧急情况下处于紧张状况的操作员可能停错设备。因此各停机开关应在形体上加以区分，并应标记好各自的功能。应提供测试所有灯的方法。

c) 打印机和记录

与 SIS 连接的打印机在出现故障、掉电、断开连接、缺纸或异常行为时，不应危及仪表安全功能。

利用时间和日期标记以及工位号标识，打印机可用来记录事件发生的时序、诊断、其他事件和报警。应提供报告的格式化工具。

如果打印是一个缓存功能(信息被存储,然后在要求时或根据一份定时打印的时间表打印),则应规定缓存的容量使之不会丢失信息,以及不存在因缓存空间被占满而危及 SIS 功能性的情况。

11.7.1.1 应在一个显示器上向操作员提供足够的信息,以便迅速传送关键信息。显示器的一致性是重要的,所使用的方法、报警约定和显示部件应同 BPCS 显示器一致。

还应注意显示器布置。应避免在一个显示器上安排大量信息,因为它们可能导致操作员读错数据和采取错误的动作。彩色闪光指示灯和适宜的数据间距应被用于指引操作员到重要信息上,从而减少混淆的可能性。信息应清楚、简明扼要和无歧义。

显示器设计应使得有可能是色盲的操作员也能辨认出数据。例如,也可用充满或者未充满的图形来显示由红色或绿色所代表的工况。

11.7.1.2 见GB/T 21109.1。

11.7.1.3 见GB/T 21109.1。

11.7.1.4 见GB/T 21109.1。

11.7.1.5 见GB/T 21109.1。

11.7.2 维护/工程接口要求

11.7.2.1 见GB/T 21109.1。

11.7.2.2 维护/工程接口包括 SIS 编程、测试和维护工具。接口是用于下列功能的装置:

a) 系统硬件配置;

b) 应用软件开发、文档编制和下载到 SIS 逻辑解算器;

c) 为了更改、测试和监视而对应用软件进行的访问;

d) 查看 SIS 系统资源和诊断信息;

e) 更改 SIS 保密等级以及存取应用软件变量。

维护/工程接口应能显示所有 SIS 部件(例如作为输入模块、处理器)的操作和诊断状况,包括它们之间的通信。

维护/工程应提供把应用程序复制到备用存储媒体上去的一些手段。

与一个 SIS 连接的、用于维护/工程目的的个人计算机在出现故障、掉电或断开连接时应不危及安全功能。

11.7.2.3 见GB/T 21109.1。

11.7.2.4 见GB/T 21109.1。

11.7.3 通信接口要求

11.7.3.1 见GB/T 21109.1。

11.7.3.2 见GB/T 21109.1。

11.7.3.3 见GB/T 21109.1。

11.7.3.4 见GB/T 21109.1。

11.8 维护或测试设计要求

11.8.1 设计 SIS 应考虑怎样维护和测试系统。如果要在过程运行的同时测试 SIS,设计不应要求断开线路、使用跳线或者强制软件寄存器,因为使用这些技术可能要危及 SIS 的完整性。为了安全地完成包括传感器、逻辑解算器和最终元件在内的整个系统的测试,系统设计应提供 SIS 的技术要求和规程要求。

定义怎样在过程运行的同时维护一个 SIS 是重要的。例如,如果一个变送器或阀门需要持续运转,则需提供有关在保持过程安全的同时维护部门应怎样处理这些仪表而又不会引起一次乱真脱扣的考虑。

对最终元件测试周期的任何限制都应在计算 SIF 的 PFD_{avg}时加以考虑。

11.8.2 见GB/T 21109.1。

11.8.3 安装旁路可能降低一个 SIS 的保密水平。通过以下办法可以克服保密性的这种降低：

a) 使用口令和/或键锁开关。有些设计可结合带锁机柜内装适当的旁路。

b) 通过对阀门位置加封或者设置指示相应位置的重要性的安全符号，清楚地标识管道旁路。

例如，对一个 1oo2 传感器配置而言，有些用户可能同时旁路两个传感器，而另一些用户可能对每个传感器单独旁路。如果同时旁路传感器，则必须使措施到位以保证风险保持在可允许的范围。两种情况都有可能，应在设计初期就对此进行讨论。

同样，有一些过程操作不支持在过程运行期间移动阀门，或可能在阀门周围安装旁路不现实。在这些情况下，设计应尽量使 SIS 实际可测试，也就是说，至少通过电磁阀。在这种情况下，设计中可以包含电磁阀周围的某种旁路形式，利用这种旁路常用的报警或者规程控制。

11.8.4 见GB/T 21109.1。

11.9 **SIF 的失效概率**

11.9.1 可用于保证设计满足与硬件随机失效有关的性能的技术指南，用户和设计人员应参见本部分的附录 A。

11.9.2 本部分附录 A 中的大多数技术要求用量化表示 SIS 的诊断覆盖率。诊断测试被自动执行以便检测 SIS 中有可能导致安全失效或者危险失效的故障。

通常一种特殊的诊断技术并不能检测所有可能的故障。对于所讨论的一组故障，可提供所用诊断有效性的一个估计。GB/T 20438.2—2006的 7.4.4.5 和 7.4.4.6 条提供了怎样确定诊断的要求（有关怎样计算诊断覆盖率的例子另见GB/T 20438.6—2006的附录 C）。

提高 SIS 的诊断覆盖率有助于满足 SIL 要求。在这种情况中，当计算 SIS 的失效概率（要求模式）或者失效频率（连续模式）时，应考虑诊断覆盖率和诊断测试之间的周期（诊断测试间隔）。附加指南可参见GB/T 20438.6—2006的附录 B 或者 ISA TR84.00.02。

在 SIS 是仅有的保护层并用于连续操作模式下执行某个安全功能的情况下，所需诊断测试间隔应使之能及时检测到 SIS 中的故障，从而保证 SIS 的完整性，并使之能在过程中或在基本控制系统中发生一次失效事件时采取动作，从而保证某个安全状态。

要实现这一点，诊断测试间隔和达到某个安全状态的反应时间之和应小于“过程安全时间”。过程安全时间被定义为：不执行仪表安全功能时，从过程中或 BPCS 中发生一次失效（具有引起一次危险事件的潜在可能）到发生危险事件之间的时段。

共用部件的致命的和潜在的致命故障（如 CPU/RAM/ROM 故障）典型地几乎完全禁止数据处理，因此要远远大于仅一个输出点的故障的影响。具有高失效概率的失效模式的检测一定要有较高的置信度。此外，应考虑失效模式的可检测性。

就被实现的每个诊断程序而言，检测故障的测试间隔和导致的动作应满足安全要求规范。

在这些诊断程序并不是“内装”在厂家提供的设备中时，为了满足 SIF 的 SIL，可在系统或应用层实现外部配置的诊断程序。

诊断不能检测系统误差（比如软件误差）。然而，采取适当的预防措施，也许能实现检测可能的系统故障。

使用各种方法或者这些方法的组合可实现诊断，它们包括：

a) 传感器

1) 提供可检测上限或下限已全部失效的一个传感器的诊断报警装置。其实现方法是使用一个超量程报警器。例如，在一个使用冗余温度变送器的高温脱扣应用中，可附加一个超下限报警器来诊断变送器失效或者变送器信号丢失。

2) 如果使用冗余变送器，通过比较模拟量值可检测正常运行过程中可能发生的异常情况。如果使用了 3 个变送器，可使用 3 个读数的中间值（中值选择）。因为不能正确执行功能的装置会使平均值跑偏，与平均值相比，中值选择更有优势。下列原因可使读数之间产生重大的偏离：

——脉冲导管中的闭塞或冷凝；

——吹洗源压力的降低；

——热电偶覆盖层；

——接地或电源问题；

——变送器不响应，其输出值始终不变。

3) 为防止由于传感器位置或传感器技术引起过程变化，而导致传感器响应变化所产生的乱真报警，可提供时间延迟。例如，有的冗余流量传感器有 1 s～2 s 的延迟。为了监视冗余传感器读数和计算标准偏差以使启动诊断报警，厂家可提供许多软件包。

4) 传感器诊断的另一方法是对相关变量(例如，流量累加器与槽液位变化或者压力关系及温度关系)进行比较。

b) 最终元件

1) 可以对最终元件(如限位开关或位置发送器)的反馈同要求的状态进行比较，从而验证已经采取过预定动作。应使用足够的延迟以便筛选处于转换之中的阀门(如从全开到全闭)的报警。只是在阀门定期改变到作为正常工作组成部分的安全状态时(例如分批操作)，才能考虑对最终元件的反馈同要求的状态进行比较。

2) 有些阀门、执行机构、电磁阀和/或定位器也能提供诊断能力。

c) 逻辑解算器

安全配置的或者符合GB/T 20438—2006的 PE 逻辑解算器典型地包含检测各种故障的诊断程序。一般在安全手册中描述有诊断程序的类型和诊断覆盖率。

d) 外部配置的诊断程序

例子包括监视定时器程序和线端监视器(程序)。

关于可靠性数据的置信度可参见GB/T 21109.1—2007的 11.9.2 c)中的注，平均无故障时间(MTTF)典型地可通过记录在累计运行时间(T)内，在一个部件样本中发生的失效数(n)确定。使用"Chi-square"测试(参见"可靠性、维修性和风险，D J Smith" ISBN 0 7506 5168 7)可推导出所得到的 MTTF 的置信度水平。这意味着通常在一个 SIS 的可靠性计算中应使用的 MTTF 值要比由 T/n 计算的 MTTF 值低。要求的置信度水平越高和观察到的失效数据越低，降低系数也就越大。但一般来说，合理的假定为：置信度水平为 70%时，同可靠性建模相关的其他不确定源相比，降低系数不显著。

12 应用软件要求，包括工具软件的选择准则

GB/T 21109.1—2007的第 12 章并不对 SIL 3 和较低 SIL 的应用软件设计方法加以区别，因为经验表明当使用以下工具时，两种方法之间的差别不大：

——FPL 或 LVL；

——符合GB/T 21109.1的逻辑解算器；

——相应的安全手册。

对不同 SIL 的测试和验证可能会有差异。这方面的指南可参见本部分的 12.7.2.3。

12.1 应用软件安全生命周期要求

12.1.1 目的

12.1.1.1 见GB/T 21109.1。

12.1.2 要求

12.1.2.1 见GB/T 21109.1。

12.1.2.2 注 1 和注 2：当应用软件的设计、实现、验证和确认使用有限可变语言，比如GB/T 15969.3

中的梯形图或者功能块图时，则只需应用图3中所示标准软件“V”模型的两层。在这种情况下，假定使用的功能块符合GB/T 20438.3—2006，则：

——在某种程度上，每个SIF的软件使用“应用软件结构设计”可保证软件设计同硬件结构相一致；

——“应用软件开发”被解释为使用符合GB/T 20438.3—2006和GB/T 20438.4—2006的有限可变语言的安全逻辑的设计和实现；

——“应用软件测试”被解释为应用软件的验证和测试；

——“应用软件同SIS子系统的集成”被解释为使用有限可变语言实现的每个过程安全功能的集成和验证。

在附录D中给出了使用符合GB/T 20438—2006SIL 3的一个PLC的应用软件开发生命周期的例子。

在使用符合GB/T 20438—2006的有限可变语言元素来实现一个新的“功能”或者“功能块”的情况下（例如通用燃烧器联锁序列或者泵联锁序列），则：

——“V”模型中的“应用程序模块开发”被解释成新功能的设计和实现；

——“应用程序模块测试”被解释成新功能的验证和测试。

在用全可变语言编写一个新功能，并因此需要开发软件代码的情况下，正如“V”模型（图3）指出的那样，开发者应遵守GB/T 20438.3—2006所定义的所有生命周期阶段和规程。

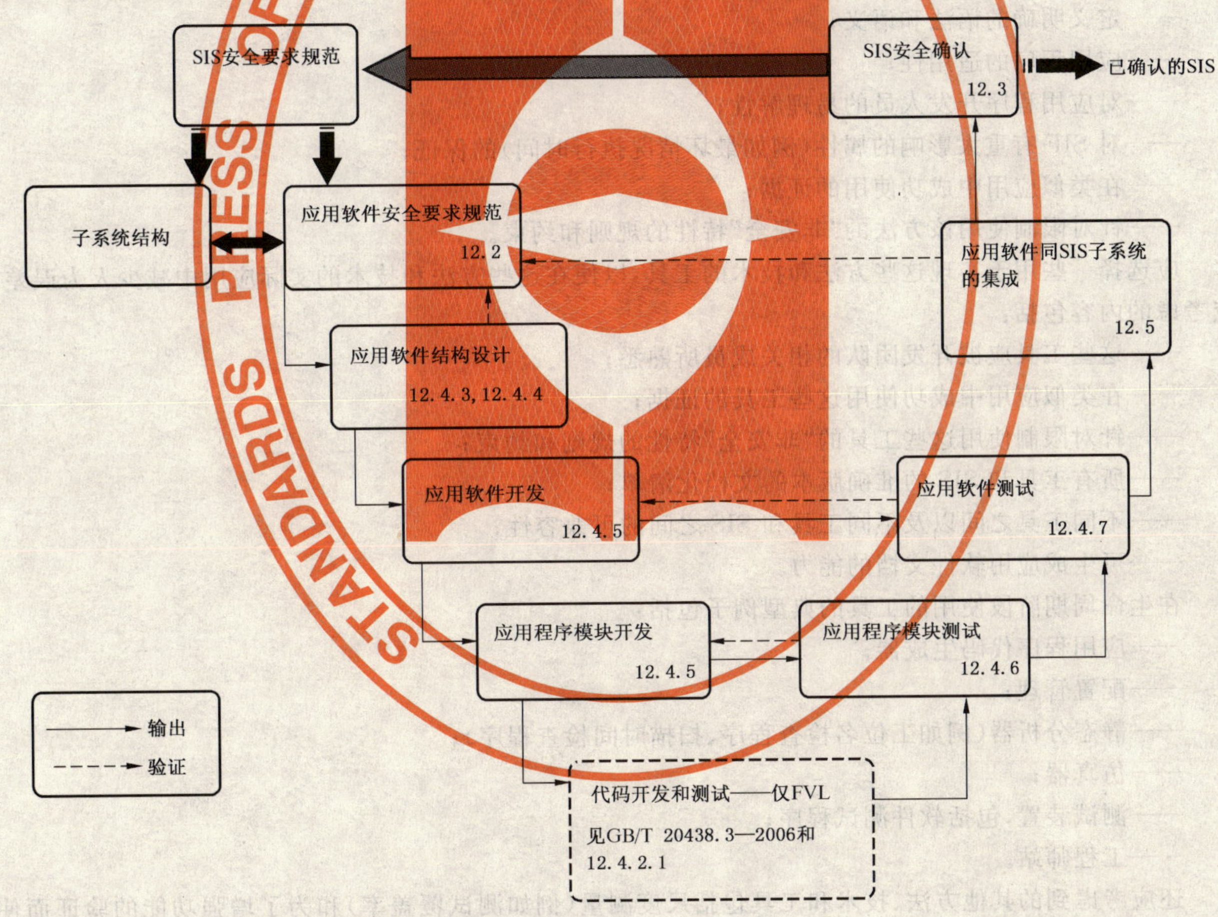

注：除非另有说明，本图中的条文号指的是GB/T 21109.1中的条文号。

图3 软件开发生命周期（V模型）

12.1.2.3 见GB/T 21109.1。

12.1.2.4 选择方法、技术和工具的一些考虑：

为了选择有助于软件达到所要求的质量的方法、技术和工具，应考虑应用软件的下列关键质量参数：

——简明性；

——合适的注释和自然语言的支持；

——用于反映应用的分类法；

——测试覆盖率；

——在支持过程中所涉及到的人员的易理解性；

——与其他相关应用软件风格的通用性。

识别重要参数的方法包括：

——同风险承担者进行讨论，包括操作和维护；

——复审当前作法和工业标准；

——复审厂商的建议；

——分析早先的经验；

——与同行进行讨论。

为使重要的质量参数最佳，在选择方法、技术和工具时应考虑以下问题。

在开发过程中，所选择的方法、技术和工具应使在应用软件中引入故障的风险降到最低。应考虑的内容包括：

——定义明确的语法和语义；

——应用程序的适用性；

——对应用程序开发人员的易理解性；

——对 SIF 有重大影响的属性(例如最坏情况执行时间)的保证；

——在类似应用中成功使用的证据；

——针对限制使用该方法的“非安全”特性的规则和约束。

应选择一些用于实现这些方法和技术的工具，以便在这些方法和技术的实际应用中减少人为误差。应考虑的内容包括：

——这些工具应被开发团队的相关成员所熟悉；

——在类似应用中成功使用这些工具的证据；

——针对限制使用这些工具的“非安全”特性的规则和约束；

——所有工具和 SIS 的准确版本的文档化清单；

——不同工具之间以及不同工具和 SIS 之间的可兼容性；

——可生成应用软件文档的能力。

在生命周期阶段使用的工具的典型例子包括：

——应用程序代码生成器；

——配置管理；

——静态分析器(例如工位名检查程序、扫描时间检查程序)；

——仿真器；

——测试装置，包括软件测试程序；

——工程师站。

还应考虑到的其他方法、技术和工具包括尺度测量(例如测试覆盖率)和为了增强功能的验证而使用的不同的工具(例如背对背工具)。

为了发现并消除软件中已有的故障，建议在整个开发生命周期各阶段都进行验证。典型的方法在12.7.2.3中描述。

为了确保软件中残留的故障不会导致不可接受的后果，需考虑：

——在线检查技术和异常处理；

——供方场外数据库和全局故障报告的使用；
——SIS 故障报告和过程问题及它们对 SIS 的影响的监视；
——在其他系统中对 SIS 关键功能性的镜像；
——在培训过程中 SIS 应用软件副本的使用。

为了保证能在整个 SIS 生存期进行软件维护，需考虑以下几项：

——更改管理的程序(见GB/T 21109.1—2007的第 17 章)；
——进行中的管理支持和维护培训；
——在整个 SIS 生存期中支持工具和开发平台的可用性；
——促进足够的人力资源和技术贯穿 SIS 整个生命周期的方法，这些方法是成文并适宜被广泛使用的；
——针对便于理解和限制软件更改的影响的开发和文档编制规则的使用；
——"初建的"和最新的文档集；
——开发能力和离线测试能力。

12.1.2.5 见GB/T 21109.1。

12.1.2.6 见GB/T 21109.1。

12.1.2.7 见GB/T 21109.1。

12.1.2.8 见GB/T 21109.1。

12.2 应用软件安全要求规范

12.2.1 目的

12.2.1.1 见GB/T 21109.1。

12.2.2 要求

SIS 整体结构也许给规定的仪表安全功能加了一些额外的功能软件要求。一个典型的示例就是冗余传感器的 1oo2 选择逻辑，以及通过传感器自诊断检测到一次危险失效时采取的一个规定的安全动作。附录 B 中的例子列出了来源于所用结构的那些要求。

应用软件也应考虑 PES 所提供的诊断。开发应用软件是为了采取逻辑解算器安全手册中定义的适当动作。

一般使用逻辑图或因果图就可定义每个仪表安全功能的详细安全要求。在许多情况下，可使用逻辑解算器厂家提供的编程语言来定义要求。可以使用的典型语言有功能块图或因果矩阵。所选的厂家提供的语言应适合于应用。使用厂家提供的语言来定义详细要求常常可避免从其他形式的文档翻译成要求时发生的错误。应提供大量的注释以便定义安全和非安全功能以及所有安全功能的 SIL 要求。

详细的功能安全要求规范，应包含受保护过程的所有操作模式期间的所有必要的功能。此外，还应提供所有仪表安全功能的定期测试。典型地，这要求定义维护超驰能力，以便在不停止过程的情况下测试传感器和最终元件。上段中描述的方法同样可用来文档化这些要求。

当使用多个 SIS 来实现仪表安全功能时，应提供用来说明在每个 SIS 中应实现哪些功能的文档。如使用多个 SIS 来实现同一仪表安全功能，则应把 SIS 之间的相互作用以及每个 SIS 的独立性文档化。该文档应包括预定的每个 SIS 应提供的 SIL。

另外的指南可参见本部分的 10.2.1 和 10.3.1。

12.2.2.1 见GB/T 21109.1。

12.2.2.2 在开发应用软件之前，用户应提供一份过程风险和危险评估，根据仪表安全功能以及它们的 SIL，此评估可用来确定软件安全要求。一旦做出了实现软件中仪表安全功能的决定，就应处理好安全要求规范中的任何冲突、不一致和遗漏，这些都是软件设计师需要注意的。一个例子可以是软件内仪表安全功能执行次序的影响。另一个例子是当应用软件与能源关断有关时，应用软件的响应。

12.2.2.3 应用软件安全要求应被作为 SIF 安全要求规范的一个可追溯的响应来开发，涉及的要素包括：

——实现用户定义的 SIF 所需的功能性和定时要求；

——软件系统与过程和人的接口；

——过程危险和应用软件提供的功能性之间的关系；

——保持在过程安全包之内所允许的应用软件的行为边界(例如，处理误差的输入条件的排除)；

——逻辑解算器中提供的实用软件的允许的功能性(例如，安全逻辑和 I/O 通信，故障处理和系统诊断之间的优先次序区分)；

——应用软件执行的硬件平台和系统软件以及硬件和系统软件的配置；

——在过程中，由于系统(软件是该系统的一部分)功能性所产生的危险(例如，断电时不适当的硬件失效模式)；

——作为支持逻辑解算器安全手册时，设计师所使用方法和规程的约束。

为了避免在开发过程的较晚阶段出现困难，制定用于表明已达到应用软件要求的策略也很重要。

在应用软件用于安全仪表系统的情况下，功能安全评估可包括：

——用于表明应用软件功能达到过程危险要求的检查技术；

——用于表明应用软件已执行过所要求的功能，而且到目前为止软件中任何额外的功能不会导致危险工况的功能测试；

——用于表明应用软件在指定的时间已执行所要求的功能的结构测试；

——用于表明应用软件不会产生危险工况的功能失效分析，以及“如果…就会怎样”(“what if”)分析；

——用于表明开发和验证的受控过程已到位，并且使用正确软件版本的审核。

12.2.2.4　见GB/T 21109.1。

12.2.2.5　见GB/T 21109.1。

12.2.2.6　见GB/T 21109.1。

12.3　应用软件安全确认计划编制

附加的指南可见 10.3。

12.3.1　目的

12.3.2　要求

12.3.2.1　见GB/T 21109.1。

12.4　应用软件设计和开发

12.4.1　目的

12.4.1.1　见GB/T 21109.1。

12.4.1.2　见GB/T 21109.1。

12.4.1.3　见GB/T 21109.1。

12.4.1.4　见GB/T 21109.1。

12.4.1.5　见GB/T 21109.1。

12.4.2　一般要求

有许多用来提供 SIS 中安全应用软件的方法。然而，不管使用什么方法来实现安全应用软件，都需要保证已经正确执行完安全生命周期中开发应用软件之前的所有步骤(例如，危险和风险评估、功能描述编写、设备(硬件和软件)选择)。

在设施还没有经验、支持或故障排除能力时，在实现下面的方法之前，建议进行培训和积累操作经验(最好是在非安全应用中的经验)。为了增强此工作，设计和开发人员应建立与在同样环境下使用同样设备的 PE 逻辑解算器用户之间的联络。此办法的置信度水平是确定在 SIS 应用中使用 PE 逻辑解算器的一个主要因素。

下面是开发 SIS 应用软件时需考虑的一个项目清单：

——把应用软件分解成一些离散的 SIF，使每个 SIF 都具备一个 SIL；

——弄清楚每个 SIF 的硬件结构并在每个 SIF 的应用软件中复制此硬件；

——如果优化应用软件过于复杂，则不要优化(常需要一位高级程序员来解释应用软件)；

——根据厂家说明书(例如安全手册)，使用应用软件开发技术；

——不能把从一个 SIF 中得到的应用软件同其他任何一个 SIF 组合起来；

——在经过培训，能够理解和排除故障的基础上使用应用软件语言(如类型、功能)；

——提供一份写好的应用软件描述，该描述同功能描述是一致的，并同应用软件文档放在一起；

——根据过程流程对应用软件进行模块化(例如，第一个模块是与 SIF 无关的通用应用软件，但它是 SIS 所必需的，第二个模块是位于过程入口处的第一个 SIF，最后一个模块是位于过程出口处的最后一个 SIF)；

——充分测试(如仿真、检查、复审)每个应用软件模块并得到第二次独立分析(包括此时的操作和维护部门以及在所有的后续步骤中)，充分测试构成一个过程子系统的模块组合并得到第二次独立分析；

——充分测试 SIS 应用软件；

——获得第二次独立分析；

——在检验完硬件后(例如证实 I/O 已连接到正确的传感器/最终元件上)，使用应用软件；

——包括在过程试运行(如过程不加危险材料运行)中测试应用软件；

——当过程流转到设施时(例如调试运行)，应用软件支持小组成员应守在现场。

应用软件文档可用来确定应用软件对每个 SIF SIL 的适用性。应进行独立的分析来确定应用软件满足 SIL 等级。

GB/T 20438.3—2006和GB/T 20438.6—2006提供了关于此问题的一些替代方法和进一步指南。

12.4.2.1　见GB/T 21109.1。

12.4.2.2　关于选择应用软件设计方法和技术的指南，安全要求达到 SIL 3 的系统应按供货商的安全手册中给出的说明来设计，作为符合GB/T 20438—2006系统的一部分。对于 SIL 4 的系统而言，开发者还应证实所选方法的确符合GB/T 20438.3—2006的要求。

关于选择应用软件测试和验证方法及技术的问题，根据 12.7 中给出的指南来验证安全要求达到 SIL 3 的系统。对于 SIL 4 的系统，验证人员还要证实所选方法的确符合GB/T 20438.3—2006的要求。

12.4.2.3　见GB/T 21109.1。

12.4.2.4　为了保证可测试性，通常建议在设计和开发阶段就考虑应用软件的集成测试规范。

12.4.2.5　在一个 SIS 中应用软件要实现不同 SIL 的仪表安全功能时，应把实现这些功能的软件清楚地分开并作好标记。这使得每个仪表安全功能的软件都能追溯到正确的传感器和最终元件冗余，也使得功能性测试和功能的验证测试与 SIL 相匹配。标签应标明 SIF 和 SIL。

软件的分离区域可用于非仪表安全功能和仪表安全功能。证明充分独立的一种方法要遵从：

a)　应用软件中的仪表安全功能被清楚地标记成 SIF 应用程序代码；

b)　应用软件中的非仪表安全功能被清楚地隔离；

c)　在实现仪表安全功能时使用的所有变量都被标记；

d)　实现非仪表安全功能的所有应用程序码都被标记成非仪表安全功能代码；

e)　使用非安全变量和 SIF 变量的所有应用程序代码满足以下条件：

——非安全应用程序代码(程序、功能和功能块)不写入安全应用程序代码中使用的任何 SIF 变量；

——在实现仪表安全功能时，安全应用程序代码与任何非安全变量无关。

f)　所有安全应用软件(即代码和变量)都被保护，以防任何非安全软件更改；

g) 如果安全和非安全软件共享同样的资源(例如CPU、操作系统资源、存储器、总线),则绝不能危及安全应用软件的仪表安全功能(例如响应时间)。

理想的情况下,应用程序开发软件应自动检验应用程序代码(SIF和非安全功能)和所有变量(SIF和非安全功能)之间的交互。如果不能提供此性能,应用软件开发者、执行验证和确认应用软件的其他人员应检验所有的应用程序代码和相关变量以与上面所给出的分离规则相一致。

12.4.2.6 见GB/T 21109.1。

12.4.2.7 见GB/T 21109.1。

12.4.3 应用软件结构要求

在一个典型的SIS逻辑解算器中,软件结构可能的变化是很有限的,并可通过观察应用程序开发的主要步骤最深刻地理解这些变化。在开发和测试应用程序中,通常开发者需执行下列主要步骤:

a) 配置I/O模块和内存变量数据区。

b) 编制所有I/O和内存变量的工位名。工位命名应遵循一致的约定。

c) 定义维护超驰技术。有些用户要求用数字输入开关替代硬接线开关启动维护超驰。另外一些用户则要求使用来自一个显示站的受控数据输入到SIS中。在任何一种情况下,一定要确保安全处理从而避免意外的超驰。应通报维护超驰。

d) 定义传感器和最终元件诊断以及定期测试的基本原则。这与传感器和最终元件的冗余有关。需对基本原则进行仔细定义,而且其中应包含测试期间合适的报警。

e) 定义与SIS相连的其他外围系统的通信变量。如果这些变量是内存变量,一定要把它们分配给适当的数据区以便通信子系统能对它们进行存取。应仔细定义能被SIS的其他外围系统修改的这些变量,通常情况下这些变量被存放在存储器的特殊读/写区。

f) 定义事件序列记录在什么地方和怎样记录事件序列,并了解这些事件对SIS的影响。

g) 开发定制的功能和功能块。由于在应用程序中可对重复性操作进行编程、重复测试和使用,所以这种定制是非常必要的。

注:在GB/T 15969.3中定义了功能、功能块和程序。

h) 确定一个给定程序中应包含哪些仪表安全功能和其他功能。有必要把安全功能和非安全功能分离存放在独立的程序中,从而把着重点放在安全关键程序上。也要求限制一些功能的程序大小。

i) 开发应用程序。应用程序结构应同过程结构一致(例如,在一个化工厂中,应把每个过程单元的应用程序分到一组。在每个过程单元范围内,为了便于了解和维护,设备之间应相互隔离)。

j) 确定每个程序内网络和逻辑的正确执行顺序,以及所有应用程序的执行顺序和要求的执行速率。确保应用程序的执行速率同软件安全要求规范所要求的过程响应时间一致。

k) 使用开发环境的监视能力(在可用的情况下)测试应用软件。

l) 把应用软件下载到逻辑解算器中。

m) 测试所有逻辑解算器输入、输出、应用软件和同SIS相连的其他外围系统的接口。

12.4.3.1 见GB/T 21109.1。

12.4.3.2 见GB/T 21109.1。

12.4.3.3 见GB/T 21109.1。

12.4.3.4 见GB/T 21109.1。

12.4.3.5 安全数据完整性验证的例子包括:

——超出范围的I/O数据的检验;

——通信的应用数据的确认;

——工位命名的一致性检查,例如重复使用同一工位名的检查;

——超驰有效性检验,例如维护和启动超驰有效性检验;

——报警和设定点的有效性检验。

12.4.4 支持工具、用户手册和应用程序语言的要求

开发环境是一组支持应用软件编码、应用程序参数和接口的配置以及应用软件执行的测试/监视的工具。通常情况下开发环境可提供以下功能：

a) 配置编辑器。此编辑器用来配置 I/O 子系统、I/O 内存变量和通信功能。

b) 语言编辑器。应用程序员可用这些编辑器开发执行系统所需的全部功能(安全和非安全)的程序。

c) 经认证的功能和功能块库。这些功能和功能块可用于应用程序中。

d) 定制功能和功能块开发能力。有些供应商提供一个开发环境，使用户能开发被支持的应用程序语言所使用的定制功能和功能块。在用于应用程序之前，应充分测试这些功能和功能块。

e) 应用程序调度工具。这些调度工具支持对所要求执行序列的次序及执行程序序列的扫描速率所进行的设置。

f) 下载能力。它使开发者能把应用程序、功能块库、可变数据和其他配置信息下载到逻辑解算器硬件中以便执行。

g) 仿真能力。有的供应商提供具有在支持开发环境的计算机上仿真所有应用程序能力的开发环境，那么就能在把应用程序下载到逻辑解算器中之前，对应用程序进行充分地离线测试。

h) 程序监视能力。监视能力可使用户在用户定义的屏幕上或者在实际的功能块屏幕上或者梯形图程序屏幕上观看到来自执行程序的数据。开发环境还提供了监视仿真程序执行的功能。此外，也能监视逻辑解算器中程序的执行。

i) 逻辑解算器的诊断显示器。这些显示器可显示系统中主处理器模块、通信模块和 I/O 模块的状况。通常情况下可显示每个模块的合格、不合格(有故障)、激活状况；在许多情况下，也可提供关于系统中故障的详细信息。

12.4.4.1 见GB/T 21109.1。

12.4.4.2 见GB/T 21109.1。

12.4.4.3 见GB/T 21109.1。

12.4.4.4 建议所使用的应用程序语言编译器最好是检验过的和/或通过认可的工业标准认证过的。

12.4.4.5 见GB/T 21109.1。

12.4.4.6 见GB/T 21109.1。

12.4.4.7 安全手册示例

在符合本部分的 SIF 应用中使用的部件和装置应提供描述安装、维护、配置、编程和操作的所有已知细节的文档以表明部件或装置是否满足应用的安全要求规范。

本部分常被称为部件或装置的“安全手册”。然而，它可由供货商安装、维护标准以及包含一个附加文档的用户手册组成，该附加文档规定了它在 SIF 应用中使用、在这些应用中使用的限制、在诊断报警时和已知失效模式下应采取的动作等有关方面的问题。“安全手册”还应定义在一个 SIF 应用中使用部件或装置时不应使用的特征、配置和/或程序语句类型。

有限可变编程允许使用全局数据；因此，安全手册应指导程序员如何使用编程工具对数据变量的正确使用进行仔细检查和校验。需论述的其他特征包括内存映射、检验状态标志和检验输入值的有效性。

作为安全手册的一部分或者作为应用的特殊文档，还提供给程序员小组生产类似格式和样式的程序的说明和示例。这些说明应包含程序中并不使用的特殊算法或功能的详细说明，因为这些算法或者功能可能会产生影响安全的不可预料的行为。

应告诫程序员不要作任何超出安全手册定义之外的假设，例如，不能使用安全手册中省略掉的编译器功能。理想情况下，为了增强这些限制也许已经对编译器作了配置。

一个典型的安全手册编排方式和内容的示例

表1是手册编排方式图和内容的示例，它符合GB/T 21109的典型逻辑解算器安全手册的示例。此例显示了各章的主要内容及标题。

表1 典型的安全手册编排方式和内容

章	主要内容
引言	一般信息、设备要求、手册编排方式、规定、相关文档集、版本历史、术语、产品概述
安装	现场计划编制环境、过程连接、启动规程、停机规程、应用修改、已运转系统中功能的实现
配置和应用构建	设计考虑[a]、功能和性能、辅助教材
运行时间操作	产品操作、操作概述、操作说明
维护	预防性维护、硬件指示器、误差信息、应用和系统报警、故障查找和用户修理
附录	系统信息、检验表、应用解决方案
索引	安全信息索引

[a] 设计考虑规定了与PE逻辑解算器的安全配置和编程有关的配置和应用编程方面的所有问题。它们包括但不限于：

——逻辑解算器处理时间、I/O更新速率、通信速率、逻辑解算器运算顺序；

——系统报警处理要求；

——配置和编程约束。

12.4.4.8 见GB/T 21109.1。

12.4.5 开发应用软件的要求

在开发应用软件之前，应检验下列各项：

——SIS逻辑解算器及其相关的I/O模块应符合GB/T 21109.1。

——在逻辑解算器厂家发布的用户文档集或者一些文档中应提供必需符合GB/T 21109.1的所有限制和操作规程。通常把这些文档称为安全手册。

——使用可编程电子的传感器和最终元件应符合GB/T 21109.1。

——当执行定期在线测试时，应提供维护超驰能力用以测试传感器和最终元件。

通常情况下应使用逻辑解算器供应商或智能现场装置供应商提供的编程语言来编写应用软件。使用比如指令表或者C语言这些全可变语言(FVL)、比如功能块图或者梯形图这些有限要变语言(LVL)或者在用户只录入固定程序所需的数据时使用的固定程序语言(FPL)就能编写应用程序。

如用FVL编写应用软件，开发者应遵从GB/T 20438.3—2006中的要求和指南。如果采用LVL或者FPL编写应用软件，那么应遵从GB/T 21109.1的要求和指南。开发者还应遵从安全手册中逻辑解算器厂家提供的限制和规程。如果需要，还要编制编程指南和编码/配置规则。

12.4.5.1 见GB/T 21109.1。

12.4.5.2 见GB/T 21109.1。

12.4.5.3 应用程序全局变量的例子可以是一个安全报警，比如高温报警，此报警可根据过程中批的成分而改变。

应用程序全局常量的例子可以是在火灾和气体保护系统中使用的高易燃气体报警值，例如20% LEL(爆炸下限)。

12.4.5.4 见GB/T 21109.1。

12.4.5.5 见GB/T 21109.1。

12.4.5.6 见GB/T 21109.1。

12.4.6　应用软件模块测试要求

对照在设计和要求规范阶段中产生的规范，应用软件测试最初发生在一个模拟器上，然后发生在逻辑解算器硬件上。初始测试阶段（对照设计规范进行模拟和测试）的目的是：

——证明软件模块可提供必要的功能并且不会有任何违规行为；

——给该软件设置很宽的条件和序列范围，从而使其能灵活应对意外行为。

测试后继阶段（集成测试和工厂验收试验）的目的是为了证明应用软件在定义的时间关系范围内已达到它对规定的硬件的要求。

最终测试阶段，即是证明在预定的环境中，随同预定的实际装置和接口一起，并使用所定义的操作规程能正确工作的集成系统，只有在系统安装和调试运行的期间才能全部完成。

从正式测试开始，软件功能和配置数据的所有更改应严格按照所制定的修改规程执行。

12.4.6.1　见GB/T 21109.1。

12.4.6.2　见GB/T 21109.1。

12.4.6.3　见GB/T 21109.1。

12.4.7　应用软件集成测试要求

12.4.7.1　见GB/T 21109.1。

12.4.7.2　见GB/T 21109.1。

12.4.7.3　见GB/T 21109.1。

12.5　应用软件与SIS子系统的集成

12.5.1　目的

12.5.1.1　见GB/T 21109.1。

12.5.2　要求

12.5.2.1　可以在SIS确认之前的任何阶段实现集成测试。

12.5.2.2　见GB/T 21109.1。

12.5.2.3　见GB/T 21109.1。

12.6　FPL和LVL软件修改规程

12.6.1　目的

12.6.1.1　见GB/T 21109.1。

12.6.2　修改要求

应尽可能避免对安全仪表系统进行在线修改。如需在线修改则应根据安全计划对整个规程进行文档化和审批。

对于可编程安全仪表系统的所有改变，建议执行以下过程：

a)　计划编制和确定资源

应对用于修改一个可编程安全仪表系统到适当的层次上的程序进行管理、计划和确定资源，以保证更改的安全实现。

b)　影响分析

对要求的修改需要进行一次充分的危险和风险评估，包括评估对系统未更改部分的所有可能的影响（安全影响分析）。

c)　设计

修改设计应伴随整个生命周期过程，正如GB/T 21109.1中所描述的那样。

d)　验证

在更改安装之前，应完成对硬件和应用软件的全部离线验证。

在能够清楚描述和控制软件更改范围的情况下，在调试运行之前只需对所描绘的那些应用软件进行验证。

e) 安装和调试运行

更改安装和调试运行应遵循GB/T 21109.1中为安全仪表系统的安装和调试运行所制定的规程。

f) 验收测试确认

对系统的修改部分进行联机之前应对系统的修改部分进行一次系统确认(因果测试)。

g) 人员

根据人员所受培训和它们具有的经验,只有那些被证明能胜任执行修改的人,才被授权执行修改。

h) 离线修改

当对应用软件进行离线修改时,应验证所使用的应用软件的正确版本,包括操作参数。

12.6.2.1 见GB/T 21109.1。

12.7 应用软件验证

12.7.1 目的

12.7.1.1 见GB/T 21109.1。

12.7.1.2 见GB/T 21109.1。

12.7.2 要求

应用软件安全要求规范应包括:

——仪表安全功能要求(例如仪表安全功能的 SIL,逻辑流程图/因果图);

——定时约束(例如输入到输出的最小响应时间);

——结构约束(例如冗余要求、通信接口和功能分离)。

验证应保证在应用软件开发的每个阶段都能满足规定的要求。

数据验证包括证实应用软件中使用的数据的正确性,并且在惟一性方面是恰当的(例如给工位名(TAG)分配惟一的名称、数据不会被其后的功能误用以及诸如报警设定点这样的常数是有效和正确的)。

防止未经授权更改的验证包括验证存在这些机制(例如带有存取级别的口令保护)和验证已充分使用了这些机制。

12.7.2.1 见GB/T 21109.1。

12.7.2.2 见GB/T 21109.1。

12.7.2.3 在应用软件开发周期(包括测试)的每个不同阶段,验证这些阶段已成功完成。通常应由一个或几个人组成的验证小组来完成验证。

为了减少因先入为主产生的误差,验证应包括:

——对 SIL 1 而言,应由应用程序开发小组的另一成员进行一次同级复审;

——对 SIL 2 而言,应由不属于应用程序开发小组的一位成员进行一次同级复审;

——对 SIL 3 而言,应由一个独立部门的成员进行同级复审。

在软件开发工具包含一些自动验证操作(例如检验重复使用工位名(已命名变量))的情况下,验证小组应证实那些工具已被正确使用并已得到正确的结果。

对所有的 SIL 来说,建议测试覆盖率包括所有应用软件的 SIF 以及 SIS 失效响应(例如电源失效、处理器失效、输入硬件失效、输出硬件失效和通信失效)。但对较高 SIL 而言,为了进一步减少在软件中残留的误差,建议执行以下附加测试:

——对于 SIL 2 和 SIL 3 而言,应根据内部结构(例如内部算法、内部状态)进行测试;

——对于 SIL 3 而言,应进行应力测试(例如,输入变量和内部变量的异常范围条件、输入的异常组合、异常时序和加载。)

对于所有 SIL,建议验证和测试文档应足以能显示验证和测试已被执行并已取得成功。但对于较高的 SIL，还建议：

——对于 SIL 2 和 SIL 3 而言，文档应足以允许对验证和测试的充分程度进行一次评估；

——对于 SIL 3 而言，文档应足以允许一个独立的人能重复这些测试和复审所达到的覆盖率。

12.7.2.4 见GB/T 21109.1。

13 工厂验收测试(FAT)

13.1 目的

13.1.1 见GB/T 21109.1。

13.2 建议

13.2.1 虽然进行一次工厂验收测试(FAT)不是必须的，但建议对于用来实现那些具有相当复杂的应用逻辑或者冗余安排(例如 1oo2、1oo2D、2oo3 等)的仪表安全功能的逻辑解算器仍应进行一次 FAT。

13.2.2 FAT 最重要的部分是要有一个定义清晰、编写优良和结构优良的测试规程，此规程定义了怎样测试应用逻辑以及在每一步骤之后应查看的内容。

操作过程的人员应参加 FAT，因为此测试会对它们进行操作 SIS 的某些初步培训。通常，它们也会对测试过程提出一些好的建议和提高方案，而这些方案一般在设计阶段没有被预见到。

13.2.3 见GB/T 21109.1。

13.2.4 见GB/T 21109.1。

13.2.5 在 FAT 期间，应测试接口(例如 BPCS 和 SIS 之间的通信接口)。

13.2.6 见GB/T 21109.1。

13.2.7 见GB/T 21109.1。

14 SIS 安装和调试运行

14.1 目的

14.1.1 见GB/T 21109.1。

14.2 要求

14.2.1 见GB/T 21109.1。

14.2.2 应按设计和安装计划安装 SIS。项目组应正确审查 SIS 与设计的任何偏离，以确保仍能满足所有的设计要求。在正确安装 SIS 之后，应对 SIS 进行充分地调试运行，并启动确认活动。

14.2.3 尽管GB/T 21109.1已把调试运行作为一个单独的阶段进行了论述，但要认识到应用、项目组经验以及项目需求可能要求调试分几个阶段来完成。

14.2.4 见GB/T 21109.1。

14.2.5 见GB/T 21109.1。

15 SIS 安全确认

15.1 目的

15.1.1 SIS 安全确认的目的是确认 SIS 能达到安全要求规范中所描述的要求。应在 SIS 投入运行之前完成确认活动。

15.2 要求

15.2.1 见GB/T 21109.1。

15.2.2 见GB/T 21109.1。

15.2.3 见GB/T 21109.1。

15.2.4 如果 SIS 已通过 FAT，那么在确认过程中，这可能应被考虑。确认组应审查 FAT 的结果，以确保成功地测试了所有的应用软件，并且纠正了 FAT 过程中发现的所有问题。

在最终确认时，不必重复测试应用软件，这要求满足下列所有条件：

——预先考虑过这种方法，并且在确认计划编制中包含此方法；

——在FAT期间，应用软件已被验证是满足安全要求规范的；

——验证应用软件版本与在FAT时测试的版本相同。

然而，确保不存在装运/存放/吊装损伤、确保所有传感器和最终元件已被正确地连接到逻辑解算器上、确保正确执行了仪表安全功能，以及确保操作员接口能提供必要的信息是非常重要的。因为逻辑解算器和最终元件的分离测试并不等于整体的端对端检验测试，所以为了声明SIS确认，强烈推荐进行一次等效的检验测试。

15.2.5 见GB/T 21109.1。

15.2.6 见GB/T 21109.1。

15.2.7 见GB/T 21109.1。

15.2.8 见GB/T 21109.1。

16 SIS操作和维护

16.1 目的

见GB/T 21109.1。

16.2 要求

16.2.1 见GB/T 21109.1。

16.2.2 见GB/T 21109.1。

16.2.3 见GB/T 21109.1。

16.2.4 见GB/T 21109.1。

16.2.5 见GB/T 21109.1。

16.2.6 见GB/T 21109.1。

16.2.7 见GB/T 21109.1。

16.2.8 见GB/T 21109.1。

16.3 检验测试和检查

16.3.1 检验测试

16.3.1.1 为了达到安全要求规范中规定的要求时的平均失效概率，应选择检验测试间隔。

16.3.1.2 见GB/T 21109.1。

16.3.1.3 检验测试频率应符合应用厂商的建议和良好工程惯例；如果根据以往操作经验认为有必要，也可以使用更高的测试频率。

有许多策略可用于选择SIF的检验测试间隔。

例如，有些用户选择尽可能长的检验测试间隔，以使维护成本最低和使测试的潜在影响最小。在这种情况下，SIS设计可能在装备上包括更多的冗余、增加的诊断覆盖率和鲁棒部件。在设计完成之后，则可对设计进行一次计算，从而确定能达到SIF定义的SIL性能的最大测试间隔。这种设计理念的负面影响会导致工厂中的每个系统都有不同的测试间隔，并可能要求更严格的适应性跟踪。这种设计理念也可能鼓励设计性能趋向性能曲线的下端(例如对SIL 1的系统，$PFD_{avg}=10^{-1}$；对SIL 2的系统，$PFD_{avg}=10^{-2}$)。

其他用户可能希望根据已定义的检验测试间隔进行标准化，并以同样的测试间隔对厂商的所有系统进行测试。例如，它们可能希望每年测试每个SIF，从而它们就可以相应地设计每个SIS。在开始设计之前，预选一个检验测试间隔，用户就可预选能满足大多数应用要求的SIL的结构、部件和诊断覆盖率。通过把这种设计定义在公司标准中，可以降低大多数应用的设计工程成本。在这种情况下，应对SIS进行一次计算，以确保使用预选的检验测试间隔可以满足所要求的SIL性能。

在选择一个检验测试间隔时，应对要求模式系统的要求率、每个被测部件的失效率、整个系统性能要求进行考虑。

注：在考验终端脱扣元件不可行的情况下，编写的规程应包含：

a) 在单元停机期间测试最终元件。

b) 在在线测试期间，尽可能通过考验输出(例如输出脱扣继电器、关停电磁阀、阀门部分行程)来测试 SIS。

c) 在计算 SIF 的 PFD_{avg} 时，应考虑最终元件测试周期的任何限制。

16.3.1.4 见GB/T 21109.1。

16.3.1.5 见GB/T 21109.1。

16.3.1.6 见GB/T 21109.1。

16.3.2 检查

如GB/T 21109.1中所述，检查 SIS 不同于检验测试。尽管检验测试可确保 SIS 运转正常，但都需要通过目测来确认安装的机械完整性。

通常是在检验测试的同时进行检查，但在需要时也可更频繁地进行检查。

16.3.3 检验测试和检查的文档

对已发现问题的记录进行的检验测试和检查得出的结果进行归档是重要的。关于这些结果要保存多久没有特别要求，不过为了能复查以往结果，以便查看部件是否存在失效历史，通常应保存足够长的时间。

例如，当一个传感器使一次检验测试失败时，良好惯例是审查以往检验测试的结果，以便查看在前几次测试中该传感器是否也曾使类似的一次检验测试失败过。如果历史表明重复的失效，则应考虑使用不同类型的传感器重新设计 SIS。

17 SIS 修改

17.1 目的

见GB/T 21109.1。

17.2 要求

17.2.1 见GB/T 21109.1。

17.2.2 见GB/T 21109.1。

17.2.3 见GB/T 21109.1。

17.2.4 见GB/T 21109.1。

17.2.5 见GB/T 21109.1。

17.2.6 见GB/T 21109.1。

18 SIS 停用

18.1 目的

见GB/T 21109.1。

18.2 要求

18.2.1 见GB/T 21109.1。

18.2.2 见GB/T 21109.1。

18.2.3 见GB/T 21109.1。

18.2.4 见GB/T 21109.1。

18.2.5 见GB/T 21109.1。

19 信息和文档要求

19.1 目的

19.1.1 见GB/T 21109.1。

19.2 要求

19.2.1 可用来实现一个SIS的信息和文档清单包括：

a) 危险和风险评估的结果；

b) 在确定安全完整性等级时使用的假设；

c) 安全要求规范；

d) 应用逻辑；

e) 设计文档；

f) 修改信息和/或文档；

g) 验证和确认的记录；

h) 调试运行和SIS确认规程；

i) SIS操作规程；

j) SIS维护规程；

k) 检验测试规程；

l) 评估和审核结果。

19.2.2 见GB/T 21109.1。

19.2.3 见GB/T 21109.1。

19.2.4 见GB/T 21109.1。

19.2.5 见GB/T 21109.1。

19.2.6 见GB/T 21109.1。

19.2.7 见GB/T 21109.1。

19.2.8 见GB/T 21109.1。

19.2.9 见GB/T 21109.1。

附 录 A
（资料性附录）
计算一个仪表安全功能要求时的失效概率的技术示例

A.1 概述

本附录描述了用于计算根据GB/T 21109.1设计和安装的安全仪表系统的失效概率的许多技术。此信息的性质是资料性的，不应被解释为可能被使用的惟一的评价技术。

涉及到的方法来自GB/T 20438.6—2006的附录B、IEC 61078、IEC 61025、IEC 61165和ISA TR 84.00.02系列标准。

A.2 可靠性框图技术

IEC 61078和GB/T 20438.6—2006的附录B说明了用于计算根据GB/T 21109.1和本部分设计的仪表安全功能的失效概率的可靠性框图技术。

A.3 简化方程技术

ISA TR 84.00.02-2说明了用于计算根据GB/T 21109.1和本部分设计的仪表安全功能的失效概率的简化方程技术。

A.4 故障树分析技术

IEC 61025和ISA TR 84.00.02-3说明了用于计算根据GB/T 21109.1和本部分设计的仪表安全功能的失效概率的故障树分析技术。

A.5 马尔可夫(Markov)建模技术

IEC 61165和ISA TR 84.00.02-4说明了用于计算根据GB/T 21109.1和本部分设计的仪表安全功能的失效概率的马尔可夫建模技术。

附 录 B
（资料性附录）
典型的SIS结构开发

B.1 背景

B.1.1 引言

下面提供的示例说明了开发满足GB/T 21109.1要求的SIS结构的各个步骤。SIS工程遵循如下所述的指南和惯例，并使用标准化设备。

B.1.2 指南和惯例

在过去，安全应用被称为“关键仪表系统”。已开发了一些工程准则、典型示例、最佳惯例以及测试规程。

已存在某些使用保护层分析（如同GB/T 21109.3—2007附录F中的LOPA）、仪表冗余和设计惯例来确定要求的仪表安全功能和SIL的指南。

B.1.3 仪表

在安全应用（SIS）中，仪表使用厂家提供的诊断和安全失效分数（SFF）信息以及从应用收集到的性能信息来计算要求时的失效概率（PFD）。

B.1.4 逻辑解算器

逻辑解算器的硬件、系统软件和开发系统都是符合GB/T 20438—2006的SIL 3等级的，并且使用了用于应用程序的有限可变语言。

系统安全手册给出了有关系统应用和应用软件开发的详细指南。

用户可定义的标准安全功能（例如变送器故障检测、如1oo2、1oo3这样的冗余选择以及输出安全超驰）可作为应用程序模板被提供。模板由用户编写。

B.2 工作过程

B.2.1 引言

所有工程活动都应遵循预先定义的整个项目的工作过程。SIS的开发有它自己的过程。各个步骤都被映射到整体过程中。在适当阶段执行功能安全评估。

B.2.2 典型的SIS生命周期步骤

开发SIS应用要求的典型步骤见表B.1。下面只讨论第3步、第4步以及第5步中与系统结构有关的那些部分。

表B.1 典型的SIS生命周期步骤

步 骤	标 题	活 动
1	应用范围	定义过程设备
2	过程设备的功能安全要求	定义潜在的危险，执行保护分析等级（LOPA）
3	系统安全要求分配	设计SIS结构
4	在SIS中分配安全要求	确定SIS硬件
5	应用软件开发	设计SIS软件
6	应用软件测试和确认	测试SIS
7	安装	现场安装
8	调试运行	整体验收
9	运行	运行过程

B.2.3 安全要求分配

从 LOPA 得到的可用信息：SIS 应用的安全要求规范和 SIL(例如每个 SIF 的 SIL)。

用于实现 SIL 的模型：见图 B.1。

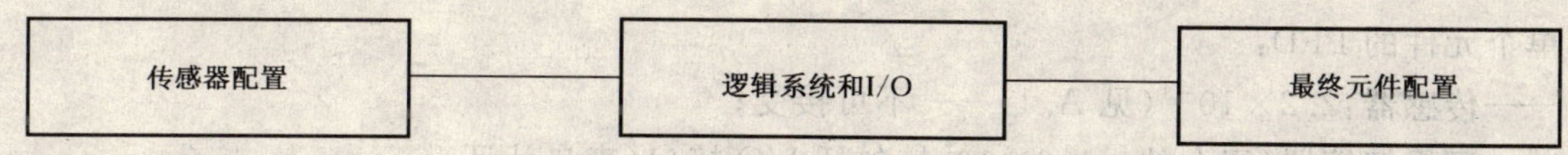

图 B.1 实现 SIL 使用的模型

确定 PFD：所有 PFD(见上)要求在 SIL 限制内。

简化方法：在与 SIL 要求相关的表中，可提供包括冗余类型(如 1oo2)、可用的诊断和测试间隔在内的标准仪表配置。这些表以设施内的各种过程应用的经验数据和经检验过的设计为基础。把可选的系统配置与已知元素数据组合起来，并连接到方框图，使之能选择最合适的方案。

SIS 部件规范：正如GB/T 21109.1中所要求的那样，所有系统部件都具有已验证的特性(如对规定的 SIL 的 PFD、SFF、故障裕度和系统要求)。

——传感器和最终元件：已针对过程应用对它们作了适当地选择，并且工程部门根据操作经验对各种类型的特征进行了标准化。

——逻辑系统：应根据传感器和最终元件要求来规定 I/O。逻辑解算器、应用语言、开发工具和通信接口都是被认可的安全系统的组成部分。操作员接口应能根据应用要求进行调整。

B.2.4 在 SIS 内分配安全要求

在这一步骤中，应把安全要求规范的所有功能分配给系统部件、功能或软件。安全完整性要求应确定合适的 SIS 部件和可能的 SIS 结构。

B.2.5 应用软件要求相关的结构

在选择 SIS 结构之后，正如对传感器、逻辑解算器和最终元件所要求的那样，为了实现冗余(例如 1oo2)和/或诊断，可能不得不规定应用软件。

B.2.6 应用软件开发

编程语言是功能块图(一种有限可变语言)。代码编写和测试是一个众所周知的过程。此外，对于系统安全手册中详细描述的安全功能编程有某些限制。

B.3 示例 1

B.3.1 概述

下面的示例并非一个真实的情况，它并未考虑与其他安全层的共同原因失效。特别编写此示例来说明如何应用上述的 SIS 设计过程。

B.3.2 危险情况

蒸汽加热反应器的温度控制出现故障，并完全打开蒸汽控制阀。

B.3.3 SRS 和 SIL

安全要求规范：当反应器压力超过 10 bar 时，在 20 s 内关闭到反应器汽套的蒸汽，以避免发生放热反应。不需要操作员动作。要求的 SIL 为 3。

B.3.4 系统结构

系统部件：压力传感器配置、逻辑解算器配置、最终元件配置。经使用检验过的智能传感器直接与逻辑系统的输入相连。应急闭锁阀已同电磁阀集成在一起，并直接与逻辑系统的输出相连。所有的 MTTF 数据都来自实际操作经验。

可用的仪表：

——压力传感器符合GB/T 21109.1—2007的 11.4.4:MTTF=1×10^5 h,DC=70%,SFF=90%,检验测试间隔为每年,MTTR=8 h;

——应急闭锁阀符合GB/T 21109.1—2007的 11.4.4:MTTF=8×10^4 h,DC=0%,SFF=60%,检验测试间隔为每 6 个月,MTTR=8 h。

单个元件的 PFD:

——传感器:2.2×10^{-3}(见 A.1)——不可接受;

——逻辑解算器(冗余的):1.3×10^{-4},包括 I/O 接口(来自认证);

——阀门:2.41×10^{-3}(见 A.1)——不可接受。

求出可接受的传感器结构:选择 1oo2 冗余。

共同原因=10%,DC=90%(见 A.1)。

1oo2 传感器结构的新 PFD=2.3×10^{-4}。

检验GB/T 21109.1—2007的表 6 和 11.4.4,实际故障裕度=1→SIL 3——可接受。

求出可接受的最终元件结构:选择 1oo2 冗余。

共同原因=10%(见 A.1)。

1oo2 最终元件结构的新 PFD:4.65×10^{-4}。

检验GB/T 21109.1—2007的表 6 和 11.4.4,实际故障裕度=1→SIL 3——可接受。

PFD 检验:传感器+逻辑解算器+最终元件。

$(2.3+1.3+4.7)\times10^{-4}=8.3\times10^{-4}<10^{-3}$。

B.3.5 安全软件相关的附加结构

传感器配置软件:对于 1oo2 以上的传感器,信号选择软件被编程(现有功能块)来关闭蒸气阀,如果:

——两个传感器中的一个读到超过所规定的过程值的状况;

——诊断揭露出一个危险失效。

最终元件配置软件:在安全程序命令一个安全输出动作的情况下,两个蒸汽阀的输出都被断电。

B.4 示例 2

B.4.1 概述

导致较低 SIL 结果的类似例子。

B.4.2 危险情况

蒸汽加热反应器的温度控制出现故障,并完全打开蒸汽控制阀。

B.4.3 SRS 和 SIL

安全要求规范:当间歇式反应器压力超过 10 bar 时,在 20 s 内关断给反应器馈送反应物“A”,以避免放热反应。不需要操作员动作。要求的 SIL 为 2。

B.4.4 系统结构

系统部件:压力传感器配置、逻辑解算器配置、最终元件配置。经使用检验过的智能传感器直接与逻辑系统的输入相连。应急闭锁阀已同电磁阀集成在一起,并直接与逻辑系统的输出相连。所有的 MTTF 数据都来自实际操作经验。

可用的仪表:

——压力传感器符合GB/T 21109.1—2007的 11.4.4:MTTF=1×10^5 h,DC=70%,SFF=90%,检验测试间隔为每年,MTTR=8 h;

——应急闭锁阀符合GB/T 21109.1—2007的 11.4.4:MTTF=2.5×10^4 h,DC=0%,SFF=60%,检验测试间隔为每周(168h),MTTR=8 h。

单个元件的 PFD：

——传感器：2.2×10^{-3}（见 A.1）——可接受。

——逻辑解算器（冗余的）：1.3×10^{-4}，包括 I/O 接口（来自认证）。

——阀门：见下（公式见 A.1）。

单个传感器的 PFD：

1oo1 传感器结构的 PFD：2.2×10^{-3}。

检验GB/T 21109.1—2007的表 6 和 11.4.4，实际故障裕度＝0→SIL 2——可接受。

单个最终元件的 PFD：（公式见 A.1）

PFD＝$\lambda_D\times t_{CE}$，$\lambda_D=1/(25\ 000\times2)$，$t_{CE}=168/2+8$。

1oo1 最终元件结构的 PFD＝1.84×10^{-3}，检验GB/T 21109.1—2007的表 6 和 11.4.4，实际故障裕度＝0→SIL 2——可接收。

PFD 检验：传感器＋逻辑解算器＋最终元件。

$(2.2+0.1+1.8)\times10^{-3}=4.1\times10^{-3}<10^{-2}$。

B.4.5　安全软件相关的附加结构

最终元件配置软件：当安全程序命令一个安全输出动作时，蒸汽阀输出就被断电。

此外，编写监视软件来验证每当阀门被操作时（每批一次，典型地每 8 h 一次），阀门就达到安全状态。当测试失效，或者如果从最后一次测试起经过的时间大于 168 h，则逻辑解算器输出保持在安全状态（应急闭锁阀门关闭），且工况被报警。这种自动测试允许在计算 PFD 时，设置检验测试间隔为 168 h。

附 录 C
（资料性附录）
安全 PLC 的应用特征

本附录描述了在 SIS 应用中使用小型的（如 I/O 小于 150）安全 PLC 时，集成商应考虑的一些关键步骤。它被用于在初始设计计划时给标准使用者提供帮助。

安全 PLC 是一个符合GB/T 20438—2006的经认证过的 SIS 逻辑解算器。对于一个特殊的安全应用而言，传感器和最终元件分别被连接到 SIS 逻辑解算器的 I/O 端并且应用程序被实现。涉及 SIS 逻辑解算器失效的所有安全功能性（如在线检查、时间控制）都是嵌入式系统的组成部分。在应用软件的范围内实现对传感器和最终元件所必需的检验；对某些功能而言，存在经认可的功能块。

存在所有装置的安全完整性数据（例如 PFD、SIL 声明限值等）。在逻辑解算器手册中给出了逻辑解算器的安全完整性数据。

C.1 系统

SIS 逻辑解算器是一个 PLC，它是专门为安全应用而设计的，见图 C.1。它的型式认证符合 GB/T 20438—2006，并达到最高 SIL 3 等级。它有用于安全相关过程信号以及同其他的安全 PLC 通信的输入和输出接口。它也有供非安全相关过程信号以及同其他非安全 PLC 通信的接口。系统包括：

——具有功能安全的特殊硬件特征的 CPU、一个特殊的操作系统和用来控制失效的嵌入式功能（对于应用程序编程和软件集成而言，集成的冗余是由开发系统支持的。程序员只看一个 CPU）；

——用于有限可变语言（如功能块图）的开发系统；

——具有经认可的功能块的程序库；

——仪表安全功能参数的专用配置工具；

——用来证实被下载的运行时间应用软件和源应用软件相同的工具；

——安全手册。

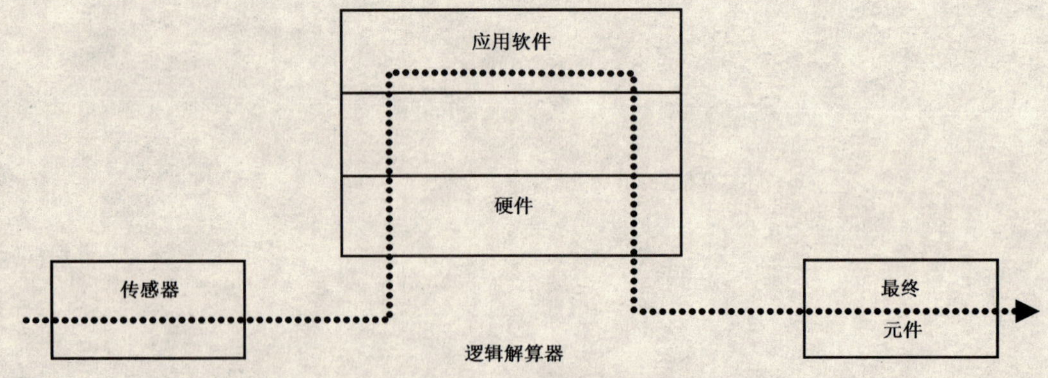

图 C.1 逻辑解算器

C.2 工作过程

a） 安全要求规范应符合本部分：下面是一些关键的考虑：

1） 所有仪表安全功能的规范；

2） 模拟输入的范围；

3） 传感器和最终元件在线诊断的定义；

4） 在检测到的失效模式下系统反应的描述；

5） 仪表安全功能参数（例如最大周期、对比输入的最大允许时间差）的定义；

6） 安全手册中的限制。

b） 应用软件安全要求规范应该是从 a）派生出来的。

在安全手册中描述了论及逻辑解算器硬件（PLC）的安全要求。约束主要描述比如性能极限、内存容量、响应时间这些项目。

在安全手册中描述了软件结构的约束和代码实现。它们描述 PLC 的开发系统。大多数约束都是由有限可变语言隐式给出的。

c） 应用软件结构设计：应用结构设计应详尽地反映出为过程所规定的仪表安全功能和操作模式。

d） 应用软件开发：使用现有的功能块可简化应用软件开发。

e） 集成：集成包含下载配置数据（如 I/O 表）、应用软件和所有的参数设定值，这些设定值与默认设定值不同。

f） 验证：在集成系统之前或者之后都应对应用软件进行验证。验证应由开发环境支持。

附 录 D
（资料性附录）
SIS 逻辑解算器应用软件开发方法的示例

本例说明了一个特定的 SIS 逻辑解算器集成商怎样为他的客户开发安全应用软件。典型地，开发此软件被当作整个系统集成过程的一部分，在下面将被讨论。

因为强调的重点是应用软件开发方法，所以讨论开发应用软件曾使用的软件开发工具、编程语言和编码标准是很重要的。讨论的目的是提供软件开发工具的典型特征、在一个 SIS 逻辑中所提供的编程语言和相关的语言翻译器的一个示例。

SIS 逻辑解算器具有支持许多GB/T 15969.3语言的应用编程软件开发工具。GB/T 15969.3定义了许多可编程逻辑控制器通用的语言。因为GB/T 15969.3标准并未论述安全应用，所以决定：

——使用有限可变语言作为过程领域的通用语言；

——去掉不适合于安全应用的语言结构；

——使用一个代码标准以进一步限制关键应用时语言结构的使用；

——增加访问保密和文件保护特征；

——提供GB/T 15969.3功能、功能块的经认证过的程序库以及与功能有关的过程（如模拟数据处理、火灾和气体传感器）；

——提供应用编程软件开发工具、程序库和语言翻译器的第三方认证。

关于应用开发软件的这些决定在 D.2 中作了更详尽的描述。

在 D.3 中还描述了 SIS 逻辑解算器程序员所使用的代码标准的一个示例。应考虑的软件开发工具的附加要求见 D.4。

D.1 整体系统集成过程的概述

配备有 SIS 逻辑解算器的安全仪表系统的主要集成服务包含许多活动：

a） 硬件集成

它包括把 SIS 逻辑解算器装入机柜，这个机柜带有用来把过程信号连接到逻辑解算器 I/O 模块的端子板。通常还包括逻辑解算器的电源和配电。

b） 应用逻辑定义

通过与买方工程师紧密配合，SIS 逻辑解算器集成服务也可定义详细的逻辑。定义每个仪表安全功能的应用逻辑应考虑传感器和最终元件的冗余。为了满足买方的操作要求，还定义了在过程运行的同时进行测试和维护 SIS 的接口。也包括了附加的非安全关键逻辑，但这种逻辑应按安全功能同样的标准被严格地分离和设计。

c） 应用软件实现和硬件配置

经认证过的 SIS 逻辑解算器的应用软件开发软件包被用来配置 SIS 逻辑解算器 I/O 和通信硬件。每个仪表安全功能的应用软件以及非关键应用软件也都被实现和测试。

d） 工厂验收测试

在发货到工厂之前，许多买方都要进行一次工厂验收测试，以便检验硬件和应用软件的正确运行。买方工程师和其他操作人员应彻底测试硬件和应用软件。

e） 在买方现场安装 SIS

供货商应提供现场安装或安装监督。

f） 现场验收测试

应检验每个传感器和接入 SIS 逻辑解算器的接口的正确运行和校准。应重新测试比如整体应用软件、维护用的旁路功能这些项目。

g) 应用软件和硬件修改

在初始安装和运行之后,应使用严格的工厂认可的修改规程对应用软件和硬件进行修改。

D.2 SIS 逻辑解算器开发软件

如前面所述,SIS 逻辑解算器使用一个基于GB/T 15969.3语言的应用软件开发软件包。该软件支持GB/T 15969.3的 3 种语言:结构化文本、梯形图和功能块。分离每种语言的代码标准是必要的。不包含指令表,因为这些语言类似于汇编语言,且不适合于应用程序员。这是同 GB/T 20438.7—2006 的表 C.1 一致的。对同GB/T 20438.3—2006的 7.4.4 和表 A.3 以及 GB/T 20438.7—2006 的 C.4 中描述的要求一致的GB/T 15969.3语言定义附加了许多限制。这些限制包括:

a) GB/T 15969.3定义了 20 种数据类型(BOOL、SINT、INT、DINT、LINT、USINT、UINT、UDINT、ULINT、REAL、LREAL、TIME、DATE、TOD、DT、STRING、BYTE、WORD、DWORD、LWORD)。注意,只有 8 种整型数据类型。所有这些数据类型的支持还需要许多种变换和截断函数的支持。对安全应用来说这些数据类型中的许多类型是不必要的。所支持的数据类型的数目被限于 11 种。对于特定的语言所提供的数据类型选项只有 8 种:BOOL、INT、DINT、DWORD、REAL、LREAL、STRING、TIME、DATE、TOD 和 DT。这种决定是同限制语言子集的GB/T 20438—2006建议(见GB/T 20438.3—2006中的表 A.3)一致的。

b) 不支持使用GB/T 15969.3的图形执行控制元素(如无条件转移、条件转移、无条件返回和条件返回),因为它们会导致应被执行的元素的循环和非预定的旁路(见 GB/T 20438.7—2006 中的 C.4.6)。

c) 不支持许多结构化文本语句,因为它们会引起循环(如 FOR…END_FOR、WHILE…END_WHILE 和 REPEAT…END_REPEAT)。

d) 加强了一个限制从而使得语言不允许多个程序写入同样的全局变量。许多程序可以读某个全局变量,但为了防止冲突和覆盖,一个程序只能写入一个全局变量。此外,如果编程时无意中进行了多重写入,应用编程软件将产生一次警告。

e) 编程软件应无歧义地定义程序中所有元素的执行次序。有些语言具有一种确定每个可执行的元素的执行次序的算法,并显示执行次序的能力。

f) 编程软件应保证安全关键软件和非安全关键软件的分离。该软件为程序员提供了定义安全程序和非安全程序的能力。编程软件还提供了定义安全变量和非安全变量的能力。非安全程序不能写入安全变量。

g) 已发现对大多数应用用户而言,使用 VAR_IN_OUT 变量是十分含糊不清的。使用 VAR_IN_OUT 变量需要非常彻底的文档化,或者编程语言不应支持它们。

D.3 应用程序员的编码标准

为了保证安全应用软件的开发,应确立应用程序员的编码标准。下面是供应用程序员在利用特殊的开发软件来开发应用软件时使用的指南:

a) 应用程序员应使用有限可变语言(功能块图或梯形图)来实现仪表安全功能。甚至还应限制这些语言(见上面关于语言子集的 D.2)。

b) 结构化文本(ST)是一种全可变语言,它的使用应受到限制。只要可能,应限制为用于功能和功能块的实现。实行这种限制从而使得并不精通编程的操作人员也能理解安全程序。

c) 程序大小应限制到一个合理的大小。不同过程单元的仪表安全功能应处在一些分开的程序之中。理想地,一个程序应只包含一个过程单元的少数几个仪表安全功能。

d) 应避免混淆。例如,如果编程软件支持数组,使用数组的程序应检验数组指针以确保它们在有效范围之内。

e) 当应用程序包含非安全关键逻辑以及安全关键逻辑时,非安全关键逻辑应处在一些分开的程序之中并利用程序中所并入的一些分离规则。

D.4 安全应用时的配置/编程和运行期系统的其他要求

应用编程软件提供了许多允许用户存取SIS逻辑解算器信息的特征。但有必要保证所开发的软件的保密性以及允许用户检验软件的正确的运行。下面描述了几个这样的特征:

a) 编程软件提供了一个保密系统,这个系统把所有的用户限定为只有那些职责与其职务相称的人(如公司经理、现场经理、项目经理、项目工程师、高级程序员、程序员、操作员)。每个用户的姓名和口令登录到系统中,并且每个用户只能在分配给它们的功能级上工作。保密系统还提供了一个用于安全编程的用户级并且为非安全编程提供另外一个用户级,因为用户公司希望把在现场更改安全程序限定为极少几个人。

b) 提供有被保护或被锁定的功能和程序库,程序员不能访问或更改它们。这保证了已经被认证或充分测试过的程序库不会被修改,除非一个正式的修改申请已得到批准。保密系统允许用户定义可访问和更改程序库的高层人员(典型的是公司经理或者现场经理)。

c) 编程软件还提供了正被开发的项目中所有元素的版本号。系统配置、功能、功能块、或程序的任何改变结果都得更改该元素的版本号。这使用户可以很快地了解到它们的文档集是否已过期,并且还使得用户能把测试集中到已被更改过的那些项目上。编程软件还包含版本比较功能,它使得用户能检验所有的更改,包括无意中的更改。这些比较功能应包括全局工位名数据库和程序执行清单中的任何更改。

d) 借助对应用项目的复合文件结构中存放的所有数据流循环冗余检验的计算和检查,软件可提供文件的安全性。

e) SIS逻辑解算器提供了对其诊断信息的访问,因此程序员可根据逻辑解算器的状态采取适当的动作。

f) SIS逻辑解算器提供了一个运行时间环境,该环境提供了算术的异常处理,从而使程序员能检验正确的算术操作。

g) 编程软件提供了在编程工作站上对开发的所有程序进行仿真的能力。这使得程序员在把开发的的所有软件装入SIS逻辑解算器之前能在线检验这些软件。对于系统正在运行的同时在线更改程序的情况而言,这个特征应该是必须的。

h) 编程软件支持可用来做与仿真软件接口的DDE(动态数据交换)。这提供了能在应用软件被装入安全控制器之前对它进行附加离线测试的能力。

D.5 假设

本章描述与用来开发应用软件的硬件和软件相关的一些假设。还描述了文档集和规程。

1) SIS逻辑解算器和与它有关的I/O模块已由第三方评估,并认定符合GB/T 20438—2006。第三方授予的GB/T 20438—2006的认证范围是用于SIL 3的仪表安全功能的部件。

2) 语言是GB/T 15969.3的功能块图(FBD)、梯形图(LD)和结构化文本(ST)语言的一个有限可变子集。应用程序库中提供的所有功能和功能块都有一个属性,此属性标记了功能是作安全应用还是只作非安全应用。在应用程序中只有标记有安全属性的那些功能和功能块才能用来实现仪表安全功能。标记有非安全属性的应用程序可使用具有非安全属性和安全属性的功能和功能块。

3) 所有支持的GB/T 15969.3的编程语言和具有安全属性的功能和功能块的程序库都已按照

GB/T 20438—2006进行了符合性认证。

4） 在用户文档集中提供了认证组织的所有限制和操作规程。

5） 为了定期测试 SIS 的所有元素，一般需要一种维护超驰方法使之能在不用关闭受控过程的同时进行在线测试。

6） 使用 ISO 9000 或等同的规程执行所有的系统集成功能。

附 录 E
（资料性附录）
开发安全配置的 PE 逻辑解算器的外配诊断程序的示例

在设计 PE 逻辑解算器时，经使用验证的 PE 逻辑解算器应证明有足够的诊断能力。这些诊断功能可以是基于软件或基于硬件的功能，并且应覆盖整个逻辑解算器，包括输入模块、主处理器、输出模块和通信。

下面是可用来提供安全配置的 PE 逻辑解算器的诊断程序的一种方案。

E.1 内部配置的诊断程序

工业过程领域用的 PE 逻辑解算器内部配置有诊断程序。在本附录中它们被称为内部看门狗定时器（IWDT）。IWDT 包括软件、硬件和通信诊断子系统，它由生产厂配备在 PE 逻辑解算器内部。

SIF 应用的 PE 逻辑解算器应为 PE 逻辑解算器所有元素提供诊断。一个 IWDT 系统可为用户提供从关闭一个输入卡件或者一个输出卡件到关闭整个系统范围内的一些可选项。IWDT 诊断可检验逻辑解算器生产厂认为是最重要的那些选项。IWDT 的局限性包括：

——由与逻辑解算器相同原因引起的 IWDT 故障导致的潜在共同模式失效有可能使 IWDT 无能力执行它的诊断功能；

——（IWDT 的）实现也不能给用户提供有关逻辑解算器故障状况的诊断信息；

——无监视整个 PE 逻辑解算器，包括 I/O、主处理器和通信的能力；

——无监视应用软件模块和执行的能力。

E.2 外部配置的诊断程序

——附加在 IWDT 中的限制可能要求给执行仪表安全功能的 PE 逻辑解算器增加外部看门狗定时器（EWDT）。对于仪表安全功能来说，使用 EWDT 决不是不需要 IWDT。

——常用的 EWDT 装置的例子是旋转脉动器（rotopulsor）监视器或电子定时监视器。EWDT 的最基本形式是由 PE 逻辑解算器应用软件中的应用逻辑对它连续施加脉冲。通常使用的概念是把指令编程为几个组（这些组在内存单元中被很宽地隔开）从而产生一个具有要求周期的方波。此方波被用作 PE 逻辑至 EWDT 的输入。图 E.1 是显示 PE 逻辑解算器的脉冲式输出和 EWDT 的输出的定时图。

——此方法推动一个 PE 逻辑解算器的输出按正确的定时顺序断开和闭合，从而使 EWDT 的输出保持被加电的状态。注意，EWDT 典型地内置有可调的 ON 延迟和 OFF 延迟定时器功能。应把 EWDT 的 ON 延迟和 OFF 延迟设定值设置成无论哪种延迟都不得超时。当 EWDT 超时时，EWDT 的输出就下降，并且将关闭 SIF 和/或报警。这些方波中的脉冲可通过改变方波发生器中的应用程序加以改变。

——当执行 EWDT 诊断时应考虑的附加设计特征包括：

- 用于 EWDT 的 PE 逻辑解算器方波的产生，使用 SIF 应用软件使用的同一指令集。
- 专用 PE 逻辑解算器的输入被用来监视逻辑解算器输入总线状态以便检测异常运行。
- 遍及 PE 逻辑解算器的各个内存单元的 EWDT 程序的分布；这些程序能最好地监视整个存储器的功能性。
- 为提高 PE 逻辑解算器通信的诊断能力，所产生的方波在整个 PE 逻辑解算器通信系统中进行传输。
- 可能需要的复位按钮。如果在启动时 EWDT 被互锁或在关闭时被互锁，则需要一个复位按钮。当设计复位电路时,EWDT 和 IWDT 两者都应被考虑。

- 可能需要的测试按钮。为验证 EWDT 的功能性可能需要一个测试按钮。
- 专用 PE 逻辑解算器的输出被用来监视逻辑解算器输出总线状态以便检测异常运行。
- 减少机电继电器触点产生的对电子电路的感应干扰的浪涌抑制器。应复审满足规定要求的附加电源线路的应用,比如:欠压保护,电噪声抑制,闪电保护,报警设计,从而能确定是 EWDT 启动或是 IWDT 启动。

E.3 参考

CCPS,"Guidelines for Safe Automation of Chemical Processes",AIChE,345 East 47th Street,New York,New York 10017,ISBN 0-8169-0554-1,1993。

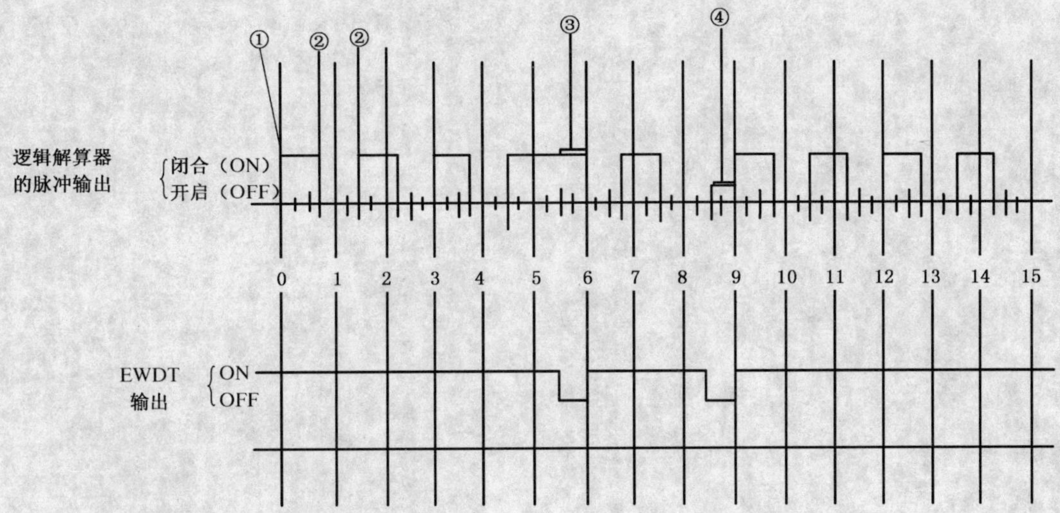

① 闭合控制电路给输出加电。

② 在定时间隔(假设定为 1 s)结束之前,开启和闭合控制电路以保持给 EWDT 输出加电。只要被监视的脉动持续提供每个定时间隔至少 1 次转换,该输出就保持加电。

③ 如果被监视的控制的闭合(ON)的持续时间大于预设时间(③),EWDT 的输出就会被断电。

④ 如果被监视的控制的开启(OFF)的持续时间大于预设时间(④),EWDT 的输出也会被断电。

图 E.1 EWDT 定时图

ICS 25.040
N 10

中华人民共和国国家标准

GB/T 21109.3—2007/IEC 61511-3:2003

过程工业领域安全仪表系统的功能安全 第3部分:确定要求的安全完整性等级的指南

Functional safety—Safety instrumented systems for the process industry sector—Part 3: Guidance for the determination of the required safety integrity levels

(IEC 61511-3:2003, IDT)

2007-10-11 发布　　2007-12-01 实施

中华人民共和国国家质量监督检验检疫总局
中国国家标准化管理委员会　发布

前　言

GB/T 21109《过程工业领域安全仪表系统的功能安全》分为三个部分：

——第1部分：框架、定义、系统、硬件和软件要求；

——第2部分：GB/T 21109.1的应用指南；

——第3部分：确定要求的安全完整性等级的指南。

本部分为GB/T 21109的第3部分，等同采用IEC 61511-3:2003《过程工业领域安全仪表系统的功能安全　第3部分：确定要求的安全完整性等级的指南》(英文版)。为便于使用，对IEC 61511-3:2003做了下列编辑性修改：

——删除国际标准的前言，按GB/T 1.1—2000重新编写了本部分的前言；

——凡是出现"IEC 61511"之处均改为"GB/T 21109"，"IEC 61511-1"均改为"GB/T 21109.1"，"IEC 61511-2"均改为"GB/T 21109.2"，"IEC 61511-3"均改为"GB/T 21109.3"；

——凡是出现"本国际标准"之处均改为"GB/T 21109"；

——用小数点"."代替作小数点的逗号"，"；

——根据GB/T 1.1—2000进行编辑性修改。

本部分的附录A、附录B、附录C、附录D、附录E、附录F为资料性附录。

本部分由中国机械工业联合会提出。

本部分由全国工业过程测量和控制标准化技术委员会归口。

本部分主要起草单位：机械工业仪器仪表综合技术经济研究所、上海自动化仪表股份有限公司技术中心、北京华控技术有限责任公司、中科院沈阳自动化研究所、浙江中控技术有限公司、上海工业自动化仪表研究所、国营759厂。

本部分主要起草人：王春喜、梅恪、包伟华、王麟琨、刘丹、陈小枫、魏剑嵬、史学玲、谭平、李佳嘉、欧阳劲松、蔡廷安、马光武。

本部分为首次制定。

引　言

在过程工业(process industry sector)中,用来执行仪表安全功能的安全仪表系统已使用了多年。如要使仪表能有效地用于仪表安全功能,最重要的是该仪表应达到某些最低标准和性能水平。

GB/T 21109 阐述了过程工业安全仪表系统的应用。GB/T 21109 还要求执行一次过程危险和风险评估使之能导出安全仪表系统的规范。当考虑安全仪表系统的性能要求时,才考虑其他安全系统,从而把其他安全系统的贡献计算在内。安全仪表系统包括从传感器到最终元件之内的所有部件和子系统,它们都是执行仪表安全功能所必要的。

GB/T 21109 包含了作为应用基础的两个概念:安全生命周期和安全完整性等级。

GB/T 21109 针对基于使用电气(E)/电子(E)/可编程电子(PE)技术安全仪表系统。在逻辑解算器使用其他技术的情况下,宜使用 GB/T 21109 的基本原则。GB/T 21109 还论述了安全仪表系统的传感器和最终元件而不管它们所使用的技术。GB/T 21109 在 GB/T 20438—2006 的框架范围内专用于过程工业(见 GB/T 21109.1—2007 附录 A)。

GB/T 21109 提出了达到这些最低标准的安全生命周期活动的方案。为了使用一个合理和一致的技术策略,此方案已被采纳。

在大多数情况下,固有(inherently)安全过程设计就能很好地达到安全性。必要时,还可结合一个或一些保护系统,以便处理任何已发现的残余风险。保护系统可依靠不同的技术(化学的、机械的、液压的、气动的、电气的、电子的、可编程电子的)。任何安全策略都需要将每个单独的安全仪表系统放在其他保护系统环境下进行考虑。为促成该方案,GB/T 21109 要求:

——执行一次危险和风险评估以便确定整体安全要求;

——给安全仪表系统分配安全要求;

——应在一个适用于所有用仪表实现功能安全的方法的框架内进行工作;

——详述了适用于实现功能安全的所有方法的某些活动(如安全管理)的使用。

关于过程工业的安全仪表系统的 GB/T 21109:

——涉及从初始概念、设计、实现、运行和维护直到停用的所有安全生命周期阶段;

——能使现有的或新的国家专用的过程工业标准同本标准协调一致。

GB/T 21109 致力于在过程工业领域内导致高度一致(如基本原则、术语、信息等)。这将带来安全和经济两方面的好处。

在权限方面,在管理当局(如国家的、省的、自治区的等)已建立过程安全设计、过程安全管理或其他要求的情况下,这些要求应比本标准中定义的要求优先考虑。

本部分涉及到了危险和风险分析(H&RA)中确定要求的 SIL 范围的指南。这当中的信息用来提供一个用于实现 H&RA 的各种各样的全局方法的广泛概览。但提供的信息并未详细到足以实现这些方案中的任何一种。

在继续之前,应回顾一下 GB/T 21109.1 中提供的安全完整性等级(SIL)的概念和确定方法。本部分的附录描述了以下内容:

附录 A　提供允许风险和 ALARP 的概念的概述。

附录 B　提供一种用来确定要求的 SIL 的半定量方法的概述。

附录 C　提供一种用来确定要求的 SIL 的安全矩阵方法的概述。

附录 D　提供一种使用半定性风险图方法来确定要求的 SIL 的方法的概述。

附录 E　提供一种使用定性风险图方法来确定要求的 SIL 的方法的概述。

附录 F　提供一种使用保护层分析(LOPA)方法来选择要求的 SIL 的方法的概述。

GB/T 21109 的整体框架见图 1。

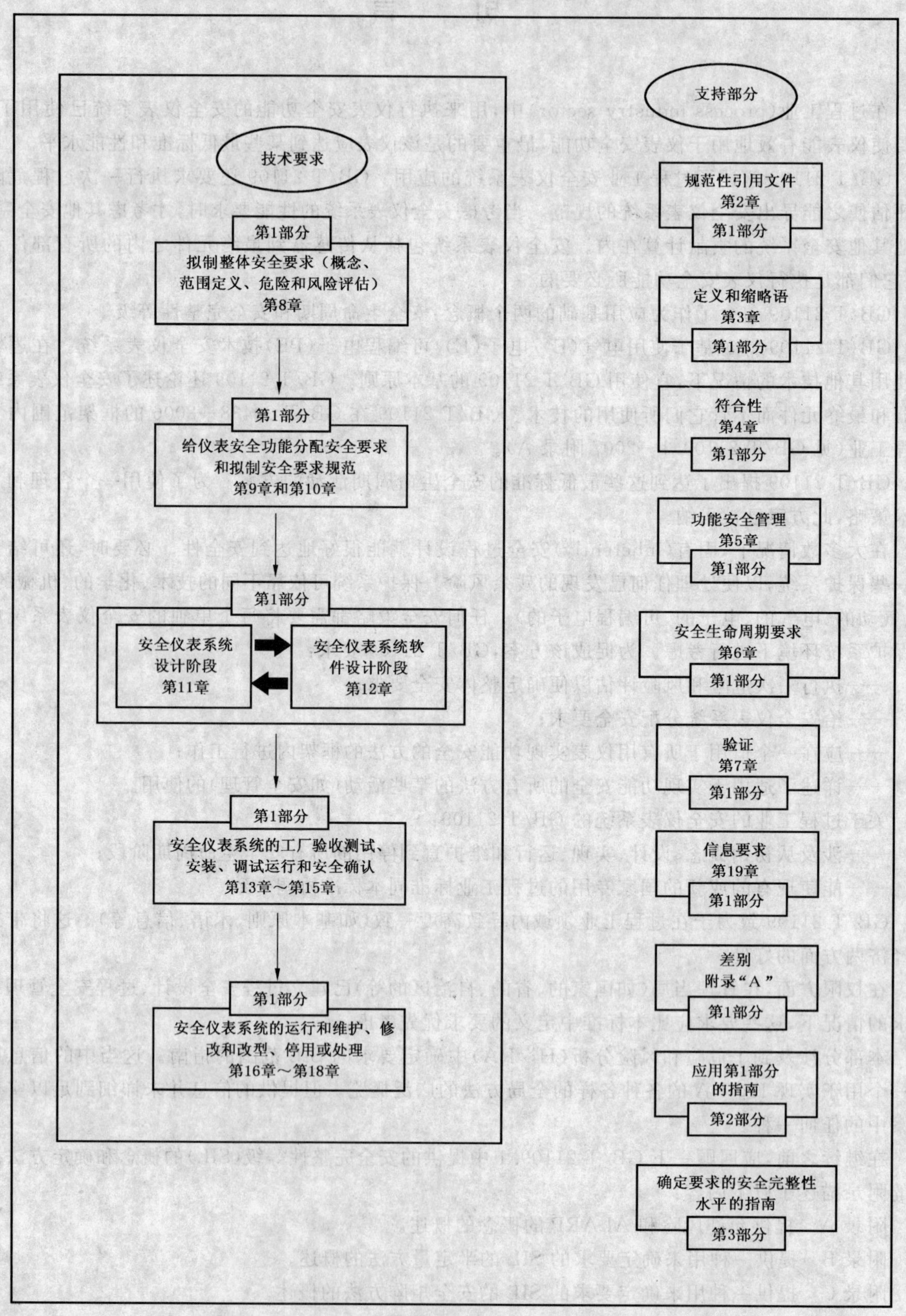

图 1　GB/T 21109 的整体框架

过程工业领域安全仪表系统的功能安全 第3部分:确定要求的安全完整性等级的指南

1 范围

本部分提供了与以下有关的信息:

——风险的基础概念、风险与安全完整性的关系,见第3章;

——允许风险的确定,见附录A;

——确定仪表安全功能的安全完整性等级的各种不同方法,见附录B、附录C、附录D、附录E和附录F。

特别是:

a) 为了保护人员、公共设施或环境,使用一个或多个仪表安全功能来达到功能安全时可使用本部分;

b) 在比如资产保护这类非安全应用中也可使用本部分;

c) 本部分说明了定义安全功能要求和每个仪表安全功能的安全完整性等级需要执行的典型危险和风险评估的方法;

d) 本部分说明了可用来确定要求的安全完整性等级的技术/措施;

e) 本部分为确立安全完整性等级提供了一个框架,但并不规定特殊应用要求的安全完整性等级;

f) 本部分不给出确定其他风险降低方法的要求的例子。

附录B、附录C、附录D、附录E和附录F说明了各种定量和定性方法,并且为了说明基础原理已对这些方法作了简化。本部分包含了这些附录以便说明这些方法的一般原理但并不提供一个权威的计算。

注:如打算使用这些附录中指出的那些方法,应查阅每个附录中引用的原始资料。

图1表示GB/T 21109的整体框架,并指出本部分在实现安全仪表系统的功能安全中所起的作用。

图2给出了风险降低方法的总览。

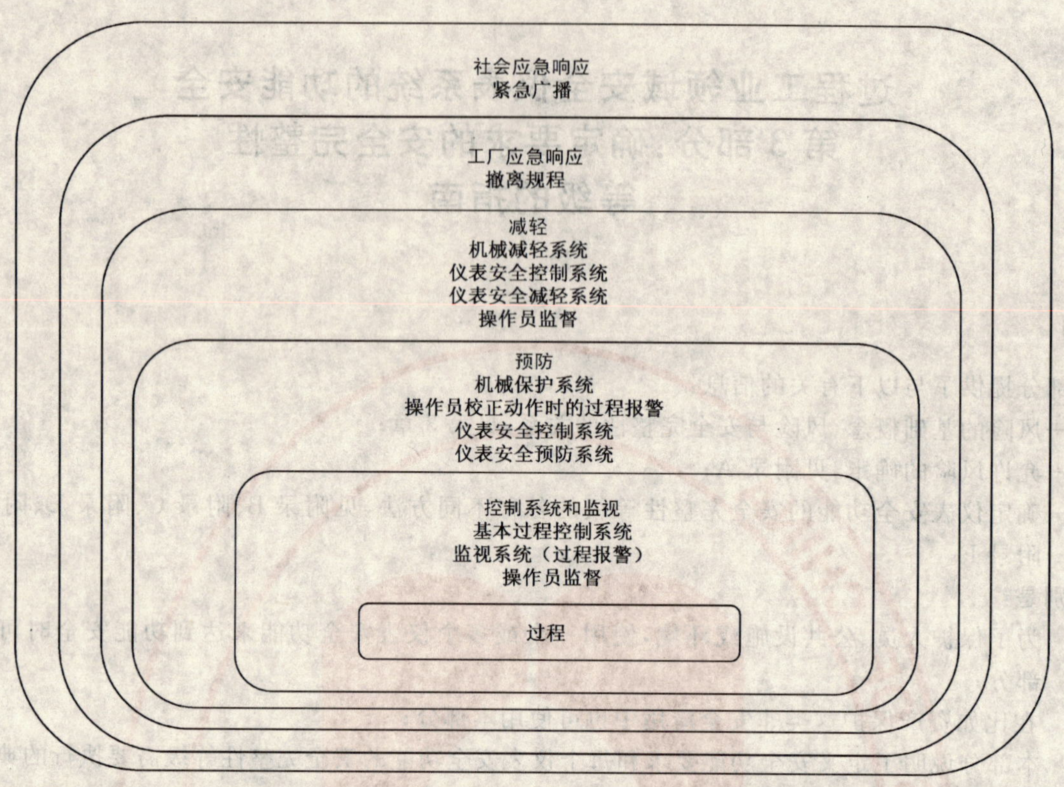

图 2 过程工厂中常见的典型风险降低方法(例如保护层模型)

2 术语、定义和缩略语

本部分使用的术语、定义和缩略语见 GB/T 21109.1—2007 的第 3 章。

3 风险和安全完整性——一般指南

3.1 概述

本章提供了有关风险和风险与安全完整性关系的基础概念的信息。此信息可为本部分中所示的多种危险和风险分析(H&RA)方法所共用。

3.2 必要的风险降低

必要的风险降低(既可以定性地[1],也可以定量地[2]被说明)是为满足特定情况的允许风险(过程安全目标水平)而一定要达到的风险的降低。在编写仪表安全功能(SIF)的安全要求规范(尤其是安全要求规范的安全完整性要求)时,必要的风险降低的概念十分重要。确定一个特定危险事件的允许风险(过程安全目标水平)的目的是要说明对于危险事件的频率和它的特定后果,哪些风险被认为是合理的。保护层(见图 3)被设计用来降低危险事件的频率和/或危险事件的后果。

评估允许风险的重要因素包括对暴露在危险事件中的风险的理解和看法。在获得某个特定应用的允许风险的构成时可考虑许多输入,它们包括:

——相关管理当局提供的指南;

——应用相关各方的讨论和协定;

——工业标准和指南;

1) 在确定必要的风险降低时,应确定必要的允许风险。GB/T 20438.5—2006 的附录 D 和附录 E 描述了一些定性方法,不过在必要的风险降低的示例中只是隐含了那些方法,而并未明显地作阐述。

2) 例如,导致某个特定后果的危险事件典型地可表示为每年的最大发生频率。

——工业、专家和科学建议；

——法律和法规要求：一般的和直接与特定应用有关的要求。

3.3 安全仪表系统的作用

安全仪表系统实现仪表安全功能，以达到或保持过程安全状态，即它将对必要的风险降低发挥作用来满足允许风险。例如，安全功能要求规范可说明当温度达到X值时，阀Y开启使水流入容器。

一个安全仪表系统(SIS)或多个SIS的组合或者其他保护层都可实现必要的风险降低。

人员也可以是一个安全功能的组成部分。例如，人员可接收过程状态信息，并根据该信息执行一个安全动作。当人员是一个安全功能的组成部分时，应考虑所有的人为因素。

仪表安全功能可在要求操作模式下或者在连续操作模式下运行。

3.4 安全完整性

安全完整性被认为由以下两个部分组成：

a) 硬件安全完整性，即在危险失效模式下与硬件随机失效有关的安全完整性部分。估算规定的硬件安全完整性等级的实现所达到的一个合理的准确度水平，因此，使用已建立的用于概率组合和考虑共同原因失效的规则，可在子系统当中分配安全要求。也许需要使用冗余结构来达到要求的硬件安全完整性。

b) 系统安全完整性，即在危险失效模式下与系统失效有关的安全完整性部分。虽然也许能估算某些系统失效产生的影响，但从设计缺陷和共同原因失效得到的失效数据意味着这些失效的分布难以预测。在某种特定情况，这增加了失效概率(如一个SIS的失效概率)计算的不确定性。因此，为了减小不确定性，必须对最佳技术的选择做出判断。注意，为降低硬件随机失效概率所采取的措施不一定能降低系统失效概率。比如同型硬件的冗余信道这样的技术对控制硬件随机失效十分有效，但很少用来减少系统失效。

仪表安全功能和其他任何保护层所提供的总风险降低必须保证：

——安全功能的失效频率足够低，使之能防止危险事件频率超过满足允许风险所要求的值；和/或

——安全功能把失效的后果减轻到满足允许风险所要求的程度。

图3说明了风险降低的一般概念。通用模型假设：

——有一个过程及其相关的一个基本过程控制系统(BPCS)；

——存在相关的人为因素；

——安全保护层特征包括：

1) 机械保护系统；

2) 安全仪表系统；

3) 机械减轻系统。

注：图3表示用来说明一般原理的广义风险模型。应考虑安全仪表系统和/或其他保护层实际上实现必要的风险降低所使用的特定方式，来开发特定的应用风险模型，因此得出的风险模型可能与图3所示不同。

图3和图4中所示的各种风险如下：

——**过程风险**：由于过程、基本过程控制系统和相关的人员因素问题而存在的特定的危险事件的风险。在确定此风险时未考虑指定的安全保护特征。

——**允许风险**(过程安全目标水平)：根据当今社会的水准，在给定的环境内能够接受的风险。

——**残余风险**：在本部分的上下文中，残余风险是在增加保护层之后发生危险事件的风险。

过程风险是与过程本身相关的风险函数，但它考虑了过程控制系统带来的风险降低。为了防止对基本过程控制系统的安全完整性的不合理声明，本部分对可做出的此类声明作了一些限制。

必要的风险降低只是为满足允许风险必须要达到的最低风险降低水平。可以用一种或多种风险降低技术的组合来实现它。图3表示从一个过程风险的起点达到规定的允许风险所必要的风险降低。

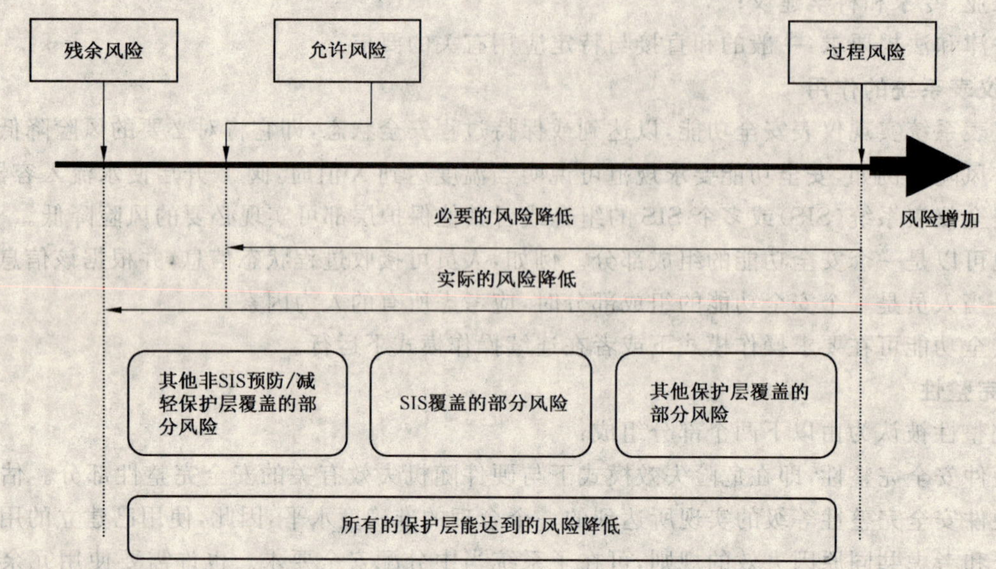

图 3 风险降低:一般概念

3.5 风险和安全完整性

充分理解风险和安全完整性之间的差别是重要的。风险是某个规定的危险事件发生的频率及其后果的一个度量。可对各种情况的风险(过程风险、允许风险、残余风险,见图 3)进行评估。允许风险涉及到社会和政治因素的考虑。安全完整性是 SIF 和其他保护层达到规定安全功能的可能性的一个度量。一旦设定了允许风险并估算了必要的风险降低,就能分配 SIS 的安全完整性要求。

注:为了优化设计以便满足各种要求,可能需要反复进行分配。

图 3 和图 4 说明了安全功能在达到必要的风险降低中所起的作用。

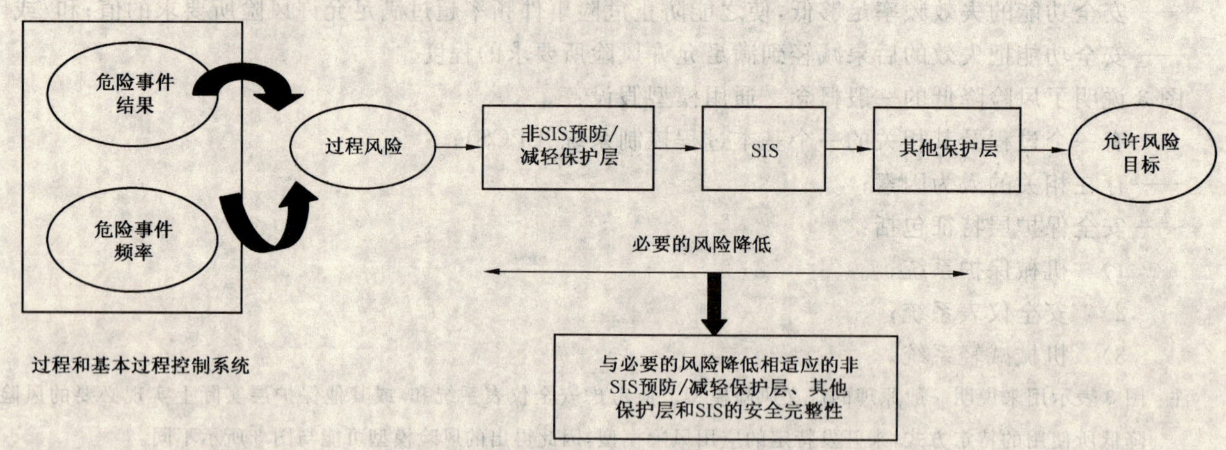

图 4 风险和安全完整性的概念

3.6 安全要求的分配

图 5 表示了安全仪表系统和其他保护层安全要求(安全功能和安全完整性要求)的分配。GB/T 21109.1—2007 第 9 章给出了对安全要求分配阶段的要求。

给安全仪表系统、其他技术安全相关系统和外部风险降低设施分配安全完整性要求所使用的方法主要取决于必要的风险降低是以一种数值方式还是以一种定性方式被清晰地规定。这些方式分别称为半定量、半定性或定性方法(见附录 B、附录 C、附录 D、附录 E 和附录 F)。

3.7 安全完整性等级

本部分规定了 4 种安全完整性等级,安全完整性等级 4 是最高等级,安全完整性等级 1 是最低等级。

GB/T 21109.1—2007 的表 3 和表 4 规定了 4 种安全完整性等级的安全完整性等级目标失效量。规定了两个参数，一个用于工作在要求操作模式下的 SIS，另一个用于工作在连续操作模式下的 SIS。

注：对于在要求操作模式下工作的 SIS 来说，关心的安全完整性度量是在要求时执行 SIS 设计的功能的平均失效概率。而对在连续操作模式下工作的 SIS 来说，关心的安全完整性度量是每小时的危险失效频率，见 GB/T 21109.1—2007 的 3.2.43。

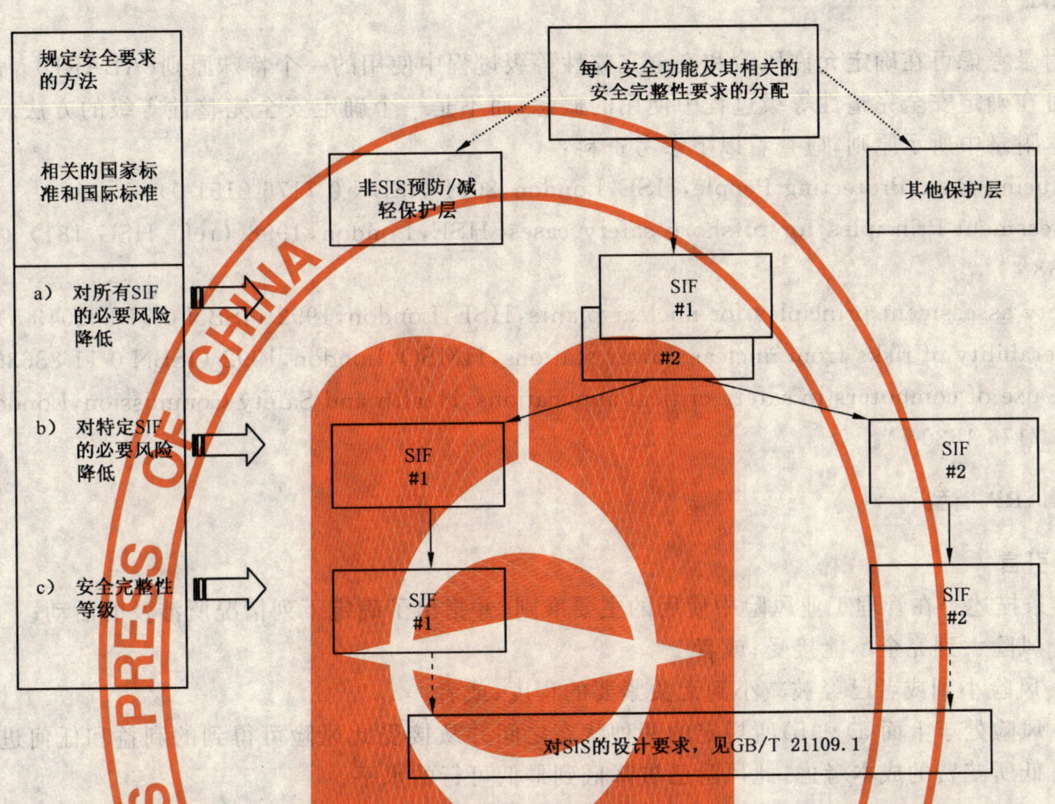

注：在分配之前，安全完整性要求与各个安全功能相关联(见 GB/T 21109.1—2007 第 9 章)。

图 5　安全仪表系统、非安全仪表系统预防/减轻保护层和其他保护层安全要求的分配

3.8　选择确定要求的安全完整性等级的方法

建立一个特殊应用所要求的安全完整性等级的方法有很多。附录 B～附录 F 提供了许多有关所使用方法的信息。为特殊应用所选择的方法取决于许多因素，其中包括：

——应用的复杂程度；

——来自管理当局的指南；

——风险特性和要求的风险降低；

——可承担工作人员的经验和技能。

——关于风险的参数的可用信息。

在一些应用中，可以使用不只一种方法。首先，使用定性方法确定所有 SIF 要求的 SIL。然后对于那些用该方法分配了 SIL 3 或 SIL 4 的 SIF，应考虑再使用定量方法进一步细化，以便更精确地理解所要求的安全完整性。

附 录 A
（资料性附录）
ALARP 和允许风险的概念

A.1 概述

本附录考虑可在确定允许风险和安全完整性等级过程中使用的一个特殊原则(ALARP)。ALARP是一个可在确定安全完整性等级过程中使用的概念，而不是一个确定安全完整性等级的方法。如果意图使用本附录中所示原则，应查看以下参考资料：

Reducing Risk,Protecting People,HSE,London,2001 (ISBN 0 7176 2151 0)

Assessment Principles for offshore safety cases,HSE,London,1998 (ref. HSG 181) (ISBN 0 7176 1238 4)

Safety assessment principles for nuclear plants,HSE,London,1992 (ISBN 0 11 882043 5)

Tolerability of risks from nuclear power stations,HMSO,London,1992 (ISBN 0 11 886368 1)

The use of computers in safety-critical applications,Health and Safety Commission,London,1998 (ISBN 0 7176 1620 7)。

A.2 ALARP 模型

A.2.1 引言

3.2 条描述了在管理工业风险中使用的主要准则，并指出了确定下列情况所涉及的活动；

a) 风险大到完全不能接受；或者

b) 风险小到或者已经被减小到无关紧要的程度；或者

c) 风险处于上面 a)和 b)所规定的两种状态之间并从接受此风险可得到的利益和任何进一步降低所花费的成本考虑，此风险已被降低到最低可行的水平。

关于 c)项，ALARP 原则推荐应把风险降低到"只要合理可行"或者降低到"ALARP"的某个水平。如果一个风险位于两种极端情况(即不可接受的区域和广泛可接受的区域)之间并已使用了 ALARP 原则，则所得到的风险就是该特殊应用的可允许风险。根据此方法，一个风险被认为应处于被称为"不可接受的"、"允许的"或"广泛可接受的"三个区域中的某一个之中(见图 A.1)。

在某个水平之上的风险被看作是不可接受的。在任何正常情况下，此风险都被认为是不合理的。如果存在这样的风险，则应把它降低到"允许的"或者"广泛可接受的"区域内，或者必须排除相关的危险。

低于上述水平的风险，如果该风险已经降低到当达到进一步风险降低所花费的成本超过所获得的好处，并且已经采用了被普遍接受的用于风险控制的标准时，则被认为是"允许的"。风险越高，为了降低它所花费的(成本)就越多。按照这种方式已被降低的风险可认为它已被降低到一个"ALARP"的水平。

低于允许区的风险水平被认为是无关紧要的，管理者不必请求进一步改进。这个区域是广泛可接受的区域，此区域中的风险同我们每天经历的的风险相比较小。在广泛可接受的区域中不需要细致工作来证明 ALARP，但有必要保持警惕以确保风险维持在这一水平。

当采用定性或定量风险目标时，可使用 ALARP 概念。A.2.2 描述了一种用于定量风险目标的方法。(附录 C 描述了一种确定特定危险的必要风险降低的半定量方法，附录 D 和附录 E 则描述了定性方法。在决策时，所示方法可结合 ALARP 的概念。)

当使用 ALARP 原则时，应注意确保所有的假设都要合理并被文档化。

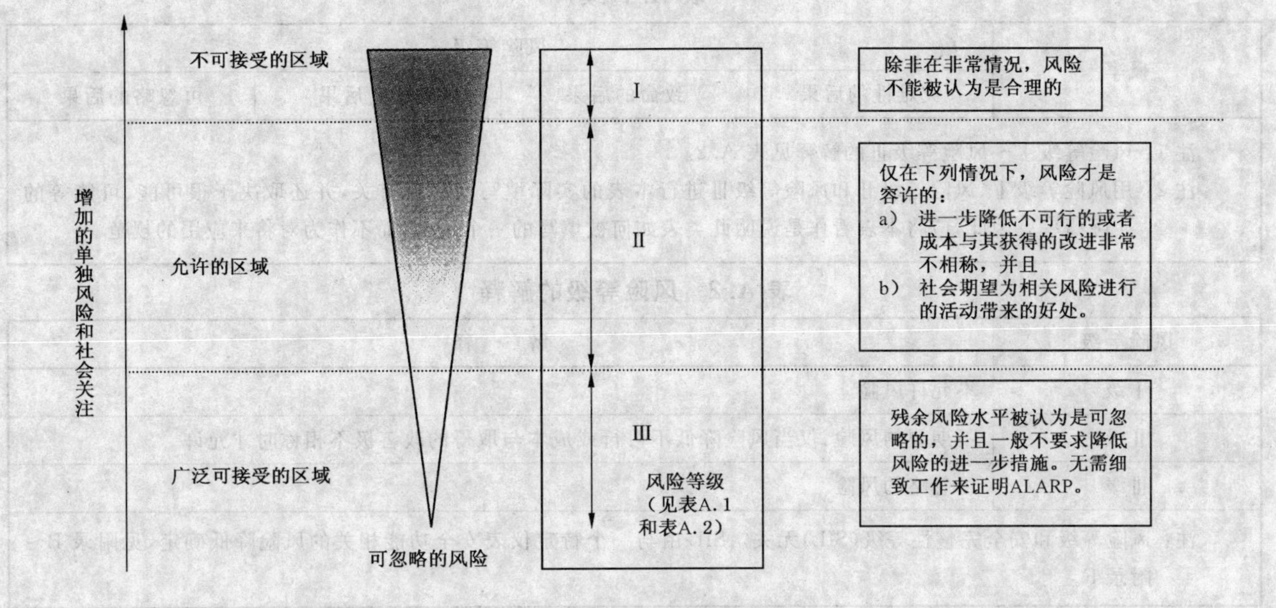

图 A.1 允许风险和 ALARP

A.2.2 允许风险目标

为了应用 ALARP 原则，有必要根据事故发生的概率和后果来定义图 A.1 中的三个区域。这个定义应通过利益相关的各方(如安全管理当局、产生风险和承受风险的那些人)之间的讨论和达成一致意见来进行。

在考虑 ALARP 概念时，通过风险等级可进行后果与允许频率之间的搭配。表 A.1 是显示对应于许多后果和频率的 3 种风险等级(Ⅰ、Ⅱ、Ⅲ)的一个示例。表 A.2 使用 ALARP 概念对每个风险等级进行解释。即基于图 A.1 对 4 个风险等级的每一个等级进行描述。这些风险等级定义中的风险是已经实施风险降低措施后显现的风险。关于图 A.1，风险等级如下：

——风险等级Ⅰ处于不可接受的区域中；

——风险等级Ⅱ处于 ALARP 区域；

——风险等级Ⅲ处于广泛可接受的区域中。

对每个特殊情况或者工业子部门，应考虑广泛的社会、政治和经济因素，编制一个类似于表 A.1 的表。每种后果都应匹配一个概率并且在表中填写风险等级。例如，表 A.1 中可能有一个事件的发生频率大于 10 次/年。其致命后果是导致一人死亡，和/或多人严重伤害或严重职业病。

在确定允许风险目标后，就能够通过使用例如附录 C～附录 F 中描绘的一种方法来确定仪表安全功能的安全完整性等级。

表 A.1 事故风险等级的示例

概率	风险等级			
	灾难性的后果	致命的后果	微小的后果	可忽略的后果
极可能	Ⅰ	Ⅰ	Ⅰ	Ⅱ
很可能	Ⅰ	Ⅰ	Ⅱ	Ⅱ
可能	Ⅰ	Ⅱ	Ⅱ	Ⅱ
极小可能	Ⅱ	Ⅱ	Ⅱ	Ⅲ
不太可能	Ⅱ	Ⅲ	Ⅲ	Ⅲ
难以置信	Ⅱ	Ⅲ	Ⅲ	Ⅲ

表 A.1(续)

概率	风险等级			
	灾难性的后果	致命的后果	微小的后果	可忽略的后果

注1：风险等级Ⅰ～风险等级Ⅲ的解释见表 A.2。

注2：用风险等级Ⅰ、风险等级Ⅱ和风险等级Ⅲ进行本表的实际填写与应用有关，并还取决于很可能、可能等的实际概率。因此，应将本表看作是说明此类表如何被填写的一个示例，而不作为对将来应用的规范。

表 A.2　风险等级的解释

风险等级	解　　释
Ⅰ级	不允许风险
Ⅱ级	不期望的风险，仅当风险降低不可行或成本与取得的改善极不相称时才允许
Ⅲ级	可忽略的风险

注：风险等级和安全完整性等级(SIL)无关。SIL 由与一个特定仪表安全功能相关的风险降低确定，见附录 B～附录 F。

附 录 B
（资料性附录）
半定量方法

B.1 概述

本附录描述了当采用一种半定量方法时怎样确定安全完整性等级。半定量方法在使用数字方式规定允许风险时有显著的价值（例如一个特定后果的事件发生频率不大于1次/100年）。

本附录并不作为一个权威性计算方法，仅用于说明一般原则。它基于下面参考中更详细描述的方法：

CONTINI，S.，Benchmark Exercise on Major Hazard Analysis，Commission of European Communities，1992。

B.2 与GB/T 21109.1的符合性

本附录的总体目标是通过描述一个规程来确定所要求的仪表安全功能，并确定这些功能的SIL。需要遵循的基本步骤如下：

1） 确立过程的安全目标（允许风险）；
2） 执行一次危险和风险分析以评价现有的风险；
3） 确定所需的安全功能；
4） 将安全功能分配给保护层；
注：各保护层彼此独立。
5） 确定是否要求一个SIF；
6） 确定SIF所需的SIL。

第1步确立过程的安全目标。第2步关注过程的风险分析。第3步则从风险分析推出要求哪些安全功能以及为满足安全目标需要哪些风险降低。当在第4步中把这些安全功能分配给保护层之后，是否要求一个仪表安全功能（第5步）以及需要满足哪一级SIL（第6步）也就变得显而易见了。

本附录建议使用一种半定量的风险评估技术以满足GB/T 21109的目标。通过一个简单的示例来说明该技术。

B.3 示例

内装挥发性易燃液体的压力容器的过程及相关仪表一起考虑（见图B.1）。过程控制的处理通过一个基本过程控制系统（BPCS）实现，BPCS监视来自液位变送器的信号并控制阀的操作。可用的工程化系统是a）一个独立压力变送器，用于启动高压报警并警告操作员采取适当动作以停止物质流入；及b）一个非仪器保护层，在操作员未响应的情况下，用于处理与容器高压相关的危险。保护层释放的气体用管道引到一个喷射箱中，喷射箱再把气体泄放到一个燃烧系统。在本例中假设燃烧系统经适当许可并且正确设计、安装及操作，因此本例中不考虑燃烧系统的潜在失效。

注：工程化系统指的是所有可用于响应一个过程要求的系统，包括其他自动保护层和操作人员。

B.3.1 过程安全目标水平

成功管理工业风险的一个基本要求是简明扼要和清楚地定义所期望的过程安全目标水平（允许风险）。它可以通过使用国家和国际标准、法规、公司政策以及有关各方如社团、当地司法部门和有良好的工程实践支持的保险公司的投入进行定义。过程安全目标水平专用于一个过程、一个公司或者一个行业。因此，不应将其一般化，除非现有法规和标准提供这种一般化的支持。在说明示例中，根据释放到环境中的预计后果，假设过程安全目标设定为平均释放率小于每年10^{-4}。

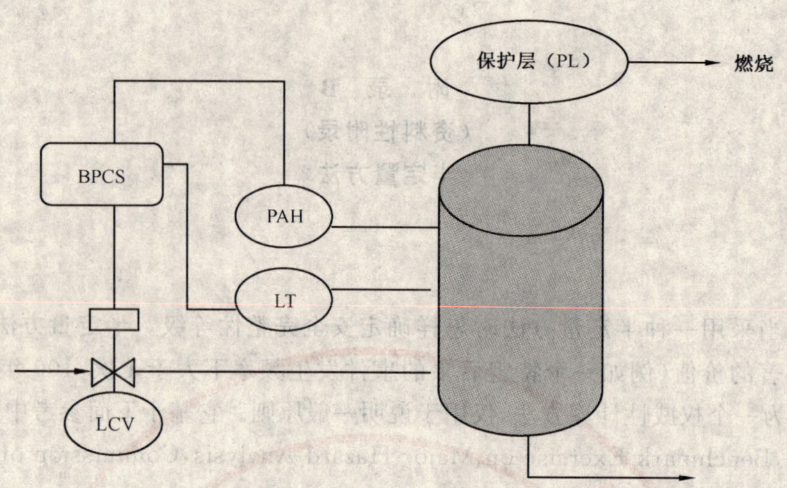

图中：

PL	附加的减轻用保护层(即堤堰、泄压装置、限制区、贮罐)
PAH	压力高报警
LT	液位变送器
LCV	液位控制阀
BPCS	基本过程控制系统

图 B.1 具有现有安全系统的压力容器

B.3.2 危险分析

应对过程进行一次危险分析以确定危险、潜在的过程偏差及其起因、可用的工程化系统、引发事件以及可能发生的潜在危险事件(意外事故)。这可以通过使用以下几种定性技术实现：

——安全复审；

——检验表；

——假设分析；

——HAZOP 研究；

——失效模式和影响分析；

——因果分析。

被广泛应用的一种这样的技术是危险和可操作性(HAZOP 研究)分析。危险和可操作性分析(或研究)可确定并评估过程工厂中的危险，以及可能损害达到设计产量能力的非危险可操作性问题。

第 2 步就是对图 B.1 所示示例执行一次 HAZOP 研究。这种 HAZOP 研究分析的目标是评估把物质释放到环境中的潜在危险事件。表 B.1 展示了一个简化表来说明 HAZOP 的结果。

HAZOP 研究的结果确认了一个超压工况可能导致易燃物质向环境的一次释放。这是一个引发事件，根据可用的工程化系统的响应，它有可能导致一个危险事件。当对过程进行一次全面的 HAZOP 分析时，能导致向环境释放物质的其他引发事件还包括过程设备的泄漏、管道钻孔完全破裂和外部事件如火灾。对于本说明示例，应检查过压工况。

表 B.1 HAZOP 研究结果

项	偏差	原因	后果	安全措施	动作
容器	高液位	BPCS 失效	高压	操作员	—
—	高压	1) 高液位 2) 外部火灾	释放到环境中	1) 报警、操作员、保护层 2) 消防(deluge)系统	评价向环境释放的工况
—	低/无流量	BPCS 失效	没有关心的后果	—	—
—	反向流	—	没有关心的后果	—	—

B.3.3 半定量风险分析技术

过程风险的一个评估是通过对与潜在过程意外事故或危险事件相关的风险进行确定和量化来完成的。其结果可用来确定必要的安全功能及其相关的 SIL，从而把过程风险降低到一个可接受的水平。在下面的主要步骤中可以区别出使用半定量技术的过程风险评估。前 4 个步骤可在 HAZOP 研究过程中执行。

1) 确定过程危险；

2) 确定安全层的组成；

注 1：安全层由可用于保护一个过程的所有安全系统组成，它包括 SIS、其他技术的安全相关系统、外部风险降低设施和操作员响应。

注 2：使用第 2 步是因为它是例子中给出的一个现有过程。

3) 确定引发事件；

4) 为每个引发事件编写危险事件情景；

5) 通过使用历史数据或建模技术（故障树分析、Markov 建模），确定引发事件的发生频率及现有安全系统的可靠性；

6) 量化重大危险事件的发生频率；

7) 评估所有重大危险事件的后果；

8) 将结果（一个意外事故的后果和频率）集成到与每个危险事件相关的风险。

关心的重大结果是：

——对与过程相关的危险和风险的一个较好和更详细的了解；

——过程风险的了解；

——现有安全系统对整体风险降低的贡献；

——把过程风险降低到一个可接受的水平所需的每个安全功能的识别；

——估计的过程风险同目标风险的比较。

半定量技术是资源密集型方法，它能提供定性方法所不具有的好处。此技术在很大程度上取决于小组识别危险的专业技术，提供一种明确方法来处理其他技术的现有安全系统，使用一个框架来文档化会导致上述产出的所有活动，并提供一个生命周期管理系统。

对于说明示例而言，通过 HAZOP 研究确认的一个引发事件就是超压，它有向环境释放物质的潜在可能。应当注意，本子条中使用的方法是对危险事件发生频率进行定量估算和对后果进行定性评估的联合使用。这种方法被用来说明确定危险事件和仪表安全功能所应遵循的系统规程。

B.3.4 现有过程的风险分析

下一个步骤是识别对引发事件的发展有贡献的因素。图 B.2 中所示的一个简单的故障树表示了在容器中对超压工况的发展有贡献的一些事件。顶端的事件，即容器超压，是由于基本过程控制系统（BPCS）失效或者外部火灾引起的（见表 B.1）。显示故障树是为了突出 BPCS 失效对过程的影响。BPCS 并不执行任何安全功能，但其失效可促使在要求模式下对 SIS 操作的增加。因此，可靠的 BPCS 可产生对 SIS 操作较小的要求。故障树可以被量化，对此例而言，假设一年内超压工况的频率在 10^{-1} 数量级。

一旦确立了引发事件的发生频率，就可使用事件树分析为安全系统对异常工况响应的成功或失效建模。安全系统性能的可靠性数据可从现场数据、公布的数据库或使用可靠性建模技术的预测获得。对本例而言，可靠性数据曾被假设，并且不应被看作代表公布的和/或预测的系统性能。图 B.2 显示了在过压工况下可能发展成潜在的释放场景。事故建模的结果是：a）每个事故序列的发生频率；和 b）关于易燃物质释放的定性后果。在图 B.3 中，确认了 5 种危险事件，每种事件有其发生频率和潜在发生的后果。事故情景 1 不发生释放，是所设计的过程条件。此外，危险事件 2 和 4 要释放易燃物质到燃烧系统，也被认为是所设计的过程条件。其余的情景即 3 和 5，其发生频率在每年 $9\times10^{-4}\sim1\times10^{-3}$ 数量级范围之间，并将向环境释放物质。

注：假设图 B.3 中的每个事件是独立的。此外，所示数据只是近似值；因此，所有事故的频率之和接近引发事件的频率(0.1/年)。

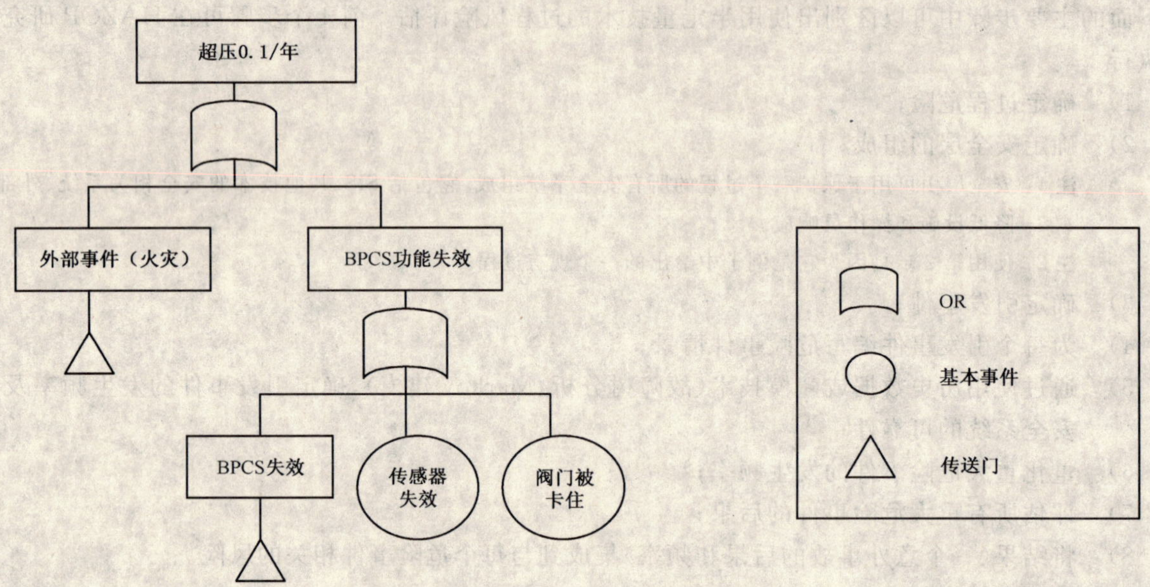

图 B.2 容器超压的故障树

应注意，此分析并未考虑高压报警和 BPCS 液位传感器失效的共同原因失效的可能性。这种共同原因失效可能导致报警系统在要求时失效概率的显著增大并因此造成整体风险。进一步信息参见“A process industry view of IEC 61508”，Dr A. G. King，IEE Computing and Control Engineering Journal，February 2000，Institution of Electrical Engineers，London，2000。

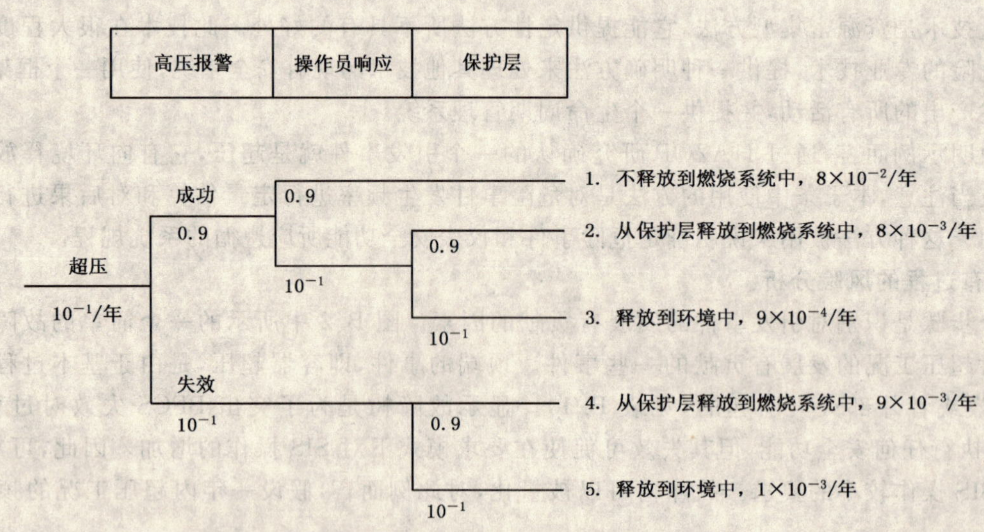

图 B.3 具有现有安全系统时的危险事件

B.3.5 不满足安全目标水平的事件

如前所述，工厂特定指南确立的安全目标水平为：向环境释放物质的事故发生频率不应大于每年 10^{-4}。假设在图 B.3 中给出的危险事件发生频率和后果数据，有必要把事故 3 和 5 的风险降低到安全目标水平以下。

B.3.6 使用其他保护层降低风险

在确立在一个 SIS 中实现一个仪表安全功能的需要之前，应考虑其他技术的保护层。为了说明此规程，假设引入一个附加的完全独立的保护层以扩大现有的安全系统。图 B.4 示出了具有新保护层的过程。应用事件树分析来导出所有潜在的危险事件。从图 B.4 可看到，在给定的相同超压条件下，可能发生 7 种释放事故。

检查图 B.4 中被建模的危险事件的发生频率表明，因为危险事件 4 和 7 将向环境释放物质并且仍然不低于安全目标水平，所以容器的安全目标水平未被满足。事实上，向环境释放物质的总频率为每年 1.9×10^{-4}。此时应对使用外部风险降低设施的可行性进行评估。如果安全目标是把由于向环境释放物质而产生的风险降到最小，那么可以设想，像堰（堤）这样的外部风险降低设施并不是一种降低风险的可行替代方案。既然没有其他非 SIS 保护能满足安全目标水平，因此，就要求在 SIS 中实现一个仪表安全功能来防止超压和易燃物质的释放。

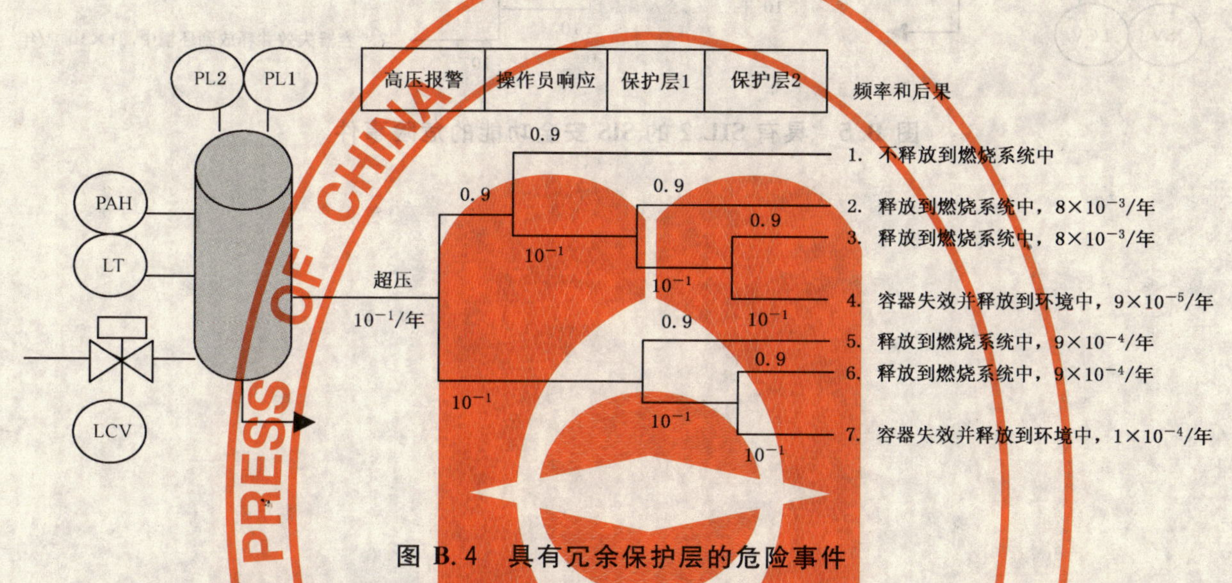

图 B.4 具有冗余保护层的危险事件

B.3.7 使用仪表安全功能降低风险

使用其他技术的保护层或外部风险降低设施不能达到安全目标。释放情景 7 仍然在安全目标内。事实上，从图 B.4 可看出向环境释放物质的总频率为每年 1.9×10^{-4}（情景 4 和情景 7 的频率之和）。为了降低释放到大气的总频率，要求在 SIS 中实现一个新的 SIL 2 仪表安全功能以满足安全目标水平。新的仪表安全功能见图 B.5。此时没有必要对仪表安全功能进行详细设计。一般的 SIF 设计构思就足够了。这一步的目的是确定一个 SIL 2 的 SIF 能否提供所要求的风险降低并使之能达到安全目标水平。在达到安全目标水平之后才进行 SIF 的详细设计。例如，新的仪表安全功能可在 1oo2 组态中使用双重的、安全专用的压力传感器，把信号发送给一个逻辑解算器。逻辑解算器的输出可控制一个附加的停机阀。

注：1oo2 意味着无论哪个压力传感器都能发送一个信号来停止过程。

新的 SIL 2 仪表安全功能被用来将因超压导致压力容器释放的频率降到最小。图 B.5 表示了新的安全层并提供所有潜在的事故情景。正如此图所示，如果对仪表安全功能的评估可同 SIL 2 要求一致，该容器的任何释放频率都能降低到不大于每年 10^{-4}，并能满足安全目标水平。向环境释放的总频率（情景 4 和 7 的频率之和）已降低到每年 1.9×10^{-5}，低于每年 10^{-4} 的安全目标。

应注意，此事件树分析未考虑高压报警和 SIL 仪表安全功能的共同原因失效的可能性。并且，两个保护布置之间以及同 BPCS 液位传感器失效之间也存在潜在的共同原因失效。

这些共同原因失效可导致保护功能在要求时的失效概率显著增加，并因此使整体风险明显增大。进一步信息可参考“A process industry view of IEC 61508”，Dr A. G. King，IEE Computing and Control Engineering Journal，February 2000，Institution of Electrical Engineers，London，2000。

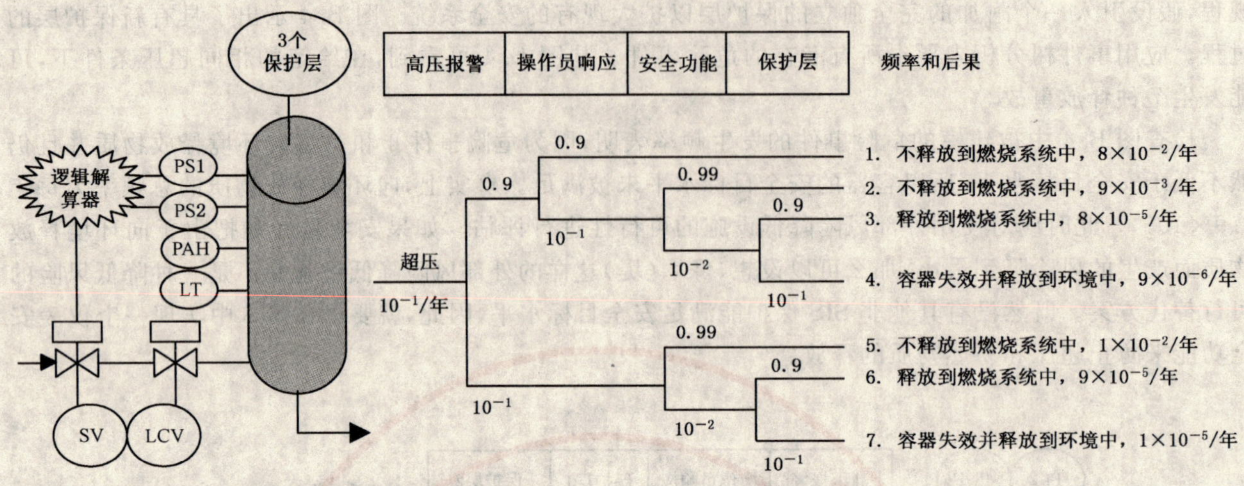

图 B.5 具有 SIL 2 的 SIS 安全功能的危险事件

附 录 C
（资料性附录）
安全层矩阵法

C.1 引言

在每个过程中，风险降低应从过程设计的最基本元素开始：过程本身的选择、现场选址、有关危险品库存量和工厂布局的决策。降低运行风险的过程设计决策有：库存危险化学品数量尽可能少；管道和热交换系统的安装，物理上应能防止可发生反应的化学物品无意或疏忽导致的混合；选择能耐最高可能的过程压力的厚壁压力容器；选择最高工作温度低于过程化学物的分解温度的加热介质。上述通过仔细选择过程设计和运行参数来降低风险是安全过程设计中的一个关键步骤。建议进一步寻求在过程开发活动中消除危险和实施固有的安全设计习惯作法的方法。遗憾的是，即使把这种设计原理发挥到了最完美的程度，依然存在潜在的危险并且仍需使用附加的保护措施。

在过程工业中，为了保护一个过程需使用多个保护层，如图 C.1 所示。图中每个保护层都由设备和/或管理措施组成，与其他保护层协同行使控制和/或降低过程风险的功能。

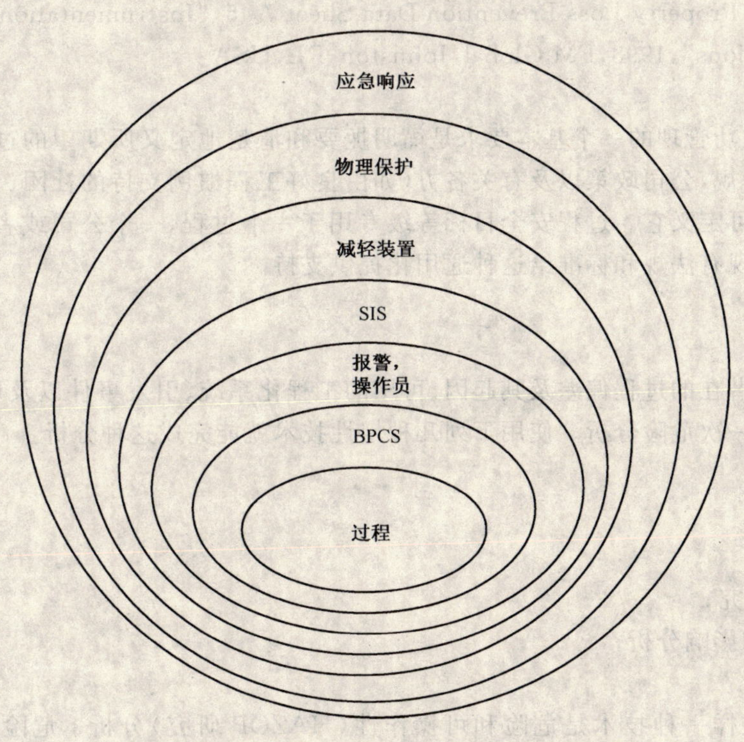

图 C.1 保护层

保护层的概念基于 3 个基本概念：

1） 一个保护层由一组设备和/或管理措施组成，它同其他保护层协同行使控制或减轻过程风险的功能；

2） 一个保护层（PL）满足下列准则：

——至少可把已确定的风险降低 10 倍；

——应具有以下重要特性：

- 专一性——PL 被设计用来防止或减轻一个潜在的危险事件的后果。由于多种原因都可能导致同一危险事件，因此多个事件情景都可由一个 PL 来启动动作。

- 独立性——如果能证明一个 PL 与其他任何一个已声明的 PL 之间不存在潜在的共同原因或共同模式失效的可能，则该 PL 独立于其他保护层。
- 可信性——可信任 PL 能完成在 PL 设计期间为处理随机失效和系统失效设计的所需做的工作。
- 可审核性——PL 被设计成有助于定期确认其保护功能。

3) 在本附录中，仪表安全功能保护层是满足安全仪表系统定义的一个保护层（在制定安全层矩阵时，使用“SIS”）。

参考：

——Guidelines for Safe Automation of Chemical Processes, American Institute of Chemical Engineers, CCPS, 345East 47th Street, New York, NY10017, 1993, ISBN 0-8169-0554-1

——ISA-S 91. 01:1995, Identification of Emergency Shutdown Systems and Controls That are Critical to Maintaining Safety in Process Industries, The Instrumentation, Systems, and Automation Society, 67 Alexander Drive, PoBox 12277, Research Triangle Park, NC 27709, USA

——Safety Shutdown Systems: Design, Analysis and Justification, Gruhn and Cheddie, 1998, The Instrumentation, Systems, and Automation Society, 67 ALEXANDER Drive, PO Box 12277, Research Triangle Park, NC27709, USA, ISBN 1-55617-665-1

——FM Global Property Loss Prevention Data Sheet 7-45, “Instrumentation and Control in Safety Applications”, 1998, FM Global, Johnston, RL, USA

过程安全目标

对于工业风险成功管理的一个基本要求是简明扼要和清楚地定义所期望的过程安全目标，根据国家和国际的标准和法规，公司政策以及有关各方（如由良好工程惯例支持的社团、当地管辖部门和保险公司）提供的输入就可定义它。过程安全目标等级专用于一个过程、一个公司或者一个行业。因此，不应把它通用化，除非现有法规和标准给这种通用化提供支持。

C.2 危险分析

为了确定危险、潜在的过程偏差及其起因、可用的工程化系统、引发事件以及可能发生的潜在危险事件，应对过程实施一次危险分析。使用下列几种定性技术就能完成这种分析：

——安全复审；

——检验表；

——假设分析；

——HAZOP 研究；

——失效模式和影响分析；

——因果分析。

被广泛应用的这样一种技术是危险和可操作性（HAZOP 研究）分析。危险和可操作性分析（或 HAZOP 研究）可识别和评价过程工厂中的系统以及可能损害达到设计产量能力的非危险可操作性问题。

虽然最初开发这种技术是为了评价工业方面还没有什么经验的一个新的设计/应用，但对现有的工作来说它也是很有效的。它要求具备一个过程的设计、操作和维护的详细知识和理解。通常，一个经验丰富的组长，在整个过程设计期间，将使用一组适当的“引导”词系统化地引导分析小组。这些引导词被用于过程中的特定点或研究节点，并同特定的过程参数相组合以识别与预定过程运行的潜在偏差。检验表或者过程经验也被用来帮助小组拟制分析中应考虑的偏差所必要的列表。然后小组在过程偏差的可能原因、这种偏差的后果以及所需的程序化的和工程化的系统方面达成一致。如果原因和后果很重要并且保护装置不合适，小组可建议采取附加的安全措施或者后续动作以供管理部门考虑。

通常，一个特殊过程的经验和HAZOP研究的结果可被通用化，使之可供公司中存在的类似过程应用。如果这种通用化是可能的，那么利用有限的资源推广使用安全层矩阵法也是可行的。

C.3 风险分析技术

在执行HAZOP研究之后，可以使用定性或定量技术对与过程相关的风险进行评价。这些技术有赖于工厂人员和其他危险和风险分析专家识别潜在危险事件和评价其可能性、后果和影响的专业知识。

可用一种定性方法来估计过程风险，这种方法可提供危险事件如何演变的一条可追踪的途径，并使之能估计可能性(发生的大约范围)和严重性。

表C.1提供了在不考虑现有PL效果的情况下，如何估计发生危险事件的可能性的典型指南。数据是通用性的并可用于未提供工厂或过程数据的情况。然而当提供有工厂或过程数据时，则应使用公司专用数据来估计发生危险事件的可能性。

同样地，表C.2表示了一种把危险事件影响的严重性转换成可用于相关评估的严重性等级的评定。另一方面，这些等级又被提供给指南。应根据工厂专业知识和经验导出危险事件影响的严重性及其等级。

表C.1 危险事件可能性的频率(不考虑PL)

事件类型	可能性 定性等级
比如多种仪表或阀门的多重失效、在非紧急环境下的多次人为误差，或者过程压力容器的自然失效这类事件。	低
比如仪表、阀门双重失效或者加载/卸载区内的重大释放的事件。	中
比如过程泄漏，仪表、阀门单重失效或者人为误差这样的事件，这类事件可能产生危险物质的少量释放。	高
注：当声明发生控制功能失效的频率小于10^{-1}/年时，系统应符合本部分。	

表C.2 评定危险事件影响严重性等级的准则

严重性等级	影　　响
重大的	设备大规模损伤。过程长时间停机。对人员和环境造成灾难性后果。
严重的	设备受损。过程短时间停机。对人员和环境造成严重伤害。
轻微的	设备轻微受损。过程不停机。对人员造成临时伤害和对环境造成损害。

C.4 安全层矩阵

风险矩阵将危险事件的可能性等级和影响的严重性等级结合起来用于评价风险。一种相似的方法则可用来导出一个矩阵，此矩阵确定与使用一个SIS保护层相关的潜在风险降低。图C.2给出了这样的一个风险矩阵。在图C.2中，已把安全目标等级嵌入到矩阵中。换句话说，此矩阵是以特定公司的操作经验和风险准则、公司的设计、操作和保护原理以及作为公司的安全目标等级所确立的安全等级为基础的。

PL数目	要求的SIL等级								
3							[c]	1	1
2	[c]	[c]	1	[c]	1	2	1	2	3[b]
1	[c]	1	2	1	2	3[b]	3[b]	3[b]	3[a]
危险事件可能性	低	中	高	低	中	高	低	中	高
	轻微的			严重的			重大的		
	危险事件严重性等级								

图中：

a 一个 3 级的仪表安全功能并不能给该风险等级提供足够的风险降低。为了降低风险，需要附加修改(见 d)。

b 一个 3 级的仪表安全功能并不能给该风险等级提供足够的风险降低。需要附加复审(见 d)。

c 有可能不需要独立的 SIS 保护层。

d 此方法不适合 SIL 4 的情况。

图 C.2 安全层矩阵示例

PL 的总数：包括用于保护过程的所有 PL，其中包括被归类为 SIS 的 PL。

危险事件的可能性：不使用任何 PL 时发生危险事件的可能性。见本附录的表 C.1。

危险事件的严重性：与危险事件相关的影响。见本附录的表 C.2。

C.5 一般规程

1) 确立过程安全目标等级；

2) 实施一次危险识别(例如 HAZOP 研究)以识别所有关心的危险事件；

3) 根据公司特定的方针和数据，确立危险事件模式并估计危险事件的可能性；

4) 根据公司特定的方针确立危险事件的严重性等级；

5) 识别现有的 PL。对每个 PL 估计危险事件的可能性的降低应为 10 倍；

6) 通过残余风险同安全目标等级的比较，识别是否需要一个附加的 SIS 保护层；

7) 从图 C.2 确定 SIL。

注：用户应评估保护层之间的相关性的可能等级，并使危险事件的发生降到最小。

附 录 D
（资料性附录）
确定要求的安全完整性等级——半定性方法:校正的风险图

D.1 引言

本附录以 GB/T 20438.5—2006 的 D.4 中描述的风险图实现的通用模式为基础。本附录做了调整以更适合于过程工业的需要。

本附录描述了用于确定仪表安全功能的安全完整性等级的校正的风险图方法。它是一种半定性方法,这种方法可通过与过程和基本过程控制系统有关的风险因素的知识,来确定一个仪表安全功能的安全完整性等级。

此方法使用了许多参数,这些参数共同描述了安全仪表系统失效或不可用时的危险状况的性质。从每 4 个一组中选择一个参数,然后把选择的这些参数组合起来决定分配给仪表安全功能的安全完整性等级。这些参数:

——允许对风险进行分级评估;和

——表示关键的风险评估因素。

在后果包括严重的环境破坏或者资产损失的场合,风险图方法还能确定风险降低的要求。本附录的目的是提供上述问题的指南。

本附录从保护人员免于危险开始。它提出了把 GB/T 20438.5—2006 的图 D.1 的通用风险图应用到过程工业的一种可能性。最后,给出了风险图在环境保护和资产保护中的应用。

D.2 风险图综合法

风险被定义成发生伤害的概率和该伤害的严重程度的组合(见 GB/T 21109.1—2007 的第 3 章)。典型地,在过程领域中,风险是以下 4 个参数的函数:

——危险状况的后果(C);

——占用率(暴露区域被占用的概率)(F);

——避免风险状况的概率(P);

——要求率(在所考虑的仪表安全功能不存在的情况下,每年发生危险状况的次数)(W)。

当风险图用于确定在连续模式下起作用的一个安全功能的安全完整性等级时,则需考虑改变风险图中使用的那些参数。这些参数应表示与所涉及的应用特点最密切相关的那些风险因素。当为了保证把风险降低到允许等级而需要作某些调整时,还需要考虑给出安全完整性等级到参数判定结果的映射。作为一个例子,参数 W 被重新定义成系统处于运行期间系统寿命的百分数。在危险并不是连续出现,并且一年中失效导致危险的时段很短的情况下,应选择 W_1。在此例中,为了确保允许风险所涉及的判定准则和被复审的完整性等级结果,还需考虑其他的一些参数。详见表 D.1。

表 D.1 过程工业风险图参数的描述

参数		描 述
后果	C	发生危险事件很可能导致的死亡和/或严重伤害的人数。此人数可在考虑危险事件的致命性的情况下,通过计算当区域被占用时暴露区中的人数来确定。
占用率	F	在发生危险事件的时段内暴露区被占用的概率。可以通过在发生危险事件的时段内区域被占用的时间分数来确定此概率。还应考虑在发展成危险事件的过程中,为了调查可能存在的异常情况,而使处于暴露区的人员可能增多的可能性(还要考虑这是否会改变 C 参数)。

表 D.1(续)

参数		描　述
避免风险的概率	P	如果要求时仪表安全功能失效,暴露的人员能够避免存在的危险状况的概率。它取决于在发生危险以前向暴露的人员发警报的独立方法以及逃脱的方法。
要求率	W	在所考虑的仪表安全功能不存在的情况下,每年发生危险事件的次数。可通过考虑可能导致危险事件的所有失效并估算总的发生率来确定它。在考虑时还应包含其他保护层。

D.3 校正

校正过程的目的如下:

a) 为了用这样一种方法描述所有的参数,从而使 SIL 评估组能根据应用特点进行客观的判断;

b) 为了确保为某个应用选择的 SIL 符合公司的风险准则,并考虑到了其他来源的风险;

c) 为了使参数选择过程能被验证。

风险图的校正是给风险图参数赋值的过程。它构成了评估存在的过程风险,并允许确定考虑中的仪表安全功能的要求的完整性的基础。每个参数都分配了一个值的范围,这样当在组合中使用它们时,就可产生在没有某个特定的安全功能时所存在的风险的一个等级评估。于是就确定了对 SIF 的信任程度的一个度量。风险图把风险参数的特定组合同安全完整性等级关联起来。通过考虑与特定危险相关的允许风险,可确立风险参数组合和安全完整性等级之间的关联。

在考虑风险图的校正时,重要的是要考虑到与来自业主期望和管理当局要求的风险有关的要求。能从以下两个角度考虑生命的风险:

——个体风险:定义为暴露最多的个体每年的风险。通常有一个可允许的最大值。此最大值一般来自所有的危险源。

——社会风险:定义为暴露个体的一个群体每年经受的风险。一般要求把社会风险降低到至少社会能允许的一个最大值,并且直到进一步降低风险所花成本与降低的风险不成比例时为止。

如果有必要把个体风险降低到某个规定的最大值,则不能假设可以把全部的这种风险降低都分配给单独一个 SIS。暴露人员所受风险范围很宽,这些风险可由其他原因产生(例如坠落、火灾和爆炸风险)。

当考虑所需风险降低的程度时,一个组织应具有关于防止一次死亡事故所增加的成本的准则。通过分摊由于提高风险降低,而追加较高完整性等级相关的附加硬件和工程的年度成本就可计算出来。当防止一次死亡事故所增加的成本小于预定的数量时,就可认为追加的完整性等级是合理的。

一个广泛使用的社会风险准则是以 N 次致命事故的可能性 F 为基础的。允许的社会风险在一幅死亡人数与事故频率关系的对数——对数曲线图上用一条曲线或者一组曲线的形式表示。为所有事故描绘累积频率与事故后果的关系曲线(即 F-N 曲线),并确保 F-N 曲线不超过允许风险曲线,就可完成没有违背社会风险指南的确认。

在规定每个参数值之前就需考虑上述问题。大多数参数只能指定一个范围(例如,在一个特定过程的预期要求率位于所规定的一个每年要求次数的十进制数量级组成的范围之间,则可使用 W_3)。类似地,对于低一个数量级的要求范围,可使用 W_2,对于低二个数量级的要求范围则使用 W_1。给每个参数一个规定的范围有助于小组判定对一个特定的应用应选择多大的参数值。为了校正风险图,应给每个参数赋与一个值或值范围。与每个参数组相关的风险则以个体风险和社会风险的方式进行评估。然后就可确定满足所确立的风险准则(允许风险或更低)所需的风险降低。不需要在确定一个特定应用的 SIL 时每次都要执行这样的校正活动。对于类似的危险而言,对于组织一般仅需要进行一次这样的工作。在校正过程中,当发现最初所作的假设对任何特定的工程项目都无效时,则有必要对特定的项目进行调整。

在对参数赋值时，应提供这些值是如何得出的信息。

这样的校正过程在承担安全责任的组织内得到高度一致的同意是非常重要的。达成的决议决定了可达到的整体安全。

一般来说，用一个风险图来考虑要求的来源和SIS之间相关失效的可能性是困难的，会因此而导致SIS有效性的过高估计。

D.4 承担SIL评估的小组成员和组织

单独一个人要具备判定所有相关参数所必要的全部技能和经验是不可能的。为了确定安全完整性等级，通常采用专门组建一个小组的方法。小组成员一般包括：

——过程专家；

——过程控制工程师；

——运行管理人员；

——安全专家；

——具有操作所考虑的过程的实践经验的人员。

小组一般依次考虑每个仪表安全功能。小组需要关于该过程以及面临风险的可能人数的完整信息。

D.5 SIL确定的结果的文档编制

很重要一点是，在确定SIL的过程中采取的任何决定都应记录在受控于配置管理的文档中。文档应清晰地描述小组为什么选择那些与某个安全功能相关的特定的参数。记录每个安全功能SIL的决定的结果及其作为后盾的假设的表格都应编入档案。在由单一操作小组所服务的一个区域内，如果可以确定有大量的执行一些安全功能的系统，则有必要复审校正假设的有效性。档案还应包括如下附加信息：

——使用的风险图，连同所有参数范围的描述；

——图及使用的所有文档的版本号；

——涉及到的人员配置假设和用于评价参数的所有的后果研究；

——涉及到的引起要求的失效以及用于确定要求率的所有的故障传播模型；

——涉及到的用于确定要求率的数据源。

D.6 基于典型准则的校正示例

在表D.2中，给出了上述参数描述和每个参数的范围，用于满足化工过程所规定的典型准则。在任意一个项目的范围内，使用此表之前，证实它能够满足承担安全责任的那些人的需要是非常重要的。

为了修改后果参数，引入了致命性的概念。这是因为在许多场合下，一次失效并不会直接造成死亡事故。在风险分析中，受体的致命性是一个重要的考虑内容，因为有时受体所受到的剂量还不足以引起死亡事故。一个受体的致命性作为一个结果，是受体暴露在危险下的频度和暴露持续时间的一个函数。例如，一次失效可能引起设备的一个部件的压力超过设计压力，但没有升高到超过设备测试压力，通常的结果很可能仅限于法兰密封垫圈的泄漏。在这种情况下，逐步升级的速率很可能较慢，操作人员一般都能避免后果。即使在液体漏泄量较大的情况下，由于逐步升级的速率够慢，操作人员避免危险的概率仍然较高。当然，失效导致管道或者压力容器破裂的情况下，操作人员的致命性就可能很高。

应考虑到由于要对事件形成的迹象进行调查，造成危险事件附近区域的人数的增加。必须考虑到最坏的情况。

辨别出“致命性”(V)和“避免危险事件的概率”(P)之间的差别是非常重要的，这样才不至于对同一因素给出两个置信度。致命性是有关危险发生后逐步升级的速度的一个量度，而P参数则是有关阻止危险的一个量度。只有在操作员查觉到 SIS 丧失功能之后，他采取的动作能够阻止危险的情况下，才应使用 P_A。

对于如何选择占用率参数已设置了一些限制。选择占用率的要求是必须根据暴露最多的人员而不是所有人员的平均。理由是为了确保暴露最多的个体不会遭受高风险，然而这个风险已被平均到暴露于风险下的所有人员。

当参数并不落在任何规定的范围内时，有必要使用别的方法来确定风险降低要求，或者使用上面描述的方法重新校正风险图 D.1。

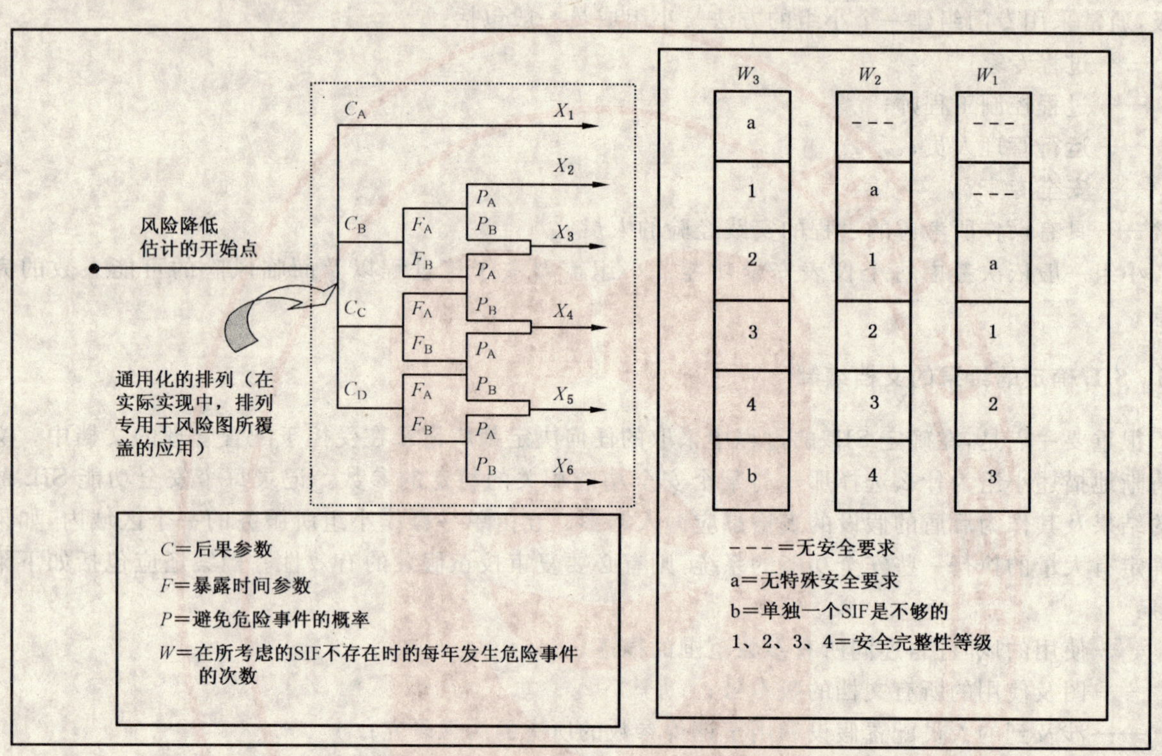

图 D.1　风险图：通用型式

表 D.2　通用风险图校正示例

风险参数	分级		备注
后果(C) 死亡人数 通过确定当暴露在危险下的区域被占用时在场的人数并乘以查明的危险的致命性可计算死亡人数。 可由要防止的危险的固有特性确定致命性。可使用以下系数： V=0.01 易燃或有毒物质少量释放 V=0.1 易燃或有毒物质大量释放 V=0.5 如上述，而且着火或者中毒概率很高 V=1 管道、压力容器破裂或者爆炸	C_A C_B C_C C_D	轻微伤害 范围 0.01～0.1 范围＞0.1～1.0 范围＞1.0	1. 已经拟定了用于处理人员伤害或死亡的等级系统。 2. 在说明 C_A、C_B、C_C 和 C_D 时应考虑意外事故的后果和正常康复。

表 D.2(续)

风险参数		分级	备 注
占用率(F) 通过确定在正常工作期间,暴露在危险下的区域被占用的时间长度的比值可计算 F。 注 1:如果根据值班情况不同而导致处在危险区的时间有所不同时,应选择最大值。 注 2:当占用率高于标准值时,在能表明要求率是随机的且与占用率无关的情况下,才适合使用 F_A,高于标准的情况通常是在设备起动时或调查异常期间发生要求的情况。	F_A	很少到经常暴露在危险区域 占用率小于 0.1	3. 见备注 1。
	F_B	经常到永久暴露在危险区域	
当保护系统不工作时避免危险事件的概率(P)	P_A	在满足备注 4 的条件时采用	4. 只有下列情况都是真实的时候才选择 P_A: ——提供能警告操作员 SIS 已失效的设施; ——提供能关闭过程的独立设施,从而可避免危险或使所有人员能逃避到安全区; ——从操作员接收到警告到发生危险事件之间的时间应超过 1 h,或确实足以采取必要动作。
	P_B	在不能满足所有的条件时采用	
要求率(W) 在所考虑的 SIF 不存在时,每年发生危险事件的次数。 为了确定要求率,有必要考虑能导致危险事件的所有失效源。在确定要求率时,允许对控制系统的性能和干预持有一定的信任。如果不按 GB/T 21109 设计和维护控制系统,则能声明的性能将局限于与 SIL 1 相关的低性能范围内。	W_1	要求率小于每年 0.1D	5. W 因数的用途是估计在没有增加 SIS 时发生危险的频率。 如果要求率很高,只好用其他的方法或者重新校正的风险图来确定 SIL。应注意,在应用是连续模式操作的情况下,风险图不一定是最好的方法,见 GB/T 21109.1—2007 的 3.2.43.2。 6. D 是校正因子,其值的确定应使得在考虑到暴露人员的其他风险和公司准则的情况下,风险图得出允许的残余风险等级。
	W_2	要求率在每年 0.1D～1D	
		要求率在每年 1D～10D 之间	
	W_3	要求率高于每年 10D 时,则需要更高的安全完整性	
注:此例说明了风险图设计原理的应用。特定应用和特定危险的风险图,应在考虑到允许风险的情况下,由所涉及到的那些人来商定。见 D.1～D.6。			

D.7 在后果是破坏环境的情况下使用风险图

在失效后果包括严重的环境破坏的场合,也可使用风险图方法确定完整性等级要求。所需的完整性等级取决于被释放物质的特性及环境的敏感度。表 D.3 给出了环境方面的后果。上述特定物质规定的释放量与各个过程工厂的位置有关,并且需要报告给当地管理当局。工程项目需要确定在一个特定的位置什么是能被接受的。

表 D.3 一般环境后果

风险参数		等级	备注
后果(*C*)	C_A	会造成轻微破坏的释放,破坏不很严重,但却大到足以达到必须报告给工厂管理部门的要求	一个法兰或阀门的中等程度的泄漏 小规模的液体溢出 不影响地下水的小规模土质污染
	C_B	在围墙范围内可造成重大破坏的释放	随着法兰密封垫圈漏气或者压缩容器密封失效,在单元上面形成有害气团
	C_C	可造成大破坏但能很快清除不会产生重大持久后果的超出围墙的释放	可对动植物造成暂时性损伤的气团或烟雾释放,并可能伴随液体滴落
	C_D	可造成大破坏且不能很快清除而会产生重大持久后果的超出围墙的释放	液体溢入河流或海洋中 可对动植物造成持久伤害的气团或烟雾释放,并可能伴随液体滴落 固体沉降(粉尘、催化剂、灰烬、煤灰) 影响地下水的液体释放

以上后果可连同下面所示的图 D.2 风险图的特殊版本一起使用。注意,由于占用率的概念不适用,故此风险图中不使用 *F* 参数。但还使用了参数 *P* 和 *W*,它们的定义同前面对安全后果所使用的那些定义是一样的。

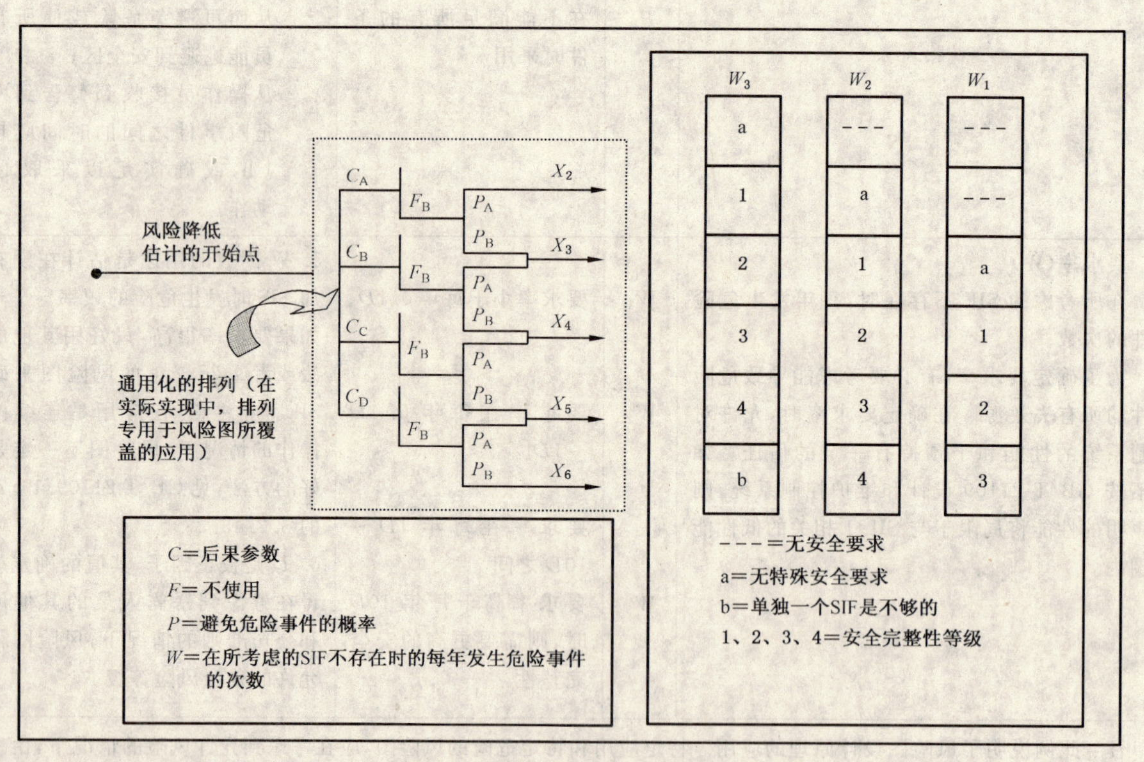

图 D.2 风险图:环境破坏

D.8 在后果是贵重财物损失的情况下使用风险图

对于失效后果包括资产损失的情况,也可使用风险图方法确定完整性等级要求。资产损失是与要求时功能失效相关的总的经济损失。它包括遭受到任何破坏时的重建成本和浪费或耽搁生产的成本。使用一般的成本效益分析可以计算任何损失后果的合理完整性等级。当使用风险图方法确定与安全和环境后果相关的完整性等级时,使用资产损失的风险图是有好处的。当被用来确定与资产损失有关的完整性等级时，一定要定义后果参数 C_A～C_D。这些参数在不同的公司可能有不同的范围。

用于环境保护的一个风险图可导出一个类似的用于资产损失的风险图。注意，由于不适用占用率的概念，故不应使用 F 参数。但继续使用了参数 P 和 W，它们的定义同前面对安全后果所使用的那些定义是一样的。

D.9　在失效后果涉及一种或多种损害类型的情况下，确定仪表保护功能的完整性等级

在许多情况中，对要求时动作失效的后果涉及多种损害类型。分别确定与每类损害相关的完整性等级要求的情况就是这样。对于已查明的每个单独的风险，可使用不同的方法。为某个功能所规定的完整性等级，应考虑如果在要求时功能失效所涉及到的所有风险的累加总和。

附　录　E
（资料性附录）
确定要求的安全完整性等级——定性方法:风险图

E.1　概述

本附录基于下面的参考中更加详细描述的方法：

DIN V 19250,1994:Control technology:Fundamental safety aspects to be considered for measurement and control equipment

本附录描述了一种确定仪表安全功能的安全完整性等级的风险图方法。它是一种定性方法,利用此方法可通过对与过程和基本过程控制系统相关的风险因素的知识,确定一个仪表安全功能的安全完整性等级。

此方法使用了许多参数,这些参数共同描述了当安全仪表系统失效或不可用时危险情况的种类。从每4个一组中选择一个参数,然后把选择的这些参数组合起来,从而决定分配给仪表安全功能的安全完整性等级。这些参数：

——允许对风险进行分级评估,和

——表示关键的风险评估因素。

风险图方法还可用在确定需要风险降低需求的地方,就是后果包括严重的环境破坏或资产损失的地方。

本附录表示了上述方法(在DIN V 19250和VDI/VDE 2180中做了描述)在过程工业和机械领域中的应用,该方法已使用多年并已被德国过程工业和机械部门所接受。此方法已被TUV(德国鉴定测试实验室)和负责工业部分的德国管理当局接受。此图用于确定一个安全系统的安全完整性等级;图E.1和图E.2表示了此图和安全完整性等级之间的联系。

E.2　仪表功能典型的实现

在使用过程控制方法防护过程工厂中应清楚区别安全任务和操作要求。因此,过程控制系统可分为以下几类：

——基本过程控制系统；

——过程监视系统；

——安全仪表系统。

分类的目的是对每类系统都有足够要求的条件使之能在成本上经济合理的条件下满足工厂的整体要求。分类使之能对计划编制、安装和运行以及其后对过程控制系统的修改过程进行清楚的描绘。

基本过程控制系统被用于在工厂正常运行的范围内校正工厂的运行。它包括相关过程变量的测量、控制和/或记录。在必不可少的安全仪表系统反应之前,基本过程控制系统处于连续操作之中或者被频繁地请求动作。(一般不需按本部分的要求实现BPCS。)

在规定的一个过程工厂运行期间,只要一个或多个过程变量偏离正常操作范围,过程监视系统就会动作。过程监视系统将报告过程工厂的一个允许故障状况从而警告操作人员或者引发手动干预(通常不需按本部分要求来实现过程监视系统)。

安全仪表系统既可预防过程工厂的一个危险故障状态("保护系统")也可降低一个危险事件的后果。

如果不存在安全仪表系统,就有可能发生导致人员伤亡的一个危险事件。

与基本过程控制系统相比,通常对安全仪表系统的要求率是低的,这主要是因为发生危险事件的概率低。此外,处于连续操作状态下的BPCS和监视系统通常可使得安全仪表系统的要求率降低。

E.3 风险图的综合法

风险图基于风险与危险事件的后果及频率成正比的原理。它从假设不存在安全仪表系统开始。当然像BPCS和监视系统这样的典型的非安全仪表系统还是安装到位的。

后果与对健康或者安全的伤害或者来自环境破坏的伤害有关。

频率则是下列各项的组合:

——出现在危险区域的频率和潜在的暴露时间;

——避免危险事件的可能性;以及

——在安全仪表系统不到位(但所有的其他外部风险降低设施是在工作的)的情况下发生危险事件的概率——它被称为不期望发生的概率。

这就产生了以下4个风险参数:

——危险事件的后果(C);

——出现在危险区域的频率与暴露时间的乘积(F);

——避免危险事件后果的可能性(P);

——不期望发生的概率(W)。

当使用风险图确定在连续模式下起作用的一个安全功能的安全完整性等级时,需考虑改变风险图中所使用的那些参数。这些参数应代表与所涉及的应用特点最密切相关的那些风险因素。当为了保证把风险降低到允许水平而需要作某些调整时,则需考虑安全完整性等级与参数判定结果的映射。作为一个例子,参数W被重新定义成系统处于运行状态下的寿命的百分数。在危险并不一直存在并且一年中一次失效导致危险的时段很短的情况下,应选择W_1。在此例中,对于所涉及的判定准则和被复审的完整性等级结果来说,要保证允许风险还需考虑其他参数。

E.4 风险图的实现:人员保护

上述描述的风险参数的组合使风险图如图E.1所示。参数指标越高指示风险越大($C_1 < C_2 < C_3 < C_4$;$F_1 < F_2$;$P_1 < P_2$;$W_1 < W_2 < W_3$)。图E.1中参数的相应分级见表E.1。每个安全功能各自的风险图被用来确定该功能要求的安全完整性等级。

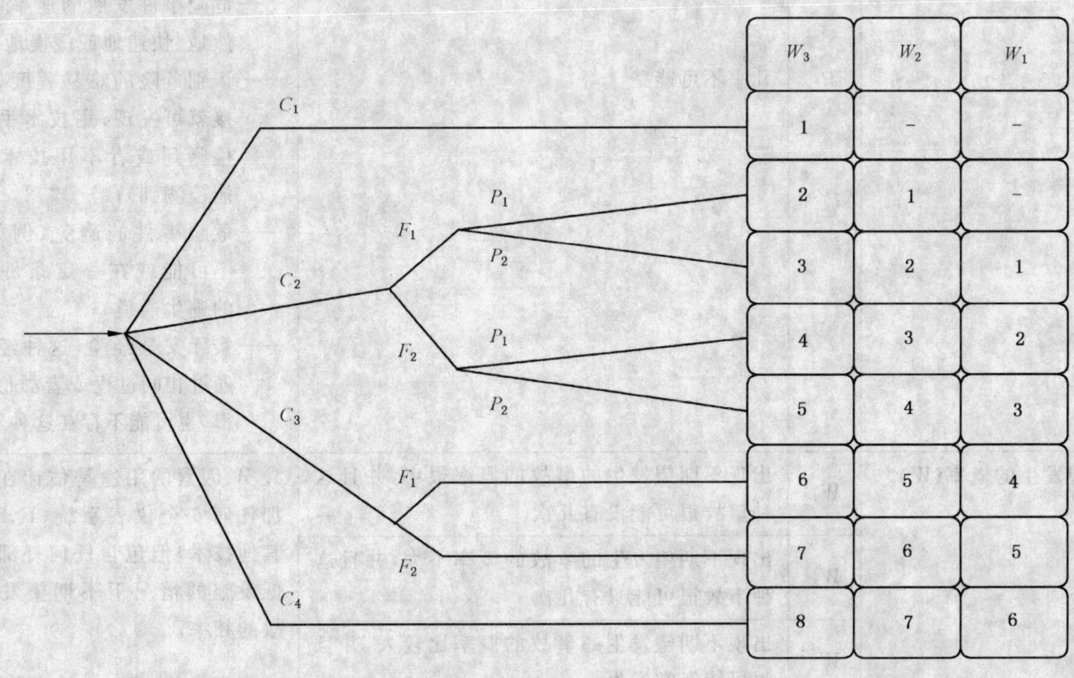

图 E.1 DIN V 19250 风险图——人员保护(见表 E.1)

当确定安全仪表系统所预防的风险时，一定要假定它是不存在所考虑的安全仪表系统时的风险。在此复审中的重点是影响的类型和范围以及过程工厂处于危险状态的预期频率。

使用 DIN V 19250 中详述的方法可以系统性地和可验证地确定风险，该方法可根据确立的参数确定要求等级。作为一条规则，要求等级的序号越高，安全仪表系统所覆盖的部分风险就越大，因此一般来说，要求及相应的措施也更加严厉。

对过程工业而言，单独的安全仪表系统不能覆盖要求等级 AK 7 和 AK 8。要把风险至少降低到 AK 6 需要非过程控制措施。

对这些要求等级来说，由于不可能用适当的几组公式量化各个要求，根据 VDI/VDE 2180，可把风险分成两个区域：

风险区域 1：可覆盖的较低风险（SIL 1 和 SIL 2）

风险区域 2：可覆盖的较高风险（SIL 3）

图 E.1 表示了符合 DIN V 19250 的要求等级和风险区域之间的关系。

表 E.1　与风险图有关的数据（见图 E.1）

风险参数		分级	备注
后果（C）	C_1	对人员轻微的伤害	1. 已拟定了用于处理人员伤亡的等级系统。还需拟定用于环境或资产损害的其他分级模式。
	C_2	对一人或多人严重的永久性伤害；一人死亡	
	C_3	几人死亡	
	C_4	灾难性影响，很多人死亡	
出现在危险区域中的频率与暴露时间的乘积（F）	F_1	很少到经常暴露在危险区域中	2. 见上述的备注 1。
	F_2	经常到永久长时间暴露在危险区域中	
避免危险事件后果的可能性（P）	P_1	在一定条件下有可能	3. 此参数应考虑： ——一个过程的运行（被监控（即由熟练的或不熟练的人员操作）或不被监控）； ——危险事件发展的速率（例如突然地、快速地或缓慢地）； ——识别危险的难易程度（例如直接就可发现，用技术手段才能检测到或者不用技术手段就能检测到）； ——危险事件的避免（例如可能、不可能或在一定条件下可能的逃生通道）； ——实际安全经验（这种经验可以通过相同过程或者类似过程获得，也可能不存在这种经验）。
	P_2	几乎不可能	
不期望发生的概率（W）	W_1	出现不期望发生的事故的概率很小，并且这种事故很可能没有几次	4. W 因素的用途是估计在没有附加任何安全仪表系统（E/E/PE 或其他技术）但包含任何外部风险降低设施的情况下不期望发生的事故的频率。
	W_2	出现不期望发生的事故的概率不大，并且这种事故很可能只有几次	
	W_3	出现不期望发生的事故的概率比较大，并且很可能经常发生	

GB/T 21109、DIN V 19250 和 VDI/VDE 2180 之间的关系见图 E.2。

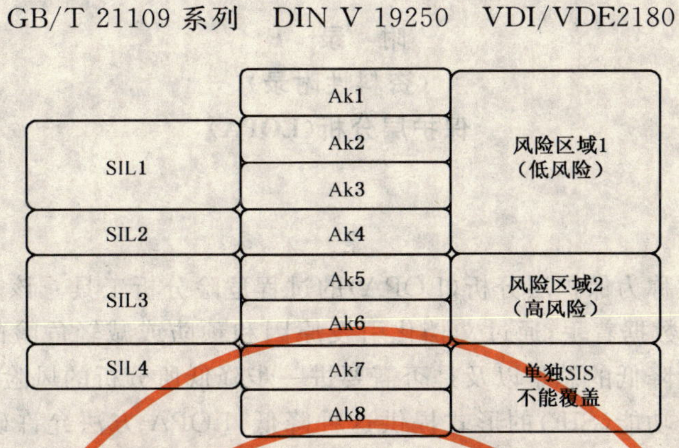

GB/T 21109 系列	DIN V 19250	VDI/VDE2180
	Ak1	风险区域1（低风险）
SIL1	Ak2	
	Ak3	
SIL2	Ak4	
SIL3	Ak5	风险区域2（高风险）
	Ak6	
SIL4	Ak7	单独SIS不能覆盖
	Ak8	

图 E.2 GB/T 21109、DIN V 19250 和 VDI/VDE 2180 之间的关系

E.5 在应用风险图过程中应考虑的相关问题

当应用风险图方法时，考虑来自业主和以及任何应用管理当局的风险要求是重要的。

应以清楚且易理解的措词来描述风险图的每个分支的解释和评价，以确保方法应用时的一致性。

值得注意的是风险图应由负责安全的组织的一些高层人员共同商定。

附 录 F
（资料性附录）
保护层分析（LOPA）

F.1 概述

本附录描述了一种被称为保护层分析（LOPA）的过程危险分析工具。该方法从危险和可操作性分析（HAZOP研究）导出的数据着手，通过文档化引发原因和预防或减轻危险的保护层计算每个识别的危险。于是就能确定风险降低的总量以及是否需要进一步降低所分析的风险。如需附加的风险降低并且如果是以一个仪表安全功能（SIF）的形式提供这种降低，LOPA方法允许确定合适的SIF的安全完整性等级（SIL）。

本附录不打算提供一种权威的计算方法，但说明了方法的一般原理。此方法基于下面的参考中更加详细描述的一种方法：

Guidelines for Safe Automation of Chemical Processes, American Institute of Chemical Engineers, CCPS, 345 East 47th Street, New York, NY 10017, 1993, ISBN 0-8169-0554-1。

F.2 保护层分析

GB/T 21109.1中定义的安全生命周期需要确定设计一个仪表安全功能的安全完整性等级。这里描述的LOPA是适用于一个现有工厂的一种方法，一个多学科小组中用此方法来确定一个仪表安全功能的SIL。此小组应包括：

——对所考虑的过程有操作经验的操作员；
——有过程专业知识的工程师；
——制造厂管理人员；
——过程控制工程师；
——对所考虑的过程有经验的仪表/电气维护人员；
——风险分析专家。

在小组供职的某个人应接受过LOPA方法的培训。

LOPA所需要的信息被包含在危险和可操作性分析（HAZOP研究）收集和导出的数据中。表F.1表示了保护层分析（LOPA）所需数据和在HAZOP研究过程中所导出的数据之间的关系。图F.1表示了可用于LOPA的一个典型详细记录表。

LOPA分析了危险，从而可确定是否需要SIF以及需要时每个SIF所需的安全完整性等级。

F.3 影响事件

使用图F.1时，从HAZOP研究所确定的每个影响事件描述（后果）被填在第1列中。

F.4 严重性等级

根据表F.2，对于影响事件而言，下一步要选择的就是严重性等级：轻微（M）、严重（S）或者大范围（E），它们被填在图F.1的第2列中。

表 F.1 从 HAZOP 导出的用于 LOPA 的数据

LOPA 要求的信息	HAZOP 所导出的信息
影响事件	后果
严重性等级	后果严重性
引发原因	原因
引发可能性	原因频率
保护层	现有保护装置
要求的附加减轻	推荐的新保护装置

#	1	2	3	4		5		6	7	8	9	10	11
					保护层								
	影响事件描述 F.3 F.14.1	严重性等级 F.4 F.14.1	引发原因 F.5 F.14.2	引发可能性 F.6 F.14.3	一般过程设计 F.14.4	BPCS F.14.5	报警等 F.14.6	附加减轻,限制进入 F.8 F.14.7	IPL 附加减轻堤堰,泄压 F.9 F.14.8	中间的事件可能性 F.10 F.14.9	SIF 完整性等级 F.11 F.14.10	已减轻的事件的可能性 F.12 F.14.10	注
1	蒸馏塔破裂引起火灾	S	冷却水流失	0.1	0.1	0.1	0.1	0.1	PRV 01	10^{-7}	10^{-2}	10^{-9}	高压引起塔破裂
2	蒸馏塔破裂引起火灾	S	蒸汽控制回路失效	0.1	0.1		0.1	0.1	PRV 01	10^{-6}	10^{-2}	10^{-8}	高压引起塔破裂
N													

注:严重性等级 E=大范围的,S=严重的;M=轻微的。

可能的值是每年的事件次数,另外的数值是要求时的平均失效概率。

图 F.1 保护层分析(LOPA)报告

表 F.2 影响事件严重性等级

严重性等级	后　果
轻微的(M)	如果采取的动作正确,影响最初只限于事件的局部区域,但具有较大范围后果的潜在可能。
严重的(S)	在现场或现场外,影响事件可能引起严重的人员伤亡。
大范围的(E)	严重程度不小于严重事件后果 5 倍的影响事件。

F.5 引发原因

图 F.1 第 3 列引出了影响事件的所有引发原因。影响事件有许多引发原因,把它们全都罗列出来是重要的。

F.6 引发可能性

图 F.1 第 4 列填入了发生引发原因的可能性值,单位为事件/年。表 F.3 表示了典型引发原因可能性。在确定引发原因可能性时,小组的经验是非常重要的。

表 F.3 引发可能性

低	在工厂预期寿命内具有很低发生概率的一次失效或一系列失效。 示例:——3 个或多个仪表同时失效或人为失效; ——仅一个或多个过程压力容器自然发生的失效。	$f<10^{-4}$,/年
中	在工厂预期寿命内具有低发生概率的一次或一系列失效。 示例:——仪表或阀门双重失效; ——仪表组合失效和操作员错误; ——小的过程管线或接头的单独失效。	$10^{-4}<f<10^{-2}$,/年
高	能够合理的预期在工厂预期寿命内发生的一次失效。 示例:——过程泄漏; ——一个仪表或阀门单独失效; ——可能导致物质释放的人为误差。	$10^{-2}<f$,/年

F.7 保护层

图 2 表示了过程工业中通常配备的多个保护层(PL)。每个保护层都由一组设备和/或其功能与其他一些保护层有关的管理级控制设备组成。能以高可靠性执行其功能的保护层可看作独立保护层(IPL)(见 F.9)

图 F.1 的第 5 列列出了用于在发生一个引发原因时降低发生一个影响事件的可能性的过程设计。这种设计的一个例子就是带套的管道或压力容器。当主管道或压力容器的完整性受到损害时,外套可防止过程物质的释放。

图 F.1 第 5 列的下一项是基本过程控制系统(BPCS)。如果当引发原因发生时,BPCS 中的一个控制回路可防止影响事件发生,则声明基于 PFD_{avg} 的置信度。

图 F.1 第 5 列的最后一项是从警告操作员的报警和利用操作员干预得到的好处。表 F.4 列出了保护层典型的 PFD_{avg} 值。

表 F.4 保护层(预防和减轻)典型的 PFD_{avg}

保护层	PFD_{avg}
控制回路	1.0×10^{-1}
人的执行能力(经培训的、不紧张)	$1.0\times10^{-2}\sim1.0\times10^{-4}$
人的执行能力(处于紧张状态下)	0.5～1.0
操作员对报警的响应	1.0×10^{-1}
容器压力额定值超过来自内部和外部压力源的最大极限值	10^{-4}或更好,在保持容器完整性(即了解腐蚀、按日程表执行检查、维护时)

F.8 附加减轻

减轻层通常有机械的、建筑上的或规程的。其例子有:

——泄压装置;

——堤(堰);和

——限制接近。

减轻层可以降低影响事件的严重性，但不能防止影响事件的发生。其例子有：

——防火或防烟雾释放用的喷水系统；

——烟雾报警器；和

——撤离规程。

LOPA 小组应确定所有减轻层的恰当的 PFD 并把它们列入图 F.1 的第 6 列中。

F.9 独立保护层（IPL）

图 F.1 第 7 列中列出了满足 IPL 准则的保护层。

把一个保护层（PL）看作一个 IPL 的准则是：

——提供的保护大量降低已识别的风险，即最小降低 100 倍；

——提供可用性程度很高（0.9 或更高）的保护功能；

——它具有以下重要特点：

a) 专一性：IPL 只被设计用来防止或减轻一个潜在的危险事件（例如失控反应、有毒物质的释放、安全壳损坏或者火灾）的后果。由于多种原因都可能导致同一危险事件，因此多个事件情景都可由一个 IPL 来启动动作。

b) 独立性：IPL 是与已验明的危险相关的其他保护层相独立的。

c) 可信性：可信任 IPL 能执行所设计的那些功能。在设计中处理了随机失效和系统失效两种失效模式。

d) 可审核性：它被设计成能有助于定期确认保护功能。安全系统的检验测试和维护是必要的。

只有满足可用性、专一性、独立性、可信性和可审核性测试的那些保护层才可被归类为独立保护层类。

F.10 中间的事件可能性

引发可能性（图 F.1 第 4 列）乘以保护层和减轻层的 PFD（图 F.1 第 5 列～第 7 列）即可得出中间的事件可能性。算出的数的单位为事件/年，并被填入图 F.1 的第 8 列中。

如果中间的事件可能性小于你公司的该严重性等级的事件的准则，则可不用附加的 PL。但是如经济上合适的话，还应进一步降低风险。

如果中间的事件可能性大于你公司的该严重性等级的事件的准则，则需要附加的减轻。在使用安全仪表系统（SIS）型式的附加保护层之前，应考虑固有的较安全的方法和解决办法。如果能进行固有安全设计的改变，则应更新图 F.1 并重新计算中间的事件可能性，以确定它是否低于公司准则。如果不能通过上述方法降低中间的事件可能性至公司准则之下，则要求一个 SIS。

F.11 SIF 完整性等级

如果需要一个新的 SIF，则可由该事件的严重性等级的公司准则除以中间的事件可能性来计算所需的完整性等级。低于此数的 SIF 的一个 PFD_{avg} 被选作 SIS 的最大值并填入第 9 列中。

F.12 已减轻事件的可能性

把第 8 列和第 9 列的数值相乘就可计算出已减轻事件的可能性，结果填入第 10 列中。这种计算一直进行到小组算出每个已识别能查明的影响事件的已减轻事件的可能性为止。

F.13 总风险

最后一步是把显现相同危险的所有严重和大范围事件的已减轻的事件可能性加起来。例如，所有引起火灾的严重和大范围事件的已减轻事件的可能性相加，并用于类似下面的公式中：

——火灾造成的致命风险＝（所有易燃物质释放的已减轻的事件可能性）×（引燃的概率）×（一个人在区域内的概率）×（在火灾中造成致命伤害的概率）。

将引起有毒物质释放的严重和大范围影响事件应被加上，并用于类似下面的公式中：

——有毒物质释放造成的致命性风险＝（所有有毒物质释放的已减轻的事件可能性）×（一个人在区域中的概率）×（在释放中造成致命伤害的概率）。

风险分析专家的专业知识和小组的知识，对把公式中的因素调节到工厂和受影响的社团所要求的条件来说是重要的。

把应用这些公式所得到的结果加起来就可确定该过程对公司的总风险。

如果它满足或者小于公司受影响的人口数的准则，LOPA 也就完成了。然而，因为受影响的人口有可能经受来自其他现有单元或新项目的风险，如果在经济上能实现的话，提供附加的减轻和风险降低是明智的。

F.14 示例

下面是用来描述在 HAZOP 研究中识别的一个影响事件的 LOPA 方法的一个示例。

F.14.1 影响事件和严重性等级

HAZOP 研究把一个间歇聚合反应器中的高压识别为一个偏差。不锈钢反应器被串联到一个填充钢纤维的增强型塑料塔和一个不锈钢冷凝器。纤维增强型塑料塔破裂将释放易燃蒸汽，如果存在一个点火源就有发生火灾的可能性。因为影响事件将导致在场人员的严重伤亡，LOPA 小组使用表 F.2 选择严重性等级时选择为严重的。影响事件及其严重性分别填入图 F.1 的第 1 列和第 2 列。

F.14.2 引发原因

HAZOP 研究列出了高压的两个引发原因，即至冷凝器的冷却水中断和反应器蒸汽控制回路失效。这两个引发原因被填入图 F.1 的第 3 列。

F.14.3 引发可能性

工厂已有在此区域中每 15 年会发生一次冷却水中断事件的经验。作为一种保守的估计，小组选择每 10 年发生一次冷却水中断事件。在图 F.1 第 4 列中填入 0.1 事件/年。在处理其他引发原因（反应器蒸汽控制回路失效）前，从头到尾直到得出结论都支持这个引发原因是合理的。

F.14.4 保护层设计

过程区域设计具有一个防爆电气等级，并且该区域有一个有效的过程安全管理计划。计划的一个要素是在区域内更换电气设备的更换规程管理。由于更换规程管理，LOPA 小组估计存在点火源的风险将降低 10 倍。因此根据过程设计，图 F.1 第 5 列应填入 0.1 的一个值。

F.14.5 BPCS

在反应器中，高压还伴随高温。BPCS 有一个控制回路，它可根据反应器中的温度调节输入到反应器夹套中的蒸汽。当反应器温度超过设定值时，BPCS 将关断到反应器夹套的蒸汽。因为关断蒸汽足以防止高压，BPCS 是一个保护层。BPCS 是一个很可靠的 DCS（分散型控制系统）并且生产人员从未有过温度控制回路不能使用的失效经历。因此 LOPA 小组决定 0.1 的一个 PFD_{avg} 是恰当的并在图 F.1 第 5 列的 BPCS 下面填入 0.1（对 BPCS 来说，0.1 是最低允许值）。

F.14.6 报警

在流到冷凝器的冷却水上装有一个变送器，它被连接到 BPCS 的另一不同的输入和一个不同于温度控制回路的控制器上。流到冷凝器的冷却水流量低将被报警，并要求操作员干预关断蒸汽。因为报警装置装在与温度控制回路不同的一个 BPCS 控制器中，所以它也被看作是一个保护层。由于操作员一直呆在控制室中，LOPA 小组商定 PFD_{avg} 为 0.1 是恰当的，并把此值填入图 F.1 第 5 列的报警装置下面。

F.14.7 附加减轻

在过程运行期间进入操作区是受限制的。只是在设备停机并被锁定期间才执行维护。过程安全管理计划要求所有非操作人员进入区域时要登记并通知过程操作员。因为强制受限访问规程，LOPA 小组估计在区域中的人员的风险降低 10 倍。因此，在图 F.1 第 6 列的附加减轻和风险降低一栏下填入 0.1。

F.14.8 独立保护层(IPL)

反应器配备有合适规格的一只安全阀，用来处理因冷却水中断在高温和过压期间产生的气体容积。在考虑材料评估和成分之后，从风险降低的角度评估安全阀的贡献。因为安全阀被设定在玻璃纤维塔的设计压力之下，并且在运行时段内不可能发生把塔和安全阀切断的人为失效，所以安全阀也被看作是一个保护层。每年拆除和测试一次安全阀，15 年的运行时间内从未观察到安全阀或者连接管道被堵塞。因为安全阀满足一个 IPL 的准则，它被列在图 F.1 第 7 列中，并给 PFD_{avg}赋与值 0.01。

F.14.9 中间的事件可能性

把图 F.1 各列的第一排一齐乘起来并把积填入图 F.1 第 8 列中间的事件可能性下面。本例所得到的积为 10^{-7}。

F.14.10 SIS

保护层所取得的减轻和风险降低足以满足公司准则，但因为在 BPCS 的压力容器上装有一个压力发送器并可报警，所以还能从最低的成本获得附加的减轻。LOPA 小组决定增加一个由一个电流开关和一个用来断开连接反应器夹套蒸汽供应管线的一个电磁阀电源的继电器构成的 SIF。设计的 SIF 适合于 SIL 1 的较低范围，具有的 PFD_{avg}为 0.01。把 0.01 填入 F.1 第 9 列的 SIF 完整性等级下面。

把第 8 列同第 9 列相乘就可计算出已减轻的事件可能性，将结果(1×10^{-9})填入图 F.1 的第 10 列。

F.14.11 下一个 SIF

现在 LOPA 小组考虑第 2 个引发可能性(反应器蒸汽控制回路失效)。使用表 F.3 来确定控制阀失效的可能性，并在图 F.1 第 4 列中填入 0.1。

当蒸汽控制回路发生失效时，从过程设计得出的保护层、报警、附加减轻和 SIS 依然存在。损失的保护层只是 BPCS。LOPA 小组计算出的中间的可能性应为 1×10^{-6}，而已减轻事件的可能性为 1×10^{-8}。这些值被分别填入图 F.1 第 8 列和第 10 列。

LOPA 小组将继续进行这种分析直到 HAZOP 研究中所有查出的偏差都被处理完为止。

最后一步是把表示相同危险的严重事件和大范围事件的已减轻的事件可能性加起来。

在本例中，如果对全部过程只查明一个影响事件，则该值为 1.1×10^{-8}。因为根据过程设计估算出的点火概率为 0.1，在附加减轻条件下，一个人处于区域中的概率也是 0.1，由火灾导致的致命性风险的方法降低到：

火灾产生的致命性风险＝(所有易燃物质释放的已减轻的事件可能性)×(火灾产生死伤的概率)

或者

火灾产生的致命性风险＝$(1.1\times10^{-8})\times0.5=5.5\times10^{-9}$

此值低于这种危险的公司准则，并且不考虑进一步降低风险在经济上被证明是合理的，因此 LOPA 小组的工作已完成。

ICS 37.060.10
N 42

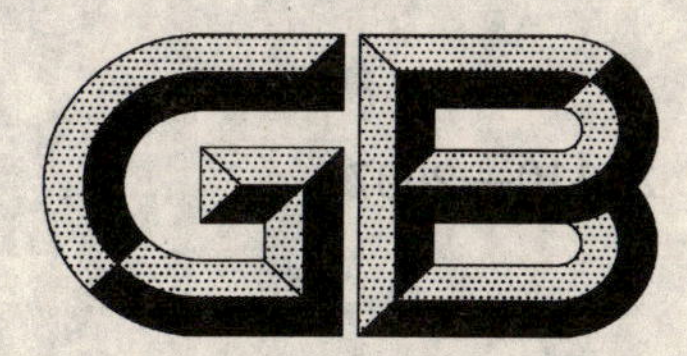

中华人民共和国国家标准

GB/T 21110—2007

放映设备 画面尺寸和放映距离的计算

Projectors—Image size/projection distance calculations

(ISO 11314:1995,MOD)

2007-10-11 发布 2007-12-01 实施

中华人民共和国国家质量监督检验检疫总局
中国国家标准化管理委员会 发布

前　言

本标准修改采用 ISO 11314:1995《放映设备　画面尺寸和放映距离的计算》(英文版)。

本标准根据 ISO 11314:1995 重新起草。本标准和 ISO 11314:1995 的主要技术差异为：

——删除表 A.1 电影放映一栏我国未采用的影片宽度为 S8 的相关内容；

——删除附录 D；

——全篇按我国 GB/T 1.1 作编辑性修改。

本标准附录 A、附录 B 和附录 C 为资料性附录。

本标准由中国机械工业联合会提出。

本标准由秦皇岛视听机械研究所归口。

本标准起草单位:秦皇岛视听机械研究所。

本标准主要起草人:俞季村、邓荣武。

放映设备　画面尺寸和放映距离的计算

1　范围

本标准规定了已知放映距离和放映物镜焦距时，计算任何类型放映设备放映画面尺寸的方法；也规定了已知放映画面尺寸和放映物镜焦距时，计算放映距离的方法。

2　术语和定义

下列术语和定义适用于本标准。

2.1

放映片窗　projection aperture

放映设备中，用以控制放映画面尺寸的通孔。

2.2

物平面　object plane

放映设备光路中，与被放映物（如影片）平面重合的平面。

2.3

遮幅孔　mask aperture

投影片片框中或幻灯片框中用以限定放映画面尺寸的通孔。

3　符号

H——放映画面高；

h——遮幅孔或影片放映片窗高；

W——放映画面宽；

w——遮幅孔或影片放映片窗宽；

l——放映物镜最前表面至银幕的放映距离（见图 C.1）；

f——放映物镜焦距；

M——放大率；

D——物平面至银幕的放映距离（见附录 C）；

d——放映物镜节点间隔（见附录 C）。

4　放映画面尺寸、放映距离和放映物镜焦距的计算

4.1　数学关系

放映距离、放映银幕画面尺寸和放映物镜焦距三者之间具有固定的数学关系，可由公式(1)确定：

$$\frac{H}{h}=\frac{W}{w}=M=\frac{l-f}{f} \qquad \cdots\cdots(1)$$

4.1.1　放映画面高由公式(2)确定：

$$H=\left(\frac{l-f}{f}\right)h \qquad \cdots\cdots(2)$$

4.1.2　放映画面宽由公式(3)确定：

$$W=\left(\frac{l-f}{f}\right)w \qquad \cdots\cdots(3)$$

4.1.3　放映距离由公式(4)确定：

$$l=\left(\frac{W}{w}+1\right)f \quad \cdots\cdots(4)$$

4.1.4　放映物镜焦距由公式(5)确定：

$$f=\frac{l}{W/w+1} \quad \cdots\cdots(5)$$

上述公式已应用于表 A.1～表 A.3 的近似值计算。

注：第 4 章所述的数学公式并不能显示实际放映物镜的精确尺寸，但采用公式(2)～公式(5)将可足以满足确定放映厅的有关尺寸(近似值)。

要求得精确尺寸，应采用附录 B 给定的数学公式。

5　可放映画面尺寸

5.1　就标准的可放映画面尺寸而言，应该参照采用具体放映设备各自的标准画面尺寸。

5.2　第 4 章的公式和表 A.1～表 A.3 给定的尺寸只适用于对银幕进行垂直放映的情形。

5.3　有时候被放映物体(如幻灯片、幻灯片卷、投影片)决定了可放映画面尺寸，这时的可放映画面尺寸有可能不符合某些相关标准的规定。在上述情况下，为了用这些公式求得正确的结果，就有必要精确测出实际的可放映画面尺寸。因此，表 A.1 中幻灯、投影放映时的银幕画面宽度尺寸是根据被放映物体遮幅孔尺寸而定。

6　放映物镜焦距

6.1　大多数放映物镜的实际焦距并不和刻在镜筒上的焦距或设备规格中给定的焦距精确相同，这是由允许的加工误差所引起(所标的焦距通常允许±5%的误差)。

6.2　计算时，放映物镜焦距不精确，就会得出不精确的结果，在设备安装和确定银幕尺寸时应为此留有余量。建议进行实际放映试验来确定有关尺寸。

附　录　A
（资料性附录）
放　映　表

A.1　放映表的应用

放映表分为两部分(表 A.1、表 A.2 和表 A.3)。

表列数据由公式(1)计算而得，该公式可改写为公式(A.1)：

$$\frac{W}{w}=M=\frac{l-f}{f} \quad \cdots\cdots\cdots\cdots(\text{A.1})$$

表 A.1 表明公式(A.2)关系：

$$M=\frac{W}{w} \quad \cdots\cdots\cdots\cdots(\text{A.2})$$

表 A.2 和表 A.3 表明公式(A.3)关系：

$$M=\frac{l-f}{f} \quad \cdots\cdots\cdots\cdots(\text{A.3})$$

M 即为表 A.1、表 A.2 和表 A.3 之间的联结点。

A.1.1　若 W 和 w 已知，则可用表 A.1 求得 M，再利用 M 从表 A.2 或表 A.3 中求得 l 或 f。

A.1.2　若 f 和 l 已知，则可用表 A.2 或表 A.3 求得 M，再利用 M 从表 A.1 中求得 W。

注：表 A.1 未给出放映画面高 H，H 可以从遮幅孔的画幅宽高比或从影片放映窗的画幅宽高比计算而得。

A.2　实例

A.2.1　实例 1

给定条件：16 mm 电影放映机放映物镜焦距为 50 mm；放映距离为 10 m。

求解：放映画面为多宽？

解：此例 f 和 l 已知，用表 A.2 或表 A.3 可确定放大率 M，故由 f=50 mm，l=10 m，从表 A.2 可查得 M=199；然后利用表 A.1，由 M=200，从影片宽度 16 mm 一栏中查得放映画面宽 W=1.93 m。

答：放映画面宽为 1.93 m。

A.2.2　实例 2

给定条件：幻灯机采用遮幅孔为 22.5 mm×34.3 mm 的 5 cm×5 cm 幻灯片，它的位置处在实例 1 所使用的 16 mm 电影放映机邻近；放映距离仍为 10 m，幻灯片放映画面应充满 1.93 m 的银幕给定画面宽。

求解：幻灯放映物镜焦距为多少？

解：此例遮幅孔宽 w 及放映画面宽 W 已知，先用表 A.1 确定放大率 M，故由 w=34.3 mm，W=1.9 m(处于表 A.1 的 1.71 与 2.06 之间)，可查得 M=55(表 A.1 的 50 与 60 之间)；然后用表 A.2，从 M=55，放映距离 10 m，可查得焦距为 181 mm。

答：应采用焦距为 181 mm 的放映物镜。

表 A.1 银幕放映画面宽 W(m)与放大率 M 间的关系

M	投影片放映		幻灯片放映					电影放映		M
	画面区/mm		幻灯片标称尺寸/cm					影片宽度		
	285×285	250×250	8.5×10	8.5×8.5	7×7	5×5	3×3	35 mm	16 mm	
	遮幅孔/mm							电影放映片窗/mm		
	280×280 ±2	247×247 ±2	73×88 $^{0}_{-0.5}$	73×73 $^{0}_{-0.5}$	53.5×53.5 ±0.7	22.5×34.3 ±0.5	12×15.8 ±0.1	15.29(max) 21.11(nom)	7.26(max) 9.65(ref)	
	280.00	247.00	88.00	73.00	53.50	34.30	15.80	21.11	9.65	
	放映画面宽 W(m)与放大率 M 的关系									
4	1.12	0.99	0.35	0.29	0.21					4
5	1.40	1.23	0.44	0.36	0.27					5
6	1.68	1.48	0.53	0.44	0.32	0.21				6
7	1.96	1.73	0.62	0.51	0.37	0.24				7
8	2.24	1.98	0.70	0.58	0.43	0.27				8
9	2.52	2.22	0.79	0.66	0.48	0.31				9
10	2.80	2.47	0.88	0.73	0.53	0.34	0.16	0.21		10
12	3.36	2.96	1.06	0.88	0.64	0.41	0.19	0.25		12
15	4.20	3.70	1.32	1.09	0.80	0.51	0.24	0.32		15
18	5.04	4.45	1.58	1.31	0.96	0.62	0.28	0.38		18
20	5.60	4.94	1.76	1.46	1.07	0.69	0.32	0.42	0.19	20
25	7.00	6.17	2.20	1.82	1.34	0.88	0.39	0.53	0.24	25
30	8.40	7.41	2.64	2.19	1.60	1.03	0.47	0.63	0.29	30
35		8.64	3.08	2.55	1.87	1.20	0.55	0.74	0.34	35
40			3.52	2.92	2.14	1.37	0.63	0.84	0.39	40
50			4.40	3.65	2.67	1.71	0.79	1.06	0.48	50
60			5.28	4.38	3.21	2.06	0.95	1.27	0.58	60
70			6.16	5.11	3.74	2.40	1.11	1.48	0.68	70
80			7.04	5.84	4.28	2.74	1.26	1.69	0.77	80
90			7.92	6.57	4.81	3.09	1.42	1.90	0.87	90
100			8.80	7.30	5.35	3.43	1.58	2.11	0.96	100
110				8.03	5.88	3.77	1.74	2.32	1.06	110
120				8.76	6.42	4.12	1.90	2.53	1.16	120
130					6.95	4.46	2.05	2.74	1.25	130
140					7.49	4.80	2.21	2.96	1.35	140
150					8.02	5.14	2.37	3.17	1.45	150
160					8.56	5.49	2.53	3.38	1.54	160
170						5.83	2.69	3.59	1.64	170
180						6.17	2.84	3.80	1.74	180
190						6.52	3.00	4.01	1.83	190
200						6.86	3.16	4.22	1.93	200

表 A.1(续)

M	投影片放映		幻灯片放映					电影放映		M
	画面区/mm		幻灯片标称尺寸/cm					影片宽度		
	285×285	250×250	8.5×10	8.5×8.5	7×7	5×5	3×3	35 mm	16 mm	
	遮幅孔/mm							电影放映片窗/mm		
	280×280 ±2	247×247 ±2	73×88 0 −0.5	73×73 0 −0.5	53.5×53.5 ±0.7	22.5×34.3 ±0.5	12×15.8 ±0.1	15.29(max) 21.11(nom)	7.26(max) 9.65(ref)	
	280.00	247.00	88.00	73.00	53.50	34.30	15.80	21.11	9.65	
	放映画面宽 *W*(m)与放大率 *M* 的关系									
210						7.20	3.32	4.43	2.03	210
220						7.55	3.48	4.64	2.12	220
230						7.89	3.63	4.86	2.22	230
240						8.23	3.79	5.07	2.32	240
250						8.57	3.95	5.28	2.41	250
260						8.92	4.22	5.49	2.51	260
270							4.27	5.70	2.61	270
280							4.42	5.91	2.70	280
290							4.58	6.12	2.80	290
300							4.74	6.33	2.89	300
310							4.90	6.54	2.99	310
320							5.06	6.76	3.09	320
330							5.21	6.97	3.18	330
340							5.37	7.18	3.28	340
350							5.53	7.39	3.38	350
360							5.69	7.60	3.47	360
370							5.85	7.81	3.57	370
380							6.00	8.02	3.67	380
390							6.16	8.23	3.76	390
400							6.32	8.44	3.86	400

表 A.2 放大率 *M* 与放映距离 *l* 及放映物镜焦距 *f*

(*f* 的范围为 15 mm 至 120 mm)间的关系

l/m	f/mm																						l/m
	15	18	20	22	25	28	35	40	45	50	55	60	65	70	75	80	85	90	95	100	105	110	115	120	
1.5	99	82	74	67	59	53	42	37	32	29	26	24	22	20	19	18	17	16	15	14	13	13	12	12	1.5
2	132	110	99	90	79	70	56	49	43	39	35	32	30	28	26	24	23	21	20	19	18	17	16	16	2
2.5	166	138	124	113	99	88	70	62	55	49	44	41	37	35	32	30	28	27	25	24	23	22	21	20	2.5
3	199	166	149	135	119	106	85	74	66	59	54	49	45	42	39	37	34	32	31	29	28	26	25	24	3
3.5	232	193	174	158	139	124	99	87	77	69	63	57	53	49	46	43	40	38	36	34	32	31	29	28	3.5

表 A.2(续)

l/m	f/mm																								l/m
	15	18	20	22	25	28	35	40	45	50	55	60	65	70	75	80	85	90	95	100	105	110	115	120	
4	266	221	199	181	159	142	113	99	88	79	72	66	61	56	52	49	46	43	41	39	37	35	34	32	4
4.5	299	249	224	204	179	160	128	112	99	89	81	74	68	63	59	55	52	49	46	44	42	40	38	37	4.5
5	332	277	249	226	199	178	142	124	110	99	90	82	76	70	66	62	58	55	52	49	47	44	42	41	5
6	399	332	299	272	239	213	170	149	132	119	108	99	91	85	79	74	70	66	62	59	56	54	51	49	6
7	466	388	349	317	279	249	199	174	155	139	126	116	107	99	92	87	81	77	73	69	66	63	60	57	7
8		443	399	363	319	285	228	199	177	159	144	132	122	113	106	99	93	88	83	79	75	72	69	66	8
9			449	408	359	320	256	224	199	179	163	149	137	128	119	112	105	99	94	89	85	81	77	74	9
10					399	356	285	249	221	199	181	166	153	142	132	124	117	110	104	99	94	90	86	82	10
12					439	428	342	299	266	239	217	199	184	170	159	149	140	132	125	119	113	108	103	99	12
14							399	349	310	279	254	232	214	199	186	174	164	155	146	139	132	126	121	116	14
16							456	399	355	319	290	266	245	228	212	199	187	177	167	159	151	144	138	132	16
18								449	399	359	326	299	276	256	239	224	211	199	188	179	170	162	156	149	18
20									443	399	363	332	307	285	266	249	234	221	210	199	189	181	173	166	20
22										439	399	366	337	313	292	274	258	243	231	219	209	199	190	182	22
24											435	399	368	342	319	299	281	266	252	239	228	217	208	199	24
26												432	399	370	346	324	305	288	273	259	247	235	225	216	26
28													430	399	372	349	328	310	294	279	266	254	242	232	28
30														428	399	374	352	332	315	299	285	272	260	249	30
32															426	399	375	355	336	319	304	290	277	266	32
34																424	399	377	357	339	323	308	295	282	34
36																	423	399	378	359	342	326	312	299	36
38																		421	399	379	361	344	329	316	38
40																			420	399	380	363	347	332	40

表 A.3 放大率 M 与放映距离 l 及放映物镜焦距 f

(f 的范围为 125 mm 至 400 mm)间的关系

l/m	f/mm																								l/m
	125	130	135	140	145	150	155	160	165	170	175	180	185	200	220	250	270	290	300	315	340	350	355	400	
1.5	11	10	10	10	9	9	9	8	8	8	8	7	7	7	6	5	5	4	4	4	3	3	3	3	1.5
2	15	14	14	13	13	12	12	12	11	11	10	10	10	9	8	7	6	6	6	5	5	5	5	4	2
2.5	19	18	18	17	16	16	15	15	14	14	13	13	13	12	10	9	8	8	7	7	6	6	6	5	2.5
3	23	22	21	20	20	19	18	18	17	17	16	16	15	14	13	11	10	9	9	9	8	8	7	7	3
3.5	27	26	25	24	23	22	22	21	20	20	19	18	18	17	15	13	12	11	11	10	9	9	9	8	3.5
4	31	30	29	28	27	26	25	24	23	23	22	21	21	19	17	16	14	13	12	12	10	10	10	9	4
4.5	35	34	32	31	30	29	28	27	26	25	25	24	23	22	19	17	16	15	14	13	12	12	12	10	4.5
5	39	37	36	35	33	32	31	30	29	28	28	27	26	24	22	19	18	16	16	15	13	13	13	12	5
6	47	45	43	42	40	39	38	37	35	34	33	32	31	29	26	23	21	20	19	18	16	16	16	14	6
7	55	53	51	49	47	46	44	43	41	40	39	38	37	34	31	27	25	23	22	21	19	19	19	17	7

表 A.3(续)

l/m	f/mm																							l/m
	125	130	135	140	145	150	155	160	165	170	175	180	185	200	220	250	270	290	300	315	340	350	355	400	
8	63	61	58	56	54	52	51	49	47	46	45	43	42	39	35	31	29	27	26	24	22	22	22	19	8
9	71	68	66	63	61	59	57	55	54	52	50	49	48	44	40	35	32	30	29	28	25	25	25	22	9
10	79	76	73	70	68	66	64	62	60	58	56	55	53	49	44	39	36	33	32	31	28	28	28	24	10
12	95	91	88	85	82	79	76	74	72	70	68	66	64	59	54	47	43	40	39	37	33	33	33	29	12
14	111	107	103	99	96	92	89	87	84	81	79	77	75	69	63	55	51	47	46	43	39	39	39	34	14
16	127	122	118	113	109	106	102	99	96	93	90	88	85	79	72	63	58	54	52	50	45	45	44	39	16
18	143	137	132	128	123	119	115	112	108	105	102	99	96	89	81	71	66	61	59	56	50	50	50	44	18
20	159	153	147	142	137	132	128	124	120	117	113	110	107	99	90	79	73	68	66	62	56	56	55	49	20
22	175	168	162	156	151	146	141	137	132	128	125	121	118	109	99	87	80	75	72	69	62	62	61	54	22
24	191	184	177	170	165	159	154	149	144	140	136	132	129	119	108	95	88	82	79	75	68	68	67	59	24
26	207	199	192	185	178	172	166	162	157	152	148	143	140	129	117	103	95	89	86	82	73	73	72	64	26
28	223	214	206	199	192	186	179	174	169	164	159	155	150	139	126	111	103	96	92	88	79	79	78	69	28
30	239	230	221	213	206	199	193	187	181	175	170	166	161	149	135	119	110	102	99	94	85	85	84	74	30
32	255	245	236	228	220	212	205	199	193	187	182	177	172	159	144	127	118	109	106	101	90	90	89	79	32
34	271	260	251	242	233	226	218	212	205	199	193	188	183	169	154	135	125	116	112	107	96	96	94	84	34
36	287	276	266	256	247	239	231	224	217	211	205	199	194	179	163	143	132	123	119	113	102	102	100	89	36
38	309	291	280	270	261	252	244	237	229	223	216	211	204	189	172	151	140	130	126	120	108	108	106	94	38
40	319	306	295	285	275	266	257	249	241	234	228	221	215	199	181	159	147	137	132	126	113	113	112	99	40

附 录 B
（资料性附录）
精确公式的计算

B.1 精确公式的应用

B.1.1 公式(B.1)～公式(B.6)是考虑放映物镜系统两节点位置的精确公式，实际上只有放映设备生产厂家应用这6个公式才有意义。对于确定放映厅银幕大小及放映距离来说，应用公式(B.2)～公式(B.5)就能满足要求，因为节点位置一般是不知道的。

B.1.2 公式(B.1)～公式(B.6)可应用于所有类型的放映设备。公式的选择取决于放映距离从何处测量，如放映距离从物平面测至银幕则选用公式(B.1)～公式(B.3)，如放映距离从第二(像方)节点测至银幕，则选用公式(B.4)～公式(B.6)。

B.1.3 在实际计算中，成像光路为直线光路(如电影胶片放映、幻灯放映)时，应采用公式(B.1)～公式(B.3)，如采用反光镜使放映光路转折(如透射式投影器、反射式投影器或实物投影器)时，则应采用公式(B.4)～公式(B.6)。

B.2 放映距离从物平面测起的计算公式

放映画面尺寸的计算如下。

放映画面高由公式(B.1)确定：

$$H=\left[\frac{2}{1-\left(1-\frac{4f}{D-d}\right)^{1/2}}-1\right]h \quad \cdots\cdots(\text{B.1})$$

放映画面宽由公式(B.2)确定：

$$W=\left[\frac{2}{1-\left(1-\frac{4f}{D-d}\right)^{1/2}}-1\right]w \quad \cdots\cdots(\text{B.2})$$

放映距离由公式(B.3)确定：

$$D=f\left(2+M+\frac{1}{M}\right)+d \quad \cdots\cdots(\text{B.3})$$

M是如下定义的放大率：

$$\frac{W}{w}\text{或}\frac{H}{h}$$

B.3 放映距离从第二(像方)节点测起的计算公式

放映画面尺寸的计算如下。

放映画面高由公式(B.4)确定：

$$H=\left(\frac{T}{f}-1\right)h \quad \cdots\cdots(\text{B.4})$$

放映画面宽由公式(B.5)确定：

$$W=\left(\frac{T}{f}-1\right)w \quad \cdots\cdots(\text{B.5})$$

放映距离由公式(B.6)确定：

$$T=f(1+M) \quad \cdots\cdots(\text{B.6})$$

T是从物镜第二(像方)节点测至银幕的放映距离。

附 录 C
（资料性附录）
放映物镜节点和节点间隔

如图 C.1 所示，从某轴外节点发出的许多条光线，通过物镜后均入射到对应的像点上，从每一轴外点发出的这些光线中，有一条光线入射于物镜时与出射于物镜时的方向是平行的。

该入射光线的延长线与光轴的交点称为第一（物方）节点。

该出射光线的反向延长线与光轴的交点称为第二（像方）节点。

两节点间的距离，就是节点间隔 d。

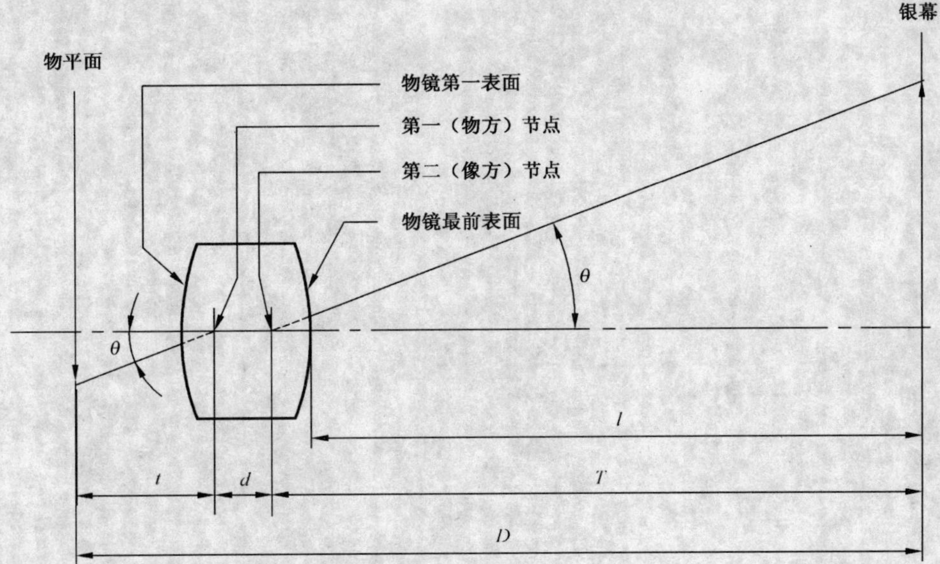

θ——通过节点的入射光线和出射光线与光轴的夹角；

t——物平面至物镜第一（物方）节点的距离；

T——物镜第二（像方）节点至银幕的放映距离；

d——放映物镜节点间隔；

D——物平面至银幕的放映距离；

l——放映物镜最前表面至银幕的放映距离（见 4.1）。

图 C.1 放映物镜节点位置

ICS 37.060.10
N 42

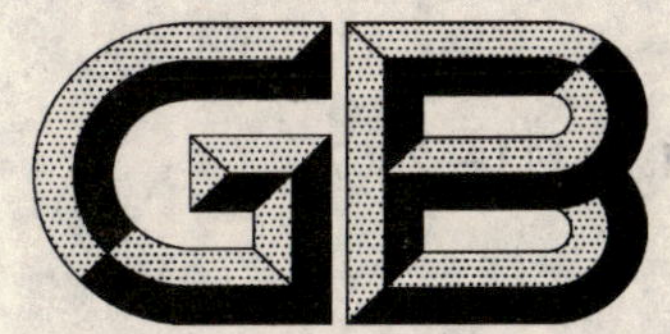

中华人民共和国国家标准

GB/T 21111—2007

室内放映 透射放映银幕的分类和亮度测定

Projection in indoor rooms—Classification of transmitting projection screens and measurement of their transmitted luminance levels

(ISO 11315-3:1999, Projection in indoor rooms—Part 3: Classification of transmitting projection screens and measurement of their transmitted luminance levels, MOD)

2007-10-11 发布 2007-12-01 实施

中华人民共和国国家质量监督检验检疫总局
中国国家标准化管理委员会 发布

前　言

本标准修改采用 ISO 11315-3:1999《室内放映　第 3 部分:透射放映银幕的分类和透射亮度测定》(英文版)。

本标准根据 ISO 11315-3:1999 重新起草。本标准和 ISO 11315-3:1999 的主要技术差异为:

——删除规范性引用文件、第 6 章及资料性附录 A;

——全篇按我国 GB/T 1.1 作编辑性修改。

本标准由中国机械工业联合会提出。

本标准由秦皇岛视听机械研究所归口。

本标准起草单位:秦皇岛视听机械研究所。

本标准主要起草人:俞季村、邓荣武。

室内放映　透射放映银幕的分类和亮度测定

1　范围

本标准规定了室内放映用透射放映银幕的分类、透射亮度参数及测定方法。

本标准还述及银幕在实际选择和安装前可在实验室获得的预期数据及测量。

2　术语和定义

下列术语和定义适用于本标准。

2.1

亮度系数　luminance factor

在相同照明条件和给定观看角时，被测银幕的亮度与标板亮度之比率。

3　透射放映银幕分类、放映特性及样品比较

3.1　R 型——背面放映银幕

透射放映银幕按其透射特性进行分类。R 型银幕的两种子类型(见表 1)的结构是明显不同的。

R 型是通用的标记名称，它仅用于背面放映，对入射光的散射区域较宽，透射光的最优角度通常是沿着入射光的方向。

注：所使用的材料可以是塑料薄片或玻璃片。该银幕在商业上也称为背面放映银幕。

表 1　透射放映银幕类型

放映银幕类型	成品形式	特性区分	章　节
R-O 型 (非结构性)	硬质薄板或 柔性塑料薄片	可能有“亮斑”现象	3.1.1
R-S 型 (结构性表面)	硬质薄板	最佳亮度系数曲线处在水平和垂直方向； 可消除室内干扰光引起的负效应	3.1.2
注：要求整个银幕表面均匀照明。			

3.1.1　R-O 型——背面放映银幕

R-O 型银幕具有乳色的特性。它可具有单面或双面的无光泽表面或在基本透明的幕基材料上涂敷添加物，如通过涂敷聚合物而产生漫射效应；也可以是混合型的。

R-O 型银幕不具有结构性表面，它除了可以用硬质塑料板外还可以用软质塑料片或玻璃板来制作。

制造方法不限制银幕尺寸。

3.1.2　R-S 型——背面放映银幕

R-S 型银幕具有单面或双面的结构性表面，它能使透射光有一个较好的分布。如菲涅尔透镜状、柱透镜状或棱镜排列状。

此外，R-S 型银幕为了呈现放映画面应在其幕基表面或幕基里含有漫射附加物。菲涅尔透镜状的 R-S 银幕只能生产固定尺寸的硬质塑料薄板形式。这种透镜且需注意已由菲涅尔透镜所确定的放映距离。

3.1.3 亮斑效应(放映光轴附近透射的增强)

所有R型银幕都可能会出现这种干扰,通过在幕基表面或幕基里的漫射附加物便可得到改善。

3.1.4 多层结构的R型银幕

由于各单层可能存在的差异,这种多层结构会引起工艺性的光干扰现象,即在放映期间如光谱色彩的变化、牛顿环或波纹效应。R型银幕还会由于光分布的不规则而产生“云状现象”。

多层结构的幕体边缘处会产生单层间的分离现象,较长期倾斜着贮存会形成这种效应。

注:“多层银幕”是实践中习惯性技术术语。

3.1.5 在“暗室”或“亮室”中使用的R型银幕

如果在“暗室”中(暗的观看区)进行背面放映,则银幕上或幕基里仅需少量的漫射附加物,因此银幕的透射特性得到增强。

在“亮室”中(亮的观看区)进行背面放映时,则应在幕基上或幕基里增加漫射附加物,由此透射特性将会减弱,同时来自银幕观看面环境光的反射大大减小。在银幕观看面上设置一些很细的黑色条纹(黑基)或一个无光泽表面就可避免这种反射效应。

注:干扰光对银幕朝向放映设备那一侧的影响,将会使放映画面分辨率降低,尤其是菲涅尔透镜状的R-S型银幕,屏蔽放映光束可消除这些干扰光。

4 透射亮度的测量

4.1 概要

为了便于样品保存,测量可采用相当于A4尺寸(210 mm×297 mm)的银幕实物小样。放映入射光通常应垂直于银幕表面,片门中应无影片,入射光包容角应不大于5°,且应照亮整个被测银幕样品,用亮度计进行亮度测量。

亮度计的测量接受角应不大于2°,亮度计应具有1924年国际照明委员会提出的、1933年国际度量衡委员会采用的标准观察者的光谱灵敏度。

4.2 乳色和结构性透射银幕透射亮度的测量

测量系统的通用布置如图1所示。

放映设备应按银幕使用要求进行放置,该放映距离应记录在报告中。

亮度系数应在被检银幕的中心位置测定。

亮度计至银幕的距离应是透射银幕宽度的3倍。

注:3倍银幕宽度的距离是放映观察期间整体影像良好感觉及细节最清晰的基本值。

测量步骤如下:在水平方向首先测得被测银幕朝向放映设备一侧标板的亮度;然后在相同照明条件和相同观看角上测得被检银幕观看面一侧的亮度。上述测量包括被检银幕观看面一侧用0°观看角测量外还应在银幕平面中心的水平面内法线左右两侧各5°、10°、15°、20°、25°、30°、35°、40°、45°和50°处进行(共20个测量点)。垂直方向测量还应在银幕平面中心垂直平面内法线上下两侧各5°、10°、15°和20°处进行(共8个测量点)。

被检银幕亮度系数β_{TM}由公式(1)得出:

$$\beta_{TM}=\frac{L_{TM}}{L_b} \qquad \cdots\cdots(1)$$

式中:

β_{TM}——被检银幕的亮度系数;

L_{TM}——从观看面一侧对被检银幕测得的亮度;

L_b——从放映设备一侧对标板测得的亮度。

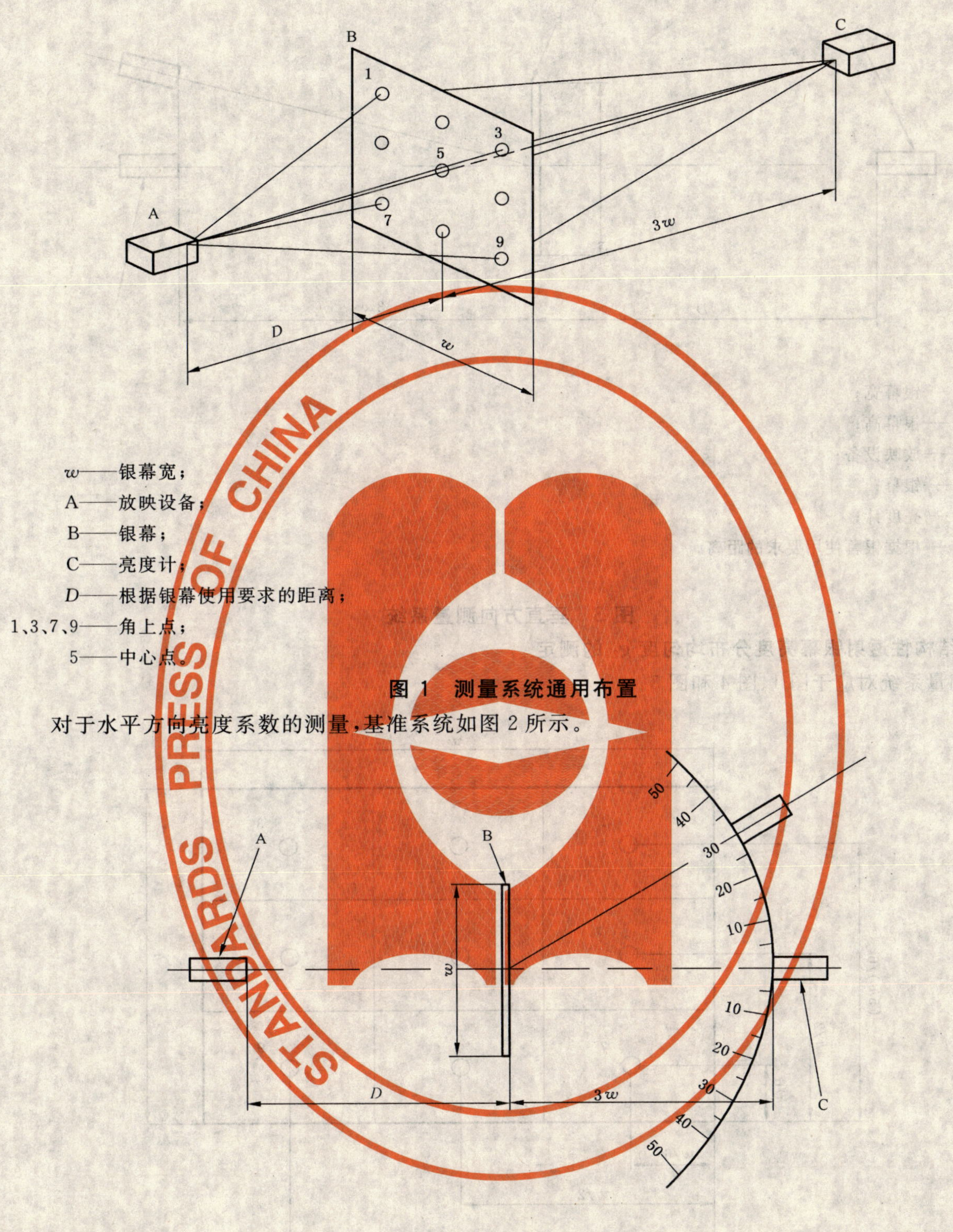

w——银幕宽；
A——放映设备；
B——银幕；
C——亮度计；
D——根据银幕使用要求的距离；
1、3、7、9——角上点；
5——中心点。

图 1 测量系统通用布置

对于水平方向亮度系数的测量，基准系统如图 2 所示。

w——银幕宽；
A——放映设备；
B——银幕；
C——亮度计；
D——根据银幕使用要求的距离。

图 2 水平方向测量系统

对于垂直方向亮度系数的测量，基准系统如图 3 所示。亮度计的位置应朝上和朝下方向变化。

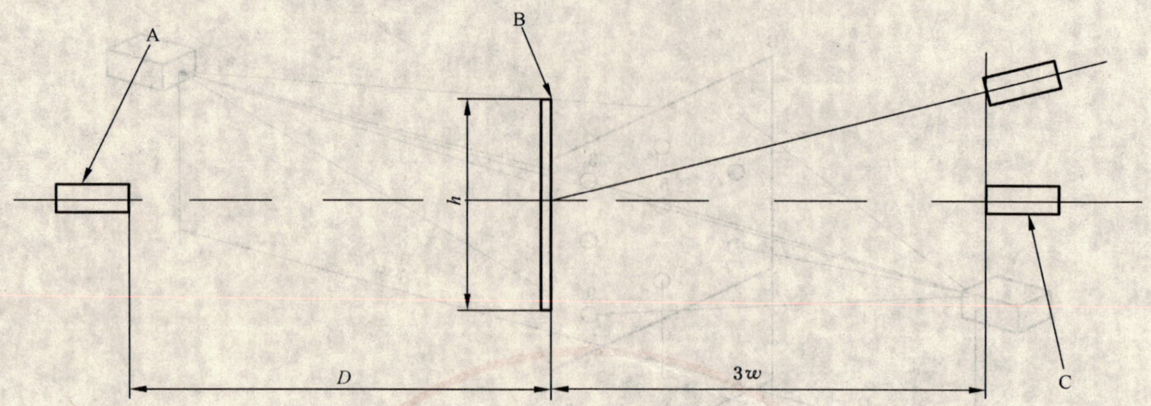

w——银幕宽；

h——银幕高；

A——放映设备；

B——银幕；

C——亮度计；

D——根据银幕使用要求的距离。

图 3　垂直方向测量系统

4.3　结构性透射银幕亮度分布均匀度 g_2 的测定

测量系统对应于图 1、图 4 和图 5。

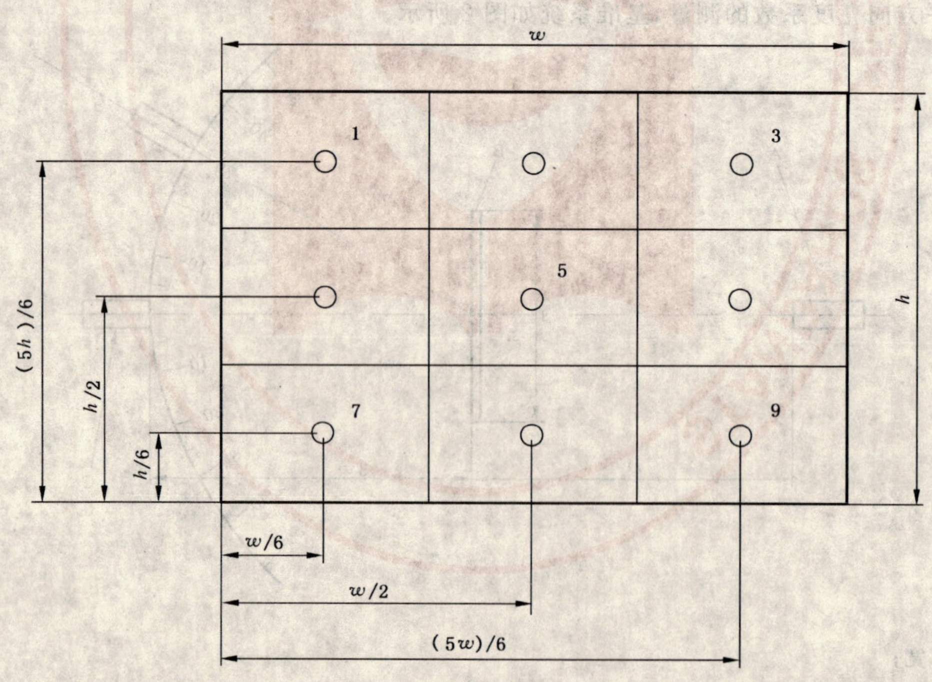

图 4　银幕上测量点位置

亮度 L 应在银幕观看面的 5 个测量点上测量，亮度计的位置应在光轴上且离被检银幕为 3 倍银幕宽度 w 的距离。

在测量四角上测量点 1、3、7 和 9 时，处在光轴上的亮度计应朝向角上 4 个测量点的位置倾斜(见图 5)。

照度 E 是在被检银幕朝向放映设备那一侧同上 5 个测量点上进行测量。照度计的感应头应平行于银幕表面且与银幕相距应不大于 20 mm。

亮度和照度 4 点测量(角上测量点 1、3、7、9)的平均值以 L_a 和 E_a 表示。

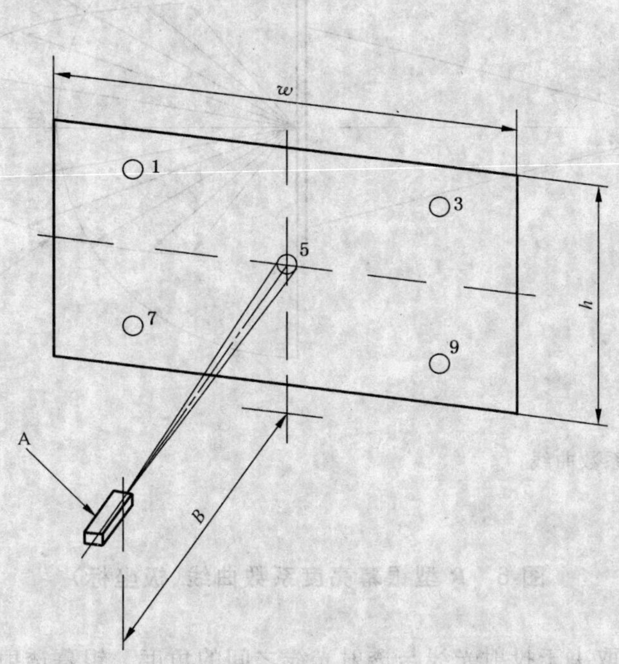

w——幕宽；

h——幕高；

A——亮度计；

B——距离 $3w$。

图 5　测量亮度均匀度的布置

亮度分布均匀度由公式(2)得出：

$$g_2 = \frac{L_a}{L_5} \times \frac{E_5}{E_a} \times 100 \qquad \cdots\cdots(2)$$

式中：

g_2——亮度分布均匀度，%；

L_a，E_a——亮度和照度的平均值；

L_5，E_5——中心点 5 亮度和照度的测量值。

要得到良好的亮度分布，由银幕而引起的 g_2 应不小于 80%。

4.4　测量数据的图示

4.4.1　极坐标曲线图示

测量数据应以直角坐标或极坐标曲线来图示，它显示出使用接近漫反射标板的亮度与被检银幕的亮度两者之间的 β_{TM} 曲线。被检银幕的亮度取决于透射光线与投射光线之间的角度，见图 6。

对于水平方向和垂直方向亮度系数的分布应以相同的坐标曲线画出两条不同的曲线。

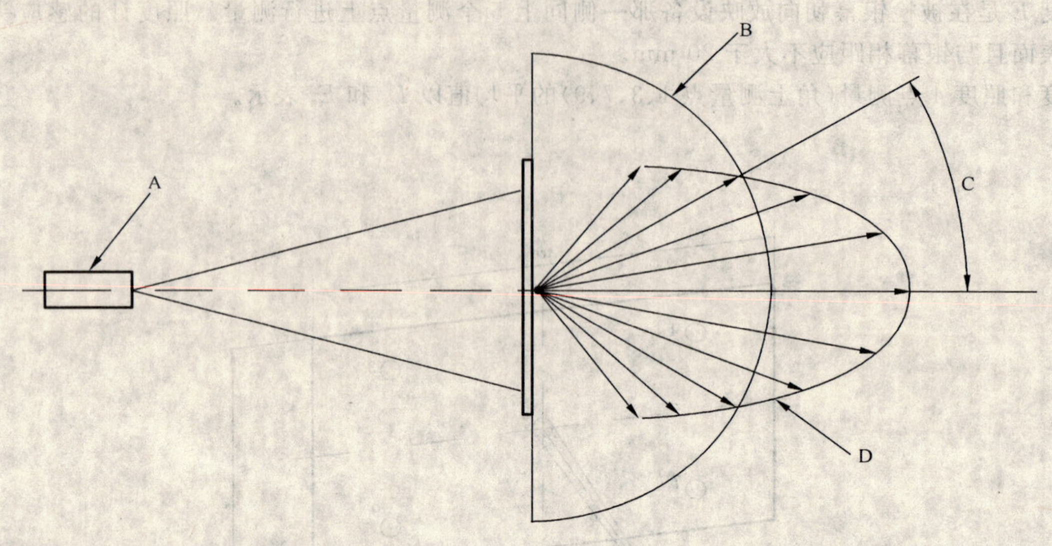

A——放映设备；

B——理想漫射银幕亮度系数曲线；

C——光的散射角；

D——亮度系数曲线。

图 6 R 型银幕亮度系数曲线(极坐标)

4.4.1.1 亮度系数曲线

放映银幕的亮度系数取决于投射光线与透射光线之间的角度。银幕透射特性的测量应包括记录亮度系数特性曲线，它的基本形状首先取决于银幕的类型，另外也受该类银幕设计和加工工艺的影响。

透射银幕的特性由亮度系数特性曲线给出，它是照度和银幕亮度之间的关系要素，因此它也影响到放映设备的光输出比率。

亮度系数曲线通常是在光线垂直于被检银幕中心的情况下测定。如果光线以某个角度入射，则 R 型银幕特性曲线的轴线也应转向到光线入射角上。

4.4.2 测试结果报告

测试结果报告应如表 2 所示。

表 2 透射放映银幕测试结果报告举例

银幕制造厂	—
型号	—
尺寸 $w \times h$	2.5 m×2.5 m
银幕类型	R-S 型
0°观看角的亮度系数	1.8
20°(水平)观看角的亮度系数	1.3
20°(垂直)观看角的亮度系数	1.1
40°(水平)观看角的亮度系数	0.8
亮度分布均匀度(R-S 型银幕)	82%
放映设备至 R-S 型银幕的距离	2.5 m

ICS 37.040.10
N 42

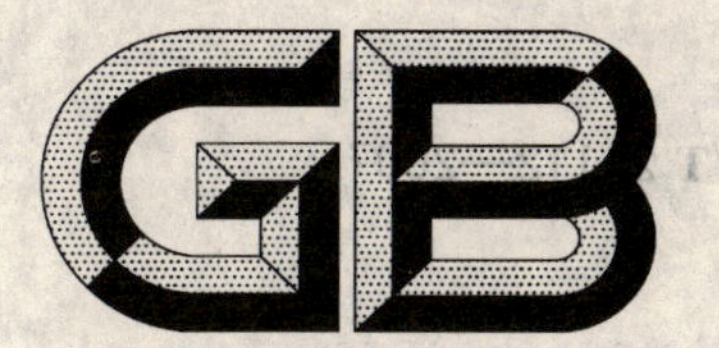

中华人民共和国国家标准

GB/T 21112—2007

幻灯片 尺寸

Projector slides—Dimensions

(ISO 1755:1987,MOD)

2007-10-11 发布　　2007-12-01 实施

中华人民共和国国家质量监督检验检疫总局
中国国家标准化管理委员会　发布

前　言

本标准修改采用ISO 1755:1987《幻灯片　尺寸》(英文版)。

本标准根据ISO 1755:1987重新起草。本标准和ISO 1755:1987的主要技术差异为:

——删除参考标准;

——全篇按我国标准GB/T 1.1作编辑性修改。

本标准由中国机械工业联合会提出。

本标准由秦皇岛视听机械研究所归口。

本标准起草单位:秦皇岛视听机械研究所。

本标准主要起草人:俞季村、邓荣武。

幻灯片 尺寸

1 范围

本标准规定了国际优选规格 3 cm×3 cm、5 cm×5 cm 和 7 cm×7 cm 幻灯片及标题带的基本尺寸。

本标准不适用于特殊用途(如电视)用的幻灯片。

本标准目的在于促进幻灯片的制造、使用的国际互换性。

本标准不适用于比 3 cm×3 cm 规格更小的幻灯片。

2 术语和定义

下列术语和定义适用于本标准。

2.1

幻灯片 slide

将一画面(以玻璃或胶片为载体)和一合适的遮幅和保护体牢固地安装于一体的整组件,它借助于透射光进行光学放映。

2.2

幻灯片框 slide mount

用来将画面载体和它的支持物或保护覆盖物牢固地夹持在一起的装置。它可以由可活动的连接构架组成,也可以是用硬纸板、金属或塑料制作的硬质夹持框。

2.3

遮幅 mask

包含一用来限定放映或观看区域通光孔的不透明材料。

2.4

画面区域 picture area

画面载体上画面所占有的区域。

2.5

标题带 title strip

为识别幻灯片而制作在幻灯片上的带状区域。

3 一般要求

3.1 表 1 中所规定的幻灯片尺寸与所用幻灯片框的型式无关。

3.2 如使用标题带,则应符合 3.3 的要求。

3.3 标题带应由不小于 3 mm 宽的浅色带构成,当为了拿着幻灯片正面观看标题正立并使画面有一个正确位置时,该标题带应沿着幻灯片上边缘排列,该带可扩展到幻灯片的上边线,但不能扩展到背面。沿着幻灯片的边缘或边线不应有其他浅色带。

注:标题带也可以作为位置指示,但不排除使用附加的位置指示。

4 尺寸

4.1 外形尺寸

幻灯片包括所用的画面载体、遮幅、幻灯片框和位置指示,对于每一个名义尺寸应符合表 1 所给出的外形尺寸。建议幻灯片框的角修圆,半径不大于 2.5 mm;其周边边线应轮廓清晰或倒圆,倒圆半径不大于 0.3 mm。

4.2 厚度

幻灯片的每一个名义尺寸应符合表 1 给出的值。

4.3 垂直度

幻灯片框四周相邻边应互成直角，误差不大于±1°。

4.4 画面区域

使用所列规格幻灯片的画面区域由表 1 给出。在任何情况下画面区域应置于遮幅孔的中心。

4.5 遮幅孔

对于各种画面大小的遮幅孔尺寸应符合表 1 所给出的值。遮幅孔应水平和垂直地置于幻灯片的中心，使幻灯片相对应的边到邻近的遮幅孔边的距离之差异不大于 0.5 mm。遮幅孔的四角应互成直角，误差不大于±1°。

表 1　幻灯片尺寸

规格（名义尺寸）/cm	外形尺寸/mm	厚度[a]/mm	画面区域（名义尺寸）/mm	遮幅孔	
				尺寸/mm	角上最大半径/mm
3×3 幻灯片	$30.0^{+0.5}_{0}\times30.0^{+0.5}_{0}$	1.0～1.4	13×17	$12.0^{+0.1}_{-0.1}\times15.8^{+0.1}_{-0.1}$	0.6
5×5 幻灯片	$50.0^{+0.8}_{0}\times50.0^{+0.8}_{0}$	1.0～3.2	18×24	$15.5^{+0.5}_{-0.5}\times22.5^{+0.5}_{-0.5}$	1.2
			24×24	$22.5^{+0.5}_{-0.5}\times22.5^{+0.5}_{-0.5}$	
			24×36	$22.5^{+0.5}_{-0.5}\times34.3^{+0.5}_{-0.5}$	
			28×28	$26.5^{+0.5}_{-0.5}\times26.5^{+0.5}_{-0.5}$	
			40×40	$37.5^{+0.7}_{-0.7}\times37.5^{+0.7}_{-0.7}$	
7×7 幻灯片	$69.9^{+0.8}_{-0.8}\times69.9^{+0.8}_{-0.8}$	3.5(max)	56×56	$53.5^{+0.7}_{-0.7}\times53.5^{+0.7}_{-0.7}$	2.0

[a] 一些自动幻灯换片器所使用的幻灯片不受本标准所规定厚度范围的限制。

ICS 37.060.10
N 42

中华人民共和国国家标准

GB/T 21113—2007/ISO 1793:2005

16 mm 电影放映机片夹 尺寸

Reels for 16 mm motion picture projectors —Dimensions

(ISO 1793:2005,Cinematography—Reels for 16 mm motion-picture projectors (up to and including 610 m capacity:38 cm size)—Dimensions,IDT)

2007-10-11 发布 2007-12-01 实施

中华人民共和国国家质量监督检验检疫总局
中国国家标准化管理委员会 发布

前 言

本标准等同采用 ISO 1793:2005《16 mm 电影放映机片夹(最大并包括 610 m 容量:38 cm 型) 尺寸》(英文版)。

本标准和 ISO 1793:2005 的差异为:

——删除引言和文献目录;

——全篇按我国标准 GB/T 1.1 作编辑性修改。

本标准由中国机械工业联合会提出。

本标准由秦皇岛视听机械研究所归口。

本标准起草单位:秦皇岛视听机械研究所。

本标准主要起草人:俞季村、邓荣武。

16 mm 电影放映机片夹　尺寸

1　范围

本标准规定了16 mm电影放映机片夹(最大并包括610 m容量:38 cm型)的尺寸和特性。

2　尺寸

2.1　尺寸应如图1、图2和表1、表2所示。

2.2　键槽顶端若要如图2所示倒圆,则最小倒圆半径应为$V/2$;如不倒圆,则键槽顶端可做成如图2细实线的方形,但其顶端应能满足尺寸U的要求。

2.3　两侧外表面至少应在中心直径为31.75 mm(1.250 in)范围内是平的,尺寸J是指上述直径范围内的片夹厚度。

2.4　铆钉或其他紧固元件的延伸不应超出两侧外表面0.8 mm(0.03 in)以上,同时不能超出尺寸C规定的总厚度。

2.5　除了在压筋、卷边和圆角处外,包括在两侧的周边还是其他离片夹中心任何距离处均不能超过所规定的尺寸界限。

2.6　如果用弹性夹来夹持影片边,则尺寸F应在两片弹性夹向外侧压到其作用范围极限时在它们之间测量。

2.7　两侧面和轮毂相对于芯轴孔轴线的偏心应不超出表2所规定的总偏差。

2.8　端面跳动应相对于由圆孔和方孔确定的公共轴线来测量。

3　特性

3.1　最好每侧都有一个尺寸如图2所示的方形轴孔,也可以其中一侧是一个直径为D(不带键槽)的圆轴孔。

3.2　如果每一侧都采用带边角键槽的方形轴孔,则两侧的方孔应对准,以便使直径为8.02 mm(0.316 in)的检验棒可完全通过片夹。

3.3　片夹应具有可接受整个影片宽度的片尾夹持装置,并可在影片跑完后自由脱开。

3.4　尺寸E、F、G的标称值是为最大宽度为16.00 mm(0.630 in)影片提供横向间隙而选择的。然而所标明的通道都相当窄,以使影片不会因侧向窜动太大而引起损伤。如果通道太宽,它将很可能由于影片松散的卷绕而形成过大的片卷。

在轮毂处,适用于尺寸F的允差为最小,因为在该区域内能比较容易地控制间隙;在芯轴孔附近部位的尺寸E的误差要稍大些,以允许在轮毂和轴孔之间有一些弯曲;在周边的尺寸G的误差还要大些,因为要保持该处的精确距离是困难的。

3.5　正方形孔角上尺寸U和V的开孔,目的是为了和某些洗印厂使用的倒片机芯轴相配合。

3.6　片夹边厚度尺寸T的最小和最大值取决于所允许的不同材质。

3.7　根据以往放映机、片夹容器、倒片机和类似设备的设计实践,片夹外径应制成在允许范围内尽量大,以便使B值也尽可能大,这样,在整个放映过程中由收片机构对一卷影片造成的张力变化为最小。如果采用了恒定力矩装置将更为理想。

3.8　为了避免片孔损伤,放映机中影片的张力应该小,为了保持小的影片张力,需使系数B/A(轮毂直径B与片夹两侧直径A之比)尽可能大。

3.9　一个优良的放映片夹必须满足一定的最低物理强度要求,特别是对于片夹两侧。一个符合标准的片夹必须通过下述端面刚性试验。

按照120°的间隔设置3个支杆，3个支杆的支承点与片夹端面边缘的径向距离为3.0 mm(0.12 in)，支撑点为短长度接触。对片夹上方中心直径为31.8 mm(1.25 in)区域内施加一个2.2 N(1/2 lb)的负载，用千分表测得该区域的垂直位置；然后加上一个4.4 N(1 lb)的负载再次测量其垂直位置，并在片夹的另一端面重复上述测量过程。由于4.4 N的负载而引起的附加偏离应不大于0.89 mm(0.035 in)。

表1　容量尺寸

标称容量	A/mm	B/mm	端面跳动/mm
60 m(200 ft)	$127.79_{-0.79}^{0}$	$44.45_{-6.35}^{+6.35}$	1.45(max)
120 m(400 ft)	$177.80_{-0.79}^{0}$	$63.50_{-1.90}^{0}$	2.03(max)
180 m(600 ft)	$234.32_{-0.25}^{0}$	$123.82_{-6.35}^{0}$	2.03(max)
240 m(800 ft)	$266.70_{-0.79}^{0}$	$123.82_{-9.52}^{0}$	3.05(max)
370 m(1 200 ft)	$311.15_{-3.18}^{0}$	$123.82_{-6.35}^{0}$	3.56(max)
490 m(1 600 ft)	$355.60_{-6.98}^{0}$	$123.82_{-6.35}^{0}$	4.06(max)
610 m(2 000 ft)	$381.00_{-0.79}^{0}$	$123.82_{-6.35}^{0}$	4.34(max)

表2　其他尺寸　　单位为毫米

名　称	尺　寸
总厚度(包括喇叭边、轧边或斜切边)C	24.43(max)
芯轴孔尺寸 D	$8.10_{-0.08}^{0}$
芯轴孔处内端面间距 E	$16.76_{-0.38}^{+0.38}$
轮毂处内端面间距 F	$16.76_{-0.25}^{+0.25}$
周边处内端面间距 G	$16.76_{0}^{+1.90}$
正方形芯轴孔边长 H	$8.10_{-0.08}^{0}$
芯轴孔处总厚度 J	20.07(max)
片夹一边的厚度(邻近芯轴孔处)T	2.67(max) 0.69(min)
键槽深 U	$8.38_{-0.51}^{0}$
键槽宽 V	$3.18_{0}^{+0.13}$
侧面和轮廓的偏心	0.79(max)

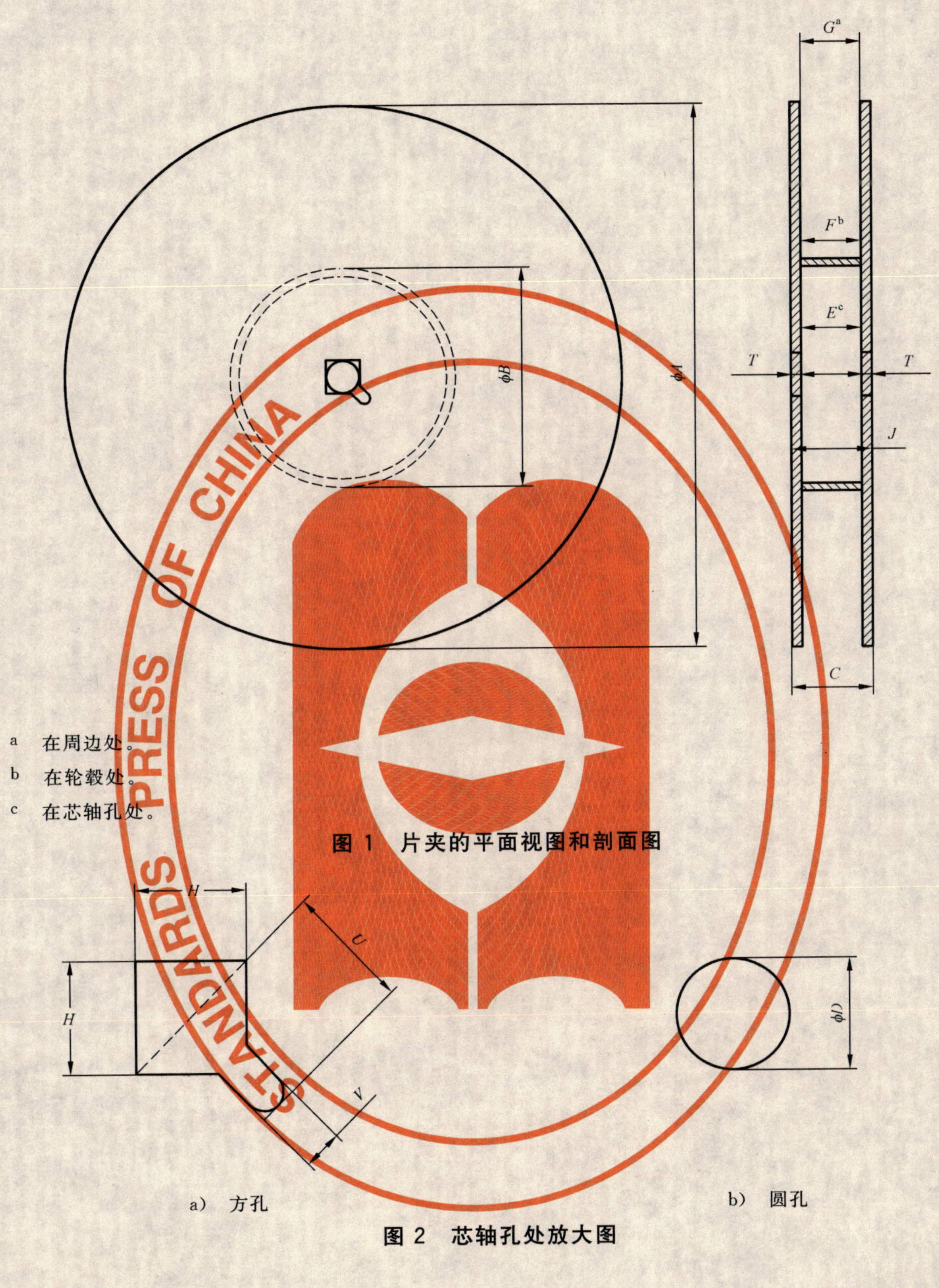

a 在周边处。

b 在轮毂处。

c 在芯轴孔处。

图 1 片夹的平面视图和剖面图

a) 方孔 b) 圆孔

图 2 芯轴孔处放大图

ICS 81.080
Q 40

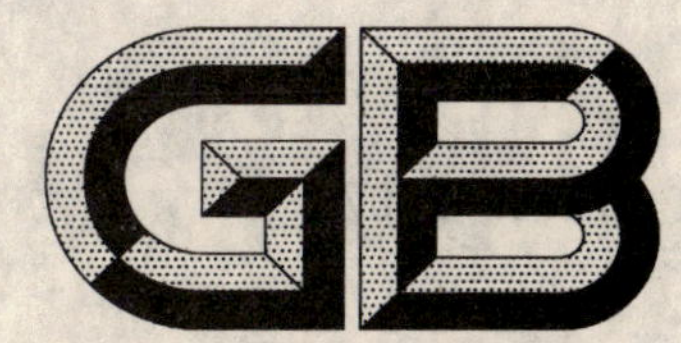

中华人民共和国国家标准

GB/T 21114—2007

耐火材料 X射线荧光光谱化学分析 熔铸玻璃片法

Chemical analysis of refractory products by XRF—Fused cast bead method

(ISO 12677:2003,MOD)

2007-09-11 发布

2008-02-01 实施

中华人民共和国国家质量监督检验检疫总局
中国国家标准化管理委员会
发布

前　言

本标准修改采用 ISO 12677:2003《耐火材料　X 射线荧光光谱化学分析——熔铸玻璃片法》(英文版)。本标准与 ISO 12677:2003 的有关技术性差异已在标准所涉及的条款的页边空白处用垂直单线标识。主要修改内容如下:

a) 将引用标准改为与 ISO 等效的我国标准;

b) 将第 5 章第 1 段的“大量采样不属于本方法范围,本方法适用于实验室样品。”改为“按 GB/T 10325和 GB/T 17617 采集实验室样品”;

c) 在 10.2.1 中补充:高纯试剂磷酸二氢铵和磷酸二氢钾;

d) 在 10.4.2.2 增加“注:也可采用其他的校准方程”;

e) 在附录 C 增加了部分熔剂和稀释比内容;

f) 在附录 C,为了便于理解,增加了与第 3 章的内容相对应的“注:材料后的数字是第 3 章中所列材料种类的顺序号,如:1 为高铝质 $Al_2O_3 \geqslant 45\%$,2 为铝硅质 Al_2O_3 7%~45%,……,17 为硅酸镁”;

g) 在附录 D,增加了国产耐火材料标准样品的内容;

h) 在附录 E,增加了国产耐火材料系列标准样品的内容;

i) 在附录 F 中加注“基体校正 α 系数可按仪器厂商提供的软件进行计算”;

j) 根据共同试验结果,对附录 G 中氧化铁的允许差作了适当的修改;

k) 在附录 H 中加“注:可采用厂商提供的校正方法”;

l) 附录 I 中增加了采用国产系列标准样品熔融再现性结果;

m) 按照我们的表述习惯,将 12.9 和附录 A 标题下的注均改成了段;

n) 删除了参考文献。

此外,还对 ISO 12677:2003 需勘误处做了一些编辑性修改,并在相应处加了脚注。

本标准的附录 A、附录 B、附录 D、附录 E、附录 F、附录 G、附录 H 均为规范性附录;附录 C、附录 I 为资料性附录。

本标准由全国耐火材料标准化技术委员会(SAC/TC 193)提出并归口。

本标准主要起草单位:宝山钢铁股份有限公司、中钢集团洛阳耐火材料研究院、中钢集团耐火材料有限公司。

本标准主要起草人:陆晓明、郜力、金德龙、刘小平、梁献雷、王芙云。

耐火材料 X射线荧光光谱化学分析 熔铸玻璃片法

1 范围

本标准规定了由氧化物组成的耐火材料和制品及技术陶瓷的化学分析方法，用熔铸玻璃片法制样，X射线荧光光谱法(以下简称XRF)测定，测定范围(质量分数)为0.01%～99%。

注：对于含量大于99%(干基)的成分，应测定所有存在的微量成分和灼烧减量，然后用差减法求得，这些数值还应经过直接测定进行验证。

2 规范性引用文件

下列文件中的条款通过本标准的引用而成为本标准的条款。凡是注日期的引用文件，其随后所有的修改单(不包括勘误的内容)或修订版均不适用于本标准，然而，鼓励根据本标准达成协议的各方研究是否可使用这些文件的最新版本。凡是不注日期的引用文件，其最新版本适用于本标准。

GB/T 3286 石灰石、白云石化学分析法

GB/T 6005 试验筛 金属丝编织网、穿孔板和电成型薄板筛孔的基本尺寸(GB/T 6005—1997, eqv ISO 565:1990)

GB/T 6900 铝硅系耐火材料化学分析方法

GB/T 8170 数值修约规则

GB/T 10325 定形耐火制品抽样验收规则

GB/T 15000.7—2001 标准样品工作导则(7) 标准样品生产者能力的通用要求(idt ISO Guide 34:2000)

GB/T 17617 耐火原料和不定形耐火材料 取样(GB/T 17617—1998, neq ISO 8656-1:1988)

ISO/IEC Directives (1992)—Part 2: Methodology for the development of International Standards—Annex B Mention of reference materials

3 材料类型

1) 高铝质($Al_2O_3 \geqslant 45\%$)；
2) 铝硅质(Al_2O_3 7%～45%)；
3) 硅质($SiO_2 \geqslant 93\%$)；
4) 锆英石质；
5) 氧化锆和锆酸盐；
6) 镁质；
7) 镁铝尖晶石质(～70/30)；
8) 白云石；
9) 石灰石；
10) 氧化镁/氧化铬；
11) 铬矿；
12) 铝铬质；
13) 铝镁尖晶石质(～70/30)；
14) 铝锆硅熔铸材料(AZS)；

15） 硅酸钙；

16） 铝酸钙；

17） 硅酸镁。

元素的分析含量范围和所需检测限见附录A，上述部分材料可以共用校准曲线(见10.3.4)。

4 原理

粉末样品用合适的熔剂熔融，以消除矿物和粒度效应，并铸成适合X射线荧光光谱仪测量形状的玻璃片，测量玻璃片中待测元素的荧光X射线强度。根据校准曲线或方程式来分析，且进行元素间干扰效应校正，以获得待测元素的含量。

由于熔铸玻璃片技术的通用性，只要满足再现性、灵敏度和准确度要求，允许使用各种熔剂和校准模式。一个实验室的方法符合以下规定时，即认为符合本标准。

5 试样制备

按GB/T 10325和GB/T 17617采集实验室样品。

各种材料允许采用常规化学分析方法所使用的试样研磨方法。在将碳化钨(及其结合剂)对灼烧减量和分析数据的影响进行适当校正后，应优先使用碳化钨研钵。

有关碳化钨(及其结合剂)对灼烧减量和分析数据的校正见附录B。为了易于熔融，试样应研磨至足够细，但应以不致引起污染为限度，通常最大粒度为100 μm即可。但对难熔样品(如铬矿石)，应研磨至60 μm。

可采用2种方法获得所需的粒度：

a） 机械研磨法，先确定各种待测样品研磨至所需粒度的时间，随后采用最短的研磨时间进行研磨。当研磨硬质材料时，如铬铁矿，应过筛，但会引起偏析；

b） 手工研磨法，研磨20 s后，用GB/T 6005规定的100 μm筛子筛分，将筛上剩余物再研磨20 s，再筛分，反复进行，直至所有样品通过筛子。将样品转移至一合适的容器，用机械式混料器(如立式线性混合器)混合1 min。

注：上述操作的目的是为了获得一种适合熔融的样品，而不是为了测试样品本身的粒度，方法a是首选。

6 装置

6.1 熔样皿

熔样皿用非浸润的铂合金(可用Pt/ Au 95%/5%)制成。如带盖子，盖子应是铂合金(不一定非要非浸润合金)制成。

6.2 铸型模

用非浸润的铂合金(可用Pt/Au 95%/5%)制成。

注：熔样皿和铸型模可以合二为一。

6.3 铸型模保温板(选用)

当使用小尺寸铸型模时，为使铸型模从炉中取出后，不致冷却太快，可用一片合适的平整耐火材料做垫板，如10 mm×50 mm×50 mm的硅线石片。

6.4 压缩空气喷嘴(选用)

用于将细空气流对准铸型模底部中心直吹，以快速冷却铸型模。任何一种合适的装置均可，一个方便的办法是用不带灯管的煤气灯的底座作为空气喷嘴。

大多数情况下，采用快速冷却可获得顺利脱模的均匀玻璃片。

注：也可采用水冷却金属板。

6.5 熔样炉

能加热到1 050℃～1 250℃，可以控温的电阻炉或高频感应炉。

6.6 自动熔样机

用于玻璃片的自动制备(见 9.3)。

6.7 天平

可精确称至±0.1 mg。

7 灼烧减量(和/或干燥)的测定

灼烧减量的测定按 GB/T 6900 或 GB/T 3286 进行。

用碳化钨研钵研磨试样时,应进行校正(附录 B)。

注:建议用“活性炭”和氯化钙作为碳酸盐的干燥剂,对所有其他物质,应采用通用的硅胶干燥剂。

其他材料,在(110±10)℃下干燥至恒量,在(1 025±25)℃下灼烧至恒量。

若使用真空干燥器,当开启时,应使用合适的进气阀。当贮存表面活性材料时,因为五氧化二磷会被样品吸收,应避免用五氧化二磷,尤其在真空条件下。

8 熔剂

8.1 熔剂的选择和稀释比(熔剂与试样之比)

8.1.1 XRF 熔铸玻璃片法的一个优点是可选择多种熔剂。对一个给定的校准程序,应始终使用同样的熔剂。任何一种熔剂和稀释比应满足 8.1.2~8.1.9 的条件。

注:附录 C 中给出了已成功用于耐火材料分析的熔剂,预烧熔剂的优点是水分含量较低。

8.1.2 样品应被熔剂全部熔解,且在浇铸过程中不损失。

8.1.3 玻璃片应是透明的,并且无失透现象出现。

8.1.4 在合理长的计数时间下,待测元素应达到所需的检测限(见 14 章和附录 A)。

8.1.5 在合理的计数时间(200 s)内,每个待测元素的计数,应达到该元素要求的再现性标准(见 12.2)。

8.1.6 重元素吸收剂可混在的熔剂中,只要能满足以下条件:

a) 尽管灵敏度降低,但仍满足 8.1.4 和 8.1.5 的要求;

b) 重元素与任何一种待测元素无谱线重叠。

8.1.7 如测定挥发性成分,则必须使用低熔点熔剂。熔融温度低至在整个熔融过程中该元素不致损失。

8.1.8 对待测元素与铂金形成合金的元素(如铅、锌、钴),应在低于出现合金反应的温度(1 050℃)以下进行熔融。

8.1.9 熔剂相对于待测元素应是纯的,当稀释比大于 1 时(见附录 C),熔剂中的杂质会影响测定结果,熔剂比例越高影响越大。因此熔剂中的杂质量不应大于 $3D/R$[1)]。

其中:

R——稀释比;

D——待测元素的检测限。

信誉良好的制造商的熔剂级试剂能满足要求,但应索要每批熔剂的分析数据。当更换一批熔剂时,应重新检查校准。

8.2 熔剂水分的补偿

熔剂含有一定量的水分,应通过以下 2 种方法之一进行补偿:

a) 使用前,在 700℃下灼烧 10 h 以上,然后贮存在干燥器中;

b) 每千克充分混合的熔剂取 2 份,各 1 g,一份按规定的熔融温度熔融 10 min,一份按规定的熔

1) 对 ISO 标准有编辑性修改。

融时间熔融，取灼烧减量大者校正熔剂用量(见 9.2.2 f))。熔剂应密封保存。每周或每千克测定一次灼烧减量。灼烧减量 L 以百分数表示，按式(1)计算校正因子 F：

$$F = \frac{100}{100 - L} \qquad \cdots\cdots(1)$$

未烧熔剂量＝F×规定的无水熔剂量。

注：如测定的灼烧减量≤0.5%时，也可不补偿。

9 熔融浇铸程序

9.1 一般规则

实验室应经过实验证实其能达到所要求的再现性(见 12.1)。

9.2 熔样和铸片

9.2.1 程序选择

自始至终使用所选择的程序，更换程序，应重新进行校准。

9.2.2 要求

熔样和铸片前应做到：

a) 制备双份或单份玻璃片，应在试验报告中注明；

b) 应根据使用的铸型模类型，选择样品和熔剂的总量，且始终一致；

c) 分析同类材料的稀释比 R 应相同；

d) 熔融物目测是均匀的；

e) 熔融过程中，样品成分无明显损失。如：超温时的还原或挥发损失；

f) 熔融过程中熔剂的任何损失都是再现的；

g) 样品制备过程中不得有任何形式的污染；

h) 制备的玻璃片的测量表面上无瑕疵；

i) 玻璃片的上表面为测量面时，它应是凸面或平面，并且在任何直径方向都是对称的；

j) 已知成分的标准玻璃片应采用与样品相同的方法制备；

k) 如铸型模变形，应用合适的模具重新整型；若用玻璃片的底面来分析，铸型模的上表面也应平整和无损伤；

l) 玻璃片相对于测量的 X 射线波长应是无限厚的，在耐火材料分析中使用的谱线参数，通常能达到无限厚。

注 1：建议熔融双份玻璃片。如果测定附录 A 中有关材料的所有氧化物，将获得成分总量，可用来验证分析结果。

注 2：尽管使用氧化剂，在 1 200℃仍会有某些元素挥发，如硫。

9.2.3 试样熔融

待测试样熔融成玻璃片可选用下列方法之一：

a) 预烧试样——试样在(1 025±25)℃灼烧到恒量，放入干燥器，冷却到室温。称取试料于熔样皿中，精确至 0.000 1 g，并记录质量 m，称取熔剂量按 8.2 计算；

b) 未烧试样——试样在(110±10)℃干燥至恒量，放入干燥器，冷却到室温。称取质量为 $m\left(1+\frac{L}{100}\right)$[2] 的试料于熔样皿中，精确至 0.000 1 g，其中 L 为试样在(1 025±25)℃测定的灼烧减量的质量分数。

称取 $R \cdot m \cdot F$ 量的未烧熔剂，与试料充分混合。F 是 8.2 b)中的熔剂校正因子。

与 9.2.3 a)一样，试料可与预烧熔剂混合也可与未烧熔剂混合。

将试料和熔剂一起熔融，不时旋转，直至完全熔解且熔体均匀。

---

2) 对 ISO 标准有编辑性修改。

对碳酸盐样品，开始时应慢慢升温熔融，以避免喷溅。

注1：影响含氧化铬和氧化锆材料的熔融问题见9.5。

注2：若是石灰石、白云石、碳酸镁材料，建议称取烘干的试样，进行灼烧减量校正。

注3：根据材料类型选择熔融温度。

9.2.4 玻璃片铸造

9.2.4.1 采用下列方法之一铸造玻璃片：

a) 炉外铸造：试料在(1 200±50)℃熔融5 min后，从炉(6.5)内取出熔样皿(6.1)和铸型模保温板(6.3)，将铸型模保温板放在一个水平面上，取下熔样皿的盖子，立即将熔融物注入铸型模(6.2)中；

b) 炉内铸造：试料在(1 200℃±50)℃熔融5 min后，去掉熔样皿(6.1)盖子，倒入炉(6.5)内的铸型模(6.2)中，确保尽可能多的熔融物倒入铸型模中，从炉内取出铸型模放在一个水平面上，以下按9.2.4.2进行；

c) 二合一熔铸模具：试料在(1 200±50)℃下熔融5min后，从炉中取出熔样皿，旋转，放在一个水平面上[3]；

d) 用喷灯加热铸型模：试料按规定的温度和时间熔融后，将熔融物倒入已预热的铸型模中，然后关掉喷灯。让熔融物固化，并按9.2.4.2中使用压缩空气喷嘴(6.4)或水冷却金属板来加速冷却过程。

注1：当使用玻璃片上表面进行分析时，在浇铸过程中产生的玻璃片表面波纹，会导致错误的分析结果，为了避免波纹，应使熔融物沿着铸型模的边缘而不是中心注入。为了保持上表面曲率一致，应尽可能把熔融物全部倒入铸型模中，以保证玻璃片一致性。

注2：大多数耐火材料含有少量或微量Cr_2O_3，ZrO_2和α-Al_2O_3。如果熔融不完全，在1 200℃以下，将引起非玻璃化。然而，如果有经验表明，这种非玻璃化不影响分析结果，只要校准标准样品以同样的方法制备，样品可在1 100℃的炉内进行浇铸。

注3：尽管使用氧化剂，在1 200℃温度下，硫元素还会挥发。

9.2.4.2 玻璃片冷却方法：

不使用压缩空气喷嘴时，将铸型模放在水平的表面上冷却。

使用压缩空气喷嘴时，将铸型模放在喷嘴上方，此时熔融物可以是熔融状态或固体状态。若是熔融状态且采用上表面分析，应确保压缩空气喷嘴上方的铸型模支架是水平的，使空气直达铸型模底部中心。当玻璃片固化和脱离铸型模后，关掉空气喷嘴。

注1：为了使玻璃片脱模，可轻敲模具。

注2：少量碘化锂、碘酸盐、碘化铵加入到熔融物中有助于脱模和避免玻璃片冷却时开裂。如果使用少量的脱模剂，所有的样品和任何校准标准样品应加入同样量的脱模剂并采用同样的步骤制备玻璃片。为保持铸型模良好的光洁度可不使用这些脱模剂，但对高铬样品会有些问题。也可以用NH_4Br或LiBr，但应注意BrLα靠近AlKα。当测定低含量铝时，高含量的溴会影响铝的测量结果，加入NH_4Br或LiBr量不应超过1 mg每克样品，如果使用铬靶X光管，溴的影响更大。因此使用溴脱模剂前，应检查溴对铝的影响。

9.3 自动制备玻璃片

除按9.2.4制备玻璃片外，也可采用自动熔样机制备，且应符合9.2.2和12.2的规定。

9.4 贮存

在不利的温度和湿度条件下玻璃片会变质，建议将玻璃片贮存在聚乙烯自封袋中。若实验室环境可控制(如空调)，应把袋子贮存在干燥器中。若环境不可控，应把袋子贮存在25℃～30℃的温控箱中。

聚乙烯袋所含的抗硬化剂可对玻璃片表面产生污染(对轻元素更明显)，玻璃片使用前，测量表面应清洗，若经过长时期贮存还应抛光。

注：已报导的污染源如下：

---

3) 对ISO标准有编辑性修改。

1) 光谱仪真空油和大气中的硫；

2) 近海实验室，来源于大气中的钠和氯；

3) 香烟烟气中的钾。

9.5 特殊问题

熔融含氧化锆和氧化铬量高的样品时，需要注意一些特殊问题。除以上所述的情况外，需要对含 ZrO_2 最高的锆英石或氧化锆样品用特殊的熔剂成分和稀释比进行熔融试验。同样，对含铬材料（如镁铬或铬矿），应对含 Cr_2O_3 最高的样品采用特殊的熔剂成分和稀释比进行熔融试验。

10 校准

10.1 校准标准样品

用纯试剂或系列标准样品（SeRM）制备的玻璃片来建立计算方程和元素间干扰效应的校正，系列标准样品不同于有证标准样品（CRM），后者用来验证用纯试剂校准的有效性。CRM 和 SeRM 分别列在附录 D 和附录 E 中，若有证标准样品（CRM）系列满足 10.2.2 和 10.4.1 的要求，可作为系列标准样品。

10.2 试剂和系列标准样品（SeRM）

10.2.1 试剂的纯度和制备

试剂应保证准确的化学计量，除不能形成稳定氧化物、碳酸盐的硫或磷外，只要可能都应是纯的氧化物或碳酸盐。

熔融时称量的试剂，应不含水（氧化物应不含二氧化碳）或对其进行校正。试剂应是已知的氧化态。

采用以下方法可以得到正确的氧化态。所用试剂应是高纯试剂，当新购进一批试剂时应与前一批试剂作比较。因此，应在校准范围的高段制作新的玻璃片，并且测量该玻璃片与前一批试剂制备的玻璃片进行比较。除试剂中的元素外，样品中的所有元素的测量强度与先前的强度相比，差别不应大于那个元素的检测限。

用来制备校准阳离子的标准玻璃片的试剂，次量成分应采用纯度≥99.95%（不包括水和 CO_2）的纯氧化物或碳酸盐，对二氧化硅和氧化铝其纯度应≥99.99%。

为了获得按含量计算已知化学计量的试剂，熔样前应作如下处理：

a) 二氧化硅、氧化铝和氧化镁：取样品≤5 g，在（1 200±50）℃灼烧至少 30 min，在干燥器中冷却至室温，再称重测定灼烧减量。按测定结果计算未烧物质的称样量制备玻璃片；

b) 氧化锰（Mn_3O_4）、氧化钛（Ⅳ）、氧化镍（Ⅱ）、氧化铬（Ⅲ）、锆、铪、铈、钇、镧和其他稀土：取样品≤5 g，在（1 000±25）℃灼烧至少 30 min，在干燥器中冷却至室温备用；

c) 氧化铁（Ⅲ）、氧化锡（Ⅳ）、氧化钴（Co_3O_4）和磷酸锂：取样品≤5 g，在（700±25）℃灼烧至少 30 min，在干燥器中冷却至室温备用；

d) 碳酸钙、碳酸钡和碳酸锶、碳酸钾和碳酸钠，氧化钨、氧化镓、硫酸锂、磷酸二氢钾：在（230±20）℃烘 2 h，在干燥器中冷却至室温备用；

e) 磷酸二氢铵：在（105±5）℃烘 2 h，在干燥器中冷却至室温备用。

注 1：稀土吸收大气中的水和二氧化碳。

注 2：用碳化钨（WC）研磨样品时，WC 会进入试样。为监测它的存在，使用碳化钨研钵的实验室应建立 WO_3 校准曲线，并校正分析结果和灼烧减量（见第 5 章）。X 射线荧光分析与湿法化学分析不同，不会受到钨的任何显著的交叉干扰，且钨的污染易于发现，如果钨含量超过 0.5%应进行校正，见附录 B。

10.2.2 系列标准样品制备（SeRM）

系列标准样品可代替合成标准样品用于校准，系列标准样品应满足下列几点：

a) SeRM 应符合 ISO/IEC Directives（1992）第 2 部分中附录 B 和 GB/T 15000.7—2001 中附录 A 的要求；

b） SeRM应有较均等的含量梯度；

c） 氧化物含量变化应互相独立；

d） 在一个系列中最少应有10个标准样品；

e） 系列标准样品应通过均匀性检查；

f） 证书中应提供实验室间和实验室内偏差的统计值；

g） 化学分析值应用另一种技术进行验证(如ICP)。

10.3 用试剂校准

10.3.1 校准标准样品

为简单起见,建议使用二元校准标准样品。

校准要准确明白,不模棱两可,以便于发现称量差错并加以更正。

注：如多元氧化物合成标准样品的多重线性回归满足所有标准规定,则可使用,而无经验者可能会遇到包括称量差错和无法分解谱线重叠等严重困难。

10.3.2 使用二元和三元标准样品的校准方法

10.3.2.1 一般规则

采用纯氧化物或碳酸盐的简单混合物,按制备样品玻璃片的方法制备校准玻璃片。这些标准样品的成分被特定地和独立地设计成校准以下三部分的每一部分：

a） 描述校准曲线形状的系数；

b） 谱线重叠校正；

c） 质量吸收校正系数(如α系数)。

本方法的优点是每一系数彼此独立且容易识别称量差错。虽然最初它可能比多元素校准需要更多的标准样品数量,但使用的标准样品仅包含1～2个或至多3个成分,并且校准一旦建立,很容易扩大校准范围和加入另外的元素,而无需重新再定义和再测量已建立的校准系数、重叠校正和质量吸收校正。

10.3.2.2 基体的定义

第3章所列出的材料类型可分为三种基体：

a） 单一主成分,如氧化锆；

b） 二种主成分,如铝硅质；

c） 三种或多种主成分,如铬矿。

对第一种情况,以100%的主要氧化物为基体,并对此进行校正,这使得校准范围很容易扩展,所有测量成分的校准可采用主量氧化物和次量氧化物二元混合物的方案获得,其总量为100%。

对其他两种情况,选一种成分为主成分并按10.3.2.4制作二元混合物标准。通常选含量高的氧化物为主成分(如铝硅质选SiO_2)。与第一种情况的唯一不同是以第2主成分的100%作为第1主成分的零点,并且这两种主要氧化物的校准由二者的二元混合物制得。当进行谱线重叠校正时,以主要氧化物为100%进行校正(而对主要氧化物则按第2主量氧化物为100%进行校正)。质量吸收系数校正,通常设计为次量成分和主成分的二元混合物进行相互校正(见10.3.2.9、10.3.2.10和10.3.2.11)。

10.3.2.3 漂移校正

有2种方法补偿光谱仪漂移：

a） 监控标准样品(用于计数率补偿)

当使用本方法时应测量每个元素的背景。

监控标准样品应是含有所有校准元素的稳定玻璃片,各元素含量应使其计数率的统计误差小于或等于校准的统计误差。监控标准样品应在建立校准前测量,并且在每一次样品分析前均应进行测量。

贮存建立校准时的首次计数率和本次的计数率,并且得出光谱仪的漂移校正因子。

当漂移校正因子大于1.3和小于0.7时(最大漂移±30%),应进行再校准(第2种方法,见b))。

b） 漂移校正标准样品(再校准标准样品)

为了补偿背景和灵敏度漂移，需一套漂移校正标准样品。在这套漂移校正标准样品中，对每个元素均应包括一个零含量和一个高含量标准样品，高含量点应大于待测元素最高含量的0.6倍。以100%主要氧化物标准样品作为其他所有成分的零点(以第2主成分为100%作为主成分的零点)。在谱线重叠的某些情况下可尝试另外选择(如100% SiO_2 不能作为SrLα的零点，100% TiO_2 不能作为BaLα的零点)。同样，两种有谱线干扰的元素不能组合在同一漂移校正标准样品中。

漂移校正标准样品可从校准使用的标准样品中产生，在每次样品分析中均使用到。大多数仪器软件，将自动地对结果进行二点再校准。如果仪器不附带这些软件，用户可将11.3中列出的一些适当算法，编入自己的软件中。

10.3.2.4 校准标准样品数

主量氧化物和校准氧化物的二元混合物，除了零点，应有下列标准样品数量：

——≤2%，含量间隔近似相等的标准样品至少2个；

——≤10%，含量间隔近似相等的标准样品至少3个；

——≤20%，含量间隔近似相等的标准样品至少4个；

——>20%，至少从含量5%开始以10%的整倍数增加(10%，20%，30%……，等)直至高于校准范围，最高为100%。

注：也可使用多元氧化物合成标准样品或系列标准样品。

10.3.2.5 校准系数的计算

强度(或其对漂移校正的比)对浓度作图，如果任何一点离开了曲线，重新测量标准玻璃片。如果仍然偏离曲线，重新制备玻璃片，大多数的校准为直线，因此线性方程用作表达浓度与强度关系，用来计算未知浓度。其他校准可能是平滑的曲线，可以用3种方法之一表达：

a) 二次方程式；

b) 应用本身氧化物质量吸收校正的线性方程(这接近二次方程式并且一些制造商的软件是表达二次方程关系的唯一方法)；

c) 应用待测主量氧化物的质量吸收校正的线性方程。

注：小于10个标准样品，建议不采用这些方程。

对稍稍弯曲的曲线(如铝硅酸盐中的铝)可以采用以上的任何一种方法。对明显弯曲的曲线应采用方法c)，如果线性关系仍然不好，应用a)、b)组合模式。

10.3.2.6 谱线重叠校正标准样品

在所有情况下使用10.3.2.3中的标准样品。这些标准样品完全能满足单一主氧化物基体分析的需要。当有二种主要氧化物存在时，需增加一套标准样品来校正次量成分对次主量氧化物谱线重叠的影响，这些标准样品由次量和次主量氧化物总量为100%的二元混合物组成。该次量氧化物量应等于或大于要校准的次量氧化物的最大值。

10.3.2.7 谱线重叠校正

首先把一套二元标准样品(见10.3.2.3)按未知样在光谱仪上测量、计算，建立校准系数。记录二元混合物中用来计算谱线重叠校正的一个元素对另一元素的表观百分数。因有一系列这样的标准样品，可通过比较来发现错误结果。当计算平均谱线重叠系数时，干扰元素含量大的标准样品应给予较大的权重。对这些校准范围，谱线干扰可用下述方法表达：1%干扰氧化物相当于待测元素 X%，X 是谱线重叠系数。

这些校正在分析中与质量吸收系数校正一起迭代。

同样的方法可应用于背景校正。如果 ZrO_2 含量超过20%，应考虑Zr二次线对NaKα和MgKα线的影响。

对有些严重的一级谱线重叠，可用同样的晶体/探测器组合测量干扰线，采用非迭代强度校正可能更好，这由各实验室自行决定，但应在报告中注明采用了这种校正及其理由。

10.3.2.8 质量吸收校正标准样品

在 10.3.2.4 中给出的校准标准样品用于计算次量成分对主成分的吸收校正系数，用 10.3.2.5 来计算次量成分对第 2 主成分的质量吸收系数或者第 2 主成分对次量成分的质量吸收系数。主成分之间或对次量成分适用的质量吸收校正系数通常由仪器的回归软件进行计算。

测定次量成分之间的质量吸收校正系数需要三元混合物标准样品，2 种最大次量成分含量与主量氧化物之和为 100%。如果没有其他数据可以用来验证称量差错，应配制双份标准样品。即使制作一套 8 个次量成分的双份标准样品也是很耗时的工作，因此允许使用另一种方法。对于相同的基体和 X 光管，可用先前计算的经验质量吸收校正系数或理论质量吸收校正系数，后者由仪器制造商提供或用其他商用软件或自备软件计算。计算理论质量吸收校正系数的数学模型见附录 F。如采用相同阳极的 X 光管和相同的稀释比分析相同类型的材料（第 3 章），也能使用先前在其他仪器上计算的系数。理论和经验质量吸收校正系数满足下列条件时，能代替从特别制作标准样品中得来的系数：

a)
$$\alpha_{ij} \times C_j \leqslant 0.025 \quad (2)$$

式中：

α_{ij}——干扰氧化物对待测氧化物的质量吸收系数；

C_j——干扰氧化物的最大含量，以质量分数计，数值以%表示。

b) 质量吸收系数不是由于分析线靠近干扰元素吸收边而产生的。

如果不能满足上述条件 a)或 b)，那么应使用合成标准样品来确定经验质量吸收校正系数。

注 1：按上式所示，如果使用的质量吸收校正系数的误差是 20%，待测成分的误差小于 0.5%。

注 2：出射角和激发电压可能有偏差时，建议测定校正系数。

10.3.2.9 质量吸收校正系数的数学模型

以浓度为基础的数学模型，通用方程为：

$$V_c = V_u(1 + \sum \alpha_{ij} \times C_j) \quad (3)$$

式中：

V_u——根据未校正标准值得到的经谱线重叠和背景校正后的待测氧化物的表观强度、强度比或浓度；

V_c——从标准样品中待测氧化物真实浓度校准曲线得到的真实强度或强度比（如采用浓度，是校正后的真实浓度）。

对熔铸玻璃片法通常不需要更加复杂的校正项。

10.3.2.10 质量吸收校正系数的计算

将测定质量吸收校正系数的标准样品设计成每次校正一个成分，因此，式(3)的单一干扰情况可重写为：

$$\alpha_{ij} = \frac{V_c - V_u}{V_u \times C_{ij}} \quad (4)$$

注：在整个计算过程中应使用相同的 V 值，如强度、比值或浓度。

重复测量经验质量吸收校正系数的结果偏差不应大于 0.01，一次测定结果与理论值不应相差 0.005，如果这些条件不能满足，有关的玻璃片应重测，如果还不能满足，应制备新的玻璃片来测定。

10.3.2.11 确定理论质量吸收校正系数的准则

为了避免需要用大量标准样品计算经验质量吸收校正系数，可使用自己的、商用的或光谱仪制造商的软件来计算合适的理论质量吸收校正系数，所用的软件应满足下列规定：

a) 所使用的数学模型不仅包括对荧光辐射的质量吸收效应，而且包括激发辐射（按单波长处理）；

b) 数学模型应包括 X 光对样品的入射角和从样品发射 X 荧光的出射角；

c) 稀释比按常数计；

d) 计算理论 α 系数的基体对应于校准中使用的基体（见 10.3.2.2）。

用 10.3.2.5 中给出的各种方法获得校准系数。

如果主基体氧化物对待测氧化物无需校正质量吸收系数，基体被认为是待测氧化物和主基体氧化物的二元混合物，通常按待测氧化物校准的最大量与主基体氧化物之和为 100%混合，加入干扰氧化物的作用是代替主基体氧化物。

另一方面，如果需要校正主基体氧化物对待测氧化物的影响，则基体是 100%的待测氧化物，加入干扰氧化物的作用是代替待测氧化物。

10.3.3 多元素校准

在 10.3.1 和 10.3.2.1 中的校准方法，是以其他元素的影响最小化进行的，元素间干扰（质量吸收校正）用二元和三元玻璃片来计算。因此，要在无任何其他干扰元素的情况下测定一个元素对另一元素的影响。另一种是多元素校准法，可计算出许多元素对一特定元素的同时影响。

用高纯试剂制备（见 9.2）一系列含各待测元素的合成校准玻璃片即系列标准样品玻璃片（见 10.2.2）。各玻璃片中每个待测元素的含量不同，覆盖了各元素的分析范围，能够估算谱线重叠和元素间影响效应。

计算出各种校正因子涉及复杂的计算，因此需要象 M.V.R（多变量回归）这样的计算机程序。

很明显所需校准玻璃片的数目取决于分析程序的大小。大概数目 N 可按下式计算：

$$N = n^2 + 1$$

n 是由回归计算测定的因子总数，包括校准曲线、谱线及背景校正和质量吸收校正。

为了使系统工作，应对可能的干扰知识有较深的了解，且仔细设计玻璃片成分。由于玻璃片数目随分析程序数量而增加，差错的机会也将增加。如称重、玻璃片制备等差错可能难以识别，将会产生错误的干扰因子。识别差错的方法是制备双份校准玻璃片，以便比较每组的强度，这显然加大了校准的工作量。如果分析程序非常大，应对 M.V.R 程序进行检查，确保能胜任该项工作。

10.3.4 校准范围

尽管本标准对测量范围未作严格规定，但对材料中重要氧化物的典型测量范围作了规定，见附录 A。

第 3 章中材料类型依据种类来分，该分类并不出于校准目的。例如：镁铬质、铬镁质和铬矿可以是一个校准中连续系列的部分。另一个例子是硅酸镁，除氧化镁外，能和铝硅酸盐耐火材料共同使用相同的所有校准和元素间校正。下面给出可能的其他组合，但未全部列出。

如果对氧化铝和二氧化硅分别采用小范围校准，硅质和高铝质可认为是铝硅酸盐的一部分。

锆英石、AZS 和铝镁尖晶石可以是铝硅酸盐范围的扩展。

锆英石可以是氧化锆的一部分。

白云石和石灰石可以组合成一个系列。

镁铝尖晶石可以是镁质的扩展。

10.4 使用 SeRM 校准

10.4.1 校准标准样品

应主要用附录 E 中的 SeRM 制备校准玻璃片，以获得覆盖待测样品含量范围的校准标准样品。如果这些标准样品未覆盖待测样品的含量范围，允许使用 SeRM 的混合物或加入纯试剂。当 SeRM 用来建立校准时，应用合成标准样品进行验证（见附录 G）。

注：当用 SeRM 建立校准时，合成标准样品的理论值（以试剂量计算的百分含量）与在校准曲线上得到的结果的差值，应与有证标准样品（CRM）的误差要求范围一样（见附录 G）。

10.4.2 校准曲线和方程

10.4.2.1 校准曲线

测量标准玻璃片的 X 线强度以建立校准曲线，用最小二乘法求得强度与浓度的二次方程或一次方程：

$$w_i = aI_i^2 + bI_i + c \quad \cdots\cdots (5)$$

式中：

w_i——成分 i 的含量；

I_i——成分 i 的 X 射线强度；

a,b,c——系数(一次方程时，$a=0$)。

10.4.2.2 校准方程

如果 10.4.2.1 中校准曲线不能获得足够的准确度，下列校准方程应通过附录 H 定义的方法得到：

$$w_i = (aI_i^2 + bI_i + c)(1 + \sum \alpha_j w_j) + \sum L_j w_j \quad \cdots\cdots (6)$$

式中：

α_j——共存成分 j 对成分 i 的基体校正系数；

w_j——共存成分 j 的含量；

L_j——共存成分 j 重叠校正系数。

注：也可采用其他的校准方程。

检验校准曲线准确度用下列方程。如果 δ 值超过分析允许误差应使用含共存成分校正系数的方程：

$$\delta_i = \sqrt{\frac{\sum (w_i - w_i')^2}{N - \phi}} \quad \cdots\cdots (7)$$

式中：

δ_i——成分 i 的准确度；

w_i'——成分 i 从校准曲线上求得的质量分数；

N——做校准曲线用的玻璃片数；

ϕ——系数的数目(一次方程=2，二次方程=3)。

在许多情况下，δ 值和校准曲线由 X 荧光光谱仪的计算机同时算出。当要明显提高测定准确度时，即便未校正共存成分时的分析偏差小于分析允许误差，仍要采用含共存成分校正系数的校准方程。

注：用 SeRM 和纯试剂进行重叠校正是一样的(见 10.3.2.6 和 10.3.2.7)。

11 校正

11.1 谱线重叠校正

谱线重叠校正最好采用二元标准样品，可以是单位质量分数干扰物对被测氧化物(质量分数)进行校正，在某些情况下可用强度校正。

注：Zr 对 HfLα 有干扰，因此用细准直器测定 HfLβ 或 HfMα。Zr 对 NaKα，Ca 对 MgKα 和 Cr 对 MnKα 的干扰也应引起注意。

11.2 背景校正

通常采用与 11.1 相同的方式进行校正，对同时式光谱仪尤其如此。对顺序式光谱仪，可选择 1 或 2 个背景峰进行测量。在用 Cr 靶测量 Na 和 Mg 时，或者当氧化物含量小于 0.05%时，建议测量非峰值背景。

另一种方法是采用多个设定的小范围校准，使在该小范围内背景变化不大。

连续背景的完整分析和精确测量是按照与样品制备的物理差异和原级激发谱变化无关进行的。

在 X 射线荧光光谱中，背景有三种基本的来源：

a) 来自 X 光管的辐射：

1) 具有同样的能量：它不能被消除，因为与它相对应的光子和测量峰具有同样的能量；

注：除非用原级谱线滤光片，否则建议不用接近 X 光管原级线的分析线(如用 Cr 靶测定 MnKα)。

2) 它的高次线：相应于所测量的光子能量 2、3、4 倍的能量的光子(在 50 kV，更高级不被激发)。

b) 来自样品的荧光辐射:

1) 来自样品中另外元素的2、3、4级线;

2) 由另一元素发出的同样能量辐射,它与测量峰类型不同(这是干扰无法解决的情况,需要选择新的测量峰)。

c) 来自于晶体的杂散荧光辐射。

这取决于样品和晶体类型。

11.3 漂移校正

在校准并进行每批样品分析时要监测校准的高低两端。应使用一套比值(即再校准)标准样品校正漂移(见10.3.2.3)。强度按下式计算:

$$R = N_b + \frac{(N_s - N_b') \times (N_t - N_b)}{N_t' - N_b'} \quad \cdots\cdots (8)$$

式中:

N_b——低比值标准玻璃片相同元素的原计数;

N_s——相关元素标准或样品玻璃片的计数;

N_b'——低比值标准玻璃片相同元素的现计数;

N_t——高比值标准玻璃片相同元素的原计数;

N_t'——高比值标准玻璃片相同元素的现计数。

如果我们令 $N_b=0$ 和 $N_t=1$,则方程(8)简化为:

$$R = \frac{N_s - N_b'}{N_t' - N_b'} \quad \cdots\cdots (9)$$

11.4 结果计算

通常对漂移校正后的强度(或比值)进行质量吸收校正,然后计算浓度,并进行谱线重叠校正,下面的步骤b)~d)通常需要迭代。然而,如果校准接近直线,可直接对浓度进行质量吸收校正,仅步骤c)和d)需要迭代。可用强度对强度或浓度对浓度作为谱线重叠校正,当测量的谱线不是产生干扰的谱线时,不能使用强度对强度校正方法。

a) 漂移校正;

b) 比值或计数率转换为浓度;

c) 质量吸收校正;

d) 谱线重叠校正;

e) 碳化钨灼烧减量校正(附录B)。

软件应能用二点法进行漂移校正(见11.3)。如果测量非峰值背景,因为把非峰值背景作为低点,那么漂移校正仅测量校准的高位点。采用比值法校正,即将计数值校回到建立校准方程时从漂移校正标准样品得到的计数。

11.5 软件要求

11.5.1 软件应具有对校准数据进行回归的能力,包括下列特点:

a) 数学加权零点的能力;

b) 从回归中删除校准项(即其他成分)的能力;

11.5.2 应能贮存至少一个常规分析程序(约10个氧化物)所有的谱线重叠和校正系数,对于10个元素的分析程序每个元素多至近20个校正项。如果预期的程序越大,则需要的校正矩阵越大。

软件能手工输入质量吸收系数、谱线重叠校正系数、校准和再校准(比值)数据并编辑,应能输入理论质量吸收校正系数和脱机计算系数。用整套标准而不是单个数据改善校正效果,应能够插入新的数据。如果仅仅具有对输入数据的回归功能,这些校准方法是无法进行的。

11.5.3 非 XRF 获得的数据常需要参与分析计算。不管是使用人工还是自动换样器的光谱仪，应能引入下列项目内容：

a) 氧化锂含量；

b) 氧化硼含量；

c) F 含量；

d) 灼烧减量或增量；

e) 在普通材料中少见的其他元素或氧化物。

11.5.4 氧化锂、氧化硼和氟的质量吸收校正系数和背景校正以及在普通材料中少见而不用 XRF 测定的元素或氧化物的数据应与由光谱仪获得的浓度数据一起包括在迭代循环中。

11.5.5 可对灼烧减量和碳化钨污染尝试输出浓度值进行校正，并且对碳化钨污染作为灼烧减量进行校正。

11.5.6 质量吸收校正应是浓度对强度校正，若校准曲线近似直线，可采用浓度对浓度校正。

11.5.7 通常谱线重叠校正是浓度对浓度校正，但也可选择强度对强度和浓度对强度校正。

11.5.8 元素间干扰校正迭代应允许常数值收敛(浓度小于 0.001%)或预定迭代次数(一般为 5 次)或两者都用。

12 再现性和重复性

12.1 熔融试验

应在下列情况下进行熔融试验：

a) 首先证明熔融方法满足标准要求；

b) 变更样品制备方法，如手动改自动和改变熔融方法时；

c) 使用新的熔剂和改变稀释比。

实验室应对每一种熔剂及稀释比的使用做样品制备的统计试验，如：用 5∶1 的 $Li_2B_4O_7$ 熔融白云石和 10∶1 的 $Li_2B_4O_7$ 熔融镁砂，应分别进行统计试验。再现性试验应用有证标准样品(CRM)以相同的条件最少制备 6 个玻璃片，见附录 I。用定时计数法在 XRF 光谱仪上测量这些玻璃片，使计数统计误差降低到不显著的水平，计算每个氧化物的标准偏差，如果有标准偏差超过附录 G[4] 的给定值，则应修改熔融方法，否则认为该氧化物的测定不符合本标准条款的规定。

注：铁、镍、钴有还原问题，可与融样皿合金化，采用更强的氧化熔融条件可使标准偏差降低到可接受水平，有效的方法是用硝酸锂(无水)作氧化剂。

12.2 仪器测试频率

仪器测试按 12.3～12.7 的规定进行：

a) 首次建立仪器/校准方法或样品制备方法时；

b) 仪器主要部件更换后，如更换 X 光管或计数器窗口；

c) 每年一次的定期测试。

12.3 样品座的重复性

在每个用于分析的样品座中测定一个 100%纯硅石标准样品 10 次。所有相关元素的每套结果应在附录 G 规定的范围内。如任何结果超出范围规定，该样品座不能使用，除非采用校正措施。

注 1：如果放置样品的参照面是仪器的一部分，并且与样品座无关，不需要进行该项测试。

注 2：本检查仅应在光谱仪安装之后或在使用本标准之前进行。

12.4 样品测量位置的一致性

在每个测量位置对一个 100%纯硅石玻璃片的每个元素测量 10 次，每个测量位置的结果应满足下列限定：

---

4) 对 ISO 标准有编辑性修改。

——SiO_2：平均值±0.2%；

——微量成分：平均值±检测限。

如果任何结果超出限定，应采取校正措施。

注：本检查仅对有多于1个测量位置的仪器安装或该部分修理后进行。

12.5 仪器重复性

对批量样品，测量时间大于1 h，为了监控仪器的中期漂移，对整夜或长期运行，应以合适的CRM按下列方法之一测量：

a) 每隔1 h测量一次CRM玻璃片，测量结果和原始结果之差应符合附录G的规定。如测量CRM玻璃片的结果不符合表G.1的规定，其后所有已测量的样品应重测；

b) 在仪器安装的最初6个月内、维修或维护后（取时间短者），应按a)的规定每隔1 h测量一次CRM玻璃片，结果应符合附录G的规定。测量最大批量样品时每隔1 h测量一次CRM玻璃片达到监控仪器漂移的目的，最大批量测量的总时间不应超过24 h。以后，可以仅在分析开始和结束时测量CRM，结果应符合表G.1的规定，否则那些样品应重测。

注：在开始和结束时测量监控玻璃片是显示仪器是否漂移的一种方法。

12.6 顺序式谱仪系统

在用制造商提供或推荐的无干扰标准样品进行测角仪校准后，根据标准2θ表检查元素2θ位置与测角仪的对应关系。对于每个晶体/探测器组合（包括多层晶体），通常至少要用2个标准样品进行检查。

注：在安装之后，使用本标准之前和每年的维护或测角系统维修之后应进行这项测试，对无机械联动莫尔条纹原理的θ和2θ系统，也推荐测角系统应在每日或使用之前（使用频率较小时）复零调整。

12.7 死时间

死时间是因为计数器被先前的脉冲占有而不能响应的时间。

应用下列方法之一克服死时间：

a) 应使用探测器的线性响应范围；

注：对大多数次量成分的响应是线性的。

b) 应用死时间电子校正器来产生线性响应；

c) 对每个探测器计算死时间，并且对计数进行数学校正。

12.8 其他测试项目

应遵照仪器使用说明书进行其他项目的测试。

12.9 流气

用在XRF光谱仪的流气正比计数器中。

为了防止正比计数器灵敏度的漂移，应控制钢瓶和连接管线的温度。管线应尽可能短，尽可能放在安置光谱仪的温控室内。在安全规则允许的范围内，气瓶应放在光谱仪房间内。若不可能，气瓶应放在温控柜内（±2℃）。否则应放在一个恒温的房间内。由于同样的原因，新钢瓶应在使用前约2 h放到恒温间内恒温。

由于钢瓶中气体消耗完时，气体成分会发生变化，故剩余气体低于其容量10%时，应停止使用。

13 用有证标准样品测量准确度

13.1 合成校准的有效性

应用CRM制成的玻璃片与每批样品一起测量，获得的结果应符合附录G的规定，合适的CRM也列在附录G中（见10.4.1和附录G）。

如果CRM的结果超差，应重测，当结果仍超差时，应重新制备CRM玻璃片进行测量，如结果仍然超差，应采用必要的补救措施和再校准。

13.2 SeRM 校准的有效性

应用合成标准玻璃片与每批样品一起测量，获得的结果应符合附录 G 的规定。

13.3 重新制备 CRM 或合成标准玻璃片

出现下列情况应重新制备 CRM 或合成标准玻璃片：

a) 更换了一批熔剂；

b) 改变制备的方法；

c) 玻璃片超过 6 个月，除非能证明玻璃片在更长的时间内稳定且无污染。

14 检测限的定义

用百分含量表示的检测限定义如下：

$$D = \frac{3}{S}\sqrt{2R_b} \quad \cdots\cdots(10)$$

式中：

S——待测氧化物灵敏度，单位质量分数的净计数；

R_b——待测氧化物在特定材料的 100%基体氧化物标准样品中的计数。

对 S 和 R_b 应采用相同的计数时间测定。

注：对铝硅质，除了 SiO_2 本身 100%SiO_2 对所有氧化物来说是含量为零的基体，100%Al_2O_3 对 SiO_2 来说是含量为零的基体。对单一主氧化物如氧化镁、氧化锆不需要检测限。

本定义在考虑了第 3 项漂移校正误差之后，酌加了因子$\sqrt{2}$。

15 试验报告

试验报告应包括下列信息：

a) 使用标准，即本标准 GB/T 21114—2007；

b) 实验室名称和地址；

c) 委托人名称和地址；

d) 证书或报告的唯一标识(如系列号)；

e) 证书或报告的每页上有一个唯一的页标识形式(如证书或报告的系列号加上具有唯一的页码，“几页中第几页”)；

f) 接收日期、测试日期；

g) 报告或证书发出日期；

h) 结果和依据；

i) 证书或报告内容负责人或授权人的清晰签字和盖章；

j) 清晰的测试样品标识(包括样品制造商的名字、型号或种类、序号，作为唯一标识)；

k) 对本标准的任何偏离，如 10.3.2.7 中的校正；

l) 涉及测试结果有效性的采样、样品制备的细节；

m) 对测试结果校准不确定度的评定(只有当涉及到有关测试结果的采信或应用，不确定度影响到与技术规范或极限值的一致性，应委托人要求这些信息才在测试报告和证书中出现)；

n) 委托人要求的可能涉及到有关测试结果的采信或适用性及其他有效信息。

附　录　A
（规范性附录）
校准范围和检测限

除非特别说明，范围的下限是检测限。

A.1　高铝质、铝硅质和其他硅酸盐

表 A.1

氧化物	范围/%
Al_2O_3	1～99[a]
SiO_2	0.05～99[a]
TiO_2	0.01～5
Fe_2O_3	0.01～20
CaO	0.01～5
CaO[b]	0.01～70
MgO	0.03～5
MgO[b]	0.03～50
Na_2O	0.05～10
K_2O	0.01～5
WO_3	0.02～2
Co_3O_4[c]	0.01～1
NiO[c]	0.01～1
SO_3[d]	0.01～10

注：如需要可加入其他元素。

a　检测限 0.05%。

b　硅酸盐和铝酸盐的钙、镁。

c　采用含有钴或镍的碳化钨研钵研磨的样品，其钴、镍和钨的分析范围。

d　SO_3 会在熔融时损失。

A.2　硅质

表 A.2

氧化物	范围/%
SiO_2	93～100
TiO_2	0.01～0.5
Al_2O_3	0.01～2
Fe_2O_3	0.01～2
CaO	0.01～3
MgO	0.03～0.5

表 A.2（续）

氧化物	范围/%
Na_2O	0.05～0.5
K_2O	0.01～2
WO_3[a]	0.02～1
Co_3O_4[a]	0.01～1
NiO[a]	0.01～1

a 采用含有钴或镍的碳化钨研钵研磨的样品，其钴、镍和钨的分析范围。

A.3 锆英石和 AZS

表 A.3

氧化物	范围/%
SiO_2	10[a]～90
TiO_2	0.001～1
Al_2O_3	0.01～70
Fe_2O_3	0.01～2
CaO	0.01～2
MgO	0.01～10
Na_2O	0.1～2
K_2O	0.01～2
WO_3[b]	0.01～2
ZrO_2	10[a]～70
HfO_2	0.01～2
P_2O_5	0.01～2
SnO_2	0.01～0.1
Co_3O_4[b]	0.01～1
NiO[b]	0.01～1

a 不是检测限。

b 采用含有钴或镍的碳化钨研钵研磨的样品，其钴、镍和钨的分析范围。

A.4 氧化锆

表 A.4

氧化物	范围/%
SiO_2	0.01～30
TiO_2	0.01～1
Al_2O_3	0.01～10
Fe_2O_3	0.01～2
CaO	0.01～6
MgO	0.01～6

表 A.4（续）

氧化物	范围/%
Na_2O	0.2～2
K_2O	0.01～2
WO_3[a]	0.01～2
ZrO_2	70～100
HfO_2	0.01～2
P_2O_5	0.01～5
Y_2O_3	0.01～6
CeO_2	0.01～6
La_2O_3	0.01～6
Co_3O_4[a]	0.01～1
NiO[a]	0.01～1
a 采用含有钴或镍的碳化钨研钵研磨的样品，其钴、镍和钨的分析范围。	

A.5 镁质和镁铝尖晶石

表 A.5

氧化物	范围/%
SiO_2	0.01～15
TiO_2	0.01～1
Al_2O_3	0.01～35
Fe_2O_3	0.01～10
CaO	0.01～5
MgO	65～100
Na_2O	0.05～10
K_2O	0.05～1
P_2O_5	0.02～5
Cr_2O_3	0.01～10
MnO	0.01～1
ZrO_2	0.02～10
HfO_2	0.01～1
BaO	0.01～1
WO_3[a]	0.01～1
Co_3O_4[a]	0.01～1
NiO[a]	0.01～1
a 采用含有钴或镍的碳化钨研钵研磨的样品，其钴、镍和钨的分析范围。	

A.6 白云石

表 A.6

氧化物	范围/%
SiO_2	0.01～20
TiO_2	0.01～1
Al_2O_3	0.01～5
Fe_2O_3	0.01～2
CaO	50～65
MgO	30～45
Na_2O	0.05～2
K_2O	0.01～1
Cr_2O_3	0.01～1
Mn_3O_4	0.01～1
P_2O_5	0.01～2
SrO	0.01～1
BaO	0.01～1
SO_3 [a]	0.01～2
ZrO_2	0.01～3
WO_3 [b]	0.02～1
Co_3O_4 [b]	0.01～1
NiO [b]	0.01～1

a SO_3 会在熔融时损失。

b 采用含有钴或镍的碳化钨研钵研磨的样品，其钴、镍和钨的分析范围。

A.7 石灰石

表 A.7

氧化物	范围/%
SiO_2	0.01～20
TiO_2	0.01～1
Al_2O_3	0.01～5
Fe_2O_3	0.01～2
CaO	65～100
MgO	0.03～30
Na_2O	0.05～2
K_2O	0.01～1
Cr_2O_3	0.01～1
Mn_3O_4	0.01～1
P_2O_5	0.01～2

表 A.7（续）

氧化物	范围/%
SrO	0.01～1
BaO	0.01～1
SO_3[a]	0.01～2
WO_3[b]	0.02～1
Co_3O_4[b]	0.01～1
NiO[b]	0.01～1

a　SO_3 会在熔融时损失。

b　采用含有钴或镍的碳化钨研钵研磨的样品，其钴、镍和钨的分析范围。

A.8　镁铬质、铬矿、铝铬质

表 A.8

氧化物	范围/%
SiO_2	0.01～10
TiO_2	0.01～2
Al_2O_3	0.01～40
Fe_2O_3	0.01～30
CaO	0.01～10
MgO	5～100
Na_2O	0.1～5
K_2O	0.01～5
Cr_2O_3	0.01～40[a]
Mn_3O_4	0.01～2
P_2O_5	0.01～5
SO_3	0.01～5[b]
ZrO_2	0.01～1
WO_3[c]	0.02～1
Co_3O_4[c]	0.01～1
NiO[c]	0.01～1

a　Cr_2O_3＞40%时，常常需要较高稀释比，或采用附录 C 中熔剂 j)，分析范围可达到 50%。

b　SO_3 会在熔融时损失。

c　采用含有钴或镍的碳化钨研钵研磨的样品，其钴、镍和钨的分析范围。

附 录 B
（规范性附录）
对碳化钨研钵研磨介质的校正

B.1 纯碳化钨研磨介质的校正

样品的真实灼烧减量按式(B.1)计算：

$$L_t = \frac{100[L_m/(100-L_m)-W(m_{rW}-1)/100]}{100/(100-L_m)-Wm_{rW}/100} \qquad \text{(B.1)}$$

式中：

L_t——样品的真实灼烧减量；

L_m——测得的灼烧减量；

W——由 XRF 光谱仪测得的玻璃片中 WO_3 的质量分数；

m_{rW}——碳化钨分子量/氧化钨分子量=0.844 7。

校正碳化钨稀释和灼烧减量影响的 f 因子，按式(B.2)计算：

$$f = \frac{100-L_t}{100[1-W/100]} \qquad \text{(B.2)}$$

B.2 含钴或镍的碳化钨研磨介质的校正

碳化钨研钵中 Co、Ni 的附加校正按式(B.3)和式(B.4)计算：

$$L_t = 100 \times \frac{\left[\frac{L_m}{100-L_m} - \frac{W(m_{rW}+m_{rC}-1-\phi)}{100}\right]}{\frac{100}{100-L_m} - \frac{W}{100}(m_{rW}+m_{rC})} \qquad \text{(B.3)}$$

$$f = \frac{100-L_t}{100[1-W(1+\phi)/100]} \qquad \text{(B.4)}$$

式中：

m_{rC}——Co/Co_3O_4=0.734 4 或 Ni/NiO=0.785 8；

φ——Co、Ni 以氧化物表示的浓度/钨以氧化物表示的浓度，即(Co_3O_4/WO_3)或 NiO/WO_3。

注：钴或镍的含量仅需测定一次为随后校正用。

附 录 C
(资料性附录)
熔剂和稀释比

下面列出了熔剂和第3章中的材料类型及稀释比(熔剂∶样品)。

注:材料后的数字是第3章中所列材料种类的顺序号,如:1为高铝质 $Al_2O_3 \geqslant 45\%$,2为铝硅质 $Al_2O_3 7\% \sim 45\%$,……,17为硅酸镁。

a) $Li_2B_4O_7$(熔点917℃),5∶1

材料:1,2,3,4,7,8,13,15,16

b) $Li_2B_4O_7$,9∶1

材料:1,2,3,6,7,8,9

c) $Li_2B_4O_7$,10∶1

材料:1,2,3,4,5,6,7,8,10,13,14,15,16

d) 20% $Li_2B_4O_7$、80% $LiBO_2$(熔点840℃),5∶1

材料:1,2,3,4,13,15,16, 17

e) 85% $Li_2B_4O_7$、15% La_2O_3(熔点900℃),9∶1

材料:1,2,3

f) 77% $Li_2B_4O_7$、13% Li_2CO_3、10% La_2O_3,10∶1

材料:1,2,3,4,5,6,7,8,13,14,15,16

g) 75.6% $Li_2B_4O_7$、20.9% La_2O_3、3.5% B_2O_3,16.67∶1

材料:全部

h) $Li_2B_4O_7$,8.33∶1

材料:5,

i) 55.6% $Li_2B_4O_7$、44.4% $LiBO_2$(熔点≈860℃),22.5∶1

材料:10,11

j) 66.7% $Li_2B_4O_7$、33.3% $LiNO_3$,30∶1

材料:11

注:熔融前混合。

k) 35.3% $Li_2B_4O_7$、64.7% $LiBO_2$(即12∶22)(熔点≈825℃),10∶1

材料:1,2,3,4,13,14,15,16,17

l) 57% $Li_2B_4O_7$、43% $LiBO_2$(熔点≈880℃),10∶1

材料:5,6,7,8,9,10,15,16,17

注:熔剂d、k、l在1 050℃熔融非常完全,因此最适用于含有如硫等挥发元素的材料。

m) 66.7% $Li_2B_4O_7$、33.3% $LiBO_2$, 10∶1

材料:1,2,3,4,5,6,7,8,13,14,15,16

n) 33.3% $Li_2B_4O_7$、66.7% $LiBO_2$, 10∶1

材料:1,2,3,4,5,6,7,8,13,14,15,16

o) 81.6% $Li_2B_4O_7$、18.4% $LiCO_3$,10∶1

材料:全部

p) 50% $Li_2B_4O_7$、50% $LiBO_2$,22.5∶1

材料:全部

附 录 D
（规范性附录）
验证合成校准用的有证标准样品(CRM)举例

D.1 高铝

表 D.1 英国分析物质研究所有限公司(BCS)有证标准样品 %

BCS No.	SiO_2	Al_2O_3	Fe_2O_3	TiO_2	CaO	MgO	Na_2O	K_2O	P_2O_5	Cr_2O_3	ZrO_2	LOI
309	34.1	61.1	1.51	1.92	0.22	0.17	0.34	0.46	—	—	—	(0.10)
394(烧结铝矾土)	4.98	88.8	1.90	3.11	0.08	0.12	0.02	0.02	0.22	(0.08)	(0.15)	(0.40)

表 D.2 (美国)国家标准技术研究院(NIST)有证标准样品 %

NIST No.	SiO_2	Al_2O_3	Fe_2O_3	TiO_2	CaO	MgO	Na_2O	K_2O	P_2O_5	Sr_2O_3	LOI
77a(烧成耐火制品)	35.0	60.2	1.00	2.66	0.05	0.38	0.037	0.090	0.092	0.09	(0.22)
78a(烧成耐火制品)	19.4	71.7	1.2	3.22	0.11	0.70	0.078	1.22	1.3	0.25	(0.42)

表 D.3 日本陶瓷协会(CerSJ)有证标准样品 %

JCRM No.	SiO_2	Al_2O_3	Fe_2O_3	TiO_2	CaO	MgO	Na_2O	K_2O	P_2O_5	ZrO_2	LOI
R301(烧结铝矾土)	7.24	87.5	1.40	2.90	0.03	0.02	0.03	0.04	0.07	0.13	0.35
R301(烧结铝矾土)	3.45	90.6	1.76	3.17	0.02	0.03	0.02	0.02	0.05	0.30	0.22
R651(铝页岩)	21.74	71.7	1.48	3.15	0.19	0.10	0.03	0.65	0.19	0.13	0.58

表 D.4 中国有证标准样品 %

No.	SiO_2	Al_2O_3	Fe_2O_3	TiO_2	CaO	MgO	Na_2O	K_2O	P_2O_5	LOI
GSBD52001-00	1.49	79.26	1.12	3.05	0.060	0.077	—	0.17	0.148	14.38
GSBD44001-921778	4.20	90.58	1.82	2.13	0.16	0.38	0.12	0.19	—	—

D.2 黏土

表 D.5 BCS 和欧洲有证标准样品(ECRM) %

BCS No.	SiO_2	Al_2O_3	Fe_2O_3	TiO_2	CaO	MgO	Na_2O
375(钠长石)	67.1	19.8	0.12	0.38	0.89	(0.05)	10.4
376(钾长石)	67.1	17.7	0.10	<0.02	0.54	(0.03)	2.83
ECRM776-1(黏土砖)	62.76	29.28	1.43	1.62	0.31	0.476	0.488
348(球黏土)	51.13	31.59	1.04	1.08	0.173	0.305	0.344

BCS No.	K_2O	P_2O_5	Cr_2O_3	ZrO_2	BaO	LOI
375(钠长石)	0.79	—	—	—	—	(0.39)
376(钾长石)	11.2	—	—	—	—	(0.35)
ECRM776-1(黏土砖)	2.92	0.062	0.022	(0.04)	0.122	(0.03)
348(球黏土)	2.23	0.071	0.016	(0.03)	(0.04)	11.75

表 D.6 NIST 有证标准样品

%

NIST No.	SiO_2	Al_2O_3	Fe_2O_3	TiO_2	CaO	MgO	Na_2O	K_2O	P_2O_5
70a(钾长石)	67.12	17.9	0.075	0.01	0.11	—	2.55	11.8	—
99a(塑性黏土)	65.2	20.5	0.065	0.007	2.14	0.02	6.2	5.2	0.02
98a(塑性黏土)	48.94	33.19	1.34	1.61	0.31	0.42	0.082	1.04	0.11
76a(烧成耐火制品)	54.9	38.7	1.60	2.03	0.22	0.52	0.07	1.33	0.120
97b(燧黏土)	42.38	39.22	1.188	2.48	0.034 8	0.187	0.066 3	0.618	(0.05)
98b(塑性黏土)	57.01	27.02	1.69	1.35	0.106 2	0.594	0.201 6	3.38	(0.07)
679(黏土砖)	52.07	20.80	12.94	0.96	0.227 8	1.252	0.175 8	2.931	(0.172)

NIST No.	Cr_2O_3	MnO	ZrO_2	BaO	Rb_2O	SrO	LOI
70a(钾长石)	—	—	—	0.02	0.06	—	0.40
99a(塑性黏土)	—	—	—	0.26	—	—	0.26
98a(塑性黏土)	0.03	—	0.042	0.03	—	0.039	12.44
76a(烧成耐火制品)	—	—	—	—	—	0.037	0.34
97b(燧黏土)	0.033 2	0.006 1	(0.070)	(0.020)	—	0.009 9	(13.3)
98b(塑性黏土)	0.017 4	0.015 0	(0.030)	(0.08)	—	0.022 4	(0.75)
679(黏土砖)	0.016 0	0.223 4	—	(0.048 2)	—	0.008 7	—

表 D.7 CerSJ 有证标准样品

%

JCRM No.	SiO_2	Al_2O_3	Fe_2O_3	TiO_2	CaO	MgO	Na_2O	K_2O	P_2O_5	LOI
R602(耐火黏土)	45.9	37.1	0.58	0.12	1.42	0.37	0.58	0.58	—	12.7
R701(长石)	68.0	17.31	0.092	0.009	—	—	3.35	10.4	—	0.49
R802(腊石)	60.7	32.3	0.23	0.19	0.04	<0.01	0.09	0.07	0.05	6.0

表 D.8 中国有证标准样品

%

No.	SiO_2	Al_2O_3	Fe_2O_3	TiO_2	CaO	MgO	Na_2O	K_2O	P_2O_5	LOI
YSBC18804-01	52.53	43.56	1.93	0.96	0.25	0.23	—	—	—	0.078
GBW03115	55.90	28.57	0.86	1.21	0.70	0.30	1.74	1.54	—	8.72
GSBD54001-00	44.40	38.56	0.66	1.73	0.074	0.074	—	—	—	14.05

D.3 硅石

表 D.9 BCS 有证标准样品

%

BCS No.	SiO_2	Al_2O_3	Fe_2O_3	TiO_2	MnO	CaO	MgO	Na_2O	K_2O	Cr_2O_3	LOI
267(废硅砖)	95.9	0.85	0.79	0.17	0.15	1.75	0.06	0.06	0.14	—	—
313/1(废高纯硅石)	99.78	0.036	0.012	0.017	0.000 13	0.006	0.001 3	0.003	0.005	(<0.000 1)	(0.1)
314(硅砖)	96.2	0.77	0.53	0.19	0.01	1.81	0.05	0.05	0.09	—	(0.1)

表 D.10 NIST 有证标准样品 %

NIST No.	SiO_2	Al_2O_3	Fe_2O_3	TiO_2	MnO	CaO	MgO
198(硅砖)	—	0.16	0.66	0.02	0.008	2.71	0.07
199(硅砖)	—	0.48	0.74	0.06	0.007	2.41	0.13
81a(玻璃砂)	—	0.66	0.082	0.12	—	—	—
165(低铁玻璃砂)	—	0.059	—	0.12	—	—	—
1413(高铝玻璃)	82.77	9.90	0.24	0.11	—	0.74	0.06
NIST No.	**Na_2O**	**K_2O**	**P_2O_5**	**Cr_2O_3**	**ZrO_2**	**BaO**	**LOI**
198(硅砖)	0.012	0.017	0.022	—	—	—	0.21
199(硅砖)	0.015	0.094	0.015	—	—	—	0.17
81a(玻璃砂)	—	—	—	0.004 6	0.034	—	—
165(低铁玻璃砂)	—	—	—	(0.000 1)	0.034	—	—
1413(高铝玻璃)	1.75	3.94	—	—	0.006	0.12	—

表 D.11 CerSJ 有证标准样品 %

JCRM No.	SiO_2	Al_2O_3	TiO_2	CaO	MgO	Na_2O	K_2O	LOI
R404(石英粉)	>99.99	11[a]	6[a]	0.2[a]	<0.1[a]	1[a]	0.4[a]	0.00
R405(硅石)	97.76	1.07	0.022	0.029	0.023	0.060	0.71	0.13
R406(硅石)	96.71	1.31	0.564	0.016	0.005	0.030	0.13	0.97

[a] μg/g。

表 D.12 中国有证标准样品 %

No.	SiO_2	Al_2O_3	Fe_2O_3	TiO_2	CaO	MgO	Na_2O	K_2O	P_2O_5	MnO	LOI
GBW03112	98.51	0.84	0.093	0.02	0.077	0.066	0.021	0.061	0.004 1	0.001 6	0.24
GSBH8801-93	96.16	0.894	0.852	0.219	1.203	0.132	0.018	0.093	—	—	—
GSBD53001-92	98.38	0.057	0.45	0.20	0.009	0.021	—	—	—	—	—

D.4 锆英石与氧化锆

表 D.13 BCS 有证标准样品 %

BCS No.	SiO_2	Al_2O_3	Fe_2O_3	TiO_2	CaO	MgO	Na_2O
388(锆英石)	32.7	0.291	0.049	0.232	(0.04)	(<0.05)	(<0.02)
358(氧化锆)	0.2	0.1	0.05	0.2	1.5	3.5	—

BCS No.	K_2O	P_2O_5	ZrO_2	HfO_2	BaO	LOI
388(锆英石)	(<0.03)	0.12	64.9	1.30	—	(0.20)
358(氧化锆)	—	—	92.5	1.6	0.1	0.1

表 D.14 CerSJ 有证标准样品 %

JCRM No.	SiO_2	Al_2O_3	Fe_2O_3	TiO_2	$ZrO_2(HfO_2)$	LOI
R501(锆英砂)	32.6	0.39	0.06	0.16	66.5	0.11
R502(锆英砂)	32.8	5.87	0.10	0.24	60.3	0.26

D.5 氧化镁,白云石,石灰

表 D.15 BCS 有证标准样品 %

BCS No.	SiO_2	Al_2O_3	Fe_2O_3	TiO_2	MnO	CaO	MgO
319(镁砂)	1.55	0.97	4.63	0.03	0.14	2.28	(90.6)
389(高纯镁砂)	0.89	0.23	0.29	0.015	0.008	1.66	(96.7)
ECRM782-1(白云石)	0.92	0.17	0.23	<0.01	0.06	30.8	20.9
393(石灰石)	0.70	0.12	0.045	0.009	0.010	55.4	0.15
BCS No.	**Na_2O**	**K_2O**	**P_2O_5**	**Cr_2O_3**	**BaO**	**SrO**	**LOI**
319(镁砂)	(0.009)	(<0.01)	—	(0.02)	—	—	—
389(高纯镁砂)	0.011	(<0.01)	—	0.28	—	—	—
ECRM782-1(白云石)[5]	(<0.01)	(<0.01)	—	<0.01	—	—	46.7
393(石灰石)	(<0.03)	(0.01)	0.02	—	0.006	0.019	43.4

表 D.16 NIST 有证标准样品 %

NIST No.	SiO_2	Al_2O_3	Fe_2O_3	TiO_2	MnO	CaO
1C(含黏土石灰石)	6.84	1.30	0.55	0.07	0.025	50.3
88b(石灰石白云石)	1.13	0.336	0.277	(0.016)	0.016 0	29.95
NIST No.	**MgO**	**Na_2O**	**K_2O**	**P_2O_5**	**SrO**	**LOI**
1C(含黏土石灰石)	0.42	0.02	0.28	0.04	0.030	39.9
88b(石灰石白云石)	21.03	0.029 0	0. 103 0	0.004 4	0.007 6	(46.98)

表 D.17 中国有证标准样品 %

No.	SiO_2	Al_2O_3	Fe_2O_3	TiO_2	MnO	CaO	MgO	P_2O_5	LOI
GSBH30007-98	0.60	0.11	0.33	0.003 1	0.023	0.42	98.50	0.007 1	0.22
GSBH30008-98	0.21	0.036	0.37	0.001 8	0.020	0.37	98.99	0.006 2	0.26
GBW07214	0.38	0.017	0.071	—	0.009	54.95	0.67	0.002 5	43.57
GBW07215	1.17	0.50	0.29	—	0.018	51.56	2.67	0.002 5	43.22
GBW07216	0.092	0.02	0.226	—	0.029	36.55	16.59	0.004 1	46.23
GBW07216	0.96	0.295	0.376	—	0.062	30.60	20.73	0.002 7	46.30

D.6 镁铬质

表 D.18 BCS 有证标准样品 %

BCS No.	SiO_2	Al_2O_3	Fe_2O_3	TiO_2	MnO	CaO	MgO
369(镁铬质)	2.59	14.7	10.3	0.14	0.11	1.17	53.5
370(镁铬质)	3.01	12.3	7.23	0.13	0.11	1.54	61.8
396(低硅镁铬质)	1.37	5.73	10.9	0.26	0.17	1.12	64.6

BCS No.	Na_2O	K_2O	Cr_2O_3	BaO	SrO	LOI
369(镁铬质)	—	—	17.2	(<0.01)	(<0.01)	—
370(镁铬质)	—	—	13.4	(<0.01)	(<0.01)	—
396(低硅镁铬质)	(0.06)	(0.03)	15.6	—	—	(0.04)

5) 对 ISO 标准有编辑性修改。

表 D.19　NIST 有证标准样品

%

NIST No.	SiO_2	Al_2O_3	Fe_2O_3	TiO_2	MnO	CaO	MgO	P_2O_5	Cr_2O_3	LOI
103a(铬质耐火材料)	4.63	29.96	12.43	0.01	0.11	0.69	18.54	0.01	32.06	—

表 D.20　中国有证标准样品

%

No.	SiO_2	Al_2O_3	Fe_2O_3	TiO_2	MnO	CaO	MgO	P_2O_5	Cr_2O_3	LOI
YSBC19803-80	3.90	7.42	5.62	—	—	1.02	66.29	—	15.42	—

附 录 E
（规范性附录）
系列标准样品(SeRM)举例

E.1 高铝

表 E.1 日本耐材技术协会(TARJ)系列标准样品 %

JRRM No.	SiO_2	Al_2O_3	Fe_2O_3	TiO_2	MnO	CaO	MgO	Na_2O	K_2O	B_2O_3[a]
301	43.91	46.80	3.529	1.031	0.018	0.797	0.690	0.170	2.007	(0.87)
302	37.70	53.93	4.490	0.597	0.200	0.871	0.697	0.565	0.667	—
303	36.16	59.25	1.476	0.164	0.008	1.039	0.855	0.699	0.207	—
304	27.55	63.06	3.469	4.340	0.059	0.183	0.376	0.276	0.388	—
305	20.03	68.69	2.816	3.300	0.010	0.655	0.304	0.808	3.116	—
306	17.35	74.19	1.956	2.685	0.019	0.626	0.100	0.994	1.758	—
307	10.87	80.14	2.972	1.229	0.016	0.152	0.612	1.084	2.361	—
308	10.25	86.59	0.412	1.795	0.112	0.099	0.053	0.263	0.108	—
309	2.124	89.83	1.277	3.856	0.003	1.023	0.288	0.422	0.922	—
310	0.412	94.71	0.024	2.064	0.045	0.038	0.979	0.081	1.326	—

[a] B_2O_3 为参考值。

表 E.2 宝钢系列标准样品 %

No.	Al_2O_3	SiO_2	Fe_2O_3	CaO	TiO_2	MgO	P_2O_5	K_2O	Na_2O
HA1	99.6	0.07	0.03	0.03	0.01	0.02	0.004	0.002	0.02
HA2	95.4	0.5	0.1	0.6	0.01	2.7	0.4	0.1	0.2
HA3	92.6	1.1	0.5	0.4	4.8	0.4	0.04	0.1	0.05
HA4	88.4	7.0	0.1	1.1	0.02	1.4	0.7	0.8	0.4
HA5	80.2	12.5	2.9	0.6	3.1	0.2	0.2	0.2	0.04
HA6	72.6	21.5	0.9	0.2	3.6	0.4	0.1	0.2	0.1
HA7	66.6	27.2	0.5	0.5	0.9	0.3	0.2	1.6	1.9
HA8	59.6	33.6	1.9	0.2	2.2	0.1	0.05	1.7	0.4
HA9	40.8	45.6	4.8	1.8	0.9	0.1	1.1	3.7	1.0
HA10	47.5	38.9	0.8	3.7	0.3	1.1	2.3	1.1	4.0

注：均为 1 050℃灼烧后值。

E.2 黏土质

表 E.3 TARJ-SeRM 系列 NO.1

%

JRRM No.	SiO_2	Al_2O_3	Fe_2O_3	TiO_2	MnO	CaO	MgO	Na_2O	K_2O
101	88.57	8.10	0.314	0.302	0.116	1.061	0.217	1.013	0.165
102	80.47	13.79	3.978	0.454	0.015	0.049	0.673	0.303	0.145
103	80.32	18.07	0.407	0.370	0.005	0.072	0.016	0.124	0.350
104	67.35	22.52	3.244	2.943	0.017	0.259	0.070	0.300	3.048
105	69.17	25.35	0.766	2.249	0.199	0.407	0.222	0.651	0.817
106	63.61	29.91	1.922	0.679	0.024	0.146	0.980	0.599	1.816
107	55.32	37.08	2.202	1.155	0.019	0.710	0.492	0.218	2.573
108	55.31	40.08	1.547	1.053	0.020	0.277	0.270	0.207	0.809
109	54.23	41.24	0.892	1.961	0.011	0.146	0.126	0.307	0.793
110	49.54	46.68	0.848	1.666	0.014	0.107	0.166	0.085	0.342

表 E.4 TARJ-SeRM 系列 NO.2

%

JRRM No.	SiO_2	Al_2O_3	Fe_2O_3	TiO_2	MnO	CaO	MgO	Na_2O	K_2O	P_2O_5	Cr_2O_3	ZrO_2	LOI[a]
121	86.30	6.073	0.407	0.056	0.023	1.967	0.126	3.207	0.234	0.324	0.018	1.119	0.057
122	78.24	10.26	0.248	1.037	0.204	0.435	0.657	1.041	2.057	4.898	0.818	0.203	0.127
123	79.16	13.31	4.134	0.459	0.012	0.135	1.328	0.296	0.109	0.807	0.014	0.008	0.037
124	73.92	16.56	2.603	2.746	0.246	1.099	0.109	0.313	1.791	0.191	0.117	0.112	0.103
125	79.27	18.71	0.504	0.309	0.008	0.130	0.084	0.072	0.691	0.046	0.010	0.023	0.077
126	66.96	21.39	3.349	2.848	0.038	0.456	0.127	0.284	3.135	0.497	0.650	0.049	0.175
127	68.59	23.08	0.926	2.194	0.174	0.182	0.153	1.756	0.542	1.785	0.273	0.046	0.072
128	54.38	26.05	4.458	1.379	0.244	2.803	3.106	0.374	1.849	3.362	0.854	1.014	0.024
129	62.26	30.10	1.460	0.966	0.018	0.157	2.232	0.234	1.927	0.201	0.107	0.112	0.117
130	53.47	32.74	0.531	3.358	0.370	1.954	0.619	2.320	1.420	0.919	1.054	0.835	0.116
131	52.71	36.63	2.208	1.162	0.032	0.785	1.023	0.768	2.619	1.611	0.070	0.264	0.174
132	50.61	39.11	1.645	0.298	0.119	1.298	0.349	2.162	0.797	2.386	0.116	0.752	0.154
133	50.10	39.02	3.693	1.932	0.017	0.109	2.034	0.335	0.914	0.344	1.277	0.573	0.089
134	47.28	44.36	1.079	1.740	0.245	0.200	0.205	0.132	0.375	3.834	0.244	0.358	0.146
135	37.26	48.92	3.057	0.076	0.049	2.360	1.245	2.879	2.766	0.487	0.427	0.203	0.183

a LOI 为参考值。

E.3 硅质

表 E.5 TARJ-SeRM 系列 %

JRRM No.	SiO_2	Al_2O_3	Fe_2O_3	TiO_2	MnO	CaO	MgO	Na_2O	K_2O
201	84.36	9.715	1.465	0.032	0.147	2.779	0.732	0.316	0.144
202	85.72	7.595	3.972	0.567	0.004	0.817	0.020	1.014	0.025
203	87.33	5.094	1.785	0.182	0.112	3.976	0.471	0.616	0.242
204	89.64	4.497	2.081	0.150	0.107	1.792	0.313	0.315	0.907
205	90.40	3.089	1.248	0.325	0.064	3.110	0.092	0.932	0.500
206	92.88	1.772	3.205	0.018	0.018	1.205	0.072	0.180	0.507
207	94.05	1.703	0.965	0.079	0.042	2.518	0.160	0.047	0.212
208	94.43	0.463	0.064	0.005	0.001	4.197	0.056	0.634	0.022
209	96.22	0.876	0.373	0.050	0.068	1.893	0.106	0.033	0.170
210	97.69	0.163	0.833	0.005	0.002	0.301	0.788	0.021	0.007

E.4 锆英石和氧化锆

表 E.6 TARJ-SeRM 系列 %

JRRM No.	SiO_2	Al_2O_3	Fe_2O_3	TiO_2	CaO	MgO	Na_2O	K_2O	P_2O_5	Cr_2O_3	ZrO_2	HfO_2	LOI[a]
601	0.263	0.119	0.101	0.168	5.581	0.064	0.004	0.002	0.007	0.003	92.01	1.591	0.079
602	0.334	0.078	1.618	0.164	0.220	5.290	0.766	0.004	1.338	0.015	88.25	1.522	0.252
603	0.966	5.293	2.858	0.932	0.953	0.967	0.187	0.652	0.837	0.029	84.70	1.453	0.115
604	3.045	6.917	0.429	0.134	0.094	0.017	1.087	1.937	1.992	3.062	79.26	1.356	0.235
605	10.78	4.832	0.176	0.127	1.939	1.993	0.457	0.541	0.353	1.548	75.36	1.314	0.314
606	22.03	0.532	0.933	0.117	0.021	0.320	2.028	0.014	0.019	0.008	72.35	1.265	0.328
607	32.75	3.519	0.120	0.136	0.048	0.031	0.026	0.043	0.085	0.002	61.31	1.211	0.569
608	34.62	0.707	0.092	0.102	0.521	3.125	0.031	0.019	0.117	0.497	58.84	1.217	0.069
609	40.50	0.885	0.150	0.153	0.300	0.150	0.942	0.028	0.081	0.012	55.56	1.122	0.122
610	45.66	0.451	0.308	0.099	3.075	0.547	0.043	0.010	0.113	0.009	48.70	0.986	0.074
[a] LOI 为参考值。													

E.5 铝锆硅

表 E.7 TARJ-SeRM 系列 %

JRRM No.	SiO_2	Al_2O_3	Fe_2O_3	TiO_2	CaO	MgO	Na_2O	K_2O	Cr_2O_3	ZrO_2	HfO_2	参考值		
												LOI	MnO	P_2O_5
701	28.44	10.09	2.007	4.961	2.073	0.476	1.846	0.024	1.010	48.06	0.850	0.098	0.007	0.027
702	9.99	38.14	0.374	0.210	1.552	1.979	2.024	0.579	0.111	42.54	2.086	0.180	0.004	0.028
703	14.64	46.34	0.059	0.072	0.037	0.011	0.535	0.002	0.006	37.35	0.727	0.096	0.000	0.035

表 E.7（续）

%

JRRM No.	SiO_2	Al_2O_3	Fe_2O_3	TiO_2	CaO	MgO	Na_2O	K_2O	Cr_2O_3	ZrO_2	HfO_2	参考值		
												LOI	MnO	P_2O_5
704	42.61	19.58	0.553	1.025	0.155	0.515	0.228	0.402	0.518	33.46	0.682	0.079	0.089	0.130
705	1.999	64.14	0.141	2.021	0.191	0.460	0.300	0.018	2.019	27.96	0.484	0.166	0.004	0.017
706	39.33	25.95	0.130	3.778	1.587	0.158	3.496	0.952	0.010	22.72	1.190	0.729	0.004	0.016
707	21.17	55.78	1.814	0.289	1.086	0.844	0.199	0.155	0.180	18.16	0.376	0.011	0.003	0.005
708	0.546	79.52	0.800	1.020	1.172	1.646	0.089	0.746	0.297	12.84	1.033	0.136	0.001	0.002
709	34.38	50.35	0.476	0.091	0.524	1.208	1.038	0.216	2.916	8.322	0.184	0.202	0.002	0.009
710	5.624	82.29	1.150	3.002	0.225	0.049	1.419	0.636	1.027	2.965	1.511	0.094	0.002	0.042

E.6 镁质，白云石和石灰

表 E.8 TARJ-SeRM 系列

%

JRRM No.	SiO_2	Al_2O_3	Fe_2O_3	CaO	MgO	参考值						
						TiO_2	MnO	Na_2O	K_2O	Cr_2O_3	P_2O_5	B_2O_3
401	6.424	8.106	3.890	0.208	81.24	0.017	0.011	0.006	0.003	0.004	0.035	0.016
402	5.462	1.999	5.050	3.570	83.77	0.026	0.011	0.010	0.001	0.006	0.077	0.127
403	8.144	4.060	1.553	0.615	85.48	0.003	0.014	0.004	0.001	0.010	0.044	0.031
404	1.223	6.014	2.908	1.786	88.02	0.007	0.030	0.009	0.001	0.006	0.053	0.011
405	3.479	1.372	1.346	1.690	91.95	0.054	0.074	0.009	0.015	0.014	0.120	0.011
406	1.196	1.139	0.874	4.805	91.85	0.004	0.011	0.002	0.000	0.006	0.041	0.013
407	2.432	0.100	2.145	0.675	94.55	0.003	0.014	0.004	0.001	0.080	0.044	0.023
408	0.460	2.544	0.134	0.672	96.19	0.004	0.010	0.001	0.000	0.009	0.015	0.099
409	0.534	0.202	0.490	0.744	98.03	0.003	0.015	0.002	0.001	0.019	0.023	0.038
410	0.188	0.058	0.050	0.595	99.08	0.003	0.010	0.001	0.000	0.003	0.045	0.026

E.7 镁铬质

表 E.9 TARJ-SeRM 系列

%

JRRM No.	SiO_2	Al_2O_3	Fe_2O_3	TiO_2	MnO	CaO	MgO	Cr_2O_3	参考值				
									LOI	P_2O_5	V_2O_5	NiO	ZnO
501	0.926	2.922	4.806	0.006	0.020	0.923	87.60	2.828	0.137	0.036	0.019	0.018	0.006
502	3.118	11.98	1.021	0.013	0.018	0.201	76.28	7.498	0.065	0.026	0.024	0.026	0.004
503	9.096	7.147	3.006	0.047	0.038	3.815	63.11	13.60	0.111	0.032	0.037	0.036	0.013
504	2.189	17.56	4.112	0.013	0.011	2.608	54.85	18.35	0.124	0.034	0.016	0.015	0.011
505	1.823	7.768	17.76	0.118	0.109	0.492	50.14	21.74	0.085	0.023	0.075	0.078	0.021
506	2.165	14.69	7.490	0.134	0.072	0.460	46.65	28.19	0.070	0.018	0.086	0.094	0.010
507	5.698	25.02	12.98	0.166	0.115	1.615	22.36	32.03	−0.111	0.010	0.130	0.202	0.037

表 E.9（续） %

JRRM No.	SiO_2	Al_2O_3	Fe_2O_3	TiO_2	MnO	CaO	MgO	Cr_2O_3	参考值				
									LOI	P_2O_5	V_2O_5	NiO	ZnO
508	3.081	3.981	22.70	0.014	0.006	1.031	30.86	38.18	0.053	0.016	0.008	0.010	0.005
509	1.964	20.28	10.15	1.203	0.082	2.867	20.45	42.57	0.137	0.013	0.118	0.044	0.037
510	4.914	12.21	14.99	0.133	0.176	0.291	16.86	50.38	−0.255	0.016	0.111	0.193	0.041
511	2.909	6.684	27.22	0.105	0.127	0.071	10.62	52.51	−0.483	0.004	0.054	0.108	0.052
512	10.57	29.25	26.01	0.047	0.025	4.061	24.81	4.989	0.028	0.019	0.012	0.018	0.013

表 E.10 宝钢系列标准样品 %

No.	SiO_2	Al_2O_3	Fe_2O_3	TiO_2	MnO	CaO	MgO	Na_2O	K_2O	P_2O_5	Cr_2O_3
MGCR1	1.0	1.7	2.8	0.04	0.07	1.1	85.7	0.02	0.03	0.1	7.1
MGCR2	0.9	3.2	4.9	1.0	0.1	2.4	72.6	—	—	0.3	14.4
MGCR3	0.2	30.0	0.2	0.2	0.02	3.7	60.9	0.04	0.02	2.6	1.9
MGCR4	9.1	9.9	6.5	0.1	0.1	1.3	53.8	0.9	0.2	0.2	17.8
MGCR5	11.9	8.2	8.4	0.1	0.5	1.5	40.2	0.5	1.1	0.3	27.1
MGCR6	1.3	7.1	9.9	0.1	0.2	1.0	48.2	—	—	0.09	32.2
MGCR7	7.4	23.5	7.3	0.6	1.0	5.0	31.6	0.4	1.5	—	21.4
MGCR8	4.6	17.1	14.9	0.1	0.2	2.8	22.6	0.2	—	0.9	35.8
MGCR9	8.2	14.0	18.1	0.2	0.2	0.1	13.9	0.8	—	0.02	44.1
MGCR10	3.0	12.5	23.3	0.2	0.3	0.03	10.7	—	0.2	—	49.6
注：均为 1 050℃灼烧后值。											

E.8 铝镁质

表 E.11 TARJ-SeRM 系列 %

JRRM No.	SiO_2	Al_2O_3	Fe_2O_3	TiO_2	CaO	MgO	Na_2O	K_2O	P_2O_5	参考值			
										LOI	MnO	Cr_2O_3	ZrO_2
801	0.355	93.49	2.009	0.217	0.141	3.261	0.199	0.014	0.002	0.149	0.002	0.003	0.008
802	3.329	84.25	1.035	1.484	2.003	6.132	0.159	0.462	0.957	0.063	0.003	0.002	0.002
803	0.583	74.23	4.904	2.516	0.576	16.20	0.869	0.007	0.017	0.364	0.005	0.002	0.004
804	5.178	64.66	4.020	0.132	4.767	20.84	0.089	0.044	0.111	0.012	0.020	0.010	0.002
805	2.498	58.03	0.732	1.059	0.282	36.04	0.540	0.015	0.682	0.174	0.006	0.001	0.000
806	0.514	48.85	0.165	0.004	0.979	49.43	0.049	0.001	0.048	0.212	0.026	0.026	0.001
807	0.586	39.96	0.323	0.198	2.759	55.07	0.329	0.153	0.530	0.574	0.005	0.002	0.001
808	0.799	28.68	0.565	0.714	0.994	67.01	0.409	0.692	0.229	0.844	0.017	0.001	0.001
809	0.363	19.86	0.115	2.888	4.479	70.11	0.049	0.989	1.068	0.484	0.006	0.001	0.001
810	4.211	10.08	3.118	1.916	0.180	78.96	0.759	0.167	0.513	0.222	0.016	0.004	0.004

表 E.12　宝钢系列标准样品

%

No.	Al_2O_3	SiO_2	Na_2O	MgO	P_2O_5	K_2O	CaO	TiO_2	MnO	Fe_2O_3
MGAL1	93.2	0.1	0.03	2.5	0.015	0.01	0.06	4.0	0.002	0.04
MGAL2	64.8	18.2	0.7	7.0	0.024	2.1	0.2	4.0	1.0	1.8
MGAL3	60.5	15.0	1.9	18.1	0.6	0.03	1.1	2.0	0.02	0.3
MGAL4	11.0	14.5	1.2	61.0	0.3	0.9	1.1	1.0	0.6	8.2
MGAL5	43.8	0.7	0.03	53.3	0.2	0.03	1.0	0.02	0.3	0.6
MGAL6	51.2	0.3	0.02	47.1	0.1	0.003	0.8	0.03	0.03	0.5
MGAL7	38.2	9.1	0.6	35.5	2.0	0.6	4.7	3.0	0.2	6.2
MGAL8	26.6	4.7	0.3	56.9	1.1	0.3	2.7	2.3	0.6	4.7
MGAL9	83.8	2.3	0.002	10.0	0.002	0.01	2.4	0.5	0.03	0.6
MGAL10	75.2	0.1	0.004	23.8	0.001	0.001	0.3	0.01	0.02	0.4
注：均为 1 050℃灼烧后值。										

附 录 F
（规范性附录）
理论计算方程

$$\alpha_{\mathrm{Y}}^{\mathrm{X}}=\frac{\mu_{\mathrm{Y}}^{\mathrm{Tube}}-\mu_{\mathrm{M}}^{\mathrm{Tube}}+A(\mu_{\mathrm{Y}}^{\mathrm{X}}-\mu_{\mathrm{M}}^{\mathrm{X}})}{100N\mu_{\mathrm{FluX}}^{\mathrm{Tube}}+o\mu_{\mathrm{X}}^{\mathrm{Tube}}+(100-o)\mu_{\mathrm{M}}^{\mathrm{Tube}}+A(100N\mu_{\mathrm{FluX}}^{\mathrm{X}}+o\mu_{\mathrm{X}}^{\mathrm{X}}+(100-o)\mu_{\mathrm{M}}^{\mathrm{X}})} \quad \cdots\cdots(\mathrm{F}.1)$$

式中：

Tube——表示 X 光管的辐射；

X——表示待测氧化物；

Y——表示干扰氧化物；

M——基体氧化物（如硅铝质材料的 SiO_2）；

N——熔剂对样品的质量比；

o——氧化物 X 的量；

A——sin（入射角）/sin（出射角）；

μ——线性吸收系数。

基体校正 α 系数可按厂商提供的软件进行计算。

附　录　G
（规范性附录）
有证标准样品（CRM）

G.1　CRM 的统计允许误差

本标准的主体部分中要求的各种统计试验可接受允许误差，按下面的允许误差因子 f_T 计算：

a)　任何 CRM 中各氧化物熔融再现性试验的标准偏差（见 9.3 和 12.1）应小于或等于 f_T 并以只进不舍的规则修约至 0.01%；

b)　当 CRM 用于验证合成校准时（13.1），其任何氧化物的测定值与标准值之差应小于或等于 $2f_T$ 并以只进不舍的规则修约至 0.01%。同样当用 SeRM 建立校准时，合成校准标准样品的理论值与从校正曲线上得到的值之差也应小于或等于 $2f_T$；

c)　用连续测量 CRM 来确认漂移（10.3.2.3）[6] 的测量值之差应小于或等于 $2f_T$，并以只进不舍的规则修约至 0.01%；

d)　在不同样品座中连续测量 100% SiO_2 标准样品的偏差（见 12.3）应小于或等于 f_T，并以只进不舍的规则修约至 0.01%。

注 1[7]：样品座重复性实际测定的偏差也会≥0.3% SiO_2 的。

用式（G.1）计算 f_T，误差补偿因子 f_L 值在表 G.1 中给出。

$$f_T = f_L + 0.004\,867\,1[C] - 0.000\,020\,52[C]^2 \qquad \text{(G.1)}$$

注 2：不考虑被测氧化物和被分析材料类型，方程 G.1 包括了 CEN/TC187/WG4 工作组在试验室循环试验中得到的置信度为 95% 的标准偏差。

表 G.1　含量误差补偿因子 f_L 值

氧化物	f_L
Na_2O	0.021
MgO	0.011
Al_2O_3	0.014
SiO_2	0.018
Fe_2O_3	0.008
其他	0.004 7
注：当 $f_L=0$，方程 G.1 的计算值在表 G.2 中列出。	

G.2　有证标准样品（CRM）的示例

G.2.1　通则

CRM 的典型例子在 G.2.2～G.2.13 中列出，也允许使用 SeRM（见附录 E）。

G.2.2　矾土

BCS 394 矾土（再现性见表 I.2）。

G.2.3　硅酸盐

ECRM 776-1 耐火砖（铝硅酸盐）（再现性见表 I.1、I.10 和 I.11）。

注：对表 I.2、表 I.3 给出的各类耐火材料，尽可能使用与待测材料接近的 CRM。

6)、7)　对 ISO 标准有编辑性修改。

表 G.2　0.004 867 1[C]－0.000 020 52[C]^2 的计算值

[C]/%	计算值
100	0.282
90	0.272
80	0.258
70	0.241
60	0.218
50	0.192
40	0.161
30	0.128
20	0.089
10	0.047
9	0.042
8	0.038
7	0.033
6	0.028
5	0.023
4	0.019
3	0.015
2	0.010
1	0.005
0.75	0.004
0.5	0.002
0.25	0.001
0	0

BCS 372/2，硅酸钙(水泥)。

RM 203A，硅酸镁(滑石)。

G.2.4　硅石

BCS 313/1 高纯硅石(再现性见表 I.10)或 BCS 314 硅砖。

G.2.5　锆英石/AZS

BCS 388(再现性见表 I.5)，BCS 388(33.3%)和 BCS 394(66.7%)的混合物。

G.2.6　氧化锆

BCS 358。

G.2.7　氧化镁

BCS 389 高纯镁砂(再现性见表 I.3)。

G.2.8　尖晶石

BCS 389(30%)和 BCS 394(70%)的混合物(再现性见表 I.9)或 BCS 394(30%)和 BCS 389(70%)。

G.2.9　白云石

ECRM 782-1(先前的 CRM BCS 368 再现性见表 I.6)。

G.2.10　石灰石

BCS 393(再现性见表 I.7)。

G.2.11　含铬材料

BCS 369 镁铬(再现性见表 I.4)。

BCS 308 希腊铬矿(再现性见表 I.8)。

G.2.12 铝酸钙

BCS 394(33.3%)和 BCS 372/1(66.7%)的混合物。

G.2.13 其他

也可使用以上未包括的其他 CRM。

附 录 H
（规范性附录）
用 SeRM 校准时补偿共存成分干扰的校正方法

H.1 范围

本附录定义了耐火材料 X 射线荧光光谱分析共存成分校正的原理和方法。

H.2 校正种类

共存成分 2 种影响的校正：

——重叠校正；

——质量吸收校正。

H.3 校正概述

H.3.1 通则

X 射线荧光光谱分析的共存成分校正如下。

H.3.2 校准曲线和校正结果的计算

测量玻璃片的漂移校正和校准曲线，流程如图 H.1 所示。

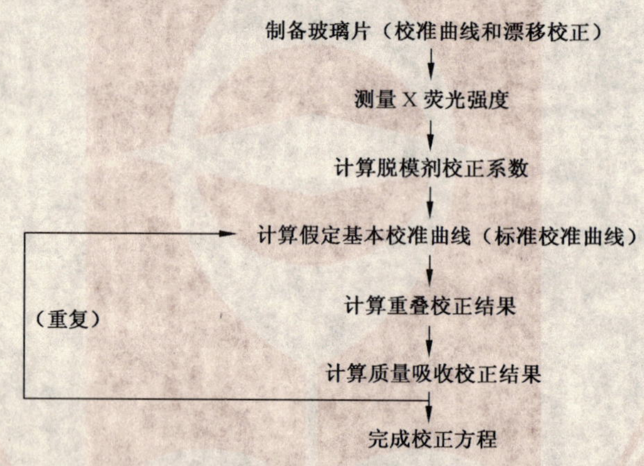

图 H.1 校正方程计算流程图

注：如脱模剂残留产生谱线重叠，也应校正其影响。

H.3.3 未知样品分析

从 H.3.2 得到的校正方程用于常规分析，流程如图 H.2。

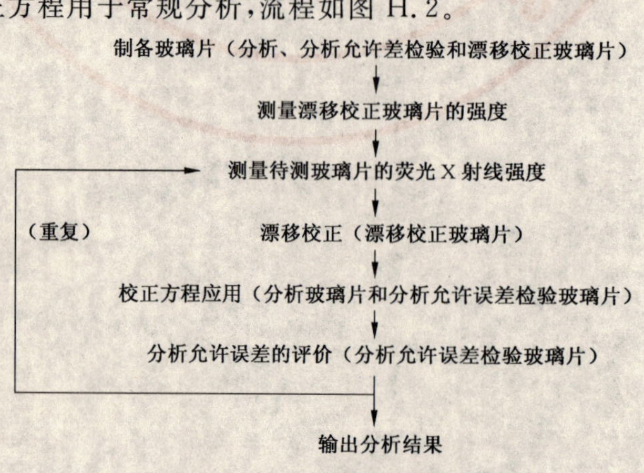

图 H.2 常规分析流程图

H.4 原理、方法和步骤

H.4.1 重叠校正

H.4.1.1 通则

如果共存元素与分析元素谱线重叠，其影响用下式(H.1)校正：

$$w_i = (aI_i^2 + bI_i + c) + \sum l_j w_j \quad \cdots\cdots\cdots\cdots\cdots\cdots (H.1)$$

式中：

w_i——待测元素 i 含量；

I_i——待测元素 i 的 X 射线强度；

l_j——干扰成分 j 对待测元素 i 的重叠校正系数；

w_j——共存成分 j 的含量；

a,b,c——校准曲线的系数。

H.4.1.2 重叠校正系数计算步骤

不同的光谱仪其重叠校正系数不同，需按以下方法单独计算：

a) 用假定基本校准曲线计算

用不含重叠成分的玻璃片样品，可得到假定基本校准曲线方程(H.2)。用含重叠成分的玻璃片样品的 X 荧光强度和成分依据假定基本校准曲线作图，由曲线得到的 X 射线结果和化学成分之间的偏差决定重叠校正系数(见式(H.3))。

$$\hat{X}_i = aI_i + b \quad \cdots\cdots\cdots\cdots\cdots\cdots (H.2)$$

$$\Delta w_i = l_j w_j + e \quad \cdots\cdots\cdots\cdots\cdots\cdots (H.3)$$

式中：

$\hat{X}_i$——待测元素 i 的假定基本值(%)；

Δw_i——待测元素 i 从假定基本校正曲线获得的 X 射线结果与化学值的差值；

e——误差。

例 1：用 SeRM 系列样品得到镁铬砖和火泥中 CrKβ 对 MnKα 重叠校正系数的步骤。

步骤 1：测量 JRRM 501～512、JRRM 401,404,405 的 MnKα 强度。

步骤 2：测得的 JRRM 401、404 和 405 的强度列于表 H.1。

表 H.1 例 1：JRRM 401～JRRM 405 的测量值

	$\hat{X}_{MnO}$/%	I_{MnO} MnO 的 X 射线强度/kcps	y	x	x^2	xy
JRR M 401	0.011	2.681 8	−0.027	−0.464 5	0.215 76	0.012 54
JRR M 404	0.030	2.997 2	−0.008	−0.149 1	0.022 23	0.001 19
JRRM 405	0.074	3.759 9	0.036	0.613 6	0.376 50	0.022 09
平均	$\overline{X}_{MnO}=0.038$	$\overline{I}_{MnO}=3.146\ 3$	—	—	—	—

令：$y = X_{MnO} - \overline{X}_{MnO}$；$x = I_{MnO} - \overline{I}_{MnO}$

a 和 b 用最小二乘法计算如下：

$$a = \frac{\sum (I_{MnO} - \overline{I}_{MnO})(X_{MnO} - \overline{X}_{MnO})}{\sum (I_{MnO} - \overline{I}_{MnO})^2} = \frac{\sum xy}{\sum x^2} \quad \cdots\cdots\cdots\cdots (例 1)$$

$$b = x - a\overline{I}_{MnO} \quad \cdots\cdots\cdots\cdots (例 2)$$

根据表 H.1 中的值式(例 1)和式(例 2)计算：

$$a = \frac{0.035\ 82}{0.614\ 49} \approx 0.058\ 3$$

$$b = 0.038 - 0.058\,3 \times 3.146\,3 \approx -0.145$$

则，导出假定基本校准曲线的方程如式(例 3)：

$$\hat{X}_{MnO} = 0.058\,3 I_{MnO} - 0.145 \quad \cdots\cdots\cdots\cdots\cdots\cdots\cdots\cdots\cdots\cdots (例\ 3)$$

步骤 3：表 H.2 列出 JRRM 501～512 的测量值。

表 H.2 例 1:JRRM 501～512 的测量值

JRRM No.	w_{MnO}	I_{MnO}	$\hat{X}_{MnO}$	$\triangle w_{MnO}$	$w_{Cr_2O_3}$				
	MnO 标准值/%	MnKα X射线强度/kcps	用例(1)计算的结果/%	$(w_{MnO} - \hat{X}_{MnO})$/%	共存成分 j 标准值的平均值/%	x	x^2	y	xy
501	0.020	2.987 7	0.029	−0.009	2.828	−23.247	540.423	0.078	−1.813
502	0.018	3.249 5	0.044	−0.026	7.498	−18.577	345.105	0.061	−1.133
503	0.038	3.916 7	0.083	−0.045	13.63	−12.445	154.878	0.042	−0.523
504	0.011	3.710 1	0.071	−0.060	18.35	−18.35	336.722	0.027	−0.495
505	0.109	5.589 6	0.181	−0.072	21.74	−5.075	25.756	0.015	−0.076
506	0.072	5.359 9	0.167	−0.095	28.19	2.115	4.473	−0.008	−0.017
507	0.115	6.269 1	0.220	−0.105	32.03	5.955	35.462	−0.018	−0.107
508	0.006	4.893 8	0.140	−0.134	38.18	12.105	46.531	−0.047	−0.569
509	0.082	6.292 7	0.222	−0.140	42.57	16.495	272.085	−0.053	0.874
510	0.176	8.304 4	0.339	−0.173	50.38	24.305	590.733	−0.086	−2.090
511	0.127	7.640 6	0.300	−0.173	52.51	26.435	698.809	−0.086	−2.273
512	0.025	3.166 0	0.040	−0.015	4.989	−21.086	444.619	0.072	−1.518
平均值	0.067	5.115 0	0.153	$\triangle\hat{w}_{MnO}=-0.087$	$\hat{w}_{Cr_2O_3}=26.075$	—	—	—	—
总值	0.799	61.380 1	1.836	−1.047	312.895	—	3 595.596	—	−11.488

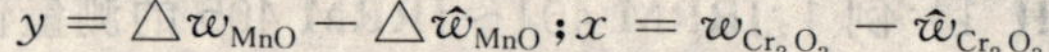

$$y = \triangle w_{MnO} - \triangle\hat{w}_{MnO};\ x = w_{Cr_2O_3} - \hat{w}_{Cr_2O_3}$$

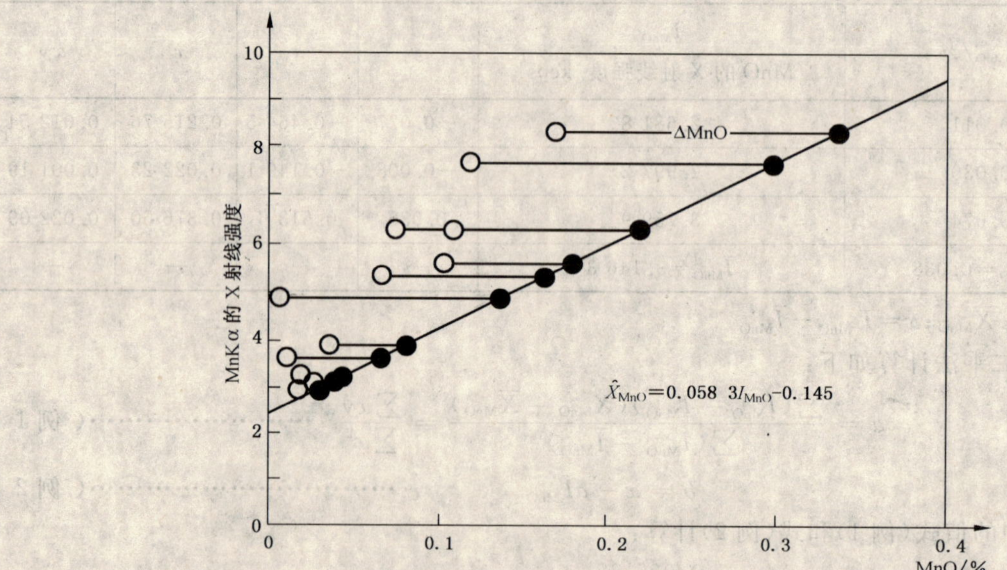

图 H.3 例 1 的氧化锰假定基本校准曲线和测量值之间的关系

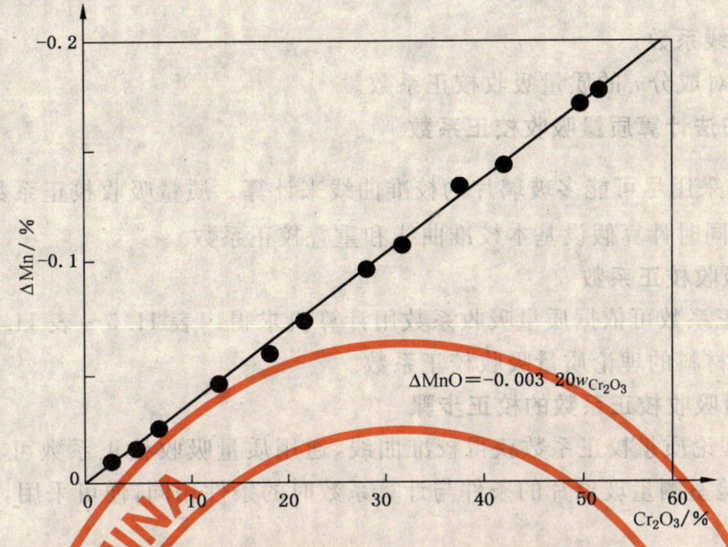

图 H.4 例 1 的 ΔMn 与 Cr_2O_3 含量关系图

表 H.2 中的 Δw_{MnO} 和 $\Delta w_{Cr_2O_3}$ 之间的关系如图 H.4。

重叠校正系数 l_j 用最小二乘法计算：

$$l_j = \frac{\sum(w_{Cr_2O_3} - \hat{w}_{Cr_2O_3})(\Delta w_{MnO} - \Delta\hat{w}_{MnO})}{\sum(w_{Cr_2O_3} - \hat{w}_{Cr_2O_3})^2} = \frac{\sum zy}{\sum z^2} = \frac{-11.488}{3\,595.596} = -0.003\,20$$

获得的铬镁砖和火泥的 CrKβ 对 MnKα 的重叠校正系数 $l_{Cr_2O_3}$ 是－0.003 20，这个系数取决于仪器。

b） 多元回归法计算

用最小二乘法同时计算的系数 a，b，c 和重叠校正系数的偏差最小。

c） 标准加入法计算

重叠校正系数可通过含有固定量重叠成分与不含重叠成分的玻璃片的 X 射线强度差而求得。

H.4.2 基体校正

H.4.2.1 通则

X 射线强度可简单地由方程(H.4)大概表示。

$$I_i = \frac{kw_i}{\sum(\mu/\rho)_j w_j} \quad \cdots\cdots(H.4)^{8)}$$

式中：

I_i——成分 i 的 X 射线强度；

k——常数；

w_i——待测成分 i 的含量；

μ——线性吸收系数；

ρ——密度；

$(\mu/\rho)_j$——共存成分 j 的质量吸收系数；

w_j——共存成分 j 的含量。

方程(H.4)表明含有同样量待测成分的样品其强度随共存成分含量的变化而变化，这称为基体效应。因此所有测量光谱均受共存成分影响，通常这个影响可以忽略，然而主成分和重元素(CaO 和更重的元素)有时对结果影响显著。共存成分的校正按方程(H.5)进行。

$$w_i = (aI_i^2 + bI_i + c)(1 + \sum\alpha_j w_j) \quad \cdots\cdots(H.5)$$

8） 对 ISO 标准有编辑性修改。

式中：

a,b,c——校准曲线系数；

α_j——成分 j 对成分 i 的质量吸收校正系数。

H.4.2.2 用多元回归法计算质量吸收校正系数

未校正结果 $\hat{X}_i$ 应采用尽可能多玻璃片的校准曲线来计算。质量吸收校正系数 α_j 可通过多元回归法用方程(H.5)求出，同时计算假设基本校准曲线和重叠校正系数。

H.4.2.3 理论质量吸收校正系数

理论质量吸收校正系数可依据质量吸收系数用计算机求得。表 H.5～表 H.12 列出 5 种(今后可扩展)SeRM 系列耐火材料的理论质量吸收校正系数。

H.4.2.4 用理论质量吸收校正系数的校正步骤

按方程(H.5)和理论质量校正系数获得校准曲线，通用质量吸收校正系数可在任何化学实验室使用。这些系数只要实验室测量玻璃片的条件与计算系数时的条件相同，便可采用，这些条件包括：

1) X 光管类型；

2) X 光管靶材；

3) 入射角和出射角；

4) 激发电压；

5) 熔剂(包括氧化剂)和样品稀释比。

使用表 H.5～H.12[9] 的理论质量吸收校正系数有两个方法，一个使用和一个不使用假定基本校准曲线。

a) 使用假定基本校准曲线

从方程(H.5)导出方程(H.6)。

$$\frac{w_i}{1+\sum\alpha_j w_j} = aI_i^2 + bI_i + c \qquad \text{(H.6)}$$

如用理论质量吸收系数 α_j 则假定基本值 $\hat{X}_i$ 可计算如下。

$$\hat{X}_i = \frac{w_i}{1+\sum\alpha_j w_j} \qquad \text{(H.7)}$$

$$\hat{X}_i = aI_i^2 + bI_i + c \qquad \text{(H.8)}$$

校准曲线系数 a,b,c 按方程(H.8)计算，从而确定假定基本校准曲线。测量未知样的分析结果(w_i)计算过程如下，由方程(H.8)计算假定基本值 $\hat{X}_i$，用已知的 $\hat{X}_i$、α_j 和 w_j 代入方程(H.7)计算结果 w_i，计算过程通常由仪器附带的计算机完成。

例 2：计算 JRRM 501 中 Fe_2O_3 的假定基本值。

表 H.5 中的值　　从方程(H.6)得到的值

↓　↓

$$\hat{X}_{Fe_2O_3} = 4.806/(1+\underbrace{0.000\,34\times0.926}_{SiO_2}+\underbrace{0.000\,12\times2.922}_{Al_2O_3}+\underbrace{0.004\,43\times0.006}_{TiO_2}+\underbrace{0.001\,22\times0.020}_{MnO}$$

$$+\underbrace{0.004\,50\times0.923}_{CaO}+\underbrace{0.006\,77\times2.828}_{Cr_2O_3} = 4.693$$

高的 $\alpha_j\times w_j$ 值影响分析结果，低值不影响结果，如仅元素 j 有影响，方程(H.7)表示如下：

9) 对 ISO 标准有编辑性修改。

$$\hat{X}_i = \frac{w_i}{1+\alpha_j w_j} \quad \cdots\cdots\cdots\cdots\cdots\cdots\cdots\cdots\cdots\cdots\cdots\cdots\cdots (\text{H. }9)$$

例 3：用 SeRM 系列标准样品对铬镁砖和火泥计算仅有 Cr_2O_3 对 Fe_2O_3 的校准曲线的步骤。

步骤 1：示例 3 中 JRRM 501～512 校准玻璃片的 X 射线强度和含量列于表 H. 3[10]，计算假定基本值($\hat{X}_{Fe_2O_3}$)。

表 H. 3　例 3：Fe_2O_3 的假定基本值

JRRM No.	Fe_2O_3				
	$w_{Fe_2O_3}$ /%	$I_{Fe_2O_3}$ /kcps	$\alpha_{Cr_2O_3} \times w_{Cr_2O_3}$	$\alpha_{Cr_2O_3} \times w_{Cr_2O_3}$	$\hat{X}_{Fe_2O_3} = \frac{w_{Fe_2O_3}}{1+\alpha_{Cr_2O_3} \times w_{Cr_2O_3}}$
501	4.806	21.534	0.019 1	1.019 1	4.716
502	1.021	5.218	0.050 8	1.050 8	0.972
503	3.006	12.724	0.092 3	1.092 3	2.752
504	4.112	16.574	0.124 2	1.124 2	3.658
505	17.76	66.829	0.147 2	1.147 2	15.482
506	7.490	27.881	0.190 8	1.190 8	6.290
507	12.98	45.983	0.216 8	1.216 8	10.667
508	22.70	76.147	0.258 5	1.258 5	18.037
509	10.15	34.109	0.288 2	1.288 2	7.879
510	14.99	47.983	0.341 1	1.341 1	11.177
511	27.22	83.774	0.355 5	1.355 5	20.081
512	26.01	103.590	0.033 8	1.033 8	25.160

$\alpha_{Cr_2O_3} \times w_{Cr_2O_3}$ 代表 $\alpha_{Cr_2O_3}$ 的值 0.006 77(表 H. 5)$\times w_{Cr_2O_3}$［方程(H. 6)］

步骤 2：用 X 射线强度($I_{Fe_2O_3}$)和 Fe_2O_3 的假定基本值按最小二乘法计算出假定校准曲线(式(例 4))。

$$\hat{X}_{Fe_2O_3} = 0.000\ 17 I_{Fe_2O_3} - 0.156 \quad \cdots\cdots\cdots\cdots\cdots\cdots\cdots\cdots\cdots (\text{例 }4)$$

则，方程(5)可表达如下：

$$w_{Fe_2O_3} = (0.000\ 17 I_{Fe_2O_3} - 0.156)(1+0.006\ 77 w_{Cr_2O_3}) \quad \cdots\cdots\cdots\cdots (\text{例 }5)$$

在未知样品的分析中，成分 j 无质量吸收校正因子时表示如下：

$$w_j = a_j I_j^2 + b_j I_j + c_j \quad \cdots\cdots\cdots\cdots\cdots\cdots\cdots\cdots\cdots\cdots (\text{H. }10)$$

成分 i 表示如下：

$$w_i = X_i(1+\sum \alpha_j w_j) \quad \cdots\cdots\cdots\cdots\cdots\cdots\cdots\cdots\cdots\cdots (\text{H. }11)$$

例 4：用假定的 Fe_2O_3 基本校准曲线和质量吸收系数计算未知样品的 Fe_2O_3 含量。

步骤 1：测量值和校准曲线示例见表 H. 4。

表 H. 4　例 4：计算条件

	Fe_2O_3	Cr_2O_3
未知样的 X 射线强度	$I_{Fe_2O_3} = 58.853$ kcps	$I_{Cr_2O_3} = 315.39$ kcps
假定基本校准曲线	$X_{Fe_2O_3} = 0.000\ 171 I_{Fe_2O_3}^2 + 0.226\ 36 I_{Fe_2O_3} - 0.156$	
校正后的校准曲线	$w_{Fe_2O_3} = \hat{X}_{Fe_2O_3}(1+0.677 w_{Cr_2O_3})$	$w_{Cr_2O_3} = 0.114\ 87 I_{Cr_2O_3} - 0.737$

10）对 ISO 标准有编辑性修改。

步骤 2：Cr_2O_3 含量用表 H.4[11)]中例 4 的值由方程(H.10)计算：

$$w_{Cr_2O_3} = 0.11487 \times 315.39 - 0.737 = 35.492$$

步骤 3：Fe_2O_3 含量用表 H.4 中 Cr_2O_3 的含量由方程(H.11)计算：

$$w_{Fe_2O_3} = [0.000171 \times (58.853)^2 + 0.22636 \times 58.853 - 0.156](1 + 0.00677 \times 35.492) = 17.064$$

另一方面，如成分 j 也受其他共存元素影响，待测成分 i 和校正成分 j 计算如下：

$$w_i = \hat{X}_i(1 + \sum \alpha_j w_j) \qquad \cdots\cdots(H.12)$$

$$w_j = \hat{X}_j(1 + \sum \alpha_k w_k) \qquad \cdots\cdots(H.13)$$

当成分 j 由成分 i 校正，这里用 k 代表，为了得到成分 i 和成分 j 的准确结果有必要进行叠代收敛计算。

例 5：Fe_2O_3 和 Cr_2O_3 收敛值计算如下。

Cr_2O_3 的假定基本校准曲线是：

$\hat{X}_{Cr_2O_3} = 0.11649 I_{Cr_2O_3} - 0.85418$，$\alpha_{Fe_2O_3} = -0.00065$，X 射线强度值如表 H.4。

步骤 1：计算 Fe_2O_3 和 Cr_2O_3 的假定基本值。

$$\hat{X}_{Fe_2O_3} = 0.000171 \times (58.853)^2 + 0.22636 \times 58.853 - 0.156 = 13.758$$

$$\hat{X}_{Cr_2O_3} = 0.11649 \times 315.39 - 0.85418 = 35.886$$

步骤 2：第 1 次收敛计算。

$$w_{Fe_2O_3} = 13.758(1 + 0.00677\,\hat{X}_{Cr_2O_3}) = 13.758(1 + 0.00677 \times 35.886) = 17.10$$

$$w_{Cr_2O_3} = 35.886(1 - 0.00065\hat{X}_{Fe_2O_3}) = 35.886(1 - 0.00065 \times 13.758) = 35.565$$

步骤 3：第 2 次收敛计算。

$$w_{Fe_2O_3} = 13.758(1 + 0.00677 w_{Cr_2O_3}) = 13.758(1 + 0.00677 \times 35.565) = 17.071$$

$$w_{Cr_2O_3} = 35.886(1 - 0.00065 w_{Fe_2O_3}) = 35.886(1 - 0.00065 \times 17.071) = 35.487$$

步骤 4：第 3 次收敛计算。

$$w_{Fe_2O_3} = 13.758(1 + 0.00677 w_{Cr_2O_3}) = 13.758(1 + 0.00677 \times 35.487) = 17.063$$

$$w_{Cr_2O_3} = 35.886(1 - 0.00065 w_{Fe_2O_3}) = 35.886(1 - 0.00065 \times 17.071) = 35.487$$

步骤 5：第 4 次收敛计算。

$$w_{Fe_2O_3} = 13.758(1 + 0.00677 w_{Cr_2O_3}) = 13.758(1 + 0.00677 \times 35.487) = 17.063$$

$$w_{Cr_2O_3} = 35.886(1 - 0.00065 w_{Fe_2O_3}) = 35.886(1 - 0.00065 \times 17.063) = 35.487$$

注：$w_{Fe_2O_3}$ 在第 3 次收敛计算中确认是收敛的。

在实际进行多成分测定时需要计算机进行收敛计算。

b) 多元回归方法

这个方法不需假定基本校准曲线，用表 H.5～H.12[12)]中的理论基体校正系数直接决定校准系数 a,b,c。可利用非线性多元回归程序运算。

表 H.5 黏土质耐火制品理论基体校正系数

实例 1									
校正成分	被校正的待测成分								
	SiO_2	Al_2O_3	Fe_2O_3	TiO_2	MnO	CaO	MgO	Na_2O	K_2O
Al_2O_3			−0.000 38	−0.000 33	−0.000 37	−0.000 30	−0.000 10	−0.000 10	−0.000 27
Fe_2O_3	−0.000 38	−0.001 15		−0.001 77	0.000 92	−0.001 52	0.001 15	0.001 12	−0.001 40
TiO_2	−0.001 05	−0.000 41	0.007 15		0.006 88	−0.001 69	0.000 46	0.000 48	−0.001 69

11)、12) 对 ISO 标准有编辑性修改。

表 H.5（续）

实例 1									
校正成分	被校正的待测成分								
	SiO_2	Al_2O_3	Fe_2O_3	TiO_2	MnO	CaO	MgO	Na_2O	K_2O
MnO	−0.000 51	−0.001 00	0.001 81	−0.001 80		−0.001 66	0.001 01	0.000 99	−0.001 55
CaO	−0.001 21	−0.000 24	0.007 27	−0.006 28	−0.007 05		0.000 30	0.000 33	−0.001 47
MgO	−0.000 19	−0.001 48	−0.000 60	−0.000 52	−0.000 58	−0.000 47		−0.000 20	−0.000 44
Na_2O	−0.000 34	−0.001 24	−0.000 91	−0.000 79	−0.000 89	−0.000 72	0.001 27		−0.000 67
K_2O	−0.001 36	−0.000 09	−0.007 17	0.006 02	0.006 92	0.005 33	0.000 15	0.000 18	
条件：端窗铑靶，50 kV，顺序式；样品：$Li_2B_4O_7$＝1∶10，基本成分 SiO_2，第二基本成分 Al_2O_3。									

实例 2									
校正成分	被校正的待测成分								
	SiO_2	Al_2O_3	Fe_2O_3	TiO_2	MnO	CaO	MgO	Na_2O	K_2O
Al_2O_3			−0.000 38	−0.000 33	−0.000 37	−0.000 30	−0.000 09	−0.000 09	−0.000 28
Fe_2O_3	−0.000 39	0.001 32		−0.000 77	0.001 07	−0.000 73	0.001 25	0.001 18	−0.000 70
TiO_2	−0.001 41	0.000 13	0.007 17		0.006 89	−0.001 12	0.000 10	0.000 06	−0.001 31
MnO	−0.000 51	0.001 17	0.001 98	−0.000 94		−0.000 91	0.001 12	0.001 05	−0.000 87
CaO	−0.001 50	0.000 05	0.007 28	0.006 29	0.007 06		0.000 01	−0.000 03	−0.001 22
MgO	−0.000 20	0.001 68	−0.000 60	−0.000 52	−0.000 59	−0.000 47		−0.000 19	−0.000 44
Na_2O	−0.000 35	0.001 43	−0.000 91	−0.000 80	−0.000 89	−0.000 72	0.001 40		−0.000 68
K_2O	−0.001 58	−0.000 05	0.007 18	0.006 04	0.006 93	0.005 39	−0.000 09	0.000 12	
条件：侧窗铬靶，50 kV，顺序式；样品：$Li_2B_4O_7$＝1∶10，基本成分 SiO_2，第二基本成分 Al_2O_3。									

实例 3									
校正成分	被校正的待测成分								
	SiO_2	Al_2O_3	Fe_2O_3	TiO_2	MnO	CaO	MgO	Na_2O	K_2O
Al_2O_3			−0.000 38	−0.000 33	−0.000 37	−0.000 29	−0.000 10	−0.000 09	−0.000 27
Fe_2O_3	−0.000 36	0.001 20		−0.001 71	0.000 68	−0.001 41	0.001 19	0.001 15	−0.001 27
TiO_2	−0.001 04	0.000 45	0.007 13		0.006 85	−0.001 73	0.000 49	0.000 51	−0.001 70
MnO	−0.000 49	0.001 05	0.001 54	−0.001 80		−0.001 58	0.001 05	0.001 02	−0.001 46
CaO	−0.001 21	0.000 28	0.007 25	0.006 26	0.007 03		0.000 33	0.000 35	−0.001 54
MgO	−0.000 19	0.001 52	−0.000 60	−0.000 52	−0.000 58	−0.000 46		−0.000 20	−0.000 43
Na_2O	−0.000 34	0.001 27	−0.000 91	−0.000 79	−0.000 88	−0.000 71	0.001 19		−0.000 67
K_2O	−0.001 35	0.000 13	0.007 15	0.006 00	0.006 90	0.005 30	0.000 17	0.000 20	
条件：端窗铑靶，40 kV，同时式；样品：$Li_2B_4O_7$＝1∶10，基本成分 SiO_2，第二基本成分 Al_2O_3。									

表 H.6　硅质耐火制品理论基体校正系数

实例 1									
校正成分	被校正的待测成分								
	SiO_2	Al_2O_3	Fe_2O_3	TiO_2	MnO	CaO	MgO	Na_2O	K_2O
Al_2O_3			−0.000 38	−0.000 33	−0.000 37	−0.000 30	−0.000 09	−0.000 09	−0.000 27
Fe_2O_3	−0.000 36	0.001 15		−0.001 78	0.000 92	−0.001 52	0.001 16	0.001 13	−0.001 39
TiO_2	−0.001 03	0.000 41	0.007 15		0.006 88	−0.001 68	0.000 46	0.000 49	−0.001 68
MnO	−0.000 49	0.001 00	0.001 81	−0.001 81		−0.001 66	0.001 02	0.000 99	−0.001 55
CaO	−0.001 20	0.000 25	0.007 27	0.006 28	0.007 05		0.000 30	0.000 33	−0.001 48
MgO	−0.000 18	0.001 48	−0.000 60	−0.000 52	−0.000 58	−0.000 47		−0.000 20	−0.000 44
Na_2O	−0.000 33	0.001 24	−0.000 91	−0.000 79	−0.000 89	−0.000 72	0.001 27		−0.000 67
K_2O	−0.001 34	0.000 09	0.007 17	0.006 02	0.006 92	0.005 33	0.000 15	0.000 18	
条件：端窗铑靶，50 kV，顺序式；样品：$Li_2B_4O_7$＝1∶10，基本成分 SiO_2，第二基本成分 Al_2O_3。									
实例 2									
校正成分	被校正的待测成分								
	SiO_2	Al_2O_3	Fe_2O_3	TiO_2	MnO	CaO	MgO	Na_2O	K_2O
Al_2O_3			−0.000 38	−0.000 33	−0.000 37	−0.000 30	−0.000 09	−0.000 08	−0.000 28
Fe_2O_3	−0.000 37	0.001 32		−0.000 77	0.001 07	−0.000 73	0.001 26	0.001 18	−0.000 70
TiO_2	−0.001 37	0.000 15	0.007 17		0.006 89	−0.001 11	0.000 11	0.000 07	−0.001 30
MnO	−0.000 50	0.001 17	0.001 98	−0.000 94		−0.000 90	0.001 12	0.001 05	−0.000 87
CaO	−0.001 48	0.000 05	0.007 28	0.006 29	0.007 06		0.000 00	−0.000 03	−0.001 23
MgO	−0.000 19	0.001 68	−0.000 60	−0.000 52	−0.000 59	−0.000 47		−0.000 19	−0.000 44
Na_2O	−0.000 34	0.001 44	−0.000 91	−0.000 80	−0.000 89	−0.000 72	0.001 40		−0.000 68
K_2O	−0.001 55	−0.000 04	0.007 18	0.006 04	0.006 93	0.005 39	−0.000 08	−0.000 12	
条件：侧窗铬靶，50 kV，顺序式；样品：$Li_2B_4O_7$＝1∶10，基本成分 SiO_2，第二基本成分 Al_2O_3。									
实例 3									
校正成分	被校正的待测成分								
	SiO_2	Al_2O_3	Fe_2O_3	TiO_2	MnO	CaO	MgO	Na_2O	K_2O
Al_2O_3			−0.000 38	−0.000 33	−0.000 37	−0.000 29	−0.000 09	−0.000 09	−0.000 27
Fe_2O_3	−0.000 35	0.001 20		−0.001 72	0.000 68	−0.001 40	0.001 19	0.001 16	−0.001 27
TiO_2	−0.001 03	0.000 45	0.007 13		0.006 85	−0.001 72	0.000 49	0.000 51	−0.001 70
MnO	−0.000 48	0.001 05	0.001 54	−0.001 81		−0.001 58	0.001 06	0.001 02	−0.001 45
CaO	−0.001 20	0.000 29	0.007 25	0.006 26	0.007 03		0.000 33	0.000 35	−0.001 55
MgO	−0.000 18	0.001 52	−0.000 60	−0.000 52	−0.000 58	−0.000 46		−0.000 20	−0.000 43
Na_2O	−0.000 33	0.001 28	−0.000 91	−0.000 79	−0.000 88	−0.000 71	0.001 30		−0.000 67
K_2O	−0.001 34	0.000 13	0.007 15	0.006 00	0.006 90	0.005 30	0.000 18	0.000 20	
条件：端窗铑靶，40 kV，同时式；样品：$Li_2B_4O_7$＝1∶10，基本成分 SiO_2，第二基本成分 Al_2O_3。									

表 H.7　高铝耐火制品理论基体校正系数

实例 1

校正成分	被校正的待测成分								
	SiO_2	Al_2O_3	Fe_2O_3	TiO_2	MnO	CaO	MgO	Na_2O	K_2O
SiO_2			0.000 40	0.000 34	0.000 39	0.000 30	0.000 11	0.000 10	0.000 28
Fe_2O_3	−0.000 34	0.001 14		−0.001 48	0.001 34	−0.001 25	0.001 27	0.001 24	−0.001 15
TiO_2	−0.001 01	0.000 40	0.007 84		0.007 54	−0.001 43	0.000 57	0.000 59	−0.001 45
MnO	−0.000 47	0.000 99	0.002 28	−0.001 50		−0.001 39	0.001 13	0.001 10	−0.001 30
CaO	−0.001 18	0.000 24	0.007 96	0.006 84	0.007 71		0.000 40	0.000 43	−0.001 23
MgO	−0.000 15	0.001 47	−0.000 23	−0.000 19	−0.000 22	−0.000 18		−0.000 11	−0.000 17
Na_2O	−0.000 30	0.001 23	−0.000 55	−0.000 48	−0.000 53	−0.000 43	0.001 38		−0.000 41
K_2O	−0.001 32	0.000 08	0.007 86	0.006 57	0.007 58	0.005 80	0.000 25	0.000 28	

条件：端窗铑靶，50 kV，顺序式；样品：$Li_2B_4O_7$=1∶10，基本成分 Al_2O_3，第二基本成分 SiO_2。

实例 2

校正成分	被校正的待测成分								
	SiO_2	Al_2O_3	Fe_2O_3	TiO_2	MnO	CaO	MgO	Na_2O	K_2O
SiO_2			0.000 40	0.000 35	0.000 39	0.000 31	0.000 10	0.000 10	0.000 28
Fe_2O_3	−0.000 35	0.001 31		−0.000 45	0.001 50	−0.000 44	0.001 36	0.001 28	−0.000 43
TiO_2	−0.001 41	0.000 12	0.007 86		0.007 55	−0.000 85	0.000 19	0.000 15	−0.001 06
MnO	−0.000 47	0.001 16	0.002 46	−0.000 63		−0.000 63	0.001 22	0.001 15	−0.000 61
CaO	−0.001 50	0.000 04	0.007 98	0.006 86	0.007 72		0.000 10	0.000 06	−0.000 97
MgO	−0.000 15	0.001 68	−0.000 23	−0.000 19	−0.000 22	−0.000 18		−0.000 10	−0.000 17
Na_2O	−0.000 30	0.001 43	−0.000 55	−0.000 48	−0.000 53	−0.000 44	0.001 51		−0.000 42
K_2O	−0.001 58	−0.000 06	0.007 87	0.006 60	0.007 59	0.005 86	0.000 01	−0.000 03	

条件：侧窗铬靶，50 kV，顺序式；样品：$Li_2B_4O_7$=1∶10，基本成分 Al_2O_3，第二基本成分 SiO_2。

实例 3

校正成分	被校正的待测成分								
	SiO_2	Al_2O_3	Fe_2O_3	TiO_2	MnO	CaO	MgO	Na_2O	K_2O
SiO_2			0.000 40	0.000 34	0.000 39	0.000 30	0.000 11	0.000 10	0.000 28
Fe_2O_3	−0.000 32	0.001 19		−0.001 42	0.001 10	−0.001 41	0.001 31	0.001 26	−0.001 02
TiO_2	−0.001 00	0.000 45	0.007 82		0.007 51	−0.001 47	0.000 60	0.000 61	−0.001 46
MnO	−0.000 45	0.001 05	0.002 00	−0.001 51		−0.001 31	0.001 17	0.001 13	−0.001 21
CaO	−0.001 17	0.000 28	0.007 94	0.006 82	0.007 69		0.000 43	0.000 45	−0.001 30
MgO	−0.000 15	0.001 51	−0.000 23	−0.000 19	−0.000 22	−0.000 17		−0.000 11	−0.000 17
Na_2O	−0.000 30	0.001 27	−0.000 55	−0.000 47	−0.000 53	−0.000 43	0.001 41		−0.000 41
K_2O	−0.001 32	0.000 12	0.007 84	0.006 55	0.007 56	0.005 77	0.000 28	0.000 30	

条件：端窗铑靶，40 kV，同时式；样品：$Li_2B_4O_7$=1∶10，基本成分 Al_2O_3，第二基本成分 SiO_2。

表 H.8 镁质耐火制品理论基体校正系数

实例 1

校正成分	被校正的待测成分						
	SiO_2	Al_2O_3	Fe_2O_3	TiO_2	MnO	CaO	MgO
SiO_2		−0.001 29	0.000 64	0.000 55	0.000 62	0.000 49	
Al_2O_3	0.000 15		0.000 23	0.000 20	0.000 22	0.000 18	−0.000 11
Fe_2O_3	−0.000 20	−0.000 30		−0.001 34	0.001 60	−0.001 12	0.001 14
TiO_2	−0.000 88	−0.000 94	0.008 26		0.007 93	−0.001 28	0.000 45
MnO	−0.000 33	−0.000 43	0.002 56	−0.001 37		−0.001 26	0.001 00
CaO	−0.001 05	−0.001 08	0.008 38	0.007 17	0.008 11		0.000 29

条件：端窗铑靶，50 kV，顺序式；样品：$Li_2B_4O_7$＝1∶10，基本成分 MgO，第二基本成分 SiO_2。

实例 2

校正成分	被校正的待测成分						
	SiO_2	Al_2O_3	Fe_2O_3	TiO_2	MnO	CaO	MgO
SiO_2		−0.001 44	0.000 64	0.000 55	0.000 62	0.000 49	
Al_2O_3	0.000 15		0.000 23	0.000 20	0.000 22	0.000 18	−0.000 10
Fe_2O_3	−0.000 20	−0.000 33		−0.000 26	0.001 76	−0.000 27	0.001 24
TiO_2	−0.001 30	−0.001 41	0.008 28		0.007 94	−0.000 67	0.000 07
MnO	−0.000 33	−0.000 46	0.002 75	−0.000 45		−0.000 46	0.001 10
CaO	−0.001 39	−0.001 49	0.008 40	0.007 19	0.008 12		−0.000 03

条件：侧窗铬靶，50 kV，顺序式；样品：$Li_2B_4O_7$＝1∶10，基本成分 MgO，第二基本成分 SiO_2。

实例 3

校正成分	被校正的待测成分						
	SiO_2	Al_2O_3	Fe_2O_3	TiO_2	MnO	CaO	MgO
SiO_2		−0.001 32	0.000 64	0.000 54	0.000 62	0.000 49	
Al_2O_3	0.000 15		0.000 23	0.000 19	0.000 22	0.000 18	−0.000 11
Fe_2O_3	−0.000 18	−0.000 29		−0.001 28	0.001 34	−0.001 00	0.001 18
TiO_2	−0.000 87	−0.000 93	0.008 24		0.007 90	−0.001 32	0.000 48
MnO	−0.000 31	−0.000 42	0.002 28	−0.001 37		−0.001 18	0.001 04
CaO	−0.001 04	−0.001 08	0.008 36	0.007 15	0.008 09		0.000 32

条件：端窗铑靶，40 kV，同时式；样品：$Li_2B_4O_7$＝1∶10，基本成分 MgO，第二基本成分 SiO_2。

表 H.9 铬镁质耐火制品理论基体校正系数

实例 1

校正成分	被校正的待测成分							
	SiO_2	Al_2O_3	Fe_2O_3	TiO_2	MnO	CaO	MgO	Cr_2O_3
SiO_2		−0.000 67	0.000 34	0.000 29	0.000 33	0.000 26	−0.000 40	0.000 32
Al_2O_3	0.000 08		0.000 13	0.000 10	0.000 12	0.000 10	−0.000 44	0.000 11
Fe_2O_3	−0.000 10	−0.000 15		−0.000 54	0.000 86	−0.000 48	0.000 14	−0.000 62
TiO_2	−0.000 45	−0.000 49	0.004 44		0.004 26	−0.000 60	−0.000 18	0.004 06
MnO	−0.000 17	−0.000 22	0.001 37	−0.000 66		−0.000 62	0.000 07	0.000 71
CaO	−0.000 54	−0.000 56	0.004 51	0.003 85	0.004 35		−0.000 26	0.004 19
Cr_2O_3	−0.000 29	−0.000 33	0.006 79	−0.000 61	0.000 85	−0.000 65		

条件：端窗铑靶，50 kV，顺序式；样品：$Li_2B_4O_7$：$LiNO_3$＝1∶20∶10，基本成分 MgO，第二基本成分 Cr_2O_3。

实例 2

校正成分	被校正的待测成分							
	SiO_2	Al_2O_3	Fe_2O_3	TiO_2	MnO	CaO	MgO	Cr_2O_3
SiO_2		−0.000 75	0.000 35	0.000 29	0.000 33	0.000 26	−0.000 45	0.000 32
Al_2O_3	0.000 08		0.000 13	0.000 10	0.000 12	0.000 10	−0.000 49	0.000 12
Fe_2O_3	−0.000 10	−0.000 16		−0.000 12	0.000 95	−0.000 13	0.000 13	−0.000 58
TiO_2	−0.000 69	−0.000 74	0.004 45		0.004 27	−0.000 35	−0.000 45	0.004 07
MnO	−0.000 17	−0.000 24	0.001 47	−0.000 23		−0.000 24	0.000 06	0.000 77
CaO	−0.000 73	−0.000 78	0.004 51	0.003 85	0.004 36		−0.000 49	0.004 20
Cr_2O_3	−0.000 29	−0.000 33	0.006 81	−0.000 38	0.000 90	−0.000 39		

条件：侧窗铬靶，50 kV，顺序式；样品：$Li_2B_4O_7$：$LiNO_3$＝1∶20∶10，基本成分 MgO，第二基本成分 Cr_2O_3。

实例 3

校正成分	被校正的待测成分							
	SiO_2	Al_2O_3	Fe_2O_3	TiO_2	MnO	CaO	MgO	Cr_2O_3
SiO_2		−0.000 69	0.000 34	0.000 29	0.000 33	0.000 26	−0.000 41	0.000 32
Al_2O_3	0.000 08		0.000 12	0.000 10	0.000 12	0.000 09	−0.000 46	0.000 11
Fe_2O_3	−0.000 09	−0.000 15		−0.000 53	0.000 73	−0.000 44	0.000 14	−0.000 65
TiO_2	−0.000 45	−0.000 48	0.004 43		0.004 24	−0.000 63	−0.000 18	0.004 05
MnO	−0.000 16	−0.000 22	0.001 22	−0.000 66		−0.000 59	0.000 07	0.000 59
CaO	−0.000 54	−0.000 56	0.004 50	0.003 83	0.004 34		−0.000 26	0.004 18
Cr_2O_3	−0.000 29	−0.000 32	0.006 77	−0.000 64	0.000 74	−0.000 64		

条件：端窗铑靶，40 kV，同时式；样品：$Li_2B_4O_7$：$LiNO_3$＝1∶20∶10，基本成分 MgO，第二基本成分 Cr_2O_3。

表 H.10　锆质耐火制品理论基体校正系数

实例 1

校正成分	被校正的待测成分											
	SiO_2 (SiKα)	Al_2O_3 (AlKα)	Fe_2O_3 (FeKα)	TiO_2 (TiKα)	CaO (CaKα)	MgO (MgKα)	Na_2O (NaKα)	K_2O (KKα)	P_2O_5 (PKα)	Cr_2O_3 (CrKα)	ZrO_2 (ZrLα)	HfO_2 (HfMα)
SiO_2		−0.000 73	−0.003 17	−0.003 06	−0.002 95	−0.000 58	−0.000 45	−0.002 89	0.000 25	−0.003 14	0.000 00	−0.000 84
Al_2O_3	0.000 46		−0.003 43	−0.003 29	−0.003 16	−0.000 67	−0.000 54	−0.003 08	0.000 08	−0.003 39	−0.000 17	0.000 53
Fe_2O_3	0.000 16	0.000 37		−0.003 88	−0.003 71	0.000 55	0.000 67	−0.003 59	−0.000 23	−0.003 93	−0.000 49	0.000 24
TiO_2	−0.000 57	−0.000 34	0.001 74		−0.004 01	−0.000 13	0.000 04	−0.003 97	−0.000 97	0.001 38	−0.001 20	−0.000 48
CaO	−0.000 75	−0.000 49	0.001 80	0.001 30		−0.000 28	−0.000 11	−0.003 81	−0.001 13	0.001 53	−0.001 36	−0.000 66
MgO	0.000 30	−0.000 63	−0.003 58	−0.003 42	−0.003 28		−0.000 64	−0.003 20	−0.000 07	−0.003 53	−0.000 32	0.000 37
Na_2O	0.000 14	−0.000 40	−0.003 79	−0.003 61	−0.003 46	0.000 61		−0.003 37	−0.000 24	−0.003 73	−0.000 49	0.000 21
K_2O	−0.000 90	−0.000 63	0.001 73	0.001 13	0.000 81	−0.000 42	−0.000 26		−0.001 27	0.001 41	−0.001 50	−0.000 81
P_2O_5	−0.000 88	−0.000 69	−0.002 98	−0.002 91	−0.002 83	−0.000 53	−0.000 40	−0.002 77		−0.002 97	−0.001 30	−0.000 80
Cr_2O_3	−0.000 23	0.000 00	0.004 55	−0.003 98	−0.003 95	0.000 20	0.000 35	−0.003 87	−0.000 64		−0.000 89	−0.000 15
HfO_2	0.003 79	0.000 24	0.001 84	0.000 94	0.000 88	0.000 11	−0.000 01	0.000 89	0.003 47	0.001 18	0.003 11	

条件：端窗铑靶，50 kV，顺序式；样品：$Li_2B_4O_7$ ∶ $LiNO_3$ = 1 ∶ 20 ∶ 10，基本成分 ZrO_2，第二基本成分 SiO_2。

实例 2

校正成分	被校正的待测成分											
	SiO_2 (SiKα)	Al_2O_3 (AlKα)	Fe_2O_3 (FeKα)	TiO_2 (TiKα)	CaO (CaKα)	MgO (MgKα)	Na_2O (NaKα)	K_2O (KKα)	P_2O_5 (PKα)	Cr_2O_3 (CrKα)	ZrO_2 (ZrLα)	HfO_2 (HfMα)
SiO_2		−0.000 57	−0.003 28	−0.003 21	−0.003 06	−0.000 48	−0.000 40	−0.002 98	0.001 09	−0.002 67	0.000 00	−0.000 60
Al_2O_3	0.001 01		−0.003 53	−0.003 43	−0.003 26	−0.000 57	−0.000 49	−0.003 17	0.000 92	−0.002 94	−0.000 19	0.001 03
Fe_2O_3	0.000 71	0.000 74		−0.003 66	−0.003 50	0.000 78	0.000 80	−0.003 41	0.000 59	−0.003 76	−0.000 49	0.000 74
TiO_2	−0.000 33	−0.000 30	0.001 55		−0.003 77	0.000 25	−0.000 20	−0.003 84	−0.000 43	0.002 18	−0.001 40	−0.000 30
CaO	−0.000 46	−0.000 41	0.001 61	0.001 06		−0.000 36	−0.000 31	−0.003 80	−0.000 54	0.002 33	−0.001 49	−0.000 42
MgO	0.000 84	0.001 02	−0.003 68	−0.003 56	−0.003 38		−0.000 59	−0.003 29	0.000 76	−0.003 09	−0.000 34	0.000 86

表 H.10（续）

校正成分	被校正的待测成分											
实例 2												
	SiO_2 (SiKα)	Al_2O_3 (AlKα)	Fe_2O_3 (FeKα)	TiO_2 (TiKα)	CaO (CaKα)	MgO (MgKα)	Na_2O (NaKα)	K_2O (KKα)	P_2O_5 (PKα)	Cr_2O_3 (CrKα)	ZrO_2 (ZrLα)	HfO_2 (HfMα)
Na_2O	0.000 68	0.000 78	−0.003 89	−0.003 74	−0.003 56	0.000 85		−0.003 45	0.000 57	−0.003 30	−0.000 51	0.000 70
K_2O	−0.000 57	−0.000 50	0.001 54	0.000 88	0.000 67	−0.000 46	−0.000 41		−0.000 63	0.002 20	−0.001 58	0.000 54
P_2O_5	−0.000 62	−0.000 52	−0.003 09	−0.003 06	−0.002 93	−0.000 43	−0.000 35	−0.002 87		−0.002 49	−0.001 60	−0.000 55
Cr_2O_3	0.000 30	0.000 37	0.004 31	−0.003 99	−0.003 83	0.000 44	0.000 49	−0.003 73	0.000 16		−0.000 88	0.000 34
HfO_2	0.004 22	0.000 04	0.002 45	0.001 32	0.001 27	−0.000 03	−0.000 10	0.001 27	0.004 17	0.003 43	0.002 73	
条件：侧窗铬靶，50 kV，顺序式；样品：$Li_2B_4O_7$ ：$LiNO_3$ =1：20：10，基本成分 ZrO_2，第二基本成分 SiO_2。												
实例 3												
校正成分	被校正的待测成分											
	SiO_2 (SiKα)	Al_2O_3 (AlKα)	Fe_2O_3 (FeKα)	TiO_2 (TiKα)	CaO (CaKα)	MgO (MgKα)	Na_2O (NaKα)	K_2O (KKα)	P_2O_5 (PKα)	Cr_2O_3 (CrKα)	ZrO_2 (ZrLα)	HfO_2 (HfMα)
SiO_2		−0.000 66	−0.003 25	−0.003 10	−0.002 98	−0.000 52	−0.000 41	−0.002 91	0.000 47	−0.003 20	0.000 00	−0.000 76
Al_2O_3	0.000 64		−0.003 51	−0.003 33	−0.003 18	−0.000 62	−0.000 50	−0.003 10	0.000 31	−0.003 45	−0.000 17	0.000 69
Fe_2O_3	0.000 34	0.000 51		−0.003 98	−0.003 73	0.000 64	0.000 73	−0.003 60	−0.000 01	−0.004 17	−0.000 48	0.000 40
TiO_2	−0.000 40	−0.000 21	0.001 55		−0.004 11	−0.000 04	0.000 10	−0.004 04	−0.000 76	0.001 24	−0.001 20	−0.000 33
CaO	−0.000 58	−0.000 37	0.001 62	0.001 21		−0.001 19	−0.000 05	−0.003 94	−0.000 93	0.001 39	−0.001 37	−0.000 51
MgO	0.000 48	0.000 77	−0.003 66	−0.003 45	−0.003 30		−0.000 61	−0.003 22	0.000 15	−0.003 58	−0.000 32	0.000 52
Na_2O	0.000 32	0.000 54	−0.003 86	−0.003 64	−0.003 48	0.000 70		−0.003 38	−0.000 03	−0.003 78	−0.000 49	0.000 37
K_2O	−0.000 74	−0.000 51	0.001 56	0.001 03	0.000 73	−0.000 34	−0.000 20		−0.001 08	0.001 28	−0.001 51	−0.000 67
P_2O_5	−0.000 78	−0.000 61	−0.003 07	−0.002 95	−0.002 85	−0.000 48	−0.000 36	−0.002 80		−0.003 03	−0.001 38	−0.000 71
Cr_2O_3	−0.000 06	0.000 14	0.004 31	−0.004 15	−0.004 01	0.000 30	0.000 41	−0.003 90	−0.000 42		−0.000 88	0.000 01
HfO_2	0.003 91	0.000 18	0.000 87	0.000 59	0.000 70	0.000 06	−0.000 04	0.000 75	0.003 62	0.000 58	0.002 99	
条件：端窗铑靶，40 kV，同时式；样品：$Li_2B_4O_7$ ：$LiNO_3$ =1：20：10，基本成分 ZrO_2，第二基本成分 SiO_2。												

表 H.11 铝锆硅质耐火制品理论基体校正系数

实例 1

校正成分	被校正的待测成分											
	SiO_2 (SiKα)	Al_2O_3 (AlKα)	Fe_2O_3 (FeKα)	TiO_2 (TiKα)	CaO (CaKα)	MgO (MgKα)	Na_2O (NaKα)	K_2O (KKα)	P_2O_5 (PKα)	Cr_2O_3 (CrKα)	ZrO_2 (ZrLα)	HfO_2 (HfMα)
SiO_2		−0.000 77	0.000 40	0.000 35	0.000 31	0.000 11	0.000 10	0.000 28	0.000 16	0.000 38	0.000 17	−0.001 30
Fe_2O_3	−0.000 29	0.000 32		−0.001 01	−0.000 89	0.001 31	0.001 27	−0.000 81	−0.000 32	−0.001 04	−0.000 33	−0.000 28
TiO_2	−0.000 99	−0.000 38	0.007 87		−0.001 29	0.000 59	0.000 61	−0.001 33	−0.001 05	0.007 23	−0.001 06	−0.000 96
CaO	−0.001 16	−0.000 54	0.007 98	0.006 86		0.000 42	0.000 45	−0.001 08	−0.001 21	0.007 45	−0.001 22	−0.001 13
MgO	−0.000 15	0.000 59	−0.000 23	−0.000 19	−0.000 18		−0.000 11	−0.000 17	−0.000 15	−0.000 21	−0.000 15	−0.000 15
Na_2O	−0.000 30	0.000 37	−0.000 55	−0.000 48	−0.000 44	0.001 38		−0.000 41	−0.000 33	−0.000 52	−0.000 33	−0.000 30
K_2O	−0.001 30	−0.000 67	0.007 87	0.006 59	0.005 82	0.000 27	0.000 30		−0.001 35	0.007 28	−0.001 36	−0.001 28
P_2O_5	−0.001 27	−0.000 72	0.000 69	0.000 57	0.000 49	0.000 16	0.000 16	0.000 44		0.000 64	−0.001 15	−0.001 26
Cr_2O_3	−0.000 67	−0.000 04	0.012 16	−0.001 13	−0.001 23	0.000 94	0.000 94	−0.001 19	−0.000 73		−0.000 74	−0.000 65
ZrO_2	−0.000 44	0.000 00	0.004 81	0.004 77	0.004 54	0.000 73	0.000 57	0.004 39	−0.000 08	0.004 89		−0.000 50
HfO_2	0.003 16	0.000 17	0.007 18	0.006 00	0.005 72	0.000 81	0.000 54	0.005 58	0.003 34	0.006 39	0.003 33	

条件：端窗铑靶，50 kV，顺序式；样品：$Li_2B_4O_7$ ∶ $LiNO_3$＝1∶20∶10，基本成分 Al_2O_3，第二基本成分 ZrO_2。

实例 2

校正成分	被校正的待测成分											
	SiO_2 (SiKα)	Al_2O_3 (AlKα)	Fe_2O_3 (FeKα)	TiO_2 (TiKα)	CaO (CaKα)	MgO (MgKα)	Na_2O (NaKα)	K_2O (KKα)	P_2O_5 (PKα)	Cr_2O_3 (CrKα)	ZrO_2 (ZrLα)	HfO_2 (HfMα)
SiO_2		−0.000 61	0.000 40	0.000 35	0.000 31	0.000 10	0.000 09	0.000 28	0.000 16	0.000 37	0.000 16	−0.001 47
Fe_2O_3	−0.000 28	0.000 66		−0.000 36	−0.000 36	0.001 42	0.001 35	−0.000 36	−0.000 31	−0.001 87	−0.000 31	−0.000 27
TiO_2	−0.001 32	−0.000 39	−0.007 88		−0.000 77	0.000 26	0.000 23	−0.001 00	−0.001 34	0.007 22	−0.001 34	−0.001 30
CaO	−0.001 42	−0.000 49	0.007 99	0.006 87		0.000 16	0.000 13	−0.000 91	−0.001 41	0.007 44	−0.001 41	−0.001 39
MgO	−0.000 15	0.000 93	−0.000 23	−0.000 19	−0.000 18		−0.000 10	−0.000 17	−0.000 15	−0.000 21	−0.000 15	−0.000 15
Na_2O	−0.000 30	0.000 70	−0.000 55	−0.000 48	−0.000 44	0.001 51		−0.000 42	−0.000 32	−0.000 52	−0.000 33	−0.000 29

表 H.11（续）

实例 2

校正成分	被校正的待测成分											
	SiO_2 (SiKα)	Al_2O_3 (AlKα)	Fe_2O_3 (FeKα)	TiO_2 (TiKα)	CaO (CaKα)	MgO (MgKα)	Na_2O (NaKα)	K_2O (KKα)	P_2O_5 (PKα)	Cr_2O_3 (CrKα)	ZrO_2 (ZrLα)	HfO_2 (HfMα)
K_2O	−0.001 50	−0.000 59	0.007 89	0.006 61	0.00588	0.000 07	0.000 03		−0.001 49	0.007 26	−0.001 49	−0.001 48
P_2O_5	−0.001 47	−0.000 56	0.000 69	0.000 57	0.000 50	0.000 15	0.000 15	0.000 45		0.000 63	−0.001 43	−0.001 43
Cr_2O_3	−0.000 65	0.000 29	0.012 18	−0.000 86	−0.000 85	0.001 07	0.001 02	−0.000 83	−0.000 70		−0.000 71	−0.000 63
ZrO_2	−0.000 91	0.000 00	0.005 23	0.000 524	0.004 87	0.000 61	0.000 52	0.004 66	−0.000 83	0.004 45		−0.000 93
HfO_2	0.002 91	0.000 06	0.008 69	0.007 26	0.006 76	0.000 56	0.000 40	0.006 52	0.002 98	0.007 55	0.002 97	

条件：侧窗铬靶，50 kV，顺序式；样品：$Li_2B_4O_7$: $LiNO_3$ = 1 : 20 : 10，基本成分 Al_2O_3，第二基本成分 ZrO_2。

实例 3

校正成分	被校正的待测成分											
	SiO_2 (SiKα)	Al_2O_3 (AlKα)	Fe_2O_3 (FeKα)	TiO_2 (TiKα)	CaO (CaKα)	MgO (MgKα)	Na_2O (NaKα)	K_2O (KKα)	P_2O_5 (PKα)	Cr_2O_3 (CrKα)	ZrO_2 (ZrLα)	HfO_2 (HfMα)
SiO_2		−0.000 74	0.000 40	0.000 34	0.000 30	0.000 10	0.000 10	0.000 28	0.000 16	0.000 38	0.000 17	−0.001 32
Fe_2O_3	−0.000 29	0.000 38		−0.001 03	−0.000 86	0.001 32	0.001 28	−0.000 77	−0.000 32	−0.001 15	−0.000 33	−0.000 28
TiO_2	−0.000 99	−0.000 33	0.007 85		−0.001 33	0.000 60	0.000 62	−0.001 35	−0.001 05	0.007 21	−0.001 06	−0.000 96
CaO	−0.001 16	−0.000 49	0.007 96	0.006 84		0.000 43	0.000 46	−0.001 12	−0.001 21	0.007 44	−0.001 22	−0.001 13
MgO	−0.000 15	0.000 64	−0.000 23	−0.000 19	−0.000 18		−0.000 11	−0.000 17	−0.000 15	−0.000 21	−0.000 15	−0.000 15
Na_2O	−0.000 30	0.000 42	−0.000 55	−0.000 48	−0.000 44	0.001 39		−0.000 41	−0.000 33	−0.000 52	−0.000 33	−0.000 30
K_2O	−0.001 31	−0.000 63	0.007 86	0.006 58	0.005 80	0.000 28	0.000 31		−0.001 35	0.007 27	−0.001 36	−0.001 28
P_2O_5	−0.001 30	−0.000 70	0.000 69	0.000 57	0.000 49	0.000 16	0.000 16	0.000 44		0.000 63	−0.001 18	−0.001 28
Cr_2O_3	−0.000 67	−0.000 01	0.012 13	−0.001 20	−0.001 24	0.000 95	0.000 95	−0.001 19	−0.000 72		−0.000 73	−0.000 65
ZrO_2	−0.000 49	0.000 00	0.005 14	0.004 92	0.004 65	0.000 70	0.000 56	0.004 48	−0.000 16	0.005 12		−0.000 55
HfO_2	0.003 12	0.000 15	0.006 47	0.005 78	0.005 63	0.000 77	0.000 51	0.005 53	0.003 28	0.005 97	0.003 29	

条件：端窗铑靶，40 kV，同时式；样品：$Li_2B_4O_7$: $LiNO_3$ = 1 : 20 : 10，基本成分 Al_2O_3，第二基本成分 ZrO_2。

表 H.12 镁铝质耐火制品理论基体校正系数

实例1									
校正成分	被校正的待测成分								
	SiO_2 (SiKα)	Al_2O_3 (AlKα)	Fe_2O_3 (FeKα)	TiO_2 (TiKα)	CaO (CaKα)	MgO (MgKα)	Na_2O (NaKα)	K_2O (KKα)	P_2O_5 (PKα)
SiO_2		−0.001 29	0.000 64	0.000 55	0.000 49	0.000 10	0.000 21	0.000 46	0.000 32
Al_2O_3	0.000 15		0.000 23	0.000 20	0.000 18	0.000 00	0.000 11	0.000 17	0.000 15
Fe_2O_3	−0.000 16	−0.000 27		−0.001 12	−0.000 90	0.001 29	0.001 39	−0.000 81	−0.000 19
TiO_2	−0.000 86	−0.000 93	0.008 27		−0.001 20	0.000 58	0.000 72	−0.001 24	−0.000 92
CaO	−0.001 03	−0.001 08	0.008 39	0.007 18		0.000 41	0.000 56	−0.000 98	−0.001 09
Na_2O	−0.000 16	−0.000 21	−0.000 33	−0.000 29	−0.000 26	0.001 38		−0.000 25	−0.000 18
K_2O	−0.001 18	−0.001 20	0.008 28	0.006 91	0.006 09	0.000 26	0.000 41		−0.001 23
P_2O_5	−0.001 14	−0.001 24	0.000 94	0.000 77	0.000 68	0.000 16	0.000 27	0.000 62	
条件：端窗铑靶，50 kV，顺序式；样品：$Li_2B_4O_7$ ∶ $LiNO_3$ = 1 ∶ 20 ∶ 10，基本成分 MgO，第二基本成分 Al_2O_3。									

实例2									
校正成分	被校正的待测成分								
	SiO_2 (SiKα)	Al_2O_3 (AlKα)	Fe_2O_3 (FeKα)	TiO_2 (TiKα)	CaO (CaKα)	MgO (MgKα)	Na_2O (NaKα)	K_2O (KKα)	P_2O_5 (PKα)
SiO_2		−0.001 44	0.000 64	0.000 55	0.000 49	0.000 10	0.000 20	0.000 46	0.000 31
Al_2O_3	0.000 15		0.000 23	0.000 20	0.000 18	0.000 00	0.000 11	0.000 17	0.000 15
Fe_2O_3	−0.000 15	−0.000 27		−0.000 19	−0.000 20	0.001 41	0.001 46	−0.000 21	−0.000 17
TiO_2	−0.001 29	−0.001 36	0.008 28		−0.000 61	0.000 19	0.000 27	−0.000 85	−0.001 29
CaO	−0.001 37	−0.001 44	0.008 40	0.007 20		0.000 10	0.000 17	−0.000 77	−0.001 36
Na_2O	−0.000 15	−0.000 22	−0.000 33	−0.000 29	−0.000 27	0.001 50		−0.000 25	−0.000 17
K_2O	−0.001 45	−0.001 50	0.008 29	0.006 93	0.006 16	0.000 02	0.000 09		−0.001 42
P_2O_5	−0.001 35	−0.001 39	0.000 94	0.000 78	0.000 68	0.000 15	0.000 26	0.000 63	
条件：侧窗铬靶，50 kV，顺序式；样品：$Li_2B_4O_7$ ∶ $LiNO_3$ = 1 ∶ 20 ∶ 10，基本成分 MgO，第二基本成分 Al_2O_3。									

表 H.12（续）

实例 3									
校正成分	被校正的待测成分								
	SiO_2（SiKα）	Al_2O_3（AlKα）	Fe_2O_3（FeKα）	TiO_2（TiKα）	CaO（CaKα）	MgO（MgKα）	Na_2O（NaKα）	K_2O（KKα）	P_2O_5（PKα）
SiO_2		−0.001 33	0.000 64	0.000 54	0.000 49	0.000 10	0.000 21	0.000 45	0.000 31
Al_2O_3	0.000 15		0.000 23	0.000 19	0.000 18	0.000 00	0.000 11	0.000 17	0.000 15
Fe_2O_3	−0.000 15	−0.000 26		−0.001 09	−0.000 82	0.001 23	0.001 42	−0.000 71	−0.000 18
TiO_2	−0.000 85	−0.000 92	0.008 23		−0.001 28	0.000 61	0.000 75	−0.001 28	−0.000 92
CaO	−0.001 03	−0.001 07	0.008 36	0.007 14		0.000 44	0.000 58	−0.001 12	−0.001 09
Na_2O	−0.000 15	−0.000 20	−0.000 33	−0.000 29	−0.000 26	0.001 41		−0.000 25	−0.000 18
K_2O	−0.001 18	−0.001 20	0.008 25	0.006 87	0.006 04	0.000 29	0.000 43		−0.001 23
P_2O_5	−0.001 20	−0.001 28	0.000 93	0.000 77	0.000 67	0.000 16	0.000 27	0.000 62	
条件：端窗铑靶，40 kV，同时式；样品：$Li_2B_4O_7$ ：$LiNO_3$ = 1 ：20 ：10，基本成分 MgO，第二基本成分 Al_2O_3。									

附 录 I
(资料性附录)
使用有证标准样品得到的标准偏差

表 I.1 使用 ECRM 776-1(铝硅酸盐)得到的标准偏差(再现性)

10 个玻璃片,未校正仪器误差的结果									
熔剂	实验室	SiO_2	TiO_2	Al_2O_3	Fe_2O_3	CaO	MgO	K_2O	Na_2O
	标准值	62.76	1.62	29.28	1.43	0.31	0.48	2.92	0.49
(a)	A	0.067	0.006	0.022	0.007	0.008	0.009	0.013	0.023
(b)	B	0.31	0.005	0.10	0.011	0.002	0.039	0.006	—
(c)	C	0.028	0.004	0.051	0.008	0.001	0.005	0.036	—
(c)	D	0.18	0.036	0.29	0.024	0.011	0.022	0.032	0.033
(d)	E	0.083	0.003	0.062	0.024	0.016	0.011	0.033	0.011
(d)	F	0.082	0.007	0.070	0.005	0.001	0.006	0.013	0.01
(d)	G[a]	0.24	0.008	0.19	0.015	0.007	0.013	0.011	—
(d)	H	0.11	0.005	0.053	0.006	0.007	0.013	0.007	0.02
(e)	J	0.19	0.007	0.16	0.03	0.009	0.06	0.03	0.02
(e)	K	0.12	0.015	0.086	0.076	0.007	0.024	—	—
(f)	L	0.206	0.013	0.098	0.011	0.009	0.046	0.04	—
(h)	A	0.14	0.005	0.08	0.003	0.002	0.019	0.007	—
(e)	J	0.17	0.007	0.16	0.03	0.009	0.06	0.03	0.05

[a] 自动熔样。

表 I.2 使用 BCS 394(铝矾土)得到的标准偏差(再现性)

实验室	SiO_2	TiO_2	Al_2O_3	Fe_2O_3	CaO	MgO	K_2O	Na_2O	ZrO_2	P_2O_5
标准值	4.98	3.11	88.8	1.90	0.08	0.12	0.02	0.02	—	—
(d)E	0.008	0.007	0.19	0.013	0.002	0.004	0.001	0.008	0.002	0.00
(d)F	0.009	0.012	0.13	0.007	0.003	0.006	0.003	0.005	0.008	0.00
(d)G	0.160	0.015	0.19	0.007	0.003	0.009	0.007	0.007	—	—
(d)H	0.020	0.007	0.23	0.007	0.001	0.003	0.002	0.010	0.001	0.00
(d)K	0.060	0.014	0.18	0.057	0.005	0.004	—	—	—	—

表 I.3 使用 BCS 389(镁砂)得到的标准偏差(再现性)

实验室	SiO_2	TiO_2	Al_2O_3	Fe_2O_3	CaO	MgO	Cr_2O_3	Mn_3O_4
标准值	0.89	0.015	0.23	0.29	1.66	—	0.28	0.01
(d)E	0.01	0.003	0.01	0.003	0.013	0.27	—	0.01
(d)F	0.01	0.003	0.01	0.003	0.013	0.27	0.005	0.01
(d)H	0.02	—	0.01	0.010	0.016	0.26	0.006	—
(e)K	0.03	0.015	0.03	0.020	0.007	0.20	0.016	0.003

表 I.4 使用 BCS 369(镁铬质)得到的标准偏差(再现性)

实验室	SiO_2	TiO_2	Al_2O_3	Fe_2O_3	CaO	MgO	Cr_2O_3	Mn_3O_4
标准值	2.59	0.14	14.7	10.3	1.17	53.55	17.2	0.12
(d)K	0.03	0.004	0.015	0.08	0.014	0.17	0.08	0.004
(d)F	0.02	0.01	0.05	0.05	0.01	0.26	0.05	0.005
(d)H	0.05	0.02	0.09	0.05	0.03	0.17	0.09	0.002
(e)J	0.03	0.02	0.03	0.03	0.01	0.11	0.03	0.004

表 I.5 使用 BCS 388(锆英石)得到的标准偏差(再现性)

实验室	SiO_2	TiO_2	Al_2O_3	Fe_2O_3	CaO	ZrO_2	P_2O_5	HfO_2	MgO
标准值	32.7	0.232	0.291	0.049	(0.04)	64.90	0.12	1.30	—
(d)E	0.065	0.002	0.016	0.004	0.002	0.172	0.002	0.011	0.004
(d)H	0.205	0.007	0.005	0.004	0.001	0.170	0.003	0.019	0.002
(e)J	0.060	0	0.010	0	0	0.080	0	0.006	—
(e)K	0.092	0.009	0.023	0.01	—	0.122	—	—	0.010

表 I.6 使用 BCS 368(白云石)得到的标准偏差(再现性)(用完后由 ECRM 782-1 代替)

实验室	SiO_2	TiO_2	Al_2O_3	Fe_2O_3	CaO	MgO	Mn_3O_4	K_2O	Na_2O	SrO
标准值	0.92	<0.01	0.17	0.22	30.67	20.95	0.04	<0.01	<0.01	—
(d)E	0.008	0.001	0.011	0.004	0.107	0.099	0.001	0.017	0.018	0.00
(d)H	0.011	0.001	0.012	0.006	0.269	0.120	0.001	—	—	—
(d)M	0.007	0.000	0.005	0.008	0.109	0.103	0.002	0.002	0.000	—

表 I.7 使用 BCS 393(石灰石)得到的标准偏差(再现性)

实验室	SiO_2	TiO_2	Al_2O_3	Fe_2O_3	CaO	MgO	Mn_3O_4	K_2O	Na_2O	SrO
标准值	0.70	0.009	0.122	0.045	55.4	0.150	0.010	0.018	<0.02	0.02
(d)E	0.004	0.001	0.003	0.005	0.284	0.005	0.001	0.002	0.007	0.00

表 I.8 使用 BCS 308(铬矿)得到的标准偏差(再现性)

实验室	SiO_2	TiO_2	Al_2O_3	FeO	CaO	MgO	Cr_2O_3	Na_2O
标准值	4.25		19.4	15.3	0.34	16.5	41.2	0.014
(d)H	0.037	0.030	0.183	0.062	0.008	0.111	0.142	0.003

表 I.9 使用尖晶石得到的标准偏差(见 G.2.8)

实验室	SiO_2	TiO_2	Al_2O_3	Fe_2O_3	CaO	MgO	P_2O_5	ZrO_2
M(70-30)[a]	0.007	0.011	0.100	0.010	0.011	0.095	0.006	0.004
E(70-30)[a]	0.012	0.007	0.232	0.007	0.002	0.078	0.002	0.001
M(30-70)[b]	0.011	0.020	0.059	0.012	0.013	0.068	0.010	0.007

a 70-30 为 70% BCS 389。

b 30-70 为 70% BCS 394。

表 I.10 使用硅石得到的标准偏差(见 G.2.4)

实验室	SiO_2	TiO_2	Al_2O_3	Fe_2O_3	CaO	MgO	K_2O	Na_2O
标准值	99.43	0.02	0.145	0.020	0.005	0.012	0.037	0.000
E	0.109 9	0.001	0.003	0.003	0.001	0.010	0.001	0.007

表 I.11 使用 ECRM 776-1 得到的标准偏差(再现性)

一天内同一玻璃片测量 10 次									
仪器	实验室	SiO_2	TiO_2	Al_2O_3	Fe_2O_3	CaO	MgO	K_2O	Na_2O
	标准值	62.76	1.617	29.28	1.429	0.31	0.470	2.92	0.49
TXRF	E	0.030	0.004	0.029	0.001	0.001	0.007	0.004	0.013
PW1480	G	0.09	0.006	0.09	0.005	0.005	0.008	0.009	—
	J	0.17	0.005	0.15	0.009	0.007	0.04	0.02	0.03
	C	0.061	0.004	0.018	0.003	0.003	0.004	0.030	—
	J	0.35	0.005	0.14	0.009	0.07	0.04	0.02	0.06
PW1606	A	0.08	0.006	0.03	0.003	0.003	0.013	0.007	—
PW1600	K	0.124	0.015	0.086	0.012	0.007	0.042	—	—

表 I.12 10 个月内重复测定 ECRM 776-1 得到的标准偏差(使用漂移校正并每个月进行测量)

仪器	实验室	SiO_2	TiO_2	Al_2O_3	Fe_2O_3	CaO	MgO	K_2O	Na_2O
Telsec	E	0.119	0.005 3	0.069 8	0.006 6	0.006 0	0.016 7	0.005 4	0.013
TXRF	H	0.158	0.008 4	0.142	0.005 3	0.007 8	0.021 7	0.011 5	0.051 7
	C	0.151	0.005	0.052	0.010	0.002	0.041	0.005	—
PW1480	G	0.13	0.025	0.13	0.024	0.006	0.015	0.017	0.034

表 I.13 使用 HAL4(铝硅质)得到的标准偏差(再现性)

实验室	Al_2O_3	SiO_2	Na_2O	MgO	P_2O_5	K_2O	CaO	TiO_2	Fe_2O_3
标准值	88.37	7.02	0.40	1.42	0.72	0.80	1.06	0.02	0.07
1	0.082	0.018	0.010	0.016	0.004	0.005	0.009	0.002	0.002
3	0.161	0.024	0.006	0.017	0.005	0.005	0.006	0.002	0.0096
4	0.282	0.034	0.010	0.018	0.003	0.003	0.009	0.001	0.002
5	0.033	0.015	0.008	0.009	0.004	0.005	0.008	0.002	0.012
6	0.078	0.034	—	0.016	0.008	—	0.013	—	0.004
9	0.076	0.004	0.022	0.005	0.008	0.005	0.005	0.002	0.009

表 I.14 使用 MGAL4(镁铝质)得到的标准偏差(再现性)

实验室	MgO	SiO_2	Al_2O_3	Fe_2O_3	Na_2O	CaO	Ti_2O	K_2O	MnO	P_2O_5
标准值	60.98	14.59	10.92	8.12	1.25	1.08	1.01	0.85	0.52	0.26
1	0.102	0.042	0.020	0.033	0.015	0.008	0.009	0.003	0.007	0.001
2	0.269	0.068	0.091	0.037	0.017	0.019	0.017	0.005	0.006	0.017
3	0.204	0.050	0.041	0.072	0.035	0.009	0.013	0.011	0.009	0.004

表 I.14(续)

实验室	MgO	SiO_2	Al_2O_3	Fe_2O_3	Na_2O	CaO	Ti_2O	K_2O	MnO	P_2O_5
4	0.089	0.032	0.037	0.040	0.019	0.006	0.014	0.005	0.007	0.004
5	0.078	0.068	0.016	0.080	0.010	0.008	0.013	0.004	0.004	0.004
7	0.076	0.048	0.059	0.029	0.011	0.008	0.014	0.021	0.002	0.007
9	0.050	0.078	0.043	0.005	0.005	0.004	0.003	0.032	0.008	0.005

表 I.15 使用 MGCR5(镁铬质)得到的标准偏差(再现性)

实验室	Al_2O_3	Cr_2O_3	Fe_2O_3	K_2O	MgO	MnO	Na_2O	P_2O_5	SiO_2	TiO_2	CaO
标准值	8.24	27.07	8.37	1.132	40.00	0.556	0.469	0.342	11.84	0.109	1.512
1	0.050	0.027	0.048	0.008	0.069	0.003	0.012	0.004	0.047	0.003	0.013
2	0.067	0.159	0.051	0.029	0.105	0.007	0.033	0.009	0.098	0.006	0.013
4	0.026	0.066	0.030	0.006	0.10	0.006	0.019	0.005	0.054	0.005	0.009
5	0.034	0.092	0.043	0.007	0.090	0.012	0.026	0.004	0.063	0.003	0.009
7	0.051	0.029	0.049	0.003	0.101	0.006	0.009	0.004	0.099	0.007	0.029
9	0.014	0.035	0.008	0.004	0.048	0.007	0.020	0.029	0.052	0.005	0.005

ICS 77.040.99
CCS H 21

中华人民共和国国家标准

GB/T 21115—2007

块状氧化物超导体磁浮力的测量

Measurement for levitation force of bulk oxide superconductor

2007-10-11 发布　　2007-12-01 实施

中华人民共和国国家质量监督检验检疫总局
中国国家标准化管理委员会　发布

前　言

鉴于我国目前超导块材主要用于制作磁悬浮装置，更迫切地需要有规范的方法测量超导体的磁浮力，因此制定本标准。

与本标准有关的国际标准化组织是国际电工委员会超导技术委员会(IEC-TC90)。

本标准的附录 A 为资料性附录。

本标准由国家超导技术联合研究开发中心提出，全国超导标准化技术委员会归口。

本标准负责起草单位：北京有色金属研究总院和国家超导技术联合研究开发中心。

本标准参加起草单位：中国科学院上海微系统与信息技术研究所、中国科学院物理研究所、西北有色金属研究院、中国科学院电工研究所。

本标准主要起草人：肖玲、焦玉磊、郑明辉、张宏、刘宜平、刘国东、张翠萍、丘明。

本标准为首次发布。

块状氧化物超导体磁浮力的测量

1 范围

本标准规定了大晶粒块状氧化物超导体(简称块状超导体)在液氮温度(77 K)附近磁浮力的测试方法。

本标准适用于测量由熔融织构生长法制备的圆柱状 RE-Ba-Cu-O 超导体的轴向磁浮力,超导体的直径小于或等于 50 mm。直径大于 50 mm 的圆柱形超导块与其他具有规则形状(正方体、长方体、正六棱柱等)超导块的轴向磁浮力以及非轴向磁浮力的测量也可参照本标准执行。

2 规范性引用文件

下列文件中的条款通过在本标准中的引用而构成为本标准的条款。凡是注日期的引用文件,其随后所有的修改单(不包括勘误的内容)或修订版均不适用于本标准,然而,鼓励根据本标准达成协议的各方研究是否可使用这些文件的最新版本。凡是不注日期的引用文件,其最新版本适用于本标准。

GB/T 13811—2003 电工术语 超导电性(IDT IEC 60050-815:2000:Electrotechnical terminology—Superconductivity)

JJF 1059—1999 测量不确定度评定与表示

3 术语和定义

GB/T 13811、JJF 1059 确立的以及下列术语和定义适用于本部分。

3.1

氧化物超导体 oxide superconductor

在一定条件下呈现超导电性的包含氧作为一种基本成分的化合物超导体。

注:一定条件指适当的温度、磁场强度和电流密度。[GB/T 13811—2003 中 815-02-05]

3.2

铜氧化物超导体 copper-oxide (cuprate) superconductor

包含有铜氧面的层状结构的氧化物超导体。[GB/T 13811—2003 中 815-02-08]

3.3

熔融织构生长法 melt-textured growth process

在高温下部分熔化后定向凝固,以制备出取向好的氧化物超导体的工艺。[GB/T 13811—2003 中 815-05-22]

3.4

磁浮力 magnetic levitation force

在确定温度和确定间隙下块状超导体与磁体之间产生的相互作用力,单位为牛顿(N)。根据超导体和磁体间相互作用的历程和状态,磁浮力可以是排斥力或吸引力。

取一定条件(磁场和冷却方式)和可测量到的最小距离(0.1 mm)下的排斥力为样品在该条件下的最大排斥力。

取一定条件(磁场和冷却方式)下测得的吸引力的最大值为样品在该条件下的最大吸引力。

3.5

磁浮力密度 magnetic levitation force density

作用在超导体端面的单位面积上的磁浮力,单位为牛顿每平方厘米(N/cm^2)。

3.6

标准不确定度　standard uncertainty

以标准差表示的测量不确定度。(JJF 1059—1999 中 2.12)

4 要求

磁浮力应作为块状氧化物超导体和永久磁体之间相对距离的函数来测量(参见 A.1)。

本方法的目标相对标准不确定度规定为同一样品在各个实验室间进行比对测量的变异系数 COV(coefficient of variation)应等于或小于 10%。COV 的计算为同一样品在不同实验室的比对测量中,磁浮力测量值的标准偏差除以平均值。由于氧化物超导体在潮湿的环境中易发生损坏,比对测试应在一个月内完成,比对测试期间,样品应保存在干燥环境中。

块状氧化物超导体是一种具有本征脆性的陶瓷材料,测试过程中超导体不应受到任何损伤。

在应用本标准的测试过程中,样品温度应保持在 77.3 K～77.8 K。本测试方法使用的冷却剂为液氮,对于液氮的使用需遵守安全操作规范。

5 装置

5.1 磁体

在本标准规定的测试方法中,应使用具有确定磁特性(最大磁能积 BH_{max}、剩磁 B_r 和矫顽力 B_c)和确定尺寸(直径和高度)的圆柱状永磁体,推荐使用钕铁硼(NdFeB)永磁体(参见 A.2)。磁体和超导体的直径比 D_{PM}/D_{SC} 应在 1±3%的范围内,磁体自身的直径高度比 D_{PM}/h_{PM} 应在 1±10%的范围内(参见 A.2)。

测试过程中应保持磁体处于室温(25℃±5℃)下,由液氮引起的磁体温度下降不超过 4℃,磁感应强度变化不超过 1%(参见 A.3)。

5.2 改变距离

以一定速率改变磁体和超导样品之间的距离。移动速率应在 0.3 mm/s～2.0 mm/s 范围内(参见附录 A.4)。

5.3 低温容器

低温容器应是非磁性的,其容积应能保证在测量过程中超导样品始终浸没在液氮中。

5.4 磁浮力测量

使用力传感器测量磁浮力。应对传感器进行有效的热绝缘,使传感器工作在规定的温度范围内(−40℃～60℃)。

5.5 距离测量

超导样品与磁体间的相对距离用位移传感器测量,每次测量前应进行零距离校准。推荐磁体和被测超导体有轻微接触(力传感器有大约 10 N 输出信号)时定为零距离(参见 A.5)。

5.6 温度测量

温度传感器应固定在样品支撑台上,监视测量过程中样品的温度变化(参见 A.6)。

6 样品加工和样品支撑台

6.1 样品加工

块状超导样品的上下端面应当平整和平行。

6.2 样品支撑台

样品支撑台应使用非磁性金属材料制作,确保在测量过程中不发生移动和形变。

6.3 样品固定

要保证样品测试端面与磁体端面平行,两端面的夹角小于 0.5°(根据被测样品直径计算相应的平行度)。

被测样品可用非磁性材料卡具和/或低温下可固化的胶固定在样品支撑台上,避免样品在测量过程中产生位移或转动。应保持样品与磁体之间的同轴性,轴间偏离小于样品直径的3.5%(参见A.7)。

7 测试步骤

7.1 测量零场冷却(简称零场冷)条件下磁浮力随距离的变化

7.1.1 用卡具和/或低温下可固化的胶固定样品,并保持样品测试端面与磁体端面平行。

7.1.2 在远离磁体的情况下(例如对直径30 mm的样品,相对距离应大于40 mm,此时磁体与超导体间的相互作用可忽略)用液氮冷却样品。应将样品浸没在液氮中,待液氮面平静2 min后进行测量。

7.1.3 检测液氮浴的温度,应满足本标准第4章中对温度的要求。

7.1.4 以恒定速率改变样品与磁体间的距离。测量排斥力时,距离从大到小变化;测量回滞曲线时,距离从大变小至某个确定数值后再从小变大。

7.1.5 在改变磁体与样品间距离的同时,使用力传感器和位移传感器分别测量样品与磁体间的相互作用力和相对距离。

7.1.6 测试过程中,应保证样品始终浸没在液氮中,并监测样品温度变化。

7.2 测量带场冷却(简称场冷)条件下磁浮力随距离的变化

7.2.1 按照7.1.1固定样品。

7.2.2 调整样品与磁体的相对位置,使二者间距达到设定距离后,用液氮冷却样品,待液氮面平静2 min后进行测量。

7.2.3 按照步骤7.1.3操作。

7.2.4 以恒定速率改变样品与磁体间的距离。测量吸引力时,距离从小到大变化;测量回滞曲线时,距离从大变小至某个确定数值后再从小变大。

7.2.5 按照步骤7.1.5和7.1.6操作。

7.3 测量零场冷条件下排斥力随时间的变化

7.3.1 按照步骤7.1.1、7.1.2和7.1.3操作,对样品进行固定、冷却,并检测温度。

7.3.2 以恒定速率从大到小改变样品与磁体间的距离至某个确定数值后,测量排斥力随时间的变化。

7.3.3 按照步骤7.1.5和7.1.6操作。

7.4 测量场冷条件下吸引力随时间的变化

7.4.1 按照步骤7.1.1、7.2.2和7.1.3操作,对样品进行固定、冷却,并检测温度。

7.4.2 以恒定速率从小到大改变样品与磁体间的距离至某个确定数值后,测量吸引力随时间的变化。

7.4.3 按照步骤7.1.5和7.1.6操作。

注:对于同一样品的重复测量,必须保证样品整体升温至其临界转变温度以上,将冻结在超导体内的磁通完全排除后进行。

8 不确定度

8.1 力的测量

所用力传感器在进行磁浮力测量时产生的标准不确定度应小于0.1 N。

8.2 距离的测量

所用位移传感器在进行距离测量时产生的标准不确定度应小于0.1 mm。

8.3 磁感应强度的测量

所用磁强计在进行磁感应强度测量时产生的标准不确定度应小于0.01 T。

8.4 温度的测量

所用测温系统在进行温度测量时产生的标准不确定度应小于0.1 K。

9 测试报告

9.1 样品参数

a) 生产厂家；

b) 样品名称；

c) 样品编号；

d) 样品形状和尺寸。

9.2 磁体参数

a) 磁体标识；

b) 磁体形状和尺寸；

c) 磁体安装在测试装置上时，其表面中心的磁感应强度。

9.3 测试条件

a) 样品冷却条件；

b) 被测样品与磁体之间的起始测量距离；

c) 被测样品与磁体相对距离的改变速率；

d) 测量过程中样品的温度。

9.4 磁浮力测试结果

a) 磁浮力与距离的测量数据及曲线；

b) 最大排斥力或确定距离下的排斥力；

c) 最大排斥力密度或确定距离下的排斥力密度；

d) 最大吸引力(需注明场冷距离)；

e) 最大吸引力密度(需注明场冷距离)；

f) 磁浮力与时间的测量数据及曲线；

g) 测试日期。

附　录　A
（资料性附录）
与磁浮力测试有关的信息

本附录分别以直径 25 mm、30 mm 和 40 mm 的圆柱状超导样品为例给出与磁浮力测试有关的附加信息。

A.1　磁浮力随距离变化的典型曲线

图 A.1 是在零场冷条件下测得的排斥力（取为正值）曲线。排斥力随超导样品与磁体间距的减小单调上升，在间距趋于零时达到最大值（本标准规定在间距为 0.1 mm 时为最大值）。

图 A.2 是在样品与磁体间距为 5 mm 的场冷条件下测得的吸引力（取为负值）曲线。吸引力随间距的增大而增加，达到最大值后逐渐减小。

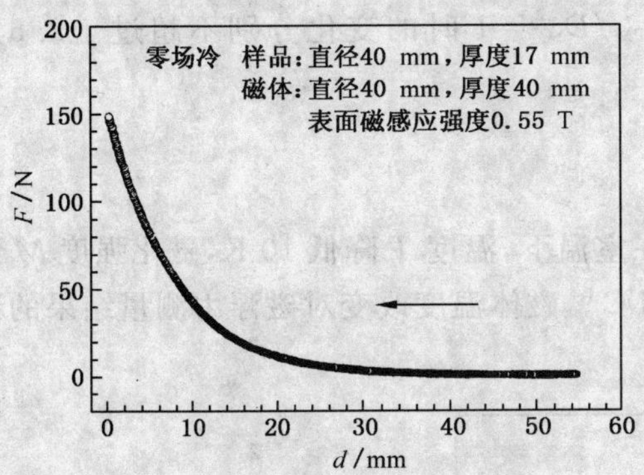

图 A.1　排斥力与距离的关系

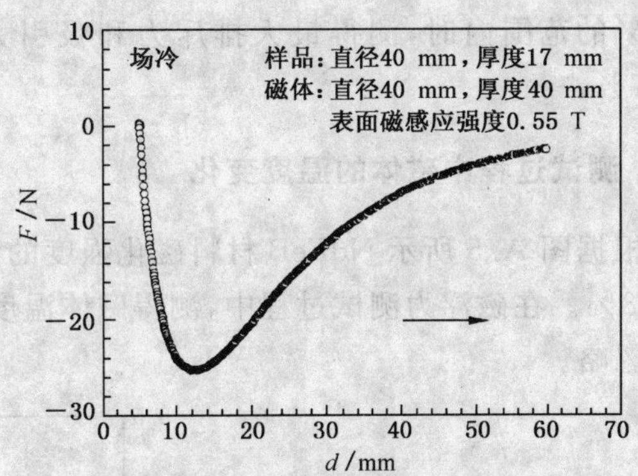

图 A.2　吸引力与距离的关系

图 A.3 是在零场条件下测得的磁浮力的回滞曲线。减小间距时的磁浮力为排斥力，增加间距时的磁浮力为排斥力与吸引力的合力。

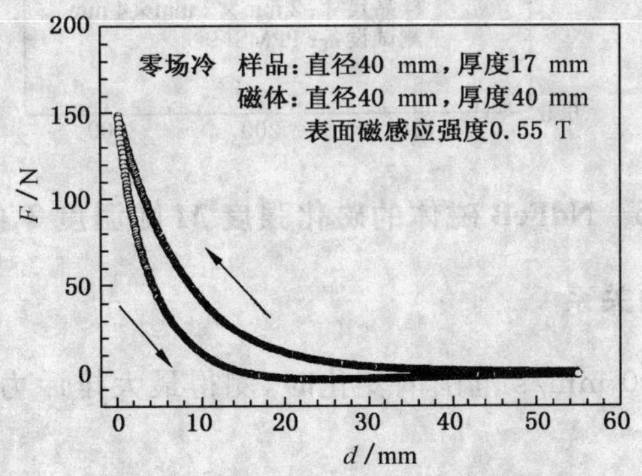

图 A.3　磁浮力的回滞曲线

A.2　磁浮力与磁体参数的关系

图 A.4 是样品最大排斥力与磁体端面磁感应强度的关系曲线（其中圆点为实验数据，实线是二次曲线拟合的结果）。由图可见，最大排斥力随磁体端面磁感应强度的增加大致成平方关系增大。因此，在给出超导材料磁浮力测量结果的同时，应给出测试用磁体的表面磁感应强度。使用具有相同磁感应强度的磁体测量的结果才有可比性。当所用磁体的磁感应强度不同时，应将测量结果换算到相同磁感应强度所对应的数值再进行比较。

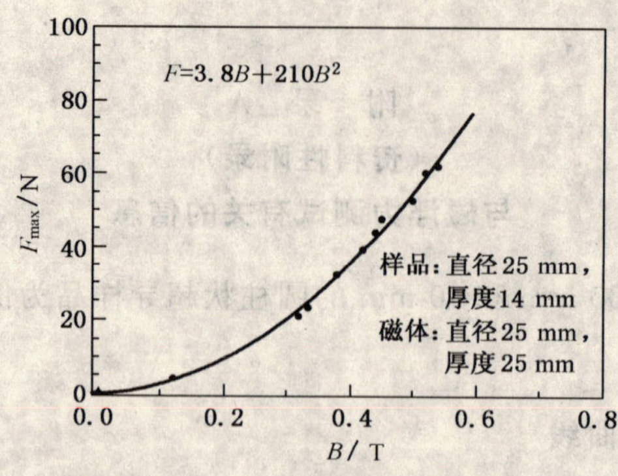

图 A.4 最大排斥力与磁体表面磁感应强度的关系

给定材质的磁体，其表面磁感应强度与磁体的径高比有关。当磁体的径高比 D_{PM}/h_{PM} 在 1±10% 的范围内时，测得最大排斥力和吸引力相对于 $D_{PM}/h_{PM}=1$ 时的变化分别不超过±1.5%和±2.7%。使用直径不同的一组磁体(径高比均为 1)，测量了同一个超导样品。当磁体与样品直径比 D_{PM}/D_{SC} 在 1±3%的范围内时，测得最大排斥力和吸引力相对于 $D_{PM}/D_{SC}=1$ 时的变化分别不超过±2.5%和±4.7%。

A.3 测试过程中磁体的温度变化

根据图 A.5 所示 NdFeB 材料磁化强度的测量结果，在室温下，温度 T 降低 10 K，磁化强度 M 约增加 0.8%。在磁浮力测试过程中，测得磁体温度下降了 3.4℃。磁体温度改变对磁浮力测量结果的影响可以忽略。

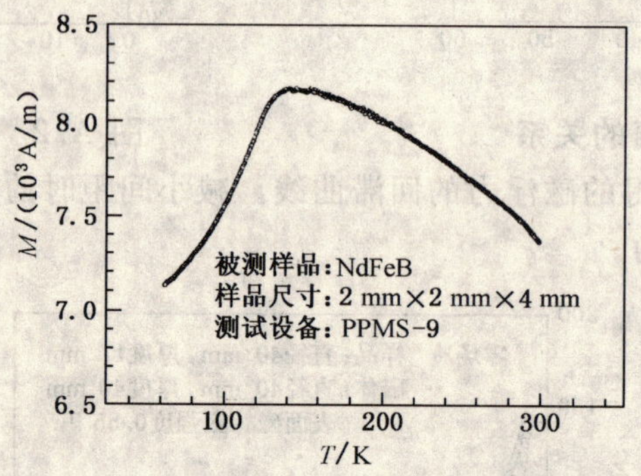

图 A.5 NdFeB 磁体的磁化强度 M 随温度 T 的变化

A.4 排斥力与磁体移动速率的关系

移动速率在 0.3 mm/s～2.0 mm/s 范围内变化时，测得最大排斥力和吸引力的变化均小于 2.7%。

A.5 零距离校准方法

为保证测量结果的重复性，推荐使用下述零距离校准方法。在室温条件下移动永久磁体或超导样品，当两者之间有轻微接触(力传感器显示大约 10 N 输出信号)时，令位移传感器的输出为零。

A.6 测试过程中样品的温度变化

在磁浮力测量过程中，测得样品的温度变化小于 0.3 K。

A.7 样品与磁体轴线偏离对排斥力的影响

测得样品的最大排斥力和吸引力随样品和磁体轴线偏离程度的增加近似线性下降。当轴间偏离程度小于样品直径的3.5%时,对最大排斥力和吸引力的影响分别小于4.0%和3.5%。

A.8 排斥力随时间的衰减

在5 mm距离下停留1 h测量的排斥力与时间的关系见图A.6,排斥力随时间呈对数衰减(图中圆点为实验数据,实线为对数拟合的结果)。

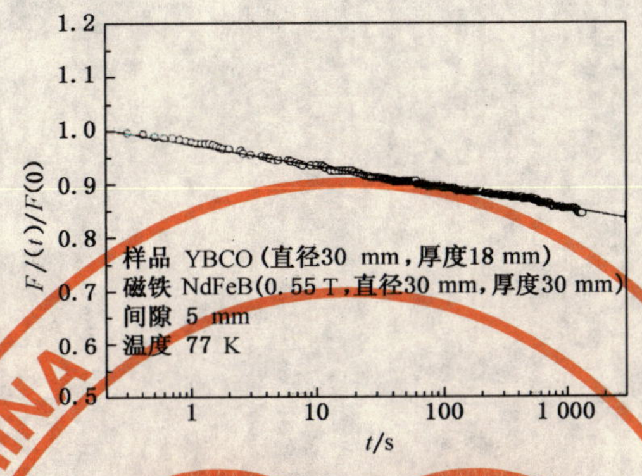

图 A.6 排斥力随时间的衰减

A.9 循环比对实验结果

本标准工作组于2005年7月至8月组织了一次有4个单位参加的磁浮力测量的串联循环比对实验。5个圆柱状YBaCuO样品依次传递给每个参加比对测试的实验室,所有样品均要求测量排斥力,其中3个样品要求测量吸引力。规定每个样品测量4次,测试用磁体(NdFeB)也和样品一起传递。这次比对测试,共获得排斥力数据10组,每组17个,吸引力数据3组,每组17个。其中排斥力测量数据中两组数据由于样品损伤导致性能下降幅度较大,被视为无效。根据有效的11组187个数据的汇总,得到表示每组测试数据再现性的变异系数COV中最大的为4.6%。

由于这次比对测试没有将对测试数据影响较大的磁体的变化因素包含在内,2005年12月,由同一单位的4名测试者又进行了两次小范围的比对测试。其中一次改变磁体尺寸,获得1组13个数据,COV为4.9%。另一次使用尺寸在本标准规定范围内的磁体,获得3组30个数据,COV中最大的为1.5%。

根据几次循环比对实验的结果并考虑到本附录中其他因素对测试结果的影响,按照本标准规定的方法进行磁浮力测量,其测量值可以达到10%的目标相对标准不确定度的要求。

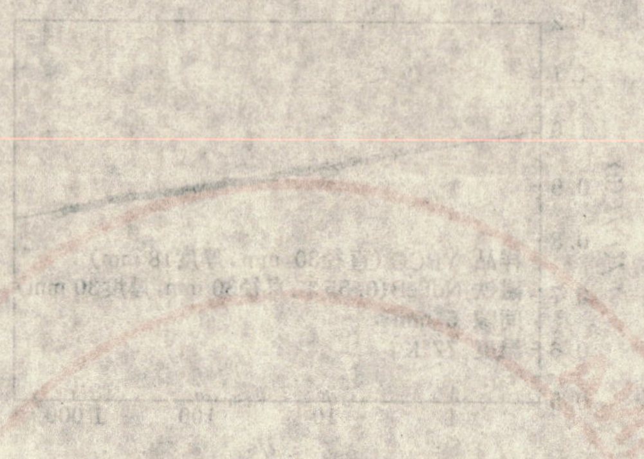

ICS 19.060
N 73

中华人民共和国国家标准

GB/T 21116—2007

液压振动台

Hydraulic vibration generator systems

2007-10-11 发布　　2007-12-01 实施

中华人民共和国国家质量监督检验检疫总局
中国国家标准化管理委员会　发布

前　言

本标准非等效采用IEC 60068-2-6:1995《环境试验　第2部分:试验方法　试验Fc:振动(正弦)》中对试验设备的要求。

按本标准制造的液压振动台同时满足MIL-STD-810F《环境工程考虑和实验室试验》对振动试验设备的要求。

本标准是以JB/T 8288—2001《液压振动台》为基础制定的。

与本标准相关的其他型式振动台的国家标准有：

——GB/T 13309—2007《机械振动台　技术条件》;

——GB/T 13310—2007《电动振动台》。

本标准自实施之日起,机械行业标准JB/T 8288—2001《液压振动台》自行废止。

请注意本标准的某些内容有可能涉及专利。本标准的发布机构不应承担识别这些专利的责任。

本标准由中国机械工业联合会提出。

本标准由全国试验机标准化技术委员会(SAC/TC 122)归口。

本标准负责起草单位:苏州试验仪器总厂、长春试验机研究所。

本标准参加起草单位:北京机械工业自动化研究所、西安捷盛电子技术有限公司。

本标准主要起草人:徐立义、王学智、王敬永、乔岐安、胡新华。

本标准为首次发布。

液　压　振　动　台

1　范围

本标准规定了液压振动台的基本参数、技术要求、检验方法和检验规则等。

本标准适用于额定正弦激振力不大于 1 000 kN 的液压振动台(以下简称振动台)。

2　规范性引用文件

下列文件中的条款通过本标准的引用而成为本标准的条款。凡是注日期的引用文件，其随后所有的修改单(不包括勘误的内容)或修订版均不适用于本标准，然而，鼓励根据本标准达成协议的各方研究是否可使用这些文件的最新版本。凡是不注日期的引用文件，其最新版本适用于本标准。

GB/T 2298　机械振动与冲击　术语(GB/T 2298—1991，neq ISO 2041:1990)

GB/T 2611—2007　试验机　通用技术要求

GB/T 10179—1988　液压伺服振动试验设备特性的描述方法

JB/T 6147—2007　试验机包装、包装标志、储运技术要求

3　术语和定义

GB/T 2298 确立的以及下列术语和定义适用于本标准。

3.1

额定负载　rated mass

有关技术文件规定的最大试验负载。

3.2

额定正弦激振力　rated excitation force under sinusoidal conditions

额定试验负载下的最大正弦激振力。

3.3

额定正弦加速度　rated sinusoidal acceleration

额定激振力和额定负载下的最大加速度值。

3.4

极限特性　limit characteristic

在额定试验负载下随频率变化的加速度的极限值，一般用极限曲线表示。

3.5

额定频率范围　rated frequency range

极限特性曲线的最低频率至最高频率的范围。

3.6

扫描定振准确度　sweep accuracy under fixed sinusoidal vibration level

在每分钟一倍频程的扫描速度下，按额定加速度的 80% 进行定振时所测得的各扫描点控制准确度的最大值。

3.7

额定随机激振力　rated random excitation force

在额定负载条件下，设置均匀加速度功率谱密度时所能达到的最大激振力。该力与频率上、下限之间的均匀加速度功率谱密度对应。

4 振动台的组成

振动台由以下部分组成：

a) 液压振动发生器；

b) 液压源系统；

c) 伺服控制装置；

d) 振动控制仪(可按用户要求配置)；

e) 辅助设备。

5 基本参数与参数系列

5.1 振动台应给出下列基本参数：

a) 额定正弦激振力；

b) 额定频率范围；

c) 额定正弦加速度；

d) 额定速度；

e) 额定位移；

f) 额定负载；

g) 额定允许偏心力矩。

5.2 振动台参数系列见表1,并优先选用表1的参数。

表1 振动台参数系列表

额定负载 kg	50、100、200、500、1 000、1 500、2 000、2 500、5 000
额定正弦激振力 kN	2、5、10、50、80、100、200、300、500、800、1 000
额定位移(p-p) mm	10、20、25、50、60、100、160、200、300、400
额定速度 m/s	0.1、0.2、0.3、0.5、1.0、1.5、2.0
额定频率范围 Hz	0.1(1)～10、0.1(1)～20、0.1(1)～50、0.1(1)～100、0.1(1)～150、0.1(1)～200、0.1(1)～350、0.1(1)～500、0.1(1)～1 000

6 技术要求

6.1 环境与工作条件

振动台在下列环境与工作条件下应能正常工作：

a) 环境温度5℃～40℃；

b) 相对湿度不大于85%；

c) 电源电压的变化在额定电压的±10%范围内；

d) 周围无腐蚀性介质和影响振动台技术性能的振动源。

6.2 油温

振动台油箱中的油温应为10℃～45℃。

6.3 连续工作时间

振动台在正常工作条件下连续工作时间不少于4 h,各项功能应正常无误。

6.4　外观

振动台外观质量应符合 GB/T 2611—2007 中第 10 章的规定。

6.5　振动台最大工作噪声

制造者应给出振动台的最大工作噪声。

6.6　安装要求

振动台基础振动的加速度与振动台主振方向的额定加速度之比不应大于 5%。

6.7　振动控制仪

6.7.1　振动控制仪在规定的频率范围内，其频率示值误差应符合表 2 的规定。

表 2　振动控制仪频率示值误差

频率范围 Hz	振动控制仪频率示值误差的最大允许值	
	正弦振动	随机振动
$0.1 \leqslant f \leqslant 10$	±0.05 Hz	—
$1 \leqslant f \leqslant 10$	—	±0.1 Hz
$10 < f \leqslant 1\,000$	±0.5%	±1.0%

6.7.2　振动控制仪自闭环加速度功率谱控制动态范围不小于 40 dB。

6.7.3　振动控制仪随机信号应满足平稳、正态分布和各态历经性要求。

6.8　正弦振动

6.8.1　振动台加速度信噪比不小于 50 dB。

6.8.2　振动台加速度波形失真度不大于 25%，允许个别点大于 50%，但应记录说明。测量加速度波形失真度应包括振动台额定上限频率 5 倍的谐波。在额定频率范围内，若有失真度超过 25%的频带，该频带累计带宽不能超过额定频率范围的 30%。

6.8.3　振动台位移波形失真度不大于 5%。

6.8.4　振动台工作时，台面加速度幅值均匀度不大于 25%。

在额定频率范围内，允许有 1～2 个均匀度较大的频带，在该频带内最大加速度幅值均匀度不应超过 50%，频带宽度应在最大均匀度对应频率的±10%以内。

6.8.5　振动台台面横向运动比（横向加速度幅值与主振方向加速度幅值之比）不大于 25%。

在额定频率范围内，允许有 1～2 个横向运动比较大的频带，在该频带内最大横向运动比不超过 50%，频带宽度应在最大横向运动比对应频率的±10%以内。

6.8.6　振动台振动幅值示值最大允许误差为±10%。

6.8.7　振动台扫频定振控制最大允许误差为±1.5 dB。

6.8.8　振动台加速度幅值在 30 min 内的稳定度为±10%。

6.9　随机振动

6.9.1　振动台随机加速度功率谱控制动态范围不小于 35 dB。

6.9.2　振动台加速度总均方根值示值最大允许误差为±10%。

6.9.3　振动台随机振动工作频率范围外加速度总均方根值与工作频率范围内加速度总均方根值之比不大于 10%。

6.9.4　振动台随机振动加速度功率谱密度示值最大允许误差为±20%。

6.9.5　在 90%置信度下，对振动台随机振动加速度均方根值的控制应准确到±1 dB。

6.9.6　在 90%置信度下，对振动台随机振动加速度功率谱密度的控制应准确到为±3 dB。

6.10　冲击脉冲波形及允许误差

振动台在规定的工作范围内，应能产生与图 4 中用虚线表示的 a）半正弦波、b）三角波、c）后峰锯齿波、d）梯形波等 4 种“标称加速度时间曲线”冲击脉冲波形（或其中一种波形）。实际冲击脉冲波形应限制在用两条实线表示的容差范围内。

7 检验方法

振动台应在安装标准试验负载(其质量为额定负载)的条件下进行试验。标准试验负载的几何形状、尺寸及与振动台台面的连接,应符合 GB/T 10179—1988 附录 C 中 C3 的试验要求。

7.1 检验用仪器

检验用仪器应符合表 3 的规定。

表 3 检验用仪器

序号	检验项目	检验用仪器	
		名称	性能特性
1	环境与工作条件	干湿温度计	最大允许误差±0.5℃
2	油温	温度计	最大允许误差±0.5℃
3	最大工作噪声	声级计(A 计权)	2 级
4	控制仪频率示值误差	数字式频率计	最大允许议差±0.1%
5	控制仪加速度功率谱动态范围	频谱分析仪	幅值测量最大允许误差±1%
6	控制仪随机信号	频谱分析仪	幅值测量最大允许误差±1%
7	加速度信噪比	真有效值数字电压表	最大允许误差 0.1%
8	加速度波形失真度	失真度测量仪	最大允许误差±10%
9	位移波形失真度	多通道测振仪(包括加速度计)	测量加速度最大允许误差±3% 测量位移最大允许误差±5% 失真度最大允许误差±1%
10	台面加速度幅值均匀度	多通道测振仪	同 8
11	台面横向运动比	三轴向加速度计	各轴向最低横向灵敏度 3%
12	振动幅值示值误差	多通道测振仪	同 8
13	扫频准确度	多通道测振仪	同 8
		记录仪	最大允许误差±0.5 dB
14	加速度幅值稳定度	数字式频率计	同 4
		失真度测量仪 多通道测振仪	同 8
15	随机振动加速度控制谱动态范围	多通道测振仪	同 8
		频谱分析仪	同 5
16	加速度总均方根值示值误差		
17	加速度功率谱密度示值误差		
18	加速度总均方根值和功率谱密度控制准确度	多通道测振仪 频谱分析仪	同 15
19	冲击波形脉冲宽度		
20	冲击波形脉冲幅值		
21	连续工作时间	秒表	量程不小于 12 h

7.2 检验条件

振动台应在6.1规定的环境与工作条件下进行试验。

7.3 油温

系统工作热平衡后用温度计的探头放在油箱里出油口附近，测出的油温应满足6.2的要求。

7.4 连续工作时间的测定

用秒表计时，使振动台采用定频定加速度控制，并选加速度值为空载下额定加速度的80%的加速度连续工作4 h后，检查其各项功能并应满足6.3的要求。连续工作时间也可按供需双方商定的条件考核。

7.5 外观

目测检查振动台各部分的外观及外部标志并应满足6.4的要求。

7.6 振动台最大工作噪声

振动台空载，在额定频率范围内，以额定加速度幅值做扫频振动，选取距离振动台台体边缘1.0 m、离地面高1.5 m的不少于6个测量点，用声级计(A计权)测量振动台工作时的噪声，6点中的最大值为振动台最大工作噪声，并按6.5的要求给出此噪声值。

7.7 振动控制仪频率示值误差

采用下列方法测量振动台的频率示值：

a) 振动台正弦振动工作频率范围内的高、中、低不同频段至少分别设置并输出一正弦信号，用频率计或频谱分析仪测量其频率示值，分别记录振动台的频率示值和频率计或频谱分析仪的测量值，两者之差应满足6.7.1的要求；

b) 振动台随机振动工作频率范围内的高、中、低不同频段至少分别设置1个具有20 dB以上尖峰的连续谱形(最好用伪随机信号设置)。将频谱分析仪输入端接随机振动控制仪的输出端，测量尖峰处的频率值，分别记录振动台的频率示值和频谱分析仪的测量值，其结果应满足6.7.1的要求。

7.8 振动控制仪自闭环加速度功率谱控制动态范围

振动控制仪采用图1所示的谱形，在适当量级上做随机自闭控制，信号发生器的输出端接频谱分析仪，测量振动控制仪所能均衡的动态范围。测量结果应满足6.7.2的要求。

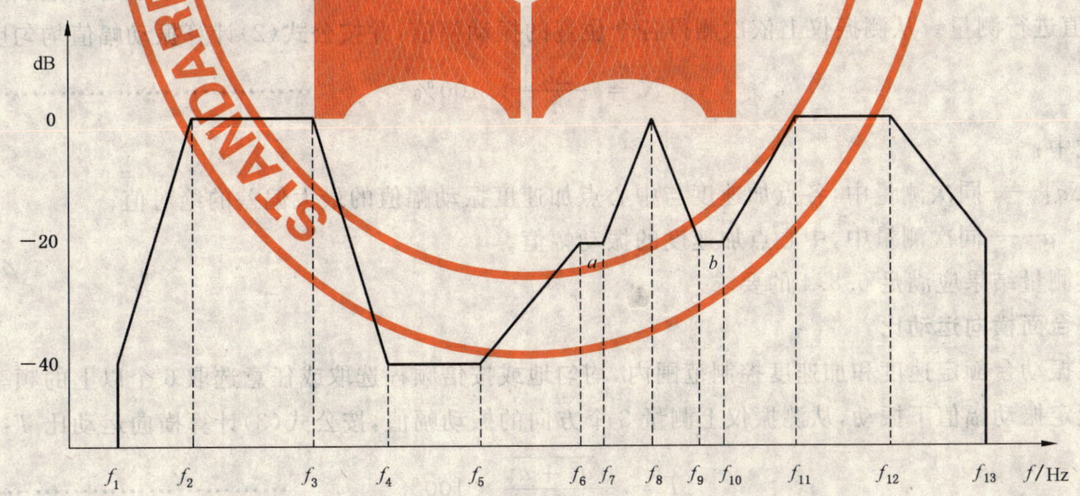

图1 振动控制仪随机振动加速度控制谱动态范围谱形设置

7.9 振动控制仪随机信号

用频谱分析仪(或具有概率密度分析功能的其他仪器)测量振动台的输出信号，将测出的概率密度曲线与理论正态分布概率密度曲线比较，观察其一致性，其形状应无严重畸变，平稳性检验可采用轮次检验等方法进行。测量结果应满足 6.7.3 的要求。

7.10 **振动台加速度信噪比**

把加速度计刚性地连接在振动台台面(或负载顶面)中心,测量用加速度计与控制用加速度计的安装位置应尽量靠近,其输出接测振仪。当振动台处于工作状态,控制装置的输出信号为零时,测量台面或负载顶面中心的加速度有效值 a_0,并按公式(1)计算加速度信噪比 M:

$$M = 20\lg\left(\frac{a_{max}}{a_0}\right) \quad \cdots\cdots(1)$$

式中:

a_{max}——振动台空载时额定加速度值(有效值),单位为米每二次方秒(m/s^2);

a_0——控制装置输出信号为零时,台面或负载顶面中心的加速度值(有效值),单位为米每二次方秒(m/s^2)。

测量结果应满足 6.8.1 的要求。

7.11 **台面加速度波形失真度**

按 7.10 的方法安装加速度计,其输出经测振仪接失真度测量仪。振动台在额定速度及加速度控制段内,均匀选取不少于 6 个频率值,在额定振动幅值下振动,依次测量在所选频率下的加速度波形谐波失真度。测量结果应满足 6.8.2 的要求。

7.12 **台面位移波形失真度**

在振动台台面上将台面位移信号接失真测量仪(或频谱分析仪),在额定位移工作频率范围内,任选 4 个以上频率值(包括最低、最高频率),测量所选频率值下额定振动幅度的位移波形失真度。测量结果应满足 6.8.3 的要求。

7.13 **台面加速度幅值均匀度**

振动台空载,将 5 个加速度计分别安装在台面中心及距中心最远的 4 个均匀分布的安装点上,对于圆形台面则应按阿基米德螺旋线将加速度计安装在台面中心和不同极径、不同相位处。在振动台额定速度和加速度控制段内,均匀地或按倍频程选取 6 个以上的频率值,在额定加速度值下振动。加速度计的输出接多通道测振仪,对额定频率范围内所选取的 6 个以上频率值以及相应频率下的额定加速度(位移)幅值进行测量。从测振仪上依次测得各个位置的振动幅值,并按公式(2)计算振动幅值均匀度 N:

$$N = \frac{|\Delta a|}{a} \times 100\% \quad \cdots\cdots(2)$$

式中:

$|\Delta a|$——同次测量中,各点加速度与中心点加速度振动幅值的最大偏差的绝对值;

a——同次测量中,中心点加速度的振动幅值。

其测量结果应满足 6.8.4 的要求。

7.14 **台面横向运动比**

在振动台额定速度和加速度控制范围内,均匀地或按倍频程选取或任意选取 6 个以上的频率值,在 80%额定振动幅值下振动,从测振仪上测量 3 个方向的振动幅值,按公式(3)计算横向运动比 T:

$$T = \frac{\sqrt{a_x^2 + a_y^2}}{a_z} \times 100\% \quad \cdots\cdots(3)$$

式中:

a_x,a_y——垂直于主振动方向的两个相互垂直的振动幅值分量;

a_z——主振动方向的振动幅值。

测量结果应满足 6.8.5 的要求。

7.15 振动幅值示值误差

按7.10的方法安装加速度计，其输出接测振仪，在额定频率范围内，均匀选取高、中、低3个频率值，并在所选的频率点上取大、中、小3个振动幅值依次测量。振动幅值的示值误差δ_a按公式(4)计算：

$$\delta_a = \frac{a_a - a_b}{a_b} \times 100\% \qquad \cdots\cdots(4)$$

式中：

a_a——同次测量中振动台控制仪的振动幅值的示值；

a_b——同次测量中测振仪的振动幅值的示值。

测量结果应满足6.8.6的要求。

7.16 扫频定振准确度

按7.10的方法安装加速度计，其输出经测振仪接记录仪，在扫频频率范围内以1 oct/min的速度，以振动幅度为额定工作特性曲线的80%作定振扫频振动。在记录仪上记录的振幅曲线的平直度应满足6.8.7的要求。

7.17 加速度幅值稳定度

按7.10的方法安装加速度计及连接测振仪，在振动台额定速度和加速度控制范围内任选2个频率值，在选定的各频率点上，以80%额定振动幅值，各连续振动30 min，每隔10 min记录1次测振仪的加速度幅值示值，其示值稳定度S_a，按公式(5)计算：

$$S_a = \frac{\Delta a_{max}}{a_h} \times 100\% \qquad \cdots\cdots(5)$$

式中：

Δa_{max}——各次测量中，测振仪加速度幅值示值与加速度幅值设定值的最大偏差；

a_h——加速度幅值的设定值。

测量结果应满足6.8.8的要求。

7.18 随机加速度功率谱控制动态范围

振动台加额定负载，把加速度计(它与振动台本身的测控加速度计尽可能靠近)刚性连接在台面中心，输出接电荷放大器。在控制仪上设置图2所示谱形，均衡并在适当量级上振动，用频谱分析仪检测振动台所能均衡的动态范围，其结果应满足6.9.1的要求。

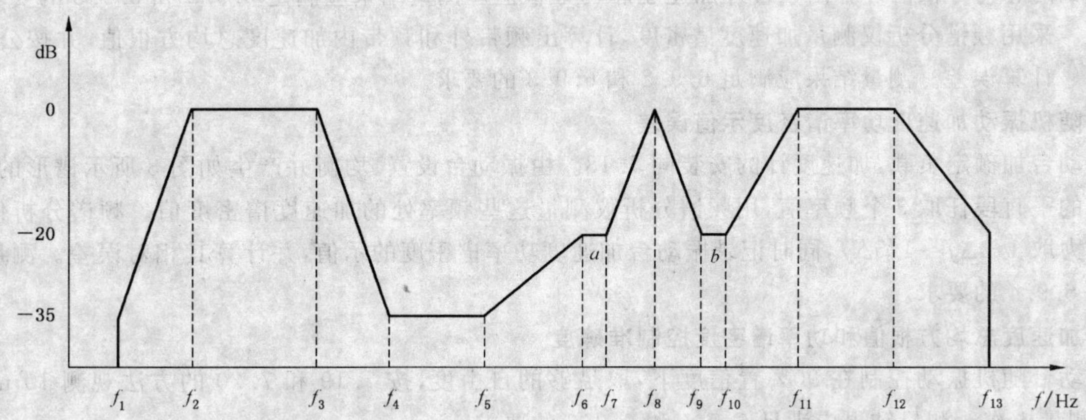

若难以设置图2谱形，允许适当修改，但应给出所用谱形。

图2 振动台加速度功率谱控制动态范围谱形

7.19 加速度总均方根值示值误差

振动台加额定负载，加速度计的安装同 7.18，由振动台设置，均衡并产生图 3 所示谱形的振动。

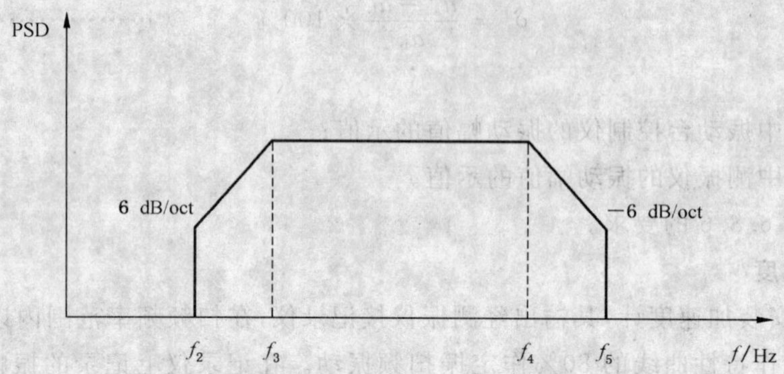

PSD 表示功率谱密度[$(m/s^2)^2/Hz$]。

注：$f_2 \sim f_5$ 的意义见 GB/T 10179—1988 中 5.5.8.2。

图 3 测量加速度总均方根值的谱形

采用下列方法之一测量其加速度总均方根值：

a) 用测振仪测量其加速度总均方根值。低通滤波器截止频率设置在 2 kHz，其均方根值电压表平均时间设置在 3 s。加速度总均方根值示值误差 A_e 按公式(6)计算：

$$A_e = \frac{A_a - A_b}{A_b} \times 100\% \quad \cdots\cdots(6)$$

式中：

A_a——振动台示值；

A_b——测振仪实测值。

A_a、A_b 应尽量同时读数。

频带外加速度总均方根值应包括上限频率 $f_5 \sim 10f_5$ 或到 1 kHz(取其中较大者)内的加速度总均方根。一般可用高通及低通滤波器组合测出，也可通过测量总均方根值和试验频带内总均方根值计算出频带外加速度总均方根值。测量结果应满足 6.9.2 和 6.9.3 的要求。

b) 采用频谱分析仪测量加速度谱密度，计算出频带外和频带内加速度总均方根值，并按公式(6)计算误差。测量结果应满足 6.9.2 和 6.9.3 的要求。

7.20 随机振动加速度功率谱密度示值误差

振动台加额定负载，加速度计的安装同 7.18。由振动台设置、均衡并产生如图 3 所示谱形的振动。在谱形的平直段任取 3 个频率值，用频谱分析仪测量这些频率处的加速度谱密度值。频谱分析仪的频率分辨力取 $1/3\Delta f \sim 1/5\Delta f$，同时记录振动台加速度功率谱密度的示值，并计算其相对误差。测量结果应满足 6.9.4 的要求。

7.21 加速度总均方根值和功率谱密度控制准确度

振动台随机振动控制在 90% 置信度下，取足够的自由度，按 7.19 和 7.20 的方法观测 10 min，每 2 min 测量 1 次。测量结果应满足 6.9.5 和 6.9.6 的要求。

7.22 峰值加速度、相应冲击脉冲持续时间与冲击脉冲波形

将加速度计固定在台面中心，其输出接测振仪，在规定的工作范围内，测量各严酷等级的峰值加速度、相应冲击脉冲持续时间及其冲击脉冲波形，测量结果应满足 6.10 的要求。

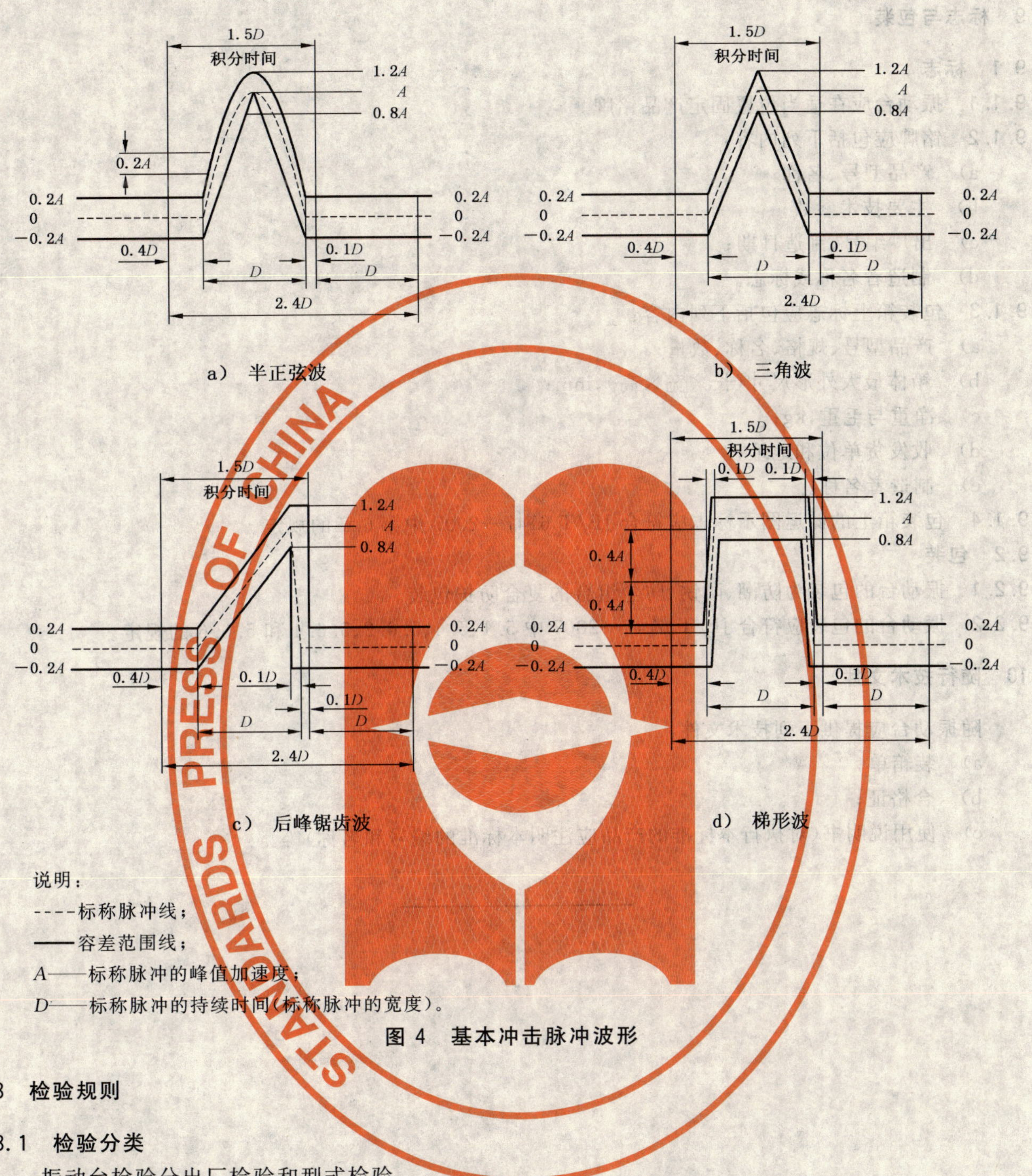

说明：

----标称脉冲线；

——容差范围线；

A——标称脉冲的峰值加速度；

D——标称脉冲的持续时间(标称脉冲的宽度)。

图 4 基本冲击脉冲波形

8 检验规则

8.1 检验分类

振动台检验分出厂检验和型式检验。

8.2 出厂检验

出厂检验可根据用户要求从第 6 章规定的项目中选定，用户不需要的功能可不作为出厂检验项目，经用户同意，6.3 可不检测。振动台检验合格后方可出厂，并附有产品质量合格证明文件。

8.3 型式检验

型式检验应根据振动台的功能对第 5 章和第 6 章规定的项目全部进行检验。检验时，在同型号振动台中随机抽取样机 1 台进行检验。当所有检验项目都合格时，则该样机的检验方为合格，并判定该型号振动台为合格批。

9 标志与包装

9.1 标志

9.1.1 振动台应在适当位置固定产品铭牌。

9.1.2 铭牌应包括下列内容：

a) 产品型号、名称；

b) 主要技术参数；

c) 出厂编号、制造日期；

d) 制造者名称或标志。

9.1.3 包装箱上标志应包括下列内容：

a) 产品型号、规格、名称、数量；

b) 箱体最大外形尺寸(长×宽×高)，mm；

c) 净重与毛重，kg；

d) 收发货单位和地址；

e) 制造者名称。

9.1.4 包装箱上的储运图示标志应符合 JB/T 6147—2007 中第 6 章的规定。

9.2 包装

9.2.1 振动台的包装为防潮、防锈、防尘组合的复合防护包装。

9.2.2 振动台的包装应符合 JB/T 6147—2007 中 5.1、5.4、5.6.2、5.6.4 和 5.6.6 的规定。

10 随行技术文件

随振动台应提供下列技术文件：

a) 装箱单；

b) 合格证；

c) 使用说明书(对执行本标准的产品应注明本标准的编号和名称)等。